W0380547

Um zu unserem Online-Angebot zu gelangen, rufen Sie **www.westermann.de/biologie-heute-150823** auf oder nutzen Sie den QR-Code. Geben Sie anschließend den Online-Schlüssel ein:

Online-Schlüssel
D6R7-Y35A-SNCF

westermann

BIOLOGIE HEUTE

Zu allen Inhalten, die mit diesem Icon ▶ gekennzeichnet sind, steht Ihnen in unserem Online-Angebot das **GIDA-Medienpaket** mit Filmen sowie Anleitungen zu Versuchen und Aufgaben zur Verfügung. Zusätzlich bieten wir Ihnen **interaktive Klausurtrainings** und die Lösungen zu den Seiten **Klausuraufgaben.**

Die Internetadresse und den QR-Code zum Aufrufen der Inhalte sowie den Online-Schlüssel finden Sie im Vorsatz.

Biologie heute SII

Qualifikationsphase

herausgegeben von:
Elsbeth Westendorf-Bröring und Michael Walory

erarbeitet von:
Inken Barfod-Werner, Prof. Dr. Andreas Christian, Dr. Sabina Eggert, Dr. Doris Hecker, Dr. Kirsten Jehmlich, Frauke Perl, Deborah Piel, Tina Pontinus, Dr. Denise Richard-Pargmann, Prof. Dr. Frank Thomas, Michael Walory, Elsbeth Westendorf-Bröring, Dr. Gabriele Wolff, Dr. Dagmar Zender

Zusatzmaterialien zum Titel

Für Lehrerinnen und Lehrer:
Lösungen, ISBN 978-3-14-**150824**-6
Materialien für Lehrerinnen und Lehrer 1, ISBN 978-3-14-**150844**-4
Materialien für Lehrerinnen und Lehrer 2, ISBN 978-3-14-**150845**-1
BiBox Einzellizenz für Lehrerinnen und Lehrer (Dauerlizenz), WEB-14-**150825**
BiBox Kollegiumslizenz für Lehrerinnen und Lehrer (Dauerlizenz), WEB-14-**150826**
BiBox Kollegiumslizenz für Lehrerinnen und Lehrer (1 Schuljahr), WEB-14-**150827**

Für Schülerinnen und Schüler:
BiBox Einzellizenz für Schüler/-innen (1 Schuljahr), WEB-14-**150829**

Das digitale Schulbuch und digitale Unterrichtsmaterialien für Schülerinnen und Schüler und für Lehrkräfte finden Sie in der BiBox - dem digitalen Unterrichtssystem passend zum Lehrwerk.
Mehr Informationen über aktuelle Lizenzen finden Sie auf www.bibox.schule

westermann GRUPPE

Druck A[1] / Jahr 2023
Alle Drucke der Serie A sind im Unterricht parallel verwendbar.

Redaktion: Martin Weinert
Grafikkonzept: Atelier tigercolor Tom Menzel
Illustrationen: Eike Gall, Yvonne Grabowski, Wolfgang Herzig, Helmut Holtermann, Brigitte Karnath, Karin Mall, atelier tigercolor Tom Menzel, Walther-Maria Scheid, Werner Wildermuth
Umschlaggestaltung: Janssen Kahlert Design & Kommunikation GmbH, Hannover
Layout: SOFAROBOTNIK GbR, Augsburg & München
Druck und Bindung: Westermann Druck GmbH, Georg-Westermann-Allee 66, 38104 Braunschweig

ISBN 978-3-14-**150823**-9

Lebewesen in ihrer Umwelt 80

Genetik 230

Anforderungsbereiche:

●○○ niedriges Niveau

●●○ mittleres Niveau

●●● hohes Niveau

Operatoren

ableiten – auf der Grundlage von Erkenntnissen oder Daten sachgerechte Schlüsse ziehen

abschätzen – durch begründete Überlegungen Größenwerte angeben

analysieren – wichtige Bestandteile, Eigenschaften oder Zusammenhänge auf eine bestimmte Fragestellung hin herausarbeiten

anwenden – einen bekannten Sachverhalt oder eine bekannte Methode auf etwas Neues beziehen

aufbauen eines Experiments – Objekte und Geräte zielgerichtet anordnen und kombinieren

aufstellen – chemische Formeln, Gleichungen, Reaktionsgleichungen (Wort- oder Formelgleichungen), Reaktionsmechanismen entwickeln

Hypothesen aufstellen – eine begründete Vermutung über einen unbekannten Sachverhalt formulieren, die fachlich fundiert begründet wird

angeben, nennen – Formeln, Regeln, Sachverhalte, Begriffe, Daten ohne Erläuterung aufzählen beziehungsweise wiedergeben

auswerten – Beobachtungen, Daten, Einzelergebnisse oder andere Informationen in einen Zusammenhang stellen und daraus Schlussfolgerungen ziehen

begründen – Gründe oder Argumente für eine Vorgehensweise oder einen Sachverhalt nachvollziehbar darstellen

berechnen – die Berechnung ist ausgehend von einem Ansatz darzustellen

beschreiben – Beobachtungen, Strukturen, Sachverhalte, Methoden, Verfahren oder Zusammenhänge strukturiert und unter Verwendung der Fachsprache formulieren

bestätigen – die Gültigkeit einer Aussage (beispielsweise einer Hypothese, einer Modellvorstellung, eines Naturgesetzes) zu einem Experiment, zu vorliegenden Daten oder zu Schlussfolgerungen feststellen

beurteilen – das zu fällende Sachurteil ist mit Hilfe fachlicher Kriterien zu begründen

bewerten – einen Sachverhalt vor dem Hintergrund gesellschaftlicher Werte und Normen einschätzen und dadurch zu einem Werturteil gelangen

darstellen – Sachverhalte, Sachverhalte oder Zusammenhänge strukturiert und unter Verwendung der Fachsprache formulieren, auch mithilfe von Zeichnungen und Tabellen

dokumentieren – (in Zusammenhang mit dem GTR/CAS): Bei Verwendung eines elektronischen Rechners den Lösungsweg nachvollziehbar darstellen

durchführen eines Experiments – an einer Experimentieranordnung zielgerichtete Messungen und Änderungen vornehmen oder eine Experimentieranleitung umsetzen

diskutieren, erörtern – Argumente zu einer Aussage oder These einander gegenüberstellen und abwägen

entwickeln – Sachverhalte und Methoden miteinander verknüpfen: eine Hypothese, eine Skizze, ein Experiment, ein Modell oder eine Theorie schrittweise weiterführen und ausbauen

erklären – einen Sachverhalt nachvoll-ziehbar und verständlich machen, indem man ihn auf Regeln, und Gesetzmäßigkeiten zurückführt

erläutern – einen Sachverhalt veranschaulichend darstellen und durch zusätzliche Informationen und verständlich machen

ermitteln – ein Ergebnis oder einen Zusammenhang rechnerisch, grafisch oder experimentell bestimmen

Operatoren

herleiten – mithilfe bekannter Gesetzmäßigkeiten einen Zusammenhang zwischen chemischen beziehungsweise physikalischen Größen herstellen

interpretieren, deuten – naturwissenschaftliche Ergebnisse, Beschreibungen und Annahmen vor dem Hintergrund einer Fragestellung oder Hypothese in einen nachvollziehbaren Zusammenhang bringen

ordnen, zuordnen – Begriffe oder Gegenstände auf der Grundlage bestimmter Merkmale systematisch einteilen

planen – zu einem vorgegebenen Problem (auch experimentelle) Lösungswege entwickeln und dokumentieren

protokollieren – Beobachtungen oder die Durchführung von Experimenten zeichnerisch bzw. fachsprachlich richtig wiedergeben

prüfen, überprüfen – Sachverhalte oder Aussagen an Fakten oder innerer Logik messen und eventuelle Widersprüche aufdecken

skizzieren – Sachverhalte, Prozesse, Strukturen oder Ergebnisse übersichtlich grafisch darstellen

untersuchen – Sachverhalte oder Phänomene mithilfe fachspezifischer Arbeitsweisen erschließen

vergleichen – Gemeinsamkeiten und Unterschiede kriteriengeleitet herausarbeiten

zeichnen – Objekte grafisch exakt darstellen

zusammenfassen – das Wesentliche in konzentrierter Form herausstellen

Erkenntnisgewinn in der Biologie

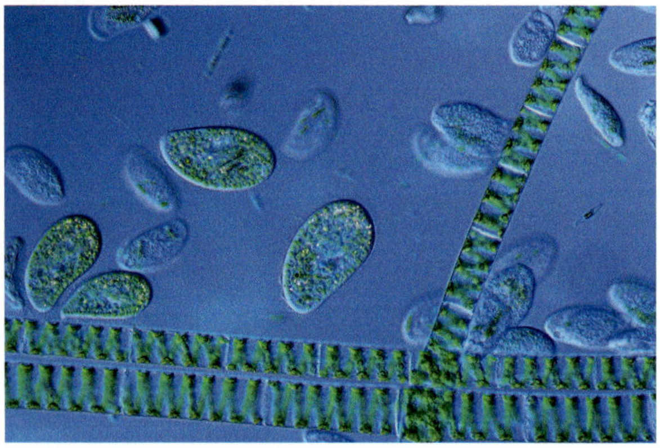

1 Pantoffeltierchen stoßen auf ein Hindernis

Die Biologie ist die Lehre des Lebens und eine empirische Wissenschaft. Sie gewinnt ihre Erkenntnisse aus nachvollziehbaren Erfahrungen, beschreib- oder messbaren Beobachtungen und aus Experimenten. Der Weg des naturwissenschaftlichen Erkenntnisgewinns besteht aus folgenden Schritten:

Phänomen – Am Anfang des naturwissenschaftlichen Erkenntnisgewinns steht eine Beobachtung oder ein Phänomen.
Beispiel: Pantoffeltierchen ändern ihre Schwimmrichtung, wenn sie an ein Hindernis stoßen.

Frage – Zur Untersuchung des Phänomens muss zunächst eine konkrete Frage formuliert werden.
Beispiel: Wo am Körper nehmen Pantoffeltierchen die Berührung wahr?

Hypothesen – Eine Hypothese geht davon aus, dass das Phänomen auf eine bestimmte Ursache zurückgeführt werden kann. Sie bietet eine vorläufige Erklärung des Phänomens an. Hypothesen müssen so formuliert werden, dass sie überprüfbar sind. Sie schließen eine Wenn-dann-Beziehung ein. Wenn die Hypothese zutrifft, dann lässt sich bei bestimmten Bedingungen eine Beobachtung machen.
Beispiel:
Pantoffeltierchen nehmen Berührung
- überall am Körper wahr,
- nur im vorderen Bereich des Körpers,
- nur im hinteren Bereich des Körpers.

Experimente – Hypothesen werden in der Biologie vorwiegend durch Experimente überprüft.
Beispiel: Pantoffeltierchen werden mit einer Pinselspitze an unterschiedlichen Stellen des Körpers berührt.

Auswertung – In der Auswertung vergleicht man die im Experiment gewonnenen Ergebnisse mit den Hypothesen und überprüft, ob sie bestätigt oder widerlegt werden. Wird die Hypothese durch das Versuchsergebnis widerlegt, muss sie verworfen oder abgeändert werden.
Beispiel: Reagieren Pantoffeltierchen in dem Experiment nur auf Berührungen im vorderen Körperbereich, so bestätigte dies die entsprechende Hypothese und widerlegt die übrigen Hypothesen.

Erkenntnis – Durch ein Experiment gewinnt man Erkenntnisse.
Beispiel: Die Experimente mit den Pantoffeltierchen liefern die Erkenntnis, dass diese besonders auf Berührungen im vorderen Körperbereich reagieren. Auf Berührungen in anderen Bereichen des Körpers reagieren sie nicht mit einer Veränderung der Schwimmrichtung.

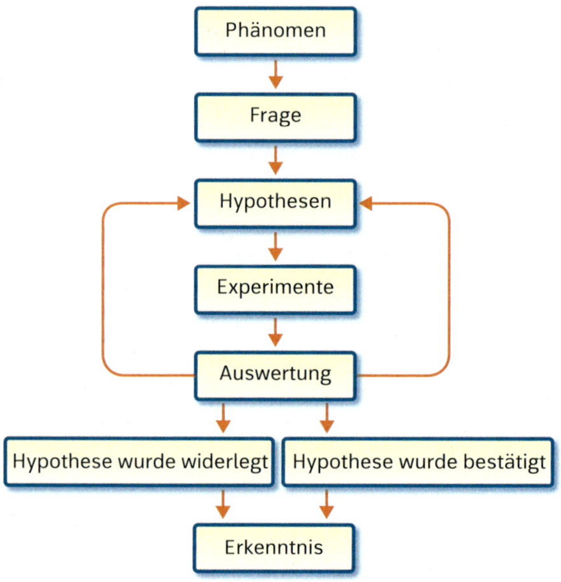

2 Weg des naturwissenschaftlichen Erkenntnisgewinns

Biologische Fragen und Erklärungen

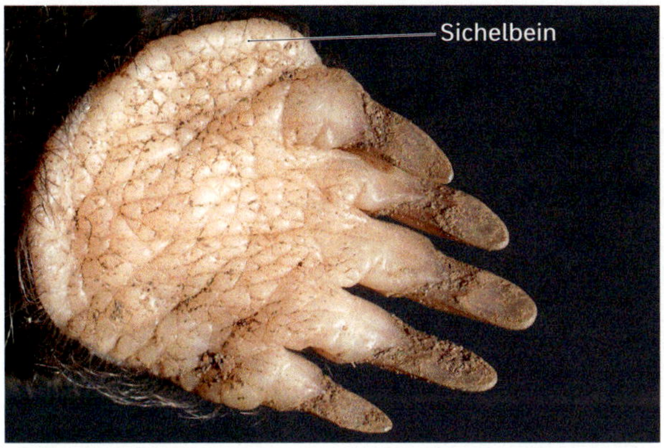

3 Hand des Maulwurfs

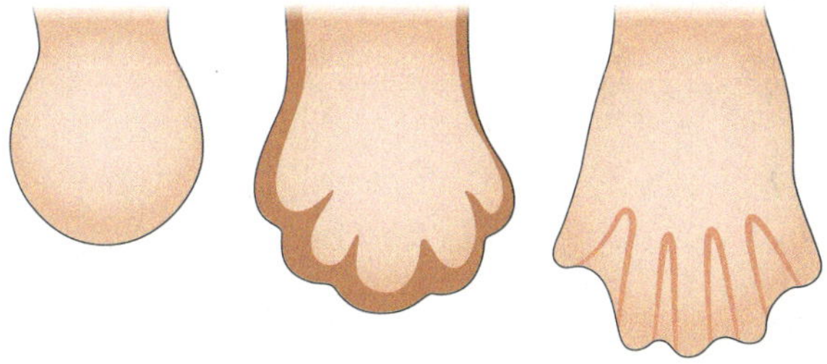

4 Embryonale Entwicklung der Hand des Maulwurfs

Maulwürfe besitzen große, breite Hände. Die Finger enden in kräftigen Krallen. An ihren Händen befindet sich ein sechster sichelförmiger Finger, das Sichelbein. Im Unterschied zu den übrigen Fingern ist er nicht in Fingerglieder unterteilt und trägt auch keine Kralle. Zu dieser Vorderextremität können in der Biologie unterschiedliche Fragen gestellt werden.

Frage nach der Funktion oder dem Zweck – Auf die Frage, warum oder wozu Maulwürfe so große, breite Hände haben, könnte die Antwort lauten: Die Hände ermöglichen es dem Maulwurf, effektiv Erde zur Seite zu schaufeln und so im Boden Gänge zu graben. Solche Fragen und Erklärungen, die sich auf die Funktion einer Struktur oder eines Verhaltens beziehen, nennt man **funktionale Fragen** beziehungsweise **funktionale Erklärungen**.

Frage nach den Ursachen – Mit funktionalen Erklärungen ist ein Phänomen nicht ganzheitlich geklärt. In der Biologie werden auch Fragen gestellt, wie ein Phänomen entsteht oder wie es entstanden ist. Solche Fragen und Erklärungen, die sich auf die Ursachen beziehen, werden als **kausale Fragen** beziehungsweise **kausale Erklärungen** bezeichnet.

Frage nach den Nahursachen – Die Frage nach der Entstehung der Maulwurfshand bezieht sich auf deren lebensgeschichtliche Entwicklung, etwa auf die genetische und embryonale Entwicklung der Hand. Die Antwort könnte lauten, dass der Maulwurf über die genetische Information für die Ausbildung der besonderen Hand verfügt.
Maulwürfe besitzen als Embryo zunächst tellerförmige Handplatten. Die fünf Finger sind durch Bindegewebe verbunden. Später sterben die Bindegewebszellen ab, sodass die Finger frei werden. Danach entwickelt sich erst das Sichelbein aus einem Handwurzelknochen. Fragen und Erklärungen, die sich auf die Nahursachen, auf die lebensgeschichtliche Entwicklung eines Individuums beziehen, nennt man **proximate Fragen** beziehungsweise **proximate Erklärungen**.

Frage nach den Fernursachen – Stellt man die Frage, wie die Maulwurfshand im Laufe der Evolution entstanden ist, fragt man nach den **Fernursachen**. Die Antwort könnte lauten: Die Vorfahren der Amphibien, die vor rund 360 Millionen Jahren das Land eroberten, besaßen mehr als fünf Finger an einer Hand. Im Laufe der Evolution wurde die Zahl bei den Landwirbeltieren auf fünf reduziert. Heutige Wirbeltiere besitzen aber immer noch Gene für die Bildung zusätzlicher Finger. Durch Mutationen können solche inaktiven Gene aktiviert werden. Bei den Vorfahren der Maulwürfe wurde die Erbinformation für das Sichelbein im Laufe der Evolution wieder dauerhaft aktiviert, sodass heute alle Maulwürfe einen zusätzlichen Finger haben. Solche Fragen und Erklärungen zur evolutiven Entwicklung von Merkmalen werden **ultimate Fragen** beziehungsweise **ultimate Erklärungen** genannt.

Biologische Systeme und ihre Ebenen

1 Syteme auf verschiedenen Organisationsstufen des Lebendigen: Zelle, Gewebe, Organ und Organismus

Merkmale eines Systems – Die Biologie untersucht die heute bekannten Lebewesen mit naturwissenschaftlichen Methoden. Sie erforscht sie als Ganzes und untersucht die Bestandteile, aus denen sie aufgebaut sind. Weiter erforscht sie die Wechselwirkungen, die zwischen ihnen innerhalb der Art und zu Lebewesen anderen Arten bestehen. Um über die Vielfalt der biologischen Phänomene einen Überblick zu gewinnen und um die Komplexität der Wechselwirkungen auf wesentliche Prozesse zu reduzieren, werden Lebewesen und Lebensgemeinschaften als Systeme betrachtet.

Unter einem System wir ein geordnetes Ganzes verstanden, das aus verschiedenen Elementen besteht. Nur durch ein präzises und geregeltes Zusammenwirken der verschiedenen Elemente ist ein System funktionsfähig. Durch das Zusammenwirken der verschiedenen Systemelemente hat ein System Eigenschaften und Funktionen, die die einzelnen Elemente nicht besitzen. Die Eigenschaft eines Systems ist also mehr als die Summe der Eigenschaften der einzelnen Elemente. Dieses Auftreten neuer Systemeigenschaften bezeichnet man als **Emergenz**.

Merkmale eines biologischen Systems –
Eine Zelle ist das kleinste lebende System. Sie besteht aus nichtlebenden Elementen, den Zellbestandteilen, die zusammen ein geordnetes Ganzes bilden. Nur im Zusammenwirken des Systems Zelle weisen die Zellbestandteile die Kennzeichen des Lebendigen auf.
Kennzeichnend für biologische Systeme ist, ihre spezielle Abgrenzung von der Umgebung. Beispielsweise sind Zellen durch Zellmembranen begrenzt. Trotzdem stehen sie im ständigem Stoff-, Energie- und Informationsaustausch mit der Umgebung. Sie sind **offene Systeme**. Obwohl eine ausgewachsene Zelle ständig Stoffe aufnimmt, verändert sich ihr Volumen nicht, denn Stoffe werden verarbeitet und Reste ausgeschieden. Die Zufuhr und der Abfluss von Stoffen und Energie halten sich die Waage. In biologischen Systemen stellt sich also ein Gleichgewicht ein. Man spricht von einem **dynamischen Gleichgewicht** oder **Fließgleichgewicht**.

Ein weiteres Merkmal biologischer Systeme ist ihre Fähigkeit zur **Reproduktion**. Zellen und Organismen können sich reproduzieren, fortpflanzen und vermehren. Aus einer befruchteten Eizelle entstehen durch Zellteilungen zahlreiche embryonale Zellen, die sich selbstständig zu einem vollständigen Organismus formieren. Sie entwickeln eigenständig eine innere Ordnung und halten sie aufrecht. Auch diese **Selbstorganisation** gehört zu den Kennzeichen einen biologischen Systems.

Systemebenen – Die Zelle ist Ausgangspunkt aller lebenden biologischen Systeme. Ein vielzelliger Organismus, wie eine Rotbuche, besteht aus verschiedenen Zelltypen. Diese sind in Geweben, Organen und Organsystemen hierarchisch organisiert. Ein **Gewebe** besteht aus Zellen des gleichen Typs mit ähnlicher Funktion. Ein **Organ** umfasst verschiedene Gewebe. Das Organ Buchenblatt besteht aus den Geweben Epidermis, Leitgewebe, Palisaden- und Schwammgewebe.

Lebewesen existieren nicht isoliert. Alle Rotbuchen, die zu einem bestimmten Zeitraum in einem bestimmten Lebensraum vorkommen, bilden eine **Population.** Auf die Systemebene Population folgt die **Biozönose.** Sie ist eine Lebensgemeinschaft, die sich aus Populationen verschiedener Arten zusammensetzt, welche im gleichen Lebensraum vorkommen. Die Einheit aus Lebensgemeinschaft und Lebensraum wird **Ökosystem** genannt.

Die verschiedenen Ökosysteme der Erde, die durch Stoffkreisläufe und Energieflüsse miteinander verbunden sind, bilden die **Biosphäre**, das umfassendste biologische System. So kann jedes einzelne biologische System zugleich Element eines übergeordneten Systems sein.

Die Lebensvorgänge lassen sich oft auf verschiedenen **Systemebenen** untersuchen. Zum Beispiel kann man Reproduktion auf der Ebene der Zelle, aber auch auf der Ebene eines Organismus oder einer Population betrachten. Erst durch diesen Wechsel zwischen den Systemebenen lassen sich Lebensvorgänge ganzheitlich erfassen.

2 Syteme auf verschiedenen Organisationsstufen des Lebendigen: Population, Ökosystem, Biosphäre

Basiskonzepte vernetzen Wissen

Alle heute auf der Erde vorkommenden Lebewesen stammen von einzelligen Urlebewesen ab, die vor etwa 3,8 Milliarden Jahren existierten. Im laufe der Zeit entwickelte sich daraus die heutige Vielfalt an Lebewesen. Aufgrund ihrer gemeinsamen Abstammung stehen sämtliche Lebewesen und biologischen Systeme in vielfältigen Beziehungen zueinander. Die Vielfalt und Komplexität dieser Systeme lassen gemeinsame Prinzipien und grundlegende Muster erkennen. Zusammengefasst und beschrieben werden diese als **Basiskonzepte**.

Sie ermöglichen es, in der großen Vielfalt an biologischen Phänomenen und Themen eine Struktur zu erkennen und diese in größere Zusammenhänge einzuordnen. Damit ermöglichen sie es den Zugang zu neuen Themen und Problemstellungen zu finden. Außerdem verdeutlichen sie die Vernetzung der unterschiedlichen Themen und Systemebenen.

In der Biologie werden die folgenden fünf Basiskonzepte mit ihren spezifischen biologische Grundprinzipien unterschieden: *Struktur und Funktion*, *Stoff- und Energieumwandlung*, *Information und Kommunikation*, *Steuerung und Regelung* sowie *individuelle und evolutive Entwicklung*.

In diesem Buch werden die Basiskonzepte an konkreten Beispielen ausführlich erklärt.

Struktur und Funktion .... Seite 396
Information und Kommunikation .... Seite 397
Steuerung und Regelung .... Seite 398
Individuelle und evolutive Entwicklung .... Seite 399
Stoff- und Energieumwandlung .... Seite 400

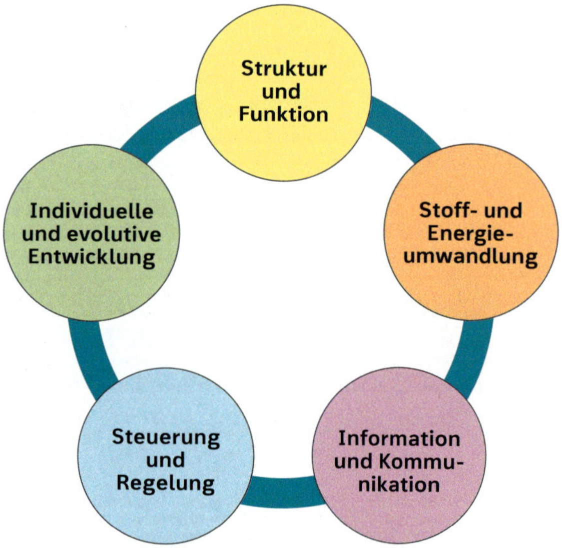

Struktur und Funktion

Lebewesen und Lebensvorgänge sind an Strukturen gebunden, die im engen Zusammenhang mit ihrer Funktion stehen. Grundprinzipien:
Prinzip der Oberflächenvergrößerung ▪ *Schlüssel-Schloss-Prinzip* ▪ *Kompartimentierung* ▪ *Gegenspielerprinzip* ▪ *Gegenstromprinzip*

Information und Kommunikation

Alle Lebewesen nehmen Informationen auf, leiten sie weiter, verarbeiten sie, speichern sie und reagieren darauf. Grundprinzipien:
Signaltransduktion ▪ *Codierung und Decodierung*

Steuerung und Regelung

Biologische Systeme halten viele Zustandsgrößen in Grenzen, auch wenn innere oder äußere Faktoren sich kurzfristig stark ändern. Grundprinzipien:
Prinzip der Homöostase ▪ *positive und negative Rückkopplung*

Individuelle und evolutive Entwicklung

Lebende Systeme verändern sich über verschiedene Zeiträume im Zusammenhang mit Umwelteinflüssen. Grundlage dieser evolutiven Entwicklung sind die individuelle Entwicklung von Lebewesen und die Weitergabe ihrer genetischen Information durch Fortpflanzung. Grundprinzipien:
Zelldifferenzierung ▪ *Reproduktion* ▪ *Selektion*

Stoff- und Energieumwandlung

Biologische Systeme sind offene, sich selbst organisierende Systeme, die im ständigen Austausch mit der Umwelt stehen. Grundprinzipien:
Fließgleichgewicht ▪ *Stoffkreislauf* ▪ *Energieentwertung, energetische Kopplung*

Basiskonzepte strukturieren das Fachwissen eines Themenbereichs

Das Fachwissen zum Themenbereich Zelle lässt sich beispielsweise folgendermaßen strukturieren:
Struktur und Funktion: Die Vakuolen einer Zelle sind durch Membranen vom Cytoplasma abgegrenzt. Diese Kompartimentierung ermöglicht ihre Speicherfunktion.

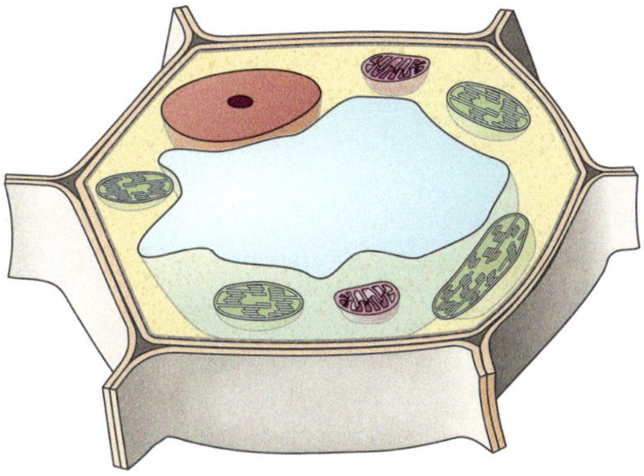

1 Schema einer Pflanzenzelle

Stoff- und Energieumwandlung: Eine Pflanzenzelle wandelt bei der Fotosynthese Kohlenstoffdioxid und Wasser zu Glucose und Sauerstoff um. Eine solche Stoffumwandlung ist immer mit einer Energieumwandlung gekoppelt. So wird bei der Fotosynthese Lichtenergie in chemische Energie umgewandelt.
Information und Kommunikation: Pflanzenzellen kommunizieren über Phytohormone mit anderen Zellen. So können sie auf veränderte Umweltbedingungen, etwa auf einen Schädlingsbefall des Blattes reagieren und Abwehrstoffe bilden.
Steuerung und Regelung: Pflanzenzellen können durch Licht gezielt beeinflusst, gesteuert werden. Dadurch wachsen sie zum Beispiel dem Licht entgegen. Sie können ihren Gehalt an Wasser und gelösten Stoffen in engen Grenzen aufrechthalten. Sie regulieren ihn, indem sie mithilfe von Energie Ionen aufnehmen oder abgeben.
Individuelle und evolutive Entwicklung: Aus undifferenzierten Pflanzenzellen werden im Laufe der individuellen Entwicklung spezialisierte Zellen, etwa Zellen des Leitgewebes. Pflanzenzellen haben sich im Verlauf der Evolution aus Zellen entwickelt, die mit fotosynthetisch aktiven Bakterien in Symbiose lebten.

Basiskonzepte vernetzen Fachwissen auf unterschiedlichen Systemebenen

Das Fachwissen zum Themenbereich Zelle und das biologische Grundprinzip der Oberflächenvergrößerung lassen sich beispielsweise auf Ebene von Zellen, Geweben und Organen miteinander verbinden und in einen größeren Zusammenhang setzen.

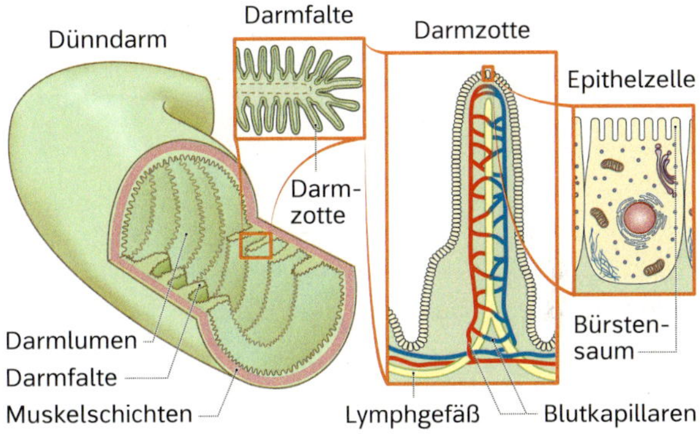

2 Oberflächenvergrößerung der Darmschleimhaut

Basiskonzepte vernetzen Fachwissen aus unterschiedlichen Themenbereiche

Das Basiskonzept Stoff- und Energieumwandlung findet sich beispielsweise in den Themenbereichen Zellbiologie, Stoffwechsel und Ökologie wieder und beschreibt damit Stoffkreisläufe innerhalb von Ökosystemen.

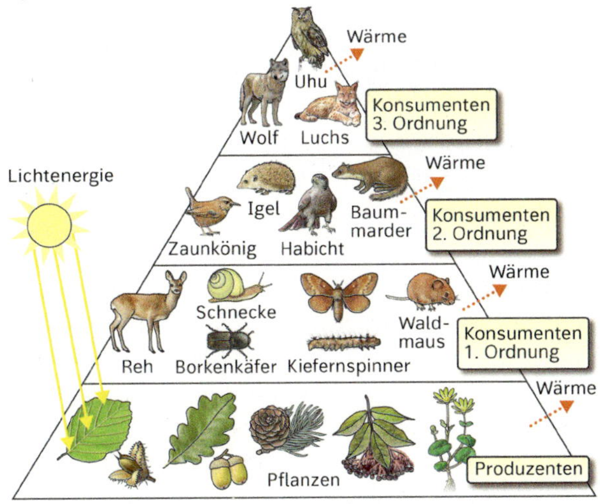

3 Nahrungspyramide im Ökosystem Wald

Leben und Energie

Dieses Kapitel hat folgenden Inhalt:

Grüne Pflanzen, Algen und Cyanobakterien nutzen die Energie des Sonnenlichts. Mit ihrer Hilfe bilden sie im Verlauf der Fotosynthese aus energiearmen anorganischen Stoffen energiereiche organische Stoffe auf. Alle übrigen Lebewesen nehmen diese Biomasse mit der Nahrung auf und bauen sie im Verlauf der Zellatmung wieder ab. Dadurch wird Energie frei, die für Stoffwechselvorgänge zur Verfügung steht. In der Stoffwechselbiologie wird die Aufnahme, Umwandlung, Speicherung und Ausscheidung von organischen und anorganischen Stoffen der Lebewesen untersucht.

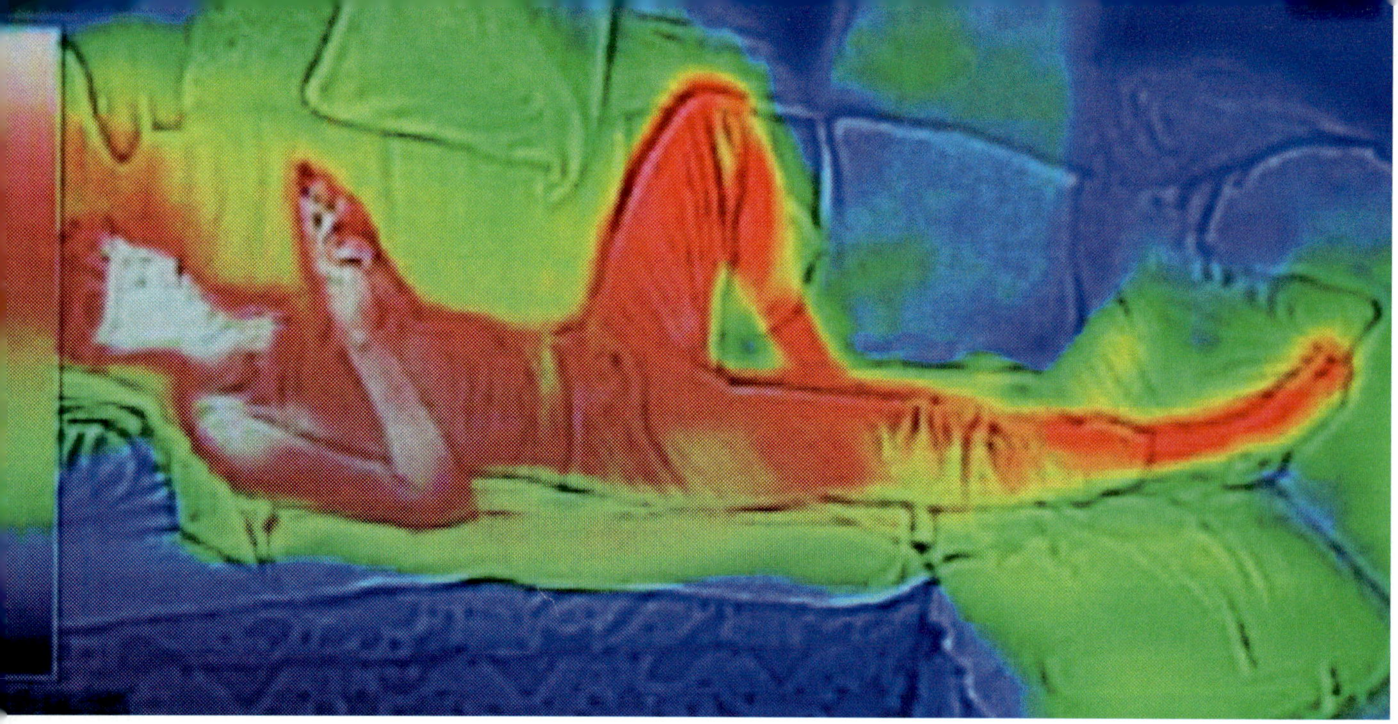

1 Wärmebild eines ruhenden Jugendlichen

1.1 Energieumsatz des Menschen

Das Wärmebild eines Menschen zeigt über die rote Farbe an, dass dieser selbst in Ruhe ständig Wärme über die Körperoberfläche an die Umgebung abgibt. Um die Körpertemperatur konstant zu halten, benötigt er daher ständig Energie. Wovon ist dieser Energiebedarf abhängig und wie wird der Energieumsatz eines Menschen gemessen?

Grundumsatz – Auch in völliger Ruhe benötigt ein Mensch ständig Energie. Sie dient nicht nur zur Aufrechterhaltung der Körpertemperatur, sondern außerdem für die Arbeit von Herz und Lunge sowie für die Funktion des Gehirns und der Nervenzellen. Dieser Ruheenergieumsatz wird auch als **Grundumsatz** bezeichnet. Der entsprechende Energieumsatz wird morgens, 12 Stunden nach der letzten Nahrungsaufnahme, ermittelt. Die Versuchsperson muss sich dabei in völliger Ruhe und einer Umgebungstemperatur befinden, bei der sie weder friert noch schwitzt. Der Grundumsatz wird jeweils für 24 Stunden angegeben.

Der Grundumsatz wird von verschiedenen Faktoren, wie dem Körpervolumen, Geschlecht und Alter eines Menschen beeinflusst. Mit zunehmendem Körpervolumen steigt auch der Grundumsatz, denn mit größerem Volumen müssen mehr Zellen mit Energie versorgt werden. Die Energiemenge, die für die Aufrechterhaltung der Körpertemperatur benötigt wird, ist vor allem vom Verhältnis des Körpervolumens zur Körperoberfläche abhängig. Während im Körpervolumen Wärme durch Zellen erzeugt wird, geht sie über die Körperoberfläche verloren. Je kleiner ein Körper ist, umso größer ist die Oberfläche im Verhältnis zu seinem Volumen. Daher geben Kinder im Vergleich zu Erwachsenen verhältnismäßig viel Wärme ab. Sie benötigen relativ viel Energie, um ihre Körpertemperatur aufrechtzuerhalten und haben einen verhältnismäßig hohen Grundumsatz.

Im Verlauf eines Lebens verändern sich die Körperzusammensetzung und die Stoffwechselaktivität. Deshalb wirkt sich auch das Alter einer Person auf den Grundumsatz aus. So nimmt dieser bei einem Heranwachsenden zunächst stetig zu, da bei ihm eine zunehmende Zahl an Zellen mit Energie versorgt werden muss. Etwa ab dem 30. Lebensjahr sinkt die Muskelmasse eines Menschen, gleichzeitig verlangsamt sich sein Stoffwechsel allmählich. Deshalb sinkt der Grundumsatz mit zunehmendem Alter.

Männer besitzen durchschnittlich mehr Muskelmasse und einen geringeren Körperfettanteil als Frauen. Da im Muskelgewebe selbst im Ruhezustand mehr Energie umsetzt wird als im Fettgewebe, liegt bei normalgewichtigen Männern der Grundumsatz um etwa zehn Prozent höher als bei normalgewichtigen Frauen.

Arbeitsumsatz – Der Energieumsatz eines Menschen steigt deutlich an, sobald er sich bewegt oder er seine Körpertemperatur regulieren muss. Der über den Grundumsatz hinausgehende Energieumsatz wird **Arbeits-** oder **Leistungsumsatz** genannt. Grundumsatz und Arbeitsumsatz ergeben zusammen den **Gesamtenergieumsatz** des Menschen. Bei einem Erwachsenen macht der Arbeitsumsatz etwa 30 bis 40 Prozent des Gesamtenergieumsatzes aus.

Bestimmung des Energieumsatzes – Um den Energieumsatz eines Menschen zu ermitteln, wird das Verfahren der **indirekten Kalorimetrie** genutzt. Dabei wird der Energieumsatz Q indirekt über das Volumen der Sauerstoffaufnahme VO_2 multipliziert mit dem kalorischen Äquivalent errechnet:

$$Q\,(kJ/h) = VO_2\,(L/h) \times 20{,}2\,(kJ/L)$$

Das **kalorische Äquivalent** ist die Energiemenge, die bei der Verbrennung eines Nährstoffes in genau einem Liter Sauerstoff freigesetzt wird. Es beträgt für Glucose 21,2 kJ/L O_2, für Fett 19,6 kJ/L O_2. Ein Mensch oxidiert jedoch nicht ausschließlich Glucose oder ausschließlich Fett für den Energiegewinn, sondern setzt diese in einem bestimmten Mischungsverhältnis um. Unter der Annahme einer typischen mitteleuropäischen Kost wird vereinfachend von einem Wert von 20,2 kJ/L für das kalorische Äquivalent ausgegangen.

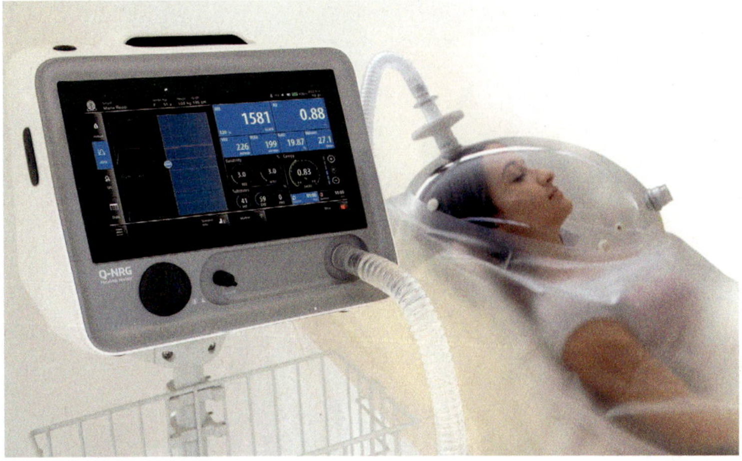

2 Messung des Energieumsatzes mit der indirekten Kalorimetrie

MATERIAL MIT AUFGABEN

A Oberflächen-Volumen-Verhältnis

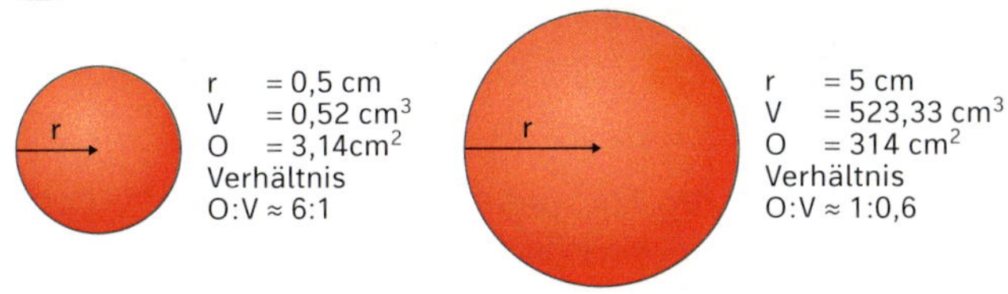

1 Erklären Sie unter Berücksichtigung der Abbildung, dass von zwei erhitzten Eisenkugeln die kleinere Kugel schneller abkühlt als die große. ●●○

2 Erklären Sie die Bedeutung des Oberflächen-Volumen-Verhältnises für den Grundumsatz eines Lebewesens. ●●●

B Abhängigkeit des Grundumsatzes

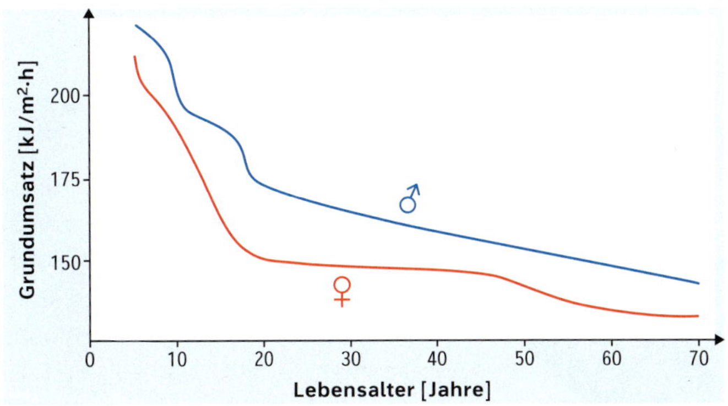

1 Beschreiben und erklären Sie die Abhängigkeit des Grundumsatzes vom Lebensalter und Geschlecht anhand des Diagramms. ●●○

1 Lichtsignal des Großen Leuchtkäfers *(Lampyris noctiluca)*

1.2 Energieumsatz der Zellen

Im Frühsommer sind manchmal nachts in Gärten oder an Waldrändern „Glühwürmchen" zu beobachten. Die Weibchen dieser Großen Leuchtkäfer können in speziellen Zellen am hinteren Körperende Licht erzeugen. Damit locken sie Fortpflanzungspartner an. Wie können sie in Zellen Licht erzeugen?

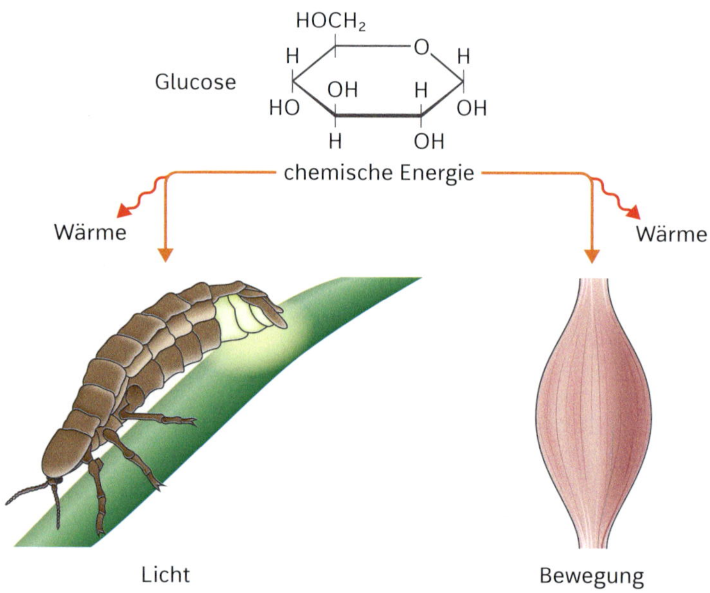

2 Energieumwandlungen

Energieformen und Energieumwandlungen – Energie ist definiert als die Fähigkeit, Materie umzuordnen. Sie treibt nahezu jede chemische Reaktion in Zellen an und ermöglicht etwa den Aufbau komplexer Moleküle aus einfachen Vorstufen oder den aktiven Stofftransport. Energie tritt in zwei verschiedenen Grundformen auf, der potenziellen Energie und der kinetischen Energie. **Potenzielle Energie** ist die Energie, die Objekte aufgrund ihrer Lage besitzen. Sie liegt beispielsweise vor, wenn positive und negative Ionen durch eine Membran getrennt werden. Die in der Anordnung von Atomen in einem Molekül gespeicherte potenzielle Energie wird auch chemische Energie genannt. **Kinetische Energie** ist die Energie, die Objekte besitzen, die in Bewegung sind. Die kinetische Energie bewegter Atome oder Moleküle wird Wärme genannt. Auch Licht ist eine Form kinetischer Energie.
Energie kann weder erzeugt noch vernichtet, sondern nur von einer Energieform in eine andere umgewandelt werden. Bei Leuchtkäfern wird beispielsweise die in energiereichen Molekülen vorliegende chemische Energie beim Leuchten in Licht oder beim Fliegen in Bewegung umgewandelt.

Freie Energie G – Energie, die von Zellen genutzt werden kann, um Arbeit zu leisten, wird freie Energie G genannt. Eine chemische Reaktion verläuft nur dann spontan, wenn die freie Energie abnimmt, die Änderung der freien Energie ΔG also negativ ist. Es handelt sich um eine **exergone Reaktion**. Die Endstoffe enthalten weniger freie Energie als die Ausgangsstoffe. Wird für eine chemische Reaktion freie Energie aufgewendet, enthalten die Endstoffe mehr freie Energie als die Ausgangsstoffe. Der ΔG-Wert ist dann positiv. Es handelt sich um eine **endergone Reaktion**.

Energetische Kopplung – Im Stoffwechsel der Zelle finden häufig endergone Reaktionen statt, etwa beim Aufbau energiereicher Stoffe aus energiearmen Ausgangsstoffen. Möglich werden solche endergonen Reaktionen, da sie mit exergonen Reaktionen verknüpft sind. Bei dieser **energetischen Kopplung** spielt das Molekül Adenosin-Triphosphat, abgekürzt ATP, eine zentrale Rolle. In ihm ist freie Energie gebunden und kann auf andere Moleküle übertragen werden. Wird bei einer exergonen Reaktion Energie frei, kann damit eine anorganische Phosphatgruppe P_i an ADP gebunden werden. Hierbei wird ATP gebildet und Energie gespeichert. Die freie Energie des Coenzyms ATP nimmt entsprechend zu.

$$ADP + P_i \longrightarrow ATP + H_2O;\ \Delta G = +30{,}6\ kJ/mol$$

Aus ATP kann die Energie durch Abspaltung einer Phosphatgruppe wieder freigesetzt und für endergone Reaktionen genutzt werden. Die freie Energie des Coenzyms nimmt dabei ab.

$$ATP + H_2O \longrightarrow ADP + P_i;\ \Delta G = -30{,}6\ kJ/mol$$

Im Stoffwechsel sind zahlreiche endergone und exergone Reaktionen über ATP miteinander gekoppelt.

ATP-Zyklus – ADP kann wieder zu ATP regeneriert werden. Die dafür notwendige Energie stammt aus dem Abbau energiereicher Stoffe. Der Kreislauf von ATP-Spaltung und ATP-Bildung wird **ATP-Zyklus** genannt.

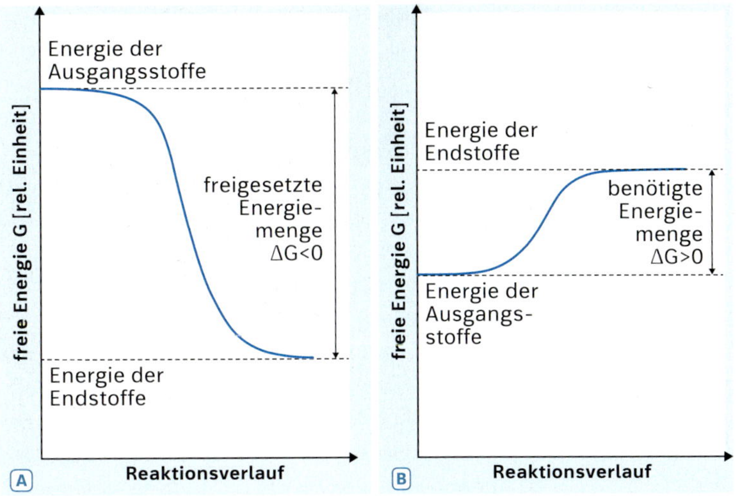

3 Energiediagramm: **A** exergone Reaktion; **B** endergone Reaktion

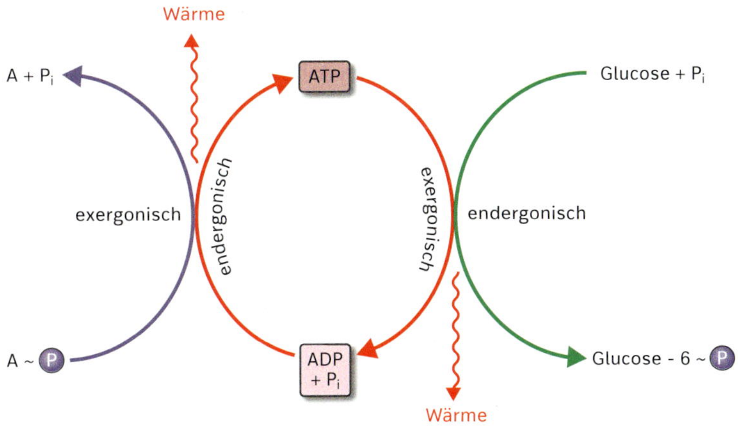

4 Energieübertragung durch ATP

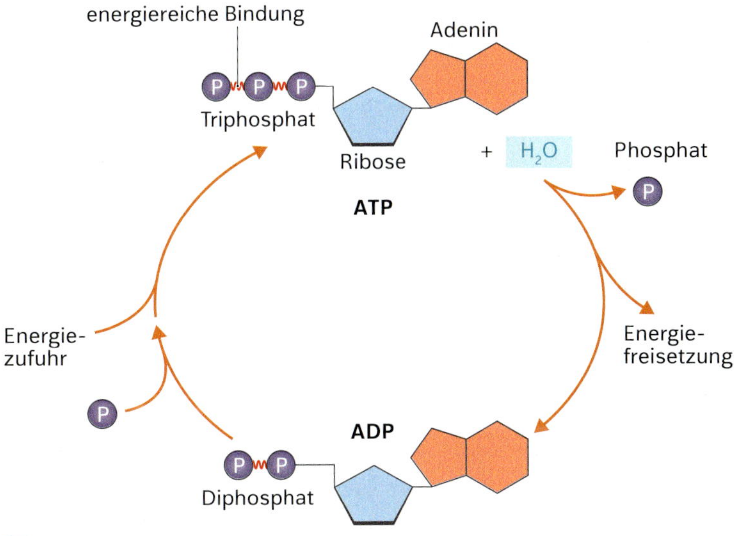

5 ATP-Zyklus

Energiespeicher – Werden in Zellen energiereiche Stoffe, etwa Glucose, zu energiearmen Stoffen wie Kohlenstoffdioxid und Wasser abgebaut, wird die dabei freigesetzte Energie in Form von ATP-Molekülen gespeichert. Bei Vorgängen, die Energie benötigen, etwa der Stofftransport durch Membranen oder der Aufbau von zelleigenen Stoffen, stellen ATP-Moleküle die notwendige Energie zur Verfügung. Im Gegensatz zur Glucose kann ATP sehr schnell abgebaut werden. Außerdem kann das Molekül innerhalb der Zelle schnell an jeden Ort transportiert werden, an dem Energie gebraucht wird. Weiter wird bei der ATP-Spaltung Energie in sehr kleinen Portionen freigesetzt, die für die energieverbrauchenden Reaktionen passend sind. So ist die Energie an allen Stellen der Zellen jederzeit schnell und in richtiger Portionierung verfügbar. Mit ATP verfügen Zellen über einen **universellen Energiespeicher**.

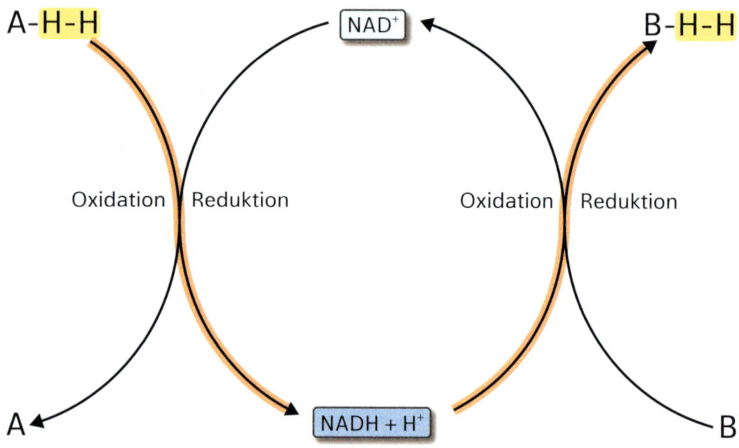

6 Elektronenübertragung durch $NAD^+/NAD + H^+$

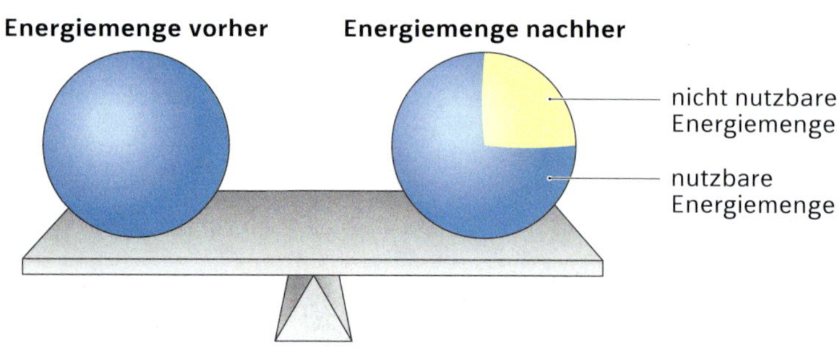

7 Energieentwertung bei Energieumwandlungen

Reduktion und Oxidation – Energie kann auch in Form von Elektronen gespeichert und übertragen werden. Die Aufnahme von Elektronen durch ein Atom, Ion oder Molekül wird **Reduktion** genannt, die Abgabe wird als **Oxidation** bezeichnet. Werden Elektronen von einem Reaktionspartner abgegeben und von einem anderen Partner aufgenommen, liegt eine **Redoxreaktion** vor.

Bei den Energie- und Elektronenübertragungen in Zellen hat das Redoxsystem $NAD^+/NADH + H^+$ eine große Bedeutung. NAD^+ kann unter Energieaufwand Elektronen und Protonen von einem Reaktionspartner aufnehmen. Das reduzierte $NADH + H^+$ kann die Elektronen und Protonen später an einen anderen Reaktionspartner abgeben. Gleichzeitig wird bei dieser Oxidation eine hohe Energiemenge auf den Reaktionspartner übertragen.

Energieentwertung in Zellen – Bei jeder Energieumwandlung geht ein Teil der Energie durch Wärme verloren. Da diese von den Zellen nicht für weitere Energieumwandlungen genutzt werden kann, wird Wärme auch als entwertete Energie bezeichnet. So können etwa beim Abbau von Glucose-Molekülen nur 40 Prozent der in ihnen gespeicherten Energie zum Aufbau von ATP genutzt werden, der Rest wird als Wärme abgegeben.

Das Licht der Leuchtkäfer entsteht bei der Reaktion des Proteins Luciferin mit ATP und Sauerstoff. Die entstehenden Produkte zerfallen unmittelbar und wandeln dabei die kurzfristig gespeicherte Energie in Licht um. Erstaunlich hierbei ist, dass nur etwa fünf Prozent der Energie als Wärme entweichen. Daher wird bei dem von Leuchtkäfern erzeugten Licht auch von kaltem Licht gesprochen. Im Vergleich dazu erzeugen Energiesparlampen warmes Licht, da bei ihnen 75 Prozent der elektrischen Energie in Wärme umgewandelt werden.

Offene und geschlossene Systeme – Findet eine chemische Reaktion in einem verschlossenen Gefäß statt, ist zwar ein Energie-, jedoch kein Stoffaustausch mit der Umgebung möglich. Dies ist ein **geschlossenes System**.

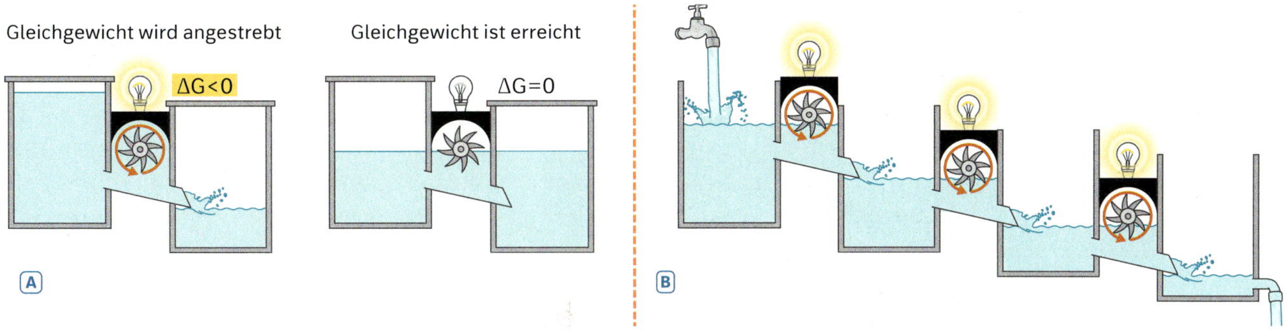

8 Energieumwandlungen: **A** im geschlossenen System; **B** im offenen System bei einem Fließgleichgewicht

In einem solchen System erfolgt so lange eine Hin- und Rückreaktion, bis ein Gleichgewichtszustand zwischen Ausgangs- und Endstoffen erreicht ist. Nur solange dieser Gleichgewichtszustand noch nicht eingestellt und $\Delta G < 0$ ist, kann Energie freigesetzt werden. Im Gleichgewichtszustand ist $\Delta G = 0$. Eine Energieumwandlung ist dann nicht mehr möglich.

Lebende Zellen und Lebewesen sind **offene Systeme**. Sie tauschen mit ihrer Umgebung ständig Energie und Stoffe aus. Es stellt sich bei ihnen kein Gleichgewichtszustand ein.

Fließgleichgewicht – Die aus der Umgebung aufgenommenen Ausgangsstoffe werden im Stoffwechsel in einer Reihe von Teilreaktionen in die Endstoffe umgewandelt. Die bei diesen Teilreaktionen entstehenden Zwischenprodukte oder **Metabolite** werden kontinuierlich weiterverarbeitet. Dabei bleibt ihre Konzentration relativ konstant. Man spricht von einem **Fließgleichgewicht**. Der ständige Zu- und Abfluss verhindert, dass sich bei den einzelnen Teilreaktionen ein Gleichgewicht einstellt. Dadurch wird ständig Energie freigesetzt, sodass in der Zelle Arbeit verrichtet werden kann.

MATERIAL MIT AUFGABEN

A Blue-Bottle-Versuch

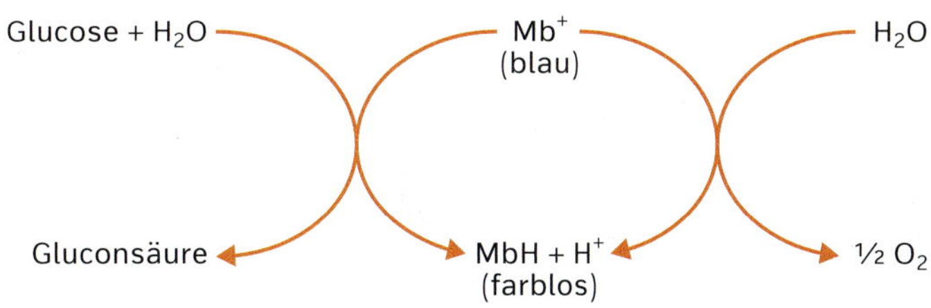

Die blaue Lösung aus Methylenblau, Glucose und Natriumhydroxid entfärbt sich beim Stehenlassen. Nach dem Schütteln kehrt die blaue Farbe zurück, um nach kurzer Zeit erneut zu verschwinden.

1 Erklären Sie anhand des Schemas die Elektronenaufnahmen und Elektronenabgaben der Reaktionspartner. ●●●

2 Begründen Sie, dass mit dem Versuch die Funktion des Redoxsystems NAD^+ / $NADH + H^+$ im Stoffwechsel einer Zelle verdeutlicht werden kann. ●●○

3 Stellen Sie eine Vermutung auf, warum die Blaufärbung durch Schütteln und Entfärbung der Lösung nach mehrmaligen Versuchsdurchführungen nicht mehr möglich ist. ●●●

4 Führen Sie einen Versuch zum Nachweis der Redoxreaktionen von NAD^+ / $NADH + H^+$ in Hefezellen durch und präsentieren Sie Ihre Ergebnisse in geeigneter Form. ●●●

1 Sprossende Kartoffeln

2.1 Zellatmung im Überblick

Kartoffelknollen bilden im Frühjahr lange Sprosse, aus denen sich im Boden neue Kartoffelpflanzen entwickeln. Wie gewinnen Kartoffelknollen die hierfür notwendigen Baustoffe und die erforderliche Energie?

Stoffwechselweg Zellatmung – Im Stoffwechsel werden energiereiche organische Moleküle wie Kohlenhydrate und Fette zu den energiearmen anorganischen Molekülen Kohlenstoffdioxid und Wasser abgebaut. Da die Zellen dafür Sauerstoff benötigen, wird dieser Prozess **Zellatmung** genannt. Ein Teil der chemischen Energie, die in den energiereichen Molekülen gespeichert ist, wird zur Synthese von ATP genutzt. ATP kann dann für Reaktionen, die Energie benötigen, genutzt werden. Der Abbau der energiereichen Moleküle findet in einer Reihe von Reaktionen statt. Dabei wird jede Reaktion durch ein Enzym katalysiert. Es wird von Reaktionsketten oder **Stoffwechselketten** gesprochen. Manchmal ist das dabei entstehende Produkt wieder Ausgangsstoff für die gleiche Stoffwechselkette, sodass ein Stoffwechselzyklus vorliegt. Stoffwechselketten, bei denen das gebildete Produkt Ausgangsstoff einer anderen Stoffwechselkette ist, werden als **Stoffwechselweg** bezeichnet.

Überblick Zellatmung – Glucose ist der wichtigste Stoff der Zellatmung und von zentraler Bedeutung für den Energiehaushalt der Zellen. Bei der Zellatmung wird Glucose zu Kohlenstoffdioxid und Wasser abgebaut. Dieser Reaktionsweg umfasst drei Stoffwechselketten: Glykolyse, Citratzyklus und Atmungskette.

Die **Glykolyse** findet im Cytoplasma statt. Hierbei werden Glucose-Moleküle, die aus sechs Kohlenstoff-Atomen (C_6-Körper) bestehen, in zwei Pyruvat-Moleküle (C_3-Körper) zerlegt. Die Pyruvat-Moleküle werden unter aeroben Bedingungen mithilfe eines spezifischen Carriers in die Mitochondrien transportiert. In der Mitochondrienmatrix wird von jedem Pyruvat-Molekül ein Kohlenstoffdioxid-Molekül abgespalten. Bei dieser **oxidativen Decarboxylierung** entsteht aus jedem Pyruvat-Molekül ein C_2-Körper, der vorübergehend an das Coenzym A gebunden wird. Dieser C_2-Körper wird nun im **Citratzyklus** vollständig zu Kohlenstoffdioxid-Molekülen (C_1-Körpern) abgebaut.

ATP-Gewinn – Bei der Glykolyse, der oxidativen Decarboxylierung von Pyruvat und dem Citratzyklus werden nur relativ geringe Mengen an ATP gebildet. Dies geschieht jeweils durch eine enzymatischen Reaktion, bei der eine Phosphatgruppe von einem Substrat-Molekül direkt auf ein ADP-Molekül übertragen wird. Diese Form der ATP-Bildung wird **Substratkettenphosphorylierung** genannt.

Im Verlauf des Glucoseabbaus finden verschiedene Reaktionen statt, bei denen Molekülen Elektronen und Wasserstoff entzogen und auf die Coenzyme FAD und NAD^+ übertragen werden. So entstehen $FADH_2$ und $NADH + H^+$. In dieser gebundenen Form werden die Elektronen und Wasserstoff-Atome in die **Atmungskette** eingeschleust. Die Atmungskette ist eine **Elektronentransportkette**. In ihr wirken mehrere elektronenübertragende Moleküle zusammen. Die Elektronen werden von Molekül zu Molekül weitergegeben und am Ende auf Sauerstoff-Atome übertragen. Zusammen mit Wasserstoff-Atomen entstehen dadurch Wasser-Moleküle. Der dazu benötigte Sauerstoff stammt aus der Luft.
Die Atmungskette findet an der inneren Mitochondrienmembran statt. Die Elektronen werden in der Elektronentransportkette energetisch „bergab" transportiert. Die dabei freigesetzte Energie wird genutzt, um eine Phosphatgruppe an ein ADP-Molekül zu binden. Diese Form der ATP-Bildung wird **oxidative Phosphorylierung** genannt. Sie liefert den größten Teil der bei der Zellatmung entstehenden ATP-Moleküle. Die oxidative Phosphorylierung findet in allen aeroben Lebewesen statt.

In Kartoffelknollen ist Stärke gespeichert. Beginnen Kartoffelknollen zu sprossen, werden Stärke-Moleküle in Glucose-Moleküle gespalten. Diese werden anschließend im Verlauf der Zellatmung zu Kohlenstoffdioxid und Wasser abgebaut. Die dabei gewonnenen ATP-Moleküle liefern Energie für die energieverbrauchenden Reaktionen bei der Sprossung. Außerdem liefert der Glucoseabbau auch Bausteine für die Bildung neuer Zellen und deren Bestandteile.

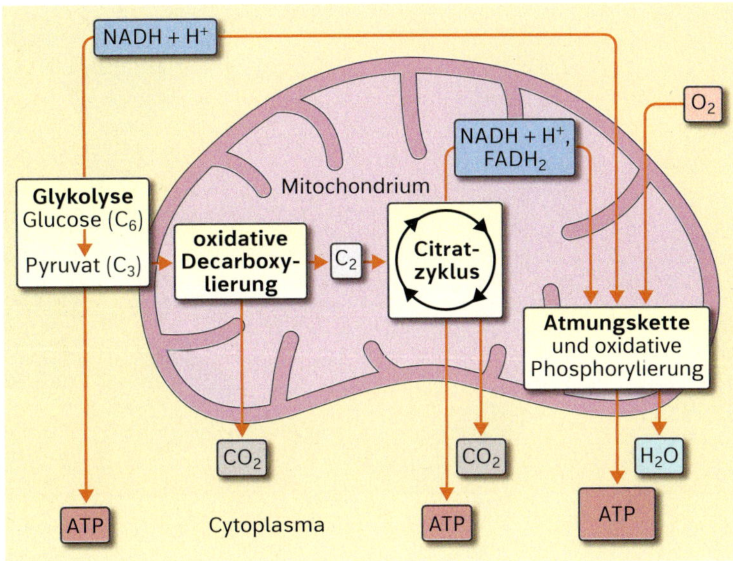

2 Lokalisation der einzelnen Stoffwechselketten der Zellatmung

MATERIAL MIT AUFGABEN

A Versuche zur Lokalisation der Stoffwechselketten der Zellatmung

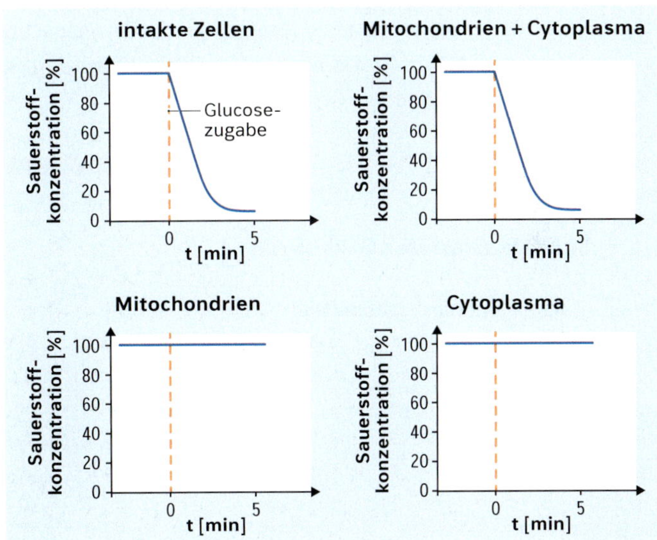

In einem Versuch wurde jeweils zu einer Suspension von intakten Zellen und verschiedenen Zellbestandteilen Glucose zugegeben und dabei die Sauerstoffkonzentration gemessen.

1 Erklären Sie die Versuchsergebnisse. ●●○
2 ▶ Untersuchen Sie die Zellatmung bei keimenden Erbsensamen in Abhängigkeit der Temperatur. ●●○

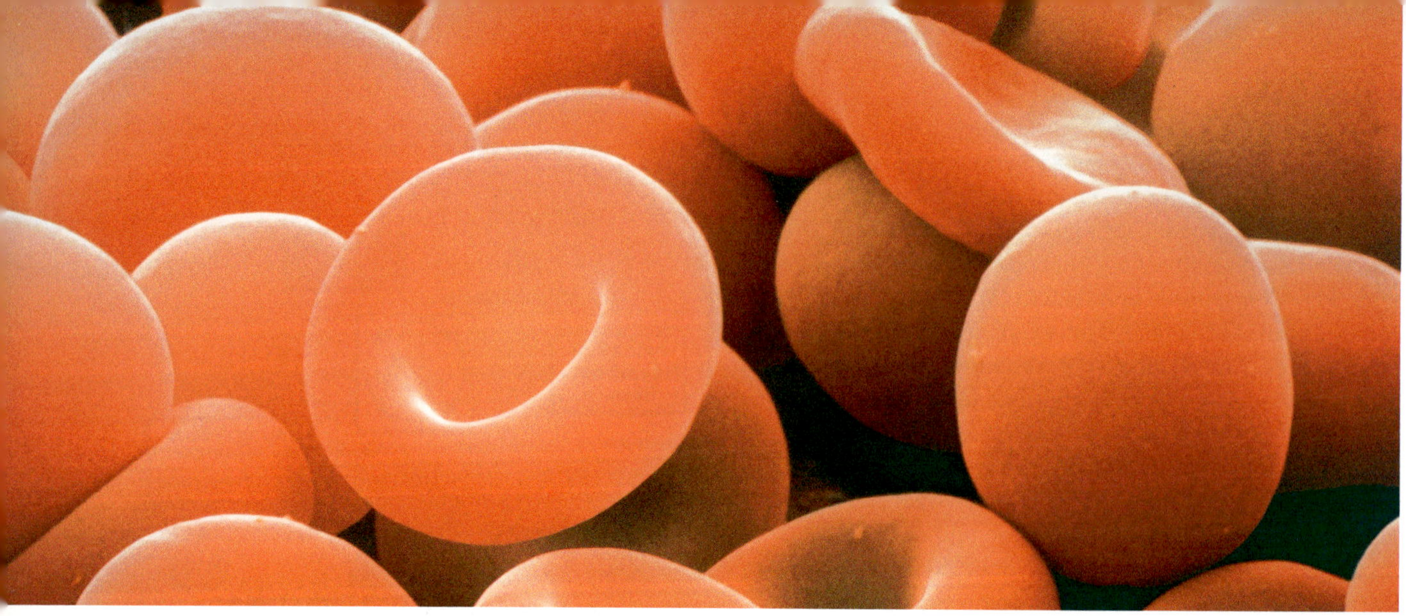

1 Erythrozyten

2.2 Reaktionen der Glykolyse

Erythrozyten besitzen keine Mitochondrien. Sie können daher nur durch die Glykolyse ATP gewinnen. Welche Reaktionen der Glykolyse liefern ATP und wie viele ATP-Moleküle werden dabei gewonnen?

Überblick Glykolyse – Gibt man in Zellen, deren Mitochondrien zerstört wurden, radioaktiv markierte Glucose, so lassen sich die radioaktiven Isotope in Pyruvat-Molekülen nachweisen. So lässt sich beweisen, dass

MATERIAL MIT AUFGABEN

A Lokalisation der Glykolyse

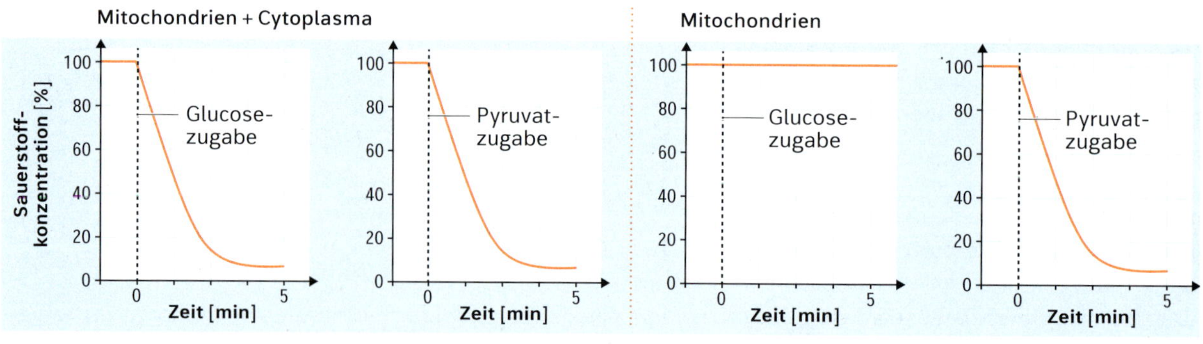

In einem ersten Versuchsansatz wurden zu Mitochondrien und Cytoplasma Glucose beziehungsweise Pyruvat gegeben. In einem zweiten Ansatz wurden nur Mitochondrien verwendet. Dabei wurde die Sauerstoffkonzentration gemessen.

1 Erklären Sie die Versuchsergebnisse. ●●○

2 In einem weiteren Ansatz enthielt die Suspension nur Cytoplasma. Geben Sie an, welches Versuchsergebnis Sie bei Zugabe von Glucose beziehungsweise Pyruvat erwarten und begründen Sie dies. ●●●

Glucose im Cytoplasma und nicht in den Mitochondrien zu Pyruvat abgebaut wird. Dabei wird kein Sauerstoff verbraucht.

Die Glykolyse kommt sowohl in aeroben als auch in anaeroben Zellen vor. Sie lässt sich in zwei Abschnitte einteilen. Im ersten Abschnitt muss die Zelle zunächst Energie in Form von ATP investieren. Erst im zweiten Abschnitt, der Energiefreisetzung, erfolgt der ATP-Gewinn.

Energieinvestition – Die Glykolyse beginnt mit der Aktivierung eines Glucose-Moleküls, sodass dieses reaktionsbereit wird. Hierfür muss die Zelle ein Molekül ATP investieren. Dabei wird ATP in ADP und Phosphat gespalten. Die Phosphatgruppe wird auf das Glucose-Molekül übertragen, sodass der C_6-Körper Glucose-6-phosphat entsteht. Dieser wird zu Fructose-6-phosphat umgelagert und durch die Spaltung eines weiteren ATP-Moleküls mit einer zweiten Phosphatgruppe beladen, sodass Fructose-1,6-bisphosphat gebildet wird. Fructose-1,6-bisphosphat wird dann in zwei verschiedene C_3-Körper gespalten, die je eine Phosphatgruppe besitzen. Davon ist jedoch nur Glycerinaldehyd-3-phosphat reaktionsfähig. Der zweite, nicht reaktionsfähige C_3-Körper Dihydroxyacetonphosphat wird aber stetig zu Glycerinaldehyd-3-phosphat umgelagert.

Im weiteren Verlauf wird Glycerinaldehyd-3-phosphat mit einer zweiten Phosphatgruppe, die aus dem Cytoplasma stammt, beladen. Gleichzeitig wird es zu 1,3-Bisphosphoglycerat oxidiert. Die dabei frei werdenden Elektronen werden zusammen mit Wasserstoff auf den Elektronenakzeptor NAD^+ übertragen, sodass $NADH + H^+$ entsteht.

Energiefreisetzung – In den folgenden Reaktionsschritten werden die beiden Phosphatgruppen abgespalten und auf ADP-Moleküle übertragen. Dabei werden pro C_3-Körper zwei Moleküle ATP und ein Molekül $NADH + H^+$ gewonnen. So entsteht als Endprodukt Pyruvat. Wird eine **Bilanz** für den ATP-Verbrauch und ATP-Gewinn der gesamten Glykolyse erstellt, erhält man pro Glucose-Molekül als Nettogewinn zwei ATP-Moleküle und zwei $NADH + H^+$-Moleküle.

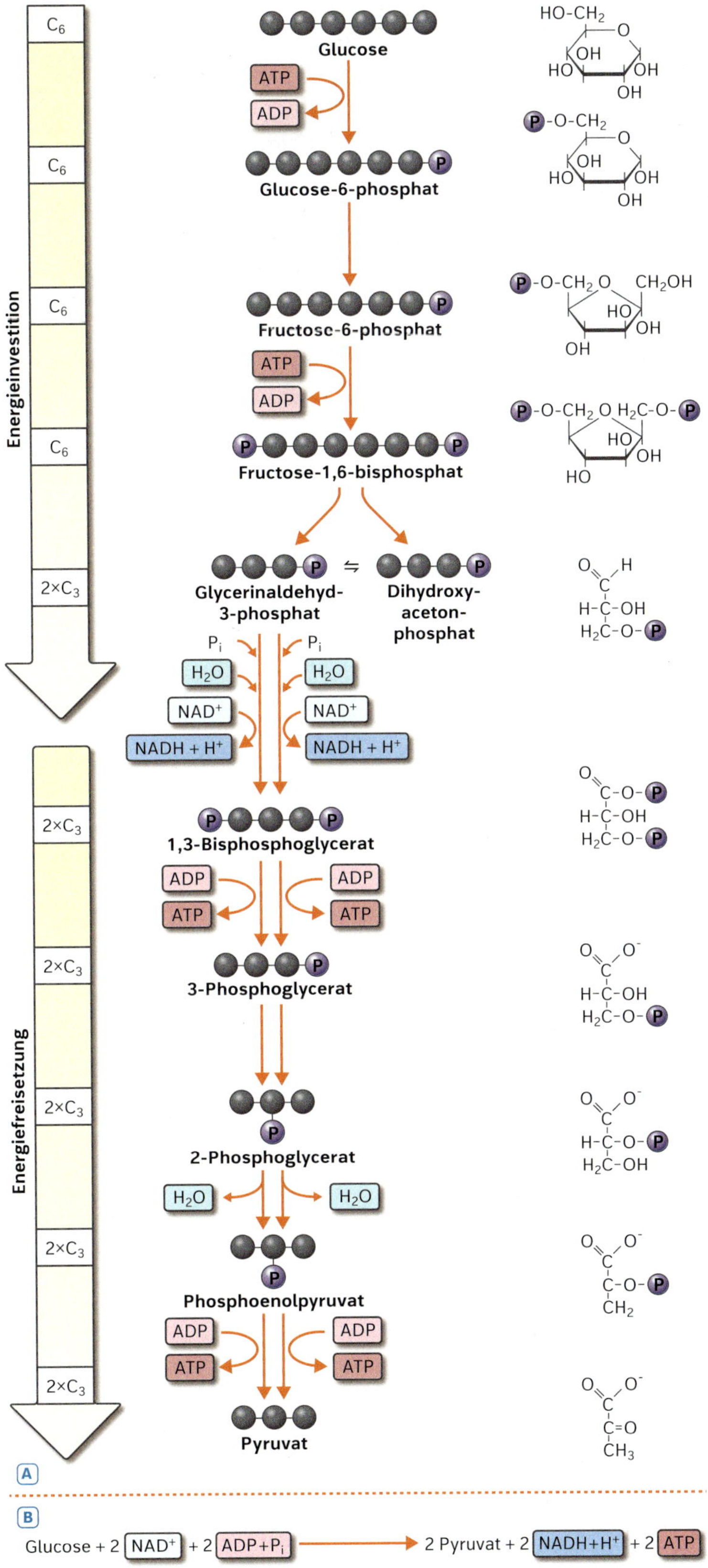

2 Glykolyse: **A** Schema; **B** Bilanzgleichung

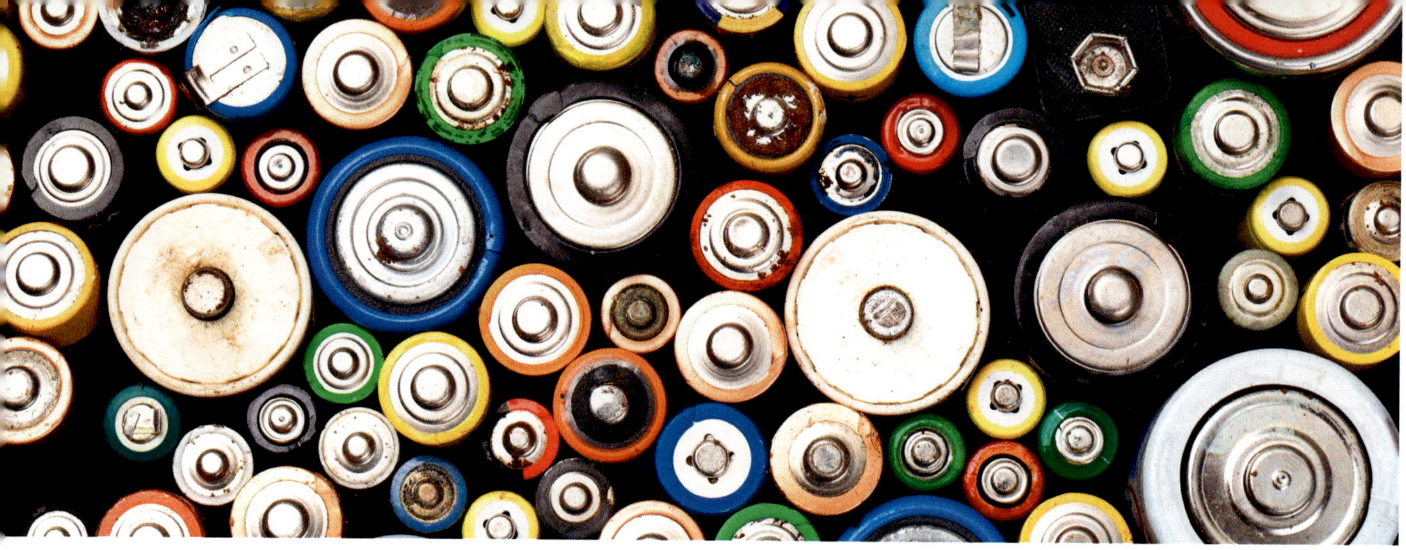

1 Quecksilberhaltige Batterien

2.3 Reaktionen des Citratzyklus

Heute ist die Verwendung von Quecksilber in Batterien weltweit verboten, denn Quecksilberverbindungen können zu schweren Vergiftungen führen. Diese beruhen auf Störungen des Glucoseabbaus. Wie und an welchen Stellen blockiert Quecksilber den Glucoseabbau?

MATERIAL MIT AUFGABEN

A Lokalisation des Citratzyklus

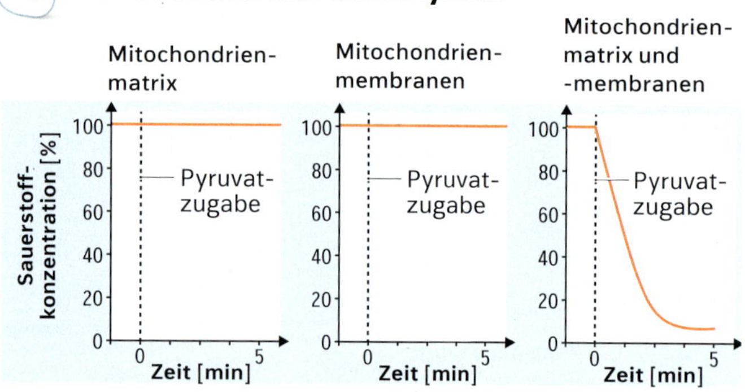

In einem Versuch wurden Mitochondrien aufgebrochen und in Matrix und Membranen getrennt. Zu den Suspensionen der einzelnen Mitochondrienbestandteile sowie zu der Mischung beider Bestandteile wurde jeweils Pyruvat gegeben. Anschließend wurde die Sauerstoffkonzentration gemessen.

1 Erklären Sie die Versuchsergebnisse. ●●○

Oxidative Decarboxylierung von Pyruvat – Unter aeroben Bedingungen wird Pyruvat, das Endprodukt der Glykolyse, aus dem Cytoplasma mithilfe eines Carriers in die Mitochondrienmatrix transportiert. Dort wird der C_3-Körper zu Kohlenstoffdioxid und Wasser abgebaut. An den ersten Reaktionsschritten ist ein Komplex aus mehreren Enzymen beteiligt, der Pyruvatdehydrogenase-Komplex. Durch ihn wird zunächst vom C_3-Körper Pyruvat ein Molekül Kohlenstoffdioxid abgespalten, sodass ein C_2-Körper entsteht. Dabei werden Elektronen freigesetzt, die zusammen mit Wasserstoff auf NAD^+ übertragen werden. NAD^+ wird so zu $NADH + H^+$ reduziert. Gleichzeitig wird der C_2-Körper an das Coenzym A gebunden. Als Produkt entsteht Acetyl-CoA.

Schwermetalle wie Quecksilber hemmen den Pyruvatdehydrogenase-Komplex. So kann Pyruvat nicht zu Acetyl-CoA umgesetzt werden und die Reaktionen des Citratzyklus können nicht ablaufen. Da Nervenzellen ausschließlich Glucose zur Energiegewinnung nutzen, können sie nicht ausreichend ATP gewinnen. In der Folge führt eine Quecksilbervergiftung bei den Betroffenen zu Nervenschädigungen. Diese zeigen sich an Verwirrungen, Unruhe, Nervosität, Zittern und Krämpfen.

Reaktionsverlauf des Citratzyklus – Die oxidative Decarboxylierung des Pyruvats verbindet die Glykolyse mit dem Citratzyklus. Das Coenzym A überträgt dann den C_2-Körper auf Oxalacetat, einen C_4-Körper. So wird das Coenzym A wieder freigesetzt. Als erstes Zwischenprodukt entsteht Citrat. Von diesem C_6-Körper werden nacheinander zwei C_1-Körper in Form von Kohlenstoffdioxid abgespalten. Bei diesen oxidativen Decarboxylierungen werden auch die letzten beiden C-Atome des ursprünglichen C_3-Körpers Pyruvat oxidiert. Die dabei abgegebenen Elektronen werden zusammen mit Wasserstoff-Atomen auf NAD^+-Moleküle übertragen. So entstehen insgesamt zwei Moleküle $NADH + H^+$. Nach der Abspaltung der beiden Kohlenstoffdioxid-Moleküle bleibt von dem C_6-Körper ein C_4-Körper zurück. Dieser wird mithilfe des Coenzyms A in den C_4-Körper Succinat umwandelt. Dabei wird Energie frei, sodass aus einem ADP-Molekül und einer Phosphatgruppe ein ATP-Molekül gebildet werden kann. In den letzten Reaktionsschritten des Citratzyklus wird Succinat zu Oxalacetat umgewandelt. Bei dieser **Regeneration des Akzeptors** werden weitere Elektronen frei. Sie werden zusammen mit Wasserstoff-Atomen auf NAD^+ und FAD übertragen, sodass weitere Moleküle $NADH + H^+$ sowie $FADH_2$ entstehen.

Energiebilanz – Bei der oxidativen Decarboxylierung von Pyruvat und den nachfolgenden Reaktionen im Citratzyklus wird Pyruvat zu drei Molekülen Kohlenstoffdioxid abgebaut. Dabei entstehen insgesamt vier Moleküle $NADH + H^+$, ein Molekül $FADH_2$ und ein Molekül ATP. Da beim Abbau des C_6-Körpers Glucose zwei C_3-Moleküle Pyruvat entstehen, wird der Citratzyklus pro Glucose-Molekül zweimal durchlaufen.

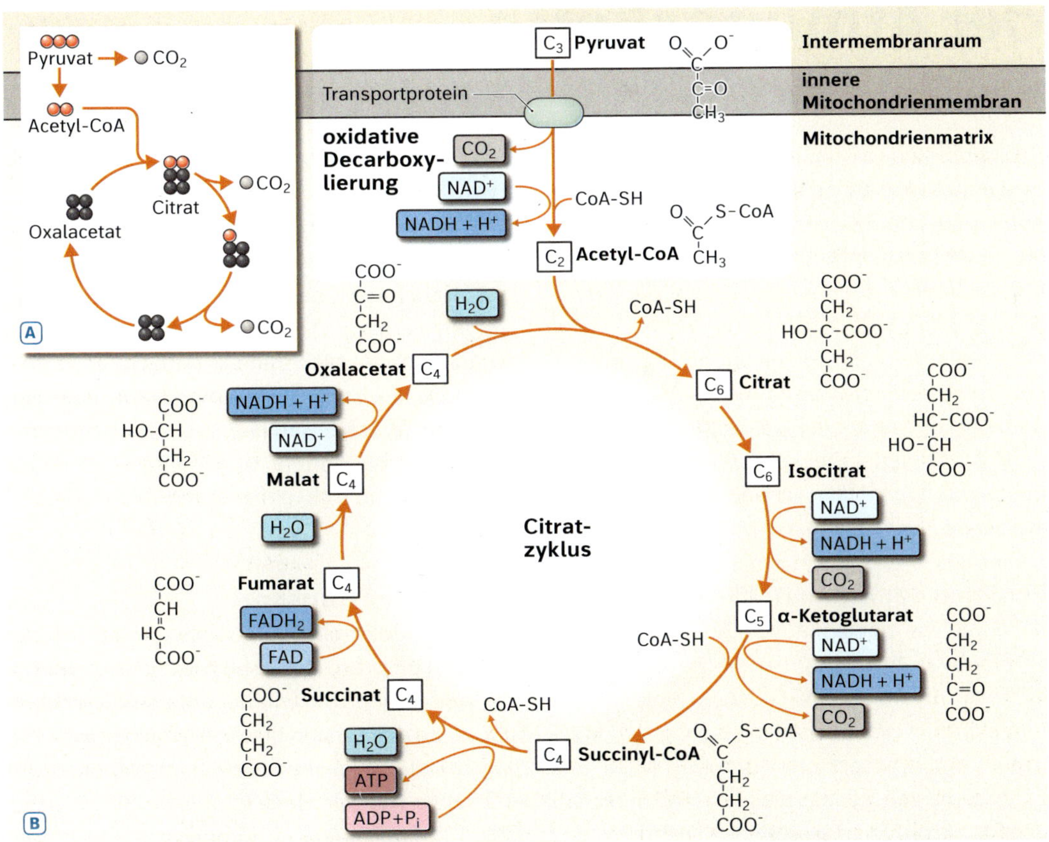

C $$2\ \text{Pyruvat} + 8\ NAD^+ + 2\ FAD + 6\ H_2O + 2\ ADP + P_i \longrightarrow 6\ CO_2 + 8\ NADH + H^+ + 2\ FADH_2 + 2\ ATP$$

2 Oxidative Decarboxylierung von Pyruvat und Citratzyklus: **A** C-Körper-Schema; **B** ausführliches Schema; **C** Bilanzgleichung

1 Wasserstoff – Energieträger der Zukunft?

2.4 Reaktionen der Atmungskette

Reagieren Wasserstoff und Sauerstoff im Labor zu Wasser, wird die gebildete Energie bei dieser Knallgasreaktion explosionsartig freigesetzt. In einem Wasserstoffauto läuft die Reaktion kontrolliert in einer Brennstoffzelle ab. Die chemische Energie wird dabei zum größten Teil in elektrische Energie umgewandelt, mit der ein Elektromotor angetrieben wird. Auch in der Atmungskette reagieren Wasserstoff und Sauerstoff kontrolliert miteinander. Wie läuft diese Reaktion in den Zellen ab und wie wird die frei werdende Energie für diese nutzbar?

Funktion der Atmungskette – Im Laufe der Glykolyse, der oxidativen Decarboxylierung von Pyruvat und des Citratzyklus werden die Kohlenstoff-Atome der Glucose-Moleküle zu Kohlenstoffdioxid oxidiert. Dabei werden Elektronen und Wasserstoff-Atome auf NAD^+ und FAD übertragen, sodass diese zu $NADH + H^+$ sowie $FADH_2$ reduziert werden. $NADH + H^+$ sowie $FADH_2$ übertragen im weiteren Verlauf ihre Elektronen über eine Elektronentransportkette auf Sauerstoff. Zusammen mit dem Wasserstoff der Coenzyme entsteht Wasser. Der Sauerstoff stammt aus der Luft, gelangt über den Blutkreislauf in die Zellen und diffundiert in die Mitochondrien. Die Elektronentransportkette, bei der die Elektronen von den mit Wasserstoff beladenen Coenzymen auf Sauerstoff übertragen werden, heißt **Atmungskette**. Sie findet an der inneren Mitochondrienmembran statt.
In den Mitochondrien erfolgt die Reaktion zwischen Wasserstoff und Sauerstoff in mehreren Einzelreaktionen. Dabei wird die Energie portionsweise freigesetzt und in Form von ATP gespeichert.

Elektronentransport – In die innere Mitochondrienmembran sind vier große Proteinkomplexe integriert. Sie können Elektronen aufnehmen und wieder abgeben. Zwischen ihnen bewegen sich kleine Membranproteine, welche die Elektronen von einem Komplex zum nächsten transportieren.
Am Anfang der Atmungskette gibt das Coenzym $NADH + H^+$ zwei Elektronen an den Komplex I ab. Dabei entstehen NAD^+ sowie zwei Protonen, die an die Matrix der Mitochondrien abgegeben werden. Komplex I

überträgt dann die Elektronen auf Komplex II. Von dort gelangen die Elektronen über bewegliche Membranproteine und Komplex III zu Komplex IV. Von ihm werden die Elektronen an ein Sauerstoff-Atom abgegeben. Es entsteht ein Sauerstoff-Ion, das sich mit zwei Protonen aus der Matrix zu einem Molekül Wasser verbindet.

ATP-Synthese – Werden Elektronen von einem Proteinkomplex an einen anderen abgegeben, wird dabei Energie frei. Diese kann von den Komplexen I, II und IV genutzt werden, um Protonen aus der Matrix in den Intermembranraum zu pumpen. So entsteht dort eine hohe Protonenkonzentration, und der pH-Wert sinkt. Zwischen dem Intermembranraum und der Matrix wird ein Protonengefälle aufgebaut, in dem Energie gespeichert ist. In die innere Mitochondrienmembran sind spezielle Enzyme, die ATP-Synthasen, integriert. Sie sind von einem Kanal durchzogen. Da die innere und äußere Mitochondrienmembran nicht permeabel für Protonen sind, können diese nur durch den Kanal der ATP-Synthasen in die Matrix gelangen. Diffundieren Protonen aufgrund des Konzentrations- und Ladungsgefälles durch den Kanal, wird die in dem Protonengefälle gespeicherte Energie portionsweise freigesetzt. Sie kann von den ATP-Synthasen dazu genutzt werden, eine Phosphatgruppe an ADP zu binden und ATP zu bilden.

Oxidative Phosphorylierung – Da die Phosphorylierung von ADP letztendlich durch die Oxidation von NADH+H^+ und $FADH_2$ angetrieben wird, wird von der **oxidativen Phosphorylierung** gesprochen. Diese Form der ATP-Bildung liefert den größten Teil der bei der Zellatmung entstehenden ATP-Menge. Pro Molekül NADH+H^+ werden drei Moleküle ATP gebildet. Ein Molekül $FADH_2$ liefert nur zwei Moleküle ATP, da seine Elektronen erst am Proteinkomplex II in die Atmungskette eingeschleust werden.

Chemiosmotisches Modell – Die Elektronentransportkette in der inneren Mitochondrienmembran ist also mit der Diffusion von Protonen durch die Membran und dem Aufbau eines osmotischen Protonengefälles gekoppelt. Diese Modellvorstellung trägt daher die Bezeichnung **chemiosmotisches Modell der ATP-Bildung**.

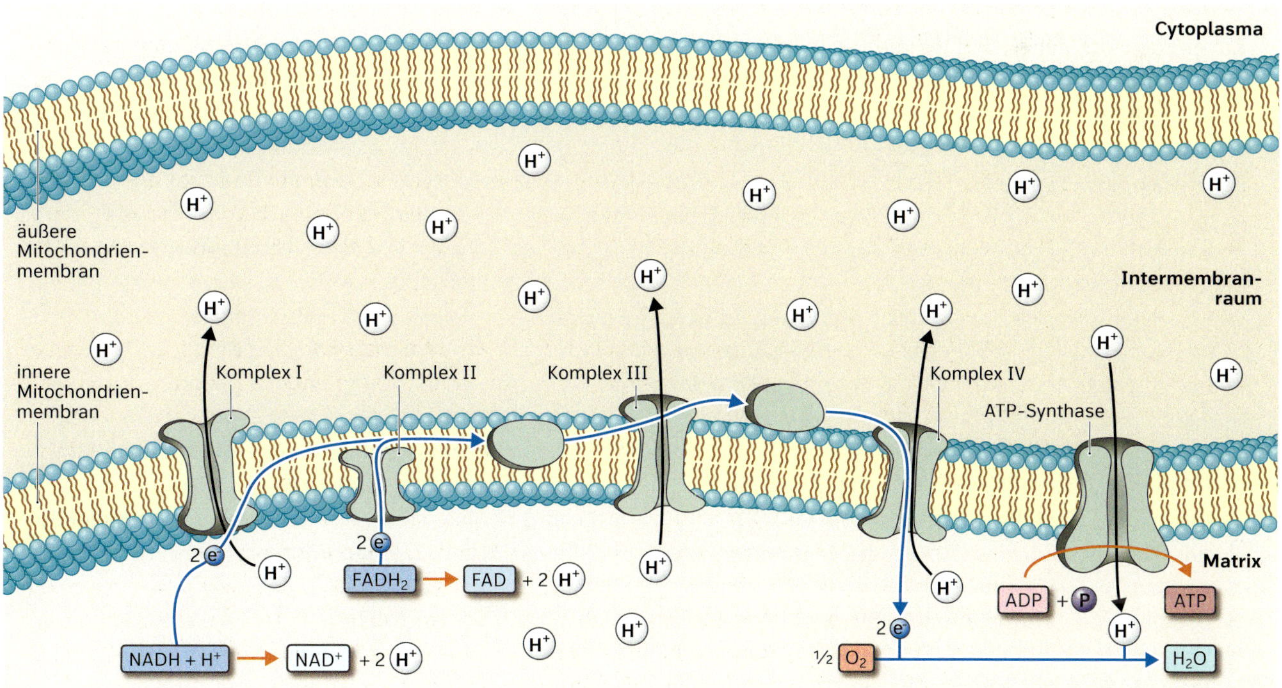

2 Atmungskette und ATP-Bildung

A Versuche zum Citratzyklus

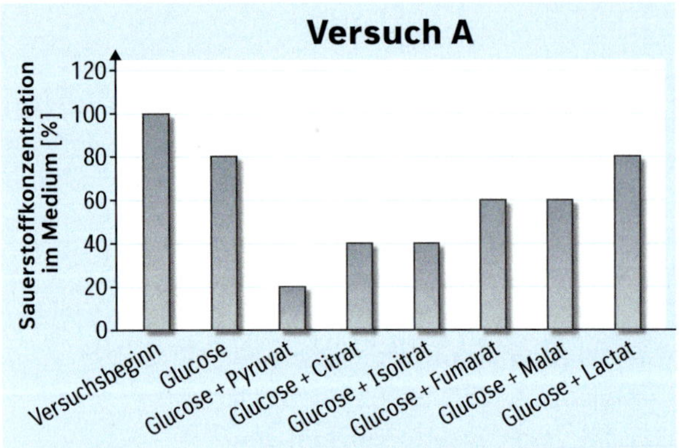

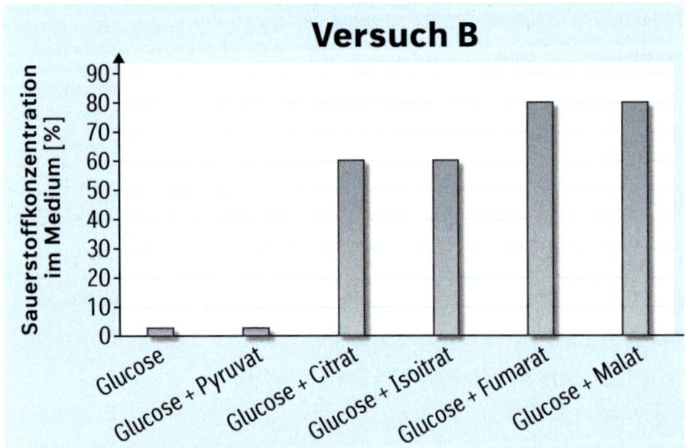

In Versuch A wurde der Einfluss verschiedener organischer Salze auf den Sauerstoffverbrauch von Muskelzellen in einem Kulturmedium untersucht. Dabei wurde dem Medium in Ansatz 1 Glucose zugefügt. In die Ansätze 2 bis 7 erfolgte die Zugabe von Glucose und zusätzlich jeweils ein organisches Salz, etwa Citrat oder Fumarat. Nach 60 Minuten wurde jeweils die Sauerstoffkonzentration im Medium im Vergleich zur Ausgangskonzentration gemessen.
In Versuch B wurde Malonat in das Medium gegeben. Malonat ist ein kompetitiver Hemmstoff der Succinat-Dehydrogenase. Dieses Enzym katalysiert die Reaktion von Succinat zu Fumarat.

1 Erklären Sie den Zusammenhang zwischen dem Citratzyklus und der Atmungskette. ●○○
2 Beschreiben und deuten Sie die Ergebnisse von Versuch A. ●●○
3 Beschreiben und deuten Sie die Ergebnisse von Versuch B im Vergleich zu den Ergebnissen von Versuch A. ●●●

B Arsenvergiftungen

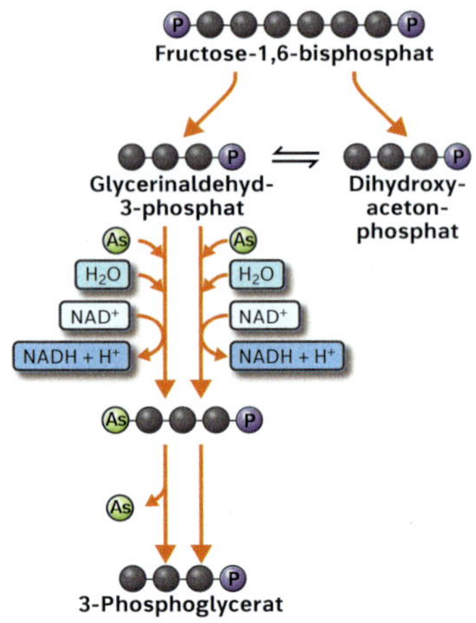

Arsenverbindungen sind sehr giftig. Beim Verschlucken und Einatmen besteht Lebensgefahr. Die unterschiedlichen Arsenverbindungen unterscheiden sich in ihrer Wirkung.

Das **Arsenat-Ion** (AsO_4^{3-}) hat eine ähnliche Struktur wie das Phosphat-Ion. Es kann statt seiner an verschiedenen Stellen im Stoffwechsel eingebaut werden. Die entstehenden Produkte sind jedoch instabil und das Arsenat-Ion wird schnell wieder abgespalten. Das Arsenat-Ion kann aber nicht zur ATP-Bildung genutzt werden. Zellen, die nur die aerobe Glykolyse zum Energiegewinn nutzen können, werden daher durch Arsenat-Ionen schwer geschädigt.
Arsenit-Ionen (AsO_3^{3-}) hemmen das Enzym Pyruvatdehydrogenase, sodass Pyruvat, das Produkt der aeroben Glykolyse, nicht in den Citratzyklus geschleust werden kann. Da unter anderem Nervenzellen keine Fette, sondern nur Glucose als Energiequelle nutzen können, verlieren sie dadurch ihre wichtigste Energiequelle.

1 Beschreiben Sie anhand der Abbildung die Wirkung von Arsenat auf die Glykolyse. ●●○
2 Ermitteln Sie, wie viele ATP-Moleküle pro Molekül Glucose bei einer Arsenatvergiftung durch die Glykolyse gebildet werden. ●●○
3 Ermitteln Sie, wie viele ATP-Moleküle pro Molekül Glucose bei einer Arsenitvergiftung durch die Zellatmung gebildet werden. ●●○

C Erkenntnisgewinn durch Versuche: Aufklärung der ATP-Bildung

Beobachtung

Die Atmungskette steht im Zusammenhang mit der ATP-Bildung

Frage

Wie erfolgt die ATP-Bildung an der inneren Mitochondrienmembran?

Hypothesen

- ATP wird durch Substratkettenphosphorylierung gebildet. Während der Atmungskette wird ein energiereiches Zwischenprodukt gebildet, welches das Substrat der ATP-Synthase ist.
- Die ATP-Bildung erfolgt durch den Abbau des Protonengefälles zwischen Intermembranraum und Matrix.

Versuchsdurchführung

Isolierte Mitochondrien aus einer Pufferlösung mit pH 7 wurden in eine Pufferlösung mit pH 4 übertragen. Die Lösung enthielt weder NADH+H⁺ noch Sauerstoff.

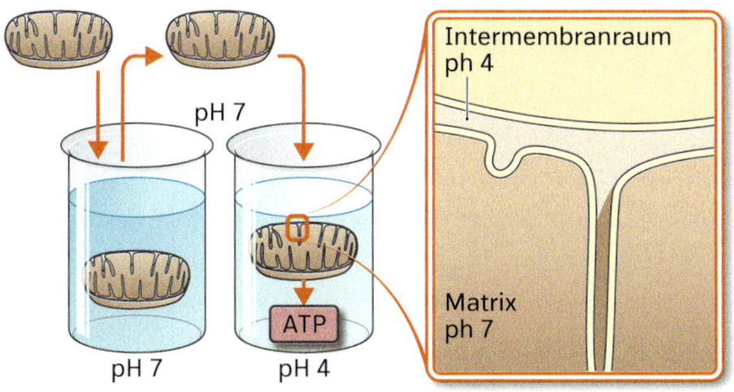

Beobachtung

In den Mitochondrien wurde ATP gebildet.

1 Deuten Sie die Versuchsbeobachtungen. ●●○

2 Geben Sie an, welche der beiden Hypothesen durch den Versuch bestätigt wurde. ●●○

3 Vergleichen Sie die innere und äußere Mitochondrienmembran und erklären Sie daran das Basiskonzept Struktur und Funktion. ●●○

D Wärmebildung im braunen Fettgewebe

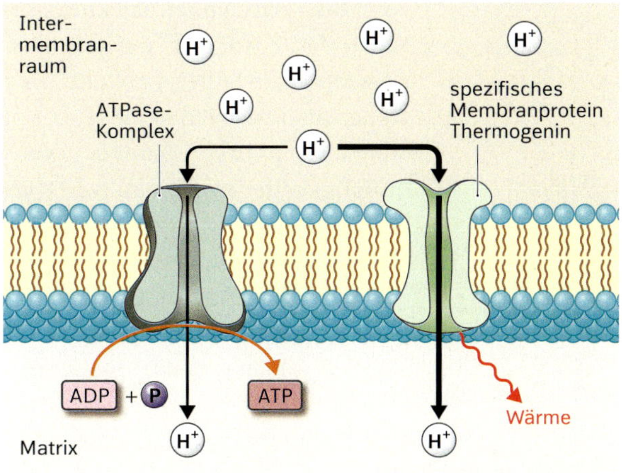

Tiere, die Winterschlaf halten, und menschliche Säuglinge besitzen ein spezielles Fettgewebe, dessen Zellen zahlreiche Mitochondrien enthalten. In diesem braunen Fettgewebe kann Wärme direkt, also ohne Muskelaktivität, erzeugt werden. Aus den inneren Mitochondrienmembranen der Zellen des braunen Fettgewebes konnte das Transmembranprotein Thermogenin isoliert werden.

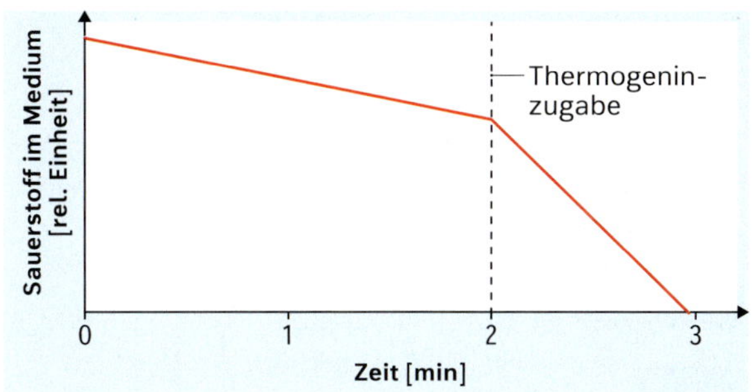

In einem Versuch wurden Mitochondrien in einem pyruvathaltigen Medium aufgeschwemmt und die Sauerstoffkonzentration im Medium bestimmt. Nach zwei Minuten wurde dem Medium Thermogenin zugesetzt.

1 Beschreiben Sie anhand der oberen Abbildung die ATP-Bildung an der inneren Mitochondrienmembran. ●●○

2 Erklären Sie im Vergleich dazu, wie in Zellen des braunen Fettgewebes Wärme erzeugt wird. ●●○

3 Beschreiben und erklären Sie das Versuchsergebnis. ●●●

Gesamtbilanz der Zellatmung

Die Glykolyse liefert pro Molekül Glucose zwei Moleküle NADH + H^+. Bei der oxidativen Decarboxylierung der beiden Pyruvat-Moleküle entstehen zwei, im Citratzyklus sechs Moleküle NADH+H^+. Zusätzlich werden im Citratzyklus zwei Moleküle $FADH_2$ gebildet. Insgesamt entstehen also zehn Moleküle NADH + H^+ und zwei Moleküle $FADH_2$. Daraus werden in der Atmungskette 34 Moleküle ATP gebildet. Die Glykolyse liefert durch die Substratkettenphosphorylierung zwei Moleküle ATP. Im Citratzyklus kommen zwei weitere Moleküle ATP hinzu. Zusammen werden bei der Zellatmung also 38 Moleküle ATP gebildet. Allerdings benötigt der Transport von NADH + H^+ in das Mitochondrium zwei Moleküle ATP. Insgesamt ergibt sich so ein Gewinn von 36 Molekülen ATP pro Molekül Glucose.

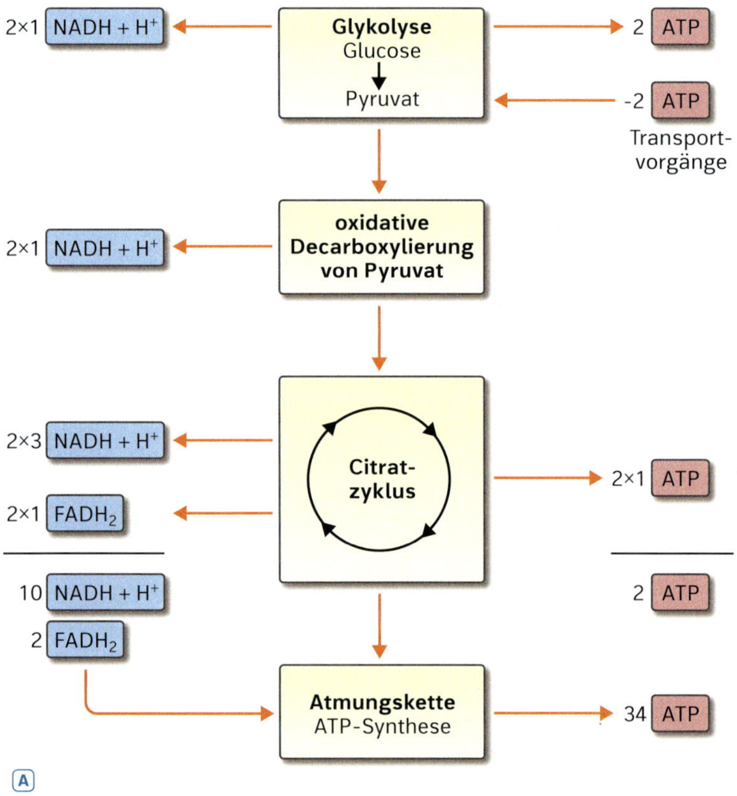

$$\text{Glucose} + 10\ NAD^+ + 2\ FAD + 6\ H_2O + 2\ ADP{+}P_i$$

B $$\rightarrow + 6\ CO_2 + 10\ NADH + H^+ + 2\ FADH_2 + 2\ ATP$$

3 Energie- und Stoffbilanz für den Abbau eines Glucose-Molekül: **A** Übersicht des ATP-Gewinns; **B** Bilanzgleichung

Bei der Phosphorylierung von ADP zu ATP werden etwa 30,6 kJ/mol an freier Energie benötigt. Da bei der Zellatmung insgesamt pro Molekül Glucose 36 Moleküle ATP gebildet werden, führt der vollständige Abbau von Glucose zu Kohlenstoffdioxid und Wasser zu einem Energiegewinn von 1101,6 kJ/mol. Wird Glucose im Labor vollständig zu Kohlenstoffdioxid und Wasser verbrannt, werden insgesamt 2808 kJ/mol frei. Zellen stehen beim vollständigen Abbau von Glucose zu Kohlenstoffdioxid und Wasser also nur etwa 40 Prozent der gespeicherten Energie in Form von ATP zur Verfügung. Die restlichen 60 Prozent werden in Wärme umgewandelt.

Regulation der Zellatmung

Zellen stellen ATP nur in den Konzentrationen her, in denen sie dieses zu einem bestimmten Zeitpunkt benötigen. Mithilfe allosterischer Enzyme können sie sich schnell auf einen veränderten ATP-Bedarf einstellen. ADP- und ATP-Moleküle wirken dabei als Effektoren.

Die Zellatmung wird vorwiegend mithilfe des Enzyms Phosphofructokinase reguliert. Es katalysiert zu Beginn der Glykolyse die Umsetzung von Fructose-6-phosphat in Fructose-1,6-bisphosphat. Bei einer hohen ATP-Konzentration in einer Zelle lagern sich ATP-Moleküle als negative Effektoren an die spezifischen regulatorischen Zentren von Phosphofructokinase-Molekülen und hemmen deren Aktivität. So nimmt die Geschwindigkeit dieser enzymatischen Reaktion ab. Pro Zeiteinheit entstehen also weniger Fructose-1,6-bisphosphat-Moleküle. Für die in der Stoffwechselkette folgende enzymatische Reaktion steht daher weniger Substrat zur Verfügung, sodass auch dieser Schritt und alle nachfolgenden Schritte der Zellatmung mit geringerer Geschwindigkeit ablaufen. Hohe ATP-Konzentrationen in der Zelle hemmen folglich die ATP-Bildung.

Die Regulation der Zellatmung erfolgt also dadurch, dass ein Enzym am Anfang der Stoffwechselkette durch hohe Konzentrationen des Endprodukts der Stoffwechselkette gehemmt wird. Diese Endprodukthemmung ist eine Form der **negativen Rückkopplung**.

Durch hohe ADP-Konzentrationen in der Zelle werden dagegen Phosphofructokinase-Moleküle aktiviert. ADP-Moleküle wirken als positive Effektoren auf die Phosphofructokinase. Sie fördern also die eigene Umsetzung zu ATP. Bei dieser Form der Regulation liegt eine **positive Rückkopplung** vor.

Die Regulation der ATP-Konzentration hält den Energiehaushalt der Zelle im Gleichgewicht. Das Aufrechterhalten von Gleichgewichtszuständen durch Regelungsvorgänge heißt **Homöostase**. Da alle Stoffwechselketten einer Zelle mit der Zellatmung verknüpft sind, wird durch ihre Regulation eine effektive Regulation des Gesamtstoffwechsels einer Zelle möglich.

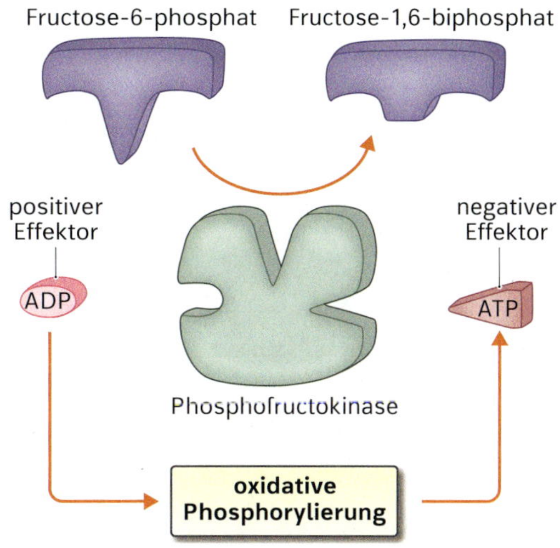

4 Regulation der Zellatmung

MATERIAL MIT AUFGABEN

E Erkenntnisgewinn durch Versuche: Regulation der Atmungskette

Frage
Wie wird die Atmungskette reguliert?

Hypothesen
- durch die Konzentrationen von $NADH + H^+$ und $FADH_2$
- durch die ATP-Konzentration
- durch die ADP-Konzentration

Versuchsdurchführung
Zu isolierten Mitochondrien, die in einem sauerstoffhaltigen Medium $NADH + H^+$, $FADH_2$ und ATP enthielten, wurde ADP gegeben. Dabei wurde der Sauerstoffverbrauch im Verlauf der Zeit gemessen.

Beobachtung

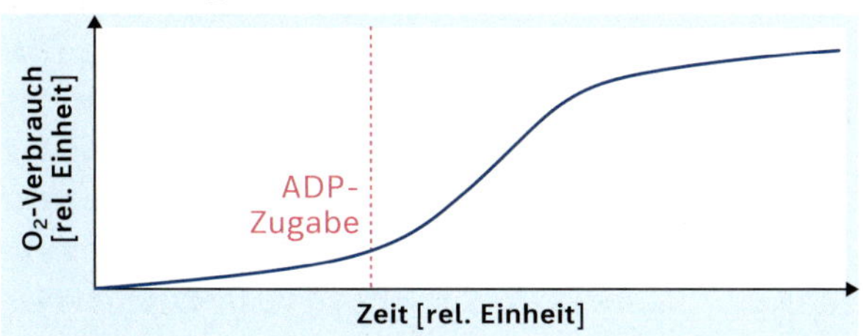

Erkenntnis
In der Atmungskette werden Elektronen nur übertragen, wenn ADP zu ATP phosphoryliert werden kann.

1 Erklären Sie die Versuchsbeobachtungen. ●●○
2 Begründen Sie die Erkenntnis. ●●●

F Regulation der Zellatmung durch Citrat

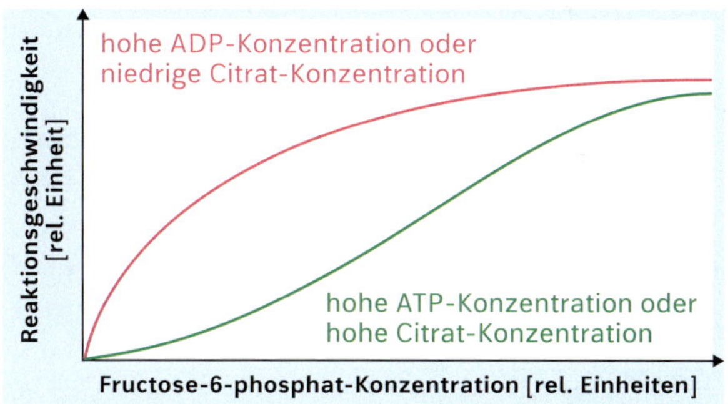

In einem Versuch wurde die Aktivität der Phosphofructokinase in Abhängigkeit von der Substratkonzentration ermittelt. Dabei wurden den Ansätzen jeweils unterschiedliche Konzentrationen von ADP, ATP oder Citrat zugesetzt.

1 Erklären Sie, warum die Reaktionsgeschwindigkeit der Phosphofructokinase mit zunehmender Konzentration von Fructose-6-phosphat steigt und dann einen Sättigungswert erreicht. ●●○
2 Erklären Sie die Regulation der Aktivität der Phosphofructokinase durch ATP. ●●○
3 Erklären Sie die Regulation der Aktivität der Phosphofructokinase durch Citrat. ●●○
4 Prüfen Sie, ob bei der Regulation der Phosphofructokinase durch Citrat eine negative oder positive Rückkopplung vorliegt. ●●○

1 Grünfutter, luftdicht verpackt

2.5 Gärung – anaerober ATP-Gewinn

Grünfutter, etwa Gras oder Mais, wird in der Landwirtschaft häufig zu Silage verarbeitet. Bei der Ballensilage wird das feuchte, zerkleinerte Pflanzenmaterial eng gepresst in Folie eingewickelt. Die an den Pflanzen vorkommenden Milchsäurebakterien werden unter Luftabschluss aktiv und vermehren sich. Sie produzieren Milchsäure, die das Futter konserviert. Wie können diese Bakterien auch ohne Sauerstoff Stoffwechsel betreiben?

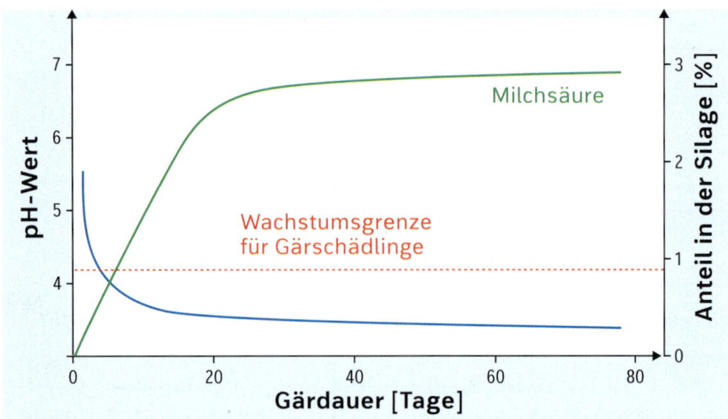

2 Veränderung der Milchsäurekonzentration und des pH-Wertes im Verlauf der Zeit

Gärungen – Bestimmte Lebewesen, etwa Bakterien und Pilze, können Glucose oder andere energiereiche organische Stoffe auch ohne Sauerstoff abbauen und so Energie gewinnen. Solche anaeroben Stoffwechselprozesse werden als **Gärungen** bezeichnet. Während Milchsäurebakterien Glucose nur anaerob abbauen, können Hefepilze sowohl Zellatmung als auch Gärung betreiben. Sie werden als fakultative Anaerobier bezeichnet.

Alle Gärungsarten beginnen mit der Glykolyse, bei der aus einem Glucose-Molekül zwei Moleküle Pyruvat entstehen. Dabei werden insgesamt zwei Moleküle ATP gebildet und zwei Moleküle NAD^+ zu NADH + H^+ reduziert. Unter anaeroben Bedingungen kann das reduzierte Coenzym NADH + H^+ seine Elektronen nicht in die Atmungskette einschleusen, da kein Sauerstoff als Endakzeptor zur Verfügung steht.

Regeneration der Coenzyme – Die Glykolyse käme zum Erliegen, sobald alle Moleküle NAD^+ des Cytoplasmas zu NADH + H^+ reduziert wären. NAD^+ wird jedoch regeneriert. Dies geschieht bei den verschiedenen Lebewesen auf unterschiedliche Weise: Bei der **alkoholischen Gärung**, die beispielsweise in Hefepilzen stattfindet, entsteht aus einem Molekül Pyruvat nach Abspaltung eines Kohlenstoffdioxid-Moleküls zunächst ein Ethanal-Molekül. Dieses wird mit NADH + H^+ zu einem Ethanol-Molekül reduziert. Bei der **Milchsäuregärung** wird das Pyruvat-Molekül direkt durch NADH + H^+ zu Lactat, dem Anion der Milchsäure, reduziert.

Energiebilanz der Gärung – Glucose-Moleküle werden durch Gärungen nur unvollständig abgebaut. Die Endprodukte Ethanol und Lactat sind noch energiereich. Die beiden ATP-Moleküle, die durch Substratkettenphosphorylierung in der Glykolyse gewonnen werden, bilden die gesamte Energieausbeute der Gärung. Das entspricht etwa fünf Prozent der Energiemenge, die bei der Zellatmung gewonnen wird. Die verschiedenen Gärungsarten sind jedoch Stoffwechselwege, durch die ohne Sauerstoff stetig und schnell ATP gewonnen werden kann.

Verschiedene Gärungsarten – Gärung kommt bei verschiedenen Lebewesen vor, in deren Lebensraum zeitweise oder dauerhaft kein Sauerstoff vorhanden ist. Die wichtigsten Gärungsarten sind die Milchsäuregärung und die alkoholische Gärung.
Die Milchsäuregärung findet vorwiegend in Milchsäurebakterien statt. Aber auch Muskelzellen von Säugetieren gewinnen auf diese Weise bei Sauerstoffmangel ATP. Milchsäuregärung wird seit Jahrtausenden genutzt, um Lebensmittel zu konservieren. Zum Beispiel werden dadurch Sauerkraut, Joghurt und verschiedene Käsesorten hergestellt. Bei der Herstellung von Silage vergären Milchsäurebakterien den in den Pflanzen vorkommenden Zucker. Durch die entstehende Milchsäure sinkt der pH-Wert in dem Futter und verhindert, dass sich dort unerwünschte Bakterien und Pilze, Gärschädlinge genannt, vermehren können.
Die alkoholische Gärung durch Hefepilze bildet die Grundlagen für die Herstellung von Bier und Wein. Aber sie kann auch in bestimmten Pflanzenzellen auftreten, etwa in Wurzelzellen, wenn diese durch Staunässe an Sauerstoffmangel leiden.

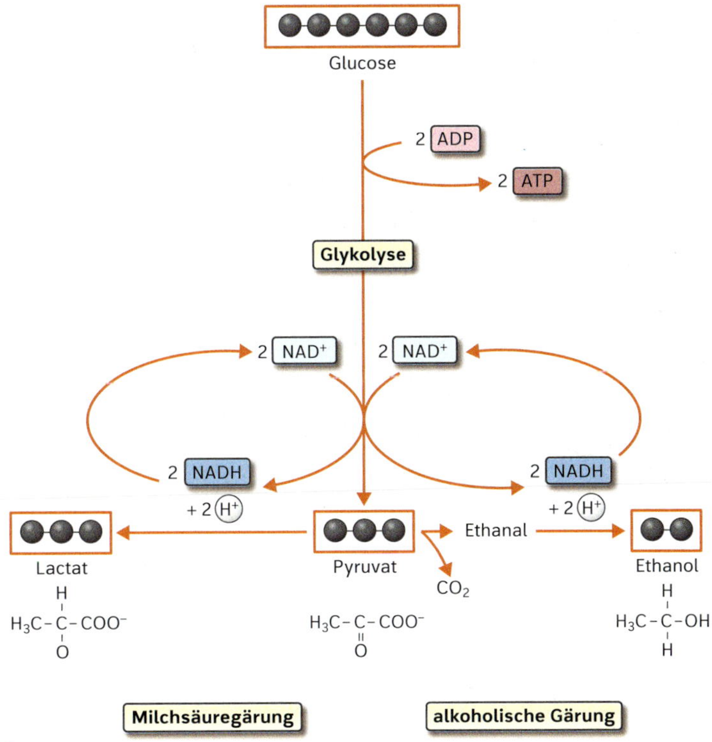

3 Gärungsarten

MATERIAL MIT AUFGABEN

A Vergärbarkeit verschiedener Zucker

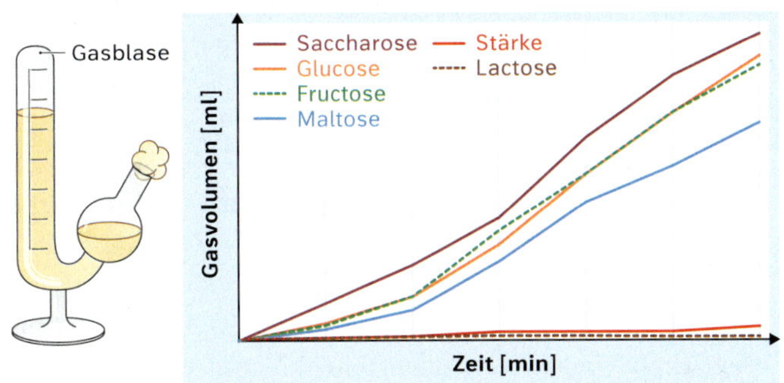

In einem Versuch wurden verschiedene Lösungen mit drei Milliliter einer Hefesuspension versetzt und in Gärröhrchen gefüllt. In Abständen von jeweils fünf Minuten wurde jeweils das Volumen des gebildeten Gases bestimmt.

1 Erklären Sie die Versuchsergebnisse.
2 Planen Sie einen Versuch zur Temperaturabhängigkeit der alkoholischen Gärung.
3 Planen Sie einen Versuch zu der Frage: Warum stoppt die Gärung bei der Weinherstellung, wenn eine Ethanolkonzentration von etwa 15 Prozent erreicht ist?

1 Dickmacher Zucker

2.6 Verknüpfungen im Zellstoffwechsel

Nimmt ein Mensch über längere Zeit zu viel Energie in Form von Zucker zu sich, wird die überschüssige Energie als Fett gespeichert. Mit Übergewicht und Fettleibigkeit ist ein hohes Risiko verbunden, Diabetes mellitus, Herzkreislauferkrankungen und Fettstoffstörungen zu entwickeln. Wie kann im Körper aus Zucker Fett entstehen?

Auf- und abbauende Stoffwechselreaktionen – Im Stoffwechsel einer Zelle finden zeitgleich viele verschiedene Stoffwechselreaktionen statt. Zum Beispiel werden aus einfachen Molekülen in mehreren Schritten komplexe Biomoleküle aufgebaut. Solche aufbauenden Stoffwechselketten werden als anabole Stoffwechselketten bezeichnet. Die Gesamtheit derartiger Reaktionen wird **Anabolismus** genannt. In anderen, sogenannten katabolen Stoffwechselketten werden komplexe Moleküle zu einfacheren Molekülen abgebaut. Die Gesamtheit solcher Stoffwechselreaktionen bezeichnet man als **Katabolismus**.

Katabolismus – Bei katabolen Reaktionen werden in einer ersten Stufe die komplexen Moleküle in ihre Monomere zerlegt: Polysaccharide zu Monosacchariden, Proteine zu Aminosäuren und Fette zu Glycerin sowie Fettsäuren. In dieser Stufe wird noch kein ATP gewonnen.

In einer zweiten Stufe werden die Monomere weiter abgebaut. Dabei wird bereits ein geringer Teil ihrer Energie durch Substratkettenphosphorylierung in ATP umgewandelt. Es entstehen Moleküle wie Pyruvat und Acetyl-CoA sowie verschiedene Zwischenprodukte des Citratzyklus. Werden etwa überschüssige Aminosäuren abgebaut, wird zunächst die Aminogruppe abgespalten. Sie kann in Form von Harnstoff ausgeschieden werden. In Abhängigkeit vom chemischen Aufbau wird der Molekülrest zu Pyruvat, Acetyl-CoA oder einem Zwischenprodukt des Citratzyklus umgebaut und von dort aus weiter abgebaut.

In der dritten Abbaustufe werden die Produkte der zweiten Abbaustufe im Citratzyklus vollständig oxidiert. Die dabei reduzierten Coenzyme werden in der Atmungskette oxidiert. Die freigesetzte Energie kann durch die oxidative Phosphorylierung zur ATP-Synthese genutzt werden. Hierbei entsteht die größte ATP-Menge.

Anabolismus – Wenn in Zellen genug ATP zur Verfügung steht, können die Produkte der ersten und zweiten Abbaustufe auf anabole Stoffwechselwege umgeleitet und für Biosynthesen verwendet werden. Beispielsweise kann Glucose in Form von Glykogen in Leber- und Muskelzellen gespeichert werden. Aminosäuren, die aus dem Abbau von Nahrungsproteinen stammen, können direkt zum Aufbau körpereigener Proteine genutzt werden.

Nimmt ein Mensch übermäßig Energie in Form von Zucker zu sich, reichern sich durch seinen Abbau Acetyl-CoA-Moleküle in den Mitochondrien der Leberzellen an. Sie werden ins Cytoplasma transportiert und dort enzymatisch miteinander zu Fettsäure-Molekülen verknüpft. Diese gelangen dann über das Blut ins Fettgewebe. Dort werden jeweils aus drei Fettsäure-Molekülen und einem Glycerin-Molekül Fett-Moleküle aufgebaut. Das Glycerin-Molekül stammt von Glycerinaldehyd-3-phosphat, einem Zwischenprodukt der Glykolyse. In Fett-Molekülen ist viel Energie gespeichert. Allein für den Aufbau einer Fettsäure aus 16 C-Atomen sind 14 NADPH-Moleküle und sieben ATP-Moleküle notwendig. Die Energie kann wieder genutzt werden, wenn Körperfett abgebaut wird.

Auch die Zwischenprodukte des Citratzyklus sind Bausteine für die Synthese wichtiger Biomoleküle. Dazu gehören Basen der Nucleinsäuren, Fettsäuren und Aminosäuren. In Leberzellen werden bestimmte Aminosäuren gebildet, indem die Aminogruppe von einer überflüssigen Aminosäure abgespalten und auf ein Zwischenprodukt des Citratzyklus übertragen wird. Vor allem Oxalacetat und α-Ketoglutarat dienen so dem Aufbau von Aminosäuren. Acht Aminosäuren kann der Mensch jedoch nicht selbst synthetisieren und muss sie mit der Nahrung aufnehmen. Sie werden als essentielle Aminosäuren bezeichnet, die übrigen als nichtessentielle Aminosäuren.

Katabole und anabole Reaktionen sind über die Energieumsetzungen miteinander verbunden. Die bei katabolen Reaktionen freigesetzte Energie wird von der Zelle zum Antreiben anaboler Reaktionen genutzt.

MATERIAL MIT AUFGABEN

A Verknüpfungen im Zellstoffwechsel

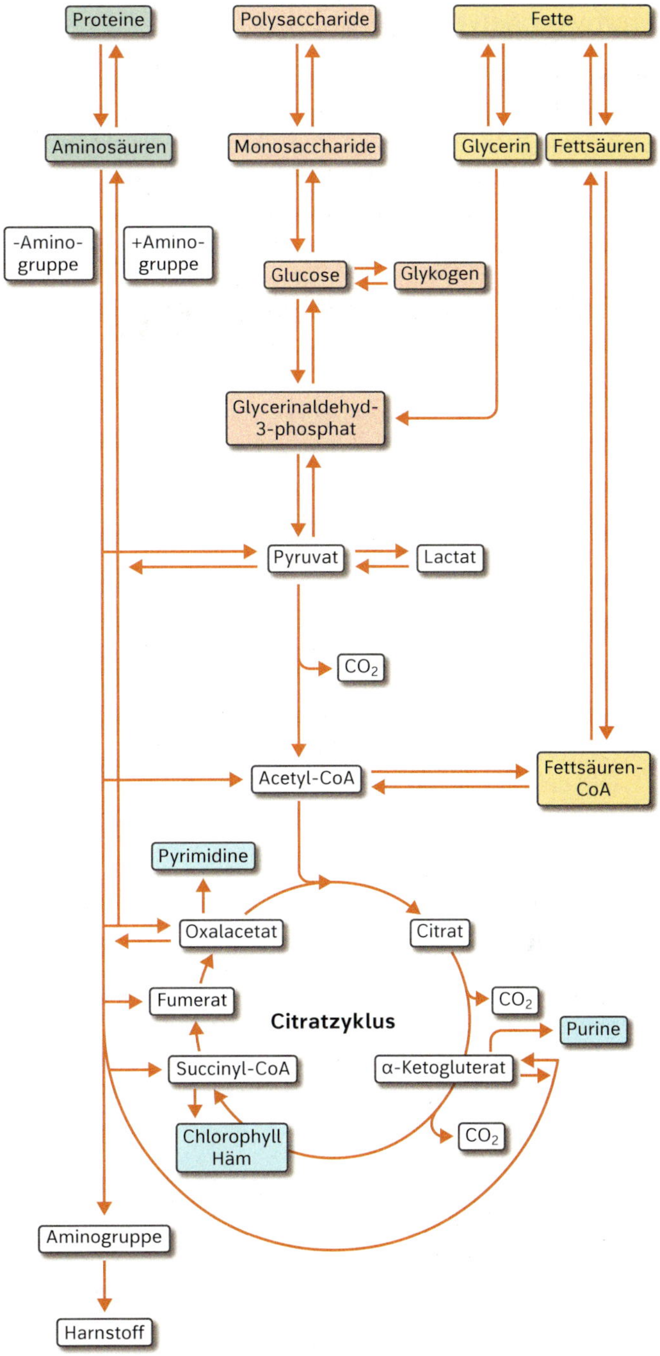

1 Erklären Sie mithilfe der Abbildung, wie aus Aminosäuren Fette aufgebaut werden können. ••○

2 Prüfen Sie, ob aus Fetten Aminosäuren aufgebaut werden können. •••

Klausuraufgaben

Stoffwechselveränderungen in Leberzellen

Alkohol gelangt vorwiegend über die Schleimhaut des Dünndarms ins Blut und von dort über den Blutkreislauf in verschiedene Organe wie Gehirn und Leber. Der Alkoholabbau in Leberzellen und die dadurch bedingten Stoffwechselveränderungen werden in dieser Aufgabe thematisiert.

1.1 Erläutern Sie die Bedeutung des Coenzyms NADH + H^+ für den Stoffwechsel von Zellen.

1.2 Erklären Sie, wie die hohen NADH + H^+ Konzentrationen bei einem übermäßigen Alkoholkonsum in Leberzellen entstehen. (Material A bis C)

1.3 Fassen Sie die Folgen der hohen NADH + H^+-Konzentrationen im Hinblick auf Schädigungen des Körpers zusammen. (Material B)

2.1 Stellen Sie den vollständigen Ethanolabbau in Leberzellen bis zu $CO_2 + H_2O$ als Fließgleichgewicht dar. Verwenden Sie dabei sinnvolle Abkürzungen. (Material A und C)

2.2 Begründen Sie, dass durch die geringe Umsetzung von Acetyl-CoA im Citratzyklus die Umsetzung von Ethanal zu Acetat gehemmt wird. (Material A und C)

2.3 Erklären Sie die Regulation von Enzymen anhand der Modelldarstellung. (Material D)

3 Erörtern Sie, ob Menschen mit Enzymvarianten der Alkoholdehydrogenase durch einen übermäßigen Alkoholkonsum stärker oder weniger stark geschädigt werden als Menschen ohne diese Varianten. (Material E)

A Ethanolabbau in Leberzellen

Der erste Schritt des Ethanolabbaus findet im Cytoplasma der Leberzellen statt. Ethanol wird zu Ethanal, früher auch Acetaldehyd genannt, oxidiert.

$$\text{Ethanol} + \text{NAD}^+ \xrightarrow{\textit{Alkohol-Dehydrogenase}} \text{Ethanal} + \text{NADH} + \text{H}^+$$

Der zweite Schritt des Ethanolabbaus erfolgt in den Mitochondrien der Leberzellen. Ethanal wird dabei zu Acetat oxidiert.

$$\text{Ethanal} + \text{NAD}^+ \xrightarrow{\textit{Aldehyd-Dehydrogenase}} \text{Acetat} + \text{NADH} + \text{H}^+$$

Im dritten Schritt erfolgt die Umwandlung von Acetat in Acetyl-CoA. Dabei wird ATP verbraucht. Acetyl-CoA wird in den Citratzyklus eingeschleust und zu Kohlenstoffdioxid und Wasser abgebaut.

$$\text{Acetat} + \text{Coenzym A} + \text{ATP} \rightarrow \text{Acetyl-CoA} + \text{AMP} + 2\ \text{P}$$

B Schädigung des Körpers

Schädigungen der Leber bei übermäßigem Alkoholkonsum sind unter anderem auf die hohen Konzentrationen von NADH + H^+ in den Leberzellen zurückzuführen. Diese aktivieren Enzyme, die die Umsetzung von Pyruvat zu Lactat katalysieren. Durch die Freisetzung von Lactat ins Blut sinkt der pH-Wert des Blutes. Es wird von einer Übersäuerung gesprochen. Daneben hemmen hohe NADH + H^+-Konzentrationen wichtige regulatorische Enzyme des Citratzyklus. Dies hat zur Folge, dass Acetyl-CoA nur in geringem Maße im Citratzyklus umgesetzt werden kann. Dadurch entwickeln sich hohe Acetyl-CoA-Konzentrationen in den Leberzellen. Sie werden abgebaut und ins Blut abgegeben werden. Dadurch wird die Übersäuerung des Blutes verstärkt.

Durch die geringe Umsetzung von Acetyl-CoA im Citratzyklus wird die Umsetzung von Ethanal zu Acetat gehemmt, sodass sich Ethanal in Leberzellen anreichert. Diese sehr reaktive Verbindung bindet an verschiedene Proteinen, die dadurch in ihren Funktionen beeinträchtigt werden. Bei einem andauernd hohen Alkoholkonsum verursacht Ethanal schwere Leberschäden. Durch hohe

NADH + H⁺-Konzentrationen werden außerdem Enzyme aktiviert, die den Aufbau von Fettsäuren aus Acetyl-CoA katalysieren. Infolgedessen reichern sich Fette in der Leber an. Es wird von einer alkoholbedingten Leberverfettung gesprochen. Wird der Alkoholkonsum nicht deutlich eingeschränkt, kann es im weiteren Verlauf zu Leberentzündungen und schließlich zur Leberzirrhose kommen. Dabei wird ein Großteil des Lebergewebes dauerhaft durch funktionsunfähiges Narbengewebe ersetzt.

C Stoffwechsel in Leberzellen (Ausschnitt)

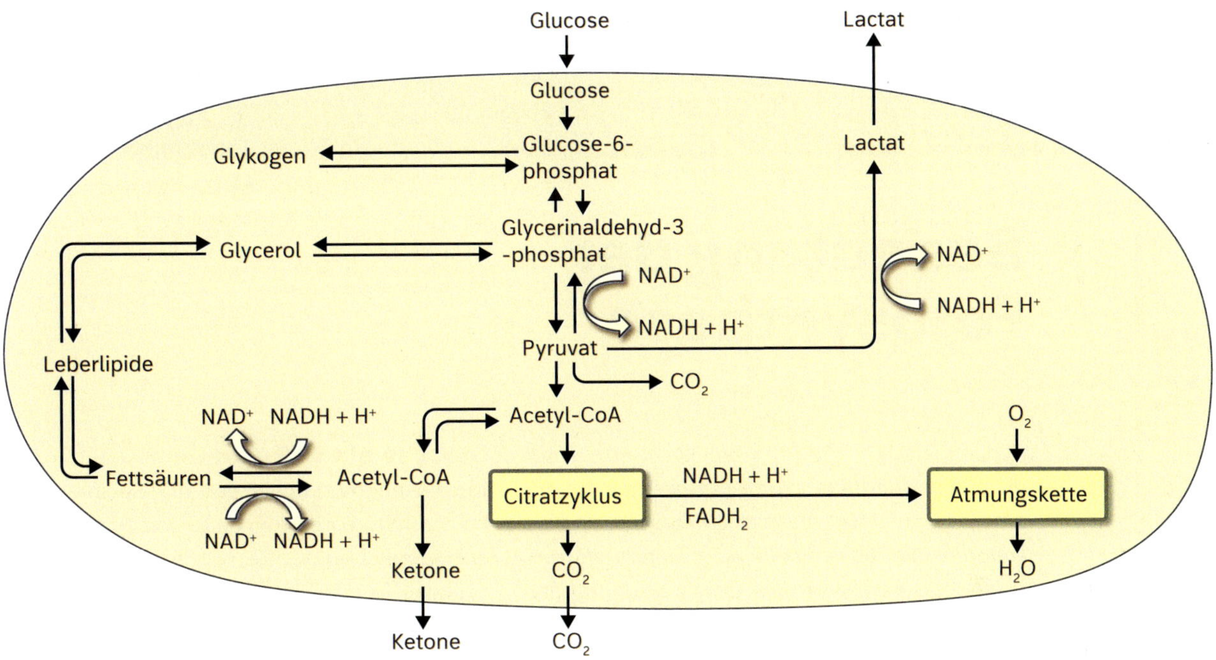

D Regulation von Enzymen

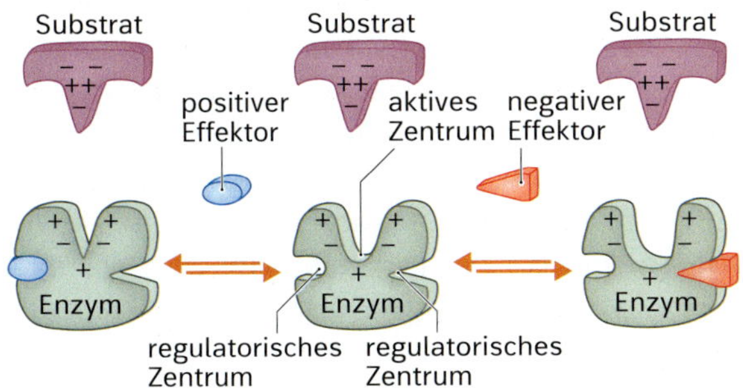

E Enzymvarianten

Menschen bestimmter Bevölkerungsgruppen besitzen genetisch bedingt andere Enzymvarianten der Alkohol-Dehydrogenase und der Aldehyd-Dehydrogenase. Beide Enzyme setzen in dem Fall ihre jeweils spezifischen Substrate mit erhöhter Geschwindigkeit um. Nach der Aufnahme einer bestimmten Menge Alkohol kann bei diesen Menschen ein deutlich geringerer Alkoholgehalt im Blut festgestellt werden, als bei Menschen die diese Enzymvarianten nicht besitzen.

1 Cyanobakterien, wichtige Sauerstoffproduzenten

3.1 Bedeutung der Fotosynthese

Cyanobakterien entwickelten sich vor etwa drei Milliarden Jahren. Sie waren vermutlich die ersten Lebewesen, die Fotosynthese betreiben konnten und dabei molekularen Sauerstoff freisetzten. Warum war dies ein so bedeutender Schritt für das Leben auf der Erde?

griechisch
autos = selbst;
trophe = Ernährung;
hetero = fremd, anders;
phôs = Licht

Energie- und Stoffumwandlungen – Nur fotosynthetisch aktive Lebewesen wie Cyanobakterien und Pflanzen können Licht mithilfe von Chlorophyll absorbieren und die Strahlungsenergie in chemische Energie umwandeln. Diese wird in Form von ATP gespeichert.

Gleichfalls können nur fotosyntheseaktive Lebewesen aus anorganischen Stoffen organische Kohlenwasserstoffverbindungen aufbauen. Dabei wandeln sie mithilfe der im ATP gespeicherten Energie Kohlenstoffdioxid und Wasser zu Glucose und Sauerstoff um. Im Baustoffwechsel werden aus der Glucose zusammen mit Mineralstoffen körpereigene organische Stoffe, etwa Kohlenhydrate, Fette und Proteine gebildet.

Glucose als ATP-Quelle – Können fotosyntheseaktive Lebewesen zum Beispiel nachts kein Licht absorbieren, bauen sie einen Teil ihrer energiereichen Stoffe wieder ab. Sie setzen Glucose in der Zellatmung mit Sauerstoff zu Kohlenstoffdioxid und Wasser um. Das dabei gewonnene ATP liefert dann die Energie für die energieverbrauchenden Reaktionen. Daher werden fotosyntheseaktive Lebewesen als **autotroph**, sich selbst ernährend, bezeichnet.

Wechselseitige Beziehungen – Menschen, Tiere und Pilze müssen energiereiche Stoffe mit der Nahrung aufnehmen. Sie werden als **heterotroph** bezeichnet. Heterotrophe Lebewesen ernähren sich entweder direkt von pflanzlicher Biomasse oder von anderen heterotrophen Lebewesen. Die aufgenommene energiereiche Nahrung wird zunächst zu Glucose und dann im Verlauf der Zellatmung zu den energiearmen Produkten Kohlenstoffdioxid und Wasser abgebaut. Das dabei gewonnene ATP steht nun den Zellen für energieverbrauchende Reaktionen zur Verfügung.

Die Fotosynthese sichert also direkt die Energieversorgung aller fotoautotrophen Lebewesen und indirekt auch die aller heterotrophen Lebewesen. Diese sind zudem auf die Biomasse der fotoautotrophen Lebewesen als Quelle organischer Kohlenwasserstoffverbindungen angewiesen. Heterotrophe Lebewesen nutzen Fotosyntheseprodukte und Zwischenprodukte des Glucoseabbaus und bauen aus ihnen eigene Biomasse auf. Fast die gesamt Biomasse der Erde, einschließlich der Lager fossiler Brennstoffe wie Kohle, Erdöl und Erdgas, wurde und wird durch Fotosynthese gebildet.
Unter den heutigen Bedingungen werden jährlich etwa 440 Milliarden Tonnen Kohlenstoffdioxid von Pflanzen gebunden, davon werden circa 220 Milliarden Tonnen durch die Zellatmung der Pflanzen wieder in die Atmosphäre freigesetzt. Der Rest wird als Biomasse gebunden oder in den Erdboden eingebracht. Zusätzlich liefert die Fotosynthese den Sauerstoff der Erde. Ohne diesen gäbe es heutzutage vermutlich keine höher entwickelten Lebensformen wie Pflanzen und Tiere auf der Erde.

Stoffkreislauf – Der bei der Fotosynthese entstehende Sauerstoff wird von allen Organismen für die Zellatmung benötigt. Ohne Sauerstoff kann die Biomasse fotoautotropher Lebewesen weder als Energiequelle noch als Quelle organischer Kohlenwasserstoffverbindungen genutzt werden. Die Produkte der Zellatmung, Kohlenstoffdioxid und Wasser, stehen wiederum den autotrophen Lebewesen als Ausgangsstoffe für die Fotosynthese zur Verfügung. Dies wird als Stoffkreislauf zwischen den autotrophen und heterotrophen Lebewesen bezeichnet.

Energieentwertung – Wie bei allen Stoffwechselreaktionen und Energieumwandlungen wird auch bei der Fotosynthese, der Zellatmung und beim Stoffkreislauf zwischen autotrophen und heterotrophen Organismen ein Teil der Energie in Wärme umgewandelt. Diese kann von Lebewesen nicht für weitere Energieumwandlungen genutzt werden und geht daher verloren. Letztendlich wird die gesamte bei der Fotosynthese absorbierte Energie wieder als Wärme in das Weltall abgestrahlt.

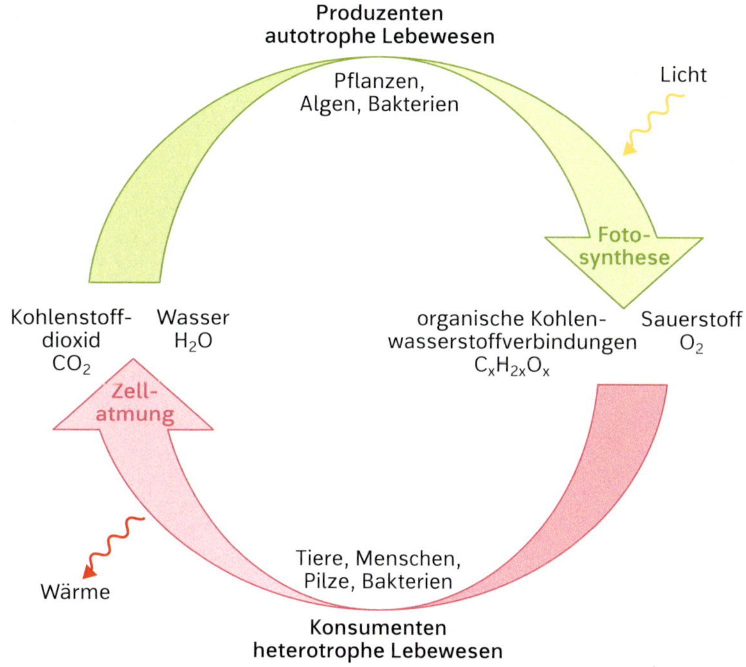

2 Beziehungen zwischen autotrophen und heterotrophen Lebewesen

MATERIAL MIT AUFGABEN

A Kohlenstoffdioxid-Verbrauch von Gerstenpflanzen

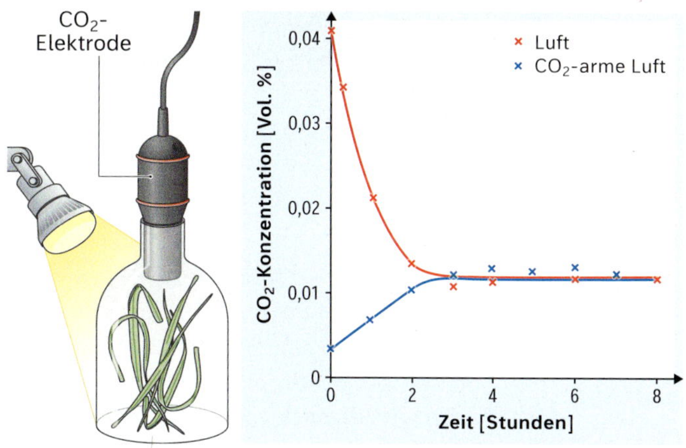

In einem Versuch wurden Gerstenpflanzen in ein Glasgefäß eingeschlossen, belichtet und dabei die Konzentration an Kohlenstoffdioxid bestimmt. Das Gefäß war im ersten Ansatz mit Luft gefüllt, im zweiten mit kohlenstoffdioxidarmer Luft.

1 Erklären Sie die Versuchsbeobachtungen. •••
2 Prüfen Sie, ob die Pflanzen bei ausreichender Versorgung mit Wasser und Mineralstoffen langfristig überleben können. •••

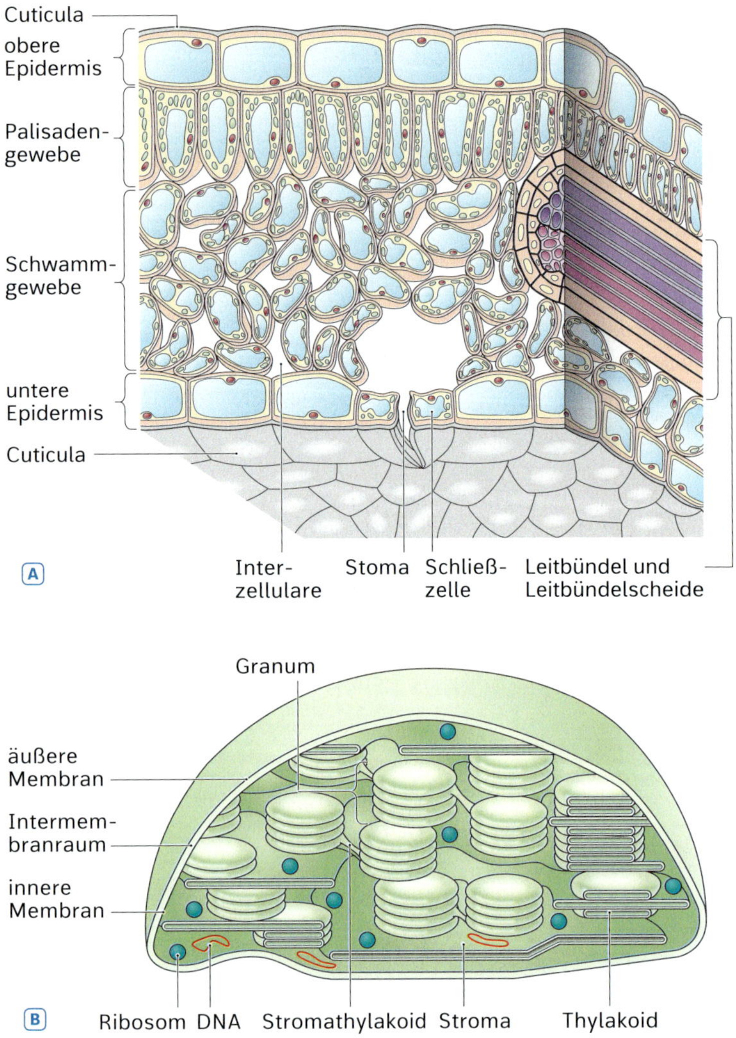

3 Laubblatt: **A** Querschnitt (Schema); **B** Chloroplast (Schema)

Laubblätter – Orte der Fotosynthese

Bei Pflanzen findet die Fotosynthese vor allem in den Blättern statt. Blätter, wie etwa Buchenblätter, bei denen eine Blattober- und Blattunterseite deutlich voneinander zu unterscheiden sind, werden als **bifaziale Laubblätter** bezeichnet. Beide Seiten werden von einer Schicht lückenlos aneinandergrenzender Zellen, der **Epidermis**, begrenzt. Die Epidermiszellen enthalten keine Chloroplasten. Sie sind mit einer wachsartigen Schicht, der **Cuticula**, überzogen. Diese schützt das Blatt vor dem Verlust von Wasser durch Verdunstung. Die Epidermis auf der Blattunterseite enthält zahlreiche Spaltöffnungen, die **Stomata**. Sie werden von zwei bohnenförmigen **Schließzellen** gebildet. Während die Epidermiszellen keine Chloroplasten enthalten, befinden sich in den Schließzellen Chloroplasten. Die Schließzellen regulieren die Aufnahme von Kohlenstoffdioxid sowie die Abgabe von Wasserdampf und Sauerstoff.

Zwischen der oberen und unteren Epidermis liegt das fotosynthetisch aktive Gewebe. Es besteht meistens aus zwei Gewebeschichten. In der oberen Gewebeschicht, dem **Palisadengewebe**, sind säulenförmige Zellen dicht nebeneinander angeordnet. Sie enthalten zahlreiche Chloroplasten. Im Palisadengewebe findet der Hauptanteil der Fotosynthese eines Blattes statt.

Unter dem Palisadengewebe liegt eine zweite Gewebeschicht, das **Schwammgewebe**. Seine unregelmäßig geformten Zellen enthalten deutlich weniger Chloroplasten als die Zellen des Palisadengewebes. Zwischen den Zellen des Schwammgewebes befinden sich große Zwischenräume, die **Interzellularen**. Diese stehen untereinander und über die Stomata mit der Außenluft in Verbindung. Das Schwammgewebe dient vorwiegend dem Gasaustausch. Die Blätter einer Buche mit einem Kronendurchmesser von beispielsweise 15 Metern besitzen eine gesamte Blattoberfläche von etwa 1600 Quadratmetern. Diese wäre für den Gasaustausch der Buche zu klein. Durch die Interzellularen erhöht sich die Austauschfläche der Gase um den Faktor 10 auf etwa 16 000 Quadratmeter. Dadurch wird ein ausreichender Gasaustausch für die Fotosynthese ermöglicht.

Zwischen dem Palisaden- und Schwammgewebe liegen **Leitbündel**, die beim Betrachten der Blattunterseite als Adern zu erkennen sind. Ein Teil von ihnen, das **Xylem**, transportiert Wasser sowie darin gelöste Mineralstoffe vom Boden durch die Sprossachse zum Blatt. Der andere Teil, das **Phloem**, leitet die Fotosyntheseprodukte in die Sprossachse. Die Leitbündel sind in der Regel von Zellen mit verdickten Zellwänden umgeben. Dieses Festigungsgewebe enthält keine Interzellularen und bildet eine **Leitbündelscheide**.

▶ **Bau der Chloroplasten** – Im elektronenmikroskopischen Bild ist zu erkennen, dass Chloroplasten von einer äußeren und inneren Membran umgeben sind, zwischen denen ein schmaler Intermembranraum liegt. In der Grundsubstanz der Chloroplasten, dem **Stroma**, liegen zahlreiche abgeflachte Membransäckchen, die **Thylakoide**. Sie bilden abgegrenzte Reaktionsräume. Befinden sich die Thylakoide einzeln im Stroma, werden sie **Stromathylakoide** genannt.

In manchen Bereichen der Chloroplasten sind die Thylakoide geldrollenartig übereinander gestapelt. Diese Strukturen werden als **Grana** bezeichnet, die entsprechenden Thylakoide werden **Granathylakoide** genannt. In den Thylakoidmembranen sind die Blattfarbstoffe eingelagert. Im Stroma der Chloroplasten befinden sich neben den Thylakoiden auch ringförmige DNA-Moleküle, Ribosomen, Enzyme sowie Fetttröpfchen und Stärkekörner.

MATERIAL MIT AUFGABEN

B Blattquerschnitt des Efeus, *Hedera helix*

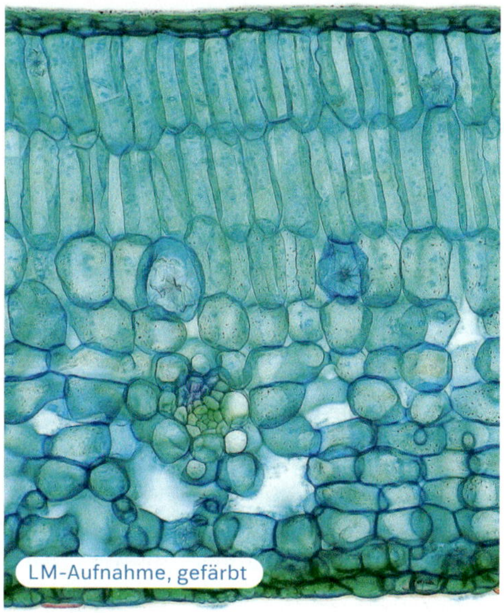

LM-Aufnahme, gefärbt

1 Skizzieren Sie auf der Grundlage der Abbildung den Aufbau des Efeublattes. ●●○
2 Fertigen Sie eine mikroskopische Zeichnung des Querschnitts eines Efeublattes an und beschriften Sie die erkennbaren Strukturen. ●●○
3 ▶ Fertigen Sie Blattquerschnitte von Laubblättern der Rotbuche an und vergleichen Sie den Blattaufbau von Efeu und Rotbuche. ●●○
4 Erklären Sie am Aufbau eines Laubblattes den Zusammenhang zwischen Struktur und Funktion. ●●○

C Blattquerschnitt der Waldkiefer, *Pinus sylvestris*

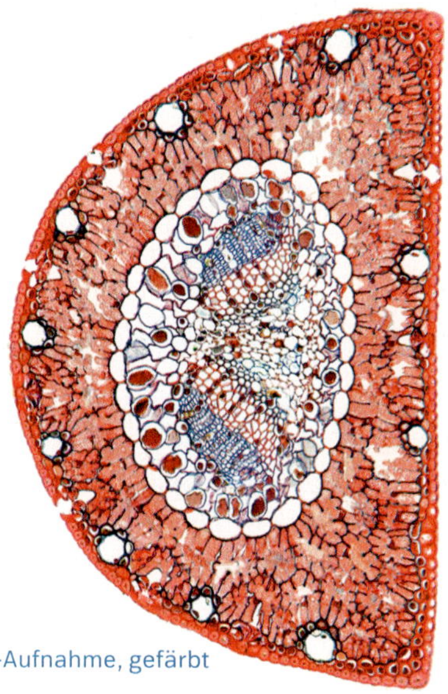

LM-Aufnahme, gefärbt

1 Skizzieren Sie auf der Grundlage der Abbildung den Aufbau eines Nadelblattes der Waldkiefer und beschriften Sie die erkennbaren Strukturen. ●●○
2 Vergleichen Sie den Blattaufbau von Efeu mit dem der Waldkiefer anhand der Abbildungen. ●●○
3 Erklären Sie am Aufbau eines Nadelblattes den Zusammenhang zwischen Struktur und Funktion. ●●○

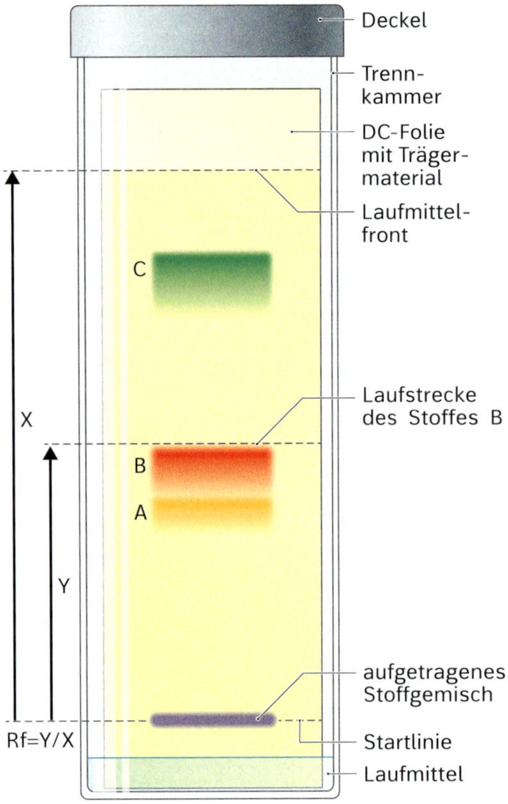

4 Dünnschichtchromatografie eines Stoffgemisches

Auftrennung von Blattfarbstoffen

Das Blattgrün besteht aus einem Gemisch verschiedener Blattfarbstoffe wie Chlorophyll a und b. Diese lassen sich mithilfe der Chromatografie trennen. Bei dieser Arbeitstechnik wird das zu trennende Stoffgemisch von einer beweglichen, **mobilen Phase** durch eine nicht bewegliche, **stationäre Phase** transportiert. Die Trennung des Gemisches beruht darauf, dass sich die einzelnen Bestandteile unterschiedlich gut in der mobilen Phase lösen und verschieden stark an die stationäre Phase anlagern, adsorbieren. Je besser sich ein Stoff in der mobilen Phase löst und je schwächer er an die stationäre Phase adsorbiert, umso schneller fließt er mit der mobilen Phase durch die stationäre Phase. Das Fließen der mobilen Phase wird zum Beispiel durch Druck oder durch Kapillarkräfte erreicht. Je nach den verwendeten mobilen oder stationären Phasen werden verschiedene Chromatografieverfahren unterschieden, zum Beispiel Papierchromatografie, Dünnschichtchromatografie oder Gaschromatografie.

Dünnschichtchromatografie – Bei der Dünnschichtchromatografie, abgekürzt DC, wird die stationäre Phase von Aluminium- oder Siliciumdioxid gebildet. Dieses Trägermaterial ist als gleichmäßige Schicht auf eine Trägerfolie oder Trägerplatte aus Aluminium oder Glas aufgetragen. Die mobile Phase, auch Fließ- oder Laufmittel genannt, besteht in der Regel aus Gemischen polarer und unpolarer Lösungsmittel. Als polares Lösungsmittel eignen sich zum Beispiel Wasser und Alkohole, als unpolares Lösungsmittel Petrolether oder Benzin.

Das zu trennende Stoffgemisch wird an einer Startlinie der DC-Folie als Linie oder Fleck aufgetragen. Danach wird die Folie in eine Trennkammer mit dem Laufmittel gestellt. Nur im unteren Bereich taucht die DC-Folie in das Laufmittel ein. Dieses steigt über Kapillarkräfte in der stationären Phase nach oben und durchfließt dabei das Stoffgemisch. Die einzelnen Bestandteile des Gemisches sind Wechselwirkungen mit der stationären Phase und der mobilen Phase ausgesetzt. Je nach Stärke der unterschiedlichen Wechselwirkungen trennt sich das Gemisch in verschiedene Bestandteile auf. Diese werden vom Laufmittel mit einer stoffspezifischen Geschwindigkeit durch die stationäre Phase transportiert. Erreicht die Laufmittelfront das Ende der DC-Folie, wird sie aus der Trennkammer genommen. Die Laufstrecken der aufgetrennten Gemischbestandteile werden anschließend markiert und ausgemessen.

Auswertung – Die aufgetrennten Bestandteile des Stoffgemisches lassen sich über den Rf-Wert (*englisch* **r**etention **f**actor: Verzögerungsfaktor) identifizieren. Er ist für jede Substanz in einem bestimmten Trennsystem eine charakteristische Größe. Um den Rf-Wert zu bestimmen, wird die zurückgelegte Strecke des Stoffes (Y) durch die des Laufmittels (X) dividiert. Für viele Stoffe ist der Rf-Wert tabelliert und der jeweilige Stoff kann so identifiziert werden. Allerdings variieren die gemessenen Rf-Werte je nach Probenmenge, Laufmittel und Temperatur. Meistens lässt man daher zum Vergleich bekannte Substanzen bei einer Chromatografie mitlaufen.

D Erkenntnisgewinn durch Versuche: Chromatografie von Blattfarbstoffen

Versuchsfrage
Welche Farbstoffe sind in Spinatblättern enthalten?

Material
Extrakt aus frischen Spinatblättern, Laufmittel aus Petrolether, Propan-2-ol und demineralisiertem Wasser im Verhältnis 100:10:0,25, Trennkammer mit Deckel, DC-Platte, Bleistift, Glaskapillare

Versuchsdurchführung
In die Trennkammer wird etwa ein Zentimeter hoch Laufmittel gefüllt. Auf die DC-Platte wird etwa zwei Zentimeter vom unteren Rand entfernt eine Startlinie gezeichnet, ohne dabei das Trägermaterial zu beschädigen. Dann wird mit der Glaskapillare Blattextrakt aufgenommen und daraus eine Linie direkt oberhalb der Startlinie aufgetragen. Nachdem diese getrocknet ist, wird erneut Blattextrakt auf dieselbe Linie aufgetragen. Der Vorgang wird mehrfach wiederholt, bis eine dunkelgrüne Bande vorliegt. Anschließend wird die DC-Platte in der Trennkammer ins Laufmittel gestellt. Dabei darf die Blattextraktlinie nicht in das Laufmittel tauchen. Die Trennkammer wird mit dem Deckel geschlossen.

Versuchsbeobachtungen

Chromatogramm nach drei Minuten

Chromatogramm zum Ende des Versuchs

1 Beschreiben Sie die Beobachtungen.
2 Erklären Sie die Beobachtungen.
3 Ermitteln Sie die Rf-Werte der verschiedenen Blattfarbstoffe von Spinat und identifizieren Sie diese.
Rf-Werte verschiedener Blattfarbstoffe:
Carotin: 0,96; Chlorophyll a: 0,33;
Chlorophyll b: 0,17; Lutein: 0,09
4 Erklären Sie, warum ein schnell wandernder Stoff einen hohen Rf-Wert und ein langsam wandernder Stoff einen niedrigen Rf-Wert hat.
5 Erklären Sie, warum polare Stoffe in stark polaren Lösungsmitteln wie Wasser einen besonders hohen Rf-Wert haben, in unpolaren Lösungsmitteln wie etwa Benzin dagegen einen niedrigen Rf-Wert.
6 Untersuchen Sie, wie viele verschiedene Blattfarbstoffe in roten Blättern der Blutbuche oder Blutpflaume enthalten sind.

1 Chlorophyll-Lösungen:
A bei Tageslicht; **B** im UV-Licht

3.2 Blattfarbstoffe absorbieren Licht

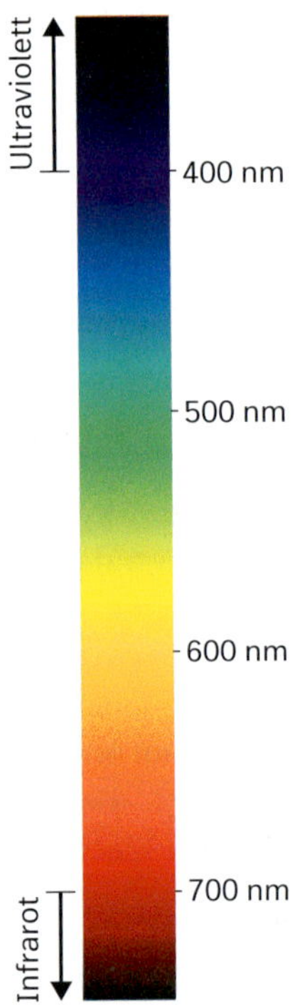

2 Spektrum des sichtbaren Lichts

Wird eine Lösung von Blattfarbstoffen mit UV-Licht bestrahlt, fluoresziert die Lösung rot. Wie ist diese Beobachtung zu erklären?

Licht – Das Spektrum der elektromagnetischen Strahlung wird in Wellenlängenbereiche unterteilt. Der Wellenlängenbereich, den ein Mensch mit den Augen wahrnehmen kann, wird als **Licht** bezeichnet. Fällt Licht durch ein Glasprisma, wird es in die Regenbogenfarben oder Spektralfarben zerlegt. Die unterschiedlichen Farben entsprechen dabei Licht der Wellenlängen von 400 bis 750 Nanometer.

Fotosynthesepigmente – Blätter enthalten verschiedene Blattfarbstoffe, die an der Fotosynthese beteiligt sind. Wichtige Vertreter dieser Fotosynthesepigmente sind die grünen Chlorophylle a und b sowie die gelb- und orangefarbenen Carotinoide und Xantophylle. Andere Farbstoffe wie die violetten, roten und blauen Anthocyane, zum Beispiel in Blüten und Früchten, schützen vor UV-Strahlung.

Chlorophyll-Moleküle enthalten ein Ringsystem, in dem ein Magnesium-Ion zentral gebunden ist. Zwischen den Kohlenstoff-Atomen des Ringsystems kommen abwechselnd Einfach- und Doppelbindungen vor. Solche konjugierten Doppelbindungen sind für alle Fotosynthesepigmente charakteristisch.

Absorptionsspektrum – Wird eine Chlorophyll-Lösung in den Lichtstrahl zwischen Lichtquelle und Prisma gehalten, fehlen in dem Spektrum die Farben Blau und Orangerot. Das Licht dieser Wellenlängenbereiche wird von Chlorophyll-Molekülen absorbiert. Grünes Licht wird kaum absorbiert, sondern durchgelassen oder reflektiert. Ein typisches Laubblatt erscheint deshalb grün.

Um die Lichtabsorption der verschiedenen Blattfarbstoffe genauer zu bestimmen, werden diese isoliert und die einzelnen Farbstoff-Lösungen nacheinander mit Licht verschiedener Wellenlängen bestrahlt. Bei jeder Wellen-

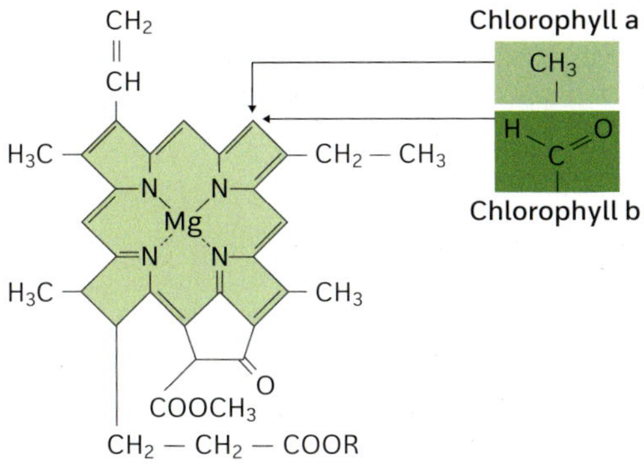

3 Strukturformel von Chlorophyll a und b

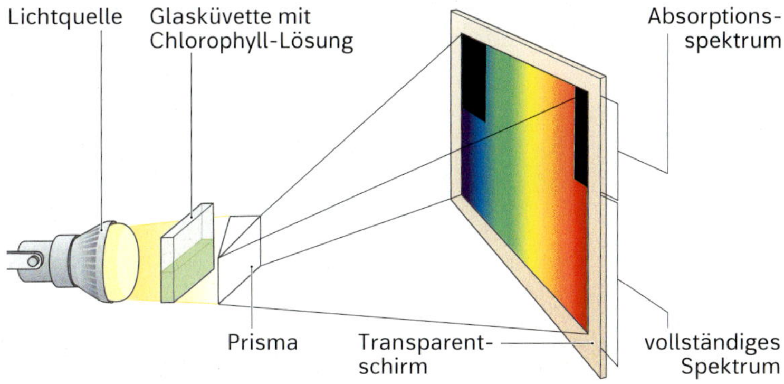

4 Lichtabsorption durch eine Chlorophyll-Lösung

länge wird die Absorption gemessen und in einer Grafik aufgetragen, wie viel Prozent des eingestrahlten Lichts jeweils von dem Blattfarbstoff absorbiert wurde. So erhält man **Absorptionsspektren**. Diese zeigen, dass die Moleküle Chlorophyll a und b im Wesentlichen blaues und rotes Licht absorbieren, während Carotinoide nur blau-grünes Licht absorbieren.

Anregung von Elektronen – Bei der Lichtabsorption werden Farbstoff-Moleküle angeregt. Dabei gelangen Elektronen der konjugierten Doppelbindungen mithilfe des Lichts vom Grundzustand auf ein energiereicheres Niveau. In einem Chlorophyll-Molekül existieren unterschiedlich energiereiche Niveaus. Bei der Absorption von rotem Licht können Elektronen auf das erste Niveau wechseln. Durch das energiereichere blaue Licht können sie auf das zweite Niveau gelangen. Ein Elektron verbleibt immer nur für sehr kurze Zeit auf dem energiereicheren Niveau und fällt schnell wieder auf den Grundzustand zurück. Die dabei freiwerdende Energie wird als Wärme oder Fluoreszenzlicht abgegeben. Erkennbar wird die Fluoreszenz beispielsweise, wenn eine grüne Chlorophyll-Lösung mit UV-Licht bestrahlt wird. Diese fluoresziert dann Rot.

Bei der Fotosynthese kann auch durch die Energie, die bei der Rückkehr eines Elektrons in den Grundzustand abgegeben wird, ein Elektron in einem benachbarten Farbstoff-Molekül auf ein energiereicheres Niveau wechseln. Durch einen solchen **Energietransfer** kann die absorbierte Energie von Farbstoff-Molekül zu Farbstoff-Molekül weitergegeben werden.

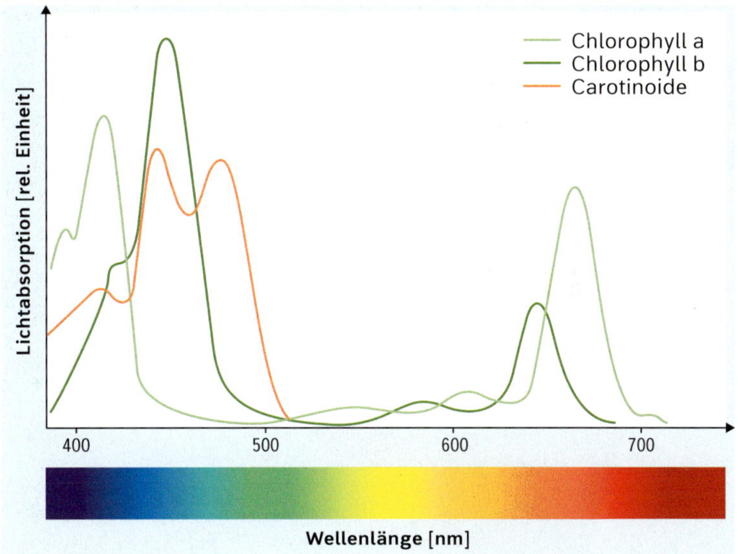

5 Absorptionsspektrum von Chlorophyll a und b sowie der Carotinoide

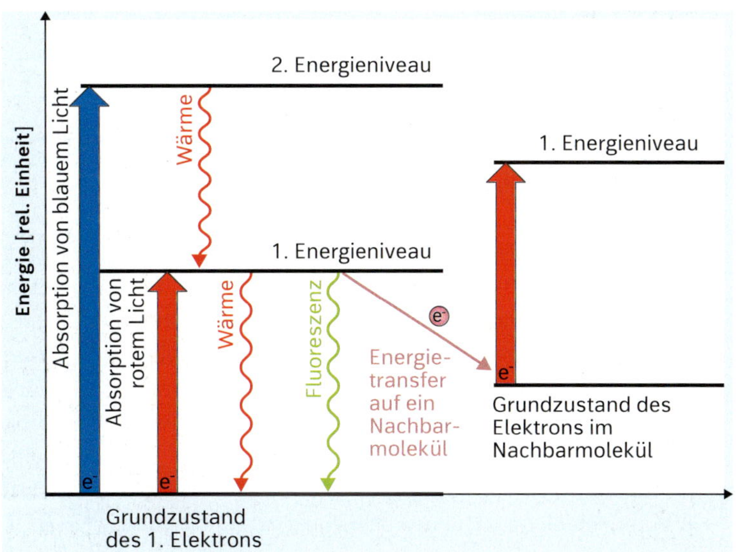

6 Lichtabsorption und Energietransfer

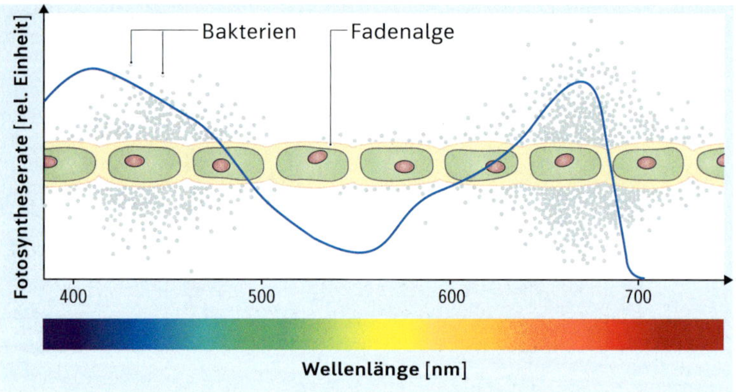

7 Wirkungsspektrum einer Fadenalge

Wirkungsspektrum – In einem klassischen Experiment untersuchte der Biologe Theodor Wilhelm ENGELMANN den Einfluss von Licht verschiedener Wellenlängen auf die Fotosyntheserate. Mithilfe eines Prismas spaltete er dazu das Sonnenlicht in die Spektralfarben auf und bestrahlte damit die grüne Fadenalge *Spirogyra*. In dem Versuch sammelten sich hinzugegebene aerobe Bakterien vor allem an den Zellen der Alge, die mit blauem oder orangerotem Licht bestrahlt wurden. Diese setzten aufgrund einer hohen Fotosyntheserate am meisten Sauerstoff um. Wird die Fotosyntheserate einer Pflanze oder eines Blattes in Abhängigkeit von der Wellenlänge des eingestrahlten Lichts gemessen und das Ergebnis grafisch dargestellt, erhält man ein **Wirkungsspektrum**. Es zeigt, dass die Fotosyntheserate von Pflanzen bei etwa 450 und 680 Nanometer maximal ist.

Ein Vergleich von Wirkungsspektren und Absorptionsspektren zeigt, dass die Maxima der Wirkungspektren den Absorptionsspektren von Chlorophyll a und b entsprechen. Daran wird deutlich, dass die Chlorophyll-Moleküle a und b die zentralen Fotosynthesepigmente sind.

MATERIAL MIT AUFGABEN

A Lichtabsorption durch verschiedene Algenarten

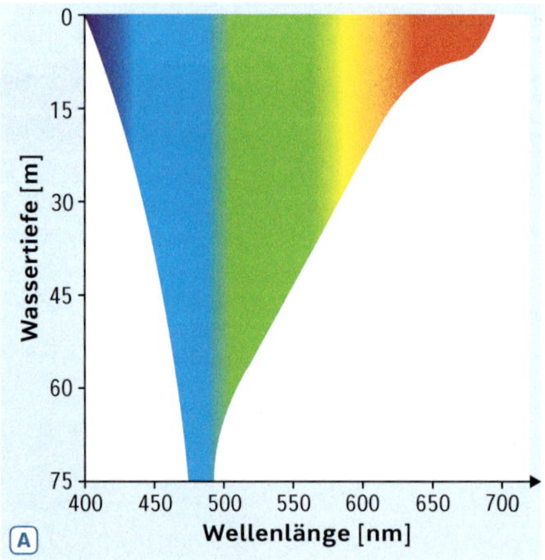

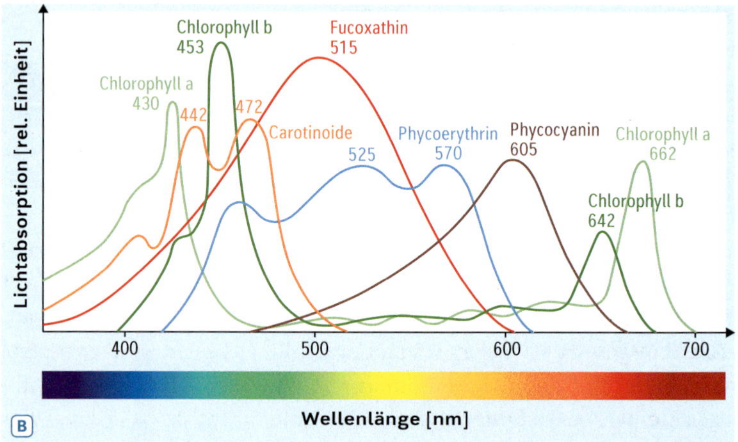

Verschiedene Algenarten nutzen unterschiedliche Fotosynthesepigmente für die Lichtabsorption. Beispielsweise besitzen Grünalgen Chlorophyll a und b sowie Carotinoide. Rotalgen nutzen Chlorophyll a, Carotinoide, Phycocyanin und Phycoerythrin. Braunalgen verfügen über Chlorophyll a, Carotinoide sowie Fucoxanthin.

In Gewässern erfolgt die Lichtabsorption durch Wasser-Moleküle, kleinste Partikel, gelöste Stoffe und durch Algen.

1 Erklären Sie, wie sich das Spektrum des Sonnenlichts mit zunehmender Wassertiefe verändert. ●●○

2 Erklären Sie, warum Rotalgen und Braunalgen in Wasserschichten existieren können, die unter denen von Grünalgen und anderen Pflanzen liegen. ●●○

3 Skizzieren Sie das zu erwartende Wirkungsspektrum von Rotalgen und vergleichen Sie es mit dem der Grünalgen im Engelmann-Versuch. ●●○

4 ▶ Untersuchen Sie die Lichtabsorption einer Carotinlösung. ●●○

Fotosysteme – Die verschiedenen Fotosynthesepigmente sind an bestimmte Proteine in den Thylakoidmembranen der Chloroplasten gebunden. Mehrere Hundert dieser Proteine sind jeweils zu einer funktionellen Einheit, einem **Fotosystem**, zusammengeschlossen. Bei der Fotosynthese arbeiten zwei verschiedene Fotosysteme eng zusammen. In der Reihenfolge ihrer Entdeckung werden sie **Fotosystem I** und **Fotosystem II** genannt.

Aufbau eines Fotosystems – Jedes Fotosystem enthält ein besonderes Chlorophyll-a-Molekül. Dieses bildet jeweils zusammen mit einem primären Elektronenakzeptor das **Reaktionszentrum** des Fotosystems. **Fotosystem I** enthält eine Chlorophyll-a-Proteinverbindung mit einem Absorptionsmaximum bei 700 Nanometer. Beim **Fotosystem II** liegt das Absorptionsmaximum der Chlorophyll-a-Proteinverbindung bei 680 Nanometer. Das jeweilige Chlorophyll-a-Molekül wird als $\mathbf{P_{700}}$ beziehungsweise $\mathbf{P_{680}}$ bezeichnet. Die übrigen Fotosynthesepigmente eines Fotosystems dienen der Absorption von Licht und dem Energietransfer. Sie bilden den **Antennenkomplex** eines Fotosystems. Dieser enthält verschiedene Fotoynthesepigmente mit jeweils unterschiedlichen Absorptionsmaxima. So kann ein Antennenkomplex Licht unterschiedlicher Wellenlängen absorbieren.

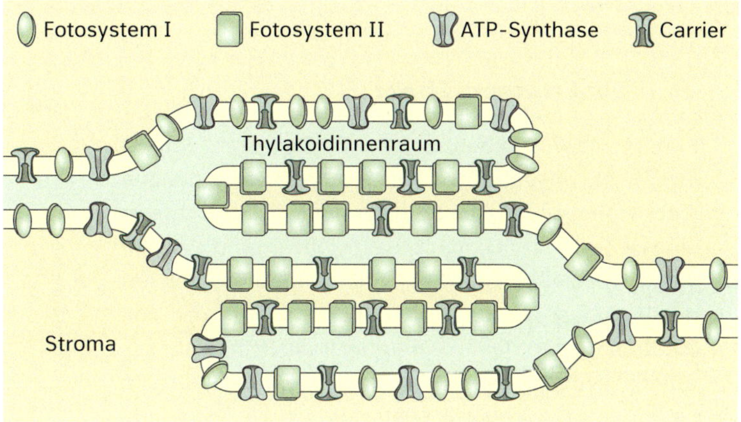

8 Thylakoidmembranen in Chloroplasten im Querschnitt (Modell)

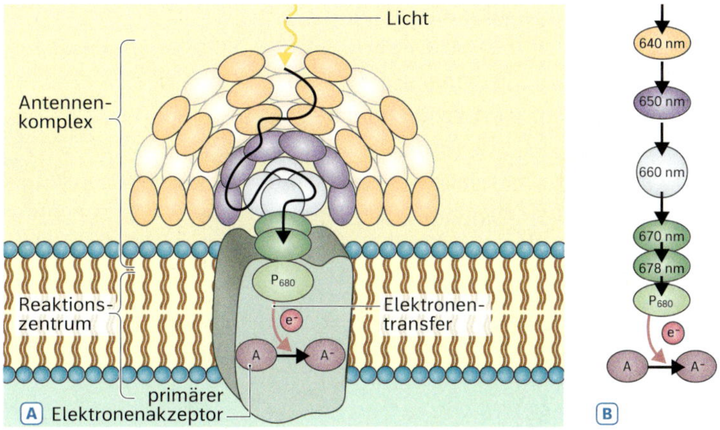

9 Fotosystem II: **A** Antennenkomplex im Modell; **B** Energietransfer und Reduktion des Akzeptors

Energietransfer im Fotosystem – Bei der Absorption von Licht wechselt jeweils ein Elektron einiger Fotosynthesepigmente auf ein höheres Energieniveau. Bei der Rückkehr in den Grundzustand können durch die freiwerdende Energie Elektronen in benachbarten Fotosynthesepigmenten auf ein höheres Energieniveau gehoben werden. Dabei wird ein Teil der Energie als Wärme frei. Deshalb ist der Energietransfer auf ein benachbartes Fotosynthesepigment nur möglich, wenn dieses für den Transport des Elektrons auf ein höheres Energieniveau weniger Energie benötigt. Der Energietransfer kann also nur von einem Pigment mit höherer Anregungsenergie zu solchen mit geringerer Anregungsenergie erfolgen. Diese geringere Energie wird an den unterschiedlichen Absorptionsmaxima der Fotosynthesepigmente deutlich.

Die Fotosynthesepigmente sind in einem Fotosystems so angeordnet, dass sie von außen nach innen weniger Anregungsenergie benötigen. So wird die Energie gezielt zu den weiter innen liegenden Fotosynthesepigmenten geleitet. Am Ende wird sie auf das Chlorophyll-a-Molekül des Reaktionszentrums übertragen.

Elektronenabgabe – Das Chlorophyll-a-Molekül im Reaktionszentrum kann im angeregten Zustand ein Elektron an den primären Elektronenakzeptor abgeben. Es wird dabei oxidiert, während der primäre Elektronenakzeptor reduziert wird. Licht wird damit in chemische Energie umgewandelt. Diese zentrale Reaktion der Fotosynthese findet also im Reaktionszentrum des jeweiligen Fotosystems statt.

B Der Emerson-Effekt

Bereits 1937 erkannte der Biochemiker Robert EMERSON, dass bei der Fotosynthese verschiedene Fotosynthesepigmente beteiligt sind. 1957 machte er eine weitere Entdeckung: Er bestrahlte in einem ersten Versuch einzellige Grünalgen mit rotem Licht entweder der Wellenlänge von 680 Nanometer oder der von 700 Nanometer. Dabei ermittelte er die Fotosyntheserate der Algen anhand ihrer Sauerstofffreisetzung. In einem zweiten Versuch bestrahlte er die Grünalgen gleichzeitig mit Licht der Wellenlänge von 680 und 700 Nanometer. Aus den Versuchsergebnissen schlussfolgerte EMERSON, dass bei der Fotosynthese zwei Fotosysteme zusammenarbeiten.

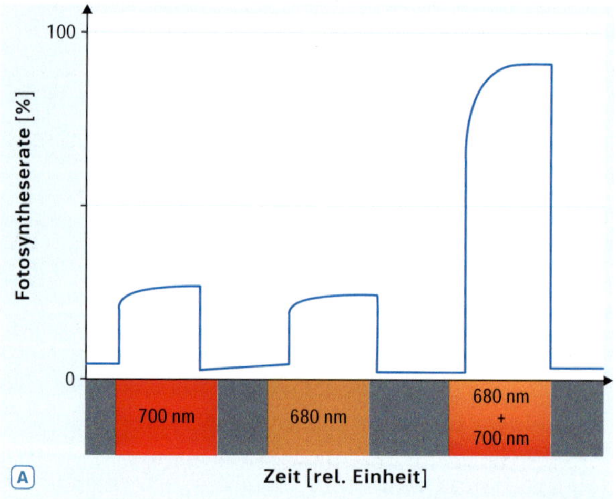

A

B

1 Beschreiben Sie die Beobachtungen des Emerson-Versuchs anhand der Abbildung A. ●○○
2 Begründen Sie EMERSONS Schlussfolgerungen. ●●○
3 Erklären Sie die Versuchsbeobachtungen mithilfe des Fließband-Modells in Abbildung B. ●●○

C Modelle der Fotosysteme

Trichtermodell

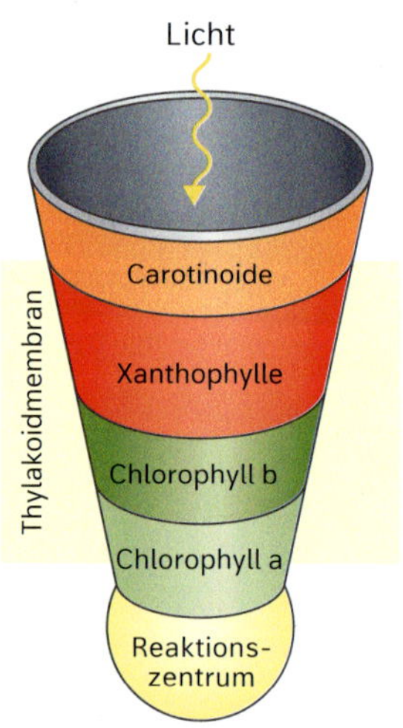

Lichtsammelfalle

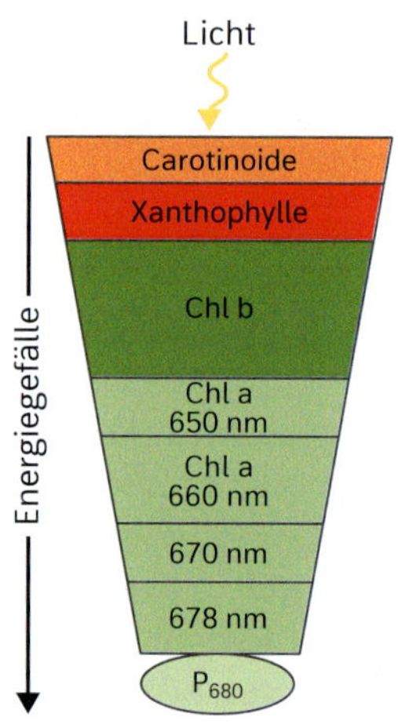

Fotosystem II

Energiefalle

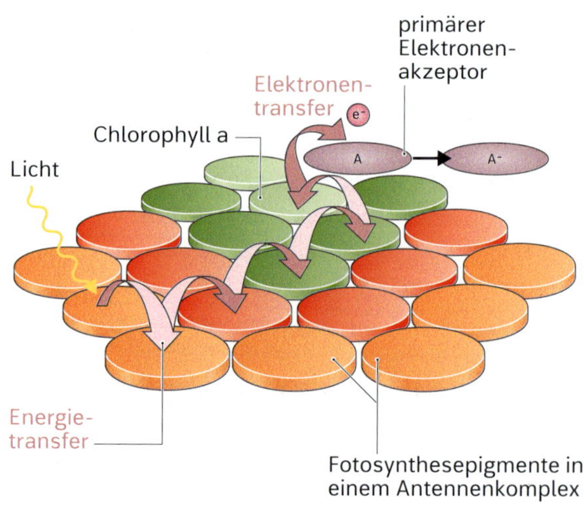

1 Erklären Sie die Funktion eines Fotosystems bei der Fotosynthese. ●●○
2 Vergleichen Sie die drei abgebildeten Modelle eines Fotosystems. ●●○
3 Geben Sie an, ob es sich um Funktions- oder Strukturmodelle handelt. ●●○
4 Geben Sie für jedes Modell an, welche Aspekte sich gut mit ihm erklären lassen und welche Aspekte vernachlässigt werden. ●●○
5 Prüfen Sie, ob die Bezeichnungen Trichter, Lichtsammelfalle oder Energiefalle für die Funktion eines Fotosystems passend sind. ●●●

Fotosynthese im Überblick – Bereits Mitte des 19. Jahrhunderts hatten Forschende durch Versuche nachgewiesen, dass Pflanzen für die Fotosynthese Licht, Wasser und Kohlenstoffdioxid benötigen und dabei Glucose bilden sowie Sauerstoff freisetzen. Die genauen Stoffwechselreaktionen und die an der Fotosynthese beteiligten zellulären Strukturen waren jedoch lange unklar. Frederick Frost BLACKMAN untersuchte 1905 die Abhängigkeit der Fotosyntheserate von der Lichtintensität und der Temperatur. Seine Versuche führten ihn zu der Erkenntnis, dass sich die Reaktionen der Fotosynthese in zwei grundlegende Abschnitte, die Primärreaktionen und die nachfolgenden Sekundärrektionen, unterteilen lassen.

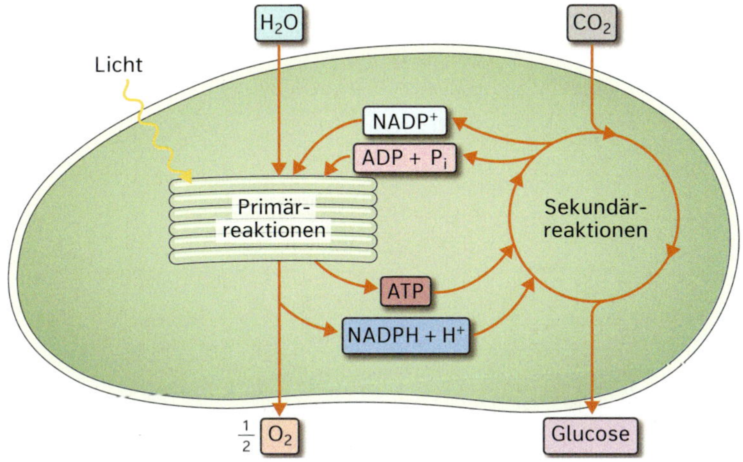

10 Lokalisation und Zusammenhang zwischen den Primärreaktionen und den Sekundärreaktionen der Fotosynthese

Primärreaktionen – Die Primärreaktionen oder auch **lichtabhängigen Reaktionen** der Fotosynthese umfassen die Vorgänge, bei denen Licht in chemische Energie umgewandelt wird. Mithilfe des Lichts werden Wasser-Moleküle in Protonen und Elektronen gespalten. Bei dieser **Fotolyse des Wassers** wird Sauerstoff freigesetzt. Die Protonen und Elektronen werden auf den Akzeptor $NADP^+$ übertragen, der dadurch zu $NADPH + H^+$ reduziert wird. Bei dem Elektronentransport wird Energie frei, die in Form von ATP gespeichert wird. Die Primärreaktionen sind wie alle fotochemischen Reaktionen nicht von der Temperatur abhängig. Sie finden in den Thylakoidmembranen der Chloroplasten statt.

Sekundärreaktionen – Im zweiten Abschnitt der Fotosynthese werden mithilfe der zuvor gebildeten $NADPH + H^+$-Moleküle und ATP-Moleküle Kohlenstoffdioxid-Moleküle reduziert und schließlich Glucose-Moleküle aufgebaut. In diesem Abschnitt findet also die Umwandlung des anorganischen Kohlenstoffdioxids in die organische Verbindung Glucose statt. Die Sekundärreaktionen werden von spezifischen Enzymen katalysiert und sind nicht direkt von Licht abhängig. Sie werden deshalb auch als **lichtunabhängige Reaktionen** bezeichnet. Die Sekundärreaktionen finden im Stroma der Chloroplasten statt und sind wie alle enzymatischen Reaktionen temperaturabhängig.

MATERIAL MIT AUFGABEN

D Blackman-Versuche

Der britische Pflanzenphysiologe Frederick Frost BLACKMAN untersuchte die Fotosyntheserate von Pflanzen bei Starklicht und Schwachlicht in Abhängigkeit von der Temperatur. Er schlussfolgerte aus seinen Versuchsbeobachtungen, dass sich die Fotosynthese aus einer lichtabhängigen und einer lichtunabhängigen Reaktion zusammensetzt.

1 Beschreiben Sie die Versuchsbeobachtungen. ●○○
2 Begründen Sie BLACKMANS Schlussfolgerungen mithilfe der Versuchsbeobachtungen. ●●○

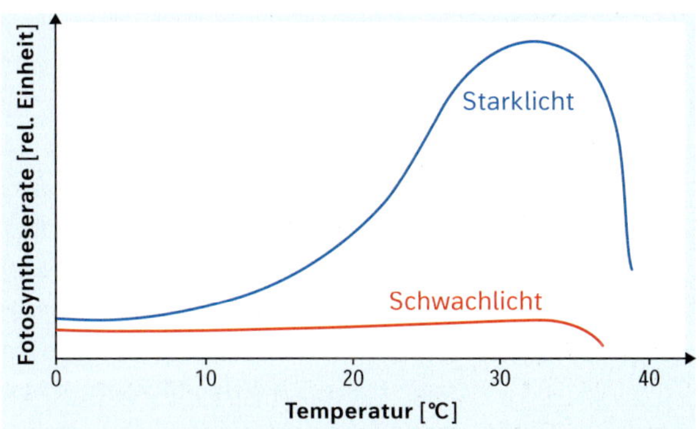

1 Nachweis des freigesetzten Sauerstoffs bei der Fotosynthese der Wasserpest

3.3 Primärreaktionen der Fotosynthese

Werden Wasserpestpflanzen belichtet, so zeigt ein zugesetzter Farbstoffindikator, dass Sauerstoff bei der Fotosynthese freigesetzt wird. Stammt dieser Sauerstoff aus dem Wasser oder dem Kohlenstoffdioxid?

Aufklärung der Primärreaktionen

Noch zu Beginn des 20. Jahrhunderts war unklar, ob der bei der Fotosynthese freigesetzte Sauerstoff aus dem Wasser oder dem Kohlenstoffdioxid stammt. Mitte des letzten Jahrhunderts konnte diese Frage mithilfe der **Tracer-Methode** geklärt werden. Dabei wurde das schwere Sauerstoff-Isotop ^{18}O anstelle des normalen Isotops ^{16}O verwendet. Wurde Pflanzen das so markierte $H_2{}^{18}O$ als Ausgangsstoff gegeben, bestand der fotosynthetisch gebildete Sauerstoff nur aus dem Isotop ^{18}O. Wurden Pflanzen dagegen mit $C^{18}O_2$ versorgt, fand sich das Isotop nicht im freigesetzten Sauerstoff. Daraus wurde gefolgert, dass der bei der Fotosynthese freigesetzte Sauerstoff nur aus dem Wasser stammt.

1939 untersuchte der Chemiker Robert HILL die Fotosyntheseaktivität von isolierten Chloroplasten in Gegenwart von Eisen-Ionen. Diese dienten als künstliche Elektronenakzeptoren. HILLS Versuchsergebnisse bestätigten eindeutig, dass der bei der Fotosynthese freigesetzte Sauerstoff aus Wasser und nicht aus Kohlenstoffdioxid stammt. Der Sauerstoff entsteht bei der Spaltung von Wasser-Molekülen mithilfe von Licht. Deshalb wird die Fotosynthese durch die folgende allgemeine Bruttoformel dargestellt:

$$6\,CO_2 + 12\,H_2O \xrightarrow[\text{Chlorophyll}]{\text{Licht}} C_6H_{12}O_6 + 6\,O_2 + 6\,H_2O$$

Die Spaltung von Wasser-Molekülen mithilfe von Licht wird Fotolyse des Wassers genannt. Bei dieser Reaktion werden neben Sauerstoff auch Elektronen frei. Diese werden bei den Primärreaktionen der Fotosynthese auf einen Elektronenakzeptor übertragen.

MATERIAL MIT AUFGABEN

A Hill-Reaktion

In drei Versuchsansätzen wurden insolierte Chloroplasten in kohlenstoffdioxidfreies Wasser gegeben. Die Ansätze 1 und 2 enthielten den künstlichen Elektronenakzeptor DCPIP. Im oxidierten Zustand überdeckt er die grüne Farbe des Chlorophylls und färbt die Lösung blau. Im reduzierten Zustand ist DCPIP farblos. Alle drei Ansätze wurden anschließend belichtet. Das Reagenzglas im Ansatz 1 wurde mit Alufolie ummantelt.

Ansatz	kohlenstoffdioxidfreies Wasser	DCPIP	Licht
1	7 mL	0,2 mL	-
2	7 mL	0,2 mL	+
3	7 mL	-	+

Versuchsbeobachtungen

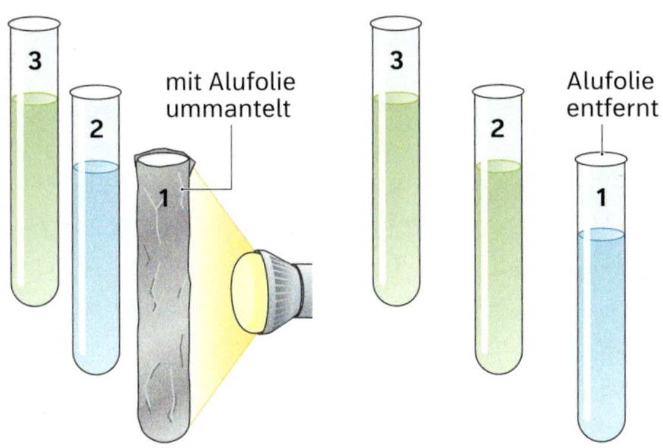

vor der Belichtung: nach der Belichtung:

1 Beschreiben Sie die Versuchsbeobachtungen. ●○○

2 Der beschriebene Versuch wurde in ähnlicher Weise 1937 von Robert HILL durchgeführt. Anstelle von DCPIP verwendete er Eisen-Ionen. Begründen Sie, dass die Versuchsergebnisse folgende Schlussfolgerungen zulassen: ●●●
- Der bei der Fotosynthese freigesetzte Sauerstoff stammt nur aus dem Wasser.
- Sauerstoff entsteht, ohne dass Glucose gebildet wird.
- Bei der Fotosynthese werden Elektronen von einem Elektronendonator auf einen Elektronenakzeptor übertragen.
- Für die Elektronenübertragung ist Energie notwendig.

3 Erklären Sie die Elektronenübertragung anhand des folgenden Schemas. Geben Sie an, ob die Stoffe im reduzierten oder oxidierten Zustand vorliegen. ●●●

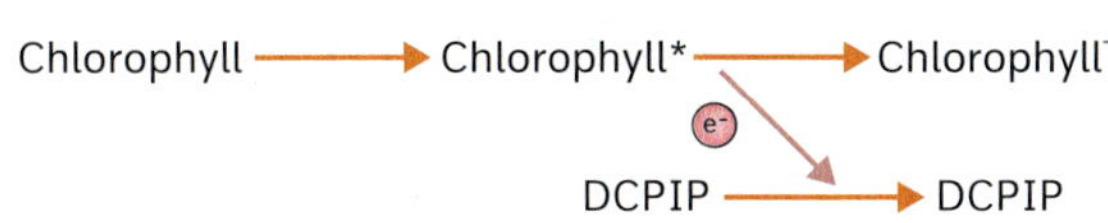

4 Deuten Sie die Beobachtung, dass bei dem Versuch auch dann Sauerstoff freigesetzt wird, wenn keine intakten Chloroplasten, sondern nur Thylakoidmembranen verwendet werden. ●●○

5 Begründen Sie, dass die folgende vereinfachte Reaktionsgleichung der Fotosynthese fachlich nicht vollständig korrekt ist. ●●○

$$6\,CO_2 + 6\,H_2O \xrightarrow[\text{Chlorophyll}]{\text{Licht}} C_6H_{12}O_6 + 6\,O_2$$

B Versuch zur Herkunft des Sauerstoffs bei Schwefelbakterien

Der Mikrobiologe Cornelius Bernardus van NIEL führte 1930 Versuche mit purpurfarbenen Schwefelbakterien durch. Diese bilden aus Kohlenstoffdioxid und Schwefelwasserstoff Glucose und setzen dabei Wasser und elementaren Schwefel frei:

$$6\,CO_2 + 12\,H_2S \xrightarrow{\text{Licht}} C_6H_{12}O_6 + 12\,S + 6\,H_2O$$

Van NIEL schlussfolgerte aus seinen Versuchsergebnissen, dass der bei der Fotosynthese gebildete Sauerstoff nur aus dem Wasser stammt.

1 Begründen Sie seine Schlussfolgerung. ●●○

2 Erläutern Sie die Aussage: Alle fotosynthetisch aktiven Lebewesen brauchen eine Wasserstoffquelle. Diese kann aber unterschiedlich sein. ●●●

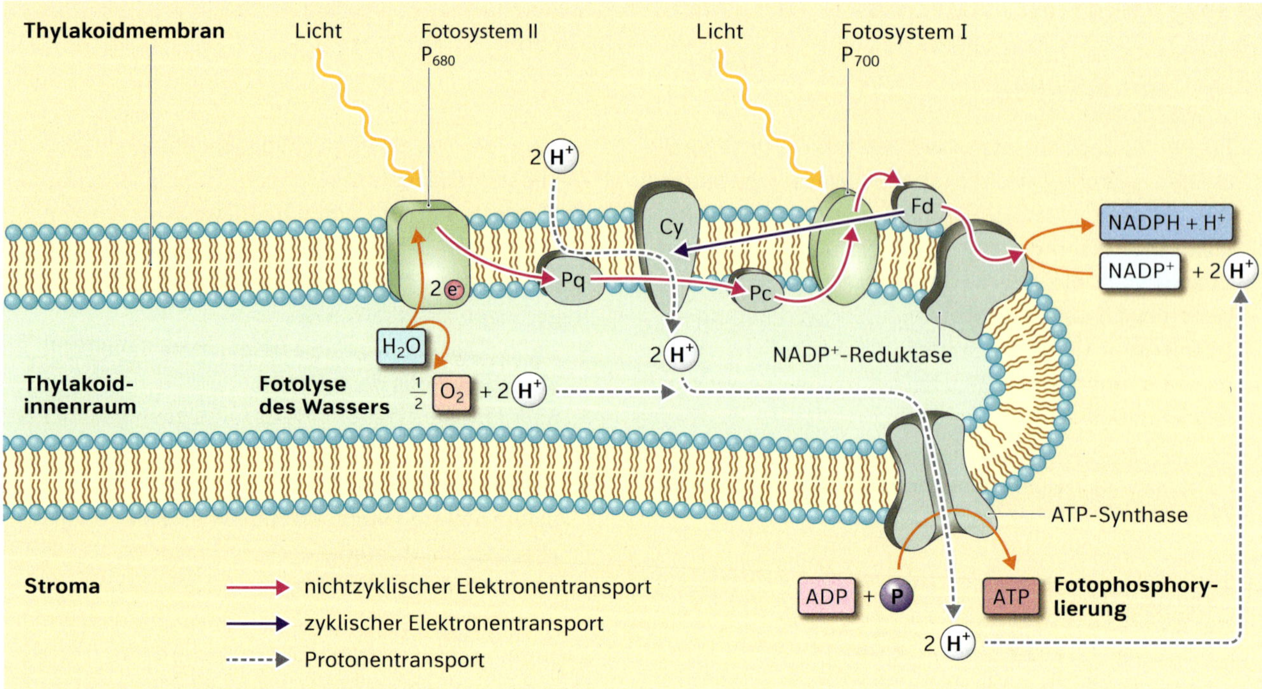

2 Chemiosmotische ATP-Bildung; Pq = Plastochinon, Cy = Cytochrom-b/f-Komplex, Pc = Plastocyanin, Fd = Ferredoxin

Nichtzyklischer Elektronentransport – Absorbieren Fotosynthesepigmente des Fotosystems II Licht, wird die Energie auf das Chlorophyll-a-Molekül P_{680} im Reaktionszentrum übertragen. Dadurch wechselt ein Elektron des P_{680}-Moleküls auf ein höheres Energieniveau. Das so angeregte $P_{680}{}^*$-Molekül gibt in der Folge ein Elektron an den primären Elektronenakzeptor ab und wird zum positiv geladenen $P_{680}{}^+$-Molekül. Ein mit dem Fotosystem II verbundener Enzymkomplex spaltet bei der Fotolyse Wasser-Moleküle in Protonen, Elektronen und Sauerstoff:

$$H_2O \rightarrow 2\,H^+ + 2\,e^- + \frac{1}{2}\,O_2$$

Eines der beiden aus dem Wasser stammenden Elektronen wird auf ein $P_{680}{}^+$-Molekül übertragen, wodurch dieses wieder zu einem ungeladenen P_{680}-Molekül wird. Der primäre Elektronenakzeptor des Fotosystems II gibt das Elektron an das Redoxsystem Plastochinon weiter und wird dadurch erneut bereit, ein Elektron aufzunehmen. Plastochinon bildet zusammen mit weiteren Redoxsystemen eine Elektronentransportkette, die das Elektron zum Fotosystem I leitet. Auch im Fotosystem I erfolgt durch Lichtabsorption und Energietransfer der Fotosynthesepigmente eine Elektronenabgabe des Chlorophyll-a-Moleküls P_{700} an einen primären Elektronenakzeptor. Die entstandene Elektronenlücke am $P_{700}{}^+$-Molekül wird von den Elektronen aufgefüllt, die ausgehend vom Fotosystem II über die Elektronentransportkette zum Fotosystem I geleitet werden.

Im Fotosystem I gibt der primäre Elektronenakzeptor das aufgenommene Elektron ebenfalls an nachfolgende Redoxsysteme weiter. Eines dieser Moleküle, **Ferredoxin**, überträgt das Elektron auf ein $NADP^+$-Molekül. Nacheinander durchlaufen die beiden Elektronen, die aus der Fotolyse eines Wasser-Moleküls stammen, die Elektronentransportkette. Zusammen mit zwei Protonen werden sie auf ein $NADP^+$-Molekül übertragen. So entsteht mithilfe des Enzyms $NADP^+$-Reduktase ein NADPH + H^+-Molekül:

$$NADP^+ + 2\,e^- + 2\,H^+ \rightarrow NADPH + H^+$$

Der Elektronentransport verläuft also linear von der Fotolyse über Foto- und Redoxsysteme zum $NADP^+$ und wird deshalb als **nichtzyklischer Elektronentransport** bezeichnet.

Bildung eines Protonengradienten

Werden Elektronen innerhalb der Elektronentransportkette von einem Redoxsystem zum nächsten transportiert, wird Energie frei. Diese wird genutzt, um Protonen durch den Cytochrom-b/f-Komplex aus dem Stroma in den Innenraum der Thylakoide zu pumpen. Gleichzeitig nimmt bei der Bildung von NADPH + H^+ die Protonenkonzentration im Stroma ab, während sich durch die Fotolyse die Protonenkonzentration im Thylakoidinnenraum erhöht. Dadurch entsteht im Thylakoidinnenraum ein pH-Wert von 5 und im Stroma ein pH-Wert von 8. Das entspricht einer 1000-fachen Steigerung in der Protonenkonzentration zwischen dem Thylakoidinnenraum und dem Stroma.

ATP-Synthese – In der Thylakoidmembran sind spezielle Enzyme, die ATP-Synthasen, integriert. Die Protonen fließen entlang des Konzentrations- und Ladungsgefälles durch die Protonenkanäle dieser ATP-Synthasen aus dem Thylakoidinneren wieder ins Stroma zurück. Dabei können die ATP-Synthasen die in dem Protonengradienten gespeicherte Energie nutzen und eine Phosphatgruppe an ADP binden. Es entsteht ATP. Dieser Mechanismus, bei dem ATP durch eine Kombination von Redoxreaktionen und der Diffusion von Protonen durch die Thylakoidmembran gebildet wird, wird als **chemiosmotische Hypothese** bezeichnet. Sie wurde erstmals 1961 von Peter MITCHELL aufgestellt. Treibende Kraft für die ATP-Bildung ist die Energie des Sonnenlichts. Daher wird diese Form der ATP-Bildung auch **Fotophosphorylierung** genannt.

Zyklischer Elektronentransport

Pflanzen können den Elektronentransport unter bestimmten Bedingungen umleiten. Die von den angeregten am P_{700}^*-Molekülen abgegebenen Elektronen werden dann von Ferredoxin auf den Cytochrom-b/f-Komplex übertragen und erneut über die Elektronentransportkette zum Fotosystem I transportiert. Bei diesem **zyklischen Elektronentransport** wird kein NADPH + H^+ gebildet, aber Protonen in den Thylakoidinnenraum gepumpt und ATP gebildet. In den sich anschließenden Sekundärreaktionen werden $NADPH^+$- und ATP-Moleküle nicht im gleichen Verhältnis verbraucht. Der zyklische Elektronentransport dient dazu, das resultierende Ungleichgewicht auszugleichen. Er findet auch verstärkt statt, wenn nicht genügend $NADP^+$ für die Elektronenaufnahme zur Verfügung steht oder wenn die Zellen vermehrt ATP benötigen.

MATERIAL MIT AUFGABEN

C Versuch zur ATP-Bildung

Der Pflanzenphysiologe Andre JAGENDORF isolierte 1966 intakte Thylakoide aus Chloroplasten und gab sie in eine Lösung, deren pH-Wert 4 betrug. Nach einiger Zeit überführte er die Thylakoide in eine Lösung mit pH 8 und fügte ADP und Phosphat hinzu. Danach ermittelte er die ATP-Konzentration und den pH-Wert in der Lösung sowie in den Thylakoidinnenräumen. Der Versuch fand im Dunkeln statt.

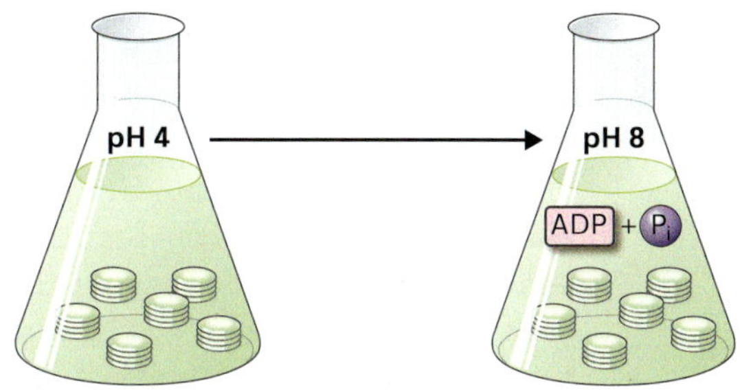

Versuchsbeobachtungen

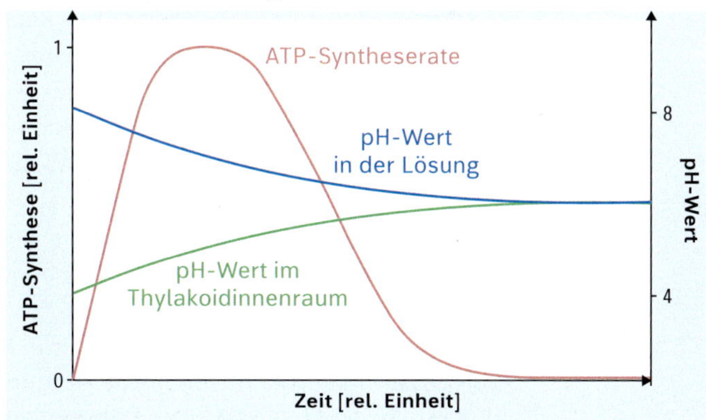

1 Beschreiben Sie die Versuchsbeobachtungen.
2 Erklären Sie die Versuchsbeobachtungen.
3 Begründen Sie, warum JAGENDORF den Versuch im Dunkeln durchführte.
4 Erläutern Sie, dass die Versuchsergebnisse die chemiosmotische Hypothese stützen.

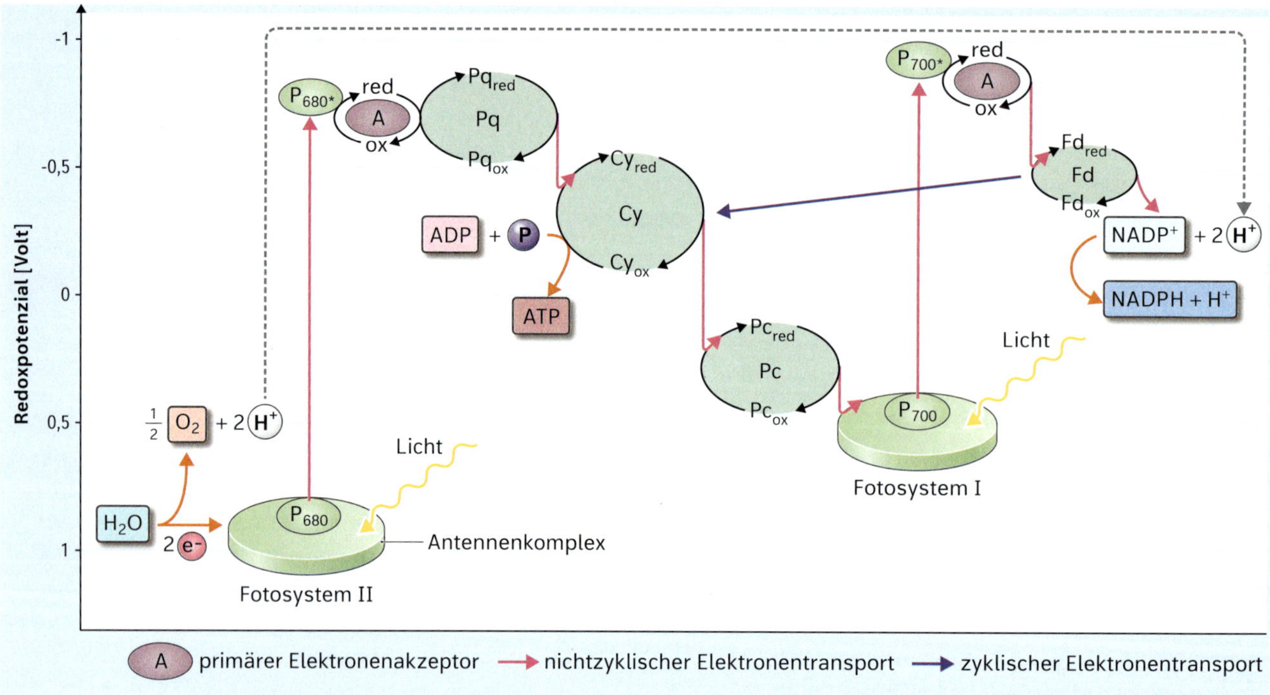

3 Redoxsysteme der Elektronentransportkette (Z-Schema); Pq = Plastochinon, Cy = Cytochrom-b/f-Komplex, Pc = Plastocyanin, Fd = Ferredoxin

Redoxsysteme und Redoxpotenziale – Die fotosynthetische Elektronentransportkette setzt sich aus verschiedenen Redoxsystemen zusammen. Die Bereitschaft eines Redoxsystems, Elektronen aufzunehmen oder abzugeben, wird durch das **Redoxpotenzial** beschrieben. Moleküle mit einem negativen Redoxpotenzial haben ein hohes Bestreben, Elektronen abzugeben. Moleküle mit einem positiven Potenzial neigen stärker zur Elektronenaufnahme. Elektronen können nur von einem Redoxsystem an ein anderes abgegeben werden, wenn das Redoxpotenzial des elektronenabgebenden Redoxsystems negativer ist als das des elektronenaufnehmenden Systems.

Durch die Absorption von Licht verringern sich die Redoxpotenziale der Chlorophyll-a-Moleküle in den Reaktionszentren der Fotosysteme I und II. Dadurch steigt die Bereitschaft der Chlorophyll-Moleküle, Elektronen abzugeben, stark an. So verändert sich zum Beispiel das Redoxpotenzial von P_{680} durch Lichtabsorption von +0,81 V auf –0,8 V. Es kann nun ein Elektron an den primären Elektronenakzeptor abgeben. Das P_{680}*-Molekül wird dadurch zum P_{680}^+-Molekül. Dieses nun positiv geladene Molekül hat ein hohes Bestreben, Elektronen aufzunehmen. Das Redoxpotenzial von Wasser ist negativer als das von P_{680}^+. Deshalb können Elektronen von Wasser-Molekülen auf P_{680}^+-Moleküle übertragen werden und dort die Elektronenlücken auffüllen.

Der Wert des Redoxpotenzials des Chlorophyll-a-Moleküls P_{700} verändert sich durch die Lichtabsorption von +0,45 V auf –0,90 V. Das Redoxpotenzial von $NADP^+$/NADPH + H^+ hat einen Wert von –0,32 V. So können Elektronen über den primären Elektronenakzeptor und Ferredoxin zu $NADP^+$-Molekülen fließen und diese zu NADPH + H^+ reduzieren.

Energiefreisetzung – Bei der Elektronenabgabe von einem Redoxsystem an ein anderes wird Energie freigesetzt. Je größer die Differenz zwischen den Redoxpotenzialen der Redoxsysteme ist, desto mehr Energie wird frei. In der Elektronentransportkette wird zwischen dem Fotosystem I und II bei der Elektronenabgabe durch den Cytochrom-b/f-Komplex so viel Energie freigesetzt, dass ATP aus ADP + P gebildet werden kann.

D Erkenntnisgewinn durch Versuche: Redoxsystem Chlorophyll

Versuchsfrage
Unter welchen Bedingungen geben Chlorophyll-Moleküle Elektronen ab?

Material
Extrakt aus frischen Spinatblättern, Methylrot-Lösung, Ascorbinsäure-Lösung, Natriumdithionit-Lösung, 5 Reagenzgläser, Pipetten, Lichtquelle, Alufolie

Versuchsdurchführung
Die Reagenzgläser werden nach folgendem Schema mit jeweils zwei Milliliter der verschiedenen Lösungen befüllt und anschließend durchmischt. Reagenzglas 5 wird mit Alufolie umwickelt.

Lösungen	Ansatz				
	1	2	3	4	5
Methylrot-Lösung	+	+	+	+	+
Chlorophyll-Extrakt	-	-	+	+	+
Ascorbinsäure-Lösung	-	+	-	+	+
Natriumdithionit-Lösung	+	-	-	-	-
Belichtung	-	+	+	+	-

Beobachtungen nach 5 Minuten

Zusatzinformationen
Methylrot wirkt als Redoxindikator. In der oxidierten Form ist die entsprechende Lösung rot gefärbt, in der reduzierten Form nach Aufnahme von Elektronen farblos. Wird eine grüne Chlorophyll-Lösung mit roter Methylrot-Lösung gemischt, ergibt sich eine braune Mischfarbe. Auch Ascorbinsäure kommt in einer oxidierten und reduzierten Form vor. Allerdings sind beide Formen im Gegensatz zu Methylrot farblos. Natriumdithionit wirkt als Elektronendonator.

1 Beschreiben Sie die Versuchsbeobachtungen.
2 Erklären Sie, aus welchen Beobachtungen folgende Erkenntnisse gewonnen werden:
   - Ascorbinsäure ist ein schwächerer Elektronendonator als Natriumdithionit.
   - Chlorophyll kann Methylrot nur reduzieren, wenn die abgegebenen Elektronen durch einen Elektronendonator ersetzt werden.
3 Erklären Sie die Elektronenübertragung ausgehend von Chlorophyll anhand des folgenden Schemas:

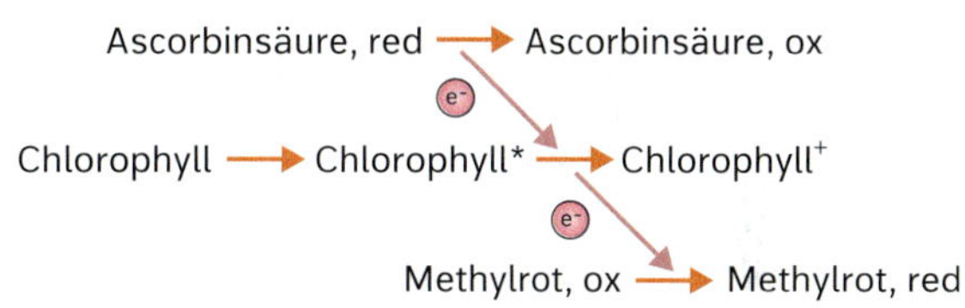

4 Übertragen Sie die Redoxsysteme des Schemas in ein Diagramm, dessen y-Achse die Redoxpotenziale in relativen Einheiten angibt.
5 Erklären Sie, warum Ascorbinsäure die Elektronen nicht direkt an Methylrot abgeben kann.
6 Beantworten Sie die Versuchsfrage.
7 Gelbes Blutlaugensalz ist eine komplexe Kalium-Eisen-Verbindung, die auch als Redoxsystem verwendet wird. Führen Sie einen entsprechenden Versuch mit diesem Salz durch.

1 Stärkenachweis durch Iod-Kaliumiodid

3.4 Sekundärreaktionen der Fotosynthese

Werden gebleichte Blätter in eine Iod-Kaliumiod-Lösung gelegt, färben sich die vormals grünen Blattbereiche schwarzblau. Die Verfärbung dient als Stärkenachweis. Wie erfolgt die Stärkebildung bei der Fotosynthese?

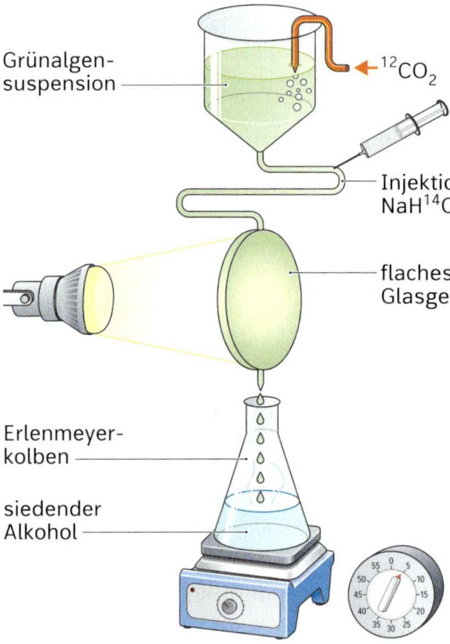

2 Versuchsaufbau von CALVIN

Aufklärung der Sekundärreaktionen

In der Mitte des 20. Jahrhunderts klärten der Chemiker Melvin CALVIN und sein Team mithilfe der Autoradiografie auf, wie Kohlenstoffdioxid bei der Fotosynthese zu Glucose umgesetzt wird. CALVIN setzte dabei das radioaktive Isotop ^{14}C ein, um den Weg des Kohlenstoffs verfolgen zu können. Als Kohlenstoffquelle verwendete er $NaH^{14}CO_3$, das er zu einer Suspension von Grünalgen gab. Nach einer bestimmten Belichtungszeit unterbrach er die Fotosynthese der Algen, indem er sie mit siedendem Alkohol tötete. Anschließend stellte er aus ihnen Extrakte her und trennte die darin enthaltenen Stoffe durch Chromatografie auf.

Die Chromatogramme wurden jeweils auf einen fotografischen Film gelegt, der durch die radioaktive Strahlung des ^{14}C-Isotops schwarz gefärbt wurde. CALVIN und sein Team identifizierten auf diese Weise zwölf verschiedene chemische Verbindungen mit dem Isotop ^{14}C, die bei der Umsetzung von Kohlenstoffdioxid zu Glucose in den Algenzellen auftraten.
Um zu ermitteln, in welcher zeitlichen Reihenfolge diese Verbindungen nach der Aufnahme

von radioaktiv markiertem Kohlenstoff in den Algen auftreten, unterbrach CALVIN die Fotosynthese zu unterschiedlichen Zeitpunkten. Nach den ersten drei Sekunden konnte er ^{14}C-Isotope nur in dem Molekül 3-Phosphoglycerat nachweisen. Daraus schlussfolgerte er, dass dieser Stoff das erste Produkt der Kohlenstoffdioxid-Fixierung ist. Nach 30 Sekunden waren ^{14}C-Isotope im Chromatogramm in zahlreichen anderen Molekülen nachweisbar. Diese mussten folglich später bei der Umsetzung von Kohlenstoff gebildet worden sein.
Auf diese Weise ermittelte CALVIN den Weg des Kohlenstoffs in den Sekundärreaktionen der Fotosynthese ausgehend von Kohlenstoffdioxid bis hin zur Glucose. Er erkannte, dass dabei Reaktionen in einem Kreisprozess ablaufen. Nach seinem Entdecker wird dieser Prozess **Calvin-Zyklus** genannt.

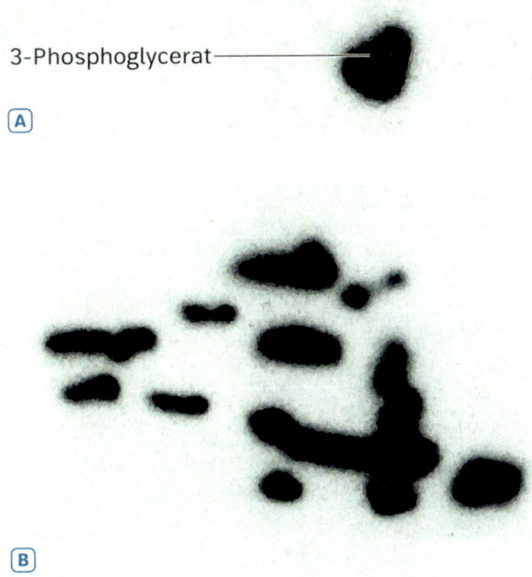

3 Isotopenmarkierung der Fotosyntheseprodukte: **A** nach 3 Sekunden; **B** nach 30 Sekunden

MATERIAL MIT AUFGABEN

A Versuche zur Aufklärung des Kohlenstoffdioxid-Akzeptors

Ansatz A

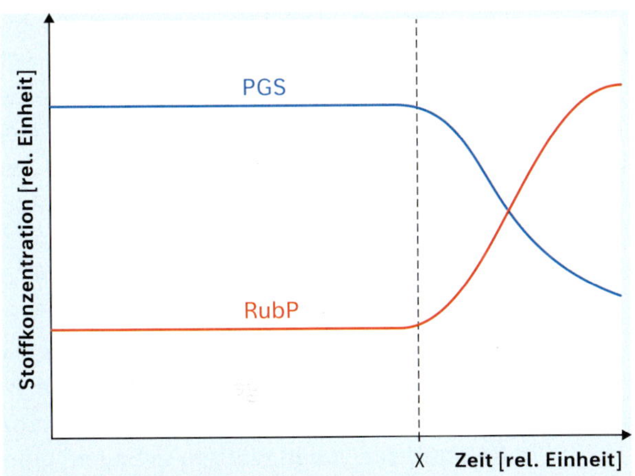

Ansatz B

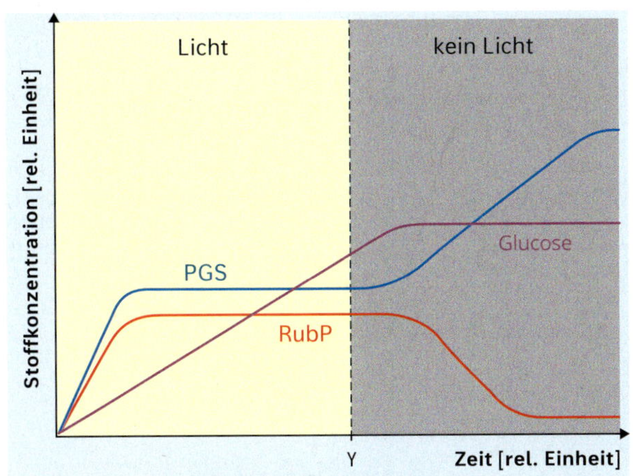

Zur Identifizierung des primären Akzeptormoleküls im Calvin-Zyklus wurde eine Algenkultur kontinuierlich belichtet und mit Kohlenstoffdioxid versorgt. In regelmäßigen Abständen wurden dann in den Algenproben die Konzentrationen von 3-Phosphoglycerat, abgekürzt PGS, und Ribulose-1,5-bisphosphat, kurz RubP, ermittelt. Im Ansatz B wurde zusätzlich die Glucosekonzentration ermittelt. Im Ansatz A wurde die Kohlenstoffdioxidzufuhr zum Zeitpunkt X, im Ansatz B die Belichtung zum Zeitpunkt Y unterbrochen.

1 Begründen Sie mithilfe der Beobachtungen aus Ansatz A, dass Ribulose-1,5-bisphosphat der primäre Akzeptor und 3-Phosphoglycerat das unmittelbare Folgeprodukt im Calvin-Zyklus sind. ●●●
2 Erklären Sie die Versuchsbeobachtungen des Ansatzes B. ●●●
3 Für die Weiterverarbeitung von 3-Phosphoglycerat zu Glucose werden ATP und NADPH + H^+ benötigt. Begründen Sie diese Aussage mithilfe der Ergebnisse aus Ansatz B. ●●○

Calvin-Zyklus – Der Calvin-Zyklus lässt sich in drei Abschnitte gliedern. Im ersten Abschnitt erfolgt der Einbau eines Kohlenstoffdioxid-Moleküls in ein organisches Molekül. Das Kohlenstoffdioxid-Molekül wird bei dieser **Fixierung** an Ribulose-1,5-bisphosphat, ein Zucker-Molekül mit fünf Kohlenstoff-Atomen, gebunden. Das daraus gebildete Zwischenprodukt aus sechs Kohlenstoff-Atomen ist instabil und zerfällt sogleich in zwei Moleküle 3-Phosphoglycerat. Diese besitzen jeweils drei Kohlenstoff-Atome. Das Enzym, das die Fixierung des Kohlenstoffdioxids katalysiert, wird Ribulose-1,5-bisphosphatcarboxylase genannt, abgekürzt **Rubisco**.

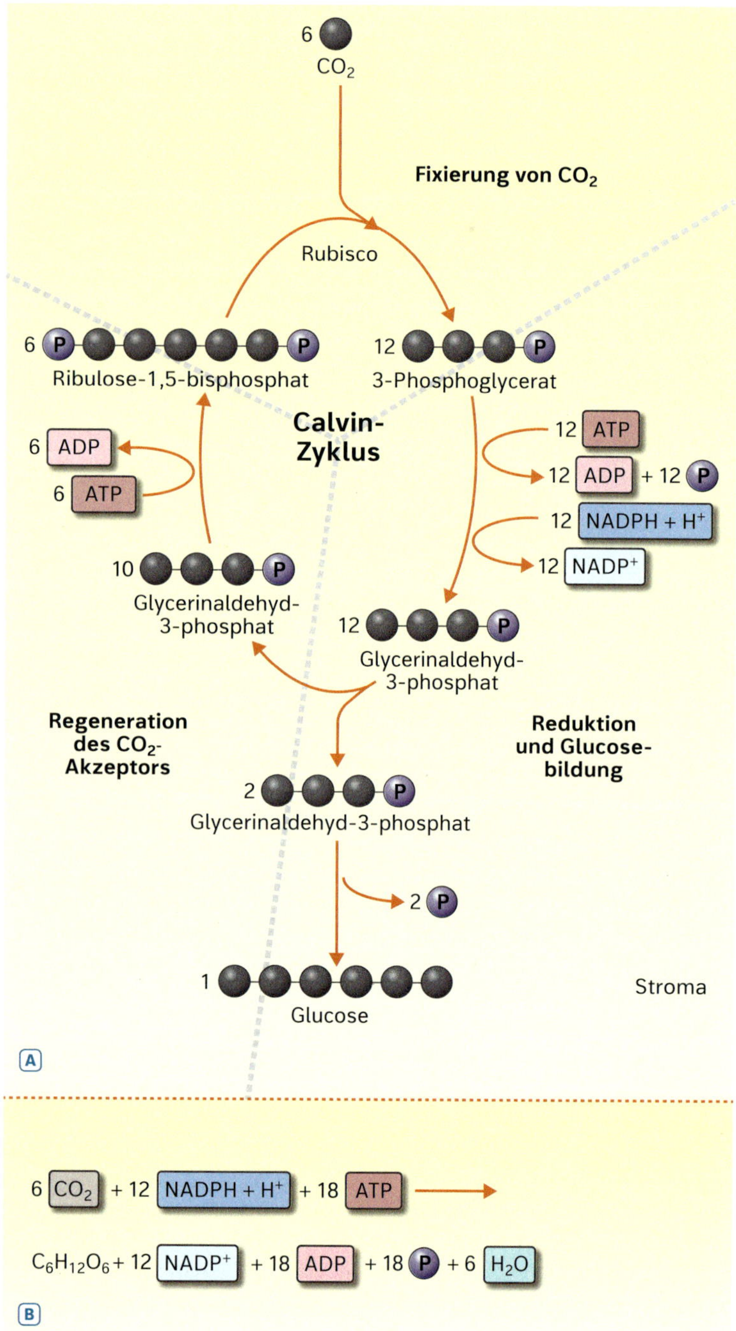

4 Der Calvin-Zyklus: **A** Ablauf; **B** Bilanz

Im zweiten Abschnitt erfolgt die **Reduktion** von 3-Phosphoglycerat zu Glycerinaldehyd-3-phosphat, einem C_3-Körper. Hierfür werden die Produkte der Primärreaktionen ATP und NADPH + H^+ benötigt. Anschließend werden aus zwei Molekülen Glycerinaldehyd-3-phosphat ein Glucose-Molekül gebildet. Glucose ist ein C_6-Körper.

Im dritten Abschnitt erfolgt in mehreren Schritten die **Regeneration** des Akzeptormoleküls Ribulose-1,5-bisphosphat. Dabei werden aus zehn Molekülen des C_3-Körpers Glycerinaldehyd-3-phosphat sechs Moleküle Ribulose-1,5-bisphosphat. Für die Regeneration dieses C_5-Körpers wird ATP benötigt.

Bildung von Stärke – 3-Phosphoglycerat wird nicht nur zum Aufbau von Glucose, sondern auch für die Synthese anderer Monosaccharide wie zum Beispiel Fructose genutzt. Aus Glucose und Fructose kann auch Saccharose gebildet werden. Dieses Disaccharid ist die Transportform von Zucker in den Pflanzen.
Schon im Blatt wird aus mehr als der Hälfte der fotosynthetisch gebildeten Glucose-Moleküle Stärke aufgebaut. Diese ist osmotisch nicht wirksam und dient daher als Speicherform für Glucose. Die in den Blättern gebildete primäre Stärke wird vorübergehend zwischen den Thylakoiden der Chloroplasten eingelagert. Während der Nacht wird sie wieder zu Glucose-Molekülen abgebaut.
Ein Teil dieser Glucose-Moleküle wird von den Blattzellen bei der Zellatmung abgebaut. Der andere Teil wird zu Saccharose umgesetzt und über das Leitgewebe in nichtgrüne Pflanzenteile wie Wurzeln, Knollen und Früchte transportiert. Dort werden die Saccharose-Moleküle wieder zu Glucose-Moleküle abgebaut. Diese dienen entweder zur Zellatmung oder in

Speicherorganen zum Aufbau von sekundärer Stärke. Dabei werden in farblosen Leukoplasten Glucose-Moleküle schrittweise in wachsende Polysaccharidketten von Stärke eingebaut.
Bei Bedarf, etwa bei der Samenkeimung oder der Sprossbildung von Knollen, wird Stärke wieder in Glucose umgesetzt. Aus dieser können wachsende Pflanzen alle anderen benötigten organischen Verbindungen aufbauen.

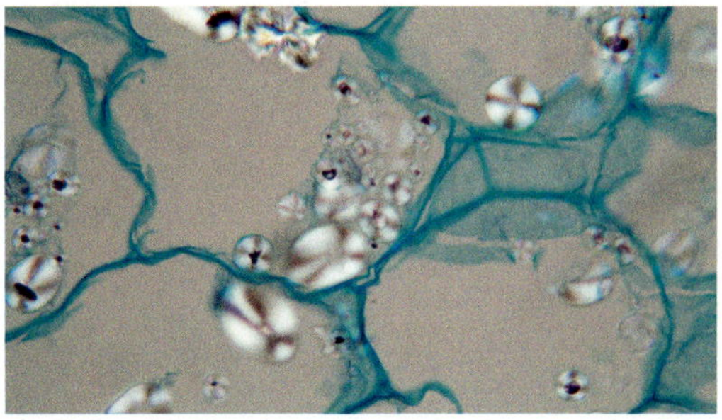

5 Stärkekörner in Zellen einer Kartoffelknolle

MATERIAL MIT AUFGABEN

B Temperaturabhängigkeit der Sekundärreaktionen

Ansatz 1: T = 10°C

Dauer der Dunkelphase [Sekunden]	0,1	0,2	0,3	0,4	0,5	0,6
CO_2-Aufnahme [Prozent]	35	62	84	95	97	100

Ansatz 2: T = 25°C

Dauer der Dunkelphase [Sekunden]	0,1	0,2	0,3	0,4	0,5	0,6
CO_2-Aufnahme [Prozent]	92	98	100	100	100	100

In einem Versuch wurden Grünalgen mit einem Lichtblitz gleicher Dauer und Intensität bestrahlt. Anschließend wurden die Algen unterschiedlich lange im Dunkeln gehalten und dabei die Sauerstofffreisetzung gemessen. Die Versuche wurden in zwei Ansätzen bei unterschiedlicher Temperatur durchgeführt.

1 Stellen Sie die ermittelten Werte in einem geeigneten Diagramm dar. ●○○
2 Erklären Sie die Versuchsergebnisse. ●●●

C Versuche von ARNON

1. Versuchsreihe

Versuch	zusammengegeben wurden	gebildet wurden
a	Thylakoide, Licht, CO_2, ADP, Phosphat, $NADP^+$, Wasser	ATP, O_2, NADPH + H^+
b	Thylakoide, Licht, ADP, Phosphat, $NADP^+$, Wasser	ATP, O_2, NADPH + H^+
c	Thylakoide, CO_2, ADP, NADPH + H^+, Wasser	--
d	Thylakoide, CO_2, ADP, Phosphat, $NADP^+$, Wasser	--

2. Versuchsreihe

Versuch	zusammengegeben wurden	gebildet wurden
a	Stroma, Licht, CO_2, ADP, Phosphat, $NADP^+$, Wasser	?
b	Stroma, Licht, CO_2, ATP, NADPH + H^+, Wasser	?
c	Stroma, CO_2, ATP, NADPH + H^+, Wasser	?
d	Stroma, ATP, NADPH + H^+, Wasser	?

Daniel Israel ARNON isolierte 1954 aus Chloroplasten Stroma und Thylakoidmembranen und untersuchte einzeln in zwei Versuchsreihen ihre Bedeutung für die Fotosynthese. Dabei variierte er Licht und verschiedene Zusätze.

1 Erklären Sie die Beobachtungen der ersten Versuchsreihe. ●●●
2 Geben Sie begründet an, welche Stoffe in der zweiten Versuchsreihe in den Ansätzen a bis d gebildet wurden. ●●○

1 Künstliche Beleuchtung in einem Gewächshaus

3.5 Einfluss von Umweltfaktoren

In Gewächshäusern werden Beleuchtung, Kohlenstoffdioxidkonzentration, Bewässerung und Temperatur optimal für die jeweiligen Pflanzenkulturen eingestellt. Wie beeinflussen solche Umweltfaktoren die Fotosyntheserate von Pflanzen?

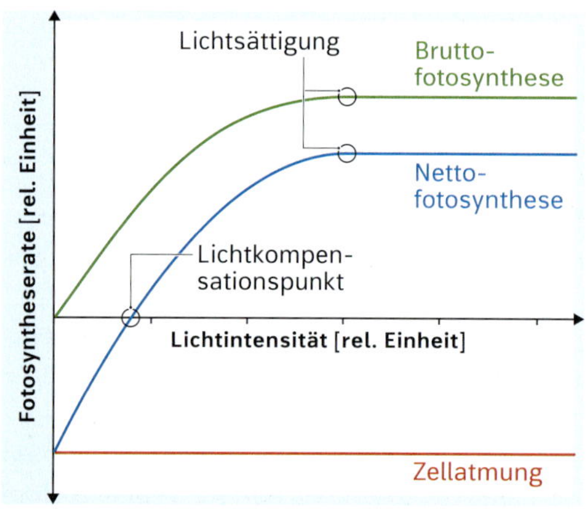

2 Abhängigkeit der Fotosyntheserate von der Lichtintensität

Lichtintensität – Die Fotosyntheserate von Pflanzen wird durch verschiedene Umweltfaktoren beeinflusst. Hierzu zählen etwa die Wasser- und Mineralsalzversorgung, die Intensität der Lichteinstrahlung, die Temperatur und die Kohlenstoffdioxidkonzentration der Luft. Mithilfe von Versuchen, bei denen nur einer dieser Umweltfaktoren systematisch verändert wird, lässt sich die Abhängigkeit der Fotosyntheserate vom jeweiligen Faktor erfassen.
Um etwa den Einfluss der Lichtintensität auf die Fotosyntheserate zu bestimmen, wird diese bei konstanten übrigen Umweltfaktoren variiert. Die entsprechende Fotosyntheserate lässt sich beispielsweise über die Aufnahme von Kohlenstoffdioxid pro Zeiteinheit ermitteln. Bei geringen Lichtintensitäten erfolgt jedoch zunächst eine Abgabe von Kohlenstoffdioxid. Diese rührt daher, dass die Kohlenstoffdioxidabgabe durch Zellatmung größer ist als die Kohlenstoffdioxidaufnahme durch Fotosynthese. Wird die Lichtintensität gesteigert, nimmt auch die

Fotosyntheserate zu. Bei einer bestimmten Lichtintensität entspricht die Abgabe der Aufnahme von Kohlenstoffdioxid. Dieser Punkt wird **Lichtkompensationspunkt** genannt. Bei zunehmender Lichtintensität erfolgt eine Kohlenstoffdioxidaufnahme der Pflanze pro Zeiteinheit. Sie steigt an und erreicht schließlich einen Maximalwert, die **Lichtsättigung**.
Da während der Fotosynthese gleichzeitig die Zellatmung der Pflanzen stattfindet, wird zwischen Brutto- und Nettofotosynthese unterschieden. Die messbare Kohlenstoffdioxidaufnahme der Pflanze pro Zeiteinheit entspricht der **Nettofotosyntheserate**. Sie gibt die Fotosyntheserate nach Abzug der Atmung an. Die **Bruttofotosyntheserate** ist also stets höher als die Nettofotosyntheserate. Es gilt: Nettofotosynthese = Bruttofotosynthese minus Zellatmung.

Kohlenstoffdioxidkonzentration und Temperatur – Bei den meisten Pflanzen steigt die Fotosyntheserate mit zunehmender Kohlenstoffdioxidkonzentration der Luft proportional an. Ab einer bestimmten Kohlenstoffdioxidkonzentration wird genauso viel Kohlenstoffdioxid durch die Fotosynthese verbraucht wie durch die ständig ablaufende Atmung freigesetzt wird. Diese Kohlenstoffdioxidkonzentration wird als **CO_2-Kompensationspunkt** bezeichnet. Steigt die Konzentration weiter an, erreicht die Fotosyntheserate bei etwa 0,1 Volumenprozent einen Maximalwert, den **CO_2-Sättigungswert**. Die grafische Darstellung der Fotosyntheserate in Abhängigkeit von der Kohlenstoffdioxidkonzentration zeigt folglich den Verlauf einer Sättigungskurve. Da der Gehalt an Kohlenstoffdioxid in der Luft deutlich unter dem Sättigungswert liegt, kann die Nettofotosyntheserate von Nutzpflanzen in Gewächshäusern durch künstliche Begasung mit Kohlenstoffdioxid gesteigert werden.

Bei hoher Lichtintensität wird die Nettofotosyntheserate der Pflanzen maßgeblich von der Temperatur bestimmt. Sie zeigt eine für enzymatische Reaktionen typische Optimumkurve. Die Lage der **Temperaturoptima** verschiedener Pflanzen verdeutlicht deren Angepasstheit an verschiedene Klimazonen.

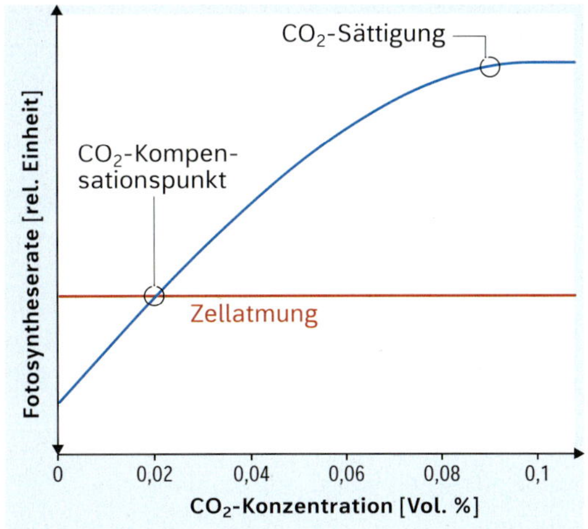

3 Abhängigkeit der Fotosyntheserate von der Kohlenstoffdioxidkonzentration

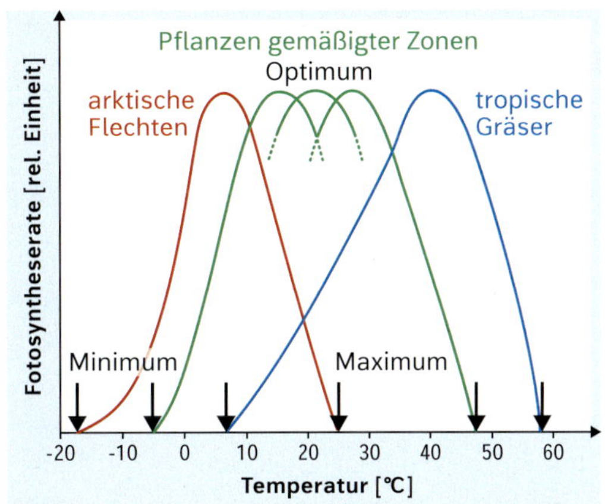

4 Abhängigkeit der Fotosyntheserate von der Temperatur

Limitierender Faktor – Sämtliche Umweltfaktoren wirken bei der Fotosynthese zusammen, wobei der am weitesten vom Optimum entfernte Faktor die Fotosyntheserate am stärksten beeinflusst. Die Konzentration an Kohlenstoffdioxid ist in diesem Fall der **limitierende Faktor**, auch **Minimalfaktor** genannt. So bleibt etwa die Fotosyntheserate trotz optimaler Licht- und Temperaturverhältnisse begrenzt, wenn zu wenig Kohlenstoffdioxid vorhanden ist. Sind alle äußeren Umweltfaktoren einer Pflanze im Bereich des Optimums, hängt ihre Fotosyntheserate von endogenen Faktoren ab, zum Beispiel von der Konzentration an Chlorophyll oder von der Enzymkonzentration in den Blattzellen.

A Brutto- und Nettofotosynthese

Bei Algen kann die Fotosyntheserate über die Veränderung der Sauerstoffkonzentration im Wasser bestimmt werden. Dazu wird jeweils vor dem Versuch die Sauerstoffkonzentration im Wasser der Versuchsgefäße gemessen. Im ersten Ansatz wurde eine bestimmte Algenmenge über einen genauen Zeitraum konstant belichtet. In einem zweiten Ansatz wurden die Algen über den entsprechenden Zeitraum im Dunkeln gehalten. In beiden Versuchsansätzen waren die Kohlenstoffdioxidkonzentrationen sowie die Temperaturen im Wasser konstant.

Faktoren	1	2
Lichtmenge [%]	100	0
O_2-Konzentration vor dem Versuch [mg/l]	5	5
O_2-Konzentration nach dem Versuch [mg/l]	15	2
O_2-Verbrauch (Atmung)		
O_2-Produktion (Bruttofotosynthese)		
O_2-Produktion (Nettofotosynthese)		

1 Erklären Sie den Unterschied zwischen Netto- und Bruttofotosynthese. ●○○

2 Schreiben Sie die Tabelle ab und vervollständigen Sie diese. ●●○

3 Planen Sie einen entsprechenden Versuch, mit dem der Lichtkompensationspunkt der Algen ermittelt werden kann. ●●●

B Einfluss verschiedener Umweltfaktoren auf die Fotosynthese

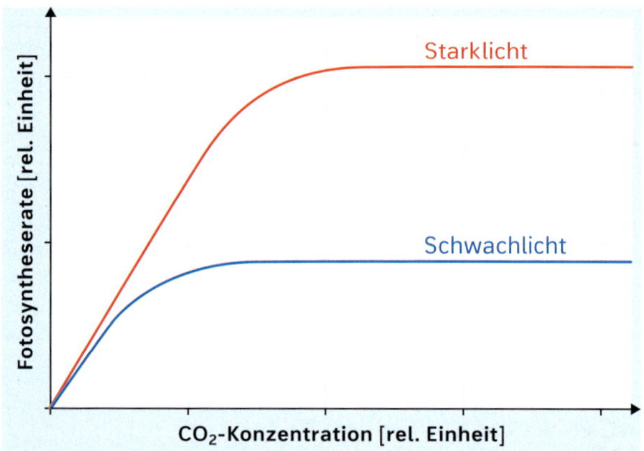

Bei der *Kanadischen Wasserpest* wurde der Einfluss des Kohlenstoffdioxidgehaltes und der Lichtintensität auf die Fotosyntheserate untersucht. Dabei wurde die Fotosyntheserate über die Sauerstofffreisetzung ermittelt. Die Temperatur wurde konstant gehalten.

1 Deuten Sie die Versuchsergebnisse. ●●○

2 Begründen Sie, warum die Versuche bei konstanter Temperatur durchgeführt wurden. ●○○

3 Erklären Sie, dass die Fotosyntheserate sowohl anhand der Sauerstofffreisetzung als auch am Verbrauch von Kohlenstoffdioxid gemessen werden kann. ●●○

4 Stellen Sie eine Hypothese hinsichtlich der Versuchsbeobachtungen auf, wenn in dem Versuch *Kanadische Wasserpest* verwendet wird, die nur wenig Chlorophyll enthält. ●●○

5 Stellen Sie Hypothesen zu folgender Versuchsfrage auf: Wie beeinflusst die Temperatur die Fotosyntheserate bei Stark- und Schwachlicht? ●○○

6 Erklären Sie, warum ein entsprechender Versuch zur Überprüfung der Versuchsfrage in zwei Ansätzen geplant werden muss. ●○○

7 Nennen Sie die abhängigen und unabhängigen Variablen für beide Versuchsansätze. Geben Sie auch genau an, wie die unabhängige Variable systematisch verändert werden soll. ●●○

8 ▶ Planen Sie die Durchführung der beiden Ansätze. Nutzen Sie die *Kanadische Wasserpest* als Versuchspflanze. Ermitteln Sie die Sauerstofffreisetzung oder den Kohlenstoffdioxidverbrauch im Wasser, wenn möglich, mit einem entsprechenden Messsensor in Verbindung mit einem Tablet, Laptop oder Smartphone. ●●●

9 Überprüfen Sie Ihre Hypothesen anhand der Versuchsergebnisse. ●●○

10 ▶ Beantworten Sie die Versuchsfrage und präsentieren Sie Ihre Versuchsergebnisse in geeigneter Form. ●●○

Umweltfaktor Wasser – Wasser ist neben Kohlenstoffdioxid Ausgangsstoff der Fotosynthese und beeinflusst daher die Fotosyntheserate einer Pflanze. Die für die Fotolyse benötigte Wassermenge ist jedoch so gering, dass sich ein Wassermangel nicht direkt auf die Fotosyntheserate auswirkt. Bei einem Wassermangel schließen die Stomata der Blätter, sodass kein Kohlenstoffdioxid in die Interzellularen der Blätter diffundieren kann. Die Fotosyntheserate einer Pflanze wird dadurch indirekt vermindert. Entscheidend für die Fotosyntheserate ist weniger die Wasseraufnahme durch das Wurzelsystem als vielmehr der Wassergehalt der Luft.

Transpiration – Im Blattgewebe ist der Wassergehalt in der Regel höher als in der umgebenden Luft. Deshalb verdunstet Wasser und diffundiert als Wasserdampf aus den Interzellularen in die umgebende Luft. Dieser Vorgang wird **Transpiration** genannt. Infolge der Wasserdampfabgabe fließt Wasser aus den umgebenden Zellen und den Leitbündeln nach. So entsteht in den Wasserleitungsbahnen ein Unterdruck, der sich bis in die Wurzeln fortsetzt. Durch diesen **Transpirationssog** werden Wasser und darin gelöste Mineralstoffe in die Blätter transportiert. Außerdem bewirkt die Transpiration eine Abkühlung der Blätter, denn das Verdunsten des Wassers benötigt eine bestimmte Menge an Wärme, die dem Blatt entzogen wird.

Bei der Transpiration werden die cuticuläre und die stomatäre Transpiration unterschieden. Bei der **cuticulären Transpiration** verliert das Blatt Wasserdampf über die Cuticula und somit über die gesamte Blattoberfläche. Ihr Ausmaß wird vor allem von der Dicke der Cuticula bestimmt. Der größere Teil der Transpiration erfolgt über die Stomata. Auf einer Blattunterseite kann es bis zu 10 000 Stomata pro Quadratzentimeter geben. Diese **stomatäre Transpiration** kann im Gegensatz zur cuticulären von der Pflanze reguliert werden.

Regulation der Transpiration – Jede Spaltöffnung wird von zwei bohnenförmigen Schließzellen, die Chloroplasten enthalten, gebildet. Zusammen mit den angrenzenden Nebenzellen bilden sie den **Spaltöffnungsapparat**. Bei einer ausreichenden Wasserversorgung der Pflanze werden mithilfe von Ionenpumpen Kalium-Ionen aus den Nebenzellen in die Schließzellen transportiert. Daraufhin strömt Wasser osmotisch nach, sodass sich das Volumen der Schließzellen erhöht. Schließzellen besitzen verdickte Zellwände. Nur ihre Rückwand und der mittlere Bereich ihrer Bauchwand sind unverdickt. Strömt Wasser in eine Schließzelle, wird ihre unverdickte Rückwand gedehnt und dabei die Bauchwand nach hinten gezogen. So vergrößert sich die Spaltöffnung. Umgekehrt führt ein Wasserverlust zu einer Volumenabnahme der Schließzellen. Ihre Bauchwände bewegen sich aufeinander zu und die Spaltöffnung verkleinert sich.

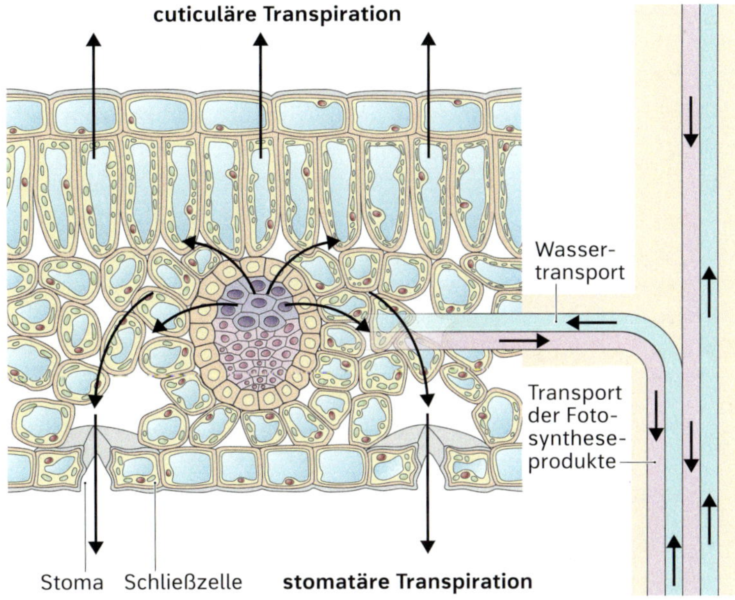

5 Cuticuläre und stomatäre Transpiration

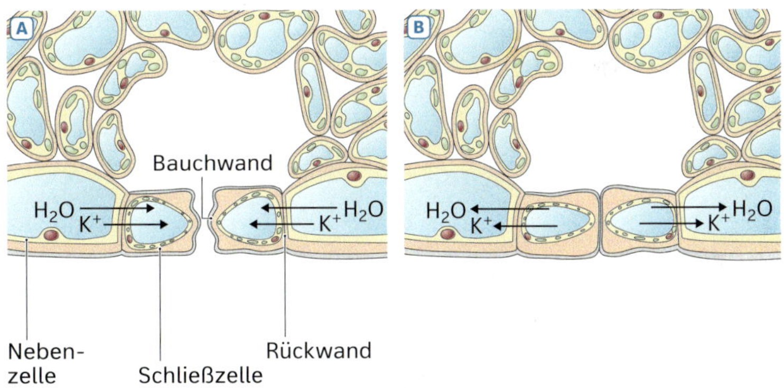

6 Stomata: **A** geöffnet; **B** geschlossen

Regulation der Stomata – Bei Belichtung und niedriger Kohlenstoffdioxidkonzentration in den Interzellularen öffnen sich die Stomata. Eine hohe Kohlenstoffdioxidkonzentration und geringe Luftfeuchtigkeit führen hingegen zum Schluss der Stomata. An der Regulation dieser Spaltöffnungsbewegungen sind auch intrazelluläre Signalketten und das Pflanzenhormon **Abscisinsäure**, kurz ABA, beteiligt. Bei Wassermangel produziert die Pflanze verstärkt ABA. Diese hemmt die Kalium-Ionenpumpen und damit den osomotisch bedingten Wassereinstrom von den Nebenzellen in die Schließzellen. So kommt es zum Verschluss der Stomata. Die Regulation der stomatären Transpiration ermöglicht einen Kompromiss zwischen der Wasserabgabe durch Transpiration und der Wasseraufnahme für die Fotosynthese.

MATERIAL MIT AUFGABEN

C Spaltöffnungsapparat von Mais (*Zea mays*) im mikroskopischen Bild

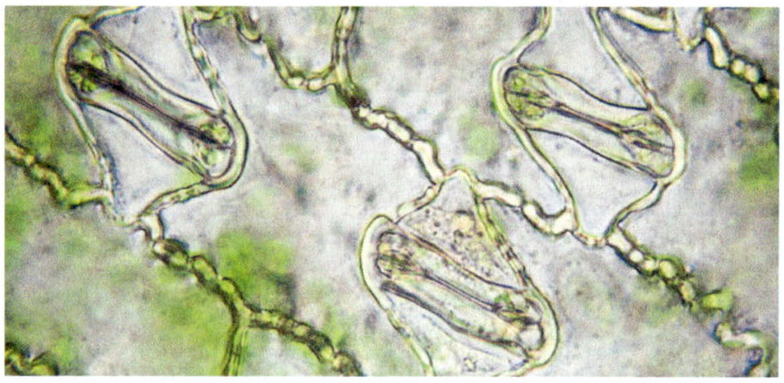

1 Fertigen Sie eine mikroskopische Zeichnung eines Spaltöffnungsapparats von Mais in der Aufsicht an und beschriften Sie die erkennbaren Strukturen. ●●○

2 ▶ Fertigen Sie ein Abziehpräparat der Blattober- und Blattunterseite der Dreimasterblume *Tradescantia* an und mikroskopieren Sie es. ●●○

3 Vergleichen Sie die Stomata von Maispflanzen mit denen der Dreimasterblume. ●●○

D Stomatabewegungen

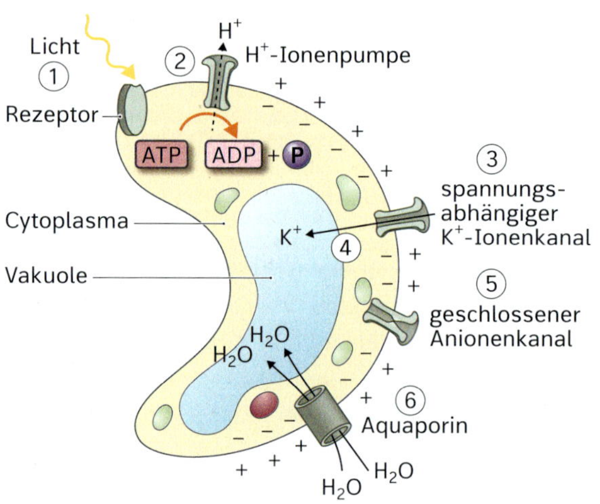

1 Erklären Sie anhand der Abbildung die Vorgänge im Spaltöffnungsapparat beim Öffnen und Schließen der Stomata. ●●○

2 Geben Sie an, wie sich die Faktoren Licht, Temperatur, Luftfeuchtigkeit, Kohlenstoffdioxidkonzentration im Blatt und die ABA-Konzentration in den Schließzellen bei offenen und geschlossenen Stomata unterscheiden. ●○○

E Randeffekt

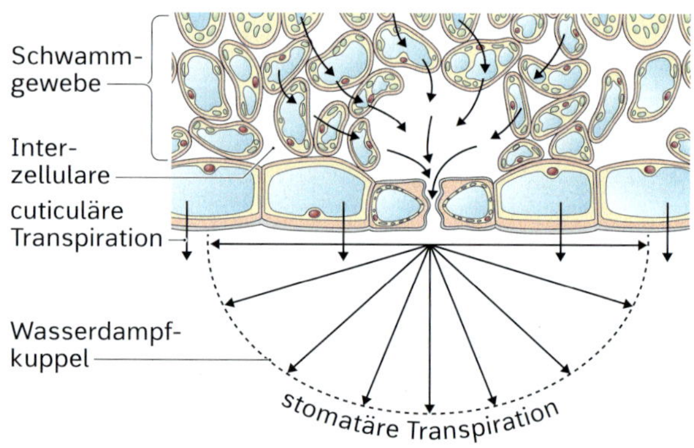

Die Fläche aller Spaltöffnungen macht nur ein bis zwei Prozent der gesamten Oberfläche eines Blattes aus. Viele Pflanzen geben aber bei voll geöffneten Stomata so viel Wasserdampf ab, als bestünde ihre Blattfläche zu über 50 Prozent aus Stomata. Dieses Phänomen wird mit dem Randeffekt erklärt. Demnach bildet sich über jeder Spaltöffnung eine Kuppel aus Wasserdampf.

1 Erklären Sie den Randeffekt der stomatären Transpiration. Berücksichtigen Sie dabei das Prinzip der Oberflächenvergrößerung. ●●○

Morphologische Angepasstheiten an Wassermangel – Pflanzen sehr trockener Regionen wie in Steppen und Halbwüsten weisen verschiedene Besonderheiten ihrer Blätter auf. Diese senken die Transpirationsrate oder dienen der Wasserspeicherung. Pflanzen mit solchen Angepasstheiten an Trockenheit werden als **Xerophyten** bezeichnet. Sie besitzen meist sehr kleine, dicke Blätter, sodass ihre Blattoberfläche im Verhältnis zum Volumen reduziert ist und der Wasserverlust auf diese Weise begrenzt wird. Daneben zeichnen sich die Blätter von Xerophyten durch eine mehrschichtige Epidermis oder große Epidermiszellen aus. Die außen liegenden Zellwände dieser Zellen sind häufig verdickt. Ihre Oberflächen sind von einer dicken Cuticula überzogen.

Zusätzlich befinden sich auf den Blättern Auswüchse oder Haare. Die luftgefüllten Haare erscheinen oft weißlich. Sie reflektieren einen Teil des auftreffenden Lichts und begrenzen so die Temperatur im Blatt.

7 Haare als Sonnenschutz bei xeromorphen Blättern

Die Stomata xeromorpher Blätter sind tief in das Blatt eingesenkt. Bei einigen Pflanzenarten, etwa beim Oleander, liegen die Stomata in Einstülpungen auf der Blattunterseite. Diese sind durch Haaren geschützt. Die stomatäre Transpiration wird dadurch reduziert.
Auch die Nadelblätter der Nadelbäume sind morphologische Angepasstheiten an trockene Standorte. Sie schützen die Bäume vor Verdunstung bei starker Sonneneinstrahlung und vor Wassermangel bei strengem Frost.

MATERIAL MIT AUFGABEN

F Angepasstheiten xeromorpher Blätter

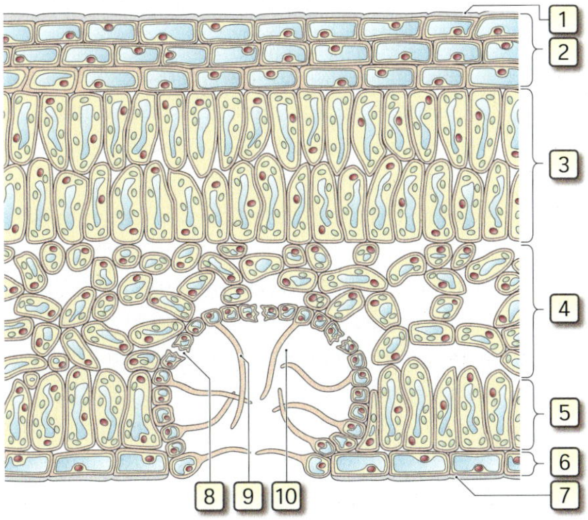

1 Benennen Sie die Blattstrukturen anhand der Ziffern. ●○○
2 Erklären Sie anhand des Aufbaus eines xeromorphen Blattes die Beziehung zwischen Struktur und Funktion. ●●○

G Angepasstheiten von Nadelblättern

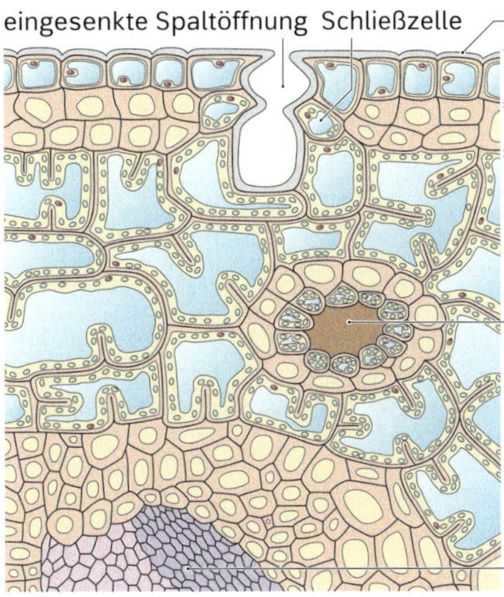

1 Erklären Sie, wie cuticuläre und stomatäre Transpiration bei Nadelblättern herabgesetzt werden. ●●○
2 Nadelbäume werfen ihre Blätter im Winter nicht ab. Geben Sie an, welche Vorteile sie dadurch haben. ●●○

8 Vergleich von Rotbuchenblättern: **A** Sonnenblatt; **B** Schattenblatt

Merkmal	Sonnenblätter	Schattenblätter
Blattoberfläche [cm^2]	28,8	48,9
Blattdicke [mm]	0,185	0,093
Blattmasse [g/m^2]	115,1	52,7
Konzentration an Foto-synthese-Enzymen	hoch	niedrig

9 Vergleich von Sonnenblättern und Schattenblättern einer Rotbuche

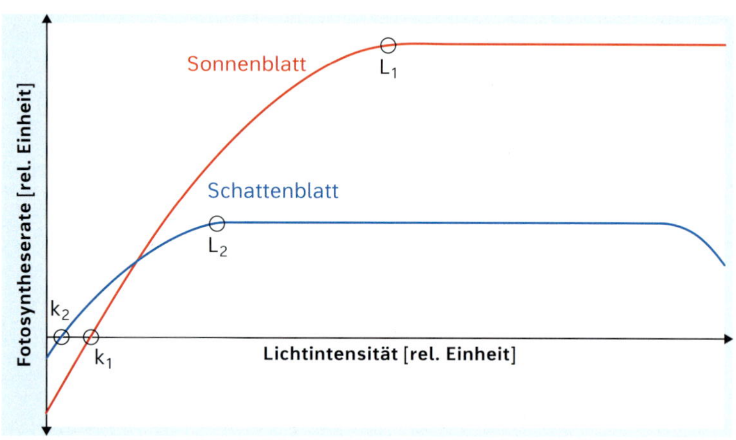

10 Fotosyntheserate in Abhängigkeit vom Licht bei Sonnenblättern und Schattenblättern. k_1, k_2 = Lichtkompensationspunkt; L_1, L_2 = Lichtsättigung

Sonnen- und Schattenblätter – Blätter aus dem Randbereich einer Baumkrone sind dem vollen Sonnenlicht ausgesetzt. Solche **Sonnenblätter** sind wesentlich kleiner und dicker als **Schattenblätter** aus den inneren und unteren Bereichen der Baumkrone. Hier ist die Lichtintensität stark reduziert. Sonnen- und Schattenblätter unterscheiden sich auch im inneren Aufbau. Sonnenblätter bilden in der Regel ein mehrschichtiges Palisadengewebe mit vielen Chloroplasten aus. Schattenblätter haben dagegen ein reduziertes Palisadengewebe mit großen Zellen und wenigen Chloroplasten. Auch das Schwammgewebe weist bei Sonnenblättern in der Regel mehr Schichten auf als bei Schattenblättern. Außerdem besitzen Sonnenblätter größere Interzellularräume.

Physiologische Unterschiede – Die morphologischen Unterschiede von Sonnen- und Schattenblättern stehen im Zusammenhang mit ihren physiologischen Unterschieden. Sonnenblätter besitzen einen intensiveren Gaswechsel als Schattenblätter. Sie erreichen ihre Lichtsättigung erst bei höheren Lichtintensitäten als Schattenblätter. Deshalb sind sie im Vergleich zu Schattenblättern fotosynthetisch leistungsfähiger und haben eine höhere Nettofotosyntheserate. Da Sonnenblätter viel Blattgewebe besitzen, das im Dunkeln nur mithilfe von Zellatmung ATP gewinnen kann, ist ihr Lichtkompensationspunkt relativ hoch.
Schattenblätter haben weniger Blattgewebe und erreichen deshalb bereits bei sehr geringen Lichtintensitäten den Lichtkompensationspunkt. Eine positive Nettofotosyntheserate tritt folglich vergleichsweise früh ein. Der Lichtsättigungswert, bei dem keine weitere Erhöhung der Fotosyntheserate möglich ist, wird bei Schattenblättern schon bei relativ geringer Lichtintensität erreicht. Bei hoher Lichtintensität nimmt deren Fotosyntheserate sogar infolge einer Blattschädigung ab.
Durch die verschiedenen Blatttypen wird die Gesamtfotosyntheseleistung eines Baumes gesteigert, da er so unterschiedliche Lichtintensitäten nutzen kann. Die Differenzierung in den jeweiligen Blatttyp wird durch die Lichtintensität bestimmt, die während der Blattentwicklung auf die Knospen trifft.

H Erkenntnisgewinn durch Versuche: Sonnen- und Schattenblätter

Versuchsfrage

Wie unterscheiden sich Blätter einer Rotbuche, die in verschiedenen Bereichen der Baumkrone wachsen?

Versuchsdurchführung

Von einer Rotbuche wurden in circa 1,5 Meter Höhe jeweils fünf etwa gleich große Äste aus dem Außenbereich und dem Schattenbereich der Baumkrone abgeschnitten. Von jedem Ast wurden ausgehend von der Spitze jeweils das zweite und fünfte Blatt ausgewählt. Die so erhaltenen Sonnen- und Schattenblätter wurden in drei Ansätzen untersucht.

Versuchsbeobachtungen

Ansatz 1: Sonnen- und Schattenblätter vor und nach einer 20-minütigen Trocknung bei 60 °C

Sonnenblatt vor der Trocknung | Schattenblatt

nach 20 Minuten Trocknung bei 60 °C

Ansatz 2: Vergleich der Blattflächen

Die Blattflächen werden mithilfe der Formel für die Fläche einer Ellipse errechnet:

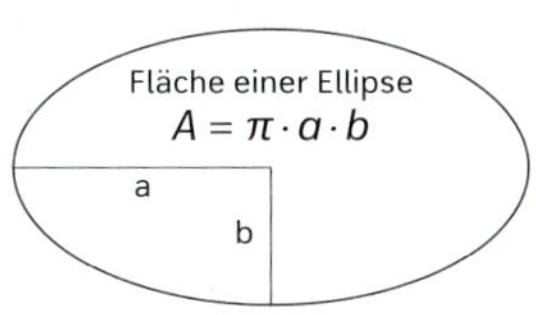

Errechnete Blattfläche in Quadratzentimetern

Sonnenblätter								
15,3	18,4	24,6	28,6	32,3	36,7	39,6	40,5	42,2
Schattenblätter								
32,2	35,6	36,4	37,6	38,9	40,5	42,6	45,5	53,3

Ansatz 3: Vergleich der SLA-Werte (engl. ***specific leaf area***) von Sonnen- und Schattenblättern

Der SLA-Wert gibt das Verhältnis einer bestimmten Blattfläche zu deren Trockenmasse an.

SLA-Werte in cm^2/g

Sonnenblätter								
110	105	108	131	109	118	115	102	104
Schattenblätter								
415	444	428	437	458	459	435	476	446

1 Begründen Sie die Durchführung des Sammelns der Sonnen- und Schattenblätter. ●●○

2 Beschreiben und erklären Sie die Beobachtungen des ersten Versuchsansatzes. ●●○

3 Errechnen Sie die Mittelwerte der Blattflächen aus Ansatz 2 und vergleichen Sie diese. ●○○

4 Erklären Sie die Aussage, dass der SLA-Wert ein Parameter für die Dicke eines Blattes ist. ●●○

5 Errechnen Sie Mittelwerte der SLA-Werte für die beiden Blatttypen und prüfen Sie, ob diese sich mit den Beobachtungen in Ansatz 1 decken. ●●●

6 Mikroskopieren Sie Fertigpräparate von Sonnen- und Schattenblättern im Querschnitt und prüfen Sie, ob sich die so gewonnenen Beobachtungen mit denen der drei Versuchsansätze decken. ●●●

7 Prüfen Sie folgende funktionale Erklärungen. Buchenblätter unterscheiden sich, da sie
a) unterschiedliche Entwicklungsstände haben;
b) je nach Position am Baum unterschiedlich gut mit Wasser und Mineralstoffen versorgt werden;
c) an unterschiedliche Lichtverhältnisse angepasst sind. ●●●

8 ▶ Untersuchen Sie Sonnen- und Schattenblätter bei Efeu entsprechend den Versuchen mit den Buchenblättern. ●●○

1 Maispflanzen

3.6 Spezialisten der Fotosynthese

Im Hochsommer können Maispflanzen selbst bei Trockenheit bis zu 15 Zentimeter am Tag wachsen und innerhalb von wenigen Monaten eine Höhe von bis zu drei Metern erreichen. Wie sind solch hohe Wachstumsleistungen möglich?

Pflanzen an trocken-heißen Standorten – Pflanzen, die an trocken-heißen Standorten wachsen, verlieren bei geöffneten Stomata viel Wasser durch Transpiration. Schließen sie ihre Stomata, um die Transpiration zu begrenzen, wird gleichzeitig die Aufnahme von Kohlenstoffdioxid unterbunden und die Fotosynthese stark eingeschränkt.
Das hat zur Folge, dass in den Interzellularen des Blattes die Kohlenstoffdioxidkonzentration sinkt und die Sauerstoffkonzentration ansteigt. Unter diesen Bedingungen bindet Rubisco, das Schlüsselenzym der Kohlenstoffdioxid-Fixierung im Calvin-Zyklus, Sauerstoff-Moleküle anstelle von Kohlenstoffdioxid-Molekülen an Ribulose-1,5-bisphosphat. Das entstehende Produkt zerfällt und die gebildeten Moleküle werden zum Teil in den Mitochondrien abgebaut, wobei Kohlenstoffdioxid freigesetzt wird. Dieser Stoffwechselprozess wird **Lichtatmung** oder **Fotorespiration** genannt, da er im Licht abläuft, Sauerstoff verbraucht und Kohlenstoffdioxid produziert. Bei der Fotorespiration werden jedoch weder ATP noch Glucose gebildet. Es werden dabei sogar ATP und NADPH + H^+ verbraucht. Aber die Primärreaktionen der Fotosynthese können weiter ablaufen und die Zellen werden nicht durch Elektronen geschädigt, die aufgrund fehlender Reduktionspartner freigesetzt werden.

Einige Pflanzenarten besitzen physiologische und anatomische Angepasstheiten, die die Fotorespiration einschränken. Solche Pflanzenarten können auch an trocken-heißen Standorten effektiv Fotosynthese betreiben. Zu diesen Fotosynthesespezialisten zählen C_4- und CAM-Pflanzen.

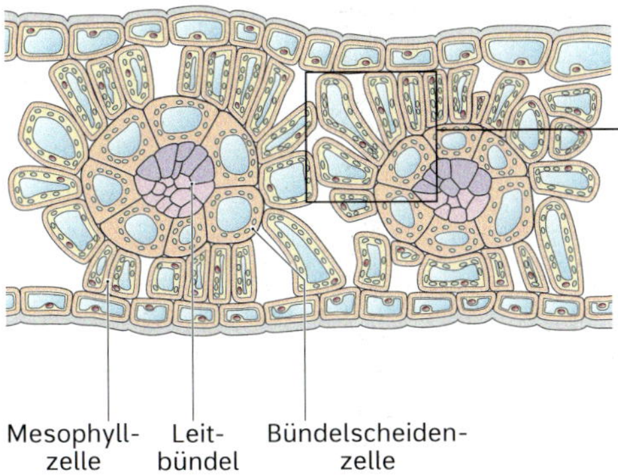

2 Blattanatomie bei C_4-Pflanzen

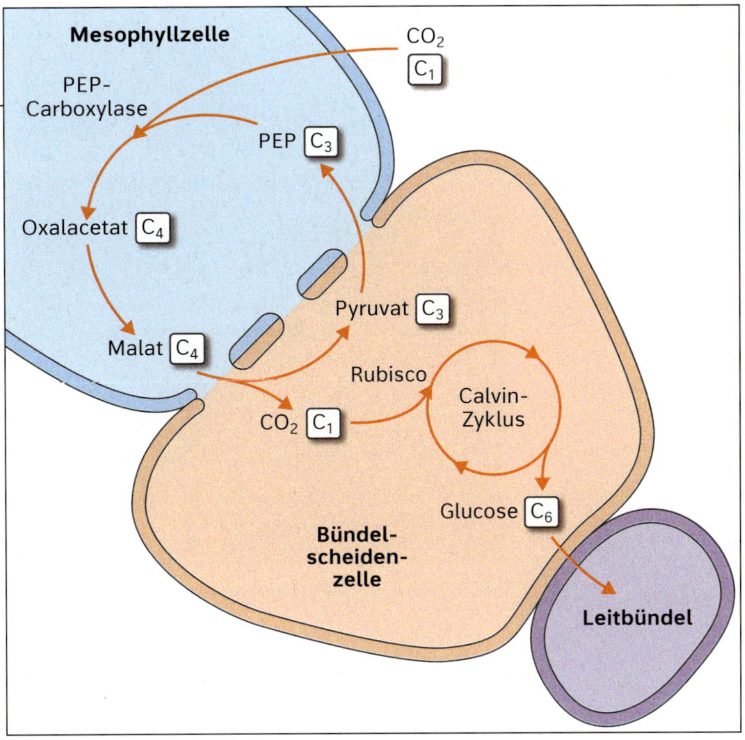

3 Kohlenstoffdioxid-Fixierung bei C_4-Pflanzen

C_4-Pflanzen – Bei Mais sowie bei anderen tropischen Grasarten wird das aufgenommene Kohlenstoffdioxid zunächst an den C_3-Körper Phosphoenolpyruvat, kurz PEP, gebunden. Als Produkt entsteht Oxalacetat, ein C_4-Körper. Pflanzenarten, bei denen das erste Produkt der Kohlenstoffdioxid-Fixierung ein C_4-Körper ist, werden **C_4-Pflanzen** genannt. Bei den meisten anderen Pflanzenarten ist das erste stabile Produkt im Calvin-Zyklus der C_3-Körper 3-Phosphoglycerat. Dementsprechend werden sie als **C_3-Pflanzen** bezeichnet.

Bei C_4-Pflanzen wie Mais liegt eine räumliche Trennung zwischen der Kohlenstoffdioxid-Fixierung und dem Calvin-Zyklus vor. Dadurch kommt Rubisco nicht mit Sauerstoff in Kontakt. Bei C_4-Pflanzen sind **Bündelscheidenzellen** als dichter Kranz um die Leitbündel angeordnet. Sie sind von **Mesophyllzellen** umgeben. In ihnen wird Kohlenstoffdioxid durch das Enzym PEP-Carboxylase an PEP gebunden. Dieses Enzym hat eine deutlich höhere Affinität zu Kohlenstoffdioxid als Rubisco und fixiert dieses auch bei sehr niedrigen Konzentrationen. Es entsteht Oxalacetat. Dieses wird in Malat umgewandelt und dann in die Bündelscheidenzellen transportiert, wo Kohlenstoffdioxid wieder freigesetzt wird. Dabei steigt seine Konzentration um etwa das Zehnfache der Außenluft an. Rubisco bindet unter diesen Bedingungen nur Kohlenstoffdioxid und keinen Sauerstoff. So kann die Fotosynthese auch bei teilweise geschlossenen Stomata effektiv weiterlaufen. C_4-Pflanzen zeigen daher bei Lichtsättigung deutlich höhere Zuwachsraten als C_3-Pflanzen.

MATERIAL MIT AUFGABEN

A Fotosyntheseraten von C_3- und C_4-Pflanzen

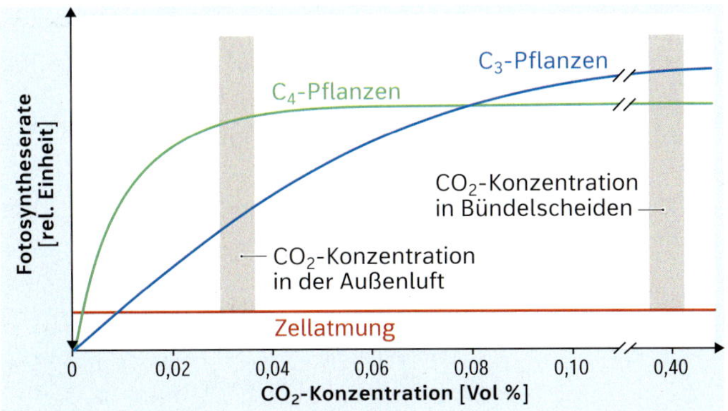

1 Erklären Sie die Unterschiede der CO_2-Kompensationspunkte bei C_3- und C_4-Pflanzen. ●●○

2 Erklären Sie die Abhängigkeit der Fotosyntheserate von der CO_2-Konzentration der Außenluft bei C_3- und C_4-Pflanzen. ●●○

3 Begründen Sie, warum Mais bei hoher Lichtintensität an trocken-heißen Standorten mehr Biomasse produziert als etwa Weizen. ●●○

4 Butterbaum – ein Dickblattgewächs

CAM-Pflanzen

Einen ebenfalls an trocken-heiße Standorte angepassten Stoffwechselweg betreiben Dickblattgewächse, auch Crassulaceen genannt. Die betreffenden Pflanzen werden als **CAM-Pflanzen** (engl. ***c****rassulacean* ***a****cid* ***m****etabolism*) bezeichnet.

CAM-Pflanzen öffnen ihre Stomata vorwiegend nachts. Da an ihren natürlichen Standorten nachts die Temperaturen niedrig sind und die Luftfeuchtigkeit relativ hoch ist, verlieren sie dann nur wenig Wasser. Das durch die Stomata aufgenommene Kohlenstoffdioxid wird im Cytoplasma der Blattzellen durch PEP-Carboxylase an PEP gebunden, wobei Oxalacetat entsteht. Dieses wird dann zu Malat reduziert und anschließend in den großen Vakuolen der Blattzellen gespeichert. Während des Tages wird Malat aus den Vakuolen ins Cytoplasma transportiert und dort zu Pyruvat und Kohlenstoffdioxid umgewandelt. Das freigesetzte Kohlenstoffdioxid wird in die Chloroplasten transportiert, dort von Rubisco gebunden und dann in den Calvin-Zyklus geschleust. Die tagsüber geschlossenen Stomata verhindern nicht nur Wasserverluste, sondern auch eine Kohlenstoffdioxidabgabe an die Umgebung.

Bedeutung des CAM-Stoffwechsels

CAM-Pflanzen schließen tagsüber ihre Spaltöffnungen. So ist ihr Wasserverlust im Vergleich zu C_3-Pflanzen um etwa ein Zehntel reduziert. Allerdings zeigen CAM-Pflanzen geringere Wachstumsraten als C_3-Pflanzen. Dies lässt sich damit erklären, dass in den Vakuolen der Blattzellen nur eine begrenzte Menge an Malat gespeichert werden kann. Oft ist diese schon

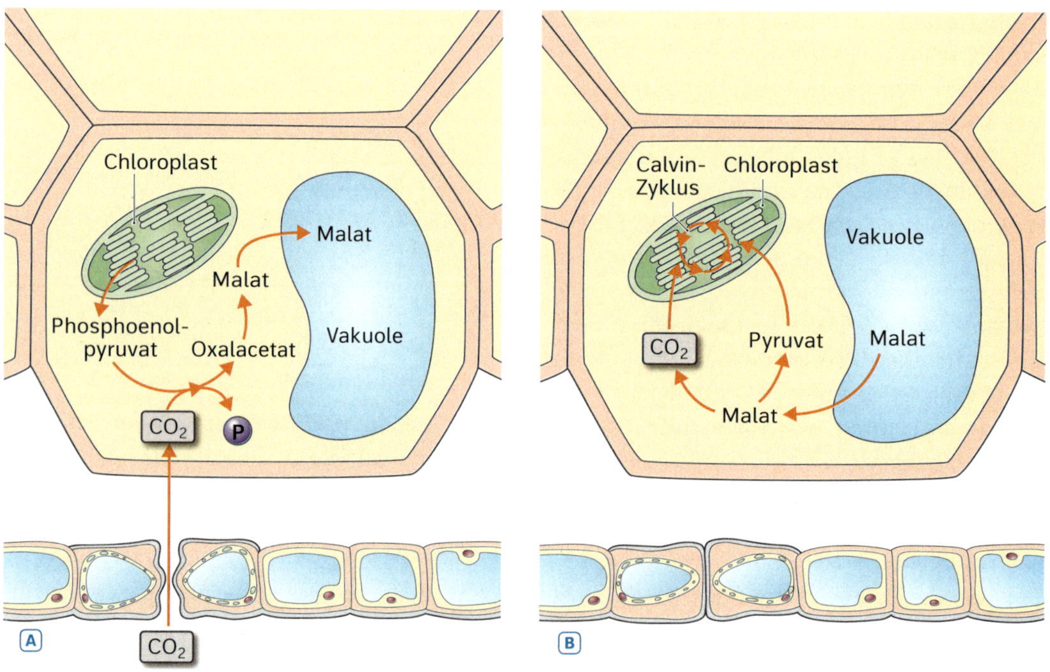

5 Kohlenstoffdioxid-Fixierung bei CAM-Pflanzen: **A** nachts; **B** tagsüber

um die Mittagszeit abgebaut. Bei besonders starker und lang anhaltender Trockenheit können CAM-Pflanzen auch nachts ihre Stomata geschlossen halten. Dann fixieren sie das durch Zellatmung freigesetzte Kohlenstoffdioxid.

Durch die Speicherung von Malat während der Nacht sinkt der pH-Wert in den Vakuolen. Tagsüber wird Malat aus den Vakuolen wieder freigesetzt, wodurch der pH-Wert steigt. Da der pH-Wert in der Vakuole im Tag-Nacht-Rhythmus schwankt, wird auch vom **diurnalen Säurezyklus** (lat. *diurnus* täglich) gesprochen.

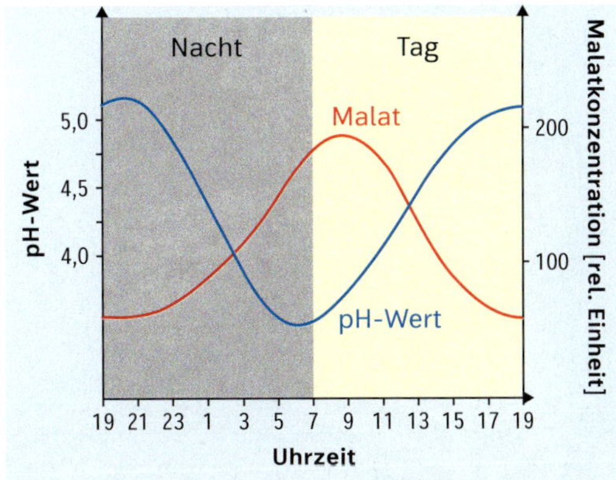

6 Diurnaler Säurezyklus bei CAM-Pflanzen

Vergleich CAM- und C_4-Pflanzen Der Stoffwechselweg von CAM-Pflanzen ähnelt dem der C_4-Pflanzen. In beiden Fällen wird Kohlenstoffdioxid zunächst in C_4-Körpern fixiert und gelangt dann erst in den Calvin-Zyklus.
Bei CAM-Pflanzen laufen beide Prozesse zu unterschiedlichen Zeiten ab, während sie bei C_4-Pflanzen räumlich getrennt in verschiedenen Zelltypen stattfinden. Auf diese Weise wird die Fotorespiration minimiert. Beide Stoffwechseltypen haben sich im Verlauf der Evolution mehrmals unabhängig voneinander bei unterschiedlichen Pflanzenarten entwickelt. Dies deutet daraufhin, dass diese Arten in trockenheißen Klimazonen einen Vorteil besitzen.

MATERIAL MIT AUFGABEN

B C_3- und C_4-Pflanzen in Konkurrenz

In einem Experiment wurden die C_3-Pflanze Weizen und die C_4-Pflanze Mais bei 33 Grad Celsius und voller Lichtsättigung in einem Glasgefäß luftdicht eingeschlossen. Der Kohlenstoffdioxid-Kompensationspunkt liegt bei der C_3-Pflanze bei 100 Mikrolitern Kohlenstoffdioxid pro Liter Luft, der Kohlenstoffdioxid-Kompensationspunkt der C_4-Pflanze bei 10 Mikrolitern Kohlenstoffdioxid pro Liter Luft.

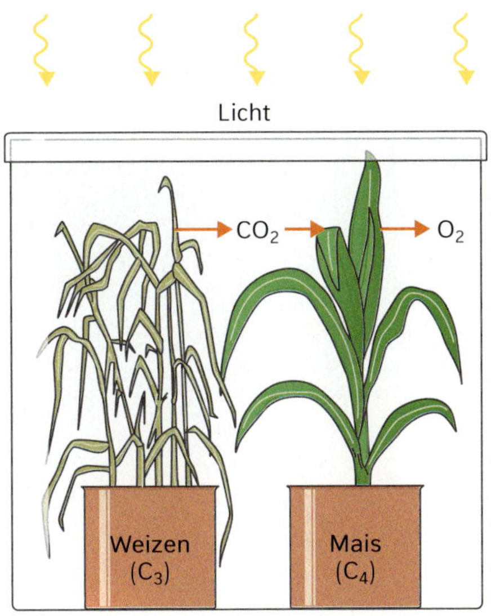

1 In dem Experiment sank die Kohlenstoffdioxidkonzentration im Inneren des Gefäßes innerhalb einer Stunde auf 100 Mikroliter pro Liter Luft. Erklären Sie diese Beobachtung. ••○
2 Stellen Sie eine Hypothese über den weiteren Verlauf der Konzentration von Kohlenstoffdioxid auf. •••
3 Erstellen Sie eine weitere Hypothese wie sich das Wachstum der beiden Pflanzen im Laufe der Zeit verändern wird. •••
4 Nehmen Sie Stellung zu der Aussage, dass dieses Experiment die Überlegenheit von C_4-Pflanzen gegenüber C_3-Pflanzen belegt. •••

7 Maisfeld oder Fotovoltaikanlage – welches System ist effektiver?

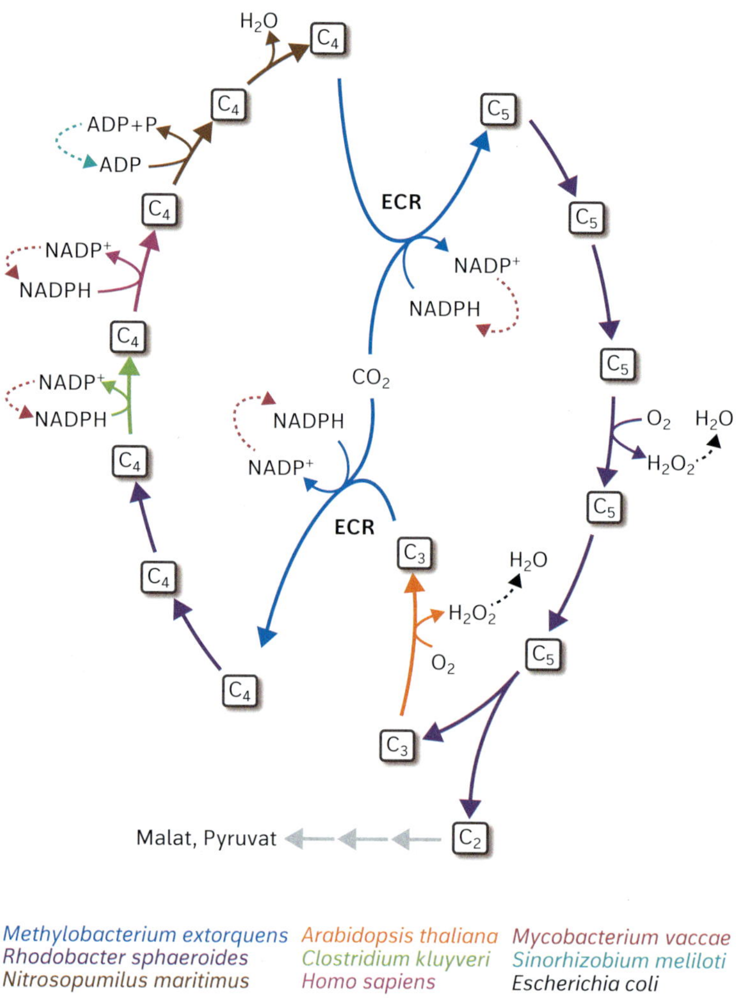

8 Vereinfachtes Schema des CETCH-Zyklus und Herkunft einzelner Enzyme

Effektivität der Fotosynthese – Die Fotosynthese ist nicht nur der bedeutendste Stoffwechselweg der Erde, sondern auch einer der ältesten. Dennoch ist die Fotosynthese relativ ineffektiv. So wandeln beispielsweise moderne Fotovoltaikanlagen Sonnenenergie deutlich effektiver in chemische Energie um als Pflanzen. Der Grund für die geringe Effizienz der Fotosynthese liegt in der begrenzten Licht-Aufnahmefähigkeit der Fotosysteme. Bei voller Sonneneinstrahlung ist deren Kapazitätsgrenze schnell erreicht. Blätter im vollen Sonnenlicht geben daher einen Großteil der absorbierten Energie ungenutzt wieder ab.
Ein weiterer wesentlicher Grund für die geringe Effizienz der Fotosynthese ist die Kohlenstoffdioxid-Fixierung. Das Enzym Rubisco bindet Kohlenstoffdioxid nicht nur mit geringer Geschwindigkeit, es bindet auch Sauerstoff. Das bei der Fotorespiration entstehende Produkt muss abgebaut werden, wobei bis zu einem Drittel der durch Fotosynthese gewonnenen Energie verloren geht.

Optimierung der Fotosynthese – In der Forschung wird aktuell daran gearbeitet, die hohen Energieverluste durch Fotorespiration zu verhindern oder C_3-Pflanzen gentechnisch in C_4-Pflanzen umzuwandeln.
In einem anderen Forschungsansatz wird an der Entwicklung einer **künstlichen Fotosynthese** gearbeitet. Ein erster Schritt dafür war die Entdeckung von Enzymen, die Kohlenstoffdioxid etwa 20-mal schneller fixieren als Rubisco. Sie kommen natürlicherweise in bestimmten Bodenbakterien vor und werden als ECR-Enzyme bezeichnet. Darauf aufbauend entwickelten die Forschenden einen künstlichen Stoffwechselweg, den **CETCH-Zyklus**. Dafür wurden aus Datenbanken für Enzyme diejenigen ausgewählt, die möglicherweise die notwendigen Reaktionen katalysieren konnten. Anschließend wurden sämtliche Enzyme in einem Reagenzglas zu einem funktionierenden Zyklus zusammengefügt. Dabei wurden immer wieder neue Enzyme getestet, oft gentechnisch verändert und neu kombiniert, bis sie optimal zusammenarbeiteten. Im CETCH-Zyklus wurden 17 verschiedene Enzyme aus insgesamt neun verschiedenen Arten kombiniert.

Künstliche Chloroplasten Um die Wirksamkeit des CETCH-Stoffwechselweges zu überprüfen, konstruierten die Forschenden künstliche Chloroplasten. Dazu isolierten sie zunächst für die Primärreaktionen der Fotosynthese Thylakoidmembranen aus Spinatzellen. Für die Sekundärreaktionen setzten sie den CETCH-Zyklus ein. Die halbsynthetischen Chloroplasten bestanden aus Wassertröpfchen von 100 Mikrometer Durchmesser, die in einer Ölemulsion schwammen. Obwohl sie nur kurze Zeit stabil blieben, konnten sie in vitro Kohlenstoffdioxid fixieren und zu energiereichen Kohlenhydraten umwandeln.

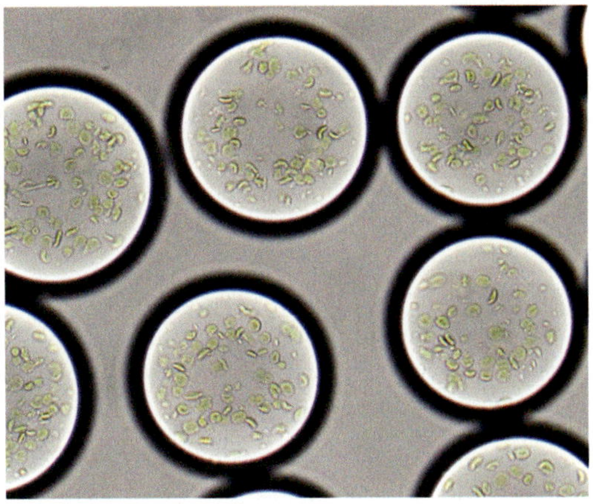

9 Mikrotröpfchen als künstliche Chloroplasten

Bedeutung der optimierten Fotosynthese Forschungsansätze, mit denen versucht wird, die Fotosynthese von Kulturpflanzen zu verbessern, zielen insbesondere darauf ab, die Ernährung der stetig wachsenden Weltbevölkerung zu verbessern. Im Labor und am Computer entwickelte, fotosynthetisch aktive Zellen könnten auch als umweltschonende Bioreaktoren dienen. Diese könnten das Treibhausgas Kohlenstoffdioxid binden und in energiereiche organische Produkte umwandeln. Damit wäre die künstliche Fotosynthese sowohl ein wirksames Instrument gegen den Klimawandel als auch ein wichtiger Baustein einer zukünftigen nachhaltigen Nahrungs- und Energieversorgung.

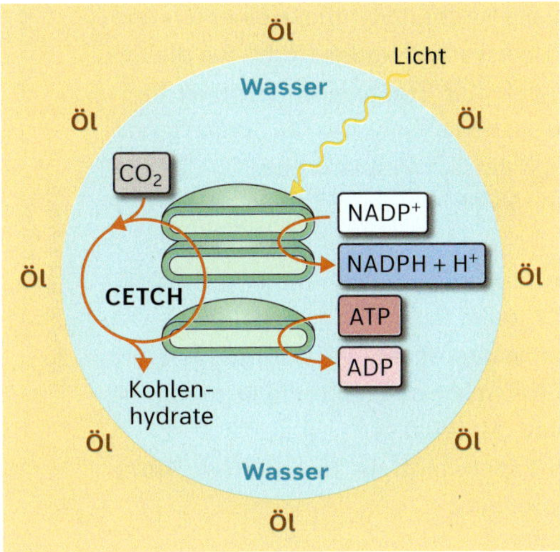

10 Aufbau künstlicher Chloroplasten

MATERIAL MIT AUFGABEN

C Fotosyntheseoptimierung und Synthetische Biologie

Die **Synthetische Biologie** ist ein neuer Forschungszweig. Mithilfe einzelner, künstlich erzeugter Module und Bausteine wollen Forschende synthetische Zellen konstruieren, die unterschiedliche Produkte bilden können. Man spricht vom **Bottom-up-Prinzip**. Beim **Top-down-Ansatz** geht man von einfachen Organismen aus und versucht, deren Komplexität schrittweise zu reduzieren.

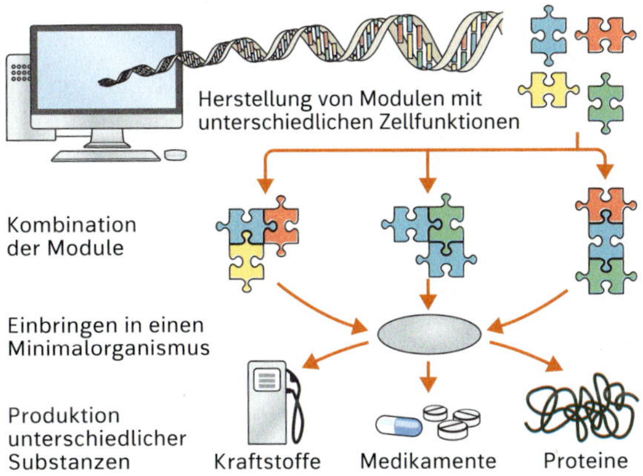

1 Erklären Sie die Begriffe Bottom-up und Top-down am Beispiel der Fotosyntheseoptimierung. ●●○

2 Erstellen Sie einen Podcast zur Optimierung der Fotosynthese. ●●●

Klausuraufgaben

Fotosynthesespezialisten

C_4- und CAM-Pflanzen besitzen physiologische Angepasstheiten, sodass sie auch an trocken-heißen Standorten effektiv Fotosynthese betreiben können. Im Folgenden sind einige physiologische Daten dieser Fotosynthesespezialisten im Vergleich zu C_3-Pflanzen dargestellt.

1.1 Geben Sie eine Definition des Begriffs Nettofotosynthese an.
1.2 Vergleichen Sie die Nettofotosynthese einer C_3- und C_4-Pflanze im Tagesverlauf und erklären Sie die bei der Buche festgestellten Ergebnisse. (Material A)
1.3 Skizzieren Sie schematisch die zu erwartende Stärkeproduktion der Sonnenblätter der C_3-Pflanze im Tagesverlauf. (Material A und C)

2.1 Stellen Sie die allgemeinen Merkmale von CAM-Pflanzen dar. (Material B)
2.2 Entwickeln Sie eine Hypothese, wie sich der pH-Wert im Zellsaft von *Kalanchoe daigremontiana* im Tagesverlauf verändert. (Material C)
2.3 Planen Sie ein Experiment zur Überprüfung Ihrer Hypothese. (Material C)

3.1 Vergleichen Sie die Kohlenstoffdioxidfixierung von C_4-Pflanzen mit der von CAM-Pflanzen. (Material D)
3.2 Werten Sie die Daten zu den C_3-, C_4- und CAM-Pflanzen unter Berücksichtigung ihrer jeweiligen Standorte aus. (Material E)
3.3 Beurteilen Sie, inwiefern C_4- und CAM-Pflanzen gegenüber C_3-Pflanzen im Vorteil sind. (Material A, B und E)

A Nettofotosynthese im Tagesverlauf bei C_3- und C_4-Pflanzen

Die Nettofotosynthese wurde für eine C_3-Pflanze und eine C_4-Pflanze im Verlauf eines Tages bei ausreichender Bewässerung bestimmt.

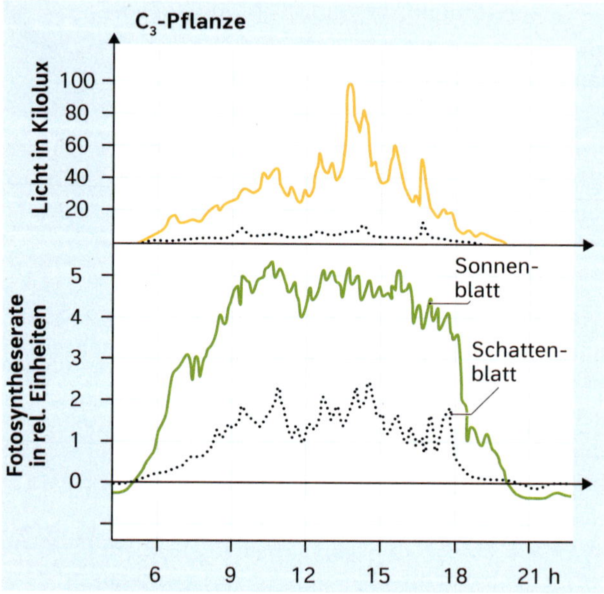

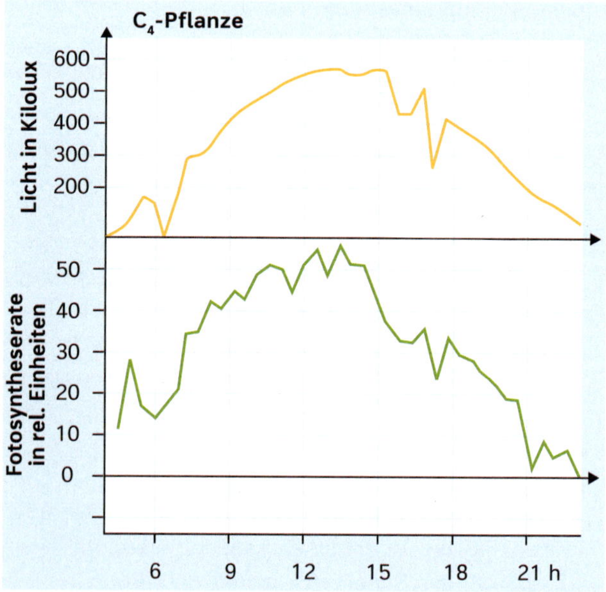

B Merkmale von CAM-Pflanzen

CAM-Pflanzen, wie zum Beispiel Kakteen oder Opuntien, wachsen meist an Standorten mit hoher Sonneneinstrahlung und geringen Niederschlägen. Sie besitzen häufig sukkulente Blätter oder Sprossachsen, die Wasser speichern können. Die dort liegenden, fotosynthetisch aktiven Mesophyllzellen sind fast vollständig von ihrer Vakuole, dem Zellsaftraum, ausgefüllt. Weit verzweigte und tiefreichende Wurzelsysteme ermöglichen eine schnelle Wasseraufnahme bei ergiebigen, kurzen Niederschlägen.

C Untersuchungen der CAM-Pflanze *Kalanchoe daigremontiana*

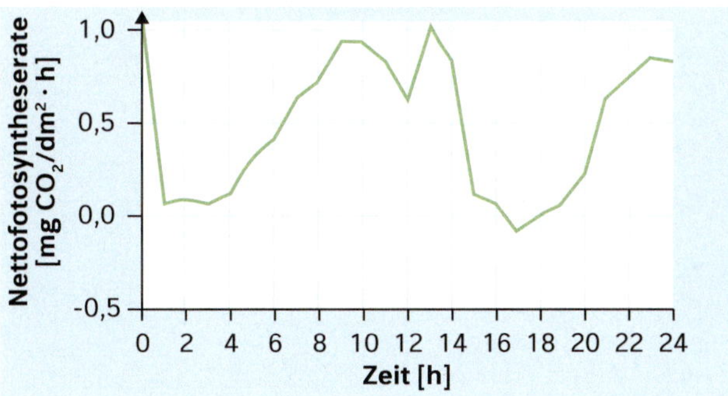

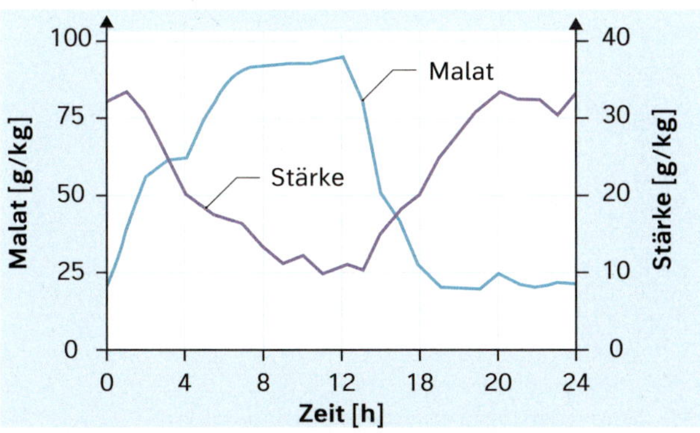

Die obenstehenden Diagramme zeigen Untersuchungsergebnisse der CAM-Pflanze *Kalanchoe daigremontiana,* die über 24 Stunden bei ausreichender Beleuchtung und optimalen Tages- und Nachttemperaturen erfasst wurden. *Kalanchoe daigremontiana* kann als Zimmerpflanze oder im Gewächshaus einfach kultiviert werden.

D Kohlendioxidfixierung bei C_4- und CAM-Pflanzen

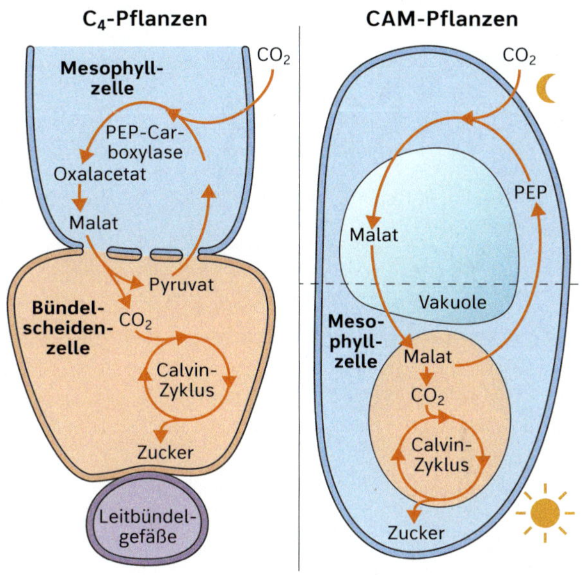

E Merkmale von C_3-, C_4- und CAM-Pflanzen

Merkmal	C_3	C_4	CAM
optimale Temperatur (°C)	15–25	30–40	~35
CO_2-Kompensationspunkt (µl/l)	~50	~5	5–50
Wasserbedarf für 1 g Trockengewicht (ml)	450–950	250–350	50–55
Wachstumsrate (1 g Trockengewicht /dm² · Tag	0,5–2	3–5	0,01–0,02
Maximalrate der CO_2-Assimilation (mg CO_2/dm²·h)	15–35	40–80	0,5–0,7

Affinitäten beteiligter Enzyme für CO_2	
Mesophyll	***Leitbündelscheide***
PEP-Carboxylase: hoch	***RudP-Carboxylase: niedrig***

ATP-, NADPH- und NADH-Bedarf für ein Mol CO_2		
C_3	C_4	CAM
3 ATP 2 NADPH	5 ATP 3 NADPH	4 ATP 3 NADPH

Lebewesen in ihrer Umwelt

Dieses Kapitel hat folgenden Inhalt:

Ökosysteme wie ein Fluss oder ein Wald sind durch die vielfältigen Beziehungen der dort vorkommenden Lebewesen und den dort herrschenden Umweltbedingungen geprägt. Die Ökologie beschäftigt sich mit den Beziehungen zwischen der belebten und unbelebten Umwelt. Ein Schwerpunkt liegt heutzutage dabei, den Einfluss der Menschen auf das Gleichgewicht der Ökosysteme und auf die ökologischen Nachhaltigkeit zu untersuchen.

1 Eurasischer Luchs *(Lynx lynx)*

1.1 Aufbau eines Ökosystems

Der Eurasische Luchs war bis zum 20. Jahrhundert in Mittel- und Südeuropa fast ausgerottet. Nur in einigen abgelegenen Gebirgsregionen gab es Rückzugsgebiete. Seit den 1970er Jahren wird versucht, , ihn in einigen Waldgebieten Europas wieder anzusiedeln. Mit derzeit nur 200 Tieren in Deutschland gilt der Luchs weiterhin als „vom Aussteben bedroht". Welche Faktoren beeinflussen das Vorkommen einer Art in seinem Lebensraum?

Abiotische Faktoren – Wie alle Lebewesen stehen auch Luchse in vielfältigen Wechselbeziehungen mit ihrer Umwelt. Zum Beispiel wirken Faktoren der unbelebten Umwelt auf sie ein. Dies sind beispielsweise die Temperatur, Wasser und Licht. So wird die Aktivität des dämmerungs- und nachtaktiven Luchses maßgeblich durch Licht gesteuert. Solche Faktoren werden als **abiotische Faktoren** bezeichnet. Sie prägen und begrenzen zugleich den Lebensraum, in dem eine Art vorkommt, also das **Biotop**. Bewegen sich die Lebewesen einer Art in einem bestimmten Gebiet, ist dies der Aufenthaltsbereich, das **Habitat**. Der Eurasische Luchs bevorzugt als Lebensraum große zusammenhängende Waldareale mit dichtem Unterholz. Die Größe des Habitats variiert zwischen 20 Quadratkilometern in den Karpaten und 2000 Quadratkilometern in Nordschweden. Kommen Lebewesen wie Pflanzen an einem festen Ort in einem Biotop vor, wird dies als **Standort** der Art bezeichnet.

Biotische Faktoren – Auch andere Organismen eines Lebensraums wirken sich auf das Vorkommen einer Art aus. So müssen Luchse ausreichend Beutetiere wie etwa Rehe fangen, gleichzeitig darf die Zahl ihrer Räuber nicht überhandnehmen. So beeinflussen Beutetiere und Räuber das Vorkommen einer Art. Einflüsse der belebten Umwelt werden als **biotische Umweltfaktoren** bezeichnet. Gehen diese von Individuen verschiedener Arten aus, handelt es sich um **interspezifische Faktoren**. Im Gegensatz dazu wirken **intraspezifische Faktoren** zwischen Individuen derselben Art.

Alle Lebewesen eines Lebensraums, die miteinander in Wechselbeziehungen stehen, bilden eine Lebensgemeinschaft, die **Biozönose**.
Die abiotischen und biotischen Faktoren eines Lebensraums bestimmen die Verbreitung und Häufigkeit eines Lebewesens. So ist etwa der Luchs in Deutschland weiterhin gefährdet, da die für eine stabile Population notwendige Mindestgröße von etwa 1000 erwachsenen Tieren noch nicht erreicht ist. Außerdem stehen die einzelnen Verbreitungsgebiete kaum miteinander in Verbindung.

Ökosystem – Die Einheit aus Biotop und Biozönose ist das **Ökosystem**. In diesem stehen Biotop und Biozönose in Wechselbeziehungen zueinander. So beeinflusst beispielsweise das Licht entscheidend, welche Pflanzen und Tiere im Lebensraum Wald vorkommen. Umgekehrt beeinflusst der Pflanzenbewuchs die Lichtverhältnisse im Wald. Erst durch das Zusammenspiel von Biotop und Biozönose ergibt sich ein Ökosystem wie das des Waldes.

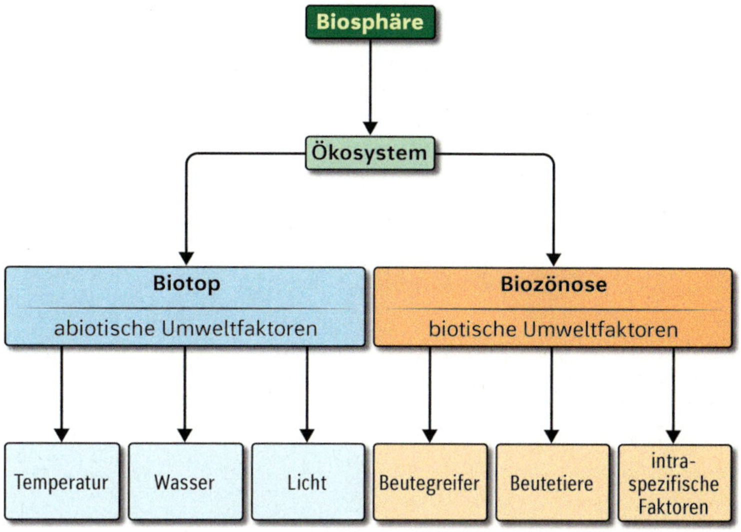

2 Elemente eines Ökosystems

Ökosysteme lassen sich in zwei Kategorien einteilen: Zu den **terrestrischen Ökosystemen** zählen sämtliche Systeme, die an festes Land gebunden sind, wie beispielsweise Wälder oder Wiesen. Bei den **aquatischen Ökosystemen** wird zwischen marinen Systemen wie dem Wattenmeer oder dem Meer und Binnengewässern unterschieden. Letztere werden nochmals in stehende und fließende Gewässer gegliedert. Die Gesamtheit aller Ökosysteme bildet die **Biosphäre**, den belebten Raum der Erde.

Die vielfältigen Vernetzungen und Wechselwirkungen abiotischer und biotischer Umweltfaktoren in einem Ökosystem werden von der **Ökologie** untersucht. Sie ist die Wissenschaft von den Wechselbeziehungen zwischen den Lebewesen und der Umwelt.

MATERIAL MIT AUFGABEN

A Die Welt im Glas

In einer abgeschlossenen Glaskugel der EcoSphere® befinden sich Luft, Meerwasser, einige Garnelen, Bakterien, Algen und ein abgestorbenes Korallenstück als Untergrund. Bei ausreichender Beleuchtung und Temperatur überleben diese Organismen ohne Fütterung und ohne Wasseraustausch über lange Zeit.

1 Prüfen Sie, ob man die EcoSphere® als Ökosystem bezeichnen kann. ●●○
2 Beschreiben Sie mögliche Wechselbeziehungen zwischen abiotischen und biotischen Umweltfaktoren in der EcoSphere®. ●○○
3 Erklären Sie, warum die EcoSphere® auch ohne Eingriffe von außen längere Zeit Bestand hat. ●●○

1 Antarktischer Eisfisch *(Chaenocephalus aceratus)*

2.1 Einfluss der Temperatur auf Lebewesen

Im Eismeer rund um den Südpol herrschen Wassertemperaturen von −2 °C. Unter diesen Bedingungen könnten die meisten Fischarten nicht existieren. Ihr Blut würde gefrieren und durch die Eisbildung in den Erythrozyten würden diese platzen. Wie kann ein Lebewesen wie der antarktische Eisfisch im Eismeer überleben?

Toleranzkurven – Lebewesen besitzen unterschiedliche Toleranzen gegenüber einzelnen Umweltfaktoren wie etwa der Temperatur.

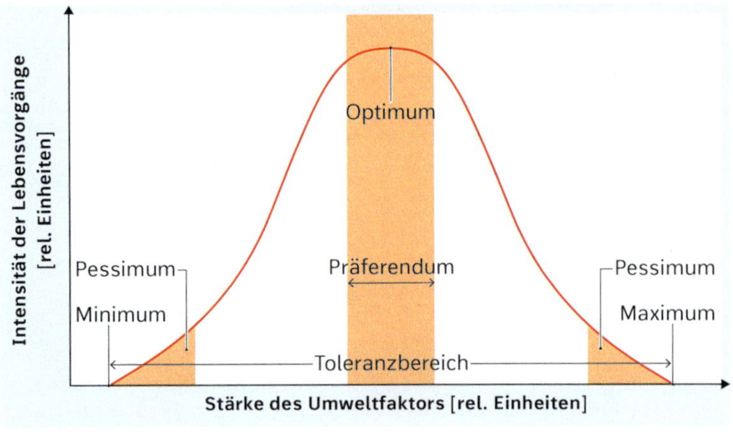

2 Toleranzkurve einer Art

Der Toleranzbereich ist dabei genetisch vorgegeben und artspezifisch. Werden die tolerierten Werte eines Umweltfaktors grafisch dargestellt, ergeben sich **Toleranzkurven**, die zumeist das Aussehen von Glockenkurven haben. Zu den Kardinalpunkten einer solchen Kurve gehören das Minimum, Optimum und Maximum. Der Bereich zwischen Minimum und Maximum kennzeichnet den **Toleranzbereich**, innerhalb dessen das Leben einer Art möglich ist. Oberhalb des Minimums und unterhalb des Maximums befindet sich jeweils das **Pessimum**. In diesem Bereich ist zwar das Überleben der Art, aber keine Fortpflanzung möglich. Um das Optimum herum befindet sich der Vorzugsbereich, das **Präferendum**.

Arten mit einem großen Toleranzbereich gegenüber einem bestimmten Umweltfaktor sind **euryök**. Beim Umweltfaktor Temperatur sind die entsprechenden Arten **eurytherm**. Karpfen sind beispielsweise eurytherm. Sie tolerieren Temperaturschwankungen zwischen 15 und 32 °C. Eisfische besitzen dagegen einen Toleranzbereich von −2 °C bis lediglich +8 °C. Sie sind **stenök** hinsichtlich der Temperatur, also **stenotherm**.

Temperatur und Stoffwechsel Alle Stoffwechselreaktionen von Lebewesen sind temperaturabhängig. Nach der **Reaktionsgeschwindigkeits-Temperatur-Regel,** kurz **RGT-Regel**, führt eine Temperaturerhöhung um 10 °C zu einer Verdoppelung bis Verdreifachung der Geschwindigkeit von Stoffwechselreaktionen. Bei einer bestimmten Temperatur erreicht diese einen Höchstwert und fällt dann bei einem weiteren Temperaturanstieg ab. Dies geschieht, da immer mehr Enzyme denaturieren und sie die Stoffwechselreaktionen dann nicht mehr katalysieren können. Bei Temperaturen unter 0 °C gefriert das Wasser in und zwischen den Zellen und schädigt sie. Lebewesen können daher nur innerhalb bestimmter Temperaturbereiche existieren.

Wechselwarme Tiere Die Körpertemperatur aller Wirbellosen, Fische, Amphibien und Reptilien ist direkt von der Umgebungstemperatur abhängig. Solche Tiere werden als **wechselwarm** oder **poikilotherm** bezeichnet. Bei ihnen steigt mit wachsender Umgebungstemperatur die Intensität der Lebensvorgänge. Sinkt die Umgebungstemperatur, werden sie zunehmend träge. Fällt die Körpertemperatur unter einen kritischen Wert, tritt eine reversible Kältestarre ein. Sinkt die Temperatur noch weiter, tritt der Kältetod ein. Wird der Temperaturtoleranzbereich nach oben hin überschritten, folgt auf eine Wärmestarre der Hitzetod. Wechselwarme überleben also nur bei angemessenen Umgebungstemperaturen. In Lebensräumen mit extremen Temperaturen zeigen sie besondere Angepasstheiten. So enthält etwa das Blut und die Gewebeflüssigkeit der Eisfische eine Art Frostschutzmittel, das den Gefrierpunkt des Wassers herabsetzt und so ein Überleben im Eismeer ermöglicht.

Gleichwarme Tiere Vögel und Säugetiere besitzen eine relativ konstante Körpertemperatur. Diese ist weitgehend unabhängig von der Umgebungstemperatur. Solche Tiere werden als **gleichwarm** oder **homoiotherm** bezeichnet. Wenn ihre Körpertemperatur sinkt, beginnen sie zu zittern. Durch die dabei ablaufenden Stoffwechselreaktionen der Muskelzellen entsteht als Nebenprodukt Wärme. Im

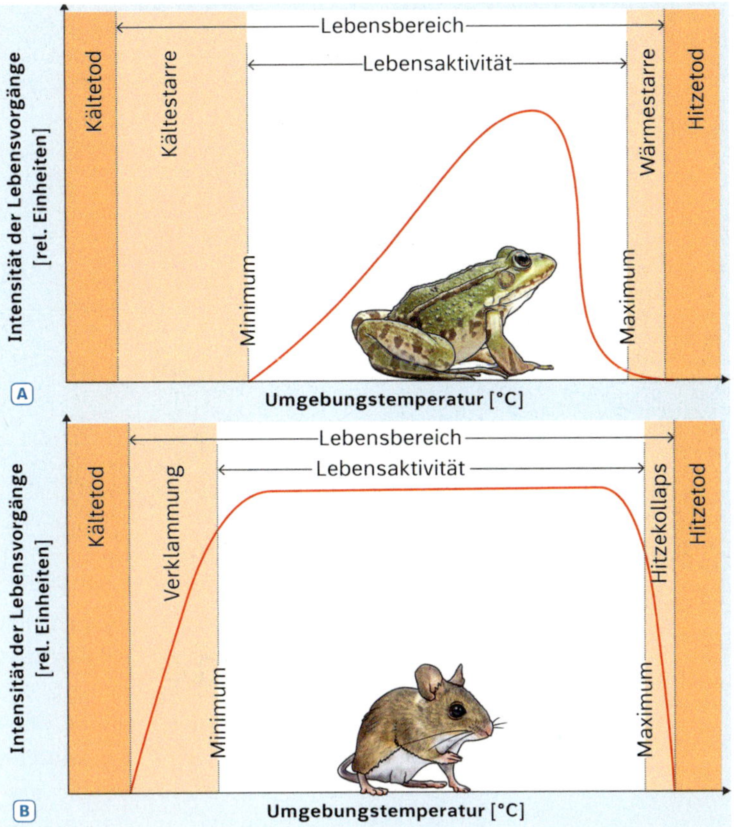

3 Temperaturtoleranzkurven: **A** Wechselwarme; **B** Gleichwarme

braunen Fettgewebe kann chemische Energie ausschließlich in Wärme umgewandelt werden. Ein isolierendes Haar- oder Federkleid oder eine Speckschicht schützt den Körper gleichwarmer Tiere vor Wärmeverlusten. Überschüssige Wärme können sie etwa durch Schwitzen, Hecheln oder über die Haut abgeben. Durch diese Maßnahmen können gleichwarme Tiere ihre Körpertemperatur regulieren. Reichen die Regulationsmechanismen nicht aus, so tritt auch bei ihnen der Kälte- oder Wärmetod ein.

Für die Regulation der Körpertemperatur ist viel Energie erforderlich. Bei eingeschränktem Nahrungsangebot im Winter halten kleine gleichwarme Tiere wie Igel oder Murmeltiere einen **Winterschlaf**. Dabei sind ihre Körpertemperatur sowie ihre Stoffwechselrate stark abgesenkt, sodass sie weniger Energie benötigen. Andere Säugetiere, etwa Braunbären und Eichhörnchen, verfallen in **Winterruhe**, einen tieferen und länger anhaltenden Schlaf. Ihre Körpertemperatur sinkt dabei nur geringfügig.

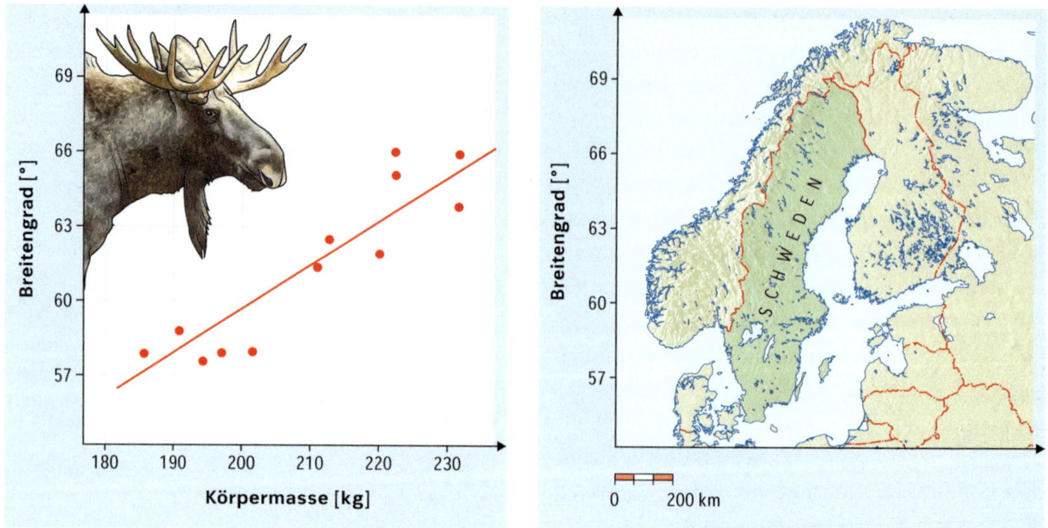

4 Bergmann-Regel am Beispiel von Elchen

Bergmann-Regel – Beim Vergleich der Körpermasse schwedischer Elche fällt auf, dass diese im Norden eine durchschnittlich größere Masse besitzen als im Süden des Landes. Ähnliche Beobachtungen sind auch bei anderen nahe verwandten Arten festzustellen. So wiegen die etwa 130 Zentimeter großen Kaiserpinguine der Antarktis etwa 20 bis 40 Kilogramm. Dagegen liegt das Gewicht des nur 40 Zentimeter großen Zwergpinguins Australiens durchschnittlich bei lediglich einem Kilogramm. Dieser Zusammenhang wurde bereits Mitte des 18. Jahrhunderts vom Biologen Carl BERGMANN entdeckt und nach ihm **Bergmann-Regel** genannt. Demnach sind gleichwarme Individuen einer Art oder nahe verwandter Arten in kalten Regionen größer als in warmen Regionen.

Die Bergmann-Regel wird physiologisch damit erklärt, dass große Tiere im Verhältnis zu ihrem Volumen eine kleine Oberfläche haben. Das Volumen eines Tieres umfasst die Zahl der Zellen, die Stoffwechselwärme produzieren und speichern, die aber auch mit Energie versorgt werden müssen. Über die Oberfläche wird Wärme abgegeben. Ein großes Tier mit einem großen Volumen erzeugt viel Stoffwechselwärme und kann diese gut speichern. Über seine relativ geringe Körperoberfläche verliert es weniger Wärme als ein kleines Tier, bei dem die Oberfläche im Verhältnis zum Volumen relativ groß ist.

Allen-Regel – Körperanhänge wie Ohren und Beine sind bei gleichwarmen Tieren nahe verwandter Arten in warmen Regionen größer als bei Tieren in kälteren Regionen. So besitzt der im Südwesten der USA und Mexiko vorkommende Kalifornische Eselhase sehr große Ohren, der Europäische Feldhase mittelgroße Ohren und der Polarhase sehr kleine Ohren. Diese Beobachtung wird nach ihrem Entdecker Joseph ALLEN als **Allen-Regel** bezeichnet. Physiologisch wird der Zusammenhang damit erklärt, dass die Tiere über ihre Körperanhänge Wärme verlieren. Je größer die Körperanhänge, desto größer der Wärmeverlust. Während die kleinen Ohren des Polarhasen einem Wärmeverlust entgegenwirken, kann der Kalifornische Eselhase über die großen Körperanhänge seiner Ohren überschüssige Wärme abgeben.

Grenzen tiergeografischer Regeln – Die Bergmann- und Allen-Regeln sind lediglich als Regeln zu verstehen, von denen es viele Ausnahmen gibt. So leben beispielsweise Elefanten als größte Landsäugetiere der Erde in warmen Regionen. Dies steht im Widerspruch zur Bergmann-Regel. Die Körpergröße eines Lebewesens hängt eben nicht nur von der Temperatur, sondern auch von anderen Faktoren wie dem Nahrungsangebot oder der Konkurrenz um Sexualpartner ab. Letztere kann dazu führen, dass sich immer größere und stärkere Männchen im Lauf der Evolution entwickelten.

Pflanzen und Temperatur Pflanzliche Stoffwechselprozesse wie Zellatmung und Fotosynthese sind temperaturabhängig. Pflanzen unterschiedlicher Klimazonen unterscheiden sich daher beispielsweise hinsichtlich ihrer Nettofotosyntheserate. So liegt das Temperaturminimum der Fotosyntheserate bei einigen Wüstenpflanzen bei +10 °C, während bestimmte Nadelhölzer und alpine Zwergstraucharten noch bei Temperaturen deutlich unter dem Gefrierpunkt Fotosynthese betreiben können. Insbesondere C_4-Pflanzen zeigen Angepasstheiten an die hohen Temperaturen ihres Lebensraumes. So liegt das Temperaturoptimum der Nettofotosyntheserate bei ihnen um etwa 15 °C höher als bei C_3-Pflanzen.

Angepasstheiten an Hitze und Kälte Pflanzen können die Temperatur in ihrem Inneren kaum regulieren. Nur durch die Wasserabgabe über die Blätter und die dabei entstehende Verdunstungskälte können sie eine Überhitzung vermeiden. Einige Pflanzen reflektieren mithilfe eines hellen Haarfilzes Strahlung und heizen sich dadurch nicht so stark auf. Auch eine Wachsschicht oder eine verdickte Epidermis schützen sie vor Wärme Gleichzeitig vermindern sie den Wasserverlust.

Durch Temperaturen unter dem Gefrierpunkt entstehen Eiskristalle, die die Zellmembranen und Zellwände zerstören, und so die Pflanzen irreversibel schädigen können. Laubbäume und -sträucher gemäßigter Breiten werfen im Herbst ihre Blätter ab. So sind sie vor Frostschäden geschützt. Ihre verholzten Stämme und Äste können den niedrigen Temperaturen im Winter widerstehen. Im Frühjahr bilden sie aus kälteresistenten Knospen neue Blätter. Winterharte Pflanzen sind durch natürliche Frostschutzmittel wie Glycerin, Glucose oder Sorbit vor dem Gefrieren ihrer Zellen geschützt. Bei anderen Arten sterben die Pflanzen ab und überwintern in Form von Samen. Diese haben einen sehr geringen Wassergehalt und sehr harte, verholzte Zellen. So sind sie vor Frost geschützt und keimen im nächsten Frühjahr. Wieder andere Arten überwintern nur mit ihren unterirdischen Knollen, Zwiebeln oder Rhizomen, aus denen sie im Frühjahr austreiben.

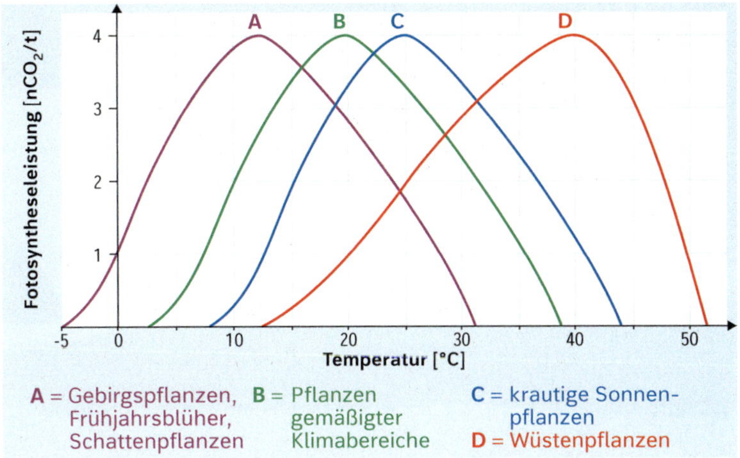

5 Temperaturtoleranz verschiedener Pflanzenarten unterschiedlicher Klimazonen

MATERIAL MIT AUFGABEN

A Einfluss der Temperatur auf Pflanzen

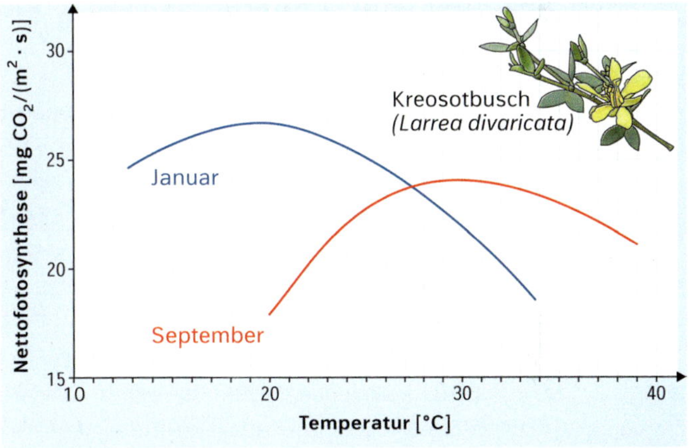

In einigen trockenen Regionen Nordamerikas und Mexikos wächst der Kreosotbusch. Dieser immergrüne dornlose Strauch toleriert Wassermangel und stark schwankende Temperaturen. In einem Versuch wurde der Einfluss der Temperatur auf die Nettofotosyntheserate des Kreosotbusches zu unterschiedlichen Jahreszeiten untersucht.

1 Beschreiben und erklären Sie die Versuchsergebnisse. ●●○
2 Prüfen Sie anhand der Versuchsergebnisse die Aussage, dass die Temperaturtoleranz von Pflanzen genetisch fixiert ist. ●●●
3 Planen Sie ein Experiment, um die Präferenz von Kellerasseln oder Mehlwürmern gegenüber der Temperatur zu überprüfen und führen Sie es durch. ●●○

1 Känguruatte (*Dipodomys ordii*)

2.2 Einfluss des Wassers auf Lebewesen

Kängururatten leben in den Wüsten- und Halbwüstengebieten Nordamerikas. Sie bewegen sich ähnlich wie Kängurus auf ihren kräftigen Hinterbeinen in großen Sprüngen fort. Kängururatten ernähren sich von fettreichen Samen, trinken aber nie. Wie ist das möglich?

Wasserhaushalt bei Landtieren – Alle Lebensprozesse laufen in einem wässrigen Milieu ab. Eine ausreichende Wasserversorgung ist daher für sämtliche Organismen lebensnotwendig. Landtiere können Wasser durch die Nahrung, durch Trinken oder über ihre Körperoberfläche aufnehmen. Daneben können sie auch Wasser nutzen, das bei der Oxidation von Nährstoffen zu Kohlenstoffdioxid und Sauerstoff frei wird. Alle Landtiere verdunsten ständig Wasser über ihre Körperoberfläche. Auch über die Ausscheidungsprodukte und die Atemluft verlieren sie Wasser. Das Ausmaß des Wasserverlustes hängt von den abiotischen Faktoren Temperatur und Luftfeuchtigkeit ab. Daneben spielt die Fähigkeit eines Lebewesens zur Regulation seines Wasserhaushalts eine entscheidende Rolle.

2 Bärtierchen: **A** in Trockenstarre; **B** im aktiven Zustand

Amphibien, Nacktschnecken und viele Bodenorganismen haben keinen Verdunstungsschutz. Diese Tiere werden als **Feuchtlufttiere** bezeichnet. Sie sind auf eine hohe Feuchtigkeit der umgebenden Luft angewiesen und nehmen Wasser über ihre Körperoberfläche auf. Ein Beispiel ist das in Moospolstern lebende, mikroskopisch kleine Bärtierchen. Bei Wassermangel fällt das Bärtierchen in Trockenstarre. In diesem Zustand kann es extreme Temperaturen zwischen −196 °C und +90 °C überstehen. Bei Befeuchtung gewinnt es durch Wasseraufnahme seine volle Körpergröße und Aktivität zurück.

Im Gegensatz zu Feuchtlufttieren besitzen **Trockenlufttiere** verschiedene anatomische Angepasstheiten, mit denen sie die Verdunstung einschränken können. Bei Wirbeltieren dient beispielsweise eine ausgeprägte Hornhaut mit Schuppen, Federn oder Haaren als Verdunstungsschutz. Bei Insekten verringern Wachsüberzüge des Chitinpanzers den Verlust von Wasser.

Besondere Angepasstheiten an den Wassermangel kommen bei Wüstentieren, wie etwa der Kängururatte, vor. Sie deckt ihren Wasserbedarf fast ausschließlich durch Oxidationswasser, das beim Abbau der fettreichen Samen gebildet wird. Die heißen Wüstentage verbringt sie in ihrem unterirdischen Bau, in dem die Luftfeuchtigkeit etwa 30 Prozent höher ist als an der Erdoberfläche. Erst nachts, wenn die Luftfeuchtigkeit in der Wüste etwa 50 Prozent beträgt, geht die Kängururatte auf Nahrungssuche. Beim Ausatmen kühlt die feuchte Atemluft an ihren Nasenschleimhäuten ab. Dabei kondensiert Wasser und kann zurückgehalten werden. Durch diese Angepasstheiten kann sie überleben, ohne zu trinken.

Osmoregulation bei Wassertieren

Bei im Süßwasser lebenden Tieren ist die Ionenkonzentration der Körperflüssigkeiten höher als im umgebenden Wasser. Sie sind **hyperosmotisch**. Daher diffundiert mehr Wasser aus dem umgebenden Medium in ihre Zellen als umgekehrt. Süßwasserfische können überschüssiges Wasser über den Urin ausscheiden, verlieren dabei aber auch wichtige Ionen. Diese müssen sie daher aktiv gegen das Konzentrationsgefälle über ihre Kiemen resorbieren.

Bei marinen Knochenfischen ist die Ionenkonzentration der Körperflüssigkeiten gegenüber dem Meerwasser **hypoosmotisch**. Sie verlieren daher ständig Wasser durch Osmose an das umgebende Medium. Den Wasserverlust gleichen die Fische durch Trinken von Meerwasser aus. Gleichzeitig scheiden sie überschüssig aufgenommene Ionen aktiv über ihre Kiemen aus. Die Fähigkeit eines Lebewesens, die Salz- und Wasserkonzentration innerhalb des Körpers konstant zu halten, wird als **Osmoregulation** bezeichnet.

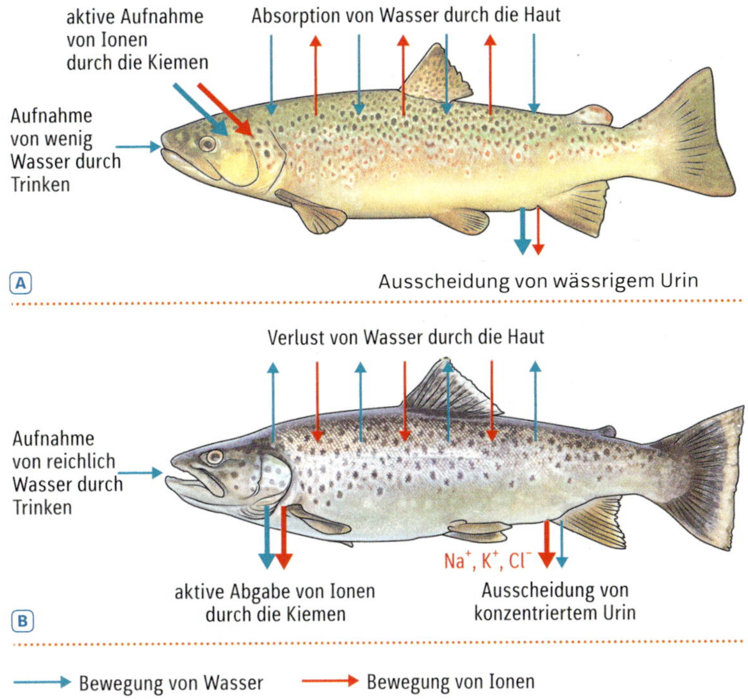

3 Osmoregulation bei Fischen: **A** im Süßwasser; **B** im Salzwasser

MATERIAL MIT AUFGABEN

A Angepasstheiten des Kamels

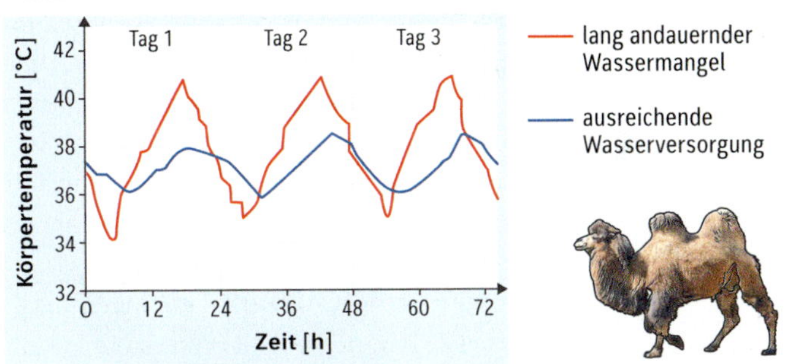

Kamele können bis zu 17 Tage ohne Wasseraufnahme auskommen. Allerdings verlieren sie in dieser Zeit bis zu einem Viertel ihres Körpergewichts. Die durchschnittliche Umgebungstemperatur beträgt am Tag 45 °C, nachts 10 °C. Die durchschnittliche Luftfeuchtigkeit liegt am Tag bei 10 %, in der Nacht bei 50 %.

1 Beschreiben Sie die Veränderungen der Körpertemperatur von Kamelen bei ausreichender Wasserversorgung und bei Wassermangel. ●○○

2 Erklären Sie, wie sich die Veränderungen der Körpertemperatur auf den Wasser- und Energiehaushalt auswirken. ●●●

Wasser und Pflanzen – Pflanzen benötigen Wasser einerseits als Reaktionspartner. Bei der Fotosynthese wird etwa aus Wasser und Kohlenstoffdioxid Glucose und Sauerstoff gebildet. Andererseits ist Wasser Lösungs- und Transportmittel der Pflanzen. Zucker, Salze und Säuren kommen in ihnen vorwiegend in gelöster Form vor. Nur so können sie zwischen Zellen und von einem Pflanzenorgan in ein anderes transportiert werden. Beispielweise werden in den Wurzeln in Wasser aufgelöste Mineralstoffe aufgenommen und in die Blätter transportiert. Weiterhin ist Wasser für die Stabilität krautiger Pflanzen bedeutsam. In den verschiedenen Pflanzengeweben strömt Wasser osmotisch bedingt in Zellen ein. Durch die damit verbundene Volumenzunahme der Vakuolen und des Plasmas entsteht ein Druck auf die Zellwände. Dieser Zellinnendruck, oder **Turgor,** verleiht denPflanzen Stabilität und Festigkeit.

Wechselfeuchte Pflanzen – Die meisten Pflanzen welken und vertrocknen bei Wasserverlust. Lediglich Algen, Moose und einige Farne können längere Phasen ohne Wasser überleben. So rollt die zu den Moosfarnen gehörende Unechte Rose von Jericho bei Wassermangel ihre Sprosse ein. Ihre Blätter werden braun und die Pflanze wirkt wie tot. In feuchter Umgebung entfaltet sie jedoch wieder ihre Sprosse und die Blätter ergrünen erneut. Pflanzen wie die Unechte Rose von Jericho, bei denen der Wassergehalt weitgehend dem des Standortes entspricht, werden **wechselfeuchte Pflanzen** genannt. Sie können die Wasseraufnahme und Wasserabgabe nicht regulieren. Bei ihnen erfolgt die Wasseraufnahme über die gesamte Oberfläche durch Quellung. Bei Trockenheit findet eine Entquellung aller Zellen statt, sodass sämtliche Stoffwechselvorgänge vorübergehend zum Stillstand kommen. Bei erneuter Wasseraufnahme verlaufen diese wieder normal.

Eigenfeuchte Pflanzen – Bei Samenpflanzen und auch bei den meisten Farnpflanzen ist der Wassergehalt weitgehend unabhängig von der Umgebungsfeuchte. Sie werden als **eigenfeuchte Pflanzen** bezeichnet. Sie besitzen besondere Strukturen, die sie vor übermäßigem Wasserverlust oder einer übermäßigen Wasseraufnahme schützen. Zum Beispiel enthalten ihre Zellen große Zentralvakuolen, in denen Wasser gespeichert werden kann. Das Wasser nehmen sie über das oft weit verzweigte Wurzelsystem auf und leiten es über spezialisierte Leitbündel in der Sprossachse zu den Blättern. Viele dieser Pflanzen besitzen eine wachsartige Cuticula als wirksamen Verdunstungsschutz. Über die Stomata der Blätter können sie ihren Wasserhaushalt regulieren.

A B

4 Unechte Rose von Jericho: **A** im trockenen Zustand; **B** im feuchten Zustand

5 Blattstück von *Aloe vera*

	Hydrophyten	Hygrophyten	Mesophyten	Xerophyten
Beispiel	Seerose 	Wasser-knöterich 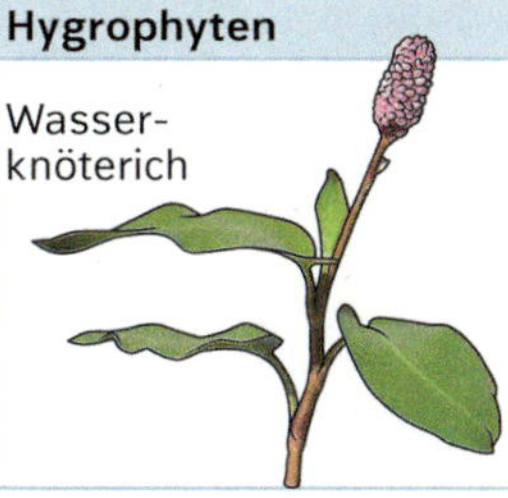	Hain-buche 	Oleander 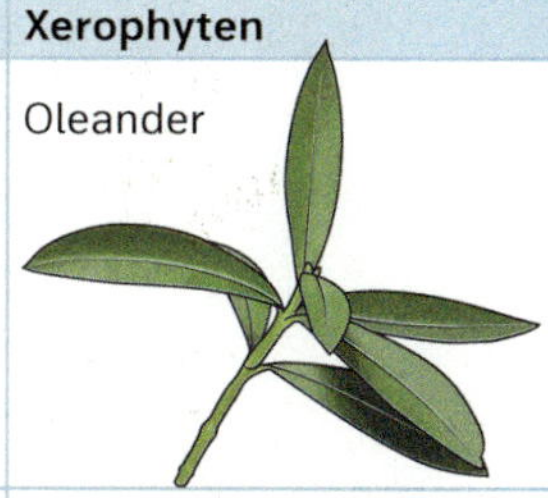
Standort	Gewässer	nasser Boden (Flachmoor, Ufer)	periodisch trocken oder winterkalt	trocken(Wüste, Steppe, Trockensteppe)
Blatt-querschnitt	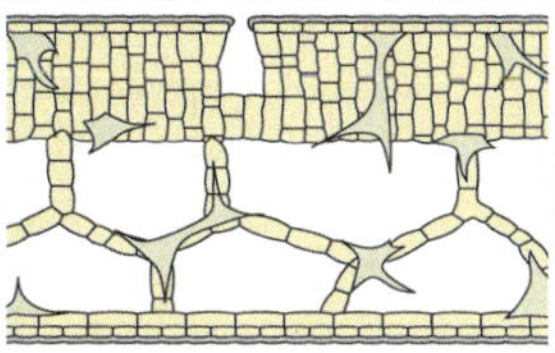	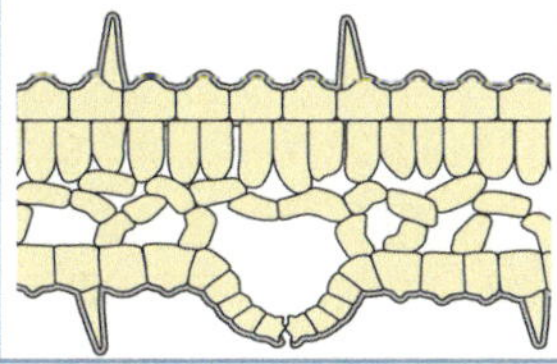	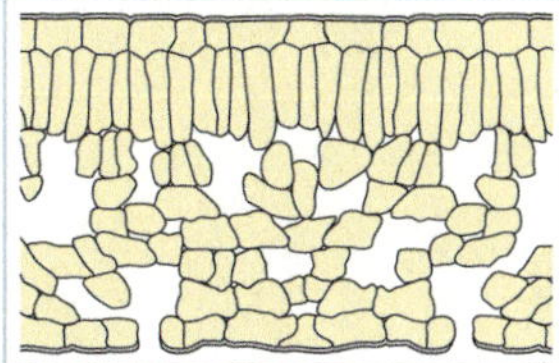	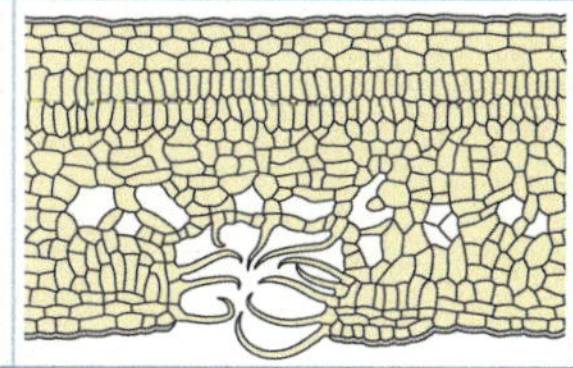

6 Angepasstheiten von Pflanzen

Angepasstheiten bei Pflanzen – Viele Pflanzenarten zeigen besondere Angepasstheiten an das Wasserangebot ihres Standortes. So besitzen Trockenpflanzen, **Xerophyten** genannt, häufig sehr kleine Blattflächen mit einer mehrschichtigen Epidermis und einer dicken Cuticula. Dadurch wird die Transpiration wirkungsvoll reduziert. Viele Trockenpflanzen nutzen zudem Gewebe oder ganze Organe zur Wasserspeicherung. Diese Angepasstheit wird **Sukkulenz** genannt.

In den gemäßigten Breiten ändern sich die Verfügbarkeit von Wasser und die Temperatur im Laufe des Jahres. Viele Bäume und Sträucher werfen hier im Herbst ihre Blätter ab. So schützen sie sich vor Trockenheit, die mit dem winterlichen Frost verbunden ist. Andere Pflanzen überdauern die Trockenheit in Form von Zwiebeln oder Wurzelstöcken. Solche wandlungsfähigen Pflanzen werden als **Mesophyten** bezeichnet.

An feuchten Standorten können Pflanzen schlecht Wasserdampf abgeben, da die Umgebung mit Wasserdampf gesättigt ist. Feuchtpflanzen, **Hygrophyten** genannt, besitzen daher vielfach Strukturen, welche die Transpiration fördern. Dazu zählen eine große Blattfläche und eine dünne Epidermis mit wenig entwickelter Cuticula. Das Wurzelsystem ist meist schwach ausgebildet, die Stängel sind häufig zart und hohl.

Die an das Leben im Wasser angepassten **Hydrophyten** nehmen gelöstes Kohlenstoffdioxid und Mineralstoffe über ihre gesamte Oberfläche auf. Blattstomata fehlen, Wurzeln dienen vor allem der Verankerung. Bei Schwimmpflanzen sind Blätter mit großen Interzellularen zu finden. Ihre Stomata befinden sich an der Blattoberseite.

MATERIAL MIT AUFGABEN

B Versuche mit Eukalyptuskeimlingen

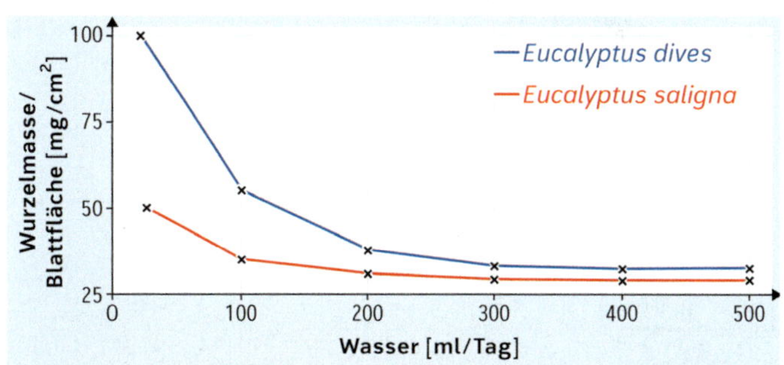

Eukalyptuskeimlinge wurden in einem Gewächshaus bei unterschiedlicher Wasserverfügbarkeit angezogen. Dabei wurde das Verhältnis von Wurzelmasse zu Blattfläche ermittelt.

1 Begründen Sie folgende Aussage: Mit zunehmender Verfügbarkeit von Wasser wird mehr Kohlenstoff für die Bildung von Blättern als für die Bildung von Wurzeln verwendet. ●●○
2 Erklären Sie die Versuchsergebnisse. ●●○

1 Erlenbruchwald

3.1 Konkurrenz und ökologische Nische

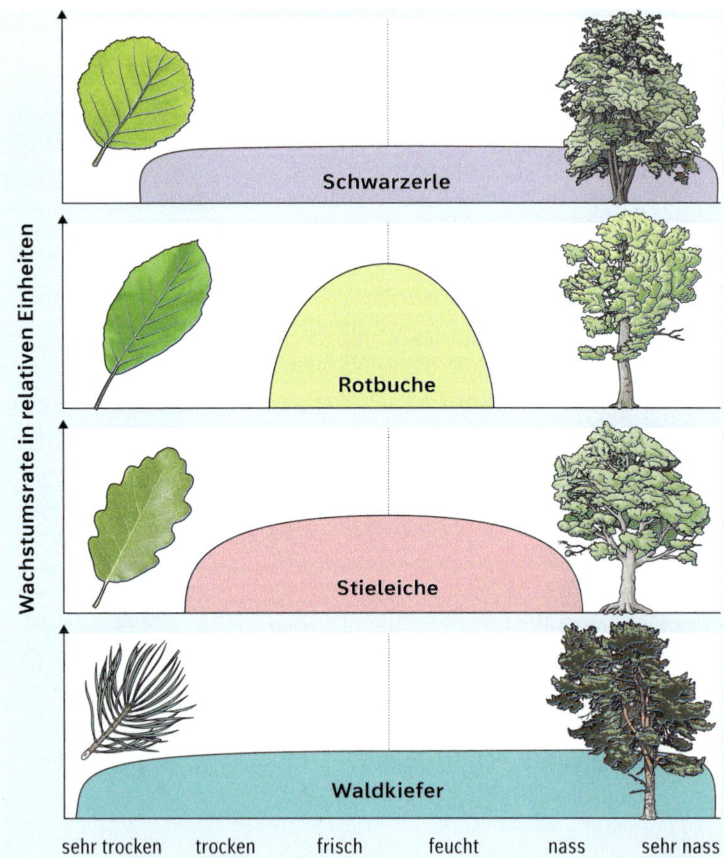

2 Physiologische Potenz einiger Baumarten hinsichtlich der Bodenfeuchte

Aus der Forstwirtschaft ist bekannt, dass Schwarzerlen in Monokulturen sowohl auf trockenen als auch auf nassen Böden gedeihen können. Unter natürlichen Bedingungen kommen Schwarzerlen allerdings nur an nassen und zeitweise überfluteten Standorten vor, etwa in Erlenbruchwäldern. Wie ist dies zu erklären?

Physiologische Potenz – In mehreren Versuchen wurde der Einfluss des abiotischen Umweltfaktors Bodenfeuchtigkeit auf die Wachstumsrate verschiedener Baumarten untersucht. Dabei wurde jede Art getrennt kultiviert. Unter diesen Bedingungen zeigte jede Art einen für sie typischen Toleranzbereich. Schwarzerlen wiesen beispielsweise einen breiten Toleranzbereich auf. Sie wuchsen auf nahezu allen Bodentypen, von trocken über frisch bis hin zu sehr nass. Schwarzerlen besitzen demnach eine große **physiologische Potenz** hinsichtlich des Umweltfaktors Bodenfeuchtigkeit. Allerdings ist ihre Wachstumsrate gering. Im Vergleich dazu ist die physiologische Potenz der Rotbuche wesentlich kleiner. Sie toleriert weder trockene noch nasse Böden. Ihr Präferendum liegt bei einem frischen bis feuchten Untergrund.

Ökologische Potenz – Unter natürlichen Bedingungen befinden sich Lebewesen eines Ökosystems in Konkurrenz zueinander. So steht die Schwarzerle mit anderen Baumarten in **Konkurrenz** etwa um den Umweltfaktor Bodenfeuchtigkeit. Obwohl beispielsweise die Rotbuche eine kleinere physiologische Potenz aufweist, ist sie mit ihrer deutlich höheren Wachstumsrate im Präferendum konkurrenzstärker. Bei Konkurrenz kann die Schwarzerle an trockenen bis feuchten Standorten nicht aufwachsen. Lediglich an nassen bis sehr nassen Standorten, an denen andere Baumarten nicht mehr vorkommen können, kann die Schwarzerle aufgrund spezieller Angepasstheiten aufwachsen. Hier gerät sie nicht in Konkurrenz mit anderen Baumarten. Daher kommt sie vorwiegend am Uferbereich von Gewässern, etwa in Erlenbruchwäldern vor. Die Fähigkeit von Lebewesen, Schwankungen eines Umweltfaktors unter Konkurrenzbedingungen zu ertragen, wird **ökologische Potenz** genannt.

Zeigerarten – Manche Arten besitzen lediglich eine geringe ökologische Potenz hinsichtlich eines bestimmten Umweltfaktors. Ihr Vorkommen in einem Biotop zeigt daher an, dass dieser Faktor dort vorherrscht. So zeigt die Schwarzerle feuchte Böden an, während die Hundskamille auf trockene Böden hinweist. Das gehäufte Vorkommen der Großen Brennnessel lässt auf stickstoffhaltige Böden schließen, das Leberblümchen findet sich auf kalkhaltigen Böden. Solche Arten werden als **Zeigerarten** bezeichnet.

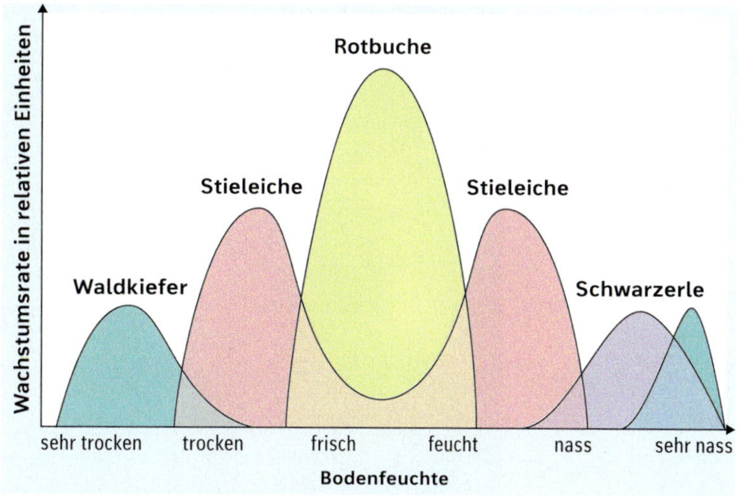

3 Ökologische Potenz verschiedener Baumarten hinsichtlich der Bodenfeuchte

MATERIAL MIT AUFGABEN

A Hohenheimer Grundwasserversuch

An der Universität Hohenheim wurden Mitte des letzten Jahrhunderts Versuche mit verschiedenen Grasarten durchgeführt. Dabei wurden *Aufrechte Trespe*, *Glatthafer* und *Wiesenfuchsschwanz* zunächst gemeinsam in Beeten ausgesät. Zusätzlich wurden sie in weiteren Beeten getrennt ausgesät. Die Beete waren so angelegt, dass sich die Bodenfeuchtigkeit innerhalb des Beetes kontinuierlich von feucht zu trocken änderte.
In der Natur kommt die *Aufrechte Trespe* oft auf Trockenrasen vor. Der *Wiesenfuchsschwanz* ist auf feuchten Wiesen, der *Glatthafer* auf nährstoffreichen Wiesen verbreitet.

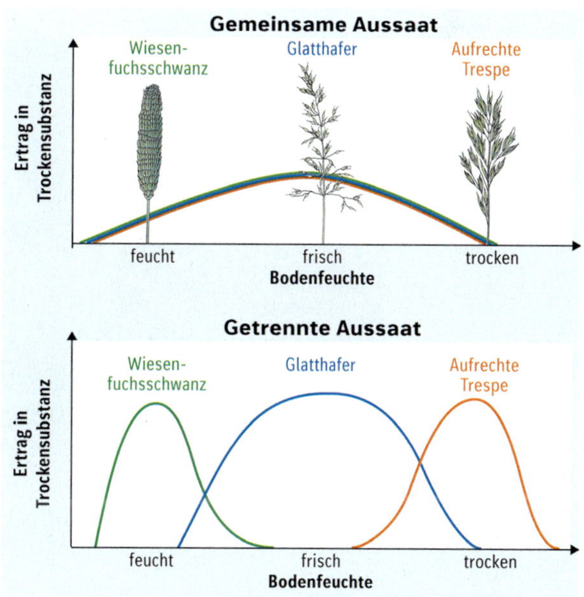

1 Geben Sie an, welche Frage mit den Versuchen geklärt werden sollte. ●○○
2 Formulieren Sie die wesentlichen Erkenntnisse, die sich aus den Versuchen gewinnen lassen. ●●○

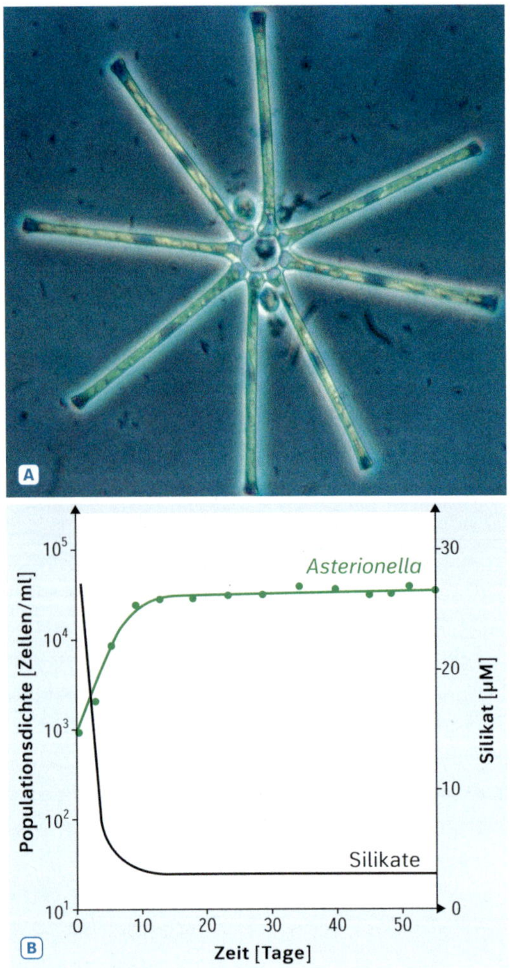

4 Intraspezifische Konkurrenz bei Kieselalgen:
A *Asterionella formosa* LM; **B** Versuchsergebnisse

5 Revierkampf bei Hirschböcken

Konkurrenz – Lebensnotwendige Grundlagen wie Nahrung, Wasser oder Mineralstoffe sind nicht unbegrenzt vorhanden. Lebewesen befinden sich daher oft in einer Art Wettbewerb um diese Ressourcen, sie stehen in Konkurrenz zueinander. Diese kann zwischen den Individuen einer Art auftreten und wird **intraspezifische Konkurrenz** genannt. Eine Konkurrenz zwischen Individuen verschiedener Arten ist eine **interspezifische Konkurrenz**.

Intraspezifische Konkurrenz – Kieselalgen vermehren sich durch Zweiteilung. Sie benötigen zum Aufbau ihrer stabilen mineralischen Zellwände Silikate, die Salze der Kieselsäure. In einem Experiment wurde das Populationswachstum von Kieselalgen in Abhängigkeit von der Silikatkonzentration des Wassers untersucht. Bei einer anfänglich hohen Silikatkonzentration vermehren sich die Kieselalgen innerhalb von zehn Tagen bis zu einer Populationsdichte von mehr als 10^4 Zellen/Milliliter. Zeitgleich nimmt dabei die Silikatkonzentration des Wassers ab. Je geringer die Silikatkonzentration ist, desto stärker konkurrieren die Kieselalgen um die Ressource Silikat. Bei niedriger Silikatkonzentration im Wasser bleibt die Populationsdichte zunächst noch konstant und nimmt danach infolge der **intraspezifischen Konkurrenz** um die begrenzte Ressource Silikat ab.

Konkurrenz betrifft aber nicht nur begrenzte Ressourcen wie Mineralstoffe oder Nahrung, sie kann sich auch auf die Ressource Raum beziehen. Dies können beispielsweise Nistplätze, Verstecke und Jagdreviere sein. Einige Tierarten verteidigen dabei ihr Revier gegen Artgenossen und sichern sich so den alleinigen Zugang zu den dort vorhandenen Ressourcen. Durch die Bildung von Revieren und ebenso durch die Ausbildung von Rangordnungen bei Tieren, die in einem Rudel leben, wird die intraspezifische Konkurrenz gemindert.
Unabhängig davon, ob Konkurrenz um Mineralstoffe, Nahrung oder Sexualpartner innerhalb eines Lebensraums auftritt, beeinflussen diese Faktoren doch letztlich das Überleben, das Wachstum und die Fortpflanzung der konkurrierenden Individuen.

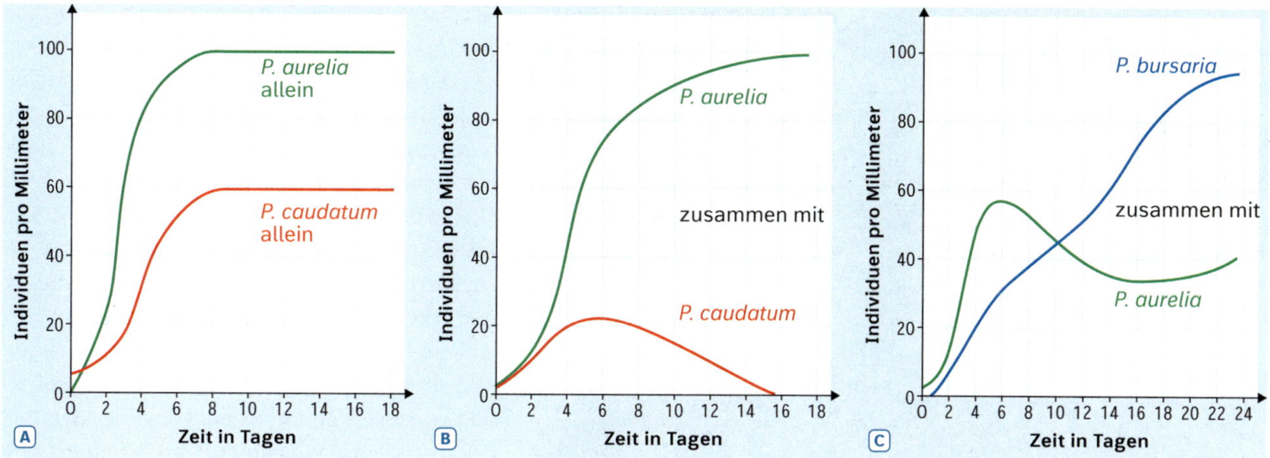

6 Interspezifische Konkurrenz bei verschiedenen Arten von Pantoffeltierchen: **A** getrennte Kulturen; **B** und **C** gemeinsame Kultur

Interspezifische Konkurrenz – Die Pantoffeltierchenarten *Paramecium caudatum* und *Paramecium aurelia* wurden in Laborexperimenten in getrennten Kulturen herangezogen. Beide Arten vermehren sich durch Zweiteilung. Ihre Ansprüche an die Umwelt sind fast identisch, sie ernähren sich von Hefezellen und Bakterien. Die größere Art *P. caudatum* vermehrt sich langsamer als *P. aurelia*. Kultiviert man beide Arten gemeinsam in einem Gefäß, so tritt **interspezifische Konkurrenz** um die begrenzte Nahrung auf. Die langsamer wachsende Art *P. caudatum* stirbt nach einigen Tagen aus. Durch das Experiment wird ein zentrales Prinzip der Ökologie, das **Konkurrenz-Ausschluss-Prinzip**, verdeutlicht. Es besagt, dass Arten, die dieselbe begrenzte Ressource nutzen, nicht dauerhaft im gleichen Lebensraum koexistieren können.

Werden hingegen die Paramecium-Arten *P. aurelia* und *P. bursaria* gemeinsam kultiviert, so überleben beide Arten. Dies ist möglich, da die angebotene Nahrung von ihnen unterschiedlich genutzt wird. So frisst *P. aurelia* Bakterien, die sich auf der Wasseroberfläche befinden, während sich *P. bursaria* von den nach unten sinkenden Bakterien ernährt. Die Konkurrenz zwischen ihnen um die gleiche Nahrung wird also vermindert. Eine solche **Konkurrenzverminderung** ermöglicht eine Koexistenz verschiedener Arten.

MATERIAL MIT AUFGABEN

B Konkurrenz bei Kieselalgen

Kulturen der Kieselalgenarten *Asterionella formosa* und *Cyclotella meneghiniana* wurden unterschiedliche Konzentrationen an Silikat (SiO_2) und Phosphat (PO_4) hinzugefügt. Beide Arten benötigen diese Salze für ihr Wachstum. Das Diagramm gibt über die Farbgebung Bereiche wieder, in denen entweder jeweils nur eine Algenart oder aber beide gemeinsam existieren können.

1 Beschreiben Sie die Versuchsergebnisse.

2 Erklären Sie die Ergebnisse.

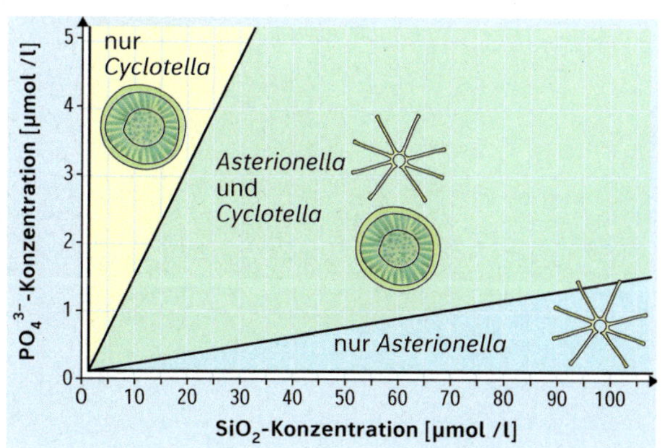

7 Seepocken an einer Felsenküste während der Ebbe

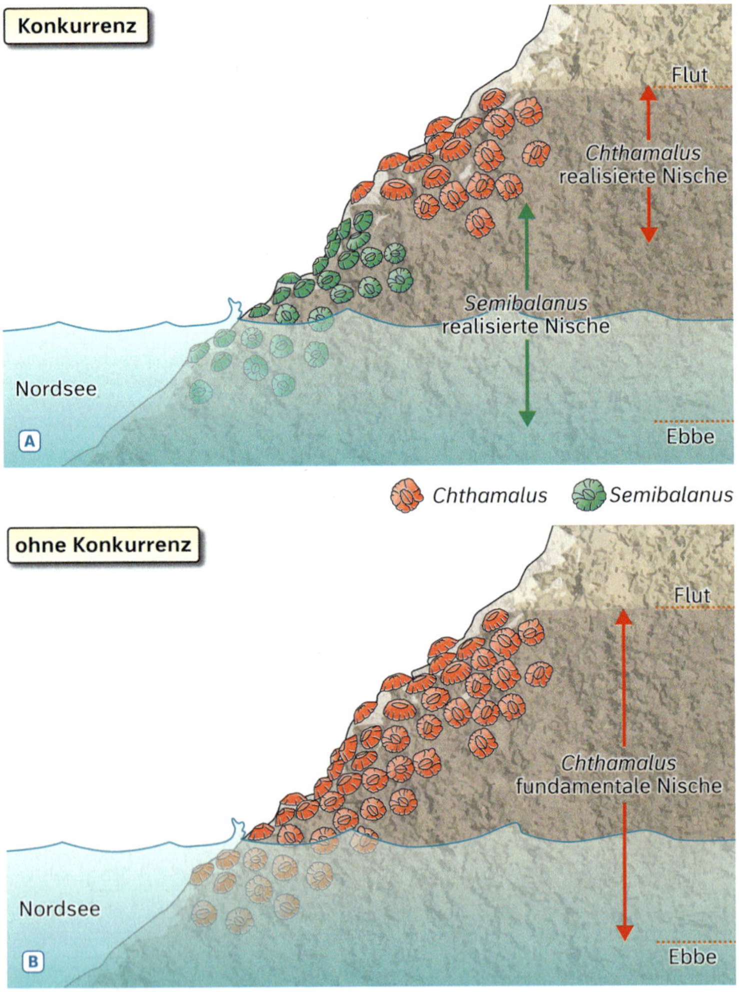

8 Interspezifische Beziehung bei Seepocken: **A** in Konkurrenz; **B** ohne Konkurrenz

Ökologische Nische – An Felsküsten, die während der Gezeiten zeitweise trocken fallen, sind häufig Seepocken zu finden. Diese festsitzenden Krebstiere sind durch ein verschließbares, aus Kalkplatten bestehendes Außenskelett eingehüllt und geschützt. Seepocken sind Filtrierer, die sich von Plankton ernähren. Im Bereich der Gezeiten sind sie einem schwankenden Salzgehalt, wechselnden Temperaturen und wechselnden Trockenphasen ausgesetzt. Verschiedene Seepockenarten unterscheiden sich in den Ansprüchen an den Lebensraum und konkurrieren untereinander. Die Gesamtheit der Ansprüche einer Art an die biotischen und abiotischen Umweltfaktoren und ihre wechselseitigen Beziehungen zum Lebensraum wird **ökologische Nische** genannt. Sie ist kein Raum zu verstehen, der von einer Art besetzt wird, sondern die Summe aller Beziehungen, die zwischen einer Art und ihrer Umwelt bestehen.

Fundamentale und reale Nische – An den Felsküsten der Nordsee zeigen die dort vorkommenden Seepockenarten eine charakteristische Zonierung. Die kleinere Seepockenart *Chthamalus stellatus* kommt in höheren Bereichen der Gezeitenzone vor, wo sie länger trocken fällt als Individuen der Art *Semibalanus balanoides*. Diese kann dagegen in tieferen Bereichen der Gezeitenzone leben und ist empfindlicher gegen Austrocknung als *Chthamalus*. Zwischen den besiedelten Bereichen beider Arten gibt es kaum eine Überlappung.

Wird die Art *Semibalanus balanoides* aus ihrer Verbreitungszone entfernt, besiedelt nach einiger Zeit *Chthamalus stellatus* die gesamte Gezeitenzone. Interspezifische Konkurrenz führt bei *Chthamalus* wie bei vielen anderen Arten dazu, dass die physiologische Potenz eingeschränkt wird. Vergleichbar zur physiologischen Potenz wird von der **fundamentalen Nische** einer Art gesprochen. In der Konkurrenz mit *Semibalanus* wird die fundamentale Nische auf die **reale Nische** beschränkt.
Arten nehmen also nicht immer den Teil ihrer fundamentalen Nische wahr, der ihrem physiologischen Präferendum entspricht, sondern nur den Bereich, den ihre Konkurrenten zulassen, nämlich die reale Nische.

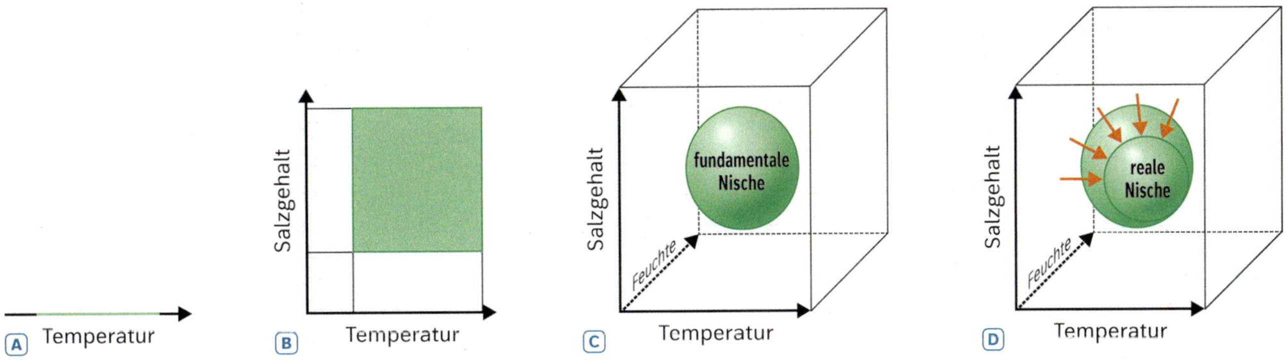

9 Dimensionen einer ökologischen Nische: **A** eindimensional; **B** zweidimensional; **C** dreidimensional; **D** fundamental/real

Dimensionen einer Nische – Die ökologische Nische beziehungsweise die verschiedenen Ansprüche einer Art an die biotischen und abiotischen Umweltfaktoren können mithilfe des **Nischenraum-Modells** veranschaulicht werden. Wird beispielsweise der Anspruch der Seepockenart *Chthamalus stellatus* an die Temperatur in ihrem Lebensraum betrachtet, so stellt dieser Umweltfaktor im Nischenraum-Modell eine Dimension ihrer ökologischen Nische dar. *Chthamalus* ist aber nicht nur von der Temperatur, sondern auch vom Salzgehalt des Wassers und der Feuchtigkeit ihrer Umwelt abhängig. So ergibt sich ein dreidimensionales Modell der ökologischen Nische.

Jede Dimension steht dabei für einen Umweltfaktor. Arten haben jedoch mehr als nur drei Ansprüche an die biotischen und abiotischen Umweltfaktoren. Demzufolge muss ein realistisches Modell einer ökologischen Nische ein **n-dimensionaler Raum** sein. Ein solcher Raum ist nicht vorstellbar. Daher werden bei der Darstellung der ökologischen Nische nur drei Dimensionen berücksichtigt.

Die verschiedenen Dimensionen der Ansprüche einer Art sind nicht starr. Sie werden durch die Ansprüche anderer Arten beeinflusst. So wird die fundamentale Nische einer Art durch Konkurrenz mit anderen Arten zur realen Nische eingeengt.

MATERIAL MIT AUFGABEN

C Merkmalsdivergenz bei Finken

Auf den Inseln des Galapagos-Archipels im Pazifik finden sich verschiedene Finkenarten. Finken mit großer Schnabelhöhe ernähren sich von größeren und härteren Samen, solche mit geringer Schnabelhöhe sind auf kleine, weiche Samen beschränkt. Auf den Inseln Crossman und Daphne lebt jeweils nur eine Finkenart, während auf den Insel Charles und Chatham zwei Finkenarten anzutreffen sind.

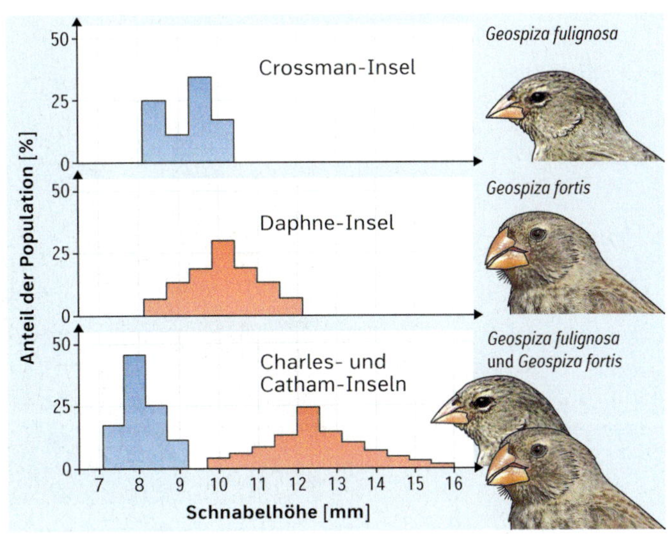

1 Beschreiben Sie die Häufigkeitsverteilungen der Schnabelhöhe auf den verschiedenen Inseln des Galapagos-Archipels. ●○○

2 Erklären Sie die beobachtbaren Häufigkeitsverteilungen. ●●○

1 Ameisen vertreiben Marienkäfer von einer Blattlauskolonie

3.2 Symbiose und Parasitismus

Junge Blätter und Triebe von Pflanzen werden häufig von Blattläusen befallen. Oftmals treten sie gemeinsam mit Ameisen auf. Diese verteidigen die Blattläuse sogar vor Fressfeinden, wie etwa Marienkäfern. Warum schützen Ameisen Blattläuse?

2 Putzersymbiose zwischen Madenhacker und Impala-Weibchen

Symbiose – Blattläuse stechen mit ihren Mundwerkzeugen gezielt die Leitbündel von Pflanzen an. Der zuckerhaltige Saft gelangt in der Folge direkt in den Magen-Darm-Trakt der Blattläuse. Da die Blattläuse vorwiegend die im Saft gelösten Aminosäuren nutzen, scheiden sie ein zuckerhaltiges Verdauungsprodukt, den Honigtau, aus. Ameisen berühren mit ihren Fühlern mehrfach den Hinterleib der Blattläuse. Dieses Betrillern regt die Blattläuse dazu an, den Honigtau abzugeben. Er dient den Ameisen als Nahrung. Im Gegenzug halten Ameisen Marienkäfer als Fressfeinde der Blattläuse von den Kolonien fern. Eine solche Wechselbeziehung zwischen zwei verschiedenen Arten zum gegenseitigen Vorteil wird als **Symbiose** bezeichnet.

Allianz – In einer Putzersymbiose befreit der eine Partner den anderen von lästigen Parasiten. Diese dienen dem Putzer als Nahrung. Solche Beziehungen finden etwa zwischen Vögeln und Wildtieren sowie zwischen Putzerfischen und Raubfischen statt. Eine derartige gelegentliche und lockere Beziehung zwischen zwei Arten, die mit beiderseitigem Vorteil verbunden ist, wird **Allianz** genannt.

Mutualismus – Bestimmte Blütenpflanzen können sich ohne ihre jeweiligen Bestäuber nicht fortpflanzen und somit nicht dauerhaft überleben. Die Bestäuber dagegen sind auch ohne Blütenpflanzen lebensfähig. Eine solche Form der engeren symbiontischen Beziehung, die zwar nicht lebensnotwendig, aber mindestens für einen der beiden Partner von hoher Bedeutung ist, wird **Mutualismus** genannt.

Obligate Symbiosen – Flechten sind Symbiosen zwischen bestimmten Arten von Pilzen und Grünalgen beziehungsweise Cyanobakterien. Während die Pilze den Algen Kohlenstoffdioxid und Mineralstoffe liefern, erhalten sie von den Algen gebildete Fotosyntheseprodukte. In dieser engen Beziehung können Algen und Pilze extrem ungünstige Lebensräume, etwa kahle Felsen, besiedeln. Auf dem felsigen Untergrund würde Pilzen das organische Substrat fehlen, Algen würden dort vertrocknen. Eine solche Lebensgemeinschaft, die für beide Partner lebensnotwenig ist, heißt **obligate Symbiose**.

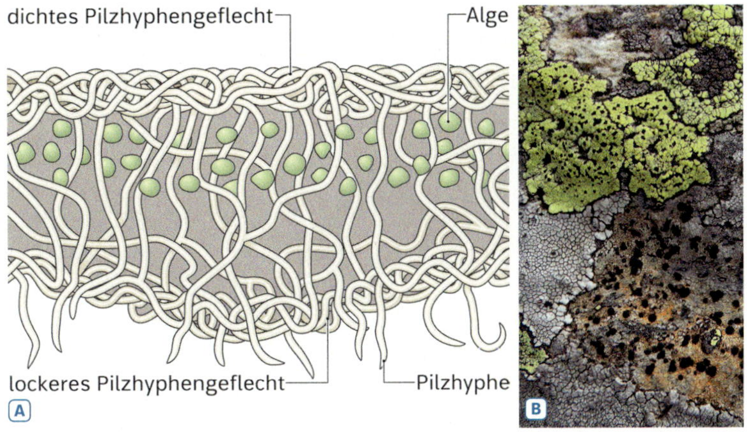

3 Flechte: **A** Schema; **B** Foto

In ähnlicher Weise wie bei Flechten tauschen Pilze und Pflanzenwurzeln Stoffe aus. Die Pilzhyphen umspinnen dabei die Pflanzenwurzeln. So vergrößern sie die Wurzeloberfläche und damit die Fähigkeit der Pflanze, Wasser und Mineralstoffe aufzunehmen. Im Gegenzug bezieht der Pilz Fotosyntheseprodukte von der betreffenden Pflanze. Diese spezielle Symbiose wird **Mykorrhiza** genannt.

MATERIAL MIT AUFGABEN

A Beziehungen zwischen Ameisen und Akazienbäumen

Ameisen der Gattung *Pseudomyrmex* werden als Akazienameisen bezeichnet, da sie ausschließlich in Gemeinschaft mit Akazienbäumen leben. Die Ameisen bauen ihre Nester in ausgehölten Dornen der Akazie. Sie ernähren sich vom Nektar der Akazie und von öl- und proteinreichen Futterkörperchen, die sich an der Spitze der Akazienblätter befinden.
Akazienameisen können keine Saccharose verdauen. Dieser Zucker ist für die meisten Pflanzen die Transportform der Fotosyntheseprodukte. Akaziennektar ist frei von Saccharose und enthält einen Hemmstoff für das Enzym Saccharase.

In einem Versuch wurden aus einer Population von Akazienbäumen einige mit einem Insektizid behandelt, das Ameisen abtötet. Die restlichen unbehandelten Bäume dienten als Kontrolle.
Nach zehn Monaten wurden die Überlebens- und Wachstumsraten der behandelten Bäume mit den Raten Kontrollbäume verglichen.

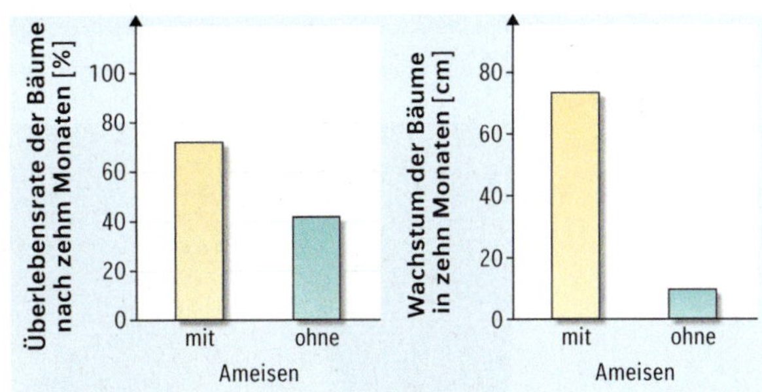

1 Nennen Sie die Frage, die mit diesem Versuch beantwortet werden sollte. ●●○
2 Erklären Sie die Versuchsergebnisse. ●●○
3 Begründen Sie, warum im Labor gezüchtete Ameisen, die mit Saccharosesirup anstelle von Akaziennektar gefüttert wurden, Saccharose verdauen können. ●●○
4 Prüfen Sie, um welche Form der Symbiose es sich bei der Beziehung zwischen Ameisen und Akazienbäumen handelt. ●●○

4 Bettwanze (EM-Aufnahme, coloriert)

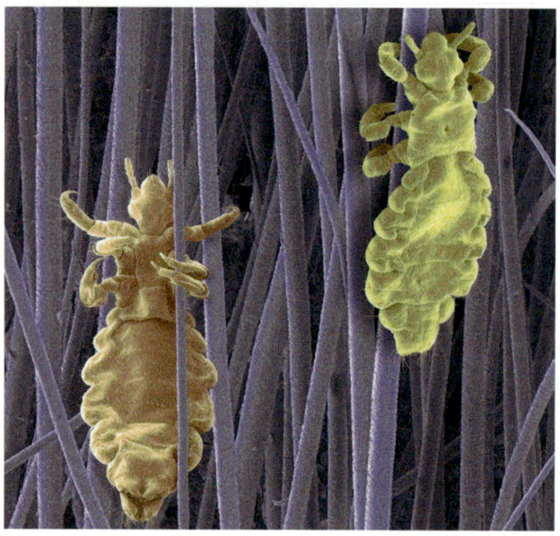
5 Kopflaus des Menschen (EM-Aufnahme, coloriert)

6 Bandwurm (EM-Aufnahme, coloriert)

Parasitismus – Bettwanzen sind kleine flügellose Insekten, die in bewohnten Innenräumen auftreten und sich von menschlichem Blut ernähren. Eine solche Wechselwirkung zwischen zwei Arten, bei der eine Art auf Kosten der anderen einseitig Nutzen zieht, wird **Parasitismus** genannt. Der Nutznießer heißt Parasit. Der Wirt erleidet hierbei zwar Nachteile, wird aber normalerweise dadurch nicht getötet. Eine Ausnahme bilden **Parasitoide**. Sie entwickeln sich zunächst parasitisch in einem Wirt, der dadurch so geschädigt wird, dass er später stirbt. So legen etwa Schlupfwespen ihre Eier in Raupen ab. Aus den Eiern schlüpfen später Larven, die die Raupen dann fressen.

Wirtsspezifität – Blutsaugende Wanzen oder Stechmücken suchen ihren Wirt nur kurz zur Nahrungsaufnahme auf. Andere Parasiten sind dagegen ständig auf ihren Wirt angewiesen. Sie zeigen häufig eine strenge **Wirtsspezifität** und können nur eine bestimmte oder nahe verwandte Arten befallen. Läuse sind beispielsweise stark wirtsspezifisch. Kopfläuse des Menschen kommen nur in menschlichen Kopfhaaren vor, Hundeläuse nur in Hundehaaren. Eine wechselseitige Übertragung der Läuse ist daher in der Regel nicht möglich.

Ekto- und Endoparasiten – Parasiten, die sich auf der Körperoberfläche ihres Wirtes aufhalten, heißen **Ektoparasiten**. Sie ernähren sich vom Blut des Wirtes oder von Bestandteilen seiner Haare oder Federn. Durch Haft- und Klammerorgane, einen flachen Körper und spezielle Mundwerkzeuge sind sie an ihren Wirt und ihre Ernährungsweise angepasst. Noch stärker angepasst sind Parasiten, die im Inneren ihrer Wirte leben. Zu diesen **Endoparasiten** zählen etwa Bandwürmer, die im Darm oder Gehirn verschiedener Wirbeltierarten vorkommen. Sie bestehen nur aus einem Kopfteil mit Haftorganen und einer sehr großen Anzahl an Bandwurmgliedern. Nahrung nehmen sie in gelöster Form über die gesamte Körperoberfläche auf. Bandwürmer besitzen weder einen Darm noch ein Blutgefäßsystem. Dafür ist das Fortpflanzungssystem besonders gut entwickelt. Im Laufe seines Lebens produziert ein Bandwurm bis zu 10 Millionen Eier.

Pflanzliche Parasiten – Während der Parasitismus im Tierreich weit verbreitet ist, gibt es nur wenige pflanzliche Parasiten. Ein Beispiel ist die Nessel-Seide. Die chlorophyllfreie Pflanze betreibt keine Fotosynthese. Über Saugfortsätze ihrer Sprossachse, die bis in die Leitbündel der Wirtspflanzen vordringen, entzieht sie ihnen Wasser- und Fotosyntheseprodukte. Die Nessel-Seide ist vollständig auf ihre Wirtspflanze angewiesen und wird daher als **Vollparasit** bezeichnet. Im Gegensatz hierzu betreibt die grüne Mistel mit ihren chlorophyllhaltigen Blättern Fotosynthese und nimmt über ein Saugorgan lediglich Wasser und darin gelöste Mineralstoffe von den befallenen Bäumen auf. Sie ist ein **Halbparasit**.

Pflanzen können unter anderem auch von Bakterien, Pilzen, Milben und Wespen parasitiert werden. Durch einen Stich, Biss oder Sekret des Parasiten entstehen Wucherungen des pflanzlichen Gewebes, die **Gallen**. Der Parasit kann diese für sich nutzen. Zum Beispiel legen Gallwespen mit ihrem Legestachel Eier in die Blattknospen von Eichen ein. Die entstehenden Gallen dienen dann den Larven der Gallwespen als Behausung.

7 Pflanzliche Parasiten: **A** Nessel-Seide, ein Vollparasit; **B** Mistel, ein Halbparasit

MATERIAL MIT AUFGABEN

B Einfluss waldbaulicher Maßnahmen

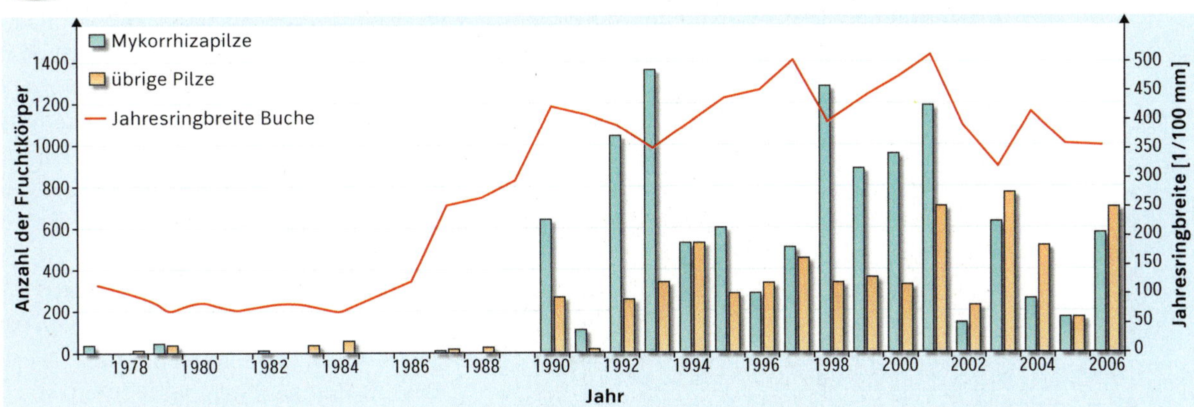

Ein alter und dicht bestockter Mischwald, der arm an Pilzen war, wurde 1987 stark durchforstet. Bei dieser waldbaulichen Pflegemaßnahme wurde dem Wald eine größere Anzahl Bäume gezielt entnommen.

1 Beschreiben Sie die Folgen der waldbaulichen Maßnahme. ●○○

2 Entwickeln Sie eine Hypothese zur Erklärung dieser Folgen. ●●○

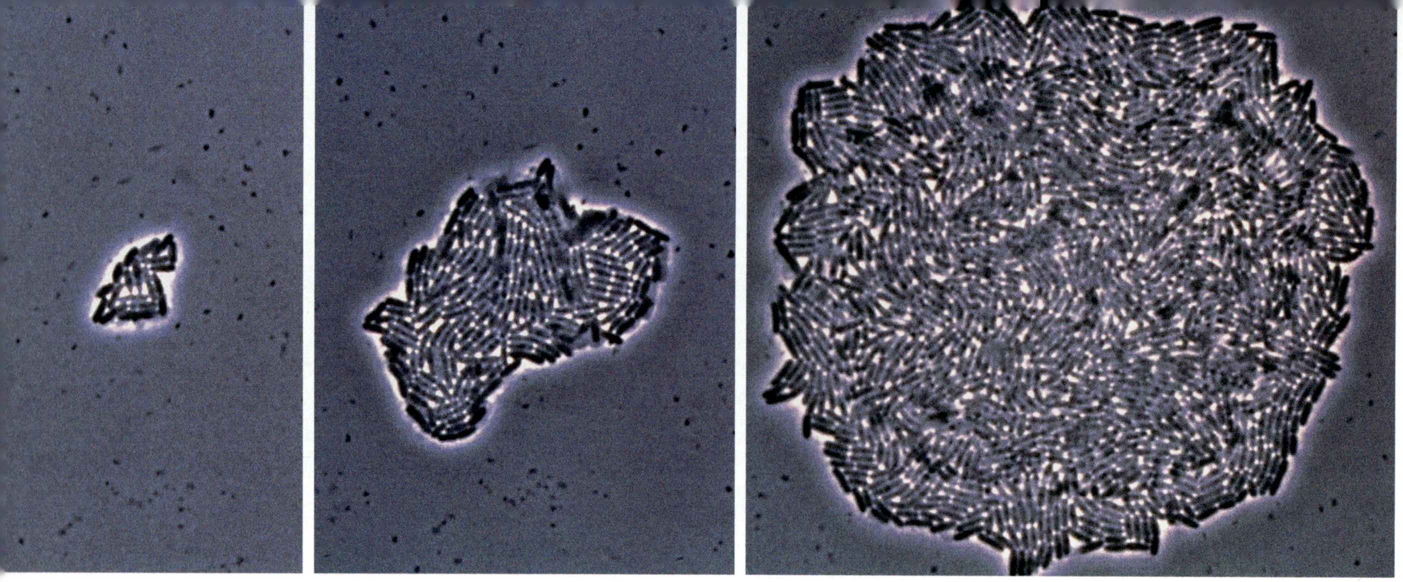

1 Bakterienkultur im Verlauf der Zeit (LM)

4.1 Wachstum und Regulation von Populationen

In einer frisch angesetzten Bakterienkultur ist die Teilungsrate der Bakterien zunächst eine zeitlang sehr hoch. Danach nimmt sie stetig ab und komtm völlig zum Erliegen. Was sind die Gründe dafür?

Populationswachstum – Aus einem einzigen Bakterium entwickelt sich auf einem Nährboden innerhalb kurzer Zeit eine Bakterienpopulation, deren Individuenzahl rasch zunimmt. Die Zunahme der Individuenzahl in einer Population wird **Populationswachstum** genannt.

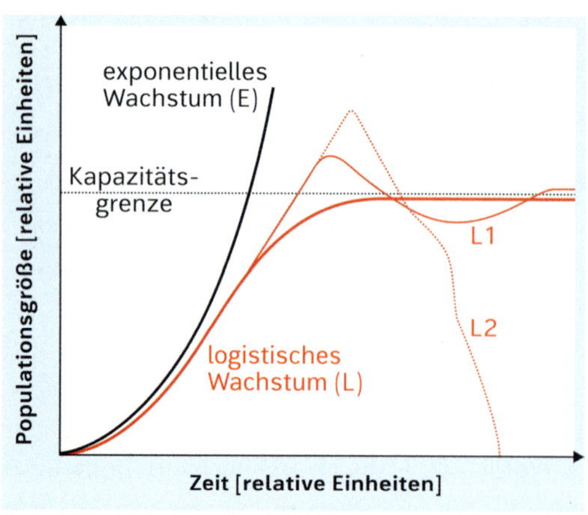

2 Wachstumskurven von Populationen

Die Zunahme der Individuenzahl in einem bestimmten Zeitfraum wird die Zuwachsrate oder Wachstumsrate der Population genannt. Ein Diagramm, das die Individuenzahl einer Population in Abhängigkeit von der Zeit darstellt, zeigt verschiedene charakteristische Phasen des Populationswachstums. Zu Beginn ist das Wachstum der Population nur gering. Nach dieser Anlauf- oder **lag-Phase** verdoppelt sich die Zahl der Bakterien innerhalb jeweils gleich großer Zeitabschnitte immer wieder. Dies wird als **exponentielles Wachstum** der Population bezeichnet. Diese Phase geht schließlich in eine **stationäre Phase** über, in der das Wachstum der Population zum Stillstand kommt. Die Individuenzahl der Population bleibt in dieser Phase konstant.

Bakterien benötigen für ihre Lebensvorgänge bestimmte Ressourcen. Hierzu zählen Nährstoffe und ein bestimmter Raum. Ab einer gewissen Populationsgröße begrenzen diese Ressourcen ihre Vermehrung. Die Anzahl der Bakterien, die auf einem Nährboden vorkommen können, ist durch die Ressourcen auf einen Maximalwert begrenzt. Dieser wird als **Kapazitätsgrenze** (K) der Bakterienpopu lation in ihrem Lebensraum bezeichnet.

Das exponentielle Wachstum der Population wird also aufgrund von Ressourcenverknappung begrenzt und geht in ein beschränktes Wachstum über. Diese wird als **logistisches Wachstum** bezeichnet.

Geburten- und Sterberaten – Der charakteristische Verlauf des Populationswachstums lässt sich durch die **Geburten-** und **Sterberate** der Individuen der Population erklären. Wenn in einem bestimmten Zeitraum mehr Individuen geboren werden als sterben, wächst eine Population. Die Geburtenrate, ist dann höher als die Sterberate. Bleibt dabei die Menge der Ressourcen gleich, nimmt die Konkurrenz um die Ressourcen stetig zu. Dies führt zu einer Abnahme der Geburten- und zu einer Zunahme der Sterberate. In der stationären Phase des logistischen Wachstums sind die Geburten- und die Sterberate gleich groß. Die Individuenzahl der Population hat dann die Kapazitätsgrenze des Lebensraums erreicht. Die Population befindet sich im **Gleichgewicht**.

Unter natürlichen Bedingungen befindet sich jedoch keine Population über viele Generationen hinweg dauerhaft in einem Gleichgewicht. Umweltbedingungen ändern sich und beispielsweise kann eine Konkurrenz mit anderen Arten entstehen. Auch schwankt die Populationsgröße oft mit einem gewissen Abstand um die Kapazitätsgrenze herum (L1), da sich Geburten und Todesfälle nicht zu jedem Zeitpunkt genau ausgleichen.
Wird die Kapazitätsgrenze überschritten, nimmt bei zunehmender Individuenzahl die Geburtenrate ab und die Sterberate zu. Durch zunehmende intraspezifische Konkurrenz kann die Sterberate so weit steigen, dass die Population schließlich zusammenbricht (L2). Auch Pflanzenpopulationen verringern sich bei steigender Individuenzahl durch zunehmende intraspezifische Konkurrenz, insbesondere, wenn die Ressourcen begrenzt sind. Die Größe einer Population kann sich auch durch Zu- oder Abwanderung von Individuen derselben Art verändern.

MATERIAL MIT AUFGABEN

A Populationswachstum von Wasserflöhen

Wasserflöhe gehören zu den häufigsten Krebstieren in stehenden Gewässern wie Tümpeln, Teichen, Weihern und Seen. Sie ernähren sich von pflanzlichem Plankton und dienen selbst vielen räuberisch lebenden Organismen der Gewässer als Nahrung.
Wasserflöhe pflanzen sich in der Regel ungeschlechtlich fort. Da die Weibchen Eier ohne Befruchtung durch Männchen produzieren, wird von Jungfernzeugung gesprochen. Aus den Eiern entstehen wiederum Weibchen, die sich erneut über Jungfernzeugung vermehren. Da Wasserflöhe keine Larvenstadien besitzen, ist die Zeitspanne zwischen zwei Generationen sehr kurz. Die Wachstumsraten der Populationen sind entsprechend hoch. Innerhalb weniger Wochen kann eine Population auf über tausend Individuen anwachsen.
Werden am Ende des Jahres die Bedingungen schlechter, schlüpfen aus den Dauereiern auch männliche Tiere. Diese paaren sich mit den Weibchen. Aus dieser geschlechtlichen Fortpflanzung entwickelt sich im nächsten Jahr die neue Generation.

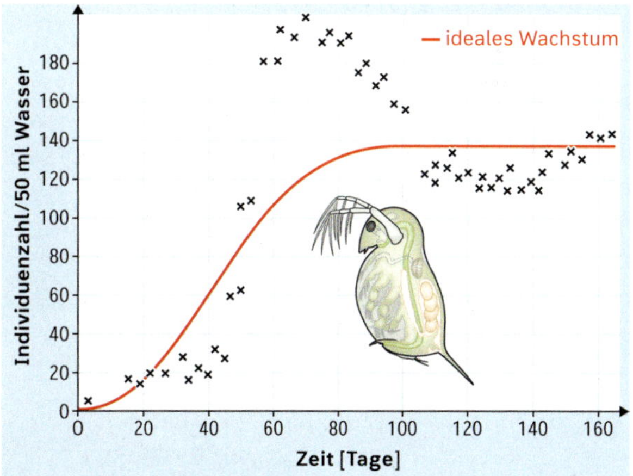

In einem Experiment wurde das Wachstum einer kleinen Laborpopulation von Wasserflöhen untersucht.

1 Vergleichen Sie die dargestellte ideale Wachstumskurve mit den experimentell ermittelten Werten und erklären Sie die Unterschiede. ●●○

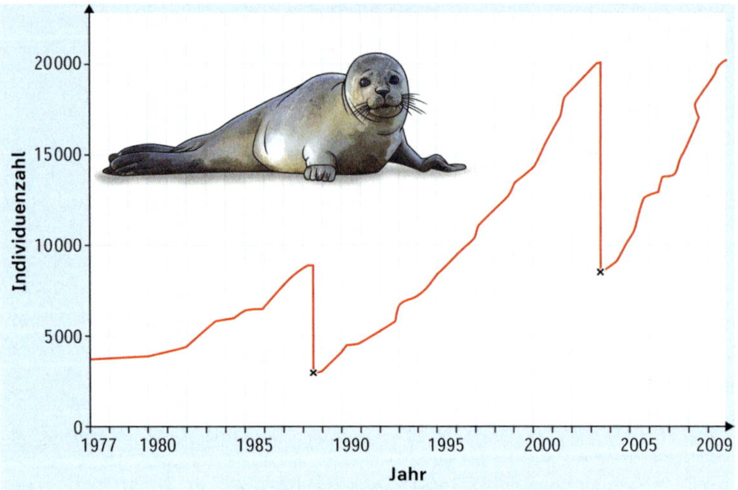

3 Entwicklung der Seehundpopulationen an der Nordseeküste

hohe Populationsdichte enorm gefördert. Das Virus zählt somit zu den **dichteabhängigen Faktoren**. Es beeinflusst die Sterberate und reguliert somit die Dichte der Seehundpopulation. Weitere dichteabhängige Faktoren sind intraspezifische Konkurrenz um Nahrung, Raum oder Geschlechtspartner. Auch artspezifische Feinde gehören zu den dichteabhängigen Faktoren.Andere Faktoren wie etwa die Temperatur sowie Schadstoffe im Wasser oder in der Nahrung wirken dagegen auf alle Individuen einer Population prinzipiell gleich, unabhängig von der Dichte der Population. Damit zählen sie, ebenso wie unspezifische Feinde und nicht übertragbare Krankheiten, zu den **dichteunabhängigen Faktoren**.

Regelung der Populationsdichte – Die Individuenzahl von Seehunden an der Nordseeküste in den vergangenen Jahrzehnten veränderte sich sehr stark. Die Anzahl an Individuen einer Population pro Flächen- oder Raumeinheit, wird **Populationsdichte** genannt, schwankte also. Diese Schwankungen wurden durch Infektionen mit dem Staupe-Virus verursacht. Die Übertragung dieses Virus geschieht durch Körperkontakt und wird somit durch eine

Fortpflanzungsstrategien – Im Verlauf der Evolution entwickelten sich bei verschiedenen Tier- und Pflanzenarten unterschiedliche **Fortpflanzungsstrategien**. So sind beispielsweise zahlreiche kleine und kurzlebige Arten in der Lage, sich innerhalb kurzer Zeiträume zu vermehren. Ihre Population wächst dadurch schnell an. Solche Arten werden als **r-Strategen** bezeichnet, wobei r für die Wachstumsrate einer Population in der Phase ihres

4 Regelung der Populationsdichte durch dichteabhängige und dichtenunabhängige Faktoren

exponentiellen Wachstums steht. Da r-Strategen ihre Geschlechtsreife früh erreichen und viele Nachkommen hervorbringen, können sie neue Lebensräume schnell in Besitz nehmen beziehungsweise unbesetzte ökologische Nischen besetzen. Auf diese Weise haben sie einen Vorteil gegenüber konkurrierenden Arten. Dies ist etwa der Fall, wenn sich Wasserflöhe in nur zeitweise existierenden Tümpeln vermehren oder aber wenn das einjährige Rispengras Brachflächen besiedelt. Allerdings pflanzen sich viele r-Strategen während ihrer Lebenszeit nur einmal fort.

In Lebensräumen dagegen, die schon einen nahezu vollständigen Artenbestand aufweisen, befinden sich die meisten Populationen der dort vorkommenden Arten in der logistischen Wachstumsphase. Bestimmend ist hier die Kapazitätsgrenze, daher werden diese Arten **K-Strategen** genannt. Bei ihnen spielt Konkurrenz mit anderen Arten um Ressourcen eine größere Rolle als eine frühe und starke Vermehrung. K-Strategen haben nur verhältnismäßig wenige Nachkommen. Aber diese verfügen oft über günstige Ausgangsbedingungen. So sind die Früchte, Samen oder Eier von K-Strategen oft relativ groß oder die Eltern sorgen intensiv für ihre Nachkommen. K-Strategen haben oft eine relativ hohe Lebensdauer und pflanzen sich während ihrer Lebenszeit mehrmals fort.

Bei den Pflanzen gehören etwa dominante Waldbäume wie die Eichen und Buchen zu den K-Strategen. Sie produzieren große nährstoffreiche Samen und erleichtern dadurch ihren Nachkommen die Keimung. Im Tierreich sind es Arten wie Fuchs oder Fischadler K-Strategen. Sie bringen in jedem Jahr nur wenige Jungtiere zur Welt und kümmern sich lange und intensiv um ihren Nachwuchs.

Bei den Fortpflanzungsstrategien geht es um die grundsätzliche Frage nach der Verfügbarkeit von begrenzten Ressouren für die lebende und die nachfolgende Generation. Die K- und r-Strategen sind nur als die beiden äußeren Bereiche eines Kontinuums zu betrachten. Viele Arten lassen sich nicht eindeutig dem einen oder anderen Strategietyp zuordnen.

Merkmal	r-Strategen	K-Strategen
abiotische Faktoren des Lebensraums	variabel	relativ konstant
Zeit bis zur Geschlechtsreife	kurz	lang
Zeitpunkt der ersten Reproduktion	früh	spät
Anzahl der Nachkommen	viele	wenige
Größe der Nachkommen/Eier/Samen	klein	groß
elterliche Fürsorge	keine	oft sehr ausgeprägt
Fortpflanzungshäufigkeit	einfach	mehrfach
Investition in die Fortpflanzung	relativ hoch in Bezug zur eigenen Biomasse	relativ gering in Bezug zur eigenen Biomasse
Lebensdauer	kurz	lang
Sterblichkeitsrate	oft hoch	meist niedrig
Konkurrenzfähigkeit	geringer	größer
Populationsgröße	zeitlich variabel	zeitlich relativ konstant

5 Typische Merkmale von r- und K-Strategen

MATERIAL MIT AUFGABEN

B Investitionen in die Fortpflanzung

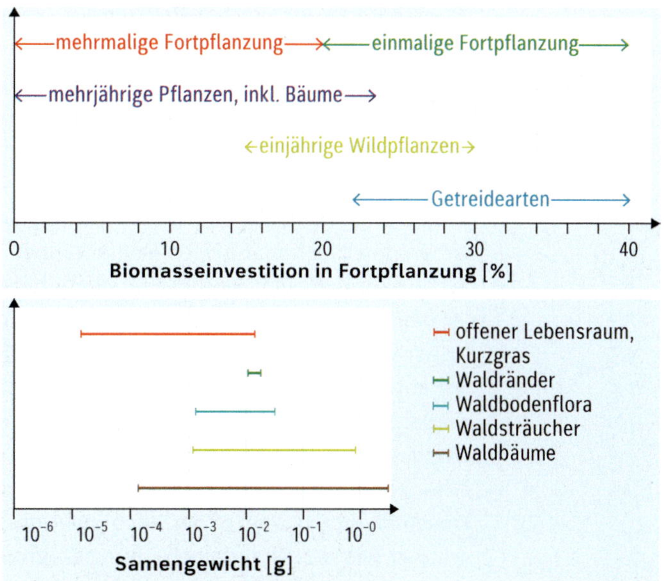

1 Erklären Sie die prozentuale Investition eigener Biomasse in die Fortpflanzung bei einmaligen und mehrmaligen Fortpflanzungen der verschiedenen Pflanzenarten.

2 Erklären Sie die Größe des Samengewichts von Pflanzenarten in Abhängigkeit vom Lebensraum.

1 Kanadaluchs mit Beute

4.2 Räuber-Beute-Beziehungen

Bereits vor mehr als hundert Jahren wussten Pelzjäger, dass sich die Populationsdichten von Kanadaluchsen und Schneeschuhhasen über längere Zeiträume hinweg periodisch ändern. Wie lassen sich diese Schwankungen erklären?

Räuber-Beute-Systeme – Der nordamerikanische Kanadaluchs ist ein Räuber, der sich hauptsächlich von Schneeschuhhasen ernährt. Als Räuber oder Beutegreifer werden Lebewesen bezeichnet, die andere fangen und sie entweder sofort oder kurz danach töten. Im Gegensatz zu den Räubern ernähren sich Weidegänger wie etwa Rinder oft nur von Pflanzenteilen, sodass die Pflanze zwar geschädigt wird, aber in der Regel überlebt.
Räuber wie der Kanadaluchs müssen Energie für das Verfolgen, Überwältigen und Zerteilen der Beute aufwenden. Diesen energetischen Kosten steht ein Energiegewinn beim Fressen der Beute gegenüber. Räuber können nur dann überleben, wenn der erzielte Energiegewinn größer als der Energieaufwand ist. Daher sind die meisten Räuber größer, stärker und schneller als ihre Beutetiere. Die wenigen Räuber, die kleiner als ihre Beutetiere sind, nutzen meist andere Strategien. So fangen Spinnen beispielsweise ihre Beute mit Netzen oder töten sie mithilfe von Giften.

Zwischen den Populationen von Räubern und ihrer Beute besteht eine Wechselbeziehung. Deutlich wird dies am Beispiel der von Jägern in Nordamerika von 1845 bis 1935 erlegten Kanadaluchse und Schneeschuhhasen. Zu Beginn der Beobachtungszeit war die Populationsdichte der Hasen sehr hoch. Aufgrund des guten Nahrungsangebotes nahm die Populationsdichte der Luchse jedoch innerhalb weniger Jahre schnell zu. Dadurch verringerte sich wiederum die Populationsdichte der Hasen. In der Folge gab es weniger Nahrung für die Luchse, deren Bestand wiederum zurückging. Die beiden Populationen wurden durch die Anwesenheit der jeweils anderen Art wechselseitig und dichteabhängig reguliert. Die Effekte dieser Regulation traten mit einer zeitlichen Verzögerung auf.

Lotka-Volterra-Regeln – In den 1920er Jahren formulierten die Mathematiker Alfred LOTKA und Luigi VOLTERRA unabhängig voneinander ein theoretisches Modell, das die beobachteten Zusammenhänge zwischen den Populationen von Kanadaluchs und Schneeschuhhase genauer beschrieb. Es lässt sich in drei Regeln zusammenfassen.

1. Regel der periodischen Schwankungen: Die Dichten der Populationen von Räuber und Beute schwanken bei sonst konstanten Umweltbedingungen periodisch, wobei ihre Maxima phasenweise verschoben sind.

2. Regel von der Konstanz der Mittelwerte: Die Mittelwerte der Populationsdichten von Räubern und Beute bleiben bei unveränderten Bedingungen längerfristig konstant.

3. Regel von der Störung der Mittelwerte: Wird die Populationsdichte von Räuber und Beute in gleicher Weise proportional zu ihrer Größe um denselben Faktor verringert, so erholt sich die Beutepopulation schneller als die Räuberpopulation.

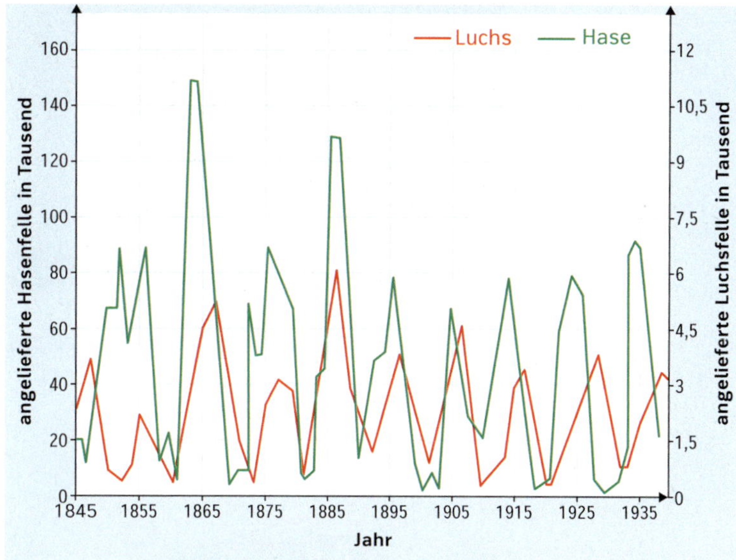

2 Populationsdichten von Kanadaluchs und Schneeschuhhase

Grenzen des Modells – Das Lotka-Volterra-Modell geht vereinfachend von den Voraussetzungen aus, dass der Räuber sich nur von einer Art Beutetier ernährt und dieses nur von ihm gefressen wird. Außerdem müssen alle sonstigen Umweltbedingungen konstant sein. Das Lotka-Volterra-Modell ist daher nur bedingt auf natürliche Populationen übertragbar. Für die periodische Phasenverschiebung der Populationsdichten von Kanadaluchs und Schneeschuhhase können verschiedene Ursachen verantwortlich sein. Einerseits kann die Populationsdichte der Schneeschuhhasen von der Populationsdichte der Luchse reguliert werden. Andererseits kann die Hasenpopulation aber auch durch das Angebot ihrer Nahrung, wie Zweige von kleinen Bäumen und Sträuchern, reguliert werden. Eine große Anzahl Hasen verringert das Nahrungsangebot, sodass die Hasenpopulation wegen Nahrungsmangel schließlich zurückgeht, bis sich die Futterpflanzen wieder regeneriert haben. Zudem können sich die Luchse auch von anderen Beutearten ernähren, auch wenn diese nur eine untergeordnete Rolle spielen. In komplexen Nahrungsnetzen sind wesentlich vielfältigere Ansätze nötig, um Änderungen der Populationsdichten über Ursache-Wirkungs-Beziehungen zu erklären.

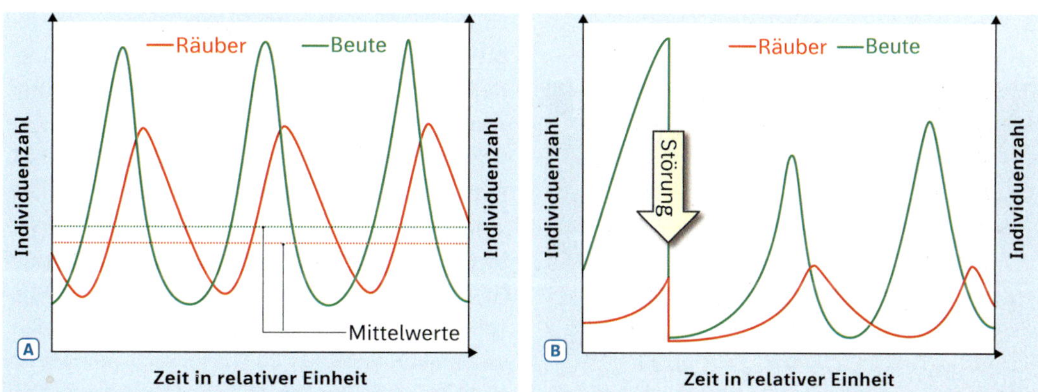

3 Lotka-Volterra-Regeln: **A** Periodische Schwankungen und Konstanz der Mittelwerte; **B** Störung der Mittelwerte

4 Mimese bei einer Schmetterlingsraupe

5 Warnfärbung bei einer Wespe

6 Mimikry bei einer Schwebfliege

7 Panzerung eines Gürteltiers

altgriechisch mimésis: Nachahmung

Abwehrmechanismen – Beutetiere verfügen über vielfältige Abwehrmechanismen gegenüber Räubern. So entkommen etwa viele Schneeschuhhasen einfach durch schnelle **Flucht**. Zudem wechseln sie im Winter die Fellfarbe von Braun zu Weiß und sind so im Schnee wenig auffällig für den Kanadaluchs. Ist ein Lebewesen durch das äußerliche sichtbare Erscheinungsbild, etwa durch die Färbung oder Gestalt getarnt, wird von **Tarntracht** gesprochen.

Eine andere Form der Tarnung ist das **Nachahmen** ungenießbarer Gegenstände in der Umgebung. So wird das Lebewesen zwar wahrgenommen, aber nicht als potenzielle Beute erkannt. Dieser Abwehrmechanismus wird **Mimese** genannt.

Andere Lebewesen besitzen direkte Verteidigungsmechanismen wie Stech- oder Beißwerkzeuge, chemische Abwehrstoffe, wie die Säure der Ameisen, oder sogar Gifte. Manche dieser Arten warnen potenzielle Angreifer durch eine auffällige Färbung, wie es bei Wespen der Fall ist. Diese wird als **Warnfärbung** bezeichnet.

Bestimmte Lebewesen verfügen selbst über keine direkten Verteidigungsmechanismen, sondern ahmen wehrhafte Arten durch Körperform oder Körperfärbung nach. Durch diese Täuschung halten sie Angreifer fern. Dazu gehören etwa Schwebfliegen, die durch ihre Färbung Wespen nachahmen. Ein solcher Abwehrmechanismus wird **Mimikry** genannt.

Andere Lebewesen versuchen, Angreifer durch Drohgebärden abzuschrecken. Dies kann durch plötzliches Aufrichten des Körpers, Zähnefletschen oder das Produzieren von Drohlauten wie Knurren oder Zischen geschehen. Manche Schmetterlingsarten zeigen durch das Aufklappen ihrer Flügel ein Muster, das die Augen eines viel größeren Tieres vortäuscht. Weitere Arten besitzen einen mechanischen Schutz durch Stacheln oder Hornpanzer und rollen sich bei Gefahr zu einer schützenden Kugel zusammen, wie beispielsweise das Gürteltier. Viele versuchen auch durch **Totstellen**, Räubern zu entgehen.

A Räuber-Beute-System beim Grauen Lärchenwickler

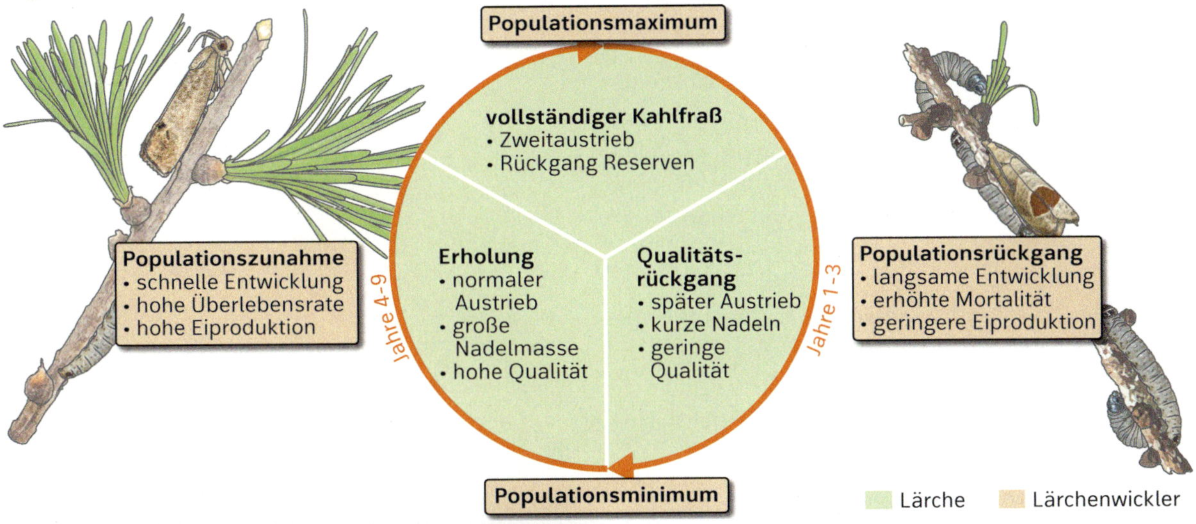

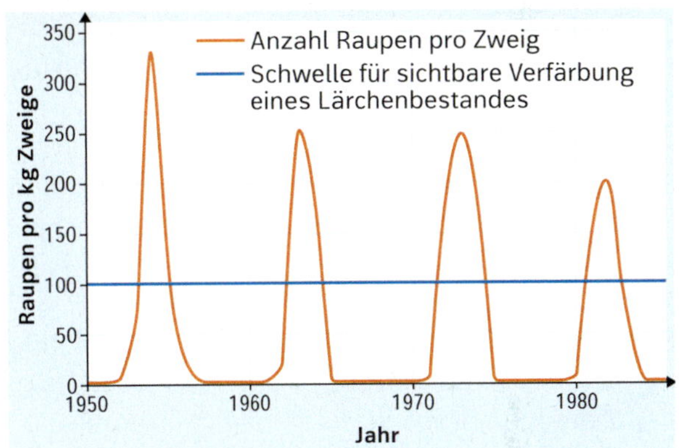

In der Schweiz kommt es etwa alle zehn Jahre zu einer Massenvermehrung des von Lärchennadeln lebenden Grauen Lärchenwicklers. Dieser Nachtfalter legt seine Eier an Lärchen. Im nächsten Frühjahr schlüpfen die Raupen und fressen die austreibenden Nadeln. Die befallenen Lärchen können ein zweites Mal im Jahr austreiben. Sie produzieren dann und in den folgenden Jahren Nadeln mit geringerer Nahrungsqualität. Erst wenn sich die Bäume nach einigen Jahren erholt haben, bilden sie wieder höherwertige Nadeln.

Wichtige natürliche Feinde des Lärchenwicklers sind parasitische Wespen. Diese legen ihre Eier in die Raupen des Lärchenwicklers. Die aus den Eiern schlüpfenden Wespenlarven entwickeln sich in den Raupen des Lärchenwicklers. Die Raupen gehen dabei zugrunde. Zu Beginn einer Massenvermehrung des Lärchenwicklers sterben weniger als 10 Prozent der Lärchenwicklerraupen durch Wespenlarven, beim Populationsmaximum sind es 20 Prozent und beim Populationsminimum bis zu 80 Prozent. Die Populationszyklen der parasitischen Wespen sind im Vergleich zu den Populationszyklen des Lärchenwicklers etwa um zwei Jahre verschoben.

1 Beschreiben und erklären Sie die Populationsschwankungen der Lärchenwicklerraupen anhand der Abbildung. ●○○
2 Skizzieren Sie die Populationsschwankungen von Lärchenwicklerraupen und der parasitischen Wespen beispielhaft von 1950 bis 1980. ●●○
3 Erklären Sie, warum das Lotka-Volterra-Modell nur bedingt auf die Populationen von Lärchenwicklerraupen und Wespen übertragbar ist. ●●●

Klausuraufgaben

Rotfuchs und Polarfuchs

Echte Füchse bilden eine Gattung der Familie der Hunde. Bekannteste Vertreter sind der heimische Rotfuchs und der in der Tundra und Schneewüste vorkommende Polarfuchs. In der folgenden Aufgabe werden verschiedene abiotische und biotische Umweltfaktoren beider Arten thematisiert.

1.1 Nennen Sie Angepasstheiten von Rotfuchs und Polarfuchs an den jeweiligen Lebensraum. (Material A)

1.2 Prüfen Sie, ob die Allen-Regel auf die beiden Fuchsarten anwendbar ist. (Material A)

2.1 Erklären Sie die interspezifischen Beziehungen beider Fuchsarten. (Material A und B)

2.2 Entwickeln Sie eine Hypothese, die die Ausbreitung des Rotfuchses auf Baffin Island erklärt. (Material C)

2.3 Beurteilen Sie, ob der Polarfuchs angesichts des globalen Klimawandels eine Überlebenschance hat. (Materialien A und B)

3.1 Nennen Sie die Lotka-Volterra-Regeln und geben Sie die Voraussetzungen an, unter denen diese gelten.

3.2 Prüfen Sie, ob die Lotka-Volterra-Regeln auf die Populationsentwicklungen von Polarfüchsen und Wühlmäusen anwendbar sind. (Material D)

A Fuchsarten im Vergleich

1 Rotfuchs und Polarfuchs

Der Rotfuchs *(Vulpes vulpes)* lebt in unterirdischen Bauen im Wald und auf offenen Feldern. Sein Fell ist im ganzen Jahr oberseits rostbraun. Der Anteil der Wollhaare, die der Isolierung gegen Kälte dienen, beträgt etwa 20 Prozent. Bei Temperaturen unterhalb von −13 Grad Celsius kann er seine Körpertemperatur nur durch eine erhöhte Stoffwechselaktivität konstant halten. Der Rotfuchs hat eine Schulterhöhe von 35 bis 50 Zentimeter und eine Schwanzlänge von 30 bis 60 Zentimeter. Er geht nur nachts auf die Jagd nach nachtaktiven Kleinsäugern und Vögeln.

Der Polarfuchs (*Vulpes lagopus*) lebt vorwiegend in der Tundra, einer baumlosen Landschaft mit Böden, die neun Monate im Jahr an der Oberfläche gefroren sind. Er toleriert Temperaturen von −40 Grad Celsius bis −50 Grad Celsius. Der Polarfuchs besitzt ein Fell mit einem Anteil von 70 Prozent an Wollhaaren. Im Sommer ist es braun, im Winter weiß gefärbt. Selbst seine Pfoten sind mit dichtem Fell besetzt. So kann er seine Körpertemperatur konstant halten auch, wenn die Lufttemperatur fast 100 Grad Celsius niedriger ist. Die Schulterhöhe des Polarfuchses beträgt maximal 30 Zentimeter, sein Schwanz ist 25 bis 52 Zentimeter lang. Polarfüchse sind sowohl tag- als auch nachtaktiv. Der Polarfuchs ist ein Allesfresser. Sein Nahrungsspektrum erstreckt sich auf Kleinsäuger wie Wühlmäuse, Beeren, Eier und Aas, wobei er tag- und nachtaktiv ist.

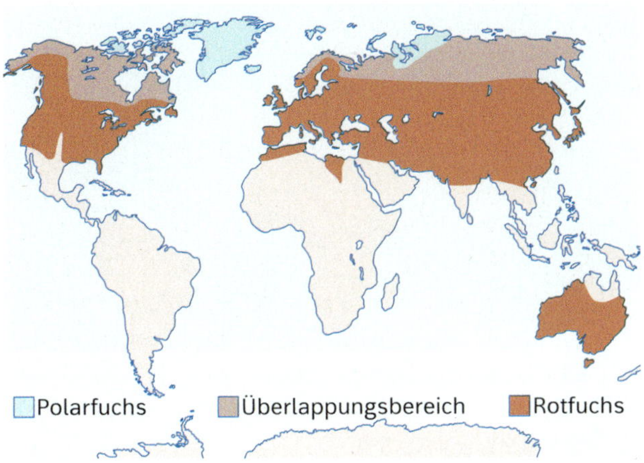

2 Verbreitungsgebiete von Rot- und Polarfuchs

In dem gemeinsamen Lebensraum am südlichen Rand des Polarkreises greift der Rotfuchs bei zufälligen Begegnungen den Polarfuchs an und tötet diesen.

B Populationsentwicklungen von Rot- und Polarfuchs

In einem 450 Quadratkilometer großen Gebiet Nordschwedens wurde der Einfluss von Rotfüchsen auf die Populationsentwicklung der Polarfüchse erforscht. In einem Bereich kamen beide Fuchsarten vor, in einem anderen nur die Polarfüchse. Die Populationsgröße wurde durch die Anzahl der bewohnten Fuchsbaue ermittelt.

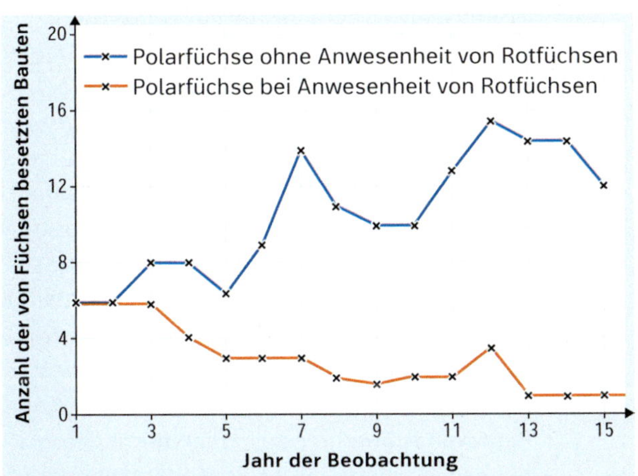

3 Populationsentwicklungen von Polar- und Rotfüchsen

C Ausbreitung des Rotfuchses

Im Jahr 1918 wurde die kanadische Insel Baffin Island zum ersten Mal dauerhaft von Rotfüchsen besiedelt. Von einem festen Beobachtungspunkt im Süden wurden ihre Ausbreitung nach Norden und der Anstieg der Sommertemperaturen in dieser Region registriert.
Ab 1930 erhöhte sich mit zunehmnder Temperatur die Populationsdichte der Beutetiere des Rotsfuchses.

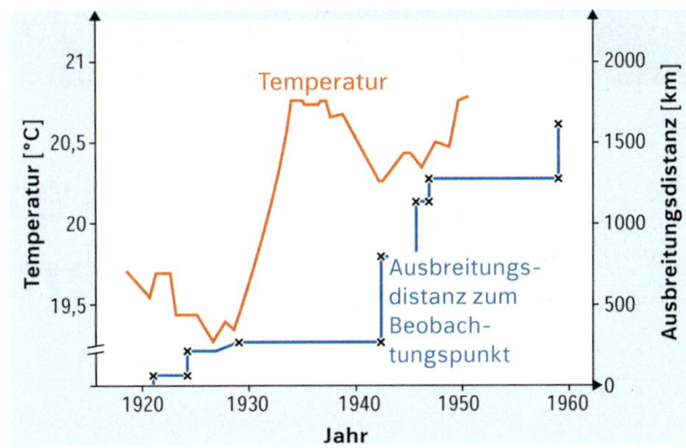

4 Ausbreitung der Rotfüchse und mittlere Temperatur auf Baffin Island

D Populationsentwicklungen von Polarfüchsen und Wühlmäusen

In einer Studie wurde die Gesamtzahl der Polarfüchse in einem Untersuchungsgebiet in Nordfinnland und die Anzahl der dort in Fallen gefangenen Wühlmäuse ermittelt.

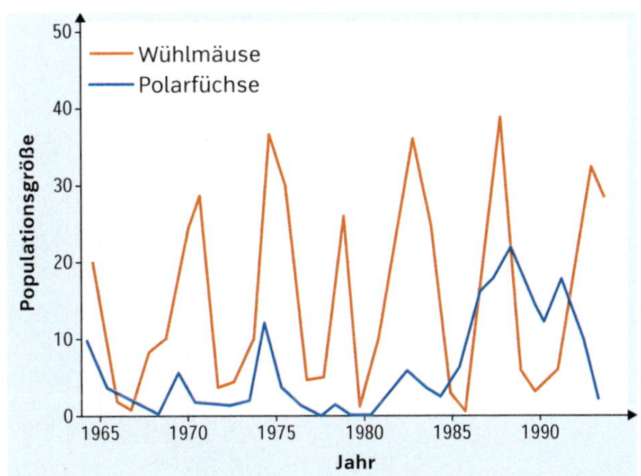

5 Populationsentwicklungen von Polarfüchsen und Wühlmäusen

1 Der Zilpzalp – ein Teil der Nahrungsbeziehungen im Wald

5.1 Nahrungsbeziehungen in Ökosystemen

2 Nahrungskette in einem Wald

Der Zilpzalp frisst bevorzugt Raupen des Großen oder Kleinen Frostspanners. Beide sind Teil der Nahrungskette in einem Wald. Wie lassen sich die Nahrungsbeziehungen der Lebewesen in einer Biozönose darstellen?

Nahrungskette – Pflanzen bauen aus den anorganischen Verbindungen Kohlenstoffdioxid, Wasser und Mineralstoffen organische Verbindungen wie Kohlenhydrate, Fette und Proteine auf. Diese Stoffe nehmen pflanzenfressende Tiere mit der Nahrung auf und bauen sie im Stoffwechsel ab. Dadurch gewinnen sie einerseits Energie für ihre Lebensvorgänge und andererseits organische Verbindungen, aus denen sie eigene Körpersubstanz aufbauen. Die Masse der von Lebewesen produzierten Körpersubstanz wird auch als **Biomasse** bezeichnet. Die Biomasse der Eichenblätter dient den Raupen des Frostspanners als Nahrung. Sie können beispielsweise von Zilpzalps gefressen werden. Diese wiederum können Beute eines Sperbers sein. Die Nahrungsbeziehung Eichenblatt – Raupe des Frostspanners – Zilpzalp – Sperber ist ein Beispiel für eine **Nahrungskette**.

Nahrungsnetze – Ein Zilpzalp ernährt sich nicht nur von Insekten, sondern auch von Beeren und Samen. Sie gehören zu den Allesfressern oder **Omnivoren**. Ein Zilpzalp kann deshalb mehreren Nahrungsketten zugeord net werden. In der Regel sind verschiedene Nahrungsketten eines Ökosystems miteinander zu komplexen **Nahrungsnetzen** verknüpft.

Produzenten und Konsumenten – Grüne Pflanzen bilden aus anorganischen organische Stoffe. Daher werden sie **Produzenten** genannt. Pflanzenfressende Tiere sowie Pflanzenparasiten oder Krankheitserreger der Pflanzen, sind **Konsumenten**. Fressen diese die Pflanzen direkt, werden sie als Primärkonsumenten bezeichnet. Diese können von räuberischen **Sekundärkonsumenten** gefressen werden, welche wiederum **Tertiärkonsumenten** als Beute dienen. Der Zilpzalp ist in der beschriebenen Nahrungskette ein Sekundärkonsument, der Sperber ein Tertiärkonsument.

Zersetzer – In jedem Ökosystem fällt durch Tod oder Ausscheidungen der Lebewesen tote Biomasse an. Diese wird **Detritus** genannt und enthält viele energiereiche organische Verbindungen. Spezialisierte Organismen können ihn für ihre Ernährung nutzen. Sie bauen den Detritus stufenweise ab und werden als **Zersetzer** oder **Destruenten** bezeichnet.

Der Detritus wird zunächst durch **Detritusfresser** aufgenommen, mechanisch zerkleinert und verdaut. Zu dieser Organismengruppe gehören beispielsweise verschiedene Arten von Würmern, Käfern und Schnecken. Ihr Kot enthält noch wenige energiereiche organische Verbindungen. Sie werden von speziellen Bakterien und Pilzen, den **Mineralisierern**, zu den anorganischen Verbindungen Kohlenstoffdioxid und Wasser sowie zu Mineralstoffen umgesetzt. Diese Verbindungen werden dann wiederum von den Produzenten aufgenommen.

MATERIAL MIT AUFGABEN

A „Schwarze Raucher“ – Energiequelle für Tiefseeökosysteme

Im östlichen Pazifik existiert in der lichtlosen Tiefe von über 2000 Metern bei etwa 200-fachem Atmosphärendruck ein besonderes Ökosystem. Hier quillt am Meeresboden, unter dem mehr als 200-fachen Atmosphärendruck, durch geologische Prozesse Wasser mit Temperaturen von weit über 100 Grad Celsius aus Öffnungen im Boden. Diese schlotartigen Öffnungen werden als hydrothermale Schlote bezeichnet. Da in dem ausgestoßenen Wasser schwarze Eisensalze gelöst sind, heißen diese Schlote „Schwarze Raucher“.

Das austretende Wasser enthält auch Schwefelwasserstoff, der von bestimmten Bakterien und Archaeen zum Energiegewinn genutzt wird. Sie bauen mithilfe der Energie aus anorganischen Stoffen organische Stoffe auf. In der Umgebung der Schwarzen Raucher existiert neben den Bakterien eine artenreiche Lebensgemeinschaft. Sie enthält Würmer und Muscheln, die mit Bakterien in Symbiose leben und von ihnen organische Stoffe beziehen. Außerdem leben darin bakterienfressende und räuberische Krabbenarten sowie Seesterne, die sich auch von Krabben ernähren.

1 Stellen Sie eine Nahrungskette dieser Lebensgemeinschaft dar. ●○○
2 Vergleichen Sie die Produzenten dieser Lebensgemeinschaft mit denen von terrestrischen Ökosystemen. ●●○

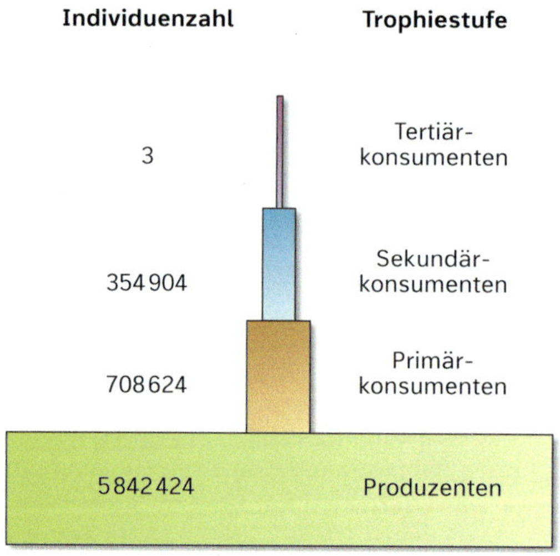

3 Zahlenpyramide in einer Wiese

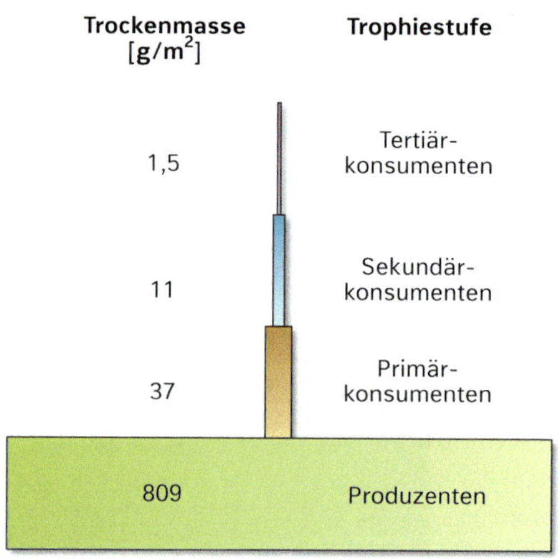

4 Schema einer Biomassepyramide

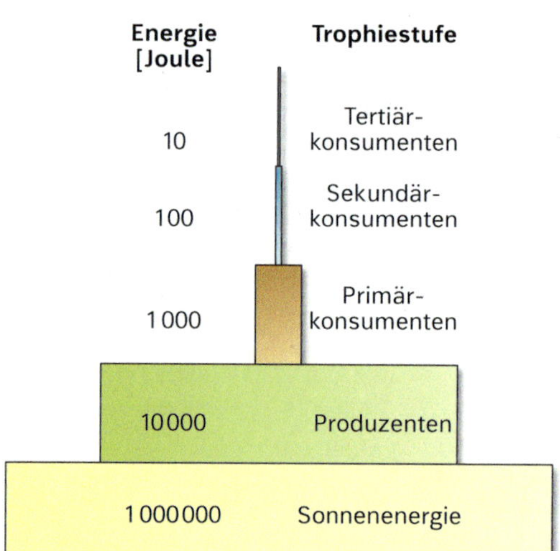

5 Energiepyramide in einer Wiese

Trophiestufen – Produzenten, Primär-, Sekundär- und Tertiärkonsumenten bilden ein hierarchisches System der Nahrungsbeziehungen mit verschiedenen Ebenen. Diese Ebenen bezeichnet man als trophische Ebenen, Trophieebenen oder **Trophiestufen** (altgr. *trophé*: Nahrung).

Individuenpyramiden – Werden die Trophiestufen nach Individuenzahlen in einem Schema geordnet, beginnend mit der Ebene der Produzenten, ergibt sich eine Pyramidenform. Diese wird als **Zahlen-** oder **Individuenpyramide** bezeichnet. Bei Betrachtung der Individuenzahlen jeder trophischen Ebene wird deutlich, dass sich in der obersten trophischen Ebene meist nur wenige Individuen befinden. Dabei handelt es sich um Raubtierarten.

Biomassepyramiden – Die Lebewesen einer trophischen Ebene nehmen ihre Nahrung von einer oder mehreren darunterliegenden Ebenen auf. Sie nutzen aber nur einen Teil der aufgenommenen organischen Verbindungen zum Aufbau eigener Körpersubstanzen. Ein anderer Teil wird im Energiestoffwechsel abgebaut und ein weiterer Teil als unverdauliche Reste ausgeschieden. Daher ist in der Regel die Biomasse aller Lebewesen einer Trophiestufe zu einem gegebenen Zeitpunkt geringer als die Biomasse der Lebewesen der darunterliegenden Trophiestufen. Werden die Biomassen der Trophiestufen, beginnend mit der Ebene der Produzenten, in einem Schema übereinander geordnet, erhält man eine **Biomassepyramide**.

Energiepyramiden – Die Nahrungsbeziehungen in Ökosystemen beruhen letztlich auf den von den Produzenten erzeugten Kohlenhydraten. Der **Energiegehalt** der Kohlenhydrate beträgt etwa 40 Kilojoule pro Gramm Kohlenstoff in der Biomasse. So kann für jede trophische Ebene aus der Biomasse, die in einem bestimmten Zeitraum produziert wurde, der Energiegehalt berechnet werden. Daraus lassen sich für die Trophiestufen **Energiepyramiden** erstellen. Als Basis dient hierbei die Energie der Sonne, die an einem Tag auf ein bestimmtes Gebiet fällt.

Trophische Transfereffizienz – Auf jeder Konsumentenebene wird von den Lebewesen jeweils nur ein Teil der aufgenommenen organischen Stoffe zum Aufbau eigener Körpersubstanzen genutzt. Den größten Teil verwerten die Konsumenten im Energiestoffwechsel. Unverdauliche Reste werden ausgeschieden. Somit gelangen in der Regel nur fünf bis zwanzig Prozent der Energie von einer in die nächsthöhere trophische Ebene. Im globalen Mittel sind es ungefähr zehn Prozent. Dies wird als **trophische** oder **ökologische Transfereffizienz** bezeichnet.

Die trophische Transfereffizienz ist auch für eine nachhaltige Lösung der Welternährung von Bedeutung. So nutzt ein Mensch bei einer überwiegenden Ernährung mit tierischen Produkten nur einen sehr kleinen Teil der ursprünglich in den Pflanzen enthaltenen Energie, mit denen die Nutztiere gefüttert wurden. Den überwiegenden Teil der in den Futterpflanzen enthaltenen Energie benötigten die Nutztiere für ihren Energiestoffwechsel. Nur ein geringer Teil der Nährstoffe diente zum Aufbau körpereigener Substanzen. Bei überwiegend pflanzlicher Ernährung dagegen ist der Mensch unmittelbar Primärkonsument mit einer entsprechend höheren Nutzung der in den Produzenten enthaltenen Energie.

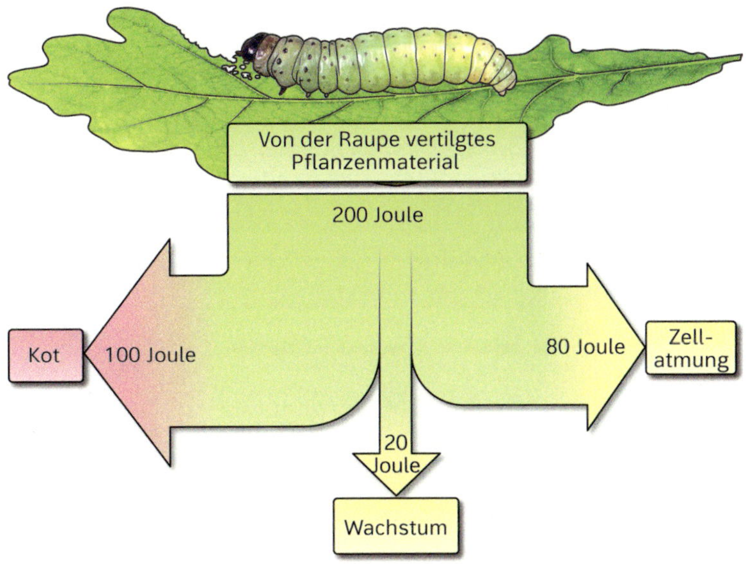

6 Energieumsetzung durch eine pflanzenfressende Raupe

MATERIAL MIT AUFGABEN

B Biomasse- und Energiepyramiden im Vergleich

Im Wald besteht der größte Teil der Produzentenbiomasse aus Holz, das für Pflanzenfresser kaum verdaulich ist. In aquatischen Ökosystemen wie dem offenen Meer dagegen macht das relativ leicht verdauliche pflanzliche Plankton oder Phytoplankton einen Großteil der Produzenten aus. Die Biomasse des gesamten Phytoplanktons ist zu einem bestimmten Zeitpunkt relativ gering, denn es herrscht ein hoher Fraßdruck durch das Zooplankton. Da jedoch die meist einzelligen Lebewesen des Phytoplanktons eine hohe Teilungs- und somit eine hohe Vermehrungsrate haben, steht jederzeit ausreichend Biomasse für das Zooplankton zur Verfügung.

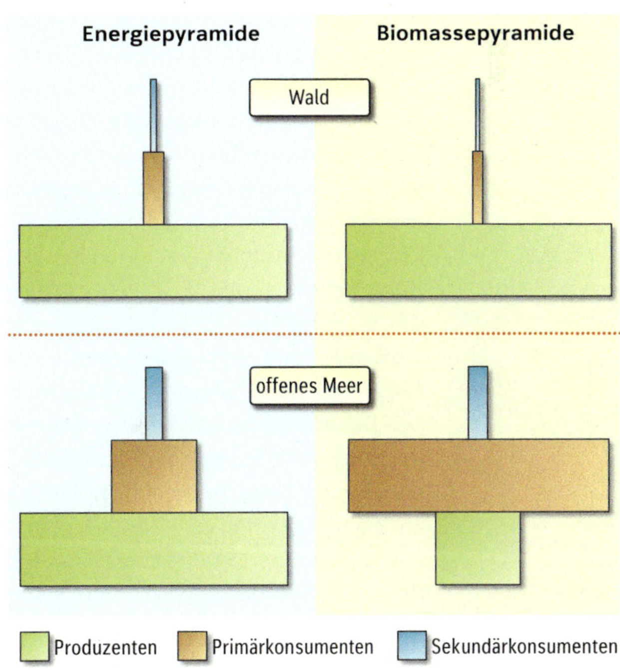

1 Vergleichen Sie die Energie- und Biomassepyramiden zwischen Wald und offenem Meer. ●○○

2 Erklären Sie die Energie- und Biomassepyramiden von Wald und offenem Meer. ●●●

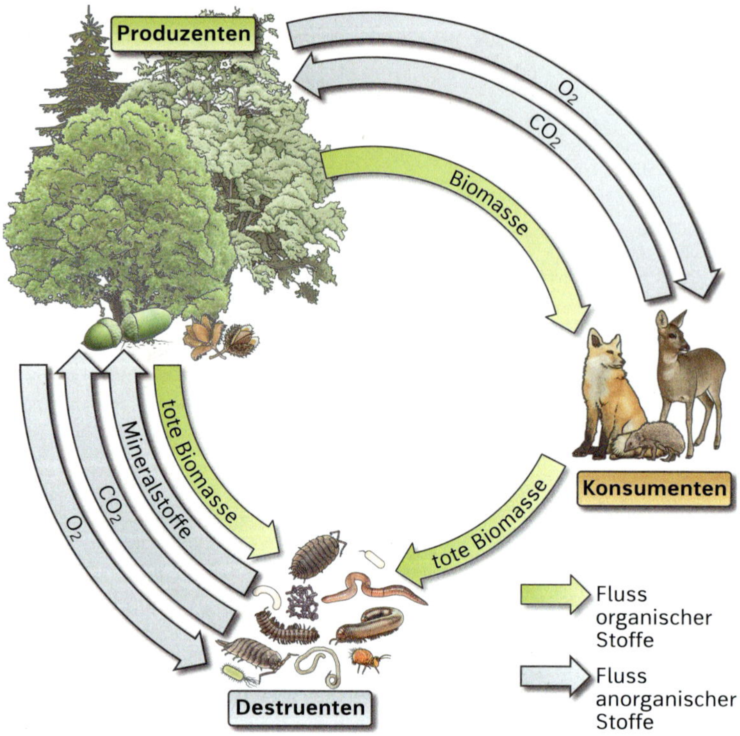

7 Kreislauf organischer und anorganischer Stoffe

Stoffkreisläufe in Ökosystemen – In Ökosystemen nehmen Produzenten Kohlenstoffdioxid aus der Luft auf und bauen ihn bei der Fotosynthese zu organischen Kohlenstoffverbindungen um. Aus dem Boden nehmen sie Mineralstoffe in Form gelöster Ionen auf. Diese nutzen sie beispielsweise als Coenzyme und zum Aufbau der Redoxsysteme der Atmungskette. Stickstoff ist dagegen essenziell für den Aufbau verschiedener organischer Verbindungen, insbesondere der Aminosäuren der Proteine und stickstoffhaltiger Basen der DNA.
Die von Produzenten erzeugte Biomasse ist die Nahrungsgrundlage für Konsumenten. Selbst tote Biomasse wie Ausscheidungen oder abgestorbene Teile von Lebewesen sowie Tierkadaver dienen noch anderen Lebewesen, etwa den Destruenten, als Nahrung. Bodentiere wie Regenwürmer, Asseln und Springschwänze ernähren sich beispielsweise von der Laubstreu im Wald, Aaskäfer von Tierkadavern. Die von ihnen zerkleinerten Pflanzenteile und Tierkadaver werden von Mineralisierern weiter in ihre anorganischen Bestandteile zersetzt. Die dabei freigesetzten Mineralstoffe können von den Produzenten wieder aufgenommen werden.

Die Stoffe kreisen also in einem Ökosystem zwischen den pflanzlichen und tierischen Lebewesen. Es wird von einem **Stoffkreislauf** gesprochen. Die Stoffkreisläufe naturnaher Ökosysteme befinden sich in der Regel in einem Gleichgewicht. Gemittelt über viele Jahrzehnte halten sich Stoffaufnahme und Stoffabgabe die Waage.

Brutto- und Nettoprimärproduktion – Die Produktion von Biomasse durch Produzenten wird zusammenfassend **Primärproduktion** genannt. Die gesamte Menge an Biomasse, die in einem Ökosystem pro Zeit- und Flächeneinheit unmittelbar durch Fotosynthese gewonnen wird, wird als **Bruttoprimärproduktion** bezeichnet. Ein großer Teil der Biomasse wird von den Produzenten zur Deckung des eigenen Energiebedarfs bei der Zellatmung wieder abgebaut. Dabei wird letztlich die chemisch gebundene Energie der Biomasse in Wärme umgewandelt und an die Umgebung abgegeben. Der verbleibende Teil der Energie, der in pflanzlicher Biomasse gespeichert ist, wird **Nettoprimärproduktion** genannt. Sie entspricht der Biomasse, die von den Produzenten innerhalb eines bestimmten Zeitraums pro Flächeneinheit gebildet wird. In vielen Ökosystemen macht die Nettoprimärproduktion etwa 50 Prozent der Bruttoprimärproduktion aus.

Energiefluss – Alle Ökosysteme sind auf die Zufuhr von Energie angewiesen. Zentrale Energiequelle nahezu aller Ökosysteme ist die Sonne. Sie strahlt ständig Energie auf die Erde ab. Große Teile dieser Energie werden unmittelbar reflektiert, in Wärme umgewandelt oder bei der Wasserverdunstung von Oberflächen und der pflanzlichen Transpiration umgesetzt. Nur maximal etwa zwei Prozent der einfallenden Sonnenstrahlung werden fotosynthetisch genutzt und von den Produzenten in Form chemischer Energie als Biomasse gespeichert.

Die Energieumsätze in Ökosystemen sind durch die Primärproduktion begrenzt. Primärkonsumenten legen nur etwa zehn Prozent der Energie, die sie mit der Biomasse der Produzenten aufnehmen, wieder in Form ihrer eigenen Biomasse fest. Von den restlichen 90 Prozent befindet sich ein Teil in ihrer toten Biomasse, etwa in den Ausscheidungen. Den anderen Teil geben sie als Wärme bei der Zellatmung ab. Auch Sekundärkonsumenten legen nur etwa zehn Prozent der Energie, die sie mit der Biomasse der Primärkonsumenten aufnehmen, wieder in Biomasse fest. Auch sie geben den größten Teil als Wärme oder in Form toter Biomasse ab. Die in der toten Biomasse der Produzenten und Konsumenten enthaltene Energie wird von Destruenten genutzt.

Die Energie eines Ökosystems fließt demnach auf zwei verschiedenen Wegen: einerseits durch die Kette der Konsumenten und andererseits durch die Kette der Destruenten. Der fortschreitende Energieverlust entlang der Nahrungskette führt dazu, dass nur etwa 0,1 Prozent derjenigen Energiemenge, die durch Fotosynthese fixiert wird, bei den Tertiärkonsumenten ankommt. Der überwiegende Teil der Energie wird in nicht verwertbare Wärme überführt und geht dem Ökosystem damit verloren. Es findet ein Energiefluss durch Ökosysteme statt also kein Energiekreislauf.

MATERIAL MIT AUFGABEN

C Energieflüsse im Ökosystem Wald und See

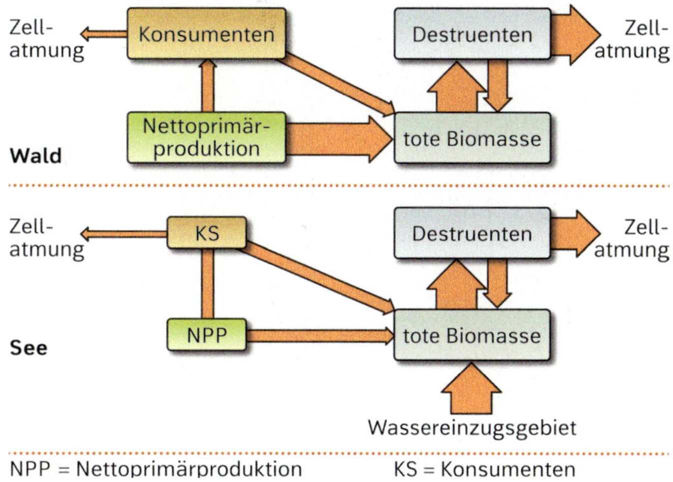

Dargestellt ist der Energiefluss in einem Wald und einem See in vereinfachter Form. Die Größenverhältnisse der Flächen und Pfeile entsprechen den jeweiligen Energiemengen.

1 Beschreiben Sie den Energiefluss im Wald und See. ●○○
2 Erklären Sie die Unterschiede. ●●○

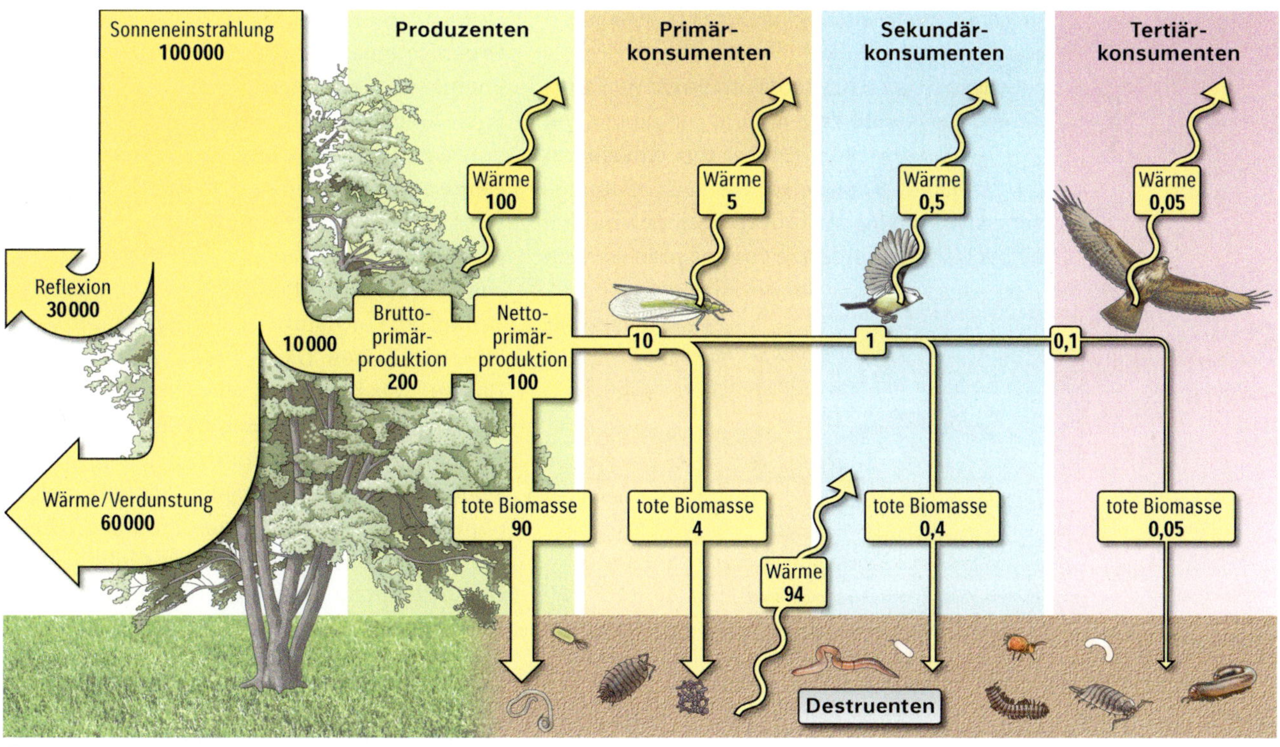

8 Energiefluss in einem Ökosystem (Zahlenangaben in kJ/m² · Tag)

1 Buchenwald an der Ostseeküste

5.2 Ökosysteme im Vergleich

Ein Buchenwald und ein Binnenmeer wie die Ostsee stellen sehr unterschiedliche Ökosysteme dar. Jedoch haben diese wie alle Ökosysteme der Erde bestimmte Eigenschaften gemeinsam. Welche Gemeinsamkeiten sind dies?

Energiefluss und Stoffumsatz – Sämtliche Ökosysteme sind auf die Aufnahme von Energie angewiesen. Diese tritt sowohl in terrestrische Ökosysteme, als auch in aquatische Ökosysteme in Form von Sonnenenergie ein. Von fotoautotrophen Organismen wird sie in chemische Energie umgewandelt und dann in den Nahrungsketten von Trophiestufe zu Trophiestufe weitergegeben. Innerhalb der Nahrungsketten findet also ein **Energiefluss** statt. Dabei nimmt die Energie schrittweise ab, da die Organismen auf jeder Trophiestufe chemische Energie für die eigenen Lebensvorgänge benötigen und diese dabei letztlich in Wärme umwandeln. Diese kann nicht weiter verwertet werden und geht den Ökosystemen so verloren. Auch Stoffe werden von Ökosystemen aufgenommen, verändert und wieder abgegeben. So werden Kohlenstoffdioxid und Sauerstoff im Verlauf der Fotosynthese und der Atmung stetig innerhalb eines Ökosystems sowie mit der Umwelt ausgetauscht. Wasser, das letztlich aus Niederschlägen stammt, wird von Pflanzen aus dem Boden aufgenommen. Mit dem Wasser werden essenzielle Mineralstoffe aufgenommen. Sie stammen zum größten Teil aus der Verwitterung des Gesteinsuntergrunds. Durch Zersetzung der toten Biomasse von Produzenten, Konsumenten und Destruenten gelangen die Mineralstoffe in den Boden zurück. Das aufgenommene Wasser wird etwa bei der Transpiration der Pflanzen wieder als Wasserdampf an die Atmosphäre abgegeben. In

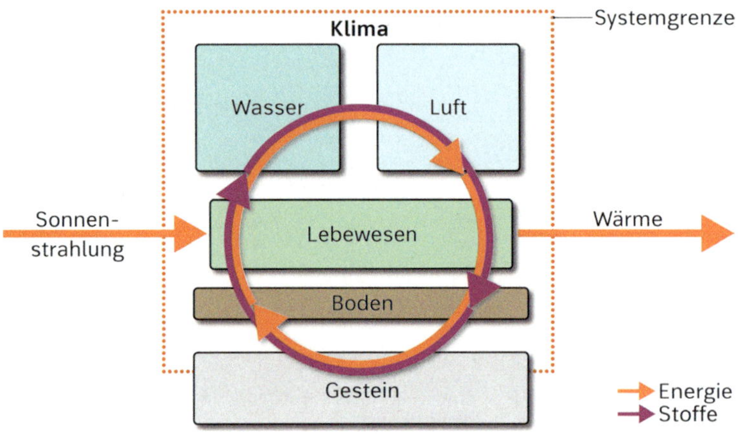

2 Schema des Energieflusses und Stoffkreislaufs

aquatischen Ökosystemen finden diese Vorgänge im Austausch mit dem umgebenden Wasser statt. Alle Ökosysteme sind also **offene Systeme**, die von außen stammende Energie aufnehmen und wieder abgeben und Stoffe innerhalb des Systems austauschen.

Räumliche und zeitliche Struktur – Wälder weisen eine typische räumliche Schichtung in eine Kronen-, Strauch-, Kraut- und Moosschicht auf. Auch der durchwurzelte Boden ist in verschiedene Schichten gegliedert, die unterschiedliche Konzentrationen an Mineralstoffen sowie biologische Aktivitäten aufweisen. Aquatische Ökosysteme sind in Bereiche geschichtet, die sich in Lichtintensitäten, Temperatur, Sauerstoffkonzentration und Wasserdruck unterscheiden. Diese Unterschiede spiegeln sich in der Zusammensetzung der Biozönosen wider. Jedes Ökosystem der Erde hat also eine **räumliche Struktur**.
Ökosysteme verändern sich zudem im Laufe der Zeit, sie besitzen auch eine **zeitliche Struktur**. So zeigen etwa ein Laubwald oder ein See jahreszeitliche Veränderungen, die durch Änderungen abiotischer Faktoren ausgelöst werden. Daneben können äußere Einflüsse zur Sukzession, also zur zeitlichen Abfolge verschiedener Lebensgemeinschaften, führen.

Komplexität und Dynamik – Ökosysteme sind aufgrund ihres vielfältigen Beziehungsgefüges **komplexe Systeme**. Bei Störungen, wie zum Beispiel durch Brände oder Stürme in Wäldern, ibei Verschmutzung von Flüssen, sind sie innerhalb gewisser Grenzen zur **Selbstregulation** fähig. Sie können ihren ursprünglichen Zustand nach einer gewissen Zeit wiederherstellen. Diese Fähigkeit wird als **Resilienz** bezeichnet. Da im Laufe der Zeit natürlicherweise immer wieder Störungen auftreten, kann der Zustand eines Ökosystems nicht dauerhaft stabil sein. Aber es kann **dynamisch** auf Umweltveränderungen reagieren. Menschen verändern viele Ökosysteme deutlich schneller als natürliche Prozesse es könnten und überschreiten ihre Resilienz.

Unterschiede – Die verschiedenen Ökosysteme unterscheiden sich im Wesentlichen in ihren Biotopen und Biozönosen sowie in ihren Leistungen. Deutliche Unterschiede bestehen zum Beispiel in der Produktion von Biomasse, der Kohlenstoffspeicherung, der Reinigung von Luft und Wasser sowie bei der Klimaregulierung. Außerdem liefern die verschiedenen Ökosysteme Menschen quantitativ und qualitativ unterschiedliche Produkte wie Nahrungsmittel oder Energieträger.

MATERIAL MIT AUFGABEN

A Nettoprimärproduktion und Biomasse verschiedener Ökosysteme

	Ozean	Küstenzone	Gezeitenzone, Mangrove, Sumpf	Regenwald warmer Länder	Wald kühlfeuchter Gebiete	Fels, Eis	Trockenbusch, Savanne	Wüste, Tundra
Nettoprimärproduktion [kg/m^2 • Jahr]	< 0,4	0,2-0,6	1-6	1-3,5	0,5-2,5	< 0,001	0,2-2,5	< 0,04
Biomasse [kg/m^2]	< 0,01	0,01-0,1	10-50	40-80	10-50	< 0,3	2-15	0-2

1 Geben Sie Definitionen der Begriffe Nettoprimärproduktion und Biomasse an. ●○○

2 Vergleichen Sie Nettoprimärproduktion und Biomasse der dargestellten Ökosysteme und erklären Sie die Unterschiede. ●●●

1 Abgase aus Verbrennungsmotoren

6.1 Globaler Kohlenstoff- und Stickstoffkreislauf

Die Elemente Kohlenstoff und Stickstoff bewegen sich in Kreisläufen zwischen den verschiedenen Bereichen der Erde. Durch anthropogene Einflüsse, etwa die Verbrennung fossiler Treibstoffe in Automotoren, werden diese Kreisläufe gestört. Welche Stationen durchlaufen die Elemente und welche Folgen haben die Störungen?

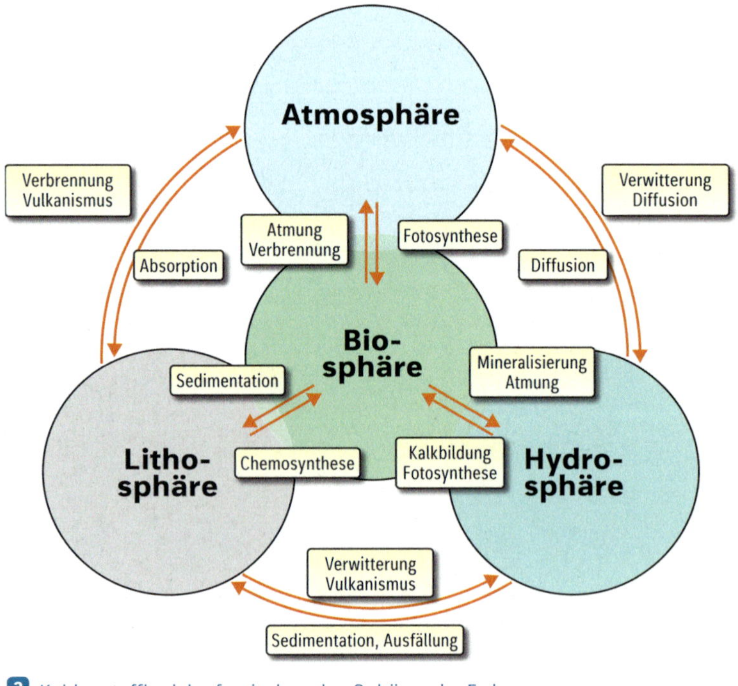

2 Kohlenstoffkreislauf zwischen den Sphären der Erde

Kohlenstoffflüsse zwischen den Sphären der Erde – Kohlenstoffverbindungen kommen in verschiedenen Sphären der Erde vor. Neben der **Biosphäre**, dem mit Lebewesen besiedelten Raum der Erde, sind dies die **Hydrosphäre**, also der von Wasser bedeckte Teil der Erdoberfläche, und die **Lithosphäre**, die Gesteinshülle der Erde. Zwischen diesen Bereichen und der **Atmosphäre** findet ein ständiger Austausch von Kohlenstoff in Form eines Kreislaufs statt. Der globale Kreislauf des Kohlenstoffs findet in Form des gasförmigen Kohlenstoffdioxids statt. Es ist an mehreren Reaktionen beteiligt und verknüpft so verschiedene Sphären der Erde miteinander. Im **Kohlenstoffkreislauf** wird zwischen dem biosphärischen und dem geochemischen Kohlenstoffkreislauf unterschieden.

Biosphärischer Kohlenstoffkreislauf – Landpflanzen nehmen Kohlenstoffdioxid aus der Atmosphäre auf, Wasserpflanzen und Phytoplankton entnehmen der Hydrosphäre gelöstes Kohlenstoffdioxid. Bei der Fotosynthese bauen diese Produzenten daraus Biomasse auf. Konsumenten und Destruenten nutzen ihre Biomasse als Nahrung und bauen daraus eigene Biomasse auf. Bei der Zellatmung von Produzenten, Konsumenten und

Destruenten wird Kohlenstoffdioxid wieder frei und gelangt zurück in die Atmosphäre. Die freigesetzte Menge entspricht in etwa der Menge, die bei der Fotosynthese entnommen wurde. Global gesehen halten sich die Aufnahme und Abgabe von Kohlenstoffdioxid zwischen Bio-, Hydro- und Atmosphäre die Waage.

Geochemischer Kohlenstoffkreislauf — In den Böden der Landökosysteme wird ein Teil des Kohlenstoffs in Form von Humus oder Torf über Jahrhunderte oder Jahrtausende gespeichert. Die mit Abstand größten Mengen des auf der Erde vorhandenen Kohlenstoffs enthalten jedoch Kalksteinschichten. Sie wurden überwiegend aus den Kalkgehäusen abgestorbener Lebewesen gebildet. Weitere Kohlenstoffspeicher bilden die Lagerstätten fossiler Brennstoffe. Aus Kalkstein kann durch Verwitterung wieder Kohlenstoffdioxid freigesetzt werden. Auch durch Vulkanismus gelangt Kohlenstoffdioxid in die Atmosphäre. Der geochemische Kohlenstoffkreislauf ist im Gegensatz zum biosphärischen ein langfristiger Kreislauf. Die in ihm freigesetzten Kohlenstoffdioxidmengen tragen nur zu einen sehr kleinen Teil zur Kohlenstoffdioxidkonzentration in der Atmosphäre bei.

Anthropogene Einflüsse — Seit Beginn der Industrialisierung vor etwa 200 Jahren greifen Menschen in die annähernd ausgeglichene globale Kohlenstoffbilanz ein. Durch die Verbrennung von Kohle, Erdgas und Erdöl gelangen gewaltige Mengen an Kohlenstoffdioxid in die Atmosphäre. Neben Stromerzeugung und Heizung tragen auch Verkehr und Industrie zum Ausstoß von Kohlenstoffdioxid bei. Rodungen von Wäldern führen zur Freisetzung von Kohlenstoffdioxid aus dem Boden. Weitere Quellen von Kohlenstoffdioxid sind die Landwirtschaft und der Bausektor, da bei der Zementherstellung Kohlenstoffdioxid freigesetzt wird. In der Folge hat sich die Kohlenstoffdioxidkonzentration der Atmosphäre seit Beginn der Industrialisierung von 0,028 Volumenprozent auf mehr als 0,041 Volumenprozent erhöht.
Kohlenstoffdioxid trägt maßgeblich zum Treibhauseffekt und damit zum Klimawandel bei. Daher wird nach Möglichkeiten gesucht, den globalen Kohlenstoffdioxidausstoß zu begrenzen. Die Nutzung alternativer nachhaltiger Energiequellen, eine Umstellung des Verkehrs und eine verstärkte Nutzung von Holz zum Bauen sind beispielsweise wirksame Maßnahmen dafür.

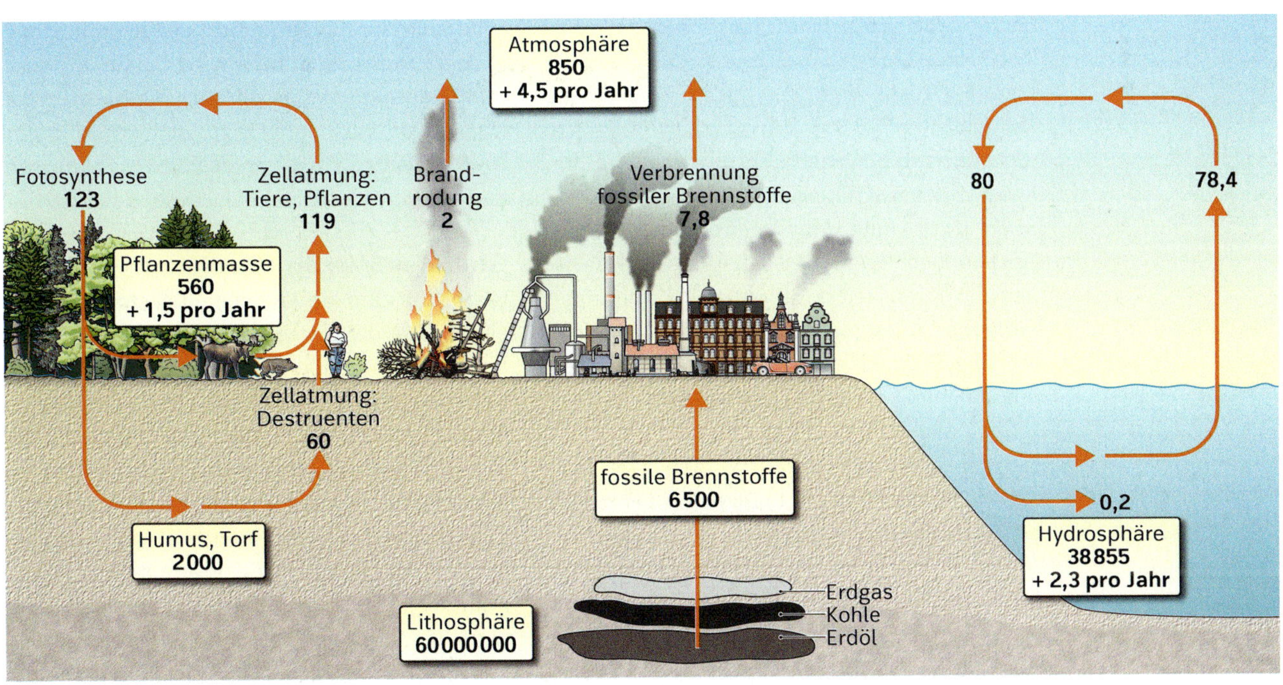

3 Globaler Kohlenstoffkreislauf: Kohlenstoffflüsse und -speicher in Gigatonnen pro Jahr (Gt = 10^9 Tonnen).

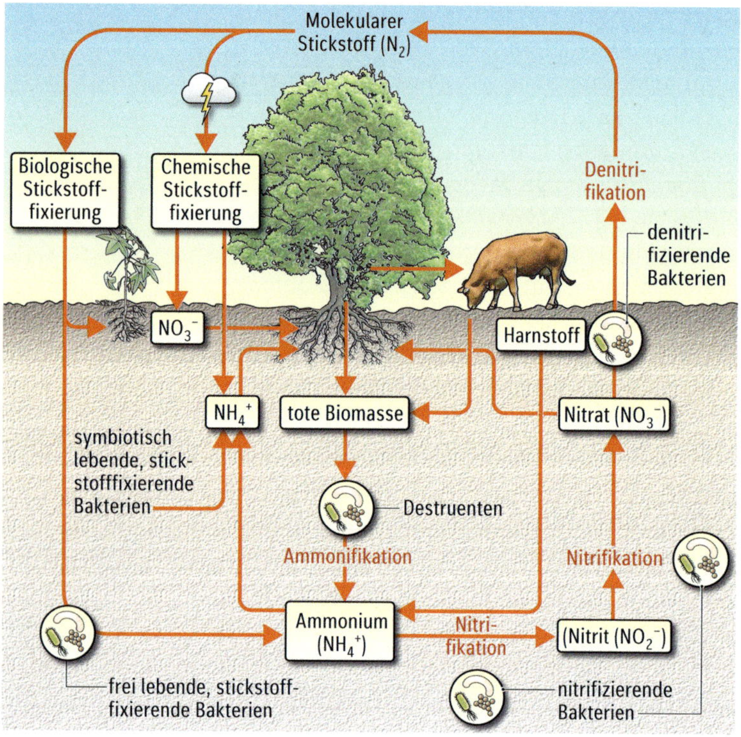

4 Terrestrischer Stickstoffkreislauf

Terrestrischer Stickstoffkreislauf

Stickstoff ist ein für sämtliche Lebewesen unentbehrliches Element. Es findet sich etwa in Aminosäuren von Proteinen und Basen der Nucleinsäuren. Global enthält die Atmosphäre den weitaus größten Stickstoffanteil. Pflanzliche Produzenten können diesen Luftstickstoff allerdings nicht direkt verwerten. Zuvor muss der molekulare Stickstoff in pflanzenverfügbare Stickstoffverbindungen überführt werden. Bei dieser **Stickstofffixierung** entstehen Nitrat-Ionen (NO_3^-) und Ammonium-Ionen (NH_4^+). Diese können Pflanzen gelöst in Wasser aufnehmen und daraus stickstoffhaltige Verbindungen aufbauen. Konsumenten sind hierzu nicht in der Lage. Sie müssen organische Stickstoffverbindungen mit ihrer Nahrung aufnehmen.

Bei der Stickstofffixierung werden zwei verschiedene Wege unterschieden. Bei der **biologischen Stickstofffixierung** entstehen für Pflanzen nutzbare Stickstoffverbindungen durch bestimmte Bakterien, die entweder in Symbiose mit Pflanzen oder freileben. Für Produzenten verwertbare Stickstoffverbindungen entstehen zu einem kleinen Teil auch durch **chemische Stickstofffixierung**. Bei Blitzentladungen in der Atmosphäre reagiert durch die große Hitze ein Teil des Luftstickstoffs zu Stickstoffoxiden. Diese gelangen durch Niederschläge in Ökosysteme. Der größte Teil der für Landpflanzen nutzbaren Stickstoffverbindungen stammt aus der Zersetzung toter Biomasse durch Destruenten. Bestimmte Bodenbakterien setzen dabei aus abgestorbenen organischen Stoffen durch **Ammonifikation** Ammoniak frei, der sich im Bodenwasser in Form von Ammonium-Ionen löst. Unter aeroben Bedingungen oxidieren andere Bakterienarten diese Ammonium-Ionen im Verlauf der **Nitrifikation** zu Nitrit- und dann zu Nitrat-Ionen. Unter anaeroben Bedingungen können andere Bakterienarten die Nitrat-Ionen zu molekularem Stickstoff umwandeln. Das bei dieser **Denitrifikation** entstandene Gas entweicht in die Atmosphäre. So schließt sich der terrestrische Stickstoffkreislauf.

Aquatischer Stickstoffkreislauf

Über Flüsse und Niederschläge gelangen organische und anorganische Stickstoffverbindungen in Seen und Meere. Die biologische Stickstofffixierung erfolgt hier vorwiegend durch Cyanobakterien. Sie setzen Ammoniak frei, das in Form von Ammonium-Ionen von aquatischen Produzenten aufgenommen und in organische Verbindungen eingebaut wird. So gelangt der molekulare Sticksoff der Atmosphäre in die Nahrungsnetze der Gewässer. Totes organisches Material sinkt in das Sediment ab und kann dort von Destruenten zersetzt werden.

Globaler Stickstoffkreislauf

Der terrestrische und aquatische Stickstoffkreislauf sind Bestandteile des globalen Stickstoffkreislaufs. An ihm nehmen überwiegend die im Boden und Wasser enthaltenen Stickstoffverbindungen teil und weniger der Stickstoff der Atmosphäre. Die Stickstofffixierung ist zwar für den Aufbau verwertbarer Stickstoffverbindungen wichtig. Sie liefert jedoch nur einen geringen Teil der jährlichen Gesamtmenge an Stickstoff, die im Boden und im Wasser umgesetzt wird. In den meisten Ökosystemen wird der größte Teil des Stickstoffs lokal durch Zersetzung und erneute Aufnahme wiederverwertet.

Anthropogene Einflüsse – Seit Anfang des 20. Jahrhunderts kann Luftstickstoff großtechnisch zu Ammoniak reduziert werden. Diese **industrielle Stickstofffixierung** ist für die Herstellung von Mineraldünger unverzichtbar und hat entscheidend zur Verminderung von Hungersnöten beigetragen. Sie erreicht global nahezu die Menge, die auf biologischem Wege fixiert wird. Allerdings wird Mineraldünger zur Maximierung von Ernteerträgen oft im Übermaß eingesetzt. Dadurch belasten potenziell gesundheitsschädliche Nitrat-Ionen das Grundwasser und führen zur Eutrophierung von Gewässern. Dort entstehen sauerstoffarme Zonen, in den viele Lebewesen absterben. Durch Verwehung von Düngerbestandteilen werden auch Landökosysteme eutrophiert. Pflanzenarten, die an eine geringe Stickstoffversorgung angepasst sind, werden so durch stickstoffliebende Arten verdrängt. In feuchten Böden führt zu viel Stickstoff zur Produktion von Lachgas, einem Treibhausgas, das 300-mal klimaschädlicher als Kohlenstoffdioxid wirkt. Bei der Verbrennung fossiler Energieträger entstehen zudem große Mengen an Stickstoffoxiden. Diese können die Atemwege schädigen und tragen zur Ozonbildung bei.

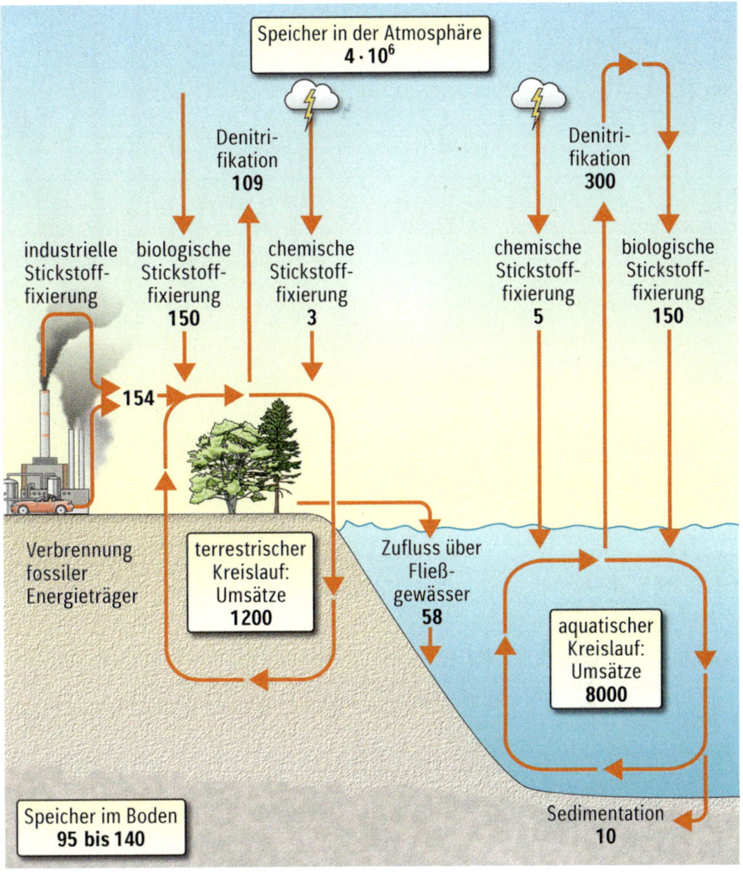

5 Globaler Stickstoffkreislauf in Gigatonnen Stickstoff pro Jahr (Gt = 10^9 Tonnen)

MATERIAL MIT AUFGABEN

A Planetare Belastungsgrenzen

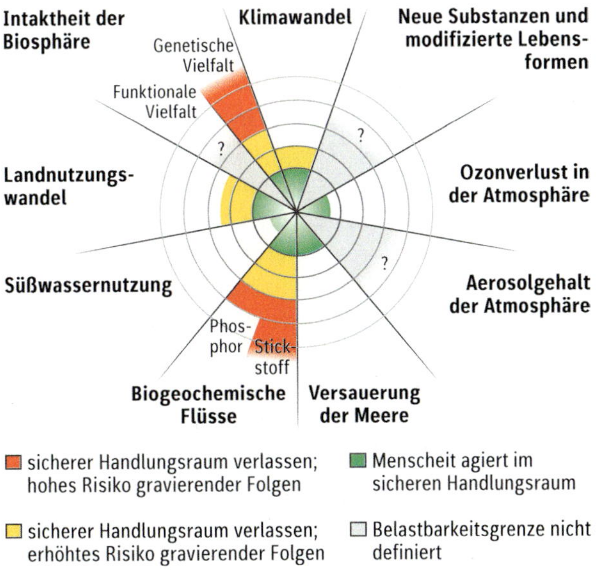

In vielen Bereichen hat unser Planet die Grenzen seiner Belastbarkeit. Diese Grenzen müssen eingehalten werden, damit die Lebensgrundlagen für Lebewesen gewahrt bleiben. Das Modell der planetaren Belastungsgrenzen bildet den Spielraum der einzelnen Belastungsprozesse ab.

1 Beschreiben und erklären Sie das Modell. ●○○
2 Geben Sie an, an welchen der Belastungsprozesse Kohlenstoff und Stickstoff beteiligt sind. ●●○
3 Erklären Sie, warum die planetaren Belastungsgrenzen beim Kohlenstoff und beim Stickstoff erreicht oder bereits überschritten sind. ●●○
4 ▶ Recherchieren Sie die Entstehung und Entwicklung des Modells der planetaren Belastungsgrenzen und stellen Sie die Ergebnisse Ihrer Lerngruppe in geeigneter Form vor. ●●○

1 Laubmischwald

7.1 Ökosystem Wald

Ein Großteil des Sonnlichts, das auf einen Laubwald trifft, wird von den Blättern des Kronendachs absorbiert. Die tiefer gelegenen Bereiche des Waldes erhalten dadurch deutlich weniger Licht. Wie wirkt sich diese Veränderung des abiotischen Faktors Licht auf die Struktur des Ökosystems Wald aus?

Klima innerhalb des Waldes – Bäume sind die wichtigsten Bestandteile des Ökosystems Wald. Stehen die Bäume dicht und zahlreich beieinander, dringt nur wenig Sonnenlicht durch das Blattwerk bis zum Waldboden vor. Die Luft im Inneren des Waldes wird dadurch weniger stark erwärmt als die Luft im Freiland. Durch die Transpiration der Blätter ist zudem die Luftfeuchtigkeit im Wald erhöht. Das Blätterdach des Waldes schränkt den Austausch dieser kühlen und feuchten Luft mit der Umgebungsluft ein. Die dicht beieinanderstehenden Bäume verringern zudem die Luftbewegungen innerhalb des Waldes. Auf diese Weise entsteht ein charakteristisches **Waldinnenklima**.

Waldtypen in Deutschland – Die Voraussetzung dafür, dass sich in einer Region ein Wald entwickeln kann, ist eine Mindestmenge an Niederschlag. Bei zu geringen Niederschlägen entwickelt sich eine Trockensavanne oder Steppe. Bäume sind zudem für ihr Wachstum auf bestimmte Mindesttemperaturen angewiesen. Bei Lufttemperaturen, die im Mittel unter 6 °C liegen, können sie nicht mehr wachsen.
Deutschland liegt in einer kühlgemäßigten Klimazone. Diese ist gekennzeichnet durch eine vier- bis fünfmonatige Vegetationsperiode, die mit einer mäßig kalten Winterperiode abwechselt. Typisch für dieses Klima ist das Vorkommen von Laubbaumarten wie Rotbuche, Hainbuche, Stieleiche, Linde, Ahorn und Esche. Welche Baumart in einem Gebiet vorherrscht, hängt neben den klimatischen Gegebenheiten auch von der Beschaffenheit des Bodens ab. Auf nährstoffreichen und mäßig feuchten Böden dominieren **Rotbuchenwälder**. Nur auf sehr trockenen, sehr nassen oder sehr sauren Böden setzen sich andere Waldtypen, wie etwa **Eichen-Hainbuchenwälder**, durch.

Laubwälder sind großräumig die natürliche Vegetation Europas. Da die Bäume im Winter kahl sind, werden diese Wälder auch als **sommergrüne Laubwälder** bezeichnet. Erst in höheren Lagen der Mittelgebirge kommen in Deutschland natürliche **Nadelwälder** vor. In diesen wächst überwiegend die gegen Kälte unempfindliche Fichte. Wälder, in denen neben der vorherrschenden Laubwaldart zu etwa 10 Prozent andere Laub- oder aber andere Nadelbaumarten vorkommen, werden **Mischwälder** genannt.

Struktur des Laubmischwaldes – Ein Laubmischwald wie der Eichen-Hainbuchenwald besitzt aufgrund der unterschiedlich hohen Bäume kein geschlossenes Kronendach. So entwickelt sich eine Vegetation mit einer typischen vertikalen Schichtung, die **Stockwerke** des Waldes. Die oberste Schicht im Eichen-Hainbuchenwald wird in etwa 40 Metern Höhe von den Baumkronen der Stiel- und Traubeneichen gebildet. Zusammen mit den Kronen der kleineren und schattenverträglichen Hainbuchen bilden sie die **Baumschicht**. In der darunterliegenden bis fünf Meter hohen **Strauchschicht** dominieren Weißdorn und Hartriegel. Auch Jungbäume zählen zu dieser Schicht. Es folgt die aus Gräsern und Waldbodenkräutern bestehende **Krautschicht** mit etwa einem Meter Höhe. Die unterste Schicht am Boden, die **Moosschicht**, wird von Moosen und Pilzen gebildet. Durch die charakteristische Schichtung bietet der Laubmischwald viele verschiedene Lebensräume für diverse Arten von Vögeln, Säugetieren und Insekten.

In einem Laubwald, der vorwiegend aus Rotbuchen besteht, dringt nur wenig Licht durch die dicht belaubte Krone. Insbesondere in älteren Buchenwäldern fehlen daher eine Strauch- und Krautschicht. Im zeitigen Frühjahr ist der Boden dieser Wälder jedoch oft von einem Teppich aus Buschwindröschen, Scharbockskraut oder Waldmeister bedeckt. Diese **Frühblüher** können nur in der kurzen Zeit, in der die Bäume noch unbelaubt sind, austreiben und blühen.

Einfluss des Menschen – Seit Jahrhunderten nutzt der Mensch den Wald als Quelle für Brenn- oder Bauholz. Zur Gewinnung von Siedlungs- und Ackerflächen wurde der Wald in der Vergangenheit intensiv abgeholzt. Zu Beginn des 19. Jahrhunderts gab es in Deutschland kaum noch geschlossene Wälder. Der Mangel an Holz bedrohte die wirtschaftliche Entwicklung. Aus diesem Grund entwickelte sich eine geregelte **Forstwirtschaft**. Dabei setzte man auf schneller wachsende und ertragreiche Nadelbäume wie die Fichte.

2 Stockwerkbau eines Laubmischwaldes

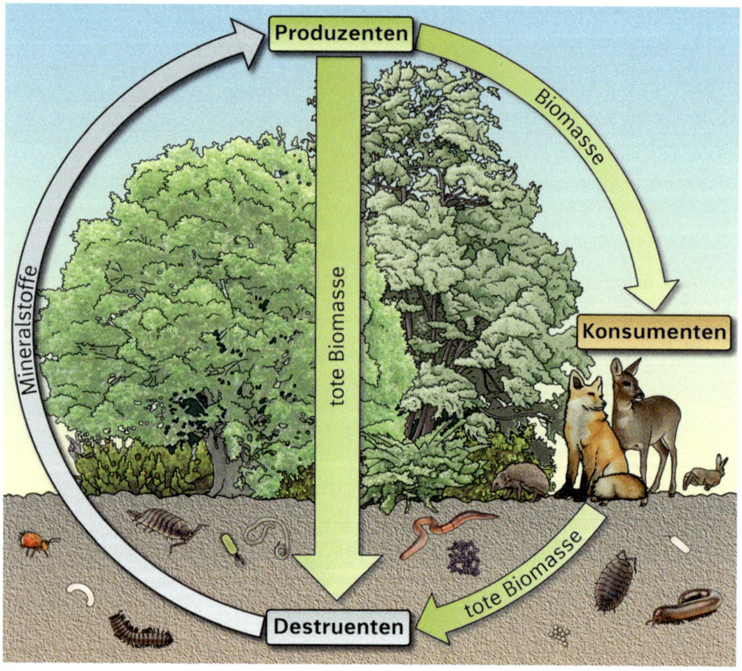

3 Stoffkreisläufe im Wald

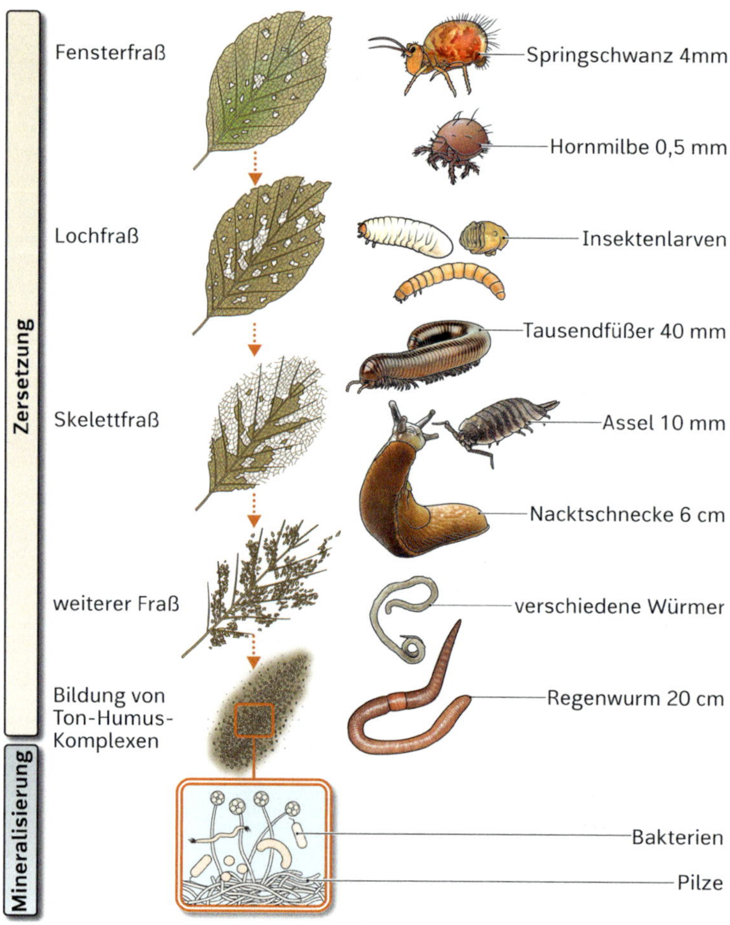

4 Stoffabbau durch Destruenten

Stoffkreislauf im Wald – Im Ökosystem Wald bilden Bäume und andere grüne Pflanzen die Produzenten. Die von ihnen erzeugte Biomasse nutzen Konsumenten für ihren Bau- und Energiestoffwechsel. Der größte Teil dieser von Produzenten erzeugten Biomasse wird jedoch nicht von Pflanzenfressern, sondern von Destruenten verwertet. Schätzungen zufolge entstehen durch den jährlichen Blattabwurf in einem Laubwald pro Hektar und Jahr mindestens vier Tonnen Bestandsabfall. Auf dem Waldboden bildet sich so eine **Streuschicht** aus abgestorbenem Pflanzenteilen, Kadavern und Ausscheidungen von Lebewesen. Von diesem nicht zersetzten organischen Material, dem **Detritus**, ernähren sich Destruenten. Sie setzen die organischen Verbindungen in die anorganischen Verbindungen Kohlenstoffdioxid und Wasser sowie in Mineralstoffe um. Diese stehen den Produzenten wieder für ihr Wachstum zur Verfügung. So schließt sich der Kreislauf.
Etwa die Hälfte der Biomasse des Holzes besteht aus Kohlenstoff. Dieser stammt ursprünglich aus dem Kohlenstoffdioxid der Luft und wurde durch Fotosynthese gebunden. Für ein Kilogramm Holz werden etwa 1,6 bis 1,8 Kilogramm Kohlenstoffdioxid benötigt. Das Holz der Bäume ist somit ein wichtiger Speicher für Kohlenstoff.

Stoffabbau durch Destruenten – Ohne die Tätigkeit der Destruenten würden sich im Laufe der Zeit riesige Mengen an Blättern, Nadeln, Ästen und Kadavern am Waldboden ansammeln. Der Detritus wird in einem zweistufigen Prozess durch verschiedene Gruppen von Destruenten abgebaut. In der ersten **Zersetzungsphase** werden die Bestandteile der Streuschicht zunächst von Schnecken, Würmern und Insekten zerbissen und gefressen. Die unverdaulichen Bestandteile werden mit dem Kot ausgeschieden. Dieser enthält noch verschiedene organische Verbindungen. Das gesamte im Boden vorhandene zersetzte organische Material wird **Humus** genannt. Dieser wird von Regenwürmern und Tausendfüßern mit den mineralischen Bestandteilen des Bodens vermischt und in tiefere Bodenschichten transportiert. Bestimmte Bestandteile des Humus verbinden Bodenteilchen miteinander, sodass Ton-Humus-Komplexe entstehen. Diese verbessern die Durchlässigkeit des Bodens für Wasser und Luft und schützen vor Erosion. In der zweiten Stufe der Zersetzung, der **Mineralisierungsphase** wird ein Teil des Humus von Pilzen und Bakterien zu Kohlenstoffdioxid und Wasser sowie zu Mineralstoffen abgebaut. Diese Mineralstoffe können von den Wurzeln der Pflanzen wieder aufgenommen und genutzt werden.

Hauptnahrungsketten – In jedem Ökosystem fließt die Energie auf zwei unterschiedlichen Wegen durch die Nahrungsketten: In der aus Produzenten, Herbivoren und Carnivoren bestehenden **Lebendfresserkette** beziehen Pflanzenfresser ihre Energie aus der lebenden Biomasse der Produzenten. Bei der **Zersetzerkette**, die aus Detritus, Zersetzern und Fleischfressern besteht, stammt die Energie überwiegend aus toter Biomasse und Ausscheidungsprodukten der Lebendfresserkette. Diese organische Substanz, die ansonsten für die Lebendfresserkette verloren ginge, wird über die Zersetzerkette wieder verfügbar gemacht. Die Zersetzerkette ist folglich im Ökosystem Wald von zentraler Bedeutung.

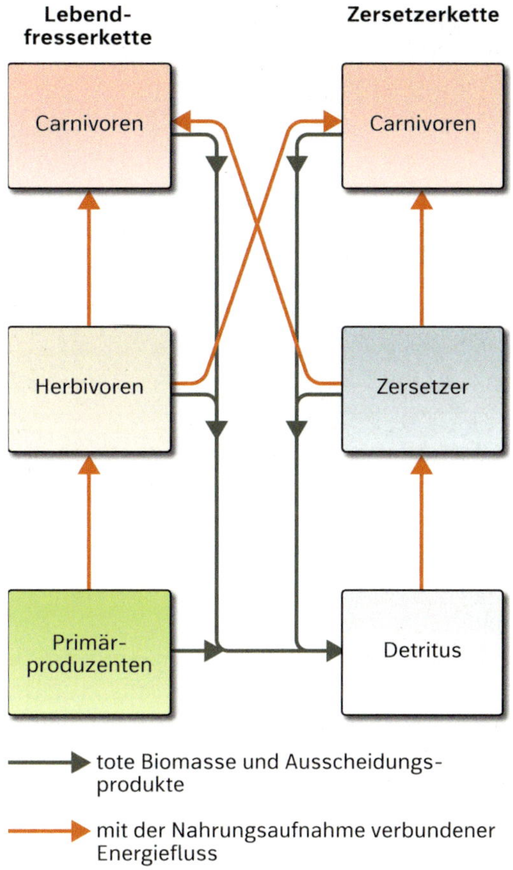

5 Hauptnahrungsketten

MATERIAL MIT AUFGABEN

A Streuabbau in Wäldern

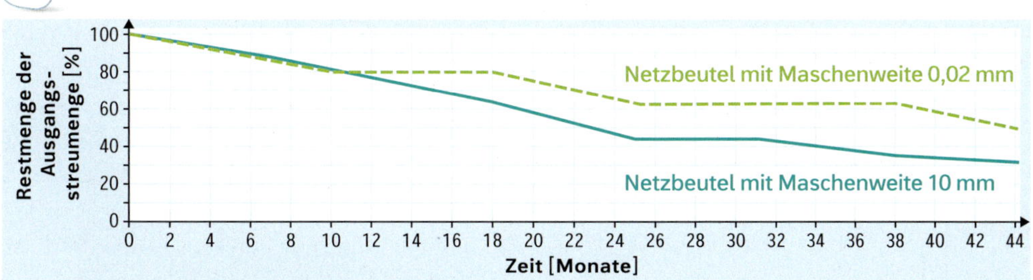

Im Oktober 2021 wurde frisch gefallenes Laub eines Rotbuchenwaldes in Netzbeutel gefüllt. Diese Netzbeutel wurden in der Streuschicht ausgelegt. Über die nächsten 44 Monate wurde alle 2 Monate die Restmenge an Laub in den Beuteln bestimmt. Es wurden Netzbeutel mit zwei unterschiedlichem Maschenweiten verwendet.

1 Geben Sie an, von welchen abiotischen und biotischen Faktoren die Zersetzung des organischen Materials der Streuschicht beeinflusst wird. ●○○
2 Beschreiben Sie die dargestellten Versuchsergebnisse. ●●○
3 Entwickeln Sie eine Hypothesen zur Erklärung der Versuchsergebnisse. ●●●

6 Kahlfläche nach einem Sturm

Natürliche Veränderungen im Wald

Wälder unterliegen, wie alle Ökosysteme, natürlichen Veränderungsprozessen. Alte Bäume sterben ab, sodass im Kronendach Lücken entstehen. Durch das einfallende Licht können andere Pflanzen in diesem Waldstück wieder wachsen. Oft ist die Fläche nach vielen Jahren jedoch wieder durch Bäume der gleichen Art besiedelt.

Durch Waldbrände, Stürme oder auch Kahlschlag können Waldflächen großräumig vernichtet werden. Die entstehenden Freiflächen werden im Laufe der Zeit wieder schrittweise von unterschiedlichen Kombinationen von Pflanzenarten, den **Pflanzengesellschaften**, besiedelt. So keimen auf der Kahlfläche zunächst lichtliebende einjährige Gräser und Kräuter. Sie bilden eine **Kraut- und Grasflurgesellschaft**. Die Arten in diesem **Initialstadium** der Neubesiedlung sind typische Pionierarten mit einer r-Strategie bei der fortpflanzung. Sie zeigen hohe Wachstumsraten. Da sie nur geringe Wuchshöhen haben, werden sie nach etwa zehn Jahren im **Folgestadium** von lichtliebenden Sträuchern wie Brombeeren, Himbeeren und Holunder überwachsen. Die Arten dieser **Strauchgesellschaft** sind eher langlebige K-Strategen. Sie wachsen zwar langsamer, sind aber konkurrenzstärker als die Pionierarten.

Die ersten Baumarten, die etwa aus angewehten oder durch Vögel eingetragene Samen keimen, werden als **Pioniergehölze** bezeichnet. Typische Vertreter sind Birke, Aspe und Vogelbeere. Unter ihrem Blätterdach können schattentolerante Baumarten wie die Rotbuche und Eiche in die Höhe wachsen. Im Laufe vieler Jahre überwachsen diese die Pioniergehölze und es entsteht ein geschlossenes Kronendach. Dieses letzte Stadium der Besiedlung einer Kahlfläche wird **Klimaxstadium** genannt. Die Artenzusammensetzung ändert sich danach kaum noch. In Mitteleuropa bildet sich in den meisten Regionen ein **Klimaxwald** aus, in dem die Rotbuche dominiert.

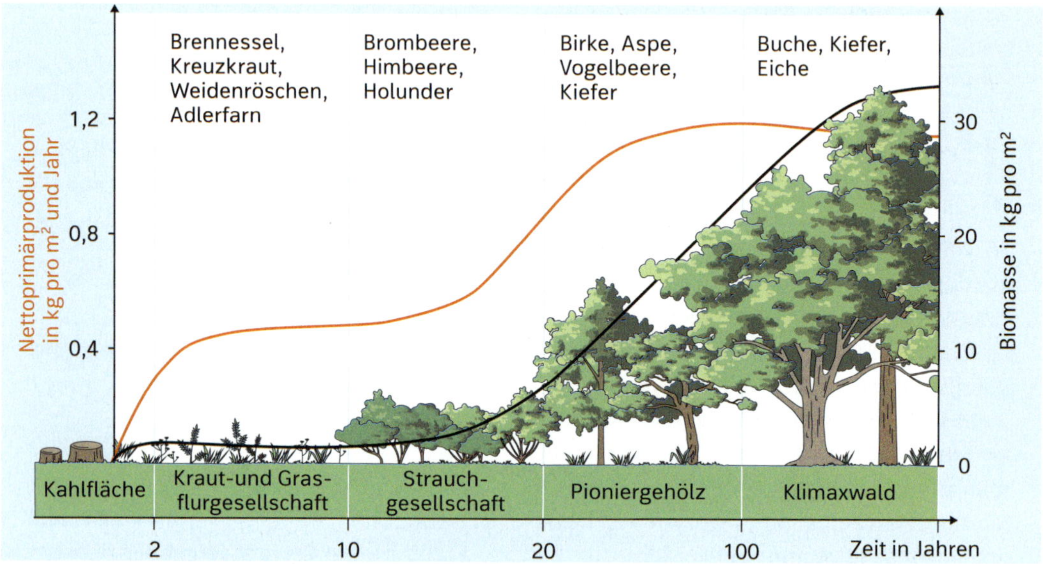

7 Sukzessionsstadien eines Waldes nach einem Kahlschlag

Eine solche zeitliche Abfolge einer Standortbesiedlung durch verschiedene Pflanzengesellschaften wird als **Sukzession** bezeichnet. Sie führt von einem gestörten oder veränderten Ausgangszustand über verschiedene Stadien zur Klimaxgesellschaft.

Artenvielfalt im Wald – Das Ökosystem Wald ist langlebig und zeichnet sich durch eine hohe Stabilität aus. Im Klimaxstadium ist die Artenanzahl oft geringer als in den Sukzessionsstadien. Insbesondere die konkurrenzstarke Rotbuche verdrängt andere Arten, sodass der Rotbuchenwald eher artenarm ist. Durch Krankheiten, Schädlingsbefall sowie Wind- und Schneebruch bildet sich mit zunehmendem Alter des Waldes **Totholz**. Dieses bildet die Lebensgrundlage für eine Vielzahl von Insekten, Vögeln und Kleinsäugern, aber auch für Moose und Pilze. Auf dem Totholz von Buchen wurden etwa 250 verschiedene Pilzarten nachgewiesen. Totholz trägt somit maßgeblich zur Artenvielfalt im Wald bei und ist ein Indikator für die Naturnähe eines Waldes.

MATERIAL MIT AUFGABEN

B Formen der Waldwirtschaft

Nur etwa drei Prozent der Wälder in Deutschland sind Naturwälder. Hier erfolgt keine forstwirtschaftliche Bewirtschaftung. Bäume können darin sehr alt werden und auch in abgestorbenem Zustand im Wald verbleiben. Die meisten Wälder werden jedoch klassisch bewirtschaftet. Der Baumbestand eines solchen **Forstes** zeigt eine einheitliche Altersstruktur. Die Bäume werden meist gleichzeitig angepflanzt und geschlagen. Totholz gibt es kaum. Als Alternative werden in der Forstwirtschaft zunehmend naturnahe Wälder angepflanzt. In diesen kommen vorwiegend standortheimische Baumarten in natürlicher Verteilung vor. Ihre Altersstruktur ist nicht einheitlich. Die Bäume werden einzeln angepflanzt und geschlagen. Der Totholzanteil ist dennoch eher gering, da die Bäume vor ihrem Absterben gefällt werden.

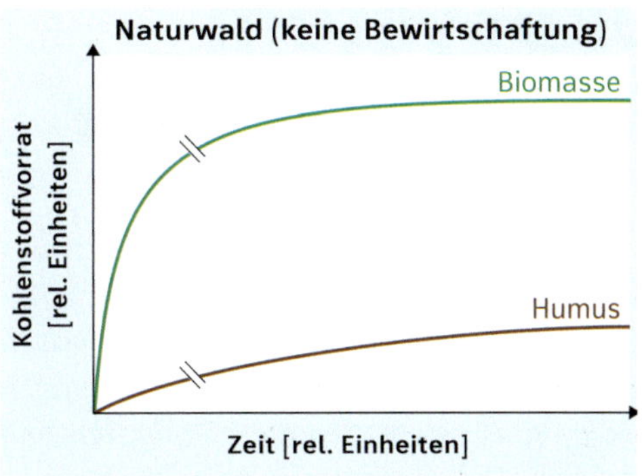

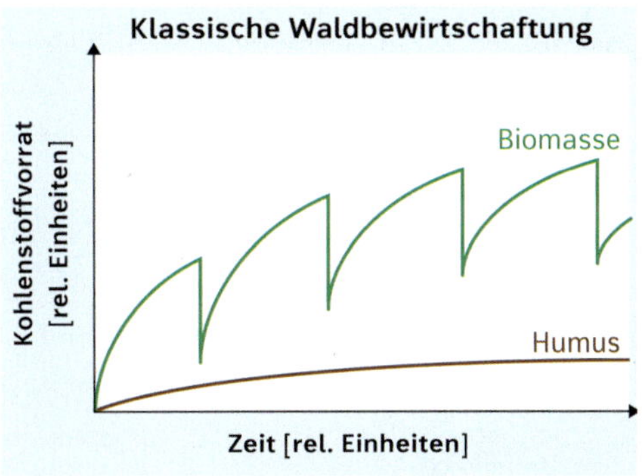

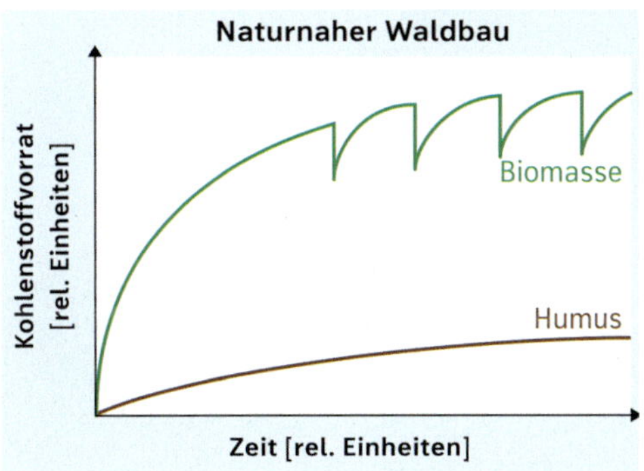

1 Vergleichen Sie die verschiedenen Waldwirtschaftformen im Hinblick auf den Kohlenstoff-Vorrat in der Biomasse und im Humus und erklären sie die Unterschiede. ●●○
2 Begründen Sie, warum Naturschutzverbände eine Ausweitung des Anteils von Naturwäldern fordern. ●●○
3 Diskutieren Sie, ob Naturwälder ungenutzt bleiben oder gemäß naturnahem Waldbau genutzt werden sollten. ●●●

1 Quellregion eines Fließgewässers

7.2 Ökosystem Fließgewässer

Fließgewässer bilden Lebensräume für zahlreiche Tier- und Pflanzenarten. Sie sind jedoch keine statischen Systeme, sondern wandeln sich ständig. Wie ändern sich die abiotischen und biotischen Umweltfaktoren des Ökosystems Fließgewässer von der Quelle bis zur Mündung?

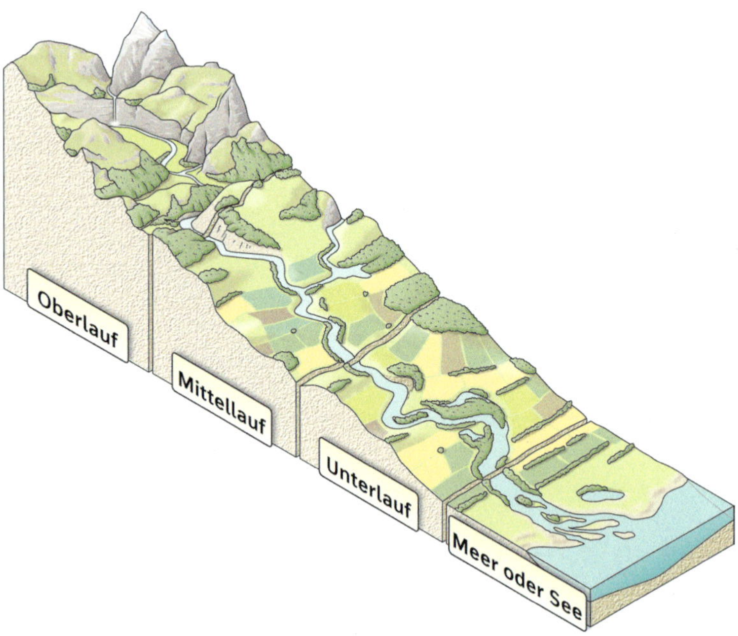

2 Gliederung eines Fließgewässers

Gliederung eines Fließgewässers – Oberirdische Gewässer, die sich in ständiger Bewegung befinden, werden als **Fließgewässer** bezeichnet. Sie entstehen letztlich durch Niederschläge. Diese sammeln sich in kleinen Rinnsalen und Bächen. Ein Teil des Niederschlags versickert und wird zu Grundwasser. An bestimmten Stellen tritt es wieder zu Tage und bildet als **Quelle** den Anfang eines neuen Baches. Mehrere Bäche vereinigen sich zu immer größer werdenden Flüssen. Diese werden im Längsschnitt in die Abschnitte **Oberlauf**, **Mittellauf** und **Unterlauf** gegliedert. Im Unterlauf münden Flüsse oft als breite Ströme ins Meer oder in Seen.

Abiotische Umweltfaktoren – In Gebirgsregionen herrschen im Oberlauf aufgrund des großen Gefälles hohe Fließgeschwindigkeiten. Dadurch wird viel Gesteinsmaterial von den Seiten und vom Grund des Gewässers abgetragen. Durch diese Erosion wird das Flussbett im Laufe der Zeit tiefer gelegt, sodass tief eingeschnittene Täler entstehen. Auf der Talsohle ist das Gewässer relativ flach und schmal. An seinem Grund befinden sich große Steine und grober Kies.

Im weiteren Flussverlauf verringern sich das Gefälle und damit die Fließgeschwindigkeit des Wassers. So lagern sich im Mittellauf Steine und gröberer Kies ab, während Sand und kleinere Partikel weiter transportiert werden. Typisch für den Mittelauf sind häufig weitläufige Flussschleifen, die **Mäander**. Diese vereinigen sich wieder im Unterlauf zu einem breiten Strom. Das Gefälle verringert sich im Unterlauf weiter, sodass die Strömungsgeschwindigkeit weiter abnimmt. In der Folge lagern sich hier feiner Kies, Sand und Feinsediment am Gewässergrund ab.

Fließgewässer enthalten stets auch ungelöste, feinverteilte organische Stoffe. Diese **Trübstoffe** werden oft im Oberlauf von der angrenzenden Vegetation ins Gewässer eingetragen. Ein Teil der Trübstoffe wird auch direkt im Wasser in Form des Planktons gebildet. Ihre Konzentration steigt in Richtung der Flussmündung an. Die Trübstoffe verändern die Lichtverhältnisse im Gewässer und beeinflussen damit die Fotosynthese und das Wachstum von Wasserpflanzen sowie von Phytoplankton.

Auch die Wassertemperatur ändert sich flussabwärts: Während das Quellwasser das ganze Jahr über nahezu konstante Temperaturen von 5 °C bis 10 °C aufweist, schwanken die Temperaturen im Unterlauf zwischen 0 °C im Winter und über 20 °C im Sommer.

Im Bereich der Quelle ist der **Sauerstoffgehalt** des Wassers zunächst gering. Im Oberlauf steigt dieser deutlich an. Verantwortlich hierfür sind die turbulenten Wasserbewegungen, durch die viel Sauerstoff aus der Luft in das Wasser eingetragen wird. Zudem kann sich der Sauerstoff hier gut im Wasser lösen, da die Wassertemperatur im Oberlauf niedrig ist. Im Mittellauf bilden Algen und Wasserpflanzen zunehmend Sauerstoff durch Fotosynthese. Daher ist hier der Sauerstoffgehalt hoch und weist ausgeprägte tages- und jahreszeitliche Schwankungen auf. Im Unterlauf und im Bereich der Flussmündung sinkt dagegen der Sauerstoffgehalt des Wassers infolge der hohen Wassertemperatur. Die Trübung des Wassers erschwert zudem die Bildung von Sauerstoff durch Fotosynthese.

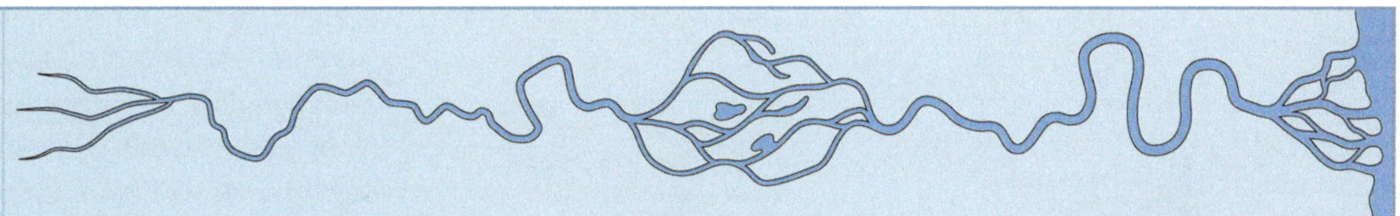

	Quelle	Oberlauf	Mittellauf	Unterlauf	Mündung
Abiotische Faktoren Strömungsgeschwindigkeit, Gefälle	nimmt stetig ab				
Wassertrübung, Gehalt organischer Stoffe	nimmt stetig zu				
Gewässergrund	Fels, Steine	Steine, Kies	Kies, Sand, Feinsediment	Sand, Feinsediment	Sand, Feinsediment
maximale Wassertemperatur	< 10° C	< 15° C	> 15° C	< 20° C	> 20° C
Sauerstoffgehalt	gering	hoch, mit geringen Tages- und Jahresschwankungen	hoch, mit ausgeprägten Tages- und Jahresschwankungen	gering	gering

3 Änderung abiotischer Umweltfaktoren in einem Fließgewässer

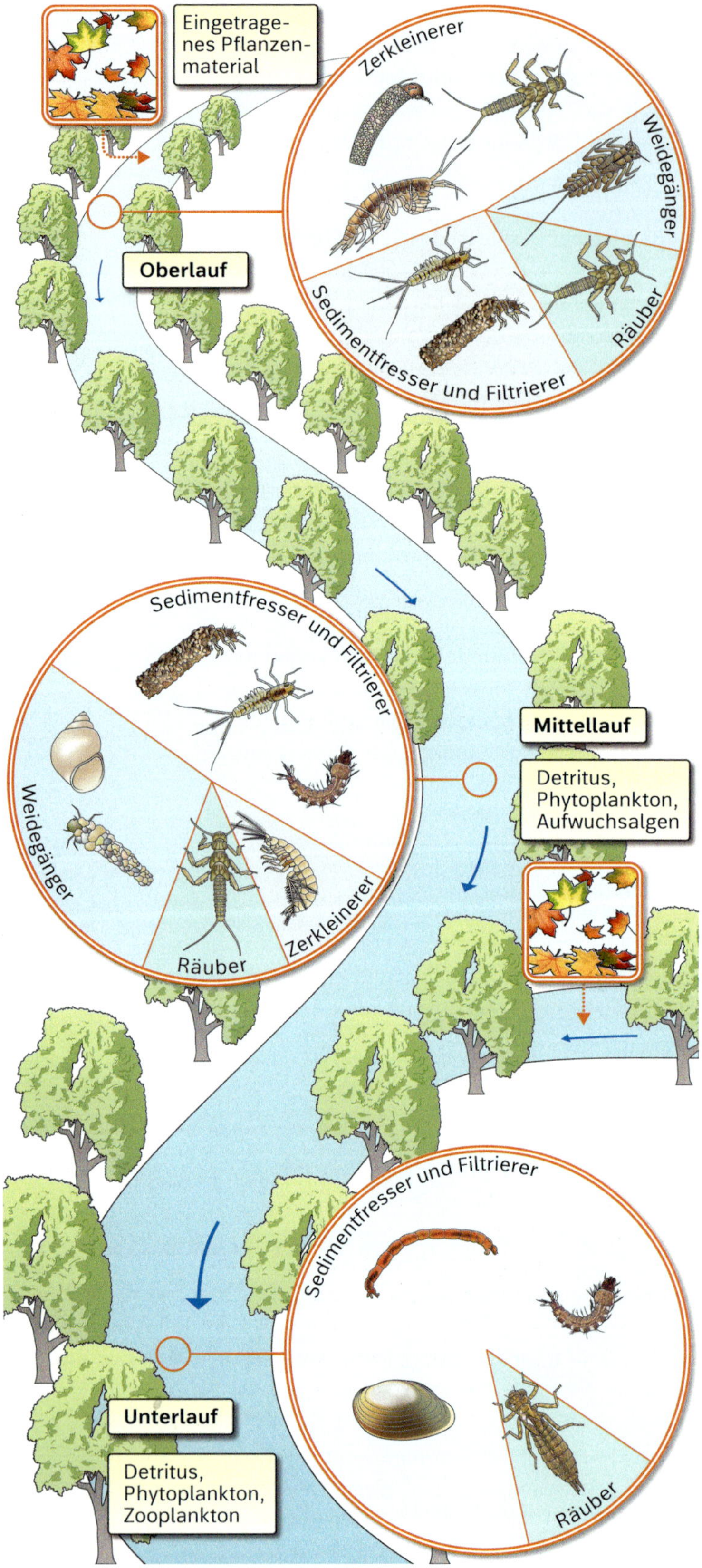

4 Änderung biotischer Umweltfaktoren

Biotische Umweltfaktoren – Im Oberlauf wird die Wasseroberfläche häufig von überhängenden Pflanzen beschattet. Aufgrund des Lichtmangels finden sich daher hier kaum Wasserpflanzen und Phytoplankton. Durch die Ufervegetation gelangen Blätter oder Totholz ins Wasser. Diese tote Biomasse bildet die Nahrungsgrundlage für wirbellose **Konsumenten** und **Destruenten**. Zu ihnen zählen vorwiegend Zerkleinerer wie etwa Köcherfliegenlarven und Bachflohkrebse, die Teile aus dem eingetragenen Pflanzenmaterial herausbeißen und es zerkleinern. Im Mittellauf verliert die von außen eingetragene Biomasse an Bedeutung und die Produktion von Biomasse durch Algen und Phytoplankton nimmt zu. Außerdem enthalten das Wasser und der Boden zunehmend **Detritus** aus zersetzten Tier- und Pflanzenresten. Dieser bildet zusammen mit Algen die Hauptnahrungsquelle für die hier vorkommenden wirbellosen Tiere. Zu diesen zählen viele Schneckenarten, die als Weidegänger den Algenbewuchs von Steinen abraspeln, außerdem Zuckmückenlarven, die sich als Sedimentfresser von Detritus und Mikroorganismen ernähren. **Filtrierer** wie etwa Flussmuscheln filtern zudem Detritus und Plankton aus dem Wasser. Im Unterlauf und Mündungsbereich dringt das Licht aufgrund der Wassertrübung nicht mehr auf den Grund des Flusses. Infolgedessen gibt es kaum noch Algenbewuchs und somit auch keine Weidegänger. Hier kommen überwiegend Filtrierer und Sedimentfresser vor. Räuber wie etwa Libellenlarven und Raubfische, die sich von Zerkleinerern, Sedimentfressern, Filtrierern und Weidegängern ernähren, sind in den unterschiedlichen Flussabschnitten etwa gleich stark vertreten.

Fischregionen – In den einzelnen Abschnitten eines Fließgewässers finden sich Fischarten, die sich in ihren Ernährungsgewohnheiten und ihrem Anspruch an den Sauerstoffgehalt des Wassers deutlich unterscheiden. Solche primär im jeweiligen Lebensraum vorkommenden Arten werden **Leitarten** genannt. Mit ihrer Hilfe kann ein Fließgewässer von der Quelle zur Mündung auch in Forellen- und Äschen-, Barben-, Brachsen- sowie Kaulbarsch- und Flunderregion unterteilt werden.

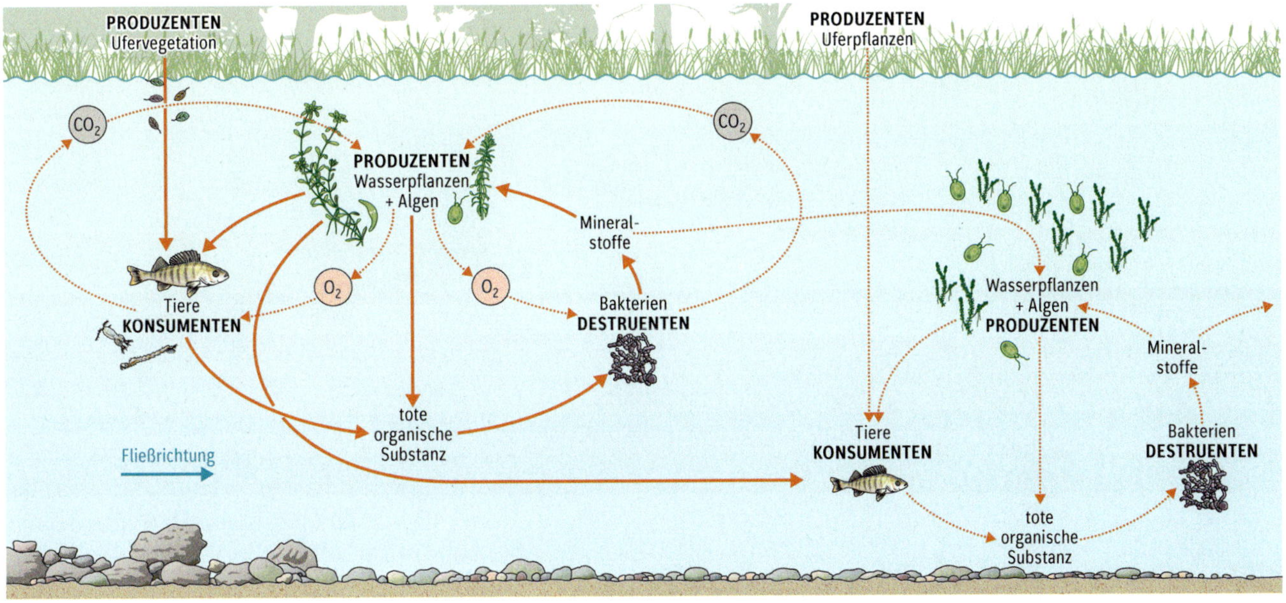

5 Stoffspirale in einem Fließgewässer

Stoffspiralen – Organische Stoffe werden in den meisten Ökosystemen über Nahrungsnetze zwischen Produzenten, Konsumenten und Destruenten weitergegeben und dabei abgebaut. Es entstehen Kohlenstoffdioxid, Wasser und Mineralstoffe. Diese anorganischen Stoffe können von Produzenten für den Aufbau organischer Stoffe genutzt werden. So liegen geschlossene Stoffkreisläufe vor. Eine Zufuhr energiereicher Stoffe von außen ist nicht notwendig. Eine Ausnahme bilden Fließgewässer. Im Oberlauf sind die Zerkleinerer von einem Blatt- und Totholzeintrag durch die Ufervegetation abhängig. Die Bildung energiereicher organischer Stoffe findet hier also außerhalb des Gewässers statt. Diese Stoffe bilden die Nahrungsgrundlage für Lebewesen, die in weiter unten liegenden Gewässerabschnitten vorkommen. Da in diesen Abschnitten zunehmend Produzenten im Wasser vorkommen, nimmt auch die Produktion energiereicher Stoffe kontinuierlich zum Unterlauf hin zu.

Im Fließgewässer findet also ein flussabwärts gerichteter Nährstofftransport statt. Da die Nährstoffe oft weit vom Herkunftsort und geraume Zeit nach ihrer Bildung umgesetzt werden, wird statt von einem Stoffkreislauf von einer stromabwärts führenden **Stoffspirale** gesprochen.

MATERIAL MIT AUFGABEN

A Das River-Continuum-Concept

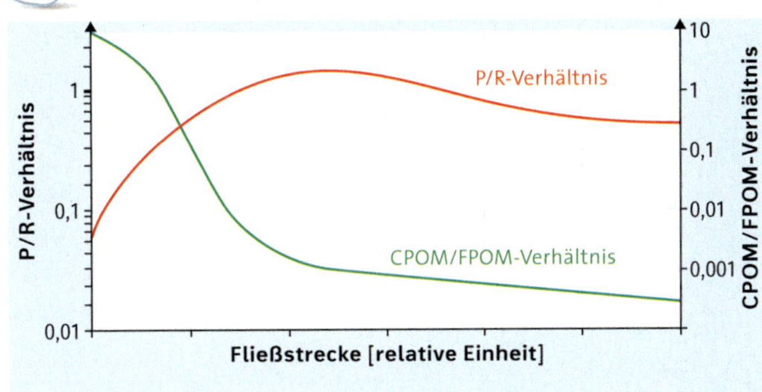

Das Modell des River-Continuum-Concepts geht davon aus, dass sich Fließgewässer von der Quelle bis zur Mündung kontinuierlich ändern. Das Modell beruht auf einem optimalen, sich gleichmäßig verändernden Fließgewässer ohne Störungen und Unregelmäßigkeiten. Zur Überprüfung des Modells wurde in mehreren Versuchen das Verhältnis zwischen grobpartikulärem (CPOM) und feinpartikulärem (FPOM) organischem Material sowie zwischen Fotosynthese (P) und Zellatmung (R) im Verlauf eines natürlichen Flusses ermittelt.

1 Erklären Sie die Versuchsergebnisse. ●●○
2 Prüfen Sie, ob die Befunde das River-Continuum-Modell stützen. ●●○
3 Erörtern Sie mögliche Grenzen des Modells. ●●●

1 Quellregion eines Fließgewässers

7.3 Gewässergüte von Fließgewässern

Natürliche Fließgewässer werden vor allem durch die Industrie und die Landwirtschaft belastet. Wie lässt sich diese Belastung qualitativ und quantitativ erfassen?

Gewässergüte von Fließgewässern – Durch die Europäische Wasserrahmenrichtlinie, kurz WRRL, wurden europaweit gültige Vorgaben zur Gewässergütebewertung festgelegt. Danach müssen alle europäischen Gewässer von der Quelle bis zur Mündung nach vergleichbaren Kriterien beschrieben und bewertet werden. Um den ökologischen Zustand eines Fließgewässers beurteilen zu können wurden fünf ökologische Zustandsklassen definiert. Diese setzen sich aus verschiedenen Komponenten zusammen.

Gewässergüteklasse	Farbe
1 (sehr gut) = unbelastet bis sehr gering belastet	blau
2 (gut) = gering bis mäßig belastet	grün
3 (mäßig) = kritisch belastet	gelb
4 (unbefriedigend) = stark verschmutzt	orange
5 (schlecht) = sehr stark bis übermäßig verschmutzt	rot

2 Einteilung der ökologischen Zustandsklassen eines Fließgewässers

Biologische Gewässergüte – Um die biologische Güte von Fließgewässern beurteilen zu können, wird überwiegend das **Saprobiensystem** genutzt. Dabei wird das Vorkommen von Lebewesen bestimmt, die organische Stoffe im Gewässer abbauen. Viele dieser Saprobien dienen als typische **Leitorganismen** oder **Bioindikatoren** für den Belastungsgrad eines Gewässers. Zum Saprobiensystem gehören bestimmte Arten von Schnecken, Muscheln, Würmern, Insekten und Krebstieren. Die verschiedenen Arten kommen aufgrund ihrer Ernährungsweise, ihres Sauerstoffbedarfs und ihrer Schadstofftoleranz unterschiedlich häufig in belasteten Gewässerabschnitten vor. Je nach Grad der Belastung ihres typischen Gewässerabschnittes wird den Saprobien ein bestimmter **Saprobienwert S** zugewiesen.

Für die Bestimmung der biologischen Gewässergüte eines Fließgewässers werden in einem ersten Schritt möglichst alle in ihm vorkommenden Saprobien erfasst. Aus der ermittelten Anzahl der Saprobien und ihrem jeweiligen Saprobienwert lässt sich der durchschnittliche **Saprobienindex** berechnen. Zusätzlich wird der jeweilige Gewässertyp ermittelt. Dieser wird unter anderem von der Höhenlage, der Gewässergröße und der Geologie des jeweiligen Fließgewässers beeinflusst. Der Vorteil einer biologischen Gewässergütebeurteilung mithilfe von Saprobien besteht darin, dass ihr Vorkommen nicht nur eine Momentaufnahme des aktuellen Zustands darstellt. Je nach Länge des Lebenszyklus einer Art kann die Wasserqualität so über einen längeren Zeitraum dokumentiert werden. Der Nachteil dieser Methode ist, dass Saprobien keine Informationen über die Art und Menge möglicher Schadstoffe liefern.

Chemisch-physikalische Gewässergüte – Der wichtigste Parameter zur Bestimmung der chemisch-physikalischen Gewässergüte eines Fließgewässers ist der **chemische Sauerstoffbedarf**, kurz **CSB**. Er wird bestimmt, indem einer Wasserprobe bestimmte Chemikalien zugesetzt werden, durch die bestimmte im Wasser vorhandene organische Substanzen oxidiert werden. Daneben wird der **biochemische Sauerstoffbedarf**, kurz **BSB_5**, ermittelt. Dieser gibt an, wie viel Sauerstoff in einer Wasserprobe in fünf Tagen durch die im Wasser vorhandenen Bakterien verbraucht wird. Je höher der BSB_5-Wert ist, desto stärker ist das Gewässer belastet. Zur Bestimmung der chemisch-physikalischen Gewässergüte werden zudem auch die Konzentrationen an Phosphat-, Nitrat- und Ammonium-Ionen sowie der pH-Wert und die elektrische Leitfähigkeit des Gewässers bestimmt.

Gewässerstrukturgüte – Die Gewässerstrukturgüte ist ein Maß, mit dem die Naturnähe des durchflossenen Gewässerbettes einschließlich des umgebenden Überschwemmungsbereiches bewertet wird. Sie umfasst etwa die Beschaffenheit des Ufers, die Unterschiede im Substrat und der Strömung am Gewässergrund sowie den Verlauf des Gewässerbettes und die Gewässerumgebung. Die Zuordnung zu einer bestimmten ökologischen Zustandsklasse wird durch die Komponente bestimmt, die am schlechtesten ausfällt. So wird vermieden, dass etwa ein artenarmer begradigter Fluss positiv bewertet wird, nur weil er keine organische Belastung aufweist.

Saprobien Index (Tieflandbach)	≤ 1,45	1,45 - 2,0	> 2,0 - 2,65	> 2,65 - 3,35	> 3,35
Sauerstoff					
Ökologische Zustandsklasse	1 sehr gut	2 gut	3 mäßig	4 unbefriedigend	5 schlecht

3 Biologische und chemische Komponenten der ökologischen Zustandsklassen

4 Änderung biotischer Umweltfaktoren nach Einleitung von Abwässern

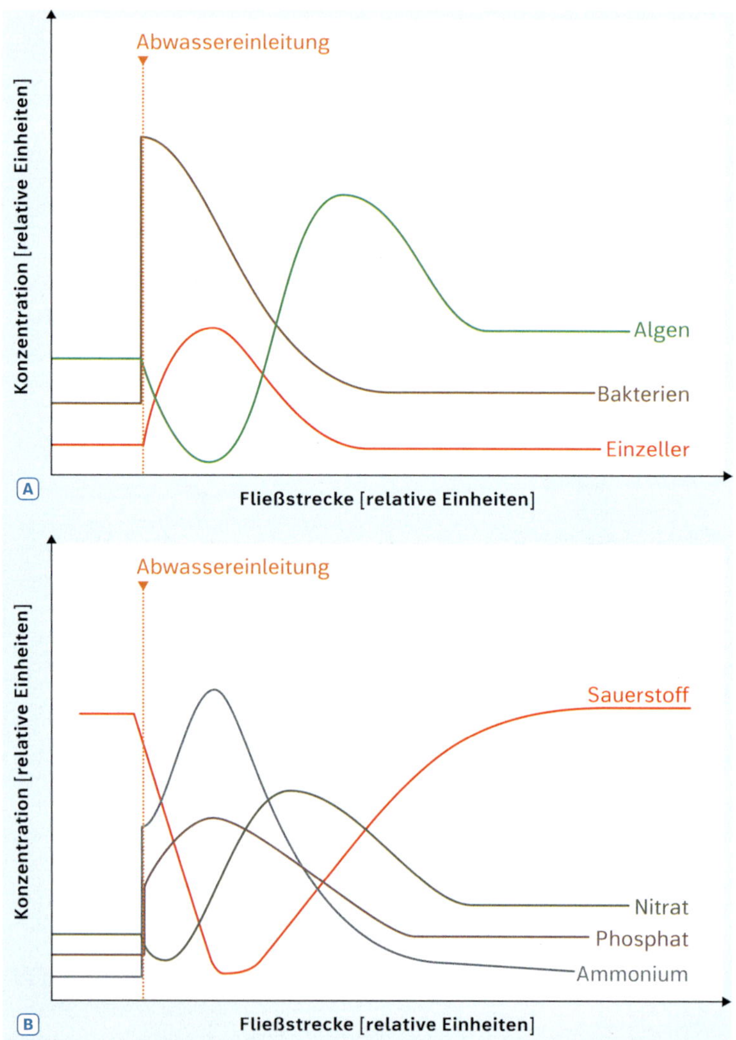

5 Veränderung nach Abwassereinleitung: **A** Biozönosen; **B** Stoffkonzentrationen

Einfluss von Abwässern auf Biozönosen – Fließgewässer werden durch Einleitungen von Abwässern stark belastet. Die Abwässer enthalten häufig anorganische und organische Stoffe in gelöster und ungelöster Form. Unmittelbar nach Einleitung des Abwassers ändern sich die Biozönosen der Gewässer deutlich. So können sich Bakterien sehr schnell vermehren, da sie sich von organischen Stoffen des Abwassers ernähren. Die ungelösten Stoffe trüben das Flusswasser und behindern so die Fotosynthese der Algen. Ihre Konzentration nimmt daher zunächst ab. Weiter flussabwärts sinkt die Konzentration organischer Stoffe durch die bakterielle Tätigkeit. Damit verringert sich auch die Bakteriendichte. In der Folge nimmt auch die Populationsdichte von Einzellern, etwa von Pantoffeltierchen, die sich von Bakterien ernähren, ab. Mit zunehmendem Abbau und fortschreitender Verdünnung der eingeleiteten Stoffe verbessern sich die Lichtverhältnisse, sodass die Algendichte wieder ansteigt. Die ursprünglichen Biozönosen stellen sich annähernd wieder ein.

Selbstreinigung – Durch die Abwassereinleitung ändern sich auch die Konzentrationen von Sauerstoff und von verschiedenen Ionen. So setzen Bakterien beim Abbau von Proteinen und Nukleinsäuren Ammonium- und Phosphat-Ionen frei. Demzufolge steigen ihre Konzentrationen zunächst an. Fette und Kohlenhydrate werden durch Bakterien zu Kohlenstoffdioxid und Wasser abgebaut. Dabei verbrauchen sie den im Wasser gelösten Sauerstoff, sodass sich **anaerobe Bedingungen** einstellen. Weiterhin steigt der Sauerstoffgehalt wieder an, da die Algen zunehmend Fotosynthese betreiben können. Unter **aeroben Bedingungen** werden Ammonium-Ionen zu Nitrat-Ionen oxidiert. Nitrat- und Phosphat-Ionen werden von den Algen aufgenommen. Folglich sinken deren Konzentrationen im Wasser wieder. Durch diese Vorgänge nähern sich die verschmutzten Gewässer der unbelasteten Ausgangssituation wieder an. Das Fließgewässer durchläuft eine **natürliche Selbstreinigung**. Allerdings stellt sich der ursprüngliche unbelastete Zustand nicht wieder ein, da der Mineralstoffgehalt nachhaltig erhöht wurde.

Grenzen der Selbstreinigung – Die Fähigkeit zur natürlichen Selbstreinigung eines Fließgewässers hängt von verschiedenen Faktoren wie der Art und Menge der eingeleiteten Stoffe ab. So können etwa Schwermetalle, Pestizide und Industrieabfallstoffe nicht von den an der Selbstreinigung beteiligten Lebewesen abgebaut werden. Viele Arten tolerieren einen solchen Schadstoffeintrag nicht, sodass sich die Biozönosen des Gewässers bereits durch eine einmalige Abwassereinleitung nachhaltig ändern. Wird einem Gewässer dauerhaft zu viel organisches Material zugeführt, so verbrauchen die Lebewesen zum Abbau dieses Materials mehr Sauerstoff, als durch die Fotosynthese der Algen produziert wird. Zudem kann es während der warmen und sonnenreichen Monate durch die hohe Mineralstoffkonzentration im Abwasser zu einer schnellen Vermehrung der Wasserpflanzen kommen. So fällt viel tote Biomasse an, bei deren Abbau Destruenten den im Wasser gelösten Sauerstoff vollständig verbrauchen können. Das Selbstreinigungsvermögen des Gewässers ist dann erheblich beeinträchtigt.

In Deutschland sind über 90 Prozent der Fließgewässer begradigt und eingeengt. Durch diese Maßnahmen ändern sich die Fließgeschwindigkeit, die Temperatur und auch der Sauerstoffgehalt des Gewässers. In der Folge wird auch ihre natürliche Selbstreinigung stark eingeschränkt. Renaturierungsmaßnahmen verfolgen das Ziel, die Selbstreinigungskraft und damit indirekt auch die Wasserqualität zu verbessern. Daneben dienen sie dem Hochwasser- und Trinkwasserschutz und der Erholung des Menschen.

MATERIAL MIT AUFGABEN

A Abwasserreinigung durch Klärteiche

Klärteiche stellen eine früher geläufige Form der Abwasserreinigung dar. Es sind künstlich angelegte stehende Gewässer, die relativ flach sind. Das belastete Abwasser wird über eine Reihe von hintereinander liegenden Klärteichen eingeleitet, bevor es etwa in ein Fließgewässer gelangt. In einem Versuch wurden Wasserproben an verschiedenen Stellen von Klärteichen genommen und anschließend verschiedene chemisch-physikalische Parameter bestimmt.

1 Erklären Sie die Versuchsergebnisse unter Berücksichtigung der vorkommenden Lebewesen. ●●○
2 Vergleichen Sie die Abwasserbehandlungen in Klärteichen mit der natürlichen Selbstreinigung in Fließgewässern. ●●○

Probennummer	1	2	3	4	5
Organische Belastung	übermäßig stark	sehr stark	stark verschmutzt	kritisch belastet	mäßig belastet
Mikroskopische Untersuchung	sehr viele Fäulnisbakterien	viele Fäulnisbakterien	wenige Grünalgen	viele Grünalgen	viele Grünalgen
Sauerstoffgehalt [mg/L]	0,0	2,3	4,7	8,8	12,2
Sauerstoffsättigung [%]	0	17	35	65	90
Ammonium [mg/L]	7,1	3,5	2,4	1,6	0,4
Nitrat [mg/L]	0,9	4,4	5,1	4,5	3,1

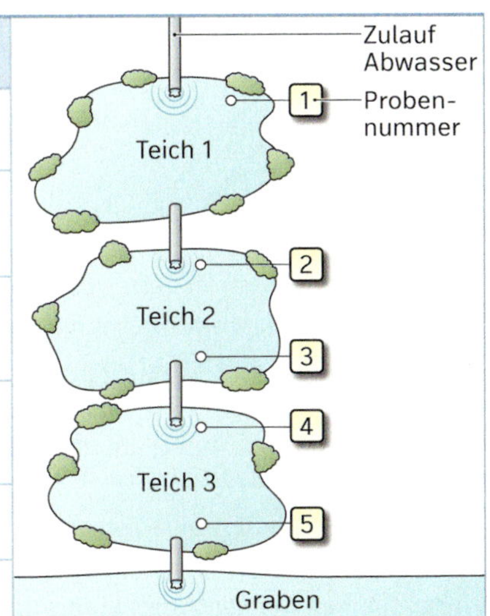

B Virtuelle Exkursion

1 Für Exkursion genutzte Messstellen an der Fuhse

Die Fuhse ist ein etwa 100 Kilometer langer Nebenfluss der Aller in Niedersachsen. Er hat ein Einzugsgebiet von ungefähr 920 Quadratkilometern. Die Fuhse fließt mit langsamer bis mittlerer Strömungsgeschwindigkeit durch eine von Landwirtschaft geprägte Region. Das Gewässer wird durch Sickerwasser von Abraumhalden der Kaliindustrie belastet.

Mit Ausnahme kurzer Abschnitte ist die Fuhse gut ausgebaut und begradigt. Die Ufer sind häufig mit Steinwurf oder auch mit Reisigbündel stabilisiert. Ufergehölz und Randstreifen fehlen an diesem Fließgewässer überwiegend.

Vor zehn Jahren war ein Durchgängigkeit etwa für Fische durch mehrere Wehren zum Hochwasserschutz stark behhindert. Nach ihrer Entfernung ist die Durchlässigkeit relativ gut. Der Wasserstand der Fuhse schwankt jahreszeitlich deutlich. Die niedrigsten Wasserstände werden im Sommer und Frühherbst gemessen. Durch die extremen Wetterverhältnisse waren die Schwankungen in den letzten Jahren außergewöhnlich stark. Auch der sinkende Grundwasserspiegel und Wasserentnahmen für die Landwirtschaft trugen dazu bei.

Exkursionsleitfrage
Wie verändert sich die Gewässergüte der Fuhse beim Durchfließen einer landwirtschaftlich geprägten Region?

Exkursionsprotokoll	
Datum / Uhrzeit	14. Mai, ab 10 Uhr
Wetter	leicht bewölkt, windstill, 18 °C
Gewässer	Fuhse (Dollbergen bis Wathlingen) – Mittellauf
Flussadresse	Fuhse, Aller, Weser, Nordsee
Höhe über NN	ca. 50 m +/– 5
Messstellen	M 1 Dedenhausen M 2 Wackerwinkel

Ermittelte Werte

Messstelle 1: Dedenhausen

Angaben zur Messstelle
Der Gewässerabschnitt wurde 2020 renaturiert. Es wurden wechselseitig zwei Kiesbänke mit einer Niedrigwasserrinne dazwischen angelegt. Im Niedrigwasserbereich wurden Lenkbuhnen aus Holz eingebaut. Sie leiten das strömende Wasser auf die Kiesbänke und verhindern, dass sich dort zu viel Sediment ablagert. Die angrenzenden Flächen werden landwirtschaftlich genutzt. In den Bereich mündet ein kleiner Graben, der aus einer kleinen Schonung kommt.

Gewässerstrukturgüte

Struktur/ Umfeld	Ausprägung	ZK*
Gewässersohle	abwechslungsreich: Kies, Sand, Totholz, Steine	2
Durchgängigkeit	keine Hindernisse	1
Gewässerrandstreifen	4–6 m	2–3
Uferlinie	begradigtes Ufer, stellenweise Befestigung, unregelmäßiger Verlauf mit Einbuchtungen	3
Gewässerverlauf	mäßig begradigt, gestreckter Verlauf	3
Strömungbild	abwechselnd langsam und schnell fließendes Wasser	2
Tiefenvarianz	relativ groß; Niedrigwasserrinne zwischen Kiesbänken, flache Uferbereiche	2–3
Uferbewuchs	kaum Gehölz, einige Büsche, hauptsächlich Gräser/Kräuter; beidseitig Neuanpflanzung von Bäumen/Sträuchern	4
Aue	extensiv genutzte Weide/ Brachfläche; etwas Acker	2

ZK* = Zustandsklasse

Gewässerstrukturgüte Durchschnittswert: 2,4 (gut bis mäßig)

Chemische und physikalische Gewässergüte

Parameter	Ausprägung	ZK
Geruch	Geruch vorhanden, frisch, nicht unangenehm	2
Farbe	etwas bräunlich und ganz leicht getrübt	1–2
Steinoberseite	etwas glitschig	2
Steinunterseite	stärkere Strömung: keine Verfärbung; strömungsarmer Uferbereich: leichte schwarze Verfärbung	2–3
Temperatur [°C]	13,5 °C	1

Parameter	Ausprägung	ZK
Leitfähigkeit [µS/cm]	667	3
pH-Wert	6,4	2
NH^{4+} [mg/l]	0,6	3
NO^{3-} [mg/l]	23,5	4
NO^{2-} [mg/l]	nicht nachweisbar	
PO_4^{3-} [mg/l]	0,05	3
Sauerstoff [mg/l]	11,6	1

Chemisch-physikalische Gewässergüte
Durchschnittswert: 2,3 (gut bis mäßig)

Biologische Gewässergüte

Bioindikatoren	Individuenzahl	Häufigkeitswert	Saprobienwert	Produkt
Köcherfliegenlarven	85	5	1,5	7,5
Eintagsfliegenlarven	10	2	1,6	3,2
Flohkrebse	83	5	2,0	10
Libellenlarven	15	3	2,0	6
Hakenkäfer	32	4	1,5	6
Wasserasseln	2	1	2,8	2,8
Summe	-------	20	-------	34,7

Häufigkeitswert · Saprobienwert = Produkt
Zum Beispiel Köcherfliegenlarve: 5 · 1,5 = 7,5

Berechnung des Saprobienindex: Die Summe der Produkte aller Bioindikatoren dividiert durch die Summe der Häufigkeiten: 34,7 : 20 = 1,7

Der Saprobienindex beträgt 1,7.
(**biologische Gewässergüte** = gut)

Messstelle 2: Wackerwinkel

Angaben zur Messstelle

Der Gewässerabschnitt ist von intensiv genutzter landwirtschaftlicher Fläche umgeben; es werden mehrere Entwässerungsgräben eingeleitet.

Gewässerstrukturgüte

Struktur/ Umfeld	Ausprägung	ZK
Gewässersohle	wenig abwechslungsreich, keine Inselbildung, teilweise versandet/schlammig, etwas Bauschutt	
Durchgängigkeit	keine Hindernisse	
Gewässerrandstreifen	kaum vorhanden; landwirtschaftlich genutzt	
Uferlinie	begradigtes Ufer, stellenweise befestigt, wenig Einbuchtungen	
Gewässerverlauf	begradigter, gestreckter Verlauf	
Strömungsbild	relativ gleichmäßig fließendes Wasser, wenig Turbulenzen	
Tiefenvarianz	meist geringe Unterschiede	
Uferbewuchs	kaum Bäume/Büsche; Brennnesseln/Kräuter; kaum Beschattung	
Aue	intensiv genutzte Weide- und Ackerflächen	

Chemische und physikalische Gewässergüte

Parameter	Ausprägung	ZK
Geruch	vorhanden, schwach faulig	
Farbe	etwas bräunlich und leicht getrübt	
Steinoberseite	deutlich glitschig im Randbereich	
Steinunterseite	im Uferbereich zum Teil schwarze Verfärbung	
Temperatur [°C]	13,5 °C	
Leitfähigkeit [µS/cm]	1028	
pH-Wert	7,5	
NH_4^+ [mg/l]	0,6	
NO_3^- [mg/l]	28,3	
NO_2^- [mg/l]	nicht nachweisbar	
PO_4^{3-} [mg/l]	0,1	
Sauerstoff [mg/l]	5,9	

Biologische Gewässergüte

Bioindikatoren	Individuenzahl	Häufigkeitswert	Saprobienwert	Produkt
Köcherfliegenlarven	29	3	1,5	
Flohkrebse	340	6	2,0	
Libellenlarven	1	1	2,0	
Wasserasseln	17	3	2,8	
Kugelmuschel	9	2	2,5	
Tubifex	3	2	3,8	
Zuckmückenlarve	41	4	3,3	
Rollegel	1	1	2,7	
Summe	-----	22	-----	

Nutzen Sie beispielhaft für die Berechnungen und Bewertungen der Messstelle 2 die dargestellte Bewertung der Messstelle 1. Bewertungstabellen und Bewertungssonne befinden sich auf der Landingpage.

1 Bewerten Sie mithilfe der Bewertungstabelle die Gewässerstrukturgüte für die Messstelle 2.
2 Ermitteln Sie mithilfe der Bewertungstabelle die chemische und physikalische Gewässergüte für die Messstelle 2 und stellen Sie diese mithilfe eines Computerprogramms grafisch dar.
3 Berechnen Sie den Saprobienindex für diese Messstelle und bewerten Sie die biologische Gewässergüte.
4 Vergleichen Sie die Gewässergüte der Fuhse an den Messstellen mithilfe der Bewertungssonnen. Erklären Sie Unterschiede und Gemeinsamkeiten.
5 Beantworten Sie auf der Basis Ihrer Ergebnisse die Leitfrage.
6 Recherchieren Sie, wie die Gewässergüte der Fuhse vom Niedersächsischen Landesbetrieb für Wasserwirtschaft, Küsten- und Naturschutz (NLWKN) im Rahmen der EU Wasserrahmenrichtlinien WRRL bewertet wird. Vergleichen Sie deren Bewertung mit der eigenen Bewertung.
7 Informieren Sie sich über die EU-Wasserrahmenrichtlichen WRRL und fassen Sie deren Ziele zusammen.

C Eigene Exkursion

Planen Sie eine eigene Exkursion an ein Fließgewässer in Ihrer Nähe:

1 Informieren Sie sich über das Fließgewässer und stellen Sie Hypothesen zu möglichen Belastungen und deren Verursacher auf.
2 Diskutieren Sie, welche der von Ihnen benannten Belastungen Auswirkungen auf die Parameter Biodiversität, Boden, Atmosphäre, Grundwasser, Bevölkerung und (Land-)Wirtschaft haben.
3 Formulieren Sie eine Exkursionsleitfrage.
4 Legen Sie gemeinsam auf einer Karte sinnvolle Messpunkte am Gewässer fest. Ermitteln Sie die Werte an den Messpunkten arbeitsteilig.
5 Erstellen Sie vor Beginn Ihrer Exkursion eine digitale Pinnwand und teilen Sie hier Ihre Materiallisten sowie die Ergebnisse und Fotos miteinander.
6 Werten Sie die Daten Ihrer Exkursion aus und beantworten Sie Ihre Exkursionsleitfrage.
7 Benennen Sie problematische Parameter Ihrer Untersuchung und erörtern Sie Verbesserungsvorschläge.
8 Vergleichen Sie die Gewässergüte an den verschiedenen Messpunkten mithilfe der Bewertungssonnen.
9 Vergleichen Sie Ihre Bewertung Ihres Gewässerabschnitts mit der NLWKN-Bewertung.

D Köcherfliegen als Bioindikatoren

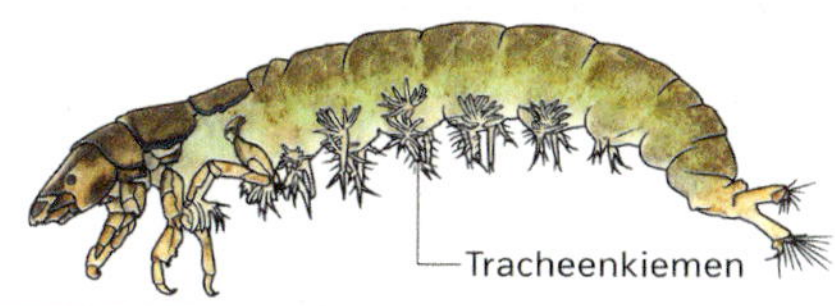

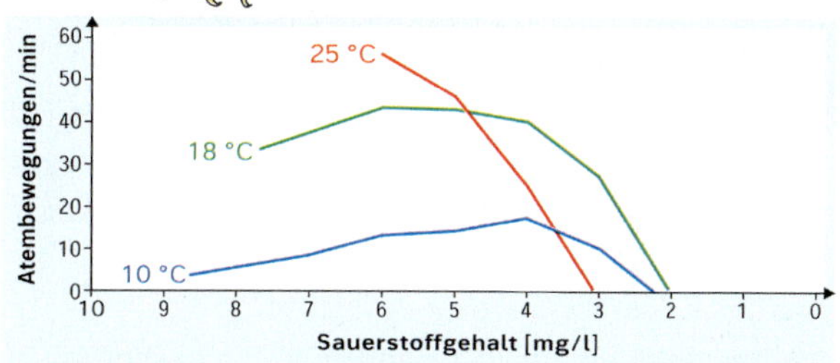

Köcherfliegenlarven bauen ihre Köcher aus Materialien der Umgebung. Die Köcher sind an beiden Enden offen. Durch eine Art Atembewegung erzeugen die Larven einen Wasserstrom durch den Köcher. Den im Wasser gelösten Sauerstoff nehmen die Larven mithilfe fädiger Tracheenkiemen auf. In mehreren Versuchen wurde die Abhängigkeit der Atembewegung von Köcherfliegenlarven vom Sauerstoffgehalt des Wassers untersucht.

1 Erklären Sie die Versuchsergebnisse.
2 Köcherfliegenlarven besitzen einen Saprobienwert von S = 1,5. Erklären Sie, welche Schlussfolgerungen aus diesem Wert gezogen werden können.
3 Begründen Sie, warum eine Gütebestimmung über Saprobien besser geeignet ist als eine Bestimmung über chemisch-physikalische Parameter.

Klausuraufgaben

Die Schwarzerle in Europa

Die Schwarzerle ist ein europäischer Laubbaum, der in Waldgesellschaften an feuchten bis nassen Standorten dominieren kann. Die ökologischen Beziehungen dieser Lebensgemeinschaften werden in dieser Aufgaben thematisiert.

1.1 Geben Sie eine Definition für die ökologischen Nische an.
1.2 Vergleichen Sie ökologischen Faktoren, die für Pflanzengesellschaften von Schwarzerle und Moorbirke charakteristisch sind. (Material A)
1.3 Werten Sie die ökologischen Daten der beiden Feuchtwälder aus. (Material A)

2. Erklären Sie die Angepasstheiten der Schwarzerle an den hohen Grundwasserstand ihres Standortes. (Material B und C)

3.1 Leiten Sie die Form der interspezifischen Beziehung zwischen Scharzerle und *Frankia alni* ab und begründen Sie Ihre Schlussfolgerungen. (Material C)
3.2 Planen Sie ein Experiment zur Überprüfung der Frage: Handelt es sich bei Schwarzerle und *Frankia alni* um eine obligate interspezifische Beziehung handelt. (Material C)

4.1 Beschreiben Sie die Folgen einer Entwässerung und Wiedervernässung von Mooren. (Material D)
4.2 Entwickeln Sie Argumente, für und gegen die Wiedervernässung von Niedermooren und ihrer Bepflanzung mit Erlen als Handlungsmöglichkeit für eine nachhaltige Nutzung von Moorböden. Berücksichtigen sie bei der Argumentation die Sach- und die Werteebene. (Material A bis D)

A Standortfaktoren von Schwarzerle und Moorbirke

Sowohl die Schwarzerle als auch die Moorbirke besiedeln bodennasse Standorte. Die Schwarzerle dominiert in Bruchwäldern, Sumpfwäldern und in Wäldern an Bachauen. Sie bildet dort mit anderen Pflanzenarten typische Schwarzerlen-Gesellschaften. Im Gegensatz dazu kommt die Moobirke vorwiegend in Moor- und Weidensümpfen vor und bildet dort mit anderen Pflanzenarten Moorbirken-Gesellschaften. In der folgenden Grafik sind Standortfaktoren von jeweils zwei Schwarzerlen- und Moorbirken-Gesellschaften dargestellt.

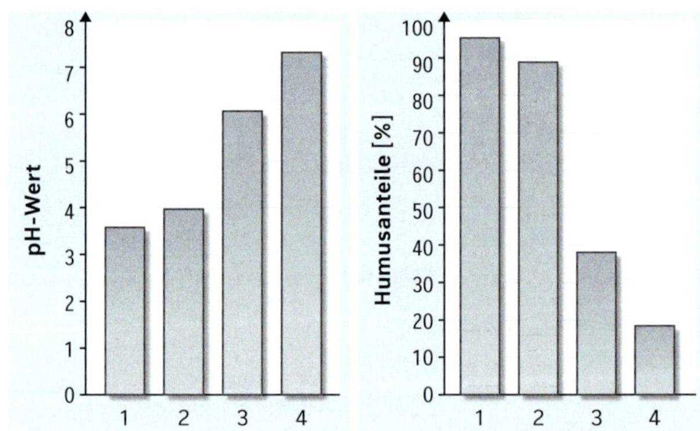

1 Standorte und Merkmale von Feuchtwäldern: 1,2: Moorbirken-Gesellschaften; 3,4: Schwarzerlen-Gesellschaften

B Standortfaktor Nässe

Die meisten Baumarten weisen kräftige Seitenwurzeln und daran ein ausgeprägtes Feinwurzelsystem auf. Mithilfe der Feinwurzeln nehmen sie Sauerstoff und darin gelöste Mineralsalze aus dem Boden auf. Da ein wassergesättigter Boden wenig Sauerstoff enthält, ist eine ausreichende Sauerstoff-Versorgung des Wurzelgewebes bei vielen Bäumen nur bedingt möglich.

Die Schwarzerle besitzt ein tiefreichendes Herzwurzelsystem, das auch lang andauernde Überschwemmungen verträgt. Dadurch hat sie auch in wassergesättigten Böden eine hohe Standfestigkeit. Sie hat keine kräftigen Seitenwurzeln und insgesamt ist das Feinwurzelsystem sehr schwach ausgeprägt.

2 Wurzelnetzwerk einer Schwarzerle

Am Stamm, insbesondere an der Stamm-Basis, liegen Korkporen, die über ein Belüftungsgewebe eine Versorgung der Wurzelgewebe mit Sauerstoff ermöglichen.

C Stickstoffversorgung der Scharzerle

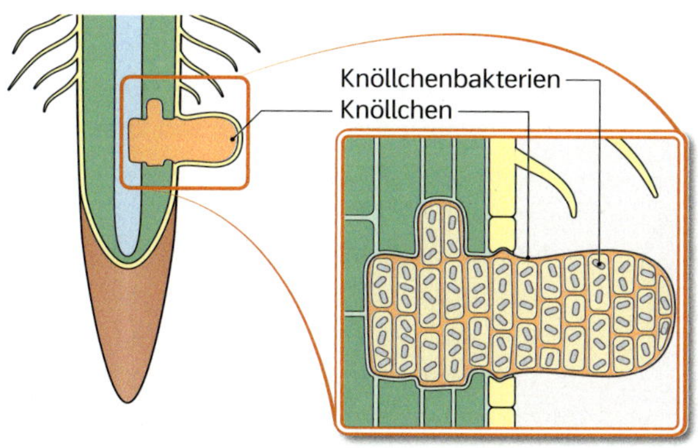

3 Stickstoffversorgung in der Wurzel einer Schwarzerle

Das Wurzelgewebe der Schwarzerle bildet in oberflächennahen Bereichen knöllchenartige Verdickungen aus, in denen Bakterien der Art *Frankia alni* leben. Diese können Luftstickstoff mithilfe des Enzyms Nitrogenase unter ATP-Verbrauch fixieren und setzen Ammonium-Ionen ins Wurzelgewebe frei. Die Bakterien werden im Gegenzug durch die Schwarzerle mit Kohlenhydraten versorgt.

D Nachhaltige Nutzung von Moorböden

Die Entwässerung der natürlich vorkommenden Moore hat das Bild der nordostdeutschen Landschaft stark verändert. Selbst die traditionelle Grünlandnutzung, die noch vor 50 Jahren das Landschaftsbild prägte, ist nur noch in Schutzgebieten mit Pflegenutzung vorhanden. In den bewaldeten Niedermooren überwiegen heute trockene, brennnesselreiche Pflanzenbestände mit geringer Artenvielfalt. Eine Wiedervernässung der Niedermoore und nachhaltige Bepflanzung mit Erlen zur Holzproduktion würde die Biodiversität der naturnahen Flächen erhöhen und dennoch Erträge durch Nutzung des hochwertigen Erlenholzes etwa für die Möbelindustrie ermöglichen.

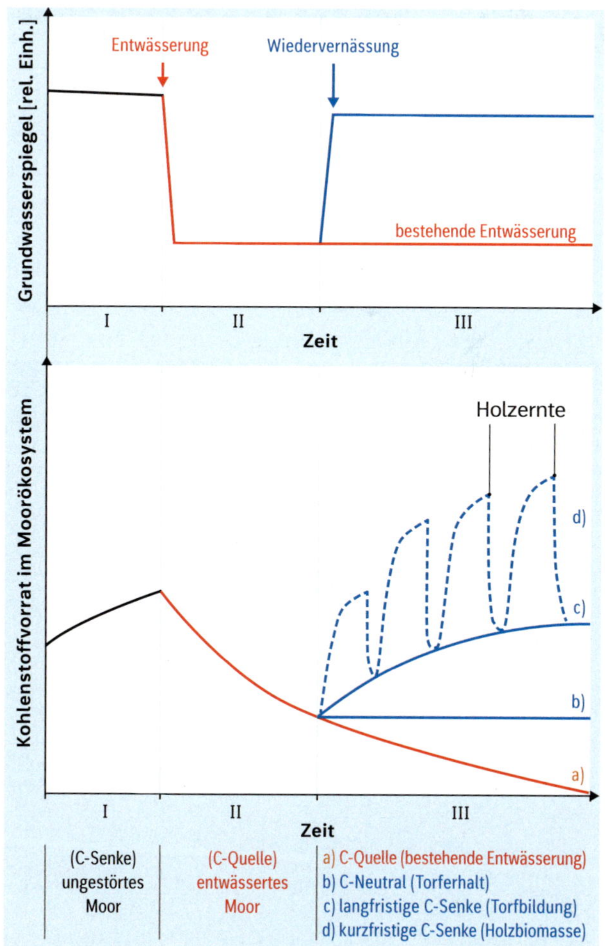

1 Rückgang eines Alpengletschers

8.1 Treibhauseffekt und Klimawandel

Am Abschmelzen der Gletscher wird deutlich, dass die Erdatmosphäre wärmer geworden ist. Dies wird auf den vom Menschen bedingten Treibhauseffekt zurückgeführt. Warum erwärmt sich die Erdatmosphäre wie die Luft in einem Treibhaus?

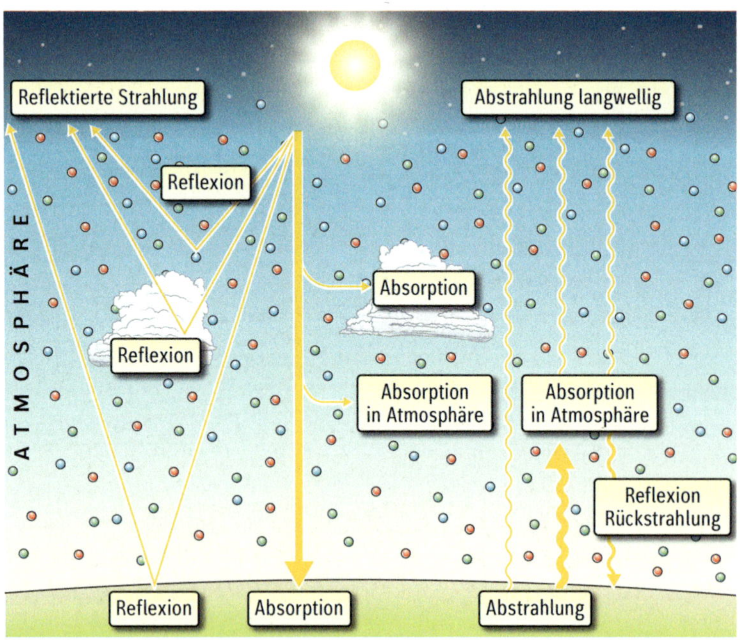

2 Absorption, Reflexion der Sonnenstrahlung sowie Wärmeabstrahlung

Natürlicher Treibhauseffekt – Die Atmosphäre der Erde besteht größtenteils aus Stickstoff, Sauerstoff und Argon. Diese Gase lassen sowohl Licht als auch Wärme hindurch. Allerdings kommen in der Atmosphäre auch Wasserdampf, Kohlenstoffdioxid und Spuren anderer Gase vor. Diese sind zwar für Licht, jedoch nicht für Wärme durchlässig.
Die kurzwellige Sonnenstrahlung, die auf die Erde trifft, wird zu einem großen Teil von den Wolken, der Atmosphäre und der Erdoberfläche reflektiert und unmittelbar in den Weltraum zurückgestrahlt. Der verbleibende Teil wird von den Wolken, der Atmosphäre und der Erdoberfläche absorbiert und in längerwellige Wärmestrahlung umgewandelt. Infolgedessen erwärmen sich die Atmosphäre und die Erdoberfläche. Von der erwärmten Erdoberfläche wird ein Teil der Wärme zurückgestrahlt. Davon gelangt jedoch nur ein Teil ungehindert in das Weltall. Der andere Teil wird in der Atmosphäre von Gasmolekülen, die nicht für Wärmestrahlung durchlässig sind, und von dort eingetragenen Aerosolen absorbiert oder in Richtung Erdoberfläche reflektiert. Diese Stoffe verhindern die Ausstrahlung der Wärme in das Weltall und wirken so wie das Glasdach eines Treib-

hauses. Daher wird vom **Treibhauseffekt** gesprochen. Ohne diesen natürlichen Treibhauseffekt würde die globale Durchschnittstemperatur ungefähr –18 Grad Celsius betragen anstatt, wie zurzeit, etwa +15 Grad Celsius. Zu den **Treibhausgasen** gehört vor allem gasförmiges Wasser. Er ist nur zu etwa 0,25 Volumenprozent in der Atmosphäre enthalten, verursacht aber ungefähr zwei Drittel des natürlichen Treibhauseffekts. Zum Treibhauseffekt trägt bis zu einem Viertel natürlicherweise auch Kohlenstoffdioxid bei.

Anthropogener Treibhauseffekt – Seit Beginn der großflächigen Industrialisierung Mitte des 19. Jahrhunderts wurden große Mengen fossiler Energieträger wie Kohle, Erdöl und Erdgas verbrannt. Dadurch hat sich die Konzentration des Kohlenstoffdioxids in der Atmosphäre von 0,028 auf über 0,04 Volumenprozent erhöht. Dies verstärkt den natürlichen Treibhauseffekt erheblich.

Zur Wirkung des Kohlenstoffdioxids addieren sich aber noch die Effekte anderer Gase wie Methan und Lachgas. **Methan** entsteht beim Abbau organischer Verbindungen unter anaeroben Bedingungen, vor allem in der Landwirtschaft, bei der Abfallentsorgung und Erdgasförderung. Es wird vor allem bei Verdauungsvorgängen von Widerkäuern wie Rindern gebildet. Die Konzentration von Methan ist zurzeit zwar nur gering, seine Klimawirksamkeit ist aber 25-mal so hoch wie die von Kohlenstoffdioxid. Distickstoffmonooxid oder **Lachgas** entsteht durch Abbau stickstoffhaltiger Verbindungen durch Bakterien im Boden. Insbesondere die Massentierhaltung und übermäßige Stickstoffdüngung fördern dessen Entstehung. Die Lachgaskonzentration in der Atmosphäre ist mit etwas über 0,3-millionstel Volumenanteilen zwar nur sehr gering, allerdings ist seine Treibhauswirksamkeit fast 300-mal so hoch wie die des Kohlenstoffdioxids. Zudem verbleibt es mit durchschnittlich etwa 120 Jahren sehr lange in der Atmosphäre. Die Gesamtheit dieser vom Menschen verursachten Effekte zeichnen den **anthropogenen Treibhauseffekt** aus. Zu seiner Begrenzung muss die Freisetzung von Treibhausgasen deutlich verringert werden..

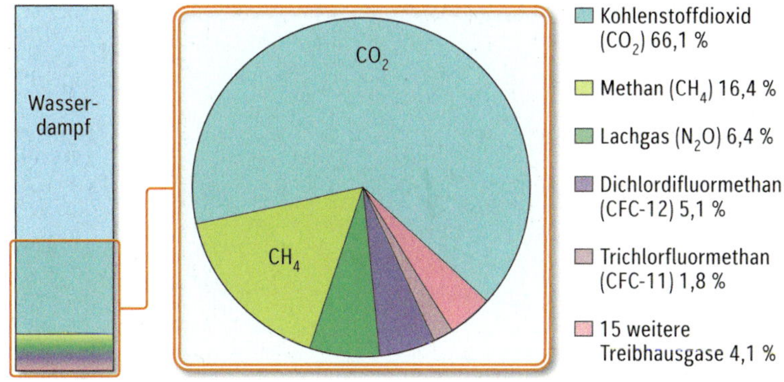

3 Anteile verschiedener Treibhausgase am Treibhauseffekt

MATERIAL MIT AUFGABEN

A Ausstoß von Treibhausgasen in Deutschland

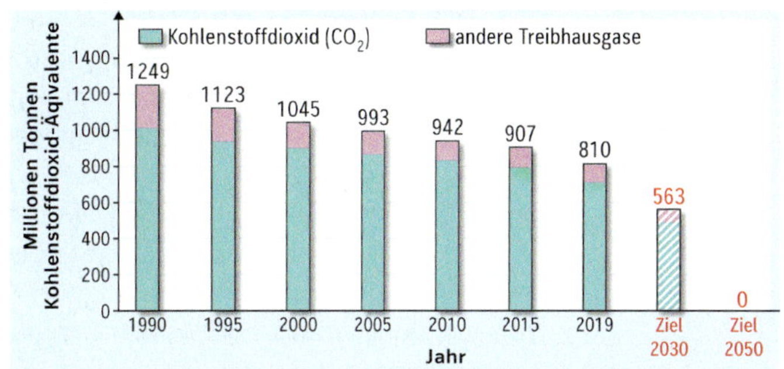

Die ersten Klimakonferenzen fanden zwischen 1979 und 1990 statt. Ihr Ziel war es, über Möglichkeiten der Eindämmung, der durch den Menschen verursachten schädlichen Klimaveränderungen, zu beraten. 1997 vereinbarten 191 Staaten auf der Weltklimakonferenz in Kyoto, ihren Ausstoß von Treibhausgasen bis 2012 um mindestens fünf Prozent im Vergleich zum Jahr 1990 zu senken. Deutschland verpflichtete sich darüber hinaus zu einer Senkung der Emission von Treibhausgasen um 21 Prozent bis 2012. Im Dezember 2015 einigten sich auf der Weltklimakonferenz in Paris 195 Länder verbindlich darauf, die globale Erderwärmung durch eine Senkung des Ausstoßes von Treibhausgasen auf weniger als 2 Grad Celsius und möglichst auf 1,5 Grad Celsius zu begrenzen.

1 Beschreiben Sie die Aussagen der Grafik mit eigenen Worten. ●○○
2 Prüfen Sie, ob Deutschland das selbst gesteckte Ziel der Emissionsverringerung bis 2012 erreicht hat. ●●○
3 Recherchieren Sie, mit welchen Maßnahmen das für die Mitte des 21. Jahrhunderts angestrebte Ziel erreicht werden soll. ●●●

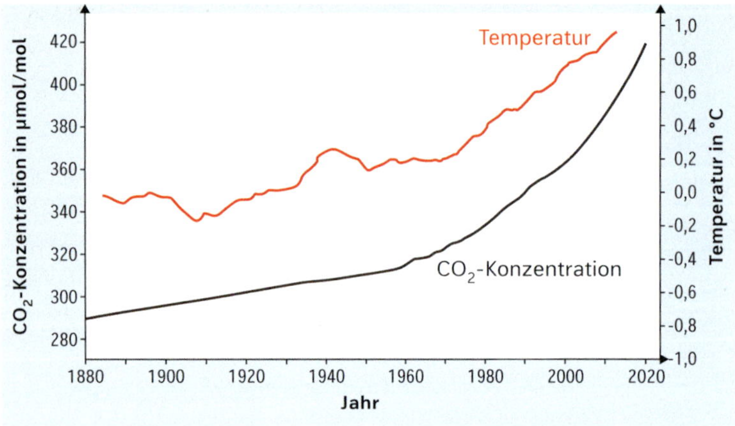

4 Veränderungen der atmosphärischen Kohlenstoffdioxid (CO_2)-Konzentration, der Sonnenaktivität und der globalen Temperatur seit dem 19. Jahrhundert

5 Schwere Überschwemmung in Indonesien nach starken Regenfällen

Klimawandel – Auch unter natürlichen Bedingungen ändern sich die Kohlenstoffdioxidkonzentration in der Atmosphäre und die globale Durchschnittstemperatur im Verlauf langer Zeiträume. Durch den anthropogenen Treibhauseffekt erhöhen sich diese Werte jedoch viel schneller und stärker. Die erhöhte Temperatur lässt mehr Wasser aus den Gewässern verdunsten. Dies führt zu vermehrter Wolkenbildung, stärkeren Stürmen und erhöhten Niederschlagsmengen. Die zunehmende Erwärmung der Erdoberfläche hat auch zur Folge, dass sich subtropische Hochdruckgebiete in Regionen mit gemäßigtem Klima ausdehnen. Dort kann es dann in den Sommermonaten zu lang anhaltenden Hitze- und Dürreperioden kommen. Im Winter dagegen treten durch erhöhte Regen- oder Schneemengen Überschwemmungen auf. Die vermehrt auftretenden Extremwetterlagen in Mitteleuropa in diesem Jahrhundert sind eindeutig Folgen der Erderwärmung. Die Gesamtheit all dieser klimatischen Veränderungen bilden den **Klimawandel**. Im Gegensatz zum Wetter, das den Zustand der Atmosphäre über wenige Tage oder Wochen beschreibt, bezeichnet der Begriff **Klima** einen typischen jahreszeitlichen Witterungsverlauf, wie er im Mittel über mehrere Jahrzehnte auftritt.

Folgen des Klimawandels – Aufgrund der erhöhten Temperaturen schmelzen die Eismassen der Polargebiete und Grönlands sowie der Gebirgsgletscher. Die dadurch freigesetzten Wassermassen lassen weltweit den Meeresspiegel ansteigen. In den flachen Küstenregionen wird dies zu verstärkten Überschwemmungen führen und manche Inselgruppen in Ozeanen werden voraussichtlich nicht mehr bewohnbar sein. Gelangt Süßwasser durch die abschmelzenden Eismassen in die Ozeane, können Meeresströmungen wie etwa der Golfstrom sich verändern. Welche Folgen das hätte, lässt sich bisher kaum vorhersagen. Die Veränderungen im globalen Wasserhaushalt und ihre Folgen sind vermutlich die schwerwiegendsten direkten Auswirkungen des Klimawandels. Dadurch steuern viele Ökosysteme auf sogenannte **Kipppunkte** zu. Werden diese überschritten, so lässt sich der ursprüngliche Zustand der Systeme in absehbarer Zeit nicht mehr wiederherstellen.
Überschwemmungen sowie Hitze und Dürre führen zu Ernteeinbußen gerade in Regionen, in denen die Versorgung mit Nahrungsmitteln ohnehin schon kritisch ist. Hohe Temperaturen und Trockenheit begünstigen außerdem Busch- und Waldbrände.

Die Erwärmung des Klimas wirkt sich auch auf die **Verbreitung** vieler Tier- und Pflanzenarten aus. An kühle Temperaturen angepasste Arten werden sich in noch höhere Regionen zurückziehen. Allerdings ist der dafür zur Verfügung stehende Raum begrenzt. An Wärme angepasste Arten werden sich wiederum stärker in klimatisch bisher gemäßigte Regionen ausbreiten. Dazu gehören etwa Überträger tropischer

Krankheitserreger wie die Asiatische Tigermücke. Infolge der warmen Temperaturen können manche Schädlinge, etwa Borkenkäfer, mehrere Generationen im Jahr ausbilden. Diese massenhafte Vermehrung kann massive Vegetationsschäden verursachen. Viele Pflanzenarten treiben im Frühjahr eher aus und sind dann stärker durch Spätfröste gefährdet.

In tropischen Meeren sterben großflächig Korallenriffe ab, da bei höheren Wassertemperaturen die Korallenpolypen die symbiontischen Algen abstoßen. Bei höheren Kohlenstoffdioxidkonzentrationen in der Atmosphäre löst sich mehr Kohlenstoffdioxid im Wasser. Dabei bildet sich Kohlensäure, sodass der pH-Wert des Wassers sinkt. Dadurch werden die Kalkskelette der Korallen geschädigt. Der Klimawandel verläuft für die Anpassungsfähigkeit vieler Arten zu schnell abläuft und bedroht deren Überleben.

Selbstverstärkende Effekte – Der Klimawandel hat außerdem zur Folge, dass die **Permafrostböden** auftauen. In der organischen Substanz dieser dauerhaft gefrorenen Böden ist Kohlenstoff in großen Mengen gebunden. Durch den nun einsetzenden mikrobiellen Abbau der organischen Stoffe unter anaeroben Bedingungen wird Methan freigesetzt. Dieses entweicht als hochwirksames Treibhaus in die Atmosphäre und fördert die Klimaerwärmung weiter. Man spricht von einer **positiven Rückkopplung** oder einem sich **selbstverstärkenden Effekt**. Dieser lässt sich auch beim Abschmelzen der Gletscher und des Meereseises in der Arktis und in Gebirgen beobachten. Wird Eis und Schnee durch eine Meeresoberfläche oder durch Boden ersetzt, verändert sich in diesen Regionen die Reflexion der Strahlung. Im Vergleich zu Schnee und Eis wird wesentlich mehr Strahlung absorbiert als reflektiert. Dadurch verstärkt sich die Erwärmung der Böden, des Wassers und der Luft und die Eisschmelze beschleunigt sich.

Mit der Erwärmung der Ozeane nimmt außerdem ihre Lösungsfähigkeit für Gase ab. Infolgedessen binden sie weniger Kohlenstoffdioxid, sodass die Konzentrationen dieses Treibhausgases noch schneller ansteigt und die Klimaerwärmung zunimmt.

6 Korallensterben durch Schädigung des Korallenskeletts

MATERIAL MIT AUFGABEN

B Vegetationsveränderung durch Klimawandel

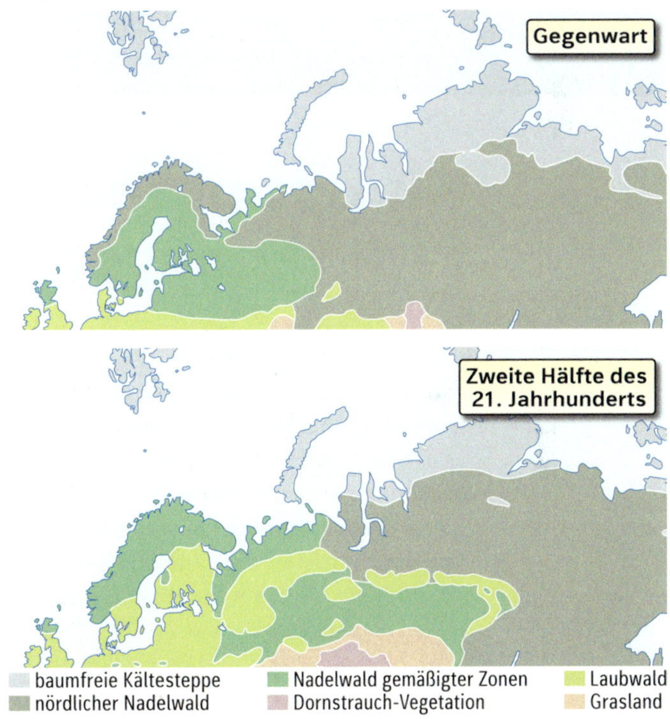

Modellrechnungen sagen durch den Klimawandel bedingte Verschiebungen von Vegetationszonen voraus. Immergrüne Nadelwälder reflektieren wegen ihrer dunkleren Vegetationsoberfläche einen geringeren Anteil der einfallenden Sonnenstrahlen als Laubmischwälder oder Grasland.

1 Beschreiben Sie die Veränderung der Vegetation. ●○○
2 Erklären Sie, warum dies die Klimaerwärmung verstärkt. ●●○
3 Erklären Sie, warum dabei von einer positiven Rückkopplung oder einem selbstverstärkenden Effekt gesprochen wird. ●●●

1 Eisschmelze in der grönländischen Arktis

8.2 Kipppunkte des Erdklimasystems

Infolge der globalen Klimaerwärmung schmilzt in der Arktis das Meereis zunehmend. Setzt sich diese Entwicklung fort, könnte die Arktis in naher Zukunft zumindest im Sommer komplett eisfrei sein. Viele Fachleute befürchten, dass kritische Schwellenwerte für das Erdklima bereits überschritten sind. Warum hat das so gravierende Folgen für die Biosphäre?

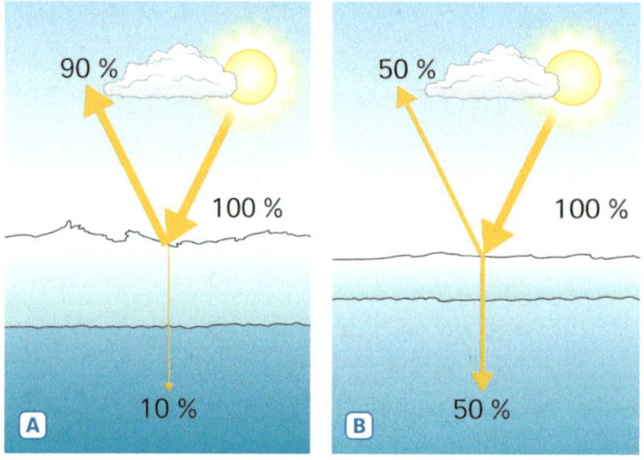

2 Energieanteile reflektierter und absorbierter Sonnenstrahlung: **A** dickes Meereis; **B** dünnes Meereis

Eisbedeckung in der Arktis – Bis vor einigen Jahrzehnten war die Nordpolarregion das ganze Jahr hinweg durchgehend von dem einige Meter dicken Meereis bedeckt, sodass Expeditionen den Nordpol zu Fuß erreichen konnten. Heutzutage können zu manchen Zeiten im Sommer sogar Schiffe den Nordpol erreichen. Im Verlauf des Klimawandels stiegen die Temperaturen weltweit an, in den hohen nördlichen Breiten sogar etwa doppelt so schnell wie im globalen Durchschnitt. Dadurch hat sowohl die Dicke als auch die Fläche des arktischen Meereises stark abgenommen. Dünneres Eis reflektiert deutlich weniger Sonnenstrahlung als dickes Eis und eine vom Eis befreite Wasseroberfläche absorbiert die einfallende Sonnenstrahlung nahezu vollständig. Dies führt zu einer noch stärkeren Oberflächenerwärmung, die die Eisschmelze beschleunigt. Das Schmelzen des Meereises verstärkt sich also fortwährend selbst. Es liegt eine **positive Rückkopplung** vor.

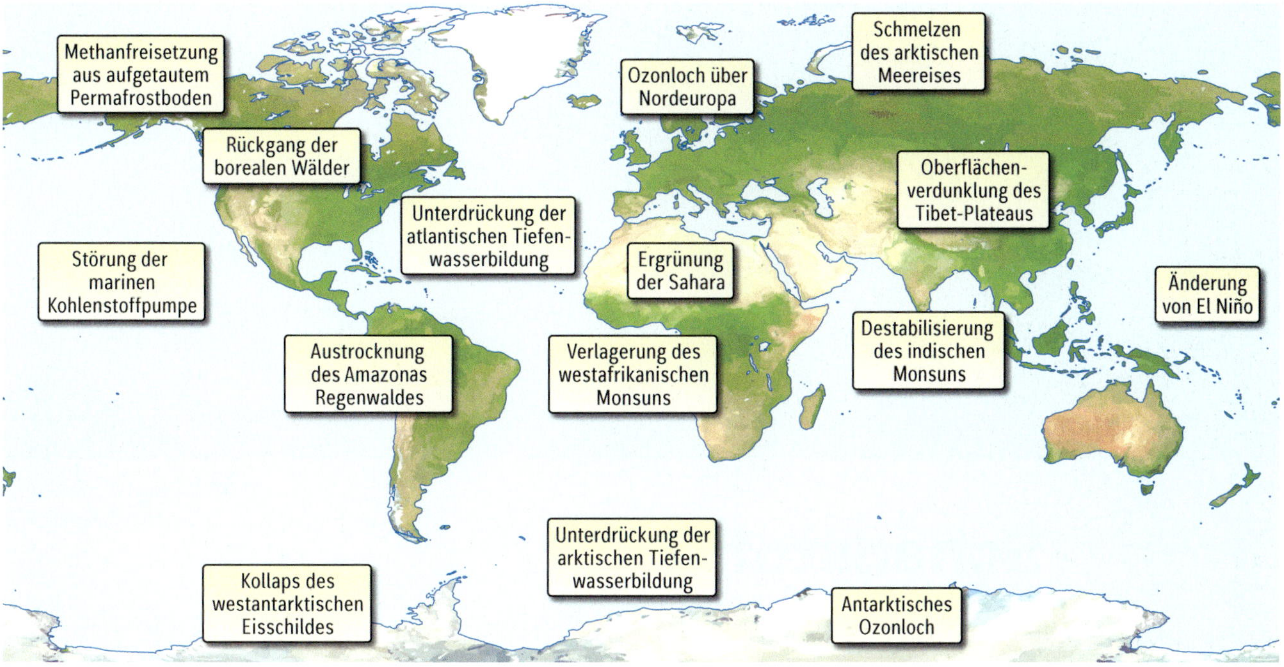

3 Kippelemente des Erdklimasystems

Kipppunkte – Ist das arktische Meereis weitgehend geschmolzen, wird es sich wegen der erhöhten Temperaturen auf absehbare Zeit nicht wieder neu bilden können. Dieses Teilelement des Erdklimas hat dann einen kritischen Schwellenwert überschritten, sodass es zu nicht umkehrbaren Veränderungen kommt. Es wird vom **Kipppunkt** gesprochen. Das entsprechende Teilelement des globalen Klimasystems wird **Kippelement** genannt. Ein solches Element reagiert oft lange Zeit nur in geringem Maße auf Belastungen. Im Bereich des Kipppunktes genügt jedoch schon eine relativ geringfügige zusätzliche Veränderung, um das System in einen neuen Zustand kippen zu lassen.

Wird ein Kipppunkt überschritten, kann dies das Umkippen weiterer Kippelemente des Erdklimasystems wie etwa das Auftauen von Permafrostböden und das Austrocknen des Amazonas-Regenwaldes nach sich ziehen. Dadurch können weitere unkontrollierbare, sich selbstverstärkende Prozesse ausgelöst werden, die unter anderem zu einem anhaltenden, massiven Anstieg des Meeresspiegels, zum Totalverlust wichtiger Ökosysteme und zur Bedrohung großer Teile der Menschheit führen würden.

MATERIAL MIT AUFGABEN

A Kipppunkte im Modell

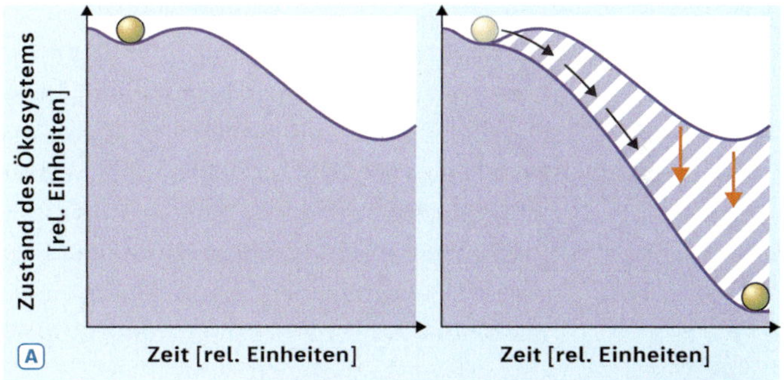

1 Kipppunkt-Modelle: **A** Diagramm; **B** Dominosteine in Reihe

1 Nennen Sie die wesentlichen Merkmale eines Systems. ●○○
2 Erklären Sie die Eigenschaften eines Kippelements in einem System und verdeutlichen Sie diese anhand der beiden Modelle. ●●○
3 Kopieren Sie die Abbildung 3 und erstellen Sie daraus eine interaktive Grafik, in die Sie zu mindestens fünf Kippelementen des Weltklimas eine Erklärung einbinden. ●●●

1 Plastikmüll im Meer

8.3 Schadstoffe in der Umwelt

Riesige Mengen an Plastik und Verbundstoffen treiben in den Weltmeeren. Wie gelangt dieser Müll dort hin und warum ist er für viele Lebewesen schädlich?

Umweltschadstoffe – Sämtliche in der Umwelt vorkommenden Stoffe oder Stoffgemische, die für Lebewesen und Ökosysteme schädlich sein können, werden als **Umweltschadstoffe** bezeichnet. Solche Stoffe können natürlichen Ursprungs sein, wie etwa Methangas aus Sümpfen und Mooren. Sie können aber auch von Menschen erzeugt oder freigesetzt sein. Zur Gruppe dieser anthropogenen Schadstoffe zählen etwa Stickoxide, Feinstaub in der Luft, Pestizide und Schwermetalle im Boden sowie Plastik in Gewässern.

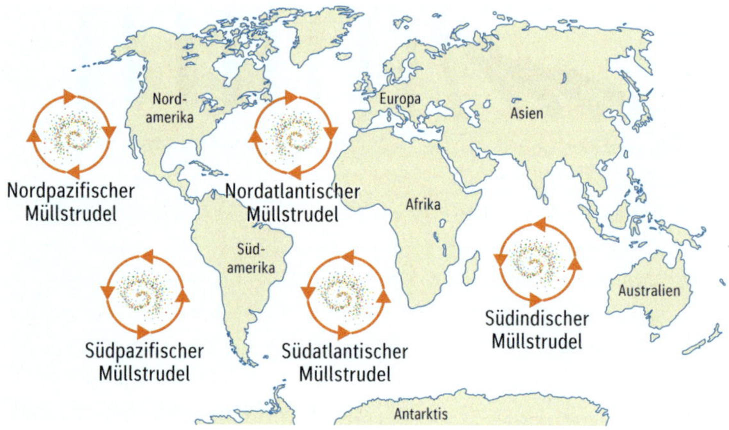

2 Müllstrudel in den Meeren

Plastik in Gewässern – Plastikmüll treibt in allen Größen und Formen in den Weltmeeren. Er wird von Meeresströmungen mitgerissen. In Äquatornähe, wo unterschiedliche Meeresströmungen von Norden und Süden aufeinandertreffen, werden Müllstrudel gebildet. Sie enthalten jede Art von Plastikmüll, etwa Plastikflaschen, Plastiktüten, Getränkebecher und alte Fischernetze. Solche großen Plastikteile werden als **Makroplastik** bezeichnet. Daneben findet sich in allen Gewässern auch **Mikroplastik**. Hierbei handelt es sich um Plastikteilchen mit einem Durchmesser unter fünf Millimeter. Werden diese direkt in der entsprechenden Größe industriell hergestellt und anderen Produkten wie Kosmetika als Schleif- oder Trübungsmittel zugesetzt, handelt es sich um **primäres Mikroplastik**. Im Vergleich hierzu entsteht **sekundäres Mikroplastik** durch den Gebrauch von Kunststoffprodukten. Außerdem kann es durch mechanisches Abschleifen und den Einfluss von Salzwasser und UV-Licht aus Makroplastik herausgelöst werden.

Herkunft des Plastiks — Makroplastik gelangt hauptsächlich durch die nicht ordnungsgemäße Entsorgung von Plastikverpackungen über die Fließgewässer ins Meer oder durch Schiffe, die ihren Müll illegal im Meer entsorgen. Hierzu zählen auch aufgegebene Fischernetze, die als „Geisternetze" im offenen Meer treiben. Quellen für primäres Mikroplastik sind Kosmetik-, Wasch- und Reinigungsmittel wie etwa Zahnpasta, Gesichtscremes und Duschgel. Sekundäres Mikroplastik entsteht, wenn Fasern aus synthetischen Textilien ausgewaschen werden. Ein großer Teil des sekundären Mikroplastiks stammt zudem vom Reifenabrieb des Straßenverkehrs.

Folgen für die Umwelt — Die Umweltfolgen der Belastung durch Makro- und Mikroplastik sind sehr unterschiedlich. So verfangen sich etwa Fische und andere Meerestiere in den Geisternetzen und verenden dort. Meeresvögel nutzen Plastikfäden zum Bau ihrer Nester und verheddern sich darin. Andere Meerestiere nehmen Makro- und Mikroplastik als vermeintliche Nahrung auf. Da dieses aber weder verdaut noch ausgeschieden werden kann, verhungern sie trotz gefüllter Mägen.

Plastikteilchen können im Meer giftige Inhaltsstoffe wie etwa **Bisphenol A**, Weichmacher oder UV-Stabilisatoren freisetzen. Außerdem kann Mikroplastik aufgrund seiner chemischen Eigenschaften bestimmte im Meerwasser gelöste Schadstoffe an sich binden. Hierzu gehören auch solche, die wegen ihrer Giftigkeit und Langlebigkeit längst verboten sind, wie etwa Polychlorierte Biphenyle, kurz **PCB**, oder Dichlordiphenyltrichlorethan, kurz **DDT**.
Im Meer wird Mikroplastik vom Zooplankton aufgenommen und gelangt dann über die Nahrungsketten in die Endkonsumenten. Da es nicht verdaut werden kann, sammelt es sich in deren Verdauungstrakt an. Von dort gelangen die Schadstoffe ins Blut und reichern sich im Fettgewebe der Lebewesen an. Mit zunehmender Konzentration können sie gesundheitliche Schäden verursachen. Eine solche Anreicherung von Schadstoffen in einem Lebewesen durch Aufnahme aus der Umgebung oder über die Nahrung wird **Bioakkumulation** genannt.

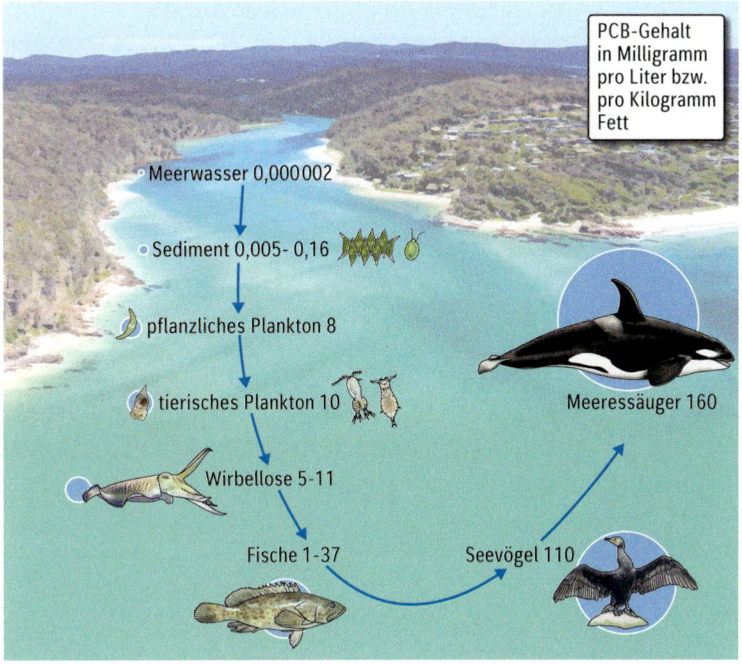

3 Bioakkumulation von PCB

MATERIAL MIT AUFGABEN

A Quellen von Mikroplastik in Deutschland

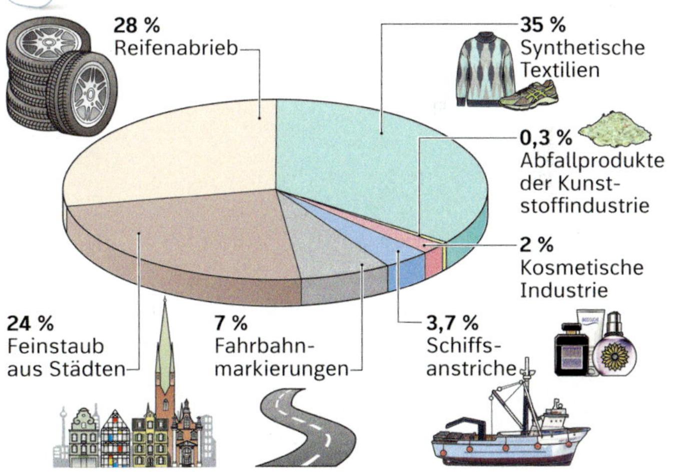

1 Geben Sie eine Definition der Begriffe primäres und sekundäres Mikroplastik an. ●○○
2 Werten Sie das Diagramm hinsichtlich der Möglichkeiten aus, wie die verschiedenen Quellen des Mikroplastiks reduziert werden können. ●●○
3 ▶ Erstellen Sie einen Podcast zu Mikroplastik in Kosmetika. ●●●
4 Erstellen Sie für die Bewertung des Podcast einen Feedbackbogen mit Bewertungskriterien. ●●○

Hormonaktive Substanzen

Hormonaktive Substanzen – Seit Anfang der 1990er Jahre haben sich die Hinweise vermehrt, dass Umweltschadstoffe wie Bisphenol A, DDT oder PCB den Hormonhaushalt von Menschen und Tieren beeinflussen können. Solche Stoffe werden daher als **hormonaktive Substanzen** bezeichnet. Sie stehen im Verdacht, für hormonabhängige Erkrankungen beim Menschen mitverantwortlich zu sein. Hierzu zählen zum Beispiel Prostata- und Brustkrebs oder Diabetes. Hormonaktive Substanzen, die die Wirkung körpereigener Sexualhormone nachahmen oder blockieren, scheinen zudem ein früheres Einsetzen der Pubertät und die Verringerung der männlichen Fruchtbarkeit zu begünstigen.

	Stoffgruppen	Funktion	Vorkommen	TDI [mg/kg KG]
Verpackungen	**Phthalate**	Weichmacher für PVC	Dichtungsmasse für Schraubdeckel	50
			Schläuche in Verarbeitungsanlagen	150
				10
				500
	Bisphenole	Herstellung von Epoxidharzen	Schutzlack von Konservendosen	10
	Beispiel: Bisphenol A	Herstellung von Polycarbonat	Getränkeflaschen	
Umwelt	**Chlororganische Verbindungen**	Kühlflüssigkeit	Altlast etwa aus Transformatoren	
	Beispiel: PCB	Weichmacher	Altlast aus Isoliermedien, Hydraulikölen etc.	1,0 bis 3,0
	Beispiel: Dioxine	Nebenprodukte aus Verbrennungen	Ubiquitär im Boden	0,000014
	Pestizide Beispiel: Lindan; DDT	Pflanzenschutzmittel	Altlasten im Boden	0,001 bis 0,050 10

4 Hormonaktive Substanzen (Auswahl). TDI = Tolerable Daily Intake = tolerierbare tägliche Aufnahmemenge (KG = Körpergewicht)

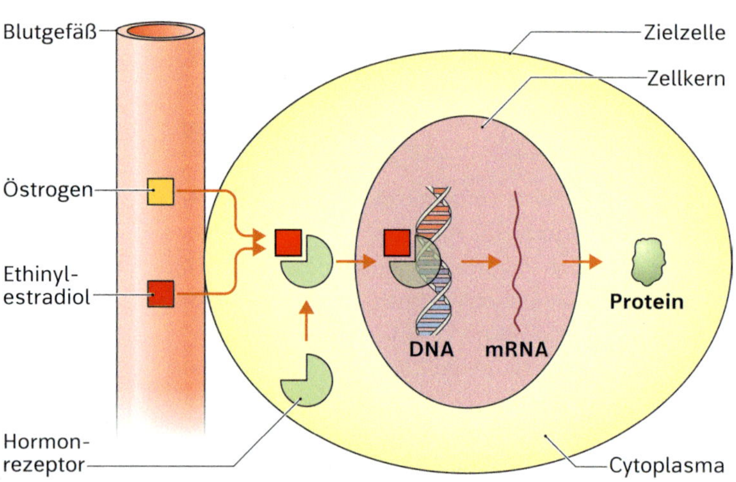

5 Wirkungsmechanismus hormonaktiver Substanzen

Aufnahme – Der Mensch nimmt hormonaktive Substanzen überwiegend mit der Nahrung auf. Einige dieser Substanzen gelangen auf direktem Weg über die Verpackungsmaterialien in die Lebensmittel. Hierzu zählen etwa Phthalate, die als Weichmacher in den Dichtungen verschließbarer Glasbehälter oder in Frischhaltefolien vorkommen. Bisphenol A wird bei der Herstellung von Mehrweggetränkeflaschen und für Schutzbeschichtungen von Konserven- und Getränkedosen verwendet. Andere hormonaktive Substanzen können auf indirektem Weg über die Nahrungskette in Lebensmittel gelangen. Hierzu zählen chlororganische Verbindungen wie DDT, Dioxine und PCB, Perfluoralkylsäuren, kurz PFAS, aber auch Arzneimittel Sie gelangen über das Abwasser in Gewässer und werden von Fischen aufgenommen. Einige hormonaktive Substanzen können auch über die Luft oder die Haut in den menschlichen Körper gelangen. Letzteres ist etwa bei Körperpflegemitteln wie Sonnencremes und Kosmetika möglich.

Wirkungsmechanismen – Hormonaktive Substanzen können im Körper indirekt wirken, etwa indem sie die Biosynthese oder den Abbau von Hormonen beeinflussen. Andere Substanzen binden selbst an Hormonrezeptoren der Zielzelle und beeinflussen so direkt die Hormonwirkung. So kann etwa Ethinylestradiol, eine synthetische Variante des weiblichen Hormons Estradiol, wie dieses an den Estradiol-Rezeptor im Cytoplasma der Zielzelle binden. Dieser wird dadurch in eine aktive Form überführt und bindet als Transkriptionsfaktor an regulatorische Bereiche der DNA. Dadurch wird die Transkription der entsprechenden mRNA veranlasst und die codierten Proteine gebildet.

Maßnahmen gegen Umweltschadstoffe – In Anbetracht des Gefahrenpotenzials, das von Plastikmüll in Gewässern und hormonaktiven Substanzen ausgeht, wurden verschiedene gesetzliche Regelungen getroffen. So gilt seit 2021 ein EU-weites Verbot von Wegwerfprodukten aus Plastik wie Einweggeschirr oder Coffee-to-go-Bechern. Seit Anfang 2022 dürfen Händler keine leichten Kunststofftragetaschen mehr ausgeben.

Viele hormonartige Stoffe wie etwa DDT und PCB sind durch entsprechende Gesetze zulassungsbeschränkt oder verboten. Aktuell wird intensiv daran gearbeitet, Kriterien und Testmethoden zu entwickeln, um die Wirkung hormonartiger Substanzen zu erfassen und um bisher unerkannte Substanzen zu identifizieren. Auf politischer Ebene wurden zudem verschiedene Aktionspläne verabschiedet. Die Weltgesundheitsorganisation WHO unterstützt zum Beispiel mit der EU die Erstellung von umfassenden Berichten zum aktuellen Wissensstand über hormonaktive Substanzen.

Jeder einzelne kann durch sein Verhalten dazu beitragen, dass weniger Plastikmüll entsteht und weniger hormonaktive Substanzen in die Umwelt gelangen. Verbraucher können beispielsweise beim Kauf von Kosmetikartikeln, Wasch- und Reinigungsmitteln darauf achten, dass diese kein Mikroplastik enthalten. Mit einer speziellen App lässt sich Mikroplastik leicht aufspüren. Außerdem gilt es, Plastikmüll und hormonartige Medikamente sachgerecht zu entsorgen und auf plastikfreie Verpackungen und Mehrwegflaschen aus Glas zu setzen.

MATERIAL MIT AUFGABEN

B Vitellogenin – ein Bioindikator für hormonaktive Substanzen

Das im Eierstock weiblicher Fische gebildete Sexualhormon Estradiol bindet in der Leber an spezifische Hormonrezeptoren. Dies führt hier über eine Signalkaskade zur Bildung von Vitellogenin, einem Vorläuferprotein des Eidotters. Vitellogenin wird von Leberzellen ins Blut abgegeben, im Eierstock aktiv aufgenommen und in die Eizellen transportiert. Männliche Fische weisen im Normalfall keine nennenswerte Konzentration an Estradiol im Blut auf. Nehmen sie hormonaktive Substanzen auf, so wird dadurch die Bildung von Estradiol-Rezeptoren in der Leber und die Bildung von Vitellogenin induziert. Die Konzentration an Vitellogenin im Blut männlicher Fische dient daher als Bioindikator für die Belastung von Gewässern mit hormonaktiven Substanzen.
In einer Untersuchungsreihe wurde die Vitellogeninkonzentration im Blutserum von Fischen aus der Wahnbachtalsperre, einer Trinkwassertalsperre in NordrheinWestfalen, und einem bestimmten Abschnitt des Niederrheins ermittelt.

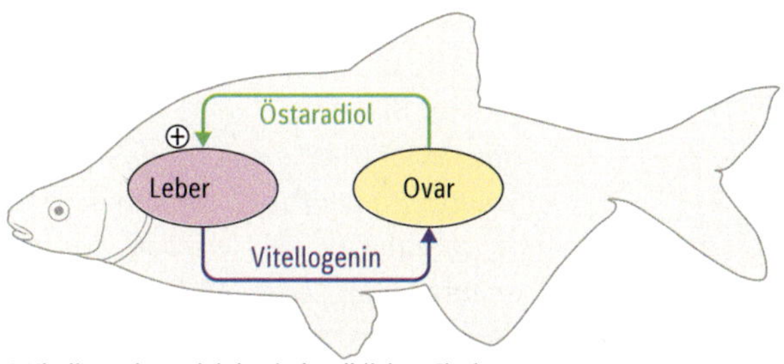

A Vitellogeninproduktion bei weiblichen Fischen

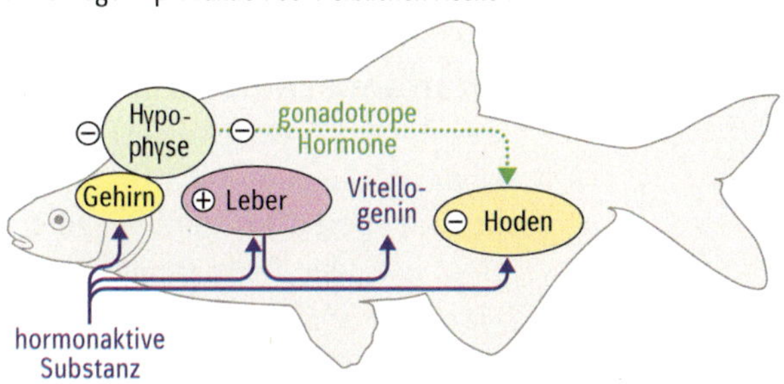

B Einfluss hormonaktiver Substanzen auf männliche Fische

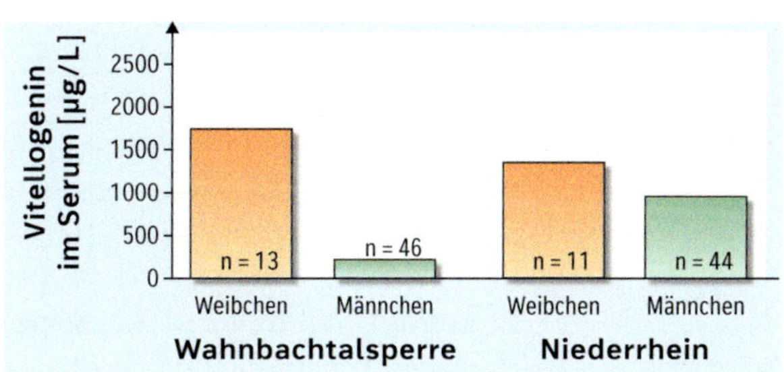

1 Beschreiben Sie den Einfluss hormonähnlicher Substanzen auf männliche Fische anhand der Abbildung A und B. ●○○
2 Erklären Sie, warum diese Substanzen zu einer Verweiblichung dieser Fische führen können. ●●○
3 Deuten Sie die Befunde der Untersuchungssreihe. ●●○

1 Wachholderheide

8.4 Landschafts-umgestaltung

Wachholderheiden sind in ganz Europa verbreitet. Sie stellen keine natürliche Landschaft dar, sondern sind Kulturlandschaften, die durch Weidewirtschaft entstanden sind. Die meisten Wachholderheiden werden heute als Naturschutzgebiet oder Naturdenkmal geschützt. Warum werden solche Kulturlandschaften geschützt?

Naturlandschaft – Eine Naturlandschaft ist eine vom Menschen nicht beeinflusste Landschaft, die alleine durch natürliche Faktoren entstanden ist. Dazu gehören geologische Faktoren wie die Bewegungen der Erdkruste, klimatische Faktoren wie etwa Eiszeiten und hydrologische Faktoren wie der Grundwasserstand oder das Vorkommen stehender und fließender Gewässer. Die mitteleuropäische Naturlandschaft bestand noch vor 5000 Jahren vorwiegend aus Laubwäldern, die sich je nach Höhenlage, Klima und Bodenverhältnissen an den verschiedenen Standorten in ihrer Zusammensetzung unterschieden.

Entwicklung der Kulturlandschaft – Naturlandschaften wurden entscheidend verändert, als der Mensch sesshaft wurde. Seither wird die Landschaft durch land-, forst- und fischereiwirtschaftliche Nutzung sowie durch die Kultivierung der Moore und den Ausbau von Siedlungen und Flusslandschaften umgestaltet. Dabei entstanden vielfältige dauerhaft durch den Menschen geprägte Landschaften, die **Kulturlandschaften**.
Durch die bis Mitte des 20. Jahrhunderts vielfältige, aber wenig intensive Nutzung der Landschaft entstanden zahlreiche neue Lebensräume. In ihnen waren die abiotischen Faktoren anders kombiniert als in den ursprünglichen Wäldern. In den unterschiedlichen und zum Teil einzigartigen Habitaten konnten sich hoch spezialisierte Pflanzen- und Tiergesellschafen entwickeln. Die Artenvielfalt in den Kulturlandschaften war dadurch gegenüber der ursprünglichen Naturlandschaft deutlich erhöht. Alte Kulturlandschaften sind daher in besonderem Maße schutzwürdig. Sie sind zudem von hohem ästhetischem Wert für das Landschaftsbild.

Wacholderheiden zählen zu den ältesten durchgehend existierenden Kulturlandschaften der Menschheit. Die Beweidung gerodeter Waldflächen durch Nutzvieh hatte zur Folge, dass der Bewuchs kurz gehalten wurde. Der starke Verbiss durch Schafe führte an trockenen und nährstoffarmen Standorten zur Entstehung von Wacholderheiden. Da nur der stachelige *Wacholder* und giftige Pflanzen nicht gefressen wurden, konnten diese Pflanzen hier ungestört wachsen. Ohne den Einfluss des Menschen würden Wacholderheiden Gefahr laufen, waldartig zuzuwachsen. Um sie zu erhalten, müssen diese weiterhin vom Menschen bewirtschaftet werden.

Intensivierung der Landnutzung

Durch das Bevölkerungswachstum und technische Entwicklungen haben der Umfang und die Geschwindigkeit der Landschaftsumgestaltung seit Mitte des letzten Jahrhunderts enorm zugenommen. Es hat sich eine **Intensivlandwirtschaft** mit hoher Produktivität entwickelt. Um den Einsatz großer Maschinen auf **Ackerland** zu ermöglichen, wurden Felder vergrößert, Hecken, Gebüsche und Ackerrandstreifen entfernt, Bäche begradigt und Feuchtgebiete trocken gelegt. Viele Lebensräume für Tier- und Pflanzenarten gingen dadurch verloren. Etwa ein Viertel der landwirtschaftlich genutzten Fläche Deutschlands ist durch Wiesen und Weiden geprägt. Dieses **Grünland** ist heutzutage von großer Bedeutung für den Erhalt der biologischen Vielfalt.

Auch durch die wachsende **urbane** und **industrielle Nutzung** wurde das Landschaftsbild stark verändert. Der Flächenverbrauch für Gebäude, Verkehrswege, Gewerbe- und Industriegebiete führte zu einer zunehmenden **Flächenversiegelung** mit negativen Auswirkungen für Böden und Grundwasser. Straßen und Bahnlinien haben eine **Zerschneidung der Landschaft** mit gravierenden Auswirkungen auf die Lebensräume von Pflanzen und Tieren zur Folge. Es findet eine **Verinselung** statt, die durch die Trennung von Populationen zum Aussterben von Arten führen kann. Für die **Nutzung von Gewässern** als Transportwege wurden Flüsse begradigt und vertieft. Hierdurch gingen vor allem Flussauen mit ihren charakteristischen Pflanzen- und Tiergesellschaften verloren. Die erhöhte Fließgeschwindigkeit hatte zudem einen hohen Verlust an Lebensräumen in den Gewässern zur Folge.

2 Luftaufnahme eines Autobahnkreuzes

MATERIAL MIT AUFGABEN

A Veränderung der Landnutzung

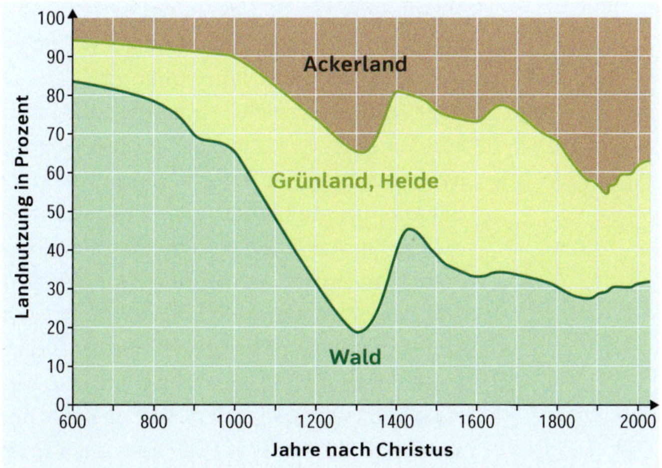

1 Beschreiben Sie die Entwicklung der Landnutzung in Mitteleuropa seit dem 6. Jahrhundert mithilfe des Diagramms. ●●○
2 Recherchieren Sie die Ursachen, die zur Veränderung der Landnutzung im 13. Jahrhundert geführt hat. ●●○
3 ▶ Recherchieren Sie die Veränderungen der Grünlandbewirtschaftung und ihre Folgen. Fertigen Sie dazu ein Referat an. ●●○

3 Ackerrandstreifen

4 Renaturierung eines Fließgewässers

Erhaltungsmaßnahmen – Aus vielfältigen und artenreichen Äckern und Wiesen wurden durch die Intensivierung der Landwirtschaft monotone und artenarme Flächen. Eine der wichtigsten Maßnahmen, um diese Entwicklung einzudämmen, besteht in der Ausweisung von Schutzgebieten. Zu diesen zählen Landschaftsschutzgebiete und Naturschutzgebiete.

Landschaftsschutzgebiete sind rechtsverbindlich festgesetzte Gebiete, in denen ein besonderer Schutz von Natur und Landschaft gegeben ist. Lebensräume für Tier- und Pflanzenarten sollen so erhalten und die Funktionsfähigkeit des Naturhaushaltes gesichert oder wiederhergestellt werden. Landschaften können auch aus ästhetischen Gründen oder aufgrund ihrer besonderen kulturhistorischen Bedeutung unter Schutz gestellt werden. Dabei soll die Einmaligkeit und Eigentümlichkeit einer vom Menschen kultivierten Landschaft, wie etwa die Wacholderheiden, erhalten bleiben. Landschaftsschutzgebiete nehmen fast ein Drittel der Fläche Deutschlands ein. Die Nutzung und Zugänglichkeit ist jedoch kaum eingeschränkt, da im Wesentlichen der Gesamtcharakter der Landschaft erhalten werden soll.

Im Vergleich zu Landschaftsschutzgebiete sind **Naturschutzgebiete** kleiner und mit deutlichen Nutzungseinschränkungen verbunden. Sie zielen auf die Erhaltung einer wenig vom Menschen überprägten Landschaft ab. Hierzu gehören beispielsweise Moore oder Auenwälder.

Aufwertungsmaßnahmen – Durch verschiedene Maßnahmen kann die Artenvielfalt naturferner Flächen, etwa von intensiv genutztem Acker- und Grünland, erhöht werden. Wird etwa der Ackerrandstreifen nicht bewirtschaftet, können sich dort Ackerwildkräuter ansiedeln. Durch die Anpflanzung von Hecken und Gehölzen zwischen landwirtschaftlich genutzten Flächen können Brutplätze für bestimmte Vogelarten und Lebensräume für verschiedene Tierarten geschaffen werden. Werden Kleingewässern an geeigneten Stellen angelegt, können diese einen Lebensraum für Amphibien, Insekten und Pflanzen der Ufer- und Flachwasserzone bieten. Selbst naturentfremdete Gebieten wie Innenstädte können etwa durch Stadtbegrünung in Form von Parks, begrünten Fassaden und Dachgärten ökologisch aufgewertet werden.

Renaturierungsmaßnahmen – Landschaften, die in erheblichem Umfang durch den Menschen verändert wurden, können durch aufwendige Maßnahmen wieder in einen naturnahen Zustand versetzt werden. Für bestimmte Fließgewässer fordert die von der Europäischen Union verabschiedete Wasserrahmenrichtlinie (WRRL) unter anderem deren Rückführung in einen naturnahen Zustand. Durch Rückbau von Begradigungen, Uferbefestigungen und Stauwerken sollen wieder strukturreiche und durchgängige Fließgewässer geschaffen werden. Dadurch lässt sich ein natürliches Vorkommen von Pflanzen und Fischen an diesen Standorten ermöglichen.

B Renaturierung eines Fließgewässers

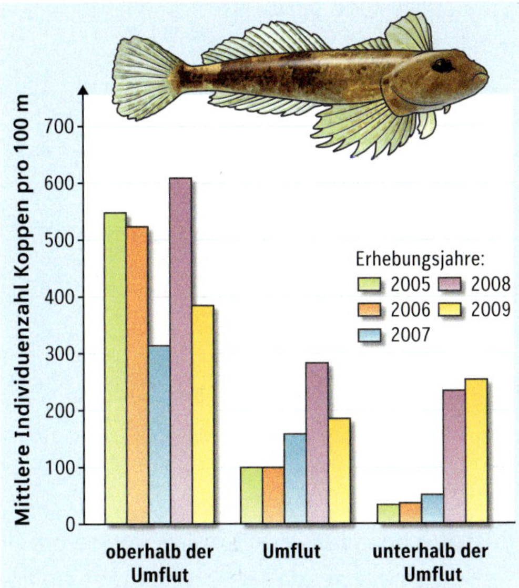

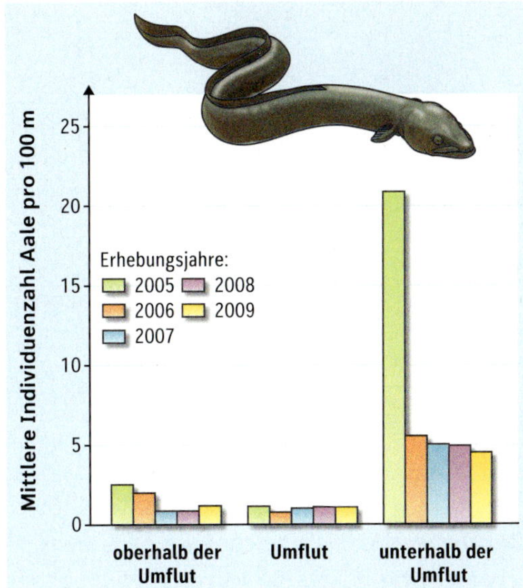

Die Lippe ist ein Nebenfluss des Rheins. Ihr Oberlauf wurde seit 1824 stark verändert. So wurde der ursprünglich mäandrierende Fluss durch intensive Flussbegradigungen und Böschungssicherungen um mehr als 5 Kilometer verkürzt und die Flussaue auf ein Viertel der ursprünglichen Fläche reduziert.

Anfang der 1980er Jahre entstand durch den Abbau von Kies und Sand im Bereich der oberen Lippeaue ein künstlicher See. Dort, wo der Fluss den See verließ, hielt eine Staumauer den Seespiegel konstant. Diese war für Wasserlebewesen nicht überwindbar. Die von der Lippe transportierten Kiese und Sande wurden aufgrund der geringen Fließgeschwindigkeit im See abgelagert und fehlten im Unterlauf. Im See erwärmte sich das Flusswasser und in der Folge kam es zu verstärktem Algenwachstum. Abgestorbene Algen und Kleintiere sowie das trübe und warme Flusswasser belasteten die Lippe im Unterlauf über viele Kilometer. Als Renaturierungsmaßnahme wurde zwischen 2000 und 2005 eine Umflut um den Lippesee gebaut. Die Lippe fließt nun in einer 60 Meter breiten Ersatzaue an dem See vorbei. In dieser Ersatzaue kann der Fluss seine Form selbst gestalten und mäandern.

Zur Untersuchung der Folgen dieser Renaturierungsmaßnahme wurden seit 2005 die Bestandsentwicklungen von Koppe und Aal ermittelt. Die Koppe ist eine an klares und kaltes Wasser angepasste Fischart, die den Oberlauf von Flüssen besiedelt. Sie laicht auf Kiesbänken. Aale sind bezüglich der Gewässerqualität weniger anspruchsvoll und bevorzugen weiche und schlammige Untergründe.

1 Fassen Sie Folgen der Eingriffe für die Lippe bis zur Flussrenaturierung 2000 zusammen. ●○○
2 Erläutern Sie die durchgeführte Renaturierungsmaßnahme. ●●○
3 Werten Sie die Ergebnisse der Bestandsentwicklungen von Aal und Koppe zwischen 2005 und 2009 aus. ●●○
4 Beurteilen Sie unter Einbeziehung aller Informationen den Erfolg der Renaturierungsmaßnahme. ●●○
5 Nennen Sie dabei weitere Parameter, die für eine genauere Beurteilung untersucht werden sollten. ●●●

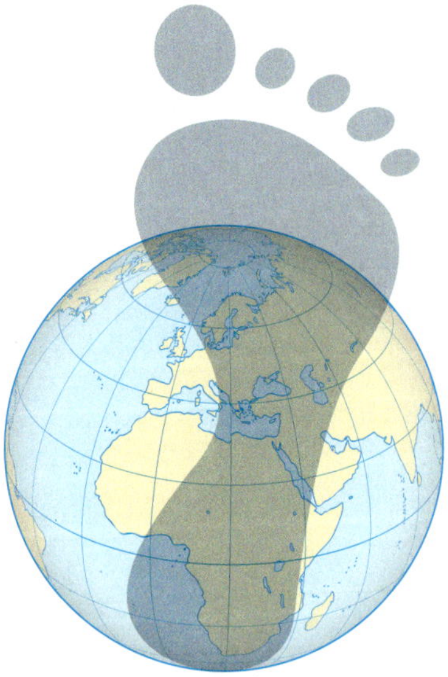

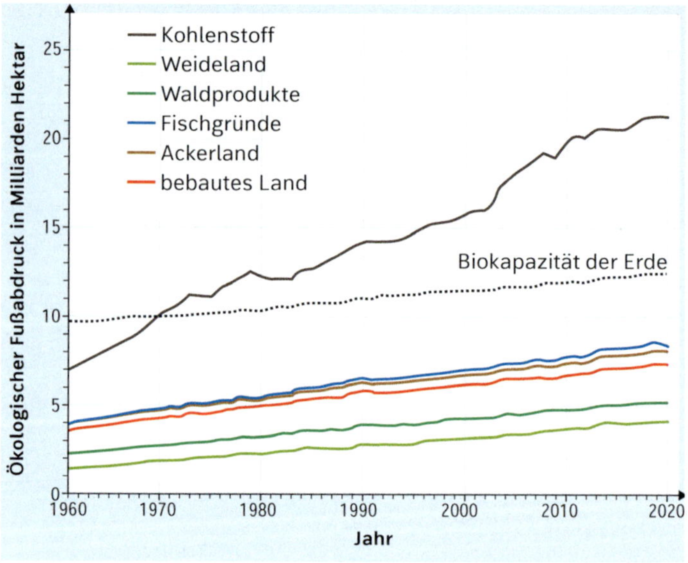

5 Ökologischer Fußabdruck und Biokapazität

Ökologischer Fußabdruck – Jede menschliche Aktivität ist mit der Nutzung von Flächen verbunden. Zum Beispiel erfordert die Produktion von Nahrung Acker- und Weideflächen, zur Gewinnung von Holz werden Wälder genutzt. Darüber hinaus nutzt der Mensch Gewässer zur Trinkwassergewinnung und als Fischfanggebiete. Die Summe aller notwendigen Land- und Wasserflächen, die den Lebensstil und Lebensstandard eines Menschen unter den heutigen Bedingungen dauerhaft ermöglicht, wird als **ökologischer Fußabdruck** bezeichnet. Er wird in der Einheit globaler Hektar (gha) ausgedrückt. Dieser entspricht einem Hektar mit weltweit durchschnittlicher biologischer Produktivität. Der ökologische Fußabdruck schließt auch Flächen ein, die zur Produktion von Kleidung und zur Bereitstellung von Energie benötigt werden. Ebenso gehören bebaute Flächen und Flächen zur Müllentsorgung dazu. Auch die Menge an produziertem Kohlenstoffdioxid ist im ökologischen Fußabdruck enthalten. Hierzu wird die Waldfläche eingerechnet, die zur Aufnahme aller Kohlenstoffdioxid-Emissionen notwendig wäre und die nicht von Ozeanen absorbiert werden können. Im ökologischen Fußabdruck wird somit die gesamte Fläche erfasst, die für die Bereitstellung der vom Menschen benötigten natürlichen **Ressourcen** erforderlich ist. Er ist ein Maß für die Nutzung der natürlichen Ressourcen durch den Menschen.

Biokapazität – Der Nutzung von Ressourcen durch den Menschen steht die Fähigkeit des Ökosystems gegenüber, diese Ressourcen zu regenerieren. Faktoren wie Wasserverfügbarkeit, Klima, Bodenfruchtbarkeit und Sonneneinstrahlung begrenzen sie. Die Regenerationsfähigkeit von Ökosystemen wird als **Biokapazität** bezeichnet. Sie umfasst sowohl die Produktion biologischer Materialien als auch die Aufnahme von Abfällen und Reststoffen. Die Biokapazität gibt die Gesamtheit der Flächen an, die für die Regeneration der Ressourcen zur Verfügung stehen. Entsprechend dem ökologischen Fußabdruck wird sie in der Einheit globaler Hektar gemessen.

Biokapazitätsdefizite – Der ökologische Fußabdruck eines Menschen betrug 2018 im weltweiten Durchschnitt 2,77 gha. Ihm stand eine Biokapazität von 1,58 gha gegenüber. Weltweit werden also mehr Ressourcen verbraucht, als jährlich durch die Ökosysteme regeneriert werden. Es besteht ein ökologisches Defizit. Vergleicht man den ökologischen Fußabdruck einzelner Länder mit der jeweiligen nationalen Biokapazität, so liegt in vielen Ländern ein Defizit vor. Dieses wird oft dadurch ausgeglichen, dass Ressourcen anderer Länder genutzt werden. Diese ans Ausland abgegebenen Ressourcen stehen den dortigen Bewohnern dann aber nicht mehr zur Verfügung.

C Der Landfußabdruck am Beispiel von Palmöl

Palmöl wird aus der Frucht der Ölpalme gewonnen. Es ist weltweit das billigste und am häufigsten verwendete Pflanzenöl und deckt 39 Prozent des weltweiten Bedarfs an Pflanzenöl ab. Der Verbrauch stieg seit Beginn der 1990er Jahre stetig an und erreichte 2022 mit einem weltweiten Konsum von 76,4 Millionen Tonnen einen Höchststand. 75 Prozent des Palmöls werden als Nahrungsmittel verwendet. Es findet sich unter anderem in Schokocreme, Keksen, Knabbergebäck und vielen Fertigprodukten.

Seit 1990 hat sich die Anbaufläche für Ölpalmen weltweit verdoppelt. Die wichtigsten Anbauländer für Ölpalmen sind Indonesien und Malaysia. Die stetig wachsende Nachfrage auf dem Weltmarkt führt dazu, dass für Palmölplantagen in großem Stil Regenwälder gerodet und abgebrannt werden. Dabei wird der Lebensraum seltener Tierarten wie Orang-Utan, Borneo-Zwergelefant und Sumatra-Tiger zerstört. Kleinbauern und Indigene, die den Wald über Generationen bewohnt haben, werden oft von ihrem Land vertrieben. Durch die Brandrodung wird zudem der in der Urwaldvegetation und in den Böden gespeicherte Kohlenstoff freigesetzt. So gelangen große Mengen an Kohlenstoffdioxid in die Atmosphäre.
In vielen Ländern ist Palmöl ein schwer zu ersetzendes Nahrungsmittel und bildet die Lebensgrundlage von kleinbäuerlichen Betrieben. Allein in Malaysia hängen mittlerweile rund drei Millionen Arbeitsplätze von der Produktion von Palmöl ab.

1 Erklären Sie den Begriff Monokultur. Berücksichtigen Sie dabei die Luftaufnahme einer Palmölplantage an der Grenze zum Regenwald. ●○○
2 Erklären Sie den Unterschied zwischen Landfußabdruck und ökologischem Fußabdruck. ●●○
3 Erklären Sie, wie der Landfußabdruck der Europäischen Union mit dem Palmölanbau in Zusammenhang steht. ●●○
4 Begründen Sie die Aussage: „Im Vergleich zum weltweiten Palmölverbrauch ist der Palmölverbrauch in Deutschland besonders kritisch zu sehen." ●●○
5 Berechnen Sie Ihren eigenen ökologischen Fußabdruck. Nutzen Sie dafür Berechnungsmöglichkeiten aus dem Internet. ●●○

1 Übergang einer Palmölplantage zum Urwald (Luftaufnahme)

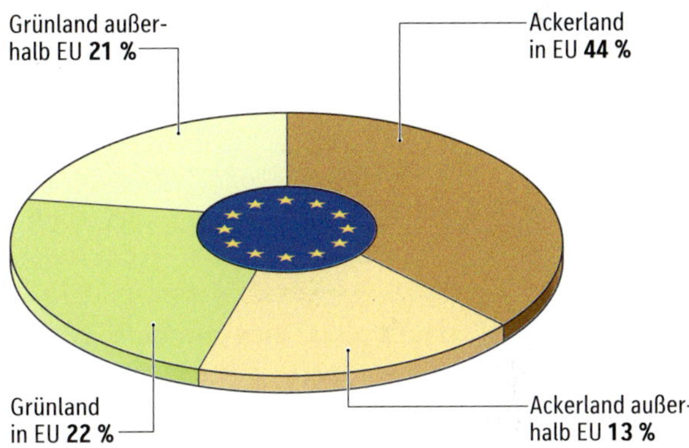

2 Landfußabdruck der EU im Jahr 2019

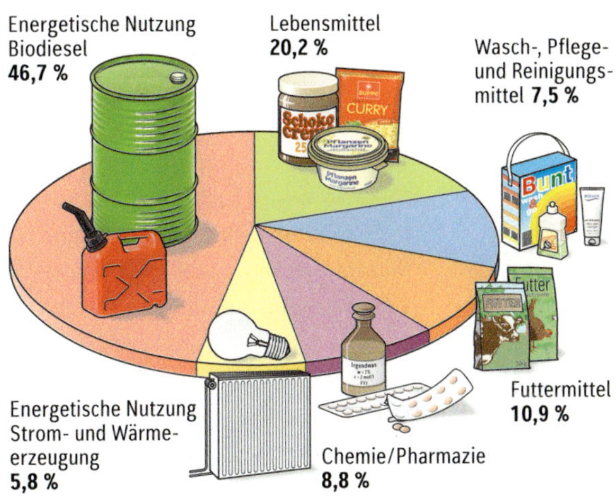

3 Palmölverbrauch in Deutschland im Jahr 2019

1 Trockengelegtes Moor

8.5 Bedeutung der Moore

Das Bundeskabinett hat Ende 2022 die Nationale Moorschutzstrategie beschlossen. Sie verfolgt das Ziel, intakte Moore zu schützen und bisher entwässerte Moorböden wiederherzustellen und in eine nachhaltige Bewirtschaftung zu überführen. Warum sollen Moore so umfassend geschützt werden?

2 Torfmoos

Kennzeichen von Mooren – Moore besitzen einen wassergesättigten, schwammigen Boden, der nicht zersetzte, tote Biomasse enthält. Im Hinblick auf die Wasserversorgung und den Mineralstoffgehalt kann man Nieder- von Hochmooren unterscheiden. Niedermoore entstehen aus verlandeten Seen. Im Gegensatz zu Niedermooren haben Hochmoore keinen Kontakt zum Grundwasser und sind sehr arm an Mineralstoffen. Ihre Vegetationsfläche wölbt sich wie ein Uhrglas über die Landschaft.

Torfmoose – Voraussetzung für die Entstehung von Hochmooren sind Torfmoose. Mit ihren zarten Stämmchen, Ästchen und Blättchen nehmen sie Wasser und Mineralstoffe über den gesamten Pflanzenkörper auf. Wurzeln benötigen sie nicht. Torfmoose wachsen an ihren Spitzen ständig weiter, während die unteren Teile wegen des fehlenden Lichts absterben. Aufgrund des Sauerstoffmangels im nassen Moorboden wird die tote Biomasse nur unvollständig zersetzt. Sie bildet den Torf. Ein Moor wächst pro Jahr durchschnittlich 1 Millimeter. Das ungefähr 8 Meter hohe Pietzmoor in der Lüneburger Heide ist somit etwa 8000 Jahre alt.

Torfmoose als Wasserspeicher – Torfmoose besitzen zwei unterschiedliche Zelltypen: In den chlorophyllhaltigen lebenden **Chlorocyten** findet Fotosynthese statt. Die zwischen ihnen liegenden toten **Hyalocyten** sind in der Lage, mehr als das 30-fache ihrer Trockenmasse an Wasser zu speichern. Die Zellen der Pflanze verhalten sich also wie Quellkörper. Außerdem nehmen Hyalocten Mineralstoffe auf und geben im Gegenzug Wasserstoff-Ionen an die Umgebung ab. Dieser **Ionenaustausch** führt zu einer Versauerung des umgebenden Wassers. Torfmoose sind an diesen niedrigen pH-Wert angepasst. Aufgrund ihrer Fähigkeit Wasser zu speichern und langsam wieder abzugeben, leisten Moore einen wichtigen Beitrag zum Hochwasserschutz.

Moore als Orte der Artenvielfalt – Intakte Moore weisen extreme abiotische Faktoren wie ein niedriger pH-Wert, ein geringer Mineralstoffgehalt und große Temperaturunterschiede zwischen Tag und Nacht auf. Unter diesen Bedingungen können nur Tier- und Pflanzenarten existieren, die über besondere Angepasstheiten verfügen. Ein typisches Beispiel sind insektenfressende Pflanzen, wie etwa der Sonnentau. Die Pflanze fängt Insekten und verdaut diese anschließend. Sie deckt auf diese Weise ihren Bedarf an Stickstoffverbindungen.

3 Hyalo- und Chlorocyten in einem Torfmoosblättchen

Moore als Kohlenstoffdioxidsenken – Der Grund für den umfassenden Schutz der Moore ergibt sich insbesondere aus ihrer Bedeutung für den Klimaschutz. Torfmoose nehmen bei der Fotosynthese Kohlenstoffdioxid auf und bauen daraus organische Kohlenstoffverbindungen auf. Einen Teil davon setzen sie bei der Zellatmung wieder frei. Der andere Teil bleibt in der Biomasse der Moose gespeichert. Dadurch, dass Moose in dem wassergesättigten Milieu in Mooren nur unvollständig abgebaut werden, bleibt der Kohlenstoff im Torf gespeichert. In Deutschland sind fünf Prozent der gesamten Landfläche Moore. In ihren Böden ist genauso viel Kohlenstoff gespeichert wie in allen Waldgebieten Deutschlands. Intakte Moore nehmen mehr Kohlenstoffdioxid auf als sie abgeben. Sie sind **Kohlenstoffdioxidsenken**.
In entwässerten Mooren gelangt Sauerstoff an das tote organische Material und wird anschließend durch Destruenten abgebaut. Dadurch wird der gespeicherte Kohlenstoff als Kohlenstoffdioxid wieder freigesetzt. So können sich Moore zur Kohlenstoffdioxidquelle entwickeln.

4 Sonnentau, rötlich gefärbt, zwischen Torfmoos

Moore als Zeitzeugen – Aufgrund der Wassersättigung, Sauerstoffarmut und des relativ geringen pH-Werts wirken Moorböden konservierend. Pollen, Sporen und Pflanzenreste werden in ihnen konserviert und ermöglichen so Rückschlüsse auf die in der Vergangenheit vorherrschenden klimatischen Bedingungen. Man findet in Mooren auch Gebrauchsgegenstände sowie Grabstellen und erhält so Einblicke in das Leben früherer Generationen.

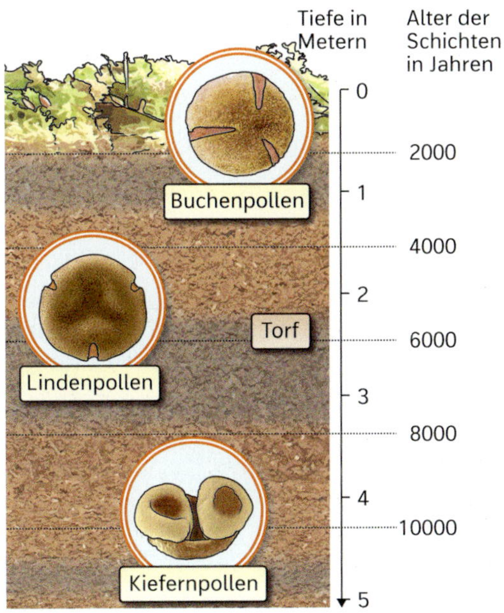

5 Moorprofil und Pollen

Bewerten im Sinne einer nachhaltigen Entwicklung

Leitbild nachhaltiger Entwicklung Deutschland hat sich seit dem ersten Erdgipfel 1992 in Rio de Janeiro dem Leitbild einer nachhaltigen Entwicklung verpflichtet. Aktuell orientiert sich Deutschland an der Agenda 2030 der Vereinten Nationen mit ihren 17 Nachhaltigkeitszielen. Diese Ziele können den fünf Kernelementen „Mensch, Planet, Wohlstand, Frieden und Partnerschaft" zugeordnet werden. Nachhaltige Entwicklung bedeutet, dass die jetzt lebende Generation ihre Grundbedürfnisse befriedigen kann, ohne dabei die Möglichkeiten zukünftiger Generationen einzuschränken.

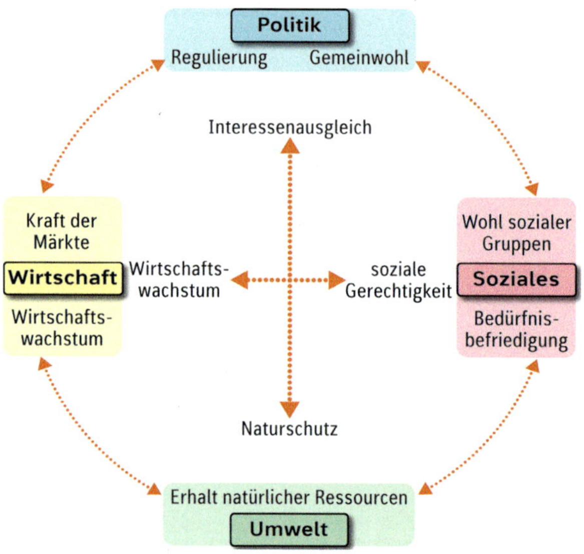

1 Typische Interessenskonflikte nachhaltiger Entwicklung

Das Leitbild der nachhaltigen Entwicklung ist mit der Frage verbunden: Wie wollen und können Menschen in allen Staaten heute und in Zukunft gemeinsam leben? Die Nachhaltigkeitsziele verbinden die sozialen, ökologischen, wirtschaftlichen und politischen Dimensionen von Nachhaltigkeit. Mit der Umsetzung der Ziele sollen Armut, Hunger und Ungleichheiten in und zwischen Staaten bekämpft werden. Zudem soll die wirtschaftliche Entwicklung eines Landes mit dem Schutz der natürlichen Ressourcen in Einklang gebracht werden.

Der Erhalt und Renaturierung von Ökosystemen sind wichtige Maßnahmen, um den globalen Klimawandel zu bekämpfen und natürliche Ressourcen zu schützen. Die Entwicklung zukunftsfähiger, nachhaltiger Lösungen, etwa zur Renaturierung von Moor-Ökosystemen, ist eine komplexe Aufgabe. Dabei müssen sowohl ökologische als auch wirtschaftliche, politische und soziale Aspekte gleichermaßen berücksichtigt werden. Der Zusammenhang dieser Aspekte entspricht dem **Kohärenzprinzip**.
Dabei stehen die Entwicklungsdimensionen Umwelt, Wirtschaft, Gesellschaft und Politik oftmals in einem Spannungsverhältnis. Einerseits sollen natürliche Ressourcen geschützt, andererseits müssen diese etwa zur Nahrungsmittelproduktion wirtschaftlich genutzt werden. So kommt es oft zu Interessenskonflikten zwischen Naturschutz und Landwirtschaft oder zwischen Kommunalpolitik und verschiedenen Interessensgruppen.

Handlungsmöglichkeiten – Um Handlungsmöglichkeiten für die nachhaltige Nutzung einer natürlichen Ressource und deren Bewertung zu entwickeln, ist umfangreiches Sachwissen notwendig. Außerdem müssen die vielfältigen Interessen, individuelle Wertvorstellungen sowie die gesellschaftlichen Vorgaben und Normen berücksichtigt werden, die mit den Handlungsmöglichkeiten verbunden sind. Die Entscheidungssituationen sind also sachlich und ethisch komplex. Grundsätzlich müssen dabei die **Sachebene** und die **Wertebene** miteinander verknüpft werden.

Argumentationsformen beim Bewerten von Handlungsmöglichkeiten – Auf der Basis der Sach- und der Werteebene werden beim Bewerten von Handlungsmöglichkeiten Pro- und Kontraargumente entwickelt. Werden bei einer Argumentation Zahlen und Fakten genannt sowie kausale und funktionale Zusammenhänge beschrieben, wird auf der Sachebene in beschreibender oder **deskriptiver** Form argumentiert. Werden dagegen Bezüge zu individuellen Werten und gesellschaftlichen Normen hergestellt, argumentiert man auf der Werteebene in **normativer** Form. Beide Ebenen werden beim Bewerten miteinander verbunden, um zu einer begründeten Entscheidung für eine oder mehrere Handlungsoptionen zu gelangen.

Bewertungsprozess – Genauso wie in bio- oder medizinethischen Bewertungssituationen kann die Bewertung einer Nutzung natürlicher Ressourcen in mehreren Schritten durchgeführt werden. Dies strukturiert den Entscheidungsprozess und macht ihn für andere gut nachvollziehbar. Der Prozess umfasst in der Regel fünf Schritte:

1 Beschreiben der Entscheidungssituation
- Stellen Sie das Problem mit allen Entwicklungsdimensionen und Zielkonflikten dar.

2 Beschreiben der Handlungsmöglichkeiten
- Nennen Sie bereits existierende oder zu entwickelnde Handlungsmöglichkeiten.
- Recherchieren Sie die relevanten sachlichen Informationen für die Handlungsmöglichkeiten. Die Informationen beziehen sich auf alle Entwicklungsdimensionen.

3 Bewerten der Handlungsmöglichkeiten
- Entwickeln Sie Argumente sowohl für als auch gegen die Handlungsmöglichkeiten.
- Beschreiben Sie die kurz- und langfristigen Folgen der Handlungsmöglichkeiten.

4 Begründete Entscheidung treffen
- Gewichten Sie die Argumente und die damit verbundenen Werte.
- Treffen Sie auf dieser Grundlage eine begründete Entscheidung für eine oder eine Kombination aus mehreren Handlungsmöglichkeiten.

5 Reflexion der Entscheidung
- Formulieren Sie Vermutungen, wie Entscheidungen anderer Personen aussehen könnten und welche Gründe hinter diesen Entscheidungen stehen.

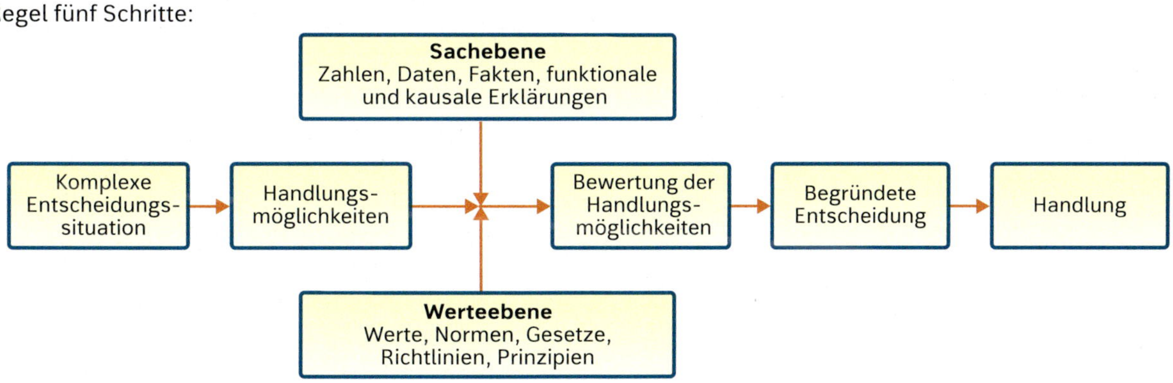

2 Ebenen und Schritte im ethischen Bewertungsprozess

A Landwirtschaft in Mooren

Durch den Abbau von Torf als Brennmaterial und die landwirtschaftliche Nutzung der entstanden Flächen wurden in Deutschland über die Jahrhunderte viele Moore zerstört. Auch heute noch wird der größte Teil der Moorböden in Deutschland land- und forstwirtschaftlich genutzt, beispielsweise als Grünland für die Milchviehwirtschaft. Für alle Nutzungsformen müssen Moorböden entwässert werden, damit der Boden sowohl für Beweidung als auch für das Befahren mit landwirtschaftlichen Maschinen genutzt werden kann. Dadurch verdichtet sich der Boden und das Volumen des Torfes schrumpft. Die Entwässerungsgräben müssen entsprechend immer weiter vertieft werden. Durch das Eindringen von Luft in den entwässerten Torfboden finden aerobe Abbauprozesse statt. Dadurch werden die Gase Kohlenstoffdioxid, Methan und Distickstoffmonooxid, bekannt als Lachgas, freigesetzt. Art und Menge der freigesetzten Gase sind hauptsächlich vom Wasserstand, von der Art des Torfes und von der Düngung abhängig.

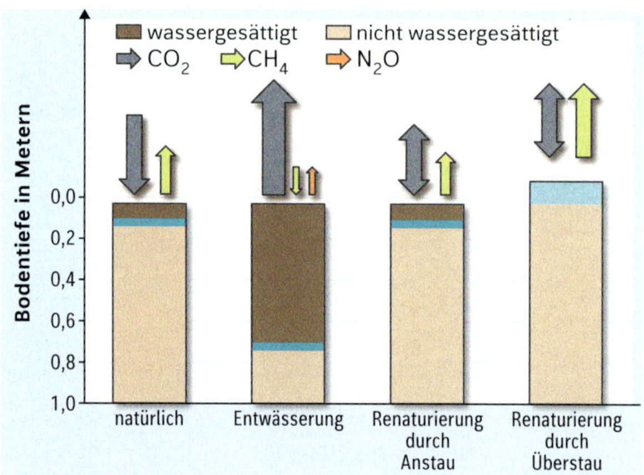

1 Beschreiben Sie den Einfluss des Wasserstandes auf die Emission von Treibhausgasen aus Moorböden. ●○○

2 Nehmen Sie Stellung zu der Aussage: Die Renaturierung von Mooren ist klimaschädigend, denn die Wiedervernässung der Moorböden führt zu hohen Methanfreisetzungen und Methan ist deutlich klimaschädlicher als Kohlenstoffdioxid. ●●●

3 Beschreiben Sie die lokalen und globalen Folgen der landwirtschaflichen und forstwirtschaftlichen Nutzung von Mooren.

B Moore statt Milchvieh?

Die nationale und internationale Forderung nach einer Renatuierung von Mooren ist mit vielen Fragen und teilweise kontroversen Diskussionen verbunden. Dabei geht es nicht um die Frage, ob Moore renaturiert werden sollen. Denn laut dem Pariser Klimaabkommen müssen in Deutschland bis 2050 pro Jahr 50 000 Hektar Moor wieder vernässt werden. Es geht vielmehr um die Frage, wie das gelingen kann und welche zukunftsfähigen Handlungsmöglichkeiten es gibt.

Stellungnahmen zur Moor-Renaturierung

Ole, F., Landwirt: „Ich habe den Hof von meinem Vater geerbt und lebe hier schon von Kindheit an. Aufgrund der von der Landesregierung geplanten Klima- und Naturschutzmaßnahmen soll ich nun „freiwillig“ 30 Prozent meiner Flächen abgeben. Diese ehemaligen Moorflächen sollen wieder vernässt werden. Für mich und meine Familie bedeutet das eine Katastrophe, denn dann könnten meine Kühe nicht mehr auf den Flächen weiden und ich müsste sie verkaufen. Ohne das Milchvieh ist mein Hof aber nicht mehr wirtschaftlich. Das ist doch paradox: Früher wurden die Moorböden trockengelegt, um sie für die Landwirtschaft nutzen zu können, und nun sollen sie wieder vernässt werden. Angeblich soll ich Ausgleichsflächen erhalten, aber wo werden die sein? Moorschutz ist ja schon wichtig, aber nicht gerade hier in der Region, wo wir alle ganz stark von der Milchviehwirtschaft abhängen.“

Sabine B., Landwirtin: „Ich habe zwar selbst keine landwirtschaftlichen Flächen in dem Gebiet, welches nun wieder vernässt werden soll, aber meine Flächen grenzen an das ausgewiesene Gebiet an. Ich befürchte, dass meine Flächen dann auch deutlich nasser werden und ich mit der Bearbeitung meiner Flächen Probleme bekomme. Außerdem gibt es jetzt schon Konflikte mit den zuständigen Behörden, die ständig die Nährstoffeinträge kontrollieren. Ohne Dünger rentiert sich aber der Pflanzenanbau nicht."

Gunnar K., Mitglied einer Naturschutzgruppe: „Für den nationalen und internationalen Klimaschutz ist es von großer Bedeutung, Moore wieder zu vernässen, denn die ausgetrockneten Moorböden setzen viel Kohlenstoffdioxid in die Atmosphäre frei. Das muss verhindert werden. Durch trockengelegte Moorböden geht zudem der wichtige Kühlungseffekt für das Klima verloren. Weiterhin müssen wir dafür sorgen, dass die Artenvielfalt auf den Flächen nicht weiter bedroht wird und wir möglichst viele Arten der Roten Liste schützen können."

Semira Ü., Kommunalpolitikerin: „Niedersachsen ist das Bundesland mit den meisten Moorflächen in Deutschland. Wenn Deutschland bis 2045 klimaneutral werden will, dann führt kein Weg an der Wiedervernässung möglichst vieler Moorflächen vorbei. Diesem Ziel hat sich auch die Landesregierung im Sinne der nationalen Moorschutzstrategie der Bundesregierung verpflichtet. Natürlich geht das nur im Dialog mit den landwirtschaftlichen Betrieben. Es gibt doch vielversprechende innovative Nutzungsansätze."

1 Beschreiben Sie die ökologischen, ökonomischen, sozialen und politischen Entwicklungsdimensionen sowie die dazugehörigen Zielkonflikte, die bei der Wiedervernässung von Mooren in Deutschland zu berücksichtigen sind. Erstellen Sie hierzu eine Grafik. ●●○

2 Beschreiben Sie lokale und globale Auswirkungen der Wiedervernässung von Mooren. ●●○

3 Recherchieren Sie die 17 Nachhaltigkeitsziele der Agenda 2030. Erläutern Sie, welche Ziele einen Bezug zu Moorschutz und -renaturierung haben. ●●○

C Paludikultur – eine Lösung zur nachhaltigen Nutzung von Moorflächen?

Unter dem Begriff Paludikultur (lat. *palus*: Sumpf) wird die Nutzung nasser Moorstandorte verstanden. Dabei bleiben die Torfschichten des Moores erhalten und damit auch ihre Funktion für das Klima und für den Erhalt der Biodiversität. Abhängig vom Typ des Moores werden beispielsweise Schilf oder Rohrkolben als Bau- und Dämmmaterial angepflanzt oder zum Beispiel Torfmoose als Ersatz für fossiles Torfmoos. Die verschiedenen Ansätze der Paludikultur sind zurzeit noch in der Erforschung.

Für die Bewirtschaftung nasser Böden ist eine vollkommen andere Form der Landwirtschaft und des maschinellen Einsatzes nötig. Sie unterscheidet sich grundlegend von der Form, wie sie aktuell in Deutschland betrieben wird. Für die mögliche Umsetzung der Paludikultur bei den Landwirten müsste folglich noch viel Überzeugungsarbeit geleistet werden. Erste Modellprojekte sind aber sehr vielversprechend.

1 Entwickeln Sie Argumente, die für und gegen die Paludikultur als Nutzungsform von Moorböden sprechen. Berücksichtigen Sie bei der Argumentation die Sach- und die Werteebene. ●●●

2 Begründen Sie, sich durch Paludikulturen Klimaschutz mit Wertschöpfung verbinden lässt. ●●○

3 Recherchieren Sie aktuelle Projekte einer zukunftsfähigen Nutzung von Moorflächen und stellen Sie diese in geeigneter Form dar. ●●○

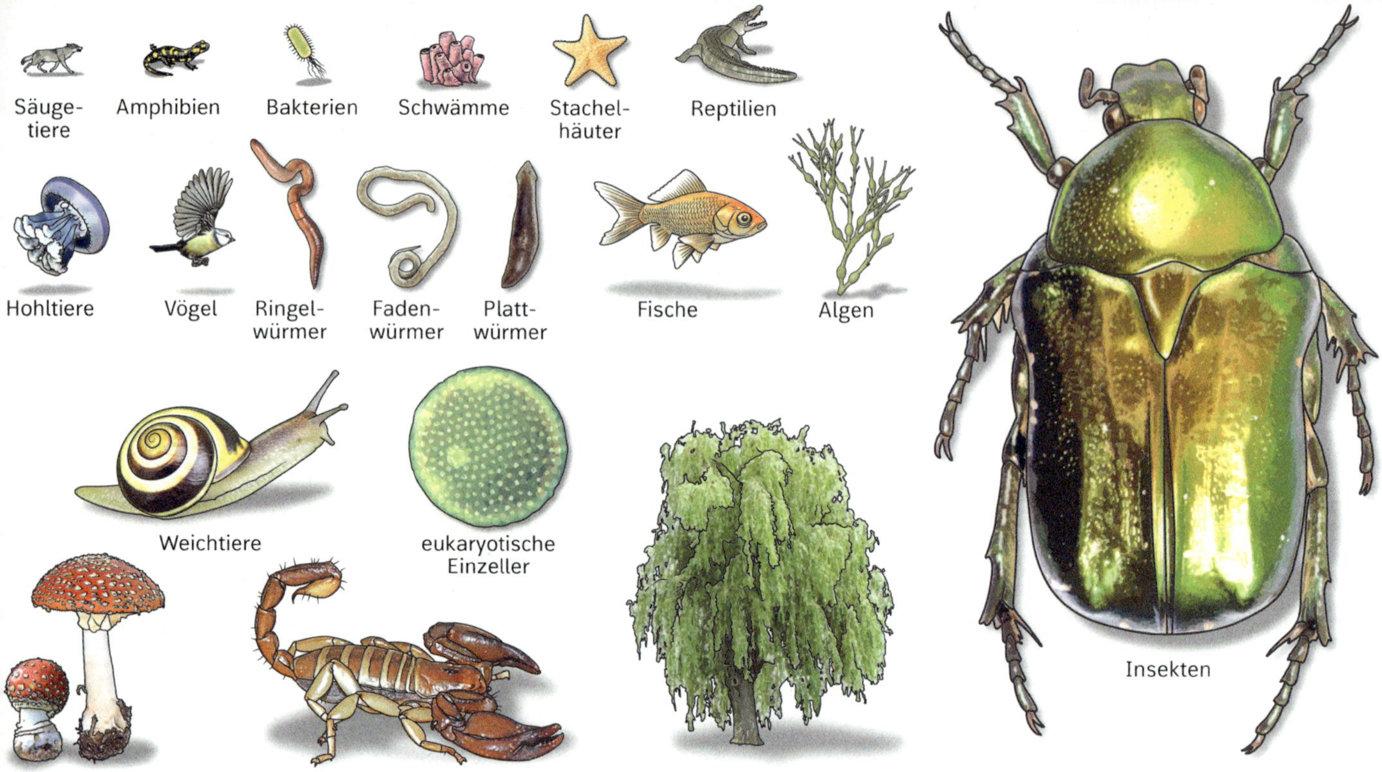

1 Artenreichtum verschiedener Gruppen von Lebewesen (Schätzung)

8.6 Biodiversität und Artenschutz

Die Anzahl der verschiedenen Arten, die auf der Erde existieren, wird auf zehn bis dreißig Millionen geschätzt. Weit mehr als die Hälfte aller Tierarten sind Insekten. Welche Bedeutung hat diese hohe Vielfalt an Lebensformen und warum ist das massive Aussterben von Arten in den letzten Jahren so besorgniserregend?

Bedeutung der Biodiversität – Der Begriff **Biodiversität** umfasst die Vielfalt der Ökosysteme, die Artenvielfalt in einem Ökosystem und die genetische Vielfalt innerhalb einer Art. Um die Bedeutung der Biodiversität für ein Ökosystem zu erfassen und zu untersuchen, wie sich Veränderungen der Biodiversität auf die Ökosystemfunktionen auswirken, wurde 2002 in Jena ein Langzeitexperiment mit verschiedenen Arten des Graslands durchgeführt. Es ist das längste Biodiversitätsexperiment Europas. Forschende haben dabei auf über 450 Parzellen Pflanzengemeinschaften mit unterschiedlichen Artenzahlen ausgesät und ihre Entwicklungen verglichen. Die Auswertung des Versuchs ergab, dass eine hohe Artenvielfalt sich auf viele verschiedene Ökosystemfunktionen positiv auswirkt. Beispielsweise erhöhte eine große Vielfalt von Pflanzenarten in einer Parzelle die Diversität der dort lebenden Insektenarten, insbesondere die der Schmetterlinge und Wildbienen. Dadurch wiederum verbesserten sich die **Möglichkeiten zur Bestäubung** von Pflanzen. Außerdem nahm das **Nahrungsangebot** für andere Tierarten, etwa für Vögel und Fledermäuse zu.

Eine größere Artenvielfalt steigerte auch die **Widerstandskraft** der Wiesenpflanzen gegen Schädlinge. Außerdem wurde der Wasserhaushalt beeinflusst. Artenreiche Wiesenparzellen konnten mehr Oberflächenwasser aufnehmen und überstanden demzufolge Dürreperioden und Überschwemmungen besser.

Weiterhin konnten die Forschenden nachweisen, dass artenreiche Parzellen eine hohe Biomasseproduktion aufweisen und außerdem viel Kohlenstoff im Boden speichern. So profitieren Menschen von einer hohen Artenvielfalt durch die Dienstleistungen, die die Ökosysteme erbringen. Denn eine größere Vielfalt an Nutzpflanzen bedeutet unter anderem einen besseren **Schutz vor Ertragseinbußen** durch Krankheiten und einen Schutz vor extremen Witterungslagen. Abgesehen davon haben arten- und strukturreiche Landschaften auch einen größeren ästhetischen Reiz als Landschaften, in denen Monokulturen vorherrschen.

Das Jena-Experiment zeigte auch, dass Ökosystemfunktionen mit einer Verzögerung auf Veränderungen reagieren. So konnte bei einer Erhöhung der Artenvielfalt erst nach vier Jahren nachgewiesen werden, dass mehr Kohlenstoff im Boden gespeichert wurde. Auch negative Auswirkungen wurden erst zeitverzögert sichtbar. So starben in einem Ökosystem einige Arten der Biozönose erst nach mehreren Jahren.

Natürliches Aussterben von Arten

Durchschnittlich existiert eine Art bis zu zehn Millionen Jahre, bevor sie ausstirbt, sich umgewandelt hat oder sich in neue Arten aufspaltet. Demnach sind über 99 Prozent aller Arten, die jemals auf der Erde existiert haben, bereits ausgestorben. Das **Aussterberisiko** einer Art hängt unter anderem von der Populationsgröße und der Zeit ab. Bei abnehmender Populationsgröße nimmt die genetische Variabilität innerhalb der Population ab und damit die Fähigkeit der Population, sich an verändernde Umweltfaktoren anzupassen. Außerdem steigt die Wahrscheinlichkeit, dass eine Population bei katastrophalen Umweltereignissen vernichtet wird. Die **natürliche Aussterberate** über alle Arten hinweg beträgt schätzungsweise hundert bis tausend Arten pro Jahrhundert. Die zurzeit beobachtete Aussterberate bei Vögeln und Säugetieren ist aber 100- bis 1000-mal höher als die natürliche. Auch der Rückgang der Anzahl an Insektenarten ist Ausdruck des allgemeinen Artensterbens. Verantwortlich dafür sind vor allem menschliche Aktivitäten.

2 Untersuchungsparzellen des Jena-Experiments

MATERIAL MIT AUFGABEN

A Spross- und Wurzelsysteme von Wiesenpflanzen

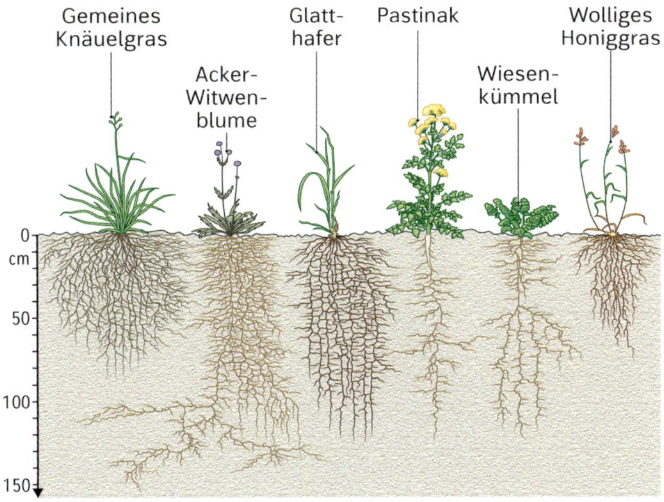

1 Beschreiben Sie die Spross- und Wurzelsysteme der abgebildeten Wiesenpflanzen. Achten Sie dabei auf das jeweilige Verhältnis von Sprosssystem zu Wurzelsystem.

2 Erklären Sie unter Berücksichtigung des Materials, warum Wiesenböden mit hoher Biodiversität mehr Kohlenstoffdioxid speichern beziehungsweise mehr Biomasse produzieren als Wiesen, die durch Aussaat von wenigen Grasarten angelegt wurden.

3 Großflächige Brandrodung in Amazonien

Anthropogene Ursachen für das Artensterben – Die wohl bedeutendste Einzelursache für das Aussterben von Arten ist die **Vernichtung ihres Lebensraums** durch menschliche Aktivitäten. In den Tropen werden großflächig Regenwälder zur Holznutzung oder zur Anlage landwirtschaftlicher Nutzflächen gerodet. Dort und auch in anderen Regionen der Erde werden Lebensräume durch den Bau von Verkehrswegen zerschnitten. Dadurch werden vorher zusammenhängende Populationen in kleine Teilpopulationen getrennt, die dann ein höheres Aussterberisiko haben.

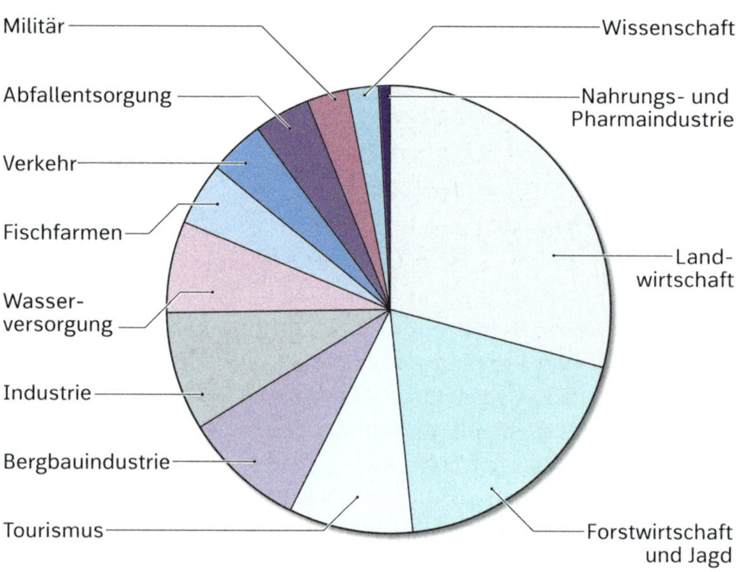

4 Anteil menschlicher Aktivitäten am Rückgang der Biodiversität in Deutschland

Die **Übernutzung** von Ökosystemen, wie sie etwa beim Fisch- und Walfang oder bei der Jagd zu beobachten ist, spielt ebenfalls eine große Rolle. Der Anbau von genetisch einheitlichen, großflächigen **Monokulturen** in der Landwirtschaft und die Zucht weniger, hochproduktiver Arten von Fischen und Meeresfrüchten in **Aquakulturen** verbrauchen wertvollen Lebensraum. Zusätzlich verdrängen sie viele heimische Arten. Der Einsatz von **Pestiziden** in der Landwirtschaft und den Aquakulturen dezimiert nicht nur unerwünschte Organismen, sondern schädigt auch viele andere Lebewesen. Übermäßig eingetragene Stickstoffverbindungen aus landwirtschaftlichem Dünger, Massentierhaltung, Industrie und Verkehr lassen durch **Eutrophierung** einige wenige wuchskräftige Pflanzen sehr stark wachsen, die dann andere Arten verdrängen. Mit diesen fehlt dann auch die Nahrungsgrundlage für Arten der höheren trophischen Ebenen.

Viele Ökosysteme leiden auch unter **Verschmutzung** durch Luftschadstoffe oder Abfall. Auch das **Sammeln** von Arten und der **Tourismus** mit seinen Begleiterscheinungen wie Verschmutzung sowie Flächenverbrauch für Straßen, Häfen, Flugplätze und Hotels zerstören Lebensräume und führen zum Rückgang von Arten. Dieser wird oft auch durch die bewusste Einführung oder ungewollte Einschleppung gebietsfremder Arten, der **Neobiota**, gefördert. Diese können dann als Konkurrenten oder als Fressfeinde einheimischer Arten auftreten. Auch der vom Menschen verursachte **Klimawandel** gehört zu den Ursachen des Artensterbens.

Maßnahmen zum Artenschutz – Auf europäischer Ebene verabschiedeten die EU-Mitgliedsstaaten 1992 die **Fauna-Flora-Habitat-Richtlinie**, kurz **FFH-Richtlinie**. Auf ihrer Grundlage wurde ein zusammenhängendes Netz von Schutzgebieten gegründet, das als Natura 2000 bezeichnet wird. Wild lebende heimische Pflanzen- und Tierarten sowie ihre natürlichen Lebensräume sollen dadurch länderübergreifend geschützt werden. In Deutschland sollen dafür in gesetzlich festgelegten **Naturschutzgebieten** Biotope oder

Lebensgemeinschaften bestimmter wild lebender Tier- und Pflanzenarten erhalten oder wiederhergestellt werden. Des Weiteren werden vielerorts in Deutschland und Europa konkrete Maßnahmen zum Artenschutz getroffen. Regional ausgestorbene Arten wie Bartgeier, Alpensteinbock, Wildkatze und Luchs wurden insbesondere in Schutzgebieten erfolgreich ausgewildert oder konnten aufgrund von Schutzmaßnahmen wieder einwandern. Weitere Maßnahmen umfassen zum Beispiel die **Renaturierung** von Feuchtgebieten wie Mooren, die zwischenzeitlich durch landwirtschaftliche Nutzung stark zurückgegangen waren.

Eine weitere Maßnahme zur Wiederherstellung von Lebensräumen, die durch menschliche Nutzung verändert wurden, ist die Renaturierung von Auwäldern. Dies kann durch angepasstes Wassermanagement von Flüssen erfolgen. Aber auch vom Menschen geschaffene Lebensräume, die vor Jahrhunderten entstanden sind und nun zur **Kulturlandschaft** gehören, werden inzwischen mit großem Aufwand erhalten. Dazu gehören Heiden, die ohne fortgesetzte Schafhaltung zu Wald würden. Mineralstoffarmes und trockenes, aber artenreiches Grasland würde nach Aufgabe der Wanderschäferei durch das Einwandern von Gehölzen verbuschen. Dadurch wären unter anderem etliche Orchideenarten gefährdet.

Auf internationaler Ebene wurde 1992 in Rio de Janeiro auf der Konferenz der Vereinten Nationen für Umwelt und Entwicklung (UNCED) zum Schutz der Biodiversität das **Übereinkommen über die biologische Vielfalt** (*convention on biological diversity*, CBD) beschlossen. Der völkerrechtlich verbindliche Vertrag wurde inzwischen von 196 Vertragsparteien unterzeichnet. Er zielt darauf ab, die Vielfalt des Lebens auf der Erde zu schützen und zu erhalten. Biodiversität soll nachhaltig geschützt werden, sodass möglichst viele Menschen auch in Zukunft mit und von ihr leben können. Auch sollen Patente und Rechte der Nutzung biologischer Ressourcen gerecht zwischen den Staaten verteilt werden.

5 Renaturierung des Steinfelder Moors in Niedersachsen

MATERIAL MIT AUFGABEN

B Vom Aussterben bedrohte Arten verschiedener systematischer Gruppen

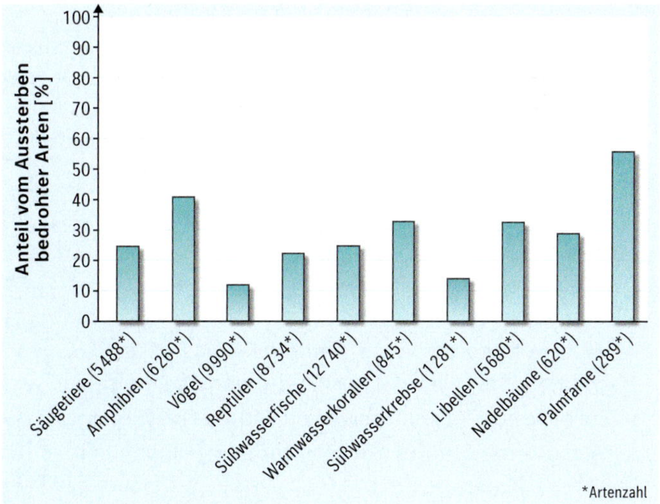

1 Beschreiben Sie den Anteil weltweit vom Aussterben bedrohter Arten in den systematischen Gruppen.

2 Stellen Sie Hypothesen auf, warum besonders viele Amphibienarten vom Aussterben bedroht sind.

3 Recherchieren Sie, warum aktuell viele Palmfarne vom Aussterben bedroht sind.

Klausuraufgaben

Weißkopfseeadler und Cyanobakterien

An Gewässern in Nordamerika wurden seit 1995 vermehrt tote Weißkopfseeadler gefunden. Auch andere Greifvögel und Wasservögel wurden hier vor allem im Spätherbst hier tot aufgefunden. Die Ursachen dieses Phänomens sind Gegenstand dieser Aufgabe.

1.1 Skizzieren Sie ein Nahrungsnetz der beschriebenen Gewässer Nordamerikas und leiten Sie die Trophieebenen ab. (Material A)

1.2 Geben Sie Merkmale invasiver Arten an und beurteilen Sie, ob es sich bei der Grundnessel in Nordamerika um eine invasive Pflanze handelt. (Material A)

2.1 Geben Sie an, welche Hypothese durch die beiden Versuchsansätze überprüft werden sollte.

2.2 Werten Sie die Versuchsergebnisse in Bezug auf die Hypothese aus. (Material A und B)

3.1 Fassen Sie die angegebenen Informationen zusammen. (Material C und D)

3.2 Leiten Sie aus den Ergebnissen der Bromid-Ionen-Bestimmung die Quelle der Bromid-Ionen für die Cyanobakterien ab. (Material C und D)

3.3 Erläutern Sie unter Berücksichtigung der Jahreszeiten die Zusammenhänge zwischen der AETX-Synthese, den Bedingungen im Gewässer und dem Auftreten der vergifteten Vögel. (Material C und D)

4.1 Erläutern Sie den Einfluss des Menschen auf die in den Gewässern eingetretenen Veränderungen und die Vergiftung der Vögel. (Material A bis E)

4.2 Erklären Sie, was das Leitbild einer nachhaltigen Entwicklung ist und bewerten Sie das Verbot von Methylbromid unter Berücksichtigung dieses Leitbildes. (Material E)

A Nahrungsbeziehungen

In küstennahen Gewässern Nordamerikas breitet sich seit etwa 1960 die von Aquarianern freigesetzte Grundnessel (*Hydrilla verticillata*) landeinwärts aus. Die untergetauchte, ausdauernde Wasserpflanze wurzelt mit ihren Knollen im Grund stehender oder langsam fließender Gewässer. Die Grundnessel vermehrt sich vorwiegend vegetativ über Sprosse und Ausläufer mit kleinen Knollen, die sich schwimmend im Wasser ausbreiten. Die Knollen können jahrelang im Boden überdauern. Grundnesseln bilden große zusammenhängende Bestände und verdrängen so einheimische Pflanzen.
In etwa der Hälfte der von der Grundnessel dominierten Gewässer ist sie mit dem Cyanobakterium *Aetokthonos hydrillicola* vergesellschaftet. Dieses betreibt Fotosynthese und überzieht die Blätter und Sprossachsen der Grundnessel mit einer dünnen Zellschicht. Wasservögel wie das Amerikanische Blässhuhn oder die Stockente sind an solchen Gewässern häufig anzutreffen, da sie sich von Wasserpflanzen und den darin lebenden Kleinlebewesen ernähren. Auch der Weißkopfseeadler und andere Greifvögel jagen bevorzugt an Seen mit einer hohen Dichte an Wasserpflanzen, da hier viele potenzielle Beutetiere wie Blässhühner, Amphibien und Fische zu finden sind.

B Neurologische Schäden

Analysen des Hirngewebes der im Spätherbst verendeten Weißkopfseeadler zeigten, dass die Myelinscheiden ihrer Axone durch eine Ansammlung von flüssigkeitsgefüllten Bläschen stark geschädigt waren. Diese als vakuoläre Myelopathie bezeichnete Krankheit konnte auch bei Fischen und Amphibien in küstennahen Gewässer beobachtet werden. Eine vakuoläre Myelopathie kann durch Neurotoxine verursacht werden, wie sie etwa von Cyanobakterien produziert werden. Zur Frage, welche Stoffe die vaskuläre Myelopathie bei den Vögeln verursachen, wurden in Versuchen Stockenten mit Grundnesseln aus verschiedenen Gewässern zu unterschiedlichen Jahreszeiten gefüttert und die Auswirkungen beobachtet.

	Versuchsansatz 1		Versuchsansatz 2		
Entnahmezeit	**Anfang bis Mitte Oktober**		**Mitte November bis Dezember**		
Entnahmegewässer	Kontroll-gewässer	Gewässer 1	Kontroll-gewässer	Gewässer 1	Gewässer 2
Cyanobakterien (in %)	0	51–75	0	76–100	51–76
Anzahl der Stockenten	8	8	6	6	6
Tiere mit vasculärer Myelopathie	0	0	6	6	4

C Neurotoxin

Aus dem Cyanobakterium *Aetokthonos hydrillicola* konnte ein fettlösliches, organisches Neurotoxin isoliert werden, das fünf Brom-Atome enthält und als Aetokthonotoxin (AETX) bezeichnet wird. In Laborversuchen wurde der Zusammenhang zwischen der Verfügbarkeit von Bromid-Ionen im Kulturmedium und der relativen AETX-Menge in *Aetokthonos hydrillicola* ermittelt.

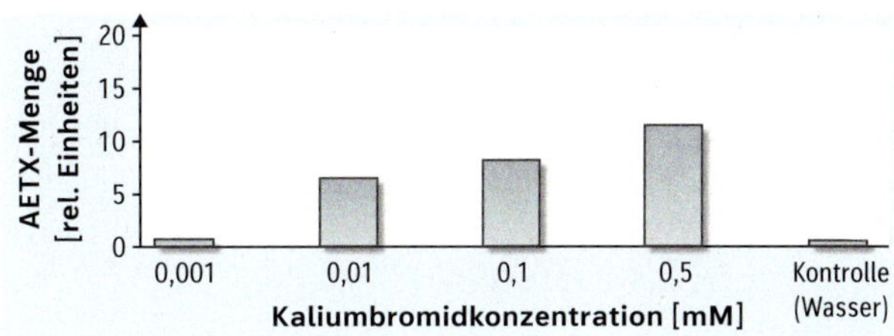

D Neurotoxin und Bromid-Ionen

In einer Untersuchung wurde die relative Konzentration von AETX in den Cyanobakterien im Jahresverlauf gemessen. Die höchste Konzentration an AETX konnte zwischen Mitte November bis Dezember ermittelt werden. Für diesen Zeitraum wurde die Konzentration an Bromid-Ionen Bewuchs des jeweiligen Standorts ermittelt.Zusätzlich wurde die Konzentration im Sediment und Wasser bestimmt.

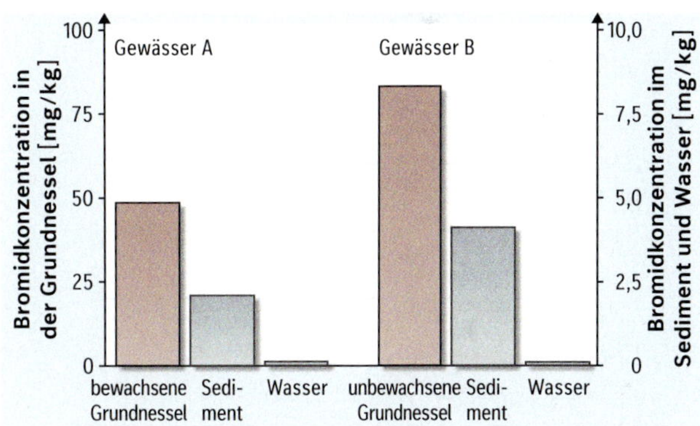

E Eintrag von Bromid-Ionen

Bromid-Ionen können durch bromidhaltige Wirkstoffe wie Methylbromid in Böden oder Gewässer eingetragen werden. Das Biozid Methylbromid wurde weltweit zur Bodenentseuchung eingesetzt, etwa um pflanzenschädigende Fadenwürmer und Bodenpilze abzutöten. Es wurde 2015 verboten. Bei der Zersetzung von Methylbromid wird Methan frei und trägt zur Erderwärmung bei. Es wirkt sich stark schädigend auf die Ozonschicht aus und verstärkt den Treibhauseffekt. Die mit freigesetzten Bromid-Ionen werden nicht abgebaut, sondern gelangen durch Auswaschung aus den Böden in Gewässer. Beim Nachweis von Bromid-Ionen kann nicht zwischen natürlich vorkommenden und den durch menschliche Aktivität eingetragenen Bromid-Ionen unterschieden werden.

Informationsverarbeitung in Lebewesen

Dieses Kapitel hat folgenden Inhalt:

Das Gehirn lässt sich mit einer optischen Täuschung für einen Moment in die Irre führen: Nähern sich die Augen den abgebildeten Kreisen, nehmen sie vermeintliche Bewegungsreize wahr. Die Kreise scheinen zu rotieren. Die Neurobiologie beschäftigt sich mit dem Aufbau und der Funktionsweise von Nervenzellen und des Nervensystems. Dazu gehören auch Sinneszellen, Sinnesorgane und die Wahrnehmung von Sinneseindrücken.

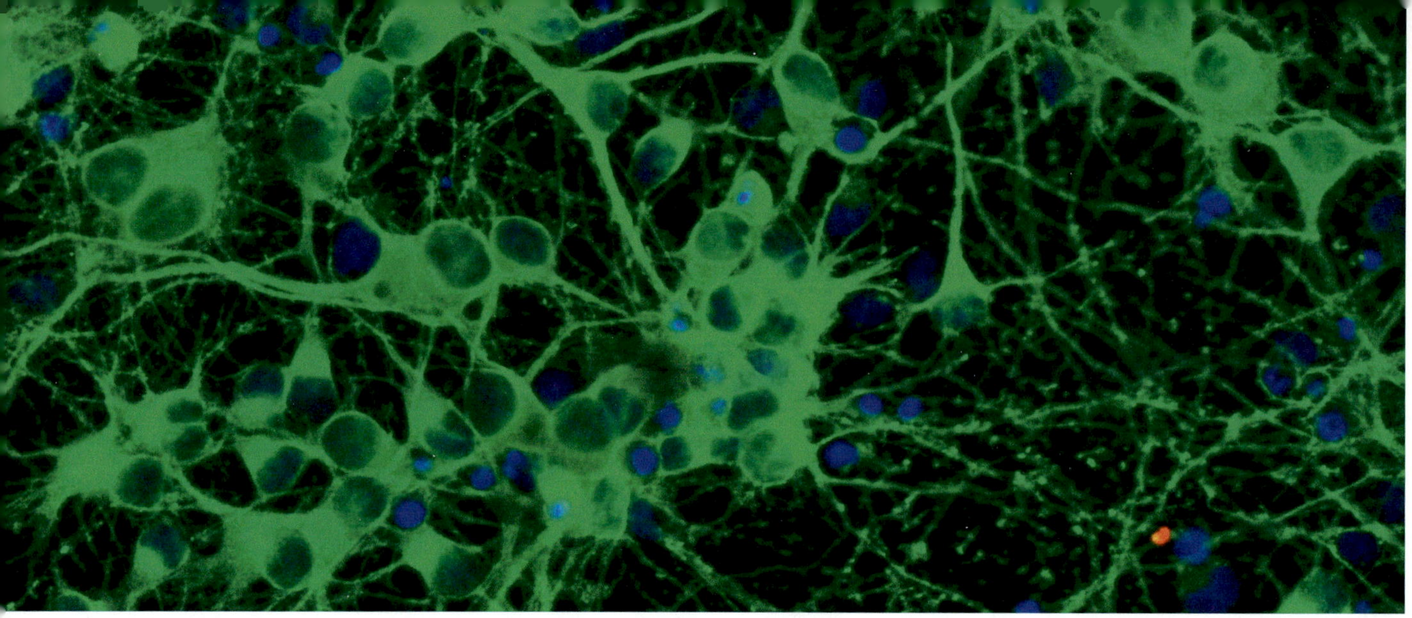

1 Nervenzellen (EM-Aufnahme)

1.1 Funktioneller Bau von Nervenzellen

Nervenzellen sind hoch spezialisierte Körperzellen. Sie besitzen langgezogene Fortsätze und sind stark verzweigt. Wie ermöglicht ein solcher Aufbau die Funktion von Nervenzellen?

Bau einer Nervenzelle – Fast alle mehrzelligen Tiere besitzen Nervensysteme. Diese befähigen sie, auf Veränderungen der Umwelt zu reagieren. Ihre grundlegenden Einheiten sind Nervenzellen, **Neuronen** genannt. Diese hoch spezialisierten Körperzellen empfangen Signale von anderen Zellen, verarbeiten sie und leiten sie an andere Neuronen weiter. Nervenzellen haben einen einheitlichen Grundaufbau. Nach ihrer Funktion lassen sich vier Abschnitte gut voneinander abgrenzen.

Der Zellkörper, das **Soma,** enthält neben dem Zellkern alle Zellorganellen. Viele Ribosomen und der gut ausgeprägte Golgi-Apparat weisen auf eine intensive Proteinbiosynthese hin. Die zahlreichen Mitochondrien sind ein Hinweis auf den hohen Energieumsatz der Nervenzellen.
Vom Zellkörper eines Neurons entspringen in der Regel kurze, stark verzweigte Fortsätze, die **Dendriten**. Diese nehmen Nervenimpulse von angrenzenden Neuronen auf und leiten sie entlang der Zellmembran über den Zellkörper zum Ursprungsort des Axons, dem **Axonhügel**. Dort werden die von den verschiedenen Dendriten kommenden Nervenimpulse verrechnet.

Das **Axon** ist ein langer Zellfortsatz, über den die Nervenimpulse weitergeleitet werden. Axone können zwischen einigen Mikrometern und einem Meter lang sein. Die Axone vieler Wirbeltierneuronen sind von **Myelinscheiden** umgeben. Sie werden von speziellen Zellen, den **Schwann-Zellen**, gebildet. Diese sind mehrfach um die Axone herum gewickelt und bilden mehrlagige Membranschichten. An einigen Stellen des Axons ist diese Isolierschicht allerdings unterbrochen. Hier liegt das Axon frei. Diese Stellen sind nach ihrem Entdecker Louis-Antoine RANVIER benannt und heißen **Ranvier-Schnürringe**.
Das Ende eines Axons ist vielfach verzweigt und zeigt jeweils kleine Verdickungen am Ende auf. Diese **Endknöpfchen** sind die Kontaktstellen zu einer nachfolgenden Nerven- oder Muskelzelle. Das Endknöpfchen und die Membran der folgenden Zelle bilden eine funktionelle Einheit, die **Synapse**. Sie überträgt die Nervenimpulse von einer Zelle zur nächsten.

Transport im Axon – Nervenzellen besitzen ein ausgeprägtes Cytoskelett. Insbesondere das Axon enthält viele parallel zur Längsachse ausgerichtete Mikrotubuli. An diesen entlang transportieren Motorproteine wie Kinesin und Dynein Vesikel mit Zellmaterial zwischen dem Soma und den Axonendigungen. Die Mikrotubuli wirken dabei wie Schienengleise. Motorproteine bewegen sich mit einer Geschwindigkeit von 20 bis 40 Zentimeter pro Tag daran entlang. Für die Überwindung der gleichen Strecke durch freie Diffusion würde ein Proteinmolekül viele Monate benötigen. Die Motorproteine verändern während des Transportvorgangs ihre räumliche Struktur. Dafür benötigen sie viel Energie in Form von ATP. Dies wird durch die zahlreichen Mitochondrien der Nervenzellen bereitgestellt.

Gliazellen – Die Neuronen von Wirbeltieren und den meisten Wirbellosen sind von Hilfszellen umgeben. Diese **Gliazellen** dienen unter anderem als Stützzellen, zur elektrischen Isolation der Neuronen und zu ihrer Versorgung mit Stoffen. Sie lassen sich in unterschiedliche Typen einteilen. Verzweigte **Oligodendrozyten** und sternförmige **Astrozyten** bilden die Mehrheit der Gliazellen im Zentralnervensystem. Die unverzweigten Schwann-Zellen im peripheren Nervensystem sind ein weiterer spezieller Gliazellentyp.

Neuronen werden ihrer Funktion entsprechend in Gruppen eingeteilt. **Sensorische Neuronen** übermitteln Nervenimpulse von den Sinneszellen zum Gehirn. Neurone, die Nervenimpulse vom Gehirn an die Muskelzellen weiterleiten, werden als **Motoneurone** bezeichnet. Die meisten Neuronen im Gehirn sichern die Weiterleitung der Nervenimpulse zwischen den sensorischen und den motorischen Neuronen. Daher werden sie **Interneurone** genannt.

Membranspannung – Zwischen dem Inneren und Äußeren einer Nervenzelle sind Ionen ungleich verteilt. So liegt an ihrer Zellmembran eine unterschiedliche Ladungen und somit eine Spannung vor. Diese Membranspannung ist grundlegend für die Entstehung und Weiterleitung von Nervenimpulsen.

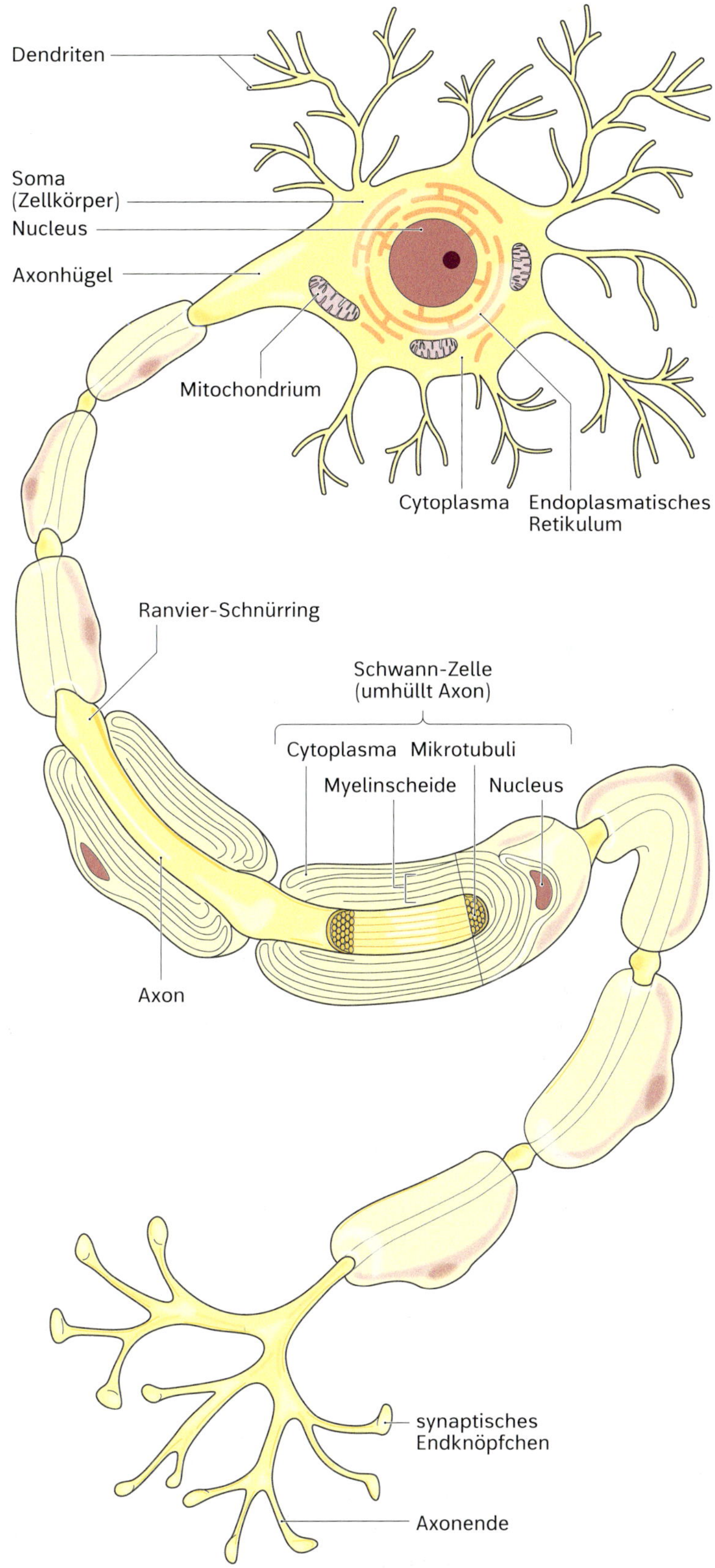

2 Grundbauplan eines Neurons (Schema)

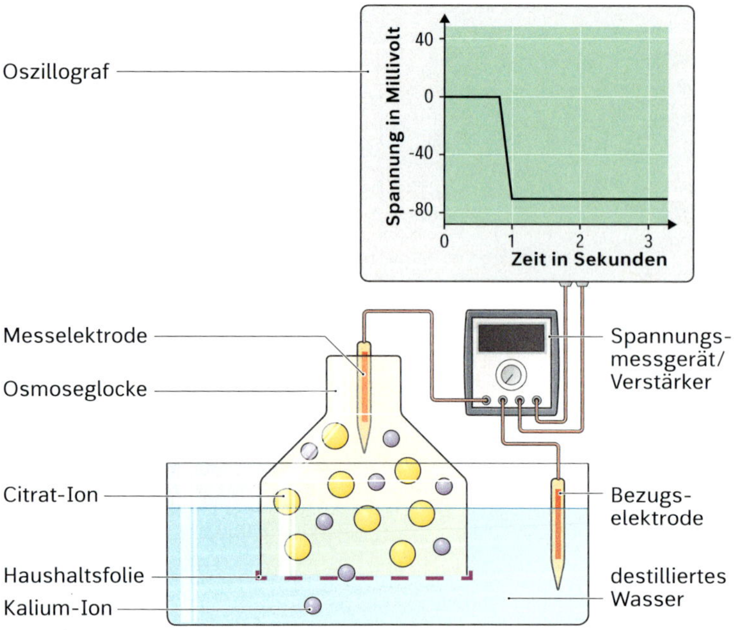

3 Modellversuch zum Membranpotenzial

Ionenverteilung im Modell – Mithilfe eines Modellversuchs lässt sich nachvollziehen, wie der Ladungsunterschied an einer Membran entsteht. In dem Versuch wird eine Osmoseglocke an ihrer Unterseite mit Haushaltsfolie verschlossen und in destilliertes Wasser eingetaucht. Die Glocke wird mit einer Kaliumcitrat-Lösung befüllt. Darin wird die Messelektrode eines Spannungsmessgerätes getaucht. Eine entsprechende Bezugselektrode befindet sich im destillierten Wasser. Die zwischen den beiden Lösungen entstehende elektrische Spannung wird verstärkt, gemessen und im zeitlichen Verlauf auf dem Bildschirm eines Oszillografen dargestellt.

Elektrochemischer Gradient – Bevor die Osmoseglocke in das Wasser getaucht wird, zeigt der Oszillograf keine Spannung an, da noch kein Ladungsunterschied vorliegt. Nach dem Eintauchen ist eine Spannung von - 70 Millivolt messbar. Dieser Wert ändert sich im weiteren Verlauf nicht mehr. Die Haushaltsfolie ist selektiv permeabel. Aufgrund ihrer geringen Größe können Kalium-Ionen durch die Poren der Folie hindurch diffundieren, während die großen Citrat-Ionen zurückgehalten werden. Zwischen der Salzlösung und dem destillierten Wasser besteht ein Konzentrationsunterschied, auch **chemischer Gradient** genannt. Daher diffundieren die positiv geladenen Kalium-Ionen aus der Salzlösung durch die Poren in das destillierte Wasser. Dort wird ihre Ladung nicht durch negativ geladene Ionen ausgeglichen. Es herrscht also ein Überschuss an positiver Ladung im Wasser. Die positiv geladenen Kalium-Ionen lagern sich vorwiegend an der Außenseite der Folie an. Jedes Kalium-Ion hat zwangsweise ein negativ geladenes Citrat-Ion im Inneren der Osmoseglocke zurückgelassen, sodass dort ein Überschuss an negativen Ionen vorliegt. Diese lagern sich vorwiegend an der Innenseite der Folie an. So baut sich an der Folie eine Spannung auf. Zwischen den beiden Lösungen besteht ein **elektrischer Gradient**. Da die Innenseite der Folie im Vergleich zum Außenmedium negativ geladen ist, hat das Potenzial an der Folie ein negatives Vorzeichen.

Gleichgewichtspotenzial – Der Ausstrom von positiven Kalium-Ionen wird im Verlauf des Versuchs zunehmend langsamer. Zum einen werden sie durch die negative Ladung im Inneren der Osmoseglocke zurückgehalten und zum anderen werden sie durch die positive Ladung im Außenmedium zurückgedrückt.
Der Kalium-Ionenausstrom aus der Osmoseglocke wird also durch zwei entgegengesetzt wirkende Kräfte bestimmt. Die Kraft des **chemischen Gradienten** treibt die Kalium-Ionen hinaus, während die Kraft des **elektrischen Gradienten** sie nach innen zieht. Die Summe dieser beiden entgegengesetzten Kräfte wird **elektrochemischer Gradient** genannt.

Mit zunehmendem Kalium-Ionenausstrom nimmt der chemische Gradient ab und der elektrische Gradient zu. Ist die Kraft des chemischen Gradienten genau so groß wie die Kraft des elektrischen Gradienten, diffundieren pro Zeiteinheit gleich viele Kalium-Ionen durch die Folie nach außen wie nach innen. Es herrscht ein **Fließgleichgewicht** in dem kein Nettostrom von Kalium-Ionen aus der Osmoseglocke mehr stattfindet. Der elektrochemische Gradient ist dann gleich null. Die Spannung, die zu diesem Zeitpunkt an der Membran gemessen wird, heißt **Gleichgewichtspotenzial**.

Membranpotenzial – Da auch Zellmembranen selektiv permeabel sind, unterscheidet sich die Ionenverteilung im Zellinneren von der Ionenverteilung in der extrazellulären Flüssigkeit. Auch an Zellmembranen stellt sich ein Gleichgewichtspotenzial ein, bei dem es keine Nettobewegung von Ionen durch die Membran gibt. Da Zellmembranen sehr dünn sind, treten zwischen den Ionen auf ihrer Außen- und Innenseite elektrostatische Wechselwirkungen auf. Die negativen Ionen sind nicht gleichmäßig über das Cytoplasma verteilt, sondern sind überwiegend an der Innenseite der Membran lokalisiert. In der extrazellulären Flüssigkeit befinden sich die positiven Ionen überwiegend an der Außenseite der Membran. Die Spannung, die zu einem bestimmten Zeitpunkt an der Membran eines Neurons gemessen werden kann, wird Membranspannung genannt.

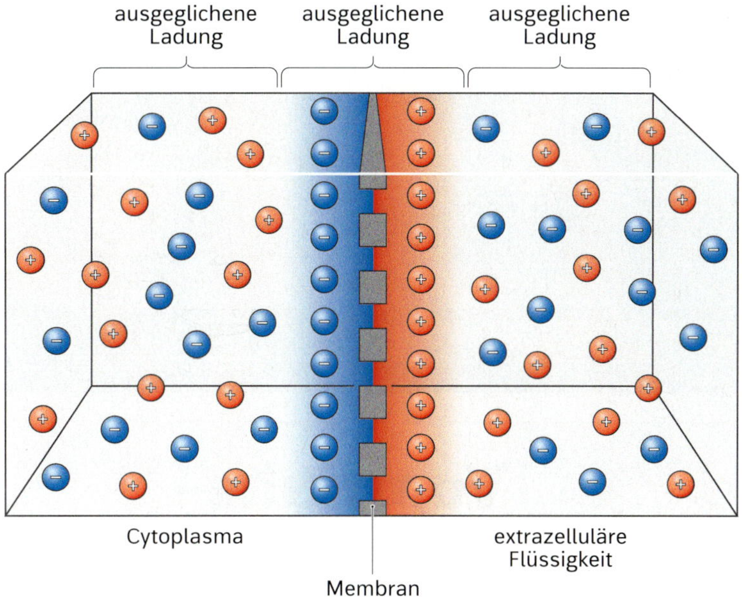

4 Ionenverteilung an der Zellmembran

MATERIAL MIT AUFGABEN

A Selektiv permeable Membranen – Grundlage des Membranpotenzials

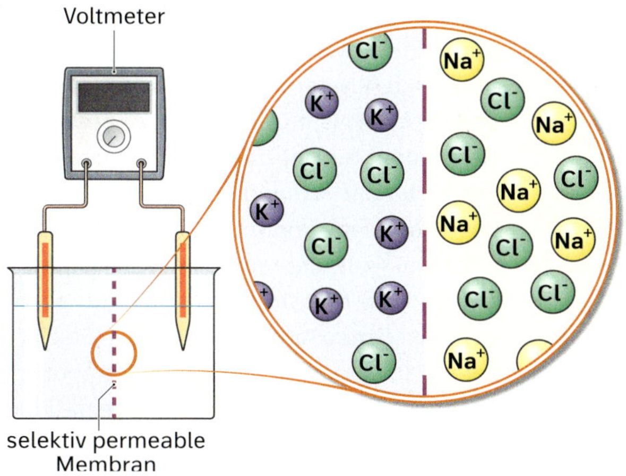

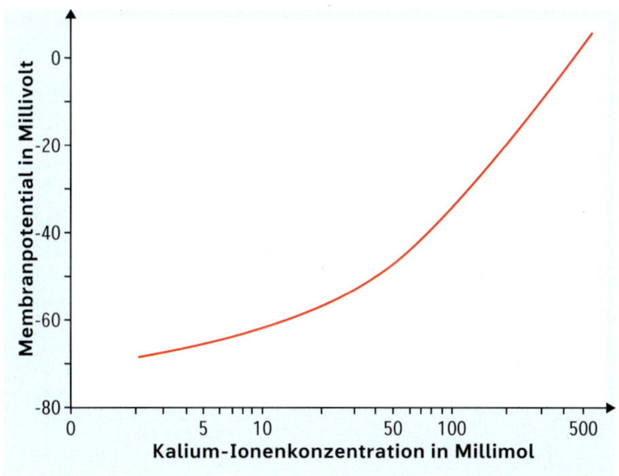

In einem Versuch wurden im ersten Ansatz zwei Kammern durch eine Membran getrennt, die selektiv permeabel für Kalium-Ionen ist. Die linke Kammer enthält eine Kalium-Chlorid-Lösung, die rechte eine Natrium-Chlorid-Lösung. Die Abbildung zeigt die Ionenverteilung zu Beginn des Versuchs.

1 Skizzieren Sie eine mögliche Verteilung der Ionen an der Membran, nachdem sich das Fließgleichgewicht eingestellt hat. Stellen Sie die Richtung der Ionenbewegungen mit Pfeilen dar. ●○○

2 Erklären Sie anhand Ihrer Skizze, wie sich an der Membran eine Spannung aufbaut. ●●○

3 Begründen Sie, dass selektiv permeable Membranen grundlegend für das Membranpotenzial sind. ●●○

4 In einem zweiten Versuchsansatz wurde die Kochsalzlösung in der rechten Kammer gegen Wasser ausgetauscht. Darin wurde anschließend schrittweise die Kalium-Ionenkonzentration erhöht. Ein Messgerät erfasste die damit verbundenen Spannungsänderungen. Beschreiben und erklären Sie die Versuchsbeobachtungen. ●●●

1 *Nordischer Kalmar (Loligo forbesii)*

1.2 Vom Ruhe- zum Aktionspotenzial

Anhand der Nervenzellen des Tintenfisches Loligo forbesii *wurden grundlegende Erkenntnisse zur Funktion von Nervenzellen gewonnen. Forschende beobachteten unter anderem, dass sich das Membranpotenzial stark veränderte, wenn sie die Zellen durch schwache Stromstöße reizten. Wie kann sich das Membranpotenzial eines Neurons verändern?*

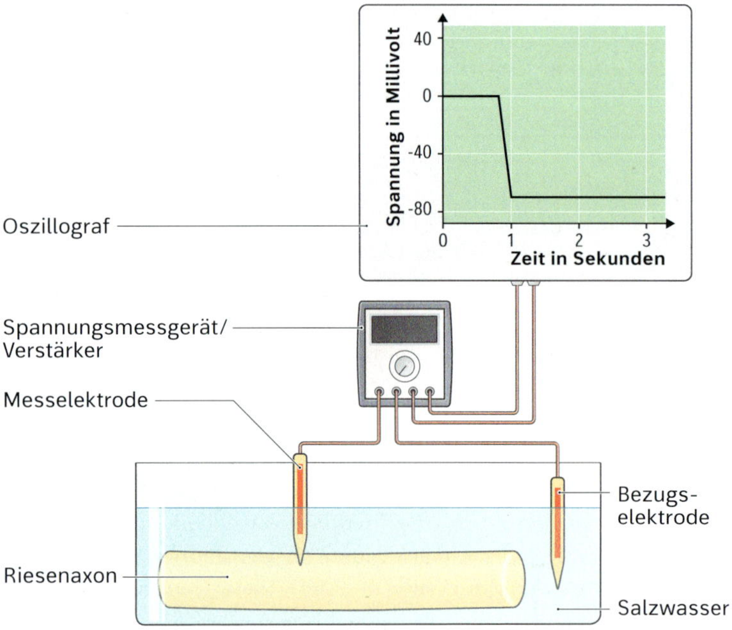

2 Intrazelluläre Ableitung Ruhepotenzial an einem Riesenaxon

Membranpotenzial im Ruhezustand

Die Riesenaxone von Tintenfischen haben einen Durchmesser von etwa einem Millimeter und sind damit 100- bis 1000-mal dicker als die Axone von Säugetieren. Außerdem haben sie keine Myelinscheiden. Deshalb konnten die britischen Wissenschaftler Alan L. HODGKIN und Andrew F. HUXLEY 1939 daran erstmals das Membranpotenzial eines Axons messen. Dazu legten sie das Axon in eine Salzlösung, deren Ionenkonzentration der Körperflüssigkeit des Tintenfisches entsprach. Sie führten eine Messelektrode in das Innere des Axons, während sich die Bezugselektrode in der Salzlösung befand. Sie ermittelten eine Spannung von –70 Millivolt. Dieses Membranpotenzial wird als **Ruhepotenzial** von Nervenzellen bezeichnet.

Entstehung des Ruhepotenzials

Im Innern eines Axons befindet sich eine hohe Konzentration an Kalium-Ionen und an großen organischen Anionen. Außerhalb des Axons ist dagegen die Konzentration der Natrium- und Chlorid-Ionen hoch. Die Zellmembran ist durch spezielle Kalium-Ionenkanäle selektiv permeabel für Kalium-Ionen. Für die großen organischen Anionen ist die Membran dagegen nicht permeabel. Natrium- und Chlorid-Ionen können in geringem Maße durch Ionenkanäle die Axonmembran passieren.

Erhaltung des Ruhepotenzials – Aufgrund des hohen Konzentrationsgefälles diffundieren Kalium-Ionen aus dem Axon in das Salzwasser. So baut sich an der Membran eine Spannung auf. Für die negativen Chlorid-Ionen ist das Konzentrationsgefälle nach innen gerichtet. Da aber das Zellinnere negativ geladen ist, diffundieren nur wenige Chlorid-Ionen nach innen. Für Natrium-Ionen sind sowohl das Konzentrationsgefälle als auch das elektrische Gefälle nach innen gerichtet. Somit diffundieren trotz der geringen Durchlässigkeit der Zellmembran ständig einige Natrium-Ionen ins Zellinnere. Diese Diffusion wird als **Natrium-Ionenleckstrom** bezeichnet. Jedes einströmende Natrium-Ion transportiert eine positive Ladung ins Innere des Axons, sodass in der Folge ein Kalium-Ion nach außen diffundieren kann. Deshalb würden sich im Laufe der Zeit die Konzentrationen der Kalium-Ionen innen und außen angleichen und das Ruhepotenzial gegen null ginge. Das Zusammenbrechen des Ruhepotenzials wird durch die **Natrium-Kalium-Ionenpumpen** in der Membran verhindert. Sie transportieren aktiv jeweils drei Natrium-Ionen nach außen und zwei Kalium-Ionen ins Innere des Axons. Die Natrium-Kalium-Ionenpumpe benötigt dafür ATP, weil beide Ionensorten gegen ihr Konzentrationsgefälle transportiert werden. In Nervenzellen werden 50 bis 70 Prozent des gesamten ATP-Umsatzes für die Natrium-Kalium-Pumpen gebraucht.

Auslösen eines Aktionspotenzials

Wird ein Axon mit einem geringen Stromstoß gereizt, verändert sich an der Reizstelle das Ruhepotenzial von - 70 Millivolt für einige Millisekunden. Es kommt zur **Depolarisierung** der Membran. Wird der Reizstrom schrittweise verstärkt, wird die Membran an der Reizstelle zunehmend stärker depolarisiert. Erreicht das Membranpotenzial dabei den **Schwellenwert** von etwa - 40 Millivolt kehrt sich die Polarität der Membran plötzlich um. Das Membranpotenzial erreicht für den Bruchteil einer Millisekunde den Wert von +30 Millivolt. Da der Strom, der bei dieser Depolarisierung fließt, stärker ist als der Reizstrom, wird von einer aktiven Antwort der Membran gesprochen.

	Natrium-Ionen	Kalium-Ionen	Chlorid-Ionen	große organische Anionen
Konzentration außen	440 mmol/l	20 mmol/l	560 mmol/l	0 mmol/l
Konzentration innen	50 mmol/l	400 mmol/l	52 mmol/l	385 mmol/l
Permeabilität	gering	hoch	gering	keine

3 Ionenverteilung an der Zellmembran eines Riesenaxons

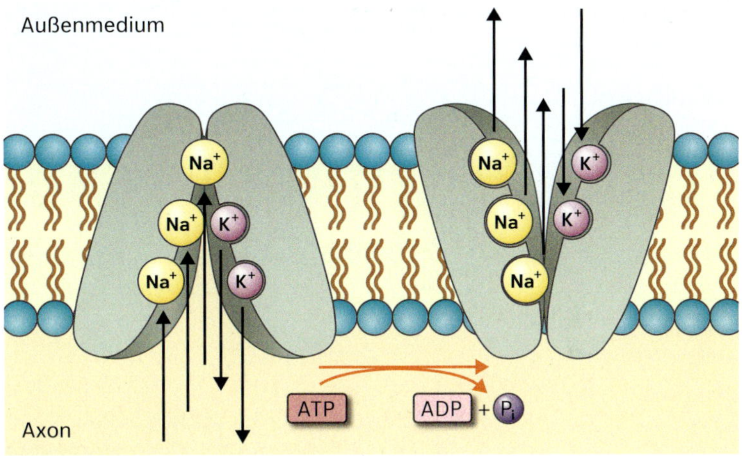

4 Natrium-Kalium-Ionenpumpe

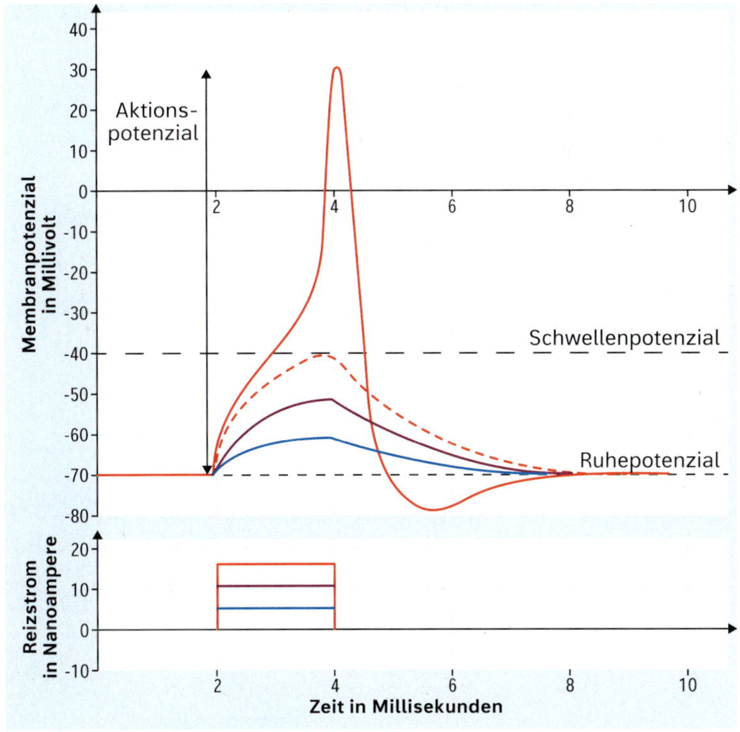

5 Reaktion einer Nervenzellmembran auf Stromstöße zunehmender Stärke

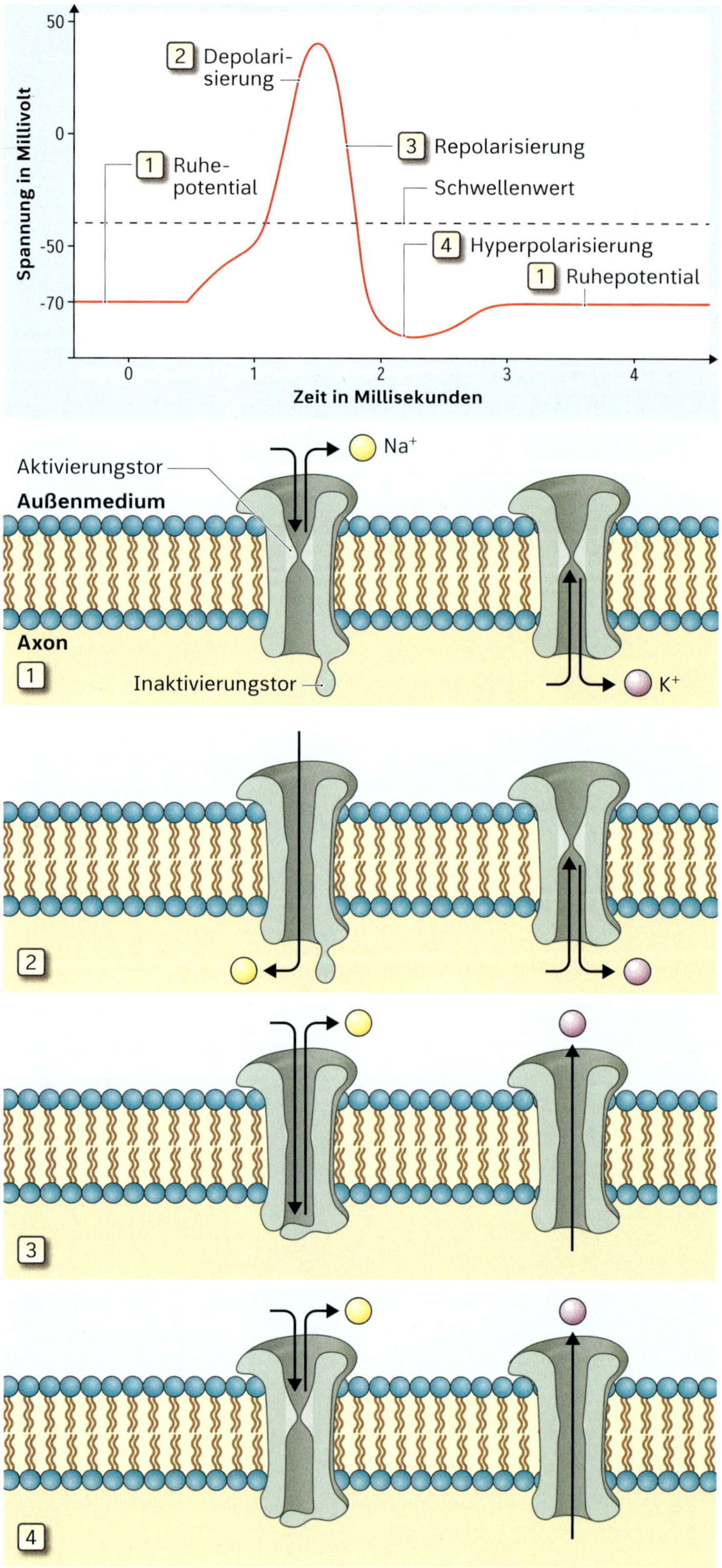

6 Phasen des Aktionspotenzials und Zustand der spannungsgesteuerten Ionenkanäle

In der folgenden Phase wird das ursprüngliche Membranpotenzial wiederhergestellt. Nach dieser **Repolarisierung** der Membran sinkt das Membranpotenzial kurzfristig sogar auf Werte unterhalb des Ruhepotenzials. Dieses Phänomen wird als **Hyperpolarisierung** bezeichnet. Eine solche charakteristisch verlaufende Änderung des Membranpotenzials aufgrund eines überschwelligen Reizes wird **Aktionspotenzial** genannt. Aktionspotenziale werden nach dem **Alles-oder-Nichts-Gesetz** gebildet. Das bedeutet, sie werden entweder vollständig ausgebildet oder gar nicht.

Ionentheorie des Aktionspotenzials

Neben den Natrium- und Kalium-Ionenkanälen, die das Ruhepotenzial einer Zellmembran aufbauen, kommen in Axonmembranen spannungsgesteuerte Natrium- und Kalium-Ionenkanäle vor. Die spannungsgesteuerten Natrium-Ionenkanäle besitzen ein Inaktivierungs- und ein Aktivierungstor. Beim Ruhepotenzial ist das Inaktivierungstor zwar offen, aber der Kanal wird durch das Aktivierungstor verschlossen. Durch einen Reizstrom öffnet sich bei einigen Natrium-Ionenkanälen das Aktivierungstor und Natrium-Ionen strömen aufgrund ihres elektrochemischen Gradienten in das Axon hinein. Dadurch wird das Membranpotenzial positiver. Wird durch die Depolarisierung der Schwellenwert von - 40 Millivolt überschritten, öffnen sich schlagartig alle Natrium-Ionenkanäle an der betroffenen Membranstelle. Infolgedessen strömen weitere Natrium-Ionen ein. Es kommt zum Überschuss an positiver Ladung im Axoninneren und das Membranpotenzial erreicht einen Wert von etwa +30 Millivolt.

Weniger als eine Millisekunde nach Beginn des Aktionspotenzials werden die Natrium-Ionenkanäle durch die Inaktivierungstore geschlossen. Durch die Depolarisierung haben sich auch zeitverzögert Kalium-Ionenkanäle geöffnet und Kalium-Ionen strömen aufgrund des elektrochemischen Gradienten aus dem Axon hinaus. Durch den Verlust an positiver Ladung erfolgt die Repolarisierung der Membran. Da die Kalium-Ionenkanäle sich nur sehr langsam schließen, strömen auch nach Erreichen des Ruhepotenzials noch Kalium-Ionen aus.

Die Axonmembran ist für den Bruchteil einer Millisekunde **hyperpolarisiert**. Während der Phase der Repolarisierung und zu Beginn der Hyperpolarisierung sind die Natrium-Ionenkanäle durch das geschlossene Inaktivierungstor inaktiviert. Der betreffende Bereich des Axons ist in dieser Zeit nicht erregbar. Dieser Zeitabschnitt wird als **Refraktärphase** bezeichnet.
Erst wenn bei allen Natrium-Ionenkanälen die beiden Tore wieder in ihren ursprünglichen Zustand zurückgekehrt sind und sich die Ionenverteilung des Ruhepotenzials wieder eingestellt hat, kann ein neues Aktionspotenzial ausgelöst werden. Zum größten Teil wird die Ionenverteilung des Ruhepotenzials durch die schnelle und nicht ATP verbrauchende Diffusion der Ionen durch die Natrium- und Kalium-Ionenkanäle wiederhergestellt. Gleichzeitig und kontinuierlich transportieren aber auch Natrium-Kalium-Ionenpumpen unter ATP-Verbrauch Kalium-Ionen in das Axon hinein und Natrium-Ionen hinaus.

Aktionspotenziale verlaufen hinsichtlich der Veränderung der Membranpotenzialwerte und der Dauer der einzelnen Phasen immer gleich. Die unterschiedliche Stärke eines überschwelligen Reizes wird durch die Anzahl der Aktionspotenziale innerhalb einer bestimmten Zeiteinheit codiert. Nach einer Reizung ist einige Zentimeter von der Reizstelle entfernt wieder ein Aktionspotenzial messbar. Wenn das Aktionspotenzial an einer Stelle ausgelöst wird, pflanzt es sich am Axon entlang fort.

MATERIAL MIT AUFGABEN

A Aktionspotenziale bei Armleuchteralgen (Charophyceae spec.)

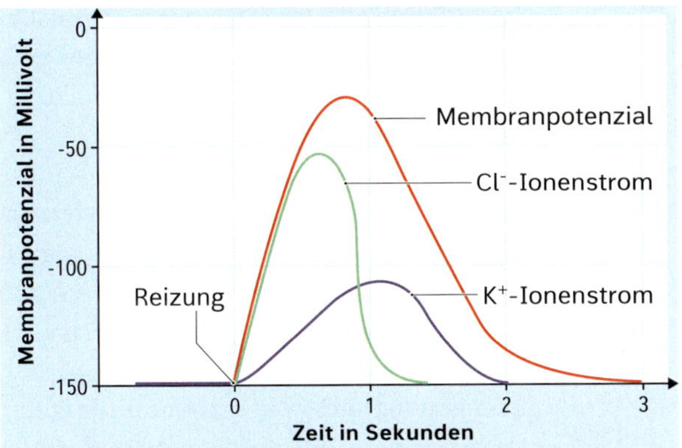

Ionen	K^+	Na^+	Cl^-	Ca^{2+}
innen	100	20	200	0,001
außen	10	1	1	2

Nach einer Reizung lassen sich bei Armleuchteralgen Aktionspotenziale messen, mit denen sie Signale über mehrere Zentimeter weiterleiten.

1 Beschreiben und erklären Sie die Ionenströme und Veränderungen des Membranpotenzials bei Armleuchteralgen nach einer Reizung. Berücksichtigen Sie dabei das in der Tabelle angegebene Verhältnis der Ionen an der Membran. ●●●

B Auswirkungen einer Genmutation auf das Aktionspotenzial bei Mäusen

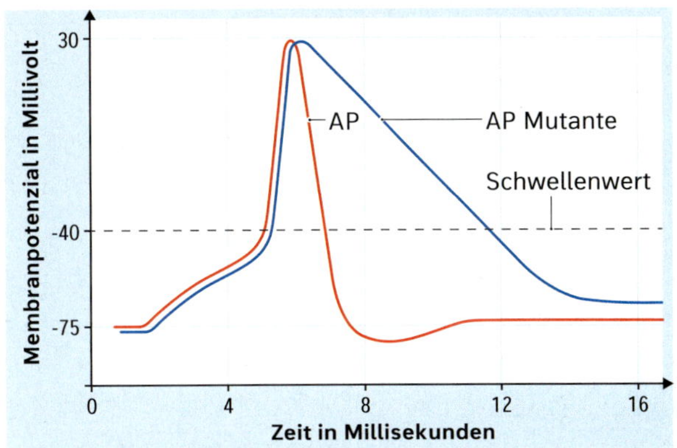

Bei Mäusen führt eine bestimmte Mutation zu einem veränderten Verlauf des Aktionspotenzials (AP).

1 Vergleichen Sie den Verlauf der Aktionspotenziale an Nervenzellen der mutierten und nicht mutierten Mäusen. ●○○
2 Stellen Sie Hypothesen hinsichtlich der Ursachen für den veränderten Verlauf des Aktionspotenzials bei den mutierten Mäusen auf. ●●●
3 Beschreiben Sie mögliche Folgen der Mutation für die betroffenen Mäuse. ●●○

1 Zebras auf der Flucht

1.3 Weiterleitung der Erregung

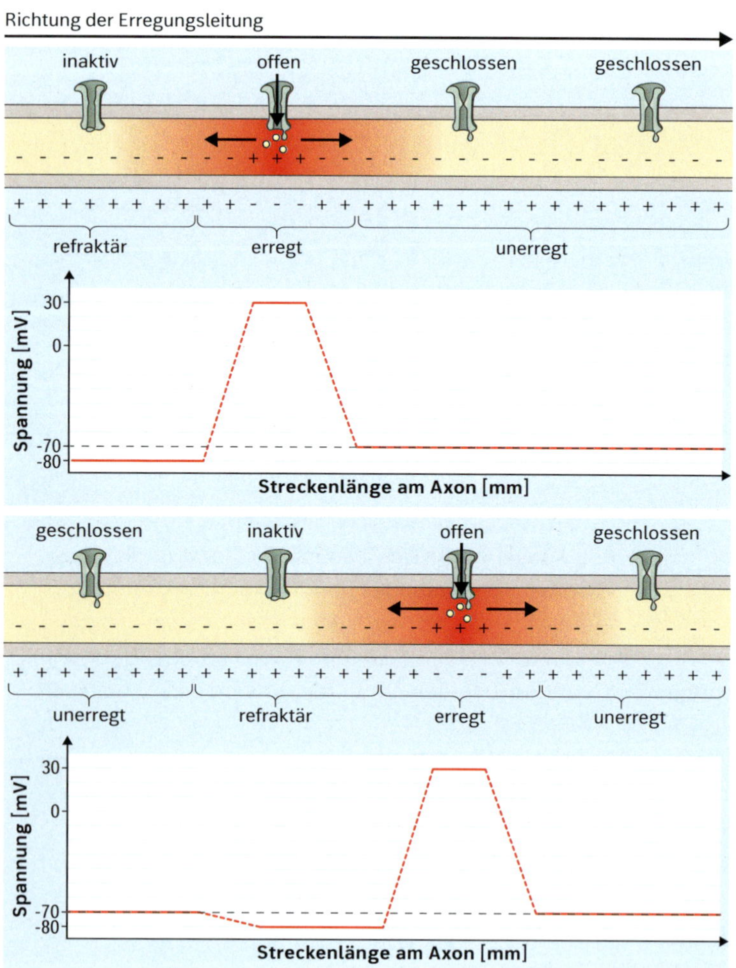

2 Fortleitung eines Aktionspotenzials

Schnelligkeit ist überlebenswichtig! Das gilt vor allem bei Fluchtbewegungen. Dabei müssen die Informationen mit unvorstellbar hoher Geschwindigkeit von Sinnesorganen zum Gehirn und von dort Befehle zu den Muskeln geleitet werden. Wie erfolgt dabei die Weiterleitung von Aktionspotenzialen?

Elektrotonische Erregungsleitung

Die Weiterleitung von Erregungen an den Axonen einer Nervenzelle, die Erregungsleitung, erfolgt durch das Fortleitung von Aktionspotenzialen. Die elektrotonische Erregungsleitung geschieht nur über kurze Entfernungen. Sie schwächt sich mit zunehmender Entfernung vom Entstehungsort ab und gehorcht nicht dem Alles-oder-Nichts-Gesetz.

Kontinuierliche Erregungsleitung

Die Antwort einer Nervenzelle auf einen überschwelligen Reiz besteht in Ausbildung eines Aktionspotenzials. Der Einstrom von Natrium-Ionen in das Axon führt dazu, dass an der Reizstelle an der Innenseite der Membran ein positiv geladener Bereich und an der Außenseite ein negativ geladener Bereich entsteht. In den angrenzenden Bereichen liegt noch das Ruhepotenzial vor. Damit stoßen an den Grenzen dieser Bereiche entgegengesetzt geladene Ionen aufeinander. Zum Ausgleich strömen auf

der Innen- und Außenseite der Membran die Ionen in entgegengesetzt geladenen Nachbarbereiche. Diese Ionenflüsse depolarisieren den unmittelbar benachbarten Membranbereich und lösen dort bei Erreichen des Schwellenwerts ein weiteres Aktionspotenzial aus. Die Ausbreitung der Erregung über lokale Ionenflüsse wird als **elektrotonische Weiterleitung** bezeichnet. Sie schwächt sich mit zunehmender Entfernung vom Entstehungsort ab und folgt nicht dem Alles-oder-Nichts-Gesetz.
Ein Aktionspotenzial wird normalerweise nur am Axonhügel erzeugt und nur in Richtung der Axonendigungen weitergeleitet. Die lokalen Stromflüsse erfolgen zwar in alle Richtungen, aber bei der Erregungsleitung befindet sich der Membranbereich in Richtung Zellkörper direkt nach einem Aktionspotenzial noch in der Refraktärphase. Deshalb kann dort nicht sofort wieder ein Aktionspotenzial ausgelöst werden. In Richtung der Axonendigung wird fortlaufend in jedem Abschnitt ein neues Aktionspotenzial in voller Stärke ausgebildet. Dabei schwächt die Erregung trotz zunehmender Entfernung vom Axonhügel nicht ab. Dies wird **kontinuierliche Erregungsleitung** an nicht myelinisierten Axonen genannt.

Saltatorische Erregungsleitung – Die Myelinscheide der Wirbeltieraxone ist an den Ranvier-Schnürringen unterbrochen. Nur hier befinden sich eine Vielzahl spannungsgesteuerter Ionenkanäle und nur dort können Aktionspotenziale entstehen. Die Erregung breitet sich dann durch den lokalen Stromfluss elektrotonisch bis zum nächsten Schnürring aus. Wird dort der Schwellenwert überschritten, entsteht ein neues Aktionspotenzial. Die Aktionspotenziale „springen" gewissermaßen von einem Schnürring zum nächsten, daher wird hierbei von **saltatorischer Erregungsleitung** gesprochen.

Im Vergleich zu den lokalen Strömen dauert die Bildung eines Aktionspotenzials viel länger. Die Geschwindigkeit der saltatorischen Erregungsleitung ist um ein Vielfaches höher als die der kontinuierlichen. Sie beträgt häufig mehr als 100 Meter pro Sekunde, in den Axonen ohne Myelinscheide nur 1 Meter pro Sekunde.

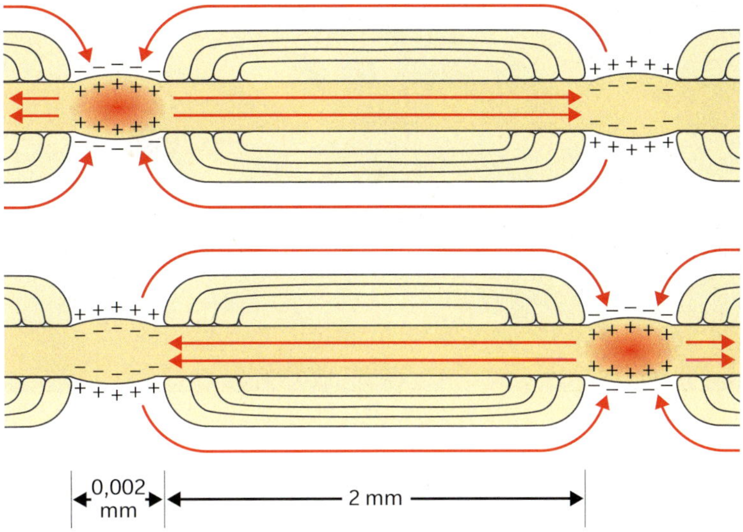

3 Saltatorische Erregungsleitung. Ladungsverhältnisse zu unterschiedlichen Zeitpunkten entlang des Axons. Rote Pfeile: lokaler Stromfluss

MATERIAL MIT AUFGABEN

A Erregungsleitung

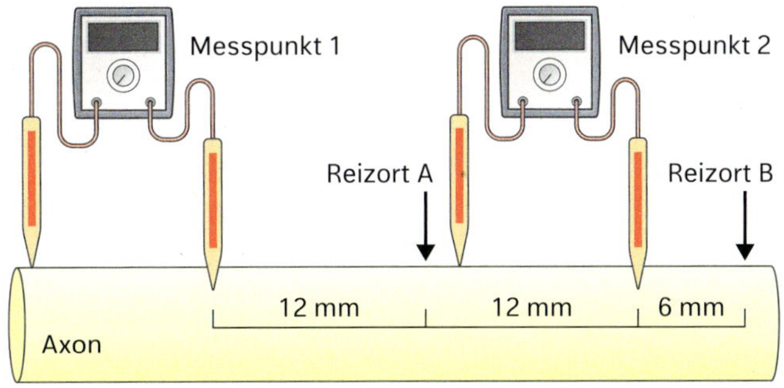

Ein isoliertes Axon wird an zwei verschiedenen Reizorten A und B überschwellig gereizt. Das Axon leitet die Erregungen mit 2 m/s weiter. Im ersten Ansatz wurde das Axon jeweils nur an einem der Orte A und B gereizt. Im zweiten Versuchsansatz wurde das Axon jeweils gleichzeitig an beiden Orten gereizt.

1 Prüfen Sie, ob sich das Membranpotenzial an den Messpunkten 1 und 2 verändert, wenn nur an Reizort A oder nur an Reizort B gereizt wird. ●●○
2 Prüfen Sie, ob sich das Membranpotenzial an den Messpunkten 1 und 2 verändert, wenn gleichzeitig an Reizort A und an Reizort B gereizt wird. ●●●
3 Prüfen Sie, ob sich die Geschwindigkeit der Erregungsweiterleitung durch die Verschiebung des Ruhepotenzials von –75 mV auf –55 mV ändert. ●●○

1 Pfeilgiftfrosch

1.4 Erregungsübertragung zwischen Nervenzellen

Pfeilgiftfrösche sondern über ihre Haut ein tödliches Nervengift abmit dem indigene Völker Südamerikas ihre Blasrohrpfeile präparieren. Gelangt das Gift über Verletzungen in den Blutkreislauf eines Lebewesen, setzen bei ihm fast sofort eine Atemlähmung und der Herzstillstand ein. Das Gift beeinflusst die Erregungsübertragung von Nervenzellen auf Muskelfasern, etwa des Herzens oder der Atemmuskulatur. Wie erfolgt eine solche Übertragung?

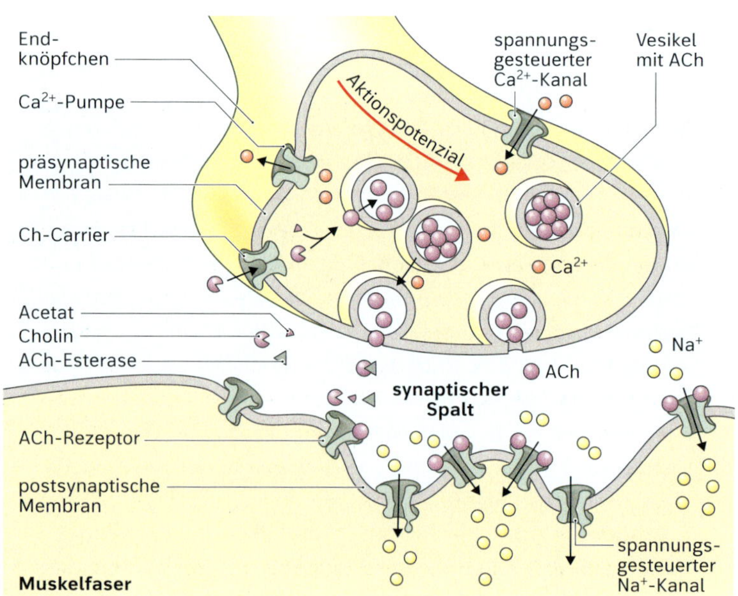

2 Motorische Endplatte (Schema). ACh = Acetylcholin; A = Acetat; Ch = Cholin

Chemische Synapsen – Die kleine Verdickungen an den Verzweigungsenden eines Axons bilden die Kontaktstellen zu anderen Nervenzellen oder Muskelfasern. Diese Endknöpfchen und die Membran der folgenden Zelle sowie der dazwischenliegende Spalt bilden zusammen eine funktionelle Einheit, die **Synapse**. Erfolgt die Erregung an Synapsen über chemische Stoffe, die **Neurotransmitter**, handelt es sich um **chemischen Synapsen**.

Übertragung auf Muskelfasern – Enden die Axone einer Nervenzelle als abgeflachte Endknöpfchen auf einer Muskelfaser, werden diese als **motorische Endplatten** bezeichnet. Ihr Neurotransmitter ist in der Regel Acetylcholin. Erreicht ein Aktionspotenzial das Endknöpfchen, öffnen sich kurzzeitig spannungsgesteuerte Calcium-Ionenkanäle und Calcium-Ionen strömen ins Cytoplasma. Der Anstieg der intrazellulären Calciumkonzentration bewirkt, dass die mit Acetylcholin gefüllten Vesikel zur **präsynaptischen Membran** transportiert werden. Durch Exocytose wird Acetylcholin in den synaptischen Spalt ausgeschüttet. Die Acetylcholin-Moleküle diffundieren zur **postsynaptischen Membran** und binden dort an spezifische Rezeptoren von Ionenkanälen. Sobald zwei Moleküle Acetylcholin an die Rezeptoren eines Ionenkanals gebunden sind, öffnet er sich. Dieser transmittergesteuerte Ionenkanal wird als **Acetylcholinrezeptor** bezeichnet. Natrium-Ionen strömen durch den Kanal in die Muskelfaser und depolarisieren die postsynaptische Membran. Es entsteht ein postsynaptisches Potenzial, in diesem Fall ein **erregendes postsynaptisches Potenzial**, ein **EPSP**. Es breitet sich elektrotonisch aus. Überschreitet die Depolarisierung in benachbarten Membranbereichen einen bestimmten Schwellenwert, öffnen sich dort schlagartig spannungsgesteuerte Natrium-Ionenkanäle. Es entsteht ein Aktionspotenzial, das sich über die Membran der Muskelfaser ausbreitet. Diese **Muskelfaseraktionspotenziale** führen zur Kontraktion der Muskelfasern. Anschließend wird der ursprüngliche Zustand in der motorischen Endplatte wiederhergestellt.

Auf der präsynaptischen Seite werden die Calcium-Ionen aus dem Cytoplasma des Endknöpfchens herausgepumpt, sodass kein weiteres Acetylcholin ausgeschüttet wird. Im synaptischen Spalt wird Acetylcholin durch das Enzym **Acetylcholinesterase** in unwirksame Acetat-Ionen und Cholin-Moleküle gespalten. Cholin wird durch einen Carrier wieder in das Endknöpfchen aufgenommen und wird dort erneut zur Synthese des Transmitters genutzt. Das Acetat diffundiert in das umliegende Gewebe. In Folge des Acetylcholinabbaus sind die Acetylcholinrezeptoren an der postsynaptischen Membran nicht mehr aktiv und schließen sich. Es strömen keine weiteren Natrium-Ionen mehr in die Muskelfaser. Durch den Ausstrom von Kalium-Ionen repolarisiert die postsynaptische Membran zum Ruhepotenzial. Natrium-Kalium-Ionenpumpen stellen die ursprüngliche Ionenverteilung wieder her.

Das Gift der Pfeilgiftfrösche, blockiert die Inaktivierungstore der spannungsgesteuerten Natrium-Ionenkanäle an den Muskelfasermembranen. Infolgedessen strömen Natrium-Ionen weiter in die Muskelfaster und es erfolgt keine Repolarisierung der postsynaptischen Membran. Es kommt zu einer Übererregung und unter anderem zur Verkrampfung und damit Lähmung der Atemmuskulatur.

Übertragung zwischen Neuronen

An der neuromuskulären Endplatte wird durch ein einziges Aktionspotenzial, das am Endknöpfchen ankommt, die Exocytose von etwa 200 synaptischen Vesikeln ausgelöst. Das führt zu einem EPSP von +40 mV. Im Vergleich dazu setzen Synapsen zwischen Nervenzellen im Gehirn oft nur den Inhalt eines Vesikels frei und verursachen ein EPSP von nur wenigen Millivolt. Dieses breitet sich elektrotonisch über die Membran des Somas der Nervenzelle bis zum Axonhügel aus. Erst wenn am Axonhügel der Schwellenwert überschritten wird, entsteht dort ein Aktionspotenzial. Während der Ausbreitung über den Zellkörper schwächt sich das EPSP ab, sodass in der Regel viele EPSPs an der postsynaptischen Membran erzeugt werden müssen, bevor am Axonhügel ein Aktionspotenzial ausgelöst wird.

MATERIAL MIT AUFGABEN

A Erregungsleitung

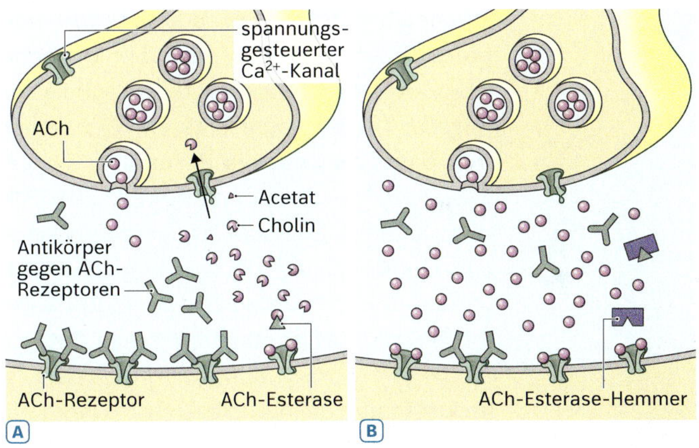

Myasthenie (Myansthenia gravis) ist eine Muskelerkrankung, die auf einer gestörten Erregungsübertragung an den motorischen Endplatten beruht. Damit verbunden ist eine Muskelschwäche, die lebensbedrohlich werden kann, wenn die Atemmuskulatur betroffen ist. Ursache der Krankheit ist eine gestörte Immunreaktion. Als Therapie werden oft Acetylcholinesterase-Hemmer verabreicht.

1 Erklären Sie anhand der Abbildung A die molekularen Ursachen von Myasthenie.

2 Erklären Sie anhand der Abbildung B die molekulare Wirkung von Acetylcholinesterase-Hemmern bei Myasthenie.

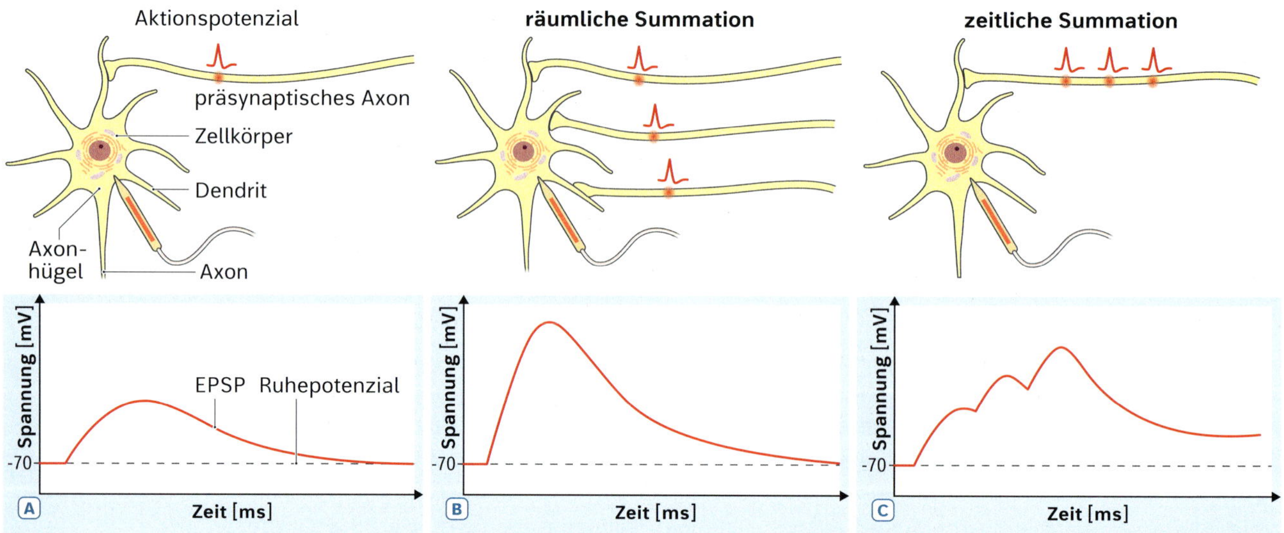

3 Summation von Erregungen: **A** Aktionspotenzial löst ein EPSP aus; **B** räumliche Summation; **C** zeitliche Summation

Postsynaptische Potenziale – Neurone benutzen an ihren Synapsen immer den gleichen Neurotransmitter. Die Wirkung des Transmitters hängt allerdings davon ab, welche Ionenkanäle er in der postsynaptischen Membran öffnet. Die Öffnung von Natrium-Ionenkanälen bewirkt, dass das Membranpotenzial an der postsynaptischen Membran depolarisiert wird. Das Membranpotenzial wird weniger negativ. In der Folge entsteht ein **erregendes postsynaptisches Potenzial,** ein **EPSP.** Ebenso können in der postsynaptischen Membran Chlorid-Ionenkanäle geöffnet werden. Das Membranpotenzial wird negativer und die Membran wird hyperpolarisiert. Es entsteht ein **inhibitorisches postsynaptisches Potenzial**, ein **IPSP**. Postsynaptische Potenziale sind elektrotonische Potenziale. Ihre Stärke hängt von der ausgeschütteten Transmittermenge ab und damit von der Erregungsstärke des präsynaptischen Neurons. Sie haben keine Refraktärphase.

Summation der Potenziale – Treffen mehrere Aktionspotenziale kurz hintereinander an derselben Synapse ein, so ist das postsynaptische Potenzial zwischen den einzelnen Aktionspotenzialen noch nicht vollständig abgebaut. In Folge addiert sich das jeweils folgende Potenzial zu dem noch vorhandenen, sodass ein viel höheres EPSP oder viel geringeres IPSP entsteht. Es wird von **zeitlichen Summation** gesprochen. Erregende und inhibitorische Potenziale addieren sich auch, wenn sie gleichzeitig durch mehrere Synapsen an unterschiedlichen Stellen entstehen. Dies wird als **räumliche Summation** bezeichnet.

Ausbreitung zum Axonhügel – Sowohl erregende als auch hemmende postsynaptische Potenziale breiten sich elektrotonisch entlang der Membran des Somas bis zum Axonhügel aus. Dabei schwächen sie sich ab. Die Summe aller EPSPs und IPSPs bestimmt das Membranpotenzial am Axonhügel zu einem bestimmten Zeitpunkt. Deshalb wird von einer **Verrechnung** der postsynaptischen Potenziale gesprochen. Nur wenn das Potenzial den Schwellenwert am Axonhügel überschreitet, wird ein Aktionspotenzial ausgelöst.

Erregende und hemmende Synapsen – Durch ein EPSP wird das Membranpotenzial des Neurons positiver als das Ruhepotenzial. Deshalb kann am Axonhügel der Schwellenwert eines Aktionspotenzials eher erreicht werden. Synapsen, die ein EPSP erzeugen, werden daher als **erregende Synapsen** bezeichnet. Durch die Hyperpolarisierung in Folge eines IPSPs wird das Membranpotenzial negativer als das Ruhepotenzial. Deshalb kann der Schwellenwert nicht so leicht erreicht werden. Synapsen, die ein IPSP erzeugen, werden **hemmende Synapsen** genannt.

Codierung neuronaler Informationen
Auf dem Weg von Neuron zu Neuron wird die Erregung mehrfach umcodiert. Präsynaptisch ist sie in einer Folge von Aktionspotenzialen verschlüsselt. An der Synapse wird dieses elektrische Signal in ein chemisches Signal umgewandelt und mithilfe von Neurotransmittern auf das nachfolgende Neuron oder die Muskelfaser übertragen. Dort wird das chemische Signal wieder in ein elektrisches Signal umgewandelt. Aktionspotenziale sind unveränderbar und der Frequenzcode ist schnell und sicher. Der chemische Code durch die Transmitter ist beeinflussbar. So können Nervenimpulse in ihrer Stärke verändert oder sogar ganz unterdrückt werden.

MATERIAL MIT AUFGABEN

B Neuronale Verrechnung

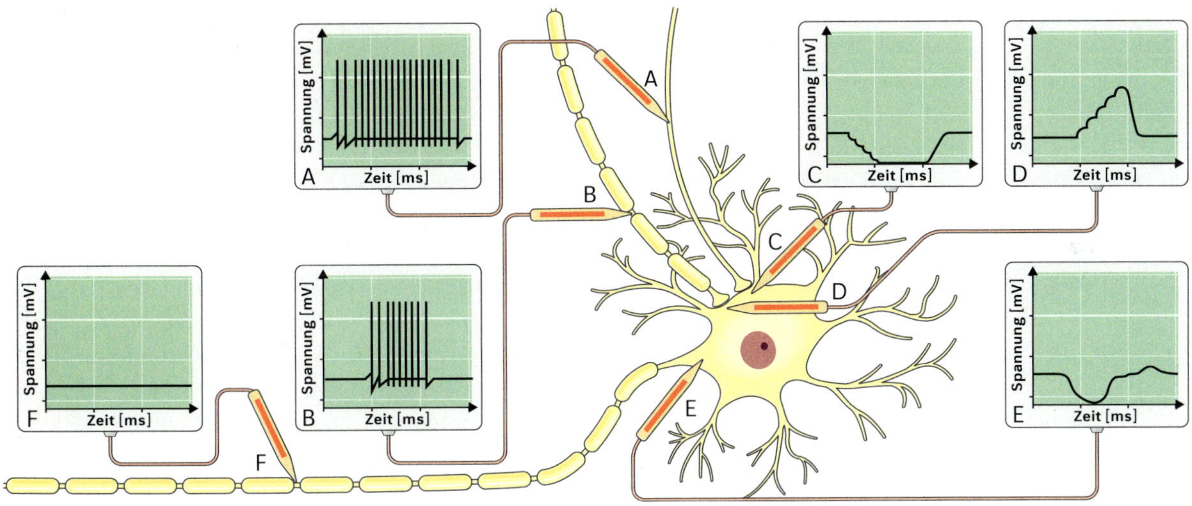

1 Erklären Sie die Veränderungen des Membranpotenzials an den fünf Messpunkten A bis E. ●●○
2 Prüfen Sie, ob sich das Membranpotenzial am Messpunkt F verändert, und begründen Sie Ihr Ergebnis. ●●○

C Modell zur neuronalen Verrechnung

In einem Modellversuch sollen Verarbeitung, Weiterleitung und Umcodierung von Nervenimpulsen veranschaulicht werden. Dazu werden die beiden Löffel in den beiden äußeren Kolben zunächst einzeln und anschließend gleichzeitig in den mittleren Kolben überführt.

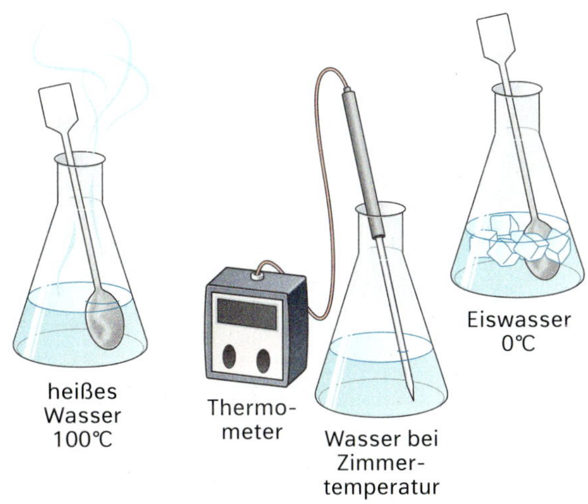

1 Vergleichen Sie das Modell mit der Erregungsübertragung an einer Synapse. ●●○
2 Erklären Sie mithilfe des Modells die räumliche Summation. ●○○
3 Planen Sie einen entsprechenden Modellversuch zur zeitlichen Summation. ●●○
4 Beurteilen Sie die Eignung des Modells hinsichtlich der neuronalen Verrechnung sowie der Umcodierung von Nervenimpulsen an Synapsen. ●●●

Synapsengifte – Die Erregungsübertragung an Synapsen, die Acetylcholin als Transmitter verwenden, kann an verschiedenen Stellen durch Gifte oder Medikamente beeinflusst werden. Solche neuroaktiven Stoffe wirken sowohl prä- als auch postsynaptisch oder im synaptischen Spalt. Da Acetylcholinrezeptoren in verschiedenen Bereichen des Nervensystems vorkommen und es unterschiedliche Typen gibt, haben Synapsengifte sehr vielfältige Wirkungen.

Präsynaptische Wirkung – Eines der stärksten Gifte ist das Botulinum-Toxin des Bakteriums *Clostridium botulinum*. Es wirkt bereits bei einer Dosis von 0,01 mg/kg Körpergewicht tödlich. Die Botulinum-Bakterien können sich in schlecht konservierten Fleisch- und Wurstwaren vermehren und darin das Gift freisetzen. Es hemmt die Exocytose von Acetylcholin an den motorischen Endplatten. Ist davon die Atemmuskulatur betroffen, kann es zu tödlichen Atemlähmungen kommen. In der ästhetischen Medizin werden geringe Mengen des Toxins unter dem Namen Botox zur Faltenreduzierung verwendet.

α-Latrotoxin, das Gift der Schwarzen Witwe, eine Spinnenart aus Südamerika, bewirkt die schlagartige und irreversible Entleerung aller synaptischen Bläschen an den motorischen Endplatten. Ein Biss der Spinne kann krampfartige Magen- und Kopfschmerzen und Atemlähmungen auslösen.

Ein weiteres Gift mit präsynaptischer Wirkung ist **ω-Conotoxin**, das von marinen Kegelschnecken der Gattung *Conus* produziert wird. Das Gift blockiert die spannungsgesteuerten Calcium-Ionenkanäle und verhindert damit die Freisetzung von Acetylcholin. Dadurch machen die Schnecken ihre Beutetiere innerhalb von Sekunden bewegungsunfähig.

Postsynaptische Wirkung – Der Name **Curare** umfasst eine Gruppe chemischer Substanzen, die aus verschiedenen Pflanzenarten gewonnen werden. Das Gift wird von indigenen Völkern des Amazonasgebietes bei der Jagd eingesetzt. Curare besetzt die Acetylcholinrezeptoren, ohne die Ionenkanäle zu öffnen. So verursacht es unter anderem Muskellähmungen. Die vergifteten Lebewesen können an

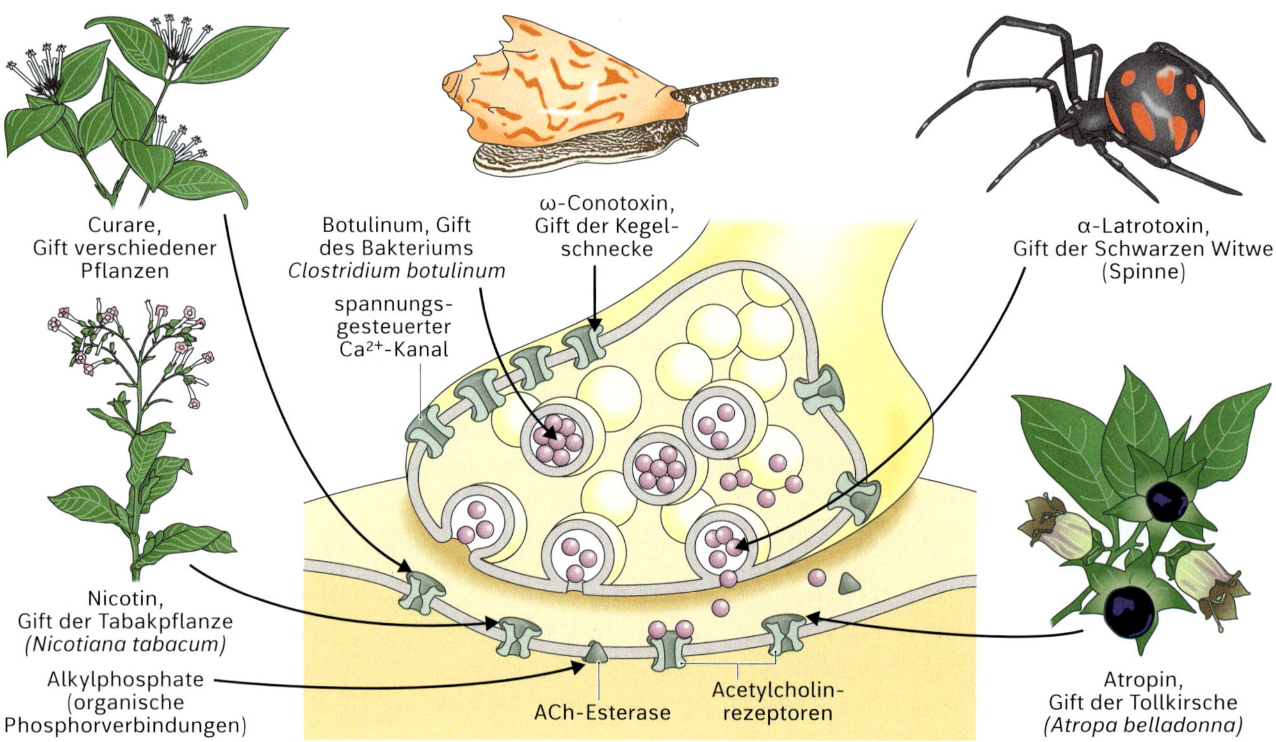

4 Synapsengifte

Atemlähmungen sterben. Solche Stoffe, die an Rezeptoren binden und eine entgegengesetzte Wirkung wie der eigentliche Neurotransmitter haben, werden als **Antagonisten** bezeichnet. Ein weiterer Acetylcholin-Antagonist ist **Atropin**, das Gift der Tollkirsche. **Nikotin**, das Gift der Tabakpflanze, wirkt wie Acetycholin. Es öffnet die Natrium-Ionenkanäle, wird aber von dem Enzym Acetylcholinesterase nicht abgebaut. So wirkt Nikotin zum Beispiel aktivierend auf die Darmtätigkeit und den Herzschlag. Im Gehirn wirkt es auf das Belohnungssystem, sodass schnell eine Abhängigkeit entsteht. Solche Stoffe, die an Rezeptoren binden und die gleiche Wirkung haben wie die Neurotransmitter, heißen **Agonisten**.

Wirkort synaptischer Spalt – Chemische Kampfstoffe wie **Sarin** oder das Insektenvernichtungsmittel **E605** hemmen das Enzym Acetylcholinesterase im synaptischen Spalt. Dadurch kann es zu einer Dauererregung und in Folge zu Muskelkrämpfen, Atemlähmung und zum Herzstillstand kommen.

MATERIAL MIT AUFGABEN

D Die Nowitschok-Gifte

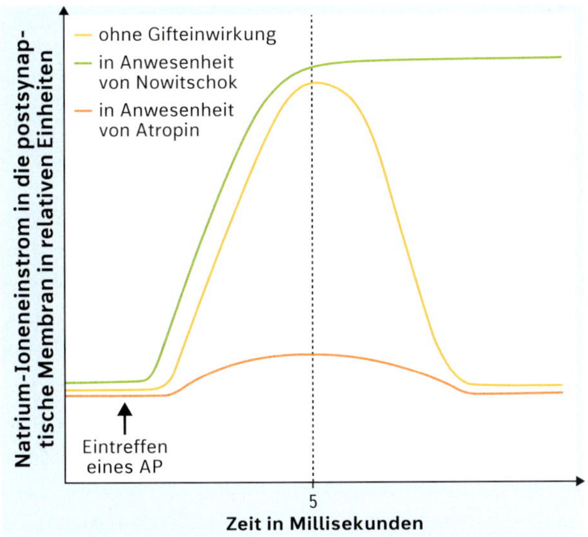

Stoff	Konzentionen in Prozent	
	vor AP-Eintreffen	nach AP-Eintreffen
Natrium-Ionen	100	< 10
Acetylcholin	0	100
Acetat-Ionen	0	0
Cholin	0	0
freie Acetyl-cholinesterase	100	< 10

Um die Wirkung des Nowitschok-Giftes zu untersuchen, wurden die in der Tabelle aufgeführten Stoffkonzentrationen im synaptischen Spalt vor und nach (5 ms) dem Eintreffen eines Aktionspotenzials (AP) an einer motorischen Endplatte ermittelt.

Seit 1997 gibt es ein internationales Übereinkommen der Mitgliedstaaten der Vereinten Nationen, das den Einsatz chemischer Waffen verbietet. Die stark wirksamen Nervengifte der Nowitschok-Gruppe gehören zu den chemischen Kampfstoffen, die ab den 1970er Jahren in der Sowjetunion entwickelt wurden.

Das Gift kann über die Haut aufgenommen und über die Blutbahn zu den Nervenzellen transportiert werden. Schon die Masse eines Salzkorns auf der Haut kann einen Menschen töten. Typische Symptome einer Nowitschok-Vergiftung sind starke Krämpfe, die zum Atemstillstand führen können. Als Gegenmittel wird Atropin eingesetzt, das in großen Mengen ebenfalls tödlich wirkt. Atropin konkurriert mit dem Neurotransmitter Acetylcholin um die Rezeptoren.

1 Vergleichen Sie den Natrium-Ioneneinstrom in die postsynaptische Membran in Anwesenheit des Giftes beziehungsweise von Atropin mit dem Natrium-Ioneneinstrom ohne Gift nach Eintreffen eines Aktionspotenzials an der motorischen Endplatte. ●○○

2 Erklären Sie die Wirkung des Giftes auf den Natrium-Ioneneinstrom unter Berücksichtigung dieser Befunde. ●●○

3 Erläutern Sie modellhaft, welche Eigenschaften ein Gegenmittel zu Nowitschok-Giften haben müsste, und erklären Sie die Gabe von Atropin als Gegenmittel. ●●●

4 Entscheiden Sie begründet, ob im umgekehrten Fall Nowitschok-Gifte bei einer Atropin-Vergiftung als Gegenmittel verwendet werden kann. ●●●

1 Parfümeur bei der Arbeit

2.1 Bau und Funktion von Sinneszellen

Parfümeure haben gelernt, tausende verschiedene Düfte zu erkennen. Ein Laie kann zwar etwa eine Billion Düfte wahrnehmen, aber nur 300 erkennen. Wie kann ein Mensch so viele Düfte unterscheiden und erkennen?

Lage und Struktur des Riechepithels
Ein Duft oder Geruch setzt sich aus vielen verschiedenen Geruchsstoffen zusammen. Diese gelangen mit der eingeatmeten Luft in den oberen Teil der Nasenhöhle. Dort befindet sich das **Riechepithel**. Diese Zellschicht ist von einer Schleimschicht bedeckt, in der sich die Geruchsstoffe lösen. Im Riechepithel befinden sich etwa 30 Millionen spezialisierte Nervenzellen, die **Riechsinneszellen**. Viele Sinneszellen sind mit anderen Geweben zu Organen, den **Sinnesorganen**, zusammengefasst. Die Nase ist ein Sinnesorgan. Knochen, Knorpel und Bindegewebe bilden die Nasenhöhlen und -gänge. Diese leiten die Luft zum Riechepithel. Das Riechepithel enthält die Riechsinneszellen.

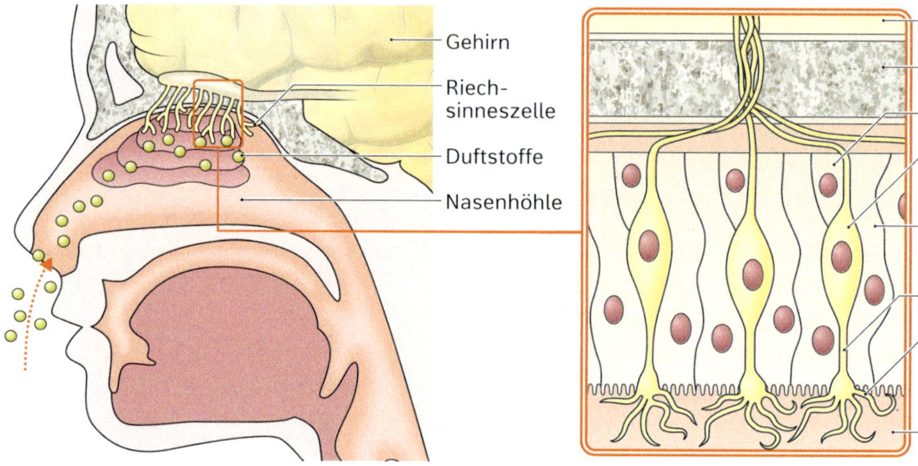

2 Lage und Struktur des Riechepithels

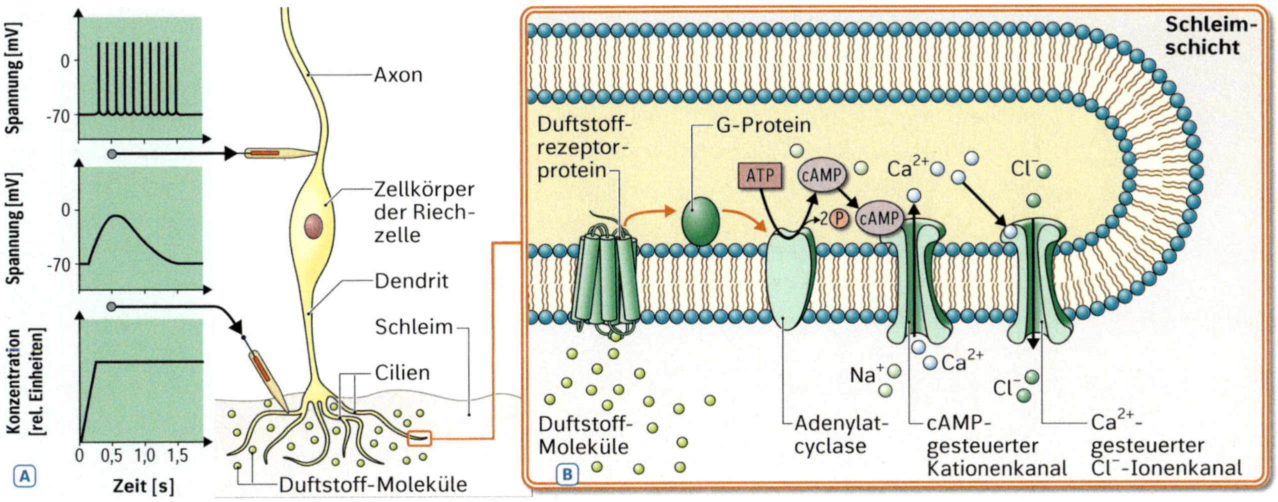

3 Transduktion in einer Riechzelle: **A** Rezeptorpotenzial, Aktionspotenziale und Geruchsstoffkonzentration; **B** Reaktionskaskade

Reizung von Sinneszellen – Die Dendriten der Riechsinneszellen besitzen feine Ausstülpungen, **Cilien** genannt, die in der Schleimschicht liegen. Werden im Schleim gelöste Geruchsstoff-Moleküle daran gebunden, verändert sich ihr Membranpotenzial. Zellen, die auf solche **Reize** mit einer Veränderung ihres Membranpotenzials antworten, werden als **Sinneszellen** oder **Rezeptoren** bezeichnet. Die verschiedenen Sinneszellen sind hoch spezialisiert und werden jeweils nur durch eine bestimmte Reizart, den **adäquaten Reiz**, erregt. Dabei reagieren Chemorezeptoren wie Riechsinneszellen auf chemische Stoffe, Fotorezeptoren auf Licht, Mechanorezeptoren auf Druck und Thermorezeptoren auf Wärme oder Kälte.

Transduktion – Sinneszellen antworten auf einen adäquaten Reiz mit einem Rezeptorpotenzial, dessen Stärke der Reizstärke entspricht. Diese Umwandlung der Reizinformation in elektrische Signale wird als **Transduktion** bezeichnet. Das Rezeptorpotenzial breitet sich elektrotonisch bis zum Axonhügel aus. Übersteigt es dort den Schwellenwert, werden Aktionspotenziale gebildet. Stärke und Dauer des Reizes werden durch die Frequenz der Aktionspotenziale codiert.

Mechanismen der Transduktion – Die Transduktion verläuft in den verschiedenen Sinneszellen unterschiedlich, doch immer sind spezielle Ionenkanäle daran beteiligt. Diese werden direkt durch den Reiz oder über eine **Signalkette** gesteuert.

In einer Riechsinneszelle löst ein bestimmtes Geruchsstoff-Molekül eine solche Signalkette aus. Bindet diese an einen speziellen G-Protein-gekoppelten Rezeptor in der Cilienmembran, wird ein kleines mobiles Protein, das G-Protein, aktiviert. Dieses aktiviert die in die Zellmembran integrierte Adenylatcyclase. Dieses Enzym katalysiert die Synthese von cyclischem Adenosinmonophosphat, kurz cAMP, aus ATP. Das cAMP leitet das Signal innerhalb der Zelle weiter. cAMP ist ein sekundärer Botenstoff oder **second messenger** und aktiviert Ionenkanäle, die hauptsächlich für Natrium- und Calcium-Ionen durchlässig sind. Durch den Einstrom der positiv geladenen Ionen entsteht das Rezeptorpotenzial in der Riechsinneszelle. Die hohe Calcium-Ionenkonzentration führt zur Öffnung vonChlorid-Ionenkanälen in der Cilienmembran. Der Ausstrom von Chlorid-Ionen verstärkt die Depolarisation der Membran, sodass am Axonhügel der Schwellenwert überschritten und Aktionspotenziale gebildet werden. Da die Bindung eines einzigen Duftstoff-Moleküls zur Bildung vieler cAMP-Moleküle führt und diese wiederum die Öffnung vieler Ionenkanäle veranlassen, wird das ursprüngliche Signal enorm verstärkt. Diese Abfolge von Reaktionen wird als **Reaktionskaskade** bezeichnet.

lateinisch *transducere:* hinüberführen

Reizwahrnehmung – Die Aktionspotenziale der Riechsinneszellen werden über den Riechnerv ins **Riechzentrum** des Gehirns geleitet. Dort entsteht aus den eingehenden Nervenimpulsen aller Riechsinneszellen die Wahrnehmung des Geruchs.

Im menschlichen Riechepithel kommen etwa 350 verschiedene Riechzelltypen vor. Jede Riechsinneszelle hat nur eine Art von Geruchsstoffrezeptor. Die meisten Gerüche sind Kombinationen verschiedener Geruchsstoffe. So wie sich aus den 26 Buchstaben des Alphabets unzählig viele Wörter zusammensetzen lassen, können aus der unterschiedlichen Erregung der 350 Riechzelltypen unzählige Sinneseindrücke entstehen. Erst wenn das Gehirn eine bestimmte Erregungskombinationen gespeichert hat, kann der Mensch den Geruch wiedererkennen und benennen. Parfümeure haben im Laufe ihrer Ausbildung eine Vielzahl unterschiedlicher Gerüche gelernt und trainieren regelmäßig ihren Geruchssinn.

Reizadaptation – Bei ständiger Reizung sinkt die Empfindlichkeit vieler Rezeptoren gegenüber dem Reiz. Dieser Sachverhalt wird als **Reizadaptation** bezeichnet. Bei den Riechsinneszellen verbinden sich beispielsweise die Calcium-Ionen mit einem Protein zu einem Komplex, der die Natrium-/Calcium-Ionenkanäle unempfindlich für cAMP macht. Erst nach einiger Zeit sind die Riechzellen in der Lage dann wieder auf neue Reize zu reagieren.

Typen von Sinneszellen – Sinneszellen wie die Riechzellen, die selbst Aktionspotenziale bilden können, werden **primäre Sinneszellen** genannt. Manche Sinneszellen sind umgewandelte Epithelzellen. Sie können nicht selbst Aktionspotenziale bilden, sondern sind über eine Synapse mit einem nachgeschalteten Neuron verbunden. An der Synapse ausgeschüttete Transmitter erregen das Neuron, welches nun Aktionspotenziale ausbildet und weiterleitet. Solche Sinneszellen heißen **sekundäre Sinneszellen**.

MATERIAL MIT AUFGABEN

A Wahrnehmung von Geruchsstoffen

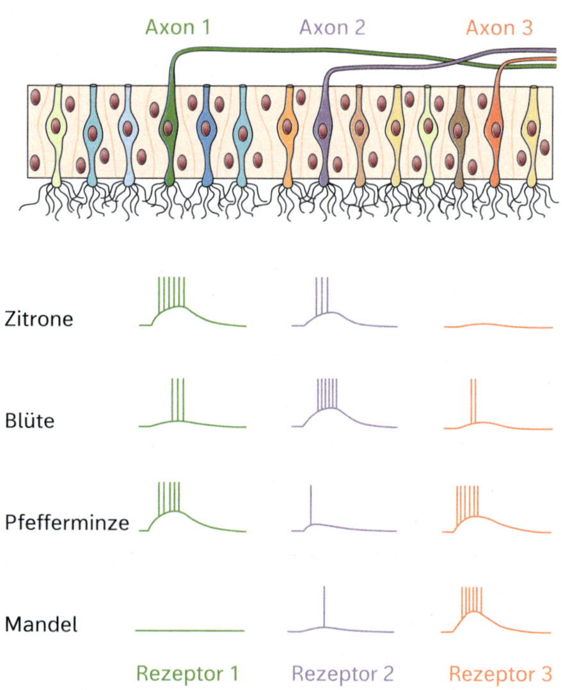

Die meisten Riechsinneszellen können mehrere verschiedene Duftstoffe binden. In einem Versuch wurden drei verschiedene Riechsinneszellen im Riechepithel jeweils mit vier verschiedenen Geruchsstoffen in gleicher Konzentration gereizt. Die dabei an ihren Axonen gemessenen Aktionspotenziale wurden grafisch dargestellt.

1 Stellen Sie die Transduktion in einer Riechsinneszelle in Form eines Fließdiagramms dar. ●●○

2 Begründen Sie mithilfe der Grafik die folgenden Aussagen:
- Duftstoffrezeptor-Proteine arbeiten nicht streng nach dem Schlüssel-Schloss-Prinzip.
- Duftstoffrezeptor-Proteine reagieren unterschiedlich empfindlich auf die verschiedenen Duftstoffe.
- Das Gehirn kann aus der Aktivität einer Riechsinneszelle keine Information gewinnen. ●○○

3 Erklären Sie, wie der Mensch Duftstoffe eindeutig identifizieren kann. ●●●

B Transduktion in Geschmackssinneszellen

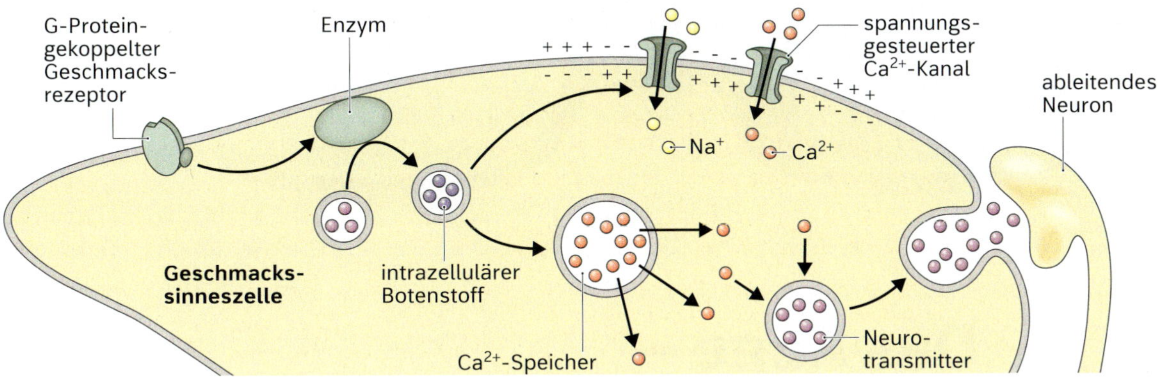

Eingebettet in die Epidermis der Zunge liegen die Geschmacksknospen. Jede davon enthält Sinneszellen, mit denen die Geschmacksqualitäten „süß“, „sauer“, „salzig“, „bitter“ und „umami“ wahrgenommen werden können. Durch Moleküle oder Ionen, die an ihre Membranrezeptoren binden, werden die Geschmackssinneszellen gereizt. Dabei erfolgt die Transduktion in den verschiedenen Geschmackssinneszellen auf unterschiedliche Weise. In den Sinneszellen für „salzig“ sind beispielsweise Natrium-Ionenkanäle ständig geöffnet. Nimmt die Konzentration von Natrium-Ionen im Mundraum durch eine salzige Speise zu, erhöht sich der Natrium-Ioneneinstrom in die Geschmackssinneszelle. Durch die Depolarisation der Membran werden Neurotransmitter in den synaptischen Spalt zwischen der Geschmackssinneszelle und dem nachgeschalteten Neuron freigesetzt. An diesen werden Aktionspotenziale gebildet. In der Abbildung ist die Transduktion in einer Geschmackssinneszelle für „süß“ dargestellt. Sie erfolgt über einen G-Protein-gekoppelten Mechanismus.

1 Stellen Sie die Transduktion in einer Geschmackssinneszelle für die Geschmacksempfindung „süß“ in einem Fließdiagramm dar. ●●○
2 Vergleichen Sie die Transduktion bei den Geschmackssinneszellen für „salzig“ und „süß“. ●●○
3 Kleinkinder, bei denen der Geschmackssinn noch sehr stark ausgeprägt ist, bevorzugen in der Regel süße Speisen, lehnen sauer oder bitter schmeckende Nahrungsmittel dagegen ab. Erklären Sie den biologischen Sinn dieses Phänomens. ●●○

C Je saurer, desto süßer

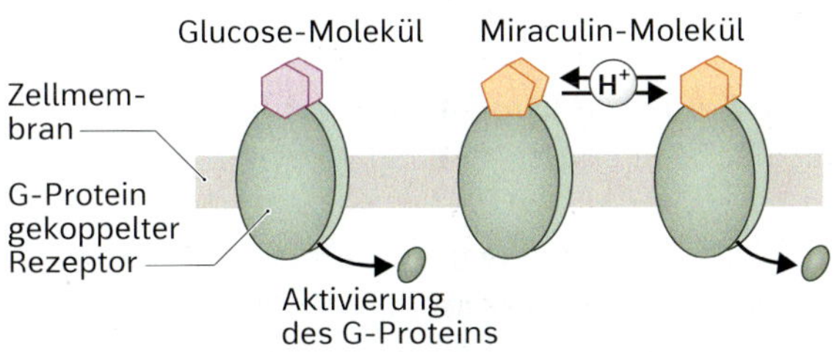

Die Wunderbeere ist eine Pflanzenart aus Westafrika. Ihre kleinen roten Beeren enthalten das Glycoprotein Miraculin. Wird Miraculin gleichzeitig mit Säuren konsumiert, schmeckt alles Saure süß. Essig schmeckt dann wie Zuckerwasser, Zitronensaft wie süße Limonade. Der maximale Süßgeschmack mit Miraculin entspricht einer 7,5-prozentigen Zuckerlösung. Miraculin selbst ist völlig geschmacklos. Es beeinflusst ausschließlich die Geschmackssinneszellen für süß. Die extreme Süße überdeckt nur den sauren Geschmack.

1 Stellen Sie anhand der Abbildung eine Hypothese hinsichtlich der Wirkung von Miraculin auf. ●●●
2 Begründen Sie, dass der maximale Süßgeschmack nicht dadurch gesteigert werden kann, dass mehr Miraculin oder eine noch stärkere Säure aufgenommen wird. ●●○
3 Erklären Sie, dass Glucose weniger süß schmeckt, wenn gleichzeitig Miraculin aufgenommen wird. ●●○

1 Scharf sehen in der Nähe und Ferne

2.2 Das Auge – ein Lichtsinnesorgan

Scharfes Sehen in der Nähe und Ferne ist etwa im Straßenverkehr lebenswichtig. Wie kann das Auge Reize sowohl aus der Nähe als auch aus der Ferne verarbeiten, sodass die Umwelt scharf wahrgenommen wird?

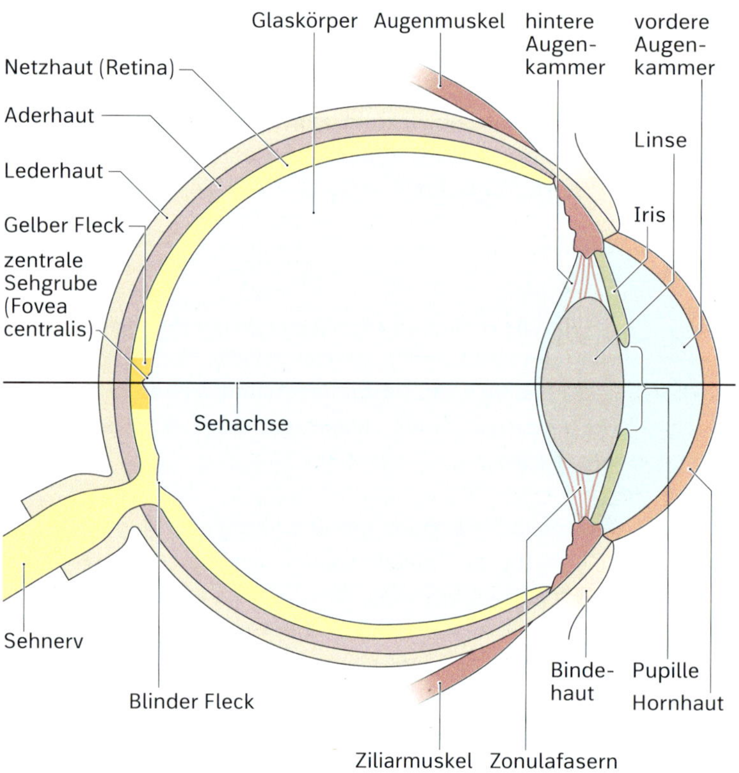

2 Längsschnitt durch ein menschliches Auge

Aufbau des Auges – Die kugelförmigen Augäpfel liegen in den Augenhöhlen, die von Knochen des Schädels gebildet werden. Der Augapfel ist von der harten Lederhaut umgeben, die vorne in die durchsichtige Hornhaut übergeht. Direkt unter der Lederhaut liegt die Aderhaut, dann folgt die die **Retina** genannte Netzhaut. Der Augapfel ist innen mit dem Glaskörper gefüllt. Zusammen mit der Lederhaut verleiht er dem Auge Form und Stabilität. Direkt hinter der Hornhaut liegt die mit Flüssigkeit gefüllte vordere Augenkammer. Sie grenzt an die farbige **Iris,** oder auch Regenbogenhaut genannt. In ihrem Zentrum befindet sich eine kleine kreisförmige Öffnung, die **Pupille.** Licht, das durch die Pupille fällt, durchdringt die dahinterliegende durchsichtige Linse. Sie ist über Linsenbänder, den Zonulafasern, am Ciliarmuskel aufgehängt. Er umgibt die Linse wie ein Ring.

Die Hornhaut, die vordere Augenkammer, die Pupille, die Linse und der Glaskörper bilden gemeinsam den **dioptrischen Apparat.** Durch ihn werden die Lichtstrahlen die von einem Objekt ausehen so gebrochen, dass auf der Netzhaut ein umgekehrtes, verkleinertes Bild des Objekts entsteht. Den größten Beitrag zur Lichtbrechung leistet die Hornhaut. Ihre Brechkraft ist immer gleich, während die Brechkraft der Linse variieren kann.

Akkommodation – Je näher ein Objekt am Auge befindet ist, umso stärker müssen die Lichtstrahlen gebrochen werden, damit ein scharfes Bild auf der Retina entstehen kann. Bei der Betrachtung eines nahegelegenen Objektes kontrahiert der Ciliarmuskel. Dadurch erschlaffen die Zonulafasern und die Linse wölbt sich aufgrund ihrer Eigenelastizität. So ist die Brechkraft der Linse groß und das Objekte in der Nähe wird scharf gesehen, weiter entfernte dagegen unscharf. Beim Sehen in die Ferne ist der Ciliarmuskel entspannt. Dadurch werden die Zonulafasern gespannt und ziehen die Linse flach. So ist die Brechkraft der Linse gering. Objekte in der Ferne werden scharf gesehen, nahegelegene Objekte dagegen unscharf. Diese Anpassung der Linse an die jeweils erforderliche Brechkraft wird **Akkommodation** genannt.

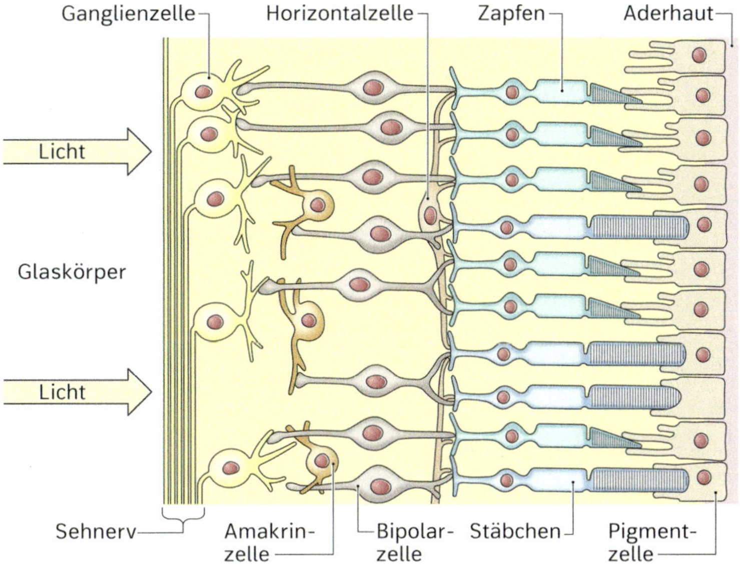

3 Bau der Netzhaut

Pupillenreflex – Die Iris reguliert wie eine Blende die Lichtmenge, die durch die Pupille ins Augeninnere fällt. Dabei verkleinern ringförmig verlaufende Muskeln in der Iris den Pupillendurchmesser. Andere, strahlenförmig angeordnete Muskeln vergrößern ihren Durchmesser. Die Vorgänge verlaufen unwillkürlich und in immer gleicher Weise, sodass sie blitzschnell erfolgen können. Dies wird als **Pupillenreflex** bezeichnet.

Aufbau der Retina – Die Retina ist aus mehreren Zellschichten aufgebaut. Unmittelbar an der Aderhaut liegt das **Pigmentepithel** mit den Pigmentzellen. Sie enthalten den dunklen Farbstoff **Melanin**. Er absorbiert Streulicht und verhindert dadurch störende Reflexe. An das Pigmentepithel schließt sich nach innen die Schicht der Fotorezeptoren an. Dabei werden **Stäbchen** und **Zapfen** unterschieden. Danach folgt eine Schicht mit verschiedenen Typen von Nervenzellen. Sie enthält Bipolarzellen, Horizontalzellen und Amakrin-Zellen. Die innerste Schicht ist die Ganglienzellschicht. Die Fotorezeptoren und die verschiedenen Typen von Nervenzellen sind über Synapsen miteinander verbunden. Licht, das vom Glaskörper auf die Netzhaut trifft, muss zunächst die Schicht der Ganglienzellen und Bipolarzellen durchstrahlen, bevor es die Fotorezeptoren erreicht.

Der Aufbau der Netzhaut verändert sich vom Zentrum des Augapfels bis zur Peripherie. Im Zentrum der Retina liegt der Ort des schärfsten Sehens, der **gelbe Fleck,** Hier befinden sich ausschließlich Zapfen. Durch eine seitliche Verlagerung der vorgeschalteten Ganglien- und Bipolarzellen trifft das Licht hier direkt auf die Fotorezeptoren. Die Vertiefung in diesem Netzhautbereich wird Fovea centralis genannt. Mit zunehmender Entfernung davon nimmt die Zahl der Zapfen ab, während die Zahl der Stäbchen zunimmt. Am Rand der Netzhaut ist die Stäbchendichte am höchsten. An der Stelle, an der der Sehnerv aus dem Auge austritt, befinden sich keine Fotorezeptoren. Deshalb wird diese Stelle **blinder Fleck** genannt.

Fototransduktion – Die Transduktion der Lichreize erfolgt in den Fotorezeptoren. Sie übertragen das Rezeptorpotenzial über Neurotransmitter auf die Bipolarzellen. Diese wiederum übertragen die Signale ebenfalls über Neurotransmitter an die Ganglienzellen. Sie wandeln die chemischen Signale in Aktionspotenziale um. Die Axone der Ganglienzellen treten gebündelt aus dem Augapfel und leiten die Erregung zum Sehzentrum im Gehirn. Die Horizontalzellen und Amakrin-Zellen verändern die Erregung der Bipolar- und Ganglienzellen durch seitliche Vernetzungen.

Bau der Fotorezeptoren – Die Fotorezeptoren gliedern sich in ein Außen- und ein Innensegment. Das Außensegment des Stäbchens hat eine zylindrische Form. Bei den Zapfen ist es zugespitzt. Das Innensegment der beiden Fotorezeptoren enthält die Zellorganellen wie den Zellkern, die Mitochondrien und das Endoplasmatische Retikulum. Es endet mit einer Präsynapse. Das Außensegment ist bei Stäbchen mit flachen Membranscheiben, den **Disks**, angefüllt. Bei Zapfen besteht das Außensegment aus vielen Einstülpungen der Zellmembran. Beim Menschen enthalten die Außensegmente eines Stäbchens etwa 800 Disks. In den Membranen der Disks befindet sich das lichtempfindliche Rhodopsin mit einer Dichte von etwa 30000 Molekülen pro Quadratmikrometer. Das ins Auge einfallende Licht trifft daher mit großer Wahrscheinlichkeit auf eines der Rhodopsin-Molekül. Stäbchen enthalten mehr Disks und Fotopigmente als Zapfen. Sie sind daher lichtempfindlicher und liefern auch in der Dämmerung ein relativ scharfes Bild, allerdings nur in Grautönen. Die weniger lichtempfindlichen Zapfen ermöglichen das Farbensehen, jedoch nur im hellen Tageslicht.

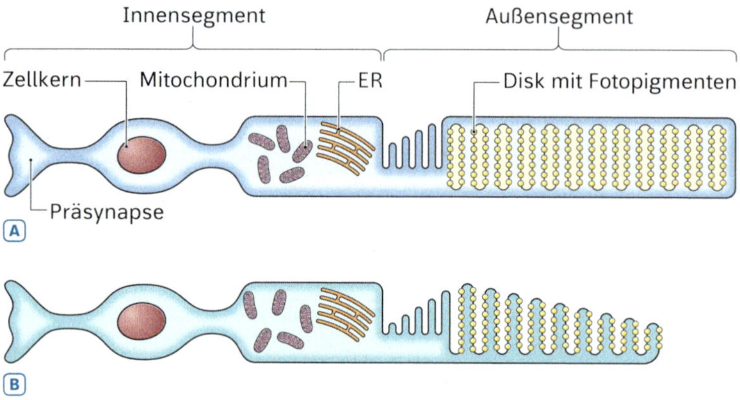

4 Bau der Lichtsinneszellen: **A** Stäbchen; **B** Zapfen

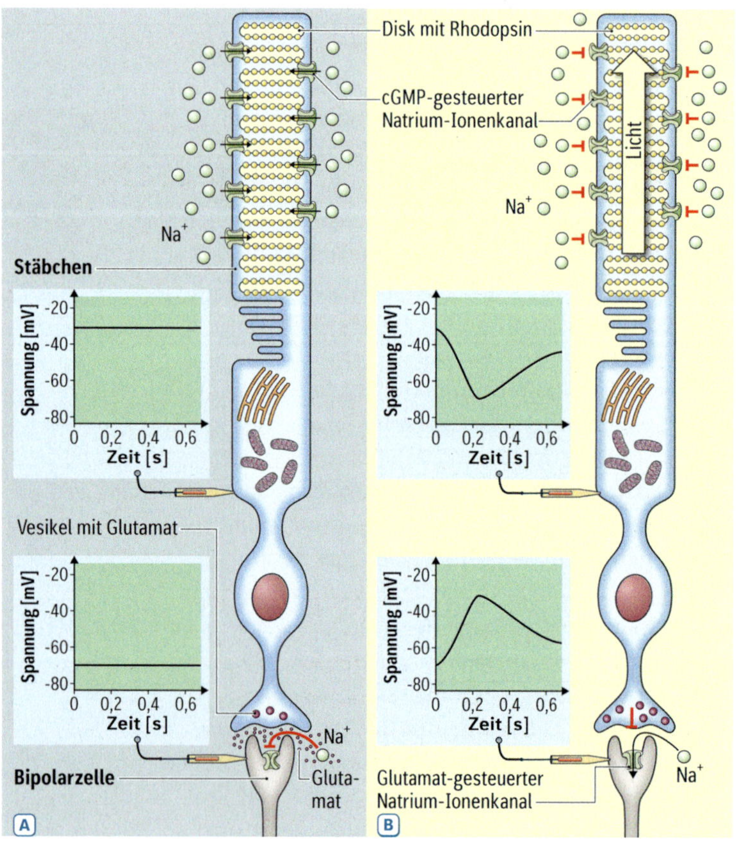

5 Ionenströme und Membranpotenziale eines Stäbchens: **A** im Dunkeln; **B** bei Belichtung

Membranpotenziale – Im Dunkeln strömen durch spezielle Natrium-Ionenkanäle ständig Natrium-Ionen in das Außensegment der Fotorezeptoren. Durch diesen Dunkelstrom weisen sie ein Ruhepotenzial von –30 Millivolt auf. Die Natrium-Ionenkanäle werden durch cyclisches Guanosinmonophosphat, kurz cGMP, offen gehalten. Bei einem Membranpotenzial von –30 Millivolt schüttet die Präsynapse des Stäbchens ständig den Neurotransmitter Glutamat aus. Er hemmt die Öffnung von Natrium-Ionenkanälen in der Bipolarzelle. Daher liegt deren Membranpotenzial bei –70 Millivolt. Die Bipolarzelle ist nicht erregt. Bei Belichtung stoppt der Natrium-Ioneneinstrom in das Außensegment. Somit wird das Membranpotenzial negativer und die Präsynapse schüttet kein Glutamat mehr aus. Infolgedessen öffnen sich die Natrium-Ionenkanäle in der postsynaptischen Membran und die nachgeschaltete Bipolarzelle wird depolarisiert.

Fototransduktion – Rhodopsin-Moleküle bestehen aus dem lichtabsorbierenden Molekül **11-cis-Retinal**, das an das Membranprotein **Opsin** gebunden ist. Durch die Absorption von Licht wandelt sich das 11-cis-Retinal von einer gewinkelten Form in die gestreckte Form **all-trans-Retinal** um. Durch diese Strukturveränderung des Retinals wird das Rhodopsin-Molekül aktiviert. Dies ist der erste Schritt der

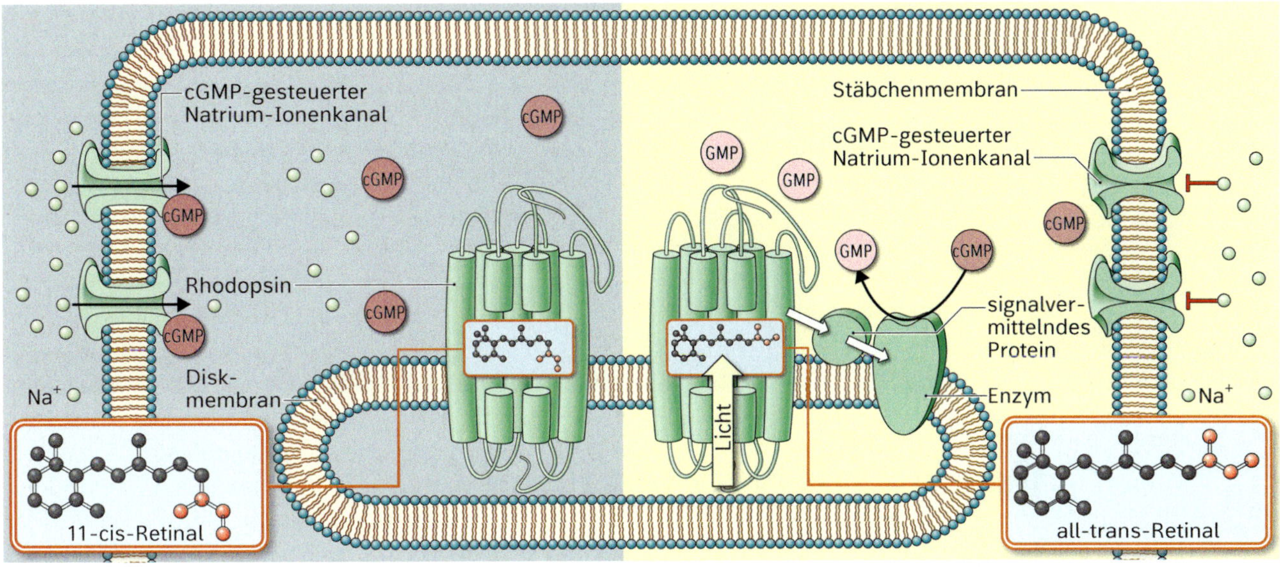

6 Fototransduktion in einem Stäbchen im Dunkeln (links) und bei Belichtung (rechts)

Fototransduktion und gleichzeitig der Beginn einer Reaktionskaskade. In der aktivierten Form kann ein einziges Rhodopsin-Molekül über ein G-Protein Hunderte Enzym-Moleküle aktivieren, die pro Sekunde jeweils mehrere Tausend cGMP-Moleküle in GMP umwandeln. Dadurch nimmt die Konzentration von cGMP im Außensegment des Fotorezeptors sehr schnell ab. Infolgedessen schließen sich die cGMP-abhängigen Natrium-Ionenkanäle.
Durch ein einziges aktiviertes Rhodopsin-Molekül werden so Hunderttausende Natrium-Ionenkanäle geschlossen. Da keine Natrium-Ionen mehr einströmen, sinkt das Membranpotenzial des Stäbchens von –30 Millivolt auf –70 Millivolt. In der Folge wird an der Präsynapse kein weiteres Glutamat mehr ausgeschüttet. Dadurch fällt die Hemmung der nachgeschalteten Bipolarzelle weg. Unmittelbar nach der Aktivierung wird Rhodopsin in Retinal und Opsin gespalten. Bevor die Reaktionskette erneut ausgelöst werden kann, muss Rhodopsin wieder regeneriert werden.

Die Fototransduktion läuft in Stäbchen und Zapfen in gleicher Weise ab. Sie unterscheidet sich nur durch die Art des Opsins, welches sich in den Disks befindet. Dieser Unterschied verursacht, dass die entsprechenden Rhodopsin-Moleküle durch Licht unterschiedlicher Wellenlänge aktiviert werden.

MATERIAL MIT AUFGABEN

A Ionenstrom an postsynaptischer Membran der Bipolarzelle

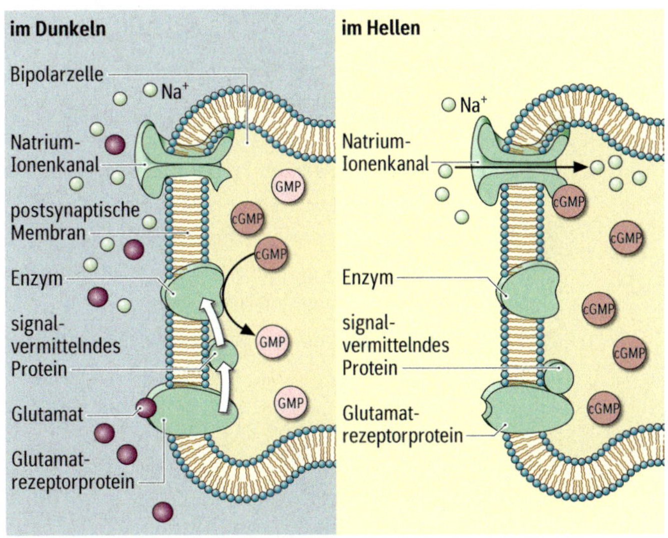

1 Erklären Sie anhand der Abbildungen, wie die Membran der Bipolarzelle im Licht depolarisiert wird. ●●○
2 Begründen Sie, dass es sich zwischen Stäbchen und Bipolarzelle um eine hemmende Synapse handelt. ●○○
3 Vergleichen Sie die Vorgänge an der Membran einer Bipolarzelle im Licht mit der Reaktionskaskade bei der Fototransduktion im Hinblick auf: Reiz, Rezeptoraktivierung, Signalvermittlung, Enzymbeeinflussung, Konzentration von cGMP, Zustand des Natrium-Ionenkanals. ●●●

1 Holi-Festival

2.3 Farb- und Kontrastwahrnehmung

Das Holi-Fest wird auch als „Festival der Farben“ bezeichnet. Die Feiernden überschütten sich dabei mit gefärbtem Wasser und farbigem Pulver. So entstehen Millionen Farben. Wie können Menschen diese unterscheiden, obwohl sie nur drei verschieden Typen von Fotorezeptoren für Farben besitzen?

Farbensehen – In der menschlichen Netzhaut liegen etwa sieben Millionen Zapfen, die für das Farbensehen bei Tage zuständig sind. Zapfen unterscheiden sich nur durch das Membranprotein Opsin von den Stäbchen. Beim Menschen und anderen Primaten werden drei Opsintypen unterschieden. Die Zapfen enthalten dabei jeweils nur einen dieser Opsintypen und somit unterschiedliche Rhodopsin-Moleküle. Die entsprechenden Zapfen werden durch Licht unterschiedlicher Wellenlänge erregt. Daher lassen sich **Blau-**, **Grün-** und **Rot-Zapfen** unterscheiden.

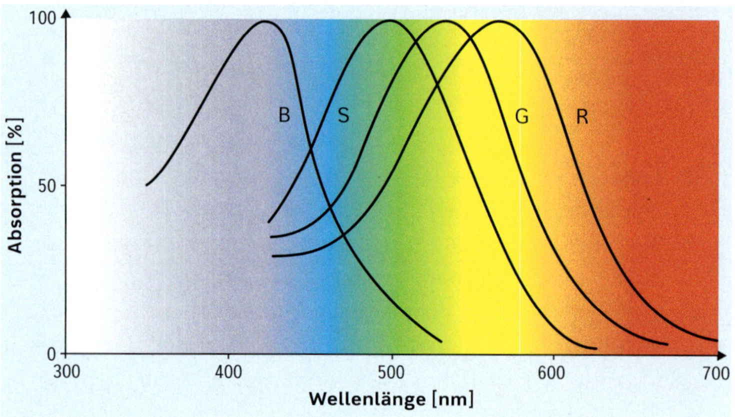

2 Absorptionsspektren der Fotopigmente.
(B) Blau-Zapfen, (G) Grün-Zapfen, (R) Rot-Zapfen, (S) Stäbchen

Absorption der Fotopigmente – Das Fotopigment der Blau-Zapfen absorbiert Licht im Wellenlängenbereich von 350 bis 500 Nanometern. Das Absorptionsmaximum liegt bei 424 Nanometern. Die Fotopigmente der Grün- und Rot-Zapfen absorbieren im Bereich zwischen 450 und 680 Nanometern mit einem Absorptionsmaximum bei 530 beziehungsweise 560 Nanometern. Licht der Wellenlänge 580 Nanometer erregt beispielsweise die Rot-Zapfen zu über 90 Prozent, die Grün-Zapfen zu über 60 Prozent und die Blau-Zapfen dagegen gar nicht. Die von den Fotorezeptoren über den Sehnerv ins Sehzentrum des Gehirns einlaufenden Aktionspotenziale werden verrechnet und subjektiv entsteht der Farbeindruck Gelb. Werden alle drei Zapfen gleichermaßen gereizt, wird Weiß wahrgenommen. Mit den drei Zapfentypen kann der Mensch schätzungsweise zehn Millionen Farben unterscheiden. Farbensehen erfordert immer den Vergleich der Signale von mindestens zwei Zapfentypen.

Störung der Farbsichtigkeit – Bei einer **Rot-Grün-Sehschwäche** können Betroffene die Farben Rot und Grün schlechter voneinander unterscheiden als Normalsichtige. Die Ursache dafür kann sowohl eine Rot-Sehschwäche als auch eine Grün-Sehschwäche sein. Bei einer Rot-Sehschwäche verschiebt sich das Absorptionsmaximum der Rot-Zapfen von 560 Nanometern in die Richtung von 530 Nanometern, dem Absorptionsmaximum der Grün-Zapfen. Rot-Zapfen werden also durch Licht der Wellenlängen erregt, das auch die Grün-Zapfen anregt. Außerdem deckt die Absorption der Rot-Zapfen nicht mehr das gesamte Rotspektrum ab. Bei der Grün-Sehschwäche ist es genau umgekehrt. Sehr viel seltener ist eine Blau-Gelb-Sehschwäche. Ein Mensch, bei dem alle drei Zapfentypen funktionsunfähig sind, ist farbenblind. Er kann nur nur Hell-Dunkel-Kontraste unterscheiden.

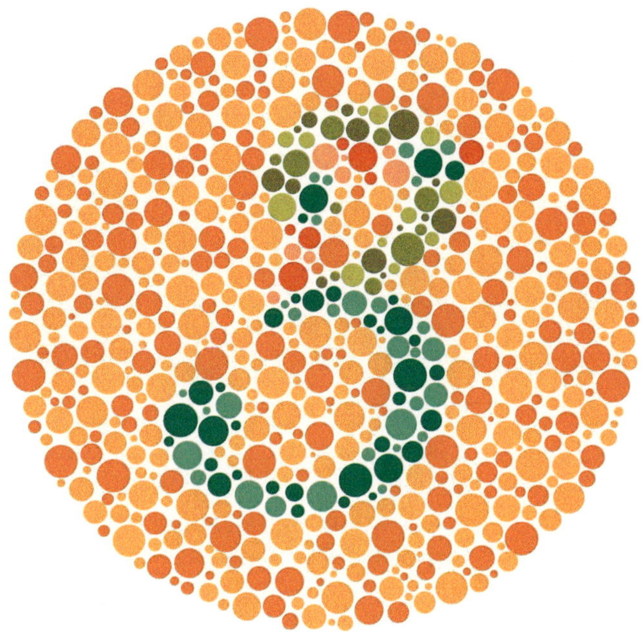

3 Farbtafel zur Bestimmung einer Rot-Grün-Sehschwäche

MATERIAL MIT AUFGABEN

A Farb-Sehschwächen

Die Gene für die Opsine der Rot- und Grün-Zapfen liegen dicht nebeneinander auf den X-Chromosomen. Während der Meiose kann es durch Crossing over zu verschiedenen Mutationen im Bereich dieser Gene kommen. Zum Beispiel kann das Gen für das Grün-Opsin verloren gehen oder verdoppelt werden. Es kann auch ein Misch-Gen für das Grün- und Rot-Opsin entstehen. Phänotypisch äußern sich diese Mutationen als Grünblindheit oder Rot-Grün-Sehschwäche.

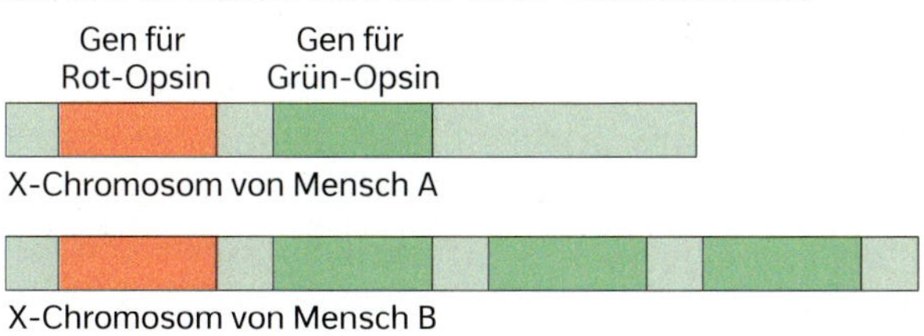

1 Erstellen Sie jeweils eine Skizze zu der möglichen Lage des Crossing overs, durch welche die genannten Mutationen hervorgerufen werden. ●●○
2 Geben Sie den möglichen Phänotyp für die Farbwahrnehmung eines Mannes und einer Frau an, die von den genannten Mutationen betroffen sind. ●●○
3 Erklären Sie, warum Männer häufiger als Frauen von einer Rot-Sehschwäche betroffen sind. ●○○

B Farbensehen bei Tieren

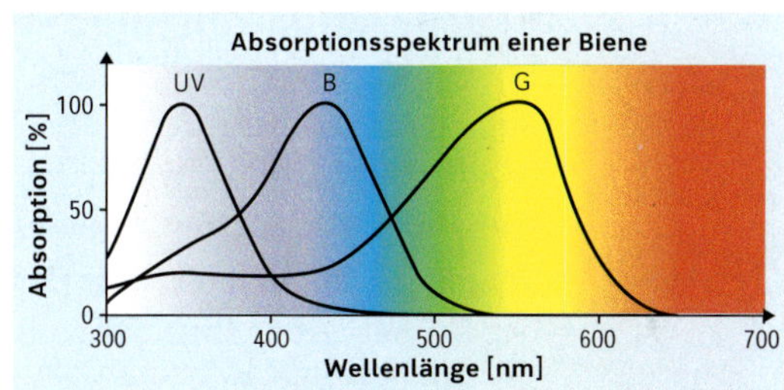

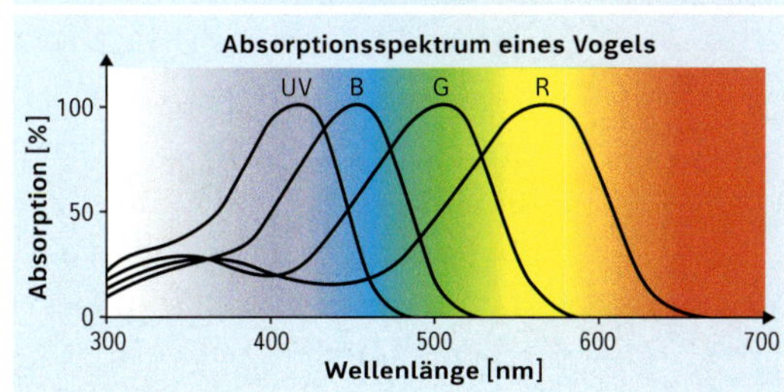

1 Vergleichen Sie die Absorptionsspektren der Fotopigmente von der Biene und des Vogels und erklären Sie, welche Farben die Tiere wahrscheinlich wahrnehmen. ●●○
2 Geben Sie an, welche Zapfentypen zu wie viel Prozent erregt werden, wenn Licht der Wellenlänge 450 Nanometer auf die Netzhaut des Vogels fällt. ●○○

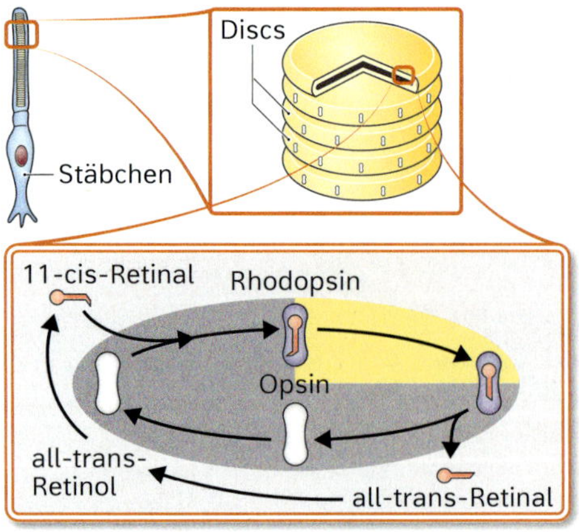

4 Zerfall und Regeneration von Rhodopsin

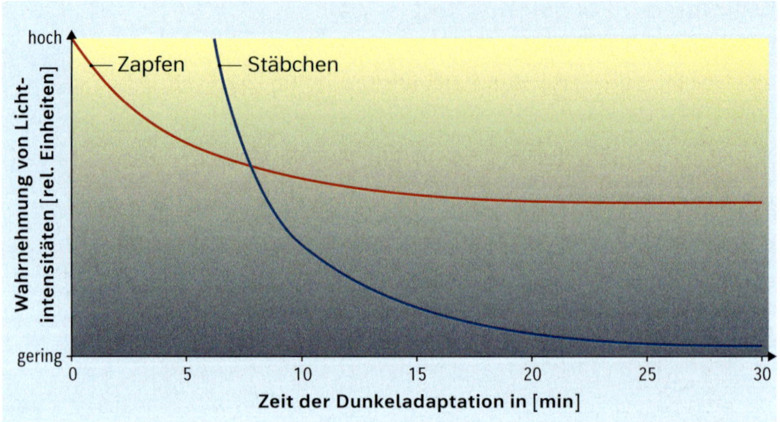

5 Zeitlicher Verlauf der Dunkeladaptation von Stäbchen und Zapfen

Adaptation – Die Augen werden durch verschiedene Vorgänge auf unterschiedliche Lichtverhältnisse eingestellt. Diese Anpassungen des Auges werden als Adaptation bezeichnet. Sie umfasst dabei eine Anpassung der Pupillenweite und damit des Lichteinfalls und den Wechsel zwischen Stäbchen- und Zapfensehen. Dieser Wechsel hängt von der Regeneration des Rhodpsins ab.

Regeneration von Rhodopsin – Wenn Rhodopsin Licht absorbiert, wird 11-cis-Retinal in all-trans-Retinal überführt , das sich dann vom Opsin löst. Weil dabei die rotviolette Farbe des Rhodopsins verblasst, wird dieser Vorgang als Ausbleichen des Rhodopsins bezeichnet. Das abgelöste all-trans-Retinal wird in die Pigmentzellen transportiert und mithilfe von Enzymen und ATP wieder in seine 11-cis-Form überführt. Anschließend verbindet es sich erneut mit Opsin zu funktionsfähigem Rhodopsin. Der Zerfall und die Regeneration der Rhodopsin-Moleküle finden kontinuierlich statt. In einem Stäbchen dauert es nach einem völligen Ausbleichen des Rhodopsins etwa 30 Minuten, bis wieder alle Rhodopsin-Moleküle regeneriert sind. Deshalb kann bei Tageslicht die Regeneration des Rhodopsins nicht mit seinem Zerfall Schritt halten. Das Sehen bei Tageslicht erfolgt deshalb fast nur mit den Zapfen. Da in ihnen die Rhodopsin-Moleküle innerhalb von nur wenigen Minuten regeneriert werden, sind bei Tageslicht immer genügend funktionsfähige Rhodopsin-Moleküle vorhanden.

Helladaptation – Bei einem Wechsel von Dunkelheit zur Helligkeit, tritt eine vorübergehende Blendung ein, da in den Stäbchen viele Rhodopsin-Moleküle gleichzeitig zerfallen. Jedoch ist bereits nach wenigen Sekunden ein Sehen wieder möglich, da parallel auf das Zapfen-Sehen umgestellt wird. Bei dieser **Helladaptation** nimmt die Lichtempfindlichkeit ab, die Fähigkeit farbig und scharf sehen jedoch zu.

Dunkeladaptation – Je dunkler es wird, umso mehr Rhodopsin-Moleküle können regeneriert werden, ohne gleich wieder zu zerfallen. Werden in einem dunklen Raum Lichtblitze unterschiedlicher Intensität gesendet, nimmt eine eintretende Person zunächst nur Lichtblitze mit einer hohen Intensität wahr. Mit zunehmender Aufenthaltsdauer kann sie jedoch auch Lichtblitze mit geringeren Intensitäten wahrnehmen. Ihre Augen passen sich an das Sehen im Dunkeln an. Dabei weiten sich zunächst die Pupillen, sodass mehr Licht ins Auge fällt. Unterhalb einer bestimmten Lichtintensität, dem Schwellenwert werden Zapfen jedoch nicht mehr angeregt. Der Schwellenwert, bei dem die Stäbchen erregt werden, liegt deutlich niedriger als bei den Zapfen. Deshalb wechselt nach knapp zehn Minuten in Dunkelheit das Zapfen-Sehen auf das Stäbchen-Sehen. Nach 30 bis 50 Minuten erreicht das Auge die größtmögliche Lichtempfindlichkeit im Dunkeln. Diese **Dunkeladaptation** dauert aufgrund der hohen Konzentration an Rhodopsin-Molekülen in den Stäbchen und der damit verbundenen Regenerationsdauer so lange.

C Der Neurochip – Hoffnung für Blinde?

A

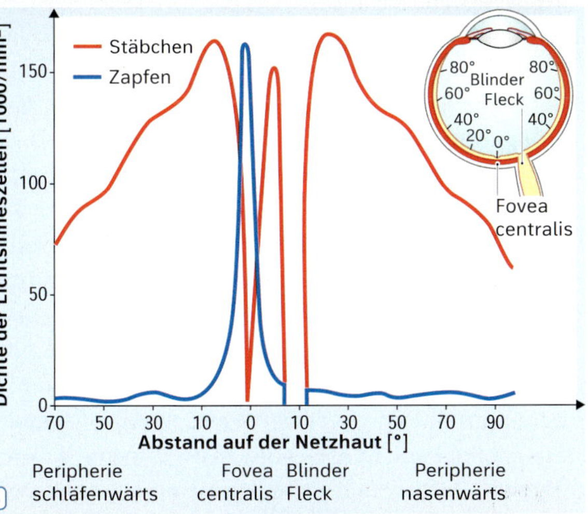

B

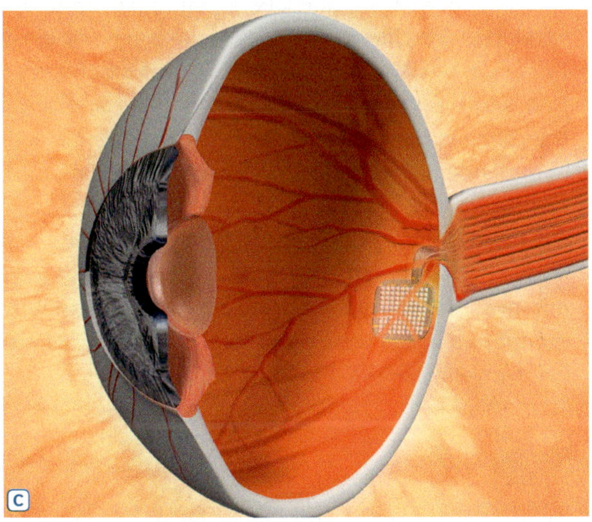

C

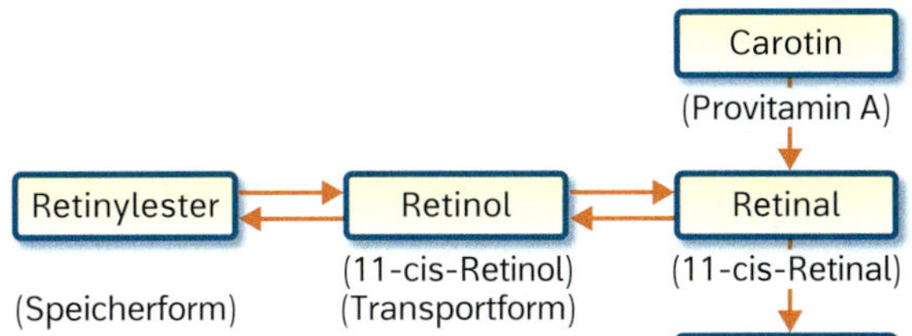

D

Retinopathia pigmentosa ist eine Erbkrankheit, die meistens im Jugendalter beginnt und zur teilweisen oder vollständigen Erblindung führt. Dabei sterben allmählich, ausgehend von der Peripherie der Netzhaut, die Fotorezeptoren ab. Anzeichen einer Retinopathie sind eine zunehmende Nachtblindheit und ein Tunnelblick, bei dem nur noch die Mitte eines Bildes wahrgenommen wird. Studien belegen, dass Vitamin A als Nahrungsergänzung den Krankheitsverlauf verlangsamen kann. Ursache der Erkrankung sind unterschiedliche Gendefekte. Unter anderem wurde auch ein gestörter Rhodopsin-Stoffwechsel nachgewiesen. Große Hoffnung setzen Betroffene auf einen an der Universität Tübingen entwickelter Neurochip, der unter die Netzhaut gepflanzt wird. In diesem Implantat sind 1500 Fotodioden, welche die defekten Rezeptoren ersetzen sollen. Mit einem implantierten Chip können Betroffene nur starke Hell-Dunkel-Unterschiede, aber keine Farben wahrnehmen. Eine wichtige Voraussetzung für die Implantation des Chips sind eine klare Linse und ein intakter Sehnerv.

1 Beschreiben Sie anhand der Abbildung B die Verteilung der Stäbchen und Zapfen in der Netzhaut. ●○○

2 Erklären Sie, dass Retinopathia pigmentosa zum Tunnelblick und der zu Nachtblindheit führen kann. ●○○

3 Begründen Sie unter Berücksichtigung von Abbildung D warum eine Nahrungsergänzung mit Vitamin A den Krankheitsverlauf verlangsamen kann. ●●○

4 Erklären Sie die begrenzte Sehleistung der Betroffenen mit dem implantierten Neurochip. ●●●

5 Erläutern Sie, warum Linse und Sehnerv für die Implantation des Chips intakt sein müssen. ●●●

Klausuraufgaben

Schmerzempfinden

Schmerz ist eine lebenswichtige Sinneswahrnehmung, die den Körper vor Gefahren und Verletzungen warnt. Einige Aspekte der Schmerzwahrnehmung und Möglichkeiten der Schmerzhemmung werden in dieser Aufgabe näher betrachtet.

1.1 Erstellen Sie ein Fließdiagramm zur Erregungsweiterleitung, ausgehend vom adäquaten Reiz eines Nozizeptors mit einer C-Faser bis zum Gehirn. (Material A)

1.2 Skizzieren Sie die Erregungsweiterleitung an einer Aδ-Faser auf molekularer Ebene und erklären Sie diese anhand Ihrer Skizze. (Material A)

2.1 Zeichnen Sie den zeitlichen Verlauf eines Aktionspotenzials.

2.2 Erklären Sie die Zustände der spannungsgesteuerten Natrium-Ionenkanäle in Verlauf des Aktionspotenzials. (Material B)

2.3 Erklären Sie die betäubende Wirkung von Lidocain auf molekularer Ebene. (Material C)

3.1 Begründen Sie, dass die dargestellte Erregung des Nozizeptors zu keiner bewussten Schmerzwahrnehmung führt. (Material D)

3.2 Erklären Sie die schmerzlindernde Wirkung von Morphium im Vergleich zur Wirkung von Lidocain. (Material C und E)

A Erregungsleitung der Nozizeptoren

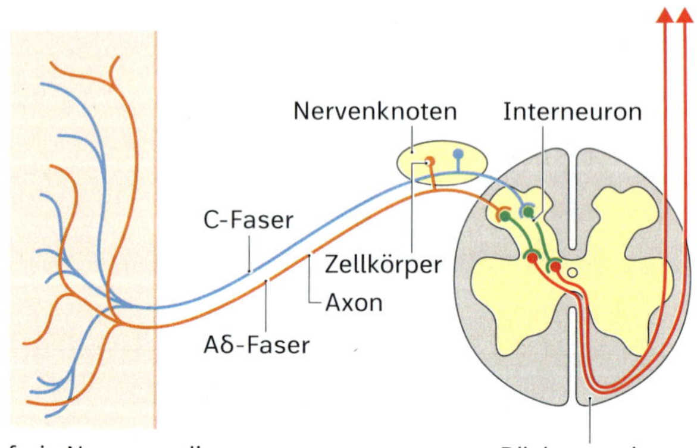

Für die Schmerzwahrnehmung sind freie Nervenendigungen verantwortlichen. Man bezeichnet sie als Nozizeptoren (lat. nocere: schädigen). Ihre Zellkörper befinden sich in Nervenknoten, die links und rechts der Wirbelsäule liegen. Die Membranen der Nozizeptoren enthalten verschiedene Ionenkanäle, die durch unterschiedliche Reizarten aktiviert werden können.
Trifft ein Reiz, wie etwa Hitze, einen Nozizeptor entsteht ein Rezeptorpotenzial. Überschreitet dieses einen bestimmten Schwellenwert werden Aktionspotenziale ausgebildet und über C- oder Aδ-Fasern ins Rückenmark geleitet. Dort wird die Erregung auf ein nachgeschaltetes Neuron übertragen, das die Erregungen zum Gehirn leitet. Hier wird der Schmerz dann wahrgenommen wird. Zwischen den Neuronen im Rückenmark befinden sich Interneutronen. Sie nehmen Erregungen verschiedenen Neuronen auf, verrechnen sie und übertragen sie mithilfe hemmender oder erregende Synapsen auf die ableitenden Neuronen.
Der erste Schmerz nach einer Verletzung wird als schnell und scharf wahrgenommen. Er wird von Nozizeptoren mit myelinisierten Aδ-Fasern vermittelt. Der später, als dumpf und diffus wahrgenommene Schmerz wird über nicht-myelinisierte C-Fasern übertragen.

B Spannungsgesteuerter Ionenkanal

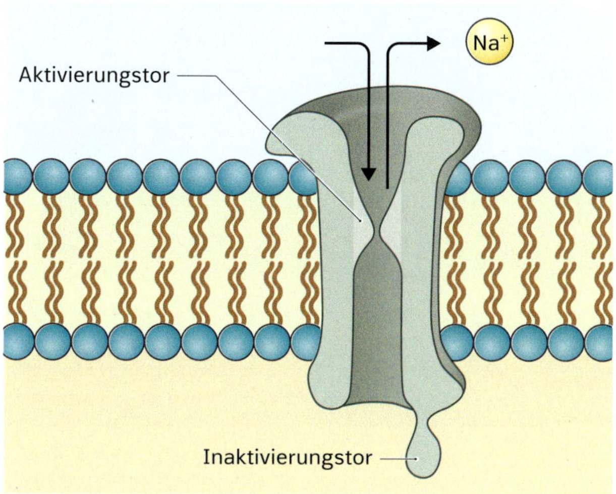

D Verrechnung im Rückenmark

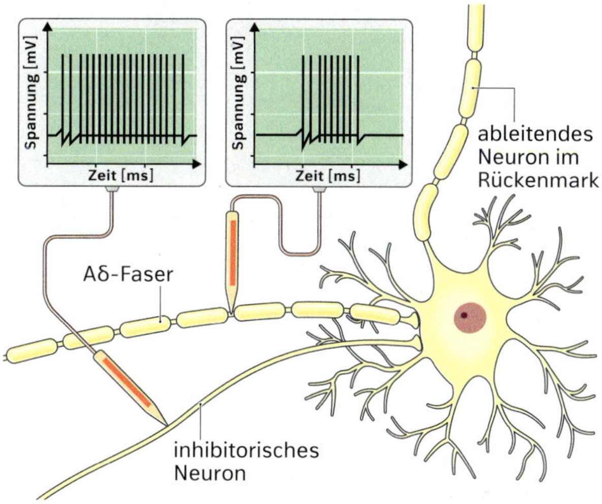

C Lokalanästhesie

Bei kleineren chirurgischen Eingriffen, etwa Zahnbehandlungen, werden in der Regel lokale Betäubungsmittel wie Lidocain verwendet. Dabei wird Lidocain in die Nähe der Nozizeptoren des betreffenden Gebietes injiziert. Lidocain besitzt einen hydrophilen und einen hydrophoben Molekülbereich, sodass es durch Zellmembranen diffundieren kann.

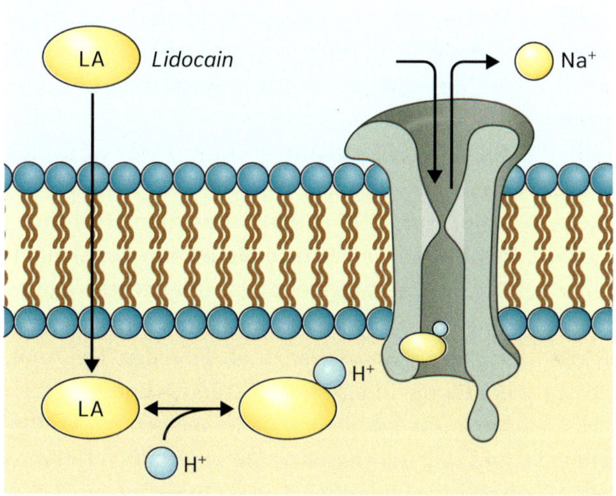

E Endorphine

Die Präsynapse der Nozizeptoren besitzt Rezeptoren für Endorphine. Diese gehören zum körpereigenen System der Schmerzunterdrückung. Die Endorphinrezeptoren sind über G-Proteine mit den Calzium-Ionenkanälen der Präsynapse verbunden. An die Endorphinrezeptoren können auch Opiate wie wie beispielsweise Morphin gebunden werden.

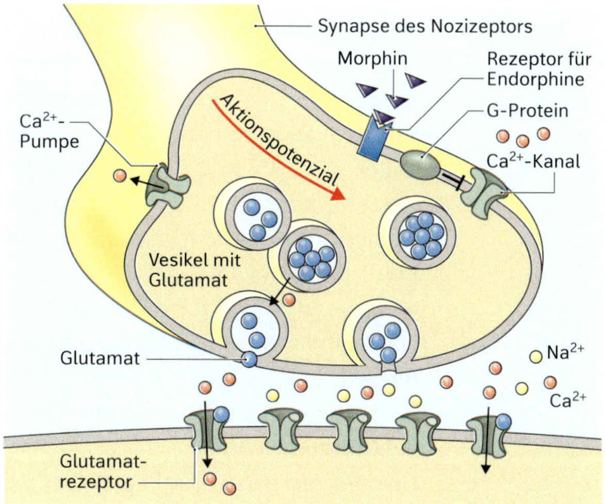

1 Querschnittsgelähmter beim Basketballtraining

3.1 Gliederung des Nervensystems

Ein Basketballer erlitt bei einem Unfall schwere Rückenmarksverletzungen und ist seitdem querschnittsgelähmt. Warum kann er zwar seinen Oberkörper und seine Arme bewegen, nicht aber seine unteren Gliedmaßen?

Anatomische Gliederung – Alle Nervenzellen des menschlichen Körpers bilden zusammen das **Nervensystem**. Anatomisch wird zwischen dem **zentralen Nervensystem**, abgekürzt **ZNS**, und dem **peripheren Nervensystem**, kurz **PNS**, unterschieden. Das ZNS wiederum gliedert sich in Gehirn und Rückenmark. Das PNS umfasst Axone, die vom ZNS ausgehend den Körper durchziehen. Ein Bündel von Axonen wird dabei als **Nerv** bezeichnet und die Ansammlung von Nervenzellkörpern, die als Verdickung an bestimmten Nerven auftritt, als **Ganglion**.
Hirnnerven gehen direkt aus dem Gehirn hervor und versorgen den Kopf und den Hals. **Rückenmarksnerven** oder **Spinalnerven** treten hingegen vom Rückenmark aus, das sich in dem knöchernen Kanal der Wirbelsäule befindet. Dabei tritt je ein Spinalnerv zwischen je zwei Wirbeln zu beiden Seiten aus. Er teilt sich in zwei Äste, die Hinterwurzel und Vorderwurzel. Spinalnerven enthalten ein Bündel von Axonen, die zu Muskeln, inneren Organen, Drüsen und Sinnesorganen verlaufen. Die zugehörigen Zellkörper liegen in einer Verdickung des Spinalnervs, dem **Spinalganglion**.

Nervenzelltypen – Das PNS wird aus Neuronen gebildet, die Signale von Sinneszellen zum ZNS leiten. Sie werden als **sensorische** oder **afferente Neuronen** bezeichnet. Das ZNS verarbeitet oder integriert die eingehenden Informationen, indem es sie analysiert, speichert und Reaktionen einleitet. Neurone, die für die Integration zuständig sind, besitzen nur kurze Axone und befinden sich nur im Gehirn und Rückenmark. Sie verschalten Nervenzellen miteinander. Solche **Interneurone** machen mit Abstand den größten Teil der Neurone im Körper aus.

Nach der Verarbeitung kann das ZNS eine Reaktion auslösen, etwa eine Muskelkontraktion. **Efferente Neurone** leiten Erregungen vom ZNS zu den Effektorzellen im Körper. Sie werden in **motorische Neuronen** oder **Motoneuronen,** die Erregungen zu den Skelettmuskeln leiten, und in **autonome Neuronen** unterteilt. Diese kontrollieren Muskeln und die Aktivitäten der inneren Organe.
Auf manche Reize erfolgt eine unmittelbare, stereotype Reaktion. Dabei werden Erregungen nur über das **Rückenmark** auf Motoneuronen übertragen. Die Aktionspotenziale erreichen dann in Millisekunden den Muskel, sodass er kontrahiert. Solche Reaktionen heißen **Reflexe.**

Wird das Rückenmark wie bei dem Basketballspieler an einer bestimmten Stelle durchtrennt, können unterhalb der Verletzung weder Erregungen der Sinneszellen verarbeitet, noch Muskeln, die von den Spinalnerven versorgt werden, gesteuert werden.

Funktionelle Gliederung – Unter funktionellen Gesichtspunkten kann beim Nervensystem zwischen dem somatischen und dem vegetativen Nervensystem unterschieden werden. Das **somatische** oder **willkürliche Nervensystem** steuert alle Vorgänge, die einem Menschen bewusst sind und die er willentlich beeinflussen kann, etwa Bewegungen. Die Funktion der inneren Organe und Drüsen kann er nicht bewusst steuern. Sie unterliegen dem **vegetativen** oder **autonomen Nervensystem**. Das vegetative Nervensystem wird in Sympathikus und Parasympathikus unterteilt. Durch den **Sympathikus** werden vorwiegend Organfunktionen kontrolliert, die den Körper in erhöhte Leistungsbereitschaft versetzen und den Abbau von Energiereserven bewirken. Der **Parasympathikus** hingegen steuert vorwiegend Organfunktionen, die der Regeneration des Körpers und zum Aufbau von Energiereserven dienen. Sympathikus und Parasympathikus arbeiten also gegenläufig. Das **Darmwandnervensystem** gilt als dritter Teil des vegetativen Nervensystems. Dieses Netzwerk von Neuronen in den Wänden des Verdauungstrakts arbeitet zu einem großen Teil autonom, also ohne Kontrolle des ZNS.

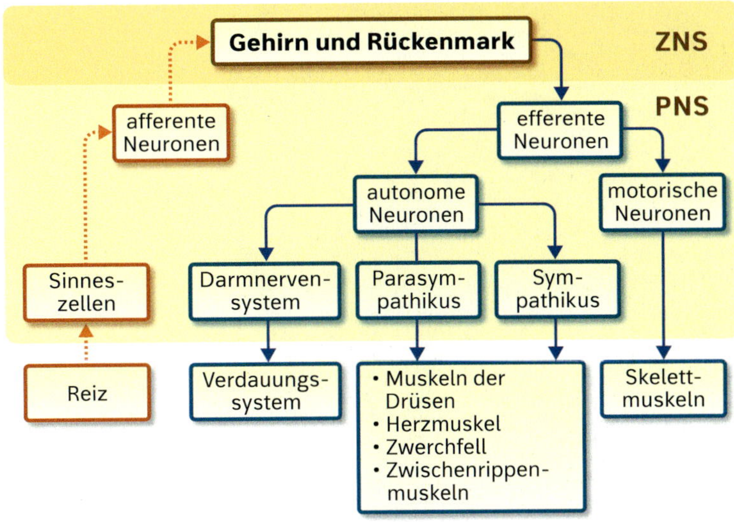

2 Funktionelle Gliederung des Nervensystems

MATERIAL MIT AUFGABEN

A Kniesehnenreflex

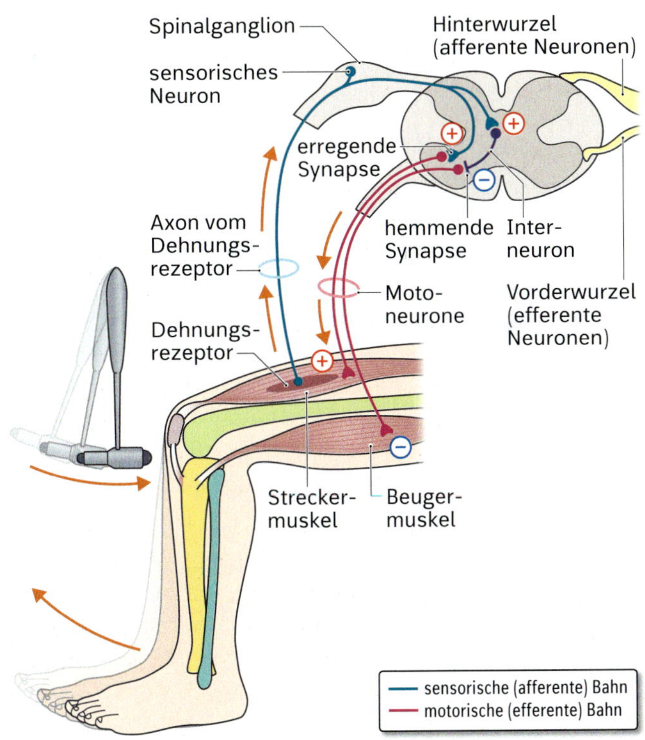

1 Stellen Sie in einem Fließschema dar, wie die Erregung beim Kniesehnenreflex ausgehend vom Dehnungsrezeptor bis zur Kontraktion des Beinstreckermuskels weitergeleitet wird. ●●○

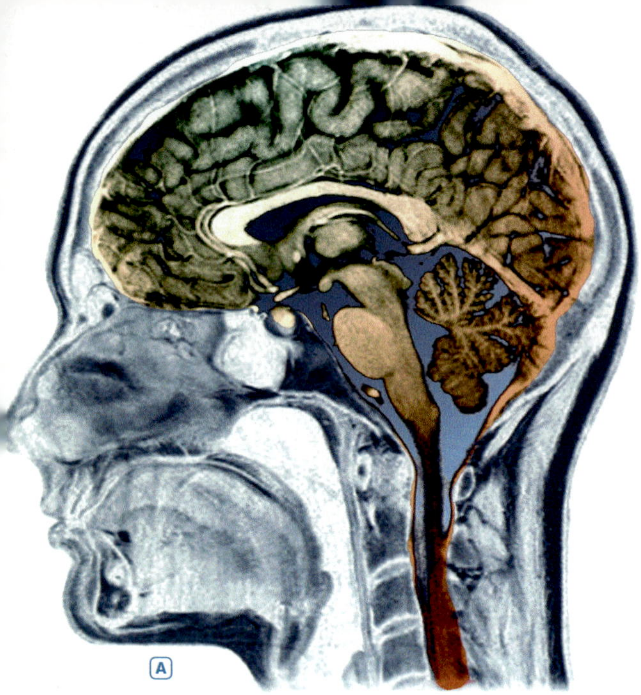

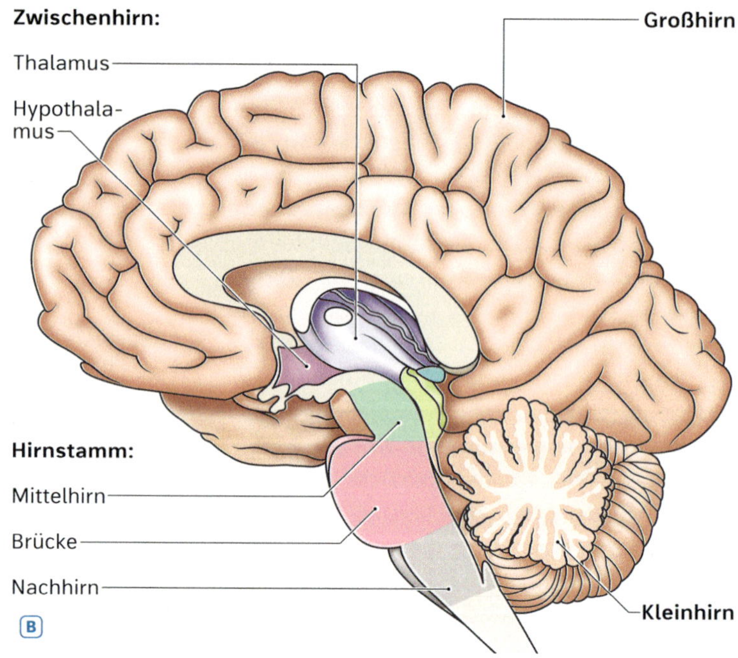

1 Aufbau des menschlichen Gehirns: **A** CT- und MRI-Scans; **B** Schema

3.2 Bau und Funktion des menschlichen Gehirns

Moderne bildgebende Verfahren erlauben einen differenzierten Blick in das menschliche Gehirn. Welche Bereiche lassen sich dabei erkennen und welche Funktionen haben diese?

Allgemeine Hirnanatomie – Unter den Säugetieren besitzt der Mensch, bezogen auf das Körpergewicht, das größte Gehirn. Es lässt sich in die vier anatomischen Bereiche Großhirn, Hirnstamm, Zwischenhirn und Kleinhirn einteilen. Der **Hirnstamm** besteht aus Mittelhirn, Brücke und Nachhirn. Zwischen dem Hirnstamm und dem **Großhirn** liegt das **Zwischenhirn.** Unterhalb des Großhirns und hinter dem Hirnstamm befindet sich das **Kleinhirn.**

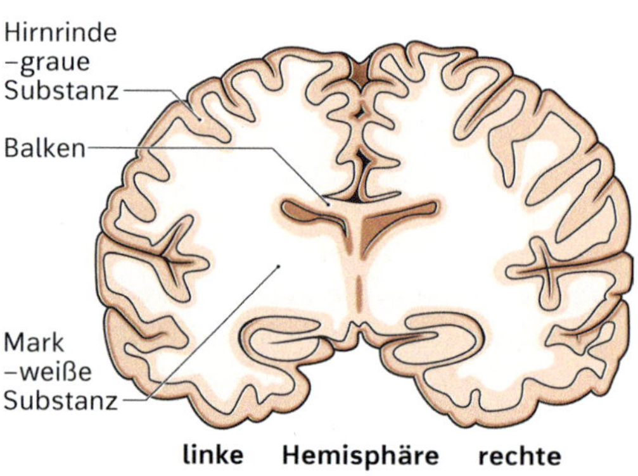

2 Frontalschnitt des Großhirns im Schema von hinten

Großhirn – Das Großhirn des Menschen enthält etwa 80 Prozent der gesamten Gehirnmasse. Es besteht aus zwei Hälften, der linken und der rechten Hemisphäre. In einem Frontalschnitt des Großhirns lässt sich eine äußere Schicht aus grauer Substanz von einem inneren Bereich aus weißer Substanz unterscheiden. Die graue Substanz bildet die **Hirnrinde.** Obwohl sie nur zwei bis vier Millimeter dick ist, enthält sie Milliarden von Neuronen. Die weiße Substanz, das Mark, wird von Nervenfaserbündeln gebildet, welche die Neuronen der grauen Substanz verbinden. Sie verschalten so die verschiedenen Regionen der Hirnrinde. Über den **Balken**, der geschätzt über zwei Millionen Axone enthält, ziehen solche Nervenbündel von einer Hemisphäre in die andere. Die Oberfläche des Großhirns besitzt Windungen und Furchen, wodurch sie stark gefaltet ist. Dies ermöglicht die Vergrößerung der Großhirnfläche, ohne dass das Gesamtvolumen ansteigt. Die linke und rechte Hemisphäre lassen sich in vier **Hirnlappen** einteilen, die nach den Schädelknochen benannt sind, unter denen sie liegen: Stirn-, Scheitel-, Schläfen- und Hinterhauptslappen. Die Lappen sind durch die seitliche Hirnfurche und die Zentralfurche voneinander getrennt.

Zwischenhirn – Der Thalamus, Hypothalamus und die Hypophyse sind die zentralen Bereiche des Zwischenhirns. Der **Thalamus** empfängt die Erregungen fast aller Sinneszellen und überträgt sie auf Nervenbahnen, die sich in die Großhirnrinde erstrecken. Da der Thalamus steuert, welche Sinneseindrücke ins Bewusstsein gelangen, wird er auch als „Tor zum Bewusstsein" bezeichnet. Der **Hypothalamus** kontrolliert das vegetative Nervensystem und das Hormonsystem. Er ist über Nervenzellen und Blutgefäße mit der **Hypophyse** verbunden. Ihre Hormone steuern wiederum die Hormondrüsen im Körper und verschiedene andere Körperreaktionen.

Kleinhirn – Das Kleinhirn kontrolliert unbewusste Bewegungen, die Körperhaltung und das Gleichgewicht. Zudem ist es bedeutsam für das Erlernen von Bewegungsabläufen.

Hirnstamm – Der Hirnstamm umfasst alle Abschnitte unterhalb des Zwischenhirns, also Mittelhirn, Brücke und Nachhirn. Das **Mittelhirn** vermittelt die Informationen zwischen Großhirn und Rückenmark. Es steuert unter anderem die Augenbewegungen und grobmotorische Bewegungen. Die **Brücke** ist auf seiner Rückseite mit dem Kleinhirn verbunden und die Schaltzentrale zwischen Großhirn und Kleinhirn. Das **Nachhirn** oder verlängerte Mark verbindet Gehirn und Rückenmark miteinander. Es steuert viele lebenswichtige Funktionen des Körpers wie Atmung und Blutkreislauf. In ihm liegen auch die Zentren des Schluck- und Hustenreflexes. Der größte Teil der motorischen Fasern wechselt hier von einer Seite auf die andere Seite, sodass die linke Gehirnhälfte Bewegungen der rechten Körperseite steuert und umgekehrt.

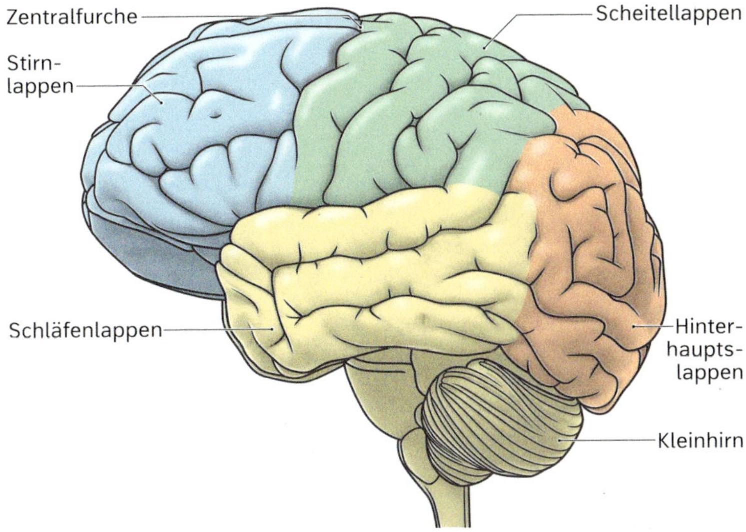

3 Rindenfelder des Großhirns

MATERIAL MIT AUFGABEN

A Hirnvergleiche

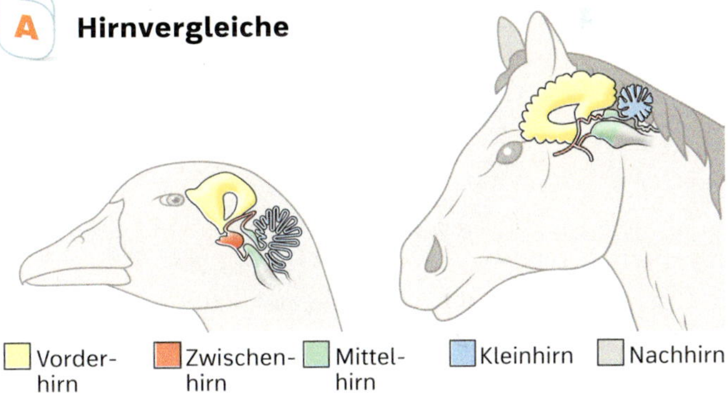

A

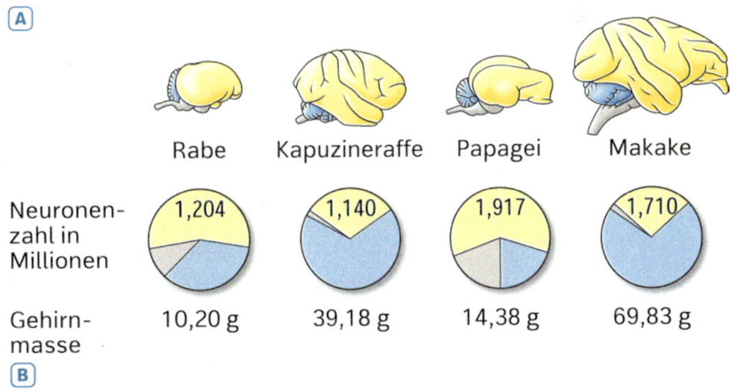

B

1 Vergleichen Sie den Aufbau des Vogel- und Pferdegehirn anhand der Abbildung A. ●○○
2 Stellen Sie begründete Vermutungen an, in welchen Leistungen sich die Tiere unterscheiden. ●●○
3 Viele Tierarten zeigen erstaunliche kognitive Leistungen. Werten Sie Abbildung B aus und stellen Sie Vermutungen an, worauf diese Leistungen zurückzuführen sind. ●●●

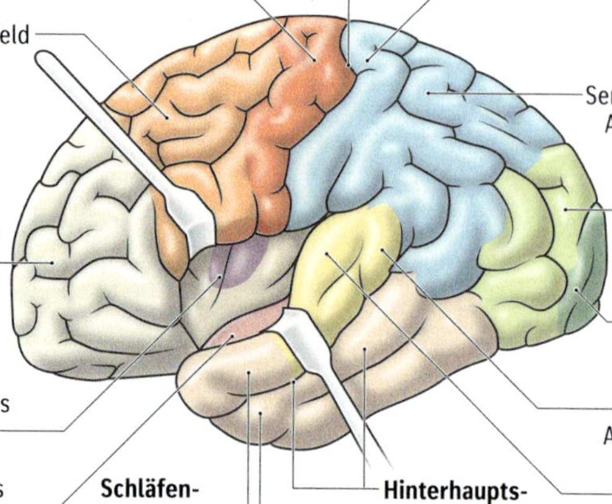

4 Einteilung in funktionelle Hirnfelder

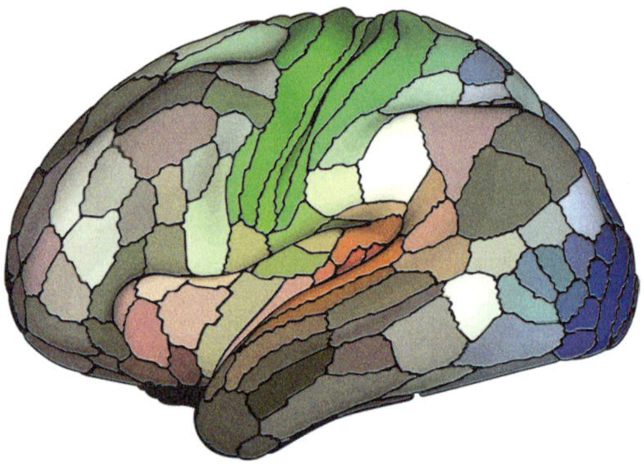

5 Moderne Hirnkarte. Rot = Hören, Grün = Tasten/Bewegen; Blauviolett = Sehen

Gliederung der Großhirnrinde — Der französische Neurologe Paul Broca betreute in der Mitte des 19. Jahrhunderts einen Patienten, der nach einer Gehirnverletzung seine Sprachfähigkeit verloren hatte. Das Verstehen von Sprache schien dabei nicht beeinträchtigt zu sein. Nach dem Tod des Mannes fand er in dessen linken Stirnlappen eine Schädigung. Er schloss daraus, dass die betreffende Gehirnregion für die Erzeugung von Sprache zuständig sein müsse. Damit stand er im Gegensatz zu der damals gültigen Lehrmeinung, wonach das Gehirn als eine Einheit funktioniert. Weitere Untersuchungen von Hirnverletzten und die Reizung bestimmter Areale der Hirnrinde durch elektrische Impulse bestätigten in den darauffolgenden Jahren, dass verschiedene Bereiche des Großhirns für unterschiedliche Funktionen verantwortlich sind. Mithilfe neuer bildgebender Verfahren lässt sich heutzutage sogar die Aktivität von Neuronen bei bestimmten Tätigkeiten des Menschen bestimmen und ihre Verknüpfungen erkennen. Auf der Basis dieser Untersuchungen und unter Berücksichtigung weiterer Eigenschaften, wie etwa des Myelingehalts der Neurone, werden moderne **Hirnkarten** erstellt, die über 180 verschiedene Areale pro Hemisphäre verdeutlichen. Heutzutage ist jedoch auch bekannt, dass trotz dieser Gliederung des Gehirns in verschiedene Funktionsfelder, diese oft intensiv zusammenarbeiten.

Rindenfelder — Die Großhirnrinde wird in verschiedene motorische und somatosensorische Bereiche unterteilt. So liegt etwa das primäre **motorische Rindenfeld** im Stirnlappen vor der Zentralfurche. Es ist für die Steuerung der Skelettmuskeln verantwortlich ist. Daran schließt sich im Scheitellappen hinter der Zentralfurche das **somatosensorische Rindenfeld** an. In ihm werden die Erregungen von Sinnesorganen in der Haut, den Knochen, Gelenken und Muskeln empfangen und verarbeitet. Den primären Rindenfeldern lassen sich direkt bestimmte Körperbereiche zuordnen. Werden die für die Körperteile zuständigen Areale in den Rindenfeldern symbolisch nachgezeichnet, entsteht eine verzerrte Körpergestalt eines Menschen, ein **Homunkulus**.

Zu beiden Seiten der primären Rindenfelder schließen sich sogenannte **Assoziationsfelder** an, die keine direkte Verbindung zu bestimmten Körperbereichen besitzen und etwa 80 Prozent der Großhirnrinde ausmachen. Assoziationsfelder empfangen Erregungen von Neuronen der primären Rindenfelder und des Thalamus, verarbeiten und speichern sie. Verletzungen dieser Assoziationsfelder haben bei Betroffenen schwere Störungen ihrer Sinnesfunktionen zur Folge. Wird etwa das visuelle Assoziationsfeld verletzt, kann die betroffene Person keine Gegenstände erkennen, obwohl ihr Sehvermögen intakt ist. Sie kann aber Gegenstände ergreifen oder ihnen ausweichen. Eine Verletzung des auditiven Assoziationsfeldes verursacht Hörprobleme, obwohl das Ohr selbst nicht geschädigt ist.

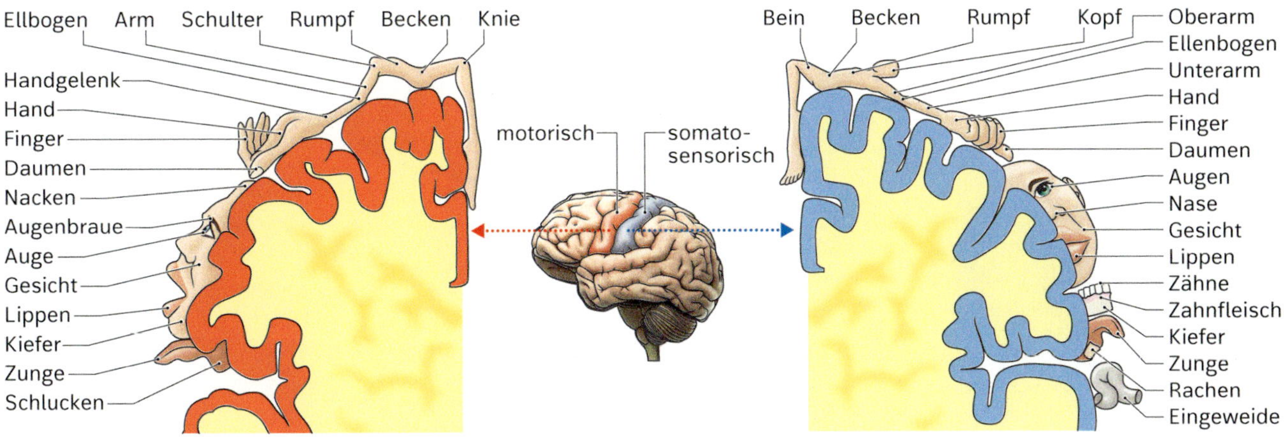

6 Homunkulus mit Karten der motorischen und somatosensorischen Rindenfelder

Hemisphären-Asymmetrie – Die beiden Hemisphären der Großhirnrinde übernehmen unterschiedliche Funktionen. So liegt etwa das Sprachzentrum bei den meisten Menschen in der linken Hemisphäre, wohingegen das Erfassen der Sprachmelodie durch die rechte Hemisphäre geleistet wird. Auch das logische Denken und die Verarbeitung von Emotionen sind asymmetrisch verteilt. Die beiden Hemisphären korrespondieren über den Balken miteinander und ergänzen sich in den Funktionen. Die linke Großhirnhälfte ist für Rechtshänder führend, während die rechte Hemisphäre für Linkshänder leitend ist.

MATERIAL MIT AUFGABEN

B Gehirn und Sprache

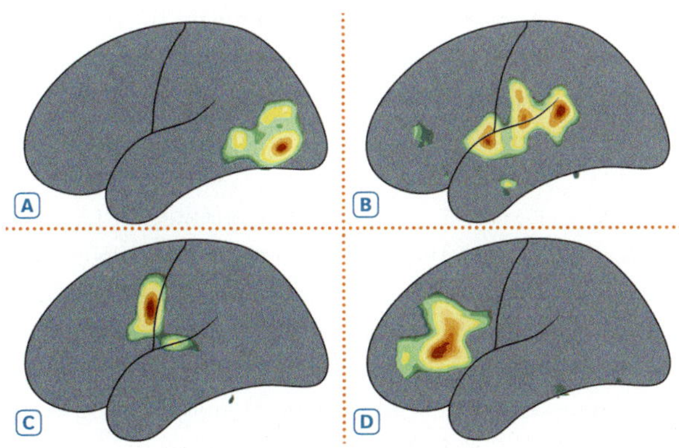

Die Abbildungen zeigen schematisch Aufnahmen der linken Hemisphäre des Großhirns während einer Versuchsreihe. Im Versuch A konnte die Versuchsperson das Wort „Tisch“ auf einem Monitor sehen, bei B konnte sie es hören und bei C musste sie es aussprechen. Bei D wurden ihr Tischdecken gezeigt. Aktive Hirnbereiche leuchten bei den Aufnahmen in speziellen Farben.

1 Prüfen Sie, welche Rindenfelder in den vier Versuchen jeweils aktiviert wurden. ●●○

C Zusammenarbeit der Rindenfelder

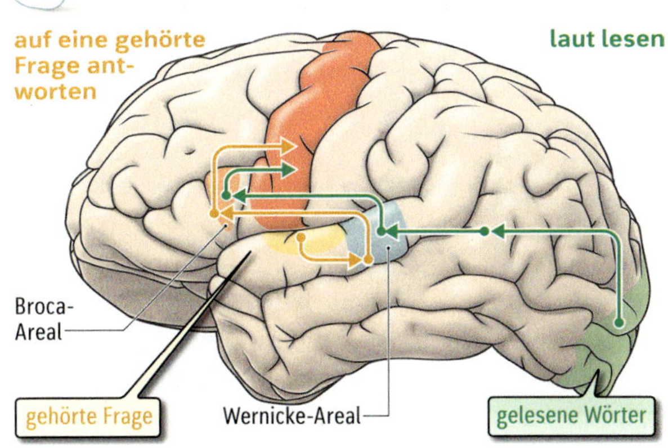

1 Beschreiben Sie die Erregungsweiterleitung in der Großhirnrinde beim Lesen und Hören eines Wortes mithilfe des dargestellten Modells. ●●○

2 Das Broca- und das Wernicke-Areal bilden die menschlichen Sprachzentren. Bei einem Schlaganfall im Bereich des Broca-Areals können Betroffene nicht mehr sprechen, sie verstehen aber was andere sagen. Ist das Wernicke-Areal betroffen, können Betroffene problemlos reden, der Inhalt ergibt aber keinen Sinn. Erklären Sie dieses Phänomen. ●●○

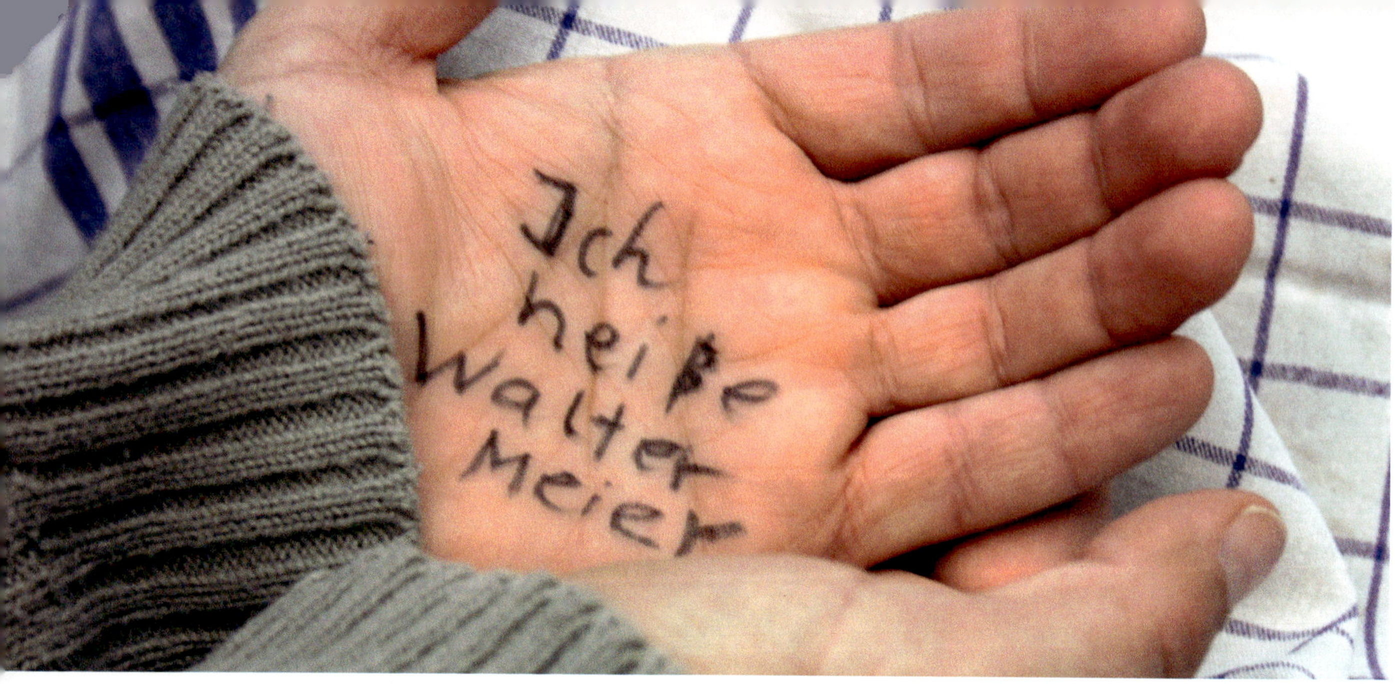

1 Vergesslichkeit – Symptom einer Demenz

3.3 Neurologische Erkrankungen

Obwohl jeder Mensch unzählige Male im Leben seinen Namen genannt und gehört hat, können sich demenzerkrankte Menschen in einem fortgeschrittenen Stadium oft nicht mehr an den eigenen Namen erinnern. Wie ist das zu erklären?

Demenz – Im Verlauf einer Demenz kommt es zum Abbau geistiger Funktionen, etwa zum Verlust des Gedächtnisses, der Orientierung und oft auch der Sprache. Wird die Erkrankung durch eine mangelnde Durchblutung von Hirnbereichen verursacht, handelt es sich um eine **vaskuläre Demenz**. Im Gegensatz hierzu entwickelt sich eine **degenerative Demenz** durch das Absterben von Neuronen. Die Alzheimer-Demenz ist die häufigste Form der Demenz. Sie ist nach dem Neurologen Alois ALZHEIMER benannt, der die Erkrankung erstmalig beschrieben hat.

Alzheimer-Symptome – Im frühen Stadium der Alzheimer-Demenz kommt es zunehmend zu Störungen des Kurzzeitgedächtnisses. Mit fortschreitender Erkrankung treten auch zunehmend Störungen des Langzeitgedächtnisses auf. Hinzu kommt der Verlust der räumlichen und zeitlichen Orientierung sowie der Sprechfähigkeit. Weiter treten tiefgreifende Persönlichkeits- und Verhaltensveränderungen auf, die eine intensive Pflege erforden.

Ursachen – Die Symptome der Alzheimer-Demenz sind auf den zunehmenden Verlust von Nervenzellen zurückzuführen. Dadurch schrumpft das Gehirnvolumen um bis zu 20 Prozent.
Auf zellulärer Ebene sind spezifische Veränderungen charakteristisch. In den Neuronen kommen dicke **Neurofibrillenbündel** aus **Tau-Proteinen** vor. Eigentlich stabilisieren die Proteine die Mikrotubuli einer Zelle. Mikrotubuli gehören zum Cytoskelett und sind am Transport von Vesikeln und Zellorganellen vom Zellkörper zu den Axonendigungen verantwortlich. Bei Alzheimer-Patienten sind an die Tau-Proteine übermäßig viele Phosphatgruppen gebunden. Dadurch können sie nicht mehr an die Mikrotubuli binden und lagern sich zu paarigen Filamenten zusammen, die dann die Neurofibrillenbündel bilden. Gleichzeitig zerfallen die

Mikrotubuli. Dadurch wird das Transportsystem der Nervenzellen gestört. In der Folge gehen immer mehr Synapsen an den Axonendigungen verloren, und die Neuronen gehen zugrunde.

Bei der Alzheimer-Demenz spielen auch Ablagerungen zwischen den Neurofibrillenbündeln eine zentrale Rolle. Diese Plaques bestehen aus **β-Amyloidproteinen**. Sie entstehen durch enzymatische Spaltung eines Transmembranproteins. Dabei werden die β-Amyloidproteine nach außen freigesetzt. Normalerweise werden sie dann rasch abgebaut. Bei Alzheimer-Betroffenen ist ihr Abbau jedoch gestört, sodass sich die β-Amyloidproteine außerhalb der Zellen ansammeln und zu Plaques verklumpen. Größere Plaques an den Oberflächen der Neuronen führen dazu, dass sie absterben.
Zurzeit ist noch unklar, ob die Tau-Proteine oder die β-Amyloid-Plaques die primäre Ursache der Alzheimer-Demenz sind. Diskutiert wird auch, dass bestimmte β-Amyloidproteine toxisch auf Nervenzellen wirken und deren Zelltod auslösen. Die Bildung von Amyloid-Plaques dient nach dieser Hypothese der Entgiftung der toxischen β-Amyloidproteine.

Therapien – Die therapeutischen Möglichkeiten bei einer Alzheimer-Erkrankung sind begrenzt. Derzeit können nur Symptome behandelt werden. Mit Medikamenten wird zum Beispiel das Acetylcholin abbauende Enzym Cholinesterase gehemmt. Dadurch steht dieser Neurotransmitter an bestimmten Synapsen länger zur Verfügung. Da die Zahl der Erkrankten immer mehr zunimmt, wird intensiv nach neuen Behandlungsmöglichkeiten gesucht. Ein vielversprechender Ansatz besteht in der Impfung gegen β-Amyloidproteine. Dadurch soll das körpereigene Abwehrsystem im Abbau vorhandener Amyloid-Plaques unterstützt werden.

Die Alzheimer-Krankheit entwickelt sich im Laufe von Jahren oder Jahrzehnten. Eine mögliche Therapie sollte daher in einem sehr frühen Stadium der Erkrankung beginnen. Aber noch gibt es keine sicheren Kriterien, an denen die Erkrankung früh diagnostiziert werden kann.

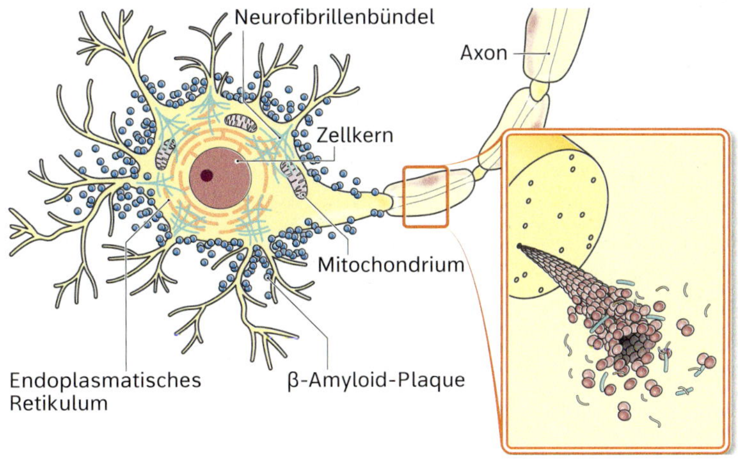

2 Plaques und Neurofibrillenbündel bei der Alzheimer-Erkrankung

MATERIAL MIT AUFGABEN

A Bildung von Neurofibrillenbündeln

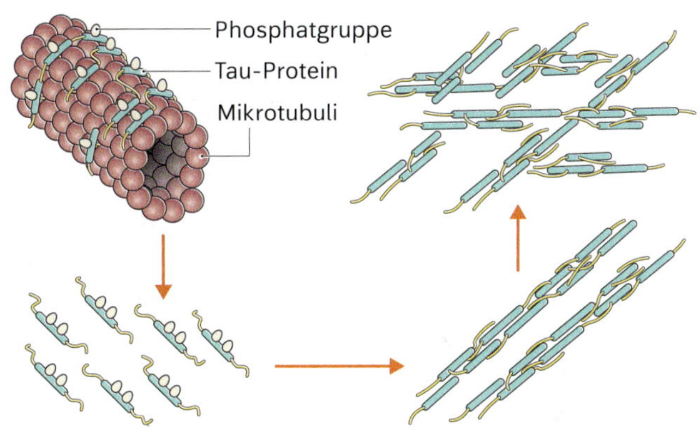

1 Beschreiben Sie die Bildung der Neurofibrillenbündel in den Neuronen von Alzheimer-Patienten. ●○○
2 Erklären Sie die Folgen der Bildung von Neurofibrillenbündeln für die Informationsübertragung zwischen Neuronen. ●●○
3 Stellen Sie die Bildung der β-Amyloid-Plaques bei Alzheimer-Patienten in einem Fließdiagramm dar. ●●○
4 Prüfen Sie, ob mithilfe eines Hemmstoffs, der die enzymatische Spaltung der Transmembranproteine in Neuronen unterbindet, Alzheimer geheilt werden könnte. ●●○
5 In den USA wurde 2021 das Alzheimer-Medikament *Aducanumab* auf den Markt gebracht. Die Europäische Arzneimittel-Agentur EMA hat den Wirkstoff allerdings nicht zugelassen. Recherchieren Sie die Wirkungsweise des Medikaments und nehmen Sie begründet Stellung zur Entscheidung der EMA. ●●●

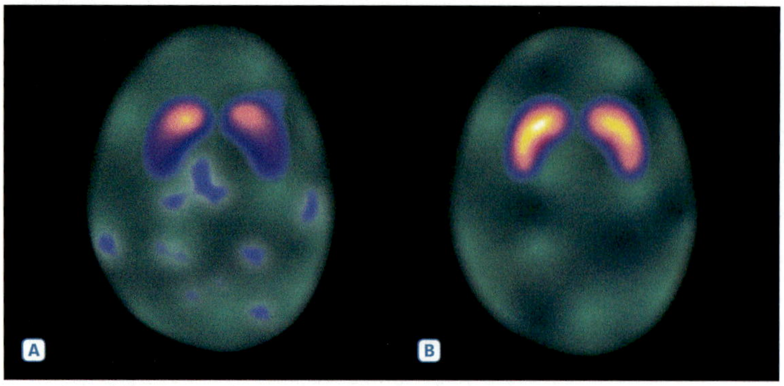

3 Hirnszintigramm: **A** bei einem Parkinsonpatienten; **B** bei einem nicht an Parkinson erkrankten Menschen

Parkinson-Symptome – Nach der Alzheimer-Demenz ist Morbus Parkinson die weltweit häufigste neurodegenerative Erkrankung. Im Laufe der Zeit treten vier vorwiegend motorische Symptome in den Vordergrund, die die Hauptsymptome der Parkinson-Erkrankung darstellen: Bewegungsarmut, Muskelsteife, Ruhezittern und Störungen der Haltungsstabilität. Daneben können auch Angstzustände, depressive Verstimmungen und Gedächtnisstörungen auftreten. Letztere enden häufig in einer Demenz.

Ursachen – Bei der Parkinson-Erkrankung sterben im Gehirn Betroffener zunehmend Neuronen ab. Dabei gehen in der schwarzen Substanz, der **Substantia nigra**, des Mittelhirns spezielle Neuronen zugrunde, die den Neurotransmitter Dopamin produzieren. So kommt es bereits im frühen Stadium der Erkrankung zu einem Mangel an Dopamin, welches unter anderem an der Bewegungssteuerung beteiligt ist.
Die Ursachen für das Absterben der Neuronen sind nicht geklärt. Als Auslöser werden bestimmte Umweltgifte vermutet, mit denen Betroffene möglicherweise in ihrem Beruf oder Hobby in Kontakt gekommen sind. Hierzu zählen bestimmte Pestizide und Lösemittel wie Trichlor- und Tetrachlorethen.
Auf zellulärer Ebene ist die Erkrankung dadurch gekennzeichnet, dass im Inneren der zugrunde gehenden Neuronen Ablagerungen aus **Alpha-Synuklein-Proteinen** auftreten. Diese Proteine kommen zwar auch natürlicherweise in Neuronen vor und haben wahrscheinlich eine Funktion bei der synaptischen Reizübertagung. In den Neuronen Erkrankter finden sich jedoch übermäßig viele Alpha-Synuklein-Proteine mit veränderter Tertiärstruktur. Sie lagern sich zusammen und bilden Ablagerungen in den Neuronen. Diese beeinträchtigen deren Funktion und führen zu ihrem Tod. Oft beginnen die krankhaften Veränderungen in einer Region des Hirnstamms und breiten sich von dort in Richtung Mittelhirn und Hirnrinde aus. Gleichzeitig nehmen die Symptome stetig zu.

Therapien – Die Parkinson-Krankheit ist behandelbar, jedoch nicht heilbar. Die medikamentöse Behandlung zielt darauf ab, den Dopaminmangel auszugleichen. Das Absterben der Neuronen lässt sich damit aber nicht verhindern. Oft wirken die Medikamente nach einigen Jahren nicht mehr, sodass die Dosis gesteigert werden muss oder eine Kombination verschiedener Medikamente notwendig wird.

MATERIAL MIT AUFGABEN

B Angriffsziele von Parkinson-Medikamenten

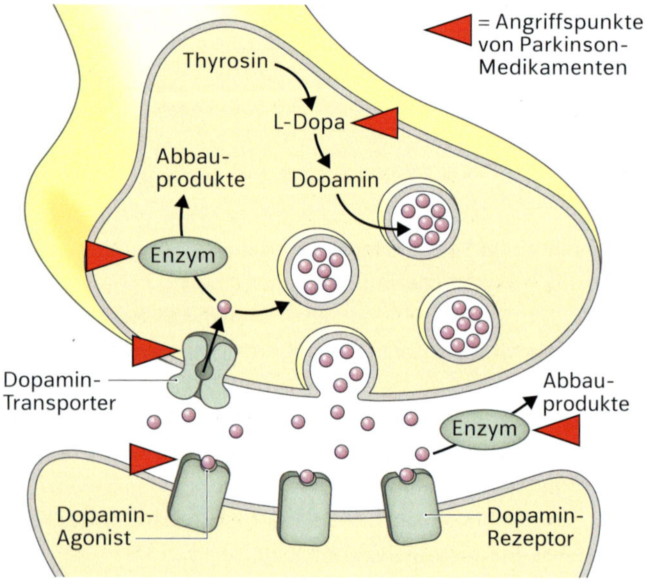

1 Beschreiben Sie die Dopaminsynthese und -umsetzung an der Synapse eines dopaminproduzierenden Neurons. •○○
2 Erklären Sie die Wirkung von Parkinson-Medikamenten an den verschiedenen Angriffspunkten der Dopaminumsetzung in noch funktionstüchtigen Neuronen. •○○

EXKURS

Bildgebende Verfahren

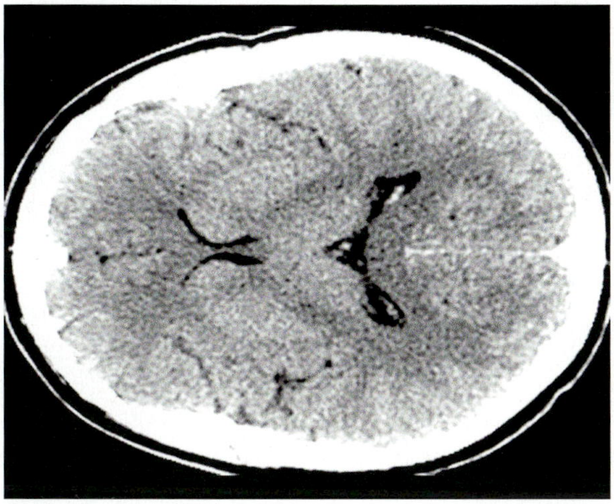

1 CT-Scan des menschlichen Gehirns

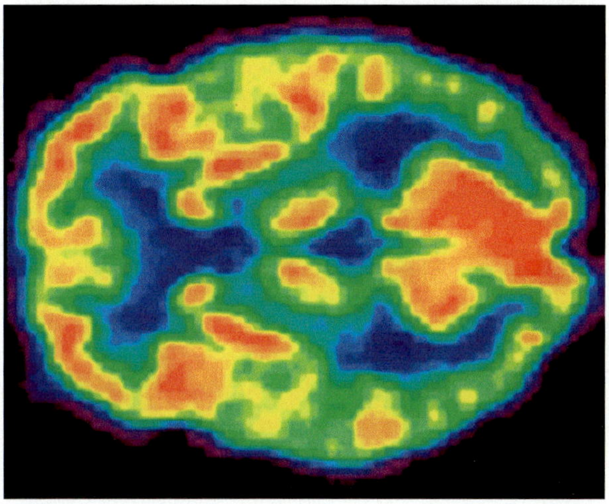

2 PET-Scan eines gesunden Gehirns

Computertomografie – Bei der **Computertomografie**, kurz **CT**, handelt es sich um eine spezielle Röntgenuntersuchung, bei der Schnittbilder des Körpers angefertigt werden. Mithilfe einer rotierenden Röntgenröhre wird etwa das Gehirn Schicht für Schicht und aus vielen unterschiedlichen Richtungen durchstrahlt. Dabei werden die Röntgenstrahlen unterschiedlich stark durch die Gehirnstrukturen absorbiert. Aus einer Vielzahl von Messwerte erstellt ein Computer zwei- oder dreidimensionale Bilder in Graustufen. So können Weichteilstrukturen wie etwa Tumore gut erfasst und hinsichtlich der Form und Lage beurteilt werden.

Magnetresonanztomografie – Auch die **Magnetresonanztomografie**, kurz **MRT**, erzeugt detaillierte Schnittbilder des Gehirns oder anderer Organe. Im Unterschied zur Computertomografie wird beim MRT keine Röntgenstrahlung verwendet, sondern ein starkes Magnetfeld. Die Atomkerne von Wasserstoff-Atomen reagieren auf elektromagnetische Wellen und erzeugen dabei ein elektrisches Signal. Dieses hängt von der Zusammensetzung der unterschiedlichen Gewebearten ab, zum Beispiel von dem Anteil an Wasser und Fett. Die unterschiedlichen Signale werden durch einen Detektor erfasst und von einem Computer in Bildern mit Graustufen und sehr gutem Kontrast dargestellt. So können schon Gewebsveränderungen ab einem Quadratmillimeter erkannt werden.

Funktionelle MRT – Mit Sauerstoff beladene Hämoglobin-Moleküle besitzen andere magnetische Eigenschaften als unbeladene Hämoglobin-Moleküle. Dieser Unterschied wird bei der **funktionellen Magnetresonanztomografie**, kurz **fMRT**, bestimmt. Mit ihr lassen sich Bereiche mit einem hohem Sauerstoffverbrauch, also hoher neuronaler Aktivität, im Gehirn sichtbar machen.

Hirn-Szintigrafie – Bei der **Hirn-Szintigrafie** wird Patienten eine radioaktive Substanz injiziert, die sich in bestimmten Gehirnarealen anreichert. Nach einiger Zeit wird die Verteilung der Radioaktivität schichtweise gemessen und von einem Computer zu dreidimensionalen Bildern umgesetzt. So kann zum Beispiel die Hirndurchblutung dargestellt werden. Werden dazu radioaktiv markierte Liganden verwendet, die an Dopamin-Carrier binden, kann die Zahl an Dopamin-freisetzenden Neuronen ermittelt werden und so etwa Morbus Parkinson diagnostiziert werden.

Positronenemissionstomografie – Bei der **Positronenemissionstomografie**, kurz **PET**, wird den Patienten radioaktiv markierte Glucose injiziert. Diese reichert sich in Hirnarealen mit erhöhtem Glucoseverbrauch an. Die Verteilung der Radioaktivität wird schichtweise gemessen und von einem Computer zu Bildern umgesetzt. So können zum Beispiel Tumore mit einem hohen Glucoseverbrauch erkannt werden.

1 Geige spielen

3.4 Lernen verändert Strukturen im Gehirn

Beim Geige spielen die Finger auf die richtigen Saiten auf dem Griffbrett zu setzen, erfordert viel Übung. Bildgebende Verfahren zeigen, dass sich dabei Strukturen im Gehirn verändern. Welche Veränderungen auf zellulärer und molekularer Ebene können beim Lernen und Üben auftreten?

Neuronale Plastizität – Grundlage für die Lernfähigkeit und das Erinnerungsvermögen eines Menschen ist die Vernetzung seiner über 100 Milliarden Nervenzellen im Gehirn. Dabei kann eine einzige Nervenzelle im Gehirn mit Tausenden anderen Nervenzellen über Synapsen verbunden sein. Das neuronale Netzwerk ist jedoch nicht statisch, sondern wird ständig umgebaut. Dies geschieht etwa durch genetisch festgelegte Entwicklungsvorgänge, durch Reparaturmechanismen nach Verletzungen und durch Lernvorgänge. Die Eigenschaft des Gehirns, sich verändern zu können, wird als **neuronale Plastizität** bezeichnet. Sie kann einzelne Nervenzellen oder ganze Hirnareale umfassen. So findet man bei Menschen, die täglich mehrere Stunden Geige spielen, eine Verdickung in der Hirnrinde der rechten Großhirnhälfte. Sie liegt dort in einem Feld, welches die Bewegung der Finger der linken Hand steuert. Bei Menschen, die nicht musizieren, tritt diese Verdickung nicht auf, bei Klavierspielern liegt sie beidseitig vor.

Beim Üben und Lernen verändert sich die Funktion und Struktur neuronaler Netzwerke des Gehirns aufgrund von Erfahrungen. Es werden mehr Nervenzellen in die Informationsverarbeitung einbezogen und neue Synapsen ausgebildet, sodass das entsprechende Nervennetz größer wird. So erklären sich die strukturellen Besonderheiten im Gehirn der Musiker. Betreffen die Veränderungen die Funktion und Struktur von Synapsen, wird von **synaptischer Plastizität** gesprochen.

Langzeitpotenzierung – Eine unter dem Schläfenlappen der Großhirnrinde liegende Hirnregion ist der Hippocampus. Er ist für den Übergang von Informationen aus dem Arbeits- ins Langzeitgedächtnis von zentraler Bedeutung. Die Neurowissenschaftler Timothy BLISS und Terje LØMO untersuchten 1973 die Erregungsübertragung an bestimmten Nervenzellen des Hippocampus. Sie reizten eine präsynaptische Nervenzelle und beobachteten die Reaktion der postsynaptischen Zelle. Erwartungsgemäß löste ein schwacher Reiz der präsynaptischen Zelle nur ein geringes erregendes Potenzial im postsynaptischen Neuron aus. Eine starke Reizung dagegen führte zu einem hohen EPSP. Erstaunlicherweise lösten danach auch schwache Reize des präsynaptischen Neurons hohe EPSPs im postsynaptischen Neuron aus, und das auch noch lange Zeit später. Die Versuche zeigten, dass die Stärke der Erregungsübertragung an den Synapsen lang andauernd erhöht war, wenn diese erfolgreich an der Aktivierung des postsynaptischen Neurons beteiligt waren. Dieses Phänomen wird als synaptische **Langzeitpotenzierung** bezeichnet. Neben der Verstärkung kann es auch zu einer Abschwächung der Erregungsübertragung kommen. Diese sogenannte **Langzeitdepression** geschieht, wenn Synapsen wenig genutzt werden.

AMPA- und NMDA-Rezeptoren – Wie bei den meisten Nervenzellen des zentralen Nervensystems, wirkt Glutamat auch an den Synpasen der Nervenzellen des Hippocampus als Transmitter. An der postsynaptischen Membran dieser Synapsen befinden sich zwei Typen von Glutamatrezeptoren, die abgekürzt als **AMPA- und NMD-Rezeptoren** bezeichnet werden. Durch ihr Zusammenwirken kann die Stärke der Erregungsübertragung zwischen den Neuronen verändert werden. Bindet Glutamat an einen AMPA-Rezeptor, öffnet sich sein Ionenkanal unmittelbar für wenige Millisekunden. Durch den Einstrom von Natrium-Ionen entsteht ein EPSP an der postsynaptischen Membran. Bindet Glutamat dagegen an einen NMDA-Rezeptor, öffnet sich zwar auch sein Kationenkanal. Jedoch verhindert die Anlagerung eines Magnesium-Ions an eine spezifische Bindungsstelle im Kanal, dass Kationen den Kanal passieren können. Bei einer starken Erregung des präsynaptischen Neurons erreicht eine hohe Frequenz von Aktionspotenzialen die Präsynapsen. Diese setzt daraufhin viel Glutamat in den synaptischen Spalt frei. So werden viele AMPA-Rezeptoren anhaltend besetzt und die postsynaptische Membran wird stark depolarisiert. Erreicht das Membranpotenzial dabei einen positiven Wert, werden die Magnesium-Ionen durch elektrostatische Kräfte aus dem Kanal des NMDA-Rezeptors herausgestoßen. Daraufhin können für die Dauer von 500 Millisekunden Natrium- und Calcium-Ionen in das postsynaptische Neuron einströmen.

MATERIAL MIT AUFGABEN

A Aktivierung der NMDA-Rezeptoren

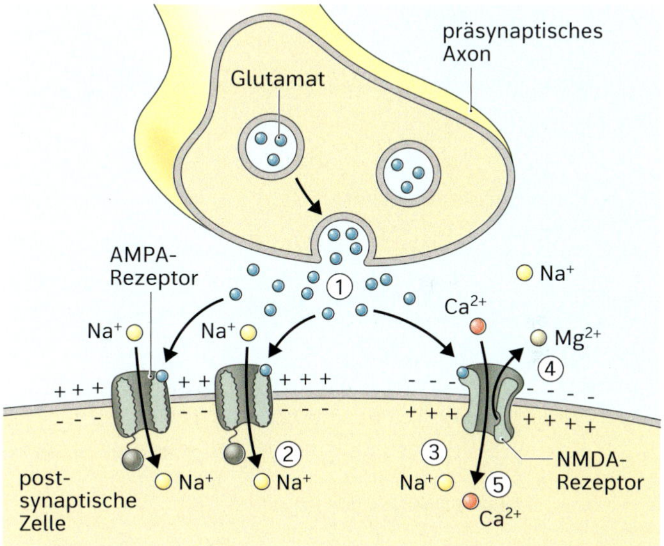

1 Erstellen Sie mithilfe der Ziffern in der Abbildung ein Fließdiagramm zur Aktivierung der NMDA-Rezeptoren. ●●○

2 In einem Versuch wurde durch elektrische Reizung des präsynaptischen Neurons ein geringes EPSP an der postsynaptischen Membran ausgelöst. In einem zweiten Versuch wurde durch elektrische Reizung des postsynaptischen Neurons eine starke Depolarisation der postsynaptischen Membran ausgelöst. Beschreiben Sie die Zustände der AMPA- und NMDA-Rezeptoren in beiden Versuchen. ●●●

3 Begründen Sie die Aussage, dass NMDA-Rezeptoren spannungs- und ligandengesteuert sind. ●●○

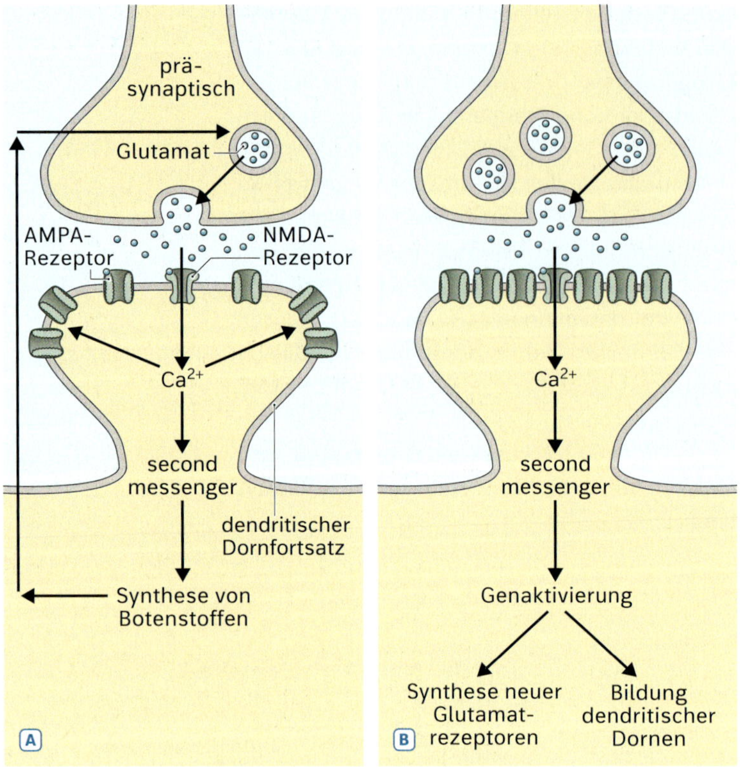

2 **A** frühe Langzeitpotenzierung; **B** späte Langzeitpotenzierung

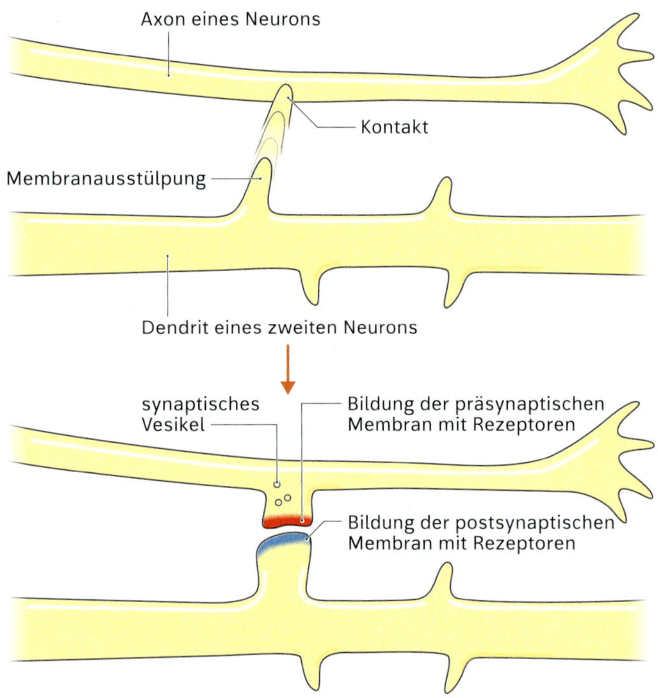

3 Bildung dendritischer Dornen

Frühe und späte Langzeitpotenzierung – Calcium-Ionen, die durch NMDA-Rezeptoren in die postsynaptische Zelle diffundieren, lösen im nachgeschalteten Neuron eine Signalkaskade aus. In der Folge werden mehr AMPA-Rezeptoren in die postsynaptische Membran eingebaut. Diese befinden sich bereits in der Zellmembran und werden in die postsynaptische Membran verlagert. Außerdem bewirken die Calcium-Ionen, dass Botenstoffe gebildet werden, die die Synthese von Glutamat verstärken. Durch diese Veränderungen an den Synapsen kann die Stärke der Erregungsübertragung verändert werden. Die Veränderung besteht allerdings nur für einige Sekunden bis zu drei Stunden. Es wird von **früher Langzeitpotenzierung** gesprochen.

Die einströmenden Calcium-Ionen können zusätzlich über ein second-messenger-System bestimmte Gene im Zellkern aktivieren. Dadurch werden neue AMPA-Rezeptoren synthetisiert und in die postsynaptische Membran eingebaut. Außerdem werden neue Synapsen gebildet. Durch diese Veränderungen wird die Erregungsübertragung an den Synapsen für eine längere Zeit verstärkt. Eine Potenzierung mit einer über drei Stunden anhaltenden Wirkung heißt **späte Langzeitpotenzierung**. Sie beruht auf einer veränderten Genexpression.

Morphologischen Veränderungen – Die Mehrzahl der erregenden Synapsen im Gehirn befindet sich auf pilzförmigen Membranausstülpungen. Sie treten direkt aus dem Schaft der Dendriten eines Neurons hervor. Über diese **dendritischen Dornen** werden die synaptischen Kontakte zu anderen Nervenzellen hergestellt. Bei einer intensiven Reizung von Nervenzellen stülpen sich an ihren Dendriten dünne Membranfäden aus und ziehen sich wieder zurück. Kommen sie in Kontakt mit anderen Nervenzellen, entwickeln sich daraus dendritische Dornen mit funktionsfähigen Synapsen. Je nach Aktivität der Synapsen nehmen dendritische Dornen an Größe und Volumen zu oder schrumpfen. Sie können mehrere Tage oder Wochen bestehen bleiben oder wieder abgebaut werden, wenn sie unbenutzt bleiben.

Neurogenese – Lange Zeit wurde vermutet, dass nur in einer frühen Entwicklungsphase des Menschen neue Nervenzellen gebildet werden. Heute ist bekannt, dass auch im Gehirn von Erwachsenen in bestimmten Gebieten zeitlebens Nervenzellen aus undifferenzierten Stammzellen neu gebildet werden können. Diese **Neurogenese** ist abhängig von Erfahrungen beziehungsweise von Lernvorgängen. Nach einem Reifungs- und Differenzierungsprozess werden die neu entstandenen Nervenzellen in das vorhandene Nervennetz integriert. Ohne diese Integration stirbt die neue Nervenzelle. Deshalb wird vermutet, dass auch die Bildung neuer Nervenzellen große Bedeutung für die Langzeitgedächtnisbildung hat.

Tierversuche zeigen, dass bei einer Blockierung der Neurogenese Gedächtnisstörungen auftreten. Um neue Nervenzellen einzubinden, müssen Synapsen, Axone und Dendriten anderer Nervenzellen umgebaut werden. Deshalb wird die Neubildung von Nervenzellen im Gehirn als ein **Motor der neuronalen Plastizität** und als Voraussetzung für ein lebenslanges Lernen angesehen.

MATERIAL MIT AUFGABEN

B Ortslernen bei Ratten

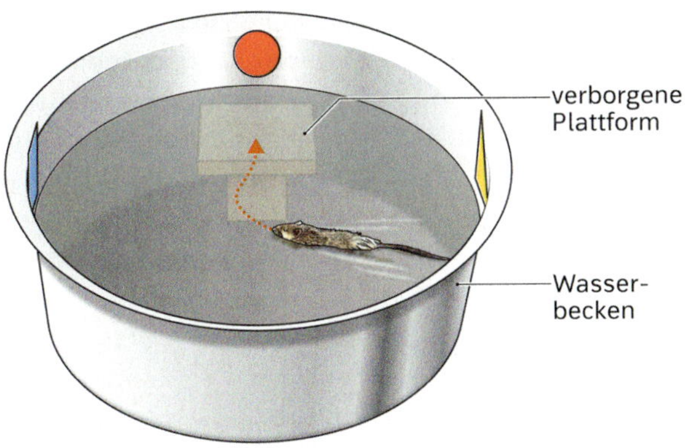

In Versuchen wurden Ratten in ein rundes Becken gesetzt, welches mit trübem Wasser gefüllt war. Unsichtbar unter der Wasseroberfläche befand sich eine Plattform, die es der Ratte ermöglicht, aus dem Wasser zu springen. Am Rand des Wasserlabyrinths waren Orientierungspunkte angebracht.

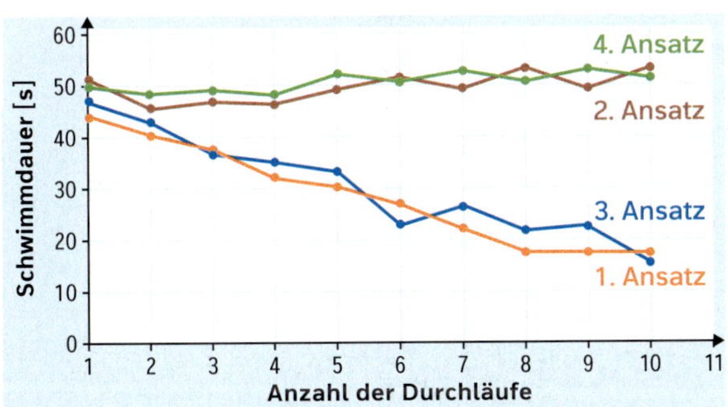

In einer Versuchsreihe **A** wurde den Ratten zu unterschiedlichen Zeiten ein Stoff injiziert, der die NMDA-Rezeptoren im Hippocampus blockierte. Anschließend wurde ihr Verhalten im Schwimmlabyrinth erfasst.

Ansatz 1: keine Injektion
Ansatz 2: Injektion direkt vor dem Versuch
Ansatz 3: Injektion 3 Stunden nach dem Versuch
Ansatz 4: Injektion direkt nach dem Versuch

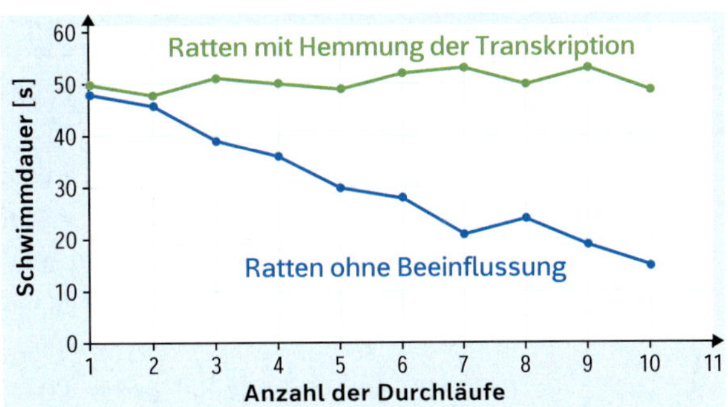

In einer Versuchsreihe **B** wurde die Transkription im Hypothalamus der Ratten gehemmt und erneut deren Verhalten im Wasserlabyrinth erfasst.

1 Erklären Sie die Ergebnisse der Versuchsreihen A und B. ●●○
2 Ratten, die durch Genmanipulation übermäßig viele NMDA-Rezeptoren produzieren, wurden in das Schwimmlabyrinth gesetzt. Einwickeln Sie ein Hypothese zum Verhalten der Ratten unter diesen Bedingungen. ●●●
3 Begründen Sie, dass das Verhältnis von AMPA- zu NMDA-Rezeptoren als Maß für die Stärke der Erregungsübertragung sein kann. ●●○

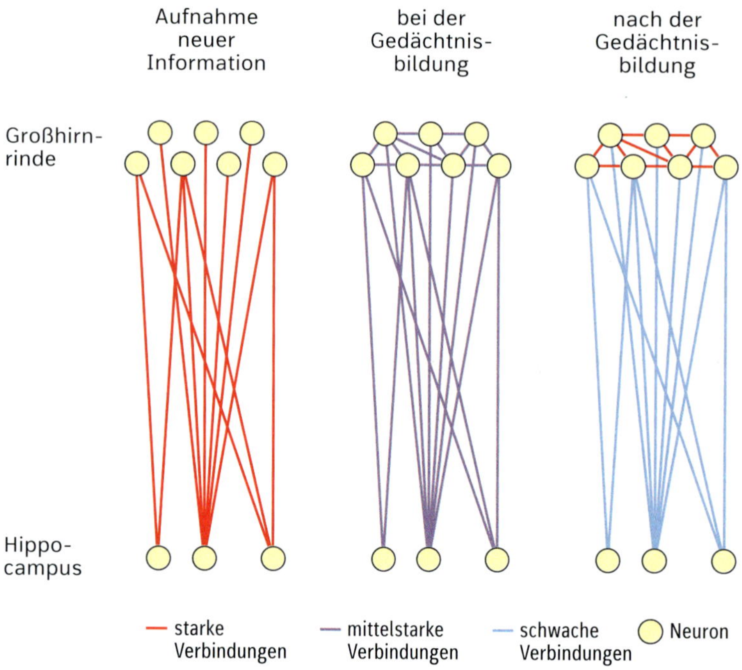

4 Modellvorstellungen zur Gedächtnisbildung durch den Hippocampus

Neuronale Plastizität und Lernen

Beim Lernen werden in der Großhirnrinde neuronale Netze gebildet, umgebaut und erweitert. Zwischen gleichzeitig aktivierten Nervenzellen werden dabei neue Synapsen gebildet. Zudem wird die Erregungsübertragung von zuvor wenig benutzten Synapsen durch Langzeitpotenzierung verstärkt. Synapsen, die zwischen wenig aktivierten Neuronen bestehen, werden dagegen stillgelegt. Das Gelernte wird also in den synaptischen Verbindungen bestimmter Nervenzellen gespeichert. Eine einzelne Zelle kann so an vielen Gedächtnisinhalten gleichzeitig beteiligt sein.

Gedächtnisbildung im Hippocampus

Bei der Gedächtnisbildung spielt der Hippocampus eine entscheidende Rolle. In ihm fließen die Erregungen verschiedener Sinneszellen zusammen. Sie werden dort verarbeitet und dann in die Hirnrinde übertragen.

Die synaptische Plastizität im Hippocampus wird als Modell für die Gedächtnisbildung genutzt. Danach wird eine neue Information zuerst kurzfristig gespeichert. Dies geschieht in Form der elektrischen Erregung bestimmter Neuronen des Hippocampus und Nervenzellen der Großhirnrinde sowie in der erhöhten Aktivität von second-messenger-Molekülen und von Synapsenrezeptoren. Erst wenn Information wiederholt aufgenommen wurde, werden aus diesen kurzzeitigen und vorübergehenden Veränderungen lang anhaltende Strukturveränderungen und damit das **Langzeitgedächtnis.** Dabei entstehen zwischen Nervenzellen der Hirnrinde, die gleichzeitig durch den Hippocampus aktiviert werden, neue synaptischen Verbindungen. Nach der Ausbildung eines stabilen Nervennetzes in der Großhirnrinde schwächen die Verbindungen zu den Nervenzellen des Hippocampus ab.

Das Langzeitgedächtnis beruht demnach auf neu synthetisierten synaptischen Proteinen und den zusätzlichen ausgebildeten Synapsen zwischen den Nervenzellen des Gehirns. Wird das betreffende Nervennetz längere Zeit nicht aktiviert, können vorhandene Synapsen wieder zurückgebildet und auch ganz abgebaut werden.

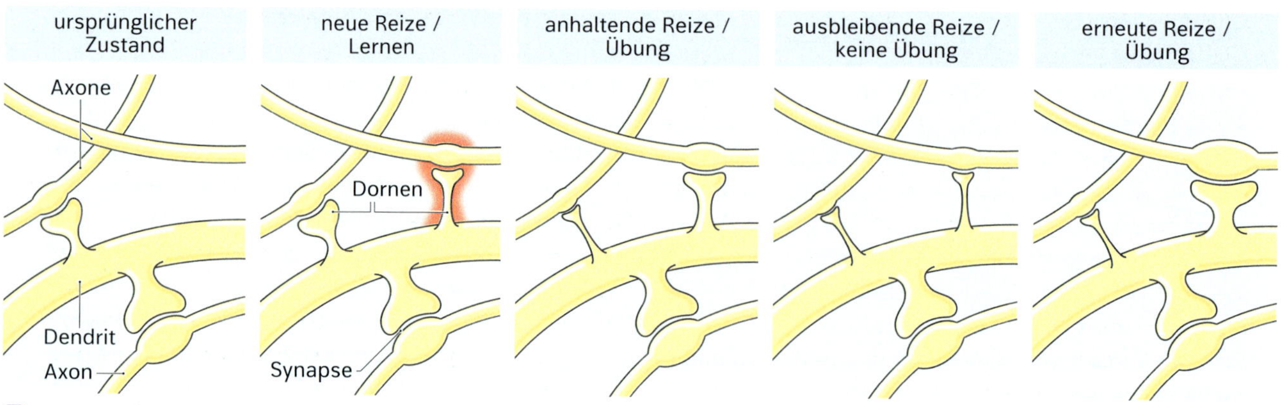

5 Veränderung von Synapsen beim Lernen

EXKURS

Neuro-Enhancement

Neuro-Enhancement und Gehirndoping Viele Menschen stehen heutzutage unter hohem Leistungsdruck. Gleichgültig, ob es sich dabei um Klausurvorbereitungen handelt oder um den Termindruck am Arbeitsplatz. Einige Menschen nutzen daher Substanzen, welche die Aktivität bestimmter Nervenzellen im Gehirn erhöhen und dadurch die Aufmerksamkeit und Konzentration steigern sollen. Zu diesen **psychoaktiven Substanzen** gehören zum Beispiel Koffein oder Extrakte aus dem asiatischen Ginkobaum. Daneben kommen aber auch verschiedene rezeptpflichtige Medikamente und illegale Substanzen wie Speed oder Ecstasy zum Einsatz.

Nehmen gesunde Menschen psychoaktive Substanzen ein, um auf diese Weise ihre Leistungsfähigkeit zu steigern, wird von pharmakologischem **Neuro-Enhancement** gesprochen. Im Wesentlichen sollen dadurch die Aufmerksamkeit, das Gedächtnis und die Konzentration verbessert werden. Der Gebrauch verschreibungspflichtiger psychoaktiver Substanzen, deren Anwendung durch Gesunde einen Missbrauch darstellt, wird **Gehirndoping** genannt.

Verschreibungspflichtige Neuro-Enhancer Ein häufig benutzter Neuroenhancer ist **Methylphenidat**, bekannt unter den Markennamen Ritalin, Medikinet oder Concerta. Dieses Medikament wurde erstmal 1944 synthetiseiert und wird seit 1959 zur Behandlung von Kindern eingesetzt, die an einer **A**ufmerksamkeits-**D**efizit-**H**yperaktivitäts-**S**törung, kurz **ADHS**, leiden. Methylphenidat greift in den Hirnstoffwechsel ein und blockiert die Carrier, die den Neurotransmitter Dopamin in die Zellen zurücktransportieren. In der Folge erhöht sich die Konzentration an Dopamin im synaptischen Spalt in bestimmten Hirnregionen. Dadurch wird der Körper über Stunden in einen erhöhten Aktivitätszustand versetzt. Natürliche Signale der Erschöpfung oder Müdigkeit sowie Hunger und Durst werden dabei unterdrückt. In vergleichbarer Weise wirkt der Neuroenhancer **Modafinil**. Dieser wurde in den 1980er Jahren, ursprünglich zur Behandlung der Narkolepsie, entwickelt. Nakrolepsie ist eine Krankheit, bei der die Betroffenen unvermittelt in einen tiefen Schlaf fallen.

Wirksamkeit von Neuroenhancern Untersuchungen zeigen, dass eine Steigerung der geistigen Leistungsfähigkeit durch Methylphenidat oder Modafinil sehr unterschiedlich ausfallen kann und häufig nicht die gewünschten Wirkungen hervorruft. Nur wenn die Leistungsfähigkeit und Wachheit sehr niedrig waren, konnten diese durch die Einnahme der Neuroenhancern gesteigert werden. Dabei war der stärkste gemessene Effekt nur unwesentlich höher als der Effekt von Koffein. Das Gehirn von gesunden, ausgeschlafenen Personen besitzt bereits das Optimum an Leistungsfähigkeit. Diese lässt sich nicht weiter steigern.

Von einer leichtfertigen und langfristigen Anwendung wird dringend abgeraten. Zu den Nebenwirkungen von Methylphenidat und Modafinil gehören Nervosität, Kopfschmerzen, Schlaf- und Herzrhythmusstörungen. Zudem besteht die Gefahr einer physischen und psychischen Abhängigkeit. Dopamin ist als „Botenstoff des Glücks“ bekannt und die Erhöhung der Dopaminkonzentration in bestimmten Hirnbereichen ist verantwortlich dafür, dass Menschen süchtig werden.

1 Verliebte

4.1 Bau und Funktion des Hormonsystems

Verliebtheit ist ein extremer Glückszustand, der von der Person oft wie ein Rausch empfunden wird. Er zeigt sich an körperlichen Symptomen wie Herzklopfen, einem erhöhten Blutdruck, weichen Knien und zittrigen Händen. Wie werden solche körperlichen Reaktionen ausgelöst?

Signalübertragung durch Hormone

Die Organe und der Stoffwechsel des menschlichen Körpers werden durch das Nervensystem und das Hormonsystem gesteuert und reguliert. Im Gegensatz zum Nervensystem, bei dem elektrische Signale über Nervenbahnen weitergeleitet werden, erfolgt im Hormonsystem die Informationsweitergabe über chemische Signalmoleküle, die **Hormone.** Sie werden von **Hormondrüsen** in das Blut abgegeben und über den Blutkreislauf im ganzen Körper verteilt. Sie können auch, etwa von Immunzellen, in das umliegende Milieu abgegeben werden. Dort können sie dann direkt auf Zellen in der Umgebung einwirken. Hormone können nur bestimmte Zellen beeinflussen. Binden die jeweiligen Hormone an passende Rezeptoren dieser Zielzellen, wird dadurch ein Signal ausgelöst. Die Signalübertragung im Hormonsystem ist im Vergleich zu der des Nervensystems langsamer und ihre Wirkung kann länger anhalten. Diese kann sich von Minuten über Stunden bis hin zu mehreren Monaten erstrecken.

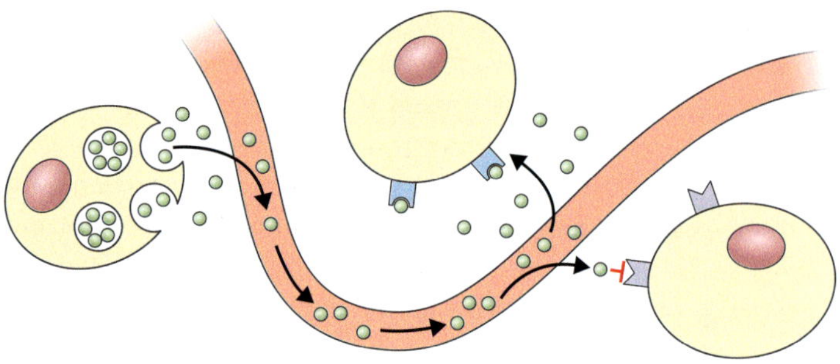

2 Signalübertragung durch Hormone

Eine länger anhaltende Hormonwirkung wird beispielsweise am Zustand der Verliebtheit deutlich. An ihm sind verschiedene Hormone beteiligt. So löst das Hormon Adrenalin das Herzklopfen und den erhöhten Blutdruck aus. Dopamin verursacht das Rauschempfinden. Sinkt die Konzentration dieser Hormone nach einiger Zeit, steigt möglicherweise die Konzentration von Oxytocin an. Dieses Hormon stärkt das Vertrauen und fördert die Bindung.

Einteilung der Hormone — Die Hormone des Menschen lassen sich drei Stoffklassen zuordnen: Die lipophilen **Steroidhormone** werden aus Cholesterin synthetisiert. Zu ihnen gehören zum Beispiel die Sexualhormone Östrogen und Testosteron. **Peptidhormone**, wie etwa die Bauchspeicheldrüsenhormone Insulin und Glucagon, bestehen aus langen Aminosäureketten. **Aminhormone** leiten sich von den Aminosäuren Tyrosin und Tryptophan ab. Wie Peptidhormone sind sie hydrophil. Zu dieser Stoffklasse gehören etwa die Nebennierenhormone Adrenalin und Noradrenalin.

Hormonwirkung auf Zielzellen — Lipophile Hormone diffundieren durch die Zellmembran ihrer Zielzellen. Sie lagern sich an Rezeptoren im Cytoplasma an. Die so gebildeten Hormon-Rezeptor-Komplexe beeinflussen als Transkriptionsfaktoren die Expression bestimmter Gene. Hydrophile Hormone binden an spezifische Rezeptoren der Zellmembran. Dabei handelt es sich um Transmembranproteine, die durch die Hormonbindung ihre Struktur verändern. Dadurch aktivieren sie in der Zelle eine **Signalkette**. Eine weit verbreitete Signalkette beginnt mit dem Enzym Adenylatcyclase. Dieses wandelt ATP in **cyclisches Adenosinmonophosphat**, kurz **cAMP**, um. Dieser intrazelluläre Botenstoff leitet das von außen kommende Signal weiter. Er wird als **second messenger** und das hydrophile Hormon als **first messenger** bezeichnet. Durch cAMP wird das cAMP-abhängige Enzym Proteinkinase A aktiviert. Dieses beeinflusst durch die Anlagerung von Phosphatgruppen gleichzeitig die Aktivität verschiedener Enzyme. Zum Beispiel aktiviert es in Leberzellen sowohl Enzyme des Glykogenabbaus als auch des Lipidabbaus.

Jedes Hormon-Molekül löst die Bildung vieler cAMP-Molekülen aus. Jedes cAMP-Molekül wiederum aktiviert mehrere Proteinkinase-A-Moleküle. Die Proteinkinase-A-Moleküle aktivieren ihrerseits jeweils wieder viele andere Enzym-Moleküle. Da das Signal des Hormon-Moleküls über mehrere Ebenen weitergeleitet wird und dabei von Schritt zu Schritt verstärkt werden kann, wird von einer **Signalkaskade** gesprochen.

MATERIAL MIT AUFGABEN

A Hormonwirkung auf Zielzellen

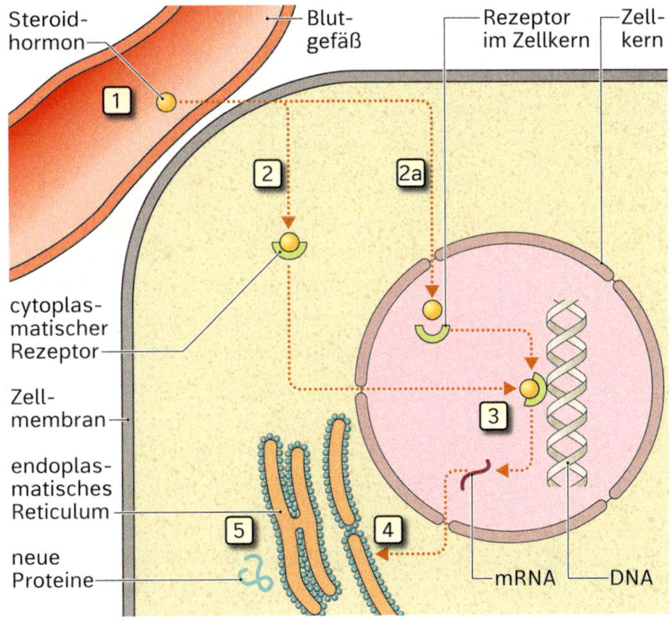

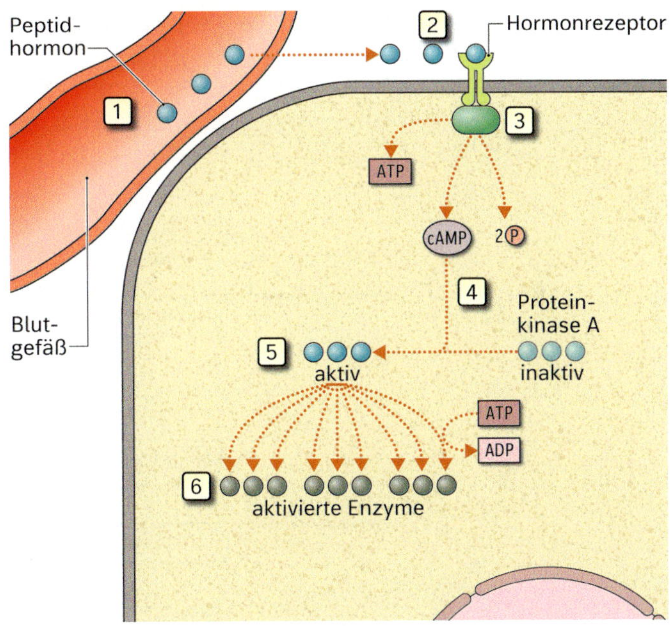

1 Erklären Sie anhand der Abbildungen die Wirkung von Hormonen auf Zielzellen. Nutzen Sie dabei die Ziffern. ●○○

2 Begründen Sie, warum das Peptidhormon Insulin gespritzt werden muss und nicht oral aufgenommen werden kann. ●●○

3 Vergleichen Sie die Signalübertragung im Nervensystem und Hormonsystem. ●○○

Hierarchie der Hormondrüsen – Die Oberste Schaltzentrale des hormonellen Systems ist der im Zwischenhirn gelegene **Hypothalamus**. Er koordiniert die Aktivität der verschiedenen Hormondrüsen im Körper. Außerdem wandelt er neuronale Signale in hormonelle Signale um und ist somit eine entscheidende Schnittstelle zwischen dem Hormon- und dem Nervensystem.
Der Hypothalamus ist über ein enges Blutgefäßnetz mit der etwa kirschkerngroßen **Hypophyse** verbunden. Diese wird in einen Vorder und einen Hinterlappen unterteilt. Der Hypophysenvorderlappen produziert verschiedene Steuerungshormone, die untergeordnete Hormondrüsen im Körper beeinflussen.

Der Hypophysenhinterlappen besteht aus Zellfortsätzen spezialisierter Nervenzellen, die im Hypothalamus liegen. In ihnen sind Hormone des Hypothalamus gespeichert, die bei Bedarf in das Blut freigesetzt werden. Zu den wichtigsten Hormonen, die aus dem Hypophysenhinterlappen freigesetzt werden, gehören Oxytocin und Adiuretin. Oxytocin fördert soziale Bindungen, es löst auch am Ende einer Schwangerschaft die Wehen aus. Adiuretin wirkt auf die Niere und reguliert dort, wie viel Wasser mit dem Urin ausgeschieden wird.

Steuerung der Hormondrüsen – Die Funktionseinheit aus Hypothalamus und Hypophysenvorderlappen steuert mithilfe verschiedener Hormone und Nervenimpulse viele Stoffwechselvorgange im Körper. Der Hypothalamus erhält von Nervenzellen anderer Hirnregionen Informationen. Er beeinflusst entweder mit stimulierenden **Releasing-Hormonen** oder hemmenden **Inhibiting-Hormonen** die Freisetzung der einzelnen Hypophysenhormone. Diese gelangen über den Blutkreislauf in den Körper und beeinflussen dort die Aktivität untergeordneter Hormondrüsen wie Nebennieren, Schilddrüse, Eierstöcke und Hoden. Diese wiederum schütten **Effektorhormone** aus, die direkt auf Zielzellen wirken. Allerdings werden nicht alle Hormondrüsen über den Hypothalamus und die Hypophyse gesteuert.

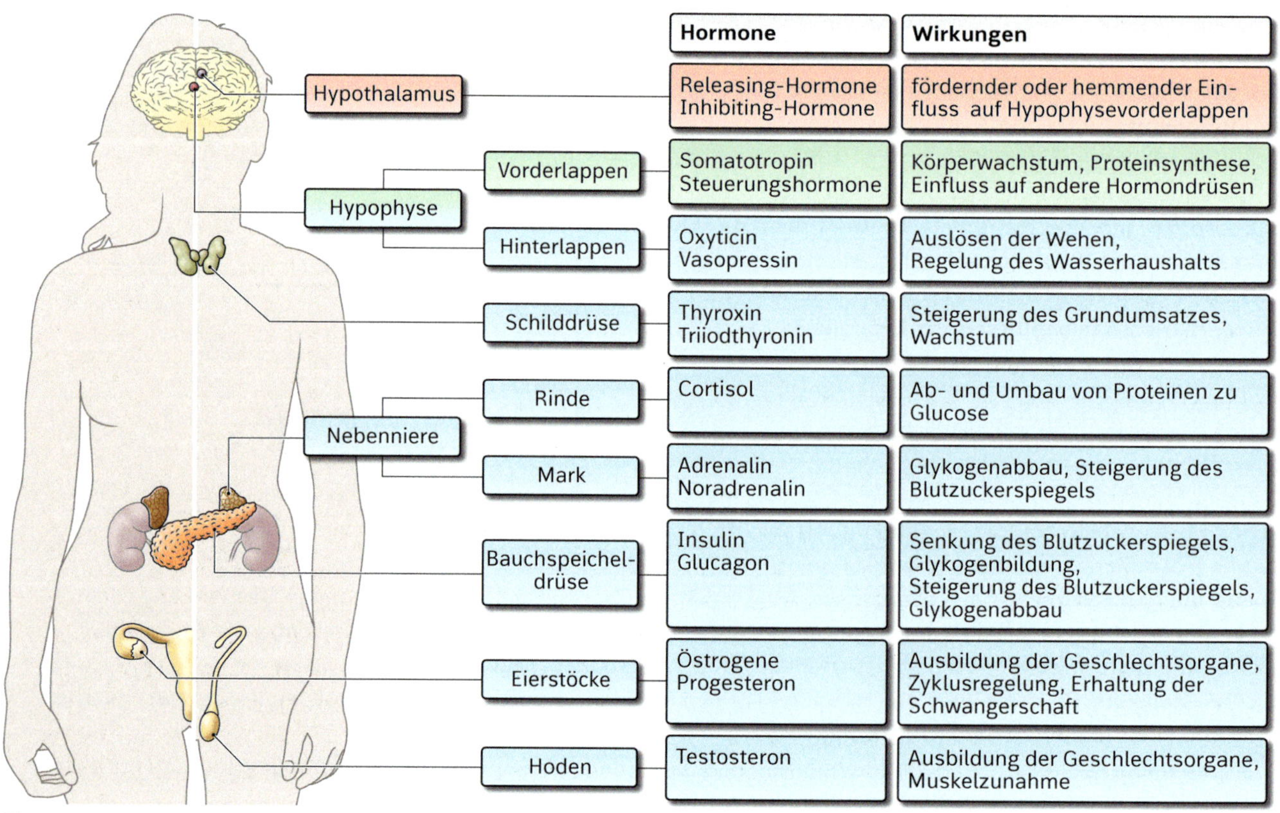

3 Hormone und ihre Wirkungen

Rückkopplungsschleifen – Die Konzentration der Effektorhormone im Blut wird fortlaufend gemessen und wirkt als Signal auf die Hypophyse und den Hypothalamus zurück. Dabei wirken sich hohe Konzentrationen hemmend auf den Hypothalamus und die Hypophyse aus. Sie führen dazu, dass dort weniger Hormone ausgeschüttet werden. Es liegt eine **negative Rückkopplung** vor.

Wirkt sich ein Hormon, wie etwa ein Releasing-Hormon, fördernd auf die Hypophyse aus, liegt eine **positive Rückkopplung** vor. Durch diese Rückkopplungsschleifen werden die Konzentrationen der verschiedenen Hormone im Blut jeweils auf die unterschiedlichen Situationen und Anforderungen eingestellt und so konstant gehalten.

Vorgänge, bei denen Werte fortlaufend gemessen, mit einem Sollwert verglichen und durch eine negative Rückkopplung angeglichen werden, werden als **Regelung** bezeichnet.

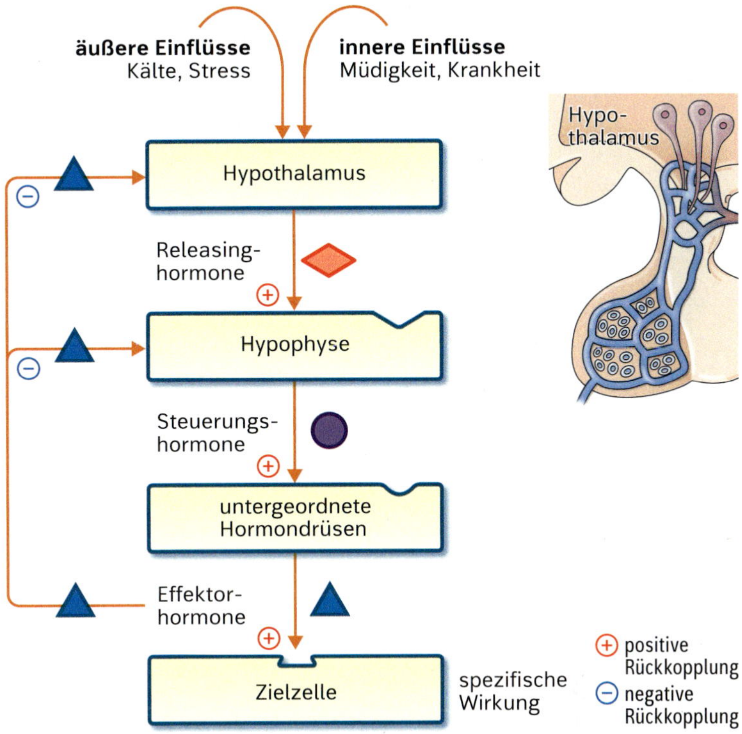

4 Regelung einer Hormondrüse durch das Hypothalamus-Hypophysen-System

MATERIAL MIT AUFGABEN

B Die Pille für den Mann

Als Pille für den Mann werden umgangssprachlich hormonelle Verhütungsmaßnahmen für Männer bezeichnet. Bereits in den 1990er Jahren wurde in verschiedenen Studien ermittelt, dass eine künstliche Testosteronzufuhr die Spermienbildung bei Männern stark hemmt. Da die Testosterongabe jedoch mit zahlreichen Nebenwirkungen wie Wassereinlagerung im Gewebe, erhöhtem Blutdruck und Stimmungsschwankungen verbunden war, wurde dieser Ansatz nicht weiter verfolgt. In einem anderen Ansatz wurde die Wirkung von Antagonisten auf Gonadotropin-Releasing-Hormone, kurz GnRH, untersucht. Dadurch ließ sich die Spermienbildung stark reduzieren.

Testosteron wird von den Leydig-Zellen im Bindegewebe der Hoden gebildet und über die Blutkapillare im Körper verteilt. Das luteinisierende Hormon, kurz LH, aus der Hypophyse stimuliert die Testosteronsynthese. Die Spermien entstehen aus Stammzellen, den Spermatogonien welche durch das follikelstimulierende Hormon, FSH abgekürzt, angeregt werden.

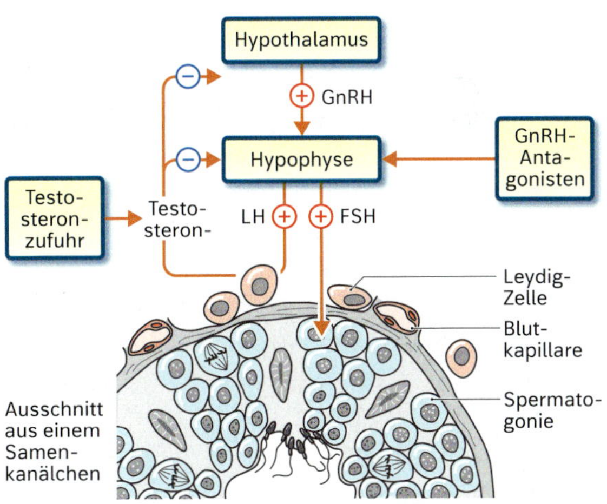

1 Erklären Sie, warum durch die exogene Zufuhr von Testosteron die Spermienbildung und Eigensynthese von Testosteron abnehmen. ●●○

2 Erklären Sie die Wirkung von GnRH-Antagonisten auf die Spermienbildung und Eigensynthese von Testosteron. ●●○

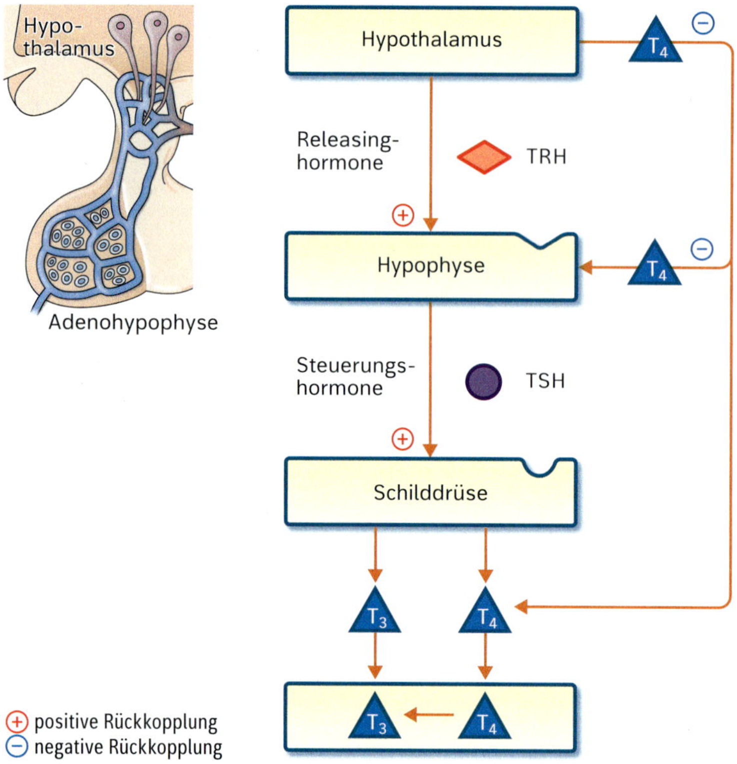

5 Regelung der Schilddrüse durch das Hypothalamus-Hypophysen-System

Regelung der Hormonkonzentration

Die Schilddrüse, oder **Thyroidea**, befindet sich unterhalb des Kehlkopfes. Sie umschließt mit zwei Seitenlappen und einem Mittellappen die Luftröhre. Ihr Drüsengewebe besteht aus vielen Millionen Bläschen. Diese bilden die zwei iodhaltigen Hormone: **Triiodthyronin**, abgekürzt T_3, enthält drei Iod-Atome, **Thyroxin**, kurz **T_4**, vier Iod-Atome. Die Synthese der Schilddrüsenhormone ist von einer ausreichenden Iodaufnahme abhängig. Ist zu wenig Iod in der Nahrung vorhanden, können krankhafte Vergrößerungen und Funktionsstörungen der Schilddrüse auftreten. Die Konzentration der Hormone T_3 und T_4 im Blut wird durch das Hypothalamus-Hypophysen-System reguliert. Der Hypothalamus setzt in Abhängigkeit vom Energiebedarf des Körpers, der Außentemperaturen sowie des Wachstums- und des Entwicklungszustandes das **Thyreotropin-Releasing-Hormon**, kurz **TRH**, frei. Dieses regt den Hypophysenvorderlappen dazu an, das schilddrüsenstimulierende Hormon abzugeben. Dieses wird **Thyreoidea stimulierendes Hormon**, abgekürzt **TSH**, genannt. Es gelangt über den Blutkreislauf zur Schilddrüse und stimuliert dort die Synthese und Abgabe der Hormone T_3 und T_4. Die Schilddrüse setzt so etwa 90 bis 95 Prozent an T_4 und nur eine geringe Menge an T_3 frei. T_4 wirkt über negative Rückkopplung auf den Hypothalamus und die Hypophyse. Infolgedessen wird die Schilddrüse weniger stimuliert und gibt weniger Schilddrüsenhormone in das Blut ab.

Wirkung der Schilddrüsenhormone

In den Zielzellen wird T_4 durch Abspaltung eines Iod-Atoms in das wirksamere T_3 umgewandelt. Dieses bindet an einen intrazelluären Rezeptor und aktiviert insbesondere die Genexpression mitochondrialer Enzyme des Kohlenhydrat- und Fettstoffwechsels. So bewirkt es eine Steigerung des Energieumsatzes und der Thermogenese. Bei Ungeborenen und Kindern sind Schilddrüsenhormone für das Wachstum, die Entwicklung der Organe und die Hirnentwicklung von großer Bedeutung. Sie stimulieren beispielsweise die Myelinisierung der Axone und die Bildungen von Synapsen.

Regulation des Blutzuckers Die Regulation des Blutzuckerspiegels erfolgt hauptsächlich über die Bauchspeicheldrüse und die Leber. In den β-Zellen der Langerhans-Inseln in der Bauchspeicheldrüse wird das Peptidhormon **Insulin** produziert. Bei erhöhten Blutglucosewerten, wie etwa infolge einer kohlenhydratreichen Nahrungsaufnahme, setzen sie Insulin ins Blut frei. Dieses bindet an Insulin-Rezeptoren der Zielzellen im Fettgewebe und der Muskulatur. Durch die ausgelöste Signalkaskade werden vermehrt Glucosecarrier in die Zellmembranen eingebaut und Glucose-Moleküle aus dem Blut in die Muskel- und Fettzellen aufgenommen. Zudem werden Enzyme aktiviert, die den Aufbau von Fett und Glykogen katalysieren. Dadurch sinkt die Glucosekonzentration im Blut.
Bei niedrigen Blutglucosewerten, etwa infolge körperlicher Arbeit, setzen die α-Zellen der Langerhans-Inseln **Glukagon** frei. Dieser Gegenspieler des Insulins bindet vorwiegend an Rezeptoren der Leberzellen. Er aktiviert über eine Signalkaskade Stoffwechselreaktionen, durch die Glucose gebildet wird. Zum Beispiel

werden Enzyme aktiviert, die den Glykogenabbau zu Glucose katalysieren. Die freigesetzte Glucose lässt den Blutzuckerspiegel wieder ansteigen.

Die Bauchspeicheldrüsenzellen messen ständig die Blutglucosekonzentration und verrechnen Signale aus dem zentralen Nervensystem und dem Verdauungstrakt. Die Hormonfreisetzung wird also nicht durch übergeordnete Hormondrüsen reguliert. Es wird von einer **autonomen Regelung** gesprochen.

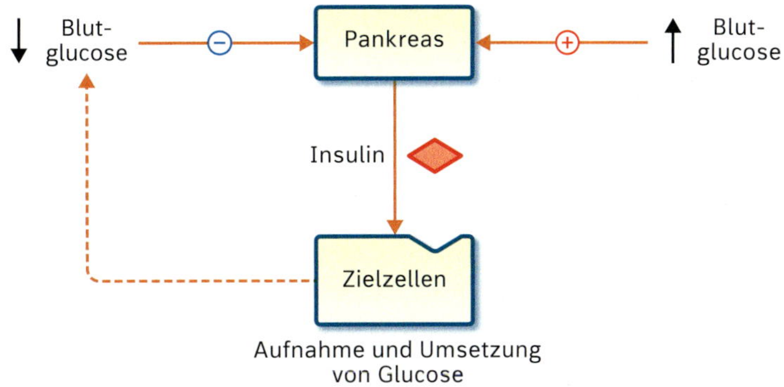

6 Autonome Regelung der Bauchspeicheldrüse

MATERIAL MIT AUFGABEN

C TSH-Test bei Schilddrüsenstörungen

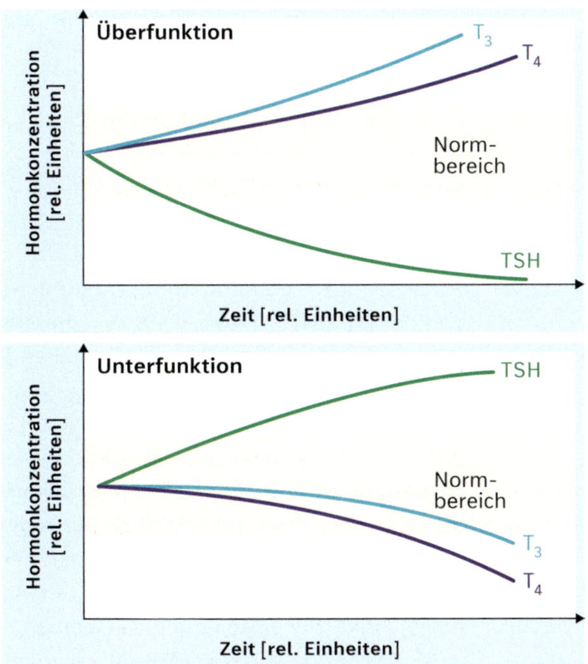

Zu den wichtigsten Diagnoseverfahren bei Störungen der Schilddrüsenfunktion gehören Tests, mit denen die Hormonkonzentrationen im Blut Betroffener bestimmt wird.

1 Erklären Sie die Konzentrationsveränderungen der Hormone TSH, T_3 und T_4 bei einer Über- und einer Unterfunktion der Schilddrüse. ●●○

2 Recherchieren Sie, durch welche Symptome Schilddrüsenüberfunktionen und -unterfunktionen gekennzeichnet sind. ●○○

D TRH-Stimulationstest

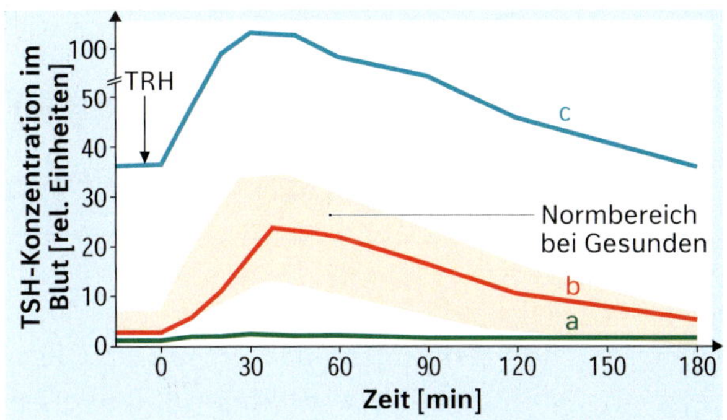

Bei einer primären Schilddrüsenunterfunktion kann die Schilddrüse weder T_3 noch T_4 synthetisieren. Dagegen ist bei einer sekundären Schilddrüsenunterfunktion die Steuerung der Hormonausschüttung durch den Hypothalamus oder die Hypophyse gestört. Mithilfe eines TRH-Stimulationstests lässt sich die jeweilige Form der Schilddrüsenunterfunktion ermitteln. Dabei wird eine geringe Menge an TRH injiziert und die Konzentration von TSH im Blut im Verlauf der Zeit ermittelt.

1 Leiten Sie aus den Ergebnissen des TRH-Tests die möglichen Ursachen für die Schilddrüsenunterfunktion bei den Patienten a, b und c ab. Geben Sie dabei jeweils an, ob diese an einer primären oder sekundären Schilddrüsenunterfunktion leiden. ●●○

2 Begründen Sie, dass sich bei einem anhaltenden Iodmangel in der Ernährung eine primäre Schilddrüsenunterfunktion entwickeln kann. ●○○

1 Blackout bei Prüfungsstress

4.2 Stress: Hormon- und Nervensystem

Prüfungssituationen können Stressreaktionen wie Unruhe, Herzklopfen, Zittern, Schwitzen und sogar einen Blackout auslösen. Wie wirken das Hormon- und Nervensystem in solchen Situationen zusammen?

Stress beginnt mit Angst – Körperliche, emotionale und soziale Belastungen können Anpassungsreaktionen auslösen, um diese Situation zu bewältigen. Die körperlichen Reaktionen werden als Stressreaktionen bezeichnet, die inneren und äußeren Reize, die diese Reaktionen auslösen, als **Stressoren**. Stressoren können der Anblick eines Feindes, Kälte, Hitze, Lärm, Verletzungen und Schmerzen sein.

Stressreaktionen verlaufen unabhängig vom Stressor ähnlich ab. Zunächst gelangen Informationen zur Belastungssituation über Sinnesorgane in das Gehirn. Dort wird die Situation bewusst wahrgenommen und bewertet. Die daraus resultierenden Informationen werden in Form von Nervenimpulsen an den **Mandelkern**, eine Hirnregion in der Nähe des Hypothalamus, weitergeleitet. Wird dort ein bestimmter Schwellenwert überschritten, entsteht Angst und der Mandelkern löst die Stressreaktionen aus. Diese verlaufen über den schnellen Weg des Nervensystems und gleichzeitig über den langsameren Weg des Hormonsystems.

Neuronaler Stressweg – Über Nervenbahnen des Sympathikus im Rückenmark gelangen Nervenimpulse in das Nebennierenmark. Hier wird durch den Neurotransmitter Acetylcholin die Freisetzung der beiden Hormone **Adrenalin** und **Noradrenalin** eingeleitet. Innerhalb weniger Sekunden werden dadurch unterschiedliche Reaktionen ausgelöst. Die Hormone bewirken zum Beispiel, dass Glucose durch den Abbau von Glykogen bereitgestellt wird. Sie erweitern die Atemwege und Bronchien sodass das Atemvolumen steigt. Über die Aktivierung des Herz-Kreislauf-Systems erhöhen sie den Blutdruck und steigern die Herzfrequenz. Durch die Mobilisierung der Energiereserven, die vermehrte Aufnahme von Sauerstoff und die schnellere Versorgung ist der Organismus in der Lage, in kürzester Zeit körperliche Höchstleistungen zu vollbringen.

Der biologische Sinn dieser Reaktionen erklärt sich aus der evolutionären Vergangenheit des Menschen: Stress bestand damals oft darin, dass er von einem Raubtier angegriffen wurde. Der Körper wurde durch die Wirkung der Homone innerhalb von Sekunden kampf- und fluchtbereit. Daher wird auch von einer **Kampf- oder Fluchtreaktion** des Körpers bei Stress gesprochen.

Hormoneller Stressweg – Parallel zum neuronalen Stressweg über den Sympathikus aktiviert der Mandelkern auch den Hypothalamus. Dieser setzt das **Corticotropin-Releasing-Hormon**, kurz **CRH**, frei. Dieses gelangt über das Blut zum Hypophysenvorderlappen und regt ihn zur Freisetzung des **adrenocorticotropen Hormons**, abgekürzt **ACTH**, an. Dieses erreicht über den Blutkreislauf die Nebennierenrinde und veranlasst dort die Freisetzung von Glucocorticoiden.

Der wichtigste Vertreter dieser Klasse von Steroidhormone ist **Cortisol**. Es bewirkt vergleichbare Reaktionen wie Adrenalin. Es erhöht die Leistungsbereitschaft des Körpers , aber länger anhaltend. Gleichzeitig hemmt Cortisol kurzfristig Funktionen, die in der Belastungssituation keine Rolle spielen, etwa die Immunabwehr. Dadurch stehen dem Körper mehr Energiereserven zur Bewältigung der Stressreaktion zur Verfügung.

Im Gehirn steigert Cortisol die Aufmerksamkeit und Wachheit. Dagegen unterdrückt es Hirnaktivitäten, die für eine Kampf- und Fluchtreaktion nicht erforderlich sind, wie etwa das komplexe Denkvermögen. Aus diesem Grunde blockiert Prüfungsangst, die zu einer vermehrten Freisetzung von Cortisol führt, das Denkvermögen bis hin zum Blackout.

Beendigung der Stressreaktion –
Cortisol hemmt über eine negative Rückkopplung die Freisetzung der Hormone von CRH und ACTH. Infolgedessen nimmt die Cortisolkonzentration im Blut wieder ab. Gleichzeitig wird das parasympathische Nervensystem durch den Hypothalamus aktiviert. Dieses sorgt dafür, dass die Herzfrequenz und der Blutdruck sinken und die Verdauungsaktivität steigt. Der Körper kommt zur Ruhe.

MATERIAL MIT AUFGABEN

A Hormoneller und neuronaler Stressweg

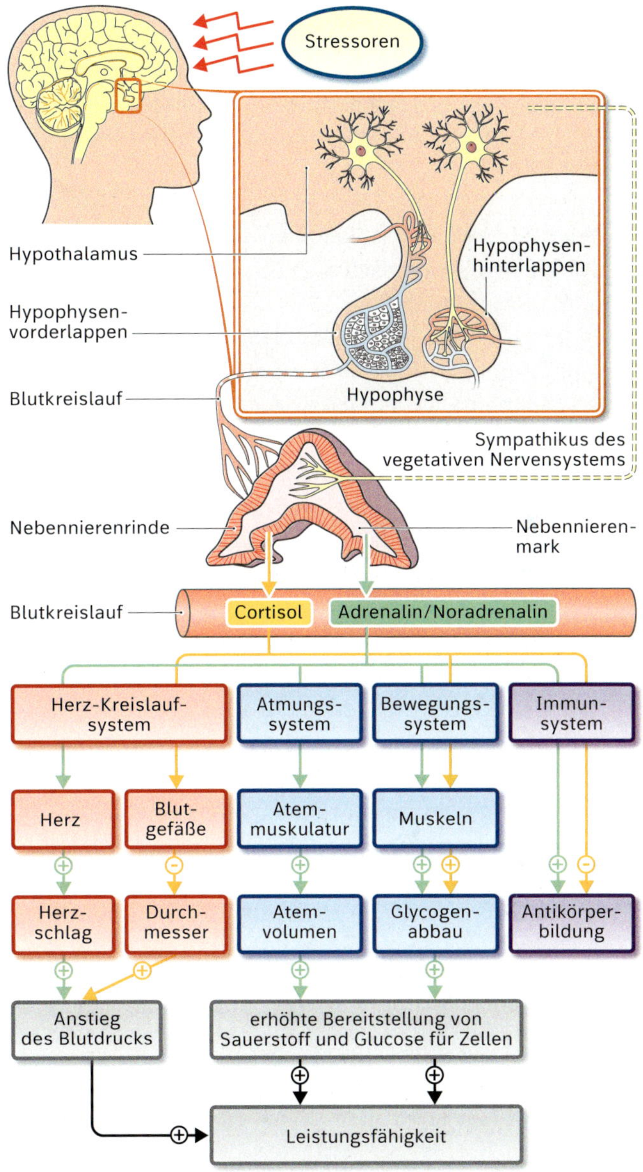

1 Beschreiben Sie, wie bei Stress die Bereitstellung von Sauerstoff und Glucose kurzfristig und länger anhaltend erhöht werden. ●○○

2 Entwickeln Sie Hypothesen über die kurzfristigen und langfristigen Folgen von fehlenden oder defekten Rezeptoren für Cortisol im Hypothalamus beziehungsweise für ACTH der Nebenniere. ●●○

3 ▶ Fertigen Sie ein Referat zur den Folgen von chronischem Stress an. ●○○

Klausuraufgaben

Plastizität des Gehirns – Lernen

Das Lernen neuer Fähigkeiten beruht auf der lebenslangen Plastizität des Gehirns. Die dabei auftretenden Veränderungen an den Neuronen sind Thema dieser Klausur.

1.1 Geben Sie jeweils eine Definition der Begriffe synaptische Langzeitpotenzierung und synaptische Langzeitdepression an.
1.2 Erklären Sie die Modellvorstellungen zur frühen Langzeitpotenzierung. (Material A)
1.3 Beschreiben Sie das Modell zur späten Langzeitpotenzierung. (Material B)
1.4 Skizzieren Sie in analoger Weise eine Modellvorstellungen zur Langzeitdepression. (Material A und B)
1.5 Erklären Sie die Bedeutung der Langzeitpotenzierung für Lernvorgänge. (Material A und B)

2.1 Beschreiben Sie die Versuchsergebnisse zu den Auswirkungen eines Jongliertrainings. (Material C)
2.2 Deuten Sie die Versuchsergebnisse im Hinblick auf die Versuchsfrage. (Material C)
2.3 Werten Sie die Bedeutung der Erkenntnisse für die Modellvorstellungen zum Lernen aus. (Material C)

A Langzeitpotenzierung

Bei Lernprozessen treten strukturelle Veränderungen bei synaptischen Verbindungen von Neuronen im Gehirn, wie etwa im Hippocampus, auf.

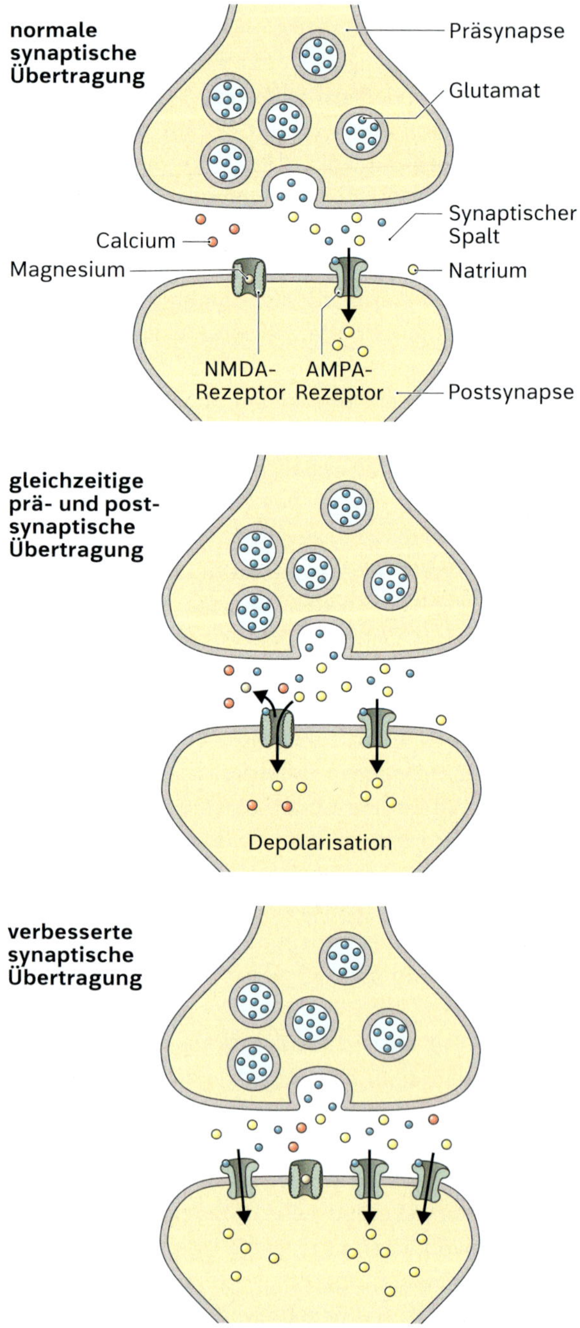

B Modell der späten Langzeitpotenzierung

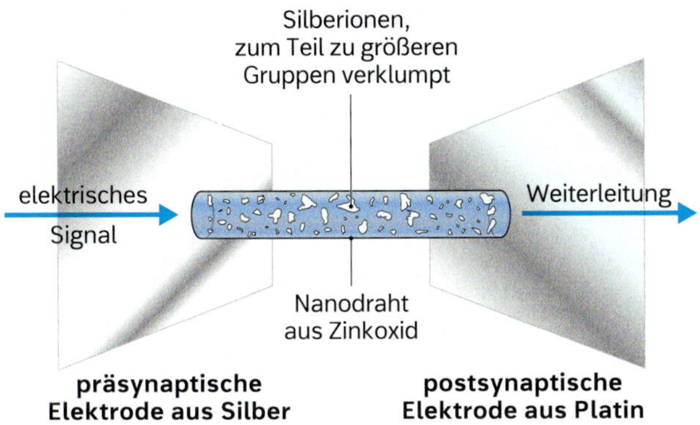

Zwischen einer Silberelektrode und einer Platinelektrode befindet sich ein dünner Draht azs Zinkoxid. Wird eine positive Spanung an der Silberelektrode angelegt, bewegen sich Silberionen in Richtung der Platinelektrode. Die Silberionen bilden dabei eine leitende Brücke zwischen den Elektrode, sodass ihr Widerstand abnimmt und der Strom gut weitergeleitet wird. Durch wiederholte elektrische Impulse bleiben die Silberionen auch nach dem Abschalten des Stroms auf dem Draht erhalten, so dass der Widerstand des Drahtes gering bleibt. Wird danach eine negative Spannung angelegt, zerfällt die leitende Brücke und der Widerstand des Drahts erhöht sich.

C Jonglieren

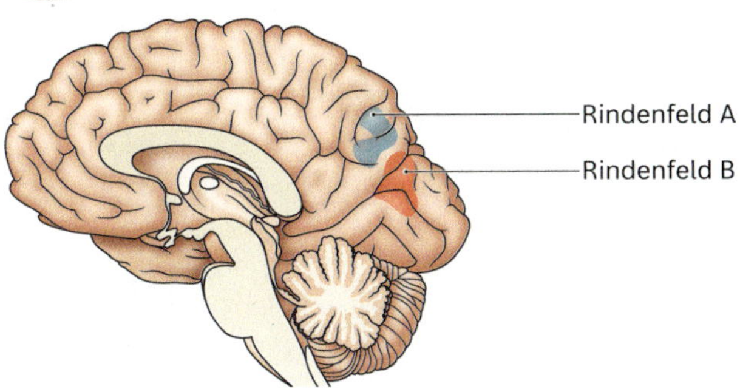

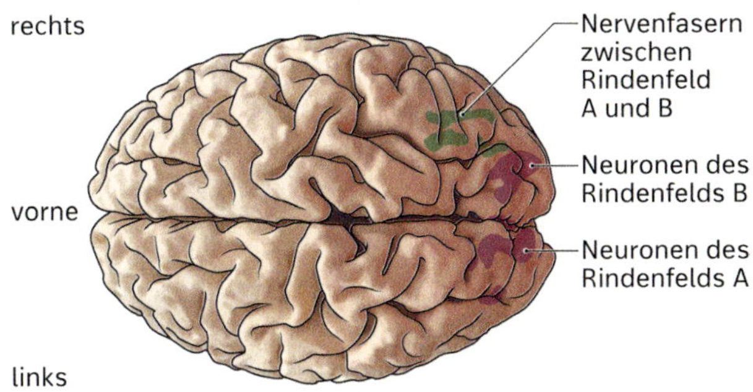

In einem Versuch wurde die Frage untersucht, ob durch ein Jongliertraining mit drei Bällen strukturelle und funktionelle Unterschiede in der Hirnrinde auftreten. Dabei absolvierte die Personen der Versuchsgruppe ein sechswöchiges Jongliertraining. Im Vergleich dazu erhielt die Personen der Kontrollgruppe kein Training. Mithilfe verschiedener Untersuchungsmethoden wurden zu unterschiedlichen Zeitpunkten Veränderungen in den Rindenfeldern der beiden Gruppen erfasst.
Dabei wurde die Dichte der grauen und der entsprechenden weißen Substanz der Rindenfelder A und B bestimmt. Rindenfeld A ist an der Bewegungskoordination und dem Lernen von Bewegungsabfolgen beteiligt. Rindenfeld B ist für die Verarbeitung visueller Reize, also auch die von bewegten Objekten, verantwortlich.
Nachfolgende Diagramme geben die Versuchsergebnisse wieder.

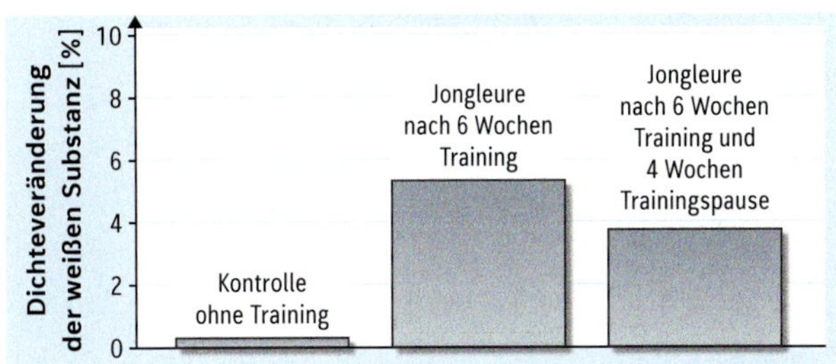

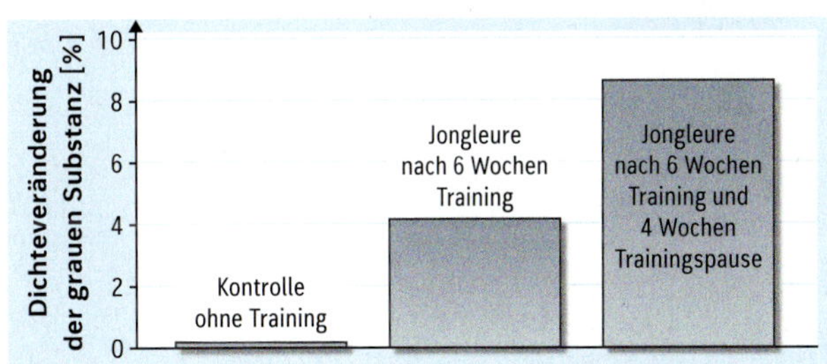

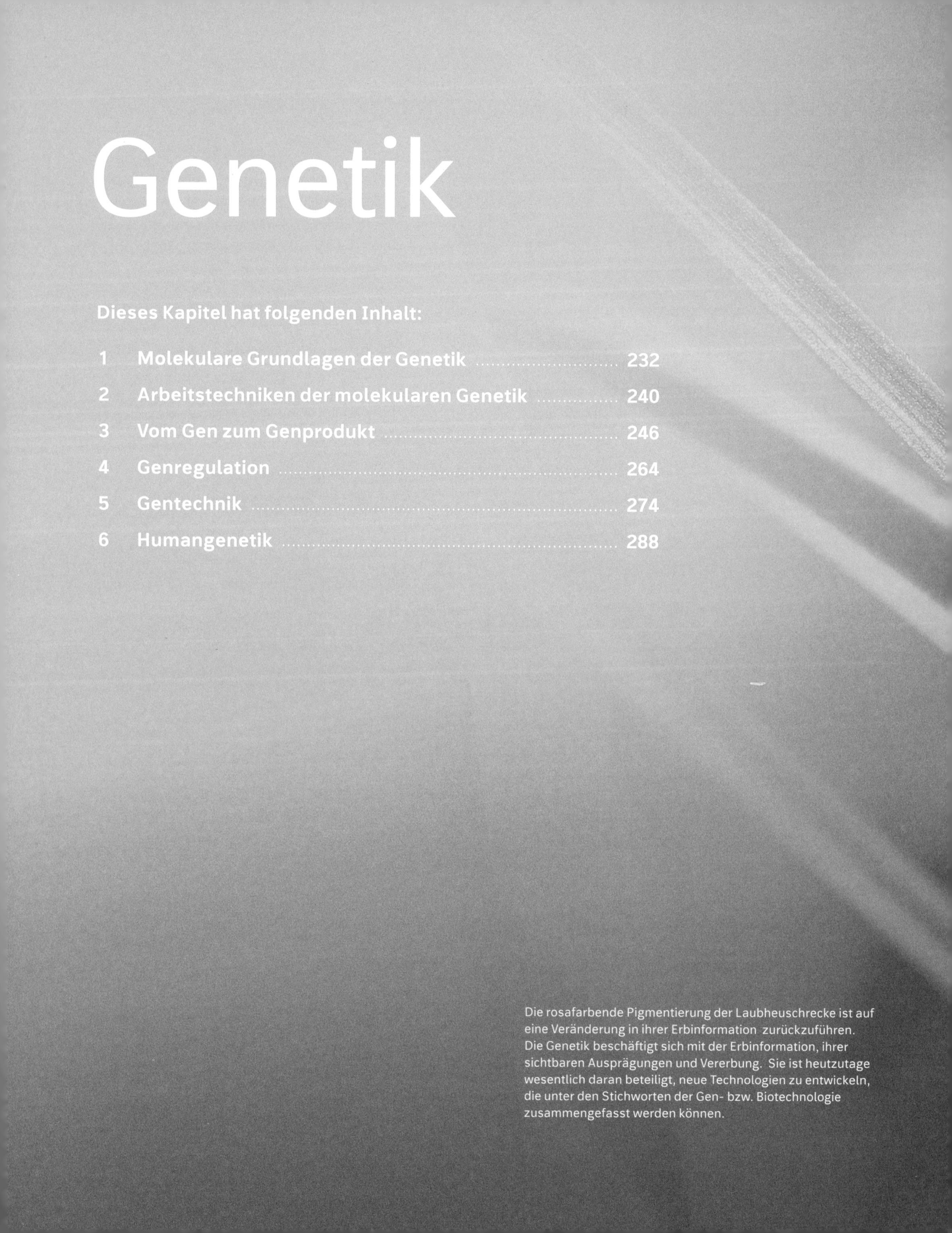

Genetik

Dieses Kapitel hat folgenden Inhalt:

Die rosafarbende Pigmentierung der Laubheuschrecke ist auf eine Veränderung in ihrer Erbinformation zurückzuführen. Die Genetik beschäftigt sich mit der Erbinformation, ihrer sichtbaren Ausprägungen und Vererbung. Sie ist heutzutage wesentlich daran beteiligt, neue Technologien zu entwickeln, die unter den Stichworten der Gen- bzw. Biotechnologie zusammengefasst werden können.

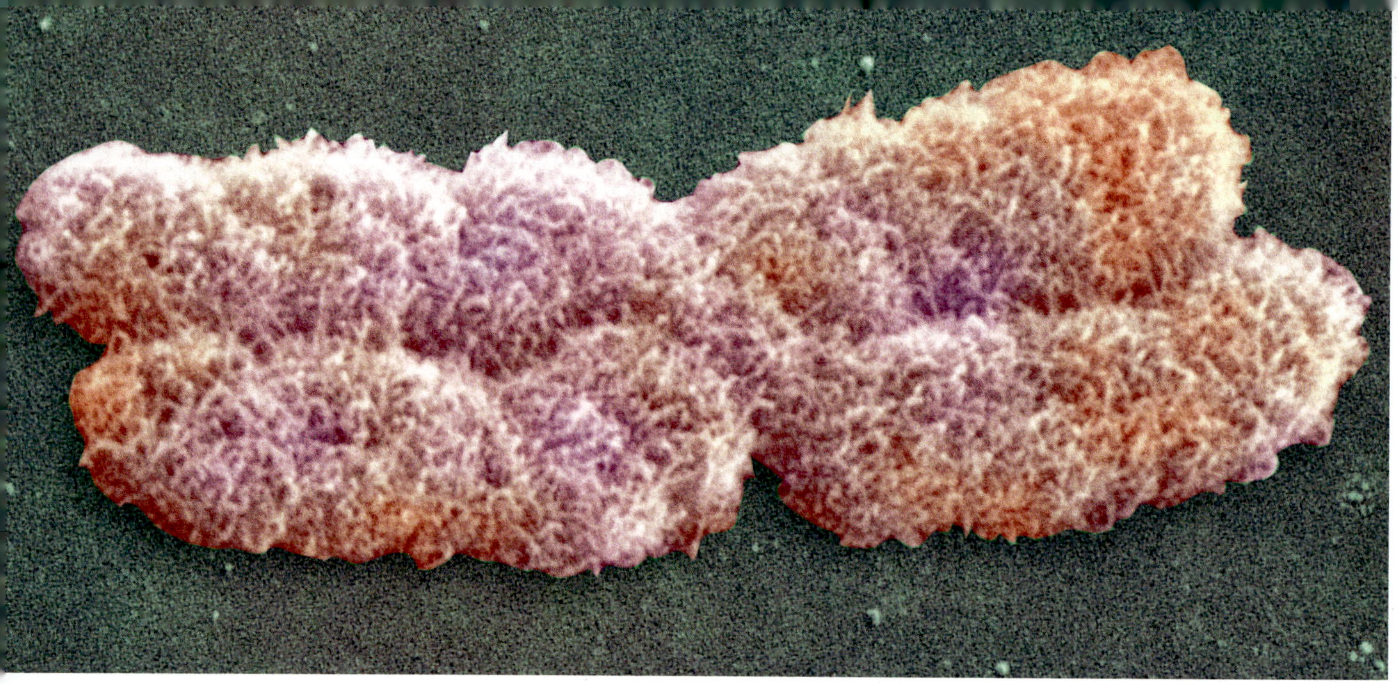

1 Menschliches Metaphase-Chromosom (EM-Aufnahme, coloriert)

1.1 DNA – Trägerin der Erbinformation

Werden menschliche Zwei-Chromatiden-Chromosomen unter dem Rasterelektronenmikroskop betrachtet, sind die beiden Chromatiden und das Centromer gut zu erkennen. Jedes Chromatid enthält neben Proteinen die genetische Erbinformation in Form von DNA. Wie wurde nachgewiesen, dass die DNA Trägerin der Erbinformation ist und wie ist diese aufgebaut?

Entdeckung der Nucleinsäuren – Mitte des 19. Jahrhunderts untersuchten Forschende die chemische Zusammensetzung von Zellkernen. Dabei entdeckte der Schweizer Mediziner Friedrich MIESCHER 1869 eine bis dahin unbekannte Gruppe von Makromolekülen, die man später **Nucleinsäuren** nannte. Ihr bekanntester Vertreter ist die **Desoxyribonucleinsäure** (**DNA**). Aus anderen Untersuchungen wusste man, dass im Zellkern stets auch Proteine enthalten sind. Aufgrund ihrer Vielfalt und Spezifität wurden sie lange als Träger der Erbinformation favorisiert. Der entscheidende Nachweis, dass DNA und nicht Proteine das genetische Material darstellten, gelang später durch Versuche mit Bakterien.

lateinisch nucleus = Kern

Entdeckung der Transformation – 1928 arbeitete der Mediziner Fred GRIFFITH an der Entwicklung von Impfstoffen gegen Bakterien, die Lungenentzündungen verursachten. Er infizierte Mäuse mit verschiedenen Bakterienstämmen. Bakterien des S-Stammes besitzen eine äußere Kapsel. Dadurch werden sie vor der Immunabwehr der Mäuse geschützt. Wurden Mäuse mit lebenden Bakterien des S-Stammes infiziert, konnten sich die Bakterien in der Lunge vermehren und die Mäuse starben an der Lungenentzündung. Bakterien des R-Stammes fehlt eine äußere Kapsel. Sie können vom Immunsystem der Maus unschädlich gemacht werden. Die mit lebenden Bakterien des R-Stammes infizierten Mäuse überlebten daher die Infektion.
Infizierte GRIFFITH Mäuse mit abgetöteten Bakterien des S-Stammes, überlebten die Mäuse. Infizierte er sie gleichzeitig mit abgetöteten Bakterien des S-Stammes und lebenden Bakterien des R-Stammes, starben die Mäuse an einer Lungenentzündung. Ihr Blut enthielt lebende Bakterien mit einer Kapsel. Offensichtlich waren Bakterien des R-Stammes

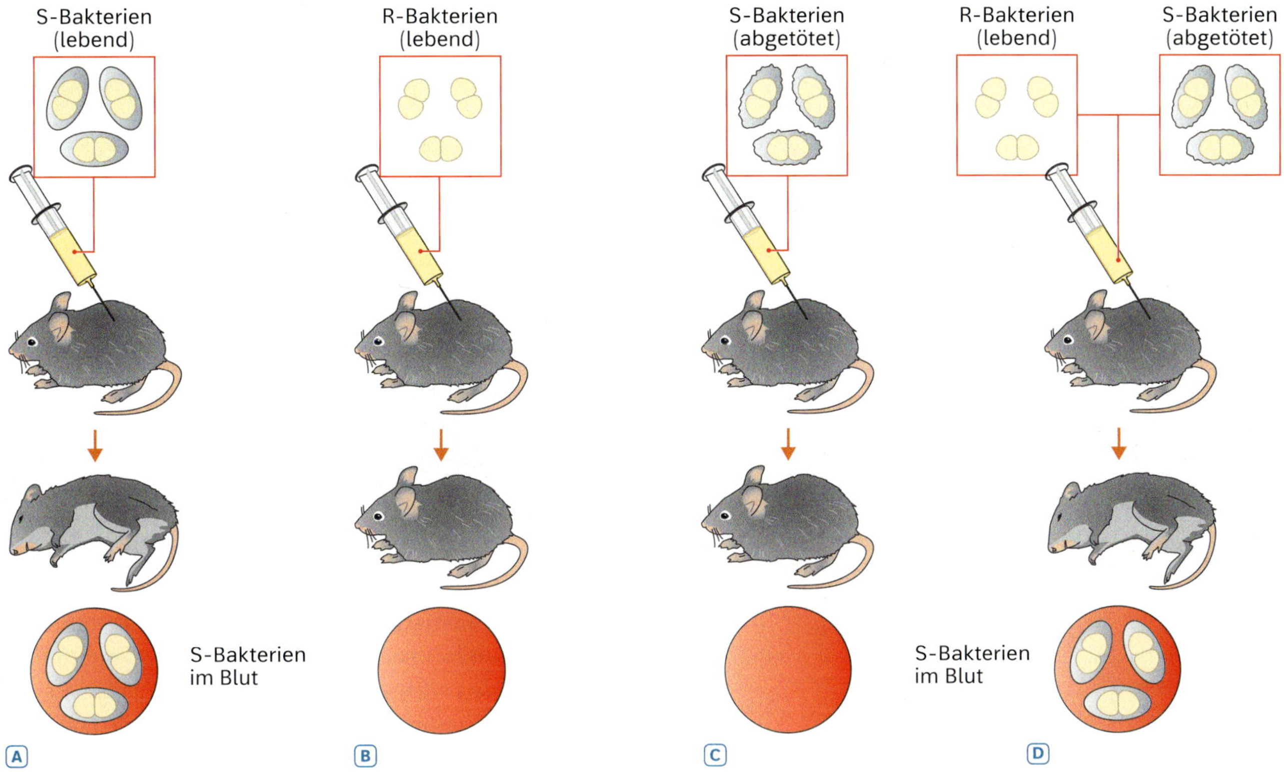

2 Transformationsversuche von GRIFFITH: **A–D** Versuchsansätze

durch einen Stoff aus dem S-Stamm zu kapselbildenden Bakterien umgewandelt worden. Die Fähigkeit zur Kapselbildung trat auch in den Folgegenerationen auf. GRIFFITH bezeichnete die Übertragung von genetischer Information bei Bakterien als **Transformation**, konnte diese aber nicht auf einen bestimmten Stoff zurückführen.

Transformation durch DNA – Mit neuen Methoden zur Isolierung von Makromolekülen griff Oswald AVERY 1944 die Versuchsergebnisse von GRIFFITH wieder auf. Er isolierte die Proteine und die DNA aus S-Bakterien, die durch Hitze abgetötet worden waren. Gab er die Proteine in eine Kultur von Bakterien des R-Stammes, veränderten sich diese nicht. Gab er dagegen die isolierte DNA zu Bakterien des R-Stammes, so fand er nach einiger Zeit in der Kultur sowohl Bakterien des R- als auch des S-Stammes. Damit war bewiesen, dass die DNA der für die Transformation verantwortliche Stoff ist. Sie enthält die Information für die Kapselbildung und ist folglich Träger der Erbinformation.

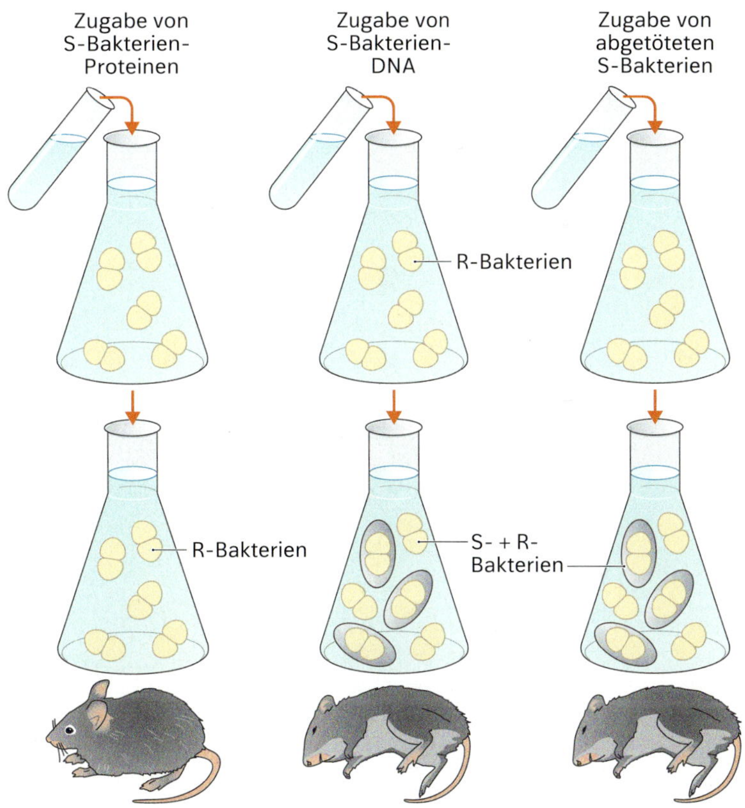

3 Versuche von AVERY

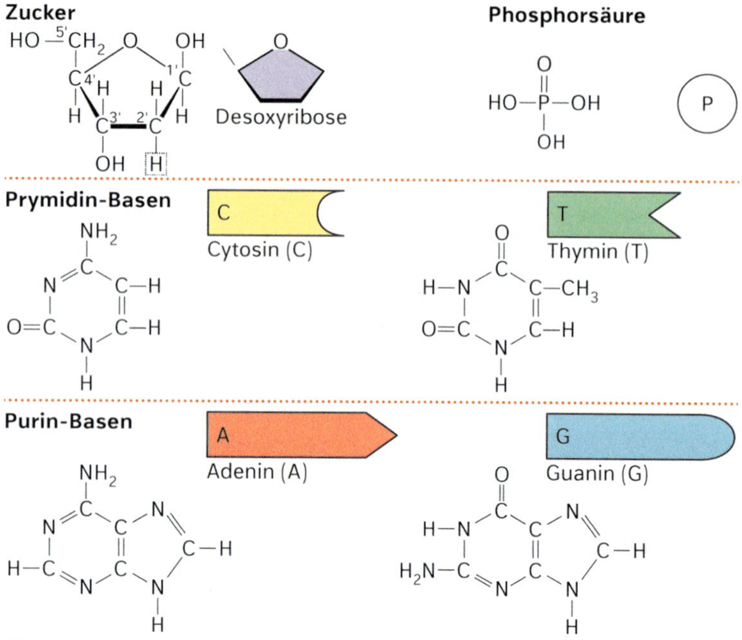

4 Bausteine der DNA

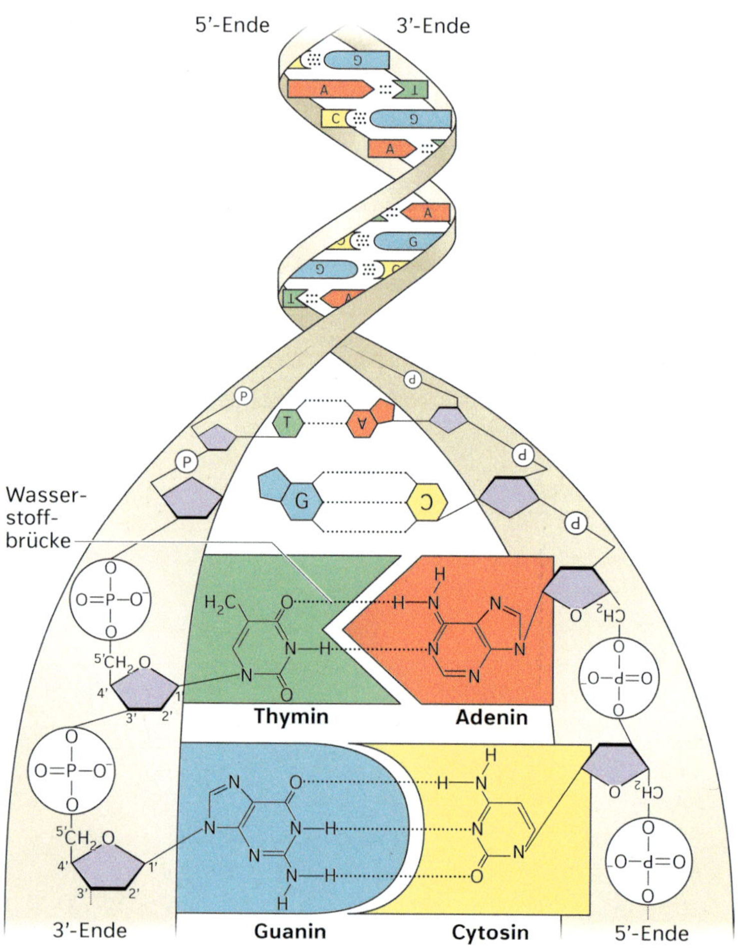

5 Aufbau der DNA-Doppelhelix

Molekularer Aufbau der DNA – Am Bau der DNA sind der Zucker **Desoxyribose**, **Phosphorsäure** und **organische Basen** beteiligt. Die Basen lassen sich in zwei Gruppen einteilen: **Pyrimidin-Basen** enthalten einen einfachen Sechserring. Zu ihnen gehören die Basen Cytosin (C) und Thymin (T). **Purin-Basen** bestehen aus einem größeren Doppelringsystem. Zu ihnen gehören Adenin (A) und Guanin (G). Die Bausteine der DNA werden zu **Nucleotiden** verknüpft.

Ein Nucleotid besteht aus je einem Molekül Desoxyribose, einer Phosphatgruppe und einer der vier Basen. Die Kohlenstoff-Atome des Zuckers werden von 1' bis 5' durchnummeriert. In einem Nucleotid ist die Base immer an das 1'-Kohlenstoff-Atom und die Phosphatgruppe an das 5'-Kohlenstoff-Atom des Zuckers gebunden. Die DNA besteht aus einer Kette von vielen Nucleotiden, sie ist ein **Polynucleotid**. Die einzelnen Nucleotide sind über die Phosphatgruppen miteinander verbunden. Dabei ist die Phosphatgruppe am 5'-Kohlenstoff-Atom eines Nucleotids mit dem 3'-Kohlenstoff-Atom des folgenden Nucleotids verknüpft. So entsteht ein **Zucker-Phosphat-Band**. Seine unterschiedlichen Enden werden nach den freien Gruppen der Desoxyribose benannt: Am 3'-Ende befindet sich eine freie OH-Gruppe, am 5'-Ende eine freie Phosphatgruppe.

Raumstruktur der DNA – James WATSON und Francis CRICK entwickelten 1953 auf der Basis experimenteller Befunde anderer Forschergruppen ein räumliches Modell der DNA. Es besteht aus zwei Polynucleotid-Strängen, die sich antiparallel gegenüberliegen. Der räumliche Bau der DNA gleicht einer gedrehten Strickleiter. In ihr bilden die Zucker-Phosphat-Bänder die Seile und jeweils zwei Basen die Sprossen. Aufgrund dieser Struktur spricht man von einer **DNA-Doppelhelix**. Die einander gegenüberliegenden Basen dieser Doppelhelix sind durch Wasserstoffbrücken miteinander verbunden. Nach dem Schlüssel-Schloss-Prinzip stehen nur Adenin und Thymin sowie Guanin und Cytosin einander gegenüber. Zwischen Adenin und Thymin werden zwei, zwischen Guanin und Cytosin drei Wasserstoffbrücken ausgebildet.

Man bezeichnet die zueinander passenden Basen als komplementär und spricht von einer **komplementären Basenpaarung**. In der DNA-Doppelhelix verläuft ein Polynucleotid-Strang vom 3'- zum 5'-Ende, der komplementäre Strang vom 5'- zum 3'-Ende. Die beiden Polynucleotid-Stränge sind also gegenläufig oder **antiparallel**.

Verpackung der DNA – Die eukaryotische DNA ist an besondere Proteine, die **Histone**, gebunden. Ein DNA-Doppelstrang windet sich in regelmäßigen Abständen jeweils zweimal um einen kugeligen Komplex aus mehreren unterschiedlichen Histonen. Diese Struktur nennt man **Nucleosom**. Die Nucleosomen reihen sich zu einer regelmäßigen perlschnurartigen Kette mit einem Durchmesser von 11 Nanometer auf. Durch diese Form der Verpackung wird der DNA-Doppelstrang um den Faktor 7 verkürzt. Die nächste Verkürzung erfolgt durch Wechselwirkungen zwischen verschiedenen Nucleosomen. Es entsteht eine verdrillte **Chromatinfaser** mit einem Durchmesser von 30 Nanometer. In dieser um den Faktor 14 verkürzten Form liegt das Chromatin während der Interphase vor. Während der Pro- und Metaphase wird die Chromatinfaser durch weitere Auffaltungen auf 1/8000 ihrer ursprünglichen Länge verkürzt und verdickt.

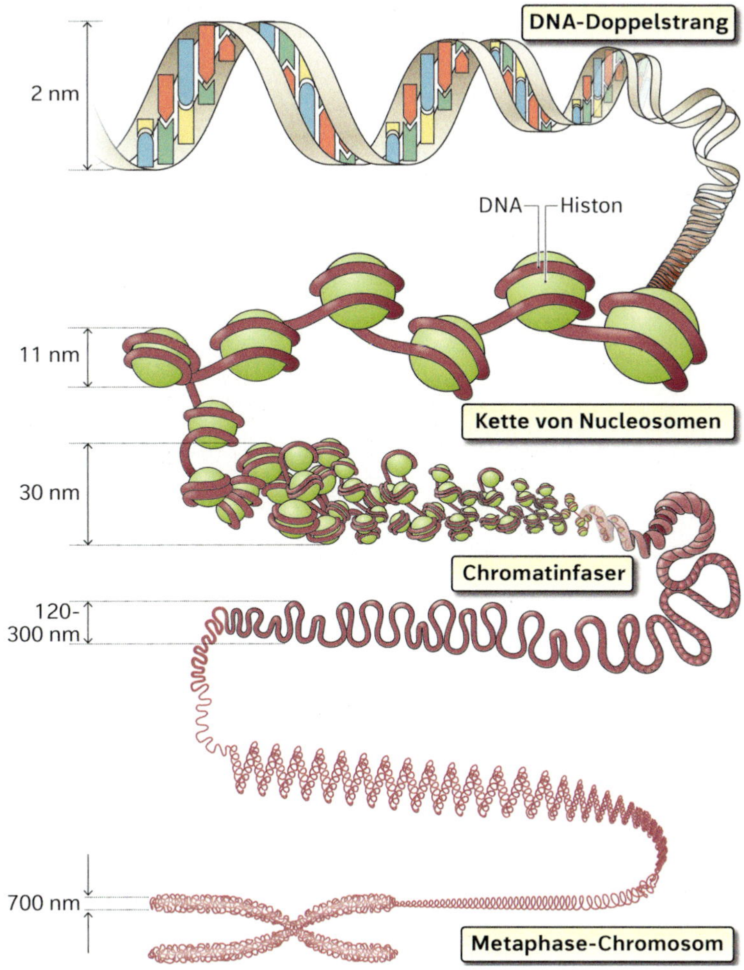

6 Verpackung der DNA

MATERIAL MIT AUFGABEN

A Die Chargaff-Regel

Einen wichtigen Hinweis auf die räumliche Struktur der DNA lieferten Untersuchungen des Biochemikers Erwin CHARGAFF. Er hatte zusammen mit seinem Team die typische Nucleotidzusammensetzung verschiedener Organismen analysiert und dabei beobachtet, dass jeder Organismus eine für ihn typische prozentuale Verteilung der vier verschiedenen Nucleotide aufweist. Daneben stellte er bestimmte Regelmäßigkeiten fest: Die Zahl der Adenin-Nucleotide entsprach der der Thymin-Nucleotide und die Zahl der Guanin-Nucleotide war gleich der der Cytosin-Nucleotide. Die Gesamtzahl der Purin-Basen, also Adenin und Guanin, entsprach damit der Gesamtzahl der Pyrimidin-Basen Thymin und Cytosin.

	Adenin	Guanin	Cytosin	Thymin
Lachs	32,8 %	17,7 %	17,3 %	32,1 %
Weizen	28,1 %	21,8 %	22,7 %	
E. coli	24,7 %	26,0 %		
Mensch	30,4 %			30,1 %
Rind	29,0 %			

1 Vervollständigen Sie die Tabelle und erklären Sie Ihre Vorgehensweise.

2 Begründen Sie, warum die Chargaff-Regel wichtige Hinweise für den Aufbau der DNA lieferte.

3 Isolieren Sie DNA aus einer Probe Ihrer Mundschleimhautzellen.

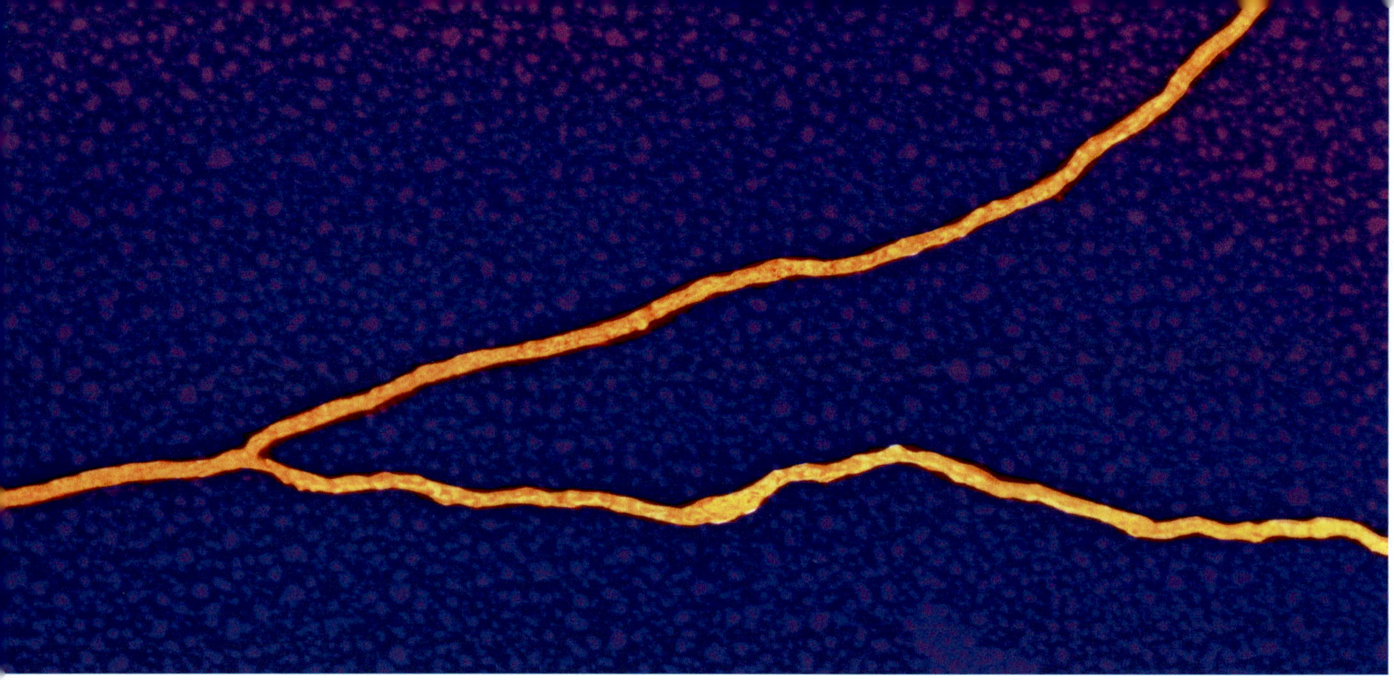

1 Replikation menschlicher DNA (REM, coloriert)

1.2 Replikation der DNA

Bevor sich eine Zelle teilt, verdoppelt sich ihre DNA. Im Rasterelektronenmikroskop lässt sich dieser Vorgang beobachten. Deutlich kann man dabei eine Y-förmige Struktur erkennen. Wie ist diese Struktur zu erklären und welche molekularen Vorgänge finden bei der Verdoppelung der DNA statt?

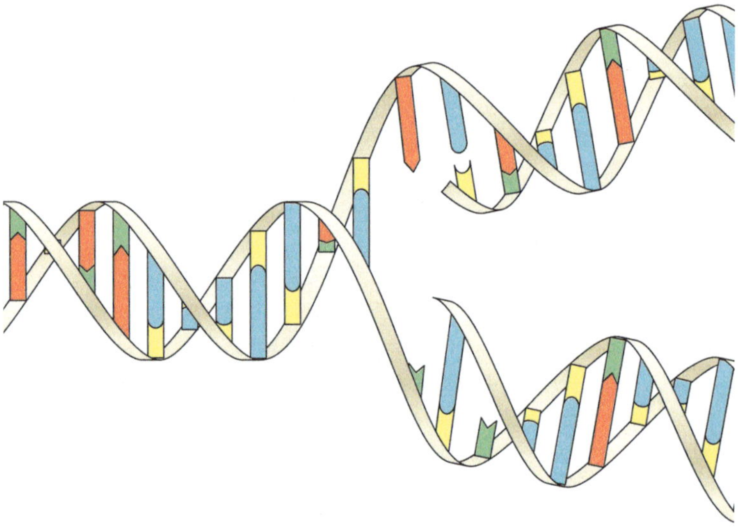

2 Grundprinzip der DNA-Replikation

Grundprinzip der Replikation – Vor jeder Mitose werden in der Interphase des Zellzyklus aus den Ein-Chromatid-Chromosomen Zwei-Chromatiden-Chromosomen gebildet. Dabei wird die DNA – ähnlich wie bei einem Kopiergang – identisch verdoppelt. Dieser Vorgang wird **Replikation** genannt. Das DNA-Modell nach WATSON und CRICK bietet einen einfachen Mechanismus für die Replikation an: Die DNA-Doppelhelix wird abschnittsweise wie ein Reißverschluss in zwei Einzelstränge getrennt. So entsteht eine Y-förmige Struktur, die Replikationsgabel. Jeder der beiden Einzelstränge dient als Vorlage für die Bildung eines neuen Einzelstranges. An die freiliegenden Basen jedes Einzelstranges lagern sich entsprechend der Basenpaarungsregel jeweils komplementäre Nucleotide an. Durch ihre Verknüpfung entstehen zwei identische DNA-Doppelstränge, die je aus einem alten und einem neu synthetisierten Einzelstrang bestehen. Man spricht daher auch von einer **semikonservativen Replikation**. Diese Modellvorstellung der DNA-Replikation wurde später experimentell bestätigt.

A Das Meselson-Stahl-Experiment

Neben der semikonservativen Replikation wurden ursprünglich auch weitere Modellvorstellungen für die DNA-Replikation diskutiert. Entsprechend einer der Vorstellungen lagerten sich die beiden alten Einzelstränge nach der Replikation wieder zusammenlagern, ebenso wie die beiden neusynthetisierten. Da der alte Doppelstrang hierbei komplett erhalten bleibt, wurde von einer konservativen Replikation gesprochen. Es wurde auch eine Verdopplung diskutiert, bei der die beiden neuen Doppelstränge stückweise aus alter und neusynthetisierter DNA bestehen. Man sprach von einer dispersiven Replikation.

Matthew MESELSON und Franklin STAHL führten 1958 ein Experiment zur DNA-Replikation durch. Sie kultivierten Bakterien in einem Nährmedium, das in den Nährstoffen anstelle des üblichen leichten ^{14}N-Isotops ausschließlich das schwere Isotop ^{15}N enthielt. Dieses Stickstoff-Isotop wird von den Bakterien zur Synthese der Basen genutzt, aus denen die DNA aufgebaut wird. Nach mehreren Zellteilungen in diesem Nährmedium isolierten sie die DNA der Bakterien und führten damit eine Dichtezentrifugation durch.

MESELSON und STAHL überführten anschließend diese Bakterien für die Dauer einer Replikation in ein Nährmedium mit leichten ^{14}N-Isotopen. Anschließend isolierten sie die DNA und führten eine Dichtezentrifugation durch. Nach einer weiteren Replikation in leichtem ^{14}N-Nährmedium wurde die DNA abermals isoliert und zentrifugiert.

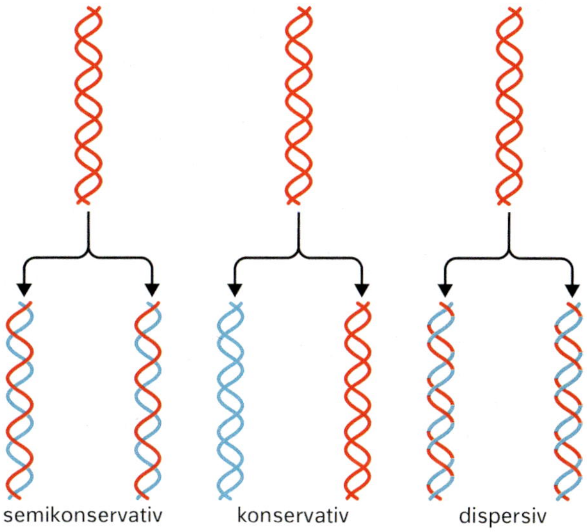

Replikationsmodelle

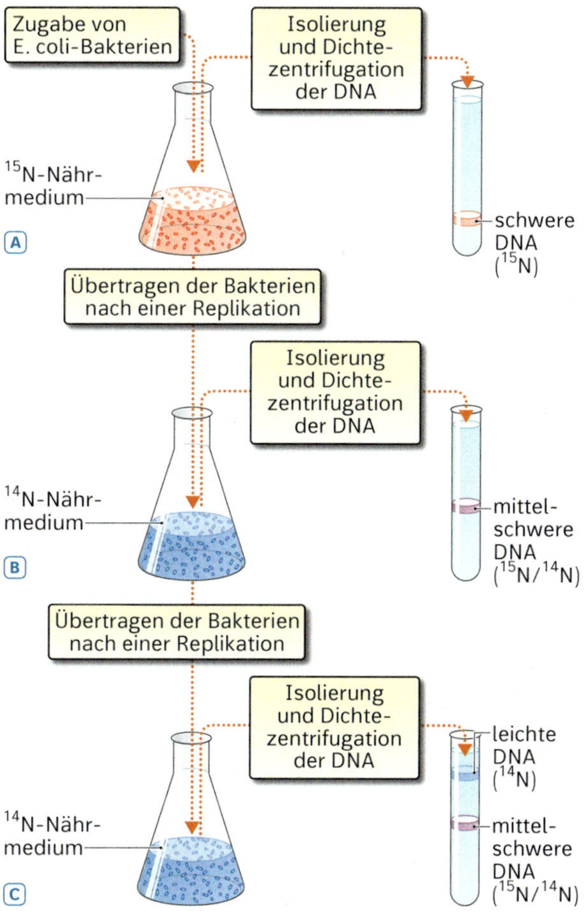

1 Beschreiben und erklären Sie die Versuchsbeobachtungen in den Ansätzen A bis C. ●○○

2 Geben Sie jeweils das Bandenmuster nach einer Dichtezentrifugation an, das man bei den drei Replikationsmodellen nach der ersten und zweiten Zellteilung erwarten müsste. ●●○

3 Begründen Sie, warum die Modellvorstellung der semikonservativen Replikation durch die Versuchsbeobachtung bestätigt wird. ●●○

4 Geben Sie das zu erwartende Bandenmuster bei einer semikonservativen Replikation nach einer dritten Zellteilung in ^{14}N-Nährmedium an und begründen Sie Ihren Vorschlag. ●●●

Ablauf der DNA-Replikation – Die Replikation beginnt an einer bestimmten DNA-Sequenz, dem Replikationsursprung. Dort wird die DNA entwunden und das Enzym **Helicase** lagert sich an. Es trennt die beiden Einzelstränge voneinander, sodass die Replikationsgabel entsteht.
Die Synthese neuer DNA-Stränge erfolgt mithilfe des Enzyms **DNA-Polymerase**. Es verlängert DNA-Stränge, indem es einzelne Nucleotide an diese bindet. Dabei ist das Enzym auf ein Startermolekül, den **Primer**, angewiesen. Dieser wird von dem Enzym **Primase** komplementär zu einer kurzen Nucleotidsequenz der alten Einzelstränge gebildet. An das 3'-Ende des Primers bindet die DNA-Polymerase komplementär zur Nucleotidsequenz des jeweiligen alten Einzelstranges freie Nucleotide. So entsteht aus ihm ein neuer DNA-Doppelstrang. Allerdings kann die DNA-Polymerase freie Nucleotide nur an das 3'-Ende eines Polynucleotids binden. Da die beiden Einzelstränge der DNA aber antiparallel verlaufen, ist eine kontinuierliche Neusynthese in Richtung der Replikationsgabel nur an einem der beiden Einzelstränge möglich. Der so gebildete neue Einzelstrang wird als **Leitstrang** bezeichnet.
Am anderen Einzelstrang wird der neue Einzelstrang in entgegengesetzter Richtung, also von der Replikationsgabel weg, synthetisiert. Dieser neue Einzelstrang heißt **Folgestrang**. An diesem werden mit dem Fortschreiten der Replikationsgabel immer wieder neue Primer gebildet. An deren 3'-Enden hängt die DNA-Polymerase Nucleotide an. So entstehen zwischen den Primern, komplementär zum alten Einzelstrang, DNA-Stücke des neuen Einzelstranges. Sie sind nach ihrem Entdecker **Okazaki-Fragmente**.benannt. Die DNA-Replikation des zweiten Einzelstranges findet also diskontinuierlich statt. Anschließend werden die Primer durch ein weiteres Enzym abgebaut und die entstandenen Lücken mit komplementären Nucleotiden gefüllt. Zuletzt werden die Okazaki-Fragmente durch das Enzym **DNA-Ligase** zu einem durchgehenden DNA-Einzelstrang verknüpft. Das Ergebnis sind zwei identische DNA-Doppelstränge.

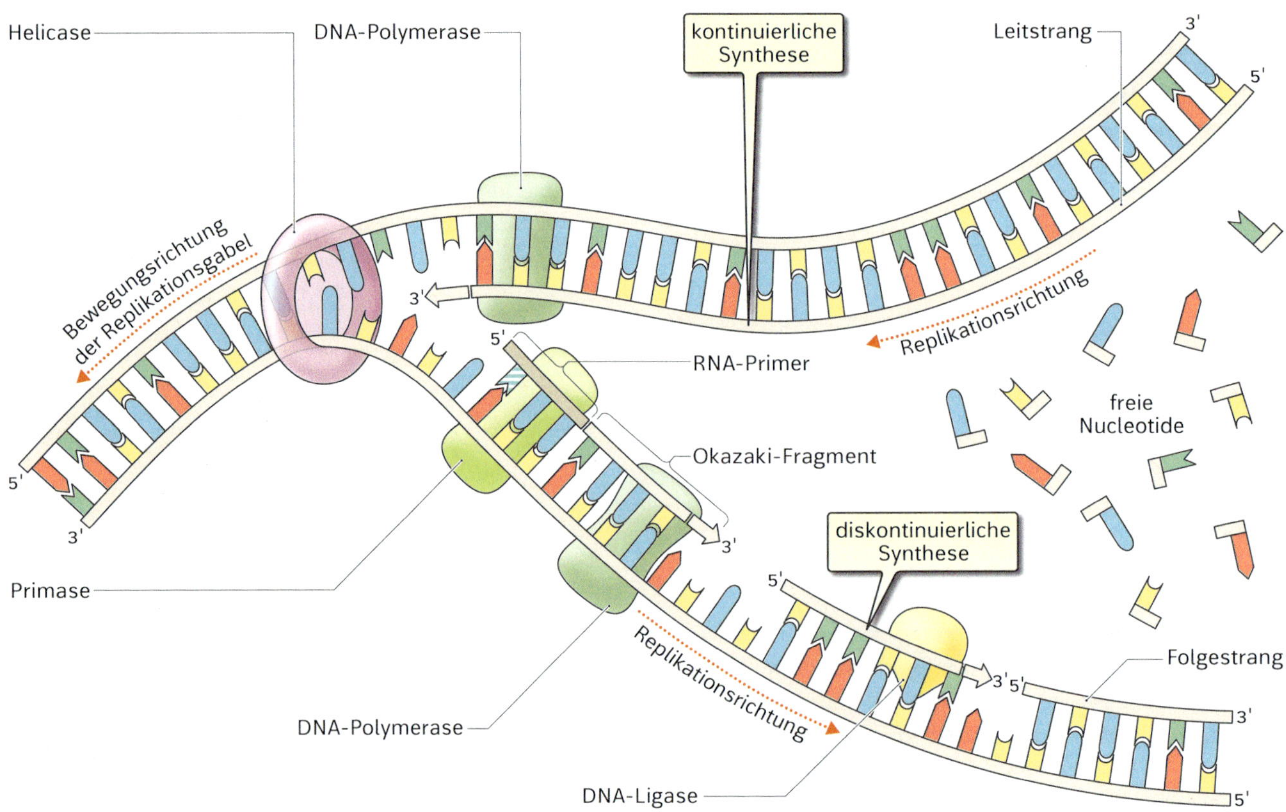

3 Ablauf der DNA-Replikation

Fehlerkorrekturen – Die DNA-Replikation erfolgt zwar mit hoher Präzision, dennoch treten in seltenen Fällen auch Fehler auf. Beispielsweise kann bei der Replikation ein Nucleotid mit einer falschen Base in den wachsenden DNA-Strang eingebaut werden. Solche Fehler werden durch einen **Korrekturlesemechanismus** beseitigt. So führt die DNA-Polymerase direkt nach Einbau eines neuen Nucleotids eine Prüfung durch: Erkennt sie dabei eine fehlerhafte Basenpaarung, entfernt sie das falsch eingefügte Nucleotid, ersetzt es durch das richtige und fährt dann mit der Replikation fort. Im Anschluss prüfen andere Enzyme, ob fehlerhafte Basenpaarungen übersehen wurden. Die Enzyme dieser **Fehlpaarungsreparatur** erkennen, welche Base eines Paares falsch eingebaut wurde. Wurde etwa die Base Adenin des Originalstrangs mit der Base Cytosin gepaart, erkennen die Enzyme den Originalstrang und entfernen am neusynthetisierten Strang das fehlgepaarte Nucleotid zusammen mit einigen benachbarten Nucleotiden. Anschließend fügt eine Polymerase das richtige Nucleotid ein und schließt die Lücke. Die Unterscheidung zwischen beiden Strängen ist möglich, da zunächst nur der Originalstrang chemisch modifiziert ist. Bei ihm sind Methylgruppen ($-CH_3$) an bestimmte Basen geknüpft. Erst später erfolgt auch am neusynthetisierten Strang eine Methylierung.

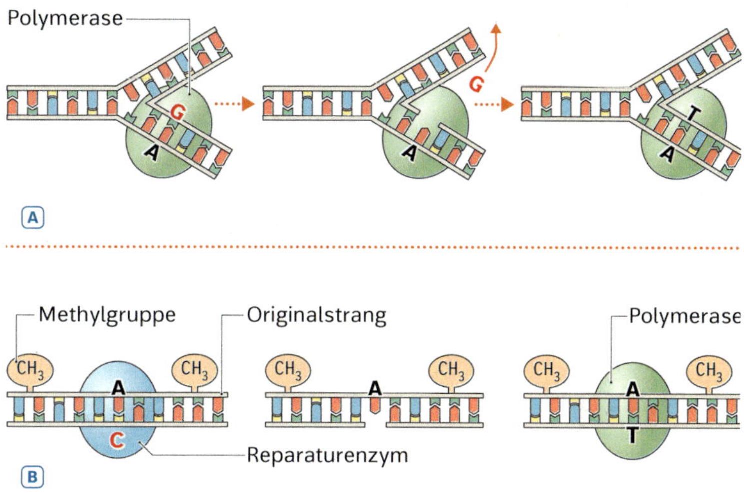

4 DNA-Reparatur: **A** DNA-Korrekturlesen; **B** Fehlpaarungsreparatur

MATERIAL MIT AUFGABEN

B Das Taylor-Experiment

Der amerikanische Molekularbiologe James H. TAYLOR untersuchte den Mechanismus der DNA-Replikation mithilfe radioaktiv markierter DNA-Bausteine. Für den Versuch nutzte er Wurzelspitzenzellen der Saubohne, die er in normalem, nicht radioaktivem Nährmedium anzog. Für die Dauer eines Zellzyklus gab er anschließend radioaktiv markiertes ^3H-Tymidin hinzu. Danach ließ er die Wurzelspitzen einen weiteren Zellzyklus lang auf Medium mit normalem Thymidin wachsen. Die Metaphase-Chromosomen aller drei Versuche wurden durch Autoradiografie sichtbar gemacht. Chromatiden, die dabei die lichtempfindliche Schicht schwärzten, sind in der Abbildung punktiert dargestellt.

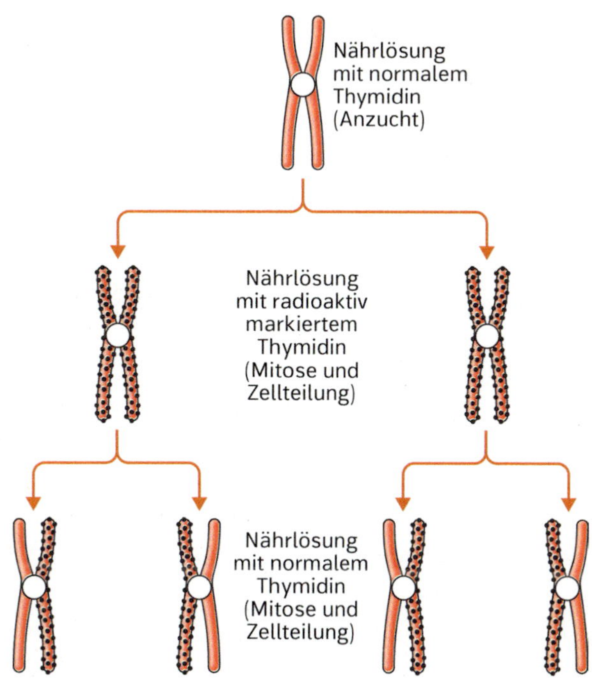

1 Beschreiben Sie die Versuchsbeobachtungen. ●○○
2 Erklären Sie die Beobachtungen. Veranschaulichen Sie Ihre Erklärungen, indem Sie das Schema des Taylor-Experiments abzeichnen und in die Zwei-Chromatiden-Chromosomen die DNA-Doppelstränge einzeichnen. ●●○

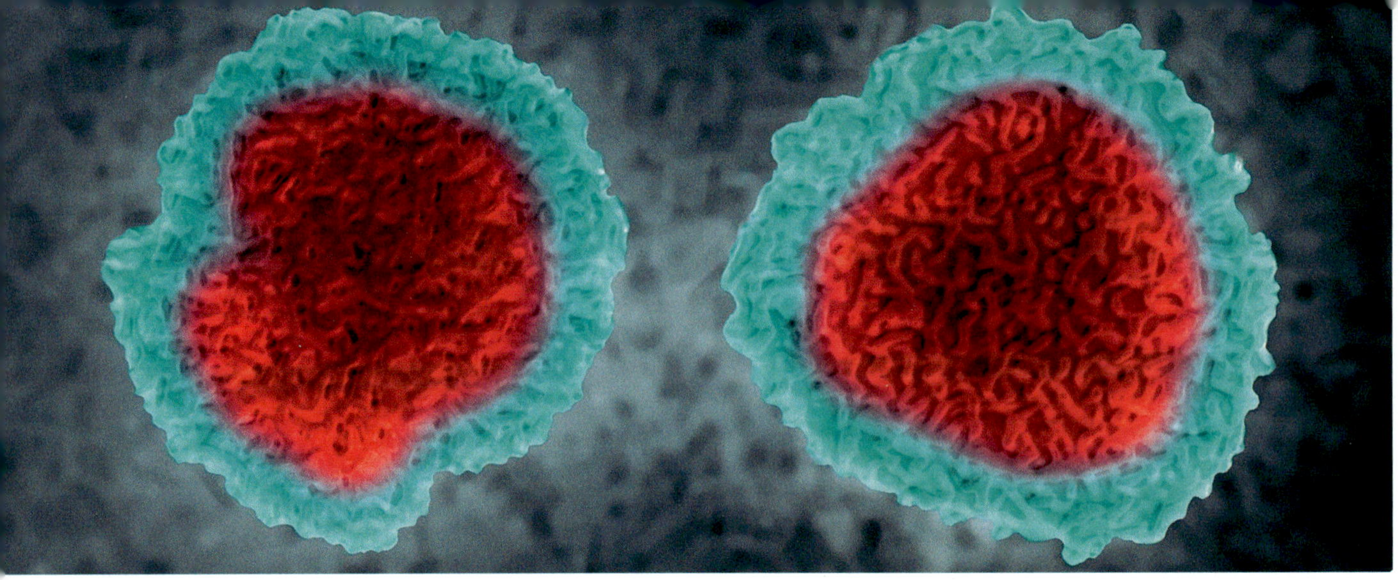

1 Influenza-Viren (TEM, coloriert)

2.1 PCR und Gelelektrophorese

Hohes Fieber sowie starke Kopf- und Muskelschmerzen können Symptome einer Erkältung oder einer echten Grippe sein, die von Influenza-Viren verursacht wird. Wie erfolgt ein eindeutiger Nachweis des möglichen Erregers?

Influenza-Nachweis – Für die Diagnose einer echten Grippe wird der Abstrich des Nasen-Rachenraums einer erkrankten Person im Labor untersucht. Zunächst wird das genetische Material der Viren isoliert. Es besteht aus einzelsträngiger RNA, die mithilfe bestimmter Enzyme in doppelsträngige DNA umgeschrieben wird. Die Menge der gewonnenen DNA ist für den Nachweis des Erregers zu gering, kann jedoch durch eine **Polymerase-Kettenreaktion, kurz PCR,** vervielfältigt werden.

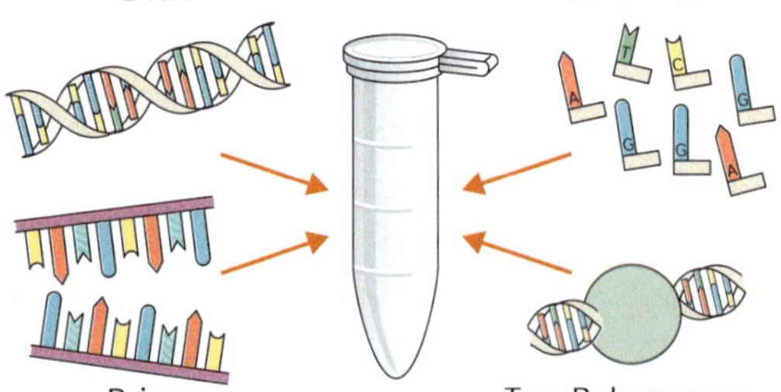

2 Komponenten einer PCR

Komponenten einer PCR – Für eine PCR werden neben der DNA weitere Komponenten benötigt: eine DNA-Polymerase, ein Gemisch der vier DNA-Nucleotide sowie zwei künstlich hergestellte Primer, die 15 bis 25 Nukleotide lang sind. Diese besitzen kurze Basensequenzen, die komplementär zum Anfang und Ende des zu vervielfältigenden DNA-Abschnittes sind. Bei der PCR wird eine besonders hitzestabile DNA-Polymerase mit einem Temperaturoptimum von 72 °C verwendet. Diese ***Taq*-Polymerase** wurde aus dem Bakterium *Thermus aquaticus* isoliert, das in heißen Quellen lebt. Das Reaktionsgefäß mit allen gemischten Komponenten wird in ein Heiz-/Kühlgerät, den **Thermocycler**, gestellt. Er stellt automatisch verschiedene Temperaturen für die PCR ein.

Ablauf der PCR – Die PCR-Methode gleicht in ihrem Ablauf der natürlichen DNA-Replikation. Sie kann in drei Schritte unterteilt werden, die jeweils bei unterschiedlichen Temperaturen ablaufen. Im ersten Schritt, der **Denaturierung**, wird der Reaktionsansatz auf 95 °C aufgeheizt. Dadurch werden die Wasserstoffbrücken des DNA-Doppelstranges getrennt und die DNA in die Einzelstränge aufgetrennt. Im anschließenden zweiten Schritt, der **Hybridisierung**, kühlt der Thermocycler das Gemisch auf eine Temperatur von etwa 60 °C ab. Dabei binden die beiden DNA-Primer komplementär an je einen der beiden DNA-Einzelstränge. Im dritten Schritt, der **Polymerisation**, wird die Temperatur wieder auf 72 °C hochgeregelt. Nun bindet die *Taq*-Polymerase komplementär zur Basensequenz des Einzelstranges freie Nukleotide an die Primer. So entsteht jeweils ein neuer komplementärer DNA-Einzelstrang zu beiden Einzelsträngen der Ausgangs-DNA. Am Ende des ersten PCR-Zyklus liegt die Ausgangs-DNA verdoppelt vor. Die Abfolge dieser drei Schritte wird als **PCR-Zyklus** bezeichnet. Mit jedem Zyklus verdoppelt sich die DNA-Menge, die dann für den folgenden Zyklus zur Verfügung steht. Ein Zyklus dauert ungefähr zwei Minuten. In der Regel werden 25 bis 35 Zyklen durchlaufen, sodass innerhalb kürzester Zeit Millionen von DNA-Kopien des bestimmten DNA-Abschnittes vorliegen, die mit weiteren Methoden analysiert werden können.

Beim Nachweis einer möglichen Influenza-Infektion verwendet man bei der PCR Primer, die spezifisch an Abschnitte der vervielfältigten DNA-Moleküle binden. Findet die PCR statt, wird damit nachgewiesen, dass die Virus-RNA in den Schleimhautzellen vorhanden war.

Real-Time-PCR – Wird etwa einem PCR-Ansatz zusätzlich ein Farbstoff wie SYBR Green beigegeben, lagert sich dieser ausschließlich in DNA-Doppelstränge ein und fluoresziert dann. Über einen besonderen Thermocycler kann diese Fluoreszenz im Verlauf der PCR-Zyklen erfasst werden. Die Intensität der Fluoreszenz ist dabei proportional zur gebildeten DNA-Menge während der PCR-Zyklen. Da die Vervielfältigung der DNA dabei direkt in Echtzeit am Thermocycler beobachtet werden kann, spricht man von **Real-Time-PCR**. Diese PCR-Methode ist schneller und ermöglicht zudem die quantitative Ermittlung der DNA-Menge.

Anwendungen der PCR – Neben dem Erregernachweis kommt die PCR in einer Vielzahl unterschiedlicher Anwendungen zum Einsatz. In der Kriminalistik kann die mit der PCR vervielfältigte DNA aus Zellen, die am Tatort gefunden wurden, mit der von Verdächtigen verglichen werden. Auch bei der Suche nach Gendefekten, die etwa Erbkrankheiten oder Krebs auslösen, wird die PCR-Methode genutzt.

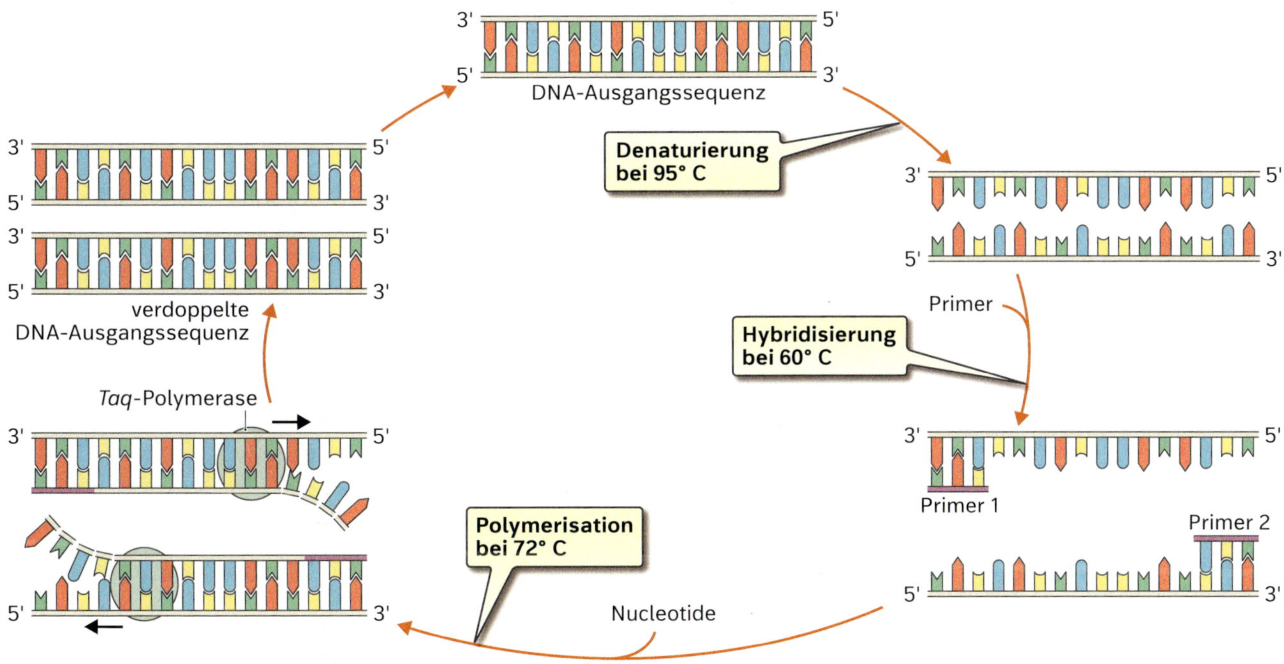

3 Ablauf eines PCR-Zyklus

Gelelektrophorese – DNA-Fragmente, wie man sie etwa bei der PCR gewinnt, können durch eine **Gelelektrophorese** nach ihrer Größe und ihrer Ladung aufgetrennt werden. Die zu trennenden Moleküle wie DNA oder Proteine wandern dabei durch ein Gel, an das ein elektrisches Feld angelegt ist. Das Gel wirkt wie ein engmaschiges Netz und behindert die Moleküle bei ihrer Wanderung. Je nach Größe und Ladung bewegen sich diese unterschiedlich schnell durch das Molekularsieb. Negativ geladene Moleküle wandern dabei in Richtung der positiv geladenen Anode und positiv geladene Moleküle in Richtung der negativ geladenen Kathode. Das Gel befindet sich in einer puffergefüllten Elektrophoresekammer. Es besitzt mehrere Taschen, sodass gleichzeitig verschiedene Proben analysiert werden können.

Auftrennung von DNA-Fragmenten – DNA-Fragmente sind aufgrund ihrer Phosphatgruppen negativ geladen und wandern bei der Gelelektrophorese daher zur Anode. Je kürzer die Fragmente sind, umso leichter können sie die Maschen des Gels durchdringen und umso schneller bewegen sie sich durch das Gel. Da die DNA-Fragmente farblos sind, lässt man einen Farbstoff mitlaufen, um das Fortschreiten der Elektrophorese zu verfolgen. Sobald der Farbstoff den unteren Rand des Gels erreicht hat, wird die Elektrophorese beendet.

Auswertung – Zur Größenbestimmung der verschiedenen DNA-Fragmente lässt man bei jeder Gelelektrophorese parallel mit den Proben eine Kontrollprobe im Gel mitlaufen. Dieser Molekülmassenstandard enthält ein Gemisch verschiedener DNA-Fragmente mit bekannter Größe. Durch seine Laufstrecke im Gel hat man nach Beendigung der Elektrophorese eine Vergleichsskala, an der die Größe und damit auch die Masse der unbekannten DNA-Fragmente abgelesen werden können.

DNA-Fragmente des zu untersuchenden Gemisches liegen nach Beendigung der Gelelektrophorese als einzelne Banden vor und bilden ein charakteristisches Bandenmuster. Um die Banden für die Auswertung sichtbar zu machen, werden sie mit geeigneten Nachweisreagenzien behandelt. Heutzutage nutzt man dafür zumeist fluoreszierende Reagenzien. Die DNA-Banden leuchten dann bei ultravioletter Strahlung hell auf.

Auftrennung von Proteingemischen – Auch Proteingemische lassen sich durch Gelelektrophorese auftrennen. Proteine können sehr unterschiedlich geladen sein, denn ihre Ladung hängt von den Aminosäuren ab, die an ihrem Bau beteiligt sind. Deshalb können gleich große Proteinmoleküle im elektrischen Feld einer Gelelektrophorese unterschiedlich

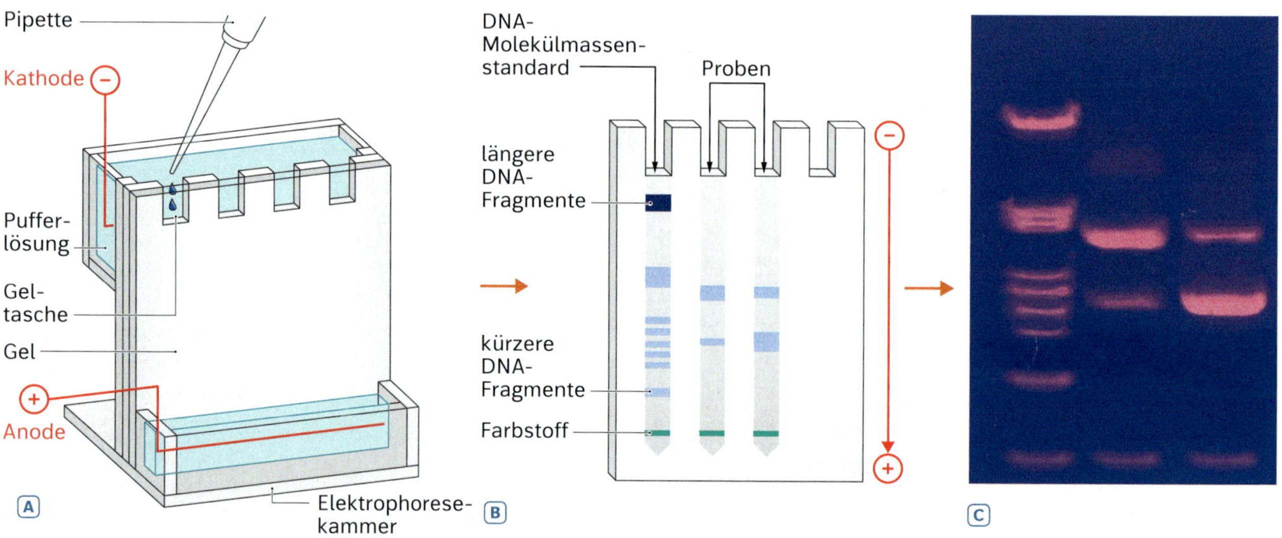

4 Trennung von DNA-Fragmenten: **A** Gelelektrophorese-Apparatur; **B** Gel mit DNA Fragmenten; **C** DNA-Banden im UV-Licht sichtbar gemacht

schnell und sogar in unterschiedliche Richtungen wandern. Um ein Proteingemisch durch eine Gelelektrophorese trennen zu können, muss die Ladung der verschiedenen Proteinmoleküle unwirksam gemacht werden. Dafür werden die Proteine zunächst denaturiert und dann die entfalteten Polypeptidketten mit Natrium-Dodecyl-Sulfat, kurz SDS, beladen. Dieses Anion überdeckt die Eigenladung der verschiedenen Polypeptidketten, sodass sie alle in Richtung der Anode wandern. Da SDS in einem genauen Verhältnis an Polypeptidketten bindet, ist ihre Wanderungsgeschwindigkeit im Gel nur noch von ihrer Molekülgröße abhängig.

Zusätzlich zu dem Gemisch der unbekannten Proteine laufen Referenzproteine im Gel mit, deren Molekülgrößen und damit auch deren Massen bekannt sind. Aus dem Vergleich der Banden der unbekannten Proteine mit den Banden der Referenzproteine kann die Masse der unbekannten Proteine bestimmt werden.

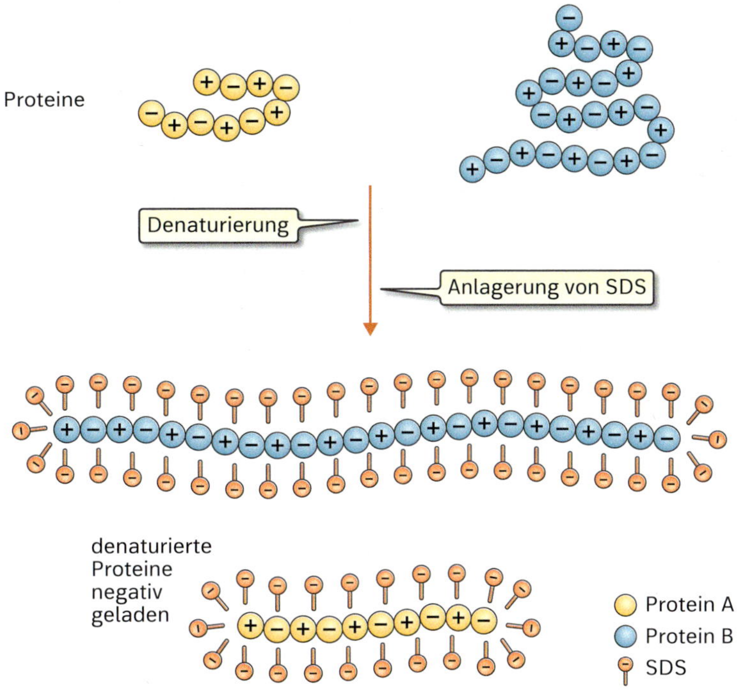

5 Wirkung von SDS

MATERIAL MIT AUFGABEN

A Indirekter Mutationsnachweis

Bei der Erbkrankheit Faktor-V-Leiden ist die Blutgerinnung gestört. Betroffene haben eine erhöhte Tendenz zur Blutgerinnung und damit ein höheres Thromboserisiko. Der Nachweis der Erbkrankheit erfolgt auf indirektem Wege: Zunächst wird ein 267 Basenpaare (bp) umfassendes DNA-Fragment, das die gesuchte Mutation eventuell enthält, mithilfe der PCR vervielfältigt. Anschließend wird das Fragment durch ein bestimmtes Enzym exakt an zwei bestimmten Stellen geschnitten. Bei der Mutation des Faktor-V-Leiden fehlt eine der beiden Schnittstellen des Enzyms. Durch Gelelektrophorese werden die Fragmente anschließend getrennt. Je nach auftretendem Bandenmuster zeigt sich, ob die Mutation vorliegt oder nicht. Bei Vorliegen der Mutation kann auch zwischen homozygotem oder heterozygotem Genotyp unterschieden werden.

1 Deuten Sie das Ergebnis der Gelelektrophorese und geben Sie die Genotypen der Personen A, B und C an. ●●○

2 Begründen Sie, warum man hierbei von einem indirekten Mutationsnachweis spricht. ●●○

Schnittstellen des Restriktionsenzyms:

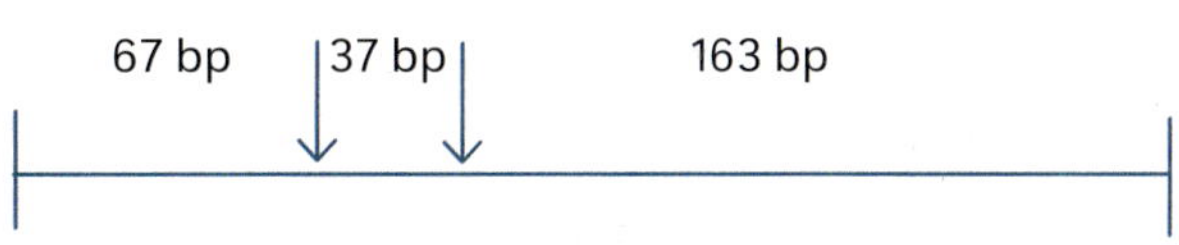

Die Zahlen geben die Anzahl der Basenpaare und damit die Länge der entsprechenden DNA-Fragmente wieder.

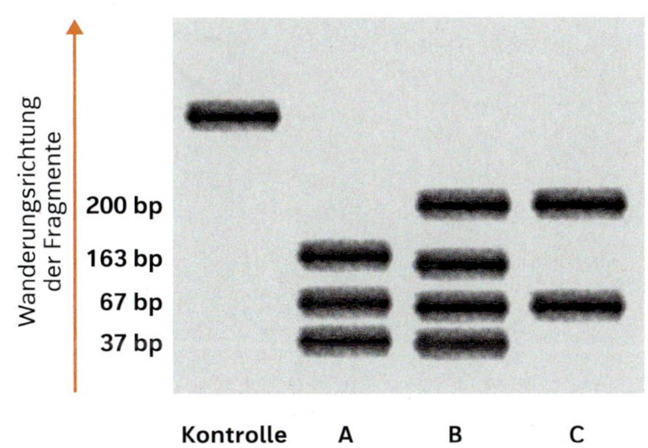

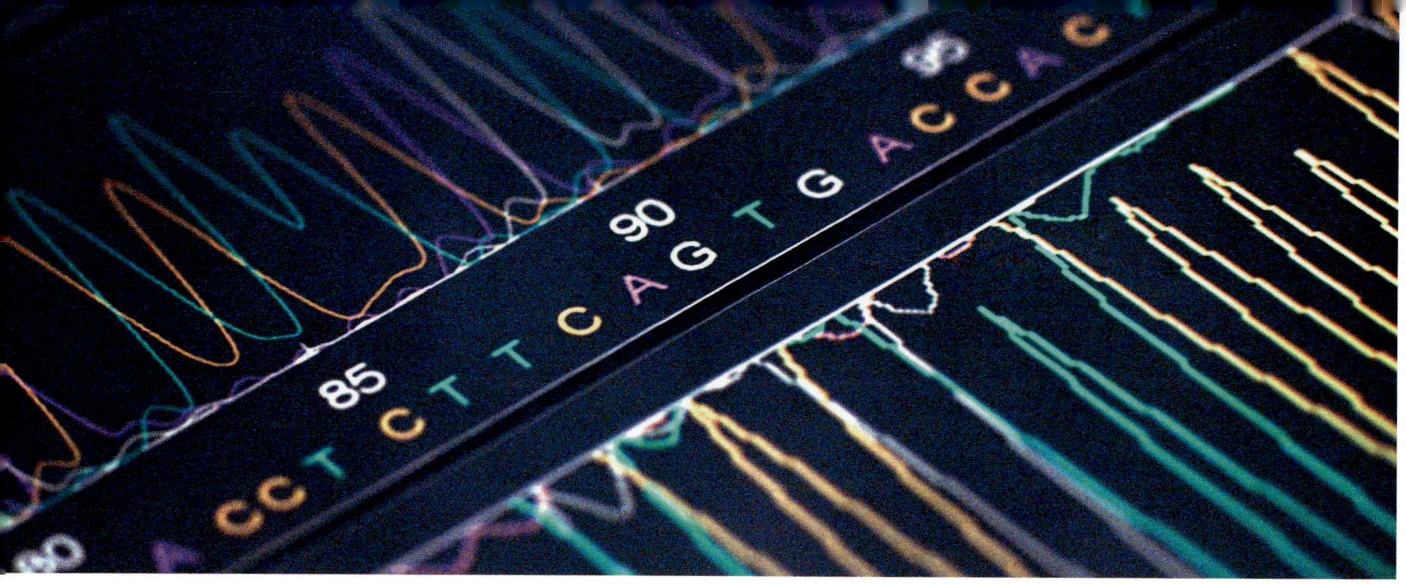

1 Ergebnis einer DNA-Sequenzierung

2.2 Methoden der DNA-Sequenzierung

Um die molekularen Ursachen von Erbkrankheiten verstehen zu können, werden die Basensequenzen der entsprechenden Gene ermittelt werden. Das Ergebnis einer solchen DNA-Sequenzierung ist ein Kurvendiagramm, aus dem die Basensequenz abgelesen werden kann. Wie erfolgt eine solche DNA-Sequenzierung?

Kettenabbruchmethode – Zu den traditionellen Methoden der DNA-Sequenzierung zählt Kettenabbruch-Methode von Frederick Sanger. Der zu analysierende DNA-Strang wird hierbei zunächst durch Hitzebehandlung denaturiert. Die nun einzelsträngige DNA wird dann auf vier Reaktionsansätze verteilt. In jedem Ansatz befinden sich neben zahlreichen identischen Kopiervorlagen des Einzelstranges eine DNA-Polymerase, die vier DNA-Nucleotide dATP, dGTP, dCTP und dTTP sowie ein radioaktiv markierter Primer. Außerdem enthält jeder der vier Ansätze jeweils ein **Abbruchnucleotid** in geringer Konzentration. Diesem fehlt am dritten C-Atom der Desoxyribose die Hydroxygruppe, ohne die kein weiteres Nucleotid angefügt werden kann. Entsprechend der vier Basen gibt es auch vier verschiedene Abbruchnucleotide, die mit ddATP, ddGTP, ddCTP und ddTTP abgekürzt werden.

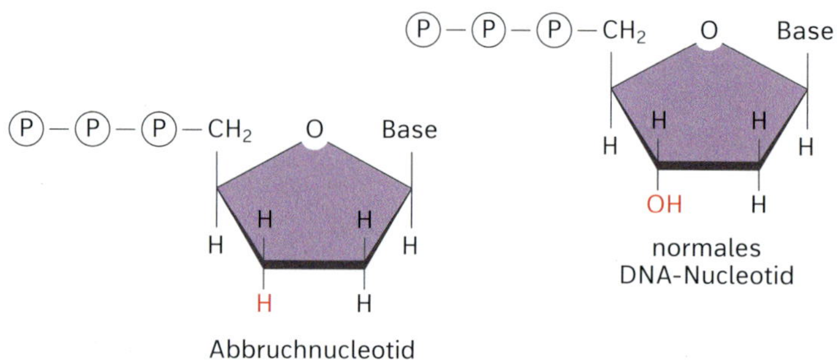

2 Vergleich der verschiedenen Nucleotide

Die Synthese der neuen Stränge durch die DNA-Polymerase startet am 3'-Ende mit Bindung des Primers und setzt sich so lange fort, bis zufällig ein Abbruchnucleotid eingebaut wird. In einem Reaktionsansatz entstehen so unterschiedlich lange Fragmente, die alle mit demselben Abbruchnucleotid enden. Da parallel alle vier Ansätze laufen, erhält man so insgesamt alle Abbruchfragmente der DNA. Nach einer erneuten Denaturierung werden die neu synthetisierten DNA-Einzelstränge der vier Ansätze parallel in vier Spuren durch Gelelektrophorese aufgetrennt. Durch die Verwendung des radioaktiv markierten Primers hinterlassen

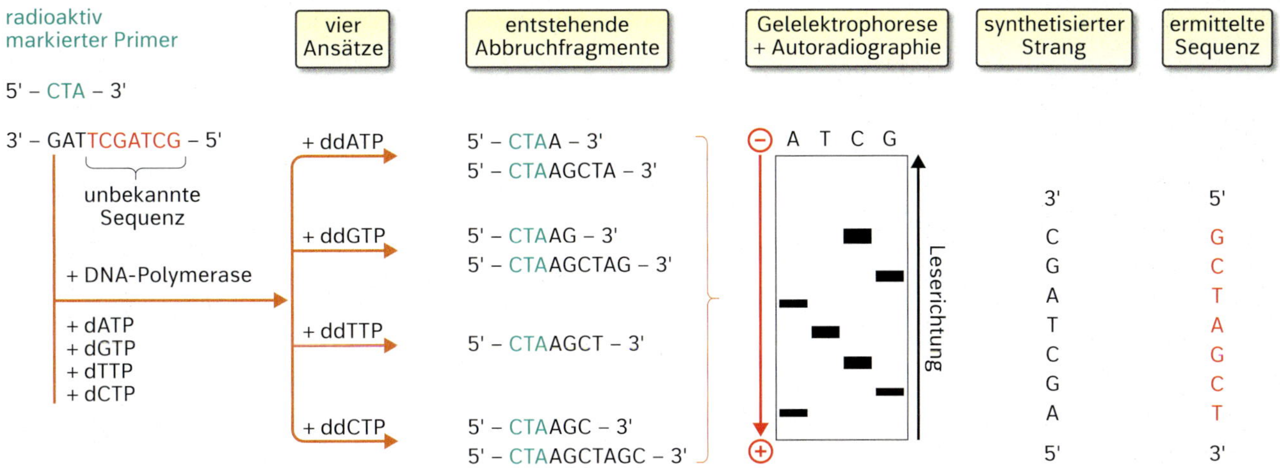

3 Sequenzierung durch Kettenabbruchmethode nach SANGER

die DNA-Fragmente auf der Fotoplatte bei der Autoradiografie ein Bandenmuster. Aus diesem Autoradiogramm kann die Sequenz des neu synthetisierten DNA-Stranges abgelesen werden. Das Ablesen beginnt mit der am weitesten im Gel gewanderten Bande, die dem kürzesten DNA-Fragment entspricht. Liest man die Banden im Gel nach zunehmender Länge des neu synthetisierten Stranges in 5'→3'-Richtung ab, erhält man die komplementäre Sequenz des zu analysierenden DNA-Stranges.

Fluoreszenzsequenzierung – Statt radioaktiv markierter Primer werden bei der Fluoreszenzsequenzierung Abbruchnucleotide verwendet, die mit Fluoreszenzfarbstoffen markiert sind. Dabei wird jedes der vier Abbruchnucleotide mit einem anderen fluoreszierenden Farbstoff markiert. Die Sequenzierungsreaktion wird nur in einem Ansatz durchgeführt. Die entstehenden DNA-Fragmente werden in einer Gelelektrophorese, die in einem Kapillarrohr erfolgt, der Größe nach aufgetrennt. Dabei registriert ein Fluoreszenzdetektor die Farben der passierenden DNA-Fragmente und wandelt sie in ein Kurvendiagramm um. Aus der Farbabfolge kann dann die Basensequenz ermittelt werden.

Neue Methoden wie die Hochdurchsatzsequenzierungen, erlauben eine deutlich schnellere und kostengünstigere Analyse. Innerhalb kürzester Zeit können hierbei Millionen von DNA-Fragmenten parallel sequenziert werden.

MATERIAL MIT AUFGABEN

A Ablauf einer Fluoreszenzsequenzierung

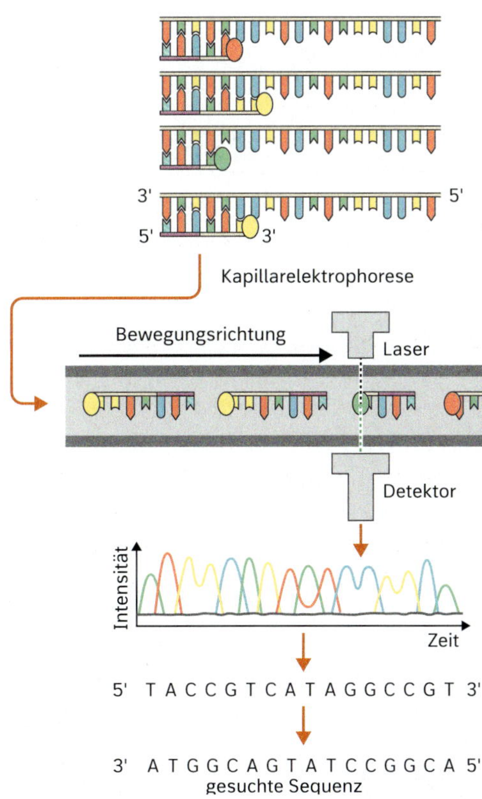

1 Beschreiben Sie den Ablauf einer Fluoreszenzsequenzierung anhand der Abbildung. ●○○
2 Vergleichen Sie diese Methode mit der Sanger-Methode. ●●○

1 Blaue Augen

3.1 Die Funktion von Genen

Blau, Braun, Grün, Grau oder ein Mix aus mehreren Farben – die Augenfarben der Menschen sind unterschiedlich. Die Farbe hängt von der Menge des in der Iris vorhandenen Pigments Melanin ab. Ursprünglich besaßen alle Menschen braune Augen. Vor etwa 10 000 Jahren traten erstmals blaue Augen auf. Wie kam es dazu und wie wird die blaue Augenfarbe gebildet?

Versuche mit Mangelmutanten – Anfang des 20. Jahrhunderts vermutete der Arzt Archibald GARROD, dass bestimmte Stoffwechselerkrankungen vererbt werden. Er führte die Erkrankungen darauf zurück, dass die Betroffenen bestimmte Enzyme nicht herstellen können. Er hatte damit erstmals den Zusammenhang zwischen Genen und Enzymen aufgezeigt. Jahrzehnte später wurde dieser Zusammenhang durch George BEADLE und Edward TATUM aufgeklärt. Sie experimentierten mit dem Brotschimmelpilz *Neurospora crassa*. Dieser Pilz ist leicht zu züchten und bildet Sporen, die zu Pilzfäden heranreifen. *Neurospora crassa* dient daher oft als Modellorganismus in der Biologie.

Kulturen des Pilzes wurden von BEADLE und TATUM mit Röntgenstrahlen behandelt. Auf diese Weise erzeugten sie **Gendefekte**. Pilze sind haploid. Für die Ausbildung eines Merkmals ist also nur ein Allel verantwortlich. Ist das Allel defekt, wird das betreffende Merkmal nicht ausgeprägt. Der Gendefekt lässt sich also bei *Neurospora crassa* direkt erkennen. Der Ausgangsstamm des Pilzes ohne Gendefekt wird **Wildtyp-Stamm** genannt. Er kann alle Aminosäuren, die er zum Wachsen benötigt, selbst herstellen. BEADLE und TATUM fanden bei den bestrahlten Pilzen solche, die dazu nicht mehr in der Lage waren. Sie wuchsen nur, wenn bestimmte Aminosäuren im Nährmedium vorhanden waren. Diese Pilze werden als **Mangelmutanten** bezeichnet.

Unter den Mangelmutanten fanden BEADLE und TATUM solche, die die Aminosäure Arginin nicht herstellen konnten. Arginin wird vom Wildtyp-Stamm in einer Kette von Reaktionen aus bestimmten Vorstufen hergestellt. Dazu gehören Ornithin und Citrullin, die wiederum selbst aus Vorstufen hervorgehen. Um zu ermitteln, an welcher Stelle die Reaktionskette bei den Mutanten gestört ist, gaben die Wissenschaftler Ornithin oder Citrullin zum Nährmedium. Sie stellten fest, dass es drei Typen von Mangelmutanten gab: Typ I wuchs, wenn dem Nährmedium Citrullin oder Ornithin zugegeben worden war. Typ II konnte zwar aus Citrullin, nicht aber aus Ornithin Arginin bilden. Typ III schließlich konnte weder Ornithin noch Citrullin für die Argininsynthese nutzen.

Schlussfolgerungen – Aus ihren Beobachtungen folgerten BEADLE und TATUM, dass bei den verschiedenen Typen von Mangelmutanten jeweils ein anderes Enzym in der Reaktionskette ausgefallen war. Sie stellten die Hypothese auf, dass jedes Enzym von einem Gen codiert wird. Sie sprachen daher von der **Ein-Gen-ein-Enzym-Hypothese**. An der Argininsynthese ist an jeder Reaktion der Reaktionskette jeweils ein anderes Enzym beteiligt. Die Genprodukte beziehungsweise die betreffenden Gene wirken also zusammen. Wird eine bestimmte Wirkung erst durch das Zusammenspiel mehrerer Gene erzeugt, liegt eine **Genwirkkette** vor.

Auch das Auftreten der blauen Augenfarbe beim Menschen vor 10 000 Jahren ist auf einen Gendefekt zurückzuführen. Dieser hat zur Folge, dass ein bestimmtes Gen, das an der Bildung des braunen Pigments Melanin beteiligt ist, nur noch in geringen Mengen gebildet wird. Infolgedessen gelangt weniger Melanin in die Iris der Augen und sie wirken blau.

Erweiterung der Hypothese – Enzyme bestehen aus Proteinen. Es gibt aber auch Proteine, die keine Enzyme, aber dennoch Genprodukte sind. Ein Beispiel ist das Keratin der Haare. Aus diesem Grund wurde die Ein-Gen-ein-Enzym-Hypothese zur **Ein-Gen-ein-Protein-Hypothese** erweitert. Viele Proteine bestehen aber auch aus mehreren Polypeptidketten wie zum Beispiel das Hämoglobin. Es enthält vier Polypeptidketten, zwei identische α- und zwei identische β-Ketten. α- und β-Ketten werden von unterschiedlichen Genen codiert. Ein Gen enthält folglich die Information für die Synthese eines Polypeptids. Die Ein-Gen-ein-Protein-Hypothese wurde daher zur **Ein-Gen-ein-Polypeptid-Hypothese** erweitert.

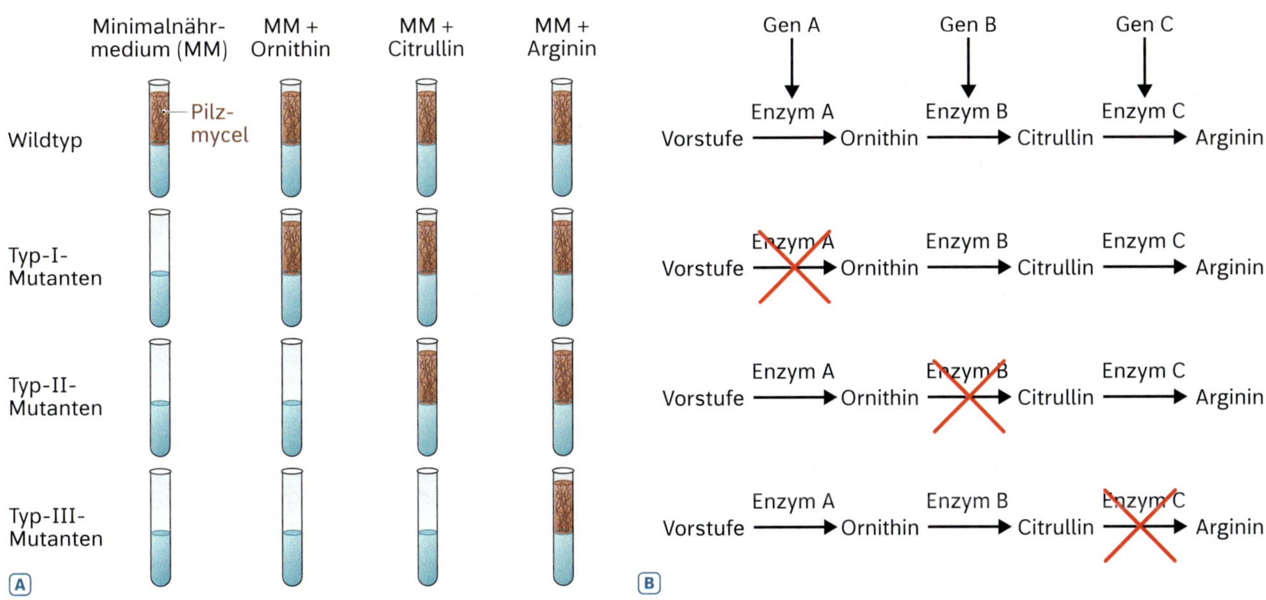

2 Experimente von BEADLE und TATUM: **A** Beobachtungen; **B** Deutung

Fluss genetischer Information – Ein **Gen** ist ein bestimmter DNA-Abschnitt, der die Information zur Bildung eines Merkmals codiert. Erbliche Merkmale sind das Ergebnis enzymkatalysierter Reaktionen. Da Enzyme aus Proteinen bestehen, erfolgt die Umsetzung der genetischen Information zum Merkmal über Proteine.

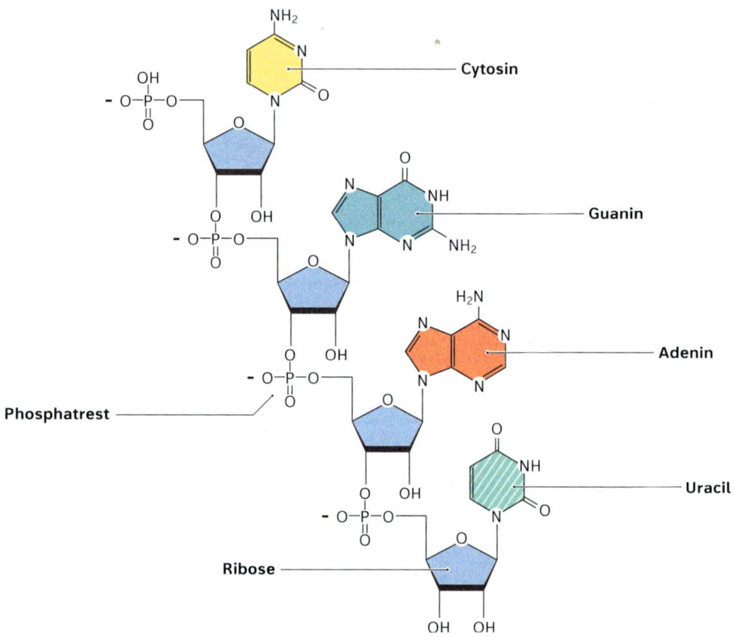

3 Aufbau der RNA

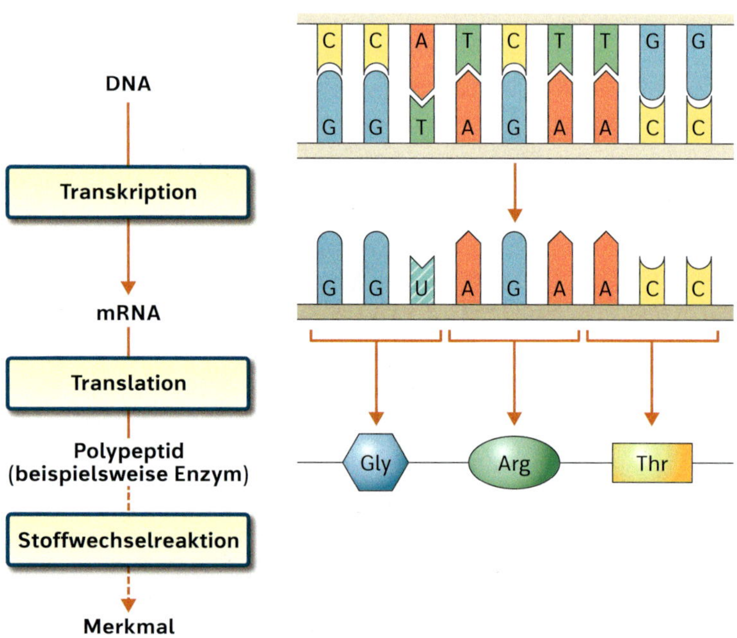

4 Fluss der genetischen Information

In den natürlichen Proteinen kommen 20 verschiedene Aminosäuren in einer bestimmten Abfolge, der **Aminosäuresequenz**, vor. In der Basensequenz der DNA ist die Information verschlüsselt, in welcher Reihenfolge und Zahl die Aminosäuren miteinander verknüpft werden. Die Verknüpfung der Aminosäuren erfolgt im Cytoplasma an den Ribosomen. Die DNA als Träger der Erbinformation verlässt aber bei Eukaryoten den Zellkern nicht. Die Informationsvermittlung zwischen der DNA und den Ribosomen erfolgt durch ein Botenmolekül, die **messenger-RNA**, kurz **mRNA**. Im Gegensatz zur DNA enthält RNA als Zucker Ribose anstelle von Desoxyribose und die Base Uracil anstelle von Thymin. Außerdem ist sie einzelsträngig.

Der Fluss der genetischen Information geht demnach von der DNA über die mRNA zum Protein und von dort zum Merkmal. Die Umsetzung der genetischen Information in ein Protein wird **Proteinbiosynthese** oder **Genexpression** genannt. Sie gliedert sich in zwei Teilabschnitte: Zunächst wird bei der **Transkription** an einem bestimmten DNA-Abschnitt ein mRNA-Molekül gebildet. Dieses wird bei der anschließenden **Translation** an den Ribosomen in eine Aminosäuresequenz übersetzt.

Der genetische Code – Obwohl in der DNA nur vier verschiedene Basen vorkommen, enthält sie die verschlüsselten Informationen zur Bildung einer Vielzahl unterschiedlicher Aminosäuresequenzen. Bestünde ein Codewort für eine Aminosäure nur aus einer Base, könnten nur vier verschiedene Aminosäuren verschlüsselt werden. Würde eine Aminosäure durch zwei Basen codiert werden, gäbe es nur $4^2 = 16$ Kombinationsmöglichkeiten. Tatsächlich wird eine Aminosäure aber durch drei hintereinander liegende Basen, also ein **Triplett**, codiert. Ein solches mRNA-Basentriplett wird **Codon** genannt. Mit ihm ergeben sich $4^3 = 64$ Kombinationsmöglichkeiten und damit ausreichend Codewörter, um die 20 Aminosäuren zu verschlüsseln. Die Regeln, nach denen die Basensequenzen der mRNA in eine Abfolge von Aminosäuren übersetzt werden, sind der **genetischen Code**.

Entschlüsselung des genetischen Codes – Der genetische Code wurde durch Versuche mit künstlicher mRNA entschlüsselt. Dafür wurde die Zellmembran von zuvor kultivierten Zellen zerstört. So entstand ein zellfreies System mit allen Bestandteilen, die für die Proteinbiosynthese notwendig sind. In den Versuchen wurde beispielsweise eine mRNA, die ausschließlich aus Nucleotiden mit der Base Uracil bestand, in das zellfreie System gegeben. Im Verlauf der Proteinbiosynthese entstand ein Polypeptid, das die Aminosäure Phenylalanin enthält. Damit war nachgewiesen, dass die Aminosäure Phenylalanin durch das Codon UUU codiert wird.

Weitere Versuche mit künstlich hergestellter mRNA führten zur vollständigen Entschlüsselung des genetischen Codes. Dieser lässt sich als Tabelle oder in Form der sogenannten **Codesonne** darstellen. Die Codesonne wird von innen nach außen gelesen und gibt die mRNA-Basentripletts in 5' → 3'-Richtung an. Von den 64 Codons der Codesonne verschlüsseln 61 Codons die 20 verschiedenen Aminosäuren. Das Codon AUG hat dabei eine Doppelfunktion: Es steht für die Aminosäure Methionin und dient gleichzeitig als Startcodon, mit dem die Proteinbiosynthese beginnt. Folglich beginnen alle neu gebildeten Polypeptide mit der Aminosäure Methionin. Die drei Codons UAA, UAG und UGA codieren keine Aminosäure. Sie dienen als Stoppcodons und beenden die Proteinbiosynthese.

Eigenschaften des genetischen Codes – Der genetische Code besitzt folgende Eigenschaften:

- Er ist ein **Triplett-Code**. Jeweils drei Basen codieren für eine Aminosäure.
- Er ist **eindeutig**. Jedes Codon steht nur für eine Aminosäure.
- Er ist **degeneriert**. Fast alle Aminosäuren werden durch mehrere Tripletts codiert.
- Er ist **kommafrei**. Die Codons folgen lückenlos ohne Leerstellen aufeinander.
- Er ist **nahezu universell**. Bis auf wenige Ausnahmen nutzen alle Lebewesen denselben genetischen Code.

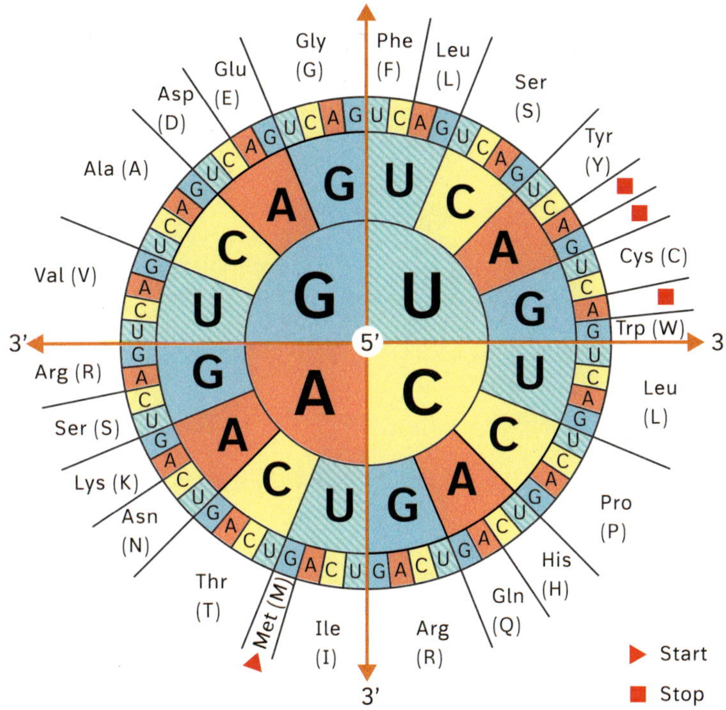

5 Codesonne

MATERIAL MIT AUFGABEN

A Eigenschaften des genetischen Codes

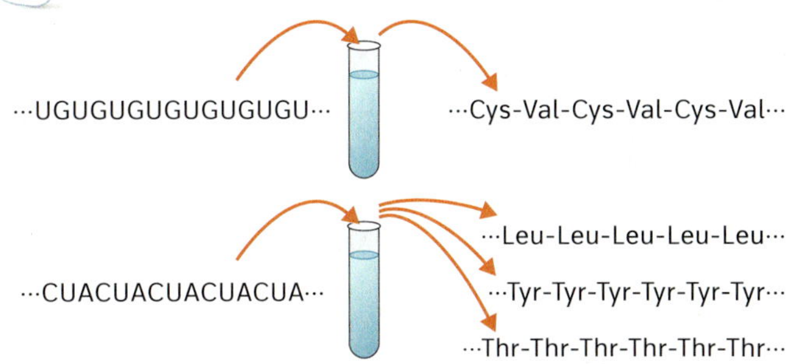

In ein zellfreies System wurden synthetisch hergestellte mRNA aus Nucleotiden mit zwei oder drei verschiedenen Basen gegeben. In einem ersten Versuch führte die Nucleotidsequenz ....UGUGUGUGU ... zum abwechselnden Einbau der Aminosäuren Cystein und Valin in die Polypeptidkette. Bei einem zweiten Versuch ergab die Nucleotidsequenz ...CUACUA-CUACUA... Polypeptidketten, die entweder nur aus Leucin, nur aus Tyrosin oder nur aus Threonin bestanden.

1 Erklären Sie die Versuchsbeobachtungen. ●●○
2 Erklären Sie an den Versuchsbeobachtungen, dass der genetische Code kommafrei ist. ●●○

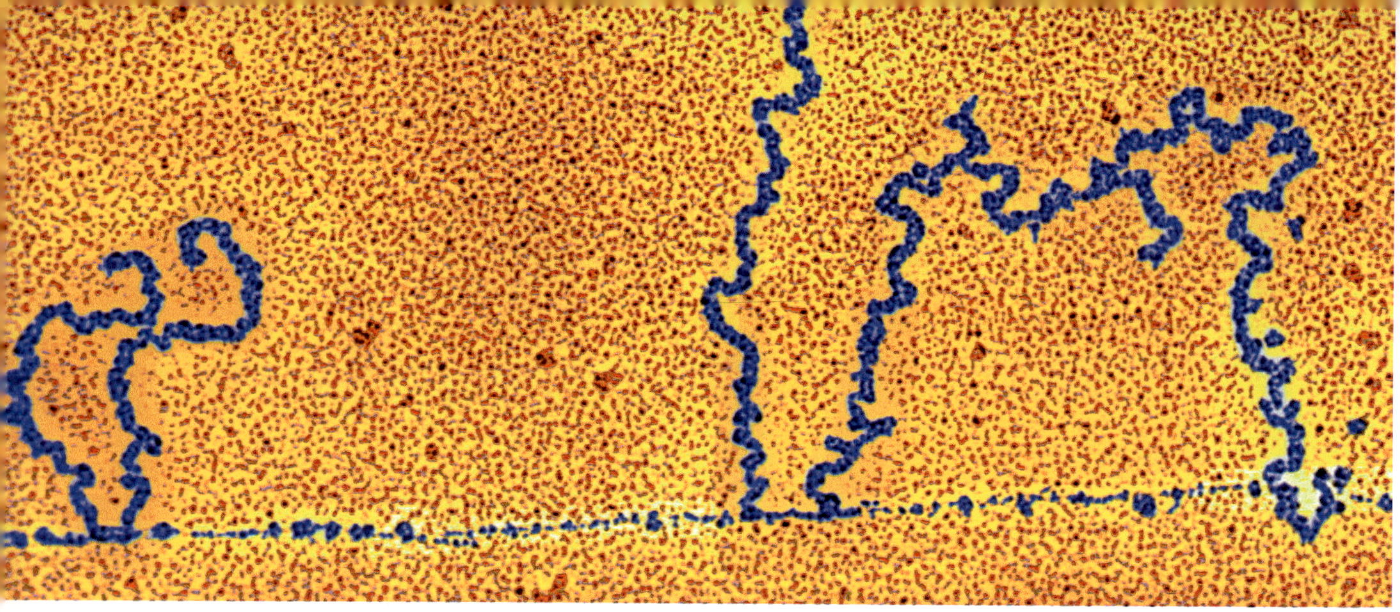

1 Transkription bei *E. coli* (EM-Aufnahme, gefärbt)

3.2 Transkription bei Prokaryoten

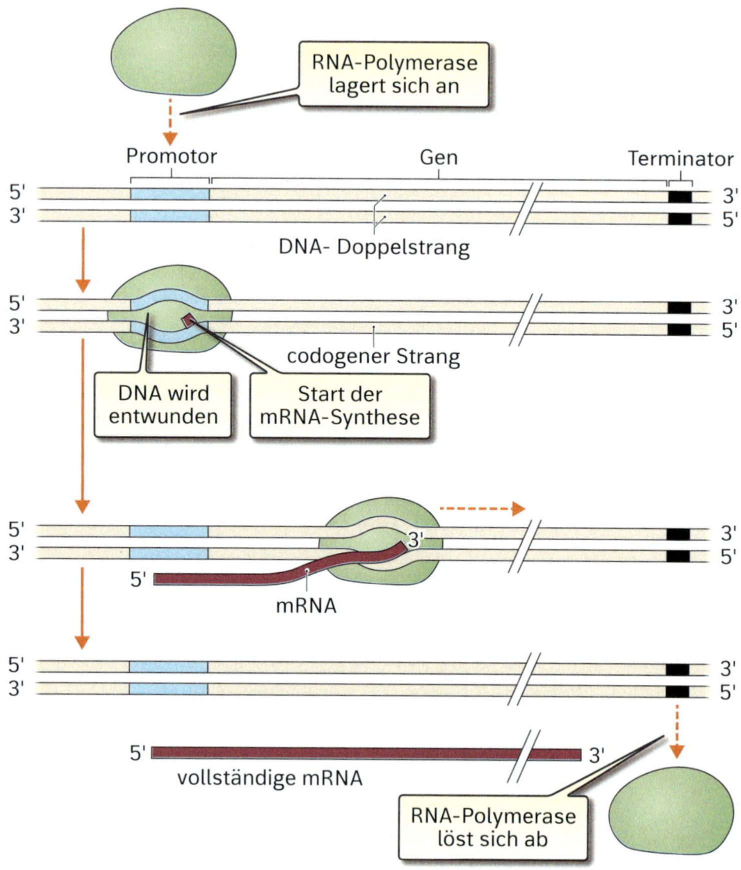

2 Teilschritte der Transkription

Auf der elektronenmikroskopischen Aufnahme ist der erste Schritt der Genexpression beim Bakterium E. coli zu sehen, die Transkription. Wieso entstehen dabei unterschiedlich lange Transkriptionsprodukte, die von dem waagerecht verlaufenden DNA-Strang abzweigen?

Ablauf der Transkription – Bei der Transkription wird nicht die gesamte DNA einer Zelle kopiert, sondern nur der Teil, der für die Synthese eines Peptids oder einer RNA verantwortlich ist. Ein solcher DNA-Abschnitt heißt **Gen**. Am Anfang des Gens befindet sich eine kurze DNA-Basensequenz, der **Promotor**. Durch ihn ist der Startpunkt der Transkription festgelegt und vorgegeben, welcher der beiden DNA-Stränge abgelesen werden soll. An den Promotor bindet das Enzym **RNA-Polymerase**. Es bewegt sich entlang der DNA-Doppelhelix. und entwindet sie mithilfe der Transkriptionsfaktoren. Hierbei werden die Wasserstoffbrücken zwischen den DNA-Einzelsträngen auf einer Strecke von etwa 20 Basenpaaren gelöst und so eine blasenartige Öffnung erzeugt. Nur einer der beiden freigelegten Einzelstränge dient als Kopiervorlage. Dieser Strang wird Matrizenstrang oder **codogener Strang** genannt.

Komplementär zur Basensequenz des codogenen Stranges lagern sich freie RNA-Nucleotide an das 3'-Ende des wachsenden Stranges. Sie werden durch die RNA-Polymerase zu einem kurzen mRNA-Strang verbunden. Die Transkription endet, sobald die RNA-Polymerase an eine bestimmte DNA-Basensequenz gelangt. An diesem sogenannten **Terminator** löst sie sich von der DNA und das mRNA-Molekül wird freigesetzt.

Bei Prokaryoten wie dem Bakterium *E. coli* kann ein einzelnes Gen gleichzeitig von mehreren aufeinanderfolgenden RNA-Polymerasen transkribiert werden. Im Elektronenmikroskop sind die mRNA-Transkripte als fädige Strukturen zu erkennen. Mit zunehmender Entfernung vom Transkriptionsstart sind diese länger, da die Transkription hier schon weiter fortgeschritten ist. Die gleichzeitige Transkription eines Gens durch mehrere Polymerase-Moleküle erhöht die Menge an Protein, die pro Zeiteinheit gebildet werden kann.

Synthese weiterer RNA-Typen – Bei der Transkription werden auch RNA-Moleküle gebildet, die keine Proteine codieren. Zu diesen zählen die **transfer-RNA**, kurz **tRNA**, und die **ribosomale RNA**, kurz **rRNA**.

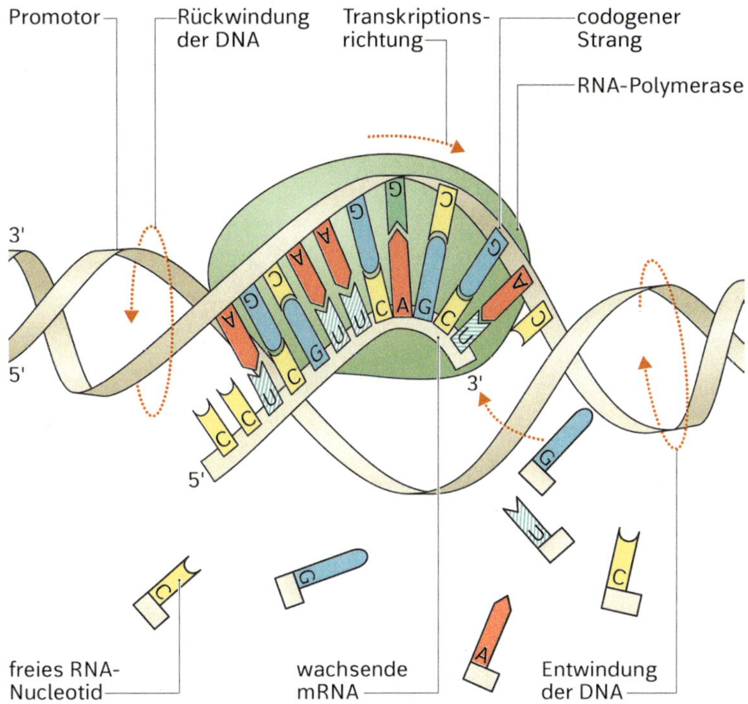

3 Synthese von mRNA während der Transkription

Während die tRNA die Aufgabe hat, Aminosäuren zu den Ribosomen zu transportieren, gibt die rRNA den Ribosomen zusammen mit Proteinen ihre Struktur und Funktion. Wie die Proteine werden diese beiden Typen von RNA-Molekülen durch spezifische Gene codiert.

MATERIAL MIT AUFGABEN

A Vergleich Replikation – Transkription

Replikation	Transkription
Es wird die gesamte DNA einer Zelle repliziert.	
Beide Stränge der Doppelhelix werden repliziert.	
	Die gebildete RNA enthält den Zucker Ribose sowie die Basen Adenin, Guanin, Cytosin und Uracil.
	Die mRNA verlässt bei Eukaryoten den Zellkern, bei Prokaryoten bleibt sie in der Nähe der DNA.
Die DNA-Polymerase benötigt einen Primer.	

Replikation und Transkription weisen Gemeinsamkeiten, aber auch Unterschiede auf.

1 Nennen Sie die jeweilige Funktion der Replikation und der Transkription. ●○○
2 Ergänzen Sie die Tabelle in Ihrem Hefter. ●●○
3 Begründen Sie, warum mögliche Kopierfehler bei der Transkription geringere Folgen haben als Fehler bei der Replikation. ●●●
4 Erstellen Sie auf der Basis der Abbildung 3 ein Erklärvideo. ●●○
5 Formulieren Sie Feedbackkriterien für das Erklärvideo. ●●○

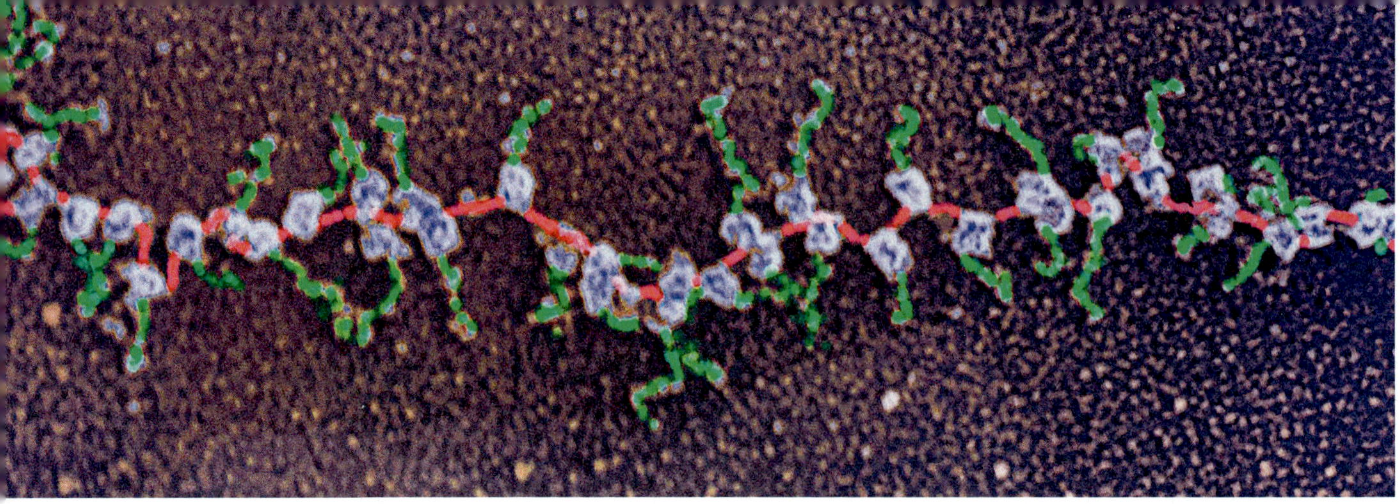

1 Translation. (EM-Bild; rot: mRNA, blau: Ribosomen, grün: Polypeptide)

3.3 Translation bei Prokaryoten

In der elektronenmikroskopischen Aufnahme ist der mRNA-Strang einer E. coli-Zelle zu erkennen, an den zahlreiche Ribosomen gebunden sind. Wie erfolgt bei Prokaryoten die Bildung der Polypeptide?

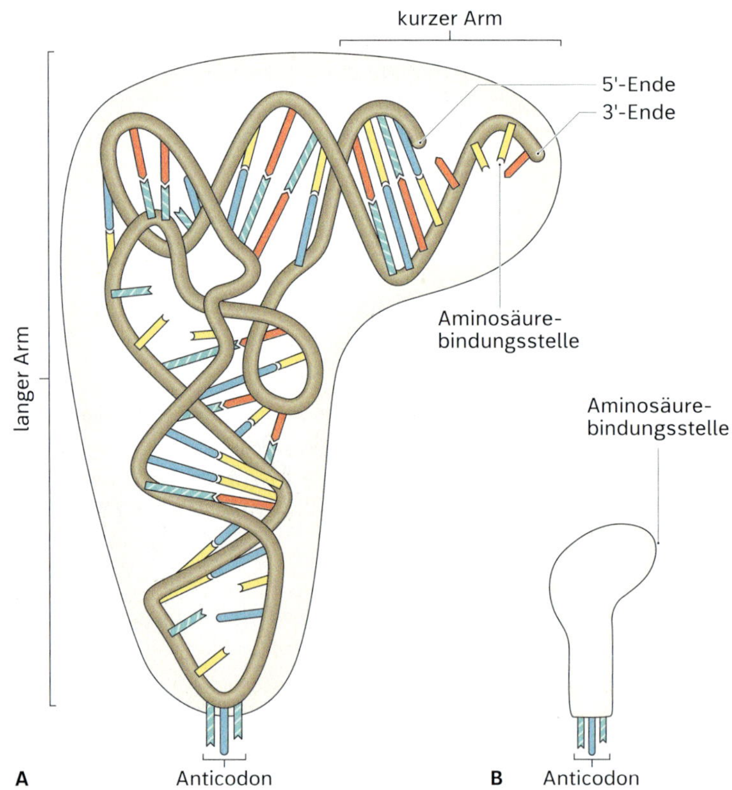

2 Struktur der tRNA: **A** Raumstruktur; **B** Schema

Überblick – Bei der Translation wird die mRNA an den Ribosomen in eine Polypeptidkette mit einer bestimmten Sequenz übersetzt. Der genetische Code dient hierbei als „Übersetzungsvorschrift". An der Translation sind neben der mRNA und den Ribosomen auch Enzyme, Aminosäuren und tRNA-Moleküle beteiligt.

Bau der tRNA – Während der Translation im Cytoplasma werden ständig Aminosäuren zu den Ribosomen transportiert. Verantwortlich hierfür sind **tRNA-Moleküle**. Jede Aminosäure wird von einem für sie spezifischen tRNA-Molekül transportiert. Ein tRNA-Molekül besteht aus etwa 80 Nucleotiden. Durch komplementäre Basenpaarung innerhalb des Moleküls bilden sich doppelsträngige Bereiche. Weitere Windungen und Faltungen führen zu einer Raumstruktur mit L-förmiger Gestalt.

Zwei Bereiche des tRNA-Moleküls sind von besonderer Bedeutung für die Translation: Am kurzen Arm befindet sich das 3'-Ende mit der **Aminosäurebindungsstelle**. Sie hat bei allen tRNA-Molekülen die Basenabfolge CCA. Am Ende des langen Arms befindet sich bei jeder tRNA ein Basentriplett mit besonderer Funktion, das sogenannte **Anticodon**. Mit diesem bindet die tRNA an ein komplementäres Codon der mRNA.

Beladen der tRNA Das Beladen eines tRNA-Moleküls mit der jeweiligen Aminosäure erfolgt durch das Enzym tRNA-Synthetase. Da es 20 natürlich vorkommende Aminosäuren gibt, findet man auch 20 verschiedene tRNA-Synthetasen. Diese Enzyme weisen jeweils zwei spezifische Bindungsstellen auf: In die eine passt die jeweilige Aminosäure, an die andere lagert sich die tRNA mit ihrem spezifischen Anticodon. Sind beide Bindungsstellen des Enzyms besetzt, verknüpft es die Aminosäure mit der tRNA. Jedes beladene tRNA-Molekül trägt somit stets die zum Anticodon passende Aminosäure. So dient es als eine Art „Dolmetscher", der die Information eines Basentripletts in eine Aminosäure übersetzt.

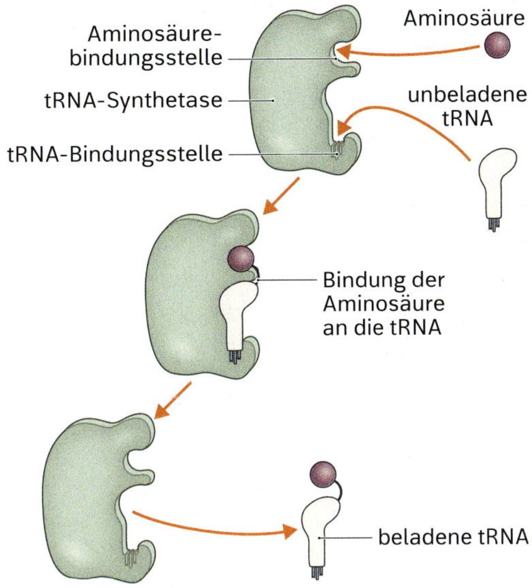

3 Beladen der tRNA mit einer Aminosäure

Bau der Ribosomen Ribosomen bestehen aus einer großen und einer kleinen Untereinheit. Die kleine Untereinheit besitzt eine Bindungsstelle für die mRNA. Sie ist für das Ablesen der mRNA zuständig. Aufgabe der große Untereinheit ist dagegen die Verknüpfung der Aminosäuren. Sie verfügt über drei Bindungsstellen für tRNA-Moleküle: Am Ribosomeneingang, der **A-Stelle**, bindet jeweils eine beladene tRNA. In der **P-Stelle** verbindet das Ribosom die Aminosäure, mit der die tRNA beladen ist, mit der wachsenden Polypeptidkette. Die entladenen tRNA-Moleküle verlassen das Ribosom über die **E-Stelle**.

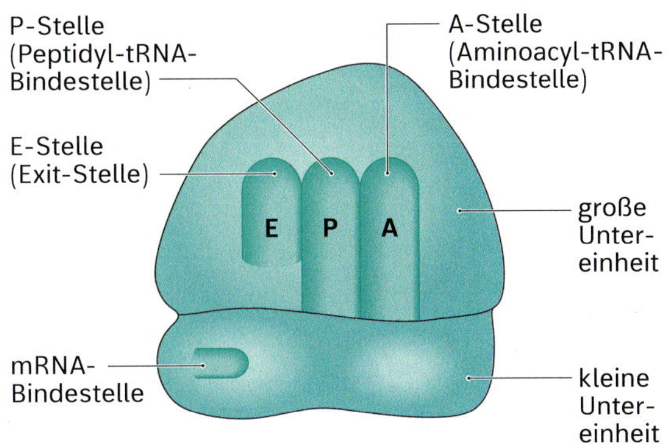

4 Bau der Ribosomen

MATERIAL MIT AUFGABEN

A Versuche zur Proteinbiosynthese

In einem zellfreien System, das aus der Leber einer Maus stammte, wurden die mRNA und die tRNA enzymatisch abgebaut. Anschließend wurden radioaktiv markierte Aminosäuren sowie verschiedene Nucleinsäuren hinzugefügt.

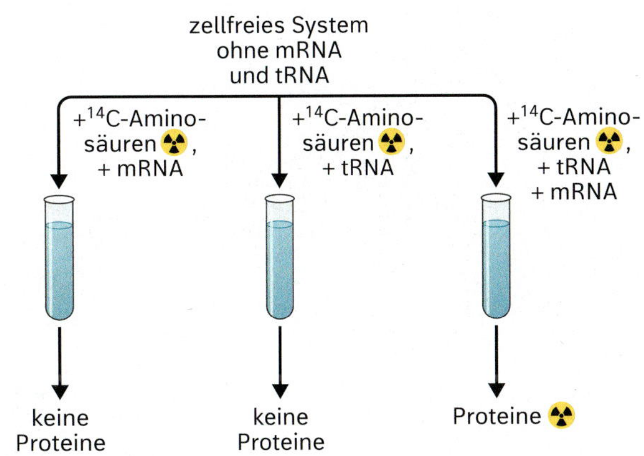

1 Beschreiben Sie die Durchführung und die Beobachtungen des Versuchs. ●○○
2 Geben Sie an, welche Frage mit dem Versuch geklärt werden sollte. ●●○
3 Erklären Sie die Versuchsbeobachtungen. ●●●

MATERIAL MIT AUFGABEN

B Versuche zur Bestimmung des Wirkortes eines Antibiotikums

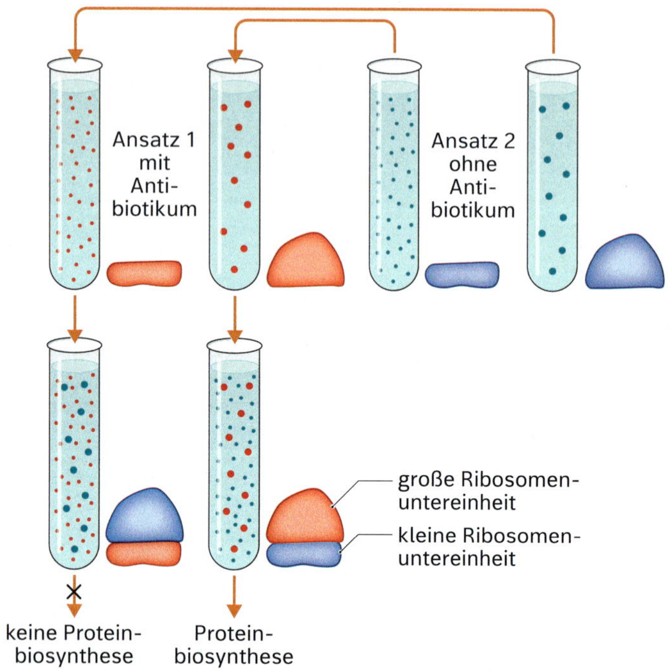

Antibiotika sind Stoffe, die entweder das Wachstum von Bakterien hemmen oder sie abtöten, indem sie deren Proteinbiosynthese beeinflussen. In einem Versuch wurde überprüft, an welcher Stelle ein neu entwickeltes Antibiotikum die Proteinbiosynthese hemmt. Dazu trennte man die Ribosomen aus Bakterienzellen durch Zentrifugation in die kleinen und großen Untereinheiten und teilte sie jeweils auf zwei Ansätze auf. Nur zu Ansatz 1 wurde das Antibiotikum hinzugefügt. Danach gab man zu den Ribosomenuntereinheiten aus Ansatz 1 die jeweils andere Untereinheit aus Ansatz 2, die nicht mit dem Antibiotikum behandelt wurde. Anschließend überführte man die Ribosomen in ein zellfreies System, das keine Ribosomen enthielt, aber alle anderen Komponenten, die für die Proteinbiosynthese notwendig sind.

1 Beschreiben Sie die Durchführung des Experiments anhand der Abbildung. ●○○

2 Geben Sie an, welche Schlussfolgerung man aus der Beobachtung hinsichtlich der Versuchsfrage ziehen kann. ●●○

3 Beschreiben Sie, wie der Kontrollversuch durchgeführt werden muss. ●●○

4 Geben Sie an, welche Schlussfolgerungen man ziehen könnte, wenn in beiden Fällen keine Proteinbiosynthese erfolgen würde. ●●○

Start der Translation – Die Translation beginnt, indem sich die mRNA an die kleine Untereinheit des Ribosoms anlagert. Diese Untereinheit bewegt sich dann in Richtung des 3'-Endes der mRNA, bis sie auf das Startcodon AUG trifft. Sobald sich eine tRNA mit ihrem Anticodon UAC an dieses Startcodon angelagert hat, verbinden sich die große und die kleine Untereinheit des Ribosoms. Das Ribosom ist danach funktionsbereit.

Kettenverlängerung – Die tRNA, die mit ihrem Anticodon zum Startcodon komplementär ist, befindet sich in der P-Stelle des Ribosoms. Sie ist mit der Aminosäure Methionin beladen. An das Codon der mRNA in der benachbarten A-Stelle lagert sich eine weitere tRNA mit ihrem Anticodon komplementär an. Danach wird die Aminosäure Methionin an die Aminosäure der tRNA in der A-Stelle gebunden. So hängt das entstandene Dipeptid an der tRNA in der A-Stelle. Das Ribosom wandert nun um ein Codon auf der mRNA weiter. Dabei wird die tRNA zusammen mit dem gebundenen Dipeptid aus der A-Stelle in die P-Stelle verlagert. An die dadurch frei gewordene A-Stelle kann die nächste beladene tRNA binden. Zugleich wird die entladene Start-tRNA aus der P-Stelle in die E-Stelle verlagert. Sie verlässt das Ribosom und kann erneut beladen werden. Diese Vorgänge wiederholen sich Codon für Codon.

Kettenabbruch – Gelangt ein Stoppcodon UAA, UAG oder UGA in die A-Stelle, so bricht die Translation ab, da es für diese Codons keine passende tRNA gibt. Das Ribosom zerfällt in seine beiden Untereinheiten und gibt das fertige Polypeptid frei. Die Translation und damit auch die Proteinbiosynthese sind beendet.

Polysomen – Bakterien besitzen keinen Zellkern, daher laufen bei ihnen im Cytoplasma Transkription und Translation synchron ab. Im Regelfall binden dabei gleichzeitig mehrere Ribosomen an einem mRNA-Molekül. Eine derartige Aufreihung von Ribosomen nennt man **Polysomen**. Da an jedem Ribosom die gleiche Polypeptidkette gebildet wird, entstehen auf diese Weise sehr schnell viele Kopien des Polypeptids.

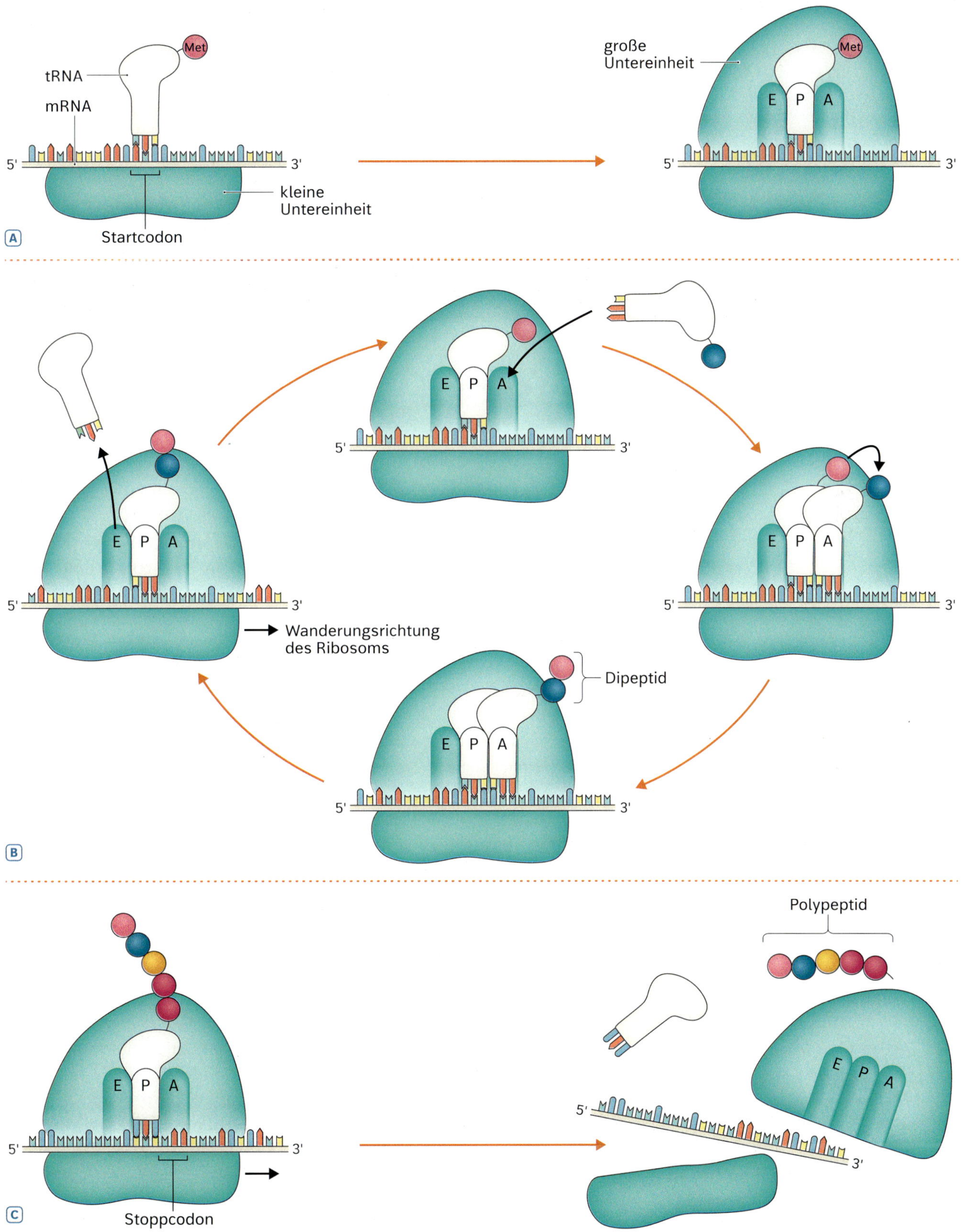

5 Translation: **A** Start; **B** Kettenverlängerung; **C** Kettenabbruch

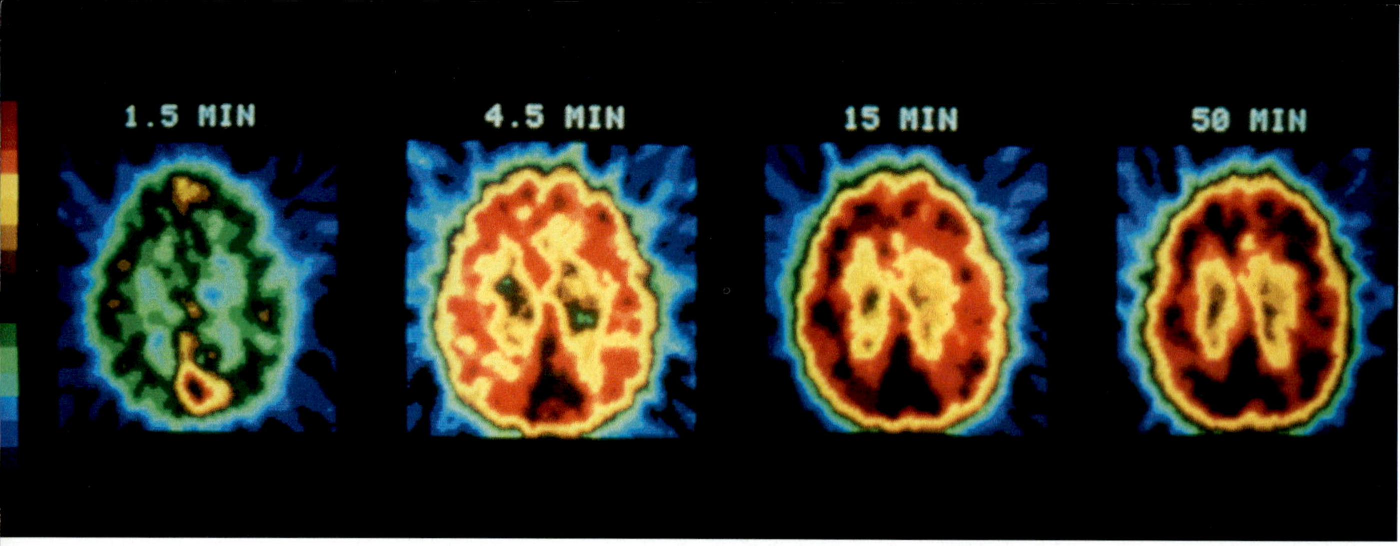

1 Proteinbiosynthese im menschlichen Gehirn (CT-Aufnahme; rot: Areale mit Methionin)

3.4 Genexpression bei Eukaryoten

Spritzt man einem Menschen eine bestimmte Menge der radioaktiv markierten Aminosäure Methionin ins Blut, lässt sich dieser Tracer im Verlauf der Zeit in zunehmender Menge im Gehirn nachweisen. Methionin wird dort in Proteine eingebaut. Wie verläuft diese Proteinbiosynthese bei eukaryotischen Zellen?

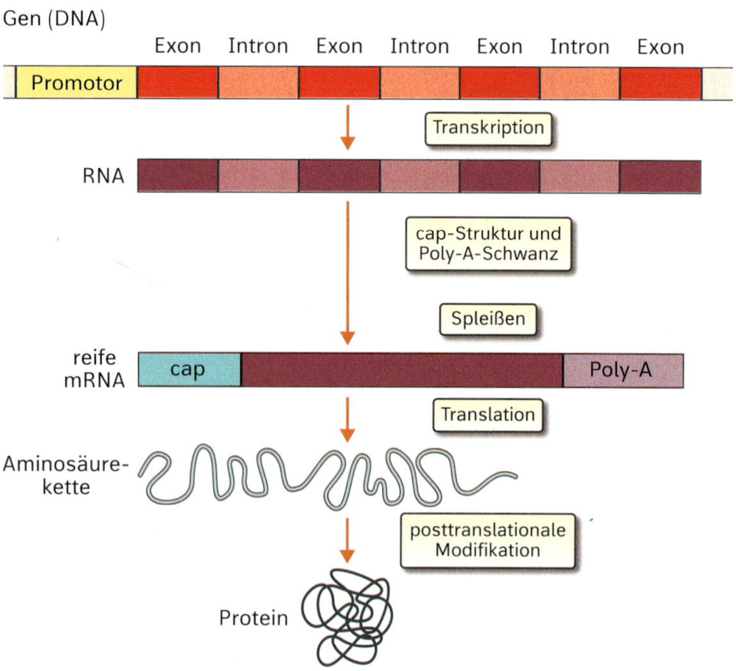

2 Genexpression bei Eukaryoten

Bau eukaryotischer Gene – Wesentliche Unterschiede der Genexpression bei Prokaryoten und Eukaryoten ergeben sich aus dem besonderen Aufbau der eukaryotischen Gene. Im Gegensatz zu prokaryotischen Genen enthalten diese Nucleotid-Sequenzen, die kein Polypeptid codieren. Man bezeichnet sie als **Introns**. Die codierenden Nucleotid-Sequenzen heißen **Exons**. Da eukaryotische Gene sich aus codierenden und nicht codierenden Sequenzen zusammensetzen, werden sie auch als **Mosaikgene** bezeichnet.

RNA-Prozessierung – Im Gegensatz zu Prokaryoten ist das genetische Material bei Eukaryoten von einer Kernhülle umgeben. Transkription und Translation sind dadurch räumlich und auch zeitlich voneinander getrennt. Die mosaikartig aus Exons und Introns aufgebauten Gene der Eukaryoten werden bei der Transkription zunächst durchgängig in eine mRNA transkribiert. Es entsteht eine Vorstufe der mRNA, die **prä-mRNA**. Diese verlässt den Zellkern nicht, sondern wird erst spezifisch verändert. Im ersten Schritt werden Basen an die beiden Enden der prä-mRNA geknüpft: Das 5'-Ende erhält dabei eine modifizierte Form der Base Guanin. Diese sogenannte **cap-Struktur** schützt das 5'-Ende der mRNA vor einem enzymatischen Abbau und erleichtert das Anlagern an die Ribosomen. An das 3'-Ende werden bis zu 300 Adenin-Nucleotide angefügt. Dieser **Poly-A-Schwanz** erleichtert den Export der mRNA in das Cytoplasma und schützt das 3'-Ende vor einem enzymatischen Abbau.

Im nächsten Schritt werden die Introns aus der prä-mRNA herausgeschnitten und die verbliebenen Exons miteinander zu einer zusammenhängenden mRNA verknüpft. Dieser Vorgang wird **Spleißen** genannt. Die prä-mRNA kann dabei auch unterschiedlich zusammengeschnitten werden. So können beispielsweise ein Exon oder mehrere Exons entfernt werden, sodass aus derselben prä-mRNA verschiedene reife mRNA-Moleküle entstehen können. Durch dieses sogenannte **alternative Spleißen** erhöht sich die Vielfalt an Proteinen, die durch ein einzelnes Gen codiert werden. Beim Menschen wird mindestens die Hälfte aller Gene gespleißt. Dies erklärt auch, warum das menschliche Genom mit etwa 25 000 proteincodierenden Genen über eine vergleichsweise geringe Zahl an Genen verfügt. Die Veränderungen von der prä-mRNA zur reifen mRNA nennt man Reifung oder **Prozessierung** der mRNA.

Posttranslationale Modifikation – Die reife mRNA verlässt den Zellkern über eine Kernpore und wird an den Ribosomen in ein Polypeptid translatiert. Die cap-Struktur und der Poly-A-Schwanz der mRNA werden dabei nicht in Aminosäuren übersetzt. Beide Strukturen haben jedoch eine große Bedeutung für die Regulation der Translation. Das entstandene Polypeptid wird danach oft noch in mehreren Schritten verändert. Beispielsweise werden Aminosäuren oder kurze Peptide von den Enden oder aus der Molekülmitte enzymatisch entfernt. Bestimmte Proteine werden erst durch das Anheften oder Abspalten von Phosphatgruppen aktiviert oder inaktiviert. Die Vorgänge in ihrer Gesamtheit werden als **posttranslationale Modifikation** bezeichnet. Erst dadurch erhalten viele Proteine ihre endgültige räumliche Struktur und erst dann wird aus dem Polypeptid ein funktionsfähiges Protein.

MATERIAL MIT AUFGABEN

A Insulinsynthese

Das Hormon Insulin wird in den Betazellen der Bauchspeicheldrüse gebildet. Es setzt sich aus zwei getrennten Polypeptidketten zusammen, die über zwei Disulfidbrücken zusammengehalten werden. Die A-Kette besteht aus 21 Aminosäuren, die B-Kette aus 30 Aminosäuren. Insulin entsteht über mehrere verschiedene inaktive Vorstufen. Diese besitzen an ihren Enden Signalsequenzen, mit denen sie durch Membranen transportiert werden. Insulin wird in Golgi-Vesikel der Betazellen als Proinsulin gespeichert. Diese Vorstufe enthält noch eine dritte Kette, die C-Kette. Bevor Insulin in das Blut freigesetzt wird, wird diese Kette enzymatisch aus dem Proinsulin herausgeschnitten und so aktives Insulin gebildet.

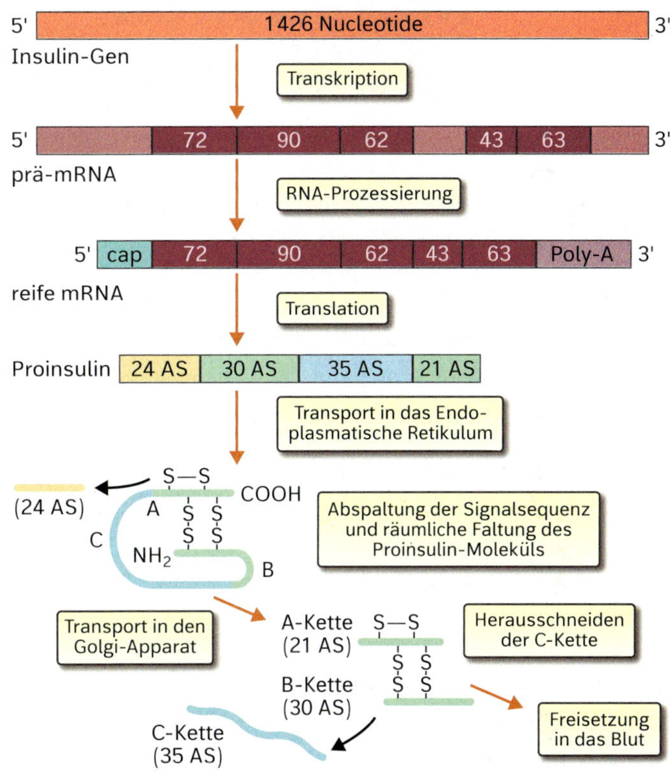

1 Das Insulin-Gen des Menschen umfasst 1426 Nucleotide. Man findet im Cytoplasma der Betazellen sowohl RNA-Moleküle mit 1426 Nucleotiden als auch solche mit 330 Nucleotiden. Außerdem lassen sich aus ihnen drei verschiedene Polypetide mit 51, 86 und 110 Aminosäuren isolieren. Beschreiben Sie die Genexpression des Insulin-Gens und erklären Sie die Befunde. ●●○

2 Stellen Sie eine Hypothese zur Funktion der C-Peptidkette auf. ●●○

1 Junge Sportlerinnen und Sportler

3.5 Mutationen und ihre Folgen

Jährlich erleiden in Deutschland über 100 000 Menschen im Leistungs- und Freizeitsportbereich – meist beim Fußball oder Laufen – einen plötzlichen Herztod. Häufigste Ursache bei jungen Sportlerinnen und Sportlern ist dabei eine krankhafte Verdickung des Herzmuskels, die familiäre Kardiomyopathie. Diese erbliche Krankheit wird durch Veränderungen von Genen, die für bestimmte Muskelproteine codieren, verursacht. Wie lassen sich solche Veränderungen auf molekularer Ebene erklären?

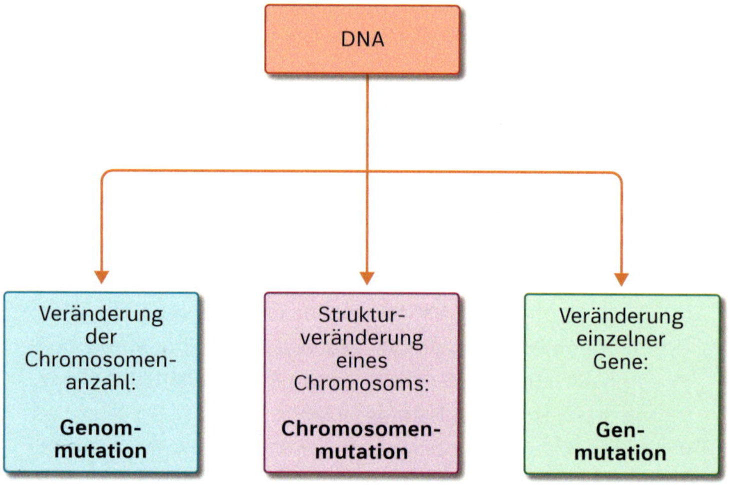

2 Mutationsarten

Mutationen – Veränderungen der DNA einer Zelle werden **Mutationen** genannt. Sie führen zu neuen Allelen und neuen Genen und sind damit eine wesentliche Ursache für die genetische Vielfalt der Lebewesen. Mutationen können spontan auftreten, etwa durch Fehler bei der Replikation oder durch chemische Veränderungen der DNA-Basen. Diese können durch äußere Einflüsse, etwa chemische Substanzen oder physikalische Faktoren wie UV-Strahlen, verursacht werden. Mutationen können die Anzahl der Chromosomen betreffen und werden dann **Genommutationen** genannt. Verändern Mutationen die Struktur von Chromosomen wird von **Chromosomenmutationen** gesprochen. Bei **Genmutationen** ist ein einzelnes Gen verändert.

Typen von Genmutationen – Mutationen, die nur einzelne Basen beziehungsweise komplementäre Basenpaare betreffen, heißen **Punktmutationen**. Sie lassen sich in drei Typen unterteilen. Bei der **Substitution** wird ein Basenpaar der DNA gegen ein anderes Basenpaar ausgetauscht. Wenn ein zusätzliches Basenpaar eingefügt wird, liegt eine **Insertion** vor. Bei einer **Deletion** wird ein Basenpaar entfernt.

Substitutionen – Die verschiedenen Typen von Genmutationen können unterschiedliche Auswirkungen auf das gebildete Polypeptid haben. Erfolgt etwa eine Substitution an der ersten oder zweiten Stelle eines Basentripletts der DNA, so wird zumeist eine falsche Aminosäure in das Polypeptid eingebaut. Dies wird **Missense-Mutation** genannt. Der Austausch einer einzigen Aminosäure in einem Protein kann dessen Funktion stark beeinträchtigen. Bei der familiären Kardiomyopathie ist beispielsweise eine Basensubstitution bekannt, die zum Austausch der Aminosäure Leucin gegen Phenylalanin in einem Protein der Herzmuskulatur führt. Diese Veränderung der Aminosäure wirkt sich auf die Tertiärstruktur des Proteins aus und verändert massiv dessen Aktivität. Besitzt die ausgetauschte Aminosäure jedoch ähnliche chemische Eigenschaften wie die ursprüngliche Aminosäure, kann eine Missense-Mutation auch folgenlos sein.

Erfolgt der Basenaustausch an der dritten Stelle eines Basentripletts der DNA, wird zwar ein anderes mRNA-Codon gebildet, das aber häufig zum Einbau der selben Aminosäure führt, da der genetische Code degeneriert ist. Derartige Veränderungen werden **stumme Mutationen** genannt. Entsteht durch eine Substitution auf der DNA ein Stopp-Codon auf der mRNA, so liegt eine **Nonsense-Mutation** vor. Die Translation wird dadurch vorzeitig abgebrochen. Das gebildete Polypeptid ist meist funktionslos.

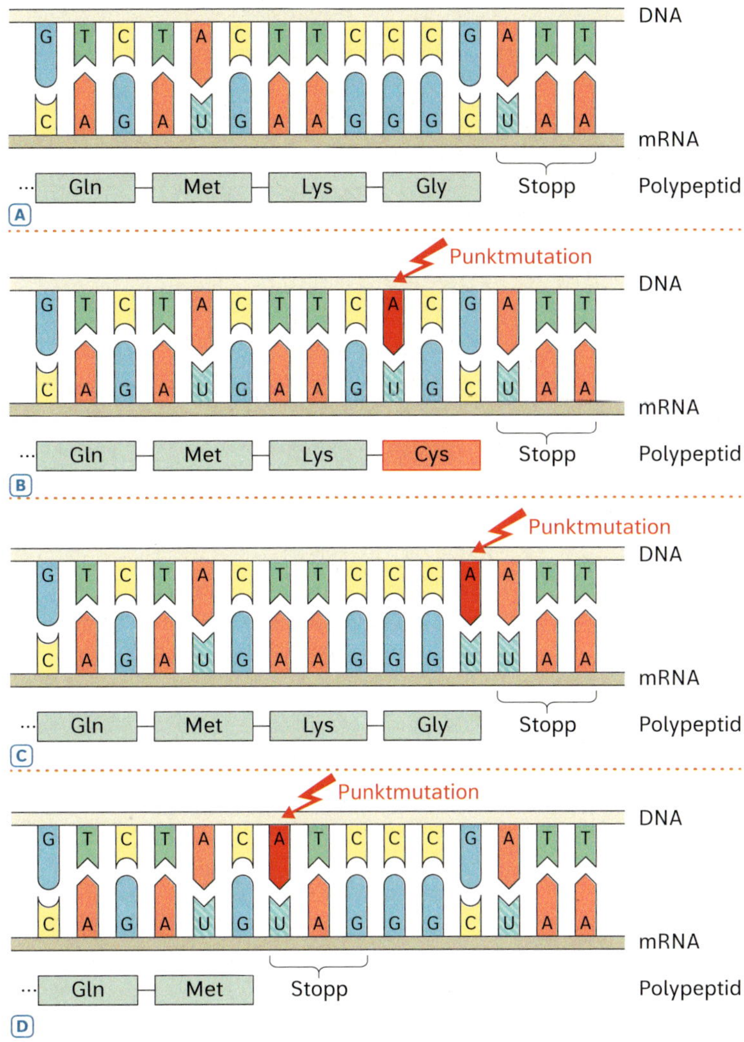

3 Genmutationen: **A** Normalfall; **B** Missense-Mutation; **C** stumme Mutation; **D** Nonsense-Mutation

MATERIAL MIT AUFGABEN

A Auswirkungen verschiedener Genmutationen

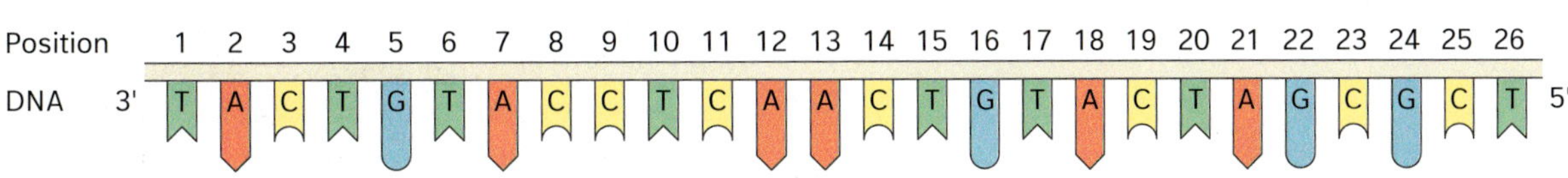

1 Bestimmen Sie mithilfe der Codesonne die Aminosäuresequenz für den abgebildeten DNA-Abschnitt. ●○○

2 Ermitteln Sie die Aminosäuresequenz auf dem DNA-Abschnitt nach folgenden Punktmutationen: ●●○
- Substitution von C gegen T in Position 9
- Substitution von A gegen C in Position 12
- Substitution von T gegen G in Position 6

3 Entwickeln Sie Hypothesen im Hinblick auf die möglichen Folgen der Punktmutationen. ●●●

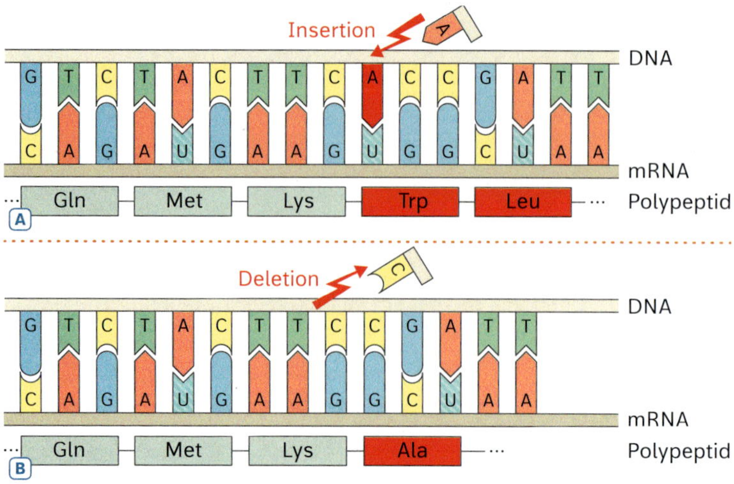

4 Genmutationen: **A** Insertion; **B** Deletion

Insertionen und Deletionen Eine Genmutation kann außerdem durch Insertion oder Deletion von Nucleotide erfolgen. Da der genetische Code kommafrei ist, verschiebt sich ab der Mutation das Leseraster aller nachfolgenden Basentripletts. Solche **Rasterschub-Mutationen** entstehen immer dann, wenn die Zahl der eingefügten oder entfernten Basenpaare nicht drei oder kein Vielfaches von drei ist. In der Folge können andere Aminosäuren codiert werden oder es kann zu einem vorzeitigen Abbruch der Translation kommen, wenn durch die Mutation ein Stopp-Codon auf der mRNA gebildet wird. In der Regel führen solche Rasterschub-Mutationen zu einem funktionslosen Protein.

Bedeutung von Mutationen Genmutationen haben für den betroffenen Organismus negative Folgen, sofern sie codierende Genabschnitte betreffen und die Funktion des Genprodukts beeinträchtigen. Sie führen dann häufig zu Krankheiten. Viele Mutationen bleiben aber ohne Folgen für den Organismus, da es sich entweder um stumme Mutationen handelt oder sie nichtcodierende Genabschnitte betreffen. Nur in seltenen Fällen wirken sich Mutation positiv aus. Zum Beispiel besitzt etwa einer von hundert Europäern eine angeborene Resistenz gegen eine HIV-Infektion. Diese beruht auf einer Mutation im Gen für ein Rezeptorprotein, das das Virus für das Eindringen in die Wirtszelle benötigt.

MATERIAL MIT AUFGABEN

B Mutation des Insulin-Gens

3' … 5'

DNA CCC TAA CAA CTC GTC ACG ACG ATG AGG TAA ACG ····

mRNA GGG AUU GUU GAG CAG UGC UGC UAC UCC AUU UGC ····

Peptid Gly Ile Val Glu Gln Cys Cys Tyr Ser Ile Cys ····

DNA CCC TAA CAA CTT CGT CAC GAC GAT GAG GTA AAC ····

mRNA GGG AUU GUU GAC GCA GUG CUG CUA CUC CAU UUG ····

Peptid Gly Ile Val Glu Ala Val Leu His Ile His Leu ····

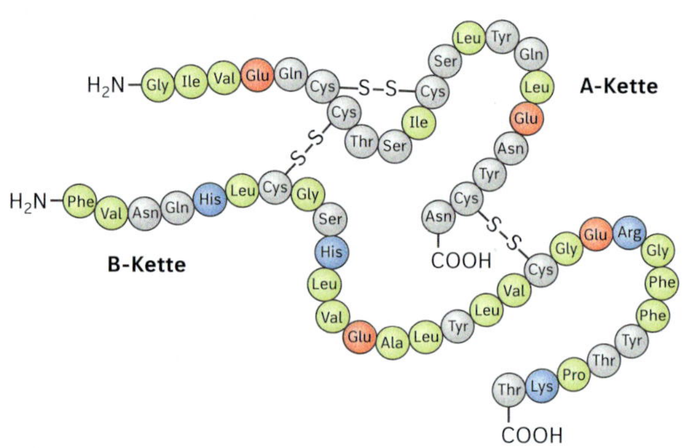

Das Hormon Insulin besteht aus zwei Polypeptidketten, die über Disulfidbrücken verknüpft sind. In der linken Abbildung sind die Polypeptidketten und die Basensequenz für die ersten 11 Aminosäuren der A-Kette angegeben. Die rechte Abbildung zeigt eine veränderte Basensequenz dieses Abschnittes.

1 Vergleichen Sie die Basensequenzen in beiden Abbildungen und ermitteln Sie den vorliegenden Mutationstyp. ●○○

2 Erklären Sie die Folgen dieser Mutation für das Hormon Insulin. ●●○

Modifikationen – Pflanzen des Löwenzahns besitzen im Tiefland einen hohen Wuchs und eine kurze Wurzel. Im Hochland zeigen sie einen kleineren Wuchs und längere Wurzeln. Es stellt sich die Frage, ob diese Unterschiede genetisch bedingt sind oder Folge der unterschiedlichen Umweltbedingungen. Zur Klärung dieser Frage wurde eine junge Löwenzahnpflanze aus dem Tiefland geteilt und anschließend eine Hälfte im Tiefland und die andere im Hochland kultiviert. Die beiden genetisch identischen Pflanzenhälften entwickelten sich an beiden Standorten zu vollständigen Pflanzen. Im Tal wuchs die Tieflandform, im Gebirge die Hochlandform. Die Veränderungen des Phänotyps wurden also allein durch Umwelteinflüsse verursacht. Eine solche Veränderung wird **Modifikation** genannt. Durch die unterschiedlichen Umwelteinflüsse wurden jeweils verschiedene Gene in den Zellen der Pflanzenzellen aktiviert oder deaktiviert. In der Folge bildeten sich die unterschiedlichen Phänotypen. Aufgrund der fehlenden Übergänge zwischen den beiden Formen wird von einer **umschlagenden Modifikation** gesprochen.

Der Einfluss der Umwelt auf die Merkmalsausbildung kann beispielsweise beim Pantoffeltierchen quantitativ erfasst werden. In einem Experiment wurde aus einem Pantoffeltierchen durch fortgesetzte Teilungen eine Gruppe genetisch identischer Individuen, ein **Klon**, erzeugt. Wird die Anzahl der Individuen eines Klons gegen die Zellgröße grafisch aufgetragen, ergibt sich eine typische **Variationskurve**. Klone, die entweder aus den kleinsten oder größten Pantoffeltierchen erzeugt werden, weisen die gleiche Variationskurve wie die Ausgangspopulation auf. Die Experimente zeigen, dass die Zellgröße keine genetisch fixierte Eigenschaft ist. Erblich festgelegt ist dagegen die **Reaktionsnorm**, in der ein Merkmal in der Ausprägung schwanken kann. Innerhalb dieses Bereichs wird die Zellgröße durch wachstumshemmende und wachstumsfördernde Umwelteinflüsse wie Lichtintensität oder Sauerstoffgehalt bestimmt. Die stufenlose Abwandlung eines Merkmals wird als **fließende Modifikation** bezeichnet.

5 Löwenzahn: **A** Tieflandform; **B** Hochlandform

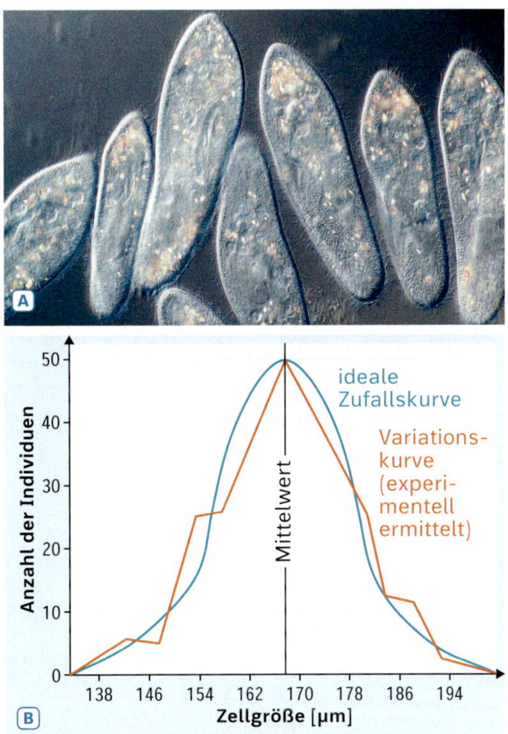

6 Pantoffeltierchen: **A** EM-Aufnahme; **B** Variationskurve einer Population

Klausuraufgaben

Proteinbiosynthese und Antibiotika

Antibiotika sind Stoffe, die entweder das Wachstum von Bakterien hemmen oder sie abtöten. In der folgenden Aufgabe werden Wirkungsweisen von Antibiotika auf Ebene der DNA-Replikation und der Proteinbiosynthese thematisiert.

1.1 Ordnen Sie den nummerierten Begriffen des Textes zur Herstellung von Fertighäusern die entsprechenden Fachbegriffe der Proteinbiosynthese zu. (Material A)

1.2 Prüfen Sie, welche Aspekte der Proteinbiosynthese durch das Modell gut verdeutlicht werden und welche nicht erklärt werden können. (Material A)

1.3 Vergleichen Sie die Proteinbiosynthese von Pro- und Eukaryoten hinsichtlich folgender Kriterien: Aufbau der DNA, räumliche Organisation, zeitliche Organisation, Aufbau der Gene, RNA-Prozessierung, posttranslationale Modifikation.

2.1 Beschreiben Sie den Ablauf der DNA-Replikation mithilfe der Abbildung. (Material B)

2.2 Erklären Sie die Wirkung von Ciprofloxacin auf die DNA-Replikation und begründen Sie, dass es als Antibiotikum eingesetzt wird. (Material B und C)

2.3 Werten Sie die Versuchsergebnisse zur Wirkung von Streptomycin aus und erstellen Sie eine Hypothese zum Wirkungsmechanismus dieses Antibiotikums. (Material B und C)

3.1 Ermitteln Sie die Aminosäuresequenz des DNA-Sequenzausschnitts mithilfe der Codesonne und geben Sie den Mutationstyp an. (Material D)

3.2 Erklären Sie, wie eine Streptomycin-Resistenz bei Bakterien entsteht. (Material D)

A Modell der Proteinbiosynthese von Prokaryoten

Im nachfolgenden Text wird die Proteinbiosynthese mit der Herstellung von Fertighäusern verglichen:

Im Architekturbüro (1) liegen die Originalpläne (2) für eine Reihe von Fertighaustypen (3). Mit Fotokopierern (4) werden Kopien (5) dieser Pläne hergestellt und an die Baustellen (6) verschickt. Am Lagerplatz (7) der Fertigteile (8) sorgen Spezialisten (9) dafür, dass die verschiedenen Teile auf die richtigen Kranwagen (10) gehievt werden. Die Kranwagen transportieren die Fertigteile zu den Baustellen. Die Wagen tragen Erkennungsmarken (11), die zu den Kennziffern (12) der Plankopie passen. So werden die Teile an der richtigen Stelle abgesetzt. Die einzelnen Teile werden durch genormte Stahlklammern (13) verbunden, die mit batteriebetriebenen Hämmern (14) eingesetzt werden. Die Batterien werden in nahegelegenen, mit Dieselkraftstoff (15) beschickten Kraftwerken (16) immer wieder aufgeladen.

Die nachfolgenden Fachbegriffe können zur Beschreibung der Proteinbiosynthese benutzt werden: Ribosomen, DNA, Polypeptide, Zellkern, tRNA, Mitochondrien, Cytoplasma, ATP, Aminosäuren, Glucose, mRNA, Codon, RNA-Polymerase, Golgi-Apparat, Peptidbindung, Anticodon, Nucleotide, tRNA-Synthetasen, Mg^{2+}-Ionen.

B Ablauf der DNA-Replikation

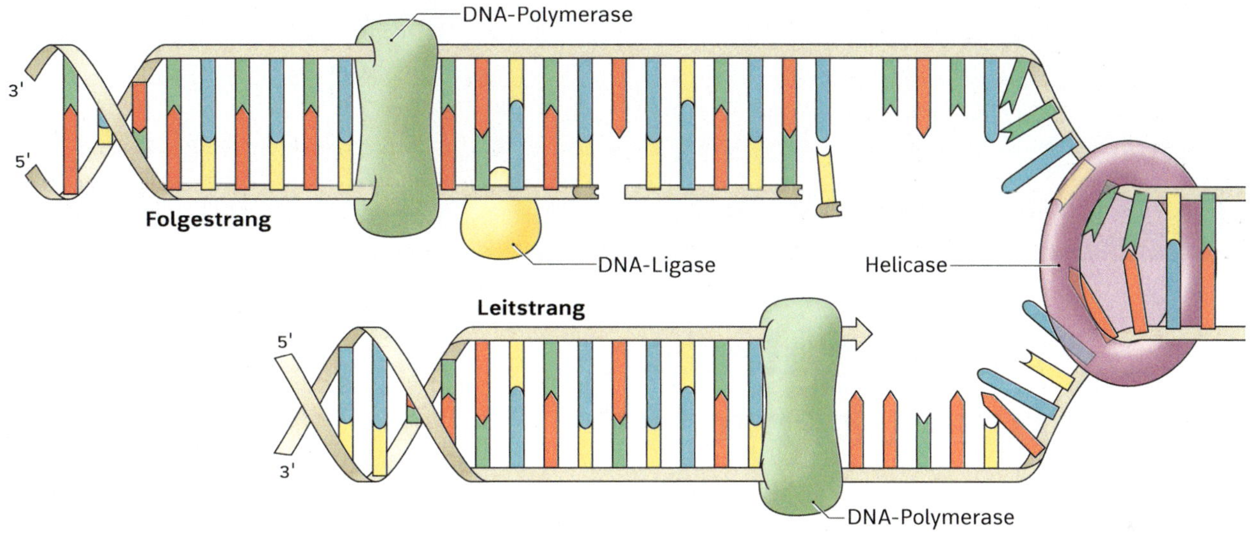

C Wirkung verschiedener Antibiotika

Das Antibiotikum **Ciprofloxacin** hemmt das bakterielle Enzym Gyrase. Dies spielt eine wichtige Rolle bei der DNA-Replikation. Während der DNA-Replikation öffnet die Helicase den DNA-Doppelstrang. Dabei kommt es zum Überdrehen des Strangs in den nachfolgenden DNA-Abschnitten. Um dieses Überdrehen aufzuheben, wird durch die Gyrase zunächst ein DNA-Doppelstrangbruch erzeugt. Der DNA-Strang kann sich nun entwinden. Anschließend wird der Bruch durch eine DNA-Ligase repariert. Das Antibiotikum **Streptomycin** wirkt auf die kleine Ribosomenuntereinheit von Prokaryoten. Um seine genaue Wirkungsweise zu untersuchen, wurde einem zellfreien System von *E. coli*-Bakterien eine synthetisch hergestellte mRNA zugeführt. Diese bestand aus einer sich wiederholenden Abfolge der Basen Uracil und Cytosin. Anschließend wurde untersucht, welche Aminosäuren in die neu synthetisierten Peptide eingebaut wurden. In einer weiteren Versuchsreihe wurde, bei sonst gleicher Abfolge, eine definierte Menge an Streptomycin zugegeben.

Versuchsergebnisse:

	Ansatz ohne Streptomycin	**Ansatz mit Streptomycin**
eingebaute Aminosäuren	Leucin; Serin	Leucin, Serin, Phenylalanin, Prolin, Histidin

D Antibiotikaresistenz

Bei vielen Bakterienstämmen zeigen die eingesetzten Antibiotika keine Wirkung. Sie sind resistent gegen diese Wirkstoffe geworden. Bei streptomycinresistenten Bakterien wurden Mutationen in dem Gen gefunden, das für rps12, ein bestimmtes ribosomales Protein, codiert. Ribosomen bestehen aus ribosomaler RNA und ribosomalen Proteinen.

	Ausschnitt aus dem nicht-codogenem Strang des rps12-Gens
Wildtyp	5'...GTT AAG GAT TTA CCC GGT GTG... 3'
mutierte DNA-Sequenz	5'...GTT AAG GAT TTA UCC GGT GTG... 3'

1 Petunienblüten

4.1 Genregulation bei Eukaryoten

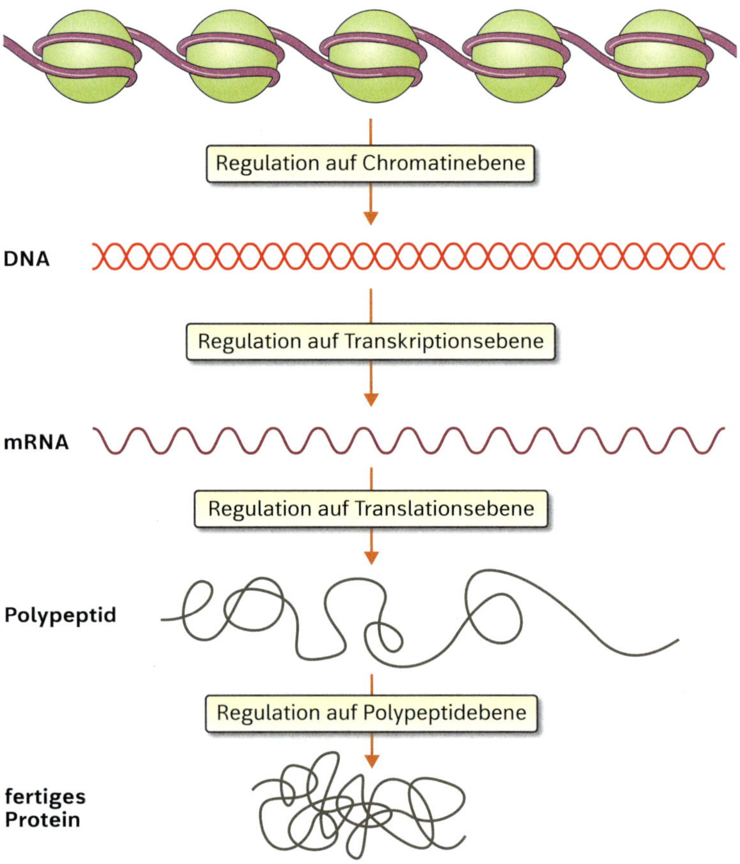

2 Ebenen der Genexpression

Gentechniker versuchten Ende der 1990er Jahre die Blütenfarbe von Petunien zu verstärken. Dazu bauten sie in das Genom violett blühender Petunien das Gen ein, das für den blauen Blütenfarbstoff codiert. Die Blüten der so veränderten Pflanzen waren jedoch heller, teilweise sogar ganz weiß. Wie hatten die zusätzlich eingebauten Gene die Expression des Gens für violette Blütenfarbe unterdrückt?

Ebenen der Regulation – Lebewesen können mithilfe der Genregulation schnell auf wechselnde Umweltbedingungen reagieren. Bei vielzelligen Eukaryoten dient die Regulation der Genexpression auch dazu, die Entwicklung verschiedener Zellen mit unterschiedlichen Funktionen zu steuern. Damit Zellen ihre speziellen Funktionen übernehmen können, müssen spezielle Proteine zum richtigen Zeitpunkt und in der richtigen Menge gebildet werden. Die Genexpression eukaryotischer Zellen wird daher genau reguliert werden können. Sie findet auf unterschiedlichen Ebenen statt: der Chromatin- und Transkriptionsebene, der RNA- und Translationsebene und auf der Ebene der Proteine. Gene können dabei an- oder abgeschaltet sowie auch unterschiedlich stark aktiviert oder deaktiviert werden.

Regulation auf Chromatinebene

Bei Eukaryoten ist die DNA im Chromatin abschnittsweise um Histonproteine gewickelt. Die Einheit aus Histon-Komplex und DNA wird Nucleosom genannt. Zwischen den Nucleosomen befinden sich kurze Abschnitte aus freier DNA. Durch chemische Modifikationen der Histone oder der DNA kann die Chromatinstruktur verändert und damit auch die Genexpression beeinflusst werden. Werden zum Beispiel Acetylgruppen ($-COCH_3$) enzymatisch an bestimmte Histone gebunden, verringern sich dadurch die Anziehungskräfte zwischen den Histonen und der DNA. Das Chromatin lockert sich dadurch in bestimmten Bereichen auf, sodass die betreffenden DNA-Abschnitte für die Transkription zugänglich werden. Umgekehrt kann die Transkription verhindert werden, wenn Acetylgruppen von Histonen abgespalten werden. Einen ähnlichen Effekt hat die Bindung von Methylgruppen ($-CH_3$) an Histone. In der Folge werden Chromatinbereiche verdichtet und die Transkription verhindert. Neben dieser **Histonmodifikation** kann auch die Modifikation der DNA zu einer Änderung der Chromatinstruktur führen. Bei der **DNA-Methylierung** werden Methylgruppen enzymatisch an Cytosinbasen gebunden. Dies bewirkt eine Verdichtung des Chromatins, wodurch die Transkription des betreffenden DNA-Abschnitts unterbleibt. Werden die Methylgruppen enzymatisch entfernt, so lockern sich das Chromatin wieder auf und die Transkription kann stattfinden.

Regulation auf Transkriptionsebene

Die Transkription eines Gens startet mit der Bindung der RNA-Polymerase an den Promotor des Gens. Bei Eukaryoten müssen danach verschiedene regulatorische Proteine an spezifische Bindungsstellen des Promotors binden. Diese werden **allgemeine Transkriptionsfaktoren** genannt. Eine der Bindungsstellen weist eine typische Basensequenz aus Thymin und Adenin auf. Daher wird sie **TATA-Box** genannt. Nachdem sich dort die spezifischen TATA-Bindungsproteine angelagert haben, können die anderen Transkriptionsfaktoren nacheinander ihre jeweils spezifischen Bindungsstellen besetzen. So bildet sich ein sogenannter **Transkriptionskomplex**.

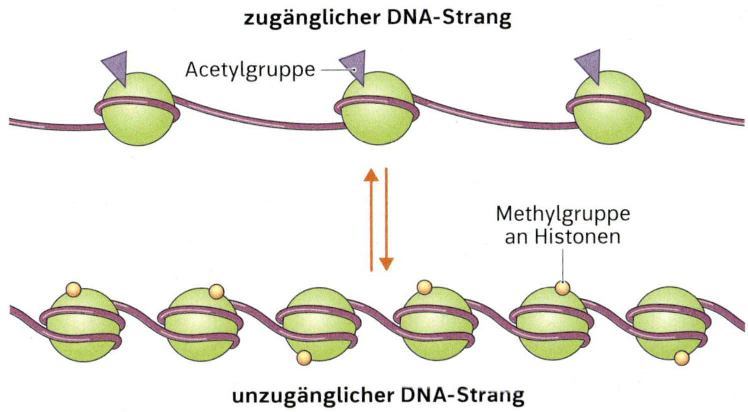

3 Histonmodifikation

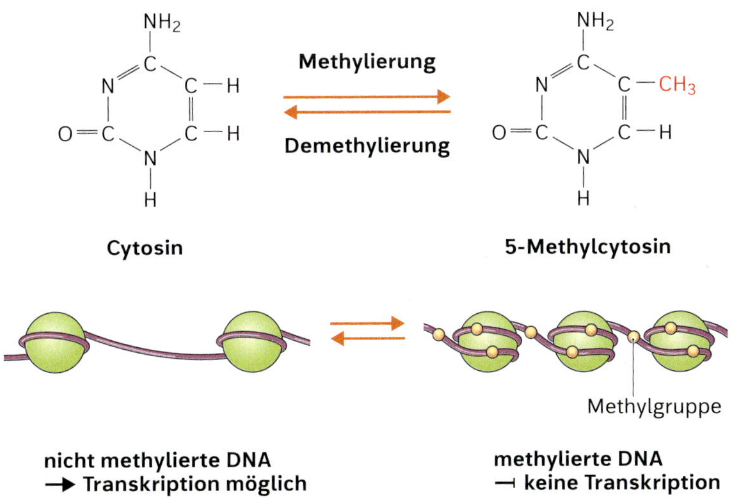

4 DNA-Methylierung

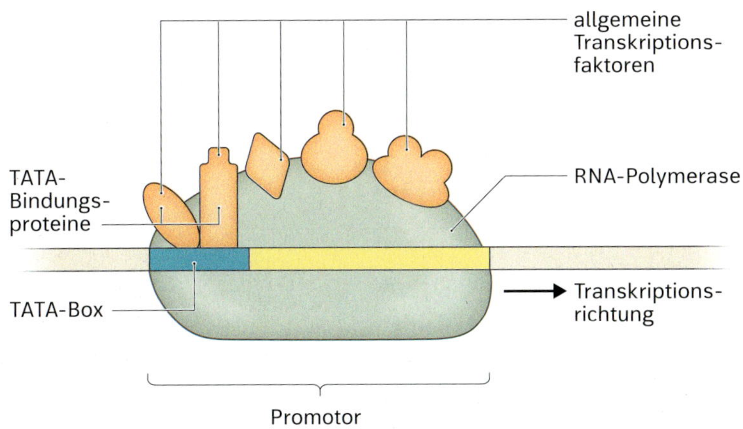

5 Transkriptionskomplex mit allgemeinen Transkriptionsfaktoren

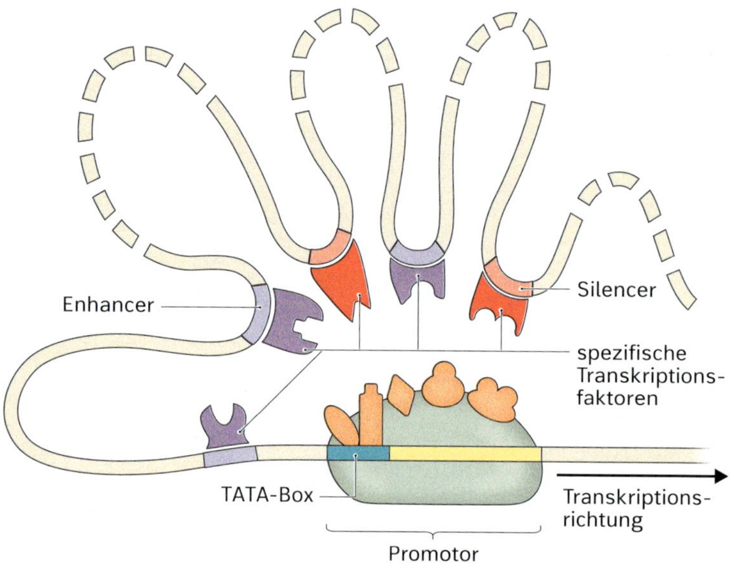

6 Transkriptionskomplex mit allgemeinen und spezifischen Transkriptionsfaktoren

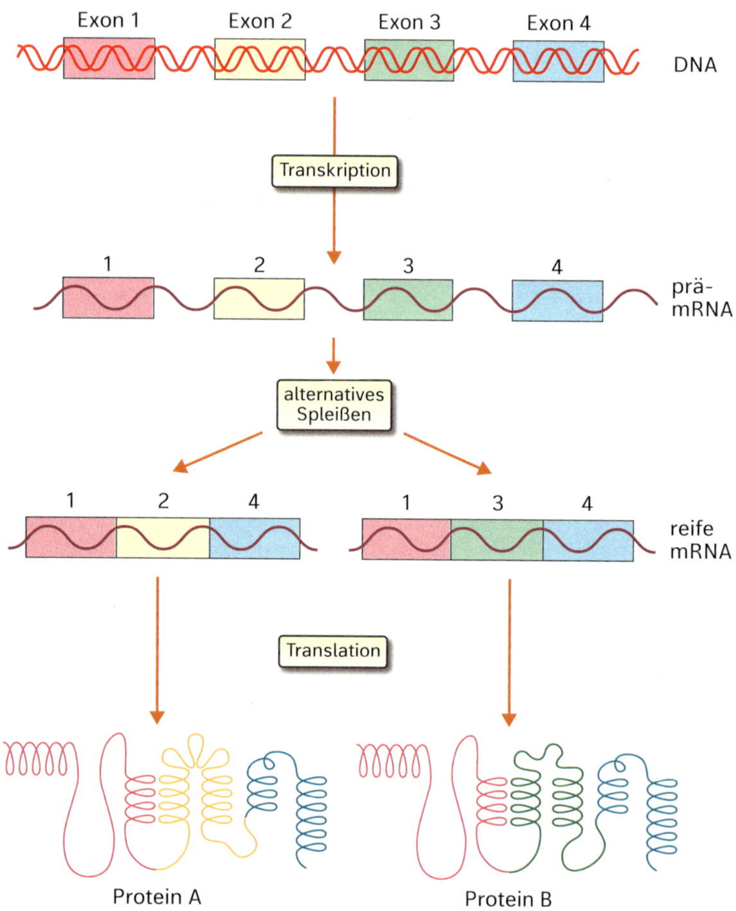

7 Alternatives Spleißen

Trotz der Bindung der allgemeinen Transkriptionsfaktoren werden viele Gene nur mit geringer Geschwindigkeit transkribiert. Weitere, **spezifische Transkriptionsfaktoren** sind für die differenzielle Genexpression erforderlich. Hierzu zählen etwa intrazelluläre Hormonrezeptoren, die die Transkriptionsrate deutlich steigern. Diese binden an regulatorischen DNA-Sequenzen, die oft weit vom regulierten Gen entfernt liegen. Nachdem sich die spezifischen Transkriptionsfaktoren angelagert haben, bilden benachbarte DNA-Abschnitte Schleifen. Die spezifischen Transkriptionsfaktoren kommen so zusätzlich in Kontakt mit dem Transkriptionskomplex. Je nach Wirkung auf die Transkription werden die regulatorischen DNA-Sequenzen Dämpfer, englisch *silencer,* oder Verstärker, englisch *enhancer*, genannt. Die Summe der im Transkriptionskomplex gebundenen Transkriptionsfaktoren reguliert die Aktivität der RNA-Polymerase und so die Transkriptionsrate.

Regulation durch RNA-Prozessierung

Eukaryotische Gene sind mosaikartig aus Exons und Introns zusammengesetzt. Die aus ihnen gebildeten prä-mRNA-Moleküle werden durch RNA-Prozessierung in reife mRNA umgewandelt. Das **alternative RNA-Spleißen** oder auch **differenzielles Spleißen** ist ein Beispiel für die Regulation auf Ebene der RNA-Prozessierung. Dabei werden nicht nur die Introns herausgeschnitten. Es können auch ein oder mehrere Exons aus der prä-mRNA herausgeschnitten werden. Die Regulation erfolgt hierbei über bestimmte Proteine, die Signale auf der RNA erkennen und so die Auswahl der Exons beeinflussen. Auf diese Weise können aus derselben prä-mRNA verschiedene reife mRNA-Moleküle hergestellt werden. Dadurch erhöht sich die Anzahl der Proteine, die durch ein einzelnes Gen codiert werden, erheblich. Beim Menschen unterliegen bis zu 50 Prozent aller Gene einem alternativen Spleißen. Eine menschliche Zelle kann auf diese Weise aus der vergleichsweise geringen Zahl von rund 20 000 Genen viele hunderttausend verschiedene Proteine herstellen. Fehler beim alternativen Spleißen bilden eine häufige Ursache für unterschiedliche Krankheiten.

Regulation durch RNA-Abbau – Der überwiegende Teil des Genoms wird bei Pflanzen und Tieren in RNA-Moleküle transkribiert, die nicht für Proteine codieren. Diese Moleküle sind oft nur etwa 22 Nucleotide lang und werden daher **micro-RNA**, kurz **miRNA**, genannt. Nach der Transkription falten sich die einzelsträngigen miRNA-Moleküle spontan zu Molekülen mit doppelsträngigen Abschnitten. Im Cytoplasma werden sie dann jeweils an den **RISC**-Proteinkomplex, englisch ***R****NA-****i****nduced* ***s****ilencing* ***c****omplex*, gebunden. Enzyme des Komplexes spalten die miRNA-Moleküle in die Einzelstränge. Diese werden getrennt voneinander an der Oberfläche des RISC-Proteinkomplexes angelagert. Die Sequenz einer der beiden miRNA-Stränge ist komplementär zu einer Teilsequenz der mRNA und bindet an diese. Dadurch wird deren Translation blockiert. Anschließend wird der mRNA-miRNA-Komplex abgebaut. Diese zielgerichtete Abschaltung von Genen wird als **RNA-Interferenz** bezeichnet. Sie ist auch für die Stilllegung des Gens, das bei Petunien die Blütenfarbe codiert, verantwortlich. Die mRNA der eingeschleusten Gene wurde in doppelsträngige mRNA überführt und blockierte in der Folge die Translation des eingeschleusten und des natürlich vorkommenden Gens für die Blütenfarbe.

Regulation auf Translationsebene – Die Translationsrate kann zudem durch die Anzahl aktiver Ribosomen beeinflusst werden. Dadurch, dass mehrere Ribosomen gleichzeitig hintereinander an dasselbe mRNA-Molekül binden und es übersetzen, können von einem mRNA-Molekül schnell viele Protein-Moleküle erzeugt werden.

Regulation auf Polypeptidebene – Die nach der Translation gebildeten Polypeptide werden häufig chemisch modifiziert, etwa indem Kohlenhydraten angehängt werden. Dadurch verlängert sich ihre Lebensdauer. Wie bei der mRNA kann die Konzentration in den Zellen durch ihren Abbau reguliert werden. Dafür zuständig ist ein Proteinkomplex, **Proteasom** genannt. Dies ist ein molekularer „Schredder", der nicht mehr benötigte oder falsch gefaltete Proteine enzymatisch abbaut.

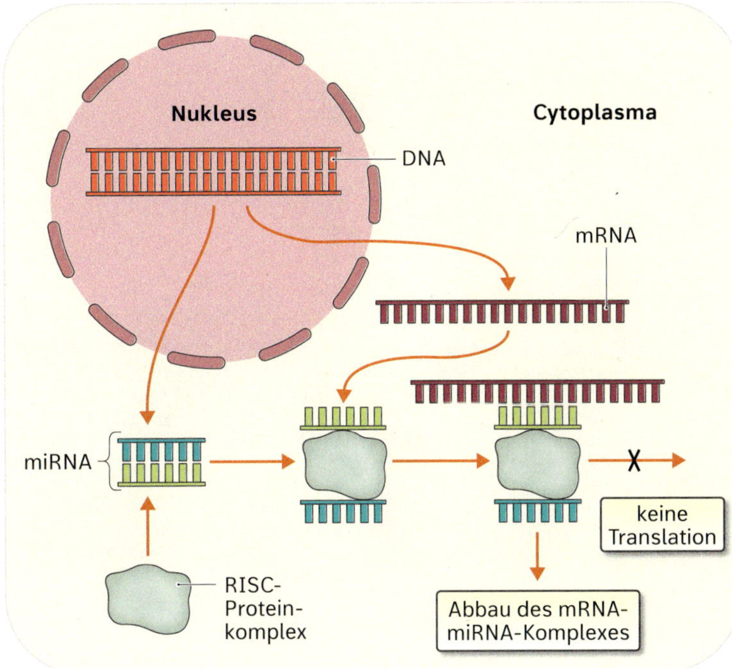

8 RNA-Interferenz

MATERIAL MIT AUFGABEN

A RNA-Interferenz bei der Virusabwehr

RNA-Interferenz spielt eine wichtige Rolle bei der pflanzlichen Abwehr gegen doppelsträngige RNA-Viren. Nach einer Infektion werden diese RNA-Moleküle mithilfe des Enzyms Dicer (englisch: Häcksler) in kurze RNA-Abschnitte zerlegt. Man bezeichnet diese als siRNA (engl.: **s**mall **i**nterfering **RNA**).

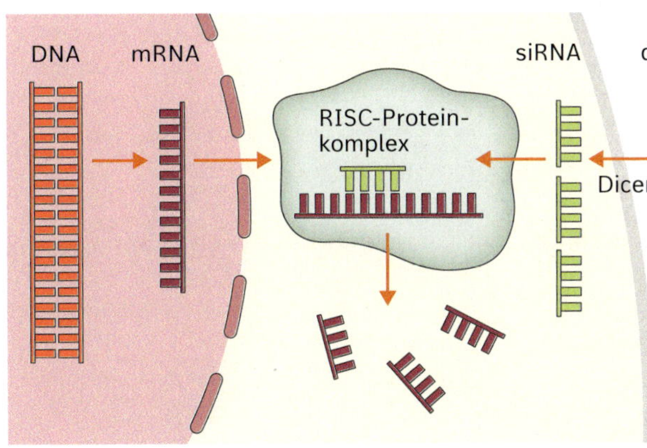

1 Beschreiben Sie die Wirkung der siRNA-Moleküle anhand der Abbildung. ●○○

2 Erklären Sie, wie man synthetisch hergestellte siRNA-Moleküle zur Behandlung menschlicher Krankheiten einsetzen könnte. ●●○

1 Eineiige Zwillinge

4.2 Epigenetische Modifikationen

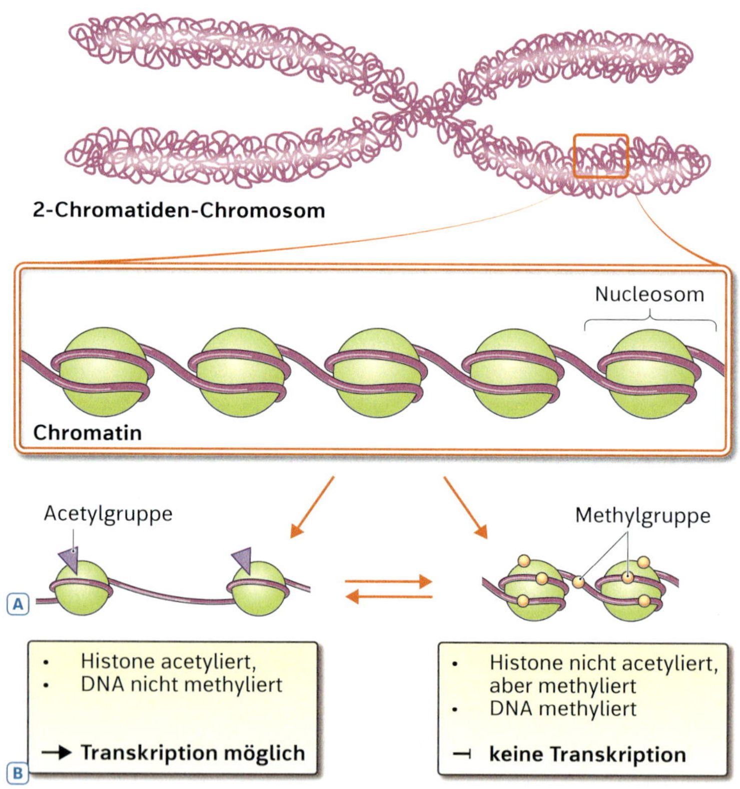

2 Epigenetische Modifikationen: **A** Histonmodifikation und DNA-Methylierung; **B** Folgen der Modifikationen

Obwohl eineiige Zwillinge identisches Erbmaterial besitzen, können sie sich im Aussehen unterscheiden. Auch in vielen anderen Merkmalen und Eigenschaften wie etwa der Körpergröße oder dem Risiko, an Krebs oder Diabetes zu erkranken, zeigen sie Unterschiede. Wie lässt sich dies erklären?

Umwelteinflüsse auf Gene – Lange Zeit war Lehrmeinung, dass Merkmale und Eigenschaften eines Lebewesens nur durch die genetische Information bestimmt werden. Heutzutage ist bewiesen, dass Gene auch durch Umwelteinflüsse in ihrer Aktivität beeinflusst werden können. So können etwa die Ernährung, aber auch psychische Belastungen und traumatische Erfahrungen die Aktivität von Genen beeinflussen. Bestimmte Gene werden dadurch stärker oder schwächer abgelesen. Die Umwelteinflüsse verändern dabei nicht die Basensequenz der DNA, sondern sie beeinflussen die Genexpression. Der Bereich innerhalb der Biologie, der sich mit solchen reversiblen Veränderungen der Genexpression beschäftigt, ist die **Epigenetik**.

Epigenetische Modifikationen – Zu den wichtigsten epigenetischen Veränderungen zählen die DNA-Methylierung und die Histonmodifikation. Bei der DNA-Methylierung werden Methylgruppen ($-CH_3$) mithilfe des Enzyms DNA-Methylase an Cytosinbasen gebunden. Die Methylierung geschieht in DNA-Bereichen, in denen die Basenabfolge Cytosin-Guanin besonders häufig auftritt. Sie kommt oft in Promotor-Regionen von Genen vor. Die Methylierung führt dazu, dass die Transkription des entsprechenden Gens unterdrückt wird. Bei der DNA-Replikation werden die Methylierungen mitkopiert, sodass die epigenetischen Muster auch in den Tochterzellen vorhanden sind. Die Methylierung ist ein reversibler Prozess. Das Enzym Demethylase entfernt Methylierungen und ermöglicht so die Transkription des Gens.

Eine epigenetische Modifikation kann auch auf Chromatinebene erfolgen. So können verschiedene Acetyl- oder Methylgruppen an Histone des Chromatins angefügt oder von ihnen entfernt werden. Durch diese Histonmodifikation verändern sich die Anziehungskräfte zwischen DNA und Histonen. Eine Acetylierung führt etwa dazu, dass sich die Struktur des Chromatins auflockert und die Gene abgelesen werden können. Gleichzeitig kann auch die DNA-Methylierung an der Chromatin-Umstrukturierung beteiligt sein. Die Gesamtheit der epigenetischen Modifikationen wird **epigenetisches Muster** oder **Epigenom** genannt.

Epigenetik und Zwillinge – Um den Einfluss der Umwelt auf die Genaktivität zu untersuchen, eignen sich insbesondere Studien an eineiigen Zwillingen, da bei ihnen keine genetische Variabilität vorliegt. So wurden in einer Studie die Methylierungsmuster bestimmter Chromosomen bei eineiigen Zwillingen unterschiedlichen Alters analysiert. Dabei wurde deutlich, dass sich diese Muster bei dreijährigen Zwillingen kaum unterschieden, wohl aber bei fünfzigjährigen Zwillingen. Diese Unterschiede waren umso stärker ausgeprägt, je verschiedener die Lebenswege der Zwillinge waren. Die Umwelt hatte sich demnach auf das Methylierungsmuster ausgewirkt und so die Aktivität der entsprechenden Gene verändert.

MATERIAL MIT AUFGABEN

A Unterscheidung eineiiger Zwillinge

Zur Untersuchung von Methylierungsmustern werden die relevanten DNA-Bereiche mit Bisulfit behandelt. Nicht-methylierte Cytosinbasen werden dadurch in Uracilbasen umgewandelt. Anschließend werden die Einzelstränge mithilfe einer PCR verdoppelt. Die neu gebildeten DNA-Doppelstränge enthalten in Folge Uracil-Adenin-Basenpaare anstelle der Cytosin-Guanin-Basenpaare. Uracil und Adenin sind durch zwei Wasserstoffbrücken miteinander verbunden, Cytosin und Guanin durch drei. Anhand der Gesamtzahl der ausgebildeten Wasserstoffbrücken wird analysiert, welche Cytosinbasen der untersuchten DNA-Abschnitte nicht methyliert waren. Die Zahl der Wasserstoffbrücken ist messbar, indem man die behandelte DNA langsam erhitzt und dabei die UV-Absorption erfasst. Durch das Erhitzen wird der DNA-Doppelstrang in die Einzelstränge getrennt. Am Schmelzpunkt T_m liegt die Hälfte der doppelsträngigen DNA als Einzelstränge vor.

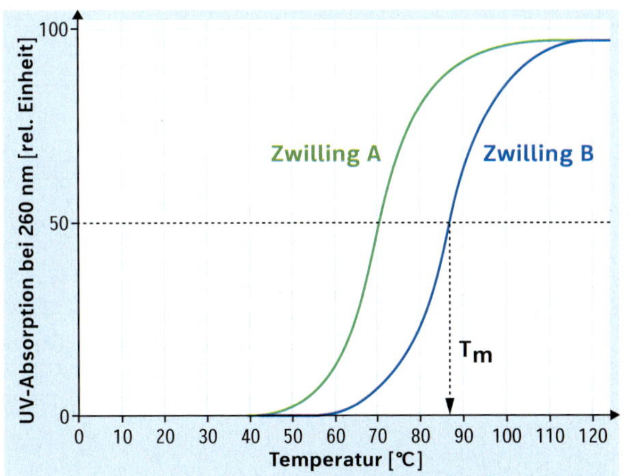

1 Beschreiben Sie die Versuchsbeobachtungen, die bei der Analyse der Methylierungsmuster bei eineiigen Zwillingen gemacht wurden.

2 Erklären Sie, warum sich die Versuchsbeobachtungen bei eineiigen Zwillingen unterscheiden.

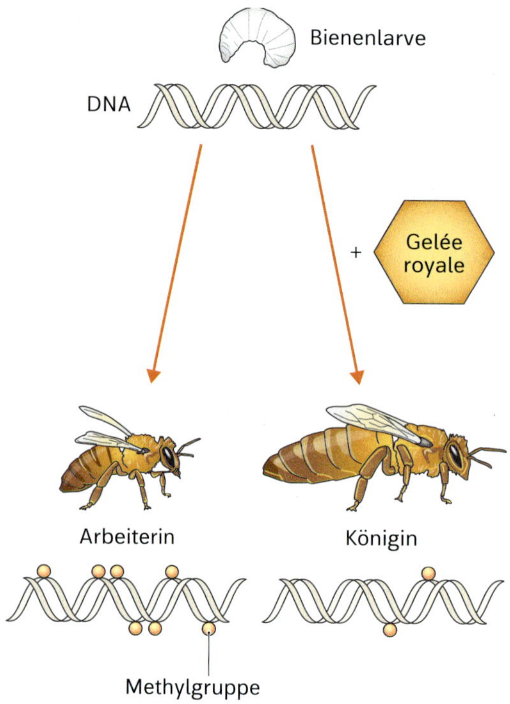

3 DNA-Methylierung bei der Entwicklung von Bienen

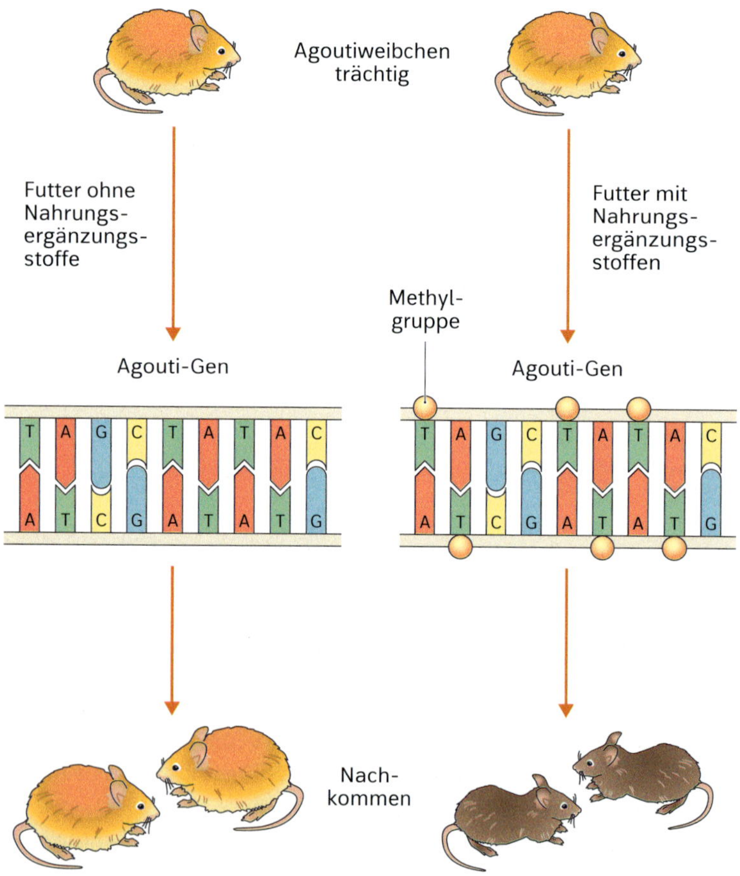

4 Versuche zur Nahrungsergänzung bei Agouti-Mäusen

Einfluss der Nahrung auf Gene – Bienenköniginnen und Arbeiterinnen entwickeln sich aus Eiern mit genetisch identischem Material. Alle neugeschlüpften Bienenlarven werden in den ersten Tagen mit Gelée royale, einem speziellen Sekret aus den Futtersaftdrüsen der Bienen, gefüttert. Danach werden fast alle Larven mit Honig und Pollen weiter gefüttert. Diese Larven entwickeln sich zu sterilen Arbeiterinnen. Einige wenige Larven werden dagegen dagegen mit Gelée royale gefüttert. Aus ihnen entwickeln sich fortpflanzungsfähige Bienenköniginnen. Untersuchungen der DNA von Arbeiterinnen und Bienenköniginnen zeigen ein unterschiedliches Methylierungsmuster. Forschende fanden im Gelée royale Stoffe, welche ein bestimmtes Enzym hemmen. Dieses bewirkt die epigenetische Methylierung. Bei den Arbeiterinnen werden offensichtlich Gene, die etwa für die Fortpflanzungsfähigkeit wichtig sind, durch eine Methylierung nicht mehr abgelesen.

Ein weiteres Beispiel dafür, dass Nahrung die Aktivität von Genen beeinflussen kann, liefern „Agouti-Mäuse". Sie besitzen das Agouti-Gen, welches das Agouti-Signalprotein codiert. Dieses Protein ist unter anderem für die gelbe Fellfarbe der Mäuse verantwortlich. Agouti-Mäuse erkranken häufiger an Krebs, Diabetes und Fettleibigkeit. Das Agouti-Signalprotein hemmt einen Rezeptor, der für das Fressverhalten und den Stoffwechsel der Mäuse bedeutsam ist. Die Analyse des Agouti-Gens bei braunen und gelben Mäusen ergab keine Unterschiede in der Basensequenz dieses Gens, wohl aber in der Methylierung. Um diese epigenetische Modifikation genauer zu untersuchen, wurden Agouti-Mäuse mit Nahrungsergänzungsstoffen gefüttert. Erhielten gelbe Agouti-Weibchen während der Schwangerschaft Nahrungsergänzungsstoffe wie etwa Vitamin B12 oder Folsäure, die vermehrt Methylgruppen enthalten, so brachten sie braune schlanke Nachkommen zur Welt.

Durch verschiedene Umwelteinflüsse wie Hunger, Überernährung, aber auch Dauerstress oder traumatische Erlebnisse können Gene von Säugetierzellen epigenetisch modifiziert und ihre Aktivität verändert werden. Einmal modifiziert, wird das epigenetische Muster bei der Replikation an die Tochterzellen weitergegeben. Auf diese Weise kann eine früh erworbene Eigenschaft eines Lebewesens bis ins hohe Alter erhalten bleiben.

Vererbung epigenetischer Muster

Die mögliche Vererbung epigenetischer Muster wird kontrovers diskutiert. Hinweise für eine solche Vererbung lieferte die sogenannte „Holländische Hungerstudie". Im Kriegswinter 1944/45 kam es im Westen der Niederlande zu einer großen Hungersnot mit Tausenden Toten. 60 Jahre später untersuchten Wissenschaftler die Auswirkungen auf Personen, die während dieser Hungersnot gezeugt oder geboren wurden. Es zeigte sich, dass eine Mangelernährung der Mütter während der Schwangerschaft lebenslang die körperliche Gesundheit der betroffenen Kinder beeinflusste. Darüber hinaus konnten auch noch bei den Enkeln gesundheitliche Auswirkungen festgestellt werden. Offenbar blieben die entsprechenden epigenetischen Muster zumindest teilweise noch nach der Befruchtung erhalten. Im Verlauf mehrerer Generationen scheinen die Muster dann aber schrittweise verloren gegangen zu sein.

Wie eine mögliche Vererbung epigenetischer Muster erfolgt, ist zurzeit nicht erklärbar. So ist unklar, wie die Information über die epigenetischen Modifikationen des Genoms einer Körperzelle in die Keimzellen gelangen. Zudem ist bekannt, dass die Methylierungen des Chromatins und der DNA in der Zygote fast vollständig gelöscht werden.

In einer neueren Studie wiesen deutsche Forschende bei Fruchtfliegen nach, dass bestimmte epigenetische Modifikationen, die in den Eizellen vorhanden waren, auch noch in den Embryonen der Fliegen nachweisbar sind. Es ist somit durchaus denkbar, dass zumindest in bestimmten Fällen epigenetische Modifikationen über die Keimzellen an die Nachkommen weitergegeben werden. Wie eine solche Vererbung epigenetischer Modifikationen im Detail erfolgt, ist Gegenstand der aktuellen epigenetischen Forschung.

MATERIAL MIT AUFGABEN

B Inaktivierung von X-Chromosomen

Frauen besitzen normalerweise zwei X-Chromosomen als Geschlechtschromosomen, von denen eines bereits in der frühen Embryonalphase inaktiviert ist und **Barr-Körperchen** genannt wird. Im Lichtmikroskop kann dieses durch bestimmte Färbungen sichtbar gemacht werden. Die Inaktivierung trifft zufallsgemäß entweder das X-Chromosom väterlicherseits oder mütterlicherseits. Der aktive oder inaktive Zustand des X-Chromosoms wird bei den anschließenden Zellteilungen an die Tochterzellen weitergegeben. So entsteht bei Frauen ein Mosaik aus Zellen mit unterschiedlich aktiven X-Chromosomen. Männer besitzen neben dem fast genleeren Y-Chromosom nur ein X-Chromosom und haben daher keine Barr-Körperchen.

Die Inaktivierung des X-Chromosoms beginnt mit der Synthese einer speziellen RNA, die als **Xist**-RNA (**X**-**i**nactive **s**pecific **t**ranscript) bezeichnet wird. Das dafür spezifische Gen befindet sich im X-inaktivierenden Zentrum, das in der Nähe des Centromers liegt. Auf dem homologen X-Chromosom wird das dafür spezifische Gen inaktiviert. Durch die Bindung von Xist-RNA-Molekülen an ein Chromosom werden verschiedene Histone methyliert, demethyliert und acetyliert. In der Folge wird die DNA immer stärker mit Histonen verpackt und so verdichtet.

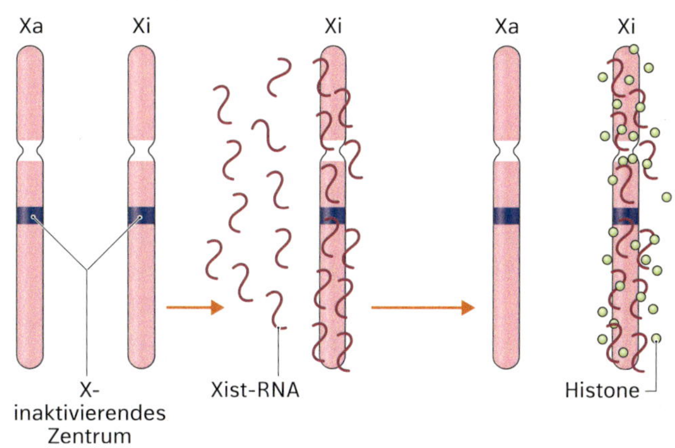

1 Erklären Sie anhand der Abbildung die Inaktivierung des X-Chromosoms. ●●○

2 Die Anzahl der Geschlechtschromosomen kann bei bestimmten Personen von der Regel abweichen. Beim Tripel-X-Syndrom besitzt die Frau drei X-Chromosomen, beim Turner-Syndrom nur ein X-Chromosom. Beim Klinefelter-Syndrom weist der Mann ein Y- und zwei X-Chromosomen auf. Erläutern Sie, wieviele Barr-Körperchen jeweils bei den Betroffenen vorhanden sind. ●●○

Klausuraufgaben

Epigenetische Modifikationen bei Honigbienen

Gene können in ihrer Aktivität durch Umwelteinflüsse beeinflusst werden. In der folgenden Aufgabe wird der Einfluss der Nahrung auf die Aktivität bestimmter Gene von Honigbienen thematisiert.

1.1 Beschreiben Sie die Genregulation bei Eukaryoten auf den verschiedenen Ebenen. (Material A)

1.2 Erklären Sie die Bedeutung der Methylierung von Histonen und Nucleotiden der DNA bei der Regulation der Chromatinstruktur. (Material A)

2.1 Beschreiben Sie die Beobachtungen der verschiedenen Fütterungsversuche. (Material B)

2.2 Deuten Sie die Versuchsbeobachtungen. (Material B)

3.1 Erklären Sie, wie sich Bienenlarven unter dem Einfluss von Gelée royale zu Königinnen entwickeln. (Material C)

3.2 Skizzieren Sie ein entsprechendes Fließdiagramm zur Entwicklung von Bienenlarven zu Arbeiterinnen. (Material C)

4.1 Erklären Sie, wie die Genexpression des Methyltransferase-Gens durch RNA-Interferenz blockiert werden kann. (Material D)

4.2 Geben Sie an, welche Versuchsbeobachtungen Sie hinsichtlich der Entwicklung der Bienenlarven erwarten, wenn die Expression des Methyltransferase-Gens durch RNA-Interferenz blockiert wird. (Material C und D)

A Ebenen der Genregulation

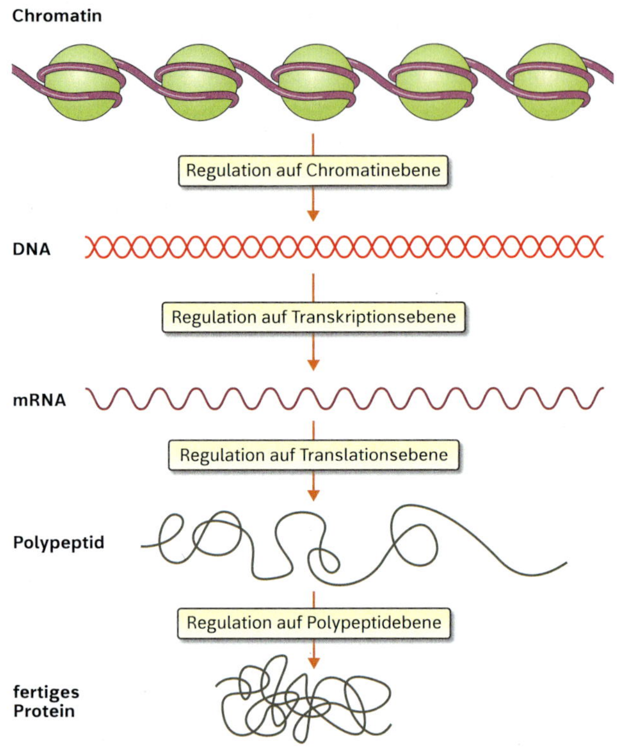

Bei Eukaryoten kann eine Regulation der Genexpression auf unterschiedlichen Ebenen erfolgen: Bei der Regulation auf Chromatinebene spielen Enzyme eine zentrale Rolle. Methyltransferasen übertragen dabei Methylgruppen auf Histone und auf Basen der DNA, Acetylasen binden Acetylgruppen an Histone. Die Rückreaktionen erfolgen durch De-Methyltransferasen und De-Acetylasen.

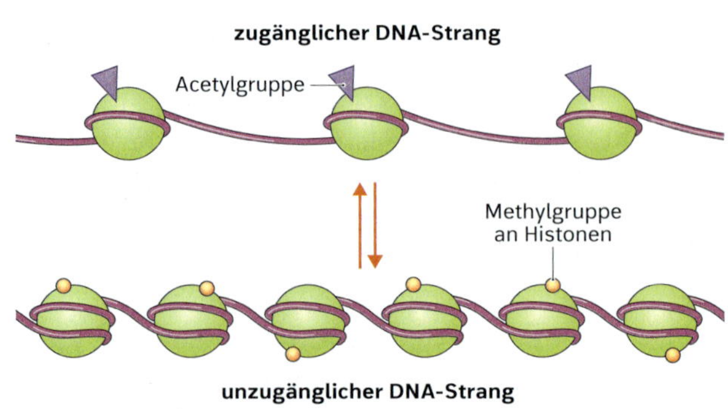

B Fütterungsversuche mit Bienenlarven

Bienenköniginnen legen Eier mit genetisch identischem Material. Aus ihnen entwickeln sich je nach Fütterung der Bienenlarven Königinnen oder Arbeiterinnen. Zur Untersuchung dieser Differezierung wurden Bienenlarven unterschiedlich lange mit Gelée royale gefüttert. Während dieser Zeit wurden der Methylierungsgrad des Gens für eine Methyltransferase, die Expression dieses Gens und die Aktivität des Enzyms bestimmt. Außerdem wurde der Phänotyp der Bienenlarven ermittelt.

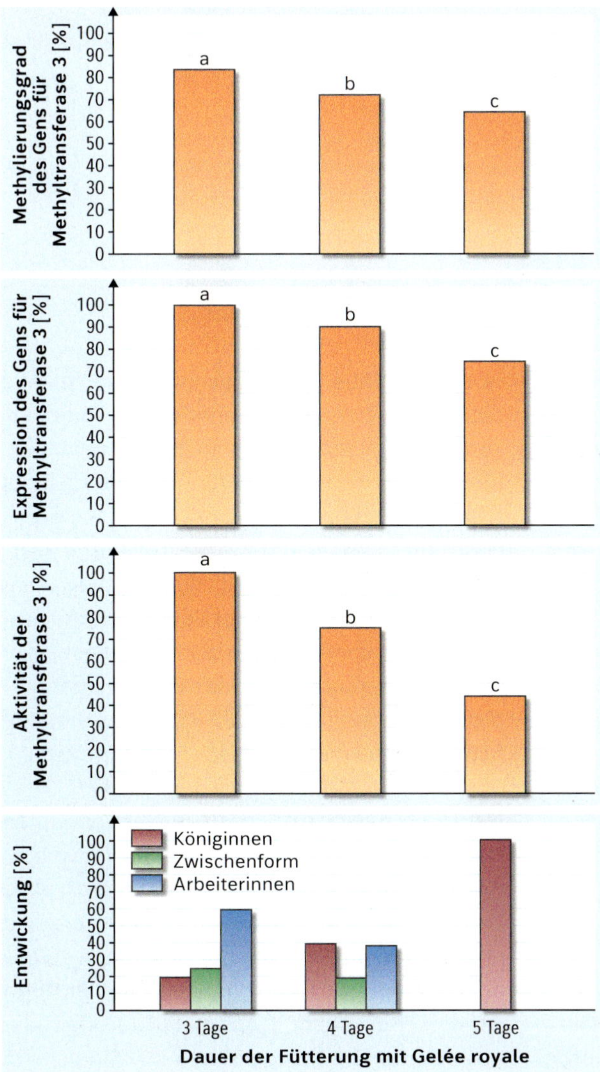

C Wirkung von Gelée royal auf Bienenlarven

Bienenlarven, die über fünf Tage mit Gelée royale gefüttert wurden, produzierten in erhöhtem Maße ein Juvenilhormon. Es stimuliert die Bildung funktionsfähiger Eierstöcke.

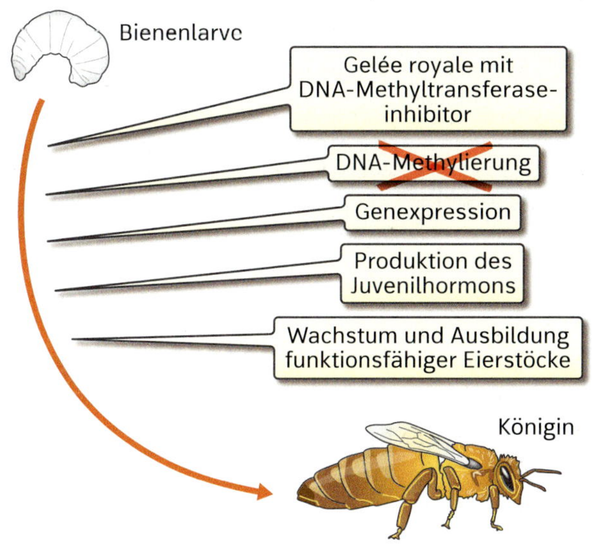

D RNA-Interferenz

Bei Bienenlarven, die drei Tage mit Gelée royale gefüttert worden waren, wurde die Expression eines Gens, das für eine bestimmte Methyltransferase codiert, durch RNA-Interferenz blockiert. Mehr als zwei Drittel dieser Larven entwickelten sich dabei zu Königinnen, obwohl sie wie Arbeiterinnen gefüttert wurden.

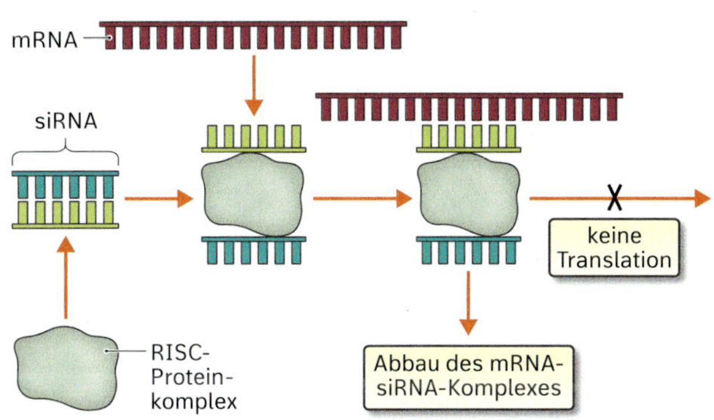

1 Virusresistente Schweine

5.1 Einführung in die Gentechnik

Das PRRS-Virus ist Erreger der Schweineseuche. Diese verursacht weltweit sehr große Verluste in der Schweinehaltung. Ein wirksames Gegenmittel gibt es bisher nicht. Das könnte sich in Zukunft jedoch ändern, denn Forschenden gelang es, Schweine zu züchten, die resistent gegen das Virus sind. Wie gingen die Forschenden dabei vor?

Klassische Gentechnik – Die virusresistenten Schweine wurden mithilfe moderner gentechnischer Methoden verändert. Der Begriff **Gentechnik** umfasst molekularbiologische Methoden und Verfahren, mit denen gezielt in das Genom eines Lebewesens eingegriffen werden kann.

Bei der **klassischen Gentechnik** werden zumeist Gene aus Lebewesen einer Art in Zellen einer anderen, nicht verwandten Art eingebaut. Beispielsweise wurde das menschliche Insulin-Gen in Bakterien eingebaut, aber auch Gene von Bakterien wurden in Pflanzenzellen überführt. Dies ist möglich, da nahezu alle Lebewesen denselben genetischen Code nutzen. Die entstandenen gentechnisch veränderten Organismen, kurz **GVO**, werden auch als **transgene Organismen** bezeichnet. Sie besitzen neue Eigenschaften, die sie durch Fortpflanzung und herkömmliche Züchtung nicht bekommen könnten. In der Vergangenheit hatten Wissenschaftlerinnen und Wissenschaftler mehrfach versucht, mit klassischen gentechnischen Methoden PRRS-virusresistente Schweine zu erzeugen, bisher ohne Erfolg.

Neue Gentechnik – In den letzten Jahren sind neue Verfahren der Gentechnik entwickelt worden, mit denen gezielt Änderungen in ganz bestimmten Abschnitten der DNA erzeugt werden können. Einzelne Gene können so an- oder ausgeschaltet, eingeführt oder entfernt werden. Bei dieser **Genom-Editierung** oder auch **Genome Editing** entstehen Organismen, die veränderte Eigenschaften zeigen, aber keine artfremden Gene enthalten. Bei den virusresistenten Schweinen wurden durch Genom Editierung DNA-Bausteine in Immunzellen umgeschrieben. Diese bildeten daraufhin keine Rezeptorproteine mehr auf ihrer Oberfläche aus. Ohne die Rezeptorproteine können die Viren nicht in die Immunzellen eindringen und sich dort vermehren. Bevor jedoch das Fleisch PRRS-virusresistenter Schweine auf den Markt kommt, müssen noch alle rechtlichen und ethischen Fragen geklärt werden.

Anwendungsbereiche – Gentechnische Verfahren lassen sich grob in die Grüne, Rote und Weiße Gentechnik untergliedern. Die **Grüne Gentechnik** umfasst die gentechnische Veränderung von Nutzpflanzen. Beispielsweise wurden Gene von Bakterien, die eine Resistenz gegenüber Herbiziden bewirken, auf Raps- und Sojapflanzen übertragen. Dadurch werden die transgenen Pflanzen durch diese Herbizide nicht geschädigt.

Anwendungen im pharmazeutischen und medizinischen Bereich gehören zur **Roten Gentechnik**. Medikamente wie das Humaninsulin werden etwa aus gentechnisch veränderten Bakterien gewonnen. Bei der Therapie von Erbkrankheiten kann ein mutiertes Gen durch ein intaktes Gen ersetzt werden. Diese **somatische Gentherapie** wird in Deutschland nur bei schwerstkranken Menschen, für die es keine andere Behandlungsmethode gibt, durchgeführt.

Die **Weiße Gentechnik** wird vor allem in der Lebensmittel- und Waschmittelindustrie genutzt. Ihr Ziel ist es, Stoffe kostengünstig und in hoher Reinheit herzustellen. So wird etwa der Geschmacksverstärker Glutamat in großen Mengen gentechnisch hergestellt.

Akzeptanz der Gentechnik – Die Gentechnik wird in der Gesellschaft kontrovers diskutiert. Während die gentechnische Herstellung von Medikamenten weitgehend akzeptiert wird, sind beim Eingriff in das menschliche Genom grundlegende rechtliche und ethische Fragen zu klären. Insbesondere wenn es sich dabei um einen Eingriff in die Keimbahn handelt, den der transgene Mensch vererben würde. Auch die Grüne Gentechnik ist umstritten. Während die Gegner die Risiken betonen, die vom Anbau transgener Pflanzen im Freiland ausgehen, weisen die Befürworter auf die Chancen hin. Sie hoffen insbesondere auf eine Lösung des Welternährungsproblems.

In Deutschland bietet seit 1990 das Gentechnikgesetz den rechtlichen Rahmen für die Forschung, Entwicklung und Erprobung der Gentechnik. Zweck des Gesetzes ist es, Menschen und ihre Umwelt vor potenziell schädigenden Einflüssen durch gentechnisch veränderte Organismen oder daraus hergestellten Produkten zu schützen. Gleichzeitig soll es aber auch die Nutzung der Gentechnologie in Forschung, Landwirtschaft und Medizin ermöglichen. Nach aktueller Rechtsprechung fällt auch die moderne Genom-Editierung unter das Gentechnikgesetz, obwohl dabei möglicherweise nur Änderungen einzelner DNA-Basen erzeugt wurden, die auch als natürliche Mutationen zufällig hätten entstehen können. Viele Forschende fordern daher eine Erneuerung des Gentechnikgesetzes.

MATERIAL MIT AUFGABEN

A Akzeptanz neuer Gentechnikverfahren

Antwortkategorie: **stimme voll und ganz zu** Angaben in Prozent	ø	Alter (Jahre) bis 29	30 bis 49	50 bis 65	über 65
Mögliche Auswirkungen auf die Natur sollten immer untersucht werden.	80	76	77	84	82
Tiere und Pflanzen aus der freien Natur sollten nicht gezielt gentechnisch verändert werden.	66	57	62	69	73
Langfristige Folgen der neuen gentechnischen Verfahren sind noch nicht abzusehen.	63	58	61	65	66
Der Mensch hat kein Recht, Pflanzen und Tiere gezielt gentechnisch zu verändern.	55	50	52	54	62
Gentechnische Verfahren sind sicher, wenn Forschende dies bestätigen.	8	10	7	7	7

1 Werten Sie die Umfrage zur Akzeptanz neuer gentechnischer Verfahren aus. ●●○

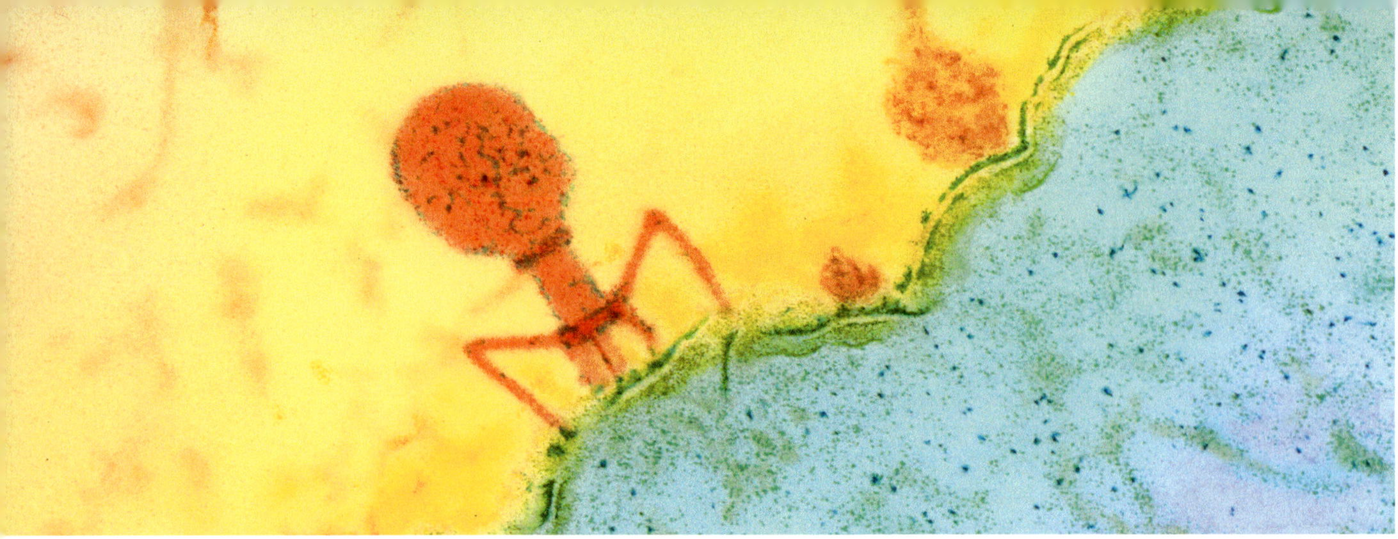

1 Bakteriophage T4 bei der Infektion eines *E. coli*-Bakteriums (TEM-Aufnahme, gefärbt)

5.2 Grundoperationen der klassischen Gentechnik

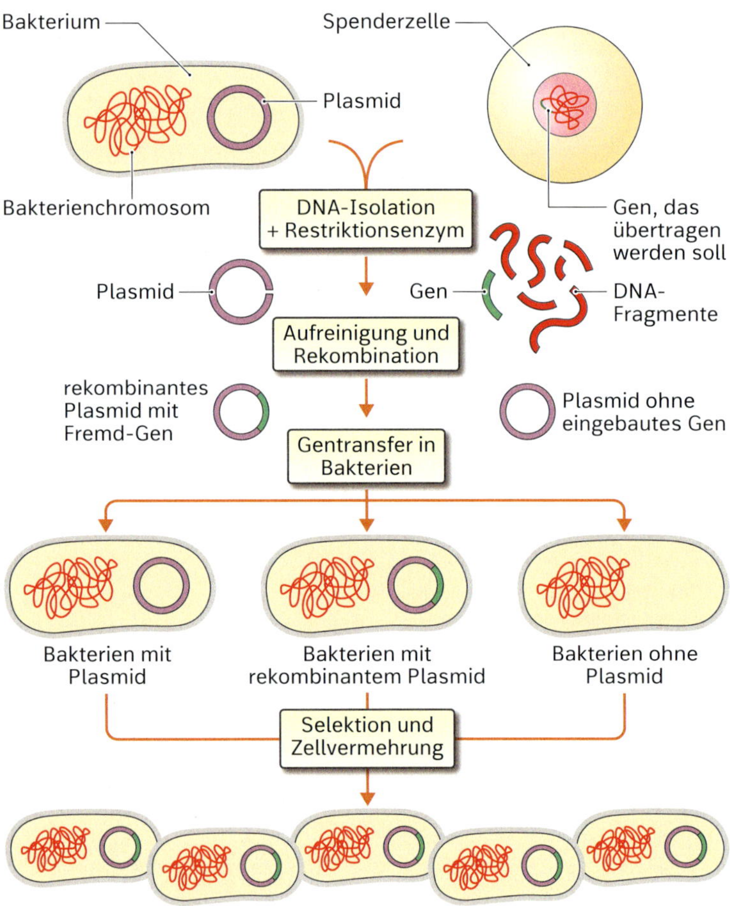

2 Grundoperationen der Gentechnik

In der Gentechnik werden Viren verwendet, um Gene in Bakterien oder eukaryotische Zellen einzuschleusen. Welche Verfahrensschritte sind vor einem solchen Gentransfer notwendig?

Überblick – Für die Übertragung eines bestimmten Gens in einen anderen Organismus muss dieses zunächst gefunden und vermehrt werden. Dazu wird die gesamte DNA der Spenderzelle isoliert und mit bestimmten Enzymen in kurze Fragmente geschnitten. Parallel dazu werden aus Bakterien Plasmide isoliert und mit dem gleichen Enzym geschnitten. Anschließend erfolgt die Aufreinigung des gewünschten Gens über Gelelektrophorese und der Einbau der kurzen DNA-Fragmente in die Plasmide, die **Rekombination**. Die Plasmide dienen als Vektoren. Sie werden bei dem sich anschließenden **Gentransfer** auf Bakterien übertragen. Danach erfolgt die **Selektion**. Dabei wird nach den Bakterien gesucht, die das rekombinante Plasmid mit dem gewünschten Gen enthalten. Durch die **Vermehrung** dieser Bakterien werden auch zahlreiche Kopien des Plasmids mit dem gewünschten Gen gebildet. Dieses kann von den Bakterien exprimiert werden. Alternativ kann das Gen auch aus den Bakterien isoliert, in Tier- oder Pflanzenzellen übertragen und dort exprimiert werden.

Restriktionsenzyme

Restriktionsenzyme – Bestimmte Arten von Bakterien können nicht von Bakteriophagen zerstört werden. Sie verfügen über einen Schutzmechanismus in Form besonderer Enzyme. Diese wirken wie molekulare Scheren, die die Phagen-DNA zerschneiden und so unschädlich machen. Solche Enzyme werden **Restriktionsendonucleasen** oder kurz **Restriktionsenzyme** genannt. Durch Methylierung ihrer eigenen DNA verhindern die Bakterien, dass diese von den eigenen Restriktionsenzymen zerschnitten wird.

Restriktionsenzyme sind eines der wichtigsten Hilfsmittel der Gentechnik. Mittlerweile ist eine Vielzahl unterschiedlicher Restriktionsenzyme bekannt. Sie schneiden DNA jeweils an spezifischen, zumeist vier bis sechs Basenpaare langen **Erkennungssequenzen**. Das Restriktionsenzym *Eco*RI, das aus *E. coli* isoliert wurde, besitzt beispielsweise die Erkennungssequenz 5'-GAATTC-3'. Die komplementäre Sequenz ist 3'-CTTAAG-5'. Der Schnitt erfolgt in beiden DNA-Strängen versetzt zwischen den Basen Guanin und Adenin, sodass an den Schnittstellen jeweils ein kurzes Stück Einzelstrang-DNA übersteht. Die beiden Einzelstrang-Enden sind komplementär zueinander. Sie lagern sich leicht wieder zusammen, weshalb sie auch als klebrige Enden oder **sticky-ends** bezeichnet werden.

Nur wenige Enzyme, wie etwa das aus dem Bakterium *Haemophilus aegypticus* isolierte Enzym HaeIII, vollziehen einen glatten Schnitt durch die DNA. Die entstehenden stumpfen Enden werden **blunt ends** genannt.

Rekombination

Rekombination – In der Gentechnik werden Restriktionsenzyme genutzt, um mit ihrer Hilfe die DNA aus der Spenderzelle in kurze Fragmente zu zerlegen. Für das Aufschneiden der Plasmide verwendet man das gleiche Restriktionsenzym. Bringt man anschließend die DNA-Fragmente und die aufgeschnittenen Plasmide zusammen, können sich deren klebrige Enden komplementär zusammenlagern. Das zugegebene Enzym **DNA-Ligase** verknüpft die DNA der Plasmide und die DNA-Fragmente miteinander. Auf diese Weise können ringförmige rekombinante Plasmide entstehen, die das gewünschte Fremd-Gen enthalten.

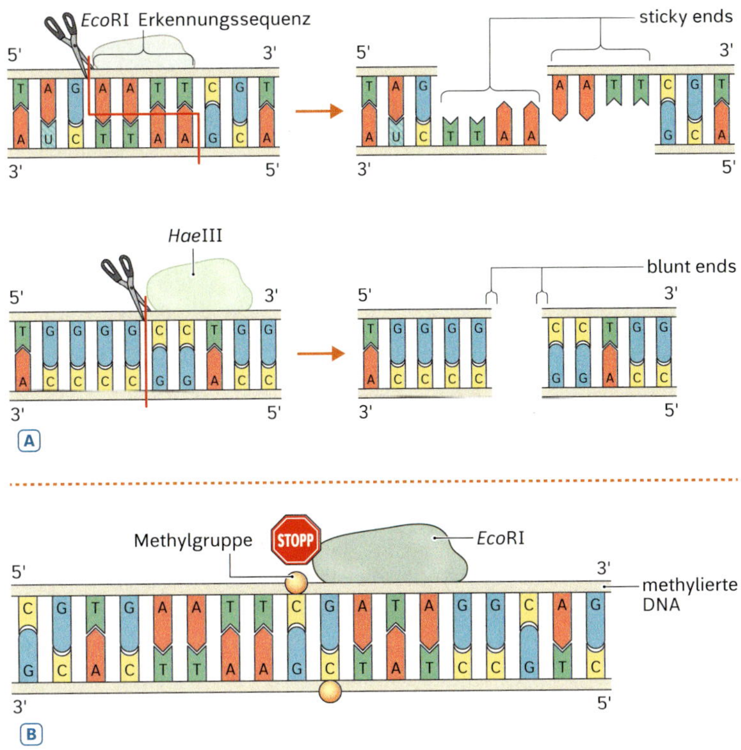

3 Wirkungsweise von Restriktionsenzymen: **A** nicht methylierte DNA; **B** methylierte DNA

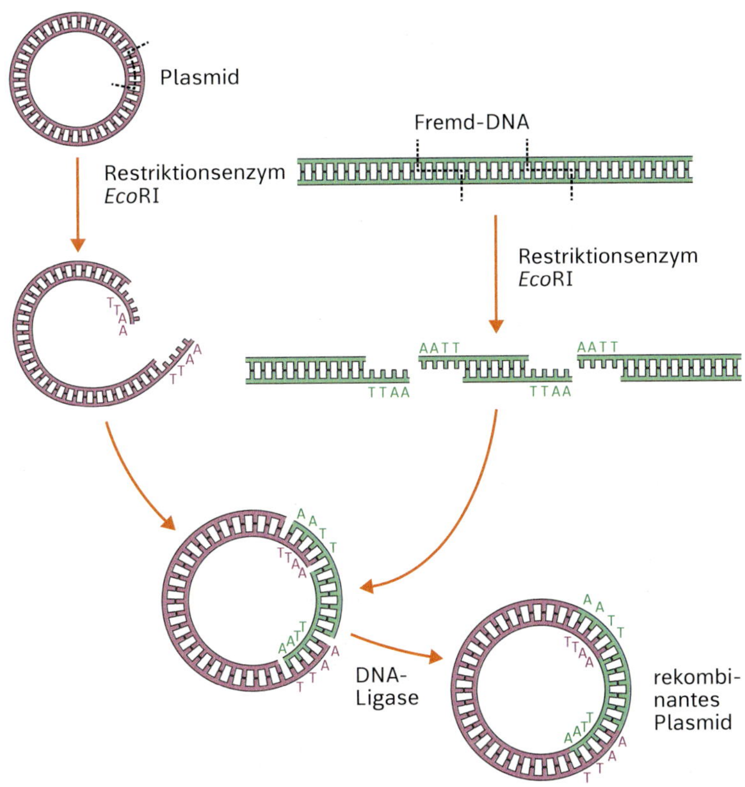

4 Rekombination

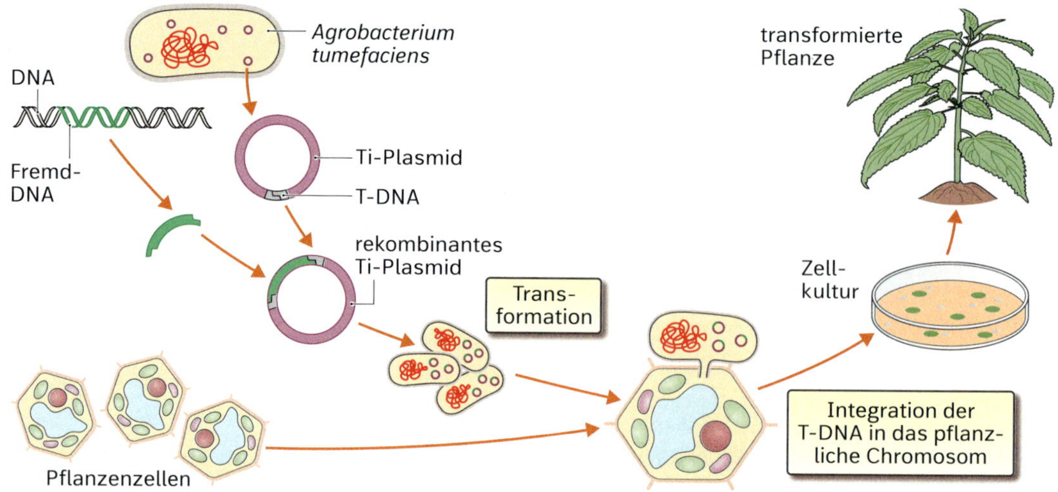

5 Gentransfer mithilfe von *Agrobacterium tumefaciens*

Gentransfer mittels Vektoren – Um rekombinante Plasmide in Bakterienzellen einzuschleusen, werden deren Zellwände und Zellmembranen durch eine spezielle Behandlung mit Calciumchlorid-Lösung durchlässig gemacht. Danach werden die Bakterienzellen und rekombinanten Plasmide gemischt und einem Hitzeschock ausgesetzt. Dabei nimmt ein Teil der Bakterienzellen die rekombinanten Plasmide auf. Bei diesen ist das Einschleusen fremder DNA, die **Transformation**, geglückt.

Für den Gentransfer in Pflanzenzellen wird häufig das Bodenbakterium *Agrobacterium tumefaciens* genutzt. Dieses verursacht bei zweikeimblättrigen Pflanzen Tumore. Das Bakterium enthält ein besonderes **Ti-Plasmid**, das für die Tumorbildung verantwortlich ist. Andere Gene des Ti-Plasmids steuern den Einbau der tumorauslösenden Gene in das Genom der Pflanze. Werden die tumorauslösenden Gene durch Fremd-DNA ersetzt, kann das Ti-Plasmid

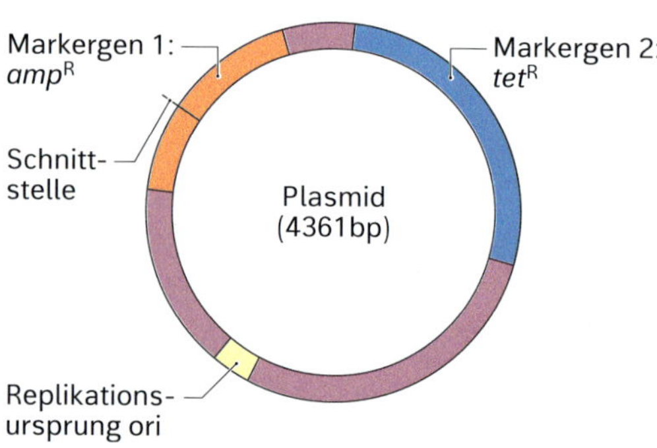

6 Künstlich hergestelltes Plasmid für die Selektion

als Vektor für den Gentransfer genutzt werden, ohne dass es dabei zur Tumorbildung kommt.

Beim Gentransfer in Tierzellen spielen Viren eine wichtige Rolle. Dazu werden die Gene der viralen DNA, die für die Lyse der Wirtszellen verantwortlich sind, entfernt und durch die Fremd-DNA ersetzt. Die erhaltene rekombinante Fremd-DNA kann bei der Infektion in die Tierzelle gelangen und in deren DNA integriert werden.

Selektion und Vermehrung – Der Einbau von Fremd-DNA in ein bakterielles Plasmid gelingt nur selten. Häufig schließen sich die Plasmide ohne Einbau der Fremd-DNA wieder. Es liegt also ein Gemisch aus Plasmiden mit und ohne Fremd-DNA vor. Um herauszufinden, welche Bakterienzellen ein rekombinantes Plasmid aufgenommen haben, ist eine **Selektion** notwendig. Dies wird durch ein Plasmid mit besonderen Eigenschaften möglich. Es enthält den Replikationsursprung **ori** und zudem zwei Resistenzgene gegen die Antibiotika Ampicillin und Tetracyclin. Die entsprechenden Gene heißen *amp*^{R} und *tet*^{R} und werden als **Markergene** bezeichnet. Innerhalb des Markergens *amp*^{R} befindet sich eine Schnittstelle für ein bestimmtes Restriktionsenzym. Die Behandlung des Plasmids mit dem Restriktionsenzym und die Integration der gewünschten Fremd-DNA führt zur Inaktivierung des Markergens. Bakterien mit diesem Plasmid sind nicht mehr resistent gegenüber Ampicillin.

Durch die Transformation entstehen drei Typen von Bakterien: Bakterien mit Plasmid und Fremd-DNA, Bakterien mit Plasmid ohne Fremd-DNA und Bakterien ohne Plasmide.

Im ersten Selektionsschritt werden die Bakterien auf einem Nährboden, der das Antibiotikum Tetracyclin enthält, kultiviert. Dabei werden sämtliche Bakterien ohne Plasmide abgetötet. Danach überträgt man einen Teil der Bakterienkolonien mithilfe eines sterilen Samtstempels auf einen zweiten Nährboden mit Ampicillin. Mithilfe dieses Verfahrens, **Replikaplattierung** genannt, entsteht eine genaue Kopie der Bakterienkolonien des ersten Nährbodens. Auf dem Nährboden mit Ampicillin können nur Bakterien wachsen, die zwar das Plasmid, nicht aber die Fremd-DNA aufgenommen haben. Durch den Vergleich der Koloniemuster der beiden Nährböden können die Kolonien mit Plasmid und Fremd-DNA identifiziert werden. Anschließend erfolgt die **Vermehrung** der so selektierten Bakterienkolonien in einem Nährmedium.

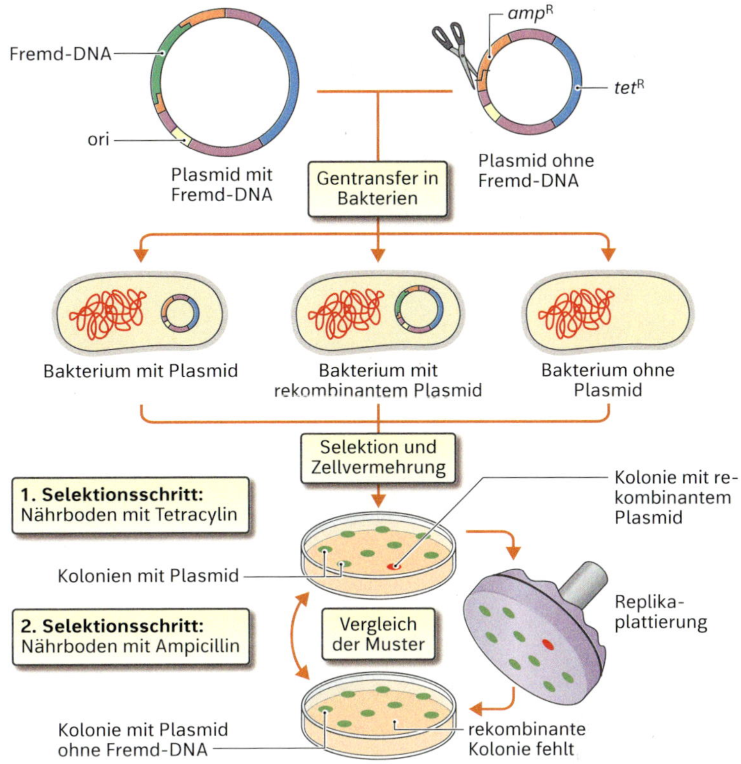

7 Prinzip der Selektion transformierter Bakterien

MATERIAL MIT AUFGABEN

A Blau-Weiß-Selektion

In der Gentechnik wird heutzutage zur Selektion oft die Blau-Weiß-Selektion genutzt. Hierbei enthält der Nährboden das Substrat X-Gal, das vom Enzym β-Galactosidase in ein blaues Produkt umgesetzt wird. Außerdem tragen die *E. coli*-Stämme eine Mutation, wodurch sie das Enzym β-Galactosidase nicht bilden können. Als Vektor dient ein speziell konstruiertes Plasmid. Es besitzt ein Markergen, dessen Genprodukt als α-Peptid bezeichnet wird. Es bewirkt, dass die *E. coli*-Stämme wieder β-Galactosidase bilden können. Innerhalb des Markergens befindet sich eine Schnittstelle für ein Restriktionsenzym. Wird die Fremd-DNA dort integriert, kann das Markergen nicht mehr exprimiert werden.

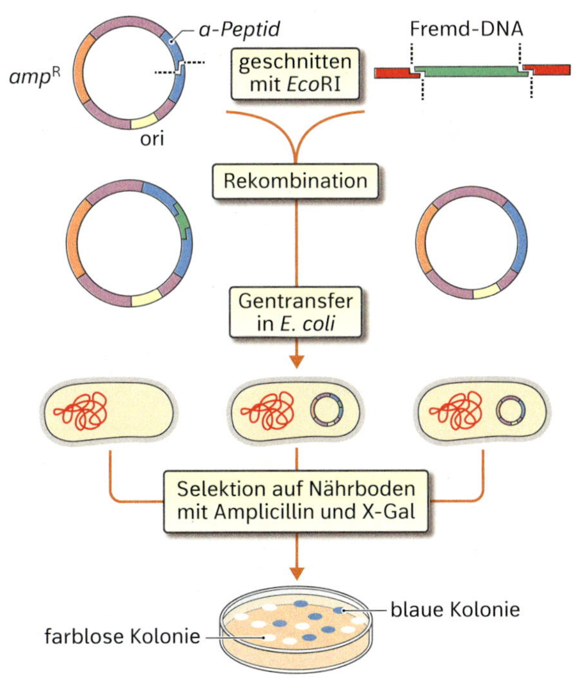

1 Beschreiben Sie den Ablauf einer Blau-Weiß-Selektion anhand der Abbildung. ●○○
2 Erklären Sie die Versuchsbeobachtungen. ●●○
3 Vergleichen Sie dieses Verfahren zur Selektion mit dem der Replikaplattierung. ●●○

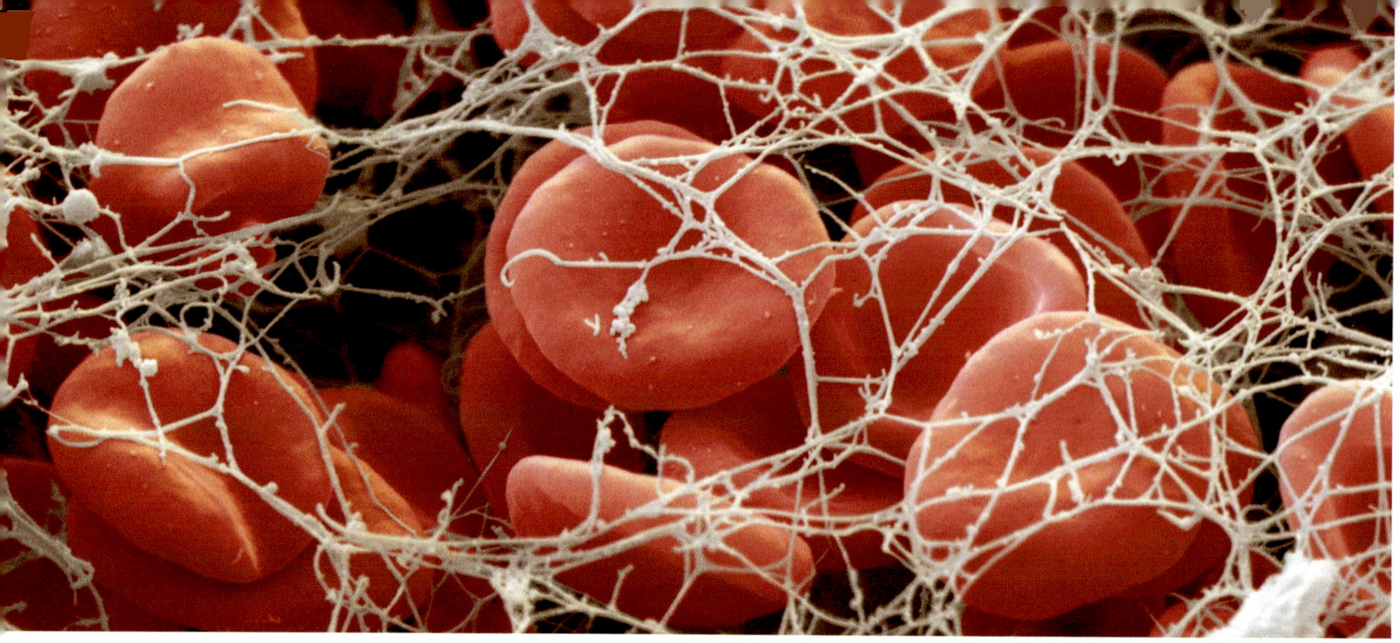

1 Blutgerinnsel aus Erythrozyten und Fibrin

5.3 CRISPR/ Cas-System

Bei der Bluterkrankheit Hämophilie A fehlt den Betroffenen der Gerinnungsfaktor VIII. Folglich gerinnt ihr Blut bei Verletzungen nicht oder zu langsam. Die Erbkrankheit ist auf eine Mutation im Faktor-VIII-Gen zurückzuführen. In ersten Studien wurde mithilfe einer neuen gentechnischen Methode das intakte Faktor-VIII-Gen in Leberzellen von Betroffenen transportiert und dort in das Genom integriert. Ihre Blutgerinnung erhöhte sich dadurch um über 90 Prozent. Wie lässt sich mithilfe dieser Methode das Genom von Lebewesen so präzise verändern?

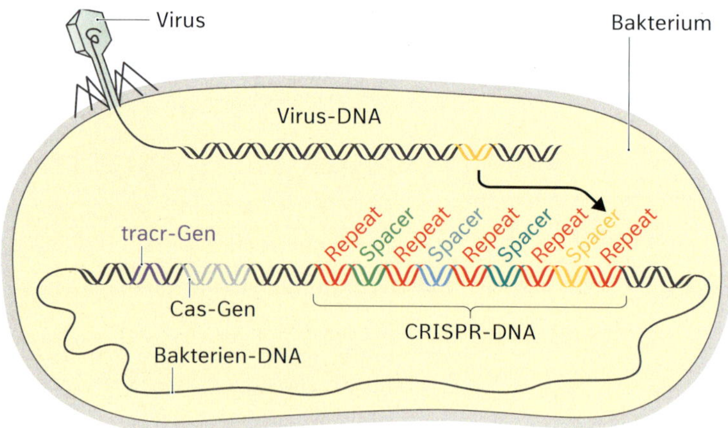

2 Aufbau des CRISPR/Cas-Systems in Bakterien

Aufbau des CRISPR/Cas-Systems

Infizieren Phagen Bakterienzellen, so injizieren sie ihre DNA in die Bakterienzelle und programmieren sie um. Infolgedessen bilden die Bakterien Phagenbestandteile. Nachdem sich diese zu reifen Phagen zusammengesetzt haben, platzen die Bakterien und setzen hunderte von neuen Phagen frei.

Viele Bakterienarten können sich vor einer solchen Infektion schützen. Sie zerschneiden mithilfe von Enzymen die injizierte Phagen-DNA und bauen anschließend Fragmente davon in ihr Genom ein. Diese viralen DNA-Fragmente werden **Spacer** genannt. Sie liegen im bakteriellen Genom zwischen kurzen, sich wiederholenden Nucleotidsequenzen, den **Repeats**. Die Abschnitte des Bakteriengenoms aus Spacer und Repeats werden **CRISPR** genannt, vom englischen ***c**lustered **r**egularly **i**nterspaced **s**hort **p**alindromic **r**epeats.* Zu dem CRISPR-Bereich eines Bakteriengenoms gehören weitere Gene, **C**RISPR-**a**ssoziierte **S**equenzen, abgekürzt **Cas**. Diese codieren Cas-Enzyme, die DNA entwinden und zerschneiden können. Mit den Spacern besitzen die Bakterien eine Art Abwehrgedächtnis mit dem sie sich erfolgreich gegen Phagen wehren können. Bei einer erneuten Infektion mit ihnen erkennen sie diese wieder und können sie sehr effizient vernichten. Die CRISPR-DNA wird bei Teilung der Bakterienzellen auch an die Tochterzellen weitergeben, sodass auch diese das Abwehrgedächtnis besitzen.

Virusabwehr mittels CRISPR/Cas – Bei einer Infektion mit Phagen, deren DNA-Fragmente als Spacer im Bakteriengenom gespeichert sind, wird die gesamte CRISPR-Sequenz transkribiert. Dabei wird zunächst eine Vorläufer-RNA, die **prä-crRNA**, gebildet. Sie wird durch RNA-Prozessierung zu kurzen **crRNA-Molekülen** verarbeitet. Jedes reife crRNA-Molekül besitzt eine Sequenz, die sich von einer bestimmten Spacersequenz ableitet, also zu ihr komplementär ist. Daneben kommen Sequenzen vor, die sich von den Repeats ableiten. An solche crRNA-Moleküle bindet zusätzlich die trans-activating-cr-RNA, kurz **tracrRNA** genannt. Mit ihrer Hilfe wird das Cas-Enzym gebunden und zur injizierten Phagen-DNA geleitet.
Der gebildete CRISPR/Cas-Komplex sucht dann injizierte Phagen-DNA nach komplementären Sequenzen ab und bindet über die abgeleiteten Spacersequenzen daran. Dort schneidet das Cas-Enzym die beiden DNA-Einzelstränge der injizierten Phagen-DNA und macht sie somit unschädlich. Allerdings muss sich in unmittelbarer Nähe der Zielsequenz eine drei Basen lange Erkennungssequenz für das CRISPR/Cas-System befinden. Sie wird als **PAM** bezeichnet, die Abkürzung für **p**rotospacer **a**djacent **m**otif. PAM verhindert, dass Cas-Enzyme zufällig bakterielle DNA zerschneiden.

CRISPR/Cas in der Gentechnik – Der entscheidende Schritt bei der Einführung des CRISPR/Cas-Systems in die Gentechnik war die Erkenntnis, dass die zu den Spacersequenzen komplementären Sequenzen durch andere RNA-Sequenzen austauschbar sind. Kurze RNA-Moleküle können im Labor mit jeder benötigten Sequenz synthetisiert werden. Indem die komplementäre Spacersequenz durch künstliche RNA-Moleküle ersetzt wird, kann man das Cas-Enzym gezielt an jede gewünschte DNA-Stelle eines Genoms führen und dort DNA-Doppelstrangbrüche erzeugen. Deshalb wird die künstlich erzeugte RNA-Sequenz auch als **Guide-RNA** oder kurz gRNA bezeichnet. Natürlich muss dafür die Sequenz der DNA-Stelle bekannt sein. Um das CRISPR/Cas-System im Labor einfacher handhaben zu können, wurde außerdem die crRNA und tracrRNA zu einem einzigen, stabilen RNA-Molekül, der **Leit-RNA**, verbunden.

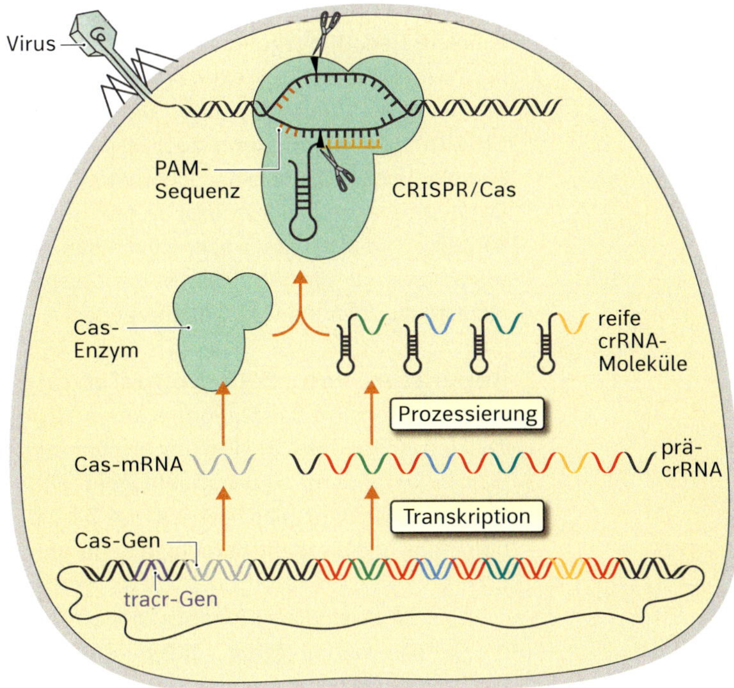

3 Virusabwehr durch das CRISPR/Cas-System

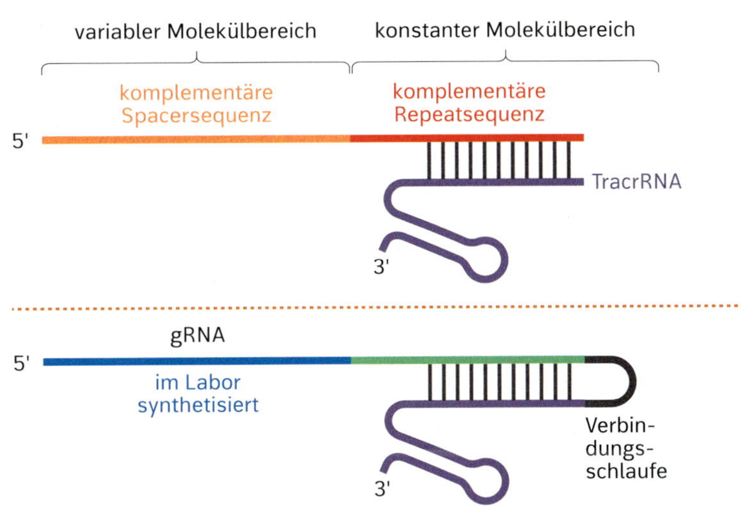

4 CRISPR/Cas-System: **A** reife crRNA; **B** im Labor synthetisierte Leit-RNA

Einbringen des CRISPR/Cas-Systems in Zellen – Das CRISPR/Cas-System kann in Form von DNA, die für das Cas-Enzym und das gRNA-Molekül codiert, in Zellen eingeführt werden. Dafür werden die für die Leit-RNA codierenden DNA-Sequenzen zusammen mit den DNA-Sequenzen für das Cas-Enzym in Plasmide eingebaut und in die Zielzellen eingeschleust. Das CRISPR/Cas-System wird dann erst in den Zellen synthetisiert. So erfolgt etwa die Gentherapie bei Betroffenen der Hämophilie A. Da hierbei die DNA-Sequenzen in das zelluläre Genom integriert werden, können sie bei nachfolgenden Zellteilungen auch an die Tochterzellen weitergegeben werden. Das CRISPR/Cas-System kann auch als Proteinkomplex in die Zelle eingeschleust werden. Dann ist es sofort in der Zelle aktiv, der Proteinkomplex wird aber relativ schnell von der Zelle abgebaut und die DNA-Sequenzen werden nicht an die Tochterzellen weitergegeben.

Reparatur von DNA-Doppelstrangbrüchen – Um das Genom eukaryotischer Zellen mithilfe des CRISPR/Cas-Systems gezielt zu verändern, wird auf zelleigene DNA-Reparaturmechanismen gesetzt. Es gibt die homologe und die nicht-homologe Reparatur.

Bei der **homologen Reparatur** dienen unbeschädigte Sequenzen von Schwester-Chromatiden oder homologen Chromosomen als Vorlage. Diese müssen allerdings in der Nähe der Bruchstelle zur Verfügung stehen. Der zweite Reparaturmechanismus ist nicht von einer homologen Vorlage abhängig. Bei dieser **nichthomologen Reparatur** werden die getrennten Stränge sofort und unabhängig von ihrer Sequenz zusammengefügt.

Anwendung in der Gentechnik – Beide Reparaturmechanismen werden in der Gentechnik gezielt genutzt, um die Zielsequenzen einer DNA nach dem mit CRISPR/Cas erzeugten Doppelstrangbruch zu verändern. Beispielsweise werden Gene gezielt ausgeschaltet, indem mithilfe des CRISPR/Cas-Systems in dem betreffenden Gen Doppelstrangschnitte erzeugt werden. Häufig gehen dabei einzelne DNA-Nucleotide verloren oder werden eingefügt. In Folge einer solchen Deletion oder Insertion verschiebt sich das Leseraster in der Zielsequenz und das Gen wird inaktiv. Da bei diesem Verfahren keine Fremd-DNA zurückbleibt, lassen sich die Veränderungen im Genom der Zelle nicht von spontanen Mutationen unterscheiden.

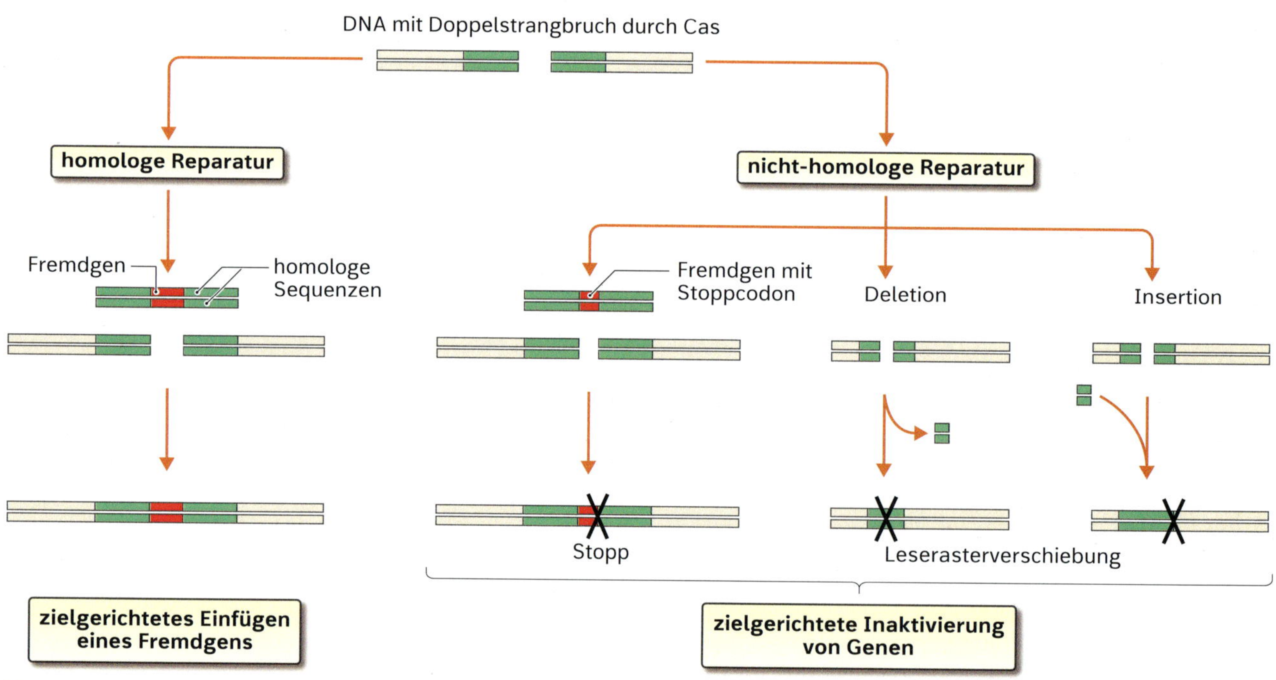

5 DNA-Veränderungen nach Doppelstrangschnitten mithilfe zellulärer Reparaturmechanismen

Mit einem anderen Verfahren können auch Fremdgene in einen DNA-Doppelstrangbruch eingebaut werden. Sie müssen an den Enden jeweils Sequenzen besitzen, die homolog zu den flankierenden Enden der DNA-Bruchstelle sind. Fremdgene werden im Labor dementsprechend vorbereitet und zusammen mit dem CRISPR/Cas-System in die Zelle eingeschleust. Durch die homologe Reparatur wird es nach dem Doppelstrangbruch in die Ziel-DNA eingebaut. Dieses Verfahren gilt als Gentechnik, da hierbei Zellen oder Lebewesen mit Fremd-DNA entstehen.

Weltweit arbeiten Wissenschaftler daran, die Wirkweise von CRISPR/Cas zu verbessern und die Genschere für den Einsatz in der Gentechnik weiterzuentwickeln. Um die Auswahl an möglichen Zielsequenzen zu erhöhen, werden vielfach neue Cas-Enzyme aus Bakterien isoliert und weiterentwickelt. Mittlerweile sind über 40 verschiedene Cas-Enzyme bekannt.

6 Weizen mit Mehltau

Anwendung in der Pflanzenzucht –
Der Hauptanwendungsbereich des CRISPR/Cas-Systems liegt aktuell in der Pflanzenzucht. Forschende arbeiten vor allem daran, Pflanzen zu züchten, die herbizidresistent sind oder mehr Ertrag liefern. Ein weiteres Ziel sind Pflanzen, die Trockenheit und salzhaltige Böden tolerieren, um so den Folgen des Klimawandels entgegenzuwirken.

In Kanada und den USA ist ein genomeditierter, herbizidresistenter Raps auf dem Markt. In den USA wird außerdem ein Sojaöl mit einem veränderten Fettsäuremuster vermarktet. Es hat den Vorteil, dass es auch bei hohen Temperaturen in der Lebensmittelherstellung nutzbar ist. In Japan können seit 2021 genomveränderte Tomaten sowohl als Früchte als auch als Setzlinge gekauft werden. Sie enthalten hohe Konzentrationen eines blutdrucksenkenden Stoffes. In China wurde 2014 ein gegen Mehltau resistenter Weizen mit CRISPR/Cas erzeugt. Mehltau ist eine Sammelbezeichnung für eine bei vielen Nutz- und Zierpflanzen verbreitete Krankheit, die durch Pilze verursacht wird. Bei der Genomveränderung wurde ein Gen ausgeschaltet, das für das Eindringen des Pilzes in die Zellen verantwortlich ist.

Allein in den ersten neun Monaten des Jahres 2020 sind über 60 verschiedene genomeditierte Pflanzen in den USA für die uneingeschränkte Vermarktung zugelassen worden. In der EU wurden 2022 vier solcher Anträge gestellt. Sie bezogen sich unter anderem auf veränderten Mais, der eine hohe Toleranz gegenüber Trockenheit besitzt oder besser verdaulich ist. In Spanien soll genomeditierter Brokkoli angebaut werden, der Trockenheit und hohe Salzkonzentrationen im Boden besser übersteht.

Anwendung in der Tierzucht – Die Genomeditierung bei Tieren verfolgt das Ziel, Nutztiere mit Resistenzen gegen bestimmte Krankheiten und höheren Fleischertrag zu erhalten. In Japan haben Forschende beispielsweise das Genom der Roten Goldbrasse mithilfe des CRISPR/Cas-Systems verändert. Dabei wurde ein Gen ausgeschaltet, das die Bildung der Skelettmuskulatur reguliert. In der Folge bildeten die Fische bis zu 20 Prozent mehr Skelettmuskulatur. Somit liefern die Fische mehr Fleisch für den Verzehr. Diese Rote Goldbrasse wurde in Japan als erstes genomeditiertes Tier zugelassen.

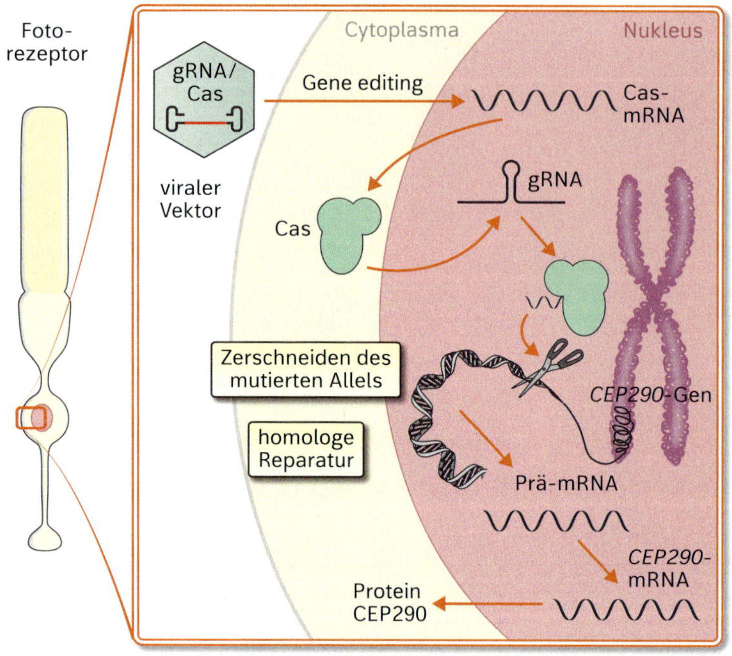

7 Einschleusen von CRISPR/Cas mittels viralen Vektors und Editierung des *CEP290*-Gens

Anwendung beim Menschen – Beim Menschen werden CRISPR/Cas-Systeme zurzeit vor allem in der Grundlagenforschung eingesetzt. Es werden Möglichkeiten für Gentherapien bei Erbkrankheiten wie Mukoviszidose, Thalassämie und Sichelzellenanämie, aber auch bei Krebserkrankungen und HIV-Infektionen erforscht. In verschiedenen klinischen Studien wurden dazu bereits Tests an Personen durchgeführt. Das CRISPR/Cas-System kann dabei an Zellen außerhalb des Körpers, also ex vivo, oder aber im Körper Betroffener, also in vivo, angewendet werden.

2019 wurde in Regensburg erstmals eine Patientin mit dem CRISPR/Cas-System behandelt, die an Beta-Thalassämie litt. Bei dieser Erbkrankheit sind jeweils beide Allele für β-Globin mutiert. In der Folge können die Betroffenen kein funktionstüchtiges Hämoglobin bilden und sind auf ständige Bluttransfusionen angewiesen. Der Patientin wurden zunächst blutbildende Stammzellen entnommen. In diesen Zellen wurde ex vivo mithilfe von CRISPR/Cas ein Gen stillgelegt, das die Bildung von fetalem Hämoglobin in Stammzellen verhindert. Die Stammzellen produzierten daraufhin fetales Hämoglobin. Nachdem der Patientin die veränderten Stammzellen zugeführt wurden, benötigte sie keine Bluttransfusionen mehr. Seit Ende 2019 wurden mittlerweile weltweit bereits mehr als 15 Betroffene mit Sichelzellanämie oder Beta-Thalassämie auf diese Weise behandelt. Die Ergebnisse der Therapiestudie sind äußerst vielversprechend

Eine in vivo Gentherapie wird aktuell bei einer Gruppe von Netzhauterkrankungen, der Leberschen kongenitalen Amaurose, kurz LCA, getestet. Bei dieser Erbkrankheit liegt eine Punktmutation des CEP290-Gens vor, dessen Produkt eine wichtige Rolle bei der Entwicklung der Lichtsinneszellen in der Netzhaut spielt. Die LCA äußert sich in einer von Geburt an sehr starken Sehstörung oder Blindheit. In einer klinischen Studie wurde Testpersonen ein viraler Vektor direkt ins Auge injiziert. Er enthielt die gesamte genetische Information eines CRISPR/Cas-Systems. Die Hoffnung ist, dass durch die Genschere das mutierte Allel zerschnitten und anschließend repariert wird. Dadurch soll der fortschreitende Abbau der Netzhaut bei betroffenen Kindern gestoppt werden. Erste klinische Studien deuten auf einen Erfolg der Behandlung hin.

Off- und On-Target-Effekte – In manchen Fällen schneidet das CRISPR/Cas-System nicht an der gewünschten Stelle. Es wird dann vom **Off-Target-Effekt** gesprochen, da das eigentliche Ziel verfehlt wurde. Dies kann geschehen, wenn die Zielsequenz mehrfach auf der DNA vorkommt. Dann ist die Guide-RNA-Sequenz nicht nur zur Ziel-Sequenz, sondern auch zu den weiteren Sequenzen komplementär. Folglich kann das Cas-Enzym auch an diese nicht gewünschten Sequenzen geleitet werden und dort die DNA schneiden. Es entstehen Mutationen an Stellen, die bei einer in vivo Genom-Editierung zu schwerwiegenden Nebenwirkungen, etwa Krebs, führen.
Im Gegensatz dazu wird bei einem **On-Target-Effekt** die Zielsequenz zwar getroffen, aber durch CRISPR/Cas in unerwünschter Weise verändert. Für jede in vivo-Gentherapie mit CRISPR/Cas-Systemen ist die Vermeidung von Off- und On-Target-Effekten von größter Bedeutung.

A Gentherapie bei der Beta-Thalassämie

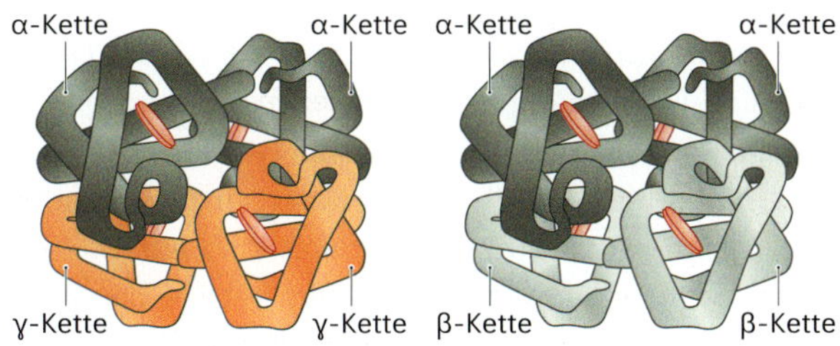

Beim menschlichen Embryo setzt sich Hämoglobin aus zwei Alpha- und zwei Gamma-Ketten zusammen. Nach der Geburt wird die Genexpression der Gamma-Ketten durch den Transkriptionsfaktor BCL11A abgeschaltet und die Genexpression der Beta-Ketten aktiviert, sodass ein Hämoglobinmolekül nun aus zwei Alpha- und zwei Beta-Ketten besteht.

Bei der Erbkrankheit Beta-Thalassämie ist das Gen der Beta-Kette mutiert. Infolgedessen wird diese nur wenig bis gar nicht gebildet. So enthalten die Erythrozyten wenig funktionsfähiges Hämoglobin und werden vorzeitig abgebaut. Die Betroffenen leiden an einer Blutarmut und benötigen häufig Bluttransfusionen.

2019 wurden Beta-Thalassämie-Patienten blutbildende Stammzellen entnommen und darin mithilfe des CRISPR/Cas-Systems das Gen für BCL11A ausgeschaltet. Danach wurden ihnen die genveränderten Zellen wieder übertragen. Sie siedelten sich in den Markhöhlen ihrer Knochen an und bildeten Erythrozyten mit funktionsfähigem Hämoglobin. Dieses bestand aber, wie bei einem Embryo, aus zwei Alpha- und zwei Gamma-Ketten. Bislang wurde dieses Verfahren nur bei wenigen Patienten getestet. Doch alle waren nach der Behandlung frei von Symptomen und unabhängig von Bluttransfusionen. Wie lange die Wirkung anhält, ist allerdings noch nicht abzusehen.

1 Stellen Sie in einem Fließdiagramm alle Schritte der Gentherapie bei den Beta-Thalassämie dar. ●●○
2 Erklären Sie, wie mithilfe von CRISPR/Cas das BCL11A-Gen ausgeschaltet wurde. ●●○
3 In einem anderen Ansatz versucht man mithilfe eines CRISPR/Cas-Systems ein intaktes Gen für die Beta-Kette des Hämoglobins in die DNA der Blutstammzellen zu übertragen. Erklären Sie die Vorgehensweise. ●●●

B Gene Drive gegen Malaria

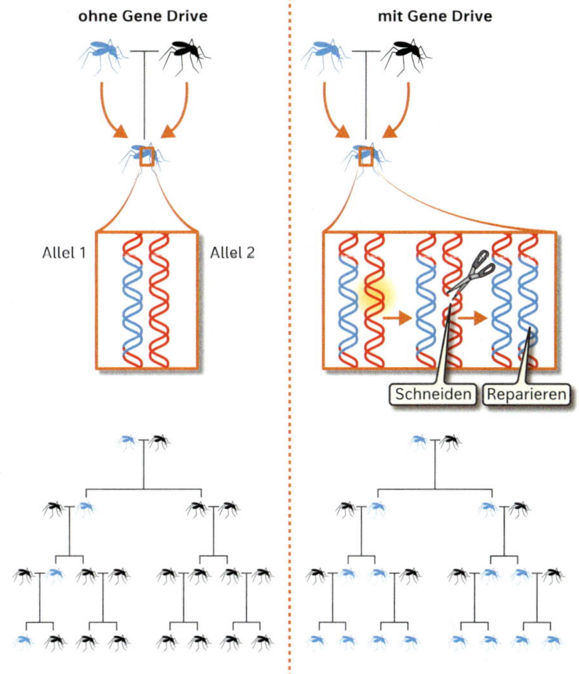

Jährlich erkranken mehr als 200 Millionen Menschen an Malaria, etwa 400 000 sterben daran. Der Malaria-Erreger wird durch die Anopheles-Mücken übertragen. Mithilfe des CRISPR/Cas-Systems kann ein Gen in das Genom der Mücke eingeführt werden, durch das sie resistent gegen den Erreger wird. Durch eine besondere, als Gene Drive bezeichnete Methode, kann dann erreicht werden, dass sich die Resistenz beschleunigt in der Mückenpopulation ausbreitet. Dabei werden mithilfe von CRISPR/Cas in einem Allel der Mücke das Resistenzgen und gleichzeitig das Gen für CRISPR/Cas eingeführt. Bei der folgenden Genexpression wird dann auch die Genschere gebildet. Sie schneidet das zweite Allel an entsprechender Stelle. Bei der anschließenden homologen Reparatur wird das erste Allel als Vorlage genutzt und dabei sowohl das Resistenzgen als auch das Gen für CRISPR/Cas in das zweite Allel eingebaut. So liegt anschließend die Genveränderung homozygot im Genom der Mücke vor.

1 Vergleichen Sie die Vererbung der Resistenz ohne Gene Drive mit der Vererbung mit Gene Drive. ●●○
2 Erläutern Sie Chancen und Risiken der Gene Drive-Methode. ●●●

Chancen und Risiken der Genom-Editierung

Das CRISPR/Cas-System verspricht viele Möglichkeiten und Chancen in der Gentechnologie. Zugleich ist es mit Risiken und Gefahren verbunden, die das Chancen- und Risikopotenzial der klassichen Methoden der Gentechnologie weit übersteigen.

Aussagen zu CRISPR/Cas

Dr. Müller, Agarwissenschaftler: „Bei der klassischen Mutationszüchtung werden mithilfe von Strahlung Mutationen im Saatgut erzeugt. Dabei entstehen unkontrollierte Mutationen, die nur selten zu neuen Genvarianten mit positiven Eigenschaften führen, sodass sie für die Züchtung genutzt werden können. Der größte Teil der entstehenden Mutanten ist nicht überlebensfähig. Mit CRISPR/Cas führen wir an einer bestimmten, vorgegebenen Stelle im Genom eine Punktmutation herbei. Es entsteht eine einzelne kontrollierte Mutation, deren Ort und Wirkung uns bekannt. Es ist doch unverständlich, warum im Gegensatz zur Mutationszüchtung das Züchtungsverfahren mit CRISPR/Cas in Frage gestellt wird.
Die klassische Gentechnik ist mit CRISPR/Cas-Verfahren nicht vergleichbar. Bei der klassischen Gentechnik wird „fremdes" genetisches Material in das Genom von Pflanzenzellen eingeführt. Dabei ist es vom Zufall abhängig, an welcher Stelle es in das Genom integriert wird. CRISPR/Cas verringert die Probleme, die sich aus den Zufälligkeiten der Mutationszüchtung beziehungsweise der klassischen Gentechnik ergeben. CRISPR/Cas bedeutet Sicherheit durch Präzision."

Frau Silber, Juristin: „Bei der Genom-Editierung muss man grundsätzlich zwischen zwei Verfahrenstypen unterscheiden: Bei Typ I wird eine Punktmutation in der DNA der Pflanzen herbeigeführt. Bei Typ II wird Fremd-DNA in die Pflanzen-DNA integriert. Der Europäische Gerichtshof hat 2018 entschieden, dass auch Lebewesen als gentechnisch verändert gelten, die nach Typ I verändert wurden. Das bedeutet, dass jeder Freilandtest und Anbau solcher Pflanzen nach dem Gentechnikrecht genehmigt werden muss. Wäre die Einstufung anders erfolgt, hätten die Pflanzen ohne weitere Auflagen angebaut und vermarktet werden können. Die Entscfheidung des Europäischen Gerichtshofs bedarf meiner Meinung nach dringend einer Überarbeitung."

Frau Dr. Bömer, Molekularbiologin: „Bei dem CRISPR/Cas-System und den entsprechenden Verfahren muss unterschieden werden, ob sie bei Bakterien, Pflanzen, Tieren oder Menschen angewendet werden. Dienen sie der Grundlagenforschung oder der Anwendung? Wofür sollen sie angewendet werden? Sollen Medikamente, Nahrungsmittel oder biologische Waffen damit hergestellt werden? Und wer will es anwenden? Privatpersonen, öffentliche Forschungseinrichtungen, die Industrie oder das Militär?
Bei der Anwendung an Menschen im Rahmen einer Gentherapie ist für die Bewertung entscheidend, ob das Verfahren im oder außerhalb des Körpers angewendet wird. Bei einem ex-vivo-Ansatz werden einem erkrankten Menschen Zellen entnommen, genetisch verändert und ihm wieder zurückgeführt. Dabei lässt sich prüfen, bei welchen Zellen die Veränderung des Gens erfolgreich war. Bei einem in-vivo-Ansatz wird das CRISPR/Cas-System in das Gewebe des Patienten eingeführt. Dabei ist keine Kontrolle möglich. Deshalb muss mit großer Sicherheit gewährleistet sein, dass die Genschere keine unerwünschten Änderungen verursacht.
Die wichtigste Frage bei Gentherapien ist jedoch, ob somatische Zellen oder Keimbahnzellen editiert werden. Bei Eingriffen in die Keimbahn eines Menschen werden die Genveränderungen an alle seine Nachkommen weitergegeben."

Herr Kranz, Ethiker: „Bei der Abwägung von Chancen und Risiken eines Verfahrens, wie etwa CRISPR/Cas, müssen folgende Fragen beantwortet werden: Wie hoch ist die Wahrscheinlichkeit, dass Fehler auftreten? Wie hoch ist der Schaden eines möglichen Fehlers? Gibt es schnell und effektiv wirkende Gegenmaßnahmen bei einem eventuellen Fehler? Dabei sollte nicht nur an beabsichtigte und unbeabsichtigte Freisetzungen gedacht werden, sondern auch an das Risiko eines Missbrauchs durch Kriminelle oder gar Terroristen. Das Verfahren ist im Vergleich zu anderen Verfahren leicht zu lernen und zu handhaben. Außerdem ist es relativ kostengünstig. Damit steigt auch das Missbrauchsrisiko. Deshalb muss an einer entsprechenden Sicherheitskultur gearbeitet werden."

Dr. Hunt, Humangenetiker: „Insbesondere Erbkrankheiten, die auf einer Mutation eines einzigen Gens beruhen, zeigen, dass eine Keimbahntherapie mit CRISPR/Cas überflüssig ist. Da solche monogenetischen Erbkrankheiten nach Mendel Regeln vererbt werden, ist immer ein bestimmter Anteil der Nachkommen nicht betroffen. Ist beispielsweise nur ein Elternteil homozygot von einer autosomal-rezessiven Krankheit betroffen, sind alle seine Kinder gesund, allerdings sind auch alle Träger des defekten Allels.
Außerdem muss bedacht werden, dass eine Keimbahntherapie nur im Zusammenhang mit der Präimplantationsdiagnostik durchgeführt werden kann. Dabei werden durch eine künstliche Befruchtung immer mehrere Embryonen erzeugt. Ihnen werden in einem sehr frühen Stadium Zellen entnommen und auf Gendefekte untersucht. Warum sollte man versuchen, bei einem betroffenen Embryo das defekte Allel mit CRISPR/Cas zu reparieren, wenn auch nicht betroffene Embryonen für den Transfer in die Gebärmutter zu Verfügung stehen?"

Frau Dr. Genn, Soziologin: „Um die Chancen und Risiken von CRISPR/Cas wirklich erfassen zu können, müssen zunächst einmal die Herausforderungen dieser Technologie angenommen werden. Erst danach können wirkungsvolle Regulierungen für diese Technologie entwickelt werden."

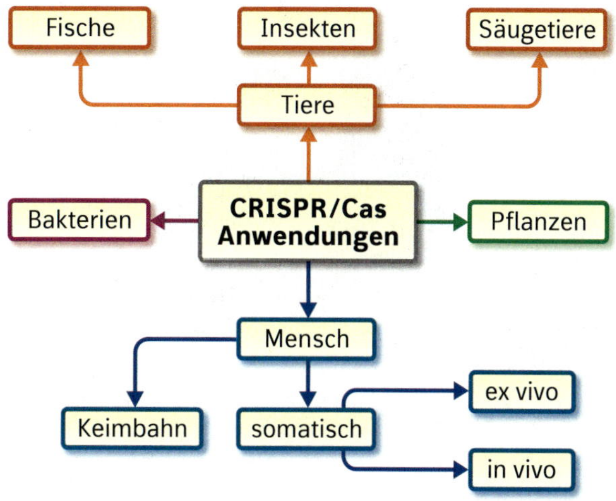

1 Fassen Sie die Aussagen der verschiedenen Fachleute zur Genom-Editierung zusammen. ●○○

2 Erörtern Sie jeweils Chancen und Risiken des CRISPR/Cas-Systems differenziert für Bakterien, Pflanzen, Tiere und Menschen. ●●○

3 Die Entscheidung des Europäische Gerichtshof von 2018 wurde mit folgenden Argumenten kritisiert:
- Der Forschungsstandort Deutschland wird im Vergleich zu den USA oder China stark zurückgeworfen.
- Andere Nationen bauen längst Pflanzen an, die durch Genom-Editierung erzeugt wurden.
- Die durch CRISPR/Cas veränderten Lebens- und Futtermittel aus anderen Ländern werden unerkannt auf den europäischen Markt kommen.

Nehmen Sie Stellung zu den Argumenten. ●●●

4 In der Debatte um die Anwendung von CRISPR/CAS an Keimbahnzellen wird argumentiert:
- Sie können dem Patienten ein gesundes Leben ermöglichen.
- Die zukünftigen Kinder hätten keine Möglichkeit, die Entscheidung abzulehnen.
- Es wird ein gesellschaftlicher Druck entstehen, wenn Paare sich nicht für einen Eingriff entschließen und ein krankes Kind geboren wird.

Geben Sie jeweils an, welche ethischen Werte in den Argumenten berührt werden und nehmen Sie Stellung zu den Argumenten. ●●●

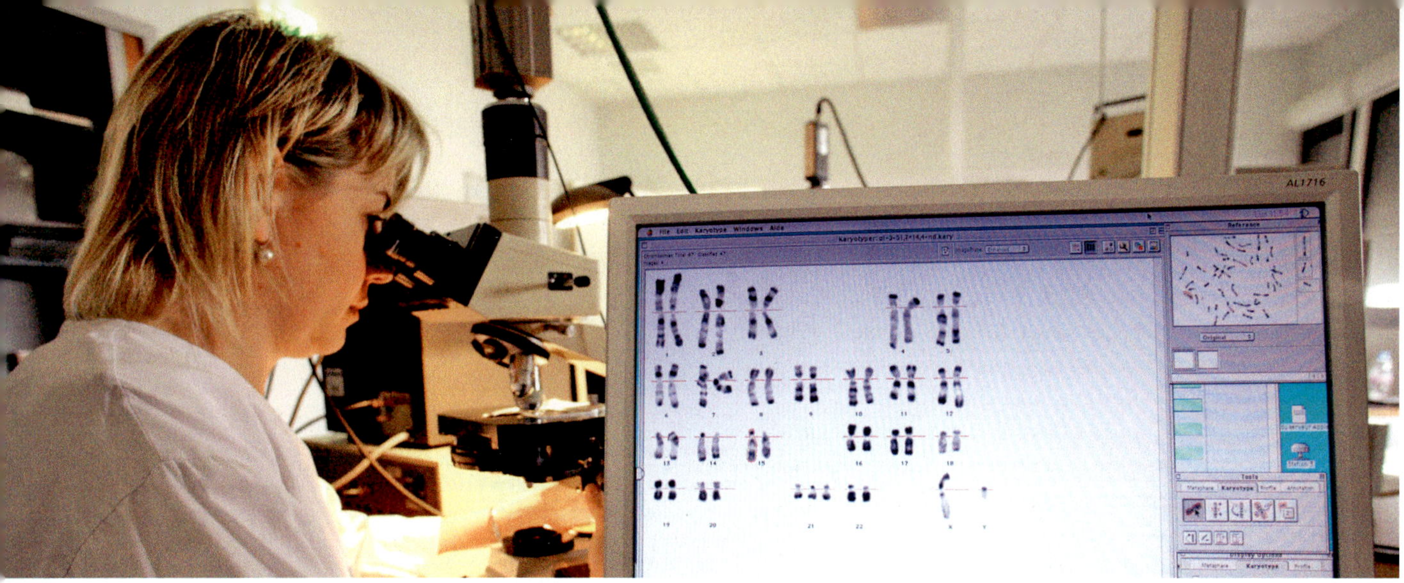

1 Analyse menschlicher Chromosomen

6.1 Chromosomen und deren Veränderungen

Schätzungen zufolge tragen etwa fünf Prozent aller Neugeborenen eine genetische Veränderung in sich, die früher oder später zu einer Erkrankung führt. Zur Diagnose werden die Chromosomen von Personen, in deren Familie solche Erbkrankheiten auftreten, untersucht. Wie erfolgt eine solche Chromosomenuntersuchung und welche Informationen können durch sie erhalten werden?

Methoden der Humangenetik – Die Humangenetik beschäftigt sich mit der Vorsorge, Aufklärung, Diagnose und der möglichen Therapie von genetisch bedingten Erkrankungen. Eine wichtige Rolle spielt dabei die **genetische Beratung**.

Zu den klassischen Methoden der Humangenetik zählt die **Familienforschung**. Dabei wird die Vererbung einzelner Merkmale über mehrere Generationen hinweg mithilfe von Stammbäumen dargestellt. Bei dieser Stammbaumanalyse können der Erbgang und die Wahrscheinlichkeit der Weitergabe eines Merkmals an die Nachkommen ermittelt werden.

Die **Zwillingsforschung** untersucht, wie stark sich Gene und Umwelt auf die Ausprägung bestimmter Merkmale auswirken. Sind bei eineiigen Zwillingen mit identischem genetischen Material bestimmte Merkmale sehr ähnlich, zeigt das einen größeren Einfluss der Gene. Zeigen diese Merkmale wenig Übereinstimmungen, deutet dies auf einen größeren Einfluss der Umwelt hin. Besonders aufschlussreich sind Fälle, bei denen eineiige Zwillinge unterschiedlich aufgewachsen sind: Etwaige Unterschiede werden dann auf Umwelteinflüsse zurückgeführt.

Untersuchung von Chromosomen – Das menschliche Genom kann sowohl auf der Ebene der Chromosomen als auch auf der Ebene der DNA untersucht werden. Bei **cytogenetischen Untersuchungen** werden Genome lichtmikroskopisch hinsichtlich der Anzahl und Struktur von Chromosomen analysiert. Dabei erfasste Veränderungen können häufig bestimmten Krankheiten zugeordnet werden. Bei **molekulargenetischen Untersuchungen** kann das Genom des Menschen gezielt auf Veränderungen der DNA untersucht werden.

Cytogenetische und molekulargenetische Methoden können sowohl vor der Geburt, also pränatal, oder nach der Geburt, postnatal, durchgeführt werden.

Präparation von Chromosomen – Um die Chromosomen einer menschlichen Körperzelle lichtmikroskopisch analysieren zu können, wird die Ausbildung der Spindelfasern bei der Zellteilung durch das Gift Colchicin gehemmt. So stoppt die Mitose in der Metaphase, in der stark kondensierte Chromosomen vorliegen. Diese sind nach weiteren Präparationsschritten und einer Färbung unter dem Mikroskop gut sichtbar. Sind die Chromosomen mit einer besonderen Farbstofflösung, der Giemsa-Lösung, gefärbt, so lässt sich auf diese Weise ein charakteristisches Bandenmuster aus hellen und dunklen Abschnitten erzeugen. In der schematischen Darstellung eines Metaphase-Chromosoms werden die beiden Schwesterchromatiden durch das Centromer in einen oberen, kurzen p-Arm und in einen langen q-Arm geteilt.

Eine farbige Darstellung einzelner Chromosomen und Chromosomenabschnitte ist mit **Fluoreszenz-in-situ-Hybridisierung (FiSH)** möglich. Bei dieser Technik werden einzelsträngige DNA-Sonden verwendet, an die Fluoreszenzfarbstoffe gekoppelt sind. Wird die DNA der Chromosomen in Einzelstränge getrennt und diese mit den DNA-Sonden zusammengebracht, binden die Sonden an die komplementären DNA-Sequenzen der Chromosomen. Unter dem Fluoreszenzmikroskop zeigen die Sonden dann eine charakteristische Farbe. Wird eine Kombination unterschiedlicher Farbstoffe verwendet, können auf diese Weise verschiedene Chromosomenabschnitte unterschiedlich angefärbt werden.

Karyogramm und Karyotyp – Werden die präparierten und gefärbten Metaphase-Chromosomen einer menschlichen Körperzelle paarweise und nach Merkmalen wie Größe, Lage des Centromers und nach dem Bandenmuster geordnet, erhält man ein **Karyogramm**. Dmait lässt sich der **Karyotyp**, also die Chromosomenausstattung eines Individuums, bestimmen. In der humangenetischen Diagnostik wird der Karyotyp analysiert, um auf diese Weise lichtmikroskopisch sichtbare Anomalien von Chromosomen festzustellen. Dazu gehören Veränderungen der Chromosomenanzahl oder deren Struktur.

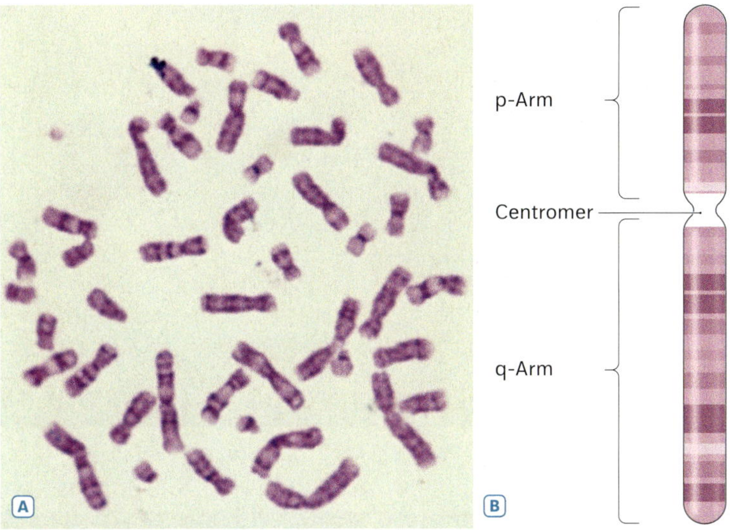

2 Metaphase-Chromosomen: **A** Karyogramm, ungeordnet (LM, gefärbt); **B** Ein-Chromatid-Chromosom (Schema)

Die Beschreibung des menschlichen Karyotyps erfolgt mittels einer Kurzschreibweise, die die gesamte Anzahl der Chromosomen und die Art der Geschlechtschromosomen wiedergibt. Eine normale Körperzelle enthält 46 Chromosomen, und zwar 22 homologe Chromosomenpaare, die **Autosomen**, und ein Paar Geschlechtschromosomen, die **Gonosomen**. Bei der Frau gibt es zwei X-Chromosomen und beim Mann ein X- und ein Y-Chromosom. Der typische Karyotyp für eine Frau lautet demnach 46, XX und für einen Mann 46, XY.

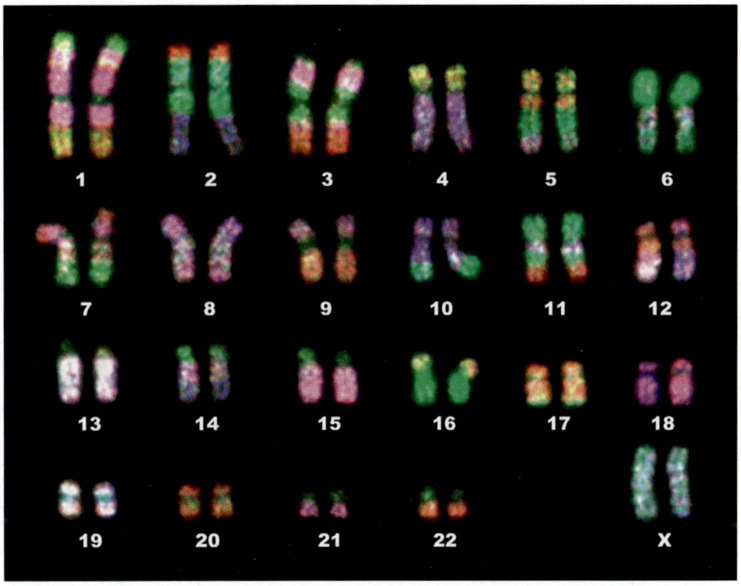

3 Karyogramm einer Frau (Fluoreszenz-in-situ-Hybridisierung)

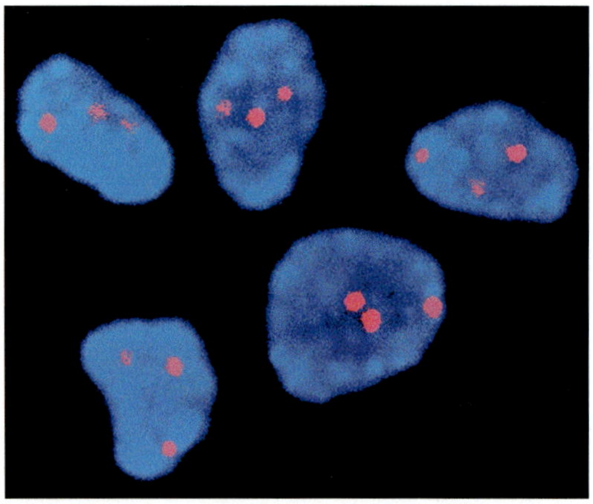

4 Trisomie 21 fötale Zellkerne (Fluoreszenzbild)

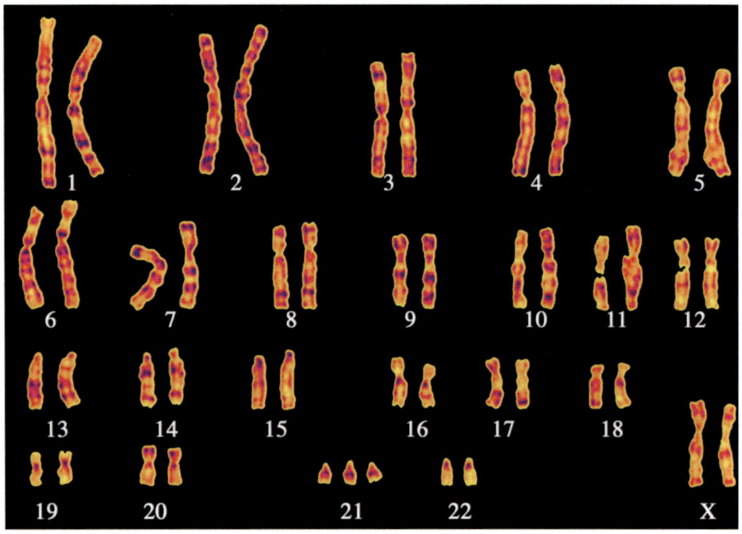

5 Trisomie 21 Karyogramm (Fluoreszenzbild)

Genommutationen – Mutationen können die Anzahl einzelner Chromosomen oder sogar die ganzer Chromosomensätze betreffen und werden dann als **Genommutationen** bezeichnet. Ein bekanntes Beispiel ist die **Trisomie 21**. Bei den Betroffenen liegt das Chromosom 21 in den Körperzellen dreifach vor. Dies lässt sich unter dem Lichtmikroskop in der Regel gut erkennen. Bei der FiSH-Methode, bei der spezifische Sonden für das Chromosom 21 genutzt werden, zeigen drei Farbsignale im Fluoreszenz-Mikroskop die Trisomie 21 an. Das überzählige Chromosom 21 beeinflusst die körperliche und geistige Entwicklung der Betroffenen. Wie gravierend die Auswirkungen sind, ist von Mensch zu Mensch unterschiedlich. Die Beeinträchtigungen der Betroffenen können durch intensive Förderung zum Teil kompensiert werden.

Neben der Trisomie 21 sind beim Menschen auch die Trisomie 13, das **Pätau-Syndrom**, und die Trisomie 18, das **Edwards-Syndrom**, bekannt. Die Betroffenen zeigen sehr schwere Fehlbildungen von nahezu allen Organen und sterben meist schon wenige Monate nach der Geburt. Bei den Chromosomen 13, 18 und 21 handelt es sich um relativ kleine Chromosomen mit wenigen Genen. Im Vergleich zu anderen Autosomen ist die Menge der betroffenen Genprodukte dadurch geringer. Deshalb sind diese Trisomien mit dem Leben vereinbar.

MATERIAL MIT AUFGABEN

A Häufigkeiten menschlicher Genommutationen

1 Werten Sie die Grafik aus und erklären Sie die Zusammenhänge. Berücksichtigen Sie dabei, dass die Meiose der Frau – im Gegensatz zu der des Mannes – sehr lange dauert. Diese beginnt bereits vor der Geburt der Mutter, wird dann in der Pubertät fortgesetzt und endet erst nach der Verschmelzung der Eizelle mit einem Spermium. ●●○

2 Nehmen Sie kritisch Stellung zu folgender Aussage: Das Alter des Vaters hat keinen Einfluss auf die Häufigkeit von Genommutationen. ●●●

3 Erstellen Sie ein Referat zum Klinefelter-Syndrom. ●●○

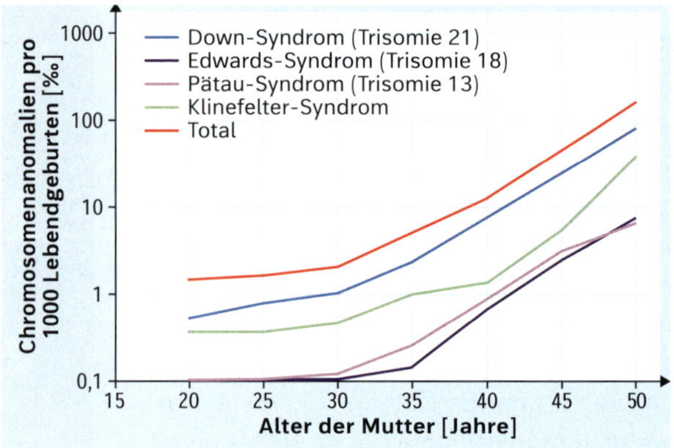

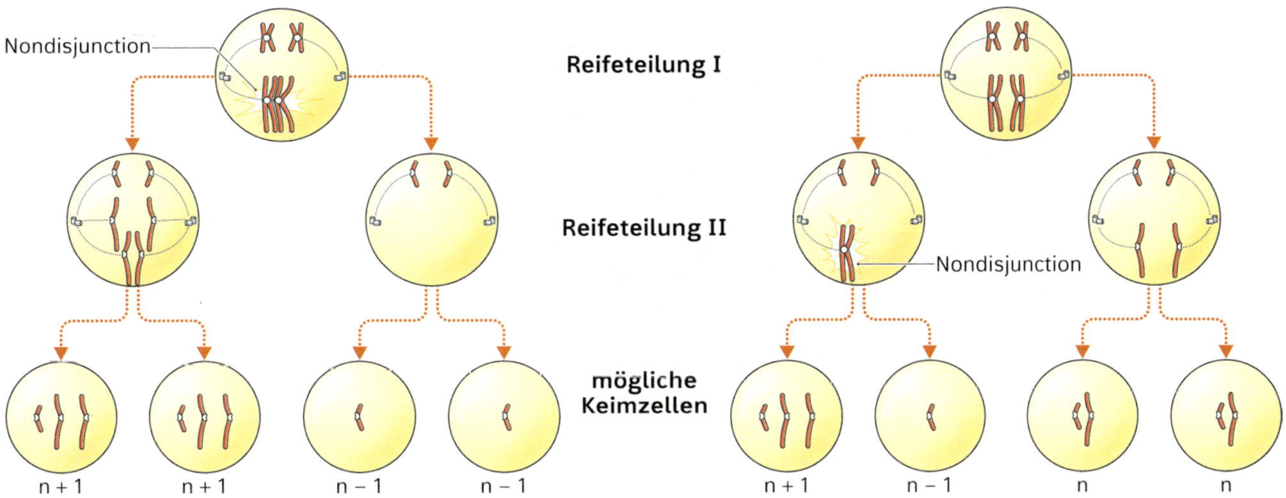

6 Möglichkeiten der Nondisjunction während der Meiose

Ursache von Genommutationen – Fast alle Veränderungen von Chromosomenzahlen beruhen auf Fehlverteilungen während der Meiose. Es kann vorkommen, dass homologe Chromosomen oder Chromatiden im Verlauf der Meiose nicht getrennt werden. Als Folge dieser **Nondisjunction** entstehen Keimzellen mit einem überzähligen oder einem fehlenden Chromosom. Wird eine solche Keimzelle von einer Keimzelle mit normaler Chromosomenzahl befruchtet, liegt das entsprechende Chromosom in der Zygote entweder dreifach oder einfach vor. Diese abweichenden Chromosomenzahlen werden als **Trisomie** beziehungsweise **Monosomie** bezeichnet.

Gonosomale Genommutationen – Im Gegensatz zu autosomalen Genmutationen führt eine veränderte Anzahl an Gonosomen bei den Betroffenen zu weniger starken Einschränkungen. Ihre geistige Entwicklung ist zumeist normal. Beim **Turner-Syndrom** liegt eine Monosomie des X-Chromosoms vor. Der Karyotyp lautet daher 45, X0. Betroffene sind phänotypisch weiblich, jedoch unterbleibt die Ausbildung der Eierstöcke und der sekundären Geschlechtsmerkmale. Zudem besitzen Betroffene eine verminderte Körpergröße.
Beim **Tripple-X-Syndrom** liegt eine Trisomie des X-Chromosoms vor. Betroffene Frauen sind fertil und trotz ihrer 47 Chromosomen körperlich und geistig unauffällig. Der Karyotyp lautet 47, XXX.

Beim **Klinefelter-Syndrom** liegen zwei oder drei X-Chromosomen und ein Y-Chromosom vor. Der Karyotyp lautet 47, XXY oder 48, XXXY. Betroffene Männer sind hochgewachsen und haben relativ lange Extremitäten, sind aber ansonsten phänotypisch unauffällig, aber unfruchtbar. Daher wird die Diagnose häufig erst gestellt, wenn nach der Ursache für einen unerfüllten Kinderwunsch eines Paares gesucht wird. Bei **Diplo-Y-Männern** ist ein zusätzliches Y-Chromosom vorhanden. Betroffene mit dem Karyotyp 47, XYY sind geistig und körperlich unauffällig. Frühere Annahmen, wonach Diplo-Y-Männer gehäuft zu Straftaten neigen, sind mittlerweile widerlegt.

♀ / ♂		X	XX	XXX
X	45,X Turner-Frauen	46,XX Frau	47,XXX Poly-X-Frauen	47,XXXX unauffällig
Y	45,Y unbekannt	45,XY Mann	47,XXYY Klinefelter-Männer	48,XXXY
YY	46,YY unbekannt	46,XYY	48,XXYY Diplo-Y-Männer unauffällig	49,XXXYY

7 Mögliche Autosomen- und Gonosomenzahlen beim Menschen

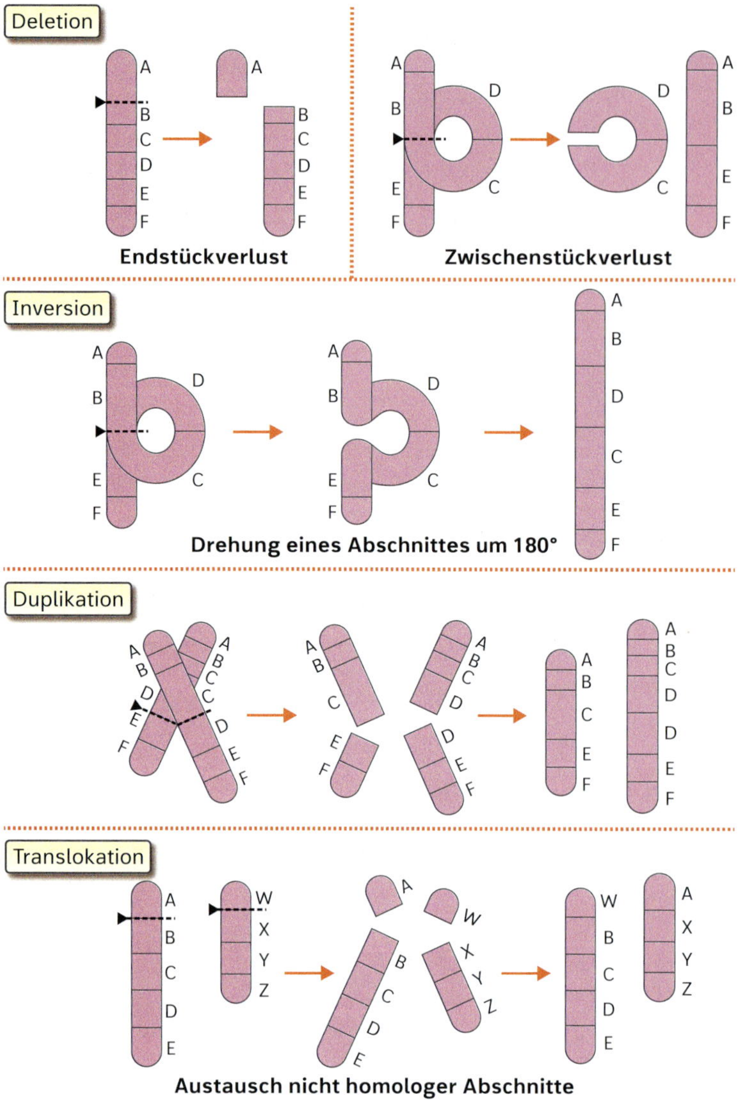

8 Typen von Chromosomenmutationen

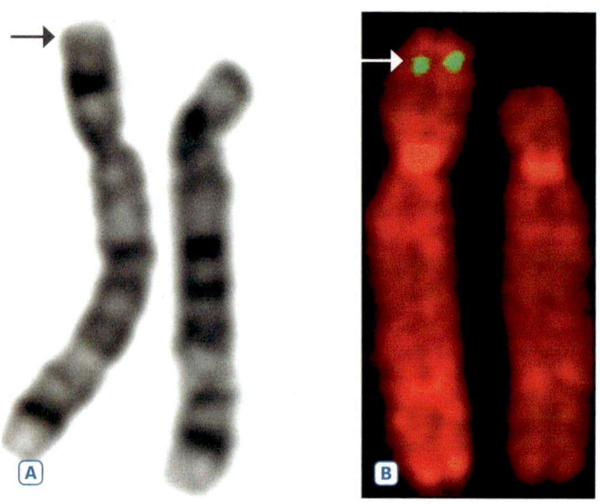

9 Chromosomenpaar 5 beim Katzenschrei-Syndrom: **A** Karyogrammausschnitt; **B** Fluoreszenzbild

Chromosomenmutationen – Mutationen können die Struktur von Chromosomen verändern und werden dann als **Chromosomenmutationen** bezeichnet. Sie entstehen meist durch Chromosomenbrüche mit anschließenden Umlagerungen von Chromosomenabschnitten. Je nach Anzahl der Brüche und der daran beteiligten Chromosomen existieren verschiedene Typen von Chromosomenmutationen. Bricht ein Chromosom an einer oder mehreren Stellen, kann ein End- beziehungsweise Zwischenstück verloren gehen. In diesem Fall liegt eine **Deletion** vor. Bricht ein Chromosom an zwei Stellen, kann dabei der betroffene Chromosomenabschnitt um 180 Grad gedreht und dann wieder eingefügt werden. Die Reihenfolge der Gene auf dem Chromosom ist durch diese **Inversion** umgekehrt. Finden Brüche an zwei homologen Chromosomen und eine Fusion statt, so kann es zur **Duplikation**, der Verdopplung eines Abschnitts auf einem Chromosom kommen. Gleichzeitig liegt auf dem homologen Chromosom eine Deletion vor. Kommt es hingegen zu Brüchen bei nicht homologen Chromosomen und wird anschließend ein Bruchstück auf ein nicht homologes Chromosom übertragen, entsteht eine **Translokation**.

Auswirkungen von Chromosomenmutationen – Chromosomenmutationen haben für die betroffenen Personen unterschiedliche Konsequenzen. So kann etwa eine Inversion ohne Folgen bleiben, da sich hierbei nicht die Anzahl der Gene, sondern nur ihre Lage auf dem Chromosom ändert. Es handelt sich um eine **balancierte Chromosomenmutation**. Duplikationen und Deletionen sind **unbalancierte Chromosomenmutationen** und können gravierende Folgen haben. So führt etwa der Verlust eines endständigen Abschnitts auf dem Chromosom 5 zum **Katzenschrei-Syndrom.** Betroffene fallen bei der Geburt durch ein hohes, katzenschreiähnliches Weinen auf. Auch Genduplikationen können schwerwiegende Folgen haben. So führt etwa die Verdoppelung eines bestimmten Gens auf dem X-Chromosom zu Riesenwuchs, der sich bereits im Vorschulalter durch ein extremes Körperwachstum bemerkbar macht.

Balancierte Chromosomenmutationen liegen auch bei Translokationen vor. Beispielsweise können die beiden langen Arme von Chromosom 21 und Chromosom 14 miteinander fusionieren. Dabei entsteht ein Chromosom mit einem mittelständigen Centromer. Die beiden kurzen Arme gehen verloren. Betroffene besitzen daher nur 45 Chromosomen. Phänotypisch sind sie jedoch unauffällig, da bei ihnen alle relevanten Erbinformationen im diploiden Chromosomensatz vorhanden sind. Sie besitzen ein jeweils intaktes Chromosom 14 und 21 Chromosom und das fusionierte 14/21-Chromosom.

In anderen Fällen hat eine balancierte Translokation gravierende Folgen. Bei einigen Leukämien sind in einer Stammzelle des Blutes Bruchstücke der Chromosomen 9 und 22 miteinander fusioniert. Nach dem Ort seiner Entdeckung wird das Chromosom **Philadelphia-Chromosom** genannt. Es enthält ein neues Fusionsgen, das für ein funktionsfähiges Protein codiert, das die Zellteilung stimuliert. Folglich beginnt die Stammzelle sich unkontrolliert zu teilen und wird zur einer Tumorzelle.

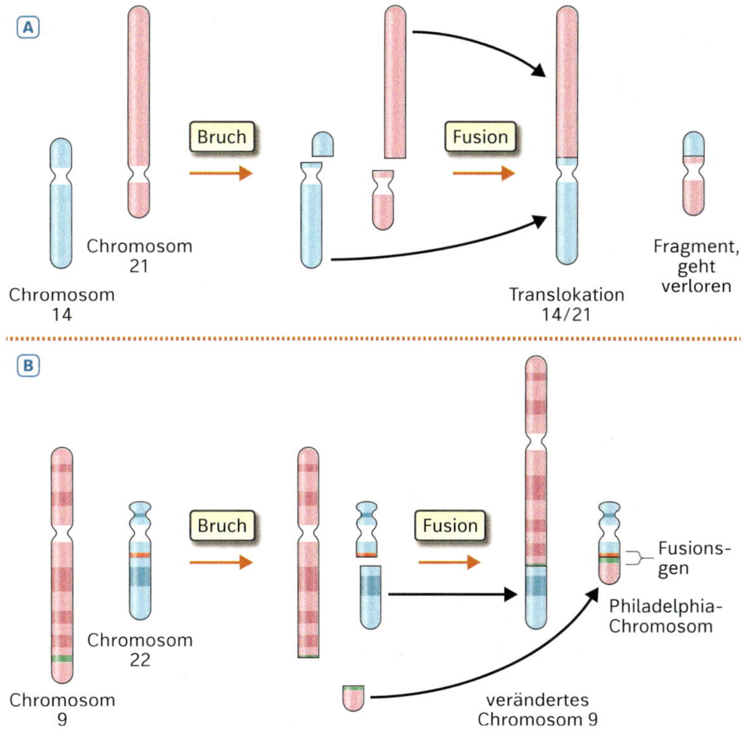

10 Translokation: **A** balancierte Translokation 14/21; **B** Philadelphia-Chromosom

MATERIAL MIT AUFGABEN

B Translokationstrisomie 21

In etwa vier Prozent aller Fälle von Trisomie 21 ist das überzählige Chromosom an ein anderes Autosom, oftmals an Chromosom 14, geheftet. Eine solche Translokationstrisomie 21 kann als Neumutation entstehen. Häufig ist sie aber vererbt, wenn bei einem phänotypisch gesunden Elternteil mit 45 Chromosomen eine balancierte Translokation 14/21 vorliegt. Bei der Meiose kann diese zu mehreren verschiedenen Keimzellen führen. Bei der Bildung der Zygoten mit intakten Spermienzellen ergeben sich daraus sechs Kombinationsmöglichkeiten, von denen drei zum Tode führen.

1 Erklären Sie den Begriff balancierte Translokation 14/21. ●○○
2 Erklären Sie mithilfe des Schemas, warum die Wahrscheinlichkeit für eine Translokationstrisomie 21 bei 33 Prozent liegt, wenn ein Elternteil eine balancierte Translokation 14/21 trägt. ●●○
3 Vergleichen Sie die Translokationstrisomie 21 mit der klassischen Trisomie 21. ●●○

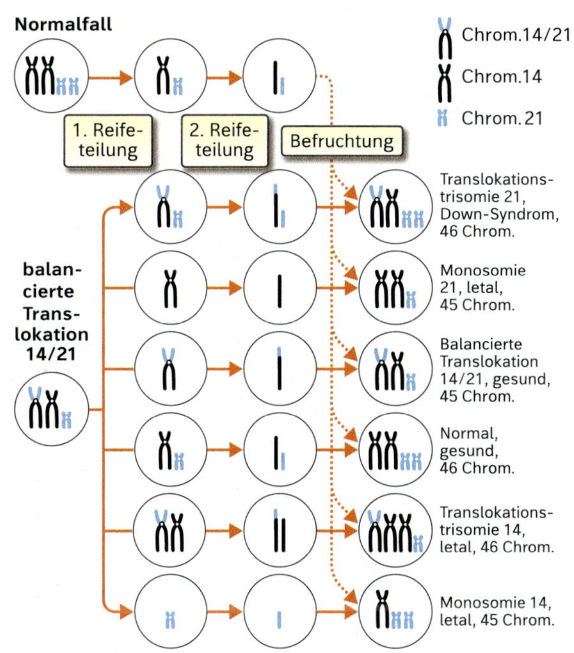

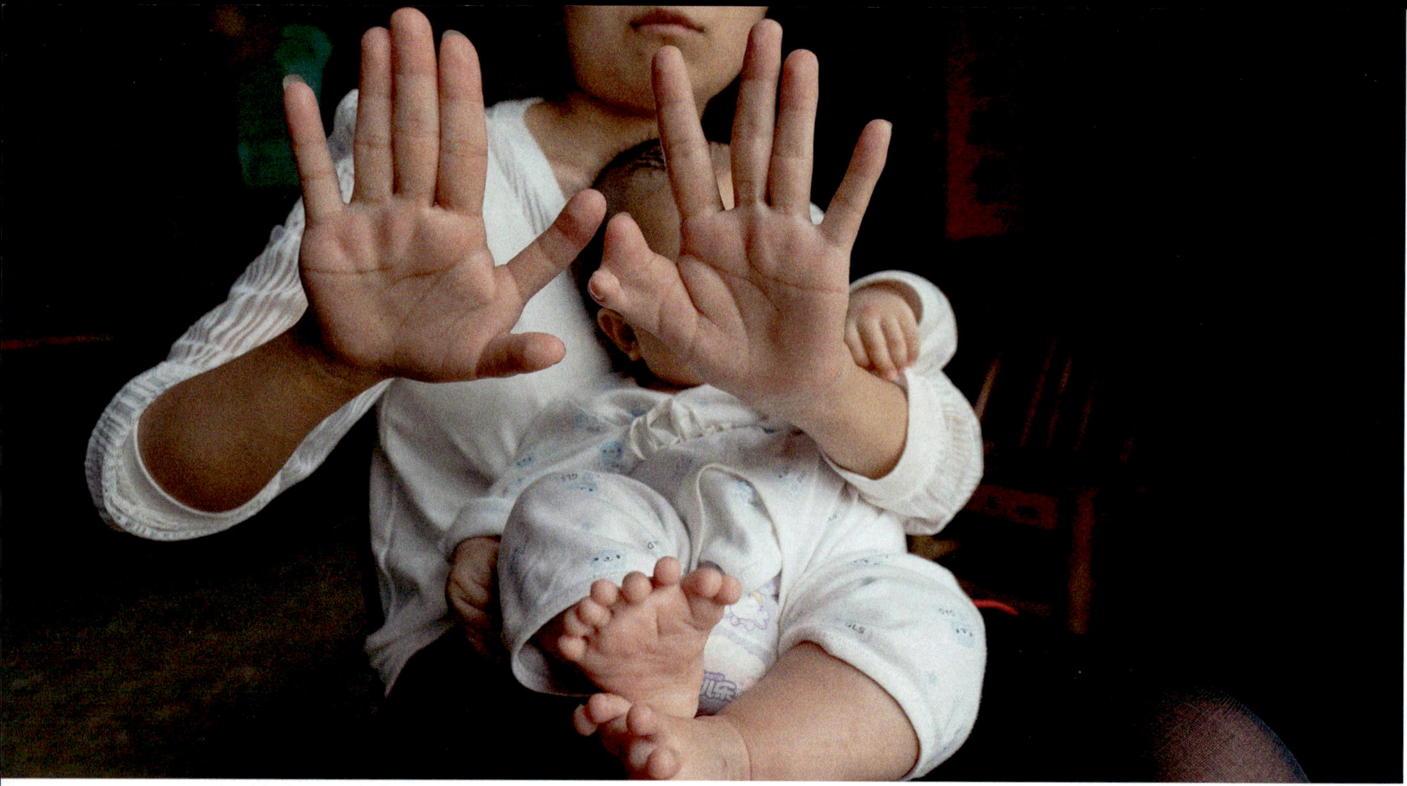

1 Polydaktylie

6.2 Erbgänge des Menschen

In seltenen Fällen besitzen Neugeborene zusätzliche Finger oder Zehen. Häufig hat auch ein Elternteil überzählige Finger oder Zehen. Diese anatomische Besonderheit heißt Polydaktylie und ist folglich erblich. Die Weitergabe dieses Merkmals folgt, wie viele andere Merkmale des Menschen, den Mendelschen Regeln. Mit welchen Methoden kann in der Humangenetik die Vererbung von Merkmalen ermittelt werden?

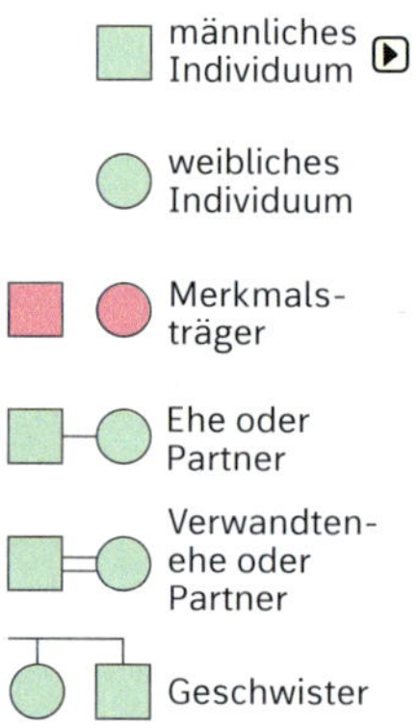

2 Stammbaumsymbolik

Analyse von Erbgängen – Um den Erbgang eines Merkmals, wie etwa das der Polydaktylie, zu ermitteln, wird in der Humangenetik ein Familienstammbaum erstellt. In diesem wird über mehrere Generationen für jedes Mitglied der betroffenen Familie erfasst, ob das Merkmal aufgetreten ist. Dazu werden international gebräuchliche Symbole verwendet. Anhand des Stammbaums lässt sich klären, ob das untersuchte Gen dominant oder rezessiv vererbt wird und ob es auf einem der 22 Autosomen oder auf einem der beiden Gonosomen liegt.

Autosomal-dominanter Erbgang – Im Stammbaum einer Familie mit Polydaktylie fält aus, dass das Merkmal gehäuft und über mehrere Generationen hinweg auftritt. Zudem sind durchschnittlich beide Geschlechter im Mittel gleich häufig von Polydaktylie betroffen. Dies kennzeichnet einen **autosomal-dominanten Erbgang**.

Polydaktylie wird durch Mutationen eines Gens verursacht, das auf einem Autosom liegt. Betroffene sind entweder heterozygote (Aa) oder homozygote Träger (AA) der Mutationen. Daher wird von einem dominanten Erbgang gesprochen. Ist ein Elternteil heterozygot (Aa) und der andere homozygot für das rezessive Allel (aa), so liegt die Wahrscheinlichkeit für ein betroffenes Kind gemäß den Mendelschen Regeln bei 50 Prozent. Sind beide Eltern heterozygot (Aa), beträgt die Wahrscheinlichkeit für ein betroffenes Kind 75 Prozent. Diese besitzen entweder einen homozygoten (AA) oder einen heterozygoten (Aa) Genotyp.

Zu den heute etwa 1000 bekannten autosomal-dominanten Erbkrankheiten gehört auch das **Marfan-Syndrom**. Die Patienten sind ungewöhnlich groß mit überlangen Gliedmaßen. Sie leiden zudem an einer Bindegewebsschwäche, die sich auf viele Gewebe und Organe auswirkt. Das charakteristische Krankheitsbild ergibt sich aus unterschiedlichen Symptomen, welche als **Syndrom** zusammengefasst werden. In etwa 25 bis 30 Prozent der Fälle tritt die Krankheit in einer Familie erstmalig als Spontanmutation auf. Die entsprechende Mutation führt zur fehlerhaften Bildung des Proteins Fibrillin, einem wichtigen Baustein im Bindegewebe des Körpers. Da beim Marfan-Syndrom ein Gen zur Ausbildung mehrerer Symptome führt, wird von **Polyphänie** gesprochen.

Autosomal-rezessiver Erbgang – Eine der häufigsten erblichen Stoffwechselkrankheiten in Europa ist die **Mukoviszidose** oder **cystische Fibrose**. Durch defekte Ionenkanäle bilden bestimmte Drüsen, unter anderem in den Schleimhäuten der Bronchien, einen zähen Schleim. Dieser kann vom Flimmerepithel der Atemorgane nur schwer abtransportiert werden und ist der Nährboden für Krankheitserreger. Chronischer Husten und Atemwegsinfektionen sind die Folge. Mukoviszidose ist bislang nicht heilbar.

Der Stammbaum einer Familie, in der Mukoviszidose auftritt, zeigt charakteristische Merkmale eines autosomal-rezessiven Erbgangs. Die Krankheit tritt vergleichsweise selten auf, beide Geschlechter sind gleichermaßen betroffen. Phänotypisch gesunde Eltern können betroffene Nachkommen haben. Mukoviszidose wird durch Mutationen eines Gens auf Chromosom 7 verursacht. Es codiert für die Ionenkanäle in den Drüsenzellmembranen. Sind beide Allele des Gens mutiert (aa), werden keine funktionierenden Ionenkanäle gebildet und die Krankheit tritt auf. Heterozygote Personen (Aa) sind jedoch phänotypisch gesund, da das nicht mutierte Allel (A) für ausreichend funktionsfähige Ionenkanäle codiert. Deshalb nennt man den Erbgang rezessiv. Heterozygote können aber das defekte Allel an ihre Nachkommen weitergeben. Sie sind Überträger oder **Konduktoren**.

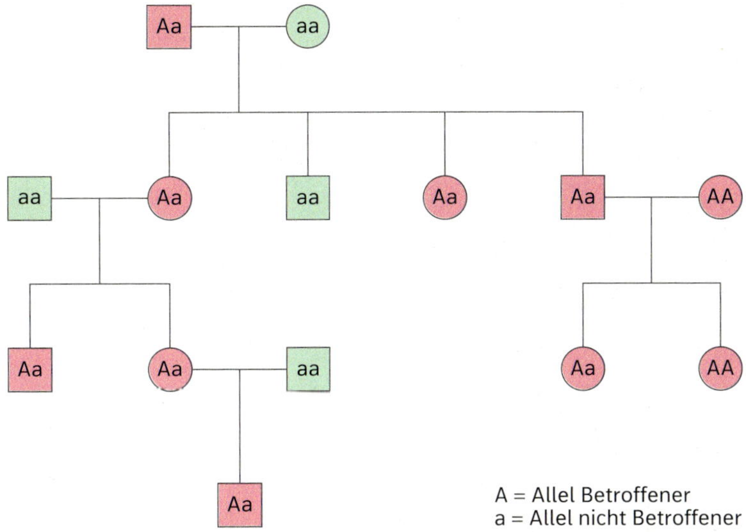

3 Autosomal-dominanter Erbgang der Polydaktylie

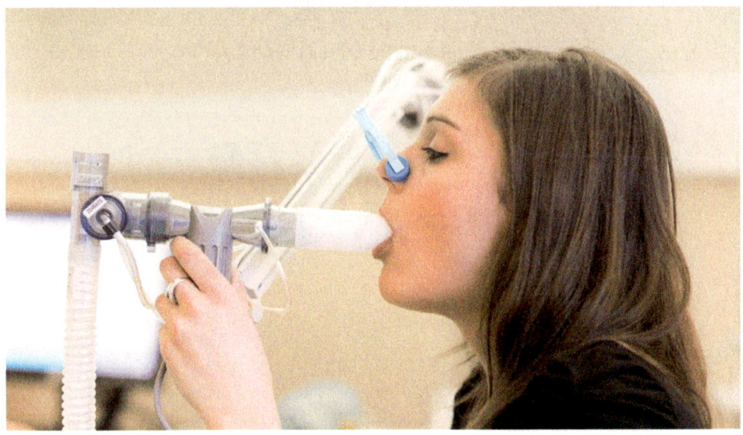

4 Therapie der Mukoviszidose

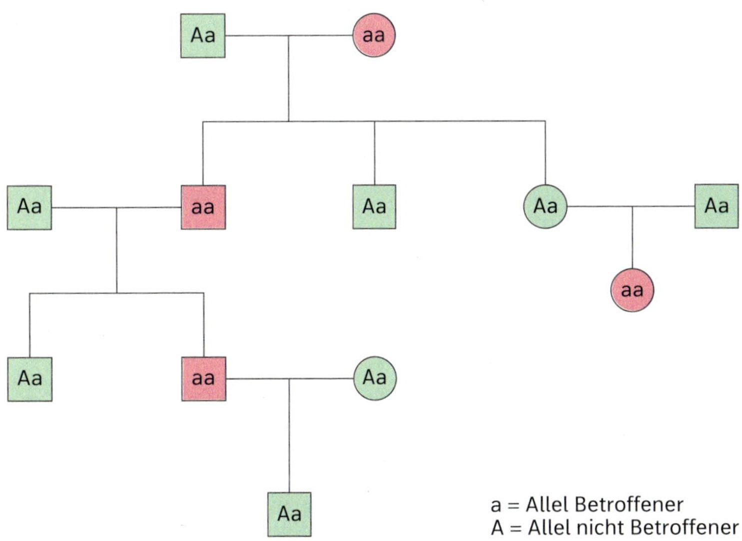

5 Autosomal-rezessiver Erbgang der Mukoviszidose

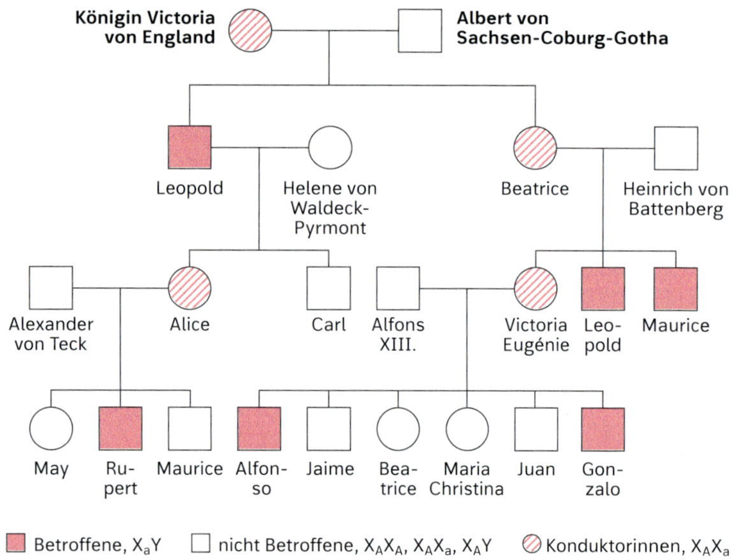

6 X-chromosomal-rezessiver Erbgang der Hämophilie im europäischen Adel

X-chromosomale Erbgänge In Familienstammbäumen des europäischen Adels tritt gehäuft eine bestimmte Form der Bluterkrankheit auf, die man als **Hämophilie** bezeichnet. Bei den Betroffenen erfolgt die Blutgerinnung zu langsam. Bereits kleinere Verletzungen führen daher zu Blutungen, die nur schwer gestillt werden können. Von der Hämophilie sind fast nur Männer betroffen, da das betroffene Gen auf dem X-Chromosom liegt und das entsprechende Allel auf dem Y-Chromosom fehlt. Männer mit dem mutiertem Allel auf dem X-Chromosom sind hinsichtlich dieses Allels hemizygot. Da die Eltern Erkrankter nicht an der Hämophilie leiden, liegt eine **X-chromosomal-rezessive** Vererbung vor.

Heterozygote Frauen sind gesund, da sie neben dem mutierten Allel ein weiteres nicht mutiertes Allel auf dem homologen X-Chromosom besitzen. Sie können das mutierte Allel jedoch als **Konduktorinnen** an ihre Nachkommen übertragen.

Krankheiten, die **X-chromosomal-dominant** vererbt werden, kommen nur sehr selten vor. Die Vitamin-D-resistente Rachitis ist ein Beispiel für eine solche Erkrankung. Betroffene zeigen Minderwuchs und Knochenverformungen. Sehr selten sind hingegen Y-chromosomale Erbgänge.

MATERIAL MIT AUFGABEN

A Muskeldystrophie Typ Duchenne

Die Muskeldystrophie vom Typ Duchenne ist eine Erbkrankheit, die durch eine fortschreitende Degeneration der Muskulatur gekennzeichnet ist. Für eine betroffene Familie wurde ein Stammbaum erstellt. Dann wurde die DNA der Personen 1 bis 10 mit einem Restriktionsenzym behandelt. Die DNA-Fragmente wurden anschließend in Einzelstränge zerlegt und durch Gelelektrophorese aufgetrennt. Für den Nachweis der Dystrophie-Allele wurde eine markierte Gensonde eingesetzt. Die DNA-Fragmente der Allele 1 und 2 lassen sich im Autoradiogramm als einzelne Banden nachweisen.

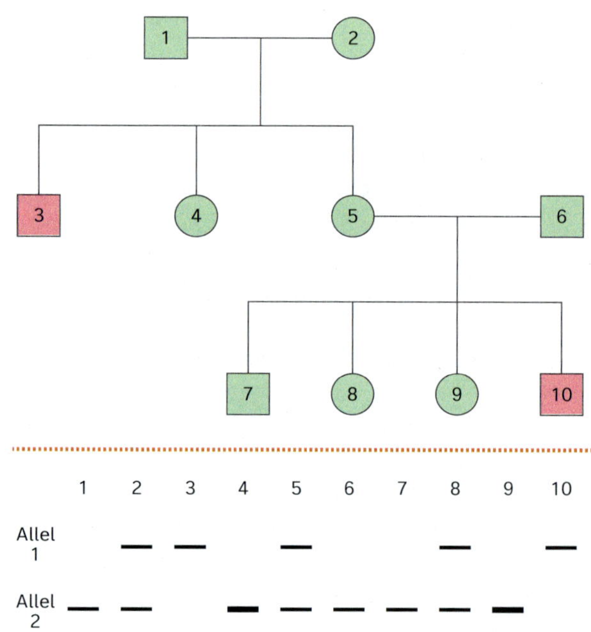

1 Analysieren Sie den Stammbaum und geben Sie alle möglichen Genotypen an.
2 Werten Sie das Autoradiogramm aus und vergleichen Sie die Ergebnisse mit denen der Stammbaumanalyse.
3 Nennen Sie Vorteile der molekularbiologischen Untersuchungsmethode.

METHODE

Stammbaumanalyse

Eine Stammbaumanalyse hat das Ziel, bestimmten Phänotypen die entsprechenden Genotypen zuzuordnen. Dabei kommen nur Merkmale in Betracht, die von einem einzelnen Gen abhängig sind, also monogen vererbt werden. Auf Basis einer solchen Analyse kann dann etwa eine Risikoabschätzung für das Auftreten einer bestimmten Erbkrankheit erfolgen.

Allgemeine Vorgehensweise:

1 **Bildung einer Hypothese** zur Wirkung des Gens (Dominanz oder Rezessivität?) und zur chromosomalen Zuordnung (Autosom oder Gonosom?)
- Tritt die Krankheit gehäuft und fast in jeder Generation auf, so lässt dies einen dominanten Erbgang vermuten.
- Tritt die Krankheit relativ selten auf, liegt die Vermutung eines rezessiven Erbgangs nahe. Wird eine Generation übersprungen oder haben gesunde Eltern ein erkranktes Kind, ist dies ein Beleg für Rezessivität.
- Sind Männer und Frauen gleichermaßen Merkmalsträger, ist ein autosomaler Erbgang wahrscheinlich.
- Tritt die Krankheit ausschließlich bei Männern auf, liegt vermutlich eine X-chromosomale Vererbung vor.

2 **Angabe möglicher Genotypen**
- Für die gegebenen Phänotypen werden zunächst die Genotypen angegeben, die für die Hypothese eindeutig sind.
- Für die übrigen Personen werden alle prinzipiell möglichen Genotypen angegeben.

3 **Beweis des vermuteten Erbgangs**
- An einer eindeutigen Stelle wird nachgewiesen, dass die Hypothese richtig ist.
- An dieser Stelle wird außerdem gezeigt, dass andere denkbare Erbgänge nicht möglich sind.

In der praktischen Anwendung zeigen sich jedoch die Grenzen einer solchen Stammbaumanalyse. Nicht immer sind die Ergebnisse eindeutig, etwa weil eine alternative Hypothese nicht ausgeschlossen werden kann. Um hier gesicherte Aussagen treffen zu können, benötigt man ausreichend großes und gesichertes Zahlenmaterial.

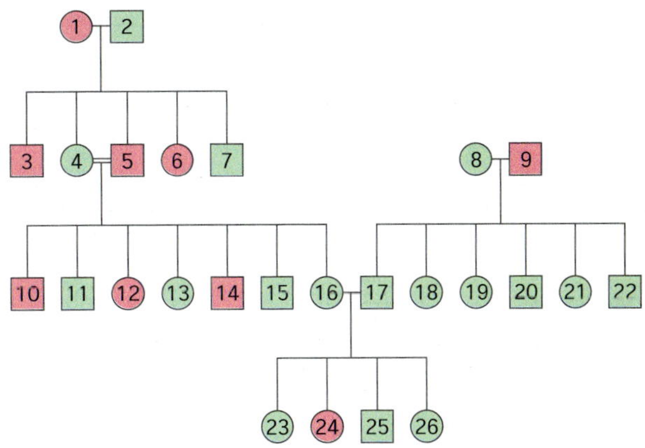

Beispiel einer Stammbaumanalyse:

1 **Bildung einer Hypothese**
- Bei obigem Stammbaum wird ein autosomal-rezessiver Erbgang vermutet, da beide Geschlechter etwa gleich häufig von der Krankheit betroffen sind und da ein gesundes Elternpaar (Personen 16 und 17) ein erkranktes Kind (Person 24) hat.

2 **Angabe der möglichen Genotypen**
- Unter der Voraussetzung, dass a mutierte Allel und A das nicht mutierte Allel darstellt, wird wie folgt zugeordnet:
  - Alle Merkmalsträger sind homozygot und besitzen somit den Genotyp aa.
  - Gesunde Personen sind heterozygot (Aa), die Personen 8, 23, 25 und 26 können auch homozygot (AA) sein.

3 **Beweis des vermuteten Erbgangs**
- Nur bei Annahme eines rezessiven Erbgangs können die gesunden Eltern 16 und 17 ein erkranktes Kind (24) haben. Die beiden defekten Allele des Kindes stammen jeweils von einem heterozygoten Elternteil (Aa). Ein Partner mit dem Genotyp aa wäre erkrankt. Bei einem dominanten Erbgang hätte das Kind den Genotyp Aa oder AA, sodass mindestens ein Elternteil das defekte Allel a besitzen müsste, also nicht gesund wäre.
- Nur bei Annahme eines autosomalen Erbgangs ist es möglich, dass gesunde Eltern (Personen 16 und 17) eine erkrankte Tochter (Person 24) haben. Läge eine X-chromosomale Vererbung vor, müsste Person 17 krank sein, um ein mutiertes Allel an Person 24 weitergeben zu können.

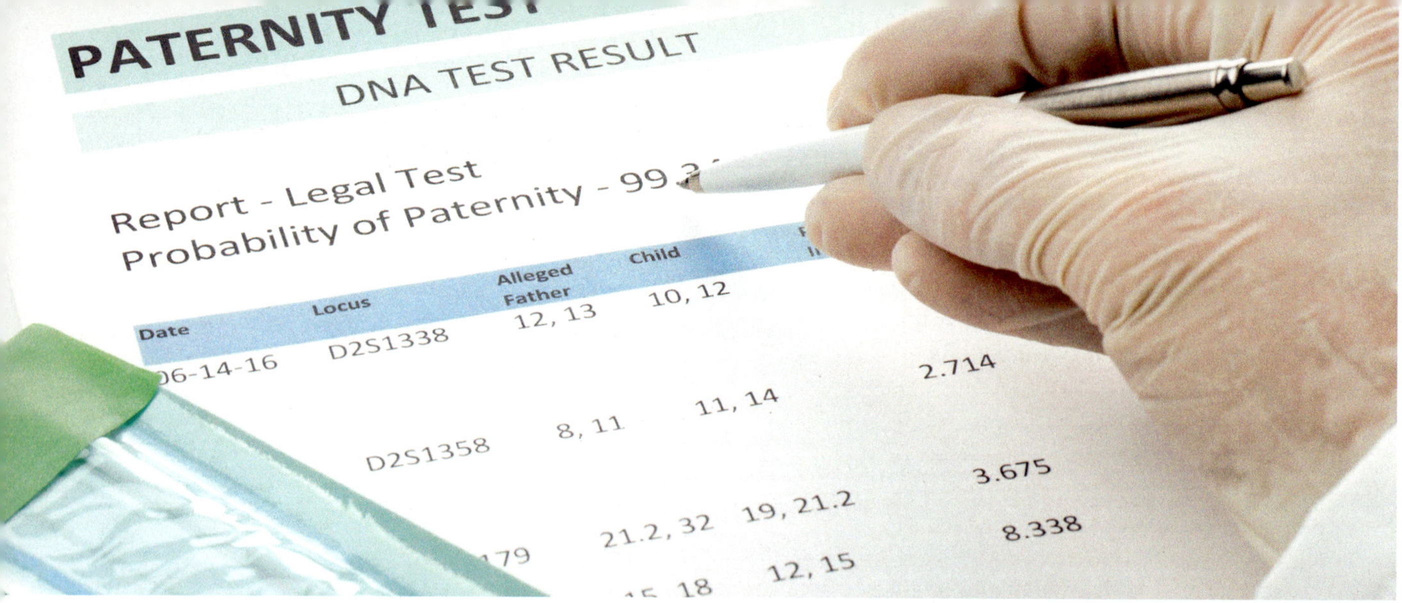

1 Auswertung eines Vaterschaftsnachweises

6.3 Genetischer Abstammungsnachweis

1927 wurde erstmals vor Gericht eine Blutgruppenbestimmung als Beweis für die Vaterschaftsfeststellung zugelassen. Auch heutzutage werden noch Blutgruppenvergleiche als Abstammungsnachweis genutzt. Der genetische Fingerabdruck stellt die zurzeit leistungsstärkste Methode zur Ermittlung der Vaterschaft dar. Wie lässt sich anhand der Blutgruppe oder anhand des genetischen Fingerabdrucks die Abstammung einer Person nachweisen?

AB0-Blutgruppensystem – Für Abstammungsnachweise werden verschiedene Blutgruppensysteme genutzt. Diese beruhen auf der individuellen Zusammensetzung spezifischer Proteine und Glykolipide, die sich auf der Außenseite von Erythrozytenmembranen befinden. Bei Blutübertragungen können sie bei dem Empfänger als Antigene wirken und somit zu einer Immunreaktion führen.

Phänotyp	mögliche Genotypen	Häufigkeit in Deutschland
0	00	41 %
A	AA, A0	43 %
B	BB,B0	11 %
AB	AB	5 %
Rh^+	DD, Dd	85 %
Rh^-	dd	15 %

2 Blutgruppensysteme und deren Häufigkeit

Das bekannteste Blutgruppensystem ist das AB0-System. Es umfasst die vier Blutgruppen A, B, 0 und AB. Personen der Blutgruppen A und B besitzen jeweils die Antigene A beziehungsweise B. Blutgruppe AB verfügt über beide Antigene. Nur bei Blutgruppe 0 liegen keine Antigene vor. Das für die Blutgruppen verantwortliche Gen liegt auf dem Chromosom 9. Von diesem existieren drei Allele A, B und 0. Jeder Mensch besitzt zwei Allele des AB0-Systems. Aus der Kombination der unterschiedlichen Allele ergeben sich sechs verschiedene Genotypen. Die Allele A und B sind jeweils dominant gegenüber 0. Personen mit den Genotypen A0 und B0 besitzen demnach die Blutgruppe A beziehungsweise B. Der Genotyp 00 führt zur Blutgruppe 0. Bei der Blutgruppe AB kommen die beiden Allele A und B gleichermaßen zur Ausprägung. Es liegt eine unvollständige Dominanz oder **Kodominanz** vor.

Das Rhesus-System – Neben dem AB0-System gibt es noch weitere Blutgruppensysteme, etwa das Rhesus-System. Der Name stammt von Rhesusaffen, bei denen das spezifische Protein auf der Membranoberfläche ihrer Erythrozyten entdeckt wurde. Es wird Rhesusfaktor D genannt und wirkt bei Blutübertragungen beim Empfänger als Antigen. Etwa 85 Prozent der europäischen Bevölkerung sind Rhesus-positiv, kurz Rh^+. Da der Rhesusfaktor D dominant vererbt wird, besitzen diese Personen den Genotyp DD oder Dd. Rhesus-negative Personen, kurz Rh^-, besitzen den Genotyp dd.

Phänotyp der Mutter	Phänotypen der Kinder	möglicher Phänotyp des Vaters	Ausschluss
0	0	0	A, B, AB
0	0, A	A	B, AB
0	0, B	B	A, AB
0	A, B	AB	0
A	0, A	A	B, AB
A	0, A, B, AB	B	–
A	A, B, AB	AB	0
B	0, B	B	A, AB
B	A, B, AB	AB	0
AB	A, B, AB	AB	0
Rh^+	Rh^+, Rh^-	Rh^+	–
Rh^-	Rh^-	Rh^-	Rh^+
Rh^-	Rh^+, Rh^-	Rh^-	–

3 Vaterschaftsausschluss aufgrund des AB0- und des Rhesus-Systems

Blutgruppenvergleiche – Bei einem Vaterschaftsnachweis vergleicht man die Blutgruppen- und Rhesus-Systeme aller Beteiligten. Besitzen beispielsweise die Mutter und ihr Kind die Blutgruppe 0, so kann ein Mann mit der Blutgruppe AB nicht der leibliche Vater des Kindes sein. Mithilfe des Blutgruppenvergleichs lässt sich also eine Vaterschaft eindeutig ausschließen. Besitzt der Mann hingegen die Blutgruppe B, so kommt er als Vater in Betracht. Allerdings ist dieses Ergebnis nicht eindeutig, da etwa 11 Prozent der Bevölkerung diese Blutgruppe besitzen. Mithilfe von Blutgruppen- und Rhesusvergleichen lassen sich aber eine Reihe möglicher Vaterschaften ausschließen. Durch zusätzliche Laboruntersuchungen von Serum- und Proteinsystemen des Blutes kann eine Vaterschaft zu 100 Prozent geklärt werden. Für solche Blutgruppengutachten, die von Gerichten angefordert werden können, werden pro Person insgesamt zwölf Blutgruppen-, Serum- und Enzymsysteme untersucht.

MATERIAL MIT AUFGABEN

A Blutgruppenunverträglichkeit

Blutgruppe	0	A	B	AB
Antigene auf den Erythrozyten	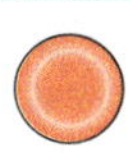 keine Antigene	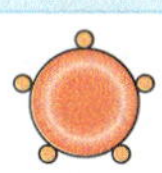 Antigen A	 Antigen B	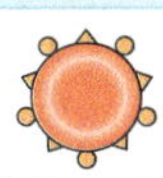 Antigen A + Antigen B
Antikörper	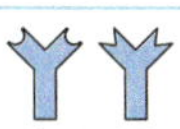 A und B	 B	 A	keine

Antikörper sind Bestandteile des Immunsystems, die körperfremde Strukturen erkennen. Sie passen jeweils zu einem bestimmten Antigen wie ein Schlüssel zum Schlüsselloch. Treffen passende Antikörper auf Antigene, die sich beispielsweise auf den Erythrozyten im Spenderblut befinden, verklumpen diese. Das kann tödliche Folgen für den Menschen haben. Deshalb ist es bei Bluttransfusionen wichtig, dass die Spender-Blutgruppe zu derjenigen des Empfängers passt. Im Körper werden nun Antikörper produziert, die nicht auf die körpereigenen Antigene reagieren und damit zum Verklumpen des eigenen Blutes führen würden.

1 Begründen Sie folgende Aussage: Eine Bluttransfusion ist nur in drei Fällen möglich: Spender und Empfänger haben dieselbe Blutgruppe, der Spender hat Blutgruppe 0 oder der Empfänger hat Blutgruppe AB. ●●○

2 Geben Sie für einen Menschen mit der Blutgruppe 0 an, welche Blutgruppe er bei einer Bluttransfusion vertragen kann. ●●○

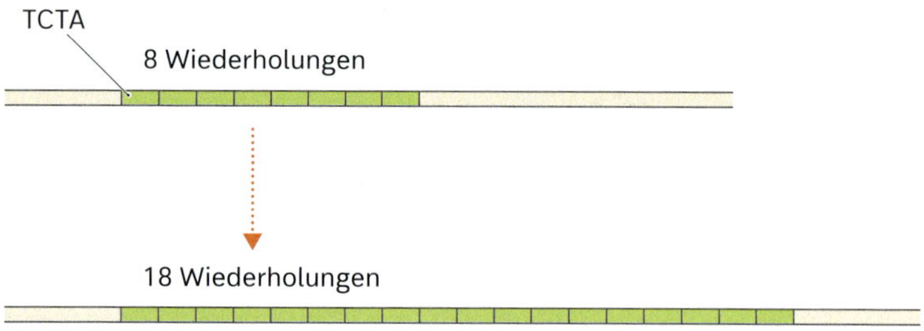

4 Mögliche Wiederholungssequenzen eines bestimmten STR-Markers

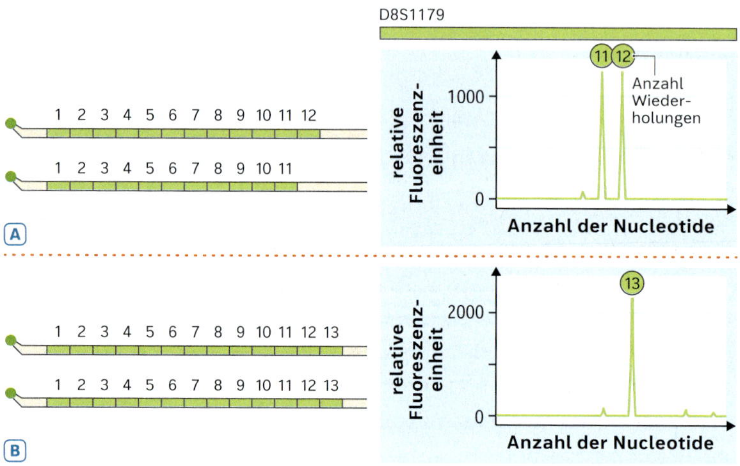

5 Beispiel für die Analyse eines STR-Markers: **A** Heterozygotie; **B** Homozygotie

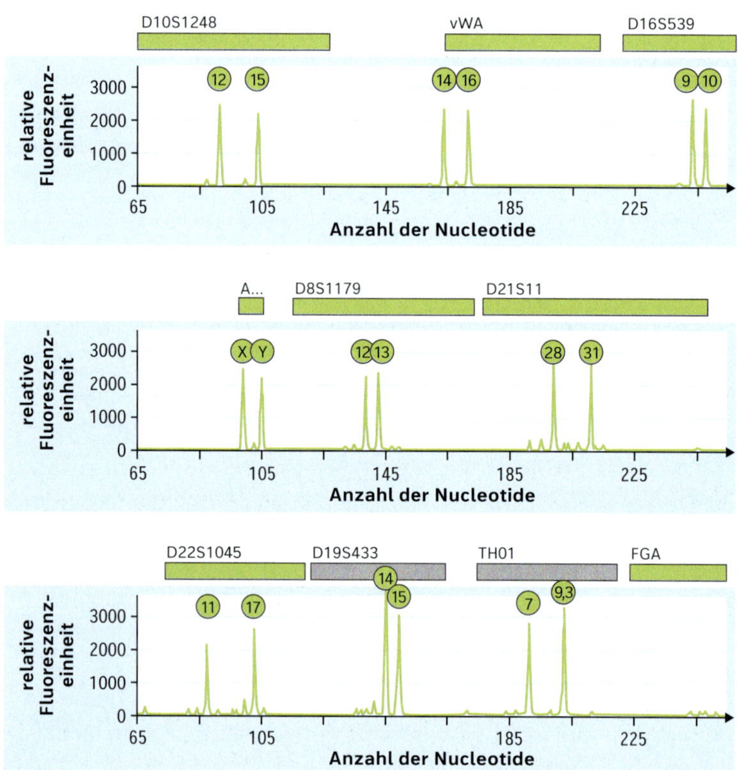

6 DNA-Profil einer Person mit zehn verschiedenen STR-Markern

Genetischer Fingerabdruck

Das menschliche Genom besteht nur zu etwa fünf Prozent aus DNA-Bereichen, die für Proteine codieren. In den übrigen nichtcodierenden Bereichen finden sich Abschnitte, in denen sich bestimmte DNA-Sequenzen aus nur wenigen Basenpaaren mehrfach wiederholen. Diese werden als **short tandem repeats**, kurz **STR,** bezeichnet. Sie entstehen durch Fehler bei der Rekombination. Ein Abschnitt aus STR wird als **Marker** bezeichnet. Zum Beispiel kann sich auf Chromosom 8 die Basenabfolge TCTA 8- bis 18-mal wiederholen. Auch auf anderen Chromosomen kommen solche Marker vor. Die Anzahl der Wiederholungen und damit die Länge der verschiedenen STR-Marker sind typische Merkmale einer Person.

Ablauf

Für den genetischen Fingerabdruck werden STR-Abschnitte mittels PCR vervielfältigt. Dabei werden spezifische, mit Fluoreszenzfarbstoffen markierte Primer verwendet. Diese lagern sich beiderseits der STR-Marker an komplementäre DNA-Sequenzen. So werden gezielt nur diese STR-Marker vervielfältigt. Personen, die heterozygot für einen bestimmten Marker sind, besitzen beispielsweise ein Allel mit elf und ein Allel mit zwölf Wiederholungen der STR. Bei der PCR entstehen deshalb zwei Produkte unterschiedlicher Länge. Bei Homozygotie erhält man nur ein Produkt definierter Länge. Die verschiedenen PCR-Produkte können anschließend mithilfe einer Elektrophorese nach ihrer Größe getrennt werden. Das Signal des Fluoreszenzfarbstoffs wird dabei von einem Detektor erfasst und erscheint in der Auswertung als Peak. Parallel läuft ein Gemisch verschiedener DNA-Fragmente bekannter Länge mit, wodurch die Zahl der Wiederholungen des STR-Markers bestimmt wird.

Die Wahrscheinlichkeit dafür, dass zwei Personen bei einem bestimmten STR-Marker zufällig die gleiche Zahl an Wiederholungen aufweisen, ist relativ hoch. Die Analyse erfolgt daher mit mehreren verschiedenen STR-Markern. Das dabei erhaltene DNA-Profil passt wie ein Fingerabdruck nur zu einer Person. Dieses DNA-Profil heißt **genetischer Fingerabdruck**.

Anwendungen – STR-Marker mit ihren spezifischen Wiederholungen werden vererbt. Zeigen sich beispielsweise nach der PCR-Analyse der DNA eines Kindes zwei Peaks für einen bestimmten STR-Marker, so stammt einer der beiden Peaks von der Mutter, der andere vom Vater. Bei der Feststellung von **Vaterschaften** werden die DNA-Profile aller Beteiligten verglichen und für jeden STR-Marker geprüft, ob sich einer der beiden Peaks des Kindes dem möglichen Vater zuordnen lässt.

Der genetische Fingerabdruck spielt auch in der **Gerichtsmedizin** und der **Kriminalistik** eine zentrale Rolle. Bereits kleinste Mengen an DNA, die beispielsweise aus Blutresten, einem Haar mit Haarwurzel oder dem Speichel an einer Zigarettenkippe gewonnen werden, genügen, um eine Person eindeutig mithilfe einer STR-Analyse zu identifizieren oder als Täter eines Verbrechens zu überführen. Da die hierbei ausschließlich nicht-codierenden Bereiche der DNA erfasst werden, erlaubt eine solche STR-Analyse keine Rückschlüsse auf die äußeren Merkmale dieser Person.

Rechtliche Grundlagen – Voraussetzung für einen Vaterschaftstest ist die schriftliche Einverständniserklärung von Vater, Mutter und Kind beziehungsweise dessen gesetzlichem Vertreter. Eine heimliche Beauftragung und Durchführung des genetischen Fingerabdrucks sind verboten. Im Bereich der Kriminalistik darf dieser gegen den Willen der betroffenen Person nur auf richterlichen Beschluss genommen werden. Das Ergebnis eines genetischen Fingerabdrucks alleine kann nicht über Schuld oder Unschuld eines Verdächtigen entscheiden. Es wird nur als Indiz gewertet. Dies erklärt sich unter anderem damit, dass beim genetischen Fingerabdruck in seltenen Fällen falsch-positive Ergebnisse vorliegen. Häufigste Fehlerquellen sind dabei das Vertauschen von DNA-Proben oder ein falsches Übertragen der Ergebnisse.

MATERIAL MIT AUFGABEN

B Möglichkeiten und Grenzen des genetischen Fingerabdrucks

In einem Sorgerechtsstreit sollte die Frage der biologischen Vaterschaft von zwei Kindern geklärt werden. Dafür wurde ein genetischer Fingerabdruck aller Beteiligter erstellt. In der Abbildung sind die Ergebnisse für die drei STR-Marker *D3S1358*, *vWA* und *FGA* dargestellt.

1 Werten Sie das DNA-Profil zur Ermittlung der Vaterschaft der beiden Kinder aus. ●●○

2 Nehmen Sie Stellung zu der Frage, wie eindeutig das Ergebnis ist. ●●○

3 Eine Änderung der Strafprozessordnung soll zukünftig auch die Bestimmung der Haar-, Augen- und Hautfarbe sowie des biologischen Alters einer Person durch Untersuchung codierender DNA-Abschnitte ermöglichen. Nehmen Sie Stellung zu dieser geplanten rechtlichen Änderung bei DNA-Analysen. ●●●

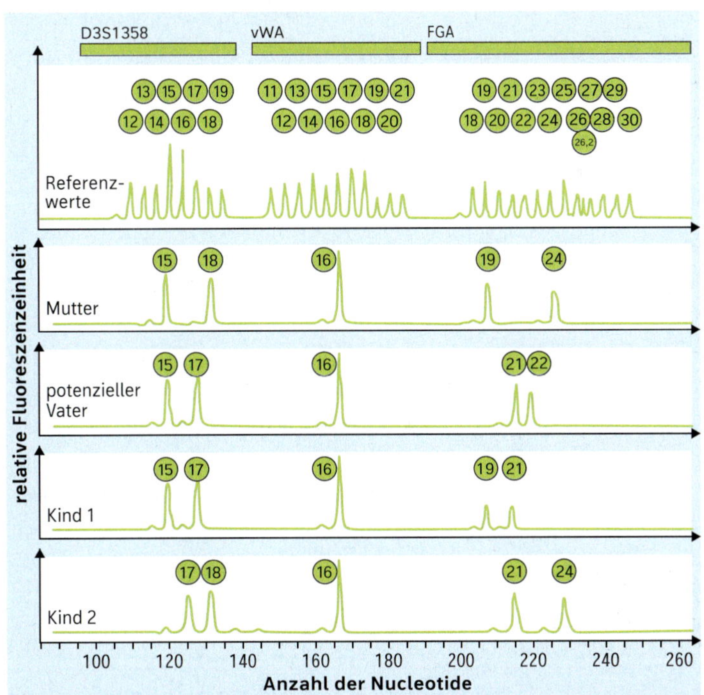

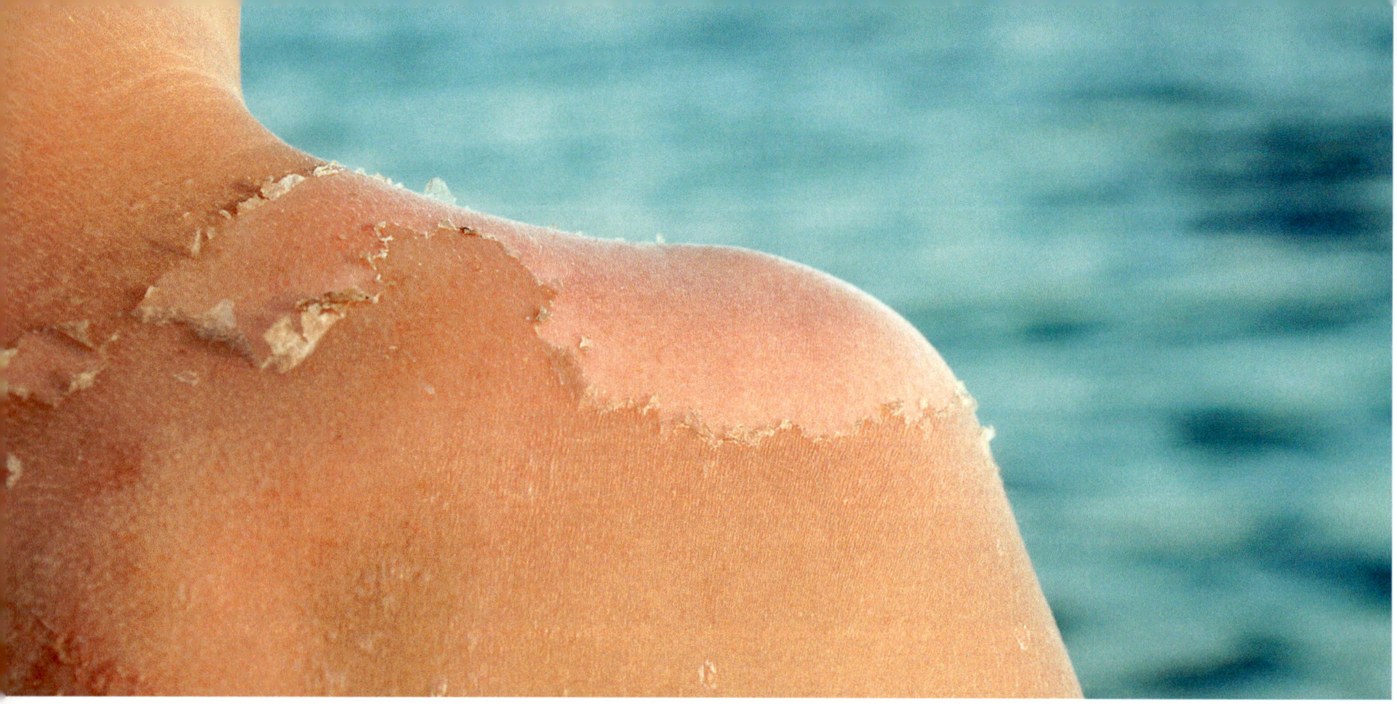

1 Sonnenbaden – Risiko für Hautkrebs

6.4 Krebs – fehlgesteuerter Zellzyklus

Karzonogen griechisch von- karkínos = Krebs génesis = Entstehung

In Deutschland erkranken jährlich weit mehr als 250 000 Menschen an Hautkrebs. Wie entstehen und entwickeln sich Krebserkrankungen und welche Eigenschaften machen sie so gefährlich für einen Organismus?

Krebserkrankungen – Krebs ist die umgangssprachliche Sammelbezeichnung für eine Neubildung von Gewebe. Diese ist auf eine unkontrollierte Teilung von Zellen zurückzuführen. Die Krebszellen können in umliegendes Gewebe einwachsen und es schädigen. Zudem können sie in andere Körperteile gelangen und sich auch dort unkontrolliert vermehren.

Prinzipiell können sich Zellen eines jeden Gewebes zu Krebszellen verändern. Deshalb gibt es eine Vielzahl unterschiedlicher Krebsarten. Gegenwärtig sind mehr als 300 Arten bekannt. Zu den häufigsten Krebsarten gehören bei Männern Prostatakrebs, Darm- und Lungenkrebs, bei Frauen sind es Brustkrebs und auch Darm- und Lungenkrebs.

Die Veränderung einer normalen Zelle zu einer Krebszelle ist auf Mutationen zurückzuführen. Diese könne durch Viren, chemische Stoffe wie Asbest, oder durch Strahlung ausgelöst werden. Da sie Krebs erzeugen oder eine Krebserkrankung wahrscheinlicher machen, werden diese als **Karzinogene** bezeichnet. Die Zahl der durch UV-Strahlung verursachten Hautkrebserkrankungen ist in Deutschland in den vergangenen Jahren deutlich gestiegen. Studien zeigen, dass insbesondere Sonnenbrände das Hautkrebsrisiko deutlich erhöhen.

Tumore – Teilt sich eine Zelle schneller als andere Zellen des Gewebes, entsteht daraus eine Geschwulst, auch **Tumor** genannt. Gutartige, **benigne Tumore,** wie etwa Warzen wachsen langsam. Sie verdrängen dabei zwar umliegendes Gewebe, dringen aber nicht in dieses hinein. Solch gutartige Tumore sind kein Krebs, müssen jedoch entfernt werden, wenn sie ein lebenswichtiges Organ beeinträchtigen. Bösartige, **maligne Tumore** wachsen dagegen in anderes Gewebe hinein und schädigen es. Sie werden als Krebs bezeichnet und müssen, falls möglich, entfernt werden.

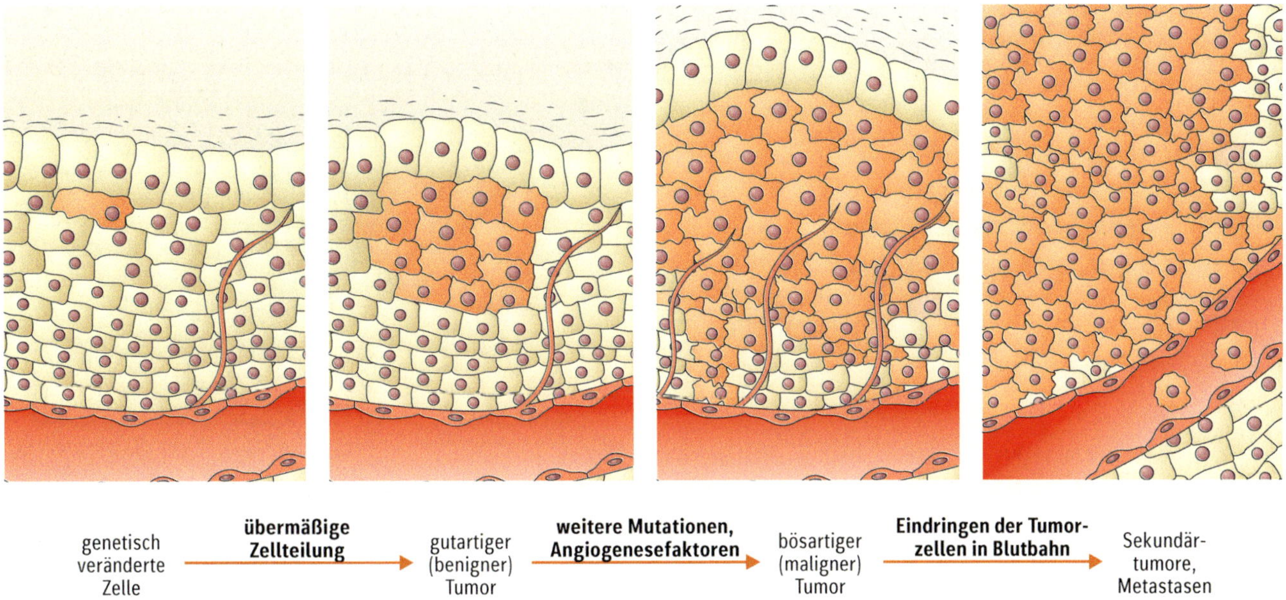

2 Stadien der Karzinogenese

Karzinogenese – Die Entstehung maligner Tumore wird als Karzinogenese bezeichnet. Bei gesunden Zellen wird die Teilung gehemmt, wenn deren Dichte im Gewebe zu hoch ist und Zellen an benachbarte Zellen stoßen. Bei Tumorzellen findet weder eine **Dichtehemmung** noch eine **Kontakthemmung** statt.

Tumorzellen geben ihre Mutationen an ihre Tochterzellen weiter. Im Verlauf vieler Zellteilungen entsteht so, aus einer sich unkontrolliert teilenden Zelle, ein Tumor mit Milliarden mutierter Zellen. Kennzeichnend für Tumorzellen ist, dass sie wenig differenziert sind und einen höheren Energiebedarf als gesunde Zellen haben. Das Tumorwachstum hängt von seiner Versorgung mit Nährstoffen und Sauerstoff ab. Ab einer bestimmten Größe setzen Tumorzellen Signalstoffe frei. Diese **Angiogenesefaktoren** führen zur Neubildung von Blutgefäßen, durch die der Tumor versorgt wird.

Mithilfe von Enzymen können sie in benachbartes Gewebe einwachsen und es zerstören. Sie gehen dabei nur lockere Zellkontakte untereinander und mit Gewebezellen ein. Deshalb können sie sich leicht vom **Primärtumor** ablösen. Dringen solche Krebszellen in Blutgefäße ein, werden sie mit dem Blut im Körper verteilt. Beim Kontakt mit anderen Zellen können sie sich in deren Gewebe festsetzen und so **Sekundärtumore**, **Metastasen** genannt, bilden.

MATERIAL MIT AUFGABEN

A Eigenschaften von Tumorzellen

In einem Versuch wurden gesunde Hautzellen und Zellen aus einem Hauttumor isoliert und getrennt in ein Nährmedium überführt. Beobachtung nach einiger Zeit:

In einem weiteren Versuch wurden Leber- und Nierenzellen aus ihrem Gewebeverband gelöst und zusammen in ein Nährmedium gegeben. Zusätzlich wurden in einem weiteren Ansatz Tumorzellen hinzugefügt. Beobachtung nach einiger Zeit:

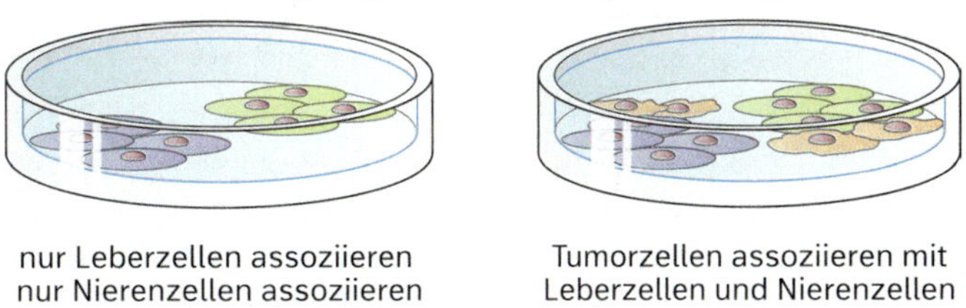

1 Prüfen Sie, welche Eigenschaften von Tumorzellen in den Versuchen deutlich werden. ●●○

2 Nennen Sie sechs Eigenschaften, durch die Tumorzellen gekennzeichnet sind. ●○○

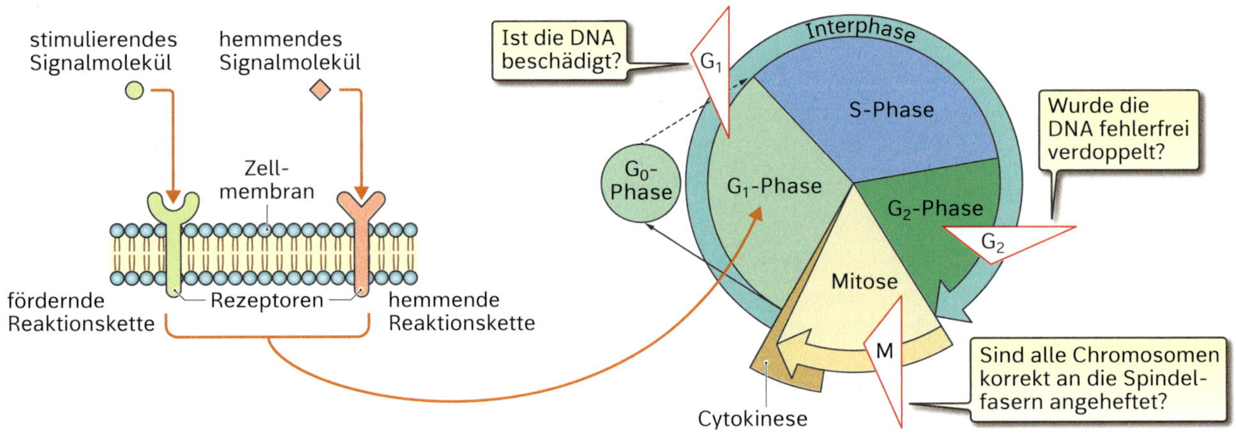

3 Kontrollpunkte im Zellzyklus

Onkogen, griechisch onkos: Geschwulst; genann: erzeugen

Zellzyklus – Der Zellzyklus besteht aus den drei Phasen: Mitose, Cytokinese und Interphase. In der Mitose werden die Zellkerne geteilt. Danach werden in der Cytokinese die übrigen Zellbestandteile und das Cytoplasma auf die beiden Tochterzellen verteilt. Diese durchlaufen danach die Interphase. Diese ist in drei Phasen unterteilt. In der G_1-Phase werden Zellorganellen und Zellplasma durch eine verstärkte Proteinbiosynthese gebildet. In der S-Phase, der Synthese-Phase, findet die DNA-Replikation und Histonsynthese statt. In der G_2-Phase wird die Zelle auf eine Mitose und Zellteilung vorbereitet. Bestimmte Zellen, die sich nicht mehr teilen, wechseln nach der Cytokinese in die G_0-Phase und gehen nur unter bestimmten Umständen in die G_1-Phase über.

Der Zellzyklus umfasst alle Schritte zwischen dem Beginn einer Zellteilung und dem Start der nächsten Zellteilung. Dabei entstehen aus einer Zelle zwei Tochterzellen, die das gleiche genetische Material und die gleiche Chromosomenzahl wie die Ausgangszelle besitzen.

In einem vielzelligen Organismus wird der Zellzyklus engmaschig kontrolliert und gesteuert. So wird dieser an die unterschiedlichen Bedürfnissen des Gewebes oder des Organismus angepasst. An unterschiedlichen Kontrollpunkten des Zellzyklus wird überprüft, ob Fehler vorliegen. Das Kontrollsystem wirkt dabei als molekulare Bremse. Es hält den Zellzyklus an, sodass die Reparatursysteme der Zellen Zeit haben, mögliche Fehler zu beheben.

So wie die Geschwindigkeit eines Autos durch Gasgeben und Bremsen gesteuert werden kann, wird die Geschwindigkeit der Zellteilung durch **Wachstumsaktivatoren** und **Wachstumsinhibitoren** gesteuert. Wachstumsaktivatoren fördern die Zellteilung und sind aktiv, wenn eine Mitose eingeleitet wird. Wachstumsinhibitoren sind aktiviert, wenn die Zellteilung gehemmt oder verhindert werden soll.

Die Geschwindigkeit eines Autos kann nicht mehr gesteuert werden, wenn das Gaspedal oder Bremspedal nicht funktionieren. Dies gilt ebenso für den Zellzyklus: Wenn Wachstumsaktivatoren nicht mehr inaktiviert oder Wachstumsinhibitoren nicht mehr aktiviert werden können, gerät der Zellzyklus außer Kontrolle.

Proto-Onkogene und Onkogene – Gene, deren Produkte das normale Wachstum, die Zellteilung und die Entwicklung verschiedener Gewebe steuern, heißen **Proto-Onkogene.** Sie codieren unter anderem Wachstumsfaktoren. Wenn diese an spezifische Rezeptoren auf den Zellmembranen binden werden die Rezeptoren dadurch aktiviert. Diese wiederum aktivieren eine intrazelluläre Signalkette. Die daran beteiligten Signalmoleküle gehen dabei jeweils von einem inaktiven in einen aktivierten Zustand über. Am Ende von wachstumsfördernden Signalketten werden Proteine aktiviert, die als Transkriptionsfaktoren wirken und die Expression bestimmter Gene beeinflussen. Die Genprodukte wiederum beeinflussen den Zellzyklus an seinen Kontrollpunkten.

Durch Mutationen können Proto-Onkogene in eine krebserzeugende Form, ein **Onkogen**, übergehen. In Folge können Wachstumsrezeptoren und Moleküle der wachstumsfördernden Signalkette nicht mehr inaktiviert werden. Sie erzeugen dann von sich aus wachstumsfördernde Signale, sodass es zu unkontrollierten Zellteilungen kommt. Solche autonomen Rezeptoren kommen etwa in den menschlichen Tumorzellen der Brust und Lunge vor.

Tumor-Suppressorgene – Gene, deren Genprodukte zu den Wachstumsinhibitoren gehören, werden **Tumor-Suppressorgene** oder **Anti-Onkogene** genannt. Die Produkte der Tumor-Suppressorgene hemmen etwa an Kontrollpunkten des Zellzyklus den Übergang zwischen einzelnen Phasen. Eine Reparatur von DNA-Schäden ist so möglich. Bei irreversiblen Schäden wird ein programmierter Zelltod, die **Apoptose** eingeleitet. Wird ein Tumor-Suppressorgen durch eine Mutation inaktiviert, können keine funktionsfähigen Wachstumsinhibitoren gebildet werden. Unkontrollierte Zellteilungen sind die mögliche Folge.

Beispiele für Tumorsuppressor-Proteine sind das p53-Protein und das Retinoblastomprotein pRb. Das p53-Protein lagert sich als Transkriptionsfaktor an den Promotor bestimmter Gene. Dadurch werden Proteine exprimiert, die unter anderem eine Apoptose der geschädigten Zelle bewirken. Das pRb-Protein hemmt dagegen im Zellzyklus den Übergang von der G_1- zur S-Phase. Mutationen in beiden Allelen des entsprechenden Gens führen zu einem bösartigen Tumor in der Netzhaut des Auges.

Tumore entwickeln sich aus einer einzigen Zelle. Eine einzelne Mutation führt jedoch normalerweise nicht zu einer unkontrollierten Zellteilung. Die Entwicklung eines Tumors ist ein mehrstufiger Prozess, der oft Jahrzehnte dauert. Da Krebszellen keine Fehlerkontrolle und kein Reparatursystem haben, besitzen sie eine höhere Mutationsrate als normale Zellen. Daher häufen sich sukzessive Mutationen in Proto-Onkogenen und Tumor-Suppressorgenen an. Die Zelle verliert nach und nach die Kontrolle über das Zellwachstum und teilt sich unkontrolliert.

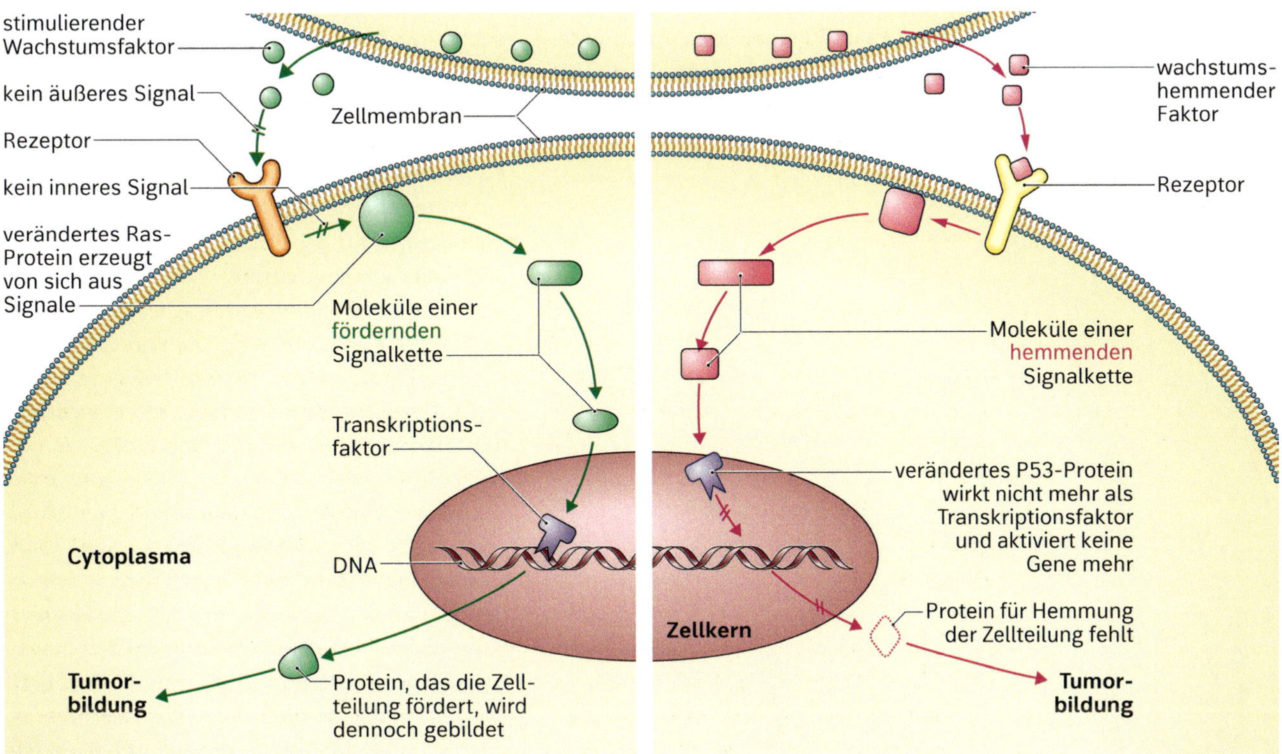

4 Möglichkeiten der Entwicklung von Tumorzellen

Epigenetik und Krebs – Auch epigenetische Modifizierungen können eine bedeutende Rolle bei der Karzinogenese spielen. So besitzen Tumorzellen im Vergleich zu den gesunden Zellen eines Gewebes oft ein verändertes Methylierungsmuster.
Bei vielen Tumorarten sind die Onkogene weniger stark methyliert als in gesundem Gewebe. Dadurch sind Gene aktiv, die normalerweise ausgeschaltet sind. Bei anderen Tumorarten liegt eine übermäßige DNA-Methylierung im Promotorbereich von Genen vor, sodass eine Inaktivierung der zugehörigen Gene erfolgt. Das epigenetische Muster einer Zelle ist aber nicht nur für die Transkription der Gene entscheidend, sondern auch für deren Reparatur. Nur wenn DNA-Abschnitte zugänglich sind, können Reparatursysteme DNA-Fehler, etwa falsche Basenpaarungen, beheben.

Krebstherapien – Örtlich begrenzte Tumore werden häufig operativ entfernt oder durch radioaktive Strahlung zerstört. Haben sich die Tumorzellen bereits in anderen Organen verteilt, also **Metastasen** gebildet, werden häufig zusätzlich chemische Stoffe eingesetzt, die den Zellzyklus stören, verzögern oder verhindern. Die Behandlung mit solchen Zytostatika wird **Chemotherapie** genannt.

englisch epidermal growth factor, EGF: epidermaler Wachstumsfaktor

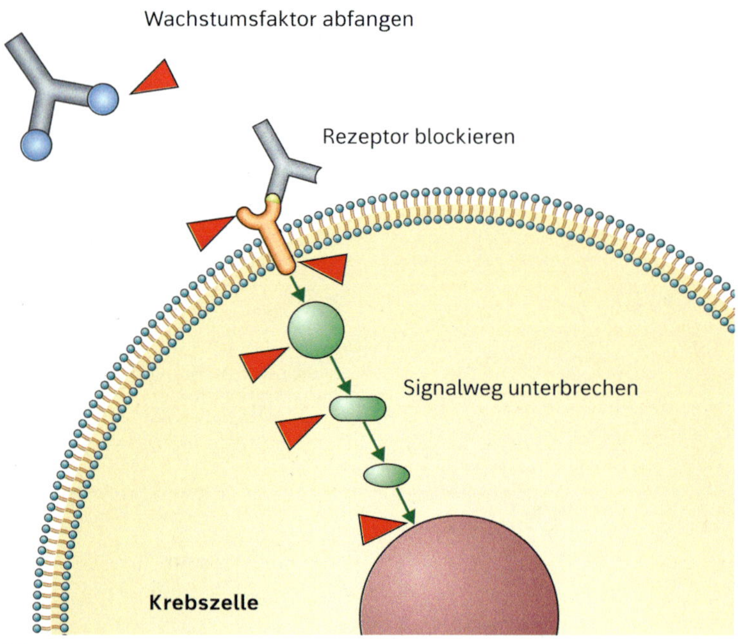

5 Ansatzpunkte zielgerichteter Krebstherapien

Die Chemotherapie schädigt nicht nur Krebszellen, sondern auch gesunde Zellen, die sich häufig und schnell teilen, wie zum Beispiel Zellen der Mund- und Darmschleimhaut, sowie Haarwurzelzellen und Knochenmarkzellen. Dadurch kommt es im Laufe der Behandlung zu einer Reihe von Nebenwirkungen, wie etwa Haarausfall, Infektionsanfälligkeit, Durchfall, Erbrechen und Müdigkeit.

Bei einer anderen Form der Krebstherapie wird mithilfe von Angiogenesehemmer die Bildung neuer Blutgefäße verhindert. Dadurch wird der Tumor nicht mehr ausreichend mit Sauerstoff und Nährstoffen versorgt, sodass er schrumpft oder sogar abstirbt.

Bei einer **zielgerichteten personalisierten Therapie** werden genetische, molekulare und zelluläre Besonderheiten eines Patienten ermittelt und daraus eine spezielle Therapie für die Person abgeleitet. Dabei werden Medikamente eingesetzt, die auf molekularer Ebene zielgenau Krebszellen ausschalten, gesunde Zellen aber weitgehend verschonen. Bei ungefähr 20 Prozent aller Fälle von Brustkrebs sind die Rezeptoren für den **Wachstumsfaktor EGF** bis zu 100-mal häufiger auf der Zelloberfläche vorhanden. Infolgedessen binden die Zellen mehr EGF und teilen sich übermäßig. Mithilfe von HER2-Antikörpern können EGF-Wachstumsrezeptoren blockiert, sodass sie kein EGF nicht mehr binden können. Ohne das Signal zu Zellteilung wird das Tumorwachstum verlangsamt oder sogar gestoppt.
Spezielle Antikörper werden auch genutzt, um bestimmte Wirkstoffe möglichst nur an Tumorzellen zu bringen. Als Wirkstoffe werden etwa radioaktive Substanzen oder Cytostatika an die entsprechenden Antikörper gebunden.
Eine weitere Therapiemöglichkeit besteht in der Unterbrechung der intrazellulären Signalketten etwa durch Tyrosinkinase-Hemmer. Das Enzym Tyrosinkinase ist an einer wachstumsfördernden Signalkette beteiligt. Ist eine Krebserkrankung beispielsweise auf autonome Wachstumsrezeptoren zurückzuführen, kann durch die Hemmung von Tyrosinkinase die intrazelluläre Signalkette unterbrochen und die Zellteilung gehemmt werden.

B Fusion von Zellen mit Krebszellen

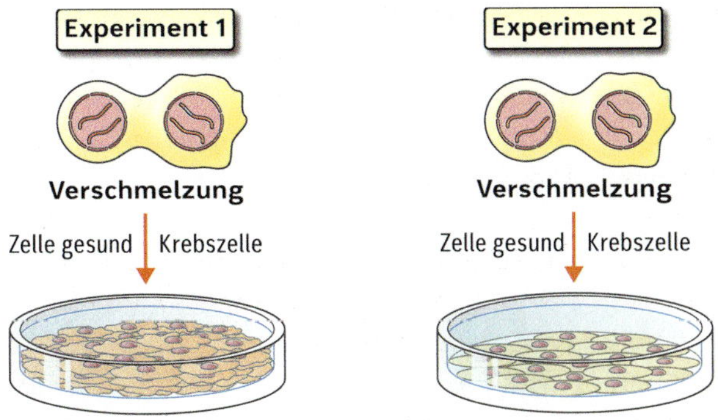

In zwei Experimenten wurden gesunde Bindegewebszellen mit Krebszellen fusioniert und kultiviert. Im ersten Experiment war ein Allel des Proto-Onkogens der Krebszelle mutiert, im zweiten Experiment ein Allel des Tumorsuppressorgens. Die Fusionen fanden jeweils in der G_1-Phase des Zellzyklus statt.

1 Erklären Sie den Unterschied zwischen Proto-Onkogenen und Tumor-Suppressorgenen. ●○○
2 Erläutern Sie die Versuchsbeobachtungen. ●●●
3 Geben Sie an, welches Ergebnis Sie erwarten, wenn beide Allele des Tumorsuppressorgens beziehungsweise des Proto-Onkogens mutiert sind. ●○○
4 Erklären Sie, warum die Mutation im Proto-Onkogen als dominant, die im Tumor-Suppressorgen als rezessiv bezeichnet wird. ●●○

D Humane Papillomviren und Krebs

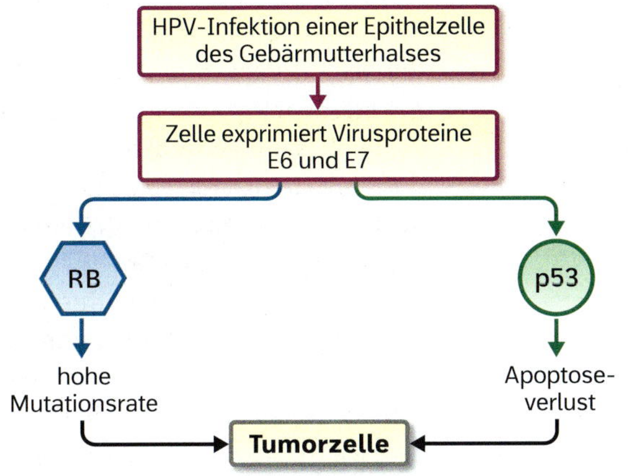

Die Integration der DNA eines Humanen Papillomvirus in das Genom einer Epithelzelle des Gebärmutterhalses kann zur Umwandlung einer Epithelzelle in eine Krebszelle und schließlich zu Gebärmutterhalskrebs führen. Dabei spielen die beiden Virusproteine E6 und E7 eine entscheidende Rolle.

1 Erklären Sie die Funktion der p53- und Retinoblastom (RB)-Proteine im Zellzyklus. ●○○
2 Erklären Sie anhand des Schemas das Zusammenwirken der Virusproteine E6 und E7 bei der Umwandlung einer Epithelzelle der Gebärmutterschleimhaut zu einer Tumorzelle. ●●○

C Membranrezeptoren bei Tumorzellen

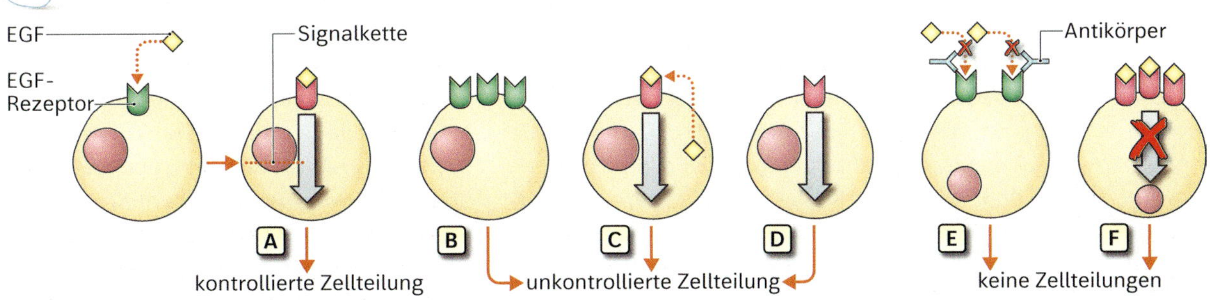

1 Erklären Sie anhand der Abbildungen A bis D, wie Mutationen des Wachstumsfaktors EGF zu unkontrollierten Zellteilungen führen können. ●●○
2 Erklären Sie Möglichkeiten der Krebstherapie auf der Ebene des EGF-Rezeptors anhand der Abbildungen E und F. ●●○
3 Recherchieren Sie zu CAR-T-Zell-Therapien bei Krebserkrankungen und stellen Sie Ihre Ergebnisse in einem Erklärvideo vor. ●●○
4 Recherchieren Sie zu einem Verfahren der personalisierten Krebstherapie und stellen Sie Ihre Ergebnisse in geeigneter Form vor. ●●○

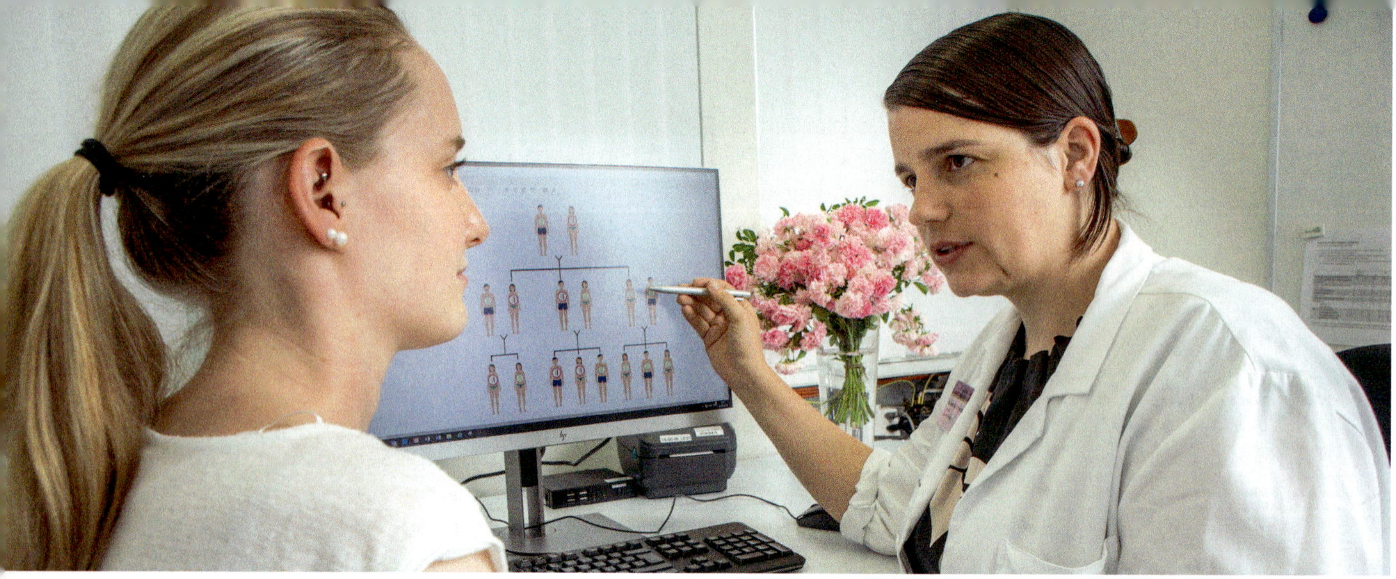

1 Genetische Beratung

6.5 Genetische Beratung und Diagnostik

In der Familie einer 45-jährigen Frau sind die Mutter wie auch eine Schwester an Brustkrebs erkrankt. Die Frau vermutet daher eine erbliche Veranlagung für Brustkrebs und sucht daraufhin eine genetische Beratungsstelle auf. Welche Informationen erhalten Ratsuchende hier und welche Methoden der Diagnostik stehen dabei zur Verfügung?

Genetische Beratung – In einer genetischen Beratungsstelle wird zunächst die persönliche und familiäre Vorgeschichte von Ratsuchenden erhoben. Häufig wird dabei ein Familienstammbaum über mindestens drei Generationen erstellt. Auf Basis der Befunde schätzt das medizinische Fachpersonal die Wahrscheinlichkeit ein, mit der die Ratsuchenden oder deren Kinder von der vermuteten Erbkrankheit betroffen sind. Bei einer autosomal-dominanten Vererbung, wie sie bei der erblichen Form von Brustkrebs vorliegt, wird der Gendefekt mit einer Wahrscheinlichkeit von 50 Prozent an die Nachkommen weitergegeben, vorausgesetzt die entsprechende Mutation liegt bei einem der beiden Elternteile vor. Wenn erforderlich, werden weitere Untersuchungen wie Chromosomenanalysen oder Gentests durchgeführt.

Zu einer genetischen Beratung gehören stets ausführliche Informationen über die in Frage kommende Erbkrankheit und ihre mögliche Bedeutung für die Lebens- und Familienplanung der Frau oder die des Paares. Die beratende Ärztin oder der Arzt geht auch auf psychisch-soziale Folgen ein, die die Informationen für Betroffene haben können.

Gentests – Stammbaumanalysen ermöglichen häufig nur eine Abschätzung des Risikos, mit dem Personen von einer Erbkrankheit betroffen sein könnten. Im Vergleich dazu ermöglichen Gentests eindeutige Aussagen. Dafür werden den Ratsuchenden Blut- oder Mundschleimhautproben entnommen. Aus den Proben wird die DNA isoliert und anschließend analysiert. Gentests sind allerdings bislang nur für wenige, durch Mutation eines einzelnen Gens verursachte Erkrankungen möglich. Beispiele sind Tests auf erblichen Brust-, Prostata- und Darmkrebs sowie auf Mukoviszidose und andere angeborene Stoffwechselkrankheiten. Gentests und Genanalysen dürfen nur durchgeführt werden, wenn die betroffenen Personen ihre Einwilligung dazu gegeben haben. Dabei müssen sie über die Bedeutung und die möglichen Folgen der Tests aufgeklärt werden.

So haben etwa Frauen, bei denen der Gentest auf erblichen Brustkrebs positiv ausfällt, zwar ein stark erhöhtes Erkrankungsrisiko, aber nicht jede betroffene Frau entwickelt dann auch zwangsläufig Brustkrebs. Auch wenn sich die Ratsuchenden für einen Gentest entscheiden, bestimmen nur sie, in welchem Umfang sie über das Ergebnis informiert werden. Es besteht ein **Recht auf Nichtwissen**. Da die Ergebnisse eines Gentests auch Kinder und Geschwister sowie das Arbeits- oder Versicherungsverhältnis betreffen können, dürfen sie in Deutschland nur in medizinisch begründeten Fällen durchgeführt werden.

Pränatale Diagnostik – Eine wesentliche Bedeutung kommt der genetischen Beratung in der pränatalen Diagnostik zu. Ihr Ziel ist es, Chromosomenanomalien und Erbkrankheiten bereits beim ungeborenen Kind zu erkennen.

Das Beratungsangebot richtet sich an:

- Gesunde Paare, die bereits ein Kind haben, das an einer Erbkrankheit leidet.
- Paare, die ungewollt kinderlos sind oder bei denen die Frau Fehlgeburten erlitten hat.
- Partner, die miteinander verwandt sind.
- Frauen, die älter als 35 Jahre alt, und Partner, die zusammen älter als 75 Jahre sind, da bei ihnen das Risiko für Chromosomen anomalien erhöht ist.
- Frauen, die vor oder während der Schwangerschaft mit mutagenen Stoffen in Kontakt gekommen sind oder Suchtmittel wie etwa Alkohol zu sich genommen haben.
- Frauen, die zu Beginn der Schwangerschaft eine Virusinfektion wie etwa Röteln durchlitten haben.

Bei der pränatalen Diagnostik unterscheidet man nichtinvasive von invasiven Methoden.

MATERIAL MIT AUFGABEN

A Gentest bei Chorea Huntington

Eine 35-jährige Mutter zweier Kinder sucht eine genetische Beratungsstelle auf, da in ihrer Familie die Erbkrankheit Chorea Huntington mehrfach aufgetreten ist. Die Erkrankung tritt meist zwischen dem vierten und fünften Lebensjahrzehnt auf und führt binnen weniger Jahre zum Tod. Eine ursächliche Therapie existiert bislang nicht. Die Frau möchte wissen, ob sie und ihre Kinder eventuell erkranken werden.
Ursache der Huntington-Krankheit ist eine Genmutation. Sie führt dazu, dass sich das Triplett CAG in einem bestimmten DNA-Abschnitt mehr als 37-mal wiederholt. Bei Gesunden wiederholt sich dieses Triplett lediglich 9- bis 35-mal. Beim Test auf Chorea Huntington wird aus einer Blutprobe der entsprechende DNA-Abschnitt isoliert und mittels PCR vervielfältigt. Die erhaltenen DNA-Fragmente werden anschließend gelelektrophoretisch aufgetrennt.

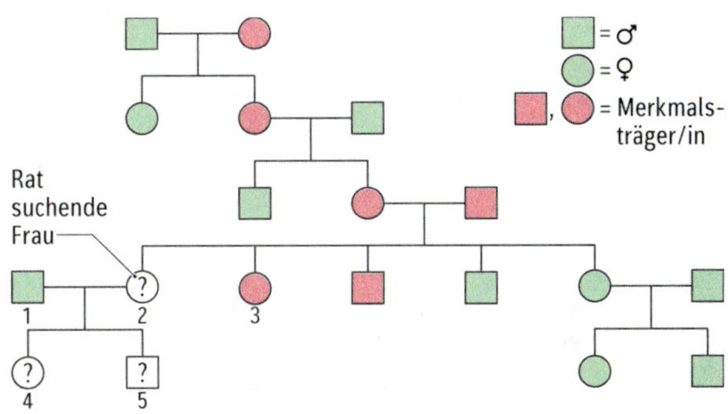

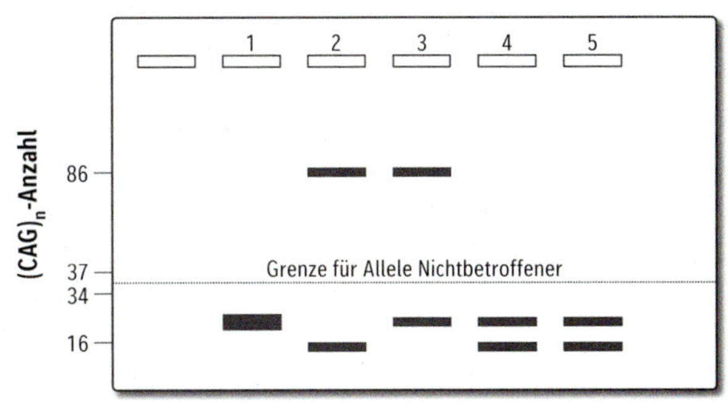

1 Ermitteln Sie anhand des Stammbaums den Erbgang von Chorea Huntington und ordnen Sie den Phänotypen mögliche Genotypen zu. ●●○

2 Werten Sie das Diagramm im Hinblick auf die Genotypen der Personen 1 bis 5 aus und geben Sie der ratsuchenden Frau eine begründete Antwort. ●●○

3 Nennen Sie Vor- und Nachteile des Chorea Huntington-Tests und erläutern Sie, warum dieser bei Ratsuchenden zu einem Dilemma führen kann. ●●●

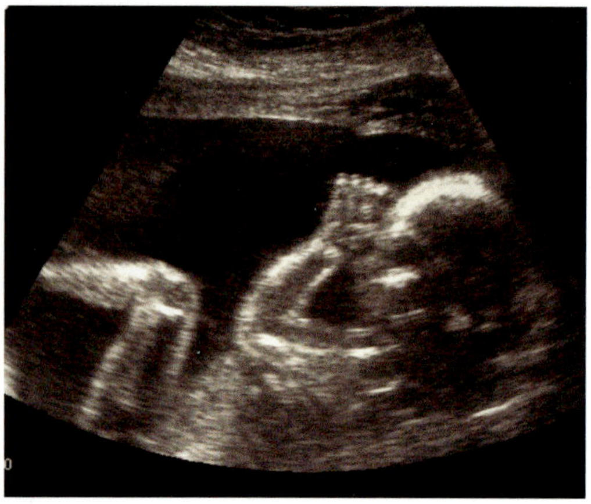

2 Fetus im Ultraschall

Nichtinvasive Methoden – Eine klassische, rein äußerliche Methode der Vorsorgeuntersuchung bei Schwangeren ist die **Ultraschalluntersuchung**. Sie wird routinemäßig durchgeführt und liefert grundlegende Informationen über die Entwicklung des Kindes. Sollten hierbei Auffälligkeiten auftreten, kann auf Wunsch der Schwangeren ein **Ersttrimester-Screening** durchgeführt werden. Dabei wird im ersten Schwangerschaftsdrittel anhand weiterer Untersuchungen das Risiko für Chromosomenveränderungen oder Fehlbildungen bestimmt. Eine wichtige Methode ist hierbei die Messung der **Nackentransparenz**. Während der 11. und 14. Schwangerschaftswoche kommt es im Nackenbereich des Ungeborenen zu Flüssigkeitsansammlungen, die im Ultraschall sichtbar werden. Bei einer Vergrößerung der Nackentransparenz ist die Wahrscheinlichkeit für eine Trisomie 21 oder eine andere Fehlbildung deutlich erhöht. Bei auffälligem Ersttrimester-Befund kann bei der Schwangeren ein **nichtinvasiver Pränataltest** des Blutes, kurz **NIPT**, durchgeführt werden. Dieser Test basiert darauf, dass im Blut der Schwangeren neben der eigenen DNA auch zellfreie Bruchstücke fetaler DNA vorhanden sind. Sie stammen aus dem fetalen Anteil der Plazenta. Mithilfe spezieller Testverfahren werden mütterliche und kindliche Bruchstücke den jeweiligen Chromosomen zugeordnet und zahlenmäßig erfasst. Auf diese Weise lässt sich die Wahrscheinlichkeit einer Trisomie 13, 18 oder 21 ermitteln.

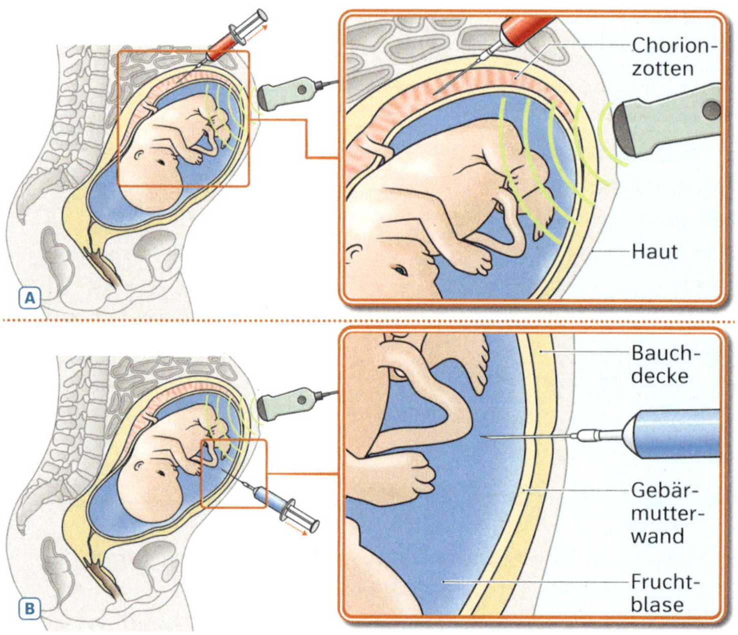

3 Pränatale Diagnostik: **A** Chorionzottenbiopsie; **B** Amniozentese

Invasive Methoden – Ergibt sich bei einer der nichtinvasiven Methoden ein Verdacht auf eine Chromosomenanomalie oder Fehlbildung des Kindes, können letztlich nur invasive Methoden genauere Auskunft geben. Bei der **Chorionzottenbiopsie** werden in der 12. bis 13. Schwangerschaftswoche aus dem entstehenden Mutterkuchen, dem Chorion, mit einer dünnen Hohlnadel kindliche Zellen entnommen. Nach der Kultivierung können die Zellen auf Chromosomenanomalien untersucht werden. Bei der **Amniozentese** wird ab der 15. Schwangerschaftswoche aus der Fruchtblase mithilfe einer Hohlnadel Fruchtwasser entnommen. Mit den darin enthalten fetalen Zellen können anschließend Chromosomenanalysen und Gentests durchgeführt werden.

Bei einer genetischen Beratung werden die Ratsuchenden auch über die Risiken einer invasiven Pränataldiagnostik informiert. So sind hierbei Infektionen der Mutter oder Verletzungen des Fetus möglich, die zu Fehlgeburten führen können. Vor Beginn einer pränatalen Diagnostik sollten sich Ratsuchende auch über die Konsequenzen des Untersuchungsergebnisses im Klaren sein. Die Entscheidung über einen möglichen Schwangerschaftsabbruch liegt allein im Ermessen der Mutter.

Präimplantationsdiagnostik – Wird bei einem Paar mit Kinderwunsch ermittelt, dass einer der Partner Träger einer schwerwiegenden Erbkrankheit ist, kann unter bestimmten Bedingungen eine **Präimplantationsdiagnostik**, kurz **PID**, durchgeführt werden. Dabei werden im Rahmen einer künstlichen Befruchtung *in vitro* Embryonen erzeugt. Diesen werden nach dem 8-Zellstadium eine oder mehrere Zellen entnommen und genetisch untersucht. Diese Zellen sind nicht mehr totipotent. Das heißt, sie können sich nicht mehr einzeln zu einem vollständigen Embryo entwickeln. Für den Embryotransfer in die Gebärmutter der Frau werden nur solche Embryonen ausgewählt, die keine mutierten Allele besitzen. Eine Präimplantationsdiagnostik ist in Deutschland gesetzlich nur dann zulässig, wenn ein hohes Risiko für eine schwerwiegende Erbkrankheit besteht oder eine Schädigung des Kindes zu erwarten ist. Über die Durchführung einer PID entscheidet eine Ethikkommission, die die besonderen Umstände des jeweiligen Einzelfalls berücksichtigt. Die Möglichkeit zur PID hat in Deutschland eine sehr weitgehende ethische Debatte über Menschenwürde und Lebensrechte von Embryonen ausgelöst.

Personalisierte Medizin – Moderne Diagnoseverfahren, einschließlich Gentests, ermöglichen heute, genetische, molekulare und zelluläre Besonderheiten von Patienten zu erfassen. Solche **Biomarker** können dazu dienen, eine am individuellen Genotyp orientierte Diagnose, Therapie und Prävention von Krankheiten durchzuführen. Daher wird von **personalisierter Medizin** gesprochen. Unwirksame Medikamente sowie ihre Nebenwirkungen können Patientinnen und Patienten damit erspart werden. So werden etwa Frauen, die an Brustkrebs erkrankt sind, nur dann mit dem Wirkstoff Herceptin behandelt, wenn die Tumorzellen ein bestimmtes genetisches Merkmal auf ihrer Oberfläche aufweisen. Denn bei Tumorzellen ohne dieses Merkmal wirkt Herceptin nicht. Trotzdem treten die Nebenwirkungen auf. Personalisierte Medizin kommt unter anderem in der Therapie verschiedener Krebsarten, aber auch bei Viruserkrankungen wie Hepatitis C und HIV zum Einsatz.

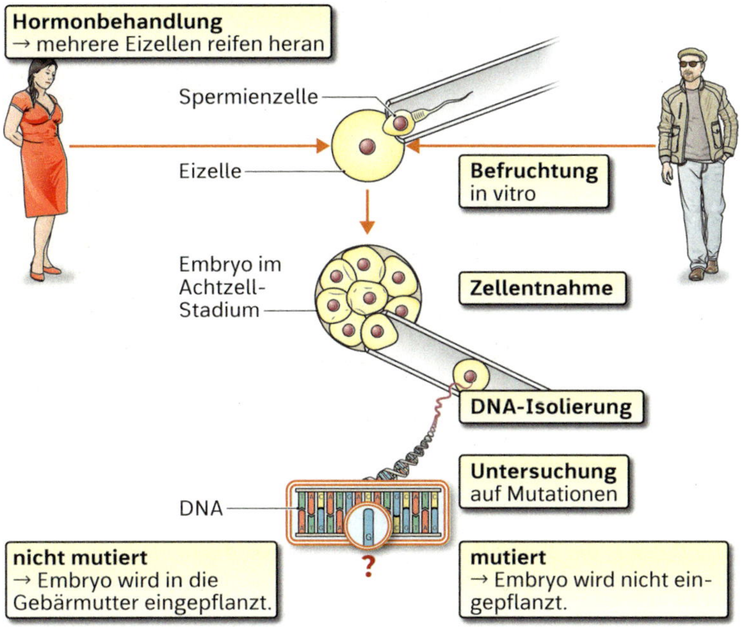

4 Ablauf einer Präimplantationsdiagnostik

MATERIAL MIT AUFGABEN

B Eindämmung der Erbkrankheit Thalassämie

Die β-Thalassämie ist eine erbliche Form der Blutarmut, die auf Zypern stark verbreitet ist. Einer von sieben Einwohnern des Landes trägt den Gendefekt, ohne selbst erkrankt zu sein. Sind beide Eltern Überträger, liegt das Risiko für ein erkranktes Kind bei 25 Prozent. Unbehandelt verläuft die Erkrankung tödlich, ein Überleben bis ins Erwachsenenalter ist jedoch mit einem erheblichen medizinischen und finanziellen Aufwand möglich. Seit 1976 gibt es daher auf Zypern ein für die Einwohner freiwilliges und kostenloses Vorsorgeprogramm, um die weitere Zunahme der Thalassämie-Erkrankungen zu verhindern. Nahezu jeder erwachsene Einwohner weiß aufgrund eines Gentests, ob er Überträger des Gendefekts ist. Das Programm umfasst auch eine genetische Beratung von Paaren mit Kinderwunsch sowie das Angebot einer Pränataldiagnostik. Rund ein Viertel der untersuchten Schwangerschaften wird daraufhin abgebrochen. Die Maßnahmen führten dazu, dass die Zahl erkrankter Neugeborener erheblich sank und die Lebensdauer und Lebensqualität der Patienten anstiegen.

1 Leiten Sie aus den Textinformationen den Erbgang der β-Thalassämie ab. ●○○
2 Nennen Sie Argumente, die für oder gegen das Vorsorgeprogramm auf Zypern sprechen. ●●○
3 Bewerten Sie dieses Programm aus ethischer Sicht. ●●●

C Stammbaumanalyse bei Mukoviszidose

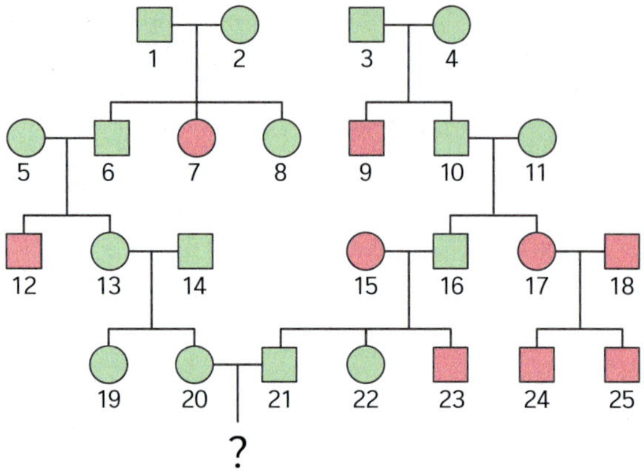

Herr und Frau Bruns wünschen sich Kinder. In ihren Herkunftsfamilien waren mehrere Personen an Mukoviszidose erkrankt. Das Paar sucht eine genetische Beratungsstelle auf. Dort wird zunächst ein Familienstammbaum erstellt.

1 Analysieren Sie den Familienstammbaum und geben Sie alle möglichen Genotypen der Familienmitglieder an. Ermitteln Sie anschließend, wie hoch die Wahrscheinlichkeit dafür ist, dass ein Kind von Herrn und Frau Bruns (Personen 20 und 21) an Mukoviszidose erkranken wird. ●●○
2 Fassen Sie Ihr Wissen zu den Symptomen und Ursachen von Mukoviszidose zusammen. Berücksichtigen Sie dabei die entsprechenden Informationen in diesem Buch. ●○○
3 Erklären Sie anhand der Abbildung, warum durch den Funktionsverlust der CFTR-Kanäle bei Betroffenen ein zäher Schleim in den Bronchien gebildet wird. ●●○

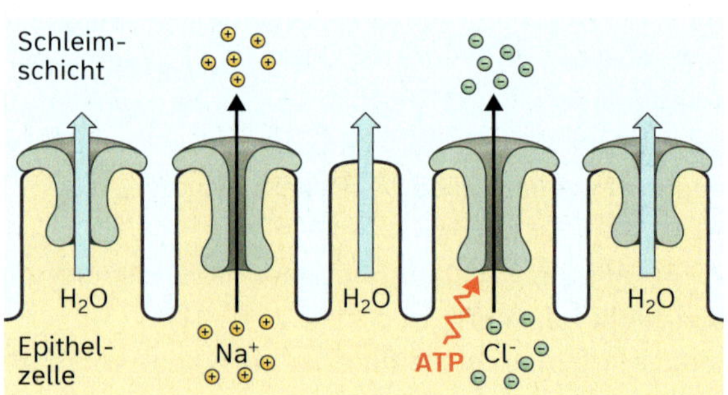

D Ethische Bewertung eines Gentests

In der genetischen Beratungsstelle werden Herr und Frau Bruns auf die Möglichkeit eines Gentests zur Absicherung der Diagnose hingewiesen. Ein solcher Test erfordert lediglich eine kleine Blutprobe von Herrn und Frau Bruns. Außerdem erfahren beide, dass sie als Risikopersonen eine Präimplantationsdiagnostik in Anspruch nehmen könnten. Des Weiteren können im Rahmen der pränatalen Diagnostik mit einem Gentest bei einem Embryo oder Fötus Mukoviszidose ermittelt werden. Bei einem positiven Befund für die Krankheit ist ein Schwangerschaftsabbruch im Rahmen der medizinischen Indikation straffrei. Das Paar befindet sich in einem Dilemma: Sollen sie als Risikopersonen einen Gentest durchführen lassen?

Frau Bruns hat Bedenken. Sie argumentiert:

- Ein Gentest gibt nur an, wie hoch die Wahrscheinlichkeit ist, dass ein Kind an Mukoviszidose erkrankt sein könnte. Ich weiß doch bereits, dass wir ein erhöhtes Risiko haben.
- Der Gentest berücksichtigt nur die häufigsten Mutationen, die Mukoviszidose verursachen.
- Kein Paar hat die Garantie, ein gesundes Kind zu bekommen.
- Ich werde auch ein krankes Kind lieben und versuchen, ihm ein bestmögliches Leben zu ermöglichen.
- Ich habe ein Recht auf Nichtwissen.

Herr Bruns befürchtet, dass ihnen als mögliche Eltern eines erkrankten Kindes vorgeworfen wird, warum sie keinen Gentest gemacht hätten und die Solidarität mit ihnen nachlässt.

1 Nehmen Sie Stellung zu der Argumentation von Frau Bruns. ●●○
2 Diskutieren Sie die Bedenken von Herrn Bruns. ●●○
3 Führen Sie zu dem Dilemma des Paares eine ethische Bewertung durch. Berücksichtigen Sie dabei die Schritte im Bewertungsprozess. ●●●

E Stammbaumanalyse versus Gentest

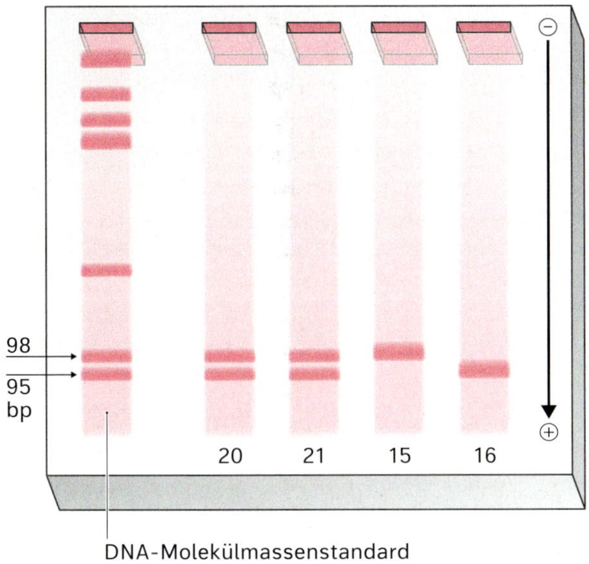

Herr und Frau Bruns lassen nach der Beratung einen Gentest auf die häufigste Mutation, Δ F508-Mutation genannt, durchführen. Diese betrifft die Deletion eines vollständigen Basentripletts des Mukoviszidose-Allels. Nach einer PCR des entsprechenden Genabschnitts werden die DNA-Fragmente durch Gelelektrophorese aufgetrennt. Das Diagramm zeigt die Ergebnisse für das Paar sowie für die Personen 15 und 16 des Stammbaums aus Material C.

1 Beschreiben Sie die Methode der Gelelektrophorese und interpretieren Sie das Ergebnis. ●●○
2 Geben Sie auf der Grundlage des Testergebnisses die Wahrscheinlichkeit an, mit der ein Kind des Paares erkranken wird. ●●○
3 Vergleichen Sie die Aussagekraft des Gentests mit der der Stammbaum-Analyse. ●●○

F Handlungsoptionen

Für das Ehepaar ergeben sich nach der genetischen Beratung folgende Handlungsoptionen:

Sie könnten
- ein Kind bekommen, ohne einen Gentest oder andere Diagnoseverfahren durchführen zu lassen,
- eine künstliche Befruchtung und Präimplantationsdiagnostik durchführen lassen,
- im Rahmen der pränatalen Diagnostik einen Gentest durchführen lassen,
- auf ein Kind verzichten,
- ein Kind adoptieren,
- eine künstliche Befruchtung mit Spermien eines Mannes durchführen lassen, der kein Konduktor ist.

1 Erstellen Sie nach der Vorlage eine Tabelle und tragen Sie darin Pro- und Kontraargumente für die verschiedenen Handlungsoptionen ein. ●●○
2 Ordnen Sie den Argumenten die zugrunde liegenden Werte zu. Nutzen Sie die Werte aus dem Wertepool und gegebenenfalls weitere Werte. ●●○
3 Nehmen Sie an, Sie müssten eine derartige Entscheidung für sich selbst treffen. Gewichten Sie dafür zunächst die Werte und die damit verbundenen Pro- und Kontraargumente, etwa mit einem Punktesystem. Treffen Sie daraufhin Ihre Entscheidung und begründen Sie diese. ●●●

Handlungsoptionen	Pro- und Kontraargumente	Werte
Ein Kind bekommen ohne Gentest oder andere medizinische Maßnahmen	Sie werden das Kind lieben, egal ob es gesund oder krank zur Welt kommt.	Selbstbestimmung, individuelle Freiheit, Glück und Lebensfreude
PID durchführen lassen		
...		

Wertepool: Glück, Freiheit, individuelle Gesundheit, Gesundheit der Nachkommen Lebensfreude, Sicherheit, Liebe, Selbstbestimmung, Gerechtigkeit, Verringerung von Leid, Wohlstand, Zufriedenheit, Verantwortung für sich und seinen Partner oder seine Partnerin, Verantwortung für das Kind

G DNA-Test bei Mukoviszidose

Ort	Nucleus	Cytoplasma	ER/Golgi	Zellmembran
Prozess	Transkription	Translation	Protein-Prozessierung	Einbau
Bildung eines intakten CFTR-Kanals	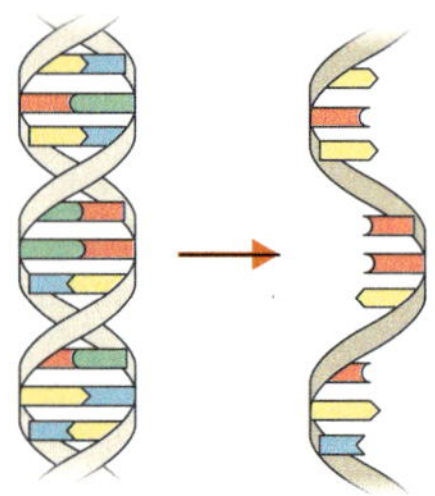	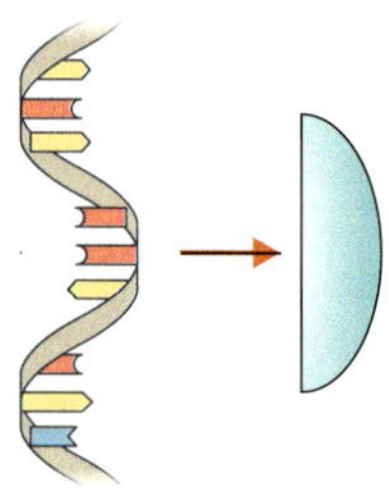	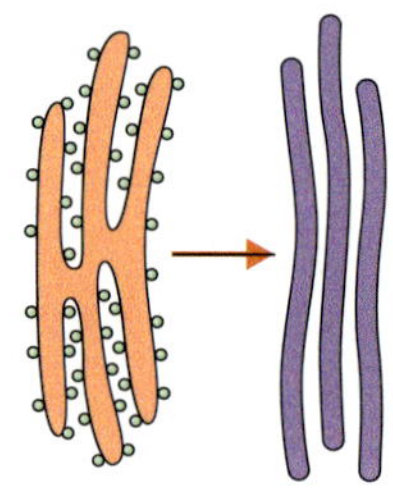	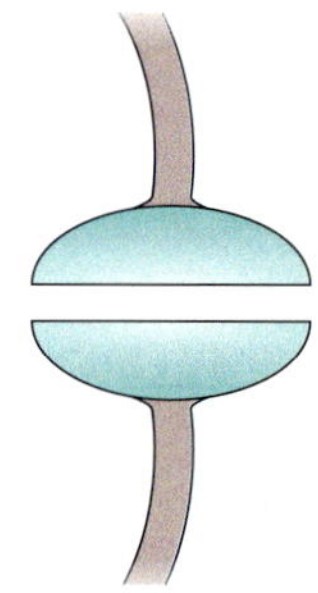
Mutationstyp		**Klasse I** Abbruch der Proteinsynthsese	**Klasse II** gestörte Protein-Prozessierung	**Klasse III** gestörte Funktion des CFTR-Kanals

1 Beschreiben Sie ausgehend vom CFTR-Gen den Einbau des CFTR-Kanals in die Zellmembranen etwa von Lungenepithelzellen.

2 Vom CFTR-Gen sind inzwischen etwa 2000 verschiedene Mutationen bekannt. Sie werden nach den unterschiedlichen Auswirkungen in Klassen eingeteilt. Erklären Sie, warum Mutationen der Klasse III einen milderen Krankheitsverlauf verursachen als Mutationen der Klassen I und II.

3 Mithilfe eines DNA-Tests lässt sich ermitteln, welcher Mutationstyp bei Betroffenen vorliegt. Diskutieren Sie, ob ein solcher zusätzlicher Gentest bei Herrn und Frau Bruns sinnvoll ist.

4 Seit einigen Jahren kann Mukoviszidose mithilfe von bestimmten Medikamenten therapiert werden. Sie können die Funktion von CFTR-Kanälen teilweise wiederherstellen, müssen jedoch lebendlang eingenommen werden. Ihre Entwicklung ist aufwendig und teuer. So betragen die Kosten pro Person jährlich mehrere 100 000 Euro. Medikamente zur Behandlung solch seltener Erkrankungen werden Orphan-Drugs genannt. Die EU hat im Jahr 2000 eine Regelung zur Förderung von Orphan-Drugs in Kraft gesetzt. Diskutieren Sie die Notwendigkeit und Grenzen solcher Regelungen.

H Personalisierte Therapie bei Mukoviszidose

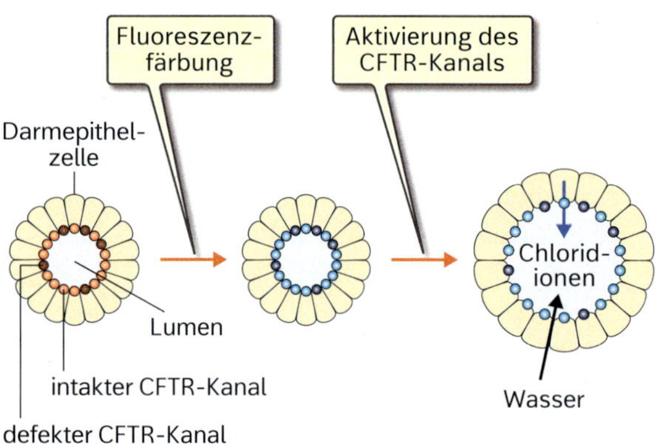

Um die Wirksamkeit bestimmter Mukoviszidose-Medikamente zu testen, entnimmt man Betroffenen Darmepithel und stellt daraus kugelige Strukturen her. Die CFTR-Kanäle der Epithelzellen werden mit einem Fluoreszenzfarbstoff markiert. Intakte CFRT-Kanäle transportieren nach der Aktivierung Chlorid-Ionen aus den Zellen ins Innere der Zellkugeln. Als Folge strömt Wasser osmotisch nach sodass sich die Kugeln vergrößern.

1 Entwickeln Sie eine Hypothese, wie man mithilfe der kugeligen Strukturen die Wirksamkeit der Medikamente bei Betroffenen testen kann.

I Lifestyle-Gentests aus dem Internet

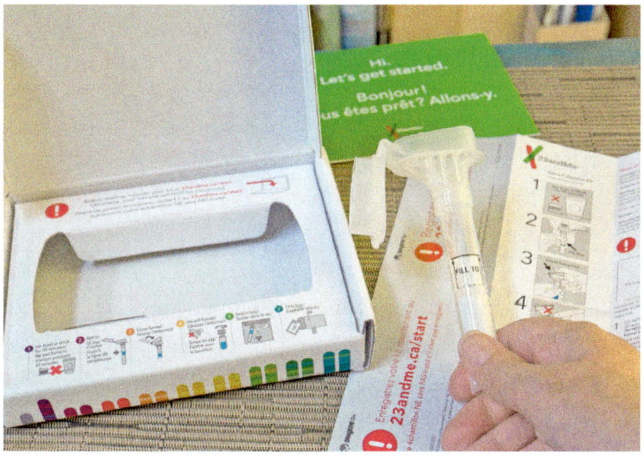

Selbstoptimierung – das ist aktuell ein sich stark ausbreitender gesellschaftlicher Trend. So protokollieren beispielsweise immer mehr Menschen ihre Aktivität und ihre Körperdaten mithilfe von Sensor-Armbändern oder dem Smartphone und werten sie mit speziellen Tracking-Programmen aus. Dem Wunsch nach Selbstoptimierung entsprechen auch kommerzielle Anbieter von Gentests. Sie bieten für mehrere Hundert Euro genetische Analysen zur genetischen Abstammung eines Menschen, seine Eignung für bestimmte Sportarten oder seine individuellen Stoffwechselreaktionen auf bestimmte Nährstoffe an. Nach Angaben der Anbieter fließen in die Algorithmen, die den Auswertungen zugrunde liegen, Ergebnisse neuster wissenschaftlicher Studien ein. Zum Teil sind verschiedene Anbieter auch untereinander vernetzt, sodass Daten aus früheren Gentests für einen aktuellen Test genutzt werden können. Das DNA-Material wird mittels Wattestäbchen als Speichelprobe an der Mundschleimhaut gewonnen. Es wird zusammen mit persönlichen Daten per Post an die Test-Institute gesandt.

1 Beurteilen Sie derartige personalisierte Gentests hinsichtlich der mit ihnen verbundenen Chancen und Risiken. ●●○
2 Erläutern Sie die individuellen und gesellschaftlichen Herausforderungen des Trends zur individuellen Selbstoptimierung. ●●○
3 Geben Sie an, ob und unter welchen Bedingungen Sie einen Gentest durchführen würden, der Ihre Eignung für bestimmte Sportarten ermittelt. ●●○

J Gesundheits-Check aus dem Internet

Neben den Angeboten zur Selbstoptimierung werden auch Tests zur Analyse von erblich bedingten Krankheiten vertrieben. Das Angebot umfasst ein breites Spektrum an Krankheiten – von Alzheimer über Bluthochdruck bis zum erblichen Brustkrebs. Derartige Tests sind in Deutschland zwar verboten, aber über das Internet dennoch verfügbar. Die Anbieter werben mit dem Slogan „Nur wer sein Risiko kennt, kann vorbeugen“. Sie versprechen, dass in vielen Fällen Präventionsmaßnahmen den Ausbruch einer Krankheit verhindern, verzögern oder den Verlauf abmildern können.
Die Übermittlung der Testbefunde, Empfehlungen zur Therapie und Beratungen erfolgen ausschließlich schriftlich. Die Anbieter weisen aber darauf hin, dass die Ergebnisse keine ärztliche Diagnose und Beratung ersetzen können. Bei Bedarf werden geeignete Ärzte als Ansprechpartner benannt. Bei erblich bedingtem Brust- und Darmkrebs ist in Deutschland eine persönliche genetische Beratung vorgeschrieben. Diese verlangen auch die Anbieter.

Ärzte warnen einhellig davor, solche Gentests über das Internet zu erwerben und anzuwenden. Sie weisen vor allem auf eine Überforderung der Patienten und die Gefahr des Missbrauchs hin.

1 Nehmen Sie kritisch Stellung zu der Möglichkeit, sich mittels derartiger Gentests Informationen über die eigene Gesundheit einzuholen. ●●○
2 ▶ Recherchieren Sie die Ziele und Inhalte des Gendiagnostikgesetzes. ●●○

Klausuraufgaben

Das Wiskott-Aldrich-Syndrom

Das Wiskott-Aldrich-Syndrom, kurz WAS, ist eine seltene Erbkrankheit des blutbildenden Systems und des Immunsystems. In den folgenden Aufgaben werden verschiedene humangenetische Aspekte dieser Krankheit thematisiert.

1.1 Erklären Sie die Methode der PCR.
1.2 Beschreiben Sie die verschiedenen Genmutationen der Patienten 1–3. Begründen Sie, bei welcher der genannten Mutationen eine schwere Form der Krankheit zu erwarten ist. (Material A)

2.1 Leiten Sie aus dem Stammbaum den Erbgang des Wiskott-Aldrich-Syndroms ab und begründen Sie, warum andere Erbgänge auszuschließen sind. (Material B)
2.2 Geben Sie alle Genotypen für die Personen des Stammbaums an und begründen Sie Ihre Entscheidungen. (Material B)
2.3 Nehmen Sie Stellung zum Wunsch der werdenden Mutter, eine Fruchtwasseruntersuchung durchführen zu lassen, um abzuklären, ob bei dem Fetus das Wiskott-Aldrich-Syndrom vorliegt. (Material B)

3.1 Beschreiben Sie die Behandlungsergebnisse der klinischen Studie zur retroviralen Gentherapie und erklären Sie diese. (Material C)
3.2 Beschreiben Sie den Ablauf einer Gentherapie mittels des CRISPR/Cas-Systems. (Material C)
3.3 Stellen Sie Vor- und Nachteile der verschiedenen ursächlichen Therapiemaßnahmen dar und bewerten Sie diese. (Material C)

A Molekulare Ursachen des Wiskott-Aldrich-Syndroms

Bei Betroffenen des Wiskott-Aldrich-Syndroms können bereits kurz nach der Geburt Blutungen in derHaut und den Schleimhäuten auftreten. Später kommen auch innere Blutungen etwa im Verdauungstrakt hinzu. Die Blutungen sind Folgen einer gestörten Blutgerinnung. Die Immunität der betroffenen Kinder ist im ersten Lebensjahr deutlich verringert und nimmt in den Folgejahren kontinuierlich ab. Oft treten Mittelohr-, Lungen- und Hirnhautentzündungen auf. Die jungen Betroffenen leiden häufig gleichzeitig an Autoimmunerkrankungen und Tumorbildungen. Das Wiskott-Aldrich-Syndrom kann unterschiedlich stark ausgeprägt sein.

Beim WAS wird das Wiskott-Aldrich-Protein, kurz WASP, fehlerhaft oder gar nicht gebildet. WASP wird für die Organisation des Cytoskeletts benötigt. Fehlt das Protein in den blutbildenen Knochenmarksstammzellen, so sind die entsprechenden ausdifferenzierten Blutzellen nicht funktionsfähig. Je nachdem, ob gar kein WASP oder eine kleinere Menge fehlerhaftes Protein in den Zellen vorhanden ist, hat dies Einfluss auf die Schwere der Erkrankung.

Eine Diagnose des WAS erfolgt primär durch Blutuntersuchungen und wird dann durch eine Mutationsanalyse gesichert. Hierzu wird die isolierte DNA mittels PCR vervielfältigt und anschließend das WAS-Gen sequenziert. So lassen sich verschiedene Mutationen nachweisen, die das WAS verursachen können. Die nachfolgende Tabelle zeigt beispielhaft für drei Patienten mögliche Genmutationen des WAS-Gens

Patient	Mutation
1	An Position 290 der sequenzierten DNA findet sich die Base Thymin anstelle von Cytosin.
2	Durch eine Mutation an Position 71 findet sich ein Stopp-Codon anstelle eines Codons für eine Aminosäure.
3	Zwischen Position 140 und 142 findet sich eine zusätzliche Thymin-Base.

B Genetische Beratung

Beim Wiskott-Aldrich-Syndrom ist eine pränatale Diagnostik mittels Fruchtwasseruntersuchung ab der 14. Schwangerschaftswoche möglich. Dabei besteht allerdings das Risiko einer Fehlgeburt. Bis zum Befund vergehen zwischen zwei bis drei Wochen. Die schwangere Frau Nr. 19 im nebenstehenden Stammbaum möchte eine Fruchtwasseruntersuchung durchführen lassen. Die Ultraschalluntersuchung in der 12. Schwangerschaftswoche hatte gezeigt, dass das Ungeborene ein Mädchen ist. Allerdings ist eine so frühe Geschlechtsbestimmung mittels Ultraschall noch sehr unsicher.

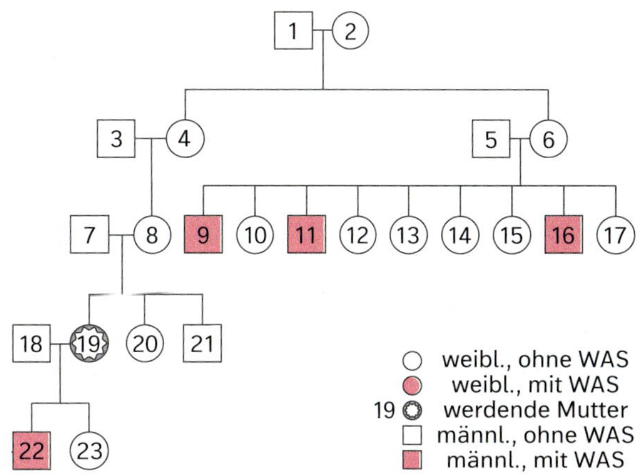

C Ursächliche Therapien

Als ursächliche Behandlung des WAS ist die Transplantation von Knochenmarkstammzellen das Mittel der Wahl. Hierbei werden die Stammzellen Betroffener durch eine Chemotherapie zunächst zerstört und dann Knochenmarkstammzellen eines geeigneten Spenders übertragen. Hierdurch kann die Erkrankung geheilt werden. Im Rahmen klinischer Studien wurden auch gentherapeutische Maßnahmen bei Betroffenen durchgeführt. Dabei wurde ein intaktes WAS-Gen mithilfe von Retroviren ex vivo in Knochenmarkstammzellen eingebracht. Nach der Gentherapie wurden den Betroffenen im Abstand einiger Monate wiederholt Blutzellen entnommen und die Expression des WAS-Proteins mittels Gelelektrophorese ermittelt. Aufgrund erheblicher Nebenwirkungen wird diese Form der Gentherapie nicht mehr eingesetzt. Aktuell laufen Forschungsprojekte, bei denen das intakte WAS-Gen mithilfe des CRISPR/Cas-Systems in das Genom der Stammzellen Betroffener eingebaut werden soll.

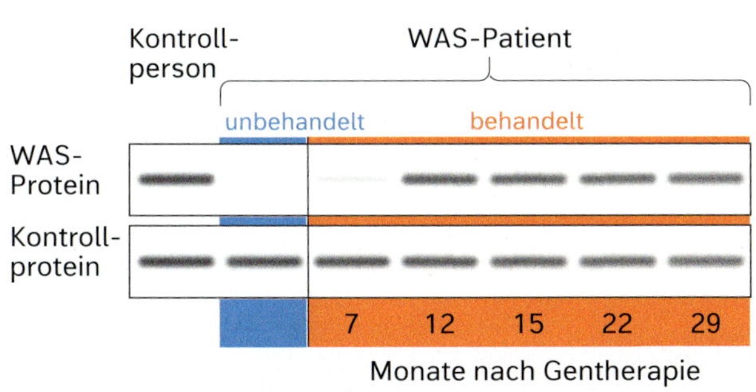

1 Ergebnisse der Gelelektrophorese

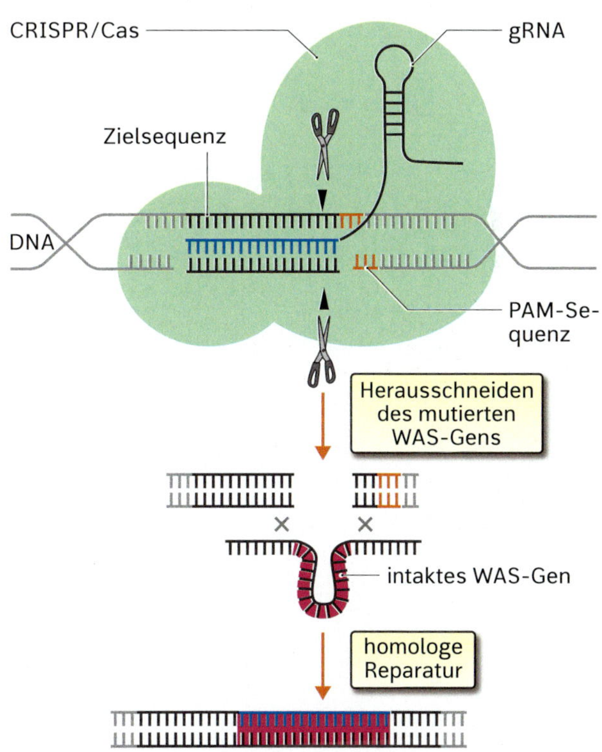

2 Gentherapie mittels CRISPR/Cas

Evolution

Dieses Kapitel hat folgenden Inhalt:

Nicht nur der Ausdruck eines Gorillas sondern auch die Untersuchung seines Erbmaterials zeigt die große Ähnlichkeit zwischen ihm und den Menschen. In der Evolution beschäftigen sich Forschende mit der Ähnlichkeit, Verwandtschaft und Abstammung von Lebewesen. Dabei werden in den Erklärungen Aspekte verschiedener moderner Teilgebiete etwa der Molekulargenetik, Populationsbiologie und Epigenetik in die Entwicklung der modernen Evolutionstheorien integriert.

1 Schlammspringer

1.1 Entwicklung des Evolutionsgedankens

Bis ins Mittelalter glaubte man, dass Lebewesen wie der amphibisch lebende Schlammspringerfisch spontan aus Schlamm und Unrat entstehen. Nach heutigen Theorien existierten vor etwa 3,5 Milliarden Jahren Urformen heutiger Zellen, aus denen sich alle Pro- und Eukaryoten entwickelt haben. Wie entstand dieser Evolutionsgedanke?

Antike und Mittelalter – In der Antike war die Vorstellung, dass Pflanzen und Tiere aus unbelebter Materie durch **Urzeugung** entstehen, vor allem bei den griechischen Naturphilosophen verbreitet. Nach ihrer Vorstellung entstand das Leben in einer Zeit, als es nur Erde und Wasser gab. Der Mensch entwickelte sich demnach aus Fischen, die an Land gingen.

Um 300 vor Christus erkannte der griechische Philosoph ARISTOTELES, dass unterschiedliche Lebewesen Gemeinsamkeiten aufweisen. Er schloss daraus, dass sich diese von niederen zu höheren Organismen entwickelt hatten. Demzufolge ordnete er Lebewesen auf einer Leiter mit zunehmender Komplexität an. Diese wurde später als *Scala naturae* bezeichnet. ARISTOTELES stellte jedoch nicht in Frage, dass Lebewesen aus unbelebter Materie durch Urzeugung entstanden sein mussten. Eine Weiterentwicklung von Organismen nach heutigem Verständnis gab es nicht. Diese Vorstellung von der **Konstanz der Arten** war von der Antike bis weit in die Neuzeit die allgemein gültige Lehrmeinung.

Neuzeit – Mitte des 18. Jahrhunderts stellte der schwedische Arzt und Naturforscher Carl von LINNÉ eine Systematik auf, in der er Pflanzen und Tiere aufgrund von Ähnlichkeiten in Gruppen zusammenfasste. Diese Gruppen nannte er Gattungen und Familien. Obwohl er damit auf eine gemeinsame Abstammung der Lebewesen hinwies, zweifelte er nicht an einer Konstanz der Arten. Seine systematische Einteilung der Lebewesen veröffentlichte er 1735 unter dem Namen *Systema naturae,* das natürliche System der Pflanzen und Tiere. Darin verwendete er die **binäre Nomenklatur,** die bis heute Gültigkeit besitzt. Dabei erhält jedes Lebewesen aufgrund bestimmter Merkmale einen Gattungs- und einen Artnamen. Der moderne Mensch trägt beispielsweise den Gattungsnamen *Homo* und den spezifischen Artnamen *sapiens*.

Zu Beginn des 19. Jahrhunderts untersuchte Charles CUVIER anatomische Strukturen verschiedener Arten und bezog dabei auch fossile Überreste mit ein. In den von ihm untersuchten Gesteinsschichten der verschiedenen Erdzeitalter beobachtete er, dass einige Arten verschwanden und andere neu auftauchten. Dies erklärte er mit Katastrophen, bei denen Lebewesen ausstarben und anschließend andersartige Lebewesen aus anderen Gegenden das Gebiet neu besiedelten. Dieser Gedanke wird als **Katastrophentheorie** beschrieben.

Ein entschiedener Gegner der Katastrophentheorie war der französische Naturforscher Jean Baptiste de LAMARCK. Er setzte der Unveränderlichkeit der Arten einen Artenwandel entgegen, bei dem die Vielfalt der Lebensformen und ihre Angepasstheiten an die Umwelt durch einen langen natürlichen Entwicklungsprozess entstanden sind.

Einen Unterstützer fand LAMARCK in dem Geologen Charles LYELL. Nach dem von ihm formulierten **Aktualitätsprinzip** herrschen heute auf der Erde dieselben geologischen Bedingungen wie in historischer Zeit. Die Ursache für geologische Veränderungen waren seiner Meinung nach keine plötzlichen Katastrophen. Alle geologischen Erscheinungen erklärte er durch langsame und stetige Veränderungen zu erklären.

Beeinflusst durch LYELLS Vorstellungen entwickelten etwa zeitgleich in der Mitte des 19. Jahrhunderts Alfred Russel WALLACE und Charles DARWIN Theorien, um den natürlichen Entwicklungsprozess der Lebewesen zu erklären. Sie erkannten, dass die geologische Entwicklung der Erde und die biologische Entwicklung der Arten in Zusammenhang stehen. In gleicher Weise, wie die Erdoberfläche einer ständigen Veränderung unterworfen ist, so sind es auch die Arten.

MATERIAL MIT AUFGABEN

A Theorie der Urzeugung

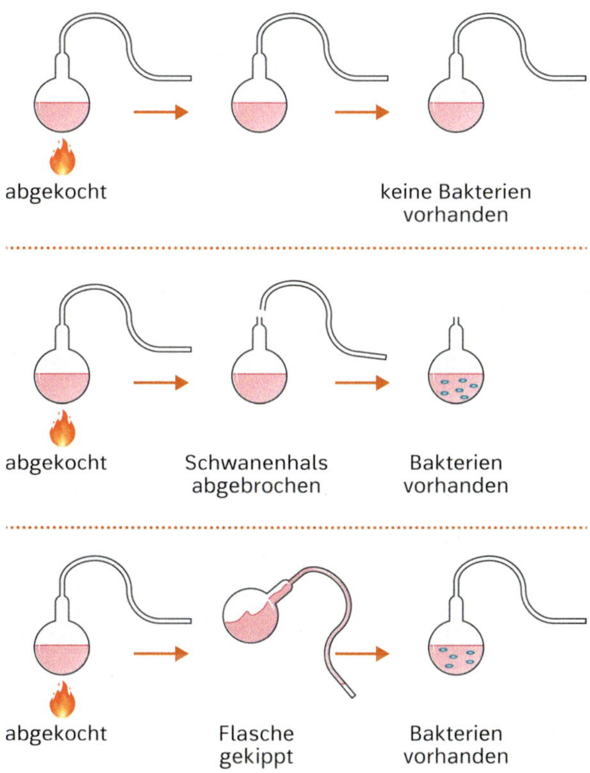

Bereits im 17. Und 18. Jahrhundert galt die Theorie der Urzeugung bei Vielzellern als widerlegt. Dass diese Theorie ebenfalls nicht auf Bakterien zutrifft, konnte der französische Chemiker Louis PASTEUR experimentell nachweisen. Er machte sich dabei die Methode der Sterilisation durch Erhitzen zunutze. PASTEUR verwendete für seine Versuche Glaskolben, die am oberen Ende beim Schmelzen des Glases zu einem geschwungenen Röhrchen ausgezogen waren. Dadurch wurde der Weg der eintretenden Luft bis zur Nährlösung im Kolben verlängert und die Luftbewegung innerhalb des Röhrchens stark herabgesetzt.

1 Nennen Sie die Hypothese, die PASTEUR durch Versuche überprüfen wollte. ●○○
2 Beschreiben und erklären Sie die Durchführung der Experimente. ●●○
3 Werten Sie die Versuchsergebnisse aus. ●●○
4 Nehmen Sie Stellung zu der Aussage: Leben entsteht nur aus Leben. ●●○
5 Recherchieren Sie Gemeinsamkeiten und Unterschiede zwischen der Urzeugung und der chemischen Evolution. ●●●

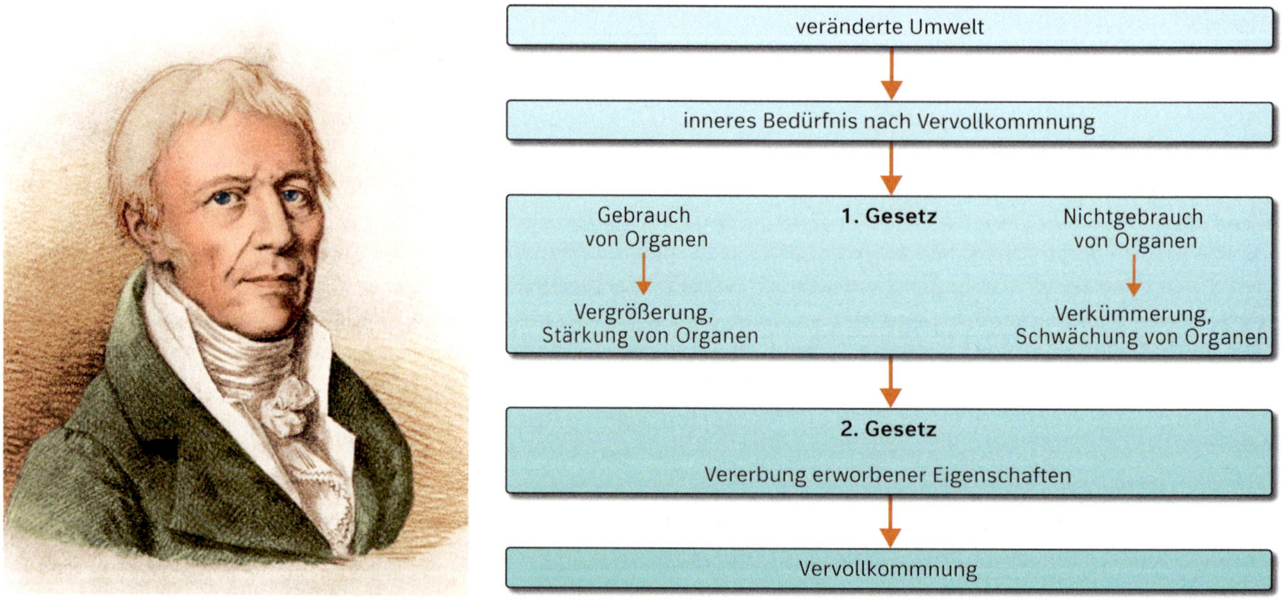

2 Jean Baptiste de Lamarck (Illustration) und seine Evolutionstheorie (Schema)

Lamarcks Evolutionstheorie – Zu Beginn des 19. Jahrhunderts stellte der französische Naturforscher Jean Baptiste de Lamarck (1744–1829) eine Theorie zur Erklärung des Artenwandels auf. Durch den Vergleich damals lebender Arten mit fossilen Arten erkannte er morphologische Ähnlichkeiten bei verschiedenen Tieren und stellte Stammbäume auf. Auch beobachtete er eine schrittweise Zunahme der Komplexität bei den untersuchten Fossilien.

Lamarck erklärte die Veränderungen von Lebewesen im Verlauf der Zeit mit zwei Gesetzen. Er vermutete, dass jedes Lebewesen ein **inneres Bedürfnis** nach Vervollkommnung hat. Veränderte Umweltbedingungen rufen demnach veränderte innere Bedürfnisse hervor, die zu veränderten Verhaltensweisen führen. Dabei werden Organe, die häufig gebraucht werden, größer und stärker als solche, die nur wenig benutzt werden. Auf diese Weise passen sich Lebewesen nach Lamarcks Auffassung aktiv an veränderte Umweltbedingungen an. Sein erstes Gesetz war somit das vom **Gebrauch** beziehungsweise **Nichtgebrauch der Organe**. Lamarck erklärt beispielsweise die Entstehung des langen Giraffenhalses folgendermaßen: Die Urgiraffen besaßen kurze Hälse, mit denen sie niedrig am Baum wachsende Blätter fraßen. Die hierdurch veränderten Nahrungsbedingungen lösten bei den Giraffen das innere Bedürfnis aus, höher hängende Blätter zu erreichen. Dazu streckten sie ihre Hälse, wodurch sich diese verlängerten. Nach Lamarcks zweitem Gesetz werden die so erworbenen Eigenschaften an die nachfolgende Generation vererbt. Es ist das Gesetz von der **Vererbung erworbener Eigenschaften**. Die Giraffen seiner Meinung nach den langen Hals an die nachfolgenden Generationen vererbt. Nach dieser Vorstellung werden Lebewesen auf diese Weise von Generation zu Generation immer perfekter.

Darwins Evolutionstheorie – Etwa 50 Jahre nach Lamarck veröffentlichte der britische Naturforscher Charles Darwin seine Evolutionstheorie. Diese basiert auf folgenden Beobachtungen: Lebewesen erzeugen viel mehr Nachkommen als zum Erhalt ihrer Art notwendig wären. Trotzdem bleiben die Populationsgrößen über lange Zeiträume stabil. Gleichzeitig sind die lebensnotwendigen Ressourcen wie etwa Nahrung oder Brutplätze begrenzt. Darwin folgerte daraus, dass alle Individuen einer Art in einem ständigen Konkurrenzkampf zueinander stehen. Diesen Wettbewerb nannte er ***struggle for life***, also den Kampf ums Dasein.

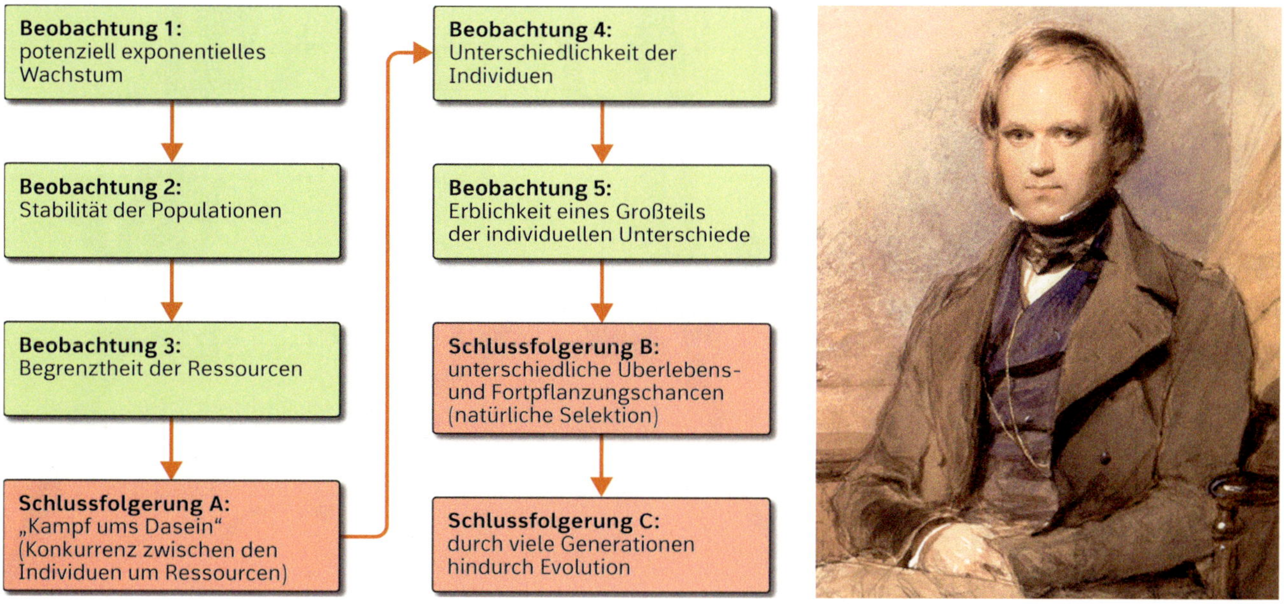

3 Charles DARWIN (Illustration) und seine Evolutionstheorie (Schema)

Weitere Beobachtungen zeigten, dass Individuen einer Art nicht alle gleich sind und ein großer Teil ihrer individuellen Unterschiede erblich ist. Den Wettbewerb um die knappen Ressourcen überstehen diejenigen Individuen, die durch erbliche Merkmale am besten an die jeweilige Lebenssituation angepasst sind. Diese Auseinandersetzung wurde später als ***survival of the fittest*** bezeichnet, also das Überleben der am besten an die Umweltbedingungen Angepassten. Diese vererbten ihre günstigen Merkmale an die folgende Generation. Es erfolgt also eine natürliche Auslese, die **natürliche Selektion**. Diese führt im Verlauf vieler Generationen zu einer Veränderung von Arten und damit zur **Evolution**.

Die von DARWIN begründete Theorie wurde durch zahlreiche Hinweise, etwa aus der vergleichenden Morphologie und Molekularbiologie, belegt. Durch Erkenntnisse aus der Populationsgenetik wurde sie zur **Synthetischen Evolutionstheorie** weiterentwickelt und bildet die Grundlage der modernen Biologie. LAMARCKS Theorie gilt als widerlegt, da sie nicht im Einklang mit Erkenntnissen aus der Genetik steht. Erkenntnisse der Epigenetik zeigen zwar, dass die Umwelt die Genexpression beeinflussen kann. Inwieweit solche epigenetischen Änderungen aber dauerhaft vererbbar sind, ist Gegenstand der aktuellen Forschung.

MATERIAL MIT AUFGABEN

B Evolutionstheorien

Über Jahrhunderte lebte der Riesenhirsch *Megaloceros giganteus* in der offenen Tundra Eurasiens und Nordafrikas. Die Tiere trugen ein Riesengeweih, das bis zu dreieinhalb Meter breit und 40 Kilogramm schwer wurde. Es bildete sich nur bei sehr guten Nahrungsbedingungen aus. Heute lebende Damhirsche sind die nächsten Verwandten des ausgestorbenen Riesenhirsches *Megaloceros*.

1 Erklären Sie, wie LAMARCK und DARWIN die Entstehung des riesigen Geweihs jeweils erklärt hätten. ●●○

2 „Survival of the fittest“ wird oft mit Überleben des Stärkeren übersetzt. Bewerten Sie diese Formulierung unter Berücksichtigung des Riesenhirsches. ●●○

1 Farb- und Fleckenvariationen des Feuersalmanders

2.1 Genetische Variabilität – Grundlage der Evolution

Feuersalamander sind leicht an ihrem auffälligen Farb- und Fleckenmuster zu erkennen. Jedes Tier weist dabei ein individuelles Muster dieser Merkmale auf. Wie kommt diese Vielfalt zustande?

Einfluss der Gene – Die Farb- und Fleckenmuster von Feuersalamandern sind genetisch festgelegte Merkmale. Für diese Merkmale sind bestimmte Gene zuständig, die in unterschiedlichen Varianten vorkommen. Solche Genvarianten werden **Allele** genannt. Verschiedene Kombinationen von Allelen führen bei Feuersalamandern zu unterschiedlichen Merkmalsausprägungen. Die individuell unterschiedlichen Allelkombinationen bilden die Grundlage der **genetischen Variabilität** eines Lebewesens. Auch für die Ausprägung anderer Merkmale des Feuersalamanders wie Körpergröße, Aufbau von Organen oder für Enzymstrukturen sind bestimmte Gene zuständig. Die Gesamtheit aller Gene eines Lebewesens wird als **Genotyp** bezeichnet.

Einfluss der Umwelt – Die Intensität der Hautfarbe von Feuersalamandern kann selbst bei gleichem Genotyp variieren. Auf gelblichen Böden ist sie zum Beispiel insgesamt heller und das Gelb deutlich intensiver. Umwelteinflüsse beeinflussen demnach zusätzlich die Ausprägung des Merkmals Hautfarbe. Noch deutlicher wirken sich Umwelteinflüsse auf die Körpergröße und Körpermasse von Feuersalamandern aus. Beide hängen vor allem vom jeweiligen Nahrungsangebot ab. Die Gesamtheit aller sichtbaren Eigenschaften eines Lebewesens wird als **Phänotyp** bezeichnet.

Der Einfluss der Umwelt auf den Phänotyp eines Individuums wird durch eine genetisch festgelegte **Reaktionsnorm** vorgegeben. Diese beschreibt die Bandbreite möglicher Merkmalsausprägungen auf bestimmte Umwelteinflüsse. Die phänotypische Variabilität von Feuersalamandern ist also auf die Umwelteinflüsse im Rahmen der spezifischen Reaktionsnorm zurückzuführen.

Diskrete und kontinuierliche Merkmale Ein Feuersalamander hat eine konkret festgelegte Anzahl an Augen, Fingern und Zehen. Solche Merkmale werden als **diskrete Merkmale** bezeichnet. Viele Merkmale wie die Körperlänge oder die Körpermasse zeigen hingegen keine klar voneinander abgegrenzten Merkmalsausprägungen. Deshalb werden solche Merkmale **kontinuierliche Merkmale** genannt. Für kontinuierliche Merkmale sind häufig mehrere Gene mit jeweils mehreren verschiedenen Allelen und unterschiedlichen Umweltfaktoren verantwortlich. Daher sind verschiedene Ausprägungen des Merkmals möglich. Die Verteilung der Merkmalsausprägung lässt sich bei kontinuierlichen Merkmalen in einer glockenförmigen Kurve darstellen.

Mutationen Eine wesentliche Ursache der genetischen Variabilität sind Mutationen. Durch diese zufälligen und ungerichteten Veränderungen des genetischen Materials können neue Allele entstehen. Bei ungeschlechtlicher Fortpflanzung kann dies beispielsweise durch Fehler bei der DNA-Replikation geschehen. Bei Lebewesen, die sich geschlechtlich fortpflanzen, wird zwischen **somatischen Mutationen** und **Keimbahnmutationen** unterschieden. Die in Körperzellen auftretenden somatischen Mutationen werden nicht vererbt. Im Gegensatz hierzu werden Mutationen, die Eizellen und Spermien betreffen, vererbt. Sie sind daher von großer Bedeutung für die Evolution.

Genetische Rekombination Bei der Keimzellenbildung in der Meiose werden die homologen väterlichen und mütterlichen Chromosomen nach dem Zufallsprinzip verteilt. Durch diese **interchromosomale Rekombination** wird die genetische Variabilität der Organismen stark gesteigert. Hinzu kommt die **intrachromosomale Rekombination** durch Crossing over während der Prophase I der Meiose. Die zufällige Verschmelzung der verschiedenen Keimzellen bei der Befruchtung führt zu einer Vielzahl verschiedener Genotypen. Insgesamt trägt die genetische Rekombination in weit höherem Maße zur genetischen Variabilität der Lebewesen bei als die im Vergleich hierzu viel selteneren Keimbahnmutationen.

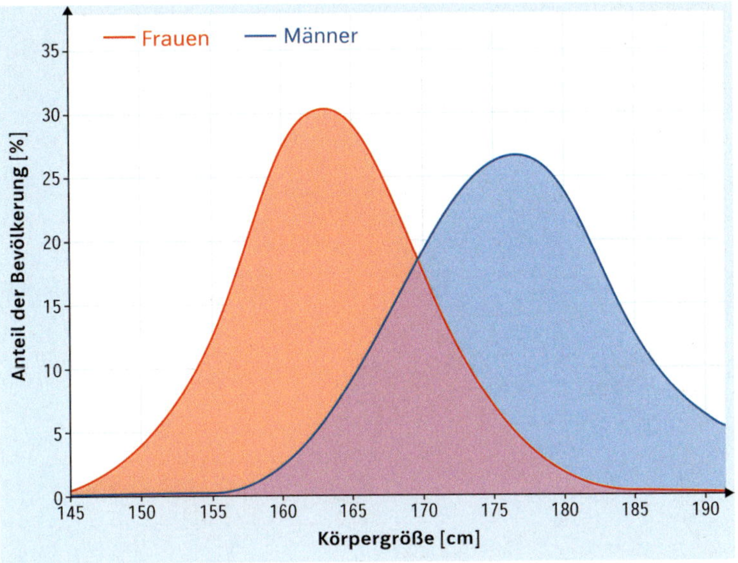

2 Verteilung des kontinuierlichen Merkmals Körpergröße bei Männern und Frauen in Deutschland

MATERIAL MIT AUFGABEN

A Einfluss des Genotyps auf die Körpergröße

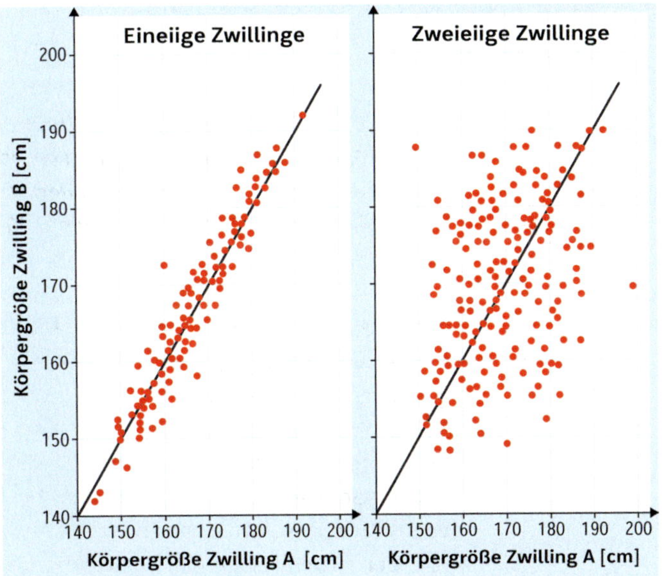

Die Diagramme zeigen die Ergebnisse von Messungen der Körpergröße an ausgewachsenen menschlichen Zwillingen.

1 Beschreiben Sie die Ergebnisse.
2 Begründen Sie, dass die Ergebnisse sowohl den Einfluss von Genen als auch den der Umwelt auf die Körpergröße nachweisen.

1 Ein Rudel Damwild

2.2 Evolution von Populationen

In Rudeln des Damwildes kommen manchmal einzelne Albinotiere vor. Bei ihnen ist die Biosynthese des Farbpigments aufgrund einer Mutation gestört. Verändert sich dadurch im Verlauf mehrerer Generationen die Fellfarbe des Rudels, findet hier also Evolution statt?

Populationsbegriff – Ein Rudel Damwild lebt zur gleichen Zeit in einem zusammenhängenden Lebensraum. Die Individuen des Rudels pflanzen sich untereinander fort und haben fruchtbare Nachkommen. Eine solche Gruppe von Individuen einer Art wird als Fortpflanzungsgemeinschaft oder **Population** bezeichnet.

Damwild kommt in Deutschland in verschiedenen Gebieten vor. Da diese räumlich voneinander getrennt sind, können sich die Individuen der verschiedenen Rudel nicht untereinander fortpflanzen. Sie bilden verschiedene Populationen, gehören aber dennoch zur selben Art. Zu einer **Art** zählen sämtliche Individuen, die sich tatsächlich oder potenziell miteinander fortpflanzen und fertile Nachkommen hervorbringen können. Eine solche Fortpflanzung wäre allerdings möglich, wenn die Tiere verschiedener Rudel zusammenkämen.

Evolution in Populationen – Die Gesamtheit der Allele einer Population bildet ihren **Genpool.** Veränderungen der relativen Allelhäufigkeiten einer Population im Laufe von Generationen sind die Basis für evolutive Veränderungen. Ist etwa eine Mutation für einzelne Individuen vorteilhaft, kommen sie häufiger zur Fortpflanzung und können das veränderte Allel an ihre Nachkommen vererben. Die Fähigkeit eines Lebewesens im Vergleich zu anderen Individuen seiner Population, seine Erbinformationen an die nachfolgenden Generationen weiterzugeben, wird als **reproduktive Fitness** bezeichnet. In Folge der Vererbung vorteilhafter Mutationen ändert sich die relative Allelhäufigkeit im Genpool der Population und Evolution findet statt. Veränderungen des Genotyps bei einem einzelnen Individuum wie etwa bei einem einzelnen Albinohirsch stellen jedoch keine Evolution dar.

EXKURS

Hardy-Weinberg-Gleichgewicht

Der Mathematiker Godfrey Harold HARDY und der Arzt Wilhelm WEINBERG entwickelten unabhängig voneinander ein Modell, um Allelhäufigkeiten in Populationen zu berechnen. Sie gingen dabei von einer **Idealpopulation** aus, für die folgende Bedingungen herrschen:

1. Jedes Individuum hat die gleiche Chance, die eigene genetische Information an die Folgegeneration weiterzugeben. Man spricht von **Panmixie**.
2. Die Population aus diploiden Individuen ist sehr groß, sodass Zufallsereignisse keine Rolle spielen.
3. Es finden weder Mutation noch Selektion statt.

Unter diesen Bedingungen wird eine fiktive Kaninchenpopulation aus 1000 Individuen betrachtet. Für das Allelpaar A/a gibt es dabei drei Genotypen, denen drei Phänotypen entsprechen: AA/dunkelbraunes Fell, Aa/hellbraunes und aa/weißes Fell. In der Population sollen 810 Tiere den Genotyp AA, 180 den Genotyp Aa und 10 Tiere den Genotyp aa besitzen. Da jedes Tier über zwei Allele des Gens verfügt, ist die Gesamtzahl der Allele in der Population 2000. Das Allel A tritt also mit der Häufigkeit von $p = 0{,}9$ und das Allel a mit der Häufigkeit von $q = 0{,}1$ auf. Es gilt $p + q = 1$.

Für die Berechnung der Allelhäufigkeiten in der Folgegeneration wird von folgender Überlegung ausgegangen. Die Wahrscheinlichkeit, dass ein Spermium mit dem Allel A ($p = 0{,}9$) auf eine Eizelle mit dem gleichen Allel trifft und so der Genotyp AA gebildet wird, beträgt: $p \cdot p = 0{,}9 \cdot 0{,}9 = 0{,}81$. Für die heterozygoten Genotypen Aa und aA ergeben sich jeweils Wahrscheinlichkeiten von $p \cdot q = 0{,}9 \cdot 0{,}1 = 0{,}09$. Die Wahrscheinlichkeit für die Bildung eines heterozygoten Individuums beträgt also $2 \cdot p \cdot q = 2 \cdot 0{,}9 \cdot 0{,}1 = 0{,}18$. Der Genotyp aa wird mit einer Wahrscheinlichkeit von $q \cdot q = 0{,}1 \cdot 0{,}1 = 0{,}01$ vertreten sein. Die Häufigkeit des Allels A liegt hier wie in der Ausgangsgeneration bei $p = 0{,}9$ ($0{,}81 + 0{,}09$) und die des Allels a bei $q = 0{,}1$ ($0{,}01 + 0{,}09$). Die Allelhäufigkeiten bleiben für die Folgegenerationen gleich.

Das Hardy-Weinberg-Gleichgewicht besagt daher: Die Allelhäufigkeiten in einer idealen Population bleiben konstant:

$AA : Aa : aa \triangleq p^2 + 2pq + q^2 = \text{konstant}$

Population	1000 Individuen		
Phänotypen			
Genotypen	810 AA	180 Aa	10 aa
Häufigkeit der Allele	810 + 810 + 180 1800 A		180 + 10 + 10 200 a
A und a	p = 0,9 (= 90 %)		q = 0,1 (= 10 %)

♂ / ♀	Spermienzellen: A Häufigkeit: p = 0,9	Spermienzellen: a Häufigkeit: q = 0,1
Eizellen: A Häufigkeit: p = 0,9	 AA Häufigkeit: $p \cdot p = p^2$ $0{,}9 \cdot 0{,}9 = 0{,}81$	 Aa Häufigkeit: $p \cdot q =$ $0{,}9 \cdot 0{,}1 = 0{,}09$
Eizellen: a Häufigkeit: p = 0,1	 aA Häufigkeit: $p \cdot q =$ $0{,}1 \cdot 0{,}9 = 0{,}09$	 aa Häufigkeit: $q \cdot q = q^2 =$ $0{,}1 \cdot 0{,}1 = 0{,}01$
Summe der Allelhäufigkeiten in den Keimzellen	$p + q = 1$ $(0{,}9 + 0{,}1 = 1)$	
Häufigkeit der Genotypen	$AA \triangleq p \cdot p = p^2 \quad = 0{,}9 \cdot 0{,}9 = 0{,}81$ $Aa \triangleq p \cdot q$, $aA \triangleq q \cdot p$ } $= 2pq = 2 \cdot 0{,}9 \cdot 0{,}1 = 0{,}18$ $aa \triangleq q \cdot q = q^2 \quad = 0{,}1 \cdot 0{,}1 = 0{,}01$	

In einer **realen Population** gilt dieses Gleichgewicht nicht. Die Häufigkeit von Allelen verändert sich, etwa durch Mutation oder Selektion. Damit ändert sich der Genpool der Population und es kommt zur Evolution.

1 Wolf und Rassen des Haushundes

2.3 Künstliche und natürliche Selektion

Alle Hunderassen stammen vom Wolf ab. Wie konnten aus einer einzigen Art so viele verschiedene Rassen hervorgehen?

Künstliche Selektion – Forscherteams verglichen das Erbgut heutiger Hunde und Wölfe mit dem prähistorischer Tiere. Aus den Ergebnissen folgerten sie, dass der Übergang vom Wolf zum Hund vor 20 000 bis 40 000 Jahren stattgefunden hat. Die domestizierten Hunde wurden anschließend vom Mensch gezielt weiter verändert. Dazu wurden Hunde mit gewünschten Eigenschaften ausgewählt und verpaart. Der Vorgang wurde über viele Generationen wiederholt, bis eine neue Hunderasse entstanden war. Eine solche Auswahl von Lebewesen mit bestimmten Eigenschaften und deren gezielte Fortpflanzung wird Züchtung oder **künstliche Selektion** genannt.

Grundlage der Züchtung ist eine große Variabilität im Genpool der Ausgangsformen. Die genetische Vielfalt kann durch mehrfach gezielte Verpaarung von Lebewesen mit gewünschten Eigenschaften deutlich reduziert werden. Da Individuen mit unerwünschten Eigenschaften bei der Züchtung nicht zur Fortpflanzung gelangen, befinden sich ihre Allele nicht mehr im Genpool der Folgegenerationen. Durch die künstliche Selektion können bei gezüchteten Tierrassen und Pflanzensorten die beiden Allele eines Merkmals identisch sein. Die Lebewesen sind dann homozygot für dieses Allel. Die Züchtung neuer Rassen und Sorten durch die Auswahl von Varianten mit erwünschter Eigenschaft heißt **Auslesezüchtung**.

Die Süßlupine ist eine Futterpflanze ohne Bitterstoffe, deren Hülsen leicht aufplatzen. Man kreuzte sie mit einer bitterstoffhaltigen Sorte mit platzfesten Hülsen. Man erhielt Lupinen ohne Bitterstoffe und mit platzfester Hülse. Bei einer solchen Züchtung werden also Merkmale miteinander kombiniert, die in der Natur nicht gemeinsam bei einer Rasse oder Sorte auftreten. Man bezeichnet sie als **Kreuzungszüchtung**. Sie kann zu Sorten oder Linien führen, die sich weiter vermehren. Andere führen zu Hybriden, die steril sind und nur durch erneute Kreuzungen wieder entstehen.

Natürliche Selektion – Sauropoden waren eine Gruppe der Dinosaurier, in der es vielfach zu Riesenwuchs kam. Einige Arten erreichten Körperlängen von mehr als 30 Metern und Massen von über 50 Tonnen. Große Körper bieten Vorteile: So sind große Pflanzenfresser besser gegen Angriffe von Fressfeinden geschützt und können mehr Nahrung erreichen. Auch in der Konkurrenz um Fortpflanzungspartner und bei der Produktion von Nachkommen haben große Tiere oft Vorteile. Bei den Sauropoden übertrafen diese Vorteile den Nachteil des erhöhten Nahrungsbedarfs. Große Individuen besaßen folglich höhere Überlebens- und Fortpflanzungschancen als kleinere Artgenossen. Hierdurch reicherten sich die für die Größe verantwortlichen Allele mit der Zeit im Genpool an, der sich dadurch veränderte. Es fand eine natürliche Auslese oder **natürliche Selektion** statt.

2 Sauropode

Den relativen Betrag, den ein Individuum zum Genpool der nächsten Generation leistet, also die **reproduktive Fitness,** ergibt sich aus allen Merkmalen des Individuums. Der Beitrag des einzelnen Allels an der reproduktiven Fitness ist dabei schwer zu bestimmen. Hinzu kommt, dass Selektion stets am Phänotyp und nicht am Genotyp ansetzt. Deshalb wird etwa das rezessive Allel eines heterozygoten Trägers nicht von der Selektion erfasst. Im Gegensatz zu Mutation und Rekombination, die zufällige Ereignisse sind und die genetische Variabilität einer Population erhöhen, verringert Selektion die genetische Variabilität. Selektion ist somit ein gerichteter Prozess, der zur besseren Anpassung oder **Adaptation** an Umweltbedingungen führt. Das Ergebnis dieses Prozesses wird **Angepasstheit** genannt.

MATERIAL MIT AUFGABEN

A Selektion bei Hain-Bänderschnecken

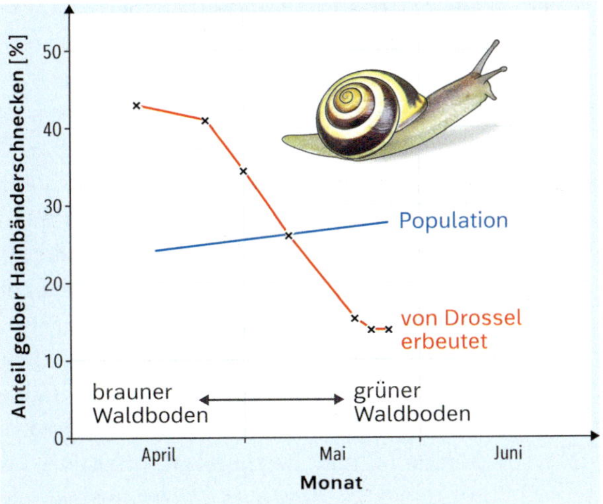

Die Gehäusefarbe der Hain-Bänderschnecken ist sehr vielfältig und reicht von den Grundfarben Braun über Rot zu Gelb. Ein natürlicher Fressfeind der Hain-Bänderschnecke ist die Singdrossel. Sie zerbricht deren Gehäuse auf größeren Steinen, den Drosselschmieden. Ein Forscherteam ermittelte in einem Waldstück von April bis Juni den Anteil gelber Schneckengehäuse an solchen Drosselschmieden. In diesem Zeitraum ändert sich die Farbe des Bodens allmählich von Braun nach Grün. Zusätzlich wurde der Anteil gelber Schnecken an der Gesamtpopulation ermittelt.

1 Beschreiben Sie die Untersuchungsergebnisse. ●○○
2 Erklären Sie die Ergebnisse der Untersuchung unter Verwendung der Fachbegriffe. ●●○

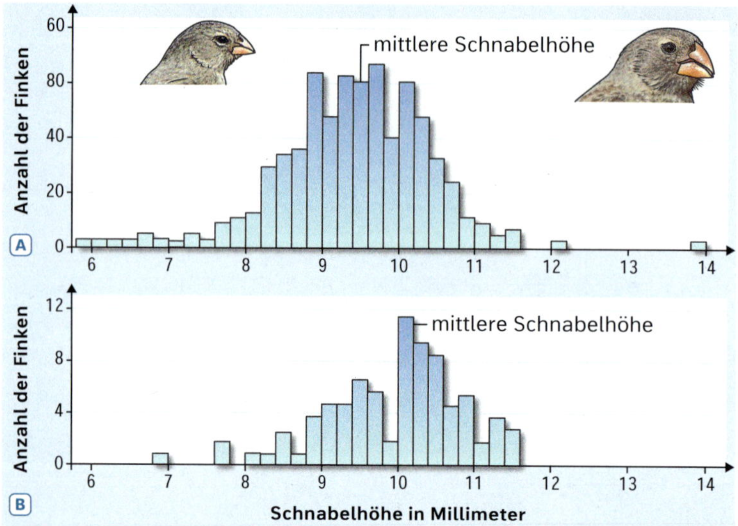

3 Schnabelhöhe bei Finken: **A** bei normalem Niederschlag im Jahr 1976; **B** nach der Dürre im Jahr 1978

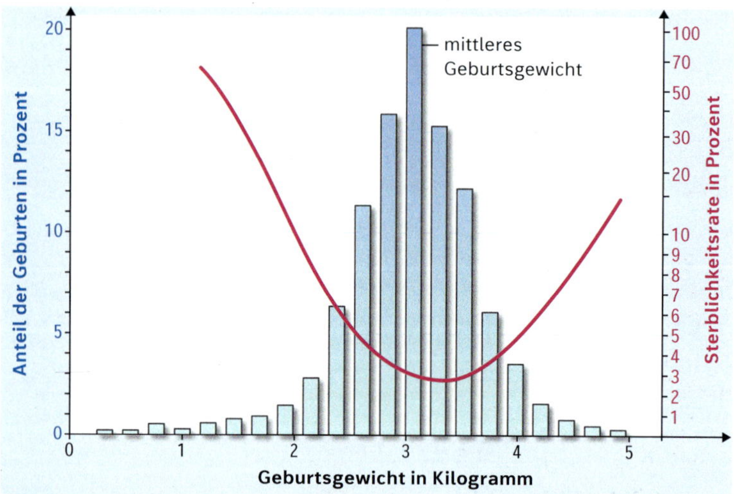

4 Zusammenhang zwischen mittlerem Geburtsgewicht und Sterblichkeitsrate

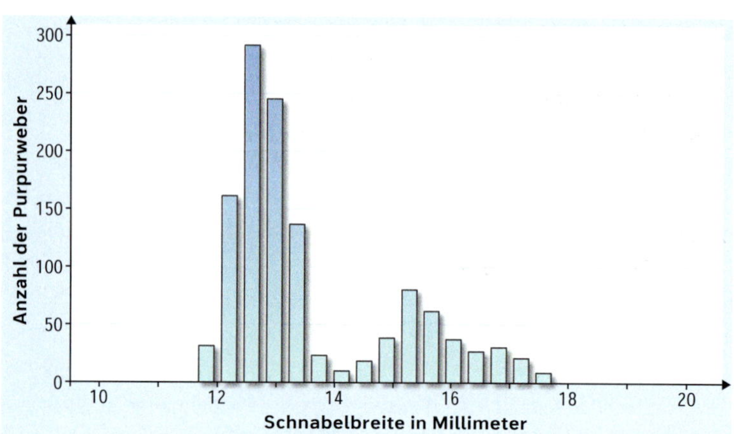

5 Schnabelbreiten in einer Population von Purpurwebervögeln

Selektionsformen Im Jahr 1977 führte die Dürre auf einer Galapagos-Insel im Pazifischen Ozean dazu, dass die dort lebenden Finken nur noch wenig Nahrung fanden. Vor allem Pflanzen mit kleinen Samen waren kaum noch vorhanden. Als es nach 18 Monaten wieder zu regnen begann, war nicht nur die Finkenpopulation deutlich dezimiert, auch der Phänotyp der Finken hatte sich verändert: Sie besaßen nun im Durchschnitt kräftigere und höhere Schnäbel, mit denen sich auch größere Samen knacken ließen. Innerhalb einer Generation war es in der Finkenpopulation zu einer Verschiebung des Merkmals Schnabelhöhe gegenüber dem Mittelwert gekommen. Eine solche Form der Selektion nennt man **gerichtete Selektion**.

Auch die Höhe der Bäume eines Waldes unterliegt der Selektion. Niedrige Bäume werden von den Blättern höherer Bäumen beschattet und erhalten so weniger. aus Licht. Das wirkt sich negativ auf ihre Fähigkeit Samen zu produzieren aus und verringert ihre Überlebens- und Fortpflanzungsmöglichkeiten. Sehr hohe Bäume, die über benachbarte Baumkronen hinausragen, sind jedoch Witterungseinflüssen stärker ausgesetzt als niedrige Bäume. Sie haben ein höheres Risiko, bei Stürmen umzustürzen. Die Selektion richtet sich hier also gegen Individuen mit extremen, vom Mittelwert abweichenden Merkmalen. Es wird daher von einer **stabilisierenden Selektion** gesprochen. Auch das menschliche Geburtsgewicht unterliegt einer stabilisierenden Selektion. So weisen Neugeborene mit einem viel geringeren oder deutlich höheren Geburtsgewicht eine höhere Sterblichkeit auf als der Durchschnitt.

Eine weitere Form der Selektion findet sich beispielsweise bei afrikanischen Purpurwebervögeln. In ihrem natürlichen Lebensraum gibt es große hartschalige und kleine weichschalige Samen. In den Populationen kommen Vögel mit breitem kräftigem Schnabel und solche mit schlankem Schnabel vor. Eine mittlere Schnabelgröße ist für das Öffnen beider Samentypen nicht gut geeignet. Daher kommt es zu einer aufspaltenden, **disruptiven Selektion**. Dabei werden die extremen Ausprägungen eines Merkmals gegenüber dem Mittelwert bevorzugt.

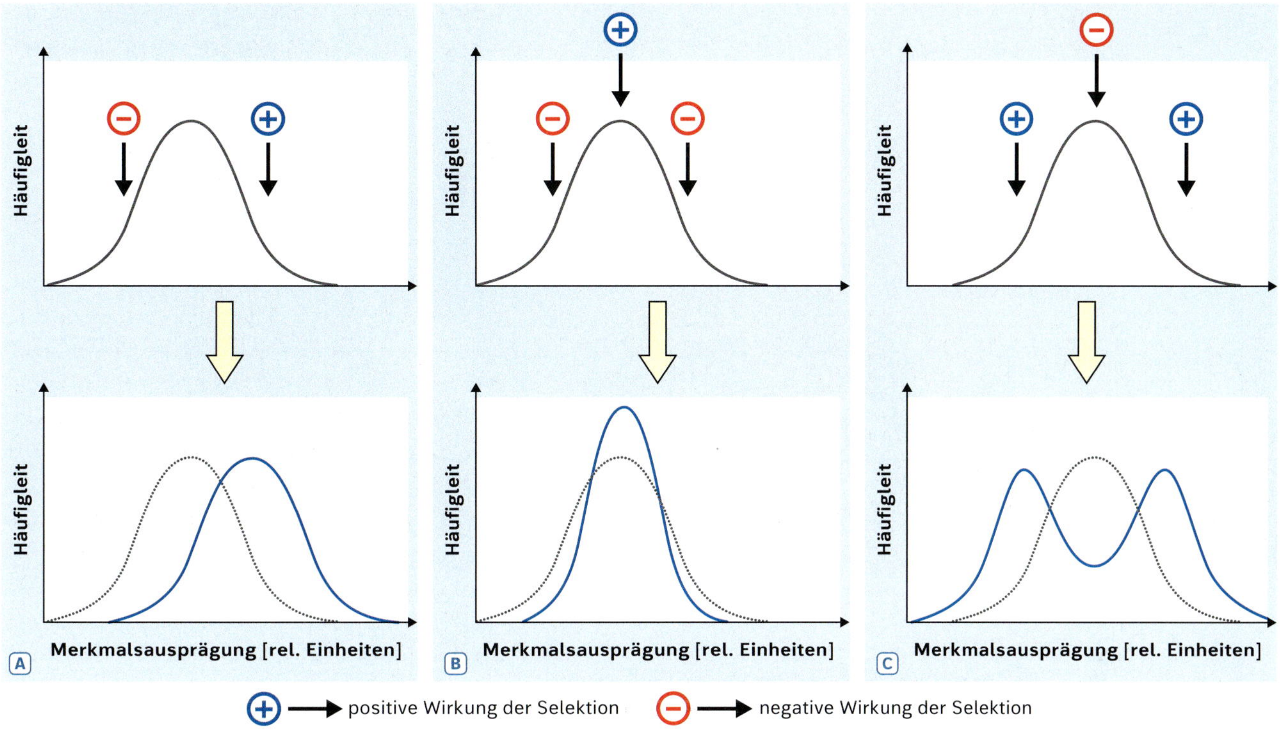

6 Selektionsformen: **A** gerichtete Selektion; **B** stabilisierende Selektion; **C** disruptive Selektion

MATERIAL MIT AUFGABEN

B Frequenzabhängige Selektion bei Korallenschlangen

Korallenschlangen in Nordamerika produzieren zum Schutz vor Fressfeinden Gifte und zeigen eine auffällige Bänderung. Im gleichen Verbreitungsgebiet leben auch ungiftige Dreiecksnattern. Sie schützen sich durch das Imitieren der Warntracht der giftigen Korallenschlangen. Die Nachahmung eines wehrhaften oder ungenießbaren Tieres durch harmlose Tiere zur Täuschung von Feinden wird **Mimikry** genannt. Voraussetzung dafür ist, dass Vorbild und Nachahmer die gleichen Fressfeinde haben und es einen Lerneffekt beim Fressfeind geben kann. Das Gift des Vorbilds darf den Fressfeind also nicht töten. Sowohl Korallenschlangen als auch Dreiecksnattern werden von Greifvögeln gejagt. Die verschiedenen Arten der Dreiecksnattern imitieren den Phänotyp der Korallenschlangen unterschiedlich gut.

Zur Untersuchung dieses Phänomens wurden in zwei Gebieten, in denen giftige Korallenschlangen unterschiedlich häufig vorkamen, Modelle von Dreiecksschlangen ausgelegt. Dabei handelte es sich um gute und schlechte Nachbildungen von Korallenschlangen.

1 Erklären Sie die Versuchsergebnisse.

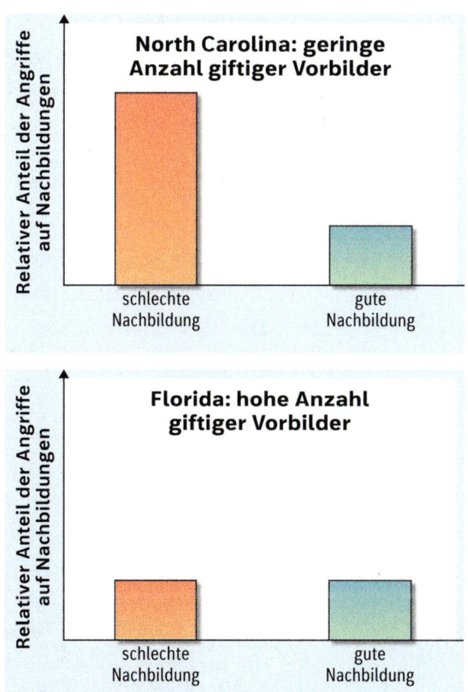

1 Männlicher Paradiesvogel bei der Balz

2.4 Grundlagen der sexuellen Selektion

Die Männchen der vor allem in Neuguinea beheimateten Paradiesvögel haben ein sehr auffälliges Gefieder, das sie bei der Balz aufgerichtet zur Schau stellen. Bei Weibchen und Jungvögeln ist das Gefieder hingegen unscheinbar. Wie haben sich diese Unterschiede zwischen Männchen und Weibchen im Verlauf der Evolution entwickelt?

Sexualdimorphismus – Die bei Paradiesvögeln äußerlich sichtbaren Unterschiede zwischen männlichen und weiblichen Tieren wird **Geschlechts-** oder **Sexualdimorphismus** genannt. Dieser ist im Tierreich weit verbreitet. So sind bei vielen Säugetieren wie etwa den See-Elefanten und den Gorillas die Männchen deutlich größer und schwerer als die Weibchen. Männliche Löwen und männliche Mantelpaviane haben eine Mähne, die jeweiligen Weibchen jedoch nicht. Bei Hirschen besitzen nur die männlichen Tiere ein Geweih und beim heimischen Dreistacheligen Stichling entwickeln ausschließlich die Männchen einen leuchtend roten Bauch während der Paarungszeit.

Sexuelle Selektion – Die Entwicklung derartiger Geschlechtsmerkmale lässt sich nicht mithilfe der natürlichen Selektion erklären. Deutlich auffällige Geschlechtsmerkmale wie das Gefieder männlicher Paradiesvögel machen Tiere leicht zur Beute von Fressfeinden. Außerdem bedeutet die Ausbildung und Pflege der Federn einen hohen Energieaufwand. Die Merkmale sind also ein Handicap mit negativen Auswirkungen auf die reproduktive Fitness. Böten sie ihrem Träger einen Überlebens- und Fortpflanzungsvorteil, müssten sie bei beiden Geschlechtern auftreten.

DARWIN stellte für das Phänomen des Geschlechtsdimorphismus die Theorie der **sexuellen Selektion** auf. Danach führen im Fall der Paradiesvögel die auffälligen Merkmale zu einem Selektionsvorteil, indem die betroffenen Männchen bevorzugt als Sexualpartner ausgewählt werden. Sie pflanzen sich somit vermehrt fort und können die dafür zuständigen Allele an ihre Nachkommen weitergeben. Der Vorteil durch die höhere Fortpflanzungsrate überwiegt demnach den Nachteil des Handicaps.

Intrasexuelle Selektion – Während der Brunst kämpfen beispielsweise Rotwildmännchen gegeneinander, um Zugang zu einem Weibchen zu erlangen. Dabei nutzen sie das Geweih, um Konkurrenten zu bekämpfen. Tiere mit größerem Geweih sind bei Revierkämpfen überlegen. Sie gelangen zur Paarung und können mehr Nachkommen zeugen. Ein größeres Geweih bedeutet also einen Selektionsvorteil. Bei dieser Form der sexuellen Selektion findet die Auslese innerhalb desselben Geschlechts, also meist zwischen den Männchen statt. Es wird von **intrasexueller Selektion** gesprochen.

2 Revierkämpfe

Intersexuelle Selektion – Bei den Paradiesvögeln wählt das Weibchen seinen Partner danach aus, wie eindrucksvoll sein Gefieder ist. Eine solche Partnerwahl durch das andere Geschlecht wird als **intersexuelle Selektion** bezeichnet. Hierdurch wurde im Verlauf der Evolution die Ausprägung von Merkmalen wie die Färbung und Länge der Federn, aber auch ein bestimmtes Balzverhalten bei den Männchen gefördert. Eine mögliche Erklärung für das weibliche Partnerwahlverhalten liefert die **Good-Genes-Hypothese**. Danach wählen Weibchen ihren Sexualpartner nach äußeren Merkmalen, die Indikatoren für gute Gene sind. So stellen sie sicher, dass auch ihre Nachkommen über eine entsprechend gute genetische Veranlagung verfügen. Das auffällige Gefieder eines männlichen Paradiesvogels kann anzeigen, dass er besonders lebenstüchtig ist und über gute Erbanlagen verfügt. Deshalb werden diese Männchen von weiblichen Paradiesvögeln trotz des Handicaps gewählt.

MATERIAL MIT AUFGABEN

A Sexuelle Selektion bei Soay-Schafen

Im Nordatlantik leben auf einer kleinen Inselgruppe urtümliche Soay-Schafe. Einige der männlichen Tiere besitzen große gebogene Hörner, andere mittelgroße und einige sehr kleine Hörner. Männchen mit großen Hörnern werden von den Weibchen als Sexualpartner bevorzugt gewählt. Trotzdem bleiben Männchen mit kleinen Hörnern in den Populationen von Soay-Schafen erhalten. Zur Untersuchung dieses Phänomens wurden die reproduktive Fitness und die Überlebensrate bei männlichen Tieren mit unterschiedlich großen Hörnern bestimmt. Tiere mit großen Hörnern haben den Genotyp Ho^+/Ho^+, solche mit mittelgroßen den Genotyp Ho^+/Ho^P und Tiere mit kleinen Hörnern den Genotyp Ho^P/Ho^P.

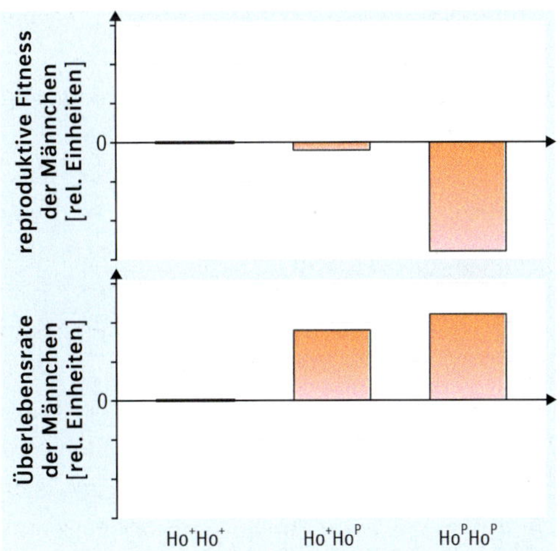

1 Werten Sie die Ergebnisse aus. ●●○

2 Entwickeln Sie auf Basis Ihrer Auswertung eine Hypothese, warum Männchen mit kleinen Hörnern in den Populationen erhalten bleiben. ●●●

1 Farbwahrnehmung: **A** normal; **B** bei Farbenblindheit

2.5 Gendrift und Genfluss

Bei der totalen Farbenblindheit nehmen Betroffene ihre Umwelt nur noch in Graustufen und sehr unscharf wahr. Diese Erbkrankheit tritt in Deutschland mit einer geschätzten Häufigkeit von 1 : 30 000 auf. Warum kommt sie im Vergleich dazu auf Pingelap, einem kleinen Atoll im Westpazifik, mit einer Häufigkeit von 1 : 6 vor?

Flaschenhalseffekt – Die Insel Pingelap wurde vor rund tausend Jahren besiedelt. Im Jahr 1775 wütete ein Taifun über der Insel. Dadurch wurde die Einwohnerzahl auf etwa 20 Personen drastisch reduziert. In den folgenden Jahrhunderten wuchs die Population wieder auf 450 Personen an. Viele Allele des Genpools der ursprünglichen Population waren allerdings durch die zufällige Dezimierung des größten Teils der Bevölkerung verloren gegangen. Infolgedessen ist die genetische Variabilität in der heutigen Population sehr gering. Eine solche genetische Verarmung innerhalb einer Population als Folge einer drastischen Verkleinerung der Populationsgröße wird als **Flaschenhalseffekt** bezeichnet.

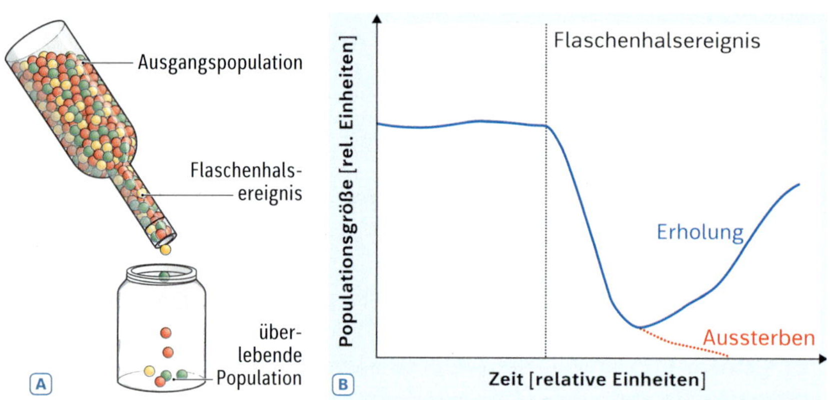

2 Flaschenhalseffekt: **A** Modell; **B** Änderung der Populationsgrößen (Diagramm)

Populationen haben nach einem Flaschenhalseffekt wenig Möglichkeiten, sich veränderten Umweltbedingungen anzupassen. Die Anfälligkeit gegenüber Infektionskrankheiten steigt und seltene rezessive Allele können wie im Fall der totalen Farbenblindheit gehäuft homozygot auftreten. Deshalb droht eine stark schrumpfende Population weiter zu schrumpfen und endgültig auszusterben. Auch wenn die Population die drastische Verkleinerung übersteht und die Populationsdichte wieder ansteigt, kann der verarmte Genpool eine erhöhte Gefahr für das Aussterben nach sich ziehen.

Gründereffekt – Von einer in Europa verbreiteten Taufliegenart gelangten 1978 vermutlich einige Exemplare zufällig per Schiff nach Chile und von dort später nach Nordamerika. An beiden Standorten entwickelten sich daraus Populationen, die sich rasch vergrößerten. Chromosomenuntersuchungen zeigten bei den europäischen Populationen 80 verschiedene Inversionen. Die Populationen in Süd- und Nordamerika wiesen dagegen nur 20 dieser Chromosomenmutationen auf. Auch die Vielfalt an Allelen ist in den amerikanischen Populationen geringer als in Europa. Besiedeln wie im Fall der Taufliegen nur wenige Individuen einer Art einen neuen Lebensraum, so repräsentieren diese nur einen geringen Teil der genetischen Vielfalt der Ausgangspopulation. Dies wird als **Gründereffekt** bezeichnet. Wächst die Gründerpopulation an, bleibt die genetische Vielfalt auf die wenigen Allele der Gründerindividuen beschränkt.

Zufallsereignisse wie Flaschenhalseffekt und Gründereffekt, die in kurzer Zeit eine drastische Verringerung der Allelhäufigkeiten im Genpool einer Population verursachen, werden genetische Drift oder **Gendrift** genannt. Sie spielt vor allem in kleinen Populationen eine große Rolle. Im Gegensatz zur Selektion erfolgt die Veränderung der Allelhäufigkeiten bei der Gendrift zufällig und führt nicht zu einer besseren Angepasstheit der Populationen.

Genfluss – Auf der kleinen niederländischen Nordseeinsel Vlieland existieren zwei Populationen von Kohlmeisen. Individuen, die aus der östlichen Population stammen, haben eine doppelt so hohe Überlebensrate wie die aus der zentralen Population. Durch die stete Zuwanderung von Meisen des Festlands, wo andere Umweltbedingungen herrschen, gelangen ständig ungünstige Allele in die zentrale Population. Deshalb bleibt der Fitnessunterschied zwischen der östlichen und der zentralen Kohlmeisenpopulationen erhalten. Ein solcher Zufluss oder Austausch von Allelen zwischen Populationen durch Zu- oder Abwanderung von Individuen wird **Genfluss** genannt. Wie die Gendrift führt auch der Genfluss zu Veränderungen der Allelfrequenzen in einer Population.

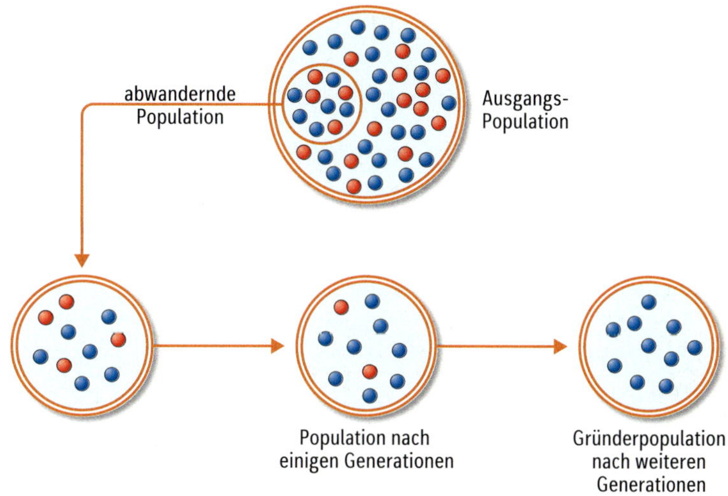

3 Modelle zur Gendrift: Gründereffekt

MATERIAL MIT AUFGABEN

A Waschbären in Deutschland

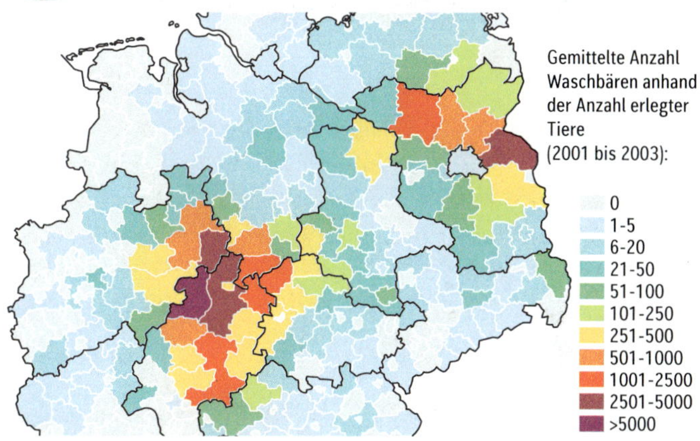

Waschbären wurden zu Beginn des 20. Jahrhunderts aus Nordamerika nach Deutschland eingeführt und hier gezüchtet. 1934 wurden zwei Waschbärenpaare am Edersee in Hessen ausgesetzt. 1945 kamen in Brandenburg mehrere Dutzend Waschbären frei. Die heute in Hessen und Brandenburg vorkommenden Populationen unterscheiden sich genetisch deutlich voneinander. Innerhalb der jeweiligen Population besteht nur eine geringe genetische Variabilität. Die hessische Population ist zu etwa 70 Prozent von Spulwürmern befallen, während die in Brandenburg frei von diesen Parasiten ist.

1 Erklären Sie die Unterschiede in der genetischen Variabilität der beiden Populationen. ●●○
2 Entwickeln Sie eine Hypothese zum unterschiedlichen Parasitenbefall der Populationen. ●●○

B Simulation der transformierenden Selektion

Simulationen in der Biologie – Simulationen sind dynamische Darstellungen biologischer Prozesse. Sie imitieren die zugrundliegenden naturwissenschaftlichen Realitäten und tragen als Denkmodelle zum Verständnis dieser Prozesse bei. Dabei können insbesondere bei Computersimulationen die jeweiligen Parameter verändert und die Folgen der Veränderung analysiert werden.

Ruineneidechsen kommen unter anderem an der nördlichen Adriaküste sowie auf Korsika und auf Sardinien vor. Sie besitzen hier eine braungrüne Färbung mit schwarzer Marmorierung. In bestimmten Verbreitungsgebieten herrschen auch rötliche Farbvarianten vor.

Frage:
Wie verändert sich der Anteil bestimmter Farbvarianten in einer Population von Ruineneidechsen durch natürliche Selektion in Verlauf mehrerer Generationen?

Hypothese:
Je ähnlicher bestimmte Farbvarianten dem Untergrund in ihrem Verbreitungsgebiet sind, umso größer wird ihr Anteil in den Folgegenerationen sein.

Material:
buntes Tuch, in dem Anteile der Farben Grün und Braun überwiegen (1m x 1m), 200 Spielchips in 10 verschiedenen Farben, vier Bechergläser, Stoppuhr, Schuhkarton mit eingeschnittener Öffnung, die einen Durchmesser von etwa drei Zentimetern hat.

Durchführung:
Bilden Sie eine Gruppe aus fünf Personen. Eine Person übernimmt die Spielleitung. Diese gibt jeweils zehn Chips jeder Farbe in den Schuhkarton und breitet das Tuch auf einem Tisch aus. Die übrigen vier Mitspielenden stellen sich mit dem Rücken zum Tisch. Sie erhalten jeweils ein Becherglas.
Fangphase: Die Spielleitung streut die Spielchips aus dem Schuhkarton auf das Tuch, so dass eine zufällige Verteilung vorliegt. Nachdem das Startsignal gegeben wurde, drehen sich die Mitspielenden um und sammeln fünf Sekunden lang Chips in ihren Bechergläsern. Nach dem Stoppsignal durch die Spielleitung drehen sich die Mitspielenden wieder mit dem Rücken zum Tisch.
Vermehrungsphase: Zu allen auf dem Tuch verbliebenen Chips wird jeweils ein Chip in der gleichen Farbe aus dem Chipspool hinzu geben. Danach werden alle Chips auf dem Tuch wieder im Karton gemischt und erneut auf dem Tuch verstreut.
Führen Sie insgesamt drei Fang- und Vermehrungsphasen durch.

Auswertung:
1 Zählen Sie die auf dem Tuch verbliebenen Chips und berechnen sie den prozentualen Anteil jeder Farbe an der Gesamtzahl. ●○○
2 Werten Sie das Ergebnis im Hinblick auf die Hypothese aus. ●●○
3 Übertragen Sie die Erkenntnisse der Simulation auf die Färbung der Ruineneidechsen in ihren Verbreitungsgebieten. ●●○
4 Nennen Sie Grenzen einer solchen Simulation biologischer Prozesse. ●●○

C Simulation der Gendrift

Auf kleinen Felstürmen, die nur 200 Meter Luftlinie von der Insel Capri im Golf von Neapel entfernt liegen, leben ausschließlich blaue Varianten der Ruineneidechsen. Es wird davon ausgegangen, dass wenige Gründerindividuen die Felsen zufällig besiedelten.
Für die Färbung der Ruineneidechsen sind mehrere Gene verantwortlich. Die Gene addieren sich in ihrer Wirkung. Man spricht von additiver Polygenie. Da sich die Gene auf verschiedenen Chromosomen befinden, werden sie getrennt voneinander vererbt. Zur Vereinfachung wird bei nachfolgender Simulation angenommen, dass die Färbung der Ruineneidechsen sich durch die Wirkung von fünf Genen addiert. Es wird vernachlässigt, dass in jedem Gen zwei Allele wirken:

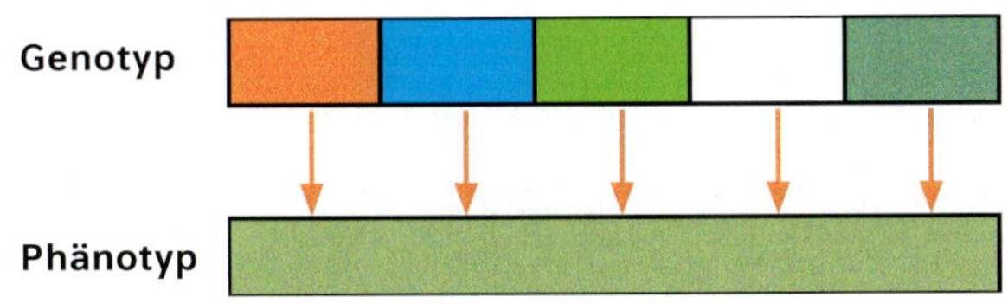

Frage:
Wie ändern sich die Allelfrequenzen im Genpool einer Population, wenn sich diese verkleinert?

Hypothese:
Die veränderte Populationsgröße führt zu einer deutlichen Verschiebung der Allelfrequenzen.

Material:
200 Spielchips in 10 verschiedenen Farben, Schuhkarton mit eingeschnittener Öffnung in der Größe eines Tennisballs, 3 Bechergläser.

Durchführung:
Geben Sie sämtliche Spielchips in den Schuhkarton und schütten Sie diese dann zufällig in die drei Bechergläser im Zahlenverhältnis von etwa: 60 : 30 : 10.

Auswertung:

1 Ermitteln Sie den prozentualen Anteil der unterschiedlichen Chips in der Ausgangsmenge. ●○○
2 Berechnen Sie den prozentualen Anteil jeder Farbe in den Teilmengen der drei Bechergläser. ●○○
3 Werten Sie die Ergebnisse der ersten beiden Teilaufgaben im Hinblick auf die Hypothese aus. ●●○
4 Übertragen Sie die Erkenntnisse der Simulation auf das Beispiel der blauen Ruineneidechsen. ●●○
5 Nennen Sie die Grenzen dieser Simulation. ●○○

D Computersimulation evolutiver Prozesse

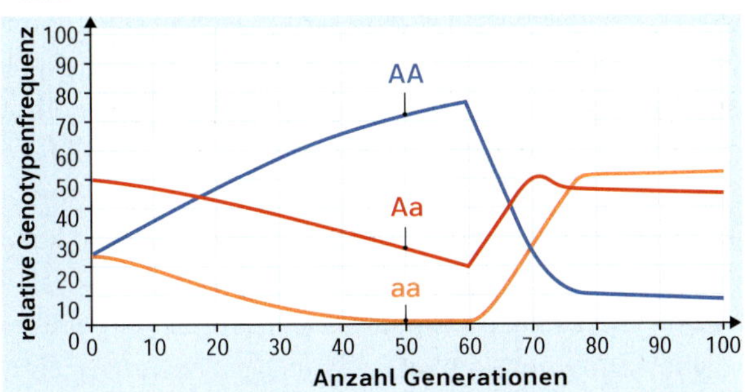

Für die Simulation evolutiver Veränderungen in einer idealen Population wurden in einem Computerprogramm folgende Einstellungen vorgenommen:
Größe der Modellpopulation: 1000000
Im Verlauf der betrachteten 100 Generationen liegt die Mutationsrate A zu a konstant bei 3 Prozent, die Rückmutation a zu A findet nicht statt.

Ab der 60. Generation führt eine Umweltveränderung zu einer Verminderung der relativen reproduktiven Fitness des Genotyps aa auf 30 Prozent

1 Geben Sie an, welche evolutiven Prozesse simuliert werden sollten. ●○○
2 Erklären Sie die Veränderungen der Allelfrequenzen bis zur 60. Generationen. ●●○
3 Erklären Sie die Veränderungen der Allelfrequenzen ab der 60. Generation. ●●○
4 Diskutieren Sie den Aussagewert dieser Computersimulation. ●●○
5 Nennen Sie Grenzen einer solchen Simulation. ●○○
6 Recherchieren Sie nach interaktiven Simulationen evolutiver Prozesse und führen Sie damit selbst eine entsprechende Simulation durch. Stellen Sie diese Ihrer Lerngruppe vor. ●○○

1 Gepard jagt eine Gazelle.

2.6 Coevolution – wechselseitige Anpassung

Geparde erreichen kurzfristig Spitzengeschwindigkeiten von über 100 Kilometer pro Stunde. Ihre bevorzugten Beutetiere sind Gazellen. Diese fliehen vor ihnen mit ebenso hoher Geschwindigkeit und scharfen Wendungen. Wie haben sich die hohen Laufgeschwindigkeiten beider Arten in der Evolution entwickelt?

Räuber und Beute – Geparde haben lange schlanke Beine und eine sehr biegsame Wirbelsäule. Diese Merkmale ermöglichen ihnen schnelle Sprints. Ihre Schnelligkeit war bei Gazellen ein hoher Selektionsdruck in Richtung hoher Laufgeschwindigkeiten und Wendigkeit. Dadurch erhöhte sich wiederum der Selektionsdruck auf die Geparde, sodass ihre Laufgeschwindigkeiten weiter zunahm. Dieser Rückkoppelungseffekt führt über viele Generationen hinweg zu einer wechselseitigen Steigerung der Laufgeschwindigkeiten von Räuber und Beute. Ein solcher evolutionärer Prozess, bei dem sich zwei Arten in wechselseitiger Anpassung beeinflussen, wird **Coevolution** genannt.

Wirt und Parasit – Kuckucksweibchen legen ihre Eier in die Nester anderer Singvogelarten, die diese dann ausbrüten und die Kuckucksküken nach dem Schlüpfen mit Nahrung versorgen. Dies wird als **Brutparasitismus** bezeichnet. Er verringert die Möglichkeit, dass die Wirtsvögel eigene Nachkommen aufziehen können und bedeutet für sie einen erheblichen Verlust an reproduktiver Fitness. Für die Wirtsvögel besteht daher ein hoher Selektionsdruck, ein fremdes Ei von den eigenen Eiern im Gelege unterscheiden zu können. Wirtsvogelarten, die über eine lange Zeit vom Kuckuck parasitiert werden, zeigen eine wirksame Gegenanpassung. Sie entfernen Eier aus ihrem Nest, wenn sie diese als artfremd erkennen. Damit üben sie ihrerseits einen hohen Selektionsdruck auf Kuckucksweibchen aus, Eier zu legen, die in Form und Farbe den Eiern ihrer Wirtsvögel entsprechen. Dieser Selektionsdruck hat im Laufe der Evolution dazu geführt, dass sich der Kuckuck auf eine Wirtsart spezialisiert hat und er dessen Eier im Verlauf der Zeit immer besser nachahmen kann.

Pflanzen und ihre Bestäuber – Die im Nebelwald Südamerikas beheimatete Passionsblume *Passiflora tarminiana* besitzt eine extrem lange Blüteröhre. Sie ist auf die Bestäubung durch den Schwertschnabelkolibri *Ensifera ensifera* angewiesen. Mit einer Schnabellänge von etwa elf Zentimetern ist er als einziger Kolibri in der Lage, den Nektar am Grund der langen Blütenröhren zu erreichen. Dabei kommt er im Kopfbereich mit den Pollenkörnern in Berührung, trägt sie zur nächsten Passionsblume und bestäubt diese. Der lange Schnabel hat für den Kolibri den Selektionsvorteil, dass nur er an den Nekrtar gelangen kann und somit keine Nahrungskonkurrenten hat. Für die Passionsblume besteht der Selektionsvorteil darin, dass sie nur mit Pollen der eigenen Art bestäubt wird. Je länger der Schnabel des Kolibris ist, desto besser kann er den Nektar erreichen, desto weniger Pollen bleiben jedoch an seinem Kopf kleben. Je länger die Blütenröhre einer Passionsblume ist, desto höher ist die Wahrscheinlichkeit, dass beim Nektarsaugen die Bestäubung der Blume erfolgt. Im Verlauf der Evolution führte dieser wechselseitige Selektionsdruck zu einer gerichteten Selektion auf längere Schnäbel und Blütenröhren.

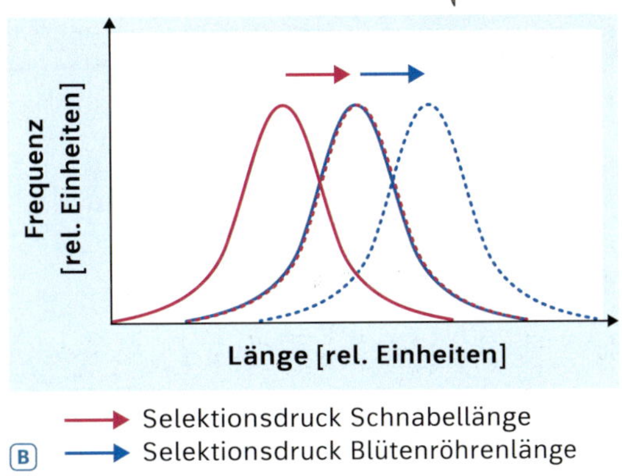

2 Coevolution: **A** Passionsblume und Schwertschnabelkolibri; **B** gerichtete Selektion

MATERIAL MIT AUFGABEN

A Evolutionäres Wettrüsten

Wasserflöhe der Gattung *Daphnia* werden von Bakterien der Gattung *Pasteuria* parasitiert. Unter ungünstigen Umweltbedingungen können Individuen beider Gattungen Dauerstadien ausbilden, in denen ihr Stoffwechsel extrem reduziert ist. So können sie viele Jahre im Sediment ihrer Gewässer überdauern. Ein Forscherteam isolierte *Daphnia*- und *Pasteuria*-Dauerstadien aus verschiedenen Sedimentschichten und führte diese zurück in den aktiven Zustand. So konnten auch Wasserfloh-Wirte und parasitische Bakterien zusammengebracht werden, die zu unterschiedlichen Zeiten gelebt hatten. Anschließend ermittelten sie die Infektionsrate von *Daphnia*-Klonen durch Bakterien aus zwei Jahre alten, gleich alten oder jüngeren Sedimenten.

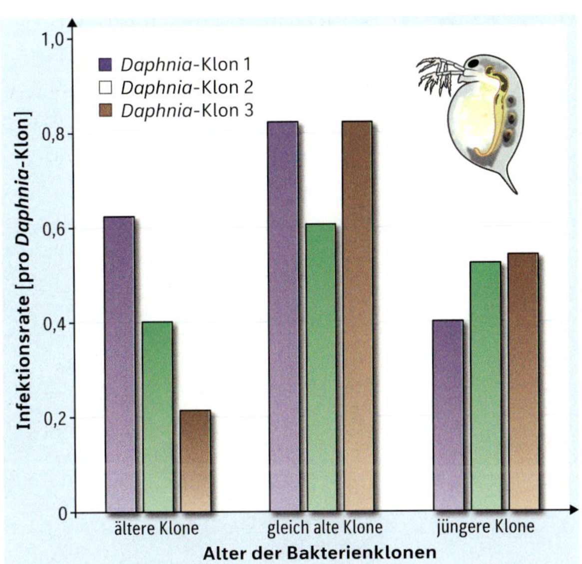

1 Beschreiben Sie die Versuchsergebnisse. ●○○
2 Erklären Sie die Versuchsergebnisse. ●●○

1 Nebelkrähe und Rabenkrähe

3.1 Artbegriff und Artbildung

Nebelkrähen und Rabenkrähen unterscheiden sich deutlich in der Färbung des Gefieders, ansonsten sind sie sich ähnlich. Handelt es sich bei ihnen um verschiedene Arten?

Artbegriff – Die Unterschiede zwischen Nebelkrähen und Rabenkrähen sind äußerlich leicht zu erkennen. Eine Unterscheidung von Arten nach äußeren Merkmalen ist die Grundlage des **morphologischen Artbegriffs**. Demnach gehören verschiedene Individuen zu einer Art, wenn sie wesentliche Körpermerkmale gemeinsam haben.

2 Liger

Dieser Artbegriff ist allerdings in manchen Fällen nicht eindeutig. So sehen etwa Schäferhund und Dackel grundverschieden aus, gehören aber doch zur selben Art.

Der Evolutionsbiologe Ernst MAYR führte 1942 einen Artbegriff ein, der auf der Fortpflanzungsfähigkeit von Individuen beruht. Nach diesem **biologischen Artbegriff** besteht eine Art aus einer Gruppe von Populationen, deren Individuen sich unter natürlichen Bedingungen tatsächlich oder potenziell miteinander fortpflanzen und lebensfähige, fruchtbare Nachkommen hervorbringen können. Nach dieser Definition gehören Nebel- und Rabenkrähen zur selben Art, da sie sich gelegentlich untereinander kreuzen und fruchtbare Nachkommen zeugen. Der zentrale Aspekt des biologischen Artbegriffs ist die **reproduktive Isolation.** Verschiedene Arten unterscheiden sich dadurch, dass der Genfluss zwischen den Populationen der jeweiligen Arten unterbunden ist. Ein Liger, der aus der Kreuzung eines männlichen Löwen mit einem weiblichen Tiger hervorgeht, ist unfruchtbar. Somit sind Löwen und Tiger eindeutig verschiedene Arten.

Präzygotische Barrieren – Bestimmte Fortpflanzungsbarrieren haben im Verlauf der Evolution zu einer reproduktiven Isolation und so zur Bildung neuer Arten geführt. Man unterscheidet prä- von postzygotischen Barrieren. Fortpflanzungsbarrieren, die bereits vor der Bildung einer Zygote wirksam sind, werden **präzygotische Barrieren** genannt. So sind etwa zwei nahe miteinander verwandte Arten von Strumpfbandnattern reproduktiv voneinander isoliert, obwohl sie im selben Gebiet leben. Ihre Habitate unterscheiden sich aber deutlich: Die eine Art lebt vorwiegend im Wasser, die andere an Land. Man spricht von **Habitatisolation**. Viele Pflanzenarten blühen zu verschiedenen Tages- oder Jahreszeiten. So wird ihre gegenseitige Bestäubung durch **zeitliche Isolation** verhindert. Zilpzalp und Fitis sind zwei äußerlich ähnliche Singvogelarten, die sich aber in ihrem Gesang unterscheiden. Gesang und andere Paarungsrituale wie die Vogelbalz führen zu einer **Verhaltensisolation**. Wird eine Paarung verhindert, da die Begattungsorgane wie bei vielen Spinnen nicht zueinander passen, liegt eine **mechanische Isolation** vor. Fische, Seeigel und Korallen geben ihren Laich ins Wasser ab. Ihre Eizellen kommen dabei häufig mit Spermien anderer Arten in Kontakt. Trotzdem erfolgt keine Befruchtung, da artfremde Spermien nicht auf die Lockstoffe der Eizellen reagieren oder ihnen Strukturen zum Eindringen in die Eizelle fehlen. Es liegt eine **gametische Isolation** vor.

Postzygotische Barrieren – Die Spermien- und Eizellen von Gelbbauch- und Rotbauchunken können zu Zygoten verschmelzen. Viele der gebildeten Hybride sterben aber sehr früh. Eine solche **Hybridsterblichkeit** stellt eine postzygotische Fortpflanzungsbarriere dar. Ein Liger ist zwar lebensfähig und vital, allerdings sind männliche Tiere unfruchtbar. Durch diese **Hybridsterilität** wird der Genfluss zwischen Löwe und Tiger postzygotisch unterbunden. Bei bestimmten Arten sind die Hybriden der ersten Generation noch lebensfähig und erzeugen lebensfähige Nachkommen miteinander. Durch Vitalitäts- oder Fruchtbarkeitsprobleme in späteren Generationen kann die Hybridpopulation nicht dauerhaft fortbestehen. Es kommt zum **Hybridzusammenbruch**.

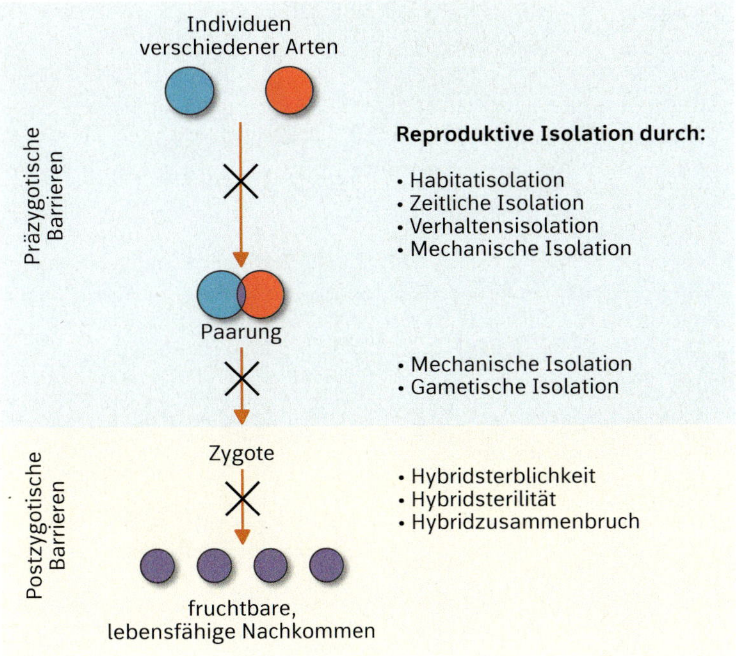

3 Fortpflanzungsbarrieren im Überblick

MATERIAL MIT AUFGABEN

A Links- und rechtsgewundene Schnecken

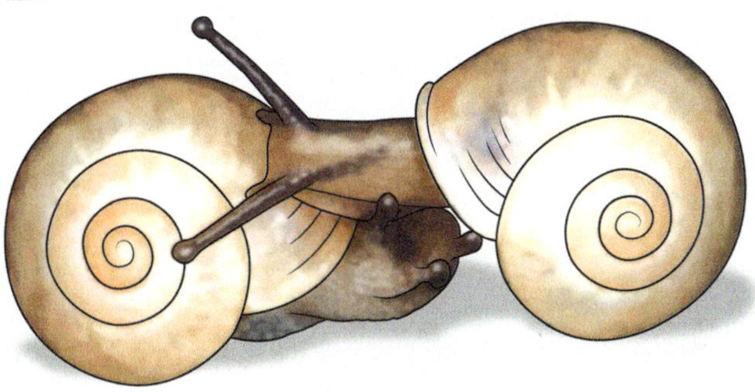

Schnecken der Gattung *Euhadra* besitzen in der Regel rechtsgewundene Gehäuse. In Folge einer Mutation treten auch linksgewundene Schnecken auf. Links- und rechtsgewundene Schnecken können nicht miteinander paaren, da sie ihre Geschlechtsöffnungen nicht aufeinander legen können. Zwei linksgewundene Schnecken können miteinander paaren, ihre Nachkommen haben jedoch rechtsgewundene Schneckenhäuser.

1 Prüfen Sie, ob es sich bei den links- und rechtsgewundenen Schnecken um verschiedene Arten handelt. Verwenden Sie bei der Begründung Ihrer Entscheidung die relevanten Fachbegriffe. ••○

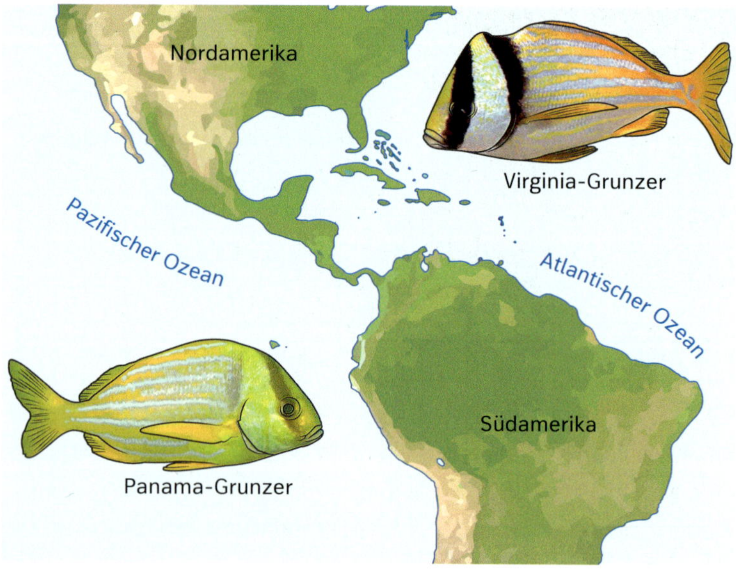

4 Reproduktive Isolation durch geografische Separation

MATERIAL MIT AUFGABEN

B Modell zur allopatrischen Artbildung

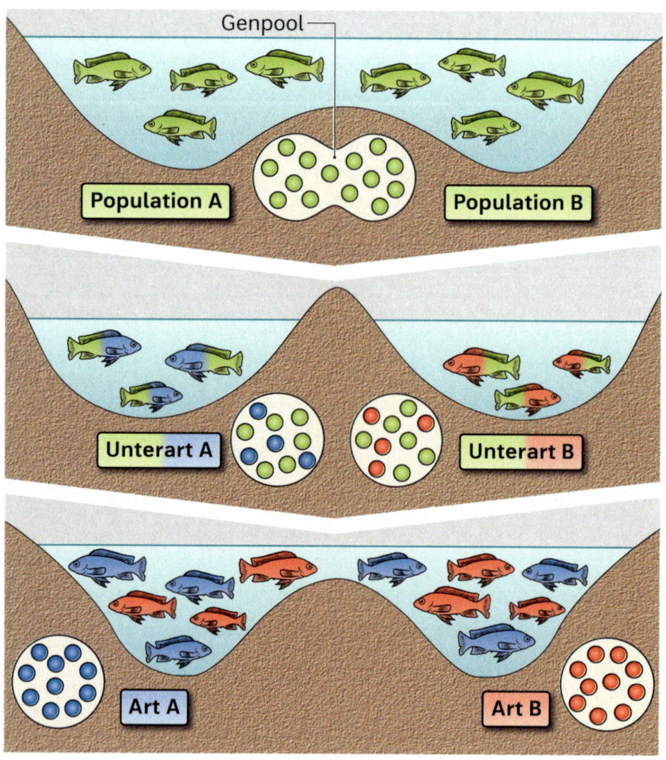

1 Erklären Sie die allopatrische Artbildung anhand des Schemas. ●○○

Allopatrische Artbildung – Die Landenge von Panama trennt den Atlantischen Ozean vom Pazifischen Ozean. Auf beiden Seiten dieser Landenge finden sich bestimmte Fischarten, die mit ihren Schlundzähnen grunzende Laute von sich geben und daher Grunzer genannt werden. Sie sind phänotypisch und genotypisch sehr ähnlich. Man geht davon aus, dass diese Arten von einer gemeinsamen Ausgangsart abstammen, die vor der Bildung der Landenge vor etwa zehn Millionen Jahren existierte. Mit der Bildung der geografischen Barriere wurde die Ausgangsart in zwei Populationen getrennt. Durch unterschiedliche Mutationen, genetische Rekombinationen, genetische Drift und Selektion haben sich die getrennten Populationen auseinander entwickelt, bis sie reproduktiv voneinander isoliert waren. Eine solche Aufspaltung einer Art in zwei Arten aufgrund einer geografischen Trennung oder **Separation** der Ausgangspopulation in Teilpopulationen wird **allopatrische Artbildung** genannt.

Eine Vielzahl geografischer Barrieren kann zur allopatrischen Artbildung führen. So wirkt etwa die große Entfernung zwischen der Küste Ecuadors und den Inseln des Galapogos-Archipels im Pazifik separierend. Verschiedene Tier- und Pflanzenarten haben sich in der Folge aus Ausgangsarten entwickelt, die es vom Festland auf das Archipel verschlagen hatte. Auch können klimatische Veränderungen ein zuvor zusammenhängendes Siedlungsgebiet einer Art in Teilgebiete trennen. In Europa wurden so während der letzten Eiszeit Populationen durch die vorrückenden Eismassen getrennt. Hieraus folgten zahlreiche Artaufspaltungen, etwa bei verschiedenen Vogelarten. Heute leben viele dieser Artenpaare gemeinsam in Mitteleuropa, ohne sich untereinander zu kreuzen.
Haben sich Populationen bereits so weit auseinanderentwickelt, dass sie sich phäno- und genotypisch deutlich voneinander unterscheiden, eine fruchtbare Kreuzung aber noch möglich ist, ordnet man sie verschiedenen **Unterarten** zu. Zwischen ihnen kann es in Überlappungszonen ihres Verbreitungsgebietes zur Hybridisierung kommen. Diese werden als **Hybridzonen** bezeichnet.

Sympatrische Artbildung

In Nicaragua haben Buntbarsche in den vergangenen 6000 Jahren verschiedene Kraterseen besiedelt. In einem dieser Seen finden sich Buntbarsche der Art *Amphilophus xiloaensis*. Die meisten Individuen dieser Art besitzen eine grauschwarze Färbung. Nur wenige Individuen besitzen eine goldene Färbung. Die dunkel- und goldfarbenen Buntbarsche einer Population bevorzugen bei der Fortpflanzung Partner mit gleicher Färbung. Durch diese selektive Partnerwahl wurde der Genfluss zwischen Individuen mit unterschiedlicher Färbung unterbrochen. In Folge konnten sich aus einer Ausgangsart in relativ kurzer Zeit zwei Arten entwickeln. Eine solche Artbildung innerhalb eines Lebensraums ohne geografische Separation wird als **sympatrische Artbildung** bezeichnet.

5 Buntbarsche der Art *Amphilophus xiloaensis*: **A** gold-weiße Färbung; **B** schwarze Färbung

Vor allem bei Pflanzen kann sich durch Fehler bei der Zellteilung die Zahl der Chromosomensätze vergrößern. Eine solche **Polyploidie** liegt beispielsweise vor, wenn aus einer diploiden Zelle mit zwei Chromosomensätzen (*2n*) eine tetraploide Zelle mit vier Chromosomensätzen (*4n*) entsteht. Aus diesen tetraploiden Zellen können bei der Meiose diploide Keimzellen entstehen. Anschließende Selbstbefruchtung führt zu fruchtbaren tetraploiden Nachkommen.

Eine mögliche Kreuzung zwischen der diploiden und der tetraploiden Pflanze führt zu sterilen triploiden Pflanzen. Somit sind die diploiden und tetraploiden Pflanzen voneinander reproduktiv isoliert. Durch diesen Prozess kann sich in einer einzigen Generation eine Art in zwei Arten aufspalten.

Viele Pflanzenarten, etwa Weizen, Baumwolle und verschiedene Obst- und Gemüsearten, sind polyploid. Die höhere Anzahl von Allelen bedeutet eine größere genetische Variabilität. Dadurch haben polyploide Arten oft eine größere Toleranz gegenüber Umweltfaktoren. Außerdem kann die Proteinbiosynthese bestimmter Enzyme parallel erfolgen und demzufolge können wichtige Stoffwechselprozesse mit höherer Geschwindigkeit ablaufen. Allerdings müssen vor jeder Zellteilung mehr Chromosomen verdoppelt werden, sodass der Energiebedarf dafür höher ist.

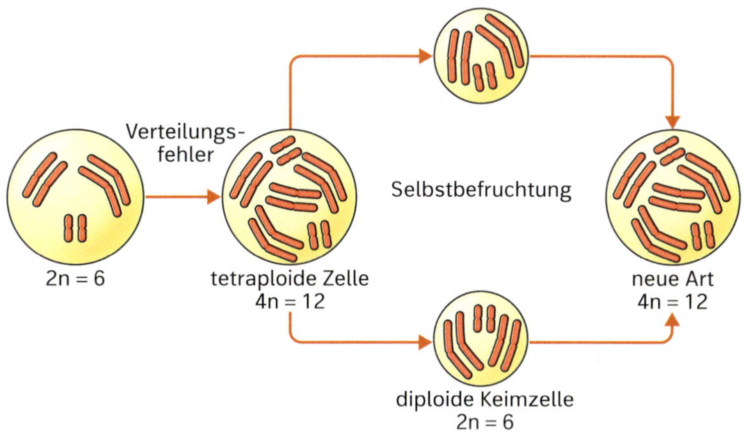

6 Sympatrische Artbildung durch Polyploidisierung

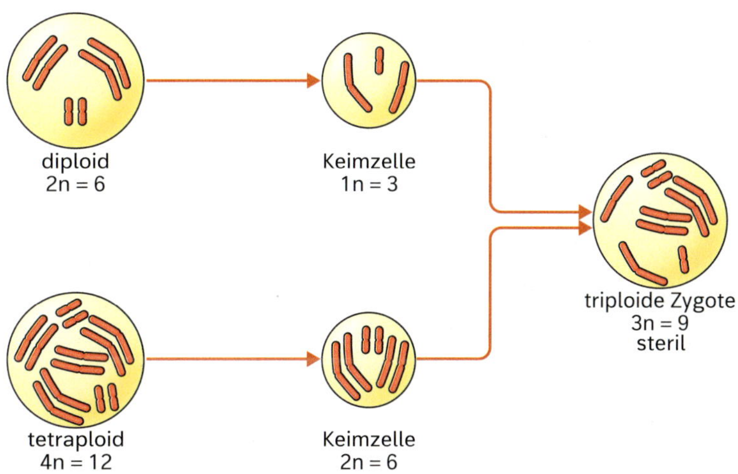

7 Reproduktive Isolation triploider Individuen

C Verbreitung der Hausmaus

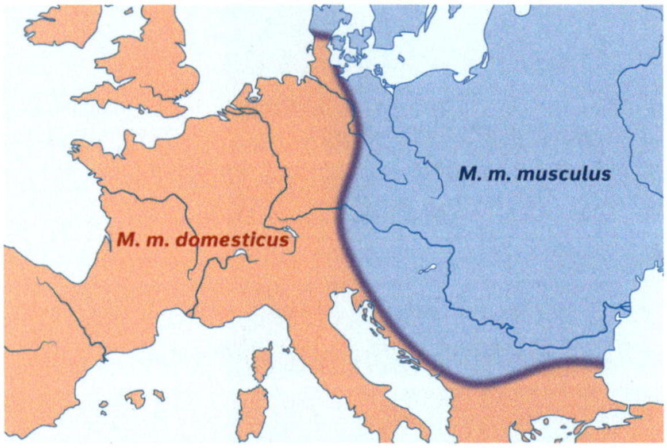

Die Hausmaus hat sich von ihrem Ursprungsgebiet in Nordindien über die ganze Welt ausgebreitet. In der Bronzezeit erreichte zuerst die Unterart *Mus musculus musculus* Osteuropa. In der Antike kam mit den Römern die Unterart *Mus musculus domesticus* in Westeuropa an. Noch heute umfasst das Verbreitungsgebiet der Unterart *Mus musculus musculus* Osteuropa und das der Unterart *Mus musculus domesticus* weite Teile Westeuropa. In einer etwa 20 bis 30 Kilometer breiten Hybridzone, die von Dänemark über Deutschland und den Balkan reicht, kreuzen sich die beiden Unterarten. Ein Forscherteam untersuchte den Befall beider Unterarten mit einem Darmparasiten.

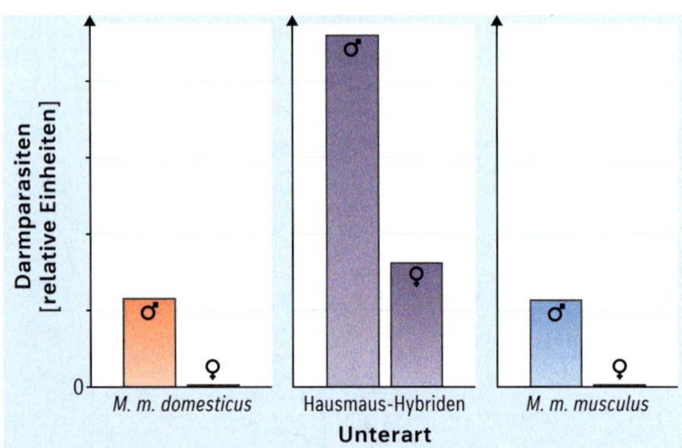

1 Entwickeln Sie eine Hypothese, mit der die Bildung der beiden Unterarten aus einer Ausgangsart erklärt werden kann. ●●○

2 Beschreiben Sie die Befunde zum Befall der beiden Unterarten mit Darmparasiten. ●●○

3 Erklären Sie, warum die Verbreitungsgebiete und die Hybridzone der Unterarten stabil bleiben. ●●●

D Neue Arten des Schaumkrauts

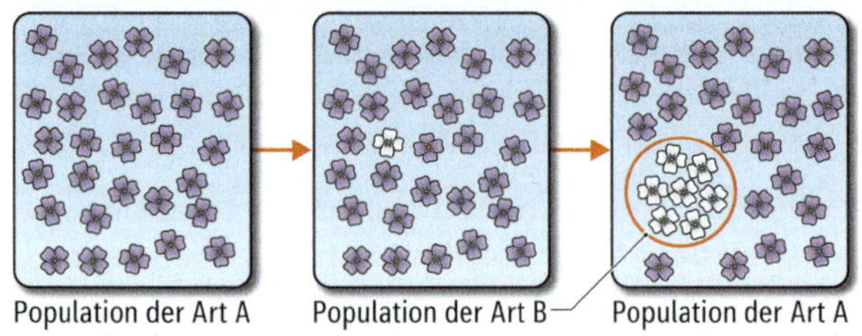

Zu Beginn des 20. Jahrhunderts wurde die Landschaft eines Hochtals in der Schweiz durch Waldrodungen, Bodenentwässerung und häufiges Mähen der Wiesen stark beeinflusst. Dort trat in dieser Zeit erstmals das triploide Schaumkraut *Cardamine insueta* auf. Später entdeckte man in dem Hochtal das hexaploide Schaumkraut *Cardamine schulzii* und das tetraploide Schaumkraut *Cardamine pratensis*. Vor der Landschaftsveränderung kamen dort nur das diploide bittere Schaumkraut *Cardamine amara* und das diploide Gebirgswiesenschaumkraut *Cardamine rivularis vor.* Das bittere Schaumkraut bevorzugt feuchtere Standorte als das Gebirgswiesenschaumkraut.

1 Erklären Sie mithilfe des Schemas die sympatrische Artbildung. ●○○

2 Entwickeln Sie eine Hypothese, wie das hexaploide und das tetraploide Schaumkraut entstanden sein könnten. ●●○

3 Begründen Sie, dass sowohl das hexaploide als auch das tetraploide Schaumkraut eigene Arten sind. ●●○

4 Stellen Sie eine Hypothese auf, warum die neu entstandenen tri-, tetra- und hexaploiden Arten an dem veränderten Standort überlebensfähig waren. ●●●

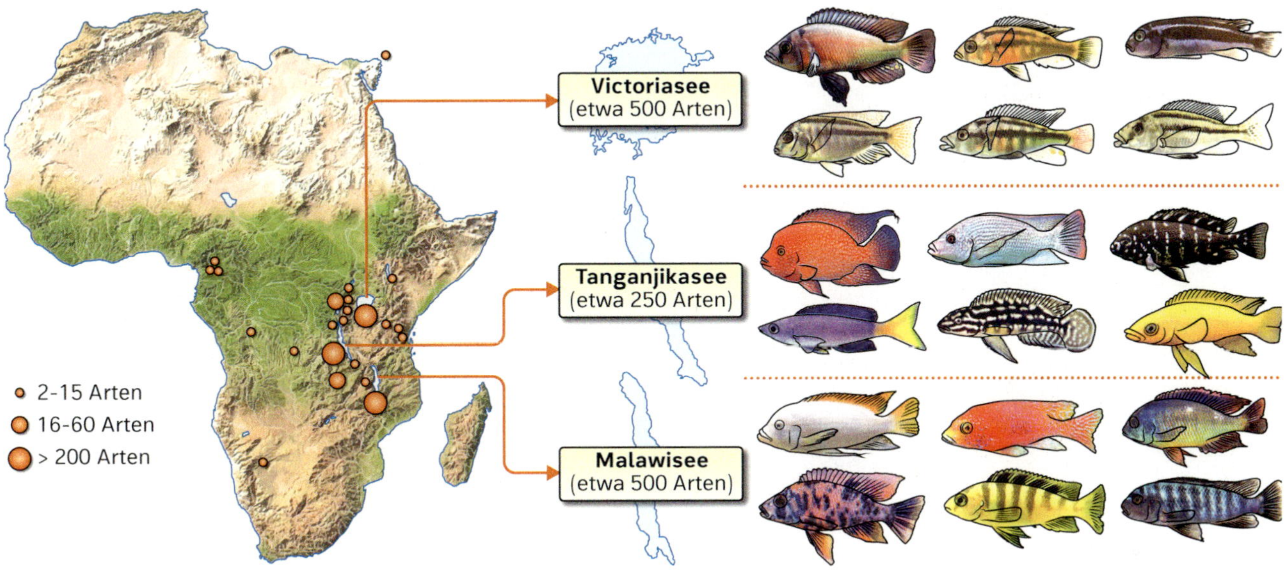

8 Vielfalt afrikanischer Buntbarsche

Vielfalt afrikanischer Buntbarsche – Buntbarsche zeichnen sich durch eine sehr große Artenvielfalt aus. Einige afrikanische Seen wie etwa der Victoria-, Tanganjika- und Malawiesee beherbergen mehrere hundert Arten, die sich in Größe, Körperform, Färbung und anderen Merkmalen erheblich voneinander unterscheiden. Trotz der Vielfalt sind alle Buntbarscharten eines Sees miteinander verwandt, wie molekulargenetische Untersuchungen mitochondrialer DNA belegen. Einzelne Buntbarscharten kommen nur in bestimmten Seen vor. Solche Arten, die nur in einem begrenzten Verbreitungsgebiet vorkommen, werden als **endemisch** bezeichnet.

Entstehung der Vielfalt – Die Entstehung der vielen Buntbarscharten erfolgte in erdgeschichtlich kurzer Zeit. So war beispielsweise der Viktoriasee vor etwa 15 000 Jahren infolge eines Klimawandels fast komplett ausgetrocknet. Nur einige wenige Buntbarscharten überlebten in benachbarten Flüssen. Aus denen gelangten sie zurück in den See, als sich dieser wieder füllte. Diese Gründerindividuen konnten sich rasch vermehren, da es in dem See zunächst keine innerartliche Konkurrenz gab und keine Feinde vorkamen. Der See bot den Buntbarschen zahlreiche unbesetzte ökologische Nischen. Es kam zur Anpassung von Teilpopulationen der Gründerindividuen an unterschiedliche Lebensräume des Sees. Diese Einnischung verringerte die innerartliche Konkurrenz und führte zur vielfachen Spezialisierung, beispielsweise hinsichtlich der Ernährung. Der Wasserspiegel des Sees fiel im Verlauf der Zeit wahrscheinlich mehrfach. So kam es wiederholt zu einer räumlichen Separation, die den Genfluss zwischen verschiedenen Teilpopulationen verhinderte. Stieg der Wasserspiegel wieder und trafen die Individuen der zuvor separierten Populationen wieder aufeinander, konnten sich diese nicht mehr miteinander fortpflanzen. Es hatte eine reproduktive Isolation stattgefunden und neue Arten waren entstanden.

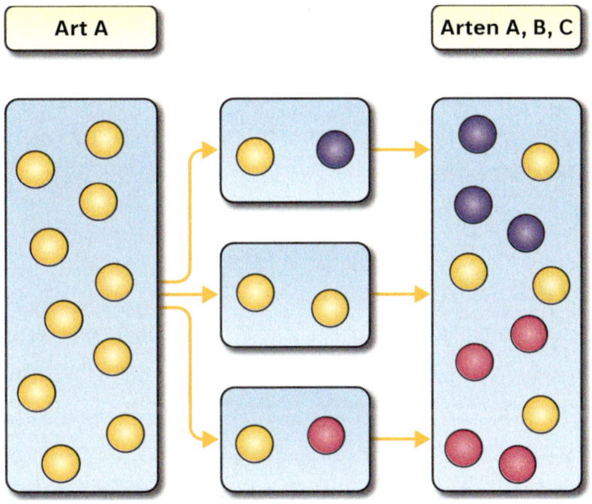

9 Modell zur allopatrischen Artbildung durch geografische Separation

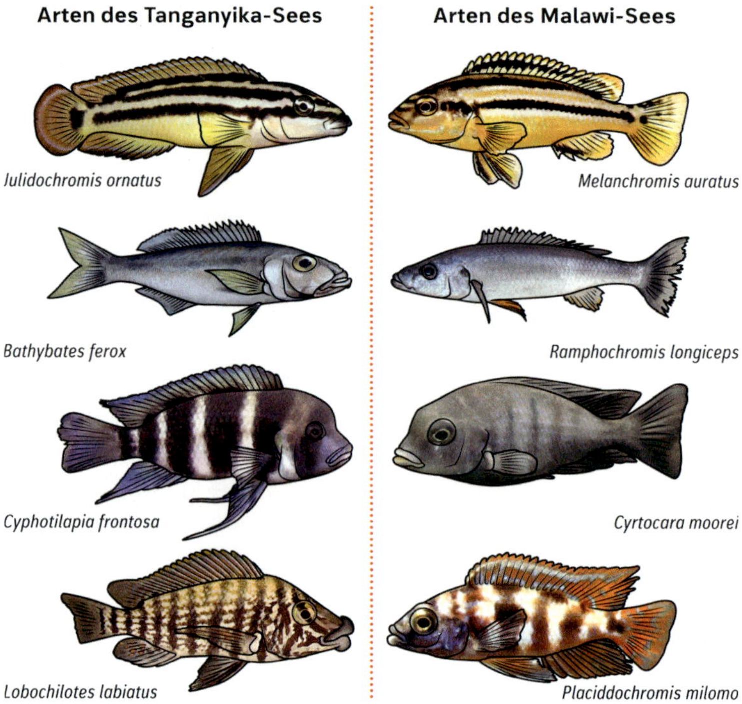

10 Vergleich von Buntbarscharten im Tanganjika- und Malawi-See

Adaptive Radiation – Heute beherbergt allein der Victoriasee etwa 500 Buntbarscharten, von denen vermutlich fast alle innerhalb einer kurzen Zeit neu entstanden sind. Die verschiedenen Arten besetzen dabei unterschiedliche ökologische Nischen. Ein solcher Prozess, bei dem aus einer Art oder aus wenigen Arten eine Vielzahl neuer Arten durch die Besetzung freier ökologischer Nischen entstehen, wird **adaptive Radiation** genannt. Die erheblichen Farbunterschiede bei den verschiedenen Buntbarscharten und ein oft ausgeprägter Sexualdimorphismus lassen vermuten, dass die schnelle Artbildung auch durch sexuelle Selektion unterstützt wurde. Die gezielte Auswahl von Geschlechtspartnern nach bestimmten Merkmalsausprägungen führte so zur reproduktiven Isolation.

Stellenäquivalenz – Werden Buntbarsche verschiedener afrikanischer Seen miteinander verglichen, zeigen einige Arten eine bemerkenswerte morphologische Ähnlichkeit, obwohl sie nicht näher miteinander verwandt sind. Die Arten besiedelten in den verschiedenen Seen ähnliche Lebensräume und besetzen dabei eine weitgehend gleiche ökologische Nische. Hier von äquivalenten ökologischen Nischen oder kurz von **Stellenäquivalenz** gesprochen.

Voraussetzungen für eine adaptive Radiation – Die adaptive Radiation der afrikanischen Buntbarsche wurde durch die große genetische Vielfalt der Ausgangspopulationen gefördert. Diese lässt auf Phasen mit guten Lebensbedingungen der Gründerarten schließen. Während dieser Phasen konnten sich Mutationen, die keinen Einfluss auf die Fitness der Individuen hatten, im Genpool anhäufen. Da solche neutralen Mutationen bei veränderten Umweltbedingungen für die Selektion relevant werden können, entstand eine breite genetische Basis für spätere Anpassungsprozesse. Weitere Voraussetzungen für eine adaptive Radiation sind wenig spezialisierte Gründerindividuen und ein Lebensraum, der eine Vielzahl noch unbesetzter ökologischer Nischen zur Verfügung stellt.

Regionale und globale adaptive Radiationen – Oft treten adaptive Radiationen in begrenzten geografischen Regionen auf, etwa auf Inselgruppen wie dem Galapagos-Archipel oder dem Hawaii-Archipel. So sind auf dem Galapagos-Archipel 14 Finkenarten endemisch, die nach Charles Darwin Darwinfinken genannt werden. Sie unterscheiden sich auffällig in der Form ihrer Schnäbel, angepasst an die jeweils bevorzugte Nahrungsaufnahme. Die unterschiedlichen Schnäbel sind Ausdruck ihrer jeweils realisierten ökologischen Nische. Molekulargenetische Untersuchungen bestätigen, dass sämtliche Finkenarten von einer einzigen Gründerart abstammen.

Adaptive Radiationen können auch ein globales Ausmaß annehmen. Nach dem Aussterben der Dinosaurier vor etwa 65 Millionen Jahren wurden zahlreiche ökologische Nischen frei, die eine mehrere Millionen Jahre dauernde weltweite adaptive Radiation der Säugetiere ermöglichte. Ein solches Massenaussterben mit nachfolgenden adaptiven Radiationen verschiedener Organismengruppen gab es mehrfach im Laufe der Erdgeschichte

E Vielfalt der Beuteltierarten Australiens

Riesenkänguru *(Osphranter rufus)*, Pflanzenfresser

Riesenbeutelmarder *(Dasyurus maculatus)*, Fleischfresser

Großer Kaninchennasenbeutler (*Macrotis lagotis*), Allesfresser

Beuteltiere bilden mit fast 200 Arten die größte Säugetiergruppe Australiens. Weitere Beuteltierarten kommen noch in Südostasien und in Süd- und Mittelamerika vor. Im Gegensatz zu Plazentatieren, bei denen sich die Jungtiere weitgehend im Mutterleib entwickeln, bringen Beuteltiere nur wenig entwickelte Jungtiere zur Welt. Ihre weitere Entwicklung findet im Beutel der Mutter statt. Wissenschaftler vermuten, dass sich die ersten Beuteltiere vor etwa 100 Millionen Jahren in Asien entwickelt haben und sich von dort aus über alle Erdteile ausbreiteten. Die Beuteltiere Australiens stammen laut genetischer Untersuchungen von einer einzigen Beuteltierart ab, die vor etwa 50 Millionen Jahren von Südamerika aus Australien erreichte.

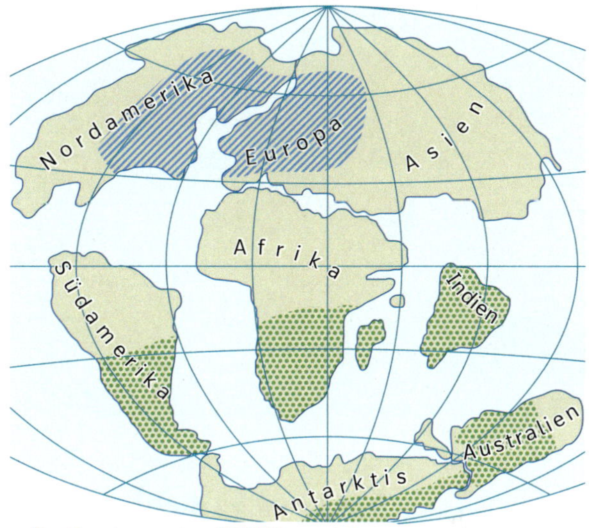

Kontinente vor etwa 60 Millionen Jahren

Vor 100 Millionen Jahren war Australien noch ein Teil des Urkontinents Gondwanaland. Die Trennung Australiens von der Antarktis zeichnete sich erst vor etwa 60 Millionen Jahren ab. Zu diesem Zeitpunkt war die Entwicklung der Säugetiere noch nicht erfolgt. Nordamerika und Eurasien waren noch über die Landbrücke Grönland verbunden.

Vor 35 Millionen Jahren wanderten höhere Säugetiere von Asien über eine Landbrücke nach Nordamerika ein. Etwa zur gleichen Zeit wurde Australien endgültig von der Antarktis getrennt. Vor etwa 2,5 Millionen Jahren bildete sich eine Landbrücke zwischen Nord- und Südamerika aus.

1 Zeichnen Sie die Verteilung der Kontinente vor 60 Millionen Jahren ab und verdeutlichen Sie darin den Ausbreitungsweg der Beuteltiere von Südamerika kommend nach Australien. ●○○

2 Erklären Sie die Entstehung der Artenvielfalt der Beuteltiere in Australien, ausgehend von einer Beuteltierart. ●●○

3 Stellen Sie eine Hypothese auf, warum in Südamerika und anderen Erdteilen heute nur noch wenige Beuteltierarten vorkommen. ●●○

4 Erklären Sie, warum es zwischen einigen Beuteltierarten wie etwa dem Kaninchennasenbeutler und entsprechenden plazentalen Säugetierarten erstaunliche morphologische Parallelen gibt. ●●○

1 Unterschiedliche Phänotypen der Hain-Bänderschnecke

4.1 Synthetische Evolutionstheorie

Hain-Bänderschnecken besitzen unterschiedliche Gehäusefärbungen und Bändermuster. Sogar innerhalb einer Population ist die Gehäusezeichnung sehr variabel. Wie kann eine solche Vielfalt durch Evolutionsprozesse entstehen?

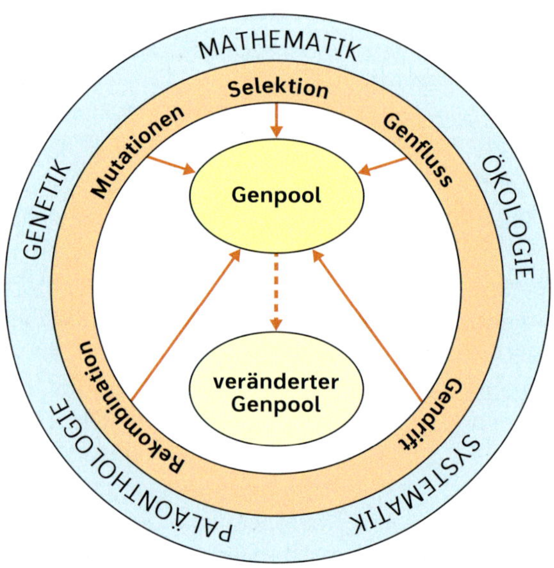

2 Synthetische Evolutionstheorie: beteiligte Fachbereiche und Evolutionsfaktoren

Synthetische Evolutionstheorie – Mit der Selektionstheorie von DARWIN ist die Vielfalt der Bänderschnecken nur unzureichend zu erklären. Denn danach würde die natürliche Selektion in jeder Population zur Auswahl einer oder weniger Varianten führen. In der Folge gäbe es nur Populationen mit jeweils einheitlichem Phänotyp.

Anfang bis Mitte des 20. Jahrhunderts wurden die Vorstellungen DARWINS mit neuen Erkenntnissen aus verschiedenen Bereichen, etwa der Genetik, Mathematik, Ökologie, Systematik und Paläontologie zusammengeführt. Es entstand die **Synthetische Evolutionstheorie**. In Zentrum dieser Theorie steht die Population mit ihrem Genpool. Verschiedene **Evolutionsfaktoren** wirken auf den Genpool ein und führen so zu evolutionären Veränderungen.

Die Evolutionsfaktoren Mutation und genetische Rekombination sind nach dieser Theorie für die ungerichtete Entstehung neuer Genotypen verantwortlich. Sie erhöhen die genetische Variabilität im Genpool der Population und sind etwa für die Vielzahl von unterschiedlichen Allelen bei der Gehäusefärbung bei Hain-Bänderschnecken verantwortlich. Im Gegensatz dazu ist die natürliche Selektion ein gerichteter Prozess. Dieser Evolutionsfaktor bewirkt, dass bestimmte Gene bevorzugt an die nachfolgende Generation weitergegeben werden. In der Folge nimmt die genetische Variabilität des Genpools ab. Weitere Evolutionsfaktoren sind die Gendrift und der Genfluss. Sie bewirken zufällige Veränderungen des Genpools. Zum Beispiel ist die Gendrift eine weitere Ursache für die vielfältige Gehäusefärbung bei Hain-Bänderschnecken. Die Synthetische Evolutionstheorie wird ständig weiterentwickelt. Seit der Mitte des 20. Jahrhunderts sind beispielsweise umfangreiche Erkenntnisse aus der Entwicklungsbiologie und computerbasierte Analysen hinzugekommen.

Mikro- und Makroevolution – Ein helles Gehäuse ist für Bänderschnecken bei hohen Temperaturen vorteilhaft, da es den Wasserverlust durch Erwärmung verringert. Steigen die Temperaturen im Lebensraum einer Population im Verlauf der Zeit an, führt die Selektion über Generationen hinweg zu helleren Gehäusen. Solche allmählichen Evolutionsprozesse in kleinen Schritten nennt man **Mikroevolution**. Der Übergang von Fischen zu Amphibien war mit einer umfangreichen Umgestaltung ihres Bauplans verbunden. Zum Beispiel mussten Veränderungen im Bewegungsapparat, die Entwicklung von Lungen und Anpassungen der Sinnesorgane erfolgen. Solche umfangreichen Umgestaltungen des Bauplans kennzeichnen die **Makroevolution**.
In Ablagerungen aus dem Devon findet man Fossilien von Wirbeltieren wie den *Tiktaalik*, die Merkmale von Fischen und von landlebenden Wirbeltieren besaßen. Lebewesen, die Merkmale von zwei Gruppen mit unterschiedlichen Bauplänen vereinen, heißen **Brückentiere**. Sie belegen, dass auch große evolutionäre Veränderungen schrittweise verlaufen.

Evolutionsgeschwindigkeit – Nach DARWIN erfolgt die Evolution langsam und schrittweise über viele Generationen hinweg. Diese Vorstellung bezeichnet man als **Gradualismus**. Demnach ist die Makroevolution stets die Folge zahlreicher mikroevolutionärer Schritte.

3 *Tiktaalik*: Brückentier zwischen Fischen und Landwirbeltieren

Der **Punktualismus** geht von raschen evolutionären Veränderungen aus. Danach entstehen neue Arten und Baupläne in kurzen Zeitspannen, zwischen denen kaum Veränderungen auftreten. So können beispielsweise bei Gräsern Fehler während der Meiose dazu führen, dass spontan polyploide Pflanzen mit stark veränderten Eigenschaften entstehen.

MATERIAL MIT AUFGABEN

A Evolutionsgeschwindigkeit

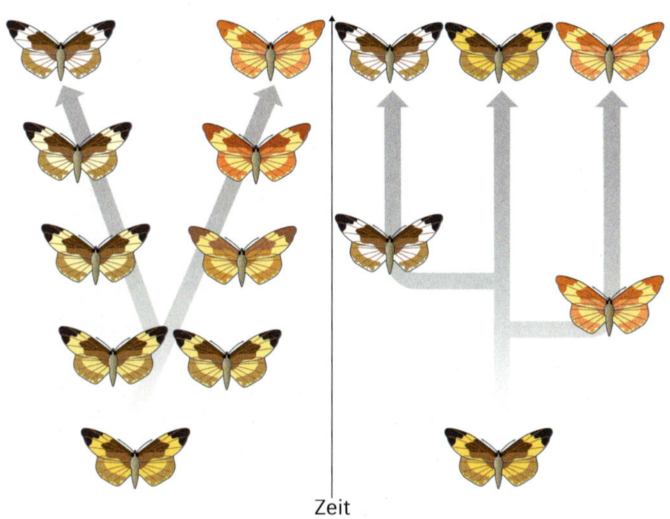

1 Erklären Sie mithilfe der Abbildung die Vorstellungen zum Gradualismus und Punktualismus.

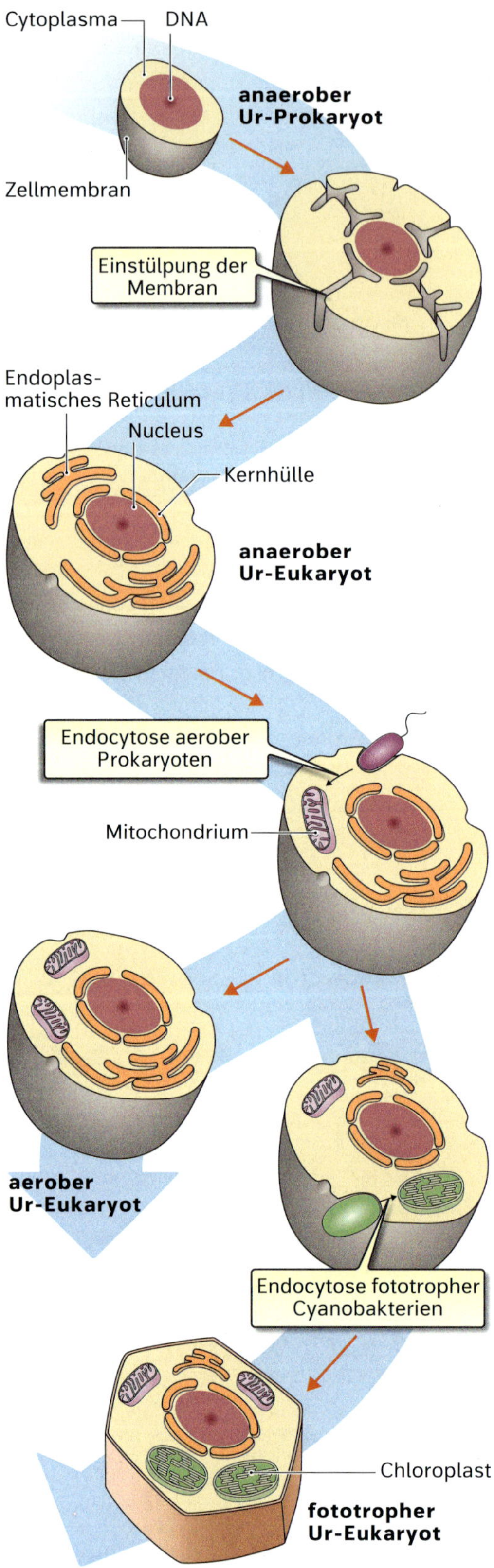

4 Evolutionäre Entstehung der Eukaryotenzelle durch mehrfache Endosymbiosen (Schema)

Symbiogenese – Die moderne Evolutionslehre basiert auf dem Gedanken, dass die Entwicklung der Lebewesen in erster Linie durch Konkurrenz bestimmt wird, also durch natürliche Selektion im Sinne DARWINS. An der evolutionären Entwicklung ist allerdings auch die Kooperation von Lebewesen beteiligt. Eine wichtige Rolle spielt dabei die Symbiose, also die Beziehung zwischen zwei Arten zu ihrem beidseitigen Vorteil. So entstand beispielsweise die Eukaryotenzelle durch mehrfache Symbiose und Verschmelzung verschiedener Organismen. Eine solche Verschmelzung von zwei oder mehreren verschiedenen Organismen zu einem einzigen neuen Organismus nennt man **Symbiogenese**.

Entstehung der Eukaryotenzelle –

Lange Zeit bestand das Leben auf der Erde ausschließlich aus Prokaryoten. Vor etwa 1,5 Milliarden Jahren entstanden die ersten eukaryotischen Zellen. Damit begann die Entwicklung der **Kompartimentierung** von Zellen. Dies war ein entscheidender Schritt in der Evolution des Lebens. Wie diese Kompartimentierung erfolgte, ist umstritten. Nach einer der Hypothesen entstanden das Endoplasmatische Retikulum und der Zellkern durch Einstülpungen und Abschnürungen der Zellmembran. Nach einer anderen Hypothese entwickelte sich der Zellkern aus der Verschmelzung eines Bakteriums mit einer Archaee. Dafür spricht, dass im Erbgut von Eukaryoten auch Gene vorkommen, wie man sie in abgeleiteter Form bei Bakterien und Archaeen findet.

Endosymbiontentheorie – Nach einer heute allgemein akzeptierten Theorie haben sich Mitochondrien und Chloroplasten aus ursprünglich freilebenden Bakterien entwickelt. Diese wurden vermutlich aus großen, Amöben ähnlichen Ur-Eukaryoten durch Endocytose ins Zellinnere aufgenommen. Dort wurden sie jedoch nicht verdaut, sondern lebten in den Ur-Eukaryoten zum beiderseitigen Vorteil weiter. Im Verlauf der Evolution wurden die Prokaryoten und die eukrayotische Zelle voneinander abhängig, sodass beide nicht mehr eigenständig leben konnten. Es hatte sich eine **Endosymbiose** entwickelt.

Mitochondrien haben sich wahrscheinlich aus Bakterien entwickelt, die ihre Energie durch den aeroben Abbau von Nährstoffen gewannen. Sauerstoff war in der damaligen Uratmosphäre für die meisten Lebewesen giftig. Sie gewannen ihre Energie durch den Abbau von Nährstoffen ohne Sauersoff. Da die Endprodukte bei diesem anaeroben Abbau noch sehr energiereich sind, fällt der Energiegewinn hierbei deutlich geringer aus als beim aeroben Abbau. Bakterien, die im Innern eines Ur-Eukaryoten überlebt hatten, bauten möglicherweise dessen Stoffwechselendprodukte vollständig ab, gewannen dadurch Energie und entfernten zum Vorteil des Ur-Eukaryoten den Sauerstoff. Aus solchen aeroben Bakterien entwickelten sich nach der Endocytose im Laufe der Zeit **Mitochondrien**.
Eukaryotische Zellen mit Mitochondrien nahmen im weiteren Verlauf der Evolution fotosynthetisch aktive Cyanobakterien auf, aus denen sich dann die **Chloroplasten** der Pflanzenzellen entwickelten.

Belege für die Endosymbiontheorie

Zahlreiche Belege stützen die Entstehung von Mitochondrien und Chloroplasten durch Endosymbiose. Zum Beispiel:

- Die Größe von Mitochondrien entspricht der von kleinen Bakterien.
- Beide Zellorganellen sind von zwei Membranen umgeben. Ihre innere Membran weist Enzyme und Transportproteine auf, die denen von Bakterien entspricht.
- Sowohl Chloroplasten als auch Mitochondrien enthalten eine eigene DNA, die wie bei Bakterien ringförmig ist.
- Chloroplasten und Mitochondrien teilen sich unabhängig von der übrigen Zellteilung und werden bei der Teilung der Wirtszelle auf die Tochterzellen verteilt.
- Beide Zellorganellen verfügen über eigene Ribosomen, können also eigenständig Proteine herstellen. Ihre Ribosomen besitzen Eigenschaften, die denen von Bakterien entsprechen.

MATERIAL MIT AUFGABEN

B Hatena – ein rätselhafter Einzeller

Das Geißeltierchen *Hatena arenicola* wechselt zwischen einer räuberischen Phase und einer Wirtsphase mit Endosymbiont. In der räuberischen Phase ist es farblos und besitzt einen besonderen Fressapparat. Mit diesem kann Hatena Grünalgen der Gattung Nephroselmis aufnehmen. Die Alge wird allerdings nicht verdaut, sondern wächst in dem Geißeltierchen so lange heran, bis ihr Chloroplast fast die ganze Hatena ausfüllt. Hatena betreibt nun Fotosynthese. Außerdem verschwindet der Fressapparat. Bei der Zellteilung enthält nur eine der beiden Tochterzellen die Grünalge, während die andere leer ausgeht. Diese entwickelt dann wieder einen Fressapparat.

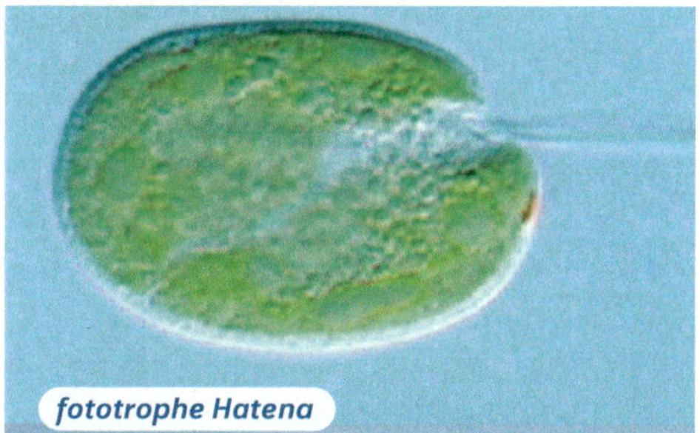
fototrophe Hatena

heterotrophe und fototrophe Hatena

1 Erklären Sie, warum Hatena als temporärer Endosymbiont bezeichnet wird. ●○○
2 Begründen Sie, warum Hatena einen indirekten Einblick in die Entstehungsgeschichte der Pflanzen erlaubt. ●●○

5 Künstlerische Darstellung der Arche Noah

Kreationismus – Die moderne Synthetische Theorie der Evolution wurde durch zahlreiche Erkenntnisse aus unterschiedlichen Bereichen der Biologie, aber auch der Geologie, Geophysik und Astrophysik bestätigt. Mit ihrer erklärenden und vorhersagenden Kraft erlangte sie schon früh den Rang einer Theorie. Sie wurde nicht nur zum zentralen organisierenden Prinzip der Biologie, sondern ist zentraler Bestandteil unseres naturwissenschaftlichen Weltbildes.
Trotzdem wird ein evolutiver Prozess auch 160 Jahre nach Darwin von einigen Menschen abgelehnt. Nach Meinung der **Kreationisten** entstand alles Leben auf der Erde in einem einmaligen Schöpfungsakt, so wie in der Bibel beschrieben. Auch die biblische Erzählung über die Sintflut und die Rettung der Menschen und Lebewesen durch die Arche Noahs wird von ihnen als wahres Ereignis angesehen.

Strömungen des Kreationismus – Innerhalb des Kreationismus gibt es mehrere Strömungen. **Kurzzeit-Kreationisten** gehen davon aus, dass die Erschaffung der Welt und aller Lebewesen – gemäß der Bibel – innerhalb von sechs Tagen stattgefunden hat. Demnach wäre die Erde etwa 6000 Jahre alt. Altersbestimmungen von Gesteinen oder Fossilien, die dieser Vorstellung widersprechen, werden als Fehldeutungen zurückgewiesen.

Langzeit-Kreationisten versuchen die wissenschaftlichen Erkenntnisse zum Alter der Erde mit der Schöpfungsgeschichte zu vereinbaren. Ihren Vorstellungen nach wurde die Erde bereits als eine über viele Millionen Jahre alte Erde geschaffen. Sie glauben, dass der Schöpfer immer wieder in die Schöpfung eingreift. So wurden ausgestorbene Arten von ihm durch andere Arten ersetzt.

Neokreationismus – Eine aktuellere Version des Kreationismus ist das Konzept des **Intelligent Design**. Dieses wird von seinen Anhängern als wissenschaftliche Theorie betrachtet. Sie sind der Ansicht, dass Lebewesen viel zu komplex sind und nicht durch zufällige Mutationen und Selektion entstanden sein können. Sie folgern daraus, dass sie nur von einem intelligenten Designer geplant und erschaffen werden konnten. Dieser schuf pflanzliche und tierische Grundtypen, die innerhalb bestimmter Grenzen, aber nicht über Artgrenzen hinweg variieren können.

Die großen Kirchen distanzieren sich entschieden von den Kreationisten. Die biblische Schöpfungsgeschichte ist eine Glaubensbezeugung und hat nicht den Anspruch einer naturwissenschaftlichen Hypothese oder Theorie. Die moderne Evolutionstheorie steht damit in keiner Weise im Widerspruch zur Bibel.

C Evolutions- und Schöpfungslehre

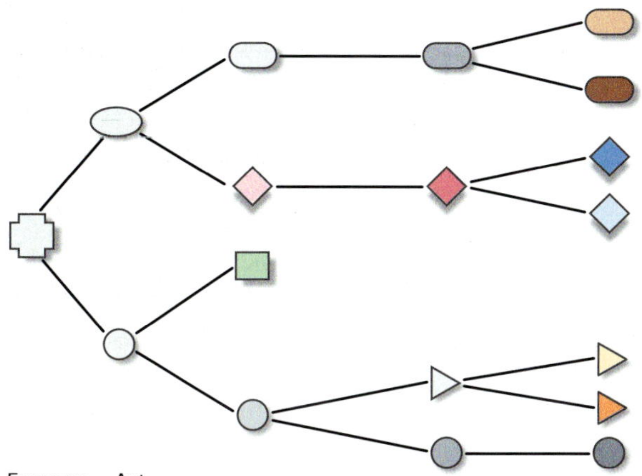

Formen = Art
Farbnuancen = Variationen innerhalb der Art

1 Erklären Sie mithilfe des Schemas die Entstehung heute lebender Arten. ●○○
2 Zeichnen Sie ein entsprechendes Schema, das die Vorstellung von Kreationisten zur Entstehung ausgestorbener und heute lebender Arten wiedergibt. ●●○
3 Stellen Sie die nebenstehenden Aussagen zu wissenschaftlichen Hypothesen und Theorien in Form einer Mindmap dar. ●○○
4 Prüfen Sie, ob folgende Hypothesen überprüfbar sind: Das prachtvolle Gefieder eines Pfauenhahns zeigt an, dass er
   - gesund ist,
   - gute Gene hat,
   - mit seiner Schönheit die Pfauenhennen zur Paarung gewinnen will. ●●○
5 Nennen Sie die Funktionen wissenschaftlicher Theorien und erklären Sie diese anhand der Synthetischen Evolutionstheorie. ●●○
6 Begründen Sie, dass die Schöpfungslehre der Kreationisten keine wissenschaftliche Theorie ist. ●●○
7 Kreationisten werfen der Synthetischen Evolutionstheorie vor, dass sie Erklärungslücken aufweist und führen diese als Beleg für ihre Ungültigkeit an. Nennen Sie Gegenargumente. ●●○
8 Nach der Synthetischen Evolutionstheorie ist der Mensch ein Ergebnis der Artbildung. Diskutieren Sie, ob die Einordnung des Menschen in das System des Lebendigen seinen Anspruch als Wesen mit Vernunft und Verantwortung untergräbt. ●●●

Wissenschaftliche Hypothesen und Theorien

Naturwissenschaftliches Arbeiten geht von der Grundannahme aus, dass alle Vorgänge in der Natur nach den immer und überall gleichen einfachen Regeln, den Naturgesetzen ablaufen. Auf deren Basis können zu nicht erklärbaren Beobachtungen Hypothesen gebildet werden.

Eine wissenschaftliche **Hypothese** ist eine auf Vorwissen begründete Vermutung zu einer Frage, die sich aus einer Beobachtung ergibt. Eine Hypothese muss überprüfbar sein. Beispielsweise ist die Hypothese: *Das Seeungeheuer Nessie ist für ein Schiffsunglück auf dem schottischen See Loch Ness verantwortlich,* nicht überprüfbar, da die Existenz von Nessie nicht nachgewiesen wurde. Die Ergebnisse von Experimenten oder Beobachtungen zur Überprüfung von Hypothesen liefern Erkenntnisse über kausale Zusammenhängen und Gesetzmäßigkeiten. Gut gesicherte Erkenntnisse können zu einer Theorie zusammengefast werden.

Eine **Theorie** hat informierende und erklärende Funktion. Sie macht die Zusammenhänge verständlich und begründet diese. Außerdem haben Theorien eine voraussagende, prognostizierende Funktion, etwa von Ereignisse in der Zukunft. Sie können aber auch nachträglich Ereignissen erklären. Stehen Versuchsergebnisse im Widerspruch zur aufgestellten Theorie, so muss diese abgeändert oder verworfen werden. Je mehr richtige Vorhersagen sich aus einer Theorie ergeben, desto wahrscheinlicher ist ihre Richtigkeit. Die Qualität einer Theorie ist unter anderem davon abhängig, mit wie vielen anderen anerkannten Theorien sie im Einklang steht. Eine Theorie kann niemals bewiesen werden. Sie kann nur immer wieder überprüft und in Frage gestellt werden. Selbst EINSTEINS allgemeine Relativitätstheorie, deren Vorhersagen in unzähligen Experimenten überprüft wurden, lässt sich niemals absolut bestätigen. Ein einziges zukünftiges Experiment, das den Vorhersagen dieser Theorie widerspricht, könnte sie bereits widerlegen.

Klausuraufgaben

Fledermäuse und ihre Beute

Fledermäuse und Flughunde gehören zur Ordnung der Fledertiere. Mit rund 1450 Arten bilden sie eine der artenreichsten Ordnungen der Säugetiere. Im Folgenden werden evolutionsbiologische Aspekte von Fledermäusen thematisiert.

1.1 Erklären Sie die Synthetischen Evolutionstheorie.
1.2 Stellen Sie drei Angepasstheiten der Fledermäuse an ihren Lebensraum Luft dar und leiten Sie die Selektionsvorteile ab, die sich daraus ergeben. (Material A)
1.3 Entwickeln Sie eine Hypothese zur Artbildung bei Fledermäusen unter Berücksichtigung der Nahrungsspektren. (Material A)

2.1 Fassen Sie die Versuchsergebnisse zu der Frage, welche Fledermausarten Motten wahrnehmen können, zusammen. (Material B)
2.2 Geben Sie die Hypothese an, die den dargestellten Versuchsergebnissen zugrunde liegt und analysieren Sie die Ergebnisse im Hinblick auf diese Hypothese. (Material A und B)

3.1 Deuten Sie die Versuchsergebnisse zur Frage, welche Bedeutung die Klicklaute der Tigermotte haben. (Material C und D)
3.2 Werten Sie Befunde zum Schrei der Tigermotte im Hinblick auf ultimate Ursachen aus. (Material C)
3.3 Prüfen Sie, ob es sich bei der Entwicklung von Nordamerikanischer Mausohr und der Tigermotte um Coevolution handelt. (Material A bis D)

A Merkmale von Fledermäusen

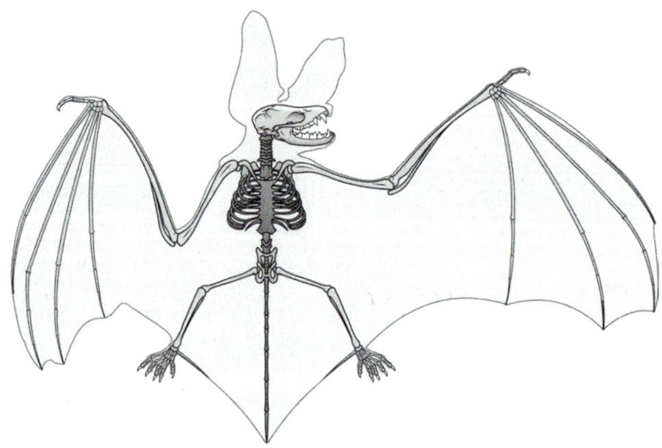

1 Skelett einer Fledermaus (Schema)

Fledermäuse sind neben Flughunden die einzigen nachtaktiven Säugetiere, die zum Flatterflug fähig sind. Ihre Vorderextremitäten sind zu Flügeln umgebildet. Sie fliegen aktiv, schlagen also mit den Flügeln, um sich in der Luft zu halten. Zwischen den verlängerten Fingerknochen ist eine Flughaut eingespannt. Sie geht darüber hinaus vom Hals über die Hinterbeine bis zum Schwanz. Nur die Daumenkralle, die die Fledermaus zum Festhalten an unebenen Oberflächen benutzt, ist nicht in die Flughaut eingespannt. Die Knochen der Vordergliedmaßen insbesondere die Mittelhand- und Fingerknochen sind außer beim Daumen stark verlängert.

Die meisten Fledermäuse orientieren sich während des Flugs mithilfe der Echoortung. Dabei stoßen sie über Mund und Nase Ultraschall-Laute aus. Treffen die Schallwellen auf den Körper von Beutetieren werden sie reflektiert. Anhand des zurückgeworfenen Echos erkennt die Fledermaus die exakte Position und Größe ihrer Beute. Während etwa 75 Prozent der Fledermausarten nachts Insekten jagen, ernähren sich die anderen Arten vor allem von Früchten, Pollen, Nektar oder auch von Wirbeltierblut. Einige Fledermausarten haben sich auf Vögel, Frösche, Echsen oder auch Fische als Beutetiere spezialisiert.

B Fledermäuse und Motten

Bei der Jagd fliegender Insekten, wie etwa Motten, orten Fledermäuse die Beutetiere zunächst mit leiseren Ultraschalllauten. Kurz vor dem Zupacken stoßen sie intensive Klicklaute aus. Motten verfügen über einfach gebaute Hörorgane, mit denen sie die Laute der Fledermäuse wahrnehmen können.

Zur Untersuchung der Frage, welche Fledermausarten Motten wahrnehmen können, wurden in einem Regenwald die Frequenzspektren der Rufe von 37 verschiedenen Fledermausarten mit jeweils unterschiedlichen Nahrungsspektren registriert.

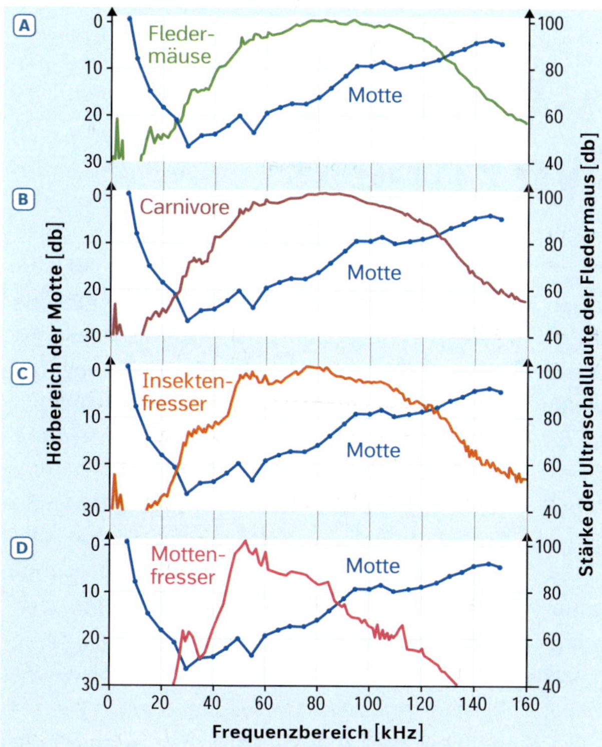

Diagramm A zeigt das gemeinsame Frequenzspektrum der Laute von sämtlichen 37 Fledermausarten, Diagramm B das nur für carnivore, Diagramm C das nur für insektenfressende und Diagramm D das nur für mottenfressende Fledermausarten. Zusätzlich zeigen die Diagramme die Empfindlichkeiten der Hörorgane der Motten aus dem Habitat der untersuchten Fledermausarten.

C Schrei der Tigermotte

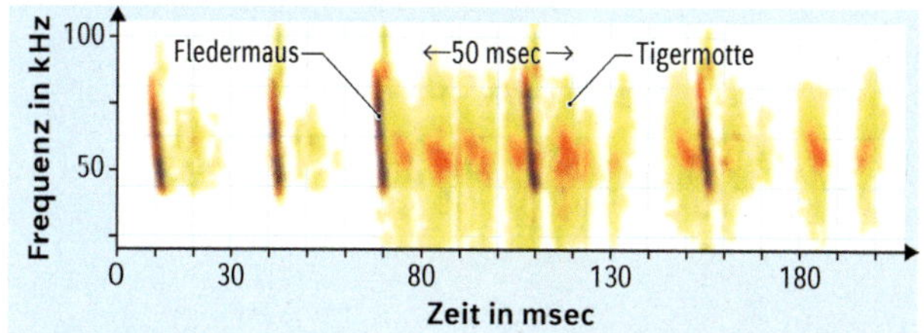

2 Sonogramm der Klicklaute von Fledermaus und Tigermotte

Die Tigermotte *Cycnia tenera* ernährt sich von Pflanzen mit bestimmten Giftstoffen und speichert die Giftstoffe in ihrem Körper. Daher ist sie für Vögel und Fledermäuse ungenießbar und wird von ihnen gemieden. Tigermotten besitzen Hörorgane und ein besonderes Trommelorgan, mit dem sie Klicklaute im Ultraschallbereich erzeugen können. Sie erzeugen diese, wenn die Fledermaus sich kurz vor dem Zupacken befindet. Das Diagramm gibt die Klicklaute der angreifenden Fledermaus und die Klicklaute, Schreie der Tigermotte wieder.

D Warnen und Täuschen

In einem Versuch zur Frage, welche Bedeutung die Klicklaute der Tigermotte haben, wurden Tigermotten mit dem Nordamerikanischen Mausohr zusammengebracht. Diese Fledermausart erbeutet bei nächtlicher Jagd vorwiegend Motten im Flug. In dem Versuch waren bei der Hälfte der Tigermotten die Trommelorgane entfernt, sodass sie keine Klicklaute mehr erzeugen konnten. In den Kontrollversuchen wurden andere Mottenarten eingesetzt, die zum Beutespektrum des Mausohrs gehören. Jeweils ein Mausohr wurde mit je einer Motte in einen verdunkelten Raum gebracht.

Art des Kontaktes	Ansatz A: „intakte" Tigermotte	Ansatz B: „stumme" Tigermotte	Ansatz C: andere Motten
kein Kontakt	66,7 %	8,3 %	0 %
Kontakt, unverletzt	25,0 %	66,7 %	0 %
Kontakt, getötet	8,3 %	25,0 %	100 %

1 Knutt (*Calidris canutus*) im Wattenmeer

5.1 Kosten-Nutzen-Analyse und reproduktive Fitness

Im Frühjahr kann man den Knutt in riesigen Schwärmen im Wattenmeer antreffen. Die Vögel rasten dort auf ihrer Wanderung von der westafrikanischen Küste zu den Brutgebieten in der sibirischen Tundra. Auch auf ihrer Rückreise im Herbst nutzen sie das Wattenmeer als Zwischenstopp. Warum wechselt der Knut alljährlich zwischen seinem Brut- und Winterquartier?

Proximate Ursachen – Um ein Verhalten wie den Vogelzug zu verstehen, kann es aus unterschiedlichen Perspektiven betrachtet und hinterfragt werden. Die Frage, was einen Knutt dazu veranlasst, zu einem bestimmten Zeitpunkt zum Vogelzug aufzubrechen oder seine Rast im Wattenmeer zu beenden, bezieht sich auf Wirkmechanismen. Welche unmittelbaren Ursachen bewirken das Verhalten? Man bezeichnet diese unmittelbaren Ursachen als **proximate Ursachen** oder **proximate Faktoren**. Proximate Ursachen können innere Faktoren wie neuronale Zustände, der Ernährungszustand oder Hormonausschüttungen sein. Sie werden oft durch äußere Einflussfaktoren wie etwa die jahreszeitlichen Änderungen der Tageslichtdauer, Klimafaktoren und Nahrungsverknappung ausgelöst werden. Beim Vogelzug des Knutts spielt die Tageslichtdauer eine entscheidende Rolle.

Ultimate Ursachen – Die langen Vogelzüge zwischen den Brutgebieten und den Winterquartieren des Knutts sind mit großen Gefahren und hohen Risiken verbunden. Dennoch hat sich das Zugverhalten im Laufe der Evolution bewährt. Die Vögel finden in der Tundra günstige Brutbedingungen, wie ein reiches Nahrungsangebot und ein geringes Vorkommen von Fressfeinden. Durch den Vogelzug wird folglich die Zahl der Nachkommen und somit der Fortpflanzungserfolg erhöht. Eine Steigerung des Fortpflanzungserfolges wird auch als Fitnessmaximierung bezeichnet. Die Auswirkungen eines Verhaltens für den Überlebens- und Fortpflanzungserfolg eines Individuums oder einer Population stellen **ultimate Ursachen** oder **ultimate Faktoren** dar.

Stammesgeschichtlicher Ursprung – Vom Knutt sind sechs Unterarten bekannt. Diese unterscheiden sich in der geografischen Lage ihrer Brutgebiete und Überwinterungsquartiere sowie in ihren Zugrouten. Der Alpenstrandläufer (*Calidris alpina*) ist ein naher Verwandter des Knutts. Er brütet ebenfalls in den arktischen Tundren, überwintert aber in anderen Gebieten und nutzt demzufolge andere Flugrouten. Aus diesen Beobachtungen ergibt sich die Fragen, ob das Zugverhalten nahe verwandter Arten einen gemeinsamen stammesgeschichtlichen Ursprung und wie es sich im Laufe der Zeit verändert hat. Die Frage nach dem **stammesgeschichtlichen Ursprung** eines Verhaltens stellt somit eine weitere Perspektive dar, aus der man ein Verhalten betrachten kann.

Individualentwicklung – Auch zwischen Individuen derselben Knuttpopulation werden Verhaltensunterschiede beobachtet. Verschiedene Individuen können etwa zu unterschiedlichen Zeiten aufbrechen, andere Routen und Zielorte wählen, verschiedene Wegmarken zur Orientierung nutzen oder unterschiedlich lang im Wattenmeer verweilen. Diese Beobachtungen führen zu der Frage: Wie und durch welche Faktoren entsteht und verändert sich ein Verhalten im Laufe der Individualentwicklung, der **Ontogenese** eines Tieres? Dabei werden genetische und äußere Einflüsse sowie ihr Wechselspiel betrachtet. Die individuellen Unterschiede beim Vogelzug des Knuts können etwa die Folgen von Reifungs- oder Alterungsprozessen oder von Klimaveränderungen sein.

Bedeutung – Die vier Ebenen zur Erklärung von Verhalten sind für verschiedene verhaltensbiologische Richtungen von unterschiedlicher Bedeutung. In der klassischen Verhaltensforschung spielen sie alle eine Rolle. In einigen modernen Disziplinen wie der Verhaltensgenetik und der Verhaltensphysiologie stehen Wirkmechanismen, also die Frage nach proximaten Ursachen, im Mittelpunkt. Die Frage nach ultimaten Ursachen ist insbesondere für die Evolutionsbiologie von Bedeutung. Dabei geht es um die Auswirkungen des Verhaltens auf die Erhaltung der Art.

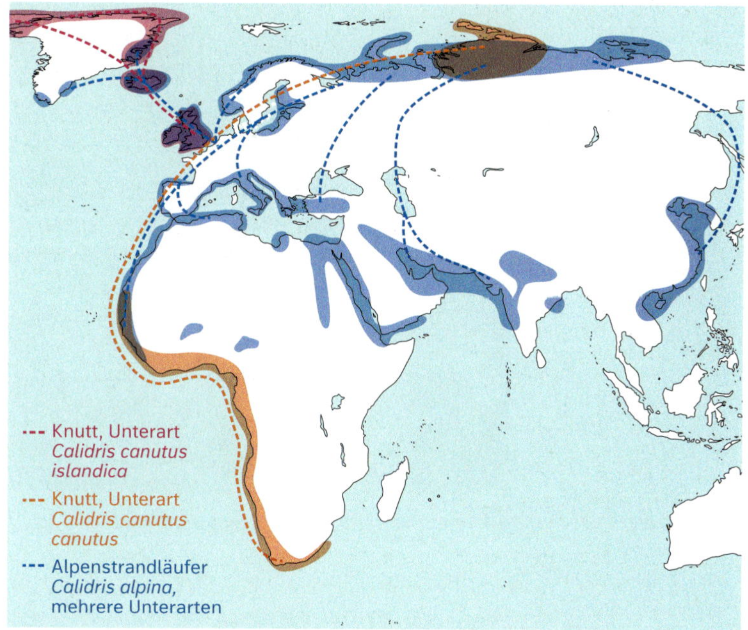

2 Verbreitungsgebiete und Zugrouten nahe verwandter Vogelarten

MATERIAL MIT AUFGABEN

A Aktivität nachtaktiver Mäuse

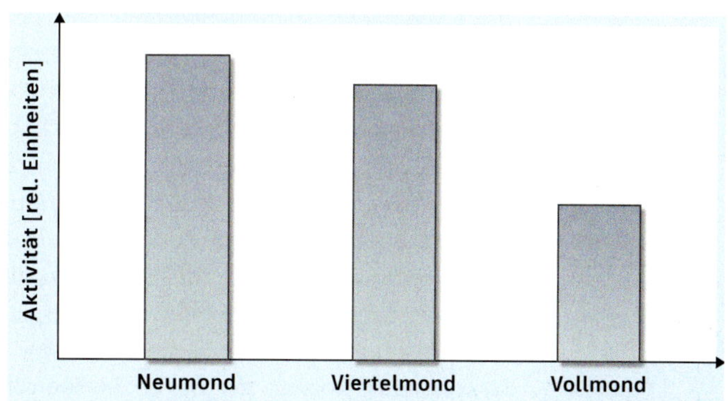

Untersuchungen an nachtaktiven Mäusen zeigten, dass ihre Aktivität von der Mondphase abhängig ist.

1 Beschreiben Sie die Aktivität der Mäuse in Abhängigkeit von der Mondphase. ●○○
2 Erklären Sie die unterschiedliche Aktivität der Mäuse mithilfe von proximaten Ursachen. ●●○
3 Erklären Sie die unterschiedliche Aktivität der Mäuse mithilfe von ultimaten Ursachen. ●●○
4 Nennen Sie mögliche stammesgeschichtliche Faktoren und Faktoren der Individualentwicklung, die die unterschiedliche Aktivität der Mäuse erklären könnten. ●●○

3 Singdrossel (*Turdus philomelos*) am Nest

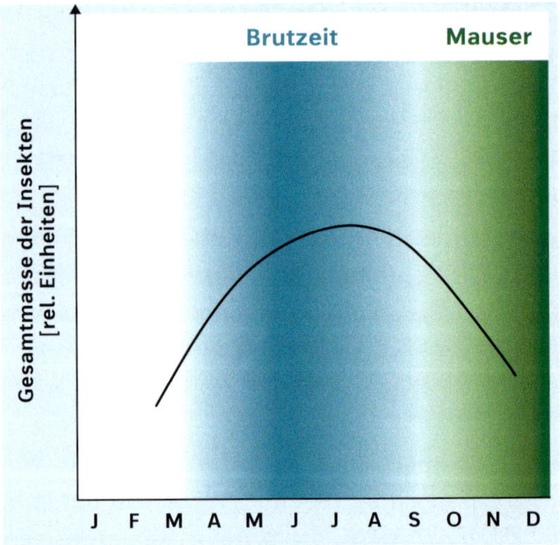

4 Brutzeiten typischer deutscher Singvögel und Insektenvorkommen im Jahresverlauf

Reproduktive Fitness – Singvögel wie Meisen oder Amseln brüten typischerweise im Frühjahr oder im Frühsommer. Dafür spielt das Vorkommen von Insekten in dieser Zeit eine wesentliche Rolle. Singvögel, die zu früh im Jahr mit dem Brüten beginnen, finden nicht ausreichend Insekten, die sie für die Aufzucht der Jungvögel brauchen. Brüten Vögel aber zu spät, bleibt ihnen zu wenig Zeit für eine zweite oder dritte Brut, wie sie bei vielen Arten vorkommt. Es kann auch sein, dass die Zeit für den Wechsel des Gefieders, die **Mauser,** dann nicht mehr ausreicht, sodass sie nicht rechtzeitig in die Winterquartiere fliegen können. Das Brüten der Vögel im Frühjahr sichert also ihren Überlebens- und Fortpflanzungserfolg, weshalb es sich im Lauf der Evolution bewährt hat. Der Fortpflanzungserfolg, den ein Lebewesen während seiner Lebenszeit erzielt, wird **reproduktive Fitness** genannt.

Kosten-Nutzen-Analysen und ultimate Ursachen – Das frühe Brüten der Singvögel birgt die Gefahr, dass die Brut nicht überlebt, denn im Frühjahr können das Nahrungsangebot, die Wetterbedingungen und Temperaturen für die Aufzucht der Jungtiere noch sehr ungünstig sein. Dennoch erhöht sich durch das frühe Brüten die Möglichkeit, dass die Vögel mehrmals im selben Jahr brüten und so insgesamt mehr Jungvögel pro Jahr großgezogen werden können. Der Verlust von Jungvögeln bei frühem Brutbeginn stellt die **Kosten** des Verhaltens dar. Diese werden in Kauf genommen, da der mit dem frühen Brutbeginn verbundene **Nutzen** überwiegt. Dieser besteht in zusätzlich aufgezogenen Jungvögeln aus späteren Bruten desselben Jahres. Ein früher oder ein später Brutbeginn sind verschiedene Möglichkeiten für **Verhaltensstrategien** von Vögeln.

Kosten und Nutzen beziehen sich nicht auf unmittelbare Vor- und Nachteile eines Verhaltens, sondern auf den Beitrag zum Reproduktionserfolg im Verlauf des Lebens. **Kosten-Nutzen-Analysen** helfen zu verstehen, warum sich bestimmte Verhaltensstrategien einer Tierart im Laufe der Evolution bewährt haben und andere nicht. Sie geben somit Aufschluss über ultimate Ursachen von Verhalten.

Nicht immer lassen sich Kosten-Nutzen-Analysen auf wenige Faktoren begrenzen. Da sich die reproduktive Fitness eines Lebewesens auf seine gesamte Lebensdauer bezieht, können auch längerfristige Auswirkungen einer Verhaltensstrategie von Bedeutung sein. Der Vorteil eines frühen Brutbeginns von Singvögeln ist zum Beispiel eingeschränkt, wenn durch mehr Bruten innerhalb eines Jahres hohe Folgekosten für die Elternvögel entstehen. Dies kann der Fall sein, weil sie sich beim mehrfachen Brüten im Jahr weniger Fettreserven für den Winter anfressen können oder sie eher von Fressfeinden erbeutet werden.

Proximate Ursachen lösen Verhalten aus Wird in einem Experiment mit Amseln die Tageslichtdauer verlängert, beginnen sie auch mitten im Winter zu brüten. Durch die längere tägliche Lichteinwirkung werden in den Vögeln Hormone ausgeschüttet, die dann Verhaltensweisen wie das Singen, den Nestbau und schließlich das Eierlegen anregen. Dabei ist die verlängerte Lichteinwirkung auf die Lichtsinneszellen ein Reiz, der die Hormonausschüttung bewirkt. Diese ist wiederum eine proximate Ursachen für das Brutverhalten.

Proximate Ursachen erklären also, wie ein Verhalten unmittelbar verursacht wird. Sie geben an, welche inneren Bedingungen dem Verhalten zugrunde liegen und welche äußeren Faktoren darauf Einfluss nehmen. Innere Bedingungen können etwa der Hormonspiegel oder entwicklungsbiologische Mechanismen sein. Sie werden durch äußere Einflussfaktoren wie etwa Licht oder Temperatur beeinflusst. Auch spezielle Reize, also **Schlüsselreize,** können das Verhalten auslösen. Proximate Ursachen werden daher als Wirkursachen bezeichnet. Sie geben Aufschluss darüber, wie sich ein Verhalten im Verlauf des individuellen Lebens entwickelt.
Bei der Analyse ultimater und proximater Ursachen eines Verhaltens wird das Verhalten aus unterschiedlichen Perspektiven betrachtet. Jedes Verhalten kann sowohl mit proximaten Ursachen als auch mit ultimaten Ursachen erklärt werden.

MATERIAL MIT AUFGABEN

B Kosten-Nutzen-Vergleich des Verhaltens von Sundkrähen

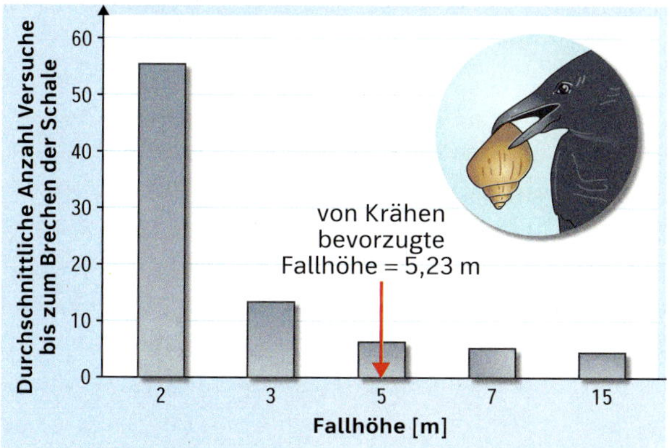

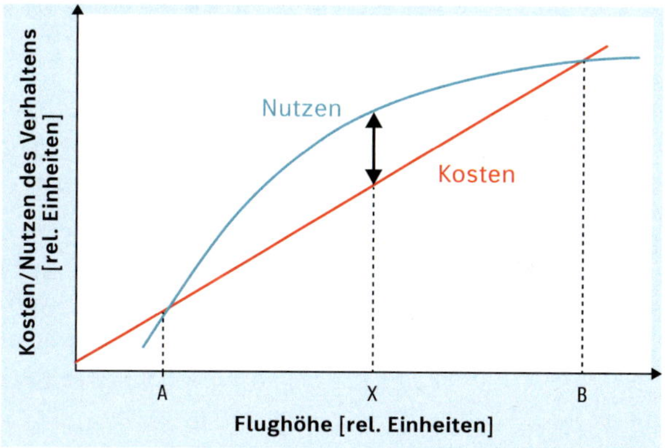

Die Sundkrähen der kanadischen Pazifikküste fressen Schnecken mit festem Gehäuse, die in Gezeitentümpeln vorkommen. Findet eine Krähe eine Schnecke, packt sie diese mit dem Schnabel, fliegt in die Höhe und lässt die Schnecke dann auf den steinigen Untergrund fallen. Das wiederholt sie so lange, bis das Gehäuse bricht, sodass der Inhalt gefressen werden kann.

1 Beschreiben Sie den beobachteten Zusammenhang zwischen der Fallhöhe der Schnecken und der durchschnittlich erforderlichen Zahl an Versuchen bis zum Aufbrechen der Gehäuse. ●○○

2 Ermitteln Sie für jede im Diagramm aufgeführte Fallhöhe die Kosten, die einer Krähe entstehen, um eine Schnecke fressen zu können. Berechnen Sie dazu für jede Fallhöhe die durchschnittlich erforderliche gesamte Flughöhe als Produkt aus der Fallhöhe und der durchschnittlichen Zahl der Versuche. ●●○

3 Prüfen Sie, ob die beobachtete bevorzugte Fallhöhe den Erwartungen an ein optimales Kosten-Nutzen-Verhältnis entspricht. Nennen Sie weitere Faktoren, die bei dem Verhalten eine Rolle spielen könnten. ●●●

4 Erklären Sie anhand der Grafik B das Verhalten der Sundkrähen. ●●○

1 Gorillamännchen mit Jungtier

5.2 Sozialverhalten von Primaten

Gorillas leben wie die meisten Primaten in Gruppen. Übernimmt ein männlicher Gorilla eine neue Gruppe, tötet er alle fremden Jungtiere, die noch von ihren Müttern abhängig sind. Die eigenen Jungtiere behandelt er hingegen später sehr fürsorglich. Warum töten männliche Gorillas Jungtiere bei der Übernahme einer Gruppe?

Kosten und Nutzen des Gruppenlebens – Nicht nur morphologische Merkmale, auch das Verhalten und die Art des Zusammenlebens wirken sich auf den Überlebens- und Fortpflanzungserfolg einer Population aus. Denn das Leben in einer Gruppe ist für die einzelnen Mitgliedern von Nutzen: es bietet Schutz vor Raubtieren, einen leichteren Zugang zu Sexualpartnern, Unterstützung bei der Jungenaufzucht und einen größeren Erfolg beim Nahrungserwerb. So ist etwa die Erfolgsquote einzelner Schimpansen bei der Jagd auf Stummelaffen, die zu ihren bevorzugten Beutetieren zählen, nur gering. Im Vergleich dazu steigt die Quote beim gemeinschaftlichen Jagen in einer Gruppe auf fast 90 Prozent an.

Zu den Kosten und Nachteilen des Zusammenlebens in einer Gruppe gehören die Konkurrenz um Nahrung, Fortpflanzungspartner oder um andere begrenzte Ressourcen. Außerdem ist das Risiko, von Parasiten oder Krankheitserregern befallen zu werden, in der Gruppe höher als wenn Individuen allein leben.

Der Umfang des Nutzens sowie der Kosten hängen von der Gruppengröße ab. So nimmt etwa die Konkurrenz um Nahrung mit wachsender Gruppengröße zu. Die optimale Gruppengröße einer Population ist jeweils artspezifisch und wird von der Körpergröße der Individuen, ihrer Ernährung, ihrem Fortpflanzungsverhalten und der Anzahl ihrer Feinde bestimmt. Wie bei anderen Merkmale führt die natürliche Selektion auch beim Gruppenleben zu Angepasstheiten an Umweltbedingungen. So ändert sich etwa die Größe einer Gruppe bei veränderten Umweltbedingungen. Ist etwa der Druck durch Räuber auf eine Population sehr hoch, bietet eine große Gruppe mehr Schutz und bessere Verteidigungsmöglichkeiten als eine kleine Gruppe. Durch die Wachsamkeit der vielen Gruppenmitglieder wird ein Räuber früh erkannt. So ist eine schnelle Flucht oder ein gemeinsamer Kampf möglich. Der Überlebens- und Fortpflanzungserfolg ist dann sowohl für jedes einzelne Gruppenmitglied als auch für die Population hoch. Bei geringen Raubdruck ist der Nutzen einer großen Gruppe hingegen gering.

Sozialstrukturen – Das Gruppenleben sozial lebender Primaten ist geprägt durch Kooperation. So muss etwa organisiert werden, wer sich mit wem verpaart und wer sich in welchem Maß um Nachkommen kümmert. Die sozialen Beziehungen innerhalb einer Gruppe, auch **Sozialstrukturen** genannt, können bei den einzelnen Gattungen und Arten der Primaten sehr unterschiedlich sein. Manchmal gibt es sogar bei Populationen der gleichen Art verschiedene Sozialstrukturen. Ein Drittel der Primaten sind Einzelgänger, bei zehn Prozent der Arten gibt es Paare, die mit ihren Nachkommen in **Familiengruppen** zusammenleben. Der Rest lebt in Gruppen zusammen, die mehr als zwei erwachsene Mitglieder und bis zu mehrere hundert Individuen umfassen können.

Bei einzelgängerisch lebenden Primaten wie Organ-Utans treffen sich Männchen und Weibchen nur zur Fortpflanzung. Die Weibchen leben jedoch eine Zeit zusammen mit den Jungtieren in **Mutterfamilien**. In Gruppen mit einem Männchen und mehreren Weibchen, **Haremsgruppen** genannt, dominiert ein erwachsenes Männchen. Zur Gruppe gehören mehrere Weibchen und deren Jungtiere. In Gorillafamilien führt etwa ein einzelnes männliches Tier, der Silberrücken, eine Gruppe aus drei bis dreißig Weibchen, den Jungtieren und jüngeren Männchen an. Ein anderes Sozialsystem findet sich bei Schimpansen und Bonobos. Sie leben in Gruppen mit mehreren Männchen und Weibchen. Solche **Mehrmännchen/Mehrweibchen-Gruppen** sind sehr variabel. So können sich etwa größere Gruppen vorübergehend in Untergruppen aufspalten. In den Großgruppen der Schimpansen sind Männchen dominant. Bei Zwergschimpansen, wie den Bonobos, werden Gruppen häufig von Weibchen angeführt.

Infantizid – Bei verschiedenen Primatenarten kommt es oft zu Paar-Beziehungen, die über die eigentliche Paarungszeit hinaus andauern. Zur Erklärung dieses Phänomens dient ein Verhalten, das man nicht nur bei Gorillas beobachten kann: So töten die Männchen vieler Primatenarten alle noch gesäugten Jungtiere, wenn sie eine Gruppe neu übernehmen. Die Weibchen der Gruppe, die während der Stillzeit unfruchtbar waren, werden dann schnell wieder empfängnisbereit. Mit der Kindstötung, dem **Infantizid**, ermöglicht das Männchen die eigene Vaterschaft und erhöht so seinen Fortpflanzungserfolg.
Für Weibchen bedeutet der Infantizid hingegen einen großen reproduktiven Fitnessverlust. Durch eine dauerhafte Paarbindung wehren die Weibchen das Risiko der Tötung ihrer Jungtiere ab. Bestätigt wird diese Erklärung durch die Beobachtung, dass Paarbindungen oft rasch beendet werden, wenn das Weibchen eine Fehlgeburt erleidet oder das Jungtier an einer Krankheit stirbt. Auch die Bildung enger Gruppen von Weibchen innerhalb einer Mehrmännchen/Mehrweibchen-Gruppe kann als Schutzmaßnahme vor Infantizid gedeutet werden.

MATERIAL MIT AUFGABEN

A Umweltfaktoren beeinflussen Gruppengröße

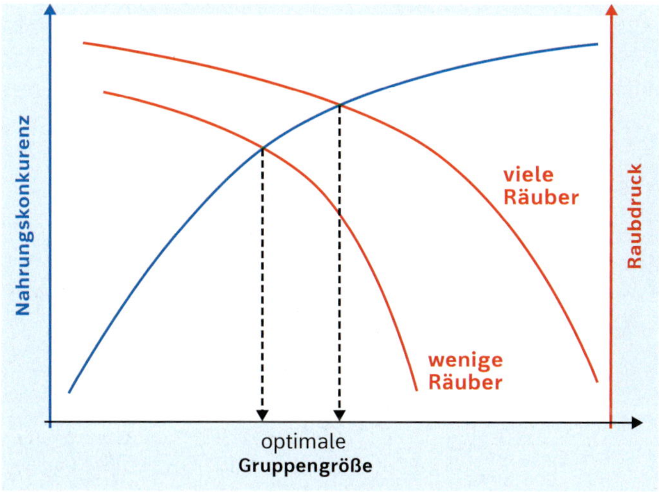

1 Erklären Sie anhand des Diagramms den Einfluss von Umweltfaktoren auf die Gruppengröße. ●●○

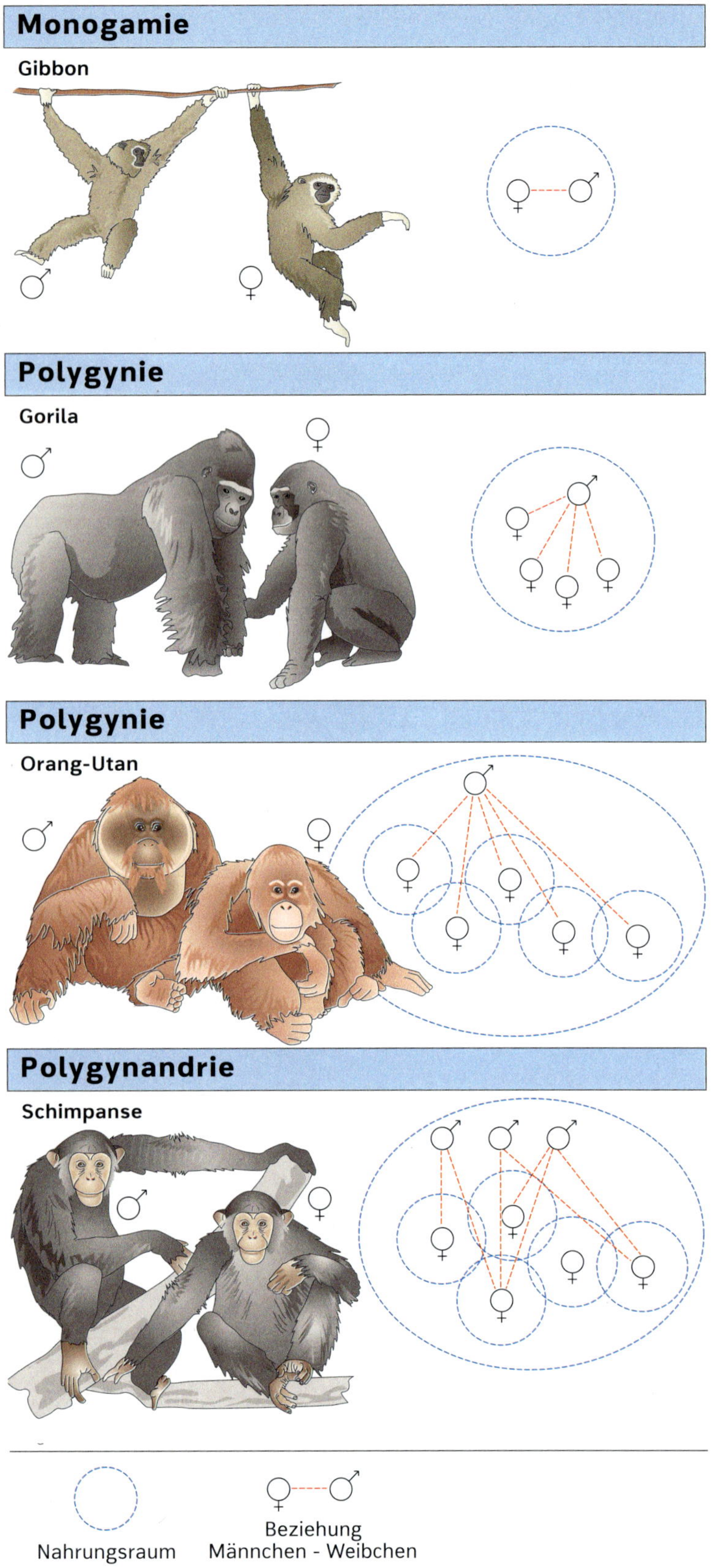

2 Paarungssysteme verschiedener Primatenarten

Geschlechtsspezifische Verhaltensstrategien – Im Laufe der Evolution haben Primaten **Verhaltensstrategien** entwickelt, die ihren Fortpflanzungserfolg erhöhen. So steigern Männchen ihre reproduktive Fitness, indem sie sich mit möglichst vielen Weibchen paaren und somit viele Eizellen befruchten. Sie verfolgen eine **Paarungsstrategie.** Die Strategie der Weibchen zielt hingegen darauf ab, die wenigen Nachkommen, die sie im Laufe ihres Lebens gebären können, optimal zu versorgen. Dafür ist eine möglichst hochwertige Nahrung für sie und die Nachkommen notwendig. Weibchen verfolgen also eine **Nahrungsstrategie**. Die unterschiedlichen Strategien von Weibchen und Männchen bestimmen auch die **Paarungssysteme** der Primaten. Diese charakterisieren die möglichen sexuellen Beziehungen zwischen beiden Geschlechtern

Monogamie – Bei Gibbons bestehen sexuelle Kontakte nur zwischen einem bestimmten Männchen und einem bestimmten Weibchen. Ein solches Paarungssystem, bei der zwei Individuen zeitlich begrenzt oder dauerhaft eine sexuelle Beziehung eingehen, heißt **Monogamie**. Für Männchen und Weibchen besteht der Nutzen eines solchen Paarungssystems darin, dass sie nur einmal Energie bei der Partnersuche investieren müssen. Für weibliche Gibbons ist zudem vorteilhaft, dass sich die Männchen an der Aufzucht der Nachkommen beteiligen und nicht die Gefahr des Infantizids besteht. Die Kosten der Monogamie bestehen in der geringeren genetischen Variabilität des Nachwuchses.

Polygynie – Bei Gorillas paart sich nur das α-Männchen mit mehreren Weibchen seiner Gruppe. Ein solches Paarungssystem, wird **Polygynie** genannt. Der Vorteil für das Männchen besteht darin, dass es seine Gene an eine große Zahl von Nachkommen weitergibt. Allerdings muss es sich häufig gegen andere Männchen behaupten. Für Weibchen ist das System vorteilhaft, da ihr Nachwuchs bei der Paarung die guten Gene des α-Männchens erhält. Zudem erhält es so Zugang zu den Ressourcen des Männchen, die für die erfolgreiche Aufzucht des Nachwuchses benötigt werden.

Auch die einzelgängerisch lebenden Orang-Utans sind polygyn. Die Reviergröße der Männchen beträgt bis zu 6000 Hektar und überlappt die kleineren Reviere mehrerer Weibchen. Das Männchen hat so Zugang zu vielen Partnerinnen. Der Vorteil für die Weibchen besteht dabei in der geringeren Nahrungskonkurrenz.

Polygynandrie – Bei Schimpansen paaren sowohl Weibchen und Männchen mit mehreren Geschlechtspartnern. Dieses Paarungssystem wird **Polygynandrie** oder auch **Promiskuität** genannt. Es hat für die Weibchen den Nutzen, dass sie mit hoher Sicherheit befruchtet werden und gegebenenfalls auch durch mehrere Männchen unterstützt werden. Die einzelnen Männchen steigern ihre reproduktive Fitness dadurch, dass sie große Mengen an Spermien erzeugen, sodass ihre Chancen zur Befruchtung einer Eizelle zunehmen. Dadurch kommt es zur Konkurrenz von Spermien eines oder mehrerer Männchen um die Chance zur Befruchtung. Ein morphologischer Hinweis auf diese **Spermienkonkurrenz** sind große Hoden. So besitzen Bonobo- und Schimpansenmännchen in Relation zu ihrer Körpermasse größere Hoden als beispielsweise die polygyn lebenden Gorillamännchen.

Reproduktive Fitness – Der Fortpflanzungserfolg eines Individuums wird daran gemessen, wie viele Kopien der eigenen Gene es erfolgreich an die nächste Generation weitergibt. Nach der Good-Genes-Hypothese wählen Primatenweibchen ihren Sexualpartner nach äußeren Merkmalen aus, die Indikatoren für gute Gene sind. So stellen sie sicher, dass auch ihr Nachwuchs über diese Gene verfügt. Primatenmännchen mit ihren vergleichsweise geringen Investitionskosten konkurrieren mit anderen Männchen um den Zugang zu möglichst vielen Weibchen. Bei ihnen werden durch die Selektion im Laufe der Zeit Merkmale verstärkt, die ihnen diesen Zugang erleichtern. So bilden sie etwa kräftigere Körper oder längere Eckzähne. Da solche sekundären Geschlechtsmerkmale vorwiegend oder ausschließlich ein Geschlecht betreffen, wird auch vom Geschlechts- oder auch **Sexualdimorphismus** gesprochen.

Mithilfe der **sexuellen Selektion** wird die Bildung solcher ausgeprägter sekundärer Geschlechtsmerkmale erklärt. Diese stellen einen Selektionsvorteil dar, da die betreffenden Männchen hierdurch vermehrt zur Fortpflanzung kommen. Es gibt zwei Formen sexueller Selektion: Bei der **intrasexuellen Selektion** konkurrieren Individuen desselben Geschlechts um den Zugang zum Geschlechtspartner. Bei der **intersexuellen Selektion** wählt das Individuum einen Partner des anderen Geschlechts aus. Partner, die besonders vorteilhafte Merkmale in Bezug auf die Fortpflanzung aufweisen, werden dabei bevorzugt.

MATERIAL MIT AUFGABEN

B Sexuelle Selektion in Abhängigkeit vom Paarungssystem

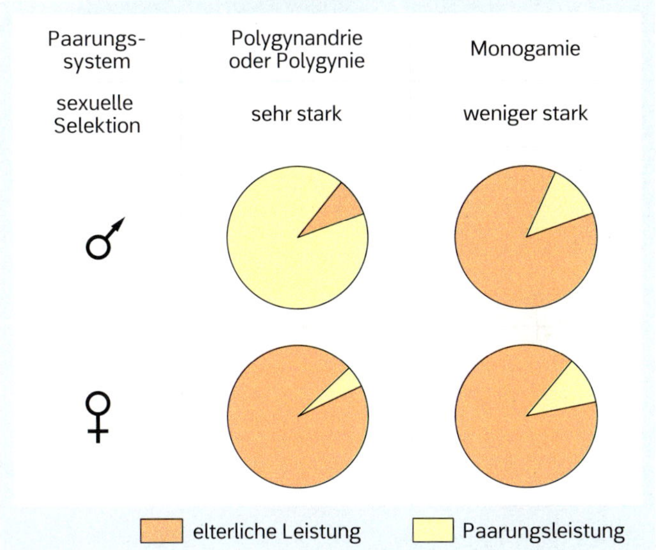

Der Gesamtbetrag an Energie und Zeit für die Fortpflanzung wird als reproduktive Leistung bezeichnet. Sie ist in dem Schema durch den Kreis dargestellt. Die reproduktive Leistung wird in die elterliche Leistung und die Paarungsleistung aufgeteilt. Die elterliche Leistung umfasst die Erzeugung und Aufzucht der Jungen, während die Paarungsleistung aus den Aktivitäten bei den Balz und Kopulation besteht.

1 Erklären Sie die reproduktive Leistung von Männchen und Weibchen bei unterschiedlichen Paarungssystemen. ●●○

2 Erklären Sie die Stärke der sexuellen Selektion in Abhängigkeit vom Paarungssystem. ●●○

Verhaltensbeobachtung

Das systematische Beobachten ist in der Biologie eine grundlegende Arbeitsmethode. Systematisches Beobachten heißt, dass die Beobachtungen unter einer bestimmten Fragestellung und unter standarisierten Bedingungen erfolgen. Die Beobachtungsergebnisse werden dokumentiert und lassen sich überprüfen.

Beobachtungsfrage – Die Fragestellung einer systematischen Beobachtung ergibt sich in der Regel aus einer zunächst unsystematischen Beobachtung. Zum Beispiel wird bei einem Zoobesuch beobachtet, dass ein Schimpanse Maiskörner, die auf dem Boden verstreut wurden, mit den Lippen aufnimmt. Aus dieser unsystematischen Beobachtung können sich verschiedene konkrete Beobachtungfragen ergeben.
Zum Beispiel:
- Wie nehmen Schimpansen hauptsächlich Nahrung auf?
- Unter welchen Bedingungen nehmen Schimpansen Nahrung mit den Lippen auf?
- ...

Hypothesen – Die Frage „Wie nehmen Schimpansen hauptsächlich Nahrung auf?“ könnte durch eine Kurzzeitbeobachtung überprüft werden. Zunächst werden zu der Frage **überprüfbare Hypothesen** entwickelt, etwa:
- Schimpansen nehmen beim Fressen die Nahrung hauptsächlich mit den Lippen auf.
- Sie nehmen die Nahrung mit beiden Händen auf.
- Sie nehmen die Nahrung hauptsächlich mit der rechten Hand auf.
- Sie ...

Planung – Die Hypothesen werden durch systematische Beobachtungen überprüft. Dafür werden zunächst die **abhängige Variable** und die **unabhängige Variable** festgelegt. Bei den Hypothesen zu Nahrungsaufnahme ist die „hauptsächliche Nahrungsaufnahme“ die abhängige Variable, die sich auf die unabhängige Variable „Hände oder Lippen“ bezieht. Weiter ist zu planen, wie oft, wie lange und von welchem Standpunkt aus die Beobachtung durchgeführt werden soll. Soll etwa ein bestimmter Schimpanse oder sollen mehrere Schimpansen gleichzeitig beobachtet werden? Welche Zeit eignet sich für die Beobachtung? Auch müssen in der Planung begründete Beobachtungsregeln festgelegt werden. So könnte festgelegt werden, dass die Datenaufnahme unterbrochen wird, wenn die Tiere beim Fressen gestört werden.

Dokumentation – Das beobachtete Tierverhalten kann in Form von Protokollen, Fotos, Videos und Audios dokumentiert werden. Dabei ist streng darauf zu achten, dass die Tiere dadurch nicht gestört werden oder ihr Verhalten beeinflusst wird.

Hat man sich entschieden gleichzeitig mehrere Tiere zu beobachtet, werden sie durch Namen oder Symbole bezeichnet. Der Beobachtenden sollte die Tiere anhand ihrer Körpermerkmale gut unterscheiden können. Vorstrukturierte Protokollbögen können das Protokollieren vereinfachen und Vergleiche zwischen dem Verhalten bei verschiedenen Tieren erleichtern. So könnte in dem Protokollbogen eine Tabelle mit verschiedenen verschiedenen Spalten angelegt werden, in der durch Striche das beobachtete Verhalten protokolliert wird.

Durchführung der Beobachtung – Vor der systematischen Beobachtung sollte die Beobachtungsmethode und des Protokollieren erprobt werden. Erst dann erfolgt die Datenaufnahme.

Auswertung der Daten – Die protokollierten Beobachtungen werden übersichtlich zusammengefasst und das Verhalten beschrieben. Dabei ist darauf zu achten, dass die Beschreibung keine subjektiven Empfindungen und keine Übertagung menschlicher Eigenschaften auf tierisches Verhalten enthält. Die erfassten Daten können auch in Tabellen oder Diagrammen dargestellt werden. Die Daten werden im Hinblick auf die Beobachtungsfrage ausgewertet. Dazu gehört die Überprüfung der Hypothesen. Sie können verifiziert oder falsifiziert werden. Werden alle Hypothesen falsifiziert und keine Beziehung zwischen der abhängigen und der unabhängigen Variablen festgestellt, müssen weitere Hypothesen aufgestellt werden oder eine neue Frage formuliert werden.

Ergebnis – Abschließend wird versucht das beobachtete Verhalten zu deuten. Dieses Vorhaben ist bei Kurzzeitbeobachtungen und wenigen Daten höchstens ansatzweise möglich. Deshalb ist eine Diskussion der Ergebnisse wichtig. Dabei sollten insbesondere Fehler in der Planung und Durchführung analysiert und Verbesserungsvorschläge überlegt werden. Zudem sollten die Ergebnisse mit Literaturangaben verglichen werden.

Auszug aus einer Fachzeitschrift:
Forschende stellten durch Beobachtungen von Schimpansen im Gombe Nationalpark fest, dass sie je nach Tätigkeit die linke oder die rechte Hand bevorzugen. Beim Nussknacken nahmen die Tiere etwa die rechte Hand. Den Stock beim Termitenangeln führten sie hingegen mit der linken Hand. Der bevorzugte Gebrauch einer Hand wird bei freilebenden Tieren von der Mutter auf die Nachkommen übertragen. Im Gegensatz dazu wurde bei Schimpansen in Gefangenschaft häufiger Rechtshändigkeit beobachtet. Es wird vermutet, dass die Affen, wenn sie in einer von Rechtshändern geprägten menschlichen Umgebung aufwachsen, die Bevorzugung der rechten Hand nachahmen.

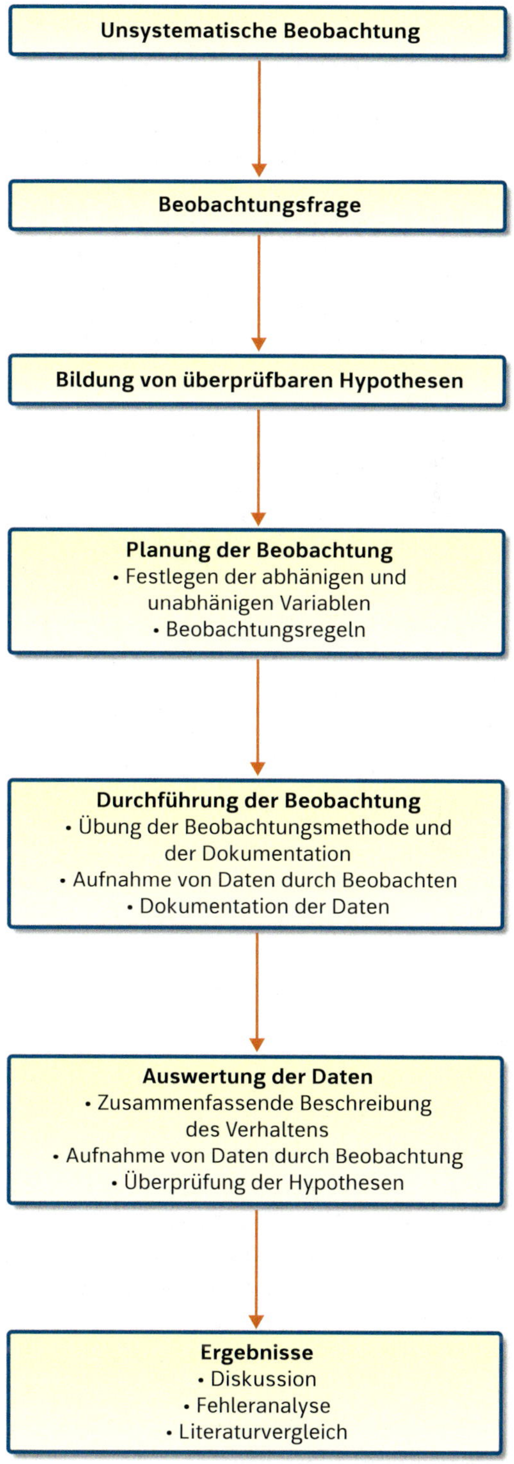

1 Erkenntnisgewinn durch Beobachten (Schema)

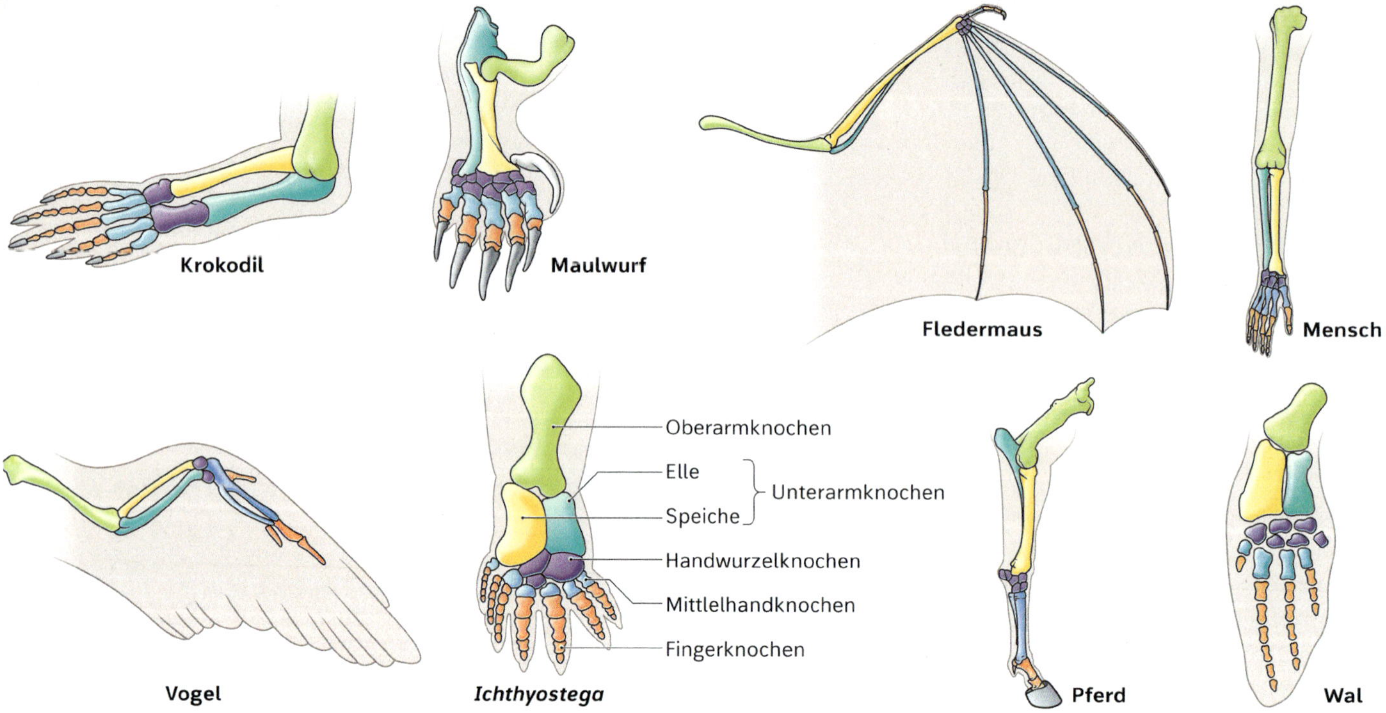

1 Homologie bei Wirbeltierextremitäten

6.1 Morphologische Belege der Evolution

Die Vorderextremitäten von Vertretern verschiedener Wirbeltierklassen besitzen unterschiedlichen Funktionen. Während zum Beispiel die Beine der Pferde zum Laufen genutzt werden, dienen die Flügel der Vögel zum Fliegen. Untersuchungen des Aufbaus der verschiedenen Vorderextremitäten zeigen, dass sie trotz äußerer Unterschiede grundlegende Ähnlichkeiten in ihrem Knochenbau zeigen. Welche Erkenntnisse zur Evolution lassen sich daraus gewinnen?

altgriechisch morphé: Gestalt, Form; lógos: Wort, Lehre, Vernunft, Sinn

von lateinisch divergere: auseinanderstreben

Morphologie – Schon lange vor DARWIN wurden die Gestalt und der Aufbau von Lebewesen untersucht, etwa zur systematischen Beschreibung von Tieren und Pflanzen oder zum Vergleich verschiedener Lebewesen. Die Wissenschaft von der Gestalt und der Struktur von Lebewesen ist die **Morphologie**. Sie befasst sich sowohl mit der äußeren Form als auch mit dem inneren Aufbau von Organismen. Erkenntnisse zur Morphologie von Lebewesen tragen wesentlich zum Verständnis der Evolution bei. So zeigen etwa Untersuchungen der Vorderextremität des Maulwurfs, dass diese aus den gleichen Skelettelementen wie der Flügel einer Fledermaus oder das Vorderbein eines Pferdes besteht: Auf den Oberarmknochen folgen Unterarmknochen, an die sich mehrere Handwurzel-, Mittelhand- und Fingerknochen anschließen. Es findet sich also ein gemeinsamer **Grundbauplan**, der bereits bei frühen Amphibien wie etwa *Ichtyostega* zu finden ist. Diese stehen an der Basis des Stammbaums der Wirbeltiere.

Bei der Erschließung verschiedener neuer Lebensräume wurden die Vorderextremitäten von einigen Vertretern der Wirbeltiere nicht mehr für die Fortbewegung an Land, sondern beispielsweise zum Fliegen oder Schwimmen genutzt. Durch diesen **Funktionswechsel** haben sich die Vorderextremitäten im Laufe von Jahrmillionen in ihrer Form und ihrem Aussehen schrittweise auseinanderentwickelt. Ihr Grundbauplan blieb dabei allerdings erhalten. Eine solche Auseinanderentwicklung von Merkmalen bei gleichem Grundbauplan wird **Divergenz** genannt.

Homologien – Ähnlichkeiten von Merkmalen, die wie bei den Vorderextremitäten von Wirbeltieren auf einem gemeinsamen Bauplan und damit auf gemeinsamer Abstammung beruhen, werden **Homologien** genannt. Sie spielen bei der Erstellung von Stammbäumen in der biologischen Systematik eine zentrale Rolle. Da Merkmale im Verlauf der Evolution einen Funktionswechsel erfahren können, ist eine Homologie nicht immer leicht zu erkennen. Zur Überprüfung einer möglichen Homologie gibt es drei Homologiekriterien.

Das **Kriterium der Lage:** Strukturen sind homolog, wenn sie im Bauplan verschiedener Lebewesen die gleiche Lage einnehmen. So besitzen Fluginsekten wie Libellen zwei Flügelpaare, die am mittleren Körperabschnitt ansetzen. Dieser ist in drei Segmente untergliedert. Das vordere Flügelpaar sitzt am mittleren Segment, das hintere Flügelpaar am letzten Segment. Die schützenden Deckflügel der Käfer haben dieselbe Lage wie die Vorderflügel der Libellen. Sie sind also mit ihnen homolog. Zweiflügler wie Mücken und Fliegen besitzen Schwingkölbchen, die für die Stabilisierung des Fluges wichtig sind. Ihre Lage am letzten Segment zeigt an, dass sie homolog zu den Hinterflügeln der Libellen sind.

Das **Kriterium der spezifischen Qualität:** Merkmale können auch ohne Berücksichtigung der Lage als homolog erkannt werden, wenn sie in vielen Einzelmerkmalen übereinstimmen. Nach diesem Kriterium sind beispielsweise die Hautschuppen der Haie und die Zähne der Säugetiere homolog, da bei beiden die äußerste Schicht aus Schmelz und Dentin aufgebaut ist, die einen Hohlraum umschließen.

Das **Kriterium der Stetigkeit:** Nach diesem Kriterium sind Merkmale homolog, wenn sie sich durch Zwischenformen verknüpfen lassen. Demnach sind beispielsweise die Blutkreisläufe von Fischen und Säugetieren homolog, obwohl sie sich kaum ähneln. Betrachtet man aber zusätzlich den Blutkreislauf der Reptilien, so stellt dieser eine Zwischenform der beiden Blutkreisläufe dar.

Je mehr Homologiekriterien erfüllt sind, desto sicherer kann man von einen gemeinsamen Ursprung des betrachteten Merkmals ausgehen.

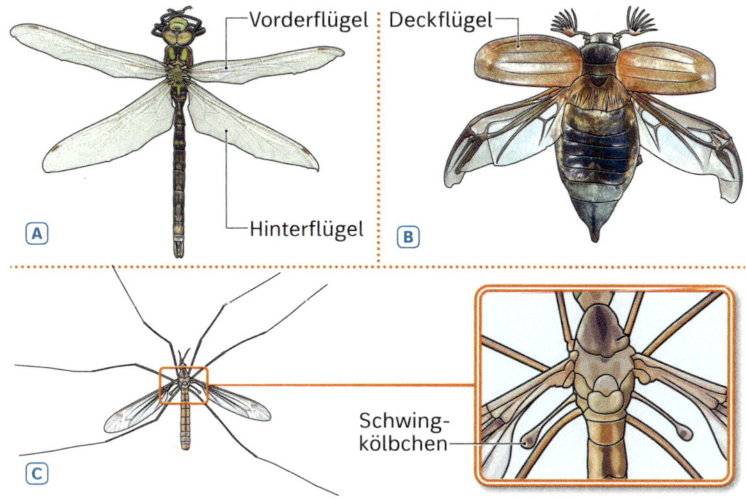

2 Homologie bei Insektenflügeln: **A** Libelle; **B** Käfer; **C** Zweiflügler

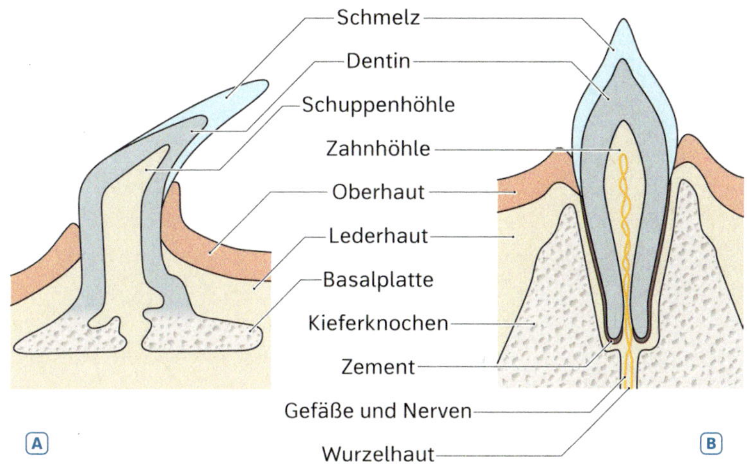

3 Homologe Strukturen: **A** Hautschuppe eines Hais; **B** Schneidezahn eines Menschen

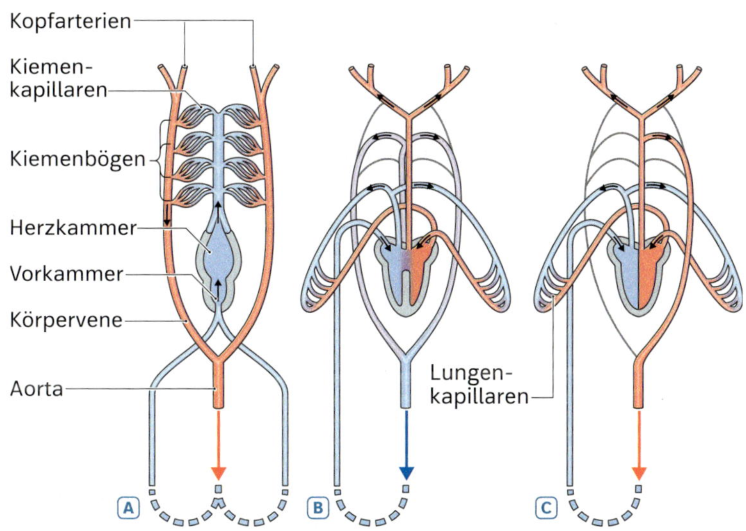

4 Homologie von Blutkreisläufen: **A** Fisch; **B** Reptil; **C** Säugetier

5 Analogie: **A** Maulwurf; **B** Maulwurfsgrille

Analogien – Säugetiere unterscheiden sich in ihrem Bauplan deutlich von dem der Insekten. Ein Maulwurf hat etwa ein Innenskelett aus Knochen, eine Maulwurfsgrille ein Außenskelett aus Chitin. Dennoch weisen beide Tiere Ähnlichkeiten in ihrer Gestalt auf, etwa bei der Form ihrer Vorderextremitäten. Diese Ähnlichkeiten beruhen nicht auf einer gemeinsamen Abstammung, sondern auf der Anpassung an ähnliche Umweltbedingungen. So benutzten Vorfahren beider Tiere ihre Vorderextremitäten zum Graben und waren daher einem vergleichbaren Selektionsdruck ausgesetzt. Dieser hat im Laufe der Evolution unabhängig voneinander zur Entwicklung ähnlicher Merkmale geführt. Man spricht von einer konvergenten Entwicklung oder **Konvergenz**. Ähnlichkeiten, die nicht auf einer gemeinsamen Abstammung beruhen, sondern Folge einer konvergenten Entwicklung sind, werden **Analogien** genannt.

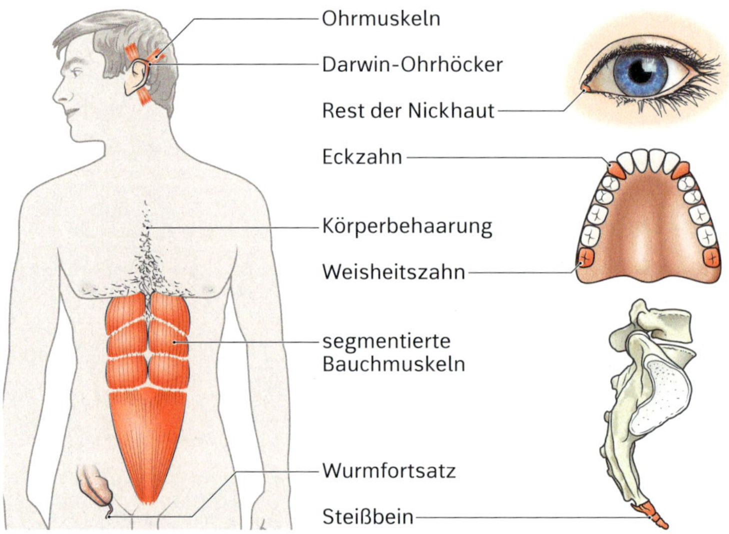

6 Rudimente beim Menschen

Rudimente – Neben Homologien gibt es weitere morphologische Belege für die Evolution. Wale haben als wasserlebende Säugetiere keine Hinterbeine mehr. Fossilfunde von Vorfahren der Wale zeigen, dass sie noch Merkmale von Landsäugetieren besaßen. Auch rezente Bartenwalen wie dem Grönlandwal besitzen noch Reste des Beckengürtels und des Oberschenkelknochens. Diese Reste der Hinterextremitäten belegen, dass Wale von vierfüßigen Landsäugetieren abstammen. Mit dem Übergang vom Leben an Land zum Leben im Wasser verloren die Hinterbeine ihre Funktion. Solche Reste von Organen und Strukturen, die im Laufe der Evolution zurückgebildet wurden, werden **Rudimente** genannt.

Die Rückbildung nicht mehr benötigter Strukturen ist ein Selektionsvorteil, da sie mit einem verminderten Materialaufwand und einer Energieersparnis verbunden sind. Auch der menschlichen Körper besitzt Rudimente, die unsere Abstammung von tierischen Vorfahren bezeugen. Die heute funktionslosen Muskeln der Ohrmuscheln dienten beispielsweise bei unseren Vorfahren zur Ausrichtung der Ohren. Ohrhöcker am Rand der Ohrmuschel, die als Darwin-Höcker bezeichnet werden, rühren von früheren Ohrspitzen her. Des Weiteren ist die Bindehautfalte im Augenwinkel beim Menschen nur noch als Rest vorhanden. Bei vielen Wirbeltieren ist diese Nickhaut transparent und kann wie eine Schutzbrille vor das Auge geklappt werden. Verkümmerte Weisheitszähne und relativ große, spitze Eckzähne sind ebenfalls Rudimente des Gebisses unserer Vorfahren. Die schwache menschliche Körperbehaarung ist ein Rudiment des ehemals

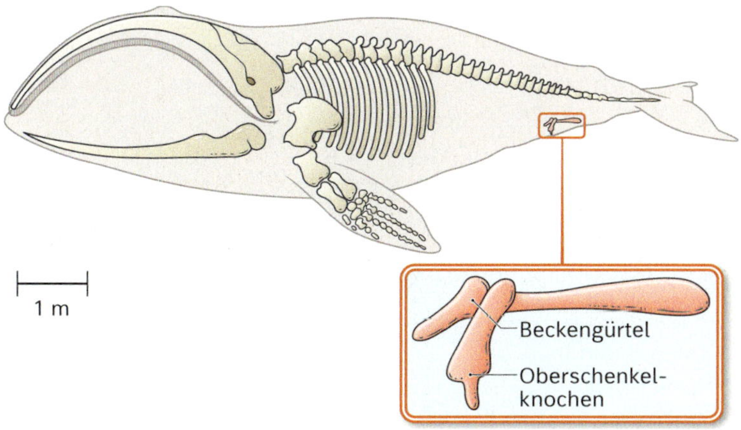

7 Grönlandwal mit Rudimenten

8 Atavismus: Delfin mit Hinterflossen

vorhandenen Fells. Die segmentierte Bauchmuskulatur hat ihren Ursprung in der Körpersegmentierung von Tieren. Der Wurmfortsatz des Blinddarms ist das Rudiment eines größeren Darmanhanges, der dem Aufschließen schwer verdaulicher Nahrung diente. Das Steißbein geht auf eine Schwanzwirbelsäule zurück.

Rudimente sind nicht immer funktionslos. So dienen beispielsweise rudimentäre Beckenknochen bei Walen als Ansatzpunkte für bestimmte Muskeln des Penis und des Darms. Ein anderes Beispiel ist der Wurmfortsatz des Menschen. Diser ist im Laufe der Zeit Teil des Immunsystems geworden.

Atavismen – Bei Delfinen und Walen werden sehr selten Hinterflossen gebildet. Das Wiederauftreten eines Merkmals, das im Verlauf der Stammesgeschichte rückgebildet war, bezeichnet man als **Atavismus**. Weitere Beispiele sind die Bildung einer zweiten Zehe bei Pferden oder ein verlängertes Steißbein beim Menschen. Atavismen zeigen, dass die genetische Information zur Bildung der betreffenden Merkmale noch vorhanden ist. Sie sind daher Belege für die Abstammung von Vorfahren, die diese Merkmale besaßen. Das Wiederauftreten dieser Merkmale kann etwa durch eine Mutation in einem regulatorischen Gen erfolgen, dass die Ausprägung normalerweise unterdrückt.

MATERIAL MIT AUFGABEN

A Körperformen

Delfine stammen von landlebenden vierbeinigen Wirbeltieren ab, die im Laufe der Stammesgeschichte den Weg zurück ins Wasser genommen haben. Die Vorfahren der Pinguine waren flugfähige Vögel.

1 Vergleichen Sie die Körperformen von Hai, Delfin und Pinguin miteinander im Hinblick auf evolutionäre Verwandtschaft. ●●○
2 Prüfen Sie mithilfe der Homologiekriterien, ob die Schwanzflossen von Hai und Delfin homologe Strukturen sind. ●●○

1 Hai, Delfin und Pinguin: **A** Körperformen; **B** Körperenden mit Schwanz

1 Sumatra-Nashorn (*Dicerorhinus sumatrensis*)

6.2 Belege aus der Molekularbiologie

Einige Nashornarten wie das Sumatra-Nashorn besitzen zwei Hörner, andere wie das Java-Nashorn lediglich eins. Man nahm daher an, dass zweihörnige Nashornarten enger miteinander verwandt seien als einhörnige. Mithilfe molekularbiologischer Methoden wurde diese Hypothese überprüft. Welche Methoden wurden eingesetzt und welche Ergebnisse lieferten diese?

Molekulare Homologien – Morphologische Merkmale wie die Zahl der Hörner sind genetisch festgelegt. Vergleicht man die entsprechenden Gene und Genprodukte bei verschiedenen Arten, sind Übereinstimmungen und Ähnlichkeiten feststellbar. Solche Ähnlichkeiten von DNA- oder Aminosäuresequenzen bei verschiedenen Arten sind ein Beleg für ihre gemeinsame Abstammung und werden als **molekulare Homologien** bezeichnet.

Molekulare Methoden – Der Vergleich von Basen- und Aminosäuresequenzen bestimmter Gene und Proteine wird zur Erstellung phylogenetischer Stammbäume genutzt. Beobachtete Sequenzunterschiede sind durch Mutationen entstanden. Je geringer diese Unterschiede bei zwei Arten sind, desto weniger Mutationen haben sich im Verlauf der Evolution ereignet und desto später haben sich die Arten voneinander getrennt. Große Sequenzunterschiede weisen dagegen auf eine frühe Trennung von Arten hin.
Die Geschwindigkeit, mit der sich Mutationen im Laufe der Evolution ereignen, variiert innerhalb eines Genoms. So verändert sich DNA, die für ribosomale RNA codiert, nur relativ langsam. Vergleiche von DNA-Sequenzen dieser Gene eignen sich daher für die Untersuchung von Verwandtschaft von Arten, die sich schon vor sehr langer Zeit auseinander entwickelt haben. **Mitochondriale DNA**, kurz **mtDNA**, verändert sich dagegen vergleichsweise schnell. Sie eignet sich daher, um die Verwandtschaft von Arten zu untersuchen, die sich erst vor kurzer Zeit aus einander entwickelt haben. Eine Zelle enthält viele Mitochondrien und in jedem liegen mehrere Kopien der mtDNA vor. Zudem erfolgt bei der Fortpflanzung keine Rekombination der mtDNA. Daher lassen sich Aussagen zur Verwandtschaft viel einfacher aus dem Vergleich der mtDNA ableiten, als dies bei Kern-DNA möglich wäre.

DNA-Sequenzvergleich – Moderne molekularbiologische Methoden erlauben heute, Gene und Genome in wenigen Tagen zu sequenzieren. Dazu wird zunächst der relevante DNA-Abschnitt isoliert, mittels PCR vervielfältigt und anschließend seine Basensequenz ermittelt. Dabei ist es schwierig, die DNA-Abschnitte der verschiedenen Arten Base für Base zu vergleichen, denn oft hat sich die Länge von DNA-Abschnitten durch Insertionen oder Deletionen verändert. Daher werden homologe DNA-Abschnitte unterschiedlicher Länge mithilfe von Computerprogrammen abgeglichen. Indem dabei Lücken in die DNA-Abschnitte eingebaut werden, kann die ursprüngliche Abfolge der DNA-Sequenzen wieder hergestellt werden. So lassen sie sich direkt miteinander vergleichen und Mutationen erkennen. Ein solcher Ähnlichkeitsvergleich durch Ausrichtung der Abschnitte bis zur optimalen Übereinstimmung der Sequenzen wird als **Alignment** bezeichnet.

Werden die Sequenzen mehrerer Arten miteinander verglichen, können mithilfe der ermittelten Unterschiede **Stammbäume** erstellt werden. Sie bestätigen häufig die Stammbäume, die auf Basis morphologischer Merkmale ermittelt wurden. Im Fall der Nashörner wurde die ursprüngliche Hypothese allerdings widerlegt. Sumatra-Nashörner sind näher mit dem einhörnigen Java-Nashorn verwandt als mit dem Spitzmaul-Nashorn, das zwei Hörner besitzt.

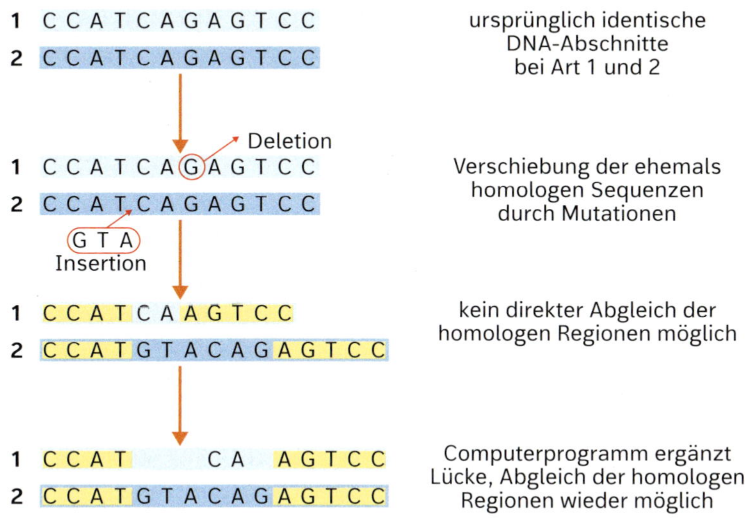

2 Alignment von DNA-Sequenzen

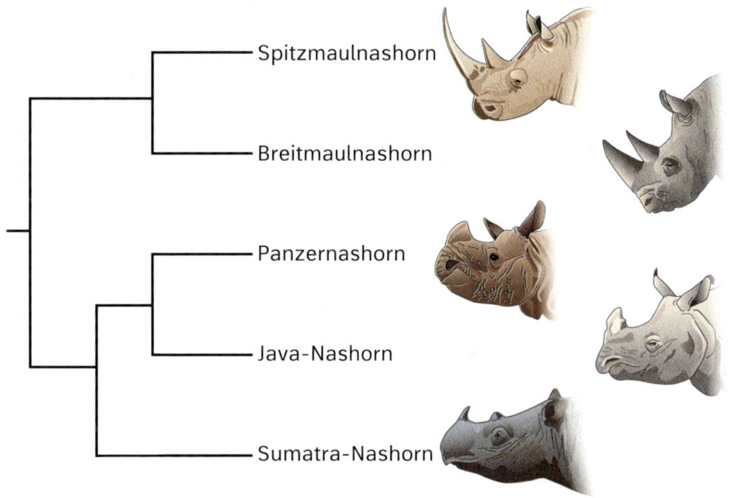

3 Nashorn-Stammbaum auf Basis von DNA-Sequenzvergleichen

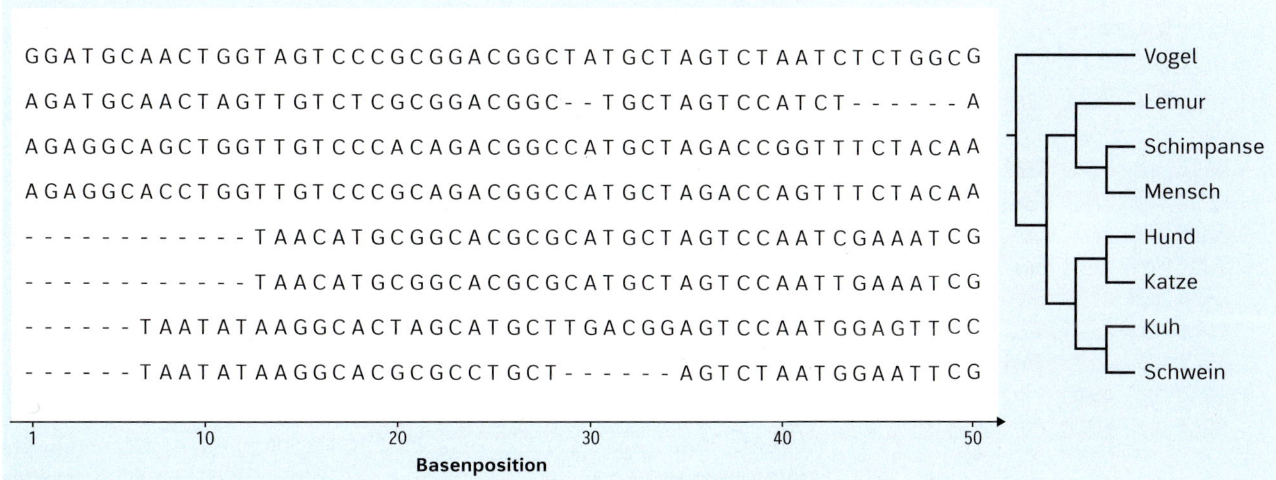

4 Alignment von DNA-Sequenzen und daraus abgeleiteter Stammbaum (- vom Computerprogramm ergänzte Lücke)

Aminosäuresequenz-Vergleiche

Verwandtschaftsbeziehungen von Arten lassen sich auch durch den Vergleich von Aminosäuresequenzen rekonstruieren. Dafür eignen sich vor allem homologe Proteine mit gleicher Funktion, die bei vielen Lebewesen vorkommen. Hierzu zählen beispielsweise Cytochrom c, ein Protein der mitochondrialen Atmungskette, oder TRIM5alpha. Dieses Protein kommt in den Zellen vieler Affenarten vor und wird genutzt, um deren Verwandtschaftsbeziehungen gezielt zu untersuchen.

Für den Vergleich von Proteinen muss zunächst die Aminosäuresequenz bestimmter Abschnitte der Proteine ermittelt werden. Anschließend wird daraus ein Alignment erstellt, sodass ähnliche oder gleiche Aminosäuresequenzen in den Proteinabschnitten erkennbar sind. Aus der Zahl unterschiedlicher Aminosäuren wird dann die **evolutionäre Distanz** der untersuchten Arten ermittelt und zur Erstellung von Stammbäumen genutzt. So wurden etwa die Aminosäuresequenzen des Proteins TRIM5-alpha vom Menschen mit denen verschiedener Affenarten verglichen. Der ermittelte Stammbaum zeigt, dass der Mensch mit den Affenarten Schimpanse und Gorilla am nächsten verwandt ist.

Vergleich der Analysemethoden

Aufgrund der Degeneration des genetischen Codes kann nicht immer eindeutig von der Aminosäuresequenz auf die Basensequenz geschlossen werden. Mutationen, die zur Substitution einzelner Basen führen, bleiben so möglicherweise bei dem Vergleich von Aminosäuresequenzen unerkannt. Dies kann dazu führen, dass die evolutionäre Distanz der untersuchten Arten als zu gering eingeschätzt wird. Außerdem zeigen bestimmte Sequenzabschnitte von Proteinen keine Veränderungen, da sie für die räumliche Struktur und damit die Funktion des Proteins unerlässlich sind. Mutationen in solchen **konservierten Bereichen** führen zum Funktionsverlust. Demzufolge sind sie für die Bestimmung von verwandtschaftlichen Beziehungen ungeeignet.

Aufgrund dieser Einschränkungen und der Tatsache, dass die Sequenzierung von Proteinen relativ aufwendig ist, wird der Vergleich von Aminosäuresequenzen bei heute lebenden Arten nur selten durchgeführt. Bei ausgestorbenen Arten ist diese Methode aber häufig nicht zu ersetzen. Denn Proteine können im Gegensatz zur DNA bis zu 200 Millionen Jahre lang nachgewiesen und dann analysiert werden.

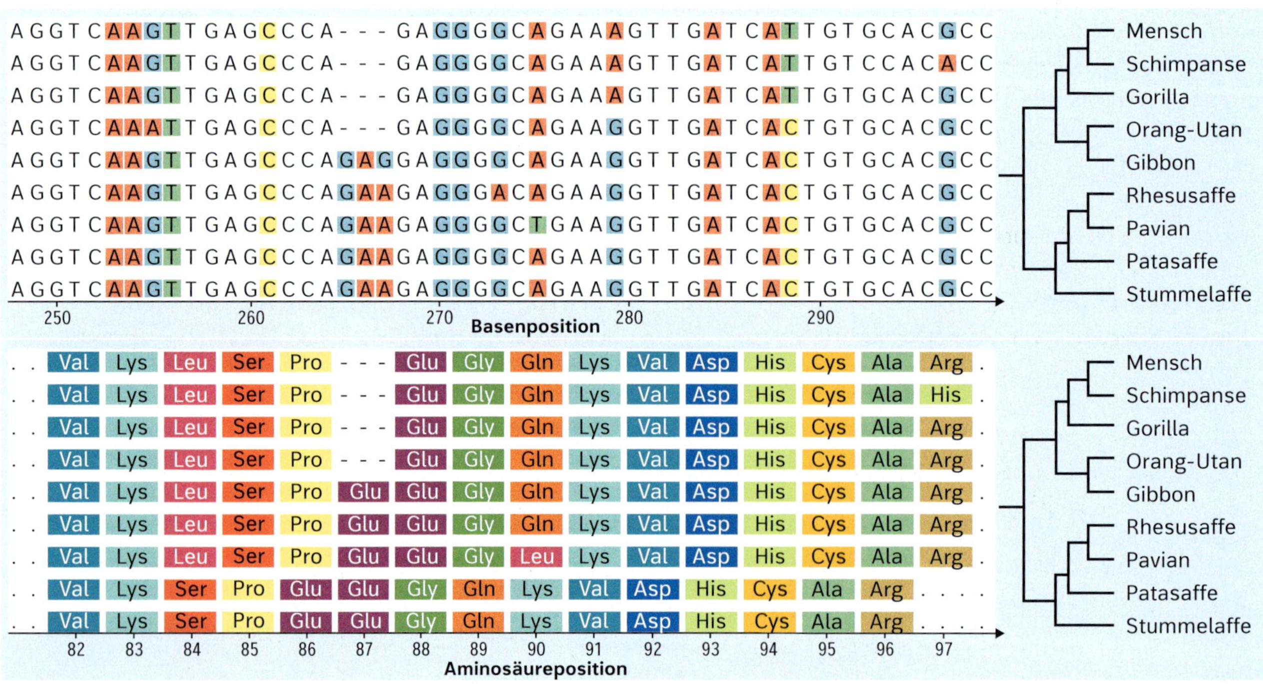

5 Vergleich der Basensequenzen und Aminosäuresequenzen des TRIM5alpha-Proteins und daraus abgeleiteter Stammbaum

Molekulare Uhren In manchen Fällen lässt sich die Zahl der ausgetauschten Aminosäuren auch als **molekulare Uhr** verwenden. Dabei wird davon ausgegangen, dass für jedes Protein die Mutationsrate annähernd konstant ist. Zum Beispiel unterscheidet sich die Aminosäuresequenz des Proteins Cytochrom c bei verschiedenen Vogel- und Säugerarten in bis zu zwölf Positionen. Da aus Fossilfunden bekannt ist, dass der älteste gemeinsame Vorfahr von Vögeln und Säugern vor etwa 280 Millionen Jahren lebte, lässt sich errechnen, dass eine Aminosäure durchschnittlich alle 21 Millionen Jahre ausgetauscht wurde. Aus dem entsprechenden Cytochrom c-Vergleich bei Amphibien und Fischen lässt sich auf diese Weise auch der Zeitraum bestimmen, wann sich diese Entwicklungslinien getrennt haben. Die so ermittelten Werte stimmen gut mit denen überein, die aus der Altersbestimmung entsprechender Fossilfunde bestimmt wurden.

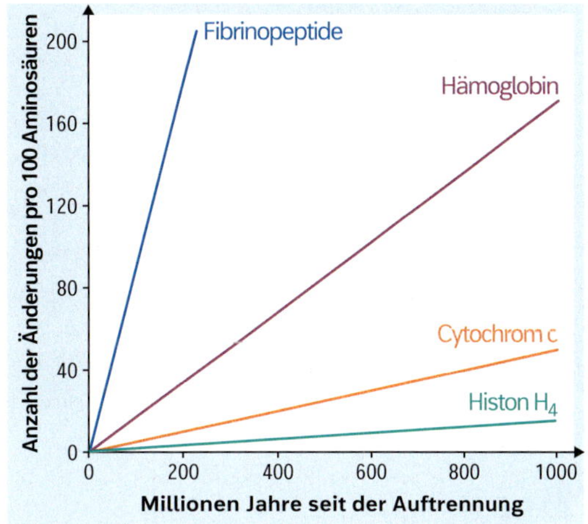

6 Evolutionsgeschwindigkeit verschiedener Proteine

In vergleichbarer Weise wurde die Evolutionsgeschwindigkeit verschiedener anderer Proteine, etwa von Hämoglobin, von dem an der Blutgewinnung beteiligten Fibrinopeptiden und Histon H4, ermittelt.

Aminosäure	Code
Alanin	A
Arginin	R
Asparagin	N
Asparaginsäure	D
Cystein	C
Glutamin	Q
Glutaminsäure	E
Glycin	G
Histidin	H
Isoleucin	I
Leucin	L
Lysin	K
Methionin	M
Phenylalanin	F
Prolin	P
Serin	S
Threonin	T
Tryptophan	W
Tyrosin	Y

7 Ein-Buchstaben-code für Aminosäuren

MATERIAL MIT AUFGABEN

A Vergleich der Aminosäuresequenzen von Kanalproteinen

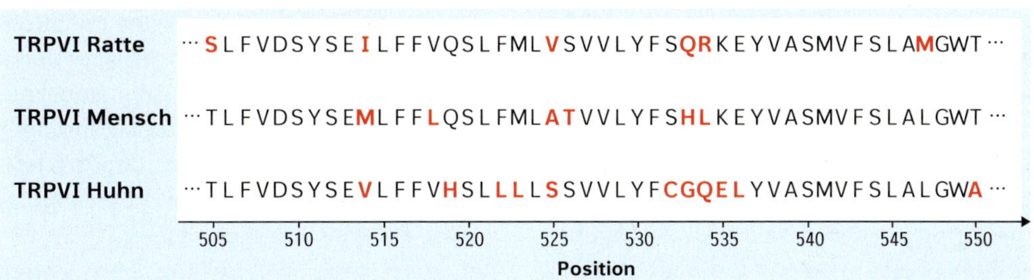

In den Nervenendigungen von Sinneszellen der Zunge und der Mundschleimhaut befinden sich unter anderem TRPV1-Kanalproteine. In einer Studie wurden die Aminosäuresequenzen dieser TRPV1-Kanalproteine von Mensch, Ratte und Huhn miteinander verglichen.
Das Material zeigt einen Ausschnitt der Sequenz des insgesamt etwa 840 Aminosäure umfassenden TRPV1-Kanalproteins. Die Aminosäuren sind in Form einer Ein-Buchstaben-Abkürzung angegeben. Abweichende Aminosäuren sind rot gedruckt.

1 Erklären Sie, warum der Vergleich von Aminosäuresequenzen Auskunft über die stammesgeschichtliche Verwandtschaft geben kann. ●○○

2 Leiten Sie aus dem Vergleich der Aminosäuresequenzen der verschiedenen TRPV1-Kanalproteine einen möglichen Stammbaum ab und begründen Sie Ihr Ergebnis. ●●○

3 Nehmen Sie Stellung zu der Aussage, dass die vorliegenden Aminosäuresequenzen zur Ermittlung der Verwandtschaftsverhältnisse von Huhn, Ratte und Mensch herangezogen werden können. ●●●

1 *Leptodactylus insularum*

6.3 Evolution von Genen und Genomen

Grasfrösche der Gattung Leptodactylus ernähren sich unter anderem von Kröten, die sich durch Gifte vor ihren Fressfeinden schützen. Die Grasfrösche sind resistent gegen diese Gifte. Wie hat sich diese Resistenz im Verlauf der Evolution entwickelt?

Genduplikationen – Komplexe Organismen besitzen mehr DNA, mehr Gene und damit auch ein größeres Genom als einfache Organismen. So umfasst etwa das Genom von *E. coli* 4300 Gene, das des Menschen rund 20000 Gene. Die unterschiedlichen Genomgrößen haben sich im Laufe der Evolution unter anderem durch die Duplikation von Genen entwickelt. So führt etwa ein **ungleiches Crossing over** zwischen nicht homologen Chromosomen während der Prophase der ersten meiotischen Teilung zu einem Chromosom mit einer Deletion und einem Chromosom mit einer Duplikation. Behält nach der Duplikation das ursprüngliche Gen seine Funktion, kann das duplizierte Gen als Folge von Mutationen und Selektion eine andere Funktion übernehmen.

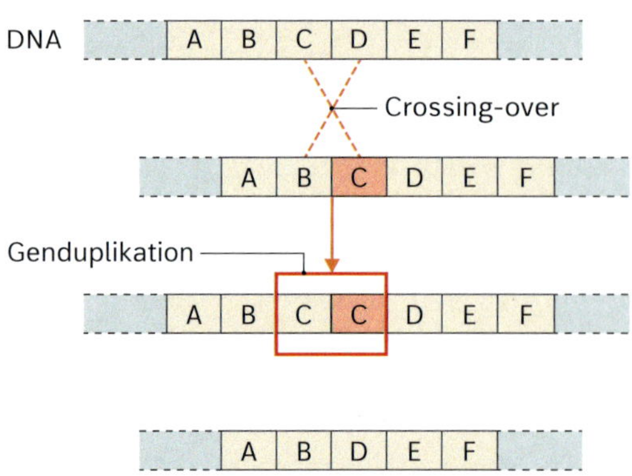

2 Genduplikation durch ungleiches Crossing over

Bei den *Leptodactylus*-Fröschen entstand durch Duplikation eines Gens, das für ein lebenswichtiges Enzym codiert, zunächst eine Genkopie. Im Lauf der Evolution führten dann mehrere Mutationen in dem duplizierten Gen dazu, dass die Frösche eine Resistenz gegen Gifte ihrer Beutetiere entwickelten. Da dieses Merkmal der Frösche einen Selektionsvorteil darstellte, blieb das entsprechende Gen im Genom der Art erhalten.

Werden nicht nur Gene, sondern ganze Genome dupliziert, kommt es zur Vervielfachung ganzer Chromosomensätze, der **Polyploidie**. Zum Beispiel kann der Ausfall der Meiose bei einer diploiden Pflanze zu diploiden Keimzellen führen. Bei der anschließenden Selbstbefruchtung entstehen dann tetraploide Nachkommen. Die dabei vervielfachten Gene können durch nachfolgende Mutation veränderte Proteine codieren, welche eine zusätzliche Funktion übernehmen. Durch Genduplikation kann sich also nicht nur die Größe von Genomen verändern, sondern auch deren genetische Variabilität.

Genfamilien – Wiederholen sich Genduplikationen mit anschließenden Mutationen mehrfach, entsteht eine Gruppe homologer Gene, die ähnliche Genprodukte bilden. Es wird von **Genfamilien** gesprochen. Ein Beispiel ist die Globin-Genfamilie mit den Untergruppen der α- und β-Globine. Man geht davon aus, dass alle Mitglieder dieser Genfamilie aus einem ursprünglichen Globin-Gen entstanden sind, welches mehrfach dupliziert wurde. Jedes dieser Gene hat sich dann im Verlauf von etwa 450 Millionen Jahren durch Mutationen verändert. Dabei blieb die zentrale Funktion des Sauerstofftransports grundsätzlich erhalten.

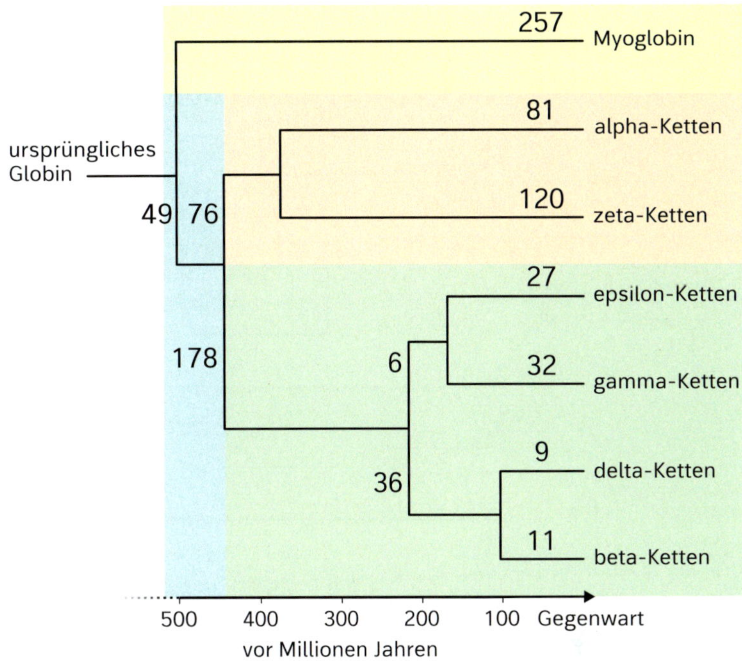

3 Genfamilie der Globine. Zahlen = geschätzte Zahl der Änderungen der DNA-Sequenzen entlang des betreffenden Zweigs im Stammbaum

MATERIAL MIT AUFGABEN

A Evolution der Lysozym-Genfamilie

Lysozym	K V F E R C E L A R	T L K R L G M D G Y	R G I S L A N W M C	L A K W E S G Y N T	R A T N Y N A G D R
α-Lactalbumin	K Q F T K C E L S Q	L L K V - D I D G Y	G G I A L P E L I C	T M F H T S G Y D T	Q A I V E N N - - E
	1	10	20	30	40 … 50
Lysozym	S T D Y G I F Q I N	S R Y W C N D G K T	P G A V N A C H L S	C S A L L Q D N I A	D A V A C A K R V V
α-Lactalbumin	S T E Y G L F Q I S	N K L W C K S S Q V	P Q S R N I C D I S	C D K F L D D D I T	D D I M C A K K I L
	60	70	80	90	100
Lysozym	R D P Q G I R A W V	A W R N R C Q N R D	V R Q Y V Q G C G V		
α-Lactalbumin	D - I K G I D Y W L	A H K A L C T - E K	L E Q W L C E K L -		
	110	120	130		Aminosäureposition

Lysozm ist ein Enzym, das bakterielle Zellwände auflöst. Es spielt eine Rolle bei der unspezifischen Immunabwehr. α-Lactalbumin ist ein Protein ohne enzymatische Aktivität. Es ist bei Säugetieren an der Milchproduktion beteiligt. Vögel besitzen lediglich Lysozym-Gene, während man bei Säugetieren Gene für Lysozym und α-Lactalbumin findet. Die beiden Proteine ähneln sich in ihrer dreidimensionalen Struktur. Die in der Tabelle dargestellten Aminosäuresequenzen beider Proteine sind im Ein-Buchstaben-Code angegeben. Identische Aminosäuren sind farbig hervorgehoben, Bindestriche markieren Lücken in der Sequenz.

1 Erklären Sie, warum es sich bei den Genen für Lysozym und α-Lactalbumin um homologe Gene handelt. ●●○

2 Entwickeln Sie auf Basis des Materials eine Hypothese zur Entstehung der Lysozym-Genfamilie. ●●●

Stammbäume verstehen und erstellen

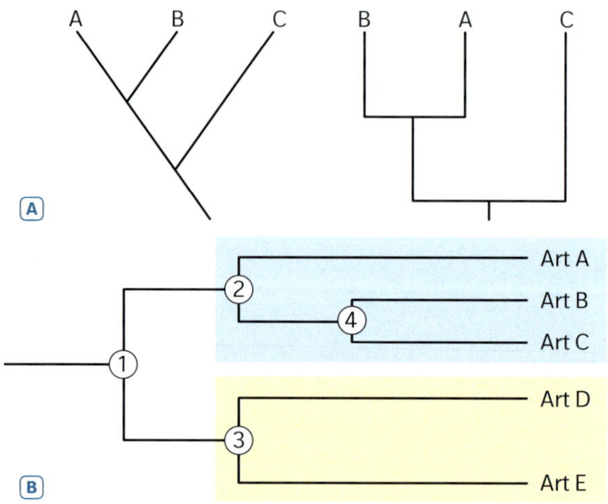

1 Dendrogramme: **A** mit vertikaler Achse; **B** mit horizontaler Achse

Die Evolution der Lebewesen und ihre stammesgeschichtliche Verwandtschaft kann mithilfe von Stammbäumen anschaulich dargestellt werden. Solche phylogenetischen Stammbäume werden **Dendrogramme** genannt. Ihre Rekonstruktion erfolgte früher vor allem auf Basis morphologischer Merkmale. Heute werden Stammbäume in der Regel auf Basis von DNA-Sequenzanalysen erstellt. Dabei wird das Ziel verfolgt, Lebewesen nach ihrer stammesgeschichtlichen Verwandtschaft zu systematisieren.

Stammbäume verstehen – Neue Arten entstehen im Verlauf der Evolution stets durch Aufspaltung einer ursprünglichen Art in zwei neue Arten. Dies wird in Stammbäumen durch die Gabelung eines Hauptastes in zwei Nebenäste dargestellt. Der Verzweigungspunkt heißt Knoten. Er steht für den letzten gemeinsamen Vorfahren oder die Stammart. Die Endpunkte der Verzweigungen stehen für heute lebende Arten.

Stammbäume mit einer vertikalen Achse werden stets von unten nach oben, solche mit horizontaler Achse dagegen von links nach rechts gelesen. Die Reihenfolge der Verzweigungen entlang der Achse gibt jeweils die relative Abfolge der Artaufspaltungen wieder. So stellt etwa Verzweigungspunkt 2 in Abbildung 1 B den letzten gemeinsamen Vorfahren der Arten A, B und C dar. Der Verzweigungspunkt 4 zeigt die spätere Aufspaltung in die Arten B und C. Dadurch wird deutlich, dass, die Arten B und C näher miteinander verwandt sind als die Arten A und B. Ein solcher Stammbaum, der zwar keine Angabe über den absoluten Zeitpunkt der Aufspaltungen macht, wohl aber über deren relative Abfolge heißt **Kladogramm**. Die Länge der Äste des Stammbaums ist hierbei ohne Bedeutung. Bei einem Phylogramm ist hingegen die Länge der Äste ein Maß für die Merkmalsunterschiede.

Jede Gruppe von Lebewesen, die aufgrund gemeinsamer Merkmale eine Einheit bildet, heißt **Taxon**. Ein Taxon, das sämtliche stammesgeschichtlichen Abkömmlinge eines Vorfahren umfasst, wird monophyletische Gruppe genannt. Zwei Arten, die am nächsten miteinander verwandt sind, bilden Schwesterarten. Die entsprechende monophyletische Gruppe heißt Schwestergruppe. So gehören die Arten A, B und C in Abbildung 1 einer monophyletischen Gruppe an. Die Arten B und C sind Schwesterarten. Die Arten A und D bilden eine polyphyletische Gruppe, da sie keinen direkten gemeinsamen Vorfahren haben

Stammbäume erstellen – Kladogramme werden auf Basis monophyletischer Gruppen erstellt. Die jeweiligen Verwandtschaftsbeziehungen werden hierbei durch Homologievergleiche an rezenten Arten ermittelt. Dabei wird zwischen ursprünglichen, **plesiomorphen** und abgeleiteten, **apomorphen Merkmalen** unterschieden. Plesiomorphe Merkmale sind bereits bei einer sehr frühen Stammart aufgetreten und daher bei allen nachfolgenden Arten vorhanden. So ist etwa das Vorhandensein einer Wirbelsäule bei Säugetieren ein plesiomorphes Merkmal, denn es kommt auch bei Reptilien, Amphibien, Fischen und Vögeln vor. Für verwandtschaftliche Untersuchungen von Wirbeltieren ist dieses Merkmal daher nicht geeignet. Dafür sind nur apomorphe Merkmale von Bedeutung, die erstmals bei der gemeinsamen Stammart auftraten und nur bei deren Nachkommen in jeweils abgewandelter Form vorhanden sind. So ist etwa der Besitz von Fell ein apomorphes Merkmal der Säugetiere. Es kommt nur bei diesen vor und kennzeichnet sie als monophyletische Gruppe.

Taxon	abgeleitetes Merkmal							
	Kiefer	Lunge	Krallen / Nägel	Kropf	Federn	Fell	Milch-drüsen	β-Keratin-Schuppen
Schleimaal (Außengruppe)	–	–	–	–	–	–	–	–
Barsch	+	–	–	–	–	–	–	–
Salamander	+	+	–	–	–	–	–	–
Eidechse	+	+	+	–	–	–	–	+
Krokodil	+	+	+	+	–	–	–	+
Taube	+	+	+	+	+	–	–	+
Maus	+	+	+	–	–	+	+	–
Schimpanse	+	+	+	–	–	+	+	–

2 Abgeleitete Merkmale von Wirbeltieren (+ : Merkmal vorhanden; – : Merkmal fehlt)

Kladogramme lassen sich folgendermaßen erstellen:

1. **Auswahl der Innengruppe**
Bei phylogenetischen Untersuchungen bezeichnet man die Gruppe von Lebewesen, der das eigentliche Interesse gilt, als Innengruppe.
2. **Festlegung der Außengruppe**
Im ersten Schritt wird eine Außengruppe bestimmt. Hierbei handelt es sich um eine Gruppe oder Art, die sich früher von der Entwicklungslinie abgespalten hat als die Innengruppe. Als Vergleichsgruppe ermöglicht sie die Unterscheidung von plesiomorphen und apomorphen Merkmalen für die Innengruppe. Eine solche Außengruppe bilden die Schleimaale in Abbildung 3.
3. **Erstellung einer Merkmalstabelle**
In einer Tabelle werden abgeleitete Merkmale für die zu untersuchenden Arten aufgelistet. Bei einem Pluszeichen ist das Merkmal bei der betreffenden Art vorhanden, bei einem Minuszeichen fehlt es.
4. **Auswertung der Merkmalstabelle**
Auf Basis der Tabelle werden zunächst die Merkmale bestimmt, die einzigartig für jedes einzelne Taxon sind. In Abbildung 2 ist dies das Merkmal „Federn" bei der Taube. Danach werden Schwestergruppen identifiziert, indem nach Merkmalen gesucht wird, die lediglich bei zwei der zu vergleichenden Taxa vorkommen. Dies trifft etwa auf das Merkmal Kropf bei Taube und Krokodil zu.

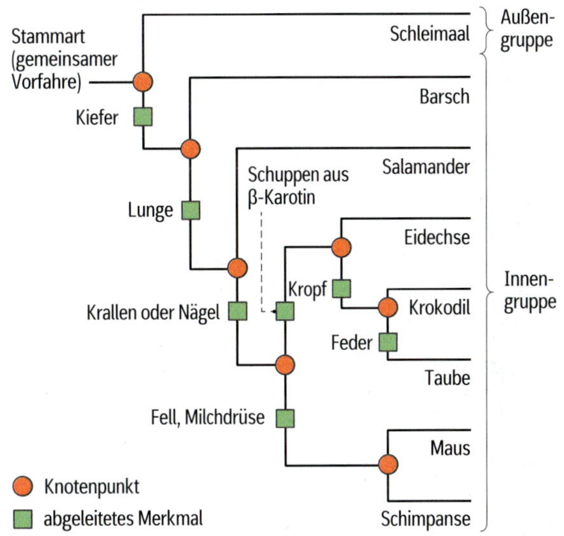

3 Stammbaum der Wirbeltiere anhand abgeleiteter Merkmale

Danach wird über den Merkmalsvergleich das nächste Schwestergruppenverhältnis bestimmt. Dies wird solange fortgeführt, bis der Stammbaum vollständig erstellt ist. Dieser stellt zunächst eine Hypothese dar. Andere Stammbäume sind theoretisch denkbar. Um den Stammbaum zu ermitteln, der die Realität am besten abbildet, wendet man das Prinzip der sparsamen Erklärung an. Danach ist der denjenigen Stammbaum der wahrscheinlichste, der die geringste Anzahl an evolutionären Ereignissen benötigt, um die Merkmalsausprägung zu erklären.

Klausuraufgaben

Infrarotwahrnehmung bei Schlangen

Schlangen sind ausnahmslos Fleischfresser. Je nach Art und Größe fressen sie Vögel, Kleinsäuger wie Mäuse und Ratten, Insekten, aber auch andere Reptilien, Amphibien und Fische. Sie spüren ihre Beute mithilfe spezieller Sinnesorgane auf. Im Folgenden werden verschiedene evolutionsbiologische Aspekte zu diesem Thema behandelt.

1.1 Erklären Sie die Rückbildung der Beine bei Schlangen mithilfe der Evolutionstheorie von LAMARCK und DARWIN. (Material A)

1.2 Erklären Sie die Bedeutung rudimentärer Organe für die Synthetische Evolutionstheorie.

2.1 Erklären Sie, die Selektionsvor- und -nachteile nachtaktiver Schlangen mit infrarotempfindlichen Sinnesorganen im Vergleich zu tagaktiven Schlangen, die ihre Beute mithilfe des Sehsinns und des Geruchssinns wahrnehmen. (Material B).

3.1 Beschreiben Sie die zur Erstellung eines phylogenetischen Stammbaums notwendigen Schritte. (Material C).

3.2 Auf der Basis von DNA-Sequenzdaten verschiedener homologer Gene wurde ein phylogenetischer Stammbaum der Schlangen erstellt. Analysieren Sie den Stammbaum im Hinblick auf die Verwandtschaft von Schlangen mit Infrarot-Sinnesorganen. (Material C)

4.1 Geben Sie eine Definition des Begriffes Konvergenz an.

4.2 Begründen Sie, dass es sich bei Grubenorganen und Labialorganen um konvergente Entwicklungen bei Schlangen handelt. Schließen Sie dabei Homologie mithilfe der Homologiekriterien aus. (Material B und C)

4.3 Stellen Sie eine Hypothese zu dem Phänomen auf, dass in Grubenorganen und Labialorganen von Schlangen die gleichen Ionenkanäle vorkommen. (Material B)

A Schlangen mit Beinen

Schlangen stammen von echsenartigen Vorfahren ab. Fossilfunde zeigen, dass sie vor 150 Millionen Jahren noch vier voll ausgebildeten Beinen besaßen. Dann setzte zunächst eine Reduktion der Vorderbein und die Entwicklung einer langen Wirbelsäule mit zahlreichen Wirbeln und Rippen ein. Die Hinterbeine blieben noch mindestens 70 Millionen Jahre lang in verkleinerter Form erhalten, bevor sie ganz zurückgebildet wurden. Bei einigen rezenten Schlangenarten wie etwa bei Boas, kommen noch Rudimente von Beckenknochen und Hinterextremitäten vor.

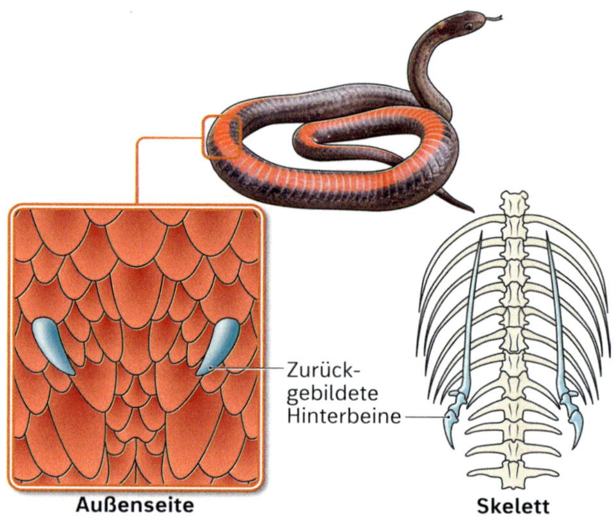

B Wärmeortung von Schlagen

Nachtaktive Schlangen besitzen Sinnesorgane, mit denen sie Wärmestrahlung, auch Infrarotstrahlung genannt, wahrnehmen können. Diese Sinnesorgane vermitteln den Tieren ein dreidimensionales Wärmebild ihrer Umgebung. So können sie Beutetiere auch bei völliger Dunkelheit ausfindig machen. Bei infrarotempfindlichen Sinnesorganen werden Grubenorgane und Labialorgane unterschieden.Grubenorgane kommen zum Beispiel zwischen Nase und Augen bei Grubenottern, wie etwa der Texas-Klapperschlange vor. In der dünnen Membran im Innern des Grubenorgans befinden sich freie Nervenendigungen mit typischen Ionenkanälen, die sich bei Erwärmung öffnen.

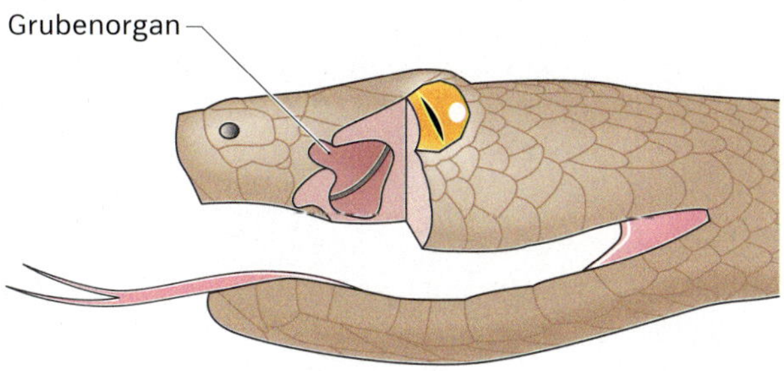

2 Lage der Grubenorgane

3 Lage der Labialorgane

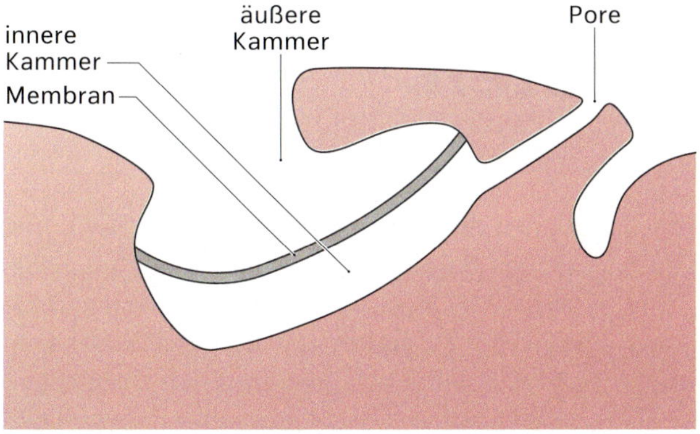

4 Aufbau eines Grubenorgans

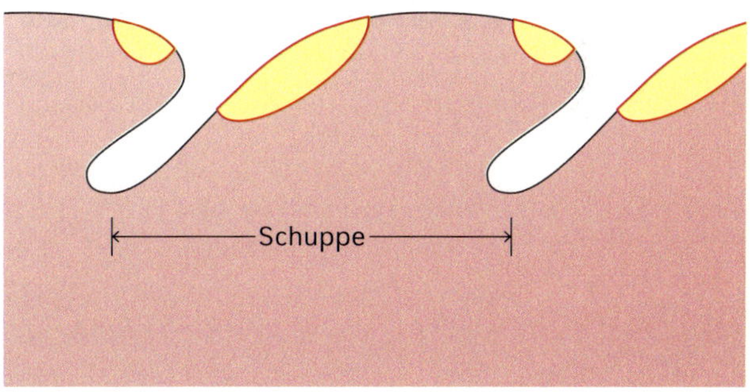

5 Labialorgane auf Schuppen

Labialorgane sind in jeweils einer Reihe entlang der Ober- und Unterlippe der Schlangen angeordnet. Sie bestehen aus grubenförmigen Vertiefung auf deren Boden sich Infrarotrezeptoren mit Ionenkanälen befinden. Diese öffnen sich bei Erwärmung. Die Empfindlichkeit von Labialorganen gegenüber Infrarotstrahlung ist wesentlich geringer als die von Grubenorganen. Labialorgane liegen bei Boaschlangen auf einzelnen Schuppen, bei Pythonschlangen dagegen zwischen den Schuppen.

C Stammbaum der Schlangen

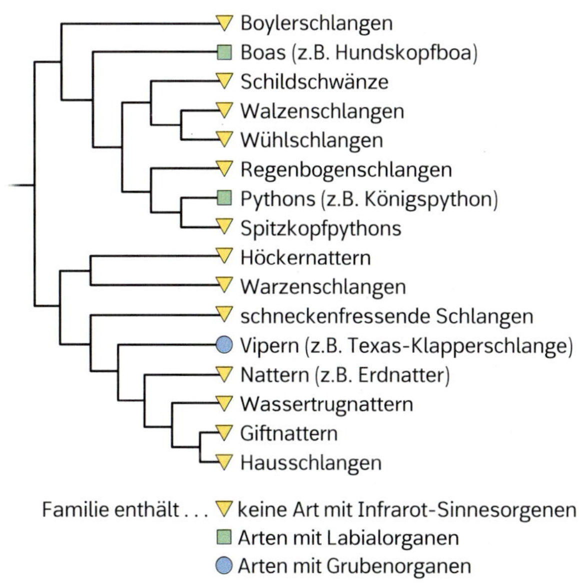

1 Mensch und Orang-Utan

7.1 Der Mensch und seine nächsten Verwandten

Menschen und Menschenaffen wie etwa Orang-Utans zeigen deutliche Ähnlichkeiten in ihrem Aussehen und Verhalten. Diese sind auf eine gemeinsame Abstammung zurückzuführen. Wie genau ist ihre verwandtschaftliche Nähe?

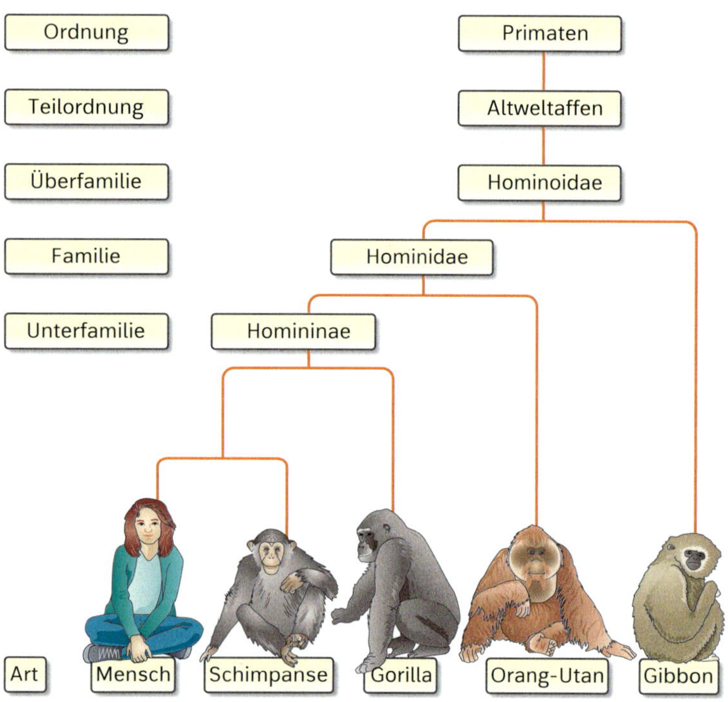

2 Systematik von Mensch und Menschenaffen

Kennzeichen der Primaten – Seit LINNÉ werden Menschen zusammen mit Affen, Halbaffen und Menschenaffen der Säugetierordnung der **Primaten** zugeordnet. Sie besitzen sie eine Reihe von gemeinsamen Merkmalen. So ist etwa ihr Gehirn größer als das der übrigen Säugetiere. Primaten besitzen zumeist nach vorne gerichtete Augen mit einem gut entwickelten Sehvermögen. Die Extremitäten weisen in der Regel fünf Finger oder Zehen auf. Daumen oder Großzehe können den anderen Fingern oder Zehen gegenübergestellt werden. Primaten bekommen nach einer längeren Schwangerschaft nur wenige Junge, die relativ spät geschlechtsreif werden. Meist leben sie in Gruppen mit komplexen Sozialsystemen.

Systematik der Primaten – Die Ordnung der Primaten wird in die Teilordnungen der Neuweltaffen und Altweltaffen untergliedert. **Altweltaffen** kommen weltweit vor und besitzen eine schmalere Nase als die Neuweltaffen Mittel- und Südamerikas. Innerhalb der Teilordnung der Altweltaffen wird die Überfamilie der **Hominoidae** abgegrenzt. Sie umfasst die Gibbons und die Familie der Großen Menschenaffen, zu denen in der biologischen Systematik auch der Mensch zählt.

Die Familie der Menschenaffen wird als **Hominidae** bezeichnet. Darin bilden Gorilla, Schimpanse und Mensch die Unterfamilie der **Homininae**. In dieser Unterfamilie werden drei Gruppen unterschieden. Sie umfassen jeweils die rezenten Arten Gorilla, Schimanse und Mensch sowie deren Vorfahren. So gehören zur Gruppe der **Hominini** alle Arten, die nach der Trennung von Mensch und Schimpanse in der Entwicklungslinie des modernen Menschen vorkamen.

Vergleich Mensch und Menschenaffe

Ein wichtiges Entscheidungskriterium für die Zuordnung eines fossilen Fundes zur Entwicklungslinie des Menschen ist der **aufrechte Gang**. Er kann unter anderem aus der Lage des Hinterhauptslochs, der Verbindung von Schädel und Wirbelsäule, abgeleitet werden. Bei einem aufrecht gehenden Individuum liegt es zentral, bei einer vierfüßigen Fortbewegungsweise seitlich an der Schädelbasis. Ein aufrechter Gang lässt sich auch an einem schlüsselförmigen Becken erkennenm das den inneren Organen Halt gibt. Außerdem bieten die breiten Beckenknochen große Ansatzflächen für die Muskeln, die die Streckung der Beine ermöglichen.

Zu den Unterscheidungsmerkmalen von Mensch und Affe gehört zudem das Gebiss. Bei Menschenaffen befindet sich eine Lücke zwischen den Schneide- und Eckzähnen, so dass sie das Maul schließen können. Moderne Menschen besitzen keine Affenlücke, ihre Eckzähne sind kaum größer als die Schneidezähne.

Die Genome von Menschenaffen und Menschen sind zu 98,7 Prozent identisch. Große Übereinstimmungen zeigen sich auch im Bau der Chromosomen. Im Unterschied zum Menschen verfügt der moderne Schimpanse aber nicht über 46, sondern über 48 Chromosomen. Aktuelle Forschungsergebnisse zeigen, dass sich Mensch und Schimpanse in der Expression von 19 Regulatorgenen unterscheiden. Diese Tatsache ist möglicherweise für die vielen Unterschiede zwischen beiden verantwortlich. Die Mutation in einem einzigen Gen verlängert beispielsweise die Neurogenese. Dadurch befinden sich im menschlichen Gehirn wesentlich mehr Neurone als in den Gehirnen anderer Menschenaffen.

MATERIAL MIT AUFGABEN

A Vergleich von Schimpanse und Mensch

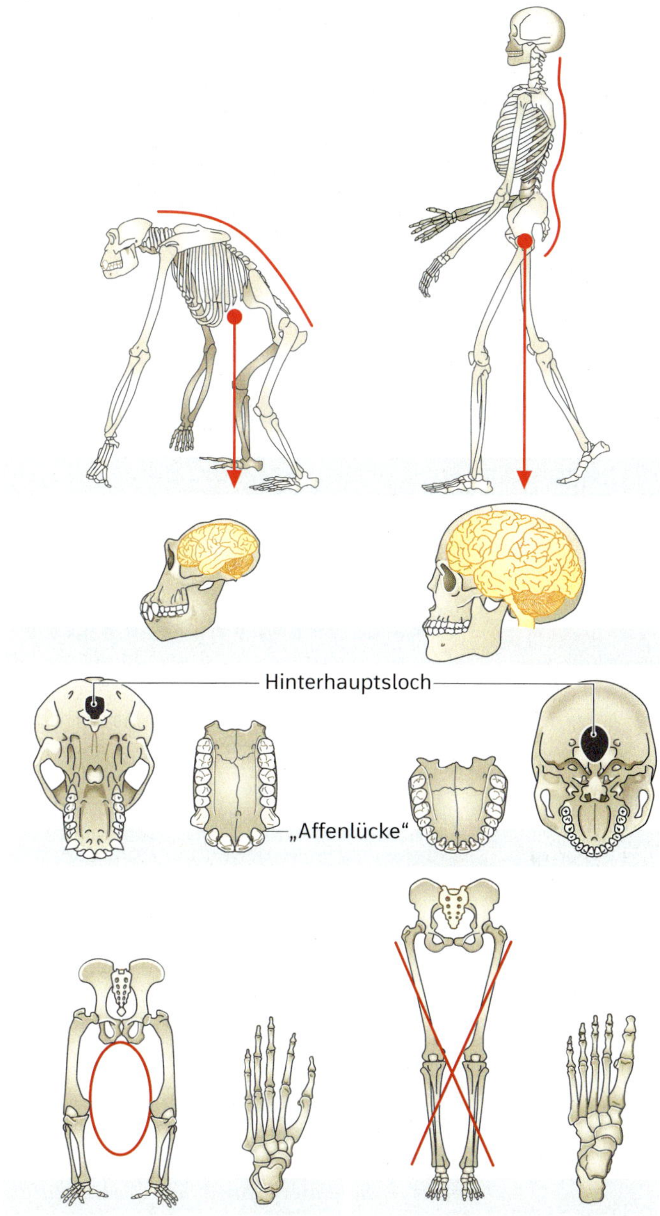

1 Vergleichen Sie in tabellarischer Form das Skelett und die Skeletteile von Mensch und modernem Schimpansen.

2 Erklären Sie, inwieweit die anatomischen Unterschiede von Mensch und modernem Schimpansen im Zusammenhang mit dem aufrechten Gang stehen.

3 Erklären Sie, wie Sie nur anhand von Skelettstücken des Oberkörpers und des Schädels auf eine zweibeinige Fortbewegung der gefundenen Art schließen können.

1 Fußspuren von Laetoli

7.2 Stammesgeschichte des Menschen

1978 wurden in Laetoli, Tansania, Abdrücke von Fußspuren gefunden, die auf 3,66 Millionen Jahre datiert wurden. Sie gelten als eindeutiges Zeugnis aufrecht gehender Hominini. Welche Vertreter dieser Gattungsgruppe gab es und wie entwickelte sich aus ihnen der moderne Mensch?

Ursprung des Menschen – Die ältesten Fossilien der menschlichen Entwicklungslinie sind zwischen sieben und vier Millionen Jahre alt. Sie wurden in Afrika gefunden und zeigen ein Mosaik von Merkmalen der Menschen und der Menschenaffen. Wichtige Vertreter sind der etwa 7 Millionen Jahre alte *Sahelanthropus tschadensis* und der 4,4 Millionen Jahre alte *Ardipithecus ramidus*.

Der aufrechte Gang – Wesentliches Merkmal der frühen Hominini war der aufrechte Gang, wodurch sie sich grundsätzlich von Menschenaffen unterscheiden. Der Übergang vom vierfüßigen Knöchelgang zum aufrechten zweibeinigen Gang wird als Schlüsselmerkmal in der Evolution der Menschen betrachtet, das zu einer adaptiven Radiation führte. So gab es vor fünf bis zwei Millionen Jahren in Afrika etwa zwölf unterschiedliche Varianten aufrecht gehender Hominini. Fossilfunde belegen, dass sie genauso gut aufrecht gehen wie in Bäumen klettern konnten.

Ein Vorteil des aufrechten Ganges sind die freien Hände. So können etwa Materialien, Nahrung und auch die Nachkommen gehalten und transportiert werden. Durch das Aufrichten erweitert sich das Blickfeld, sodass Raubtiere und Nahrungsquellen aus großer Entfernung entdeckt werden können. Außerdem ist eine Fortbewegung auf zwei Beinen energetisch günstiger als auf vier Beinen. Ein Nachteil des aufrechten Ganges ist die größere Belastung des Rückens, der nun das gesamte Körpergewicht tragen muss. Weiter ist eine zweibeinige Fortbewegung langsamer als eine vierbeinige. Mit dem aufrechten Gang entwickelten sich auch ein schmaleres Becken und ein engerer Geburtskanal, sodass die Geburten für Mutter und Kind risikoreicher wurden.

Hypothesen zum aufrechten Gang

Lange Zeit wurde die Entwicklung des aufrechten Gangs mit einer Klimaveränderung in Ostafrika vor etwa 7 bis 8 Millionen Jahren in Verbindung gebracht. Demnach verließen frühe Formen der Hominini während einer Zeit trockenen Klimas die zurückgehenden tropischen Regenwälder und gingen in den entstandenen Savannen zu einem Leben am Boden über. Nach dieser **Savannen-Hypothese** hätte sich hier dann der aufrechte Gang als vorteilhaft erwiesen. Spätere Untersuchungen zeigten jedoch, dass in den Gebieten, in denen damals diese frühen Hominini lebten, Feuchtgebiete und stärker bewaldete Regionen vorherrschten. Die Savannen-Hypothese gilt daher heute als überholt.

Nach der **Wasseraffen-Hypothese** haben frühe Honinini insbesondere an Gewässern gelebt. Der aufrechte Gang hat sich hier als Ergebnis einer Nahrungssuche im Wasser entwickelt. Dabei konnte der Kopf über Wasser und mit den Händen Nahrung gehalten werden. Auch diese Theorie hielt einer späteren wissenschaftlichen Überprüfung nicht stand.
Welcher Selektionsdruck letztlich für die Entwicklung des aufrechten Gangs verantwortlich war, wird auch aktuell kontrovers diskutiert. Einigkeit besteht aber darin, dass die Entwicklung schrittweise verlief.

Entwicklung des Gehirns

Das Gehirnvolumen des modernen Menschen ist etwa dreimal so groß wie das von heute lebenden Schimpansen. Die Gehirnvolumina der frühen Hominini unterschieden sich zunächst nur geringfügig von denen späterer Vertreter. Fossile Funde belegen, dass es vor allem in den letzten zwei Millionen Jahren zu einer enormen Volumenzunahme des Gehirns kam.
Als Auslöser dafür wird eine Umstellung von überwiegend pflanzlicher Kost auf eine proteinreichere tierische Kost diskutiert. Zusätzlich könnte die Verwendung von Feuer zu einer besseren Verwertbarkeit der Nahrung geführt haben. Auch könnten kognitive Fähigkeiten, die für ein Zusammenleben in einer Gruppe notwendig sind, zur Entwicklung des Gehirnvolumens beigetragen haben.

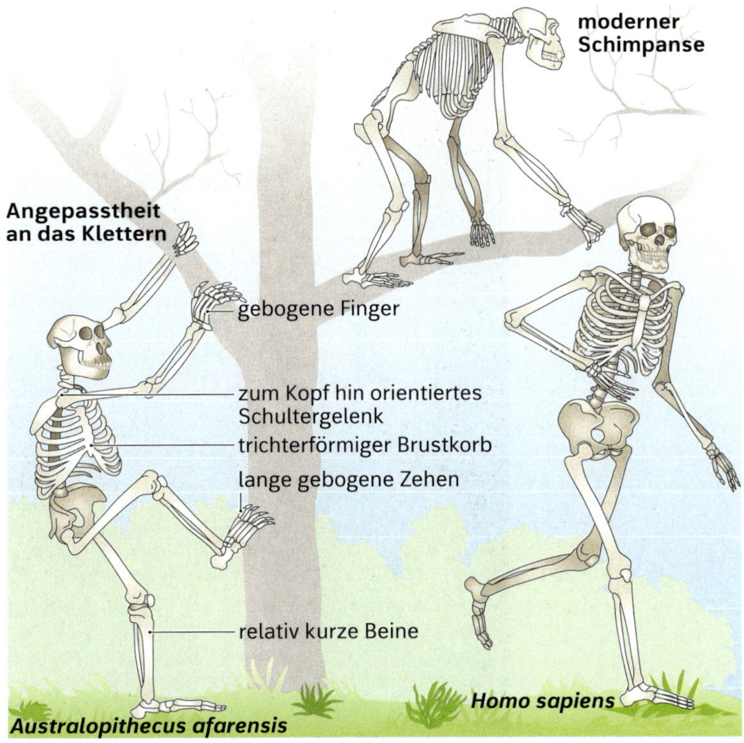

2 Entwicklung des aufrechten Gangs

MATERIAL MIT AUFGABEN

A Gehirnentwicklung bei Hominini

untersuchte Hominini	Alter (in Millionen Jahren)	Körpermasse (in kg)	Gehirnmasse (in g)	Neuronenzahl (in Milliarden)
Vormensch	3,8–2,9	35	450	30
Frühmensch	1,8–1,4	55	730	50
Neandertaler	0,2–0,03	70	1420	89
moderner Mensch	0,2–heute	62,5	1400	88

1 Berechnen Sie die relative Zunahme der Körper- und Gehirnmasse sowie die Neuronenzahl bei den verschiedenen Hominini. ●○○

2 Berechnen Sie für jede der Arten das Verhältnis aus Gehirn- und Körpermasse. Runden Sie Ihr Ergebnis auf drei Nachkommastellen auf. ●●○

3 Werten Sie Ihre Ergebnisse der Aufgaben 1 und 2 im Hinblick auf die Gehirnentwicklung der Honinini aus. ●●●

3 *Australopithecus afarensis* (Rekonstruktion)

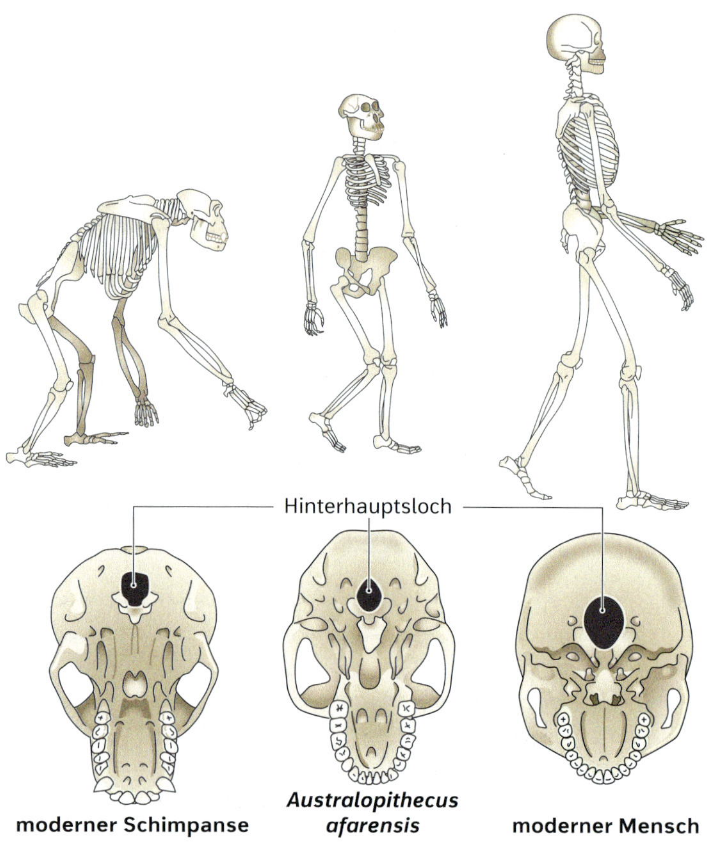

4 Skelett- und Schädelvergleich

Die Gattung *Australopithecus* – Vor vier bis zwei Millionen Jahren besiedelte eine Gruppe von Hominini Ost- und Südafrika, die als Gattung ***Australopithecus*** zusammengefasst werden. Fossilien der verschiedenen *Australopithecus*-Arten belegen ihre Verwandtschaft mit dem modernen Menschen. Aufsehen erregte der Fund eines 3,3 Millionen Jahre alten weiblichen Skeletts, das unter dem Namen Lucy bekannt wurde. Lucy gehörte zur Art *Australopithecus afarensis*. Die Form des Beckens, die Stellung der Oberschenkelknochen und die Lage des Hinterhauptslochs belegen, dass Lucy über längere Strecken aufrecht gehen konnte. Gebiss und Kiefer zeigen mehr Ähnlichkeiten mit denen moderner Menschen als mit denen heutiger Menschenaffen. Ihr Gehirnvolumen entsprach jedoch mit knapp 500 cm^3 dem eines heutigen Schimpansen.
Aus der Gattung der Australopithecinen entwickelten sich vor etwa drei Millionen Jahren robuste Arten der Gattung ***Paranthropus***. Sie starben vor einer Million Jahren aus.

Die Gattung *Homo* – Aus einer der *Australopithecus*-Arten entwickelte sich vor etwa 2,5 Millionen Jahren in Ostafrika die ersten Vertreter der Gattung *Homo*. Eine genaue Abgrenzung dieser frühen Arten von Vertretern der Gattung *Australopithecus* ist schwierig. Häufig wird der Gebrauch von bearbeiteten Steinwerkzeugen als Kriterium genannt. Wichtige Vertreter waren der robust gebaute *Homo rudolfensis*, der grazilere *Homo habilis und Homo ergaster*. Der Körperbau von *Homo ergaster* ähnelte bereits stark dem des modernen Menschen. Er nutzte das Feuer und besaß ein Gehirnvolumen von etwa 900 cm^3. *Homo ergaster* gilt als Vorfahre von *Homo erectus*. Dieser wanderte vor etwa 1,8 Millionen Jahren aus Afrika aus und gelangte nach Asien. Dort und in Europa führten die jeweiligen Umweltbedingungen zur Entwicklung weiterer Arten der Gattung *Homo*. Dazu zählen ausgestorbene Arten wie der Denisova-Mensch in Sibirien und Südostasien sowie der Neandertaler in Europa und dem Nahen Osten. Außerdem gehörte *Homo sapiens* dazu. Diese einzige rezente Art der Gattung *Homo* hat sich auf der gesamten Welt verbreitet.

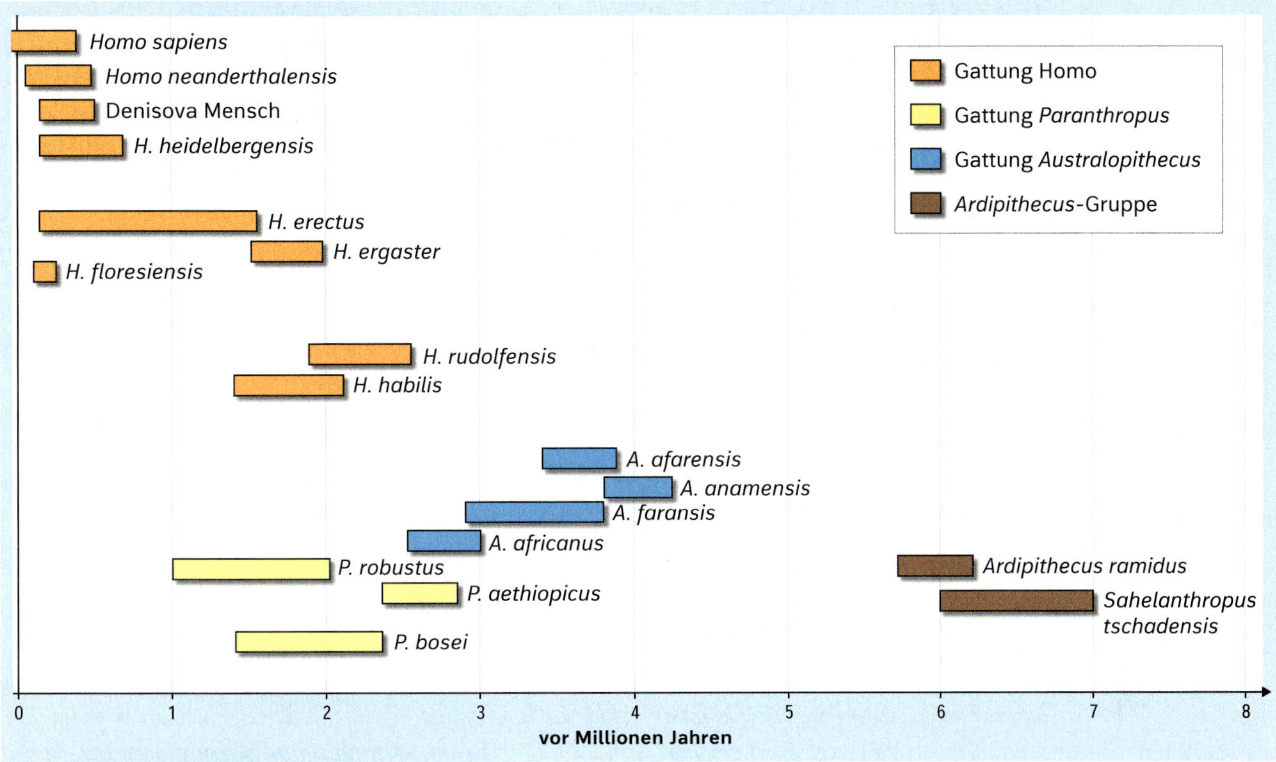

5 Stammbusch der Hominini

Stammbusch der Menschen – Insbesondere durch Erkenntnisse der Genetik veränderte sich in den 1990er Jahren die Vorstellung einer geradlinigen Evolution des Menschen. Nachweislich haben sich verschiedene frühe Vertreter der Hominini untereinander gekreuzt und somit zum Genpool des modernen Menschen beigetragen. Es gab also keine durchgehende Entwicklungslinie. Stattdessen wird von verschiedenen geografischen und zeitlichen Varianten ausgegangen, die gleichzeitig gelebt haben. Auch durch fossile Funde wird diese Auffassung unterstützt. So wurden 2019 in Laetoli weitere Fußspuren entdeckt, die belegen, dass dort zeitgleich zwei verschiedene Arten von *Australopithecinen* lebten. Die Stammesgeschichte des Menschen ähnelt also eher einem Busch mit zahlreichen Seitenästen und Auswüchsen als einem geradlinigen Stammbaum. Dieser **Stammbusch** des Menschen ist heute keinesfalls abschließend geklärt. So bringen neue Funde oft unerwartete Hinweise auf mögliche Verzweigungen und damit neue Diskussionen über mögliche Verwandtschaftsverhältnisse.

MATERIAL MIT AUFGABEN

B Hominini-Fossilien

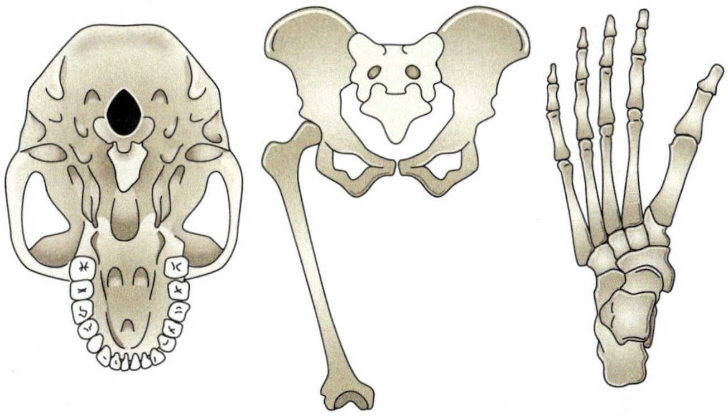

Die abgebildeten fossilen Knochenfunde stammen aus Afrika. Ihr Alter wird auf 3,5 Millionen Jahre geschätzt.

1 Prüfen Sie, ob die fossilen Knochenfragmente einem aufrecht gehenden Hominini zugeordnet werden können und begründen Sie Ihre Entscheidung. ●●○

2 Ordnen Sie den Fossilfund in den Stammbusch der Hominini ein. ●●○

Ausbreitung der Gattung *Homo*

Die ältesten Fossilfunde der Gattung *Homo* sind 2,5 Millionen Jahre alt und stammen aus Afrika. Nach einer heute allgemein akzeptierten Theorie hat sich der letzte gemeinsame Vorfahre des modernen Menschen von hier aus über die gesamte Welt ausgebreitet. Diese **Out-of-Africa-Theorie** wird durch viele Fossilfunde und genetische Analysen unterstützt.

Nach einer älteren, heute überholten Theorie entwickelte sich der moderne Mensch parallel in den verschiedenen Regionen der Welt aus früheren Formen von *Homo erectus*. Die große genetische Ähnlichkeit aller modernen Menschen auf den unterschiedlichen Kontinenten wird nach dieser **multiregionalen Theorie** durch gelegentliche Kreuzungen einzelner Mitglieder benachbarter Gruppen erklärt.

Nach der Out-of-Africa-Theorie verließen vermutlich Vertreter von *Homo erectus* vor etwa 1,8 Millionen Jahren in einer ersten Auswanderungswelle Afrika. Fossilien deuten darauf hin, dass diese Art über den Nahen Osten nach Georgien, über die arabische Halbinsel nach Südostasien gelangte. Wahrscheinlich gab es noch weitere Auswanderungswellen aus Afrika. So verließen vermutlich vor etwa 1 Million Jahre Vertreter von *Homo heidelbergensis* Afrika über die Sinai-Halbinsel in Richtung Europa und Asien. Verglichen mit *Homo erectus* besaß diese Art ein größeres Hirnvolumen und die Fähigkeit, präzisere Werkzeuge herzustellen. In Europa entwickelte sich vor etwa 150 000 Jahren sehr wahrscheinlich aus *Homo heidelbergensis Homo neanderthalensis*, der Neandertaler.
In einer weiteren Auswanderungswelle verbreiteten sich Vertreter von *Homo sapiens*, die in Afrika aus entstanden waren, über alle Kontinente.

Bei den verschiedenen Auswanderungswellen handelt es sich nicht um gezielte Wanderungen in neue Gebiete. Vielmehr verschoben sich vermutlich die Sammel- und Jagdgebiete der jeweiligen Arten. Wenn die Gebiete sich um wenige Kilometer pro Jahr ausdehnten, konnten auf diese Weise in 10 000 Jahren weite Entfernungen zurückgelegt werden.

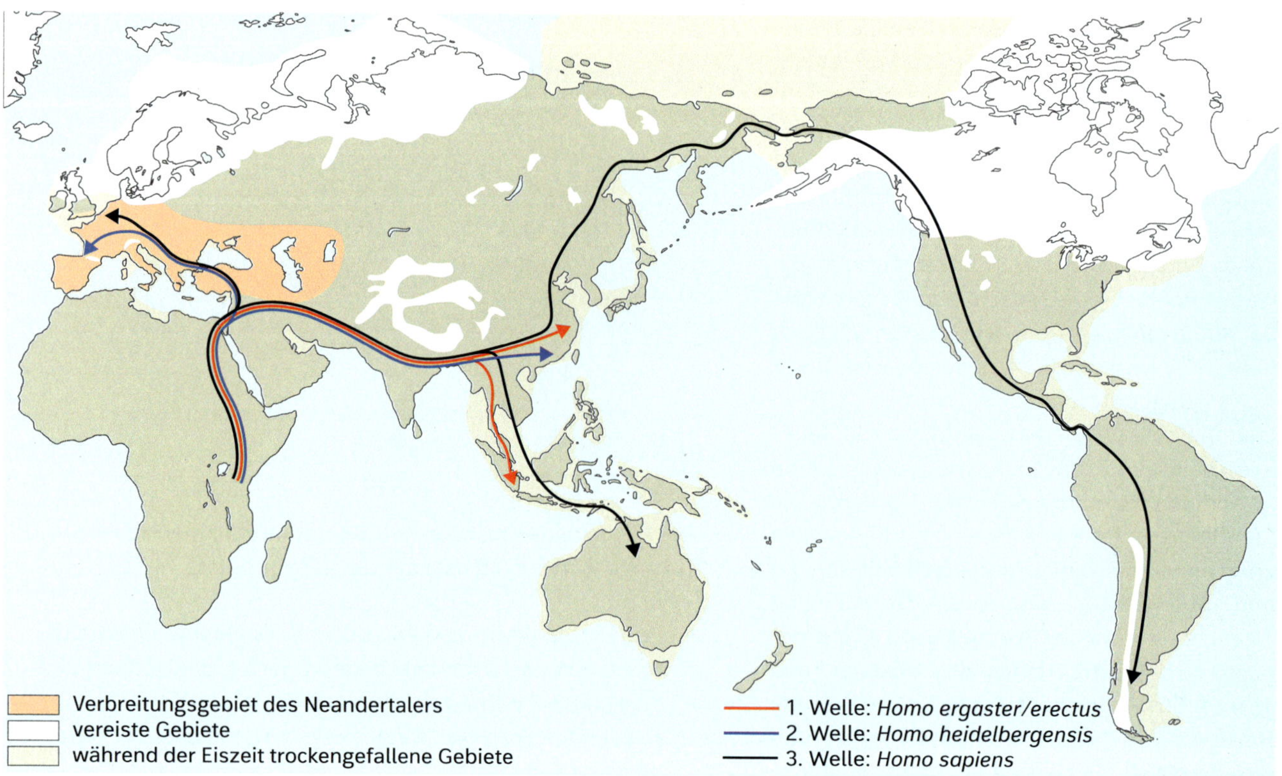

6 Ausbreitung von *Homo sapiens*

Ursprung und Verbreitung von *Homo sapiens* – Die bisher ältesten Funde von *Homo sapiens* stammen aus Marokko. Sie weisen ein Alter von 300 000 Jahren auf. Funde aus Südafrika und Äthiopien werden auf 260 000 und 195 000 Jahre datiert. Daraus lässt sich schließen, dass sich der moderne Mensch zunächst auf dem afrikanischen Kontinent ausgebreitet hat. Der gesamte afrikanische Kontinent ist demnach die **Wiege der Menschheit**. Vor etwa 130 000 Jahren wanderten Populationen von *Homo sapiens* aus Afrika in das Gebiet des Westpazifiks bis nach Australien. In einer zweiten großen Welle vor etwa 50 000 Jahren begann die Besiedlung Eurasiens.

In Europa und Teilen Asiens trafen Populationen von *Homo sapiens* auf Nachfahren der ersten Auswanderungswellen von *Homo erectus*. In Europa und im Nahen Osten waren dies die **Neandertaler**, in Sibirien und Südostasien die **Denisova-Menschen**. Mithilfe molekulargenetischer Untersuchungen ließ sich ein Genfluss zwischen Individuen von *Homo sapiens* und den beiden Arten nachweisen. So etwa gelangten Gene des Neandertalers in das Genom von *Homo sapiens*. Einige der Neandertaler-Gene erwiesen sich als vorteilhaft für *Homo sapiens* in der veränderten Umwelt und blieben erhalten. Andere waren dagegen nachteilig und verschwanden wieder. Die Genome von Europäern und Asiaten gehen zu etwa zwei Prozent auf Neandertaler zurück. Asiaten besitzen zusätzlich noch DNA-Sequenzen der Denisova-Menschen in ihrem Genom.

2004 wurden auf der indonesischen Insel Flores Skelettreste einer bislang unbekannten Art entdeckt: ***Homo floresiensis***. Die Fossilien sind zwischen 60 000 bis 100 000 Jahre alt. Aufgrund ihrer geringen Größe von einem Meter wurden die Flores-Menschen als „Hobbits" bezeichnet. Ihr Gehirn hatte eine Größe von etwa 400 cm^3, was dem der kleinsten *Australopithecinen* entspricht. Ob Vertreter von *Homo floresiensis* Kontakt zu *Homo sapiens* oder anderen Hominini hatte, ist ungeklärt.

Der moderne Mensch besiedelte in nur 50 000 bis 60 000 Jahren alle Kontinente. Alle übrigen Arten der Gattung *Homo* starben aus. Über die Gründe lässt sich bislang nur spekulieren.

MATERIAL MIT AUFGABEN

C Modelle zur Verbreitung von *Homo sapiens*

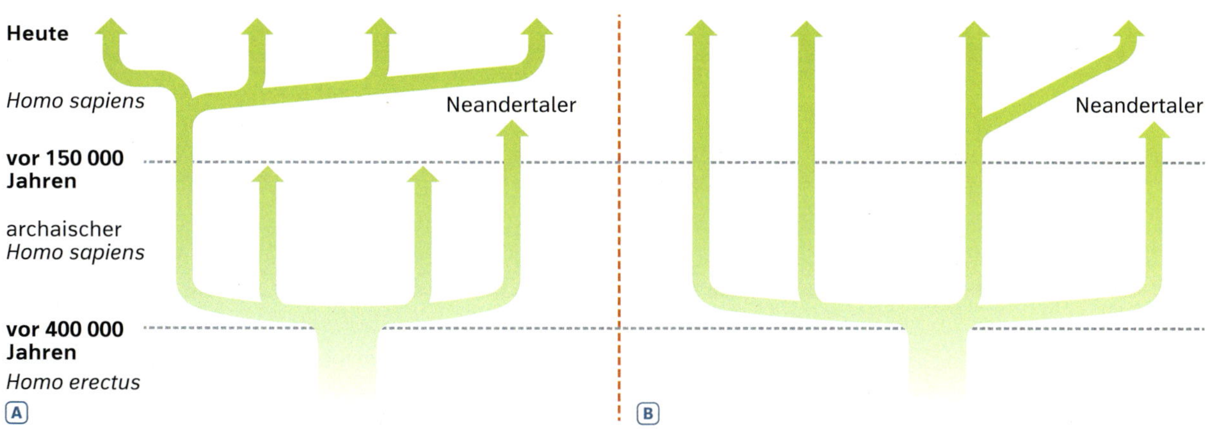

1 Beschreiben Sie die Verbreitung von *Homo sapiens* mit den dargestellten Modellen. ●○○

2 Ordnen Sie die Modelle A und B den Ihnen bekannten Theorien zur Verbreitung von *Homo sapiens* zu und begründen Sie Ihre Zuordnung. ●●○

3 Nennen Sie Befunde, die die Out-of-Africa-Theorie stützen. ●●○

4 Erklären Sie, warum die Out-of-Africa-Theorie auch als monogenetisches und die multiregionale Theorie als polygenetisches Modell bezeichnet wird. ●●●

7 Rekonstruktion eines Neandertalers

Der Neandertaler – Zu den bekanntesten menschlichen Fossilfunden gehört ein 1856 im Neandertal bei Düsseldorf gefundenes unvollständiges Skelett eines Hominini. Die Art wurde *Homo neanderthalensis* genannt. Neandertaler lebten von vor 200 000 bis vor 30 000 Jahren in Europa und im Nahen Osten. Als ihr direkter Vorfahre gilt *Homo heidelbergensis*.

Im Vergleich zum modernen Menschen war der Neandertaler mit 1,65 Meter eher klein und stämmig gebaut. Er besaß kräftige Überaugenwülste und ein fliehendes Kinn. Sein Gehirn war mit durchschnittlich 1500 cm^3 etwas größer als das des anatomisch modernen Menschen.

In einer Studie von 2022 wurde nachgewiesen, dass neurale Stammzellen des modernen Menschen eine längere Metaphase durchlaufen als die des Neandertalers. Dies führt zu einer geringeren Fehlerquote bei der Verteilung der Chromosomen und könnte Auswirkungen auf die Entwicklung und die Funktion des Gehirns haben.

Neandertaler benutzten Lanzen und Speere zur Jagd ebenso wie das Feuer. An manchen Fundorten gibt es auch Hinweise auf Bestattungen. Neandertaler lebten in kleinen, höchstens 50 bis 60 Frauen und Männer zählenden Gruppen. DNA-Untersuchungen zeigen, dass sie monogam lebten und selbst weit voneinander entfernt lebende Gruppen verhältnismäßig nah verwandt waren. Es wird vermutet, dass selbst in Zeiten ihrer größten Verbreitung in ganz Europa nicht mehr als 10 000 Neandertaler weit verstreut gelebt hatten.
Warum die Neandertaler schließlich vor 40 000 Jahren ausstarben, ist bis heute nicht geklärt. Diskutiert werden Klimaveränderungen oder das Eintragen neuer Krankheitserreger durch die Ankunft des modernen Menschen vor 45 000 Jahren. Möglicherweise hat eine Kombination aus Inzucht, genetischer Verarmung und Zufall dazu geführt, dass die Neandertaler ausstarben. Eine weitere Hypothese geht davon aus, dass die modernen Menschen den Neandertaler entsprechend des Konkurrenz-Ausschluss-Prinzips verdrängten, da beide Arten den gleichen Lebensraum nutzten.

Der Denisova-Mensch – 2010 wurden in einer Höhle im südlichen Sibirien Zähne und frühmenschliche Knochenreste gefunden. Die genetische Analyse eines Fingerknochenfragments ergab, dass es sich dabei um eine Population der Gattung *Homo* handelt, die eng mit den Neandertalern und *Homo sapiens* verwandt ist, jedoch genetisch von beiden unterschieden werden kann. Nach seinem Fundort wurde die Art als **Denisova-Mensch** bezeichnet.

Der Vergleich der DNA heute lebender Populationen aus Asien und Ozeanien mit denen des Denisova-Menschen zeigt, dass etwa ein bis sechs Prozent der DNA-Sequenzen bei Polynesiern und Aborigines denen der Denisova-Menschen entsprechen. Offensichtlich hat es einen Genfluss zwischen Vorfahren dieser Gruppen und Denisova-Menschen gegeben. Einzelne Denisova-Gene scheinen für bestimmte Populationen von *Homo sapiens* vorteilhaft gewesen zu sein. So findet man bei Tibetern eine Genvariante, die eine Sauerstoffaufnahme auch in großen Höhen ermöglichte.

Vielfalt des Menschen – Menschen verschiedener Regionen der Erde unterscheiden sich in ihrem äußeren Erscheinungsbild, etwa in der Pigmentierung der Haut, Haare oder Augen. Diese Unterschiede sind das Ergebnis von Anpassungen an die jeweiligen Besiedlungsgebiete und die dort vorherrschenden Umweltbedingungen. So unterscheidet sich etwa die Stärke der UV-Strahlung in verschiedenen Regionen der Erde. Diese Selektion führte dazu, dass die Genvarianten für Pigmente der Haut, Haare und Augen sehr unterschiedlich bei den Menschen der Bevölkerungsgruppen der Erde verteilt sind. Lange Zeit hielt man solche morphologischen Unterschiede für so beträchtlich, dass man die Menschen in verschiedene Rassen unterteilte. Diese wurden traditionell als genetisch einheitlich, aber im Vergleich zu anderen Rassen deutlich verschieden angesehen.

Molekulargenetische Untersuchungen und mathematische Modelle der Populationsgenetik zeigen jedoch, dass es für die Unterteilung der Menschen in verschiedene Rassen keine biologischen Kriterien gibt. Zwar können zwischen verschiedenen Bevölkerungsgruppen genetische Unterschiede festgestellt werden, doch ist die genetische Variation zwischen ihnen nur gering ausgeprägt und zudem gleitend. Darüber hinaus hat die Analyse von Genen gezeigt, dass die genetische Variation zwischen den Individuen innerhalb einer Bevölkerungsgruppe relativ groß ist, während die Variation zwischen den verschiedenen Bevölkerungsgruppen verhältnismäßig klein ist. So unterscheiden sich die verschiedenen Menschen innerhalb Europas genetisch stärker voneinander als von afrikanischen Menschen.

Das Rassenkonzept, das aus der Vergangenheit in das 20. Jahrhundert übernommen wurde, ist also völlig überholt und ungeeignet, die individuelle und geografische Vielfalt des Menschen zu beschreiben. 2019 veröffentlichten Wissenschaftler und Wissenschaftlerinnen daher folgende Erklärung zum Konzept von Menschenrassen: „Es gibt keine biologische Begründung für die Einteilung in Menschenrassen und es hat diese auch nie gegeben."

8 Phänotypische Vielfalt des Menschen

MATERIAL MIT AUFGABEN

D Stammbusch der menschlichen Evolution

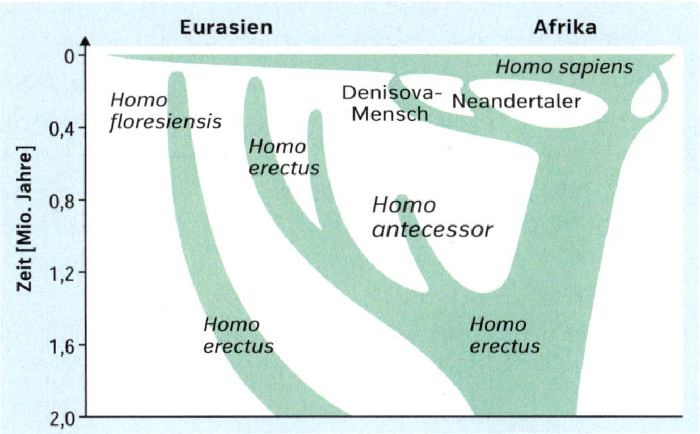

Die Abbildung gibt den aktuellen Forschungsstand zur Evolution von *Homo sapiens* und früheren Menschenformen wieder.

1 Beschreiben Sie anhand der Abbildung, wie die Evolution von *Homo sapiens,* Neandertalern und Denisova-Menschen abgelaufen sein könnte. ●○○

2 Erklären Sie die folgenden Untersuchungsergebnisse: Neandertaler, Denisova-Menschen und moderne Menschen haben ein relativ ähnliches Erbgut. Neandertaler und Denisova-Mensch sind sich genetisch ähnlicher als sie es mit *Homo sapiens* sind. ●●●

1 Zeichnungen in der Höhle von Altamira

7.3 Bedeutung der kulturellen Evolution

Zeichnungen von Händen und Tieren, die vor etwa 40 000 Jahren in der spanischen Altamirahöhle entstanden sind, geben Zeugnis von den künstlerischen Fähigkeiten der Steinzeitmenschen. Sie markieren einen wichtigen Meilenstein in der kulturellen Evolution des Menschen. Was zeichnet die kulturelle Evolution aus und wie wird sie durch die biologische Evolution beeinflusst?

Abstraktes Denken – Frühe Steinzeitmenschen stellten Dinge her, die für ihr tägliches Überleben scheinbar nutzlos waren. Sie bemalten dabei nicht nur Felswände und schnitzten Figuren, sondern bestatteten auch ihre Verstorbenen nach einem bestimmten Ritus. Daran lässt sich erkennen, dass sie zu abstraktem, symbolischen Denken fähig waren.

Sprache gilt als die Gehirnfunktion mit dem höchsten Abstraktionsgrad. Worte sind Symbole für reale Gegenstände und die Grundbausteine für menschliche Gedanken und Überlegungen. Sprache ermöglicht die Kommunikation und Kooperation. Deshalb wird vermutet, dass eine differenzierte Sprache das entscheidende Kriterium war, das *Homo sapiens* von den anderen Vertretern der Gattung *Homo* unterschied. Diese Fähigkeit muss sich aber bereits in Ansätzen bei Vorfahren von *Homo sapiens,* entwickelt haben, denn die Entwicklung der Sprache beziehungsweise die der kognitiven Fähigkeiten war ein kontinuierlicher Prozess.

Kultur – Die **kulturelle Evolution** umfasst die Entwicklung der von Menschen geschaffenen Objekte und Ausdrucksformen, etwa Kunst, Sprache und Musik. Grundlage dafür ist die Fähigkeit des Menschen, Verhaltensweisen zu erlernen, weiterzugeben und weiterzuentwickeln. Erlernte Verhaltensweisen, die über viele Generationen weitergegeben werden, heißen **Traditionen**.

Auch Tiere können erworbene Fähigkeiten an Artgenossen weitergeben. Beispielsweise haben Rotgesichtsmakaken zufällig das Waschen von sandigen Kartoffeln entdeckt und geben diese Fähigkeit an nachfolgende Generationen weiter. Die kulturelle Evolution hat somit biologische Wurzeln.

Werkzeugkultur – Vertreter der Gattung *Australopithecus* nutzen vermutlich lediglich unbearbeitete Steine und Knochen als Werkzeuge. Im Gegensatz dazu stellten frühe Vertreter der Gattung *Homo* Werkzeuge gezielt selbst her. Nachweislich fertigte *Homo habilis,* der geschickte Mensch, vor etwa 2,5 Millionen Jahren grobe Schlagsteine mit scharfen Kanten an, die als Schneidewerkzeuge dienten. Das Herstellen selbst einfacher Steinwerkzeuge setzt ein komplexeres Denken und ein Planen über den Augenblick hinaus voraus. Diese Fähigkeit wird als ein entscheidender Selektionsvorteil der Gattung *Homo* gegenüber Australopithecinen gedeutet. Das Wissen zur Werkzeugherstellung wurde an nachfolgende Generationen weitergegebenen und im Verlauf der Zeit schrittweise verbessert. Damit nahm die kulturelle Evolution ihren Anfang.

Eine Weiterentwicklung in der Herstellung von Steinwerkzeugen war zum Beispiel der Faustkeil. Dieses Allzweckwerkzeug wird *Homo ergaster* zugeschrieben. Faustkeile blieben über 250 000 Jahre im Wesentlichen unverändert, was darauf schließen lässt, dass sich die kulturelle Evolution innerhalb dieses Zeitraums noch recht langsam verlief. Vor rund 120 000 Jahren wurden dann die Steinwerkzeuge und Jagdwaffen etwa durch Neandertalern zu Wurfspeeren weiterentwickelt und perfektioniert.

Sozialisation – Funde von angekohlten Tierknochen an Lagerstätten deuten darauf hin, dass bereits *Homo ergaster* das Feuer nutzte. Durch verbesserte Werkzeuge und die Verwendung des Feuers ließ sich mehr Nahrung beschaffen und diese besser verwerten. Es entwickelte sich ein zunehmend kooperatives Verhalten der Gruppenmitglieder, etwa bei der Jagd, der Verteidigung gegen Feinde und der Aufzucht der Kinder. Das Leben in der Gruppe gewährte jedem Einzelnen aber auch dem Nachwuchs ausreichend Nahrung, Schutz und Fürsorge. Dadurch erhöhten sich die Überlebenschancen und die reproduktive Fitness. Kooperation, Arbeitsteilung und Lernfähigkeit bildeten wichtige Grundlagen für die kulturelle Weiterentwicklung des Menschen.

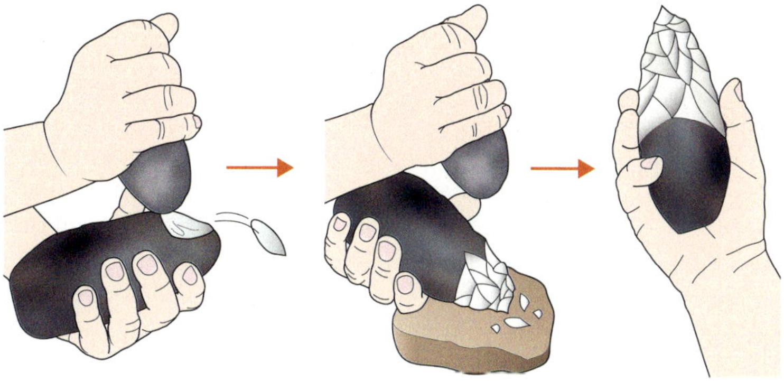

2 Herstellung eines Faustkeils

MATERIAL MIT AUFGABEN

A Werkzeuggebrauch bei Schimpansen

Im Taï Nationalpark wurde untersucht, welche Werkzeuge Schimpansen dreier benachbarter Gruppen zum Knacken von Nüssen bevorzugen. Am Anfang der Reifezeit sind die Nüsse hart, später trocknen sie aus und sind leichter zu knacken. Schimpansen verwenden zum Knacken von Nüssen Hammer und Amboss. Während von den Schimpansen in der Nord- und Ostgruppe zunächst mehr Steinhämmer und später mehr Holzhämmer verwendet werden, nutzen Schimpansen der Südgruppe die gesamte Erntzeit über fast ausschliesslich Steinhämmer. In allen Regionen sind ausreichend geeignetes Holz und Steine vorhanden. Zwischen den drei Gruppen bestehen häufige Kontakte. Die Weibchen wechseln regelmäßig zur Fortpflanzung in benachbarte Gruppen.

1 Begründen Sie, dass die unterschiedlichen Werkzeugwahl der Schimpansen nicht allein durch ökologische oder genetische Faktoren erklären lässt. ●○○
2 Erklären Sie das Verhalten der Schimpansen vor dem Hintergrund der kulturellen Evolution. ●●○
3 ▶ Recherchieren Sie weitere Beispiele zum Werkzeuggebrauch bei Tieren. ●●○

Entwicklung der Sprache – Die Entwicklung der Sprache war ein kontinuierlicher Prozess. Er verlief in Wechselwirkung mit der Entwicklung der kognitiven und kulturellen Fähigkeiten der *Hominini*. Sowohl das abgestimmte Verhalten bei der Jagd als auch die Anleitung bei der Werkzeugherstellung können durch stummes Vorführen und Gesten erfolgen. Wahrscheinlich wurde dieses kooperative Verhalten aber zusätzlich über Lautäußerungen unterstützt, wie man es auch bei vielen anderen Wirbeltieren beobachten kann. Dies könnte den Anfang der Sprachentwicklung markieren. Eine Kommunikation über Lautäußerungen hat den Vorteil, dass hierbei Informationen ohne direkten Sichtkontakt ausgetauscht werden können und ohne, dass dabei die Hände benutzt werden müssen. Wahrscheinlich gewann daher im Laufe der Zeit eine Kommunikation über abstrakter Laute immer mehr an Bedeutung.

Biologische Voraussetzungen der Sprachentwicklung – Die Entwicklung der Sprache verlief in Wechselwirkung mit anatomischen Veränderungen bei den ersten Vertretern der Gattung *Homo*. Mit der Entwicklung des aufrechten Gangs wurde eine **freiere Atmung** möglich. Sie ist eine der Voraussetzungen für die Sprachenwicklung. Eine weitere morphologische Voraussetzung war die **Verlagerung des Kehlkopfes**. Bei Menschenaffen befindet er sich im oberen Halsbereich, sodass deren Rachenraum relativ kurz ist. Beim Menschen liegt der Kehlkopf mit den Stimmbändern im unteren Halsbereich. Durch den dadurch entstandenen langen Rachenraum können Töne modelliert und viele verschiedene Laute erzeugt werden.
Die Kombination von tief gelegenem Kehlkopf und langem Rachen lässt sich an einer Krümmung der Schädelbasis erkennen. Schädel von frühen Vertretern der Gattung *Homo* belegen, dass ihre Schädelbasis schon vor etwa 600 000 Jahren den heutigen Krümmungsgrad erreicht hatte. Sie waren demnach morphologisch zu einer artikulierten Sprache fähig, lange Zeit bevor der eigentliche Sprechapparat aus Kehlkopf, Rachenraum und beweglicher Zunge von ihnen genutzt wurde. Erst später erwies sich diese Fähigkeit bei veränderten Umweltbedingungen als Selektionsvorteil. Eine solche Vorausanpassung wird als **Präadaptation** bezeichnet.

	Vormenschen *Australopithecinen*	**Frühmenschen** Varianten der Gattung *Homo*	**moderner Mensch** *Homo sapiens*
Aspekte der biologischen Evolution	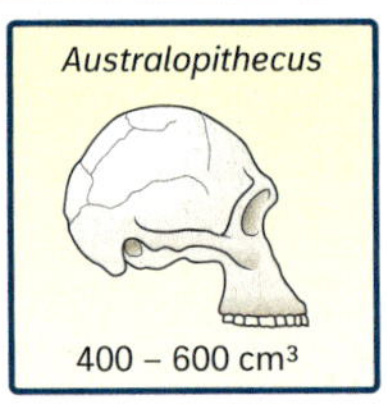	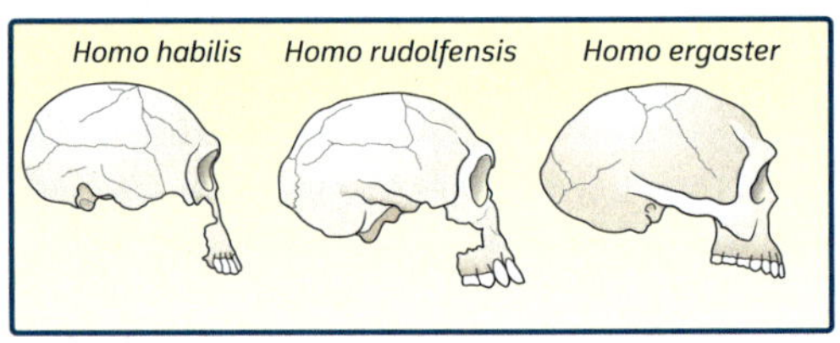	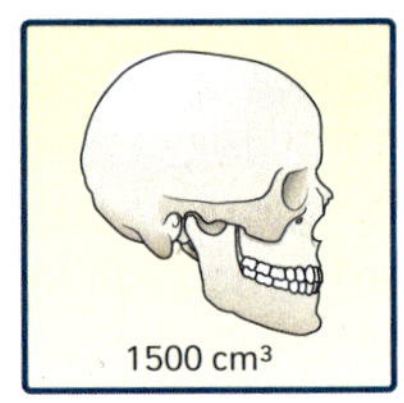
	aufrechter Gang	Zunahme des Gehirnvolumens Ausbildung des Neocortex Zunahme der neuronalen Verknüpfungen	
	freie Atmung	Absenkung des Kehlkopfes in den unteren Halsbereich Entwicklung des Sprechapparats	Nutzung des Sprachapparats
Aspekte der kulturellen Evolution	Verwendung von Steinen und Ästen als Werkzeuge	Herstellung von Werkzeugen Verwendung von Feuer zunehmende Sozialisation	Kunst
	Beginn des komplexen Denkens	Zunahme des komplexen Denkens und Planens	komplexes, abstraktes Denken und Planen
	Kommunikation durch Gesten	Kommunikation durch Gesten Verbindung von Gesten mit abstrakten Lauten Kommunikation über Laute überwiegt	Sprache

3 Zusammenhänge zwischen kultureller und biologischer Evolution des Menschen

Gehirngröße – Für die Kooperation, Sozialisation und für das Lernen müssen Informationen aufgenommen, verarbeitet und bewertet werden. Dafür sind komplexe neuronale Prozesse notwendig. Das Gehirnvolumen von *Homo sapiens* hatte sich im Vergleich zu dem seiner Vorfahren fast verdreifacht. Dabei vergrößerte sich insbesondere der Neocortex, der evolutionär jüngste Teil der Großhirnrinde. Er ermöglicht höhere kognitive Fähigkeiten wie die Sprache und das Denken. Die Vergrößerung des Neocortexes könnte die Folge von Mutationen sein. Durch sie entwickelten sich spezielle Gene, die nur bei Menschen zu finden. Sie veranlassen neuronale Vorläuferzellen dazu, über einen längeren Zeitraum hinweg mehr dieser Zellen zu bilden.

Vergleich der biologischen und kulturellen Evolution – Grundlage für die biologische und kulturelle Evolution ist die Weitergabe von Informationen. Bei der biologischen Evolution werden diese in Form von Genen an nachfolgende Generationen weitergegeben. Bei der kulturellen Evolution erfolgt die Informationsweitergabe über Gesten und Sprache. So können Informationen sowohl an die Mitglieder einer Gruppe als auch an nachfolgende Generationen weitergegeben werden.

Bei der biologischen Evolution werden Informationen in Form der DNA und epigenetischer Muster gespeichert, bei der kulturellen Evolution in Form elektrischer Impulse und neuronaler Verknüpfungen im Gehirn. Während sich bei der biologischen Evolutionen der Genpool einer Population durch Mutationen und Selektion verändert, wandeln sich Informationen bei der kulturellen Evolution durch Erfahrungen und neue Erkenntnisse. Da sich diese sehr schnell innerhalb von Populationen verbreiten, verläuft die kulturelle Evolution deutlich schneller als die biologische Evolution. Beim Menschen wurde die kulturelle Evolution insbesondere durch die Sprache und Schrift beschleunigt. Moderne Kommunikationsmittel wie etwa das Internet ermöglichen gegenwärtig eine sekundenschnelle Informationsvermittlung über große Distanzen. Sie sind ein weiterer Katalysator der kulturellen Evolution.

MATERIAL MIT AUFGABEN

B Lactase-Persistenz

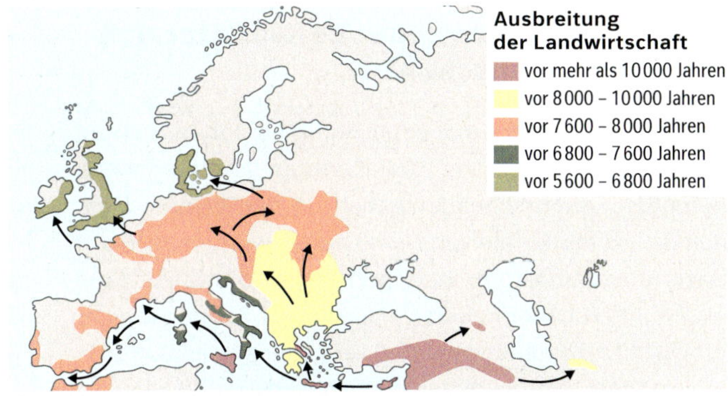

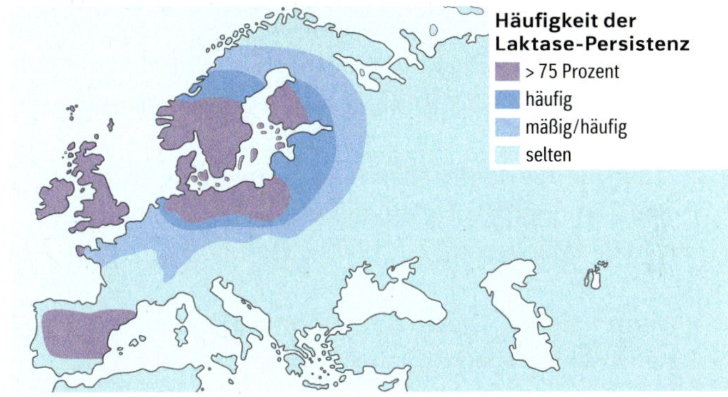

Milch ist eine wichtige Nahrungsquelle für Säuglinge. Bei ihrer Verdauung wird Lactose durch das Enzym Lactase in Glucose und Galactose gespalten. Diese Monosaccharide können resorbiert werden. Nach der Stillphase wird die Lactasebildung der Säuglinge eingestellt. Der Verzehr von Milch führt dann zu Bauchkrämpfen und Durchfall, wie dies aktuell bei den meisten Menschen der Fall ist. Nur in Nord- und Mitteleuropa sowie in einigen Regionen Afrikas und Zentralasiens bildet die Darmschleimhaut auch bei Erwachsenen noch genügend Lactase. Diese Lactase-Persistenz geht vermutlich auf eine Mutation vor 5000 bis 10 000 Jahren zurück.
In der Jungsteinzeit vor rund 11 000 Jahren entwickelten sich im Nahen Osten Ackerbau und Viehwirtschaft. Milch wurde zu länger haltbaren Produkten wie Joghurt und Käse verarbeitet. Diese sind für Erwachsene verträglich, da dabei Lactose durch Milchsäurebakterien vergoren wird.

1 Beschreiben Sie die Ausbreitung der Landwirtschaft in Europa. ●○○
2 Erklären Sie die heutige Verteilung der Lactase-Persistenz in Europa aus evolutionsbiologischer Sicht. ●●○
3 Erklären Sie am Beispiel der Lactase-Persistenz den Einfluss der kulturellen auf die biologische Evolution. ●●○

Klausuraufgaben

Homo naledi – ein neuer Verwandter des modernen Menschen?

Im Jahre 2013 wurden in einer Höhle bei Johannesburg Fossilien eines bislang unbekannten Frühmenschen gefunden. Die Forschenden gaben ihm den Namen *Homo naledi*. Die Merkmale von *Homo naledi* wurden 2015 auf Basis der damals vorliegenden Fossilen erfasst. Eine exakte Altersbestimmung war zu diesem Zeitpunkt nicht möglich. Im Folgenden werden verschiedene evolutionsbiologische Aspekte dieser Art behandelt.

1.1 Geben Sie die zentralen Aspekte an, die der biologischen Systematik und der binären Nomenklatur zugrunde liegen.

1.2 Leiten Sie aus den fossilen Funden Merkmale ab, die eine Zuordnung von *Homo naledi* zu den Primaten erlaubt. (Material A)

2.1 Werten Sie die Daten zum morphologischen Vergleich der Fußknochen im Hinblick auf die Frage aus, ob *Homo naledi* aufrecht ging. (Material B)

2.2 Werten Sie die Daten zur Daumenlänge im Hinblick auf die Frage aus, ob *Homo naledi* Werkzeuge herstellen und nutzen konnte. (Material C)

3.1 Erörtern Sie auf Grundlage der verschiedenen morphologischen Merkmale die Zuordnung von *Homo naledi* zur Gattung *Homo*. (Material A bis D)

3.2 Erläutern Sie die Vorläufigkeit solcher Zuordnungen. (Material A bis D)

4.1 Beschreiben Sie die zur Erstellung eines phylogenetischen Stammbaums notwendigen Schritte. (Material E)

4.2 Analysieren Sie den Stammbaum im Hinblick auf die Verwandtschaft von *Homo naledi* mit anderen Vertretern der Hominini. (Material E)

A Fossile Funde von *Homo naledi*

Forschende entdeckten in einer Höhle bei Johannesburg insgesamt 1550 fossile Fundstücke von mindestens 15 verschiedenen Individuen einer unbekannten Frühmenschen-Art. Diese wurden aufgrund morphologischer Merkmale in die Ordnung der Primaten und darin innerhalb der Familie der Hominidae der Gattung *Homo* zugeordnet. Der Artname *Homo naledi* nimmt Bezug auf den Fundort, die Dinaledi-Kammer in der Höhle.

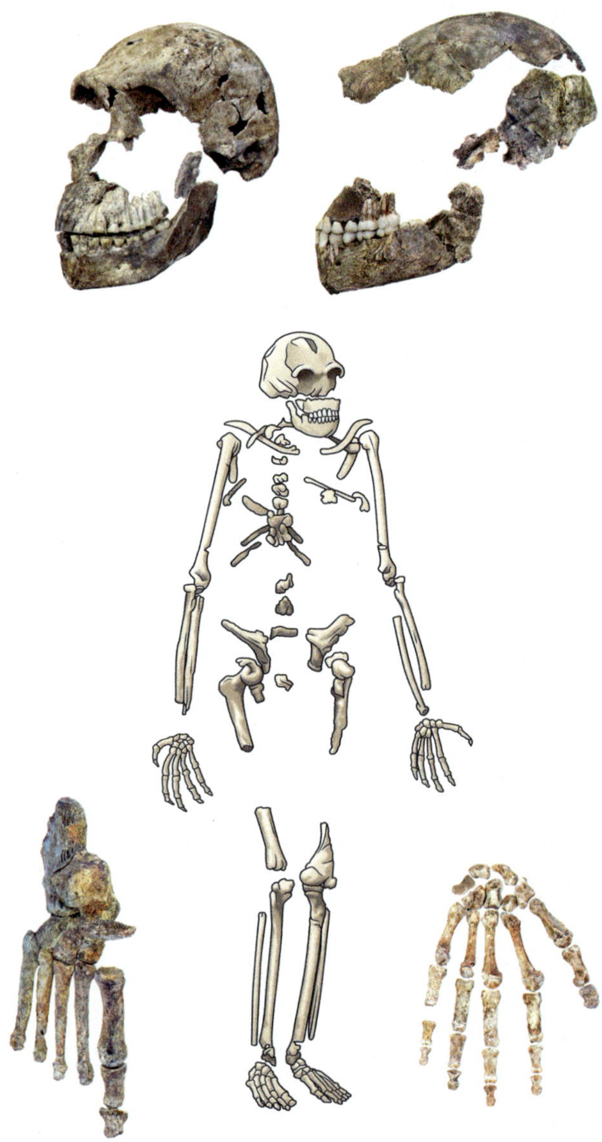

B Stellung der Fußknochen im Vergleich

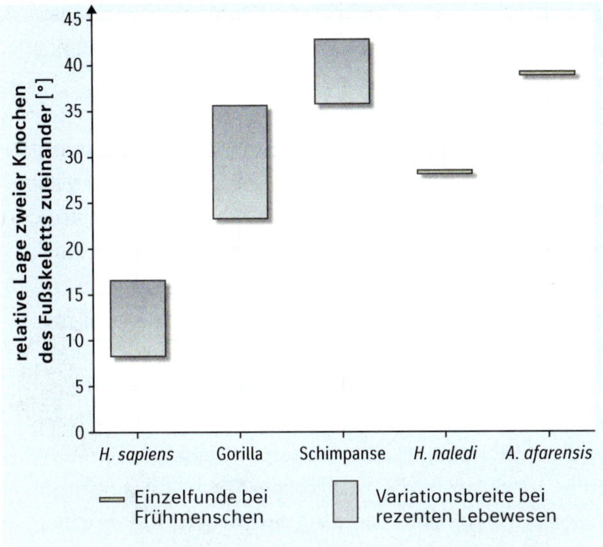

Die relative Lage zweier bestimmter Knochen des Fußskeletts erlaubt Rückschlüsse auf die Angepasstheit an den aufrechten Gang. Sie wurde bei *Homo sapiens*, *Australopithecus afarensis*, *Homo naledi* und den eher am Boden lebenden Primaten Gorilla und Schimpanse ermittelt.

C Daumenlänge von Primaten im Vergleich

Die relative Daumenlänge im Verhältnis zur Länge der Finger sind ein Hinweis auf die Opponierbarkeit des Daumens.

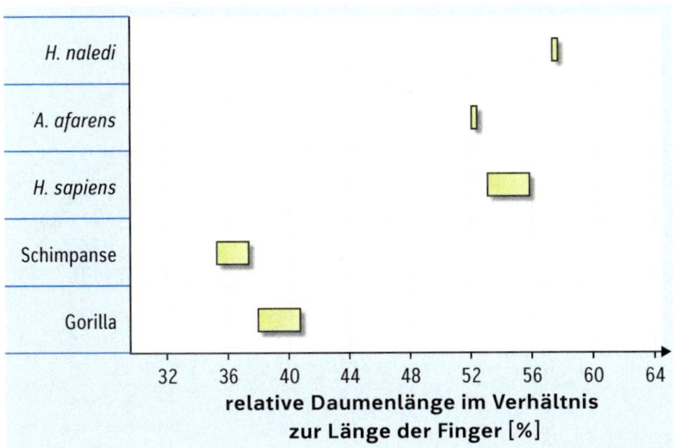

D Merkmale ausgestorbener Hominini

Art und Alter	Gehirn-volumen	Zähne	Werk-zeugge-brauch	Körper-größe und Gewicht
H. naledi ca. 2,5 Mio. Jahre	460–560 cm^3	vordere Backen-zähne groß, hintere klein	?	1,40–1,50 m 45–50 kg
A. afarensis 2,9–3,9 Mio. Jahre	375–550 cm^3	große Backen-zähne	nein	1,00–1,50 m 30–70 kg
H. habilis 1,5–2,1 Mio. Jahre	500–650 cm^3	kleine Backen-zähne	ja	1,30–1,45 m 25–45 kg
H. erectus 0,4–1,9 Mio. Jahre	870–1 150 cm^3	kleine Backen-zähne	ja	1,40–1,65 m 50–65 kg

E Phylogenetischer Stammbaum

2017 wurde das Alter von *Homo naledi* mit 236 000 bis 335 000 datiert. Zudem konnte ein vorläufiger phylogenetischer Stammbaum früher Hominini erstellt werden.

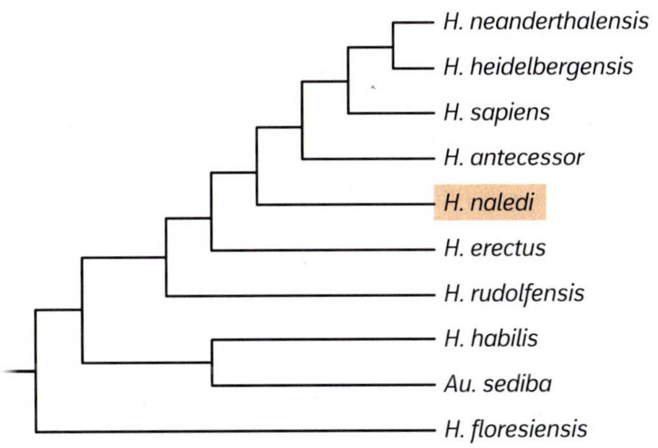

Struktur und Funktion

Das Basiskonzept Struktur und Funktion beschreibt den Sachverhalt, dass es zwischen einer biologischen Struktur und deren Funktion oft einen Zusammenhang gibt. Dieser Zusammenhang von Struktur und Funktion ist auf verschiedenen Systemebenen, von den Molekülen bis zur Biosphäre, relevant und gilt für Lebewesen und Lebensvorgänge. Innerhalb dieses Basiskonzeptes gibt es wesentliche Prinzipien, beispielsweise die Kompartimentierung und das Schlüssel-Schloss-Prinzip.

Kompartimentierung – Lebende Systeme bestehen aus abgegrenzten Reaktionsräumen, den Kompartimenten. Diese sind meist durch Membranen voneinander abgegrenzt. So können verschiedene Reaktionen zeitgleich ablaufen, ohne dass sie sich gegenseitig stören. Für den Stoffwechsel ist beispielsweise die strukturelle und funktionelle Trennung zwischen Cytoplasma und Mitochondrien bedeutsam. So können die Reaktionen der Glykolyse im Cytoplasma stattfinden, während gelichzeitig die Reaktionen des Citratzyklus in der Matrix der Mitochondrien ablaufen. Im Bereich der Genetik zeigt sich eine Kompartimentierung etwa bei der eukaryotischen Proteinbiosynthese. Hier werden Transkription und Translation räumlich und zeitlich durch die Kernmembran getrennt.

Eine Kompartimentierung findet man auf allen biologischen Ebenen. Organismen sind etwa in Organe und diese wiederum in verschiedene Gewebe untergliedert. Die Erde ist in verschiedene Ökosysteme und diese sind in verschiedene Lebensräume unterteilt.

Schlüssel-Schloss-Prinzip – Komplementäre Strukturen können nur dann eine bestimmte Funktion erfüllen, wenn sie räumlich zueinander passen. Dieses Prinzip wird etwa bei der spezifischen Bindung zwischen Enzym und Substrat deutlich. Nur wenn ein Substrat räumlich zum aktiven Zentrum des Enzyms passt, erfolgt die katalytische Reaktion. Das Schlüssel-Schloss-Prinzip lässt sich bei zahlreichen Struktur-Funktions-Beziehungen erkennen. So befinden sich an der Oberfläche sämtlicher Zellen in Geweben und Organen Strukturen, die komplementär zu bestimmten Molekülen sind. Ihre Bindung ermöglicht die spezifische Reaktion. Neurotransmitter-Moleküle wie Acetylcholin binden an spezifische Rezeptor-Moleküle von transmittergesteuerten Ionenkanälen. Der dadurch ausgelöste Einstrom von Calcium-Ionen führt zur Kontraktion von Muskelfasern. Hormone binden an Rezeptoren, die sich auf der Zelloberfläche oder im Cytoplasma von Zielzellen befinden und führen so zur Gen- und folglich Enzymaktivierung.

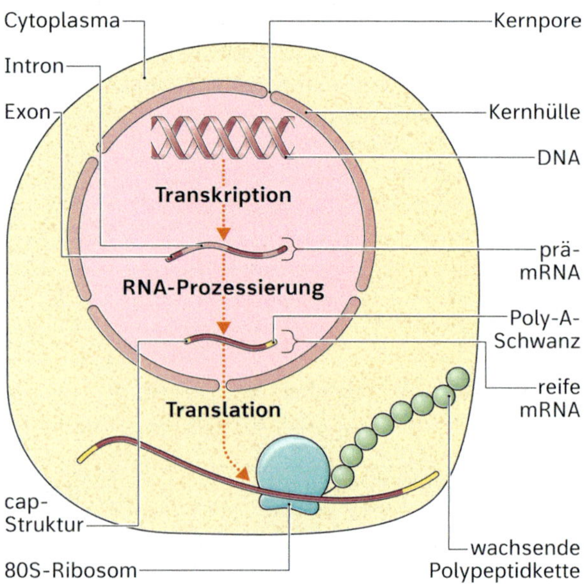

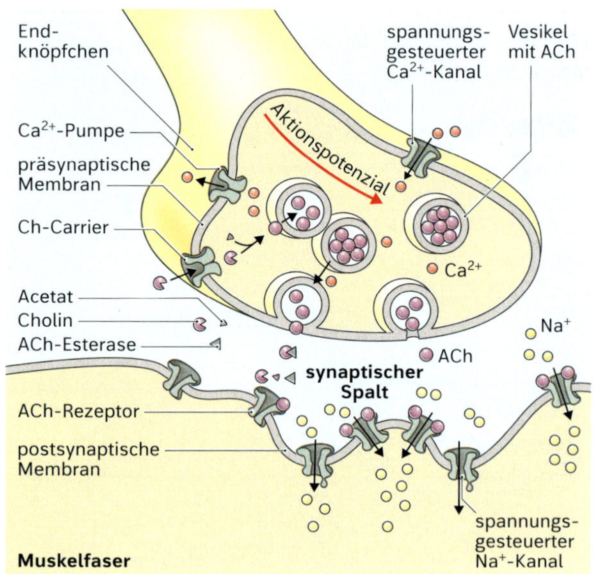

Information und Kommunikation

Das Basiskonzept Information und Kommunikation beschreibt den Sachverhalt, dass Lebewesen Informationen aufnehmen, weiterleiten, verarbeiten, speichern und auf sie reagieren. Kommunikation findet zwischen Organismen und auf verschiedenen Systemebenen statt: In einem vielzelligen Organismus sind alle Organe, Gewebe, Zellen und deren Bestandteile beständig an der Kommunikation beteiligt.

Information – Menschen können einer **Information**, einem Wort oder einem Zeichen eine Bedeutung zuordnen. Beim Lesen werden Lichtsinneszellen gereizt. Den dadurch entstehenden Erregungsmustern wird im Gehirn eine Bedeutungen zugewiesen. Biologische Systeme wie Zellen, Gewebe, Organe und die meisten Lebewesen sind dazu nicht fähig. Sie nehmen Informationen in Form von Molekülen mit einer spezifischen Struktur auf. Dabei ist die Struktur eines Moleküls entscheidend für die Reaktion des biologischen Systems. Der Zusammenhang wird auf molekularer Ebene etwa an der Regulation allosterischer Enzyme deutlich. Ein aktiviertes Enzym hat eine zum Substrat optimal passenden Struktur und damit eine hohe Aktivität. Im Gegensatz dazu hat ein gehemmtes Enzym mit einer wenig gut passenden Struktur eine geringere Aktivität.

Kommunikation – Der wechselseitige Austausch von Informationen wird **Kommunikation** genannt. Menschen tauschen wechselseitig Informationen über Laute und Zeichen aus. Für biologische Systeme erfolgt Kommunikation durch Wechselwirkungen oder ein Zusammenwirken verschiedener Strukturen.

Zum Beispiel wird die Teilung von Zellen in einem Gewebe durch Wachstumsfaktoren koordiniert. Stoßen Zellen in einem Gewebe aneinander, geben sie hemmende Wachstumsfaktoren ab. Diese binden als extrazelluläre Signale an spezifische Rezeptoren von anderen Zellen des Gewebes. Dadurch werden intrazelluläre Signalstoffe freigesetzt, die eine Reaktionskette in Gang setzen, an deren Ende Transkriptionsfaktoren aktiviert werden. Diese wiederum binden an den Promotor bestimmter Gene und aktivieren ihre Transkription. Durch die Translation wird die gebildete mRNA in eine Aminosäurekette übersetzt und Proteine gebildet, welche den Zellzyklus und dadurch die Zellteilung hemmen.

Nur durch Kommunikation können Zellen, Gewebe, Organe und Organsysteme als Einheit funktionieren und das System Lebewesen bilden. Je komplexer ein System oder Lebewesen ist, um so wichtiger ist ein aufeinander abgestimmtes Zusammenwirken der Systemelemente. Mit dem Nervensystem und Hormonsystem stehen Lebewesen zwei effektive Informationssysteme zur Verfügung.

Kommunikation findet auch auf anderen Systemebenen statt. Auf der Populationsebene etwa kommunizieren Lebewesen über Pheromone miteinander. Sie dienen zum Auffinden der Geschlechtspartner oder zum Markieren von Revieren, Nest- und auch Futterplätzen.

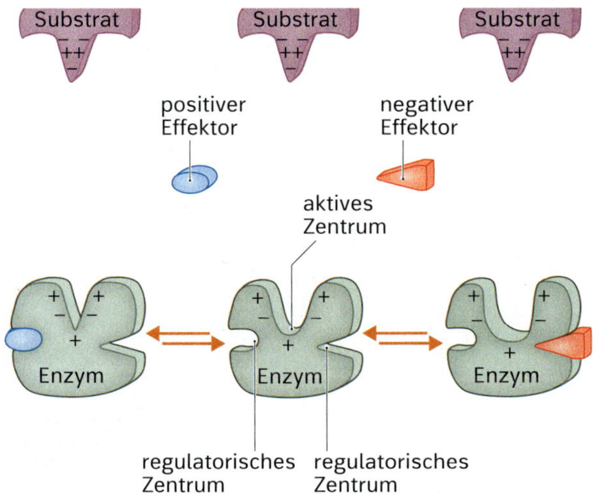

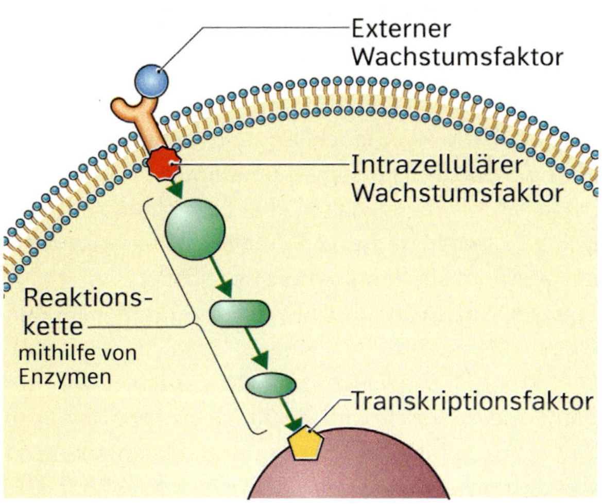

Steuerung und Regelung

Das Basiskonzept Steuerung und Regelung beschreibt den Sachverhalt, dass biologische Systeme viele Zustandsgrößen in Grenzen halten, auch wenn innere oder äußere Faktoren sich kurzfristig stark ändern. Dabei werden innere Zustände aufrechterhalten oder funktionsbezogen verändert. Innerhalb dieses Basiskonzepts gibt es wesentliche Prinzipien wie etwa das Prinzip der positiven und negativen Rückkopplung und das Prinzip der Homöostase.

Steuerung – Beim Wurf eines Basketballs werden Signale vom Zentralnervensystem über Nerven an die Muskeln des Armes geleitet. Je nach Entfernung vom Korb variieren diese Signale. Entsprechend unterschiedlich stark kontrahieren die Muskeln, sodass der Ball passend weit fliegt. Die Funktion der Muskeln wird also jeweils den unterschiedlichen Anforderungen angepasst. Wird die Funktion von Lebewesen oder biologischen Systemen durch eine einseitig gerichtete Beeinflussung auf verschiedene Anforderungen ausgerichtet, spricht man von **Steuerung**.

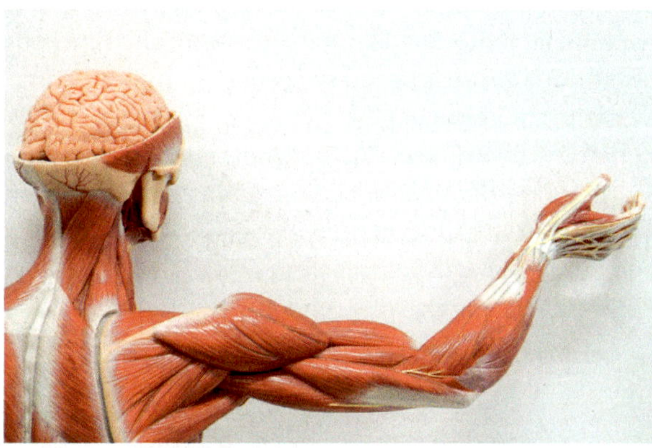

Regulation – Alle Zellen und Lebewesen sind offene Systeme. Sie stehen im ständigen Austausch mit ihrer Umgebung, halten aber bestimmte Zustände in engen Grenzen aufrecht. Ein solcher Gleichgewichtszustand wird als **Homöostase** bezeichnet.
Beispielsweise wird die Glucosekonzentration im Blut eines Menschen in einem Bereich zwischen 80–110 mg/100 ml Blut konstant gehalten. Von der Bauchspeicheldrüse wird die Glucosekonzentration im Blut kontinuierlich gemessen und mit einem genetisch vorgegebenen Wert verglichen. Steigt dieser Wert über den vorgegebenen Wert an, setzt die Bauchspeicheldrüse Insulin ins Blut frei. Das Hormon bewirkt, dass Glucose verstärkt aus dem Blut in Muskelzellen aufgenommen wird, so dass die Glucosekonzentration im Blut sinkt. Ist der vorgegebene Wert erreicht, stoppt die Bauchspeicheldrüsen die Insulinfreisetzung. Die Glucosekonzentration im Blut und die Insulinfreisetzung sind gegensinnig miteinander verknüpft. Durch diese **negative Rückkopplung** wird der Zustand der Homöostase erreicht.

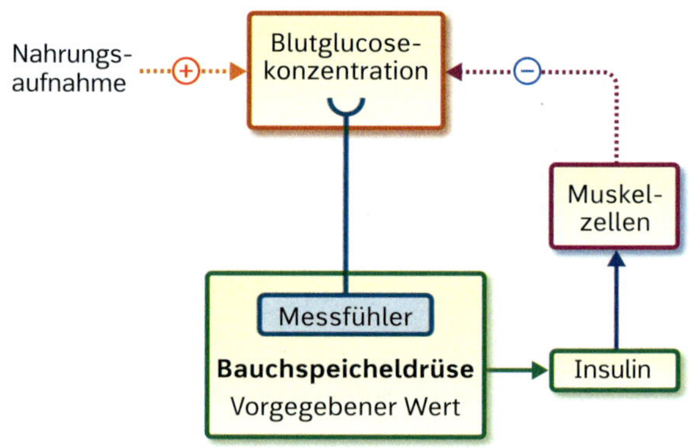

Steuerung und Regelung sind auf verschiedenen Ebenen zu finden. Auf molekularer Ebene wird etwa die Genaktivität durch Transkriptionsfaktoren gesteuert. Auf der zellulären Ebene wird der Stoff- und Energieumsatz reguliert, indem die dafür notwendigen Enzyme aktiviert oder inaktiviert werden. Auf der Ebene des Organismus regulieren insbesondere Hormone die Homöostase.
Auch auf Populationsebene finden sich Regulationsvorgänge. Beispielsweise schwankt die Populationsdichte in einem bestimmten Ökosystem um einen Mittelwert. Sind Ressourcen wie etwa Nahrung in ausreichendem Maße vorhanden, steigt die Geburtenrate und die Populationsdichte nimmt zu. In der Folge wächst der Konkurrenzdruck, die Zahl möglicher Feinde steigt und Infektionskrankheiten breiten sich aus. So steigt die Sterberate und die Populationsdichte nimmt wieder ab. Die Menge an Ressourcen und die Populationsdichte sind also durch eine negative Rückkopplung miteinander verknüpft. Einen festgelegten Sollwert gibt es bei ökologischen Regelmechanismen im Gegensatz zu physiologischen jedoch nicht.

Individuelle und evolutive Entwicklung

Das Basiskonzept individuelle und evolutive Entwicklung beschreibt den Sachverhalt, dass sich lebende Systeme über verschiedene Zeiträume im Zusammenhang mit Umwelteinflüssen verändern. Die individuelle Entwicklung von Lebewesen und die Weitergabe ihrer genetischen Information durch Fortpflanzung sind die Grundlage für evolutive Entwicklung. Sexuelle Fortpflanzung führt zur Rekombination von genetischem Material und erhöht die genetische Variation. Zusammen mit Selektion ist genetische Variation eine wichtige Ursache für Artwandel. Innerhalb dieses Basiskonzeptes gibt es wesentliche Prinzipien, etwa die Zelldifferenzierung, **Reproduktion**, Selektion.

Individuelle Entwicklung – Die Entwicklung eines eukaryotischen Lebewesens beginnt mit der befruchteten Eizelle. Aus dieser gehen durch rasche Zellteilungen verschiedene Zelltypen hervor, die sich in ihrer Gestalt und Funktion stark unterscheiden können. Eine solche **Zelldifferenzierung** kann etwa bei Wirbeltieren zu Nervenzellen führen. Durch Myelinisierung ihrer Axonen entwickeln sich Nervenfasern. Auch pflanzliche Zellen sind differenziert. Zellen des Bildungsgewebes werden Meristemzellen genannt Aus ihnen können sich beispielsweise fotosynthetisch aktive Zellen des Parenchyms oder Epidermiszellen bilden. Die so entstandenen unterschiedlichen Zell- und Gewebetypen ermöglichen Vielzellern eine effektive Arbeitsteilung.

Zelldiffernzierung bei Pflanzen

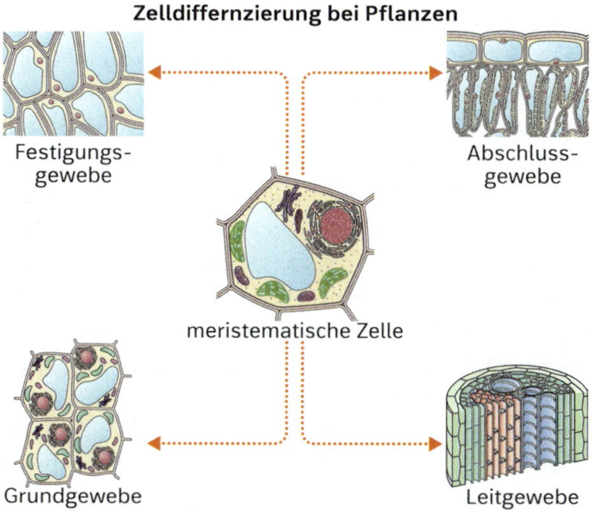

Evolutive Entwicklung – Entwicklungen lassen sich nicht nur auf der Ebene einzelner Lebewesen, sondern auch auf der Systemebene der Arten beobachten. Basis für die evolutionäre Entwicklung ist zum einen die genetische Rekombination bei der Reproduktion. Zum anderen sind dafür Mutationen in Keimzellen grundlegend. Durch die genetische Rekombination und durch Mutationen erhöht sich die **genetische Variabilität** in der Folgegeneration einer Population. Bestimmte Phänotypen dieser Population werden je nach den herrschenden Lebensbedingungen bei der Fortpflanzung bevorzugt oder benachteiligt. Es kommt zur **Selektion**, die im Laufe der Zeit zu einem evolutionären Artenwandel führt.
Je nach vorherrschenden abiotischen und biotischen Umweltfaktoren kann es dabei auch zur Einnischung von Teilpopulationen kommen. Deren räumliche Separation führt dann zur adaptiven Radiation, wie man sie etwa bei ostafrikanischen Buntbarschen und bei Beuteltieren beobachten kann.

Yssichromis piceatus
pelagischer Planktonfresser aus dem offenen Wasser

Neochromis nigricans
algenschabender Riffbewohner

Pundamilia nyererei
planktonfressender Riffbewohne

Paralabidochromis chilotes
ein Insektenfresser

Stoff- und Energieumwandlung

Das Basiskonzept Stoff- und Energieumwandlung beschreibt den Sachverhalt, dass biologische Systeme offene, sich selbst organisierende Systeme sind, die im ständigen Austausch mit der Umwelt stehen. Alle Lebensprozesse benötigen Energie und laufen unter Energieumwandlungen ab. Lebewesen nehmen Stoffe auf, wandeln sie um und scheiden Stoffe wieder aus.

Stoffumwandlungen durch Energiefluss Fast alle Lebewesen sind abhängig von der Lichtenergie, die bei der Fotosynthese in chemische Energie umgewandelt und in Form von Glucose gespeichert wird. Dabei werden die energiearmen Stoffe Kohlenstoffdioxid und Wasser zu Sauerstoff und energiereicher Glucose umgewandelt. Glucose dient Pflanzen zum Aufbau körpereigener Stoffe und zur Energieversorgung. Tiere und Menschen nutzen die von Pflanzen produzierten energiereichen Stoffe zum einen als Baustoffe, zum anderen zum Energiegewinn. Beim Abbau von Glucose in der Zellatmung entstehen Kohlenstoffdioxid und Sauerstoff. Die dabei freigesetzte Energie wird in den Mitochondrien zum Aufbau von ATP genutzt. Bei allen Energieumwandlungen wird ein Teil der Energie als Wärme an die Umgebung abgegeben.

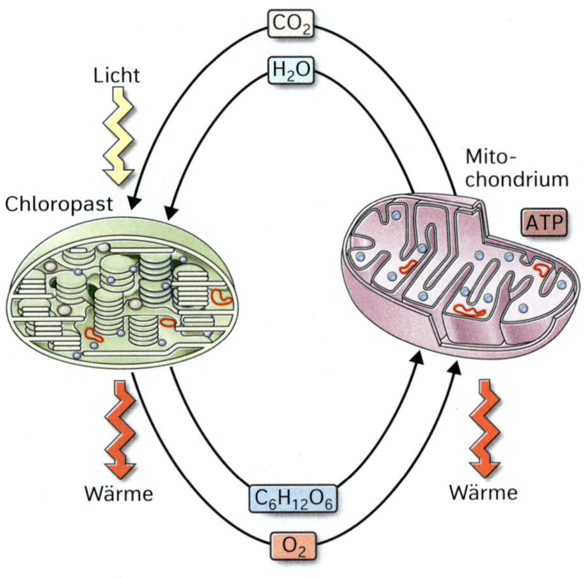

ATP – der universelle Energieüberträger An den meisten biochemischen Reaktionen, die Energie benötigen ist ATP beteiligt. So wird etwa bei der DNA-Replikation ATP benötigt, um die Wasserstoffbrücken zwischen den komplementären Basen der beiden DNA-Stränge zu lösen. Bei der Proteinbiosynthese wird ATP unter anderem dafür verwendet, um tRNA-Moleküle mit der passenden Aminosäure zu beladen. Auch für die Weiterleitung von Informationen über die Neuronen des Nervensystems ist ATP notwendig. ATP ermöglicht auch den Transport von Ionen entgegen dem Konzentrationsgradienten.
Im Stoffwechsel sind endergone und exergone Reaktionen über ATP miteinander gekoppelt. Die bei exergonen Reaktionen freiwerdende Energie wird zunächst in ATP gespeichert. Wird später oder an anderen Stelle für endergone Reaktionen Energie gebraucht, kann sie durch den Abbau von ATP bereitgestellt werden.

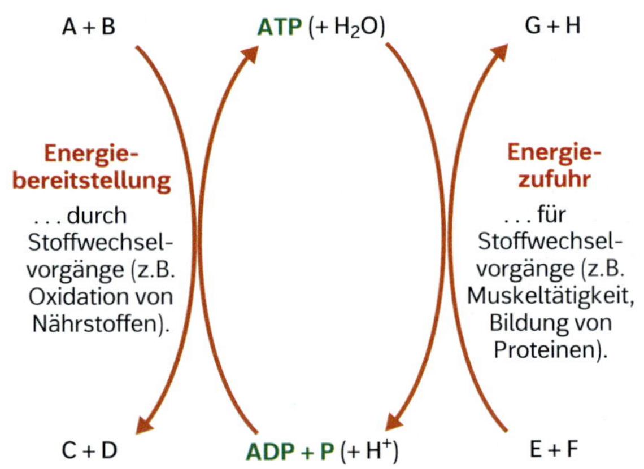

Stoffumwandlungen und Energiefluss in Ökosystemen Alle Ökosysteme sind **offene Systeme**, die von außen stammende Energie aufnehmen und Stoffe mit ihrer Umgebung austauschen. Die Stoffumwandlungen erfolgen in Nahrungsketten und Nahrungsnetzen. Sie sind mit Energieumwandlungen verbunden, wenn Biomasse von Konsumenten energetisch genutzt wird. Die in eine Nahrungskette eingetragene Lichtenergie fließt somit schrittweise und gerichtet durch die Ökosysteme der Erde und als Wärme stetig wieder ins Weltall. Die Stoffkreisläufe der Erde hängen damit von einem durch Lichtenergie angetriebenen Energiefluss ab.

Glossar

A

ABO-System: die Blutgruppen A, B, AB und 0

abiotischer Umweltfaktor: Faktor der unbelebten Umwelt, dem ein Lebewesen in seiner Umwelt ausgesetzt ist

Absorption: Aufnahme von Strahlung beim Durchgang durch einen Stoff

Absorptionsspektrum: grafische Darstellung des Absorptionsvermögens eines Stoffes in Abhängigkeit von der Wellenlänge

Acetylcholin: Neurotransmitter; kommt im Gehirn, im peripheren Nervensystem und an motorischen Endplatten der Wirbeltiere vor

Adaptation: Anpassung eines Rezeptors oder Sinnesorgans an unterschiedliche Reizintensitäten oder Reizdauer (z. B. Hell-Dunkel-Adaptation des Auges)

adaptive Radiation: Aufspaltung einer Art in mehrere Arten durch evolutive Anpassung an verschiedene ökologische Nischen

adäquater Reiz: spezifische Reizart, durch die jede Sinneszelle erregt wird

aerob: in Anwesenheit von Sauerstoff; Gegensatz zu anaerob

Akkommodation: Fähigkeit des Auges, sehr nahe oder weit entfernte Gegenstände scharf auf der Netzhaut abzubilden

Aktionspotenzial: kurzzeitige Änderung des Membranpotenzials einer erregbaren Zelle als Folge einer plötzlichen Änderung der Ionendurchlässigkeit der Zellmembran nach dem Alles-oder-Nichts-Gesetz

aktiver Transport: Transport von Ionen oder Molekülen durch eine Biomembran gegen ein Konzentrations- oder Ladungsgefälle mithilfe von Stoffwechselenergie (ATP) und spezifischen Carriern oder Kanälen

aktives Zentrum: der für die Bindung und Umsetzung des Substrats spezifisch wirksame Teil eines Enzyms

Allel: eine von mehreren Zustandsformen eines Gens

Allen-Regel: Regel, nach der Körperanhänge gleichwarmer Tiere in kalten Klimazonen kleiner sind als bei nahe verwandten Arten in warmen Klimazonen

Alles-oder-Nichts-Gesetz: Auf einen Reiz, der das Schwellenpotenzial erreicht hat, erfolgt ein Aktionspotenzial mit immer gleicher Intensität.

allopatrische Artbildung: Geografische Separation von Populationen, reproduktive Isolation führt dann zur Artbildung

allosterische Hemmung: Hemmung, bei der ein Inhibitor durch Binden an einen bestimmten Bereich des Enzyms außerhalb des aktiven Zentrums die Aktivität des Enzyms vermindert

Aminosäure: Monomer der Proteine; an ein zentrales Kohlenstoff-Atom sind eine Aminogruppe, eine Carboxygruppe, ein organischer Rest sowie ein Wasserstoff-Atom gebunden

Amniozentese: Entnahme von Fruchtwasser zur pränatalen Diagnostik

Anabolismus: Gesamtheit der aufbauenden Stoffwechselreaktionen; diese laufen nur mithilfe von Energie ab; Gegensatz zu Katabolismus

anaerob: unter Mangel oder Ausschluss von Sauerstoff

Analogie: Funktionsähnlichkeit von Merkmalen; Gegensatz zu Homologie

Angepasstheit: Ergebnis der Anpassung von Lebewesen

Anpassung: Prozess, der in der Evolution durch Selektion zur Angepasstheit führt

Anticodon: das Nukleotidtriplett in einem tRNA-Molekül, das zu einem Codon in der mRNA komplementär ist

apomorphe Merkmale: abgeleitete Merkmale, die erstmals bei einer gemeinsamen Stammart aufgetreten sind

Apoptose: programmierter Zelltod z. B. während der Embryonalentwicklung oder aufgrund der Veränderung der Zellen

Art: systematische Kategorie; Gruppe von Individuen, die unter natürlichen Lebensbedingungen fruchtbare Nachkommen zeugen

Assimilation: Umwandlung körperfremder, energiearmer Stoffe in körpereigene, energiereiche Stoffe

Atmungskette: Transportkette, die Elektronen von Substraten auf molekularen Sauerstoff überträgt, wobei Wasser entsteht

ATP (Adenosintriphosphat): energiespeichernde und -übertragende Verbindung aus Adenin, Ribose und drei Phosphatgruppen, die bei der Abspaltung von einer oder zwei Phosphatgruppen Energie freisetzt

Autosom: Nicht-Geschlechtschromosom

autotroph: „sich selbst ernährend"; Synthese von organischen aus anorganischen Stoffen; Gegensatz zu heterotroph

Axon: bis zu einem Meter langer Fortsatz der Nervenzellen, der Aktionspotenziale vom Zellkörper wegleitet

B

Bakterien, Eubakterien: Gruppe der Prokaryoten; Zellwände sind aus Murein aufgebaut

Bakteriophagen: Viren, die Bakterien infizieren

Basenpaare, kurz bp: Maß für die Länge eines doppelsträngigen DNA-Abschnitts

Basensequenz: Reihenfolge der Basen in Nucleinsäuren

Befruchtung: Verschmelzen zweier haploider Keimzellen zu einer diploiden Zygote

Bergmann-Regel: Regel, nach der gleichwarme Tiere in kälteren Klimazonen größer sind als verwandte Arten in wärmeren Klimazonen

binäre Nomenklatur: Grundprinzip der wissenschaftlichen Nomenklatur der Systematik, nach dem der Name jeder Art aus zwei Bestandteilen besteht, dem Gattungsnamen und dem Artnamen

Biodiversität: Vielfalt des Lebens auf den Ebenen der Gene, Arten und Ökosysteme

Bioindikator (Leitorganismus): Organismus, der sehr empfindlich auf Änderungen der Umweltfaktoren in seinem Biotop reagiert und dadurch als Anzeiger für die Umweltqualität dienen kann

Biomasse: Gesamtmenge der organischen Substanz in einem Ökosystem

Biomembran: Struktur aus einer Phospholipid-Doppelschicht mit auf- und eingelagerten Proteinen, die das Cytoplasma nach außen und die Kompartimente im Zellinneren gegeneinander abgrenzt

Biosphäre: Gesamtheit aller Ökosysteme

Biotechnologie: technische Verfahren zur Herstellung, Umwandlung oder zum Abbau organischer Stoffe unter Einsatz natürlich vorkommender oder gentechnisch veränderter Lebewesen

biotischer Umweltfaktor: Faktor, der belebten Natur, die auf einen Organismus einwirkent

Biotop: Lebensraum einer Lebensgemeinschaft

Biozönose: Lebensgemeinschaft aller Organismen eines Biotops mit ihren biotischen Beziehungen

Bruttoprimärproduktion: Gesamtmenge der von den autotrophen Lebewesen eines Ökosystems pro Flächen- und Zeiteinheit gebildeten Biomasse

C

C_4-Pflanzen: Pflanzen, deren erstes Produkt der Kohlenstoffdioxidfixierung der C_4-Körper Oxalacetat ist

Calvin-Zyklus: zyklischer Stoffwechselweg, über den Pflanzen Kohlenstoffdioxid fixieren und Kohlenhydrate aufbauen

CAM-Pflanzen: Pflanzen, die nachts Kohlenstoffdioxid fixieren und dieses in der Vakuole in Form des C_4-Körpers Äpfelsäure speichern

chemiosmotisches Modell: Modell, das die ATP-Bildung als Folge einer Reihe von Redoxreaktionen und eines gerichteten Protonenflusses durch Membranen erklärt

Chloroplast: von einer Doppelmembran umgebener Zellorganell in Fotosynthese betreibenden Pflanzenzellen und Einzellern; enthält den Farbstoff Chlorophyll

Chorionzottenbiopsie: Entnahme von Plazentagewebe zur pränatalen Diagnostik

Chromatid: während der Mitose und Meiose lichtmikroskopisch sichtbare Spalthälfte eines Chromosoms

Chromatografie: Arbeitstechnik zur Trennung von Stoffgemischen durch unterschiedliche Verteilung seiner Bestandteile zwischen einer mobilen und stationären Phase

Chromosom: fädiger Komplex aus DNA und Histonen

Chromosomenmutation: Veränderung der Struktur einzelner Chromosomen; man unterscheidet Deletion, Duplikation, Translokation und Inversion

Citratzyklus: zyklischer Stoffwechselweg zur vollständigen Oxidation des C_2-Körpers Acetyl-CoA zu Kohlenstoffdioxid und Wasser

codogener Strang: DNA-Einzelstrang, an dem bei der Transkription die mRNA gebildet wird; Matrizenstrang genannt

Codon: RNA-Nucleotidtriplett, das eine Aminosäure oder ein Stoppsignal codiert

Coevolution: evolutionärer Prozess, bei dem die Anpassung einer Art die Evolution einer Anpassung einer anderen Art bewirkt

CRISPR/Cas: gentechnische Methode, um DNA gezielt zu schneiden und anschließend zu verändern

Cuticula: wachsartiger Schutzüberzug auf der Epidermis von Pflanzenzellen

Cytoplasma: von der Zellmembran umschlossenes Zellinneres

Cytoskelett: Netzwerk aus verschiedenen Proteinfäden, das der Zelle Form und Stabilität gibt und den Zellbestandteilen Befestigungsmöglichkeiten bietet

D

Deletion: Chromosomenmutation, bei der ein DNA-Abschnitt verloren gegangen ist

Denaturierung: Strukturelle Veränderung von Biomolekülen wie DNA oder Proteinen

Dendogramm: Stammbaum, der die stammesgeschichtliche Verwandtschaft von Lebewesen wiedergibt

Depolarisierung: Verringerung der Spannung über der Zellmembran

deskriptive Aussage: beschreibt lediglich einen Sachverhalt, gibt aber keine Anweisung

Destruent: Lebewesen, das abgestorbene Biomasse in anorganische Stoffe zersetzt und so wieder dem Stoffkreislauf zuführt

diploid: zweifacher Chromosomensatz

Dissimilation: Umwandlung körpereigener, energiereicher Stoffe in körperfremde, energieärmere Stoffe

diurnaler Säurezyklus: bei CAM-Pflanzen erfolgende regelmäßige Änderung des pH-Werts im Tag-Nacht-Wechsel

Divergenz: ursprünglich gleich gestaltete Strukturen ähnlicher Organismen entwickeln sich aufgrund unterschiedlicher Evolutionsfaktoren unterschiedlich

DNA, Desoxyribonucleinsäure: Makromolekül aus vier verschiedenen Nucleotiden mit den Basen Adenin, Guanin, Cytosin, Thymin

DNA-Doppelhelix: räumliche Struktur der DNA, bestehend aus zwei Polynucleotid-Strängen, die durch Wasserstoffbrücken zusammengehalten werden

DNA-Polymerase: Enzym, das die an einen DNA-Einzelstrang komplementär angelagerten Nucleotide verknüpft

DNA-Sonde: einzelsträngige, meist mit einem Fluoreszenzfarbstoff markierte synthetische DNA-Basensequenz zur Identifizierung komplementärer DNA-Basensequenzen

dominant: Wirkung eines Allels, das sich im Phänotyp gegen ein anderes rezessives Allel durchsetzt

E

Ein-Chromatid-Chromosom: der eine Teil eines Zwei-Chromatiden-Chromosoms nach seiner Aufspaltung in der Anaphase der Mitose

Ein-Gen-ein-Polypeptid-Hypothese: ein Gen codiert ein Polypeptid

Elektrophorese: Trennung von Molekülen im elektrischen Feld aufgrund von Ladung, Größe und Gestalt

Emergenz: Auftreten neuer Systemeigenschaften durch das Zusammenschließen unterer Systemebenen

Emission: Abgabe von Stoffen in die Umwelt

Endoplasmatisches Retikulum (ER): Membransystem in der Zelle von Eukaryoten; es wirkt bei der Synthese, der Umwandlung und dem Transport von Stoffen mit; existiert in zwei Formen: dem rauen, mit Ribosomen besetzten ER und dem glatten ER ohne Ribosomen

Endosymbiose: Bezeichnung für eine Symbiose, bei der der eine Partner im Körper des anderen Partners lebt

Endosymbiontentheorie: Theorie zur evolutionären Entwicklung von Zellorganellen wieMitochondrien und Chloroplasten; von Ur-Eukaryoten durch Endocytose aufgenommene Prokaryoten lebten in der Wirtszelle zu beiderseitigem Vorteil weiter, Theorie zur evolutionären Entwicklung von Zellorganellen wie Mitochondrien und Chloroplasten

Endprodukthemmung: Hemmung der Aktivität eines Enzyms am Beginn eines Stoffwechselweges durch das Endprodukt der Reaktionsfolge

Energie: Fähigkeit eines Stoffes, Körpers oder Systems, Arbeit zu leisten

Energieentwertung: bei Energieumwandlungen frei werdende Wärme kann von Zellen nicht genutzt werden und ist daher für diese wertlos

Energiefluss: Weitergabe von energiereichen Stoffen in einer Nahrungskette

Energieumwandlung: Umwandlung einer Energieform in eine andere Energieform

Enhancer (Verstärker): eukaryotische Regulationssequenz, die die Transkriptionsgeschwindigkeit eines Gens erhöht

Epidermis: Abschlussgewebe bei Pflanzen und Tieren

Epigenetik: Teilgebiet der Genetik, das sich mit erblichen Veränderungen beschäftigt, die nicht auf eine Änderung der DNA-Sequenz zurückzuführen sind

ethisches Dilemma: Zwangslage, in der jede denkbare Entscheidung gegen grundlegende Wertevorstellungen verstößt

Eukaryot: Organismus, dessen Zellen durch Membranen kompartimentiert sind; besitzt einen Zellkern, der von einer Doppelmembran umgeben ist

euryök: Bezeichnung für Arten, die eine große ökologische Potenz besitzen; Gegensatz zu stenök

eutroph: mineralstoffreich; Gegensatz zu oligotroph

Eutrophierung: Anreicherung eines Gewässers mit Mineralstoffen

Evolution: alle Prozesse, die zur Entstehung des Lebens in seiner heutigen Form und Vielfalt geführt haben

Evolutionsfaktoren: jegliche Faktoren, die zu Veränderungen der Allelhäufigkeiten im Genpool einer Population geführt haben und führen

Exon: Teil des eukaryotischen Gens, das exprimiert wird

F

Fitness: Maß für die relative Anzahl der Gene, die ein Individuum durch eigene Fortpflanzung (direkte Fitness) oder durch Unterstützung der Fortpflanzung Verwandter (indirekte Fitness) in den Genpool der nächsten Generation einbringt; direkte + indirekte Fitness = Gesamtfitness

Flaschenhalseffekt: Form der Gendrift, die sich aus einer drastischen Verkleinerung einer Population, z. B. durch eine Naturkatastrophe, ergibt

Fließgleichgewicht: Zustand gleicher Konzentrationen von Stoffen in einem offenen System bei dauerndem Zu- und Abfluss von Stoffen und Energie

Fluoreszenz: Aufleuchten von Stoffen bei Bestrahlung, wobei das ausgesandte Licht eine größere Wellenlänge aufweist als das absorbierte

Fluoreszenzsequenzierung: Modernere Methode zur Sequenzierung der DNA

Folgestrang: der Strang der DNA-Doppelhelix, der während der Replikation der DNA im Gegensatz zum Leitstrang nur diskontinuierlich synthetisiert wird

Fortpflanzung: Kennzeichen des Lebens, wobei durch die Weitergabe genetischer Information artgleiche, eigenständige Individuen entstehen; zur geschlechtlichen Fortpflanzung gehört die Befruchtung von Keimzellen beider Geschlechter unter Bildung einer Zygote; bei der ungeschlechtlichen Fortpflanzung entstehen neue Lebewesen aus einem Teil des Elternorganismus

Fotolyse: lichtinduzierte Spaltung von Wasser in Protonen, Elektronen und Sauerstoff

Fotosynthese: Stoffwechselweg in grünen Pflanzenzellen, Algen und Cyanobakterien, bei dem aus Kohlenstoffdioxid und Wasser mithilfe von Chlorophyll und Licht Glucose und Sauerstoff gebildet werden

Fotosystem: funktionelle Gruppe von lichtabsorbierenden Pigmenten und und dem Reaktionszentrum auf der Thylakoidmembran von Chloroplasten zur Umwandlung von Lichtenergie in chemische Energie

freie Energie: Anteil der Energie, die von Zellen für Arbeitsprozesse genutzt werden kann

G

Gärung: anaerober Stoffwechselweg, bei dem ein relativ energiereiches Endprodukt entsteht, z. B. Ethanol, Milchsäure

Gelelektrophorese: Methode zur Auftrennung eines Gemisches gelöster geladener Teilchen (Nucleinsäuren, Proteine) in einem elektrischen Feld nach ihrer Masse und Ladung

Gen: 1) in der klassischen Genetik der Abschnitt eines Chromosoms, der ein Merkmal bestimmt; 2) in der Molekulargenetik Kombination von DNA-Abschnitten, die zusammen die Information für ein Polypeptid oder RNA-Molekül codieren

Gendrift: Veränderung des Genpools einer Population durch Zufallsprozesse

Gen-Editierung/Genom-Editierung: Sammelbegriff für moderne molekularbiologische Verfahren, mit denen Gene gezielt an- oder ausgeschaltet, eingefügt oder entfernt werden

genetischer Code: Regeln, nach denen die Basensequenz der mRNA in eine Abfolge von Aminosäuren übersetzt wird

genetischer Fingerabdruck: DNA-Typisierung mithilfe spezifischer Sequenzen

Genexpression: durch Transkription und Translation wird die biologische Information eines Gens umgesetzt

Genfluss: ungehinderter Austausch von Genen zwischen Populationen

Genmutation: Veränderung eines Gens, kann zu veränderten oder funktionslosen Proteinen führen

Genom: Gesamtheit der Gene eines Organismus

Genommutation: Veränderung der Anzahl einzelner Chromosomen im Chromosomensatz

Genotyp: Gesamtheit aller Allele eines Individuums

Genpool: Gesamtheit aller Allele einer Population

Gensonde: kurzer, markierter DNA- oder RNA-Einzelstrang zum Aufspüren bestimmter DNA-Abschnitte, zu denen er komplementär ist

Gentechnik: Teilgebiet der Biotechnologie; umfasst Methoden zur gezielten genetischen Veränderung von Organismen

Gentransfer: Einschleusen von RNA oder DNA in Zellen

Glykolyse: im Cytoplasma stattfindender erster Teil des Glucoseabbaus bis zu Pyruvat; Pyruvat dient als Ausgangspunkt für die anaerobe Gärung oder aerobe Zellatmung

Golgi-Apparat: Gesamtheit aller Dictyosomen einer Zelle

Gonosom: Chromosom, das für die Geschlechtsdifferenzierung verantwortlich ist

Grundumsatz: Energiemenge, die eine nüchterne Person bei völliger Ruhe und bei einer Umgebungstemperatur, bei der sie weder friert noch schwitzt, zur Aufrechterhaltung zentraler Lebensfunktionen benötigt

Grüne Gentechnik: Verfahren zur Erzeugung gentechnisch veränderter landwirtschaftlicher Produkte

GVO: gentechnisch veränderter Organismus

H

Habitat: Aufenthaltsbereich einer Art in einem Biotop

haploid: einfacher Chromosomensatz

heterotroph: Form der Ernährung, bei der energiereiche organische Stoffe aufgenommen werden,; Gegensatz zu autotroph

Histon: basisches Protein, Bestandteil von Nucleosomen

Hominidae: Familie der Primaten, zu der neben den rezenten und fossilen Menschen und ihren direkten Vorfahren heute auch die Menschenaffen gerechnet werden

Homologie: Ähnlichkeit von Merkmalen aufgrund gemeinsamer Abstammung und damit ähnlicher genetischer Ausstattung; Gegensatz zu Analogie

Homöostase: Gleichgewichtszustand, der durch Regulation innerhalb bestimmter Grenzen aufrechterhalten wird

Hormone: chemische Botenstoffe, die in endokrinen Drüsenzellen in geringsten Konzentrationen gebildet, über das Blut im Körper verteilt und an Zielzellen mit spezifischen Rezeptoren wirksam werden

Hybride: Organismus, der für ein bestimmtes Gen heterozygot ist

Hybridisierung, molekulare: Paarung von komplementären Nucleinsäuresequenzen

Hyperpolarisierung: elektrischer Zustand an einer Zellmembran, bei der das Zellinnere stärker negativ zur extrazellulären Flüssigkeit ist als beim Ruhepotenzial

Hypophyse: Hirnanhangsdrüse an der Basis des Zwischenhirns; wird vom Hypothalamus angeregt, Hormone zu bilden

Hypothalamus: Teil des Zwischenhirns, oberste Steuerzentrale des Hormonsystems

Hypothese: begründete Vermutung über einen Sachverhalt; naturwissenschaftliche Hypothesen müssen prinzipiell überprüfbar und damit widerlegbar sein

I

Insertion: Einbau einer Nucleotidsequenz in die DNA

In-situ-Hybridisierung: Nachweis bestimmter Basensequenzen auf einem Chromosom durch Gensonden

interspezifisch: zwischen verschiedenen Arten

intraspezifisch: zwischen Angehörigen derselben Art

Intron: Teil eines des eukaryotischen Gens, der transkribiert, aber nicht translatiert wird

Inversion: Drehung eines Segmentes in einem Chromosom um 180 Grad

in vitro: außerhalb eines Lebewesens

In-vitro-Fertilisation (IVF): Befruchtung außerhalb des Körpers

in vivo: in einem Lebewesen

Isolation: Evolutionsfaktor, der den Genfluss zwischen Individuen oder Populationen verhindert und so zur Artbildung beiträgt

K

Karyogramm: Anordnung der angefärbten Metaphase-Chromosomen nach Größe und Bänderung

Katabolismus: Gesamtheit aller abbauenden Stoffwechselreaktionen, bei denen Energie freigesetzt wird; Gegensatz zu Anabolismus

Kladogramm: Form des Dendogramms, das die relativen Verwandtschaftsverhältnisse von Lebewesen wiedergibt

Klimax: Endstadium einer Sukzession

Klon: erbgleiche Individuen oder Zellen

Kompartimentierung: Unterteilung eines Systems in voneinander abgegrenzte Bereiche oder Räume, in denen verschiedene Vorgänge ablaufen können, ohne sich gegenseitig zu stören

kompetitive Hemmung: Hemmung eines Enzyms, bei der die Reaktionsgeschwindigkeit vermindert wird, da ein Inhibitor mit dem Substrat um das aktive Zentrum eines Enzyms konkurriert

komplementär: bezeichnet die Basen Adenin und Thymin/Uracil beziehungsweise Guanin und Cytosin, die sich paaren können

Konkurrenz: Wettbewerb zwischen Individuen um begrenzt verfügbare Ressourcen

Konkurrenz-Ausschluss-Prinzip: Konkurrenz zweier Arten um dieselben Ressourcen führt dazu, dass eine der beiden Arten zugrunde geht

Konsument: Lebewesen, das sich von Produzenten ernährt

kontinuierliche Erregungsleitung: langsame Weiterleitung von Aktionspotenzialen in marklosen Axonen; Gegensatz zur saltatorischen Erregungsleitung

Konvergenz: Entstehung analoger Merkmale aufgrund ähnlicher Lebensweise

Kreationismus: religiös geprägte, nicht wissenschaftliche Vorstellung, nach der Lebewesen nicht durch Evolution, sondern durch Schöpfung entstanden sind

K-Stratege: Lebewesen, dessen Fortpflanzungsstrategie sich an der Kapazitätsgrenze K eines Ökosystems orientiert; typischerweise mit Brutpflege und wenigen konkurrenzstarken Nachkommen; Gegensatz zu r-Stratege

L

Leistungsumsatz: Energiemenge, die eine Person über den Grundumsatz hinaus für Arbeitstätigkeiten umsetzt

Leitstrang: DNA-Strang, der während der Replikation der DNA im Gegensatz zum Folgestrang kontinuierlich synthetisiert wird

Lernen: Verhaltensänderung, die auf individueller Erfahrung beruht

Lichtkompensationspunkt: Lichtintensität, bei der die Abgabe von Kohlenstoffdioxid infolge der Zellatmung genau so groß ist wie die Aufnahme von Kohlenstoffdioxid durch die Fotosynthese

Ligase: Enzym, das DNA-Fragmente miteinander verbindet

M

Mangelmutante: Organismus, der durch Mutation die Fähigkeit verloren hat, wesentliche Zellbausteine zu synthetisieren

Matrizenstrang: das Polynucleotid eines Gens, das bei der Transkription als Vorlage für die mRNA-Synthese dient

Membranpotenzial: elektrische Spannung über der Zellmembran, die durch eine unterschiedliche Ionenverteilung zwischen Cytoplasma und extrazellulärer Flüssigkeit entsteht (Ruhepotenzial)

Mimikry: täuschende Nachahmung von Signalen; z. B. Nachahmung der Warntracht einer wehrhaften Art durch eine harmlose Art

Mitochondrium: von einer Doppelmembran umgebenes Zellorganell, in dem vor allem Enzyme der Zellatmung lokalisiert sind („Kraftwerk der Zelle")

Modifikation: umweltbedingte Veränderung des Phänotyps innerhalb der Reaktionsnorm

monogene Vererbung: die Ausprägung eines Merkmals beruht auf einem Gen

monophyletische Gruppe: Taxon, welches sämtliche stammesgeschichtliche Abkömmlinge eines Vorfahren umfasst

Monosomie: nummerische Chromosomenanomalie, bei der ein bestimmtes Chromosom nur einfach vorhanden ist

motorische Rindenfelder: Bereiche der Großhirnrinde, denen bestimmte Muskelbereiche des Körpers zugeordnet sind, deren Bewegung sie steuern

mRNA (messenger-RNA, Boten-RNA): Transkript eines proteincodierenden Gens

mRNA-Prozessierung: Vorgänge im Zellkern von Eukaryoten, die von der prä-mRNA zur reifen mRNA führen

Multipotenz: Fähigkeit einer Zelle, einige unterschiedliche Zelltypen eines Organismus zu bilden

Mutagenese: Erzeugung gezielter Mutationen in vitro

Mutation: stabile Veränderung der genetischen Information. Somatische Mutationen betreffen nur das Individuum selbst, generative seine Nachkommen

Myelinscheide: schützende Hülle aus der Zellmembran von speziellen Gliazellen, den Schwann-Zellen, die das Axon einer markhaltigen Nervenzelle im peripheren Nervensystem umgibt

N

nachhaltige Entwicklung: Befriedigung der Bedürfnisse der gegenwärtigen Generation, ohne die Möglichkeiten der zukünftigen Generationen zu gefährden, ihre Bedürfnisse befriedigen zu können

NAD^+ (Nicotinamid-Adenin-Dinucleotid): Cosubstrat, das im Stoffwechsel an der Elektronenübertragung bei Redoxreaktionen beteiligt ist

Nahrungskette: Weg, auf dem organische Stoffe in einem Ökosystem von den Produzenten über Konsumenten an die Destruenten weitergegeben werden

Nahrungsnetz: Bezeichnung für die vernetzten Nahrungsbeziehungen innerhalb eines Ökosystems

naturwissenschaftlicher Erkenntnisgewinn: Erlangung von Erkenntnissen ausgehend von einer Beobachtung, umfasst Fragestellung, Hypothese, Experimente und Auswertung sowie die Erkenntnis

Nettoprimärproduktion: Produktion organischer Substanz in einem Ökosystem abzüglich des durch Zellatmung abgegebenen Kohlenstoffdioxids

Netzhaut: kleidet die Innenflächen des hinteren Teils des Linsenauges aus; enthält Lichtsinneszellen, Nervenzellen und Pigmentzellen

Neuro-Enhancement: Einnahme psychoaktiver Substanzen mit dem Ziel, die geistige Leistung zu steigern

Neurotransmitter (Überträgerstoff): chemischer Stoff, der die Erregung an den Synapsen überträgt

nichtkompetitive Enzymhemmung: Form der Enzymhemmung, bei der der Inhibitor nicht an das aktive Zentrum des Enzyms, sondern an einer anderen Stelle des Enzyms bindet

Norm: fordert zu bestimmten Handlungen auf (Du sollst helfen!) oder diese zu verbieten (Du sollst nicht töten!)

Nucleinsäuren: DNA, RNA

Nucleosom: kugelige Grundeinheit des Chromatins

Nucleotid: Baustein der Nucleinsäuren, bestehend aus einer Pentose, die kovalent an eine Stickstoffbase und eine Phosphatgruppe gebunden ist

O

Okazaki-Fragment: kurzes DNA-Stück, entsteht bei der diskontinuierlichen Replikation

ökologische Nische: Gesamtheit der Ansprüche einer Art an die biotische und abiotische Umwelt; bezeichnet keinen Ort

ökologische Potenz: die durch Konkurrenz mit anderen Lebewesen verringerte physiologische Potenz

ökologisches Gleichgewicht: Zustand ökologischer Systeme mit der Fähigkeit zur Selbstregulation

Ökosystem: dynamisches Beziehungsgefüge aus Biozönose und Biotop

oligotroph: mineralstoffarm

Onkogen: in Viren vorkommendes oder zum normalen Genom gehörendes Gen, das an der Auslösung von Krebs beteiligt ist

Operator: DNA-Sequenz am Beginn eines Operons, die ein Regulatorprotein binden kann

Operon: häufige genetische Funktionseinheit bei Bakterien und Phagen, bestehend aus einer Kontrollregion und mehreren benachbarten Strukturgenen

Organ: Verband verschiedenartiger Gewebe, die sich bei der Erfüllung einer bestimmten Funktion ergänzen

Organismus: Bezeichnung für Lebewesen, die über Organe und Organsysteme verfügen

Out-of-Africa-Theorie: Hypothese, nach der der anatomisch moderne Mensch aus Afrika stammt

Oxidation: Elektronenabgabe

P

Parasitismus: Beziehung zwischen Parasit und Wirt, die nur dem Parasiten nutzt, dem Wirt dagegen schadet

Parasympathikus: einer der beiden Teile des vegetativen Nervensystems der Wirbeltiere; Gegenspieler zum Sympathikus

Parenchym: Grundgewebe eines Organs

passiver Transport: Transport von Molekülen oder Ionen durch eine Biomembran mit dem Konzentrations- oder Ladungsgefälle ohne Verbrauch von ATP; einfache Diffusion, kanalvermittelte Diffusion, carriervermittelte Diffusion

peripheres Nervensystem: sensorische und motorische Nervenzellen, die mit dem Zentralnervensystem verbunden sind

Phagen: Viren, die Bakterien befallen

Phänotyp: Gesamtheit aller äußerlichen Merkmale, bei Kreuzungen oft nur bestimmte Merkmale

Phosphorylierung: Reaktion, bei der eine Phosphatgruppe an ein anderes Molekül gebunden wird

Phylogenese: Stammesgeschichte einer Art oder Verwandtschaftsgruppe

Phylogramm: Form des Dendogramms, bei dem die Länge der Äste als Maß für die Merkmalsunterschiede dient

physiologische Potenz: Bereich eines Umweltfaktors, in dem Individuen einer Art ohne Konkurrenz durch andere Lebewesen leben können

Plankton: Gesamtheit der meist kleinsten, im freien Raum von Süßwasser und Meerwasser dahintreibenden oder schwebenden Lebewesen; wichtige Nahrungsgrundlage für viele Wasserlebewesen

Plasmid: ringförmiges DNA-Molekül, das unabhängig vom Chromosom ist

plesiomorphe Merkmale: ursprüngliche Merkmale, die bereits bei einer frühen Stammart aufgetreten sind

Pluripotenz: Fähigkeit einer Zelle, alle Zelltypen eines Organismus zu bilden, jedoch keinen kompletten Organismus

polygene Vererbung: Zusammenwirken verschiedener Gene bei der Ausbildung eines Merkmals

Polymerase-Kettenreaktion (PCR): Methode zur schnellen Vervielfältigung bestimmter DNA-Abschnitte

Polymorphismus: Auftreten verschiedener Phänotypen bei einem Merkmal, beruht auf verschiedenen Allelen eines Gens

Polyphänie: Mitwirkung eines Gens an der Ausprägung mehrerer Merkmale

Polysomen: Kette von Ribosomen an einer mRNA während der Translation prokaryotischer mRNA

Population: Gesamtheit der Individuen einer Art in einem definierten Gebiet

postzygote Isolation: Form der reproduktiven Isolation, bei der noch eine Befruchtung stattfindet, die Nachkommen jedoch nicht lebensfähig, steril oder benachteiligt sind

Präimplantationsdiagnostik (PID): Diagnostik an einem in vitro befindlichen Embryo vor seinem Transfer in den mütterlichen Organismus

pränatale Diagnostik, Pränataldiagnostik: Untersuchungen des ungeborenen Kindes auf Fehlentwicklungen oder genetisch bedingte Krankheiten; zu unterscheiden sind nichtinvasive Methoden von invasiven Methoden

präzygote Isolation: Form der reproduktiven Isolation, bei der die Paarung potenzieller Sexualpartner unterbunden ist

Primaten: Ordnung der Säugetiere, zu der Halbaffen, Affen und Menschen gehören

Primer: kurzes RNA-Stück, das sich an ein einzelsträngiges DNA-Stück anlagert und den Startpunkt für eine Replikation bildet; bei der PCR kurzes DNA-Stück

Produzent: Lebewesen, das Biomasse erzeugt

Prokaryot: Bezeichnung für Bakterien und Archaeen, deren DNA als ringförmiges Chromosom frei im Cytoplasma vorliegt

Promotor: DNA-Regulationsregion am 5´-Ende eines Gens, enthält Bindungsstelle für RNA-Polymerase

Protein: biologisch aktive Form einer Polypeptidkette

Proteinbiosynthese: Genexpression; Produktion von Proteinen nach der genetischen Information der DNA mit den Teilschritten Transkription und Translation

Protonengradient: Differenz zwischen den Protonenkonzentrationen auf den beiden Seiten einer Biomembran

proximate Erklärungen: beziehen sich auf unmittelbar wirkende Ursachen eines Phänomens, etwa auf die körperlichen Strukturen und physiologischen Prozesse

Q R

Räuber-Beute-Beziehung: Beziehung zwischen Räuber und Beutetier in einem bestimmten Biotop; dabei schwanken die Populationsdichten von Räubern und Beutetieren um einen bestimmten Mittelwert

Redoxreaktion: chemische Reaktion, bei der Elektronenaufnahme (Reduktion) und Elektronenabgabe (Oxidation) miteinander verbunden sind

Reduktion: Elektronenaufnahme

Refraktärphase: Zeitspanne nach einem Aktionspotenzial, in der eine erneute Reizung ohne Reaktion bleibt

Regulatorgen: Gen, dessen Produkt die Aktivität anderer Gene beeinflusst

rekombinante DNA: aus verschiedenen Fragmenten neu kombinierte DNA

Rekombination: Neukombination des genetischen Materials, z. B. im Rahmen der geschlechtlichen Fortpflanzung; führt zur genetischen Variabilität einer Art und ist ein wichtiger Evolutionsfaktor

Replikation: identische DNA-Verdoppelung

Repressor: Protein, das an eine spezifische DNA-Sequenz bindet und so die Transkription eines Genbereiches verhindert

Restriktionsenzym: Enzym, das DNA an einer bestimmten Basensequenz schneidet

rezent: heute lebend; Gegensatz zu fossil

Rezeptor: Zellstrukturen, an die ein bestimmtes Signalmolekül oder Erreger mit komplementären Strukturen binden können

Rezeptorpotenzial: Reaktion einer Rezeptorzelle auf einen Reiz in Form einer zur Reizstärke proportionalen Spannungsänderung über die Rezeptormembran

rezessiv: Allel, das bei heterozygotem Vorliegen im Phänotyp nicht zu erkennen ist

RGT-Regel (Reaktionsgeschwindigkeits-Temperatur-Regel): Regel, nach der eine Temperaturerhöhung um 10 °C zu einer Verdoppelung der Reaktionsgeschwindigkeit führt

Rhesusfaktor: Antigen auf der Oberfläche der Roten Blutkörperchen

Ribosom: aus zwei Untereinheiten zusammengesetzter, membranloser Zellbestandteil, an dem die Proteinbiosynthese erfolgt

RNA, Ribonucleinsäure: einzelsträngiges Makromolekül aus vier verschiedenen Ribonucleotiden, die die Basen Adenin, Guanin, Cytosin und Uracil

RNA-Interferenz: Auswirkungen von RNA-Molekülen auf die Genexpression

RNA-Polymerase: Enzym, das eine RNA-Kopie von einem DNA-Matrizenstrang synthetisieren kann

r-Strategen: Arten, die bei der Fortpflanzung auf eine hohe Reproduktionsrate setzen, jedoch wenig in die Aufzucht ihrer Jungen investieren; Gegensatz zu K-Strategen

Rudiment: Rest von Organen und Strukturen, der im Laufe der Evolution zurückgebildet wurde

Ruhepotenzial: Membranpotenzial von Zellen, hervorgerufen durch eine ungleiche Ladungsverteilung; Gegensatz zu Aktionspotenzial

S

saltatorische Erregungsleitung: besonders schnelle, sprunghafte Weiterleitung von Aktionspotenzialen entlang der durch Ranvier-Schnürringe unterteilten Axone mit Markscheiden; Gegensatz zur kontinuierlichen Erregungsleitung

Saprobien: Organismen, die organische Stoffe in Gewässern abbauen; sie dienen als Bioindikatoren für den Belastungsgrad eines Gewässers

Schlüssel-Schloss-Prinzip: beschreibt, dass Moleküle aufgrund ihres Baus räumlich zueinander passen müssen, um in Wechselwirkungen treten und aneinander binden zu können; z. B. Enzym und Substrat, Antigen und Antikörper, Rezeptor und Ligand

Schwellenpotenzial: Potenzial, das eine Nervenzelle erreichen muss, damit ein Aktionspotenzial ausgelöst wird

sekundärer Botenstoff (second messenger): Botenstoff, der im Zellinneren wirkt, wenn spezifische Membranrezeptoren aktiviert wurden

Selektion: in der Gentechnik Auslese eines Klons, der die gewünschte rekombinante DNA enthält

Sequenzierung: Ermittlung der Basenabfolge in der DNA

Sexualdimorphismus: Unterschiede zwischen Geschlechtern einer Art, die die sekundären Geschlechtsmerkmale betreffen

sexuelle Selektion: Evolutionsmechanismus, der auf individuell unterschiedlichem Erfolg im Zugang zu Sexualpartnern beruht

short tandem repeats (STR): Bezeichnung für kurze, sich wiederholende DNA-Sequenzen im nicht codierenden Bereich der DNA, die für den genetischen Fingerabdruck genutzt werden

Silencer (Dämpfer): Basensequenz, die bestimmte Transkriptionsfaktoren erkennt, die die Geschwindigkeit der Transkription eines Gens dämpfen können; Gegensatz zu Enhancer

somatosensorische Rindenfelder: Bereiche der Großhirnrinde, die Informationen über Berührung und Druck aus den verschiedenen Körperregionen auswerten

Spleißen: Entfernung von Introns aus der prä-mRNA

stenök: Bezeichnung für Arten mit kleiner ökologischer Potenz

Stoffkreislauf: mit einem Energieumsatz verbundener Kreislaufprozess, in dem Stoffe auf-, um- und abgebaut werden

Stoffwechsel: Gesamtheit biochemischer Reaktionen einer Zelle oder eines Organismus

Stoma (Spaltöffnung): mikroskopisch kleiner Spalt einschließlich der ihn umgebenden Schließzellen in der Epidermis von Pflanzen; Plural: Stomata

Strukturgen: Gen für ein RNA-Molekül oder Protein, das kein Regulatorprotein ist

Sukzession: regelhafte zeitliche Abfolge in der Entwicklung von Ökosystemen

Symbiose: enges, für beide Arten vorteilhaftes Zusammenleben

Sympathikus: einer der beiden Teile des vegetativen Nervensystems der Wirbeltiere; Gegenspieler zum Parasympathikus

sympatrische Artbildung: Artbildungsprozess, der durch reproduktive Isolation von Individuen innerhalb einer Population ohne vorherige geografische Isolation erfolgt

Synapse: Stelle, an der eine Nervenzelle mit einer anderen oder einer Effektorzelle kommuniziert; bildet bei chemischen Synapsen einen synaptischen Spalt zwischen der prä- und der postsynaptischen Zellmembran, sodass Informationen über Neurotransmitter übertragen werden

Synthetische Evolutionstheorie: in den 40er Jahren des 20. Jahrhunderts entstandene Evolutionstheorie, die auf DARWINS Evolutionstheorie beruht und durch Erkenntnisse anderer Fachbereiche ergänzt wurde

Systematik: Zweig der Biologie, der sich mit der Beschreibung und Klassifizierung der Lebewesen beschäftigt

Systemebenen: verschiedene Ebenen der biologischen Organisation

T

TATA-Box: Nucleotidsequenz im prokaryotischen Promotor

Taxon: Gruppe von Lebewesen, die aufgrund gemeinsamer Merkmale eine systematische Einheit bildet

Theorie: in sich widerspruchsfreies System von Hypothesen, das überprüfbare Voraussagen ermöglicht und mit anderen Theorien verträglich ist

Thylakoid: flache Membransäckchen in einem Chloroplasten mit eingelagertem Chlorophyll und anderen Blattfarbstoffen

T_i-Plasmid: Plasmid von *Agrobacterium tumefaciens*, das für den Gentransfer in Pflanzen verwendet wird

Transduktion: Genetik: DNA-Transfer von einer Bakterienzelle auf eine andere durch Phagen; Sinnesphysiologie: Umwandlung physikalischer oder chemischer Umweltreize in elektrische Signale

Transformation: Aufnahme freier DNA in eine Zelle

transgener Organismus: Organismus, der fremde Gene in den Zellen enthält

Transkription: Synthese einer RNA-Kopie eines Gens

Transkriptionsfaktor: Protein, das an der Regulation eines eukaryotischen Gens beteiligt ist

Translation: Synthese eines Polypeptids am Ribosom

Translokation: Verschmelzung der Teile zweier nicht homologer Chromosomen

Transpiration: Abgabe von Wasser durch Verdunstung

Treibhauseffekt: Bezeichnung für den durch Kohlenstoffdioxid und andere Gase verursachten globalen Temperaturanstieg

Triplett: besteht aus drei Nucleotiden und codiert eine Aminosäure

Trisomie: Form der Genommutation, bei der ein bestimmtes Chromosom dreifach vorhanden ist

tRNA, transfer-RNA: RNA-Molekül, das als Vermittler zwischen Nucleinsäure- und Proteinsprache fungiert

Trophiestufe: Einteilung der Lebewesen eines Ökosystems anhand ihrer Ernährung (z. B. Produzenten, Primär-, Sekundärkonsumenten)

Tumor-Suppressorgene: wachstumsregulierendes Gen, dessen Genprodukt die Tumorentstehung hemmt

Turner-Syndrom: Genommutation, bei der betroffene Frauen in ihren Körperzellen nur ein X-Chromosom besitzen

U V

ultimate Erklärungen: beantworten, warum sich ein Prozess oder ein Verhalten in der Evolution entwickelt hat oder stabil geblieben ist

Vakuole: von einer Membran (Tonoplast) umgebener, mit Zellsaft gefüllter Raum in einer Pflanzenzelle

Variabilität: Unterschiede zwischen Eltern und Nachkommen oder zwischen den Individuen einer Population

vegetatives Nervensystem: Teil des Nervensystems der Wirbeltiere, das nicht der direkten willkürlichen Kontrolle unterliegt; versorgt vor allem Eingeweide, Blutgefäße, Herz, Ausscheidungs- und Geschlechtsorgane sowie Drüsen

Vektor: Plasmid oder Virus zum Einbringen von RNA oder DNA in Zellen

Virus: Partikel aus einer Proteinhülle und DNA oder RNA, aber ohne eigenen Stoffwechsel

W

Werte: allgemeine Vorstellungen und angestrebte Ziele, die in einer Gesellschaft als wünschens- und erstrebenswert anerkannt sind, z. B. die Werte „Frieden" oder „Menschenwürde"

Wildtyp: bezeichnet ein nicht mutiertes Lebewesen

Wirkungsspektrum: grafische Darstellung der Fotosyntheserate in Abhängigkeit von der Wellenlänge des absorbierten Lichtes

X Y Z

Xerophyten: Pflanzen, die an sehr trockene Standorte angepasst sind; Synonym: Trockenpflanzen

X-, Y-Chromosom: Gonosom

Zellatmung: Energiefreisetzung in der Zelle durch Abbau energiereicher chemischer Verbindungen unter Sauerstoffverbrauch

Zelle: kleinste, mit allen Merkmalen des Lebens ausgestattete Bau- und Funktionseinheit aller Lebewesen

Zellkern: von einer Kernhülle umgebener Zellbestandteil in Eukaryotenzellen, der das genetische Material enthält

Zellkommunikation: Aufnahme, Verarbeitung und Weiterleitung von äußeren Reizen durch Signalübertragung zwischen den Zellen oder innerhalb der Zellen

Zellkultur: Kultivierung tierischer oder pflanzlicher Zellen in einem Nährmedium außerhalb des Organismus

Zellmembran: Biomembran, die jede Zelle umgibt

Zellwand: formgebende, außerhalb der Zellmembran gelegene Hülle bei Pflanzenzellen, Bakterien, Pilzen und manchen eukaryotischen Einzellern

Zellzyklus: geordnete Folge von Vorgängen von einer Zellteilung zur nächsten; setzt sich zusammen aus Mitose, Cytogenese und Interphase

zentrales Nervensystem (ZNS): Teil des Nervensystems bei Wirbeltieren, der das Gehirn und Rückenmark umfasst

Züchtung: Verbesserung oder Erhaltung genetisch fixierter Merkmale domestizierter Lebewesen

Zwei-Chromatiden-Chromosom: das in der Prophase der Mitose vorliegende, aus zwei identischen Chromatiden bestehende Chromosom

Stichwortverzeichnis

Fette Seitenzahlen verweisen auf einen Eintrag im Glossar.

Bildquellenverzeichnis

|akg-images GmbH, Berlin: 323.2. |Alamy Stock Photo, Abingdon/Oxfordshire: Arterra Picture Library/Arndt Sven-Erik 356.1; Arterra Picture Library/De Meester Johan 108.2, 108.3; Bildagentur-online/Ohde 120.1, 120.2; Buziak, Ed 323.3; Cat'chy Images 324.3; Cattlin, Nigel 283.1; cbimages 147.1; Danita Delimont 382.1, 382.2; Dirscherl, Reinhard 178.1; feinen, jean-michel 6.1, 230.1; Gallimore, David 36.1; Gerhardinger, Andreas 96.1; GRANGER - Historical Picture Archive 352.1; Hecker, Frank 108.1; imageBROKER/Sollinger, Horst 69.1; Images by Morgana 315.1; Kaludov, Alexander 199.1; Life on white 110.1; Malczyk, Piotr 38.1; Mattison, Chris 324.1, 324.4; McPhoto/Schaef 112.1; medical mask 336.4, 347.5, 347.6; Naumov, Dmitry 28.1; Oberhäuser, Rupert 30.1; Panther Media GmbH 261.2; Podzemny, Petr 320.1; Premium Stock Photography GmbH/Rolfes, Willi 169.1; Reis, Erik 220.1; Science History Images 322.2; Shawn Hempel - Concepts 298.1; ton koene 64.1; Yastremska, olga 315.2. |Alamy Stock Photo (RMB), Abingdon/Oxfordshire: BURGER/PHANIE 288.1; Canis, Robert 20.1; HHelene 160.2; imageBROKER 92.1; Imaginechina Limited 294.1; Science History Images 349.1; SOPA Images Limited 146.2; World History Archive 13.3. |Atelier tigercolor Tom Menzel, Klingberg: 61.1, 61.2, 83.1, 84.2, 85.1, 86.1, 87.1, 87.2, 89.1, 89.2, 91.1, 91.2, 92.2, 93.1, 93.2, 94.2, 95.1, 95.2, 96.2, 97.1, 97.2, 99.1, 99.3, 101.1, 101.2, 102.4, 103.1, 104.1, 104.2, 105.1, 105.2, 107.1, 107.2, 109.1, 109.3, 111.1, 111.2, 111.3, 111.4, 112.2, 114.1, 114.2, 114.3, 115.1, 115.2, 116.1, 117.1, 117.2, 118.2, 119.1, 120.3, 121.1, 122.1, 123.1, 123.2, 125.1, 126.1, 126.2, 127.1, 129.1, 130.2, 131.1, 132.1, 133.1, 133.2, 134.2, 135.1, 136.2, 137.1, 141.1, 144.2, 145.1, 145.2, 146.1, 147.2, 148.2, 149.1, 149.2, 150.2, 151.1, 151.2, 152.1, 153.1, 153.2, 153.3, 155.2, 157.1, 158.1, 159.2, 159.3, 161.3, 162.19, 164.2, 166.1, 167.2, 168.2, 169.2, 190.2, 191.1, 195.1, 196.1, 196.2, 197.1, 197.2, 206.2, 206.3, 207.1, 207.2, 207.3, 207.4, 207.5, 207.6, 208.1, 208.2, 209.1, 209.2, 209.3, 217.1, 221.1, 221.2, 222.1, 225.2, 229.2, 229.3, 234.1, 234.2, 235.1, 236.2, 237.1, 237.2, 238.1, 239.1, 239.2, 251.1, 263.1, 263.2, 263.3, 263.4, 291.1, 291.2, 303.1, 303.2, 303.3, 305.1, 306.1, 307.1, 307.3, 309.1, 310.2, 311.1, 321.1, 321.2, 321.3, 322.1, 323.1, 325.1, 325.2, 327.1, 327.2, 329.2, 330.1, 330.2, 330.3, 331.1, 331.2, 333.2, 334.3, 334.4, 335.1, 335.2, 339.1, 339.2, 341.1, 341.2, 342.1, 342.2, 343.3, 343.4, 344.1, 344.2, 344.3, 345.1, 345.2, 346.1, 347.2, 354.1, 355.1, 366.1, 367.1, 367.2, 367.3, 368.3, 369.1, 369.2, 378.1, 379.2, 394.3, 396.1, 397.2, 399.3, 399.4, 399.5, 399.6, 399.8, 399.9, 399.11, 399.12, 399.13, 399.14, 399.15, 399.16. |COSMED Deutschland GmbH, Werneck: 19.1, 19.2. |Dahms, Tobias - AESA aerial, Greifswald: 165.1. |Davison, Prof. Dr. Angus, Nottingham: 348.1. |Doms, Peter, Uetze: 138.2, 140.1. |fotolia.com, New York: Gruber, Konstanze 99.2; Ichbins11 11.1; Jodocos 136.1; knallgrau.info 83.2; Osterland 210.1. |Gall, Eike, Enkirch: 15.3. |Getty Images, München: Aksenova, Tatyana 219.1; Andersen, Mark 214.1; brytta 164.1; by Paco Calvino (Barcelona, Spain) 324.2; Creativ Studio Heinemann 324.5; FEFERBERG, ERIC 190.1; Jurado, Alvaro Medina 204.1. |Getty Images (RF), München: Barcin 302.1; Dimitri Otis 268.1; Jackyenjoyphotography 13.2; Jakel, Andreas 118.1; Rike_ 246.1; shaunl 160.1; Steve Mackay Photography 94.3, 333.1. |Grabowski, Yvonne, Wuppertal: 41.1, 41.2, 41.3, 41.4, 41.5, 41.6, 41.7, 41.8, 41.9, 41.10, 78.1, 78.2, 79.2, 79.3, 128.2, 212.1, 249.1. |Gratwicke, Brian: Foto „Leptodactylus insularum" von Brian Gratwicke unter Lizenz CC-BY 2.0 https://creativecommons.org/licenses/by/2.0/ via https://www.flickr.com/photos/briangratwicke/5414973624/ 374.1, 374.2. |Herzig, Wolfgang, Essen: 10.2, 11.2, 14.1, 19.3, 19.4, 21.1, 21.2, 21.3, 22.1, 22.2, 23.1, 23.3, 25.1, 25.2, 26.2, 27.1, 28.2, 29.1, 31.1, 32.1, 32.2, 33.1, 33.2, 33.3, 34.1, 35.1, 35.2, 35.3, 36.2, 37.1, 37.2, 39.1, 41.11, 43.1, 43.2, 44.1, 46.1, 48.3, 51.1, 52.2, 52.3, 52.4, 55.3, 57.1, 57.2, 59.1, 67.1, 67.2, 68.2, 68.3, 69.2, 69.3, 70.1, 71.6, 73.1, 73.2, 74.2, 74.3, 75.2, 76.3, 77.2, 77.3, 79.1, 175.1, 176.1, 177.1, 177.2, 177.3, 178.2, 179.1, 179.2, 180.1, 181.1, 181.2, 182.2, 183.1, 183.2, 184.2, 185.1, 186.1, 187.1, 187.2, 188.1, 189.1, 192.1, 193.1, 193.2, 194.2, 200.1, 202.1, 203.1, 203.2, 203.3, 203.4, 203.5, 203.6, 205.2, 211.1, 211.2, 212.2, 212.3, 215.1, 216.1, 216.2, 216.3, 218.1, 218.2, 218.3, 220.2, 223.1, 223.2, 223.3, 223.4, 223.5, 223.6, 224.1, 225.1, 227.1, 228.1, 228.2, 228.3, 233.1, 233.2, 240.2, 241.1, 242.1, 243.1, 243.2, 244.2, 245.1, 245.2, 247.1, 248.1, 248.2, 249.2, 250.2, 252.2, 253.1, 253.2, 253.3, 254.1, 255.1, 256.2, 257.1, 258.2, 259.1, 259.2, 260.1, 260.2, 260.3, 260.4, 260.5, 261.1, 261.3, 264.2, 265.1, 265.2, 265.3, 266.1, 266.2, 267.1, 267.2, 268.2, 269.1, 270.1, 270.2, 271.1, 272.1, 272.2, 272.3, 273.1, 273.2, 273.3, 276.2, 277.1, 277.2, 278.1, 278.2, 279.1, 279.2, 280.2, 281.1, 281.2, 282.1, 284.1, 285.1, 285.2, 289.2, 290.7, 292.1, 293.1, 293.2, 294.2, 295.1, 295.3, 296.1, 296.2, 297.1, 299.1, 300.1, 300.2, 300.3, 301.1, 304.1, 312.2, 317.1, 317.2, 317.3, 357.1, 357.2, 357.3, 358.2, 359.1, 359.2, 396.2, 397.1. |Holtermann, Helmut, Dannenberg: 20.2, 386.1, 389.2, 391.1, 392.1, 392.2, 392.3, 393.1. |Imago, Berlin: blickwinkel 94.1; Greatstock 394.2; imagebroker 104.3, 347.3, 347.4; UIG 390.1; Xinhua 394.1. |iStockphoto.com, Calgary: Brandenburg, Dan 368.1; Carillet, Joel 380.1, 380.2; Cornelissen, Frank 184.1; Eskridge, Daniel 329.1; ivansmuk 18.1; kama71 154.1; Kemter 4.1, 81.1; Knaupe 12.4; Kobus Louw 226.1; luchunyu 76.2; master1305 258.1; MattiaATH 182.1; pedrorufo 198.1; Pelizzeri, Rafael Nilton 168.1; Placebo365 Titel; Rawpixel 389.1; richcarey 159.1; Wirestock 155.1; Xurzon 124.1. |juniors@wildlife Bildagentur GmbH, Hamburg: 358.1; Minden Pictures 98.2, 144.1, 360.1; Teigler, F. 343.1, 343.2, 399.1, 399.2, 399.7, 399.10. |Kantonsspital Winterthur, Winterthur: 308.1. |Karnath, Brigitte, Wiesbaden: 51.2, 52.5, 53.2, 56.1, 58.1, 64.2, 73.3, 75.1, 201.3, 225.3, 349.2, 350.1, 353.1, 362.1, 362.2, 365.1, 369.3, 371.1, 371.2, 371.3, 372.1, 373.1, 373.2, 380.3, 381.1, 383.1, 384.2, 385.2, 387.1, 400.5. |Lookphotos, München: Müther, Volker 130.1. |Mall, Karin, Berlin: 49.1, 49.2, 49.3, 49.4, 50.1, 50.2, 50.3, 52.1, 53.1, 55.1, 55.2, 60.8, 61.3, 61.4, 62.1, 65.1, 65.2, 66.1, 70.2. |MARUM - Zentrum für Marine Umweltwissenschaften, Universität Bremen, Bremen: 113.1. |mauritius images GmbH, Mittenwald: Cro Magnon/Alamy/Alamy Stock Photos 384.1; Frantic/Alamy/Alamy Stock Photos 388.1; Minden Pictures/Ruoso, Cyril 370.1, 370.2; Minden Pictures/Wu, Norbert 108.4. |Max-Planck-Institut für terrestrische Mikrobiologie, Marburg: Erb, Tobias 77.1. |OKAPIA KG - Michael Grzimek & Co., Frankfurt/M.: 351.1; Cyril Ruoso 391.2; imageBROKER/AVTG 13.1; imageBROKER/Fischer, Guenter 74.1; imageBROKER/Niehoff, Ulrich 24.1; imageBROKER/Sollinger, Horst 161.2; Lange, Norbert 10.1; Oliveira, Paulo de 84.1; Reinhard, Hans 156.1; Ruckszio, Manfred 12.3; Sauer, Frieder 368.2; Spears, David/Last Refuge/ARDEA 12.1. |Picture-Alliance GmbH, Frankfurt a.M.: Blickwinkel/Blossey, H. 156.2; dpa/dpa-Zentralbild/König-Jablonski, Ingolf 326.1. |Salvagnin, Umberto: 68.1. |Scheid, Walther-Maria, Berlin: 313.1, 379.1, 379.3, 379.4. |Schmid, Prof. Dr. Peter: CC-BY 394.4, 394.5. |Science Photo Library, München: Addenbrookes Hospital/Dept. of Clinical Cytogenetics 289.3, 290.1, 292.2; Agentur Focus/Look at Sciences 290.2, 290.3,

290.4, 290.5, 290.6; Agentur Focus/Syred, Andrew 232.1; Biophoto Associates 289.1; Biozentrum/Universtiy of Basel 276.1; CNRI 256.1; Curtis, Kevin 244.1; DANIEL SCHROEN, CELL APPLICATIONS INC 174.1; Equinox Graphics 201.4; EYE OF SCIENCE 88.2, 88.3, 100.1, 102.1, 102.2, 102.3, 280.1; Gschmeissner, Steve 100.2; JANNICKE WIIK-NIELSEN 100.3; Kiseleva, Dr. Elena 250.1, 252.1; Lepore, Jeff 106.1; McHugh, Tom 88.1; Mis, Marek 161.1; Molloy, Cordelia 201.1; Murti, Dr. Gopal 236.1; Nuridsany, Claude/Perennou, Maria 12.2; PHANIE/ BURGER 295.2; Science Source/Cavallini, James 240.1; Science Source/Living Art Enterprises, LLC 213.1; Science Stock Photography 213.2; Stammers, Sinclair 42.1; Syred, Andrew 26.1; TON_AQUATIC, CHOKSAWATDIKORN 398.2; Wheeler, Dr. Keith 45.2; Zephyr 206.1. |Shimizu-Inatsugi, Rie, Zürich: 344.2. |Shutterstock.com, New York: Arhelger, Tobias 128.1; Bits And Splits 72.1; ChWeiss 63.1; Duben, Stanislav 82.1; Erasmus, Elana 338.1; JCLobo 76.1; kuzmina maria 340.2; Petkovic, Dusan 274.1; PHOTO FUN 98.1. |stock.adobe.com, Dublin: Alexa Mat 264.1; andamanec 7.1, 319.1; bennytrapp 336.1, 336.2; bina01 340.1; Bormann, Markus 90.1; Carey, Richard 150.1; Dam-kier, Mikael 310.1; DoraZett 328.2; feathercollector 332.1; fotomaster 328.1, 328.3; lovelyday12 3.1, 17.1; Mathias 148.1; Morijn, Ruud 134.1; New Africa 90.2; picsfive 149.3; REDPIXEL 194.1; S.H.exclusiv 334.1, 334.2; shaiith 286.1; Smileus 347.1; vector_maker 5.1, 173.1. |UNESCO, Paris: CC-BY-SA 3.0 (https://www.unesco.de/bildung/agenda-bildung-2030/bildung-und-die-sdgs) 162.1, 162.2, 162.3, 162.4, 162.5, 162.6, 162.7, 162.8, 162.9, 162.10, 162.11, 162.12, 162.13, 162.14, 162.15, 162.16, 162.17, 162.18. |Weiß, Jörg - Mikroskopisches Kollegium Bonn, www.mikroskopie-bonn.de, Sankt Augustin: 45.1. |Wermelinger, Dr. Beat, Birmensdorf: 109.2. |Westendorf-Bröring, Elisabeth, Vechta: 23.2, 47.1, 47.2, 48.1, 48.2, 54.1, 54.2, 54.3, 59.2, 60.1, 60.2, 60.3, 60.4, 60.5, 60.6, 60.7, 71.1, 71.2, 71.3, 71.4, 71.5, 336.3, 364.1. |Wildermuth, Werner, Würzburg: 15.1, 15.2, 127.2, 138.1, 142.1, 143.1, 143.2, 143.3, 163.1, 171.1, 171.2, 198.2, 199.2, 199.3, 200.2, 201.2, 205.1, 217.2, 217.3, 229.1, 229.4, 229.5, 287.1, 307.2, 312.1, 314.1, 314.2, 314.3, 314.4, 314.5, 314.6, 314.7, 337.1, 348.2, 355.2, 355.3, 355.4, 355.5, 355.6, 361.1, 363.1, 374.3, 375.1, 375.2, 376.1, 377.1, 379.5, 385.1, 395.1, 395.2, 395.3, 395.4, 395.5, 395.6, 395.7, 398.1, 400.1, 400.2, 400.3, 400.4, 400.6. |www.the-jena-experiment.de, Jena: Scherber, Christoph 167.1.